I0033892

LES MERVEILLES
DE L'INDUSTRIE

CORBEIL. — TYP. ET STÉR. CRÉTÉ

LES MERVEILLES
DE
L'INDUSTRIE
OU
DESCRIPTION DES PRINCIPALES INDUSTRIES MODERNES

PAR

LOUIS FIGUIER

INDUSTRIES CHIMIQUES

L'EAU — LES BOISSONS GAZEUSES — LE BLANCHIMENT ET
LE BLANCHISSAGE — LE PHOSPHORE ET LES ALLUMETTES CHIMIQUES
LE FROID ARTIFICIEL. — L'ASPHALTE ET LE BITUME

***

PARIS
FURNE, JOUVET ET Cie, ÉDITEURS
45, RUE SAINT-ANDRÉ-DES-ARTS, 45

Droit de traduction réservé.

LES MERVEILLES

DE L'INDUSTRIE

INDUSTRIE DE L'EAU

CHAPITRE PREMIER

HISTOIRE DE LA DÉCOUVERTE DE LA COMPOSITION DE L'EAU A LA FIN DU XVIIIe SIÈCLE. — LAVOISIER, MACQUER, BUCQUET, SIGAUD DE LAFOND. — RÔLE DE CAVENDISH, DE PRIESTLEY ET DE JAMES WATT DANS LA DÉCOUVERTE DE LA COMPOSITION DE L'EAU. — EXPÉRIENCE DE LA SYNTHÈSE DE L'EAU PAR MONGE, LAVOISIER ET LAPLACE. — ANALYSE DE L'EAU PAR LE FER, EXÉCUTÉE PAR LAVOISIER ET MEUSNIER.

Pour comprendre et suivre tous les faits que nous avons à développer concernant l'emploi industriel de l'eau, il importe de bien connaître les propriétés physiques et chimiques de ce liquide, dont le rôle est illimité dans les opérations de l'industrie et des arts, comme dans celles de la nature. Mais avant d'entrer dans l'étude des propriétés physiques et chimiques de l'eau, nous croyons nécessaire de raconter comment on est parvenu à connaître la composition de ce liquide naturel.

C'est à notre immortel Lavoisier qu'est due la découverte de la composition de l'eau ; mais les travaux de plusieurs autres chimistes l'avaient préparée. Il importe à l'équité, autant qu'à notre gloire nationale, de bien préciser le rôle de chaque savant dans cette découverte fondamentale, qu'il faut considérer comme une des premières assises sur lesquelles s'éleva presque aussitôt l'édifice tout entier de la chimie.

Il serait hors de propos de mentionner ici les notions vagues, confuses et contradictoires que les chimistes du Moyen âge, de la Renaissance et du XVIIe siècle avaient conçues sur la nature de l'eau. On voit, en lisant les ouvrages de Nicolas Lémery et ceux des chimistes de son temps, c'est-à-dire du XVIIe siècle, époque à laquelle la chimie commença à se dégager des entraves de l'alchimie, que sur cette question la science n'avait pas fait un pas depuis les anciens. Comme l'avaient pensé les anciens philosophes de la Grèce, Thalès et Aristote, on regardait, au XVIIe siècle, l'eau comme un corps élémentaire, c'est-à-dire ne renfermant autre chose que sa propre substance. Il est curieux de voir qu'après dix-neuf siècles (en partant d'Aristote, né 384 ans avant Jésus-Christ), on en fût encore à la vieille conception grecque, d'après laquelle tous les corps étaient formés de quatre éléments, à savoir : l'eau, la terre, l'air et le sel, auxquels seulement, au Moyen âge, on avait adjoint le soufre et le mercure.

Au XVIIe siècle, l'eau était donc toujours regardée comme un corps simple. Il y eut, au milieu du siècle suivant, de longues discussions et d'interminables expériences sur la prétendue conversion de l'eau en terre. En faisant bouillir pendant des mois entiers, de l'eau dans des vases de verre, on observait un dépôt pulvérulent, terreux. Ce dépôt n'était autre chose que de la silice, c'est-à-dire une des matières constituantes du verre ou de la porcelaine, que l'eau avait enlevée au vase même, pendant une ébullition aussi prolongée. Cette explication nous paraît bien simple aujourd'hui; mais les chimistes de ce temps, en l'absence de tout principe et de toute base théorique, étaient incapables de saisir un fait qui nous paraît aujourd'hui si clair. Les plus grands chimistes du XVIIIe siècle discutèrent pendant vingt ou trente ans sur ce sujet, sans pouvoir s'entendre, et sans que la question fît un pas. Ce fut Lavoisier qui trancha le différend, en mettant hors de doute la provenance de la matière terreuse que l'on recueillait pendant la prétendue conversion de l'eau en terre.

Mais ce n'était là qu'un incident sans importance. La grande question était de savoir si l'eau était un corps simple ou un corps composé, et dans ce dernier cas, quels étaient les éléments de ce corps composé.

C'est à l'année 1781 que l'on peut fixer la date de la découverte de la composition de l'eau, date qu'il faut inscrire parmi les grandes étapes du progrès de l'esprit humain, car ses conséquences dans la science et les arts furent incalculables.

La découverte *rationnelle* de la composition de l'eau appartient à Lavoisier; elle fut la suite et la conséquence de la découverte de l'oxygène, qu'elle suivit de près.

Le gaz hydrogène était connu depuis assez longtemps lorsque le gaz oxygène fut découvert, par les efforts réunis de Scheele, de Priestley, de Baumé et de Lavoisier. A peine l'oxygène était-il isolé, que Lavoisier en fit la longue et magnifique étude qui excitera toujours une profonde admiration pour son génie. Lavoisier avait examiné l'action de l'oxygène sur tous les corps que l'on connaissait à cette époque. Son action sur l'hydrogène devait être étudiée par lui avec un soin tout particulier. On comprend, en effet, quel immense intérêt ce grand chimiste avait à connaître le produit résultant de la combinaison de l'hydrogène avec l'oxygène. En vertu d'une idée théorique à laquelle il tenait beaucoup, et qui régna dans la science tant que durèrent le prestige et l'autorité de son nom, Lavoisier croyait que l'oxygène formait des acides en se combinant avec tous les corps. On sait que d'après son étymologie, le mot oxygène signifie *engendre-acide* (du grec ὀξύς, acide, et γεννάω, j'engendre). Assurément rien n'est plus faux que cette idée; mais les chimistes de l'école de Lavoisier voyaient ainsi les choses. Partant de ce principe, Lavoisier ne doutait pas que le produit de la combustion de l'hydrogène par l'oxygène ne fût un acide. Il croyait que l'hydrogène brûlé par l'oxygène donnerait de l'acide sulfurique. Un de ses collaborateurs ordinaires, Bucquet, croyait que le produit serait de l'acide carbonique. Il fallait donc faire au plus tôt l'expérience, c'est-à-dire déterminer le produit qui prend naissance par suite de la combustion du gaz hydrogène par l'oxygène.

Cette expérience, il faut le reconnaître, avait été déjà faite, et l'on avait même recueilli le produit de la combinaison de l'hydrogène par l'oxygène, c'est-à-dire de l'eau. Mais ce n'est pas tout que d'observer un fait, il faut en comprendre la signification, il faut en interpréter les résultats, il faut que l'esprit féconde par le raisonnement et l'induction, le phénomène brut que l'on a sous les yeux. Plus d'un chimiste, avant Lavoisier, avait constaté qu'il se forme de l'eau par la combustion du gaz hydrogène dans l'oxygène pur ou l'oxygène atmosphérique; mais aucun n'en avait conclu que l'eau dont

Fig. 1. — Lavoisier.

on observait la production dans cette circonstance, provenait de la combinaison du gaz hydrogène (le *gaz inflammable* comme on l'appelait alors) avec l'oxygène, et que, par conséquent, l'eau était composée des deux gaz hydrogène et oxygène chimiquement combinés.

En 1776, Macquer, professeur de chimie au Jardin des Plantes, à qui l'on doit beaucoup de travaux estimés et un admirable *Dictionnaire de chimie* (1), avait reconnu qu'il se forme de l'eau pendant que le gaz hydrogène brûle à l'air. Il avait recueilli les gouttelettes qui ruissellent par l'effet de la combustion du gaz hydrogène à l'air, et il s'était assuré que ce liquide était de l'eau pure. Mais il n'était pas allé plus loin; il n'avait pas approfondi davantage un fait aussi capital; il n'avait pas songé à varier

(1) 2 vol. in-4. Paris, 1778.

sous d'autres formes une expérience aussi frappante; il n'avait pas cherché à pénétrer plus avant les conséquences à en tirer. Macquer faisait pourtant cette expérience avec un savant de profession, avec Sigaud de Lafond, professeur estimé, particulièrement habile dans les expériences de physique et de chimie, et à qui nous devons un excellent recueil, accompagné de planches gravées représentant les appareils de physique et de chimie en usage à la fin du XVIIIe siècle (1).

Comme le montre la figure 3 (page 5), Macquer présentant une soucoupe de porcelaine à la flamme du gaz hydrogène, qui brûlait tranquillement à l'air, à l'extrémité d'une bouteille contenant de l'acide sulfurique, du zinc et de l'eau, observa que cette flamme n'était accompagnée d'aucune fumée, et que la soucoupe était mouillée de gouttelettes d'une liqueur incolore comme de l'eau. Il examina, avec Sigaud de Lafond, les gouttelettes qui découlaient de la soucoupe ou qui étaient restées sur sa surface, et il reconnut que ce liquide était de l'eau pure. Mais, nous le répétons, il en resta là. Il n'eut recours à aucune hypothèse, à aucune explication pour se rendre compte de la présence de cette eau.

Dans la deuxième édition de son *Dictionnaire de chimie*, publié en 1781, Macquer raconte son expérience en ces termes :

« Je me suis assuré aussi, en interposant une soucoupe de porcelaine blanche dans la flamme du gaz inflammable brûlant tranquillement à l'orifice d'une bouteille, que cette flamme n'est accompagnée d'aucune flamme fuligineuse, car l'endroit de la soucoupe que léchait la flamme est resté parfaitement blanc; il s'est trouvé seulement mouillé de gouttelettes assez sensibles d'une liqueur blanche comme de l'eau, et qui nous a paru n'être, en effet, que de l'eau pure. »

Puis il passe à autre chose.

Lavoisier, répétant la même expérience, allait faire preuve d'une autre force d'esprit. Nous venons de dire qu'il fit, pour la

(1) *Description d'un cabinet de physique*. In-8.

première fois, l'expérience de la combustion de l'hydrogène par l'oxygène pour reconnaître si le produit de cette combustion était de l'acide sulfurique, comme il le pen-

Fig. 2. — Macquer.

sait, ou de l'acide carbonique, comme le croyait Bucquet. Le phosphore, le soufre et le charbon, en brûlant par l'oxygène, lui avaient donné des acides, l'hydrogène ne devait-il pas en faire autant?

C'est en 1777, que Lavoisier et Bucquet répétèrent l'expérience de Macquer. Lavoisier raconte ainsi lui-même, cette intéressante expérience :

« Pour éclaircir nos doutes, écrit Lavoisier, nous remplîmes, au mois de septembre 1777, M. Bucquet et moi, d'air inflammable une bouteille de cinq à six pintes; nous la retournâmes l'ouverture en haut, et pendant que l'un de nous allumait avec une bougie l'air inflammable à l'orifice de la bouteille, l'autre y versa très-promptement, à travers la flamme, deux onces d'eau de chaux; l'air inflammable brûla d'abord paisiblement à l'ouverture du goulot qui était fort large; ensuite, la flamme descendit dans l'intérieur de la bouteille et elle s'y maintint encore quelques instants. Pendant tout le temps que la combustion dura, nous ne cessâmes d'agiter l'eau de chaux et de la promener dans la bouteille, afin de la mettre le plus possible en contact avec la flamme; mais il ne se forma ni nuage de craie ni dépôt. Il ne s'était donc pas formé d'air fixe. »

Quatre années après, c'est-à-dire en 1781, Lavoisier revint à cette expérience, pour bien s'assurer qu'il ne se produisait pas d'*air fixe* (acide carbonique) par la combustion de l'hydrogène à l'air. Il fit brûler le gaz hydrogène sur l'eau pure, et reconnut que l'eau ne renfermait point d'acide carbonique, après cette combustion. Il fit brûler ce gaz sur une dissolution de potasse caustique, mais rien n'indiqua la présence d'un acide dans l'eau de potasse.

« Ces résultats me surprirent d'autant plus, écrit Lavoisier, que j'avais antérieurement reconnu que, dans toute combustion, il se formait un acide; que cet acide était l'acide vitriolique (sulfurique), si l'on brûlait du soufre; l'acide phosphorique, si l'on brûlait du phosphore; l'air fixe (acide carbonique), si l'on brûlait du charbon. L'analogie m'avait porté invinciblement à conclure que la combustion de l'*air inflammable* devait également produire un acide.

« Cependant rien ne s'anéantit dans les expériences; la matière de la chaleur et de la lumière a seule la propriété de passer à travers les pores des vaisseaux. L'oxygène et l'air inflammable, qui sont des corps pondérables, ne pouvaient donc avoir disparu, ils ne pouvaient être anéantis. De là, la nécessité de faire les expériences avec plus d'exactitude et plus en grand. »

On voit, par ces paroles de Lavoisier, se dessiner nettement la pensée de l'homme de génie à qui l'on doit l'idée de la balance appliquée à l'analyse chimique.

« Rien ne s'anéantit dans les expériences, » dit l'immortel physicien, ou, comme il le dit ailleurs, « rien ne se crée, rien ne s'anéantit ni dans les opérations de l'art, ni dans celles de la nature, et l'on peut poser en principe que, dans toute opération, il y a une égale quantité de matière avant qu'après, et qu'il n'y a que des transformations (1). »

(1) *Traité de chimie*, page 140, in-8°, 2e édition. Paris, 1789.

Fig. 3. — Expérience de Macquer. Combustion du gaz hydrogène à l'air, contre une soucoupe de porcelaine.

L'emploi de la balance dans les recherches chimiques est la conséquence de ce principe. La balance, « ce sens supplémentaire », fut transporté par Lavoisier du cabinet de physique dans le laboratoire de chimie. Elle fournit l'explication d'une foule de faits qui se passent sous nos yeux, et dont la théorie avait manqué jusque-là. Elle permit de rattacher ces faits les uns aux autres, ou de les distinguer entre eux. Elle donna en un mot, l'*analyse chimique*, c'est-à-dire l'un des plus puissants moyens créés par le génie de l'homme pour dévoiler les ressorts cachés des phénomènes de la nature. C'est grâce à la balance et à l'analyse chimique que nous pouvons aujourd'hui suivre la matière dans ses transformations infinies, prouver que ce sont les mêmes éléments qui, sous nos yeux, changent sans cesse de forme, de mode d'union ou d'accouplement, mais que l'on peut toujours retrouver la matière à travers ses diverses combinaisons ou métamorphoses, et assigner sa véritable composition à toute substance que nous pouvons voir ou toucher.

C'est à Lavoisier que l'on doit l'usage de la balance comme *instrument de chimie*. Cette grande idée, qu'il conçut de bonne heure, ce fil d'Ariane qui le dirigea dans ses travaux, devait le conduire à la découverte rationnelle de la composition de l'eau.

Dans l'expérience que Lavoisier avait faite en 1781, l'oxygène et l'hydrogène s'étaient combinés; mais en vertu du principe que rien ne se perd, rien ne se crée dans les expériences chimiques, ces deux gaz n'avaient pu s'anéantir. Il fallait donc, comme il nous le dit lui-même, répéter l'expérience sur une plus grande échelle, et recueillir le produit qui avait dû se former.

Cette belle et décisive expérience fut faite le 24 juin 1783, avec le concours de Laplace. On fit brûler du gaz hydrogène, au moyen de l'oxygène pur, en opérant sur une cloche de verre posée sur du mercure. Cette cloche était percée, à sa partie supérieure, d'une ouverture fermée par un bouchon de cuivre, qui donnait passage à deux tubes munis de robinets, communiquant l'un avec un réservoir de gaz oxygène, l'autre avec un réservoir de gaz inflammable. On commença par allumer l'hydrogène dans le flacon, puis on le reboucha avec le bouchon de cuivre percé de deux tuyaux, et l'on fit arriver les deux gaz en réglant leur

Fig. 4. — Monge.

écoulement d'après le volume de la flamme brûlant à l'intérieur du flacon. Il suffisait, pour régler l'arrivée des deux gaz, de fermer plus ou moins le robinet placé sur le trajet du tube adducteur de l'un ou de l'autre gaz.

« Nous laissâmes, écrit Lavoisier, brûler les airs jusqu'à ce que nous eussions épuisé la provision que nous en avions faite; dès les premiers instants, nous vîmes les parois de la cloche s'obscurcir et se couvrir de vapeurs; bientôt, ces vapeurs se rassemblèrent en gouttes et ruisselèrent de toutes parts sur le mercure, et en quinze ou vingt minutes sa surface s'en trouva couverte. »

Il était donc certain que l'eau était le résultat de la combustion du gaz hydrogène par l'oxygène pur. Pour recueillir cette eau et l'examiner, Lavoisier et Laplace n'eurent qu'à passer une assiette sous la cloche sans retirer cette cloche du mercure, et à verser ensuite l'eau et le mercure dans un entonnoir de verre ; en laissant, après cela, couler le mercure, l'eau se trouva réunie dans le tube de l'entonnoir.

L'expérience faite le 24 juin 1783, par Lavoisier et Laplace, avait eu pour témoins Leroy, Vandermonde et plusieurs autres académiciens, ainsi que le secrétaire de la *Société royale de Londres*, sir Charles Blagden. Lavoisier et Laplace obtinrent 19 grammes 17 centigrammes d'eau.

Cette eau, soumise à toutes les épreuves que l'on put imaginer, parut aussi pure que l'eau distillée. Elle ne rougissait nullement la teinture de tournesol ; elle ne contenait donc pas d'acide. Elle ne verdissait pas le sirop de violettes; elle ne contenait donc pas d'alcali. Elle ne précipitait pas l'eau de chaux; elle ne contenait donc pas de gaz carbonique; enfin, par tous les réactifs connus, on ne put y découvrir le moindre indice de mélange.

Cette expérience fut communiquée, dès le lendemain, à l'Académie :

« Nous ne balançâmes pas à en conclure, écrit Lavoisier, que *l'eau n'est point une substance simple* et qu'elle est composée, poids pour poids, d'air inflammable et d'air vital.

« Nous ignorions alors que M. Monge s'occupât du même objet, et nous ne l'apprîmes que quelques jours après, par une lettre qu'il adressa à Van der Monde et que ce dernier lut à l'Académie ; il y rendait compte d'une expérience du même genre et qui lui a donné un résultat tout semblable. L'appareil de M. Monge est extrêmement ingénieux; il a apporté infiniment de soin à déterminer la pesanteur spécifique des deux gaz; il a opéré sans perte; de sorte que son expérience est beaucoup plus concluante

Fig. 5. — Laplace.

que la nôtre et ne laisse rien à désirer. Le résultat qu'il a obtenu a été de l'eau pure dont le poids s'est trouvé, à très-peu de chose près, égal à celui des deux gaz. »

Ainsi, Monge avait fait, avant Lavoisier, cette même expérience. Mais Monge n'habitait point Paris; il était alors professeur de mathématiques à l'école de Mézières, et Lavoisier n'avait pu avoir connaissance de cette expérience. On vient de lire qu'avec sa loyauté ordinaire, Lavoisier s'empressa de reconnaître ce fait, et que loin de contester à Monge le mérite de sa priorité dans cette expérience, il n'y trouva qu'une preuve nouvelle de l'exactitude de ses vues, que la démonstration certaine d'une vérité nouvelle.

Mais Monge n'était pas le seul qui eût fait avant Lavoisier l'expérience de la formation d'eau par la combustion des deux gaz hydrogène et oxygène purs. Nous avons dit plus haut, que sir Charles Blagden, secrétaire de la *Société royale de Londres*, avait assisté à l'expérience de Lavoisier et de Laplace. Blagden apprit, à cette occasion, à Lavoisier que le chimiste anglais Cavendish était déjà parvenu, à Londres, à faire brûler de l'hydrogène et de l'oxygène dans des vaisseaux fermés et qu'il avait « obtenu une quantité d'eau très-sensible. »

C'est en 1781 que Cavendish avait fait cette expérience, et qu'il avait recueilli de l'eau; mais le chimiste anglais n'en avait nullement tiré la conséquence que l'eau fût composée d'hydrogène et d'oxygène. Il n'avait même pas eu l'initiative de cette expérience. C'était un chimiste absolument inconnu, et qui n'a laissé d'autre trace dans la science que cette expérience même, qui avait le premier observé ce fait. Dans l'ouvrage du chimiste anglais Priestley, intitulé *Expériences sur différentes espèces d'air* (1), on trouve une lettre de Waltire, en date du 3 janvier 1777, adressée à Priestley, et contenant la description de cette expérience :

« J'ai répété plusieurs fois, écrit Waltire, sur l'air inflammable, une expérience qui me paraît très-curieuse. J'adapte à une fiole à fond rond un bouchon de liége conique auquel j'ajuste un tube de verre, recourbé de façon que, lorsqu'il est suspendu par sa courbure supérieure au bord du baquet pareil à celui qui est décrit dans votre premier volume, sa courbure inférieure sort de 2 pouces sous la surface de l'eau, et son extrémité s'élève de 4 pouces. La fiole étant chargée de matériaux propres à produire de l'air inflammable rapidement, il faut allumer cet air à mesure qu'il s'échappe de l'extrémité du tube, et la flamme durera aussi longtemps qu'il s'élèvera de l'air inflammable, pourvu qu'on ait soin d'empêcher qu'il ne monte aucune humidité conjointement avec l'air. »

L'auteur ajoute qu'on place au-dessus de cet appareil une cloche que l'on plonge dans l'eau, de façon que la combustion ait lieu au moyen de l'air confiné dans la cloche.

(1) Tome V.

« L'air inflammable continue de brûler tant qu'il y a dans le récipient de l'air commun capable d'entretenir la flamme.... L'air commun est diminué d'un cinquième de ses dimensions primitives; quand

Fig. 6. — Priestley.

la flamme s'éteint, on voit dans presque tout le récipient une substance en poudre fine, comme un nuage blanchâtre. »

Qu'était-ce que ce *petit nuage blanchâtre?* Le bon Waltire ne s'en doutait guère, car il termine sa lettre par des histoires de feux follets.

Cavendish répéta cette expérience de Waltire, et il n'en tira pas plus de conclusions. Watt, Priestley et Kirwan s'occupèrent ensuite, en Angleterre, de cette humidité que l'on observait pendant l'inflammation du gaz hydrogène, mais sans en tirer eux-mêmes aucune espèce de conséquence.

Ce fut une nouvelle expérience de Waltire qui amena Cavendish à examiner avec plus d'attention le produit de la combustion du gaz inflammable par l'oxygène. En 1781, Waltire ayant fait passer une série d'étincelles électriques à travers un mélange d'hydrogène et d'air, mélange qu'il avait placé dans un vase métallique, afin de parer aux dangers de l'explosion, observa qu'après la combustion, il s'était formé de l'eau. Cavendish répéta en 1782, cette nouvelle expérience de Waltire, et il reconnut, comme Waltire, qu'il se formait de l'eau par cette combustion.

Au mois d'avril 1783, Priestley, exécutant la même expérience de la combustion de l'hydrogène et de l'oxygène, sous l'influence des étincelles électriques, découvrit ce fait capital que l'eau qui se dépose sur les parois du vase représente exactement le poids des deux gaz qui ont servi à la combustion.

James Watt, à qui Priestley communiqua cet important résultat, y vit aussitôt, avec toute la pénétration d'un homme de génie, la preuve que l'eau n'est pas un corps simple. Le 26 avril 1783, Watt écrivit à Priestley une lettre dans laquelle il émettait cette idée, à propos de l'expérience de Priestley.

La lettre de James Watt fut lue en partie pendant une séance de la *Société royale de Londres*, par son président, sir Joseph Banks. Mais tout à coup, et comme saisi de crainte, Watt hésite; il demande qu'on suspende la lecture de sa lettre, et déclare qu'il désire attendre, pour rendre publique son opinion, les résultats d'expériences nouvelles qu'a entreprises Priestley.

Ce ne fut qu'en 1784 que Watt, enhardi, crut devoir demander la lecture complète de sa lettre, après l'avoir étendue, refondue et lui avoir donné la forme d'un mémoire adressé à de Luc, physicien de Genève.

Cavendish lui-même n'osait tirer aucune conclusion de ses expériences, ou, pour mieux dire, il n'y voyait que la démonstration de l'existence du phlogistique. Cavendish avait été élevé, comme tous ses contemporains, dans le culte de la théorie du phlogistique, et il gâtait ses belles expériences par

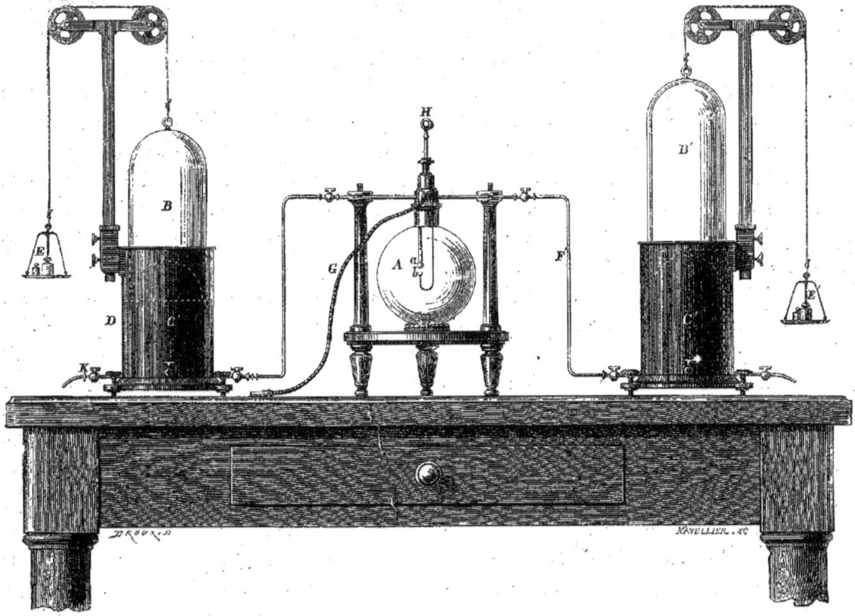

Fig. 7. — Appareil de Lavoisier et Laplace pour la formation de l'eau au moyen des gaz oxygène et hydrogène brûlant dans un ballon de verre.

C',C', gazomètres ; B,B', cloches pleines de gaz oxygène et hydrogène, équilibrées par les contre-poids E,E' ; A, cloche où s'opère la combustion des deux gaz ; *a,b*, point où brûlent les deux gaz.

l'intervention de cet être occulte et idéal qu'on appelait le phlogistique, et qui occasionnait tant de confusion et de rêves dans l'esprit des chimistes de ce temps. Comme Priestley et Scheele, lorsqu'ils découvrirent l'oxygène, Watt et Cavendish observèrent des faits importants, mais au lieu d'en tirer les conclusions droites et saines qui devaient en résulter, ils se perdaient dans la vieille théorie du phlogistique de Stahl.

Aussi lorsque Blagden, le secrétaire de la *Société royale de Londres*, communiqua à Lavoisier les expériences faites avant lui par Cavendish et Priestley, et desquelles il résultait que l'on obtient de l'eau en faisant brûler du gaz hydrogène avec de l'oxygène, Blagden croyait-il tout simplement être très-désagréable à Lavoisier, qui s'était déclaré le constant adversaire de la théorie du phlogistique.

Non-seulement Cavendish présentait ses expériences faites en 1782 comme venant à l'appui de la théorie du phlogistique, mais il répéta les mêmes assertions lorsque le mémoire de Lavoisier sur la composition de l'eau eut été publié. Le beau mémoire de Lavoisier contenant la description de ses expériences parut en 1784, et après la publication de ce mémoire, Cavendish discutait encore l'opinion émise par notre illustre compatriote. Il soutenait opiniâtrément que l'eau contenait du phlogistique, que si on lui enlevait le phlogistique, on obtenait l'oxygène, et que si on lui en ajoutait, on obtenait le gaz hydrogène!

Comment donc attribuer à Cavendish,

ainsi que le veulent aujourd'hui les écrivains anglais, une part sérieuse dans la découverte de la composition de l'eau? Son expérience fondamentale, c'est-à-dire la formation de l'eau au moyen d'étincelles électriques provoquées à travers un mélange d'hydrogène et d'oxygène, ne lui appartient pas : elle est due à Waltire. C'est James Watt qui l'engage à répéter cette expérience, et quand il l'a faite, il n'est pas plus éclairé qu'auparavant. C'est Priestley, et non Cavendish, qui prouve que le poids de l'eau formée est égal au poids des deux gaz hydrogène et oxygène que l'on a fait brûler par l'étincelle électrique, et cette grande découverte ne frappe aucunement Cavendish. Même après la publication du mémoire de Lavoisier sur l'analyse de l'eau, c'est-à-dire en 1784, il est encore dans l'impénitence finale, c'est-à-dire dans la croyance au phlogistique, doctrine dans laquelle il est né et dans laquelle il doit mourir.

En résumé, Cavendish a répété les expériences de plusieurs chimistes, et en a fait quelques-unes qui lui sont propres, mais il n'a su en interpréter aucune.

Nous allons voir combien, au contraire, Lavoisier devient logique et précis dans son étude sur la composition de l'eau, quand il a fait avec Laplace, en 1783, son expérience fondamentale.

Nous avons dit que Monge avait fait le premier, dans son laboratoire de Mézières, l'expérience que Lavoisier avait exécutée à Paris, et que ce dernier s'était empressé de rendre hommage à l'initiative de Monge. Lavoisier fit plus, il répéta l'expérience de Monge, en profitant de l'appareil de ce dernier, c'est-à-dire se servant de l'étincelle électrique, pour enflammer le mélange gazeux.

C'est avec le concours de Meusnier que Lavoisier fit de nouveau, sur une grande échelle, l'expérience de la synthèse de l'eau au moyen des gaz hydrogène et oxygène. Meusnier était cet officier d'artillerie, qui, plus tard, se distingua autant par ses travaux scientifiques, que par son courage dans les guerres de la république.

La figure 7 (page 9) représente l'appareil désigné dans les traités de chimie sous le nom d'*appareil de Lavoisier et de Meusnier pour la synthèse de l'eau*. B,B′ sont deux gazomètres pleins, l'un de gaz hydrogène, l'autre d'oxygène et plongeant dans des seaux de cuivre, C,C′ contenant de l'eau. Ces gazomètres sont munis de contre-poids E,E′, qui les équilibrent exactement, afin qu'ils s'élèvent d'eux-mêmes quand on y introduit du gaz. F,F′ sont des tubes, munis de robinets, destinés à conduire les gaz des gazomètres dans le grand ballon en verre, A. Pour faire l'expérience, on commence par opérer le vide dans ce ballon, au moyen du tube G, qui se visse sur le plateau d'une machine pneumatique; on y introduit ensuite du gaz oxygène. A l'aide d'une machine électrique que l'on met en communication avec la tige de cuivre H, dont l'extrémité *b* est terminée en boule, on établit un courant d'étincelles électriques qui viennent éclater entre la boule *a* et l'extrémité *b* du tube amenant le gaz hydrogène. Ces étincelles enflamment l'hydrogène qui sort du tube A, par une très-petite ouverture. L'eau qui résulte de la combustion de l'hydrogène au sein du gaz oxygène, se condense bientôt en gouttelettes sur les parois du ballon ; au bout d'une heure ou deux, sa quantité s'y élève déjà à une quinzaine de grammes.

En brûlant les gaz hydrogène et oxygène dans un appareil peu différent de celui que nous venons de représenter, Lavoisier et Meusnier reconnurent qu'il fallait employer 85 parties en poids de gaz oxygène et 15 parties en poids de gaz hydrogène, pour former et obtenir 100 parties d'eau.

Toutes les expériences faites jusque-là, tant en France qu'en Angleterre, avaient démontré la composition de l'eau par la voie de la *synthèse*, c'est-à-dire en formant de l'eau au moyen des éléments gazeux qui la composent. Mais pour achever la démonstration, il restait à procéder à l'analyse de l'eau, c'est-à-dire à séparer ses deux éléments, l'hydrogène et l'oxygène. C'est ce qu'entreprit, en 1784, Lavoisier, avec le secours de Meusnier.

« Cette seule expérience de la combustion des deux gaz et leur conversion en eau, poids pour poids, ne permettait guère, dit Lavoisier, de douter que cette substance, regardée jusqu'ici comme un élément, ne fût un corps composé. *Mais, pour constater une vérité de cette importance, un seul fait ne suffisait pas;* il fallait multiplier les preuves, et après avoir composé artificiellement de l'eau, il fallait la *décomposer*. Je m'en suis occupé, pendant les vacances de 1783; je rendis compte du succès de mes tentatives à la rentrée publique de l'Académie à la Saint-Martin.

« Je fis alors observer que si véritablement l'eau était composée (comme l'annonçait la combustion des deux gaz) de l'union du principe oxygène avec le principe inflammable, on ne pouvait la décomposer et obtenir séparément l'un de ces principes, sans présenter à l'autre une substance avec laquelle il eût plus d'affinité. Le principe inflammable ayant plus d'affinité avec le principe oxygène qu'avec aucun autre corps, ce n'était pas par ce côté que pouvait être tentée la décomposition. C'était donc le principe oxygène qu'il fallait attaquer.

« Je savais à cet égard, par des expériences déjà connues, que le fer, le zinc et le charbon avaient une grande affinité pour lui; en effet, M. Bergman nous avait appris, dans son analyse du fer, que la limaille de ce métal se convertissait dans l'eau distillée seule, en *éthiops martial* (oxyde noir de fer), et qu'en même temps il se dégageait une grande quantité d'air inflammable.

« D'un autre côté, M. l'abbé Fontana, ayant éteint des charbons ardents dans de l'eau sous une cloche remplie d'eau, en avait retiré une quantité notable d'air inflammable.

« M. Sage m'avait, en outre, communiqué une observation qui lui avait été envoyée d'Allemagne par MM. Hassenfratz, Stoultz et d'Hellancourt, élèves de l'École des mines; il en résultait que du fer rouge éteint dans l'eau sous une cloche remplie d'eau, comme M. l'abbé Fontana l'avait fait pour le charbon, donnait également de l'air inflammable.

« Enfin, M. de Laplace, qui était au courant de mes expériences, qui les avait partagées souvent et qui m'aidait de ses conseils, m'avait répété bien des fois qu'il ne doutait pas que l'air inflammable qui se dégageait de la dissolution du fer ou du zinc dans l'acide vitriolique (ou sulfurique) étendu d'eau, ne fût dû à la *décomposition de l'eau*. Il se fondait sur les raisons suivantes, dont il me fit part dans le mois de septembre 1783; je vais transcrire ses propres expressions.

« Par l'action de l'acide, le métal se dissout sous forme de chaux (on dirait aujourd'hui sous forme d'oxyde), c'est-à-dire uni à l'air vital (à l'oxygène). Relativement au fer, cette quantité d'air vital forme le quart ou le tiers de son poids. Cette dissolution du fer dans de l'acide vitriolique étendu d'eau ayant également lieu dans les vaisseaux fermés, il est visible que l'air vital n'est pas fourni par l'atmosphère.

« Il n'est pas fourni non plus par l'acide. Car on sait, par les expériences de M. Lavoisier, que l'acide vitriolique (ou sulfurique), privé d'une partie de son air vital, donne de l'acide sulfureux ou du soufre : or, l'on n'a ni l'un ni l'autre de ces résultats quand on dissout le fer dans de l'acide vitriolique étendu d'eau. D'ailleurs, ce qui prouve que l'acide n'est point altéré et ne perd point de son air vital par son action sur le fer, c'est qu'après cette action il faut, pour le saturer, la même quantité de potasse qu'auparavant.

« *Il ne reste donc que l'eau à laquelle on puisse attribuer l'air vital qui s'unit au fer dans cette dissolution*. L'eau se décompose donc et son principe inflammable se développe sous forme d'air (ou de gaz). Il suivait de là que si, par la combustion, l'on combinait de nouveau ce principe inflammable avec l'air vital, on reproduirait l'eau qui s'est décomposée. — Cette conséquence étant confirmée par plusieurs expériences incontestables, elle fournit une nouvelle preuve de la décomposition de l'eau par l'action des acides sur le métal, quand il en résulte de l'air inflammable.

« La considération de cet air inflammable nous conduit d'ailleurs au même résultat; car il est aisé de prouver qu'il n'est dû ni à l'acide ni au métal.

« Toutes ces considérations réunies, poursuit Lavoisier, ne me permettaient pas de douter que les métaux n'exerçassent une action marquée sur l'action, et, pour la constater, je commençai mes expériences sur le fer. »

On avait reconnu depuis peu de temps, en Allemagne, qu'il se produit du gaz inflammable (gaz hydrogène), quand on plonge subitement du fer rougi au feu, sous une cloche pleine d'eau; et Lavoisier, d'autre part, avait déjà constaté qu'en abandonnant du fer métallique à l'action de l'eau dans une cloche reposant sur le mercure, il se dégage de l'hydrogène, tandis que le fer se convertit en oxyde. Lavoisier et Meusnier eurent dès lors l'idée d'une expérience très-brillante et très-concluante : la décomposition de l'eau par le fer à la température rouge. Ils s'arrangèrent de façon à faire traverser du fer porté au rouge par un courant de vapeur d'eau, vapeur fournie par de l'eau qui était tenue en ébullition dans une cornue, et dirigée, par un tube de verre, au contact du fer métallique. Ils reconnurent ainsi que l'eau se décomposait en ses deux éléments, l'oxygène et l'hydrogène. En effet, on recueillait du gaz hydrogène à l'extrémité du tube contenant le fer rougi au feu, et le fer lui-même fixait l'oxygène de l'eau; car lorsqu'on le retirait du tube, le fer était recouvert d'une matière noire, facile à réduire en poudre, et qui ressemblait parfaitement au produit que l'on obtient quand on fait brûler du fer dans l'oxygène pur.

Il est peu de nos lecteurs qui n'aient vu faire dans les cours de chimie l'expérience de la décomposition de l'eau par le fer rouge.

La figure 8 représente l'appareil dont Lavoisier et Meusnier firent usage. I est la cornue renfermant de l'eau distillée; GG', un tube en porcelaine placé transversalement dans un fourneau, et contenant dans son intérieur un poids connu de fer doux contourné en spirale; H, un serpentin en communication avec le tube GG'; il est destiné à condenser l'eau qui échappe à la décomposition; cette eau se réunit dans le flacon J, qui porte un tube recourbé pour conduire le gaz hydrogène sous une cloche K, pleine d'eau, divisée en parties d'égale capacité et reposant sur la cuve à eau, ou cuve *hydropneumatique*, L.

Pour démontrer par l'analyse la composition de l'eau, Lavoisier et Meusnier opérèrent (et à leur exemple, on opère aujourd'hui) comme il suit. On commence par chauffer jusqu'au rouge le tube de porcelaine contenant les fragments de fer, ensuite on porte à l'ébullition l'eau de la cornue. La vapeur d'eau pénètre dans le tube de porcelaine, et arrive au contact du fer rouge; là, le fer la décompose. L'oxygène de l'eau reste combiné au fer, qui augmente de poids, en se convertissant en oxyde; le gaz hydrogène se dégage par l'extrémité du tube, et vient se rassembler dans la cloche de verre posée sur la cuve à eau.

Quand on veut terminer l'opération, on cesse d'entretenir le feu du fourneau et on laisse l'appareil se refroidir. Si l'on veut faire une analyse rigoureuse, et c'est ce qu'avaient tenté Lavoisier et Meusnier, on peut reconnaître la quantité d'eau qui a été mise en expérience en pesant la cornue pleine d'eau avant et après l'opération. Il faut également peser avant et après l'opération, le vase, J, dans lequel s'est condensée la vapeur d'eau échappée à la décomposition chimique. On a ainsi la quantité d'eau qui s'est condensée dans le flacon, et l'on retranche cette quantité de celle de l'eau restée liquide dans la cornue, pour avoir la quantité exacte d'eau qui a été décomposée par le fer. On mesure le volume du gaz hydrogène que l'on a recueilli dans la cloche graduée K, et en multipliant le nombre de centimètres cubes de gaz recueillis par la densité du gaz hydrogène, on a le poids, en fractions de gramme, de cet hydrogène. Pour avoir la quantité d'oxygène qui s'est fixée sur le fer, il faut peser, après l'expérience, le tube de porcelaine, dont on avait pris exactement le poids avant l'opération. Son augmentation de poids représente la quantité d'oxygène dont le fer s'est emparé. En réunissant les poids de l'oxygène et de l'hydrogène, on doit arriver au même poids d'eau décomposée.

Quoique cette expérience ne soit pas susceptible de beaucoup de précision, Lavoisier et Meusnier, en décomposant 5 grammes 32 centigrammes d'eau, obtinrent 4 grammes, 505 d'oxygène uni au fer et constituant de l'oxyde de fer, et 795 milligrammes de gaz

Fig. 8. — Appareil de Lavoisier et Meusnier pour la décomposition de l'eau par le fer chauffé au rouge.

hydrogène pur, c'est-à-dire un poids de 5 grammes, 300 qui, à 20 milligrammes près, représentent exactement la quantité d'eau décomposée.

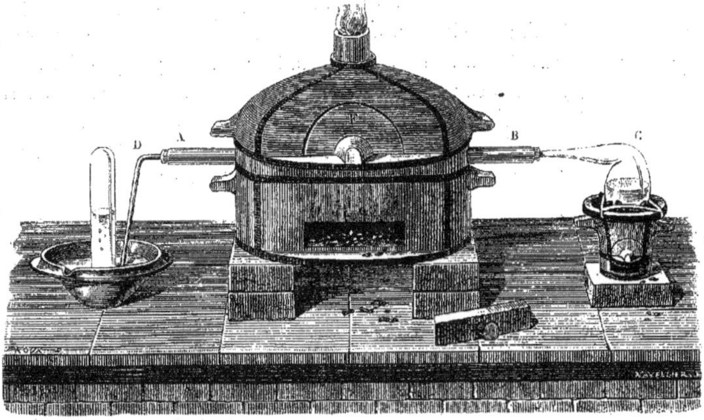

Fig. 9. — Appareil employé de nos jours dans les cours publics de chimie, pour la décomposition de l'eau par le fer chauffé au rouge.

Ainsi, l'analyse confirma d'une manière éclatante ce que la synthèse avait déjà prouvé concernant la nature chimique des éléments de l'eau.

Nous venons de représenter l'appareil qui servit à Lavoisier et à Meusnier pour décomposer l'eau par le fer. Nous mettrons sous les yeux du lecteur (fig. 9) l'appareil qui sert aujourd'hui, dans les cours publics de chimie, à faire cette expérience, devenue classique. Le fourneau dans lequel on place le tube de porcelaine AB, plein de fragments de *tournure de fer*, est un fourneau dit à *réverbère*, recouvert de son dôme, ou réverbère, F. L'eau est contenue dans une cornue de verre, C, et le gaz hydrogène est recueilli, par le tube D, dans une éprouvette, placée elle-même sur un petit support de terre, percé d'un trou. Une terrine contenant de l'eau remplace la cuve *hydropneumatique*. Comme il ne s'agit pas de mesurer le gaz hydrogène provenant de la décomposition de l'eau, mais seulement de recueillir ce gaz, pour l'enflammer, et démontrer ainsi aux auditeurs que c'est bien du gaz hydrogène, il suffit de pouvoir recueillir commodément ce gaz (1).

Ajoutons que dans les cours de chimie on démontre souvent, sans avoir besoin de recourir à la chaleur, la décomposition de l'eau par les métaux, et la production du gaz hydrogène et d'un oxyde, en se servant d'un métal qui décompose l'eau à froid, c'est-à-dire du potassium ou du sodium. Dans une cloche pleine de mercure, A (fig. 10), on fait passer une petite quantité d'eau, B; ensuite on y introduit, enveloppé dans un peu de papier, pour qu'il ne s'amalgame pas avec le mercure, C, qu'il doit traverser, un fragment de sodium. Ce fragment de sodium s'élève à travers le mercure, en raison de sa légèreté spécifique, et arrive au contact de l'eau, qu'il décompose, en formant du gaz hydrogène. Ce gaz se rassemble au-dessus de l'eau, et l'oxyde de sodium, ou soude, se dissout dans l'eau. Il est facile, en enflammant le gaz, de montrer que c'est du gaz hydrogène, et en mettant l'eau de la petite cloche en contact avec du papier de tournesol rouge, de montrer qu'il s'est formé un alcali ou un oxyde métallique; c'est-à-dire de l'oxyde de sodium ou soude, qui a la propriété, comme tous les alcalis, de ramener au bleu le papier de tournesol rougi.

Mais revenons à Lavoisier.

On pourrait croire que les démonstrations rigoureuses, les preuves mathématiques, pour ainsi dire, que Lavoisier venait de donner par les expériences que nous venons de rapporter, durent entraîner la conviction unanime des savants. Il n'en fut pas ainsi. Le vieux fantôme du phlogistique était toujours là, et les objections se succédaient contre une vérité encore trop récente pour triompher de préjugés séculaires. Dans tous les laboratoires de l'Europe, on avait répété l'expérience de 1784 de Lavoisier et Meusnier, et on obtenait toujours à peu près les mêmes résultats quantitatifs, et pourtant on refusait de se rendre à l'opinion des chimistes français concernant la composition de l'eau.

Pour mettre fin à toute discussion, les élèves de Lavoisier voulurent procéder à la synthèse chimique de l'eau, en opérant sur une échelle assez grande pour que l'on pût recueillir une quantité d'eau relativement considérable.

En 1790, Fourcroy, Seguin et Vauquelin procédèrent à cette grande et belle opération. Ils firent usage de l'appareil de Lavoisier que nous avons représenté plus haut (fig. 7, page 9). Les gaz hydrogène et oxygène ayant été préparés avec tous les soins imaginables, on procéda à l'expérience, qui ne dura pas moins de dix jours: du 13 mai

(1) C'est cette opération que les élèves de l'École polytechnique ont mise en chanson. On nous permettra de placer, en note, au bas de la page, cette poésie de laboratoire :

Voulez-vous faire de l'hydrogène,
Prenez un tube de porcelaine;
Mettez-y du fer et de l'eau,
Placez le tout sur un fourneau.
L'eau par le feu vaporisée,
Et par le fer décomposée,
L'oxygène s'unit au fer,
Et l'hydrogène s'en va dans l'air (*bis*).

au 22 du même mois. La combustion ne fut interrompue ni jour ni nuit. Fourcroy, Seguin et Vauquelin ne quittèrent pas un seul instant l'appareil. Ils se remplaçaient alternativement, et quand l'un d'eux était

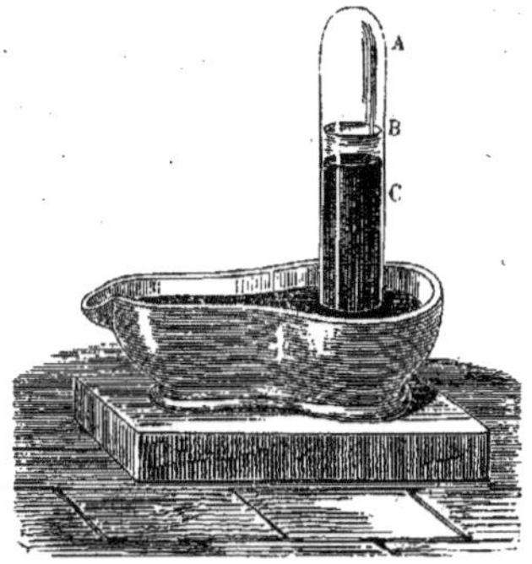

Fig. 10. — Décomposition de l'eau, à froid, par le sodium.

fatigué, il se reposait en se jetant, pour quelques heures, sur un matelas, placé dans le laboratoire. 515 litres, 36 de gaz hydrogène furent ainsi brûlés par 267 litres, 30 de gaz oxygène, et l'on obtint 383 grammes, 2 d'eau pure.

L'eau obtenue dans cette expérience mémorable, est encore conservée aujourd'hui, dans le laboratoire du Muséum d'histoire naturelle de Paris, et certes jamais flacon d'eau pure n'a offert un pareil intérêt, au point de vue de l'histoire des sciences et du progrès intellectuel !

On conserve également dans la collection des produits chimiques du laboratoire de la Sorbonne, un flacon d'eau, de 300 à 400 grammes, qui fut, dit-on, obtenue par Fourcroy et Thenard, dans une expérience semblable. J'ai manié ce flacon dans le laboratoire de la Sorbonne, pour la préparation d'une leçon de M. Balard ; et j'avoue même en avoir porté une goutte à mes lèvres. C'était le baptême du chimiste ! Que le conservateur des collections de la Sorbonne, feu Barruel, m'absolve, du haut des cieux, de cette infraction à ses ordres !

CHAPITRE II

ANALYSE DE L'EAU PAR LA PILE DE VOLTA. — EXPÉRIENCE DE NICHOLSON ET CARLISLE. — EXPÉRIENCE DE DAVY. — BERZELIUS ET DULONG DÉTERMINENT LA COMPOSITION DE L'EAU PAR LA FORMATION DE L'EAU AU MOYEN DE LA RÉDUCTION DE L'OXYDE DE CUIVRE. — M. DUMAS REPREND, EN 1842, LA DÉTERMINATION EXACTE DE LA COMPOSITION DE L'EAU.

Fourcroy, Seguin et Vauquelin avaient trouvé que 100 parties d'eau se composaient de 85,7 d'oxygène et de 14,3 d'hydrogène. Ces nombres n'étaient pas exacts : nous verrons plus loin que 100 parties d'eau sont, en réalité, composées de 12 parties en poids d'hydrogène et de 88 d'oxygène, ou que 9 grammes d'eau renfermaient 8 grammes d'oxygène et 1 gramme d'hydrogène. C'est la science de l'électricité qui devait fournir la solution rigoureuse du problème de la composition chimique centésimale de l'eau.

Nous avons raconté dans les *Merveilles de la science*, l'histoire de la découverte de la pile électrique par Volta. Le lecteur sait donc que c'est en l'année 1800, par sa célèbre *Lettre au président de la Société royale de Londres*, que Volta révéla, pour la première fois, au monde savant, ce prodigieux appareil, qui ne cessera jamais d'être une cause de surprise et d'admiration pour tout homme qui pense et réfléchit sur ce qu'il voit ; cet instrument vraiment miraculeux, qui peut, à volonté, foudroyer un bœuf ou déposer une légère couche d'un métal sur un autre, en respectant ses plus délicates ciselures ; qui peut mettre en mouvement une locomotive sur des rails, ou métalliser les plus fins pétales d'une fleur ; qui peut produire l'effet d'illumination du soleil même, ou parler à l'oreille, à 600 lieues de distance, à travers l'étendue des mers ; qui peut enfin, et par un résultat en apparence contradictoire, servir à l'analyse chimique des corps, en même temps qu'à leur synthèse.

C'est comme instrument d'analyse chimique que la pile de Volta intervint pour établir aux yeux de tous la véritable composition quantitative de l'eau.

A peine la *Lettre de Volta au président de la Société royale de Londres* était-elle rendue publique, que deux expérimentateurs anglais, Nicholson et Carlisle, eurent l'idée de faire arriver dans de l'eau les deux fils métalliques constituant les pôles d'une pile à colonne. Une légère odeur de gaz hydrogène se manifesta aussitôt. Ce simple signe suggéra à Nicholson et à Carlisle la pensée de répéter l'expérience sur de l'eau contenue dans un tube fermé à chacune de ses extrémités par un bouchon de liége, les fils métalliques des extrémités de la colonne traversant, chacun, l'un des bouchons, et étant placés dans cette eau, vis-à-vis l'un de l'autre.

Un dégagement de bulles se fit aussitôt dans l'eau, autour de chacun des deux fils métalliques, en employant pour ces fils un métal non oxydable, tel que le platine. Au bout d'un certain temps, les deux tubes étaient vides d'eau, ou plutôt ils étaient remplis chacun d'un gaz sans couleur, qui n'était autre chose que de l'hydrogène d'un côté, de l'oxygène de l'autre.

Il suffisait de réunir les deux gaz et de les enflammer par une étincelle électrique, pour les voir disparaître, en formant de l'eau.

Ainsi, d'une part, on avait un spectacle qui fut refusé à Lavoisier : celui d'obtenir *à la fois*, et dans des vases séparés, les deux éléments de l'eau, c'est-à-dire les gaz oxygène et hydrogène, et d'autre part, on avait l'avantage de réunir successivement, et avec le moins possible d'embarras ou d'apprêt, deux opérations des plus originales et des plus neuves : la *décomposition* et la *recomposition* de l'eau.

Il serait difficile d'imaginer une expérience aussi importante exécutée d'une manière plus ingénieuse et plus élégante. Et cette expérience c'est l'électricité qui en fait les frais de l'une et de l'autre part. Grâce au courant électrique qui décompose l'eau, la proportion en volume des deux gaz qui constituent l'eau est rendue sensible, et la vérification suit immédiatement la conjecture, puisque en recombinant ces deux volumes de gaz par l'électricité, il ne reste aucun résidu.

Nicholson et Carlisle obtinrent au pôle positif, *soixante-douze* parties en volume, d'oxygène, et au pôle négatif, *cent quarante-trois* parties en volume, d'hydrogène. Ainsi donc, à un grain près sur cent quarante-quatre, les volumes se trouvaient dans le rapport *de un à deux*. Ce rapport fut, en effet, adopté dès lors, et avant même que Gay-Lussac l'eût rigoureusement établi par une autre méthode.

Malheureusement, un accident qui accompagnait cette belle expérience, vint en compliquer les résultats. Nicholson et Carlisle (et dans le même temps Cruikshank ainsi que d'autres observateurs) reconnurent qu'il se développait dans cette expérience autre chose que de l'oxygène et de l'hydrogène. On voyait se former un acide et un alcali ; car les teintures végétales étaient rougies au côté positif et verdies au côté négatif. De là naquirent nombre de discussions confuses, qui élevèrent passagèrement des nuages contre une expérience qui, sans cette circonstance, aurait paru tout à fait décisive.

« La composition de l'eau n'était pas encore universellement admise, écrit M. Dumas; quelques esprits faux s'obstinaient à la nier. Les expériences de Lavoisier l'avaient cependant si nettement établie, que l'on a peine à concevoir les travers dans lesquels tombèrent plusieurs savants à cette occasion. Bref, il fallut un des plus grands génies qui aient cultivé la chimie pour dissiper les nuages qu'avaient fait naître les résultats de l'action de la pile sur l'eau (1). »

(1) *Leçons de philosophie chimique*, in-8. Paris, 1837, page 399, IIe leçon.

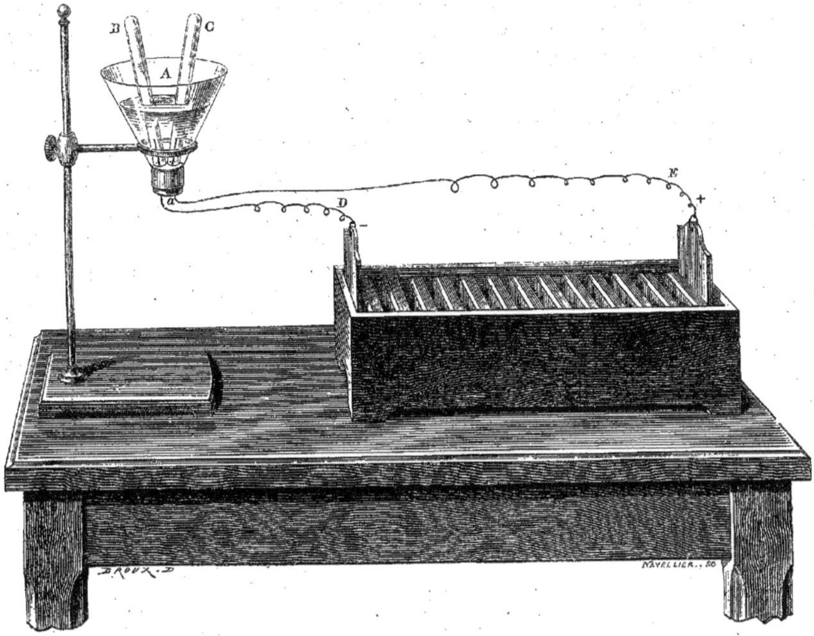

Fig. 11. — Décomposition de l'eau par un courant électrique.

Il semble que l'action de la pile sur l'eau, qui la sépare en ses éléments gazeux, l'oxygène et l'hydrogène, devait mettre immédiatement en évidence les véritables rapports dans lesquels l'hydrogène et l'oxygène se combinent entre eux, pour former de l'eau, rapports qui sont exactement d'un volume de gaz oxygène pour deux volumes de gaz hydrogène. Il n'en fut pas ainsi. Soit que la matière du conducteur électro-positif absorbât toujours une certaine quantité d'oxygène, soit que l'inégale solubilité dans l'eau des gaz oxygène et hydrogène masquât ce rapport simple, on n'arriva jamais, par ce moyen, à mettre bien nettement en évidence ce grand fait naturel que l'eau résulte de la combinaison d'un volume de gaz oxygène et de deux volumes de gaz hydrogène.

Aujourd'hui, on rend cette expérience tout à fait démonstrative en se servant d'un conducteur positif qui ne puisse absorber aucune trace d'oxygène, c'est-à-dire d'un métal inoxydable : le platine. L'instrument s'appelle *voltamètre*. On produit un courant électrique, soit avec une pile à auges, comme le représente la figure 11, soit avec une pile de Bunsen. On dirige ce courant, au moyen de deux fils de cuivre, D, E, dans un entonnoir de verre, A, dont la partie la plus étroite est coupée, et remplacée par un bouchon, *a*, enduit de mastic isolant. Deux fils de platine traversent ce bouchon mastiqué, et servent chacun de pôle terminal de la pile. Chaque fil de platine est recouvert d'une cloche de verre B, C, remplie d'eau, rendue conductrice de l'électricité par l'addition de quelques gouttes d'acide sulfurique. On fait communiquer les fils de platine de l'entonnoir de verre avec les deux fils conducteurs de la pile, mise en activité. Tout aussitôt, l'eau est décomposée : de nombreuses bulles de gaz se dégagent à chaque fil de platine, c'est-à-dire à chaque pôle de la pile, et ces bulles se réunissent dans chacune des cloches, de manière à former, au bout de quelques instants, un volume très-appréciable de gaz. Il est facile de reconnaître, après une certaine durée de l'expérience, qu'il existe un centimètre cube de gaz oxygène, dans la cloche C, qui communique avec le fil positif, E, pour deux centimètres cubes de gaz hydrogène qui existent dans la cloche B, qui recouvre le fil négatif, D.

Cependant, nous le répétons, quand on fit pour la première fois cette expérience, elle était loin d'avoir la netteté qu'elle présente aujourd'hui. Aussi ne fit-elle point naître la conviction dans les esprits.

Le chimiste allemand Richter, avec un appareil qui ressemble beaucoup au *voltamètre* employé aujourd'hui dans les cours et que nous venons de décrire, obtenait d'un côté un volume de gaz oxygène, et de l'autre deux volumes et demi de gaz hydrogène, et l'analyse indiquait que l'oxygène et l'hydrogène n'étaient pas purs. La cause de l'erreur tenait à ce que Richter faisait usage d'un fil

Fig. 12. — Inflammation d'un mélange d'hydrogène et d'oxygène par l'étincelle électrique.

oxydable, comme pôle positif. Aussi le chimiste allemand tirait-il cette conclusion que les gaz obtenus par l'action de la pile étaient plutôt des combinaisons de l'eau et de l'électricité que des gaz hydrogène et oxygène purs. Il fallut le génie de Gay-Lussac pour triompher de la difficulté et démontrer en toute évidence, que l'eau est formée de 1 volume de gaz oxygène et de 2 volumes d'hydrogène, ce qui répond en poids à 88 d'oxygène et à 12 d'hydrogène, pour 100 parties.

C'est en se livrant, avec de Humboldt, à des analyses de l'air, au moyen de l'instrument inventé par Volta et désigné par lui sous le nom d'*eudiomètre*, que Gay-Lussac reconnut que l'oxygène et l'hydrogène se combinent rigoureusement dans les proportions de 2 volumes du premier pour 1 volume du second.

Qu'est-ce que l'*eudiomètre*, au moyen duquel Gay-Lussac fit la découverte qui nous occupe, et sur quel principe cet instrument est-il fondé? L'*eudiomètre*, ainsi nommé parce qu'il fut imaginé par Volta pour apprécier la *pureté* de l'air en dosant la quantité d'oxygène qu'il renferme, et qui est la véritable mesure de sa pureté (du grec εὔδιος, pur), est fondé sur ce fait, que si l'on fait passer une étincelle électrique dans un mélange de gaz oxygène et hydrogène, ces deux gaz se combinent, forment de l'eau, et il se fait une diminution de volume dont le tiers représente exactement la quantité d'oxygène contenue dans le mélange gazeux.

Le mélange d'air et de gaz hydrogène étant introduit dans une cloche A (fig. 12) qui repose sur une cuve à mercure, B, on provoque l'étincelle électrique à l'intérieur de ce mélange, et l'on détermine ainsi la combinaison de l'oxygène et de l'hydrogène. Pour provoquer cette étincelle, on a disposé à l'intérieur de la cloche deux petites tiges métalliques séparées par une faible distance; on approche le plateau métallique C d'un électrophore d'un bouton de cuivre qui fait saillie à l'extérieur de la cloche A, et qui communique avec la tige métallique intérieure, et l'étincelle part entre cette tige et le plateau métallique. Une bouteille de Leyde peut remplacer l'électrophore.

Tel est le principe sur lequel est fondé l'*eudiomètre*.

Dans l'*eudiomètre* construit par Volta et dont Gay-Lussac fit usage, on opère sur l'eau et non sur le mercure. L'instrument a la disposition représentée par la figure 13. Il se compose d'un cylindre A en verre épais, dont les deux extrémités sont fixées par un mastic résineux, à des montures de cuivre ou armatures, R, R', qui sont munies de deux robinets, *c*, *d*, servant à l'introduction des gaz.

Pour faire une analyse de gaz, par exemple pour déterminer la proportion d'oxygène qui existe dans l'air, on plonge entièrement l'*eudiomètre* dans l'eau, après avoir ouvert les robinets *c*, *d*, pour en chasser l'air. Quand l'air est expulsé, on ferme le robinet *d* et l'on retire l'instrument plein d'eau. On fait ensuite passer dans l'intérieur

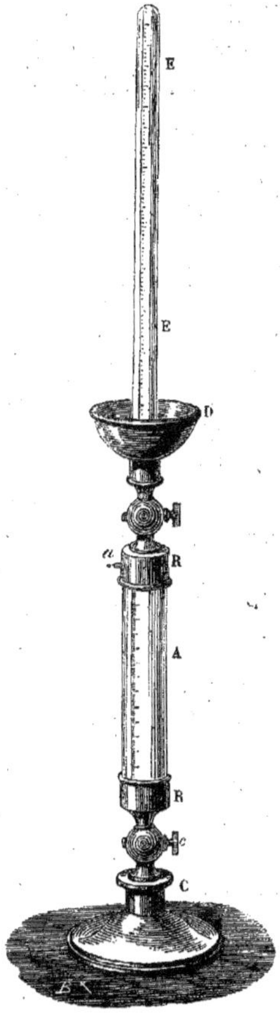

Fig. 13. — Eudiomètre à eau de Volta.

du tube A, le gaz hydrogène et l'air. Le petit entonnoir de cuivre, C, permet de faire passer facilement et sans perte les gaz à l'intérieur du tube A. On a mesuré d'avance ces gaz au moyen du tube EE', tube qui est gradué en parties d'égale capacité représentant des centimètres cubes et des fractions de cette mesure. Ce tube gradué EE' peut être séparé de la cuvette D, sur laquelle on le fixe, quand on le veut, au moyen d'un pas de vis. On fait alors passer l'étincelle électrique à l'intérieur de l'eudiomètre, soit avec l'électrophore, soit avec une bouteille de Leyde, que l'on approche du bouton *a*, dont la tige métallique est renfermée dans un petit tube de verre, afin de l'isoler de la monture de cuivre. L'étincelle électrique éclate au sein du mélange gazeux, entre l'extrémité intérieure de la tige *a* et l'armature métallique qui communique avec le sol, grâce à une languette longitudinale en cuivre, qui est appliquée sur le tube de verre A et fait communiquer les deux armatures avec le sol. Les deux gaz oxygène et hydrogène du mélange gazeux se combinent, par la chaleur de l'étincelle électrique.

Pour connaître les quantités d'oxygène et d'hydrogène qui ont disparu par cette combustion, il suffit de mesurer le résidu gazeux de l'opération. Pour mesurer ce résidu, on le fait passer dans le tube EE′, que l'on a rempli d'eau et vissé sur le fond de la cuvette D, également remplie d'eau. On ouvre le robinet *d′*, et le gaz passe du tube A dans le tube gradué EE′, qui sert à le mesurer.

Tel est l'instrument qui avait reçu de Volta le nom d'*eudiomètre.*

Gay-Lussac le simplifia, tout en le rendant plus exact. Au lieu d'opérer sur l'eau, on opère sur le mercure, ce qui assure plus d'exactitude dans la mesure des gaz, parce que quand on opère sur l'eau, l'air dissous dans l'eau s'en sépare au moment du vide produit dans l'intérieur de l'instrument et vient s'ajouter au résidu gazeux de la combustion.

L'*eudiomètre à mercure de Gay-Lussac*, qui a remplacé l'eudiomètre de Volta, se compose (fig. 14) d'un tube de verre épais, de 22 centimètres de long et de 22 millimètres de diamètre intérieur. Il est fermé en haut par une armature de cuivre fortement mastiquée, à travers laquelle passe une tige de fer, terminée à chacune de ses extrémités par un bouton, *c*, *b*. Un fil de fer contourné en spirale, *de*, aussi long que le tube lui-même et terminé par une boule *d*, est introduit dans l'instrument au moment de l'expérience, et en le plaçant de manière qu'il y ait peu de distance entre la boule *d* qui termine le fil et le bouton *c*. Le fil *de* communique avec le sol par le mercure de la cuve, de sorte que l'étincelle électrique jaillit entre les boules *c* et *d*, si l'on touche la boule *b* avec le plateau d'un électrophore, ou avec une bouteille de Leyde chargée.

Quand on veut se servir de cet eudiomètre, on retire la spirale de fer *ed*, on remplit l'instrument de mercure, et l'on y introduit le mélange gazeux, mesuré avec soin. On fait

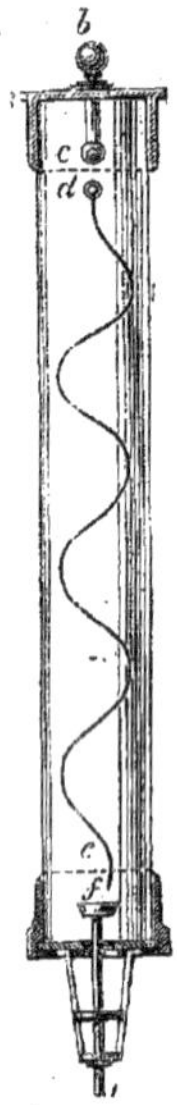

Fig. 14. — Eudiomètre à mercure de Gay-Lussac.

passer ensuite le fil métallique, *de*, jusqu'à ce qu'il se trouve à quelques millimètres de la boule *c*. Le mélange gazeux doit remplir à peu près le tiers du tube.

On ferme alors l'ouverture intérieure de l'instrument avec un bouchon à vis, *f*, afin d'éviter que les gaz qui se dilatent au moment de la combustion, ne sortent de l'appareil, et l'on fait passer l'étincelle électrique. Cette étincelle ayant enflammé le mélange, on ouvre la soupape *f*, et le mercure remonte, pour remplir le vide formé. Il ne reste qu'à mesurer le résidu de la combustion. Pour cela on fait passer le gaz resté dans l'eudiomètre, dans un tube gradué, et l'on compare son volume à celui du mélange gazeux avant la combustion.

En 1805, Gay-Lussac et de Humboldt résolurent d'exécuter des analyses de l'air avec l'eudiomètre de Volta. Mais avant de se servir de cet instrument, Gay-Lussac voulut le soumettre à une analyse approfondie, pour savoir quel degré de confiance il devait lui accorder.

Quel volume de gaz hydrogène faut-il employer pour faire disparaître exactement, en produisant de l'eau, un volume donné de gaz oxygène ? Telle est la question que Gay-Lussac se proposa d'abord de résoudre. Après divers tâtonnements, il arriva à se convaincre qu'il fallait employer exactement 1 volume de gaz oxygène, pour brûler, sans résidu, 2 volumes de gaz hydrogène.

Ainsi fut acquise cette grande vérité que les gaz oxygène et hydrogène se combinent dans un rapport simple, c'est-à-dire 1 volume du premier pour 2 volumes du second. C'était là une des plus grandes lois naturelles qu'il eût été donné jusque-là à l'homme de découvrir.

Comme toute grande vérité engendre toujours d'autres vérités tout aussi importantes et de même ordre, la découverte de Gay-Lussac eut une conséquence des plus remarquables : elle généralisa le principe de la simplicité de la combinaison des gaz. Soupçonnant, d'après le rapport exact de 100 volumes de gaz oxygène pour 200 d'hydrogène qui constituent l'eau, que les autres gaz pouvaient également se combiner dans des rapports simples, Gay-Lussac étudia, au même point de vue, d'autres gaz. Il mit en présence 100 volumes de chlore et 100 volumes d'hydrogène, 100 volumes de gaz acide carbonique et 200 volumes de gaz ammoniac, et trouva que la combinaison avait lieu, avec ces nouvelles substances, suivant des rapports simples en volume.

Gay-Lussac alla plus loin encore, car il trouva que la diminution de volume qu'éprouvent les deux gaz hydrogène et oxygène, quand ils se combinent pour former de l'eau, est en rapport simple avec le volume des gaz ou avec l'un des deux gaz qui entrent en combinaison. En effet deux volumes de gaz hydrogène en se combinant à un volume d'oxygène, donnent exactement deux volumes de vapeur d'eau.

Fig. 15. — Berzélius.

Ces deux faits généralisés, à savoir la simplicité des rapports des volumes des gaz, quand ils se combinent entre eux, et la simplicité des rapports des volumes du gaz ou de la vapeur du produit formé avec le volume des gaz qui composent ce produit, ont été le point de départ des théories moléculaires de la chimie moderne. La théorie des proportions définies, et la théorie atomique reposent sur ces faits fondamentaux. Il est donc permis de dire que le travail fait par Gay-Lussac en 1805 sur la composition, en volumes, de la vapeur d'eau, a été le point de départ des théories de la chimie moderne.

Il semblait qu'étant connus la nature des gaz qui constituent l'eau et les rapports dans lesquels ces gaz se combinent, on pouvait en déduire les quantités en poids d'oxygène et d'hydrogène qui composent l'eau, d'après la densité de ces deux gaz. Mais la chimie est une science rigoureuse; elle ne se contente pas de déductions, quand elle peut arriver à un résultat direct. On voulut donc, au lieu de calculer simplement la composition pondérale des éléments de l'eau, par le volume des gaz oxygène et hydrogène et la densité de ces gaz, déterminer directement, c'est-à-dire par l'expérience, les quantités en poids d'oxygène et d'hydrogène qui sont nécessaires pour former de l'eau.

Cette tâche nouvelle fut remplie par Berzélius, le grand chimiste suédois qui, jeune alors, s'était rendu à Paris, pour s'y livrer à l'étude des sciences. Dulong, chimiste et physicien français d'un rare mérite, ouvrit son laboratoire à Berzélius, et les deux savants se réunirent pour faire cette détermination.

Le moyen dont Berzélius et Dulong se servirent pour déterminer les quantités en poids d'hydrogène et d'oxygène qui concourent à former l'eau, consista à réduire de l'oxyde de cuivre, à chaud, par un courant de gaz hydrogène.

Si l'on prend un poids connu d'oxyde de cuivre, qu'on le place dans un ballon de verre, qu'on chauffe l'oxyde de cuivre contenu dans ce ballon jusqu'au-dessous du rouge, et qu'on fasse passer dans le ballon, de l'hydrogène gazeux, l'oxyde de cuivre est réduit, c'est-à-dire que l'hydrogène s'empare de son oxygène, pour former de l'eau, et que le cuivre reste à l'état métallique. L'eau formée par la réduction de l'oxyde de cuivre, est à l'état de vapeur; cette vapeur vient se condenser dans un petit tube plein de chlorure de calcium, qui fait suite au ballon. Si, d'une part, on pèse l'eau ainsi formée et condensée dans le tube à chlorure de calcium, et d'autre part, si l'on détermine la perte de poids qu'a subie l'oxyde de cuivre, qui a cédé son oxygène, on a, par la perte de poids de l'oxyde de cuivre, la quantité d'oxygène fournie par cet oxyde, et qui est passée dans l'eau recueillie. En défalquant le poids de l'oxygène du poids de l'eau recueillie, on a la quantité d'hydrogène existant dans cette eau.

Cette méthode était très-appropriée à la détermination qu'il s'agissait d'exécuter. Elle était certainement plus exacte que celle dont avaient fait usage Lavoisier et Laplace, Lavoisier et Meusnier, puis Fourcroy, Seguin et Vauquelin. En effet, une analyse chimique faite au moyen des gaz, comporte beaucoup de causes d'erreurs. S'il est facile de mesurer un gaz, remonter de son volume à son poids réel, présente beaucoup de difficultés, par l'incertitude des données que nous possédons sur la dilatation, sur la pesanteur spécifique, sur l'humidité de ce gaz. La méthode imaginée par Berzélius et Dulong mettait les expérimentateurs à l'abri de toutes causes d'erreurs inhérentes à la pesée des gaz, puisque tout se réduisait à peser deux fois un ballon de verre contenant l'oxyde de cuivre, et à peser deux fois le tube contenant le chlorure de calcium.

Cette nouvelle méthode était la conséquence des progrès que la chimie avait faits depuis Lavoisier et Laplace, depuis Fourcroy, Seguin et Vauquelin; mais il faut reconnaître également que la méthode de Lavoisier et Laplace était bien plus frappante, et de nature à saisir bien plus vive-

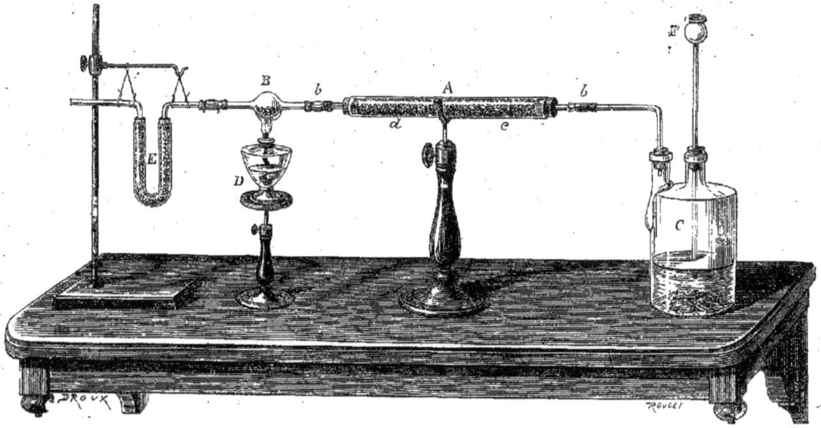

Fig. 16. — Appareil de Berzélius et Dulong pour la synthèse de l'eau au moyen de l'oxyde de cuivre.

ment l'esprit des savants contemporains et celui du vulgaire. Entachée de causes d'erreurs, pour obtenir un résultat numérique tout à fait exact, cette méthode fut un chef-d'œuvre au point de vue de la démonstration générale du problème.

Berzélius et Dulong opéraient de la manière suivante. Le gaz hydrogène était préparé par l'action de l'acide sulfurique étendu d'eau sur le zinc. Le gaz se purifiait en passant à travers un tube dont la première partie renfermait des fragments de potasse caustique légèrement mouillée, et la seconde partie renfermait du chlorure de calcium, qui la privait de son humidité. Il arrivait ainsi, purifié et sec, en présence de l'oxyde de cuivre, renfermé dans un tube de verre qui était lié à l'appareil, par deux joints de caoutchouc, ce qui permettait d'en prendre le poids très-exactement avant et après l'expérience. Lorsque le gaz hydrogène avait passé en quantité suffisante pour chasser l'air atmosphérique, on chauffait l'oxyde de cuivre avec une lampe à esprit-de-vin. L'eau formée était recueillie dans un tube recourbé en forme d'U, et contenant du chlorure de calcium. L'augmentation de poids du tube contenant ce chlorure, pesé avant et après l'expérience, donnait la quantité d'eau formée par la réduction de l'oxyde de cuivre. La diminution de poids du tube contenant l'oxyde de cuivre donnait la quantité d'oxygène existant dans l'eau formée.

La figure 16 représente l'appareil dont se servirent Berzélius et Dulong. L'hydrogène se produit dans le flacon C. A est le tube contenant d'abord la potasse caustique, *e*, ensuite du chlorure de calcium, *d*, destinés à dessécher le gaz. Ce tube est attaché à l'appareil par deux petits joints de caoutchouc, *b*,*b*. B est le ballon contenant l'oxyde de cuivre ; D, la lampe à esprit-de-vin ; E, le tube en U contenant du chlorure de calcium, dans lequel se condense l'eau formée.

Berzélius et Dulong ne firent que trois expériences. La moyenne de ces trois expériences donna, pour la composition de l'eau :

Oxygène....................	88,9
Hydrogène..................	11,1

Si l'on veut représenter sous la forme d'équivalents chimiques la composition de l'eau, d'après Berzélius et Dulong, on trouve que 12,488 est l'équivalent chimique de l'hydrogène, celui de l'oxygène étant 100.

C'est en 1820 que fut exécutée cette analyse de l'eau, qui fit époque dans l'histoire de la science. Vingt-deux ans après, M. Dumas qui, par ses grands travaux, autant que par ses brillantes et éloquentes leçons à la Sorbonne et à la Faculté de médecine de Paris, attirait à lui l'admiration du monde savant et la foule des élèves, reprenait la question de la composition de l'eau, et répétait l'expérience de Berzélius.

En employant la même méthode, mais en faisant usage d'un appareil beaucoup plus précis, M. Dumas arriva à opérer dans le nombre obtenu par Berzélius, une correction, faible sans doute si l'on ne regarde qu'au chiffre, mais d'une importance fondamentale, si l'on considère l'idée neuve et

Fig. 17. — Dumas.

pleine d'avenir qu'elle introduisit dans la science.

Un chimiste anglais, le docteur Prout, réfléchissant sur les nombres que nous appelons *équivalents chimiques*, et qui représentent les quantités en poids suivant lesquelles les corps simples se combinent entre eux, avait très-judicieusement pensé que les nombres représentant les équivalents chimiques des corps seraient d'autant plus commodes à retenir et à employer dans la pratique, qu'ils seraient plus petits. Il avait donc proposé de rapporter ces nombres, non comme on l'avait fait jusqu'alors, à l'oxygène pris pour unité, mais au corps ayant le plus faible équivalent, c'est-à-dire à l'hydrogène pris pour unité. En dressant ce tableau, Prout avait reconnu que plusieurs équivalents chimiques de corps simples étaient des nombres entiers, c'est-à-dire qu'ils étaient un multiple exact de l'équivalent de l'hydrogène pris comme 1.

Il résultait de là ce grand fait, bien digne des méditations de tout homme qui réfléchit sur les grandes questions de la philosophie naturelle, que les quantités en poids des corps qui entrent en combinaison, autrement dit les *équivalents chimiques*, pourraient bien être la même matière à différents degrés de condensation. Puisque les corps simples ou composés se combinent en quantités doubles, triples, quadruples, etc., les uns avec les autres, on pourrait croire que c'est la même matière qui, à différents états de condensation, produit tous les corps simples ou composés. Dans tous les cas, les équivalents chimiques procédant par nombres rigoureusement entiers, ce n'était pas là une conception indifférente, tant pour la théorie que pour la pratique.

Berzélius, dans ses *Rapports annuels sur les progrès de la chimie*, ouvrage dans lequel il soumettait à une critique si sévère les travaux de ses contemporains, avait traité très-légèrement ces considérations. Comme les équivalents chimiques qu'il avait donnés n'étaient pas d'accord avec l'idée de Prout, il n'avait pas voulu les admettre.

M. Dumas ne jugea pas les choses aussi sommairement. C'est en partie pour vérifier l'idée du docteur Prout que cet illustre savant a consacré les plus belles années de sa carrière scientifique à reprendre les équivalents chimiques des corps, et qu'il a fait dans ce genre de recherches, un grand nombre d'expériences ingrates et difficiles, mais d'une portée théorique immense. C'est dans ce but, notamment, qu'en 1842, il voulut reprendre l'analyse de l'eau par la méthode de Berzélius.

L'appareil dont M. Dumas se servit pour déterminer la composition pondérale de l'eau, est resté célèbre dans l'histoire de la chimie contemporaine. Il n'est pas d'élève ayant suivi les cours publics de chimie à Paris ou dans nos départements, qui n'ait vu et qui ne connaisse ce long système de tubes que nous représentons ici (fig. 18) et qui est la reproduction exacte de l'*appareil de M. Dumas pour la synthèse de l'eau.*

Comme nous le disions plus haut, la méthode suivie par M. Dumas pour la formation artificielle de l'eau et la pesée de ses éléments, est la même que Berzélius et Dulong avaient inventée et mise en œuvre en 1820. Seulement, les précautions pour la réussite étaient plus rigoureuses et le gaz hydrogène beaucoup mieux purifié. Au lieu de trois expériences seulement dont s'étaient contentés Berzélius et Dulong, M. Dumas fit dix-neuf déterminations, et tandis que ses prédécesseurs n'avaient obtenu que 30 grammes et demi d'eau, M. Dumas en fabriqua près d'un kilogramme, ce qui répartissait sur une quantité trente fois plus forte les causes d'erreur qui auraient pu se produire.

Le principe de la méthode était donc toujours la réduction de l'oxyde de cuivre par l'hydrogène. La diminution de poids de l'oxyde de cuivre représentait le poids de l'oxygène entrant dans la composition de l'eau recueillie ; la différence entre ce poids et celui de l'eau obtenue représentait l'hydrogène.

L'appareil de M. Dumas pour la synthèse de l'eau se compose de deux parties.

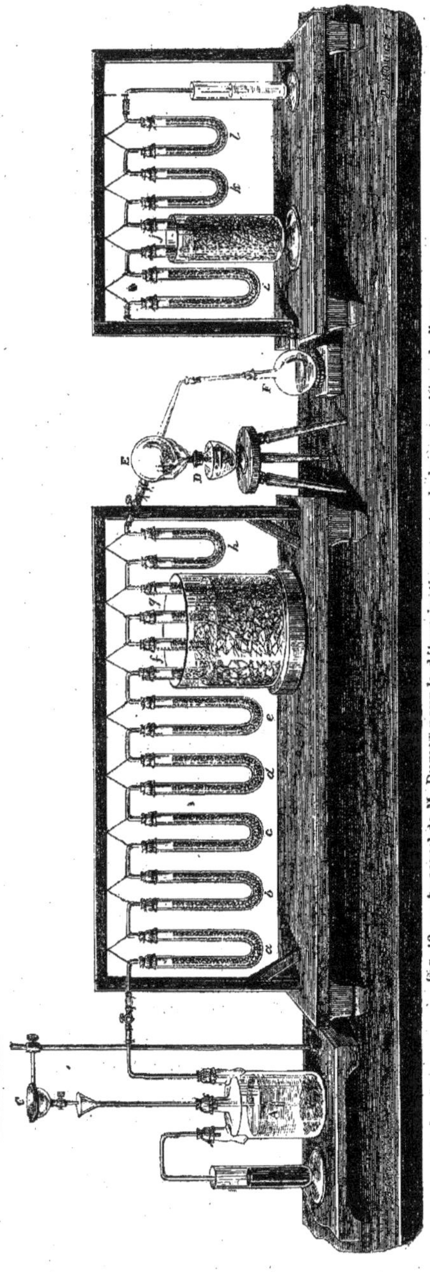

Fig. 18. — Appareil de M. Dumas pour la détermination exacte de la composition de l'eau

La première sert à purifier le gaz hydrogène mieux que ne l'avaient fait Berzélius et Dulong. En effet, ces deux chimistes, ne s'étant préoccupés que de l'hydrogène sulfuré qui se produit presque toujours quand on prépare l'hydrogène avec le zinc et l'acide sulfurique, n'avaient purifié ce gaz qu'avec la potasse caustique. Mais M. Dumas avait constaté que l'hydrogène peut contenir de l'hydrogène arsénié, de l'acide sulfureux et des oxydes d'azote, composés qui peuvent modifier les résultats de l'expérience. Préparé dans le flacon A, au moyen de l'acide sulfurique et du zinc, le gaz hydrogène se purifie donc dans la première partie de l'appareil. Il traverse d'abord une série de tubes recourbés en forme d'U et contenant successivement : *a*, des fragments de verre humectés d'une solution d'azotate de plomb ; *b*, des fragments de verre humectés de sulfate d'argent ; *c*, de la pierre ponce humectée d'une solution de potasse pure ; *d*, *e*, des fragments de potasse rougie ; *f*, *g*, de la pierre ponce en fragments grossiers, saupoudrés d'acide phosphorique anhydre (entourés d'un mélange réfrigérant). *h* est le *tube témoin* contenant de la pierre ponce et de l'acide phosphorique anhydre.

C'est ainsi que le gaz hydrogène est débarrassé des acides sulfhydrique et sulfureux, de l'hydrogène arsénié ou même phosphoré, enfin des oxydes de l'azote et de la vapeur d'eau.

La seconde partie de l'appareil se compose du ballon, E, contenant l'oxyde de cuivre à réduire que l'on chauffe au moyen d'une lampe à alcool, D. Ce ballon se termine par un long col effilé et il est garni d'un robinet, *m*, qui permet de régler l'arrivée du gaz hydrogène. A l'autre extrémité du ballon E, existe une pointe effilée et recourbée qui pénètre dans le deuxième ballon, F, où vient se condenser la plus grande partie de l'eau formée. Le col de ce deuxième ballon est rempli de chlorure de calcium, destiné à retenir la vapeur d'eau entraînée par le gaz hydrogène en excès.

Une nouvelle série de tubes en U, *i*, *k*, *l*, contenant de la potasse caustique, de l'acide phosphorique anhydre, enfin de l'acide sulfurique, terminent l'appareil. On a déterminé à l'avance le poids de ces derniers tubes, on connaît donc, en les pesant après l'expérience, la quantité d'eau qui s'y est arrêtée. Le ballon contenant l'eau condensée et les tubes desséchants, étant pesés avant et après l'expérience, leur augmentation de poids indique très-exactement la quantité d'eau qui s'est produite par la réduction de l'oxyde de cuivre.

C'est dans cet appareil que l'on vit installé, pour la première fois, le système aussi élégant qu'ingénieux que M. Dumas a appelé *tube témoin*. Dans une expérience où il s'agit d'obtenir de l'eau, il est évident qu'il ne faut pas permettre que la plus petite goutte d'eau étrangère pénètre dans l'appareil ; de même qu'il faut recueillir absolument toutes celles qui peuvent prendre naissance dans la réaction. Si ces deux conditions sont bien remplies, l'expérience sera d'une valeur irréprochable. Les *tubes témoins* donnent cette garantie. On voit, d'après la figure 18, que M. Dumas plaçait à la suite de tous les tubes traversés par l'hydrogène pour purifier et dessécher ce gaz, avant qu'il pénétrât dans le ballon E, contenant l'oxyde de cuivre, un petit tube en U, le tube *h*, léger et rempli d'acide phosphorique anhydre, corps extrêmement avide d'eau, et qu'un autre tube semblable, *l*, était placé à l'extrémité de l'appareil, après le dernier tube desséchant destiné à condenser l'eau qui s'était formée. Il est évident que si le poids de ces deux tubes, constaté avec la plus grande exactitude à un demi-milligramme près, au commencement de l'expérience, n'a pas varié pendant toute sa durée, on est certain que le gaz qui pénétrait dans le tube à oxyde de cuivre était bien sec et que le gaz qui sortait de l'appareil était également parfaitement desséché. Pas une trace d'eau n'est entrée dans le ballon à oxyde de cuivre, pas une trace d'eau n'est sortie des appareils condenseurs; les deux petits tubes à acide phosphorique en sont *témoins :* de là leur nom.

Quelques lignes extraites du mémoire de M. Dumas, feront comprendre quelles étaient les difficultés de ce genre d'expériences, et les fatigues qu'elles imposaient à l'opérateur.

« L'appareil étant disposé, dit M. Dumas, l'opération est mise en marche. L'oxyde de cuivre étant chauffé au rouge sombre, la réduction commence et l'eau ruisselle bientôt en abondance ; mais au bout de quelques heures la formation d'eau se ralentit, et ce n'est qu'après dix ou douze heures que l'opération est terminée. Il n'est pas facile, par conséquent, de consacrer moins de seize à dix-huit heures à l'exécution de chaque expérience, abstraction faite des dispositions préliminaires qui m'ont coûté deux ou trois jours de soins.

« Si j'ajoute que j'ai obtenu dans mes diverses expériences plus d'un kilogramme d'eau, que c'est le produit de dix-neuf opérations; qu'enfin, en comptant celles qui ont échoué par accident, je n'ai pas fait moins de quarante ou cinquante expériences semblables, on pourra se faire une idée juste du temps et de la fatigue que cette détermination m'a coûtés.

« Il faut même ajouter que la durée nécessaire de ces opérations, en m'obligeant à prolonger le travail fort avant dans la nuit, en plaçant les pesées vers 2 ou 3 heures du matin dans la plupart des cas, constitue une cause d'erreur réelle. Je n'oserais pas affirmer que de telles pesées méritent autant de confiance que si elles avaient été exécutées dans des circonstances plus favorables et par un observateur moins accablé de la fatigue inévitable après quinze ou vingt heures d'attention soutenue.»

M. Dumas arriva, par cette série d'expériences, à reconnaître que l'eau est formée, en centièmes, de :

Oxygène	88,888
Hydrogène	11,112
	100,000

ou, en équivalents chimiques :

Oxygène	100
Hydrogène	12,50

Berzélius avait trouvé, ainsi que nous l'avons dit :

Oxygène	88,9
Hydrogène	11,1
	100,0

ou, en équivalents chimiques :

Oxygène	100
Hydrogène	12,48

Cette correction apportée au nombre de Berzélius, faible en apparence, eut pour résultat de prouver que l'équivalent chimique de l'oxygène était un multiple exact de celui de l'hydrogène ; car si l'on prend l'hydrogène comme unité, on trouve, d'après la composition de l'eau donnée par M. Dumas, que l'équivalent chimique de l'oxygène est 8, celui de l'hydrogène étant 1; en d'autres termes, que 9 grammes d'eau contiennent 8 grammes d'oxygène et 1 gramme d'hydrogène.

La loi de Prout reçut ainsi une confirmation éclatante, et cette confirmation ne fit que s'accroître. C'est, en effet, à partir de ce moment que l'on a corrigé plusieurs équivalents de corps simples à la suite d'analyses et de déterminations nouvelles de ces équivalents. Aussi l'idée de Prout de dresser une liste des équivalents des corps simples, en prenant pour unité l'hydrogène, est-elle aujourd'hui adoptée sans réserve en Angleterre, et en partie en France. On peut voir dans les tableaux des équivalents chimiques qui couvrent le mur de l'amphithéâtre des cours de chimie à la Sorbonne, la liste des équivalents chimiques dressée d'après l'unité de l'équivalent de l'hydrogène.

En résumé, c'est M. Dumas qui a fixé avec précision les rapports exacts en poids suivant lesquels l'oxygène et l'hydrogène se combinent pour former l'eau.

Du reste, quelques mois plus tard, deux chimistes allemands, MM. Erdmann et Marchand, arrivaient, en suivant la méthode d'expérience de M. Dumas, ou plutôt en répétant ses expériences, aux nombres mêmes qu'avait trouvés l'illustre chimiste français.

CHAPITRE III

LES DIFFÉRENTS ÉTATS DE L'EAU : L'EAU SOLIDE ; — LA NEIGE. — PROPRIÉTÉS PHYSIQUES DE LA NEIGE. — FORMES CRISTALLINES DE LA NEIGE. — LA NEIGE ROUGE. — LES GRANDES CHUTES DE NEIGE. — LES AVALANCHES. — LES NEIGES PERPÉTUELLES ET LEURS LIMITES.

Comme tous les corps de la nature, l'eau affecte les trois états : solide, liquide et gazeux, et chacun de ces trois états nous est familier, car l'eau solide, liquide ou en vapeur, se trouve sous nos yeux, et devient la source d'une foule d'applications industrielles. Nous allons donc étudier l'eau sous chacun de ces trois états solide, liquide et gazeux, ou vapeur, en commençant par l'eau solide.

L'eau solide constitue différentes variétés physiques, qui sont: 1° la neige, 2° la glace, 3° la grêle, 4° la gelée blanche, 5° le grésil, 6° le verglas.

Neige. — La neige est de l'eau solide formée au sein de l'atmosphère. L'atmosphère renferme, outre l'oxygène, l'azote et le gaz acide carbonique, une certaine quantité d'eau, qui s'y trouve, soit à l'état de vapeur proprement dite, soit à l'état *vésiculaire.* Ce dernier nom sert à indiquer un état physique intermédiaire entre l'eau liquide et l'eau en vapeur. C'est l'*eau vésiculaire* atmosphérique qui, passant à l'état solide, sous l'influence du froid, constitue la neige, laquelle, une fois formée, tombe, en vertu de son poids, à la surface de la terre.

L'eau vésiculaire en passant à l'état solide, constitue de petites aiguilles prismatiques, fines et déliées, qui se soudent entre elles pendant leur chute. En même temps, elles emprisonnent entre leurs particules une certaine quantité d'air.

La forme cristalline de la neige donne la forme exacte des cristaux de l'eau solide. Quand on regarde la neige dans son état ordinaire, on est porté à croire qu'elle n'est qu'un agrégat confus de parties solides; mais, armez votre œil du miscroscope, et vous reconnaîtrez, non sans surprise, que la neige a une véritable structure cristalline. La variété de formes géométriques de la neige est un des plus curieux spectacles que présente la nature. La neige est formée par la réunion de cristaux groupés symétriquement, et affectant une diversité infinie d'aspects et de figures. Bien que les figures formées par ces cristaux soient excessivement variées, on peut reconnaître que leur disposition géométrique est toujours la même. Elles se composent presque toujours de six branches groupées symétriquement, les aiguilles s'insérant sur la même angle de 60 ou de 120°. Une cristallisation de neige est donc presque toujours formée de la réunion de six aiguilles ou de six branches, formant un angle de 60 ou de 120°, sur lesquelles d'autres aiguilles, plus courtes, s'appliquent sous le même angle. De là résulte une variété infinie d'aspects dans les cristaux de neige vus au microscope. Ces élégantes fleurs cristallines changent sous les yeux de l'observateur, comme changent les images du *kaléidoscope.* Ce sont des étoiles, des rameaux, des corolles, à l'aspect infiniment varié, mais toujours régulier et géométrique.

Pour observer les cristaux de neige, il suffit de recevoir la neige, au moment de sa chute, sur un objet de couleur sombre, que l'on maintient froid en l'entourant de glace. Le microscope permet alors d'examiner sa structure.

Il y a longtemps que l'état cristallin de la neige a été constaté, mais ce n'est que depuis la découverte des lois de la cristallographie que l'on a pu s'expliquer les formes si singulièrement variées de ses cristaux. Malgré leur grande variété, on peut ramener la structure de ces cristaux à une loi unique.

Le navigateur anglais William Scoresby a donné, dans son ouvrage sur les *Mers du Nord*, le dessin d'un grand nombre de figures géométriques de la neige vue au micro-

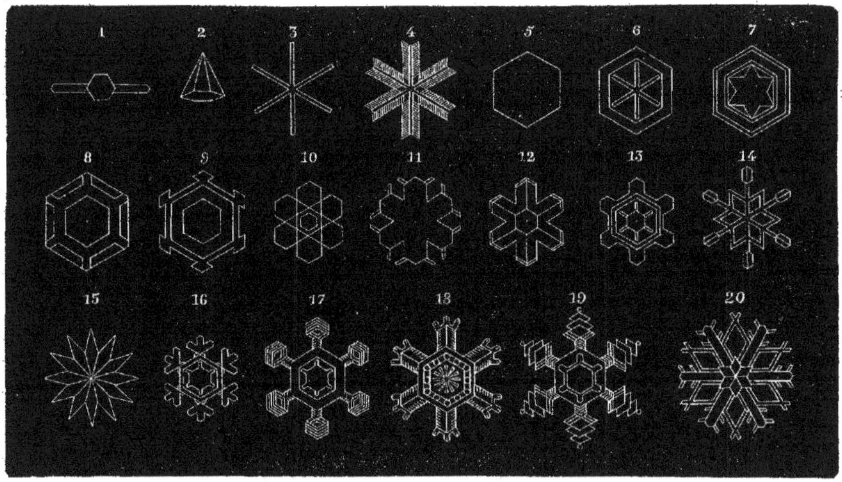

Fig. 19. — Formes cristallines de la neige, d'après Scoresby.

1, noyau traversé par une aiguille cristalline; 2, pyramide à six faces; 3 et 4, étoiles à six rayons; 5 à 11, hexaèdres réguliers; 12 à 16, différentes combinaisons d'hexaèdres; 17 à 20, figures hexaédriques avec rayons et angles saillants.

scope, figures qu'il avait tracées pendant ses nombreuses stations dans les mers polaires. La figure 19 représente, d'après l'Atlas de l'ouvrage de William Scoresby, les variétés les plus remarquables de la cristallisation de la neige. Le nombre total de figures que Scoresby a dessinées est de 96; mais d'autres observateurs ont dessiné beaucoup d'autres formes. Comment ne pas admirer la puissance de la nature qui, avec un corps de si petit volume, peut créer tant de formes diverses, sans sortir des mêmes figures géométriques?

C'est par un temps calme et sans brouillard qu'on peut admirer, avec le secours du microscope, les cristaux de neige dans toute leur beauté. Avec la brume, les cristaux sont ordinairement inégaux, opaques; il semble qu'un grand nombre de particules se soient solidifiées à leur surface, sans avoir eu le temps de s'unir intimement aux molécules cristallines. Si le vent souffle, les cristaux sont brisés et irréguliers; on trouve alors des grains arrondis composés de rayons inégaux. Dans les Alpes et en Allemagne, on voit souvent tomber des cristaux de neige parfaitement symétriques. Le vent s'élève-t-il, ce sont des grains de la grosseur de ceux de millet ou de petits pois, ou bien des corps ayant la forme d'une pyramide dont la base est une calotte sphérique.

Plus il fait froid, moins il se forme de neige, par la raison que, quand la température de l'air est très-basse, il n'y a plus dans l'atmosphère que très-peu de vapeur d'eau. Sous la latitude de Paris, la neige tombe surtout lorsque le vent du midi souffle, parce que l'air qui arrive du sud est chaud, et par conséquent chargé de vapeur d'eau. Cette vapeur se condense sous forme de neige, lorsqu'elle vient à rencontrer, sous notre ciel, les vents froids qui descendent du nord.

La neige, avons-nous dit, emprisonne une notable quantité d'air atmosphérique. Aussi voit-on de l'air se dégager, quand on recueille l'eau liquide provenant de sa fusion. C'est l'interposition des bulles d'air entre les molécules de la neige qui, divisant à l'infini ses molécules, produit la blancheur extraordinaire de la neige, blancheur qui, par son éclat et sa pureté, surpasse tout ce qui existe dans la nature.

On a cru longtemps, sur la foi des expériences de Théodore de Saussure, que l'air emprisonné entre les particules de la neige est moins riche en oxygène que l'air ordinaire. Bischoff avait même dit que l'air extrait de la neige des Alpes ne contenait que 10 pour 100 d'oxygène, au lieu de 21 pour 100, sa proportion normale. M. Boussingault a prouvé que l'air qui se dégage au moment de la fusion de la neige renferme la même quantité et quelquefois même une plus grande quantité d'oxygène que l'air ambiant.

La neige n'emprisonne pas seulement de l'air; elle s'empare des matières salines et autres qui flottent dans l'atmosphère. M. Boussingault a trouvé dans l'eau provenant de la fusion de la neige tombée à Paris 7 milligrammes d'ammoniaque par litre, et 1 milligramme d'acide azotique. M. Meyrac a trouvé dans la même eau, des chlorures, de la matière organique et de légères traces d'iode.

On sait qu'à mesure que l'on s'élève dans l'atmosphère, les matières étrangères en suspension y diminuent de quantité. Aussi la neige est-elle d'autant plus pure qu'elle est recueillie à de plus grandes hauteurs. Le naturaliste François Pouchet, de Rouen, recueillant l'eau provenant de la fusion de la neige à différentes hauteurs et en diverses localités, a trouvé que dans les plaines des environs des grandes villes, la neige renferme beaucoup de corpuscules organiques ou minéraux, composés des vestiges de tout ce qui est employé par la civilisation, à savoir: de la fécule, des parcelles de pain, des filaments de tissus, du charbon, des débris de nos habitations, ainsi qu'une faible proportion de matières minérales provenant du sol. A la hauteur des glaciers, c'est-à-dire à 4,000 mètres environ, la neige ne contient que des corpuscules composés des débris du sol environnant et de fragments de végétaux, mais il n'y existe presque plus de débris de vêtements ni d'aliments. Enfin, sur la cime des plus hautes montagnes, comme sur le mont Blanc, la neige est d'une pureté parfaite: le liquide provenant de sa fusion est parfaitement incolore et ne laisse apercevoir que des phosphates et de rares débris provenant des roches environnantes.

M. Eugène Marchand a fait l'analyse chimique de l'eau provenant de la fusion de la neige. Ce chimiste a trouvé, sur 1 litre (1 kilogramme) d'eau de neige, recueillie à Fécamp:

Chlorure de sodium.........	0gr,017037
— de magnésium......	traces.
Iodure et bromure alcalins....	traces.
Bicarbonate d'ammoniaque...	0,001290
Nitrate d'ammoniaque........	0,001447
Sulfate de soude anhydre.....	0,015627
— de magnésie..........	traces.
— de chaux.............	0,000877
Matière organique animalisée contenant du fer et du calcium......................	0,023840
Eau pure..................	999,039876
	1,000,000,000

Si l'on dépose à la surface de la neige un morceau d'étoffe noire et un autre d'étoffe blanche, la neige fond sur l'étoffe noire et ne fond pas sur l'étoffe blanche. Cela tient à la différence du pouvoir absorbant pour le calorique des corps différemment colorés. Les corps blancs réfléchissent beaucoup de chaleur et en absorbent peu; au contraire, les corps noirs réfléchissent très-peu et absorbent beaucoup de chaleur. Aussi, les habitants des montagnes, quand ils veulent accélérer la fonte des neiges, sont-ils dans l'usage de répandre de la terre noire à leur surface.

Nous avons dit que la couleur blanche de la neige est sans égale dans la nature, par l'éclat et la pureté de sa teinte. Il faut cependant ajouter que la neige peut présenter, exceptionnellement, une autre coloration. Elle peut revêtir une teinte rougeâtre ; de sorte qu'à certaines époques de l'année, les montagnes semblent avoir revêtu un manteau de pourpre.

Les navigateurs ont trouvé de la neige rouge au Groënland, au Spitzberg, dans la Nouvelle-Shetland et dans beaucoup d'autres localités montagneuses. Dans les Alpes, on voit assez souvent de la neige rouge ; elle est fréquente, par exemple, au mont Saint-Bernard. Les capitaines Scoresby, Ferry et Ross ont trouvé, sur les glaces du pôle austral, de la neige rouge orangé et de couleur saumon.

De Candolle fit, à Genève, une comparaison entre la substance colorante des neiges polaires du Nord et celle qui colore la neige du mont Saint-Bernard. Wollaston, Prevost, Thenard, etc., ont donné diverses explications de ce même phénomène, dont la cause est aujourd'hui parfaitement connue.

Le lieutenant de marine, Francis Bauer, a découvert, le premier, que la matière qui colore en rouge les neiges des mers polaires est un très-petit champignon du genre *Uredo* (*Uredo nivalis*) et de Candolle a reconnu le même champignon sur les neiges du mont Saint-Bernard. Ce champignon rouge ne vit et ne fructifie que sur la neige. M. Bauer a reconnu que l'*Uredo nivalis*, étant plongé dans l'eau ordinaire, s'accroît jusqu'à maturité, mais qu'il reste incolore. Si on le place alors sous la neige, il devient rouge, ce qui prouve que sa fructification ne peut se faire que dans ce milieu froid. »

Au reste, Pline savait déjà qu'il existe de la neige rouge. Il dit en parlant de la neige « *Ipsa nix vetustate rubescit* (1).

Il faut ajouter que la teinte rouge ou rosée de la neige, peut être produite par des sables et des matières terreuses et ocreuses, c'est-à-dire colorées par l'oxyde de fer. Pendant les nuits, si froides, du mois de février 1870, il tomba de la neige rouge à Montcalieri (Italie.) La coloration de cette neige était produite, selon M. Tarry, qui a publié, en 1871, un mémoire sur cette question, par du sable rouge du Sahara, qu'un ouragan atmosphérique avait transporté de l'intérieur de l'Afrique jusque sur les côtes de l'Italie, à travers la Méditerranée.

(1) Lib. IX, caput XXXV.

La neige, étant un mauvais conducteur du calorique, empêche le froid de pénétrer dans le sol à de grandes profondeurs. Cette vertu préservatrice de la neige a été depuis longtemps constatée par les agriculteurs, qui lui sont souvent redevables de la conservation des semences. Dans le rigoureux hiver de 1789, la gelée ne pénétra qu'à la profondeur de 22 pouces, sur les points couverts de neige, tandis que dans les places toutes voisines, mais dont la neige avait été balayée par le vent, la gelée pénétra jusqu'à 30 pouces dans le sol. Dans des expériences faites en 1869, au Jardin des plantes de Paris, M. Becquerel a constaté le même phénomène, c'est-à-dire l'obstacle qu'oppose au passage du froid la couche de neige qui recouvre le sol. La neige fait donc ici l'office d'un véritable écran ; elle empêche que le sol qu'elle abrite n'acquière, la nuit, en rayonnant vers le ciel, une température inférieure de plusieurs degrés à celle de l'air. Sa surface se refroidit par le rayonnement nocturne, mais, à cause du manque de conductibilité, le sol sous-jacent y participe à peine.

Lorsque le temps est très-froid, un thermomètre profondément enfoncé dans la neige, indique une température plus élevée que celle qu'il indiquerait à la surface. On s'explique ainsi comment certaines personnes ont pu rester ensevelies plusieurs jours dans la neige, sans périr, et l'instinct physique des animaux qui, pour se garantir du froid, se tapissent sous la neige. Cet usage est familier aux Lapons, lorsqu'ils sont surpris par des ouragans qui les forcent à s'arrêter.

M. Boussingault a constaté à Béchelbronn, en 1841, le grand pouvoir préservateur de la neige contre le froid. Il plaça un thermomètre sur la neige en recouvrant seulement sa boule de neige, et il introduisit un second thermomètre sous la neige, en contact avec le sol. Le 11 février, à 5 heures du matin, le thermomètre placé sur la neige marquait 1°,5, tandis que celui qui était placé sous la neige ne marquait que 0°. Le 12 février, à 6 heures du matin, le thermomètre placé sous la neige, marquait 12°, tandis que celui qui était placé sur la neige marquait 3°,5. Le 13 février, à la même heure, le thermomètre sous la neige marquait 8°,2, tandis que celui qui était placé par-dessus ne marquait que 2°.

Ainsi, dans les matinées du 12 et du 13 février, les feuilles et les tiges des plantes auraient subi un froid de — 12°, et de — 8° si elles n'en eussent été préservées par la neige qui les recouvrait et les préservait du rayonnement nocturne.

Le 28 août 1844, M. Ch. Martins, au sommet du Mont-Blanc, constata une température de — 17°,6 à la surface de la neige et de — 14°,6 à 2 décimètres de profondeur sous la même neige.

Dans les expériences faites à Paris, en janvier 1855, le commandant Rozet constata une température de — 1°,7 et de — 2° sous la neige, la température du sol découvert et balayé de neige étant — 2 1/2 et — 3°.

La neige jouit, au dire des agriculteurs, de propriétés fertilisantes. Cette croyance est très-fondée; elle s'explique par la présence, que nous signalions plus haut, de l'ammoniaque dans la neige. Ainsi que la pluie et les brouillards, la neige, avons-nous dit, renferme 7 milligrammes d'ammoniaque par litre d'eau; elle retient et fixe cette ammoniaque dans le sol mieux que ne le ferait la pluie, et surtout la pluie chaude.

La neige contribue encore à fertiliser le sol en ce qu'elle détruit, par la double influence du froid et de la privation d'air, les insectes nuisibles qui vivent à la surface ou à une faible profondeur dans le sol.

Les chutes de neige sont surtout abondantes dans les montagnes, là où la température de l'air est presque constamment à 0°, point de congélation de l'eau. Dans les grandes hauteurs, la pluie n'est qu'un phénomène de l'été; pendant l'hiver et au printemps, la vapeur vésiculaire ne se condense guère qu'à l'état solide, c'est-à-dire à l'état de neige.

Les annales de la météorologie ont enregistré des chutes de neige extraordinaires. En 1830, la neige couvrit l'Europe entière. Dans les Alpes, sur le mont Saint-Bernard, elle s'éleva à 15 mètres de hauteur. Les religieux étaient obligés, pour sortir du couvent, de creuser un véritable tunnel à travers les couches de neige. Dans cette même année, la neige tomba abondamment en Grèce. Toute la province de l'Attique en fut couverte, à la hauteur d'un mètre. Elle tomba également en abondance à Naples, à Constantinople, en Corse, dans le Luxembourg, etc. Dans ces divers pays, où la neige est si rare habituellement, les communications furent interrompues pendant plusieurs jours et beaucoup de personnes périrent de froid sur les routes.

Quand le vent vient à soulever les neiges accumulées sur les flancs des montagnes, il produit de véritables *tempêtes de neige*, tourmentes redoutables. La masse de neige soulevée et dispersée par la violence du vent, obscurcit l'air, et fait périr, par le froid ou par l'asphyxie, toutes les créatures vivantes qui se rencontrent sur son passage.

En 1827, une tempête de neige enveloppant les troupeaux de la peuplade des Kirghis, entre l'extrémité des monts Ourals et le fleuve Volga, fit périr 280,500 moutons,

Fig. 20. — Une avalanche dans le canton du Valais (Suisse).

30,400 bêtes à cornes, 10,000 chevaux et plus d'un million de brebis.

Les tempêtes de neige peuvent sévir dans nos climats tempérés, quoique avec moins de violence. Le 8 janvier 1848, un convoi du train de l'armée française, voyageant d'Aumale à Alger, fut assailli par une tempête de neige sur les hauteurs de Sak-Samoudi. Les mulets furent précipités dans les ravins, et sur 44 hommes qui composaient la colonne, 14 périrent, en moins d'un quart d'heure.

Dans les montagnes des Andes (Amérique), et sur les coteaux élevés de l'Asie, les chutes de neige prennent quelquefois les proportions de tempêtes. Le voyageur ou les caravanes surpris par ces chutes effroyables de neige, perdant de vue les chemins, sous le linceul de neige qui les couvre, aveuglés ou à demi asphyxiés par la poussière glacée qui les enveloppe, sont exposés aux plus terribles dangers.

Dans les derniers jours de l'année 1874, des tempêtes de neige causèrent de nombreux accidents en Écosse. Plus de douze trains de chemins de fer furent arrêtés dans la nuit du 30 décembre. Au delà d'Aberdeen les communications avec le nord étaient interrompues. Elgin et d'autres villes importantes n'avaient plus de rapports avec le monde civilisé que par le télégraphe électrique. La hauteur de la neige était de 6 à 7 mètres. Deux hommes furent trouvés morts sous la neige dans le Fifeshire et le Forfarshire. A Kiwcoss et à Kirkcaldy la neige fit plusieurs victimes.

Sur tout le reste de l'Europe la neige tomba en abondance, à la même époque. En France, la circulation des trains fut interrompue sur certains points du réseau de l'Est. A Verdun, la neige couvrit le sol à 2 mètres de hauteur. Il en fut à peu près de même à dix lieues à la ronde. Plusieurs villages étaient littéralement bloqués; les habitants les plus âgés du pays n'avaient pas souvenir d'un pareil fait. On eut de nombreux accidents à déplorer : des voyageurs imprudents et des facteurs furent ensevelis dans des fondrières.

La même situation se produisit dans l'Aveyron et le Tarn. Le service du chemin de fer fut entravé sur la ligne de Paris à Rouen.

L'Italie fut loin d'échapper à l'influence hivernale : les montagnes et les collines autour de Florence furent couvertes de neige, et le Vésuve apparaissait tout blanc, spectacle vraiment insolite.

En Suisse, et notamment dans le canton du Valais, jamais on n'avait vu dans les vallées pareilles accumulations de neige.

Tout le monde sait que les neiges, accumulées par masses énormes dans les montagnes, donnent lieu, quand elles viennent à se détacher et à tomber le long des flancs de ces montagnes, à un terrible phénomène, l'*avalanche*.

Une avalanche est une masse de neige ou de glace qui roule le long de la pente des hautes montagnes, et qui, tombant dans les vallées avec un bruit semblable à celui du tonnerre, renverse tout ce qui s'oppose à son passage, et entraîne quelquefois dans sa chute des maisons, des villages et jusqu'à des forêts entières.

C'est dans les Alpes, en raison de l'altitude et de la configuration de ces montagnes, qui abondent en étroites vallées encaissées, que l'on observe les plus redoutables avalanches. Là elles parcourent dans leur chute plusieurs kilomètres sur le flanc d'une montagne. En tombant au fond des gorges, elles peuvent ensevelir des habitations, ou, en arrêtant le cours d'un torrent, provoquer une inondation dans les vallées.

Si l'on est forcé de traverser, au printemps, les défilés des Alpes, entourés de cimes neigeuses, alors que les avalanches annuelles ne sont pas encore tombées, il faut s'astreindre à beaucoup de précautions. A cette époque de l'année, les touristes doivent s'arranger de manière à former de petits groupes, chaque voyageur cheminant à une distance convenable l'un de l'autre, afin qu'en cas de malheur, quelques-uns, restés hors d'atteinte, puissent secourir les autres. Dans les passages dangereux, on recommande d'ôter les clochettes des animaux, de partir de grand matin, avant les premiers rayons du soleil, et de marcher dans le plus grand silence. Souvent on a la précaution de tirer un coup de pistolet à l'entrée d'un mauvais passage, car alors le choc de l'air, produit par la détonation de l'arme à feu, fait tomber les avalanches prêtes à s'écrouler.

Quelques villages et villes de la Suisse ne sont préservés de la chute des avalanches que par les forêts qui les dominent; aussi des lois sévères défendent-elles le déboisement de ces montagnes. Dans d'autres localités, on a construit, au-dessus des maisons exposées aux avalanches, des espèces de bastions de pierres pourvus d'un angle aigu, destiné à fendre et à séparer en deux les avalanches qui pourraient les atteindre. Au-dessus de quelques passages dangereux du Splugen et d'autres localités des Alpes, on a construit des galeries voûtées, afin d'abriter les voyageurs.

La figure 20 représente une avalanche de neige, qui eut lieu au mois de décembre 1874, en Suisse, dans le canton du Valais. Les chutes de neige avaient été si abondantes pendant tout ce mois, que la neige atteignait plus de trois mètres de hauteur dans plusieurs communes de la montagne. L'avalanche qui s'abattit, descendit dans la plaine des plus grandes hauteurs de la montagne, ensevelit tout un village, renversa une diligence et causa la mort de plusieurs personnes.

Les époques des principales chutes de neige diffèrent suivant les régions. Dans la Russie asiatique, à Yakoutsk, c'est le mois d'octobre qui est le plus neigeux. A Barnaoul, c'est le mois de novembre, ainsi qu'à Nidjé, Tagiedsk, Zlatouste, Catherinebourg; à Moscou, c'est le mois de janvier.

La chute de la neige n'ayant lieu que lorsque la température de l'air est à 0°, il s'ensuit que, dans les pays chauds, il ne tombe jamais de neige dans les plaines. Mais dans les pays chauds, même sous l'équateur, s'il existe des montagnes, la neige tombe nécessairement dans ces montagnes, lorsque leur hauteur est assez grande pour que la température s'y maintienne à 0°. On sait, en effet, que la température des lieux terrestres décroît à mesure qu'on s'élève au-dessus du sol, et que, même sous la zone torride, il suffit de gravir une montagne pour trouver une basse température.

Si les montagnes ont une altitude suffisante pour que l'air soit constamment à 0° ou au-dessous, et que cette température se maintienne en toute saison, la neige ne fond jamais. On appelle *région des neiges perpétuelles*, ou *persistantes*, les altitudes de montagnes auxquelles la neige se conserve pendant l'été sans fondre, et *limite des neiges perpétuelles* ou *persistantes*, les hauteurs des montagnes auxquelles la neige, tombée pendant l'hiver, fond pendant l'été.

On comprend que la *limite des neiges perpétuelles* varie selon qu'il fait plus ou moins chaud au niveau de la mer, ou que la température est plus élevée dans les plaines. La limite des neiges perpétuelles est au niveau du sol dans les régions polaires, boréales ou australes, dont la température est toujours au-dessous de 0°. Elle est, au contraire, située à de très-grandes hauteurs dans les montagnes des chaudes régions de l'équateur, où la température des plaines est brûlante.

De Humboldt, dans son ouvrage sur l'*Asie centrale* (1), a donné un tableau représentant la limite des neiges perpétuelles, en Europe, en Asie et en Amérique, selon la latitude des lieux. Nous en extrayons les chiffres suivants, qui représentent la *limite des neiges persistantes* selon la latitude à laquelle appartiennent les montagnes.

LIMITE DES NEIGES PERPÉTUELLES.

	Latitude.	Limite des neiges perpétuelles.
Spitzberg	79° nord	0 mètres.
Norvége, île de Mageræ..	71°	750 »
Norvége, intérieure....	70 à 60°	1,070 à 1,560
Islande	65°	639 »
Ounalaschka (Sibérie)...	54°	1,970 »
Altaï	50°	2,145 »
Alpes, versant nord....	45°	2,700 »
— sud....	45°	2,800 »
Caucase	43°	2,300 »
Pyrénées	43°	2,730 »
Ararat	40°	4,320 »
Karakoroum, flanc nord.	36°	5,670 »
— sud.	36°	5,920 »
Kuenlen, flanc nord....	36°	4,600 »
— sud....	35°	4,820 »
Himalaya, flanc nord...	29°	5,300 »
— sud...	28°	4,940 »
Cordillère du Mexique...	17°	4,500 »

(1) Tome III, page 251.

Éthiopie	13°	4,300	»
Andes de Quito	1° sud	4,820	»
Andes de Bolivie, flanc orient	16°	4,850	»
— flanc occident.	10°	5,640	»
Andes du Chili	33°	4,480	»
Andes de Patagonie	43°	1,830	»
Détroit de Magellan	54°	1,130	»

On ne saurait accepter toutefois comme absolument exactes les altitudes admises dans ce tableau. En effet, le phénomène de la *limite des neiges persistantes* est très-complexe. Il dépend de la température, de l'état hygrométrique de l'air, de la forme des montagnes, de la direction des vents régnants et de leur contact, soit avec la terre, soit avec la mer, de la hauteur totale de la montagne et du degré d'escarpement de ses versants, enfin de l'étendue et de l'élévation absolue des plateaux qui supportent cette montagne.

Toutes ces causes réunies donnent à la limite des neiges perpétuelles le caractère d'une grande variabilité. Sur les cimes élancées des Alpes suisses, les neiges persistantes commencent à 2,700 mètres de hauteur, et quelques rares lichens y colorent à peine les roches qui sortent du linceul glacé. Sur le Chimborazo, en Amérique, M. Boussingault a encore vu des saxifrages adhérer aux pierres à 4,800 mètres de hauteur, qui est la limite des neiges sur cette montagne. Sur les flancs de la Cordillère orientale du haut Pérou, Pentland a vu la limite inférieure des neiges perpétuelles descendre rarement au-dessous de 5,200 mètres, tandis que dans les Andes de Quito, plus voisines de l'équateur, cette limite est de 4,800 mètres.

Lorsqu'on visite ces immenses champs de neige, on est surpris d'y rencontrer encore des traces de la vie organique. Jusqu'aux plus hautes cimes, on découvre sur les roches qui percent la neige, de larges surfaces couvertes de lichens et d'autres végétaux d'un ordre inférieur. MM. Agassiz et Desor en ont trouvé sur le faîte de la Jungfrau et du Schreckhorn.

M. Schlagintweit a donné une liste de 45 espèces végétales recueillies sur les Alpes, entre 3,200 et 4,800 mètres d'altitude, c'est-à-dire à des hauteurs glacées où l'on croirait la vie végétale déjà éteinte ou impossible.

Dans les climats chauds, comme dans le midi de l'Europe, la neige fond en tombant. Aussi ne la considère-t-on dans ces climats que comme une pluie froide. En remontant vers le nord, on trouve des contrées intermédiaires où le séjour de la neige sur le sol est plus long, et d'autres où elle persiste pendant presque tout l'hiver. Pour qu'il y ait séjour constant des neiges hivernales, il faut deux circonstances réunies : un grand nombre de jours de neige, et un grand nombre de jours de gelée.

Si l'on consulte le tableau du nombre des jours de neige, qui a été tracé par quelques météorologistes, on trouve que ce nombre augmente depuis les bords de la Méditerranée, Marseille, Florence, Rome, où elle est rare, jusqu'aux steppes de la Sibérie et au sommet des Alpes, où il y a soixante-six, quatre-vingt-sept et cent seize jours de neige par an.

CHAPITRE IV

LA GLACE. — LA GLACE AUX POLES TERRESTRES. — BANQUISES ET CHAMPS DE GLACE. — MANIÈRE DE METTRE EN ÉVIDENCE LES FORMES CRISTALLINES DE LA GLACE. — LES CRISTAUX DE GIVRE SUR LES CARREAUX DE VITRE. — DIVERS EFFETS MÉCANIQUES PRODUITS PAR LA CONGÉLATION DE L'EAU. — LE PHÉNOMÈNE DU *regel*. — APPLICATIONS DE CE PHÉNOMÈNE. — LES GLACIERS DES MONTAGNES, LEUR MODE DE FORMATION ET LEURS PROPRIÉTÉS. — LA MARCHE DES GLACIERS.

On appelle *glace* l'eau solide formée au sein de l'eau liquide par le refroidissement de celle-ci. Beaucoup de circonstances produisent des différences sensibles dans le

Fig. 21. — Glaces flottantes, ou *banquises*, dans les mers polaires du nord de l'Europe.

point de congélation de l'eau. On peut faire descendre ce liquide jusqu'à plusieurs degrés au-dessous de zéro sans qu'il se congèle. Un grand repos, l'absence de toute aspérité dans le vase qui la contient, permettent de maintenir l'eau encore liquide à plusieurs degrés au-dessous de zéro. Dans un hiver rigoureux, si aucun vent ne ride la surface de l'eau d'un lac, on voit quelquefois l'eau rester liquide jusqu'à — 10°, par suite de son repos absolu ; mais au moindre vent, à la moindre agitation du liquide, on voit l'eau se geler subitement, et la température remonte aussitôt à zéro.

Un physicien anglais, Sorby, plaçant dans un mélange réfrigérant de l'eau contenue dans des tubes *capillaires* (du diamètre intérieur d'un cheveu), a vu cette eau rester liquide jusqu'à — 17°, malgré l'agitation imprimée à ces tubes. En faisant cette expérience, et laissant les tubes en repos, le physicien Despretz a maintenu l'eau liquide jusqu'à — 20°.

On connaît l'expérience de physique dans laquelle on produit de la glace par la seule évaporation de l'eau, dans le vide produit par la machine pneumatique. Berzelius a constaté, dans ce cas, que l'eau ne se solidifie qu'à — 5°. Seulement, au moment de la congélation, le thermomètre remonte à 0° Muspratt, dans son ouvrage (*Chemistry*) dit qu'on peut refroidir l'eau jusqu'à — 15° sans qu'elle se congèle, si l'on a soin d'éviter toute agitation du liquide, et tout contact avec un corps rugueux.

Quand l'eau est chargée de sels, quelle que soit la nature de ces sels, elle se congèle toujours au-dessous de zéro. Pour que l'eau de la mer se congèle, il faut qu'elle descende à — 3° et qu'elle soit en complet repos. L'eau saturée de chlorure de calcium ne se solidifie qu'à — 40°.

Le terme de la congélation de l'eau est très-variable suivant les circonstances physiques; mais il faut se hâter de dire que son point de fusion est d'une fixité absolue. La glace entre en fusion à la même température, quelles que soient les circonstances extérieures : tant qu'il reste un peu de glace à fondre, sa température ne varie en aucune manière. C'est donc avec raison que les physiciens ont adopté le degré de fusion de la glace pour servir de point de départ à l'échelle thermométrique. Pour obtenir le zéro, on enfonce la boule du thermomètre dans de la glace en train de fondre, placée sur un support à claire-voie, afin que l'eau liquide provenant de cette fusion, et qui pourrait échauffer ou refroidir la glace, selon la température extérieure, puisse s'écouler à mesure qu'elle se forme. C'est ainsi que l'on obtient le zéro du thermomètre centigrade, du thermomètre Réaumur, ainsi que le 32° de celui de Fahrenheit, instrument qui est encore en usage en Angleterre et en Allemagne.

En passant de l'état liquide à l'état solide, l'eau augmente de volume. C'est là une exception extrêmement rare aux lois de la nature, car tout corps qui passe de l'état liquide à l'état solide, se rétracte. Le lecteur est prié de porter son attention sur l'augmentation du volume de l'eau au moment de sa solidification, non-seulement parce que ce phénomène constitue une dérogation à la loi physique qui veut que tout corps diminue de volume en passant de l'état liquide à l'état solide, mais encore par toutes les conséquences qui découlent de cette anomalie naturelle.

Si l'eau, en passant de l'état liquide à l'état solide, augmente de volume, la glace doit être spécifiquement plus légère que l'eau ; elle doit surnager l'eau liquide. C'est en effet ce qui arrive. Tout le monde sait qu'un glaçon jeté dans un bassin d'eau y flotte toujours, cette eau fût-elle bouillante.

Cela n'a l'air de rien, en apparence, ce simple phénomène physique de la différence de densité entre l'eau solide et l'eau liquide, pourtant nous ne lui devons rien moins que la conservation de la vie végétale et animale dans le sein des eaux du globe entier. Quand un lac, une rivière, un cours d'eau, viennent à se geler, la glace, à mesure qu'elle se forme, monte, en raison de sa légèreté spécifique, à la surface de l'eau ; elle y surnage, elle y flotte. Supposez, au contraire, que l'eau solide ait la même densité que l'eau liquide, la glace se formant dans tous les points des cours d'eau, restera dans les points mêmes où elle aura pris naissance, et tout le liquide pourra se prendre en masse. Dès lors, plantes et animaux qui vivent au sein de l'onde, seront détruits, eux et leurs générations futures. Heureusement, comme on le sait, les glaçons d'une rivière, d'un lac, d'une eau tranquille, se réunissent tous à la partie supérieure de la masse liquide, et la couche de glace recouvrant l'eau liquide compose bientôt une sorte d'écran impénétrable au froid extérieur, qui préserve de la congélation le reste de l'eau.

Il faut ajouter que, par une autre anomalie physique, sur laquelle nous aurons à nous étendre dans les pages suivantes, le maximum de densité de l'eau liquide est à + 4°1. Lorsque cette température est atteinte à la partie supérieure d'une masse liquide, les couches d'eau à + 4°1 étant plus lourdes que le milieu environnant, tombent au fond ; de sorte que les couches inférieures ont toujours la température de + 4°1, compatible avec l'existence de la vie. Mais cette condition ne suffirait pas pour préserver les êtres qui vivent au fond des eaux, si un écran de glace flottant sur l'eau liquide ne la défendait du froid, en l'abritant contre le rayonnement extérieur.

Dans quelle proportion l'eau solide est-elle plus légère que l'eau liquide ? La densité de l'eau à $+ 4°,1$ étant 1, la densité de la glace est 0,918. En passant à l'état de glace, 7 litres d'eau liquide produisent 7 litres de glace. L'expansion, par le fait de la congélation, est donc $\frac{1}{14}$ du volume de l'eau à 0°.

C'est en raison de la légèreté spécifique de l'eau solide que les mers polaires sont sillonnées de glaces flottantes, qui deviennent quelquefois de véritables montagnes voguant au gré des vents et des courants marins. Rien n'est plus imposant, plus majestueux, que ces énormes accumulations de glaces, grandes comme des cathédrales, ces *banquises*, comme nous les appelons, ces *icebergs*, comme les appellent les Anglais, qui parsèment de leurs masses flottantes les mers polaires arctiques ou antarctiques.

On appelle *champs de glace* les surfaces de glace très-étendues qui résultent de la réunion des *banquises*.

Les glaces flottantes sont la principale cause des dangers que présente la navigation dans les mers boréales. Les navires qui s'avancent vers le pôle nord, au delà du Spitzberg ou des côtes du Groënland, sont presque toujours arrêtés dans leur marche par les glaces qui se forment autour de leur coque, et qui les serrent dans leur terrible étau. Ils sont, en outre, exposés à être engloutis, s'ils approchent de trop près les redoutables montagnes glacées qui, en basculant et s'abattant sur eux, les écrasent de l'immensité de leur poids.

Nous représentons dans les figures 21, 22 et 23 l'aspect des glaces flottantes ou *banquises*, et des champs de glace.

Puisque l'eau, en se congelant par le froid, augmente de près de $\frac{1}{14}$ de son volume, le seul phénomène de la congélation de l'eau doit produire un grand effort mécanique sur les corps qui lui font obstacle. Enfermez dans un tube de matière quelconque, de l'eau liquide, et, après avoir bien bouché ce tube, exposez-le à l'action d'un froid extérieur capable de congeler l'eau ; au moment où l'eau se congèlera, c'est-à-dire passera de l'état liquide à l'état solide, elle augmentera de volume. Le bouchon qui ferme ce tube étant l'obstacle à l'augmentation du volume de l'eau, ce bouchon devra être chassé par l'expansion de l'eau, au moment de son changement d'état, à moins que ce ne soient les parois du tube lui-même qui cèdent à cette expansion.

L'expérience confirme pleinement cette prévision de la théorie ; mais ce que l'on aurait pu prévoir, c'est la prodigieuse puissance mécanique avec laquelle s'accomplit l'expansion de l'eau liquide. Elle est telle qu'aucune force connue ne saurait y mettre obstacle, et que l'évaluation précise des efforts mécaniques ainsi développés est à peu près impossible.

Les faits que la science a enregistrés à cet égard sont des plus surprenants. On lit dans tous les ouvrages de physique, que les membres de l'Académie *del Cimento*, société savante de Florence qui fut célèbre au XVIIe siècle, du temps de Galilée, ayant renfermé de l'eau dans une sphère de cuivre, et ayant exposé cette sphère pleine d'eau et fermée par un bouchon à vis, à l'action de la gelée, virent le métal se fracturer. Mussembroeck qui, plus tard, examina cette sphère de cuivre, évalua à une force qui équivaut à 13,000 kilogrammes la force nécessaire pour la rompre.

Le physicien anglais William prit une des bombes de fonte en usage dans l'artillerie, la remplit d'eau, ferma très-solidement son orifice avec un tampon de bois, et exposa la bombe à la gelée. Au moment de la congélation de l'eau, le tampon de bois fut lancé au loin avec violence, et la glace se fit jour au dehors de l'orifice.

Fig. 22. — Champ de glace dans les mers polaires du nord de l'Europe.

La même expérience a été répétée, de nos jours, avec une sphère creuse en fer forgé, et le métal a également éclaté par la seule action de la gelée. On a évalué, dans ce dernier cas, à mille atmosphères la pression qui était nécessaire pour faire crever la bombe.

Enfermez de l'eau dans un canon de bronze, et bouchez très-exactement la lumière, ainsi que la bouche du canon ; puis abandonnez la bouche à feu ainsi remplie d'eau, à une nuit de gelée, vous trouverez, le lendemain, le canon brisé.

On fait, dans les cours de physique, cette expérience à moins de frais, en remplissant d'eau un tube en fer forgé, qui supporterait sans se rompre une pression de 50 atmosphères, fermant bien ce tube et le plaçant dans un mélange réfrigérant. Au bout de peu d'instants, c'est-à-dire au moment où l'eau se congèle, on entend un bruit qui annonce la rupture du tube, et une partie de la glace sort par la fente.

C'est un phénomène de ce genre qui produit la rupture des pierres de taille, au moment des grandes gelées, ou du moins des pierres de taille de mauvaise qualité, qui sont pénétrables à l'eau. Une pierre calcaire ou autre, qui est assez poreuse pour absorber de l'eau, se brise toujours par la gelée, parce que l'eau liquide qui s'est infiltrée à son intérieur, venant à geler par l'action du froid atmosphérique, l'eau augmente de volume dans les interstices de la pierre, et comme la pierre, par sa rigidité, s'oppose à l'expansion de la glace, elle est forcément brisée par l'effort mécanique qu'elle subit à l'intérieur.

Le proverbe qui dit : *il gèle à pierre fendre*, exprime donc un fait physique réel. Aussi les constructeurs de bâtisses distinguent-ils

Fig. 23. — Un navire pris dans les glaces des mers polaires.

les pierres destinées à la maçonnerie, en *pierres gélives* et *pierres non gélives*. Les pierres non *gélives* ont un tissu assez serré pour ne pas laisser passer l'eau, et par conséquent ne point se briser par l'action du froid.

Ainsi s'expliquent beaucoup d'autres phénomènes dont il est bon d'être averti dans les diverses industries. Il faut savoir, par exemple, que les tuyaux de conduites en poterie remplis d'eau et abandonnés à l'air libre, dans une nuit d'hiver, sont exposés à voler en éclats par la gelée, — que des vases de grès, de métal, de poterie fine ou grossière, remplis d'eau, bouchés, et oubliés au moment des gelées, seront nécessairement fracturés, etc. Pour se prémunir contre ces accidents, il faut vider en partie les vases de verre, carafes ou bouteilles, ainsi que les fontaines de grès ou de métal, à l'approche des grands froids; — placer profondément dans le sol les tuyaux de conduite des eaux, pour empêcher l'eau qu'ils contiennent de se congeler par sa participation au froid extérieur, — et entourer de substances non conductrices de la chaleur, telle que la paille, la laine, le sable ou le charbon, la partie des conduites d'eau qui doivent nécessairement rester exposées à l'extérieur. Si l'on se sert de tuyaux de plomb comme conduites d'eau, il faut préférer les tuyaux étirés à la filière à ceux que l'on fabrique par soudure, parce que les tuyaux de plomb étirés ayant l'avantage de se dilater uniformément dans tous les sens, peuvent céder sans se rompre à l'effort qui résulte de l'expansion de l'eau se gelant à leur intérieur.

Si la gelée tue les plantes, c'est parce que

l'eau qui circule dans leurs vaisseaux, augmentant le volume au moment de sa congélation, brise les frêles canaux de leur tissu, et les fait éclater. Quand le dégel arrive et que les sucs nourriciers reprennent leur cours, ils s'extravasent à travers les canaux dilacérés, et la plante meurt. De là, la recommandation vulgaire d'abriter contre le froid extrême les plantes que l'on veut conserver.

Nous disions tout à l'heure que les dissolutions salines se congèlent toujours à une température inférieure à 0°. La congélation des liqueurs salines présente un autre phénomène important. C'est que la glace qui se forme dans la dissolution d'un sel, est formée d'eau pure, et ne retient aucune trace du sel dissous. La nature nous offre un exemple de ce fait sur une grande échelle. Quand l'eau de la mer se gèle, sur les côtes des terres du pôle nord ou du pôle sud, les glaçons sont formés d'eau pure : le sel marin et les autres substances salines restent dans la portion d'eau non congelée. Nous avons dit, dans la Notice sur *l'Industrie du sel*, qui fait partie de ce recueil (1), qu'en Sibérie et dans quelques autres contrées du Nord on fait geler l'eau de la mer, afin de concentrer dans une plus faible quantité d'eau le sel marin que l'on veut extraire. L'eau de la mer étant exposée au froid extérieur, qui doit être de plusieurs degrés au-dessous de zéro, et étant en partie gelée, on en retire les glaçons, qui sont de l'eau pure; et l'eau que ces glaçons surnagent, étant très-chargée de sel marin, n'a plus besoin que d'une faible évaporation pour fournir le sel en cristaux.

On pourrait concentrer l'eau-de-vie par ce même moyen économique. En effet, quand elle est exposée à l'action d'un froid très-intense, l'eau-de-vie se gèle en partie : l'eau se transforme en glace, que l'on rejette, et la portion alcoolique reste liquide et concentrée.

(1) Tome Ier, pages 642-643.

Nous signalons cette opération sous le point de vue théorique et non sous le point de vue pratique ; mais ce qui est réel, c'est que le vin, dans certains climats, se congèle en hiver, si l'on abandonne les tonneaux au froid extérieur. On peut obtenir, en faisant geler le vin, et le séparant de la glace qui s'y est formée et qui n'est que de l'eau pure, un vin d'un degré alcoolique tout à fait anormal.

Faraday a montré que la congélation d'un liquide peut être mise en œuvre, comme moyen pratique d'analyse chimique, dans un laboratoire. Si une dissolution saturée de chlorure de sodium, ou d'indigo dans l'acide sulfurique, est mélangée avec cent fois son volume d'eau, et introduite dans un tube, que l'on plonge dans un mélange frigorifique, on remarque, au bout de quelques minutes, la production d'une couche de glace pure et transparente sur les parois du tube, tandis que les matières étrangères se trouvent dans la portion qui restera liquide.

La glace et la neige n'étant rien autre chose, l'une et l'autre, que de l'eau solide, on doit trouver dans la glace les mêmes formes cristallines que nous avons signalées dans la neige. En effet, la glace est composée de cristaux réguliers que l'on peut ramener à des aiguilles prismatiques accolées sous le même angle de 60 ou de 120°.

Comme la neige, la glace semble n'avoir aucun aspect cristallin : on la croirait composée d'une masse unique et amorphe; mais le microscope peut, dans la glace, comme dans la neige, mettre à nu une cristallisation parfaite.

Les physiciens de nos jours ont trouvé un moyen très-élégant de mettre à nu les cristaux dont l'enchevêtrement compose un bloc de glace. Faites traverser un bloc de glace par un rayon de soleil ou de lumière électrique, et projetez l'image de ce bloc sur un écran, le rayon lumineux, par sa chaleur, provoquera la fusion d'une partie de la glace; comme un anatomiste habile, il disséquera cette masse compacte et mettra à nu sa véritable structure intérieure.

C'est au physicien anglais J. Tyndall que l'on doit cette belle expérience. Dans son ouvrage intitulé : *La chaleur, mode de mouvement* (1), M. Tyndall explique ainsi la manière dont il est parvenu à rendre apparents les cristaux au sein d'un bloc de glace :

« Ce bloc de glace ne semble pas présenter plus d'intérêt et de beauté qu'un bloc de verre ; mais, pour l'esprit éclairé du savant, la glace est au verre ce qu'un oratorio de Hændel est aux cris de la rue ou du marché. La glace est une musique, le verre est un bruit; la glace est l'ordre, le verre est la confusion. Dans le verre, les forces moléculaires ont abouti à un écheveau embrouillé, inextricable; dans la glace, elles ont su tisser une broderie régulière dont je veux vous révéler les miraculeux dessins.

« Comment m'y prendrai-je pour disséquer cette glace ? Un faisceau de lumière solaire, ou, à son défaut, un faisceau de lumière électrique sera l'anatomiste habile auquel je confierai cette opération. J'écarte l'agent qui, dans la dernière expérience, purifiait ou dépouillait de chaleur notre faisceau lumineux, et je lance ce faisceau directement de la lampe à travers cette plaque de glace transparente. Il mettra en pièces l'édifice de glace, en renversant exactement l'ordre de son architecture. La force cristallisante avait silencieusement et symétriquement élevé atome sur atome ; le faisceau électrique les fera tomber silencieusement et symétriquement. Je dresse cette plaque de glace en face de la lampe, et la lumière passe maintenant à travers sa masse. Comparez le faisceau lumineux entrant avec le faisceau lumineux sortant de la glace ; pour l'œil, il n'y a pas de différence sensible ; l'intensité de la lumière est à peine diminuée. Il n'en est pas ainsi de la chaleur. En tant qu'agent thermique, le faisceau, avant son entrée, est bien plus puissant qu'après son émergence. Une portion du faisceau s'est arrêtée dans la glace, et cette portion est l'anatomiste que nous voulions mettre en jeu ; que fait-il ? Je place une lentille en avant de la glace, et je projette une image agrandie de la plaque de glace sur l'écran. Observez cette image dont la beauté est encore bien loin de l'effet réel. Voici une étoile ; en voilà une autre ; et, à mesure que l'action continue, la glace paraît se résoudre de plus en plus en étoiles, toutes de six rayons, et ressemblant chacune à une belle fleur à six pétales. En faisant aller et venir ma lentille, je mets en vue de nouvelles étoiles ; et, à mesure que l'action continue, les bords de pétales se couvrent de dentelures et dessinent sur l'écran comme des feuilles de fougères. Très-peu, probablement, des personnes ici présentes étaient initiées aux beautés cachées dans un bloc de glace ordinaire ; et pensez que la prodigue nature opère ainsi dans le monde tout entier. Chaque atome de la croûte solide qui couvre les lacs glacés du Nord a été fixé suivant cette même loi. La nature dispose ses rayons avec harmonie, et la mission de la science est de purifier assez nos organes pour que nous puissions saisir ses accords. »

(1) 1 vol. in-18, 2e édition française. Paris, 1874, pages 107-108.

La figure 25 (page 45) représente l'expérience faite par M. J. Tyndall. A travers un bloc de glace posé sur un support, on fait passer un faisceau de lumière solaire au moyen d'un trou percé dans le volet d'une chambre tenue dans l'obscurité. Par sa chaleur, ce faisceau de lumière solaire provoque la fusion partielle de la glace, et en met à nu les cristaux. L'image de ces cristaux traverse une lentille de verre grossissante, et vient se projeter sur un écran, après avoir été considérablement agrandie par le jeu de la lentille, de sorte que tous les spectateurs peuvent voir l'image agrandie de ces cristaux.

La tendance remarquable de l'eau à prendre une forme cristalline nous est révélée par le phénomène, bien connu, du dépôt de givre qui s'opère sur les carreaux de vitre, par les grands froids. Quand la température à l'extérieur est à quelques degrés au-dessous de zéro, et qu'il existe de la vapeur d'eau à l'intérieur d'un appartement, on voit se produire sur les vitres de magnifiques arborisations : c'est l'eau qui cristallise sous nos yeux.

Le carreau de vitre, exposé au froid du dehors par sa face extérieure, provoque la condensation, à l'état liquide, contre sa face extérieure, de la vapeur d'eau contenue dans l'appartement. De l'état liquide l'eau passe

Fig. 24. — Givre cristallisé sur un carreau de vitre.

peu à peu, par la continuation du froid, à l'état solide. Grâce à ce passage tranquille et lent à l'état solide, elle cristallise, comme le font la plupart des corps passant tranquillement de l'état liquide à l'état solide.

Le givre qui se dépose contre les vitres, n'est donc que de l'eau cristallisée. Ses formes varient à l'infini, mais le plus souvent ils figurent des feuilles de fougères ou un rayonnement de branches capricieusement inclinées (fig. 24). Mais ne vous y trompez pas, la géométrie de la nature se retrouve au fond de cette apparence de fantaisie; toutes ces gracieuses arabesques obéissent à des lois rigoureuses. Mesurez chacun des angles formés par l'insertion des différentes aiguilles de glace sur leur axe, et vous trouverez toujours l'angle de 60°, qui caractérise la cristallisation de l'eau, celle de la neige comme celle de la glace. Toutes ces figures géométriques que la main d'un invisible et divin graveur semble avoir tracées sur le verre, dérivent, avec une exactitude mathématique, du prisme hexagonal. Ces aiguilles prismatiques forment des étoiles à six branches, et l'angle de leur insertion est toujours de 60 ou de 120°.

Nous passons à un autre phénomène particulier à la glace, phénomène dont la connaissance ne date que de nos jours, et qui sert à expliquer plusieurs faits naturels : nous voulons parler du *regel* de la glace, découvert par Faraday et étudié par J. Tyndall.

On appelle *regel*, ou *regélation*, la propriété que présente la glace de se souder à elle-même, quand on met en contact deux de ses surfaces récemment fondues. Il y a, comme nous allons le voir, dans cet effet

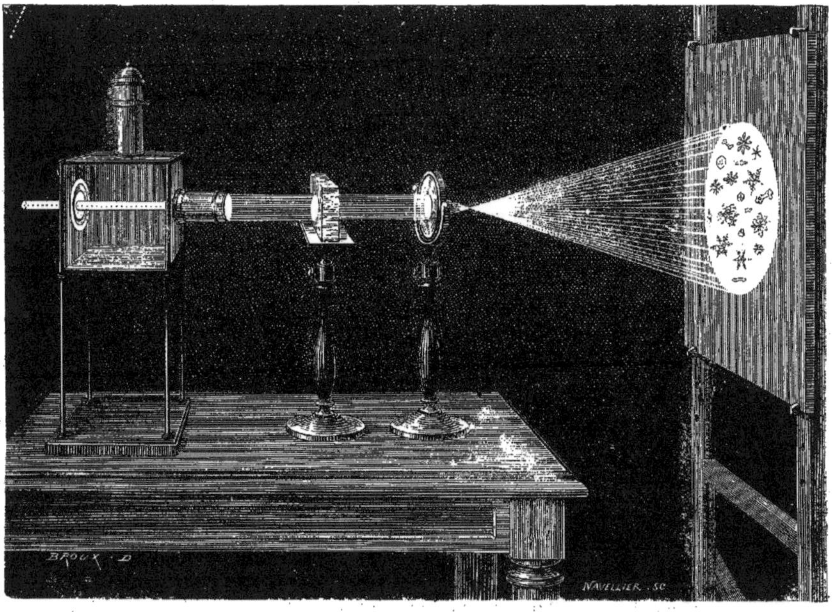

Fig. 25. — Les cristaux intérieurs d'un bloc de glace mis en évidence par l'amplification des cristaux au moyen d'une lentille grossissante et de la lumière solaire.

curieux, quelque chose d'analogue à ce que présente le caoutchouc, dont deux surfaces fraîchement coupées et fortement pressées l'une contre l'autre, adhèrent entre elles, de manière à ne former qu'un seul tout.

Prenez deux fragments de glace, et appliquez-les, pendant quelques secondes, l'un contre l'autre, les surfaces en contact ne tarderont pas à se réunir, et vous obtiendrez un seul bloc parfaitement homogène. Que s'est-il passé ? Les particules extérieures d'un morceau de glace se fondent, par l'action de la température extérieure, avant que les particules du centre ne puissent entrer en fusion. Quand on met en contact deux morceaux de glace à zéro, les deux surfaces en contact entrent en fusion ; mais l'eau provenant de cette fusion ne peut s'écouler, puisque les deux surfaces se touchent. L'eau de fusion se congèle, et réunit l'un à l'autre les deux blocs, qui n'en forment plus qu'un. C'est cette solidification nouvelle que les physiciens modernes appellent *regel*, ou *regélation*.

La glace peut subir le phénomène de la *regélation* même au sein de l'eau chaude. Prenez deux fragments de glace et plongez-les dans de l'eau aussi chaude que la main puisse la supporter, comprimez-les l'un contre l'autre, pendant quelques secondes, et, malgré la chaleur, ces deux fragments se souderont, et vous ne retirerez de l'eau qu'un seul bloc.

On peut, en se servant d'un glaçon comme d'un aimant, retirer un à un tous les autres glaçons que l'on aura jetés dans une cuvette ; les morceaux se soudant par le simple contact d'un autre glaçon. On peut former de cette manière, en quelques instants, une véritable chaîne. M. Tyndall raconte ce quisuit :

« Un jour chaud d'été, dit M. Tyndall, je suis entré dans une boutique du *Strand;* des fragments de glace étaient exposés dans un bassin sur la fenêtre, et, avec la permission du marchand, prenant à la main et tenant suspendu le morceau le plus élevé, je m'en suis servi pour entraîner tous les autres morceaux hors du plat. Quoique le thermomètre, en ce moment, marquât 30°, les morceaux de glace s'étaient soudés à leurs points de jonction. »

C'est le phénomène du *regel* qui explique que la glace, quoique n'ayant aucune élasticité, peut cependant prendre toutes les formes que l'on désire. Foulée avec force dans un moule, la glace se brise en morceaux comme du verre; mais aussitôt, les fragments séparés subissent le *regel*, c'est-à-dire que, grâce à leur eau de fusion, ils se soudent et prennent la forme du moule. Comprimez successivement de la glace dans une série de moules de plus en plus courbes, et vous obtiendrez un anneau de glace, et même, si vous le voulez, un nœud. Dans chaque moule la glace se brise, mais, à peine brisée, elle se *regèle*, et donne une nouvelle masse homogène de la forme du nouveau moule. On peut arriver à produire ainsi toutes les surfaces courbes.

Il faut ajouter que la neige présente, comme la glace, le phénomène du *regel*. C'est même sur ce principe que repose la confection des boules de neige dures et compactes que les écoliers obtiennent en pressant fortement la neige entre leurs mains.

Jetez des glaçons obtenus de cette manière dans une cuvette d'eau chaude, vous les verrez se rapprocher et se souder ensemble, malgré la chaleur de l'eau.

Si l'on comprime fortement une grosse boule de neige dans un moule sphérique, au moyen de la presse hydraulique, on obtient une sphère de glace dure, transparente, et semblable, par son aspect, à une sphère de cristal.

Prenez un moule métallique figurant une coupe, et comprimez fortement dans ce moule une boule de neige, la neige se *regèlera*, et donnera une coupe de glace, qui ressemblera entièrement à une coupe de verre. Et comme la glace ainsi obtenue fond difficilement, vous pourrez boire toute une soirée dans cette coupe moulée avec de la neige. Il ne serait pas plus difficile de faire un dîner complet avec un service de table, composé d'assiettes de verre, de flacons et de tasses en neige moulée.

Comme la glace comprimée ne fond que très-lentement, une coupe de glace de ce genre résiste, pendant toute une soirée, à la température d'une chambre bien chauffée. Cela tient à ce que la petite couche d'eau fondue à l'extérieur, empêche le reste de la glace de se réchauffer.

Le *regel* de la glace ou de la neige explique la dureté que prennent ces deux substances, sous la pression du pied. La neige, étant comprimée par la pression du pied, subit le phénomène du regel, se soude à elle-même et compose une surface unie, ferme et solide.

Ceci explique la rigidité extraordinaire des ponts de neige, que l'on voit suspendus, dans les Alpes, au-dessus des anfractuosités et des crevasses des glaciers. Les guides de la Suisse fabriquent des ponts très-solides, en marchant avec précaution sur la neige amoncelée au bord d'un ravin. Par la pression du pied ils déterminent le regel de la neige, qui prend une dureté et une rigidité capables de supporter de grands poids. Plus on marche ensuite sur ces ponts, plus on en augmente la solidité.

Aux personnes qui s'étonneraient de cette résistance à la fusion de la glace comprimée, résistance qui fait que l'on peut fabriquer des verres ou des services de table en glace *regelée*, et construire des ponts d'une résistance à toute épreuve, nous raconterions l'histoire du fameux palais de glace de Saint-Pétersbourg.

Pendant l'hiver de l'année 1740, on bâtit, dans cette ville, une maison avec des glaçons retirés de la Newa, fortement comprimés. Ces glaçons furent taillés de manière à servir de pierres de maçonnerie. La *maison de glace* de 1740 se maintint debout pendant plusieurs années, et traversa, par conséquent, plusieurs étés. Le czar y donna des fêtes et des bals, auxquels toute la cour fut conviée. Il régnait une chaleur étouffante dans ces salons, composés de glaçons retirés du fleuve, et pourtant ses matériaux ne fondaient pas. Les lumières scintillaient au dehors, à travers l'épaisseur des parois transparentes. Les vitres de glace de l'édifice se couvraient de givre, mais tenaient bon. Ainsi que nous l'avons expliqué, les murs se couvraient seulement d'une couche d'humidité, et cette légère couche d'eau protégeait toute leur épaisseur contre la chaleur du dedans.

La *maison de glace* avait 16^{m},88 de longueur, 5^{m},19 de largeur et 6^{m},49 de hauteur; le poids du comble et des parties supérieures fut parfaitement supporté par le pied de l'édifice. Devant le bâtiment, on plaça six canons de glace, avec leurs affûts de glace, et on tira ces canons à boulet. Chaque pièce perça, à soixante pas, une planche de 5 centimètres d'épaisseur. Les canons avaient un décimètre d'épaisseur ; ils étaient chargés avec un quarteron de poudre. Aucune de ces bouches à feu d'un nouveau genre n'éclata pendant le tir.

On aurait peine à croire à un tel prodige, si les recueils scientifiques du temps n'avaient pris soin d'en conserver le souvenir.

Voilà, chers lecteurs, si je ne me trompe, de quoi justifier le titre du présent ouvrage. La *maison de glace de Saint-Pétersbourg* est certes une merveille de la science, ou de l'industrie, comme on voudra!

En ce qui concerne les carreaux de vitre composés de glace, on peut rappeler que les Lapons ferment les fenêtres de leurs huttes, avec une lame de glace de faible épaisseur. Cette vitre en eau glacée ne fond jamais, à cause de la température extérieure, qui est toujours, en hiver, de plusieurs degrés au-dessous de zéro.

La connaissance des propriétés de la neige et de la glace va nous permettre d'expliquer la formation des glaciers, cette véritable merveille de la nature, que l'industrie a su, d'ailleurs, s'approprier, puisque journellement les glaciers du nord de l'Europe et de l'Amérique, fournissent au commerce d'énormes provisions de glace, que les vaisseaux vont disséminer chez les habitants des régions chaudes des deux mondes.

Qu'est-ce qu'un glacier? Un glacier est une masse énorme d'eau congelée, une espèce de fleuve de glace, qui, placé dans la région des neiges perpétuelles, ne fond jamais, ou du moins ne fond que par sa base située dans la vallée, et qui se renouvelle sans cesse par son sommet, situé à l'altitude extrême de la montagne.

Les glaciers ont existé de tout temps, cela va sans dire. Par conséquent, à toutes les époques, les hommes ont pu contempler cet admirable et imposant phénomène de la nature. Les glaciers qui remplissent les anfractuosités des hautes montagnes des Alpes ou celles de l'Asie et de l'Amérique, ont été, pendant une longue série de siècles, parcourus par les indigènes et les voyageurs. Et pourtant on dirait qu'on n'a appris que d'hier leur existence. Ce n'est guère, en effet, que depuis l'année 1840 environ, que la science s'est occupée des glaciers. Mais, comme pour prendre leur revanche d'une si longue abstention, les savants contemporains ont exécuté sur ce sujet, un ensemble énorme de travaux, d'études et d'observations. Des flots d'encre ont été versés, des milliers d'expériences ont été faites, à l'occasion de ce phénomène, qui a été étudié jusque dans ses derniers détails.

Les connaissances qui sont résultées de cette grande quantité de travaux, sont d'ailleurs fort simples ; on peut les résumer en peu de mots.

Nous disions plus haut que les glaciers sont des fleuves de glace. C'est pourtant la neige qui leur donne naissance. Comment donc expliquer cette transformation dans

Fig. 26. — J. Tyndall.

l'état physique de l'eau ? Voici la théorie aujourd'hui professée à cet égard.

Pendant la longue saison des froids, il tombe, au sommet des montagnes qui occupent la région des *neiges éternelles*, de grandes quantités de neige. Ces neiges, soit que leur poids les entraîne le long des pentes, soit que le vent les chasse, s'accumulent dans les dépressions ou les gorges qui résultent de l'accolement de deux ou de plusieurs pics. Elles composent des masses énormes dans ces espèces de *cirques*, aux parois escarpées. Les neiges se tassent peu à peu dans le fond des cirques de montagnes, car leur masse augmente sans cesse, soit par des chutes quotidiennes de neige nouvelle, soit par les avalanches. Arrive l'été. Alors, et par la chaleur solaire, la température s'élevant, même à ces hauteurs, à plusieurs degrés au-dessus de zéro, la neige se ramollit et fond en partie. L'eau provenant de la fusion de la neige, s'infiltre dans les couches de la neige restée solide ; cette eau se gèle pendant la nuit, au sein de la neige, et le tout se change en une masse granuleuse, composée de petits glaçons, qui n'adhèrent pas entre eux.

C'est le froid de la nuit qui provoque la congélation, à l'intérieur de la neige, de l'eau liquide qui, pendant le jour, s'est infiltrée dans sa masse. Il résulte de là que pendant les deux mois d'été dont jouissent les Alpes, il y a, chaque jour, fusion d'une couche superficielle de neige par la chaleur solaire, et, chaque nuit, regel par le froid de l'eau liquide formée pendant la chaleur du jour. A la fin de l'été, toutes les neiges de l'hiver se sont transformées en une réunion de petits glaçons sans adhérence.

Les physiciens suisses ont crée un nom particulier pour expliquer cet état de la neige des glaciers : ils l'appellent le *névé*. Composé, à la base, de glaçons assez volumineux, le *névé* est assez fin dans le voisinage des neiges éternelles.

Au retour de l'hiver, quand la gelée est continue, tous les petits glaçons du *névé* se soudent, c'est-à-dire subissent le phénomène du *regel*, dont nous avons parlé dans ce chapitre. Le poids des neiges nouvelles est sans doute la cause qui détermine l'adhérence de ces glaçons. Ce qui est certain, c'est que pendant l'hiver tous les glaçons se soudent, et que le *névé* finit par se transformer en une véritable glace, qui est d'abord bulleuse et remplie de cavités, mais qui devient ensuite transparente, avec une teinte légèrement bleuâtre, qui surpasse en beauté tout ce que l'imagination peut rêver.

Sans être grand voyageur, j'ai vu dans

Fig. 27. — La mer de glace dans la chaîne du Mont-Blanc.

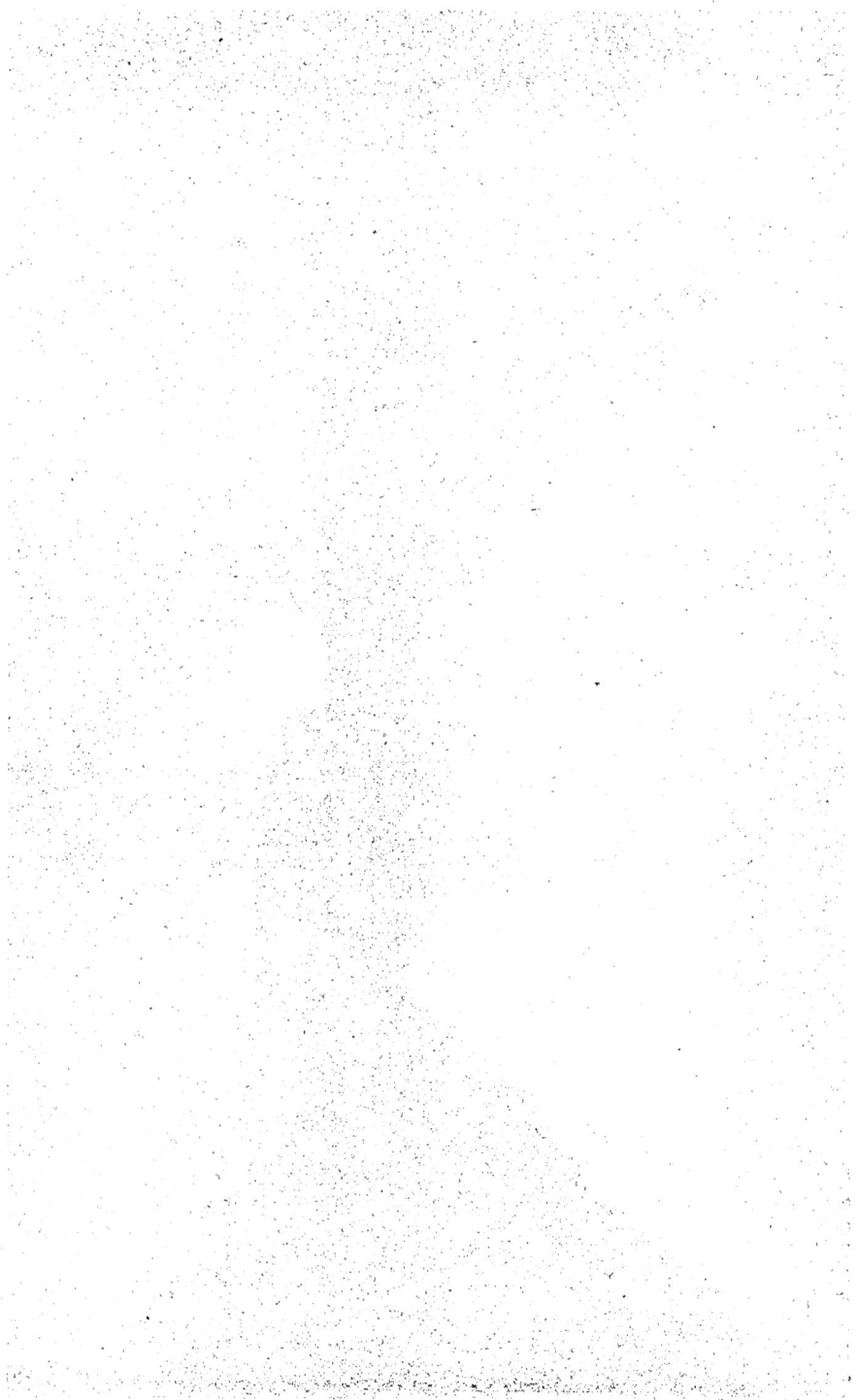

ma vie quelques beaux spectacles naturels; mais je dois convenir que rien n'égale ce que j'ai eu sous les yeux lorsque, en longeant le bas du glacier des Bossons, dans la vallée de Chamonix, j'apercevais, en levant les yeux, cet immense dépôt de glace, d'une épaisseur de 5 à 6 mètres, aussi transparente que le cristal de roche, et dont la teinte verte était d'une incomparable pureté.

La *mer de glace* que nous représentons ici (fig. 27) est le plus grand, sinon le plus beau glacier de la vallée de Chamonix. Nous l'avons choisi de préférence, parce qu'il est plus souvent visité par les touristes que les autres glaciers de la même vallée; mais il faut dire que ce glacier imposant, il est vrai, par sa masse et ses proportions, est composé d'une glace terne, qui n'a pas la pureté de couleur et la transparence qui sont propres à d'autres glaciers voisins, tels que celui de Bois ou celui des Bossons.

Une des belles découvertes de la science, en ce qui concerne les glaciers, se rapporte au mouvement que l'on a reconnu dans ces énormes masses. Un glacier n'est immobile qu'en apparence : en réalité, il se déplace continuellement. Ces fleuves gelés sont des fleuves qui marchent. Ils cheminent lentement sans doute, mais ils descendent le long des pentes de la montagne qui forme leur bassin incliné.

Le phénomène du *regel* explique la descente du glacier. La glace n'est point plastique, comme la cire ou le plomb, mais, par la compression, elle se brise et se *regèle*, ce qui lui permet de se mouler dans les défilés ou anfractuosités qu'elle rencontre, et de se déplacer ainsi, poussée par son propre poids. La partie inférieure d'un glacier est située dans une vallée dont la température est, pendant l'été, à 18 ou 20 degrés. Dès lors, cette extrémité inférieure fond, et, à mesure qu'elle se résout en eau liquide, la partie supérieure du même glacier descend lentement, et vient remplacer la partie fondue.

Pendant les étés chauds et pluvieux, les glaciers descendent assez vite. Ceux du massif du Mont-Blanc avancèrent tellement de 1846 à 1855, que les habitants du village des Bossons délibérèrent pour savoir s'ils n'abandonneraient pas leurs demeures. A l'inverse, par des hivers froids et secs, les glaciers reculent. C'est ce qui arriva au même glacier des Bossons, qui, après 1855, recula de plus de 300 mètres.

Ces mouvements de progression ou de recul ne peuvent s'accomplir sans amener de grandes perturbations et dislocations dans la masse du glacier. De là résultent des fractures effroyables, qui vont quelquefois d'un bout à l'autre du glacier, et des dislocations partielles, qui donnent naissance à ce que l'on nomme les *crevasses* et les *fentes* des glaciers.

Les *fentes* ou les *crevasses* s'accompagnent souvent, quand elles se produisent, d'un bruit terrible. L'œil sonde avec effroi la profondeur de ces abîmes. Dans l'été, quand le touriste qui parcourt les Alpes, vient admirer les glaciers, les crevasses ne sont guère qu'un objet de curiosité, mais dans l'hiver, quand la neige récemment tombée, ou les tourbillons poussés par le vent, dissimulent aux regards ces larges solutions de continuité, elles constituent un danger redoutable. Malheur au voyageur imprudent qui vient à poser le pied sur les ponts de neiges qui couvrent une crevasse, avant que la neige ait acquis une solidité suffisante. Les victimes des glaciers ne se comptent plus!

CHAPITRE V

LA GRÊLE. — LE GRÉSIL. — LA GELÉE BLANCHE. — LE GIVRE. — LE VERGLAS.

La grêle est une forme particulière de l'eau solide. Elle est constituée par de petites masses à peu près globulaires et d'une grosseur variable. La grêle provient des nuages orageux ; elle tombe au commencement de l'orage, souvent pendant l'orage, jamais après.

Les nuages à grêle sont très-épais; ils obscurcissent l'atmosphère, et sont reconnaissables à leurs contours qui semblent déchirés. Ils sont toujours de peu d'étendue, car la grêle ne tombe jamais que dans un espace circonscrit et dans très-peu de temps. Au bout d'un quart d'heure, l'orage s'est arrêté, et le nuage ne répand plus de grêlons, du moins sur le même lieu.

La chute de la grêle est quelquefois précédée d'un bruit venant des nuées, et que l'on a comparé à un sac de noix que l'on remue. Ce bruit est pourtant assez rare, bien qu'Aristote et Lucrèce l'aient mentionné, et que Peltier, dans son ouvrage sur les *Trombes*, parle d'une grêle tombée à Ham, qui fut précédée d'un bruit tellement intense que beaucoup de personnes pensèrent qu'il était produit par le passage d'un escadron de cavalerie.

Le volume des grêlons varie depuis quelques millimètres de diamètre, jusqu'à 10 centimètres et plus. On a vu des grêlons de la grosseur d'un œuf de pigeon, et même d'un œuf de poule. Le professeur Boisgiraud a décrit des grêlons de cette grosseur qui tombèrent à Toulouse, en grande quantité, le 8 juillet 1834.

La 4 juillet 1819, il tomba, à Angers, des grêlons de 8 centimètres de diamètre, qui enfoncèrent les toitures, et percèrent les ardoises des toits, comme auraient pu le faire des projectiles.

Le 15 juin 1829, des grêlons qui pesaient, dit-on, un kilogramme, tombèrent à Cazorta (Espagne), enfonçant le toit des maisons.

En 1839, il tomba à Constantinople des grêlons gros comme le poing, qui pesaient 500 grammes.

On trouve cités dans les auteurs quelques exemples de masses de glace tombées du ciel. Elles provenaient certainement de plusieurs grêlons soudés les uns aux autres. Il est probable que les énormes grêlons dont nous venons de parler étaient de véritables agglomérations. Le globe de glace, long d'un mètre et épais de 7 décimètres, qui tomba en Hongrie, en 1802, ainsi qu'un autre de même dimension, qui tomba, dit-on, près de Seringapatam, dans les Indes, au commencement de notre siècle, sous le règne de Tippo-Sahib, étaient des agglomérations de ce genre.

Les grêlons sont, en général, globulaires, mais on en voit d'ovales, d'aplatis et de formes irrégulières. Leur surface est recouverte d'éminences plus ou moins prononcées. Le naturaliste Lecoq, de Clermont-Ferrand, a vu des grêlons de forme ovale, sur les deux bouts desquels étaient implantées des aiguilles de glace. On a recueilli des grêlons de forme pyramidale, dont les angles étaient émoussés par un commencement de fusion; la base de la pyramide étant remplacée par une surface sphérique irrégulière, ce qui pouvait les faire considérer comme des fragments de masses sphéroïdales.

On trouve toujours au centre d'un grêlon, un noyau opaque, blanc, entouré de plusieurs couches concentriques, qui sont quelquefois alternativement opaques et transparentes. On voit quelquefois ces couches concentriques se terminer par des stries rayonnantes partant du noyau opaque.

La figure 28 donne la coupe de quatre grêlons dans lesquels on retrouve les particularités ci-dessus décrites, à savoir : A, la coupe d'un grêlon sphéroïdal, avec son noyau et ses couches concentriques alternativement transparentes et opaques ; — B, un grêlon sphéroïdal, avec son noyau opaque et deux couches concentriques se terminant à la périphérie par une structure rayonnée ; — C, un grêlon de forme pyramidale à contour sphéroïdal qui semble indiquer qu'il provient de la fragmentation d'une masse sphéroïdale ; — D, un grêlon de forme irrégulière avec noyau en son milieu.

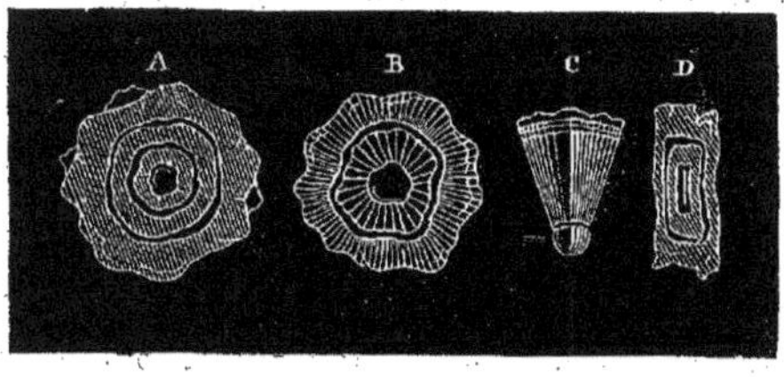

Fig. 28. — Coupe de grêlons.

L'intérieur des grêlons renferme souvent des bulles d'air, ou de petits grains de glace semblables au noyau central. Dans certains grêlons on a trouvé des débris de paille, de poussière, et même de la cendre volcanique dans le voisinage des volcans. Dans un orage qui éclata en juin 1808, dans l'État de Ténessée (Amérique), on ramassa des grêlons dont le noyau était composé de débris de feuilles vertes et de branches entourées de glace.

Un chute abondante de grêlons eut lieu à Toulouse, le 28 juillet 1874, vers 8 heures et demie du soir. Les dimensions d'un grand nombre de ces grêlons furent déterminées par M. Joly, professeur à la Faculté des sciences de Toulouse. Ils avaient le volume d'une noisette, d'une noix ou d'un œuf de pigeon ; d'autres atteignaient même la grosseur d'un œuf de poule.

Quelques-uns se présentaient en agglomérations semblables aux *poudingues* des géologues, ayant sept à huit centimètres de long, sur quatre ou cinq de large; douze heures après la chute, leur poids dépassait encore 50 à 60 grammes. L'intérieur de ces glaçons était transparent comme du cristal; on y distinguait des noyaux multiples opaques et d'un blanc laiteux, ayant le volume d'une cerise ou d'un gros pois. De nombreuses bulles d'air, des grains de sable et quelquefois des débris de végétaux, se voyaient dans ces *poudingues* aériens.

Après leur fusion, ces grêlons laissèrent une poussière fine et abondante, offrant des particules organiques.

La glace entourant le noyau avait une structure cellulaire. Les noyaux et leur enveloppe n'offraient pas de cristaux vraiment dignes de ce nom. Cette dernière remarque semble corroborer l'hypothèse qui attribue la formation de la grêle, non-seulement au refroidissement de l'eau en vapeur qui forment les nuages, mais encore aux mouvements tumultueux que les tourbillons aériens impriment à ces masses congelées en voie de formation. Or, on sait qu'un calme parfait est nécessaire pour la formation de cristaux. L'absence d'un noyau cristallisé prouve l'état de grande agitation de l'air au moment de la formation des grêlons.

Il est assez remarquable que la grêle proprement dite soit une production particulière aux climats tempérés. Il tombe souvent, dans les pays du Nord, de petites aiguilles de glace, qu'on appelle *grésil*; mais le *grésil* n'est que de la pluie congelée, il ne faut pas le confondre avec la grêle proprement dite.

La grêle tombe dans les montagnes, sous toutes les latitudes. Fréquemment elle tombe dans la montagne, alors que la vallée ne reçoit que de la pluie. Cela tient à la différence de température résultant de l'altitude.

La configuration du sol semble provoquer la formation de la grêle, car il est des localités qui sont visitées chaque année par ce fléau, telles que certaines régions des environs de Clermont-Ferrand, tandis qu'il en tombe à peine une fois en vingt ans entre le Puy-de-Dôme et le mont Dore. Dans la Suisse, les vallées dirigées de l'est à l'ouest, comme celles du Valais et de Glaris, sont, dit-on, également à l'abri de la grêle.

Une circonstance tout à fait propre aux

averses de grêle, c'est leur marche progressive sur une grande longueur n'embrassant qu'une bande étroite de terrain. La grêle paraît lancée par un petit nuage qui marcherait avec rapidité, étendant ses ravages sur une bande de pays étroite et longue.

Tous les ouvrages de météorologie citent à l'appui de cette remarque, l'orage terrible du 13 juillet 1788, qui fut décrit par Tessier (1).

Cet orage commença le matin, dans le midi de la France, et se propagea jusqu'à la mer Baltique, dans la direction moyenne du *sud-ouest* au *nord-est*. Les lieux ravagés par la grêle formaient deux bandes généralement parallèles à cette direction. Le milieu de la bande occidentale coïncidait avec une ligne droite allant de Gand au confluent de l'Indre avec la Loire; et celui de la bande orientale, avec une ligne menée de Malines à Amboise. La bande occidentale avait 700 kilomètres de long, et l'autre 800; la première avait 16 kilomètres, et l'autre 8 de largeur moyenne. Dans l'espace de quelques heures, 1039 paroisses de France furent ravagées. On évalua les pertes résultant de cet événement à 25 millions. Les deux bandes étaient séparées par un espace d'une largeur moyenne de 21 kilomètres, qui ne reçut que de la pluie. Il plut beaucoup aussi à l'est et à l'ouest des deux bandes. La grêle ne tomba, en chaque lieu, que pendant dix minutes au plus, mais avec tant d'abondance et les grêlons étaient si gros qu'ils anéantirent toutes les récoltes. Tessier conclut de l'enquête à laquelle il se livra, que l'orage avait marché avec une vitesse de 64 à 65 kilomètres par heure.

Cet orage de grêle est le plus terrible qu'on ait vu dans nos climats. Afin de faciliter aux météorologistes les moyens d'évaluer approximativement leur poids, Tessier façonna des grêlons provenant de cette averse de manière à leur donner la grosseur d'un œuf de pigeon, d'un œuf de poule, d'un œuf de dindon. Les premiers pesaient 11 grammes, les seconds 23 grammes, les troisièmes 69 grammes.

(1) *Mémoires de l'Académie des sciences de Paris* pour 1790, page 263.

Lecoq a suivi, de nos jours, comme Tessier l'avait fait au siècle dernier, la marche d'un orage de grêle. C'est celui qui ravagea une partie de la France le 28 juillet 1835.

L'orage prit naissance sur l'Océan, vers 10 heures du matin. La grêle tomba d'abord sur l'île d'Oléron, d'où le météore s'avança de l'ouest à l'est. A midi, il traversait le département de la Creuse; vers une heure, il entrait dans celui du Puy-de-Dôme, doublait la montagne qui porte ce nom, et venait s'éteindre sur Clermont-Ferrand, après avoir parcouru 360 kilomètres environ, en quatre heures et demie. Il est à remarquer que les grêlons allèrent toujours en grossissant. Tandis qu'ils étaient gros comme des noisettes dans la Charente-Inférieure, ils présentèrent près d'Aubusson, et près de Clermont, la grosseur et la forme d'œufs de poule et même d'œufs de dinde. Le nuage n'était pas très-élevé, car le sommet du Puy-de-Dôme ne reçut pas de grêle, tandis que le petit Puy-de-Dôme, qui n'est élevé que de 1,200 mètres, en fut couvert.

La théorie de la formation de la grêle a donné lieu, depuis le commencement de notre siècle, à d'interminables et très-confuses discussions. On a longtemps donné à ce phénomène une origine uniquement électrique. Tout le monde a lu, dans les ouvrages de physique, la théorie de Volta, qui explique, avec une simplicité par trop naïve, la formation des grêlons et leur augmentation progressive par une espèce de danse entre deux nuages différemment électrisés, lesquels se renverraient les grêlons, à peu près comme des écoliers se renvoient des balles.

Personne ne croit plus à cette explication, trop élémentaire. Si l'électricité joue quelque rôle pendant la formation de la grêle, c'est que dans toute évaporation il y a dégagement d'électricité; mais la cause essentielle de la production de la grêle est toute météorologique. Sans doute la grêle se forme toujours entre deux ou plusieurs couches de nuages superposés, mais la pluie ne se produit également qu'entre deux ou plusieurs couches de nuages superposés.

La grêle se forme, au lieu de la pluie, lorsque la température des régions supérieures est considérablement refroidie par des vents glacés ou toute autre cause. Les nuages placés à des hauteurs de 3,000 mètres renferment presque toujours des aiguilles de glace, c'est-à-dire du *grésil*, et la température de ce grésil peut être, à cette hauteur, de — 20°, tandis que des nuages placés inférieurement contiennent de l'eau à l'état vésiculaire, dont la température est au-dessus de 0°. Quand ces nuages, marchant dans deux directions différentes, viennent à se rencontrer, les gouttes d'eau vésiculaire du nuage inférieur se gèlent instantanément par le froid subit qui les saisit au contact des nuages à — 20°, et il se forme de petits grêlons. Ces petits grêlons ne tombent pas sur le sol immédiatement après leur formation, parce qu'ils sont emportés par le vent, par des tourbillons atmosphériques, peut-être aussi parce qu'ils sont en même temps attirés par l'électricité contraire de diverses couches de nuages orageux.

C'est ainsi que les grêlons, soutenus un instant dans l'air, malgré leur poids, grossissent, par l'adjonction de nouvelles couches d'eau glacée empruntée aux nuages qu'ils rencontrent. Ils s'agglomèrent plusieurs ensemble, et finissent par composer des masses assez pesantes pour tomber enfin sur le sol.

A l'époque où l'on attribuait à la grêle une origine purement électrique, on eut l'idée de préserver les campagnes des ravages de ce fléau au moyen de perches armées de pointes de fer, plantées dans le sol. On appelait cela des *paragrêles*. Les bonnes âmes s'imaginaient que ces appareils, déchargeant les nuages de leur électricité, préviendraient la formation de la grêle. Ce système enfantin eut une certaine vogue pendant quelques années. On vit, par exemple, toute la côte du lac de Genève qui fait partie du canton de Vaud, garnie de ces espèces de paratonnerres. Mais on se hâta de les supprimer lorsqu'on eut reconnu leur parfaite inefficacité, qui résultait avec une frappante éloquence de la grande quantité de grêlons qui tombaient au pied des prétendus *paragrêles !*

Grésil. — Le *grésil*, comme nous l'avons dit plus haut, n'est point de la grêle, mais simplement la réunion de petits cristaux d'eau congelée tombant de grandes hauteurs de l'atmosphère. C'est à proprement parler de la pluie congelée qui a pris naissance dans des nuages dont la température est bien au-dessous de 0°. Le grésil tombe toujours quand le vent règne et lorsque le temps est variable. Si l'air est tranquille à la surface de la terre, et que pourtant il tombe du grésil, on peut reconnaître, à la marche rapide des nuages, que le vent souffle au haut des airs.

Le vent paraît, en effet, une condition nécessaire à la formation du grésil. Le météorologiste Kaemts reconnut dans les Alpes que la neige se transforme en petits prismes pyramidaux dès que le vent souffle par rafales. Dès que le vent cessait, la neige commençait à tomber sous forme de flocons.

Suivant Kaemts, le grésil forme des cristaux composés d'une petite pyramide à trois pans. Le grésil se formant au sein des nuages, est, comme nous l'avons vu, l'origine des grêlons. Il constitue le noyau des grêlons que nous avons représentés sur la figure 28 (page 53).

Gelée blanche. — On nomme ainsi un dépôt d'eau solide, à demi cristallisée et spongieuse, qui se forme à la surface de la terre, quand la température descend au-dessous de 0°. On lit dans la plupart des ouvrages, que la gelée blanche n'est autre chose que de la rosée congelée ; mais la vapeur d'eau atmosphérique ne s'est pas déposée d'abord à l'état liquide sous forme de rosée ; car, s'il en était ainsi, le givre aurait l'aspect de petits mamelons de glace amorphe et transparente, et non de couche cristalline opaque, dans laquelle on distingue souvent des prismes implantés les uns à côté des autres. La gelée blanche est de l'eau solide provenant directement de la vapeur vésiculaire de l'air, par suite du grand refroidissement du sol, provoqué par le rayonnement nocturne quand le ciel est très-découvert.

C'est au printemps et en automne que les corps peuvent se refroidir assez par le rayonnement nocturne, pour qu'il y ait formation de gelée blanche.

Givre. — On appelle *givre* les cristallisations de glace qui apparaissnt dans la campagne, sur les arbres, sur les feuilles, sur les fils d'araignée, lorsqu'un vent chaud et humide succède à un froid vif et prolongé. C'est une couche de véritable glace à structure cristalline, mais qui a une autre origine que la *gelée blanche,* puisqu'elle se forme tout aussi bien pendant le jour que pendant la nuit.

Verglas. — Le verglas est le résultat de la congélation de l'eau de pluie tombant à la surface de la terre, quand celle-ci se trouve à une température inférieure à 0°.

Il faut deux conditions pour la production du *verglas* : dans les couches supérieures de l'air, une température supérieure à 0° ou un courant d'air chaud, et à la surface de la terre une température inférieure à 0°. Aussi est-ce au moment du dégel que le verglas se produit généralement. Un courant d'air chaud venant à parcourir l'air, provoque la formation de la pluie en rencontrant les nuages ; mais la terre n'a pas encore eu le temps de se réchauffer, et lorsque la pluie tombe, elle se gèle en touchant le sol et tous les objets qu'elle rencontre. L'eau pluviale se prend ainsi en une masse solide transparente, luisante et uniforme, qui transforme la terre en une nappe continue de glace proprement dite, de l'épaisseur de plusieurs millimètres.

La soirée du 1er janvier 1875 fut marquée, à Paris, par un verglas d'une intensité extraordinaire. La terre était très-refroidie par une température de — 2° à — 6° qui avait duré plus de deux semaines, lorsqu'un vent chaud, venant du sud, provoqua une pluie abondante. Tout aussitôt, la surface du sol se trouva recouverte d'une nappe de glace prodigieusement glissante, et qui donna lieu, dans les différents quartiers de la capitale, aux accidents les plus graves.

C'est à 9 heures du soir qu'une pluie mêlée de grésil, s'était mise à tomber, et avait formé bientôt, au contact du sol refroidi, une nappe glissante. Vers 10 heures, il était devenu dangereux de s'y aventurer. On n'entendait, dans l'obscurité, que les cris de colère des cochers, dont les chevaux s'abattaient, ou les cris d'effroi des piétons chancelants, qui ne pouvraient faire un pas sans s'exposer à des chutes graves. On ne savait quelles précautions employer pour avancer sur ce parquet de glace. Les trottoirs étaient tout à fait impraticables, en raison de la surface unie de l'asphalte. On se tenait un peu mieux sur la chaussée, et l'on voyait un grand nombre de piétons marcher derrière les quelques voitures qui parcouraient la chaussée, en suivant l'ornière des roues ou en s'accrochant à la voiture. Beaucoup de personnes ôtèrent leurs chaussures et marchèrent sur leurs bas, au risque d'une bronchite. D'autres enveloppaient leurs chaussures de linge et de mouchoirs. D'aucuns regagnaient à quatre pattes leur domicile. C'étaient là les plus braves. Mais la plupart, hommes ou femmes, renonçant à tout essai de progression, prirent le parti de coucher dans le premier hôtel venu, ou de demander l'hospitalité dans le poste voisin, ou chez les amis auprès desquels ils se trouvaient. D'autres prirent le parti, en attendant le jour et le dégel, de s'établir dans quelques-unes des nombreuses voitures que l'on avait dû dételer et abandonner au milieu des rues.

Presque toutes les voitures, en effet, avaient été obligées de s'arrêter. Les omnibus avaient brusquement suspendu leur service. Vers 11 heures, la place de la Concorde en était encombrée : sur 24 voitures qui desservent la ligne de Vaugirard, 22 avaient été obligées de faire descendre leurs voyageurs. Les fiacres n'avaient pas été plus favorisés. On en rencontrait à chaque pas, arrêtés, soit par la chute des chevaux, soit par l'impossibilité d'avancer. Plus de cent voitures de place restèrent ainsi en détresse, pendant toute la soirée, aux abords du Pont-Neuf.

Les accidents furent nombreux. On a dit que la nuit du 1er janvier 1875 avait causé plus de mal ou occasionné plus d'accidents que le bombardement de Paris en 1871. L'assertion est exagérée, mais ce qui est certain, c'est qu'il y eut quelques accidents suivis de mort, et une quantité incalculable de fractures, luxations, entorses, contusions, etc., résultant de chutes qu'il était impossible d'éviter avec un verglas d'une intensité telle qu'on n'en avait pas vu de semblable de mémoire d'homme à Paris.

Ce ne fut que dans la matinée du 2 janvier, vers 7 heures, que la température se détendit, et que le dégel prit une allure accélérée. Alors seulement, les Parisiens bloqués loin de chez eux purent gagner, clopin-clopant, leur demeure, à travers le gâchis.

CHAPITRE VI

L'EAU LIQUIDE. — LA COMPRESSIBILITÉ DE L'EAU. — SA DENSITÉ. — LE MAXIMUM DE DENSITÉ DE L'EAU ET SES CONSÉQUENCES DANS LA NATURE. — ACTION DE LA CHALEUR SUR L'EAU. — LE POUVOIR DISSOLVANT DE L'EAU ET SES APPLICATIONS DANS L'INDUSTRIE. — L'AIR DISSOUS DANS L'EAU.

A l'état liquide, l'eau est peu élastique, et tellement peu compressible, qu'on a longtemps douté qu'il fût possible de la réduire à un volume moindre que le sien. Il était pourtant certain que l'eau était compressible, puisque son propre poids la comprime à tel point, dans le fond des lacs et des mers, que sa densité va toujours en augmentant depuis la surface jusqu'au fond.

On eut pendant longtemps beaucoup de peine à constater par l'expérience la compressibilité de l'eau, ou à mesurer cette compressibilité, parce que les vases dans lesquels on faisait l'expérience cédaient eux-mêmes à la pression que l'on exerçait sur l'eau. Perkins parvint le premier à mettre hors de doute la compressibilité de ce liquide, en entourant l'appareil qui sert à faire l'expérience, d'eau comprimée avec la même force. Œrsted simplifia ensuite cet appareil ; de sorte qu'aujourd'hui l'expérience se fait sans aucune peine, et que l'on constate facilement le phénomène de la diminution du volume de l'eau par la pression.

L'eau diminue, seulement sous une atmosphère de pression, de 51 millionièmes de son volume, d'après les expériences de divers physiciens (Despretz, Colladon et Sturm, Vertheim, Regnault, Grassi). Une capacité d'un million de litres d'eau est réduite de 51 litres de sa capacité par la pression d'une atmosphère. Comme cette compression se fait proportionnellement à la pression, pour deux atmosphères la compression serait de 102 litres, pour trois atmosphères, de 153 litres.

La pesanteur spécifique de l'eau a été prise comme unité de comparaison pour tous les autres corps. Le chiffre 1,000 représente donc cette pesanteur spécifique. Tout le monde sait qu'un centimètre cube d'eau pure, à 0°, pèse 1 gramme, et que telle est la base du système décimal appliqué à la mesure des corps en poids et en volume.

L'eau pure n'a ni couleur, ni odeur, ni saveur. Comme tous les autres corps de la nature, elle se dilate par le calorique. Il y a toutefois une différence notable entre son mode de dilatation et celui des autres corps. Pour la presque totalité des corps de la nature, le maximum de densité répond à l'état solide; il n'en est pas ainsi de l'eau, son maximum de densité n'est point à l'état solide, mais bien à l'état liquide et à la température de + 4°,1. A partir de ce point l'eau va toujours en se dilatant, soit qu'elle se refroidisse, soit qu'elle s'échauffe, de manière qu'à 0° l'eau occupe exactement le même volume qu'à + 9°.

La démonstration de ce phénomène important se fait, dans les cours de physique, au moyen de l'appareil représenté par la figure 29. On prend trois ballons *a*, *b*, *c*, contenant, le premier, *a*, de l'eau, le second, *b*, du mercure et le troisième, *c*, de l'alcool, et on les place dans un même vase rempli d'eau, dans laquelle on jette des fragments de glace. Un thermomètre plongeant dans l'eau, en donne la température. Au commencement de l'expérience, le thermomètre marque + 15 ou + 20°, suivant la température de l'air extérieur; quand on a ajouté la glace, on voit le liquide du thermomètre s'abaisser. A partir de la température de + 12 ou + 15°, les trois liquides contenus dans les tubes *a*, *b*, *c*, se refroidissent, et leur niveau s'abaisse dans les trois tubes qui les contiennent. Cet abaissement continue dans les trois tubes, jusqu'à ce que le thermomètre marque + 4°, mais quand il est arrivé à ce point, l'eau contenue dans le ballon *a* cesse de se comporter comme les deux autres liquides: tandis que le mercure du vase *b* et l'alcool du vase *c* continuent de s'abaisser dans le tube qui les contient, l'eau contenue dans le tube *a*, au lieu de s'abaisser comme eux, remonte. C'est le résultat de sa dilatation. A la température de + 4°,1, l'eau atteint son maximum de densité; par conséquent son volume est plus grand, ou, ce qui revient au même, son poids spécifique est plus léger au-dessus et au-dessous de ce terme. Voilà pourquoi le niveau de l'eau se relève dans le tube *a* qui contient de l'eau, alors que le mercure et l'alcool contenus dans les tubes *b* et *c* continuent de se contracter, quand la température descend au-dessous de + 4°. Cette expérience met bien en relief cet important phénomène.

Ce renversement dans les règles de la nature paraît une sorte de vue providentielle. C'est en effet à cette circonstance, jointe à la légèreté spécifique de la glace, que nous devons, ainsi que nous l'avons dit en parlant de la glace, la conservation de la vie animale et végétale au fond des eaux. Sans cette exception aux lois du calorique, les eaux de notre globe seraient inhabitables. En hiver, l'eau, même dans les grands lacs, se refroidirait promptement jusqu'à zéro et au-dessous, et se prendrait en masse tout à la fois. Alors les poissons périraient tous, les autres classes d'êtres vivants manqueraient d'eau liquide, et l'été suffirait à peine pour fondre ces masses énormes de glace. Mais, dans l'état actuel des choses, l'eau, dès qu'elle est refroidie jusqu'à + 4°,1, tombe au fond du bassin, et c'est seulement lorsque sa masse entière a acquis la température de + 4°,1 que sa surface peut se re-

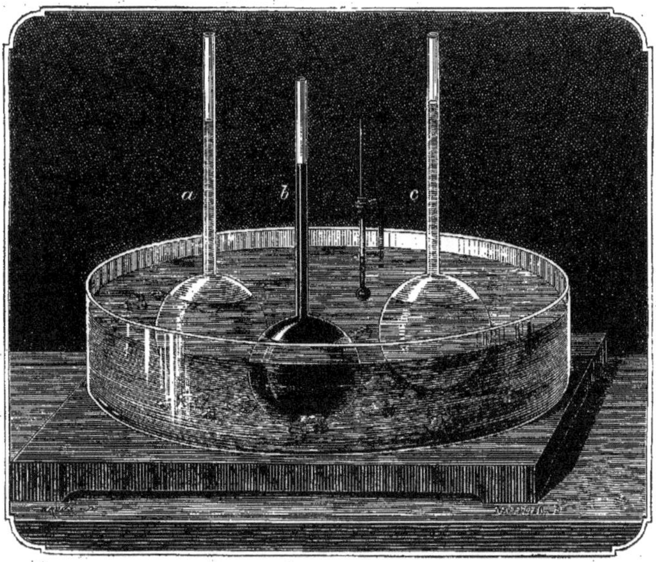

Fig. 29. — Expérience sur le maximum de densité de l'eau.

froidir davantage, parce que l'eau plus froide est plus légère alors que celle qui est moins froide, et que l'eau, comme tous les liquides, transmet le calorique avec beaucoup de lenteur.

Le fond des lacs conserve donc toujours la température de + 4°,1, et l'eau qui s'en écoule est constamment à 3 ou 4° au-dessus du point de congélation. Cette même température de + 4°,1 se maintient également, et par la même raison, au fond des rivières d'un cours tranquille. Il est très-rare, même dans les plus rigoureux hivers, de voir les rivières et les gros ruisseaux se geler jusqu'au fond.

Dans les eaux courantes, dont toutes les parties se mélangent sans cesse, cette séparation entre des couches d'eau à + 4°,1 et le reste de la masse, n'a pas lieu; la glace peut se former au fond de l'eau, contre les aspérités qui forment son lit, et aussi autour des bulles gazeuses que l'eau abandonne en se congelant. Mais les glaçons, une fois formés, ne restent pas en place. En raison de leur poids spécifique, ils gagnent la surface de l'eau, et quand toute la surface est gelée, la masse devient tranquille. La précipitation au fond du bassin, de l'eau à + 4°,1 se fait donc même dans les eaux courantes, et les êtres vivants sont ainsi maintenus dans un milieu tempéré.

L'eau conduit mal la chaleur ainsi que l'électricité. D'après le physicien Despretz, un cylindre d'eau de 1 mètre de longueur et de 40 centimètres de diamètre, dans la partie supérieure duquel on entretient constamment de l'eau bouillante, n'atteint la température de l'ébullition dans toute sa masse, qu'après soixante heures. Ce fait prouve d'une manière frappante la mauvaise conductibilité de l'eau pour la chaleur.

Si l'on applique la chaleur en un point quelconque de sa masse, l'eau s'échauffe assez vite, mais il ne faudrait point conclure de là que l'eau soit un bon conducteur du calorique. L'échauffement rapide de l'eau ne tient qu'à ce que l'eau chaude est plus légère que l'eau froide. Lorsqu'on applique la chaleur au fond d'un vase contenant de l'eau froide, la première couche s'échauffe, devient plus légère, monte, et est aussitôt remplacée par une autre couche plus froide. Cet échange se fait avec beaucoup de rapidité, de sorte qu'une série de courants ascendants ou descendants traversent le liquide jusqu'à ce qu'une température uniforme se soit établie dans toute sa masse.

Ce phénomène se manifeste d'une façon

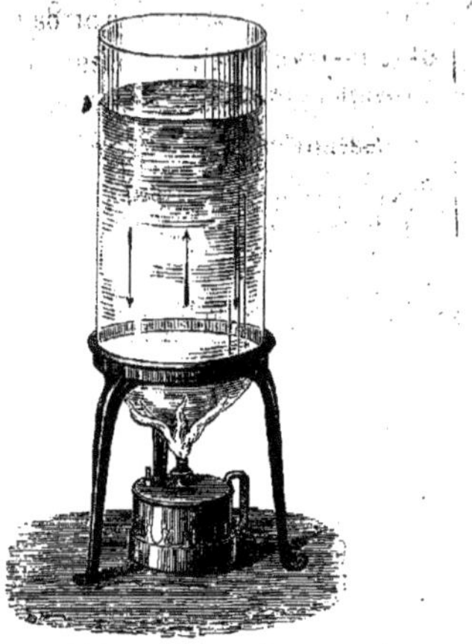

Fig. 30. — Mode d'échauffement de l'eau par des courants verticaux de couches ascendantes et descendantes chaudes et froides.

bien claire lorsqu'on chauffe de l'eau mélangée de particules légères, telles que de la sciure de bois, ou d'autres poudres légères. Le mouvement de ces poudres indique les directions des courants qui s'établissent au sein du liquide, comme le représente la figure 30.

Le pouvoir dissolvant de l'eau pour les différents corps est considérable. On a dit que l'eau est le *grand dissolvant de la nature*. Cela est vrai, et même, à parler rigoureusement, il n'existe aucun corps qui soit absolument insoluble dans l'eau. Il n'est presque pas d'opération, presque pas de phénomène naturel dans lesquels n'intervienne l'action dissolvante de l'eau. On ne connaît guère que les corps gras, et en général les substances organiques très-hydrogénées et très-carburées, comme les huiles essentielles, qui résistent à l'action dissolvante de l'eau.

En ce qui concerne la quantité de substance solide que l'eau peut dissoudre, il y a des corps qui se dissolvent dans l'eau, en même quantité à toutes les températures : tel est le chlorure de sodium; mais, dans le cas le plus général, la quantité du corps dissous augmente avec la température. Parmi les sels dont la solubilité dans l'eau augmente en raison directe de la température, il faut citer le chlorure de potassium, le chlorure de baryum, le sulfate de potassium.

Mais le plus souvent la solubilité des sels dans l'eau augmente considérablement avec l'élévation de la température. C'est ce qui a lieu pour les azotates de potasse et de soude, les azotates de baryte, le chlorate de potasse, etc., de sorte qu'une dissolution de ces sels, faite dans l'eau bouillante, abandonne, par le refroidissement, une grande partie du sel, qui se sépare à l'état cristallisé.

C'est sur la propriété dont jouit l'eau de dissoudre de plus grandes quantités de matières salines à la température de l'ébullition qu'à la température ordinaire, qu'est fondée, dans l'industrie chimique, la purification de la plupart des substances. L'industrie du salpêtre (azotate de potasse) repose sur la propriété dont jouit l'eau de dissoudre, à l'ébullition, de grandes quantités de ce sel, et d'en laisser déposer la plus grande partie sous forme de cristaux, par le refroidissement de la dissolution, parce que l'eau froide dissout beaucoup moins de salpêtre que l'eau bouillante.

La cristallisation par l'intervention de l'eau bouillante, est la base de beaucoup d'opérations chimiques analogues. Dissoudre une substance impure dans l'eau bouillante, et laisser refroidir la liqueur, pour obtenir ce produit pur et cristallisé, tel est le grand secret de l'industrie chimique.

Fig. 31.— Cristallisation de salpêtre par le refroidissement d'une dissolution faite dans l'eau bouillante.

Il arrive quelquefois, bien que le fait soit rare, que la solubilité d'un corps diminue à mesure que la température s'élève. Cette véritable anomalie physique s'observe pour l'hydrate de chaux, le citrate de chaux, le sulfate de cérium, le sulfate de lithium, le butyrate de chaux, le sulfate de chaux, le sulfate de thorine, etc. Aussi les solutions de ces sels saturées à froid, deviennent-elles troubles lorsqu'on les chauffe. La dissolution de butyrate de chaux faite à froid se prend presque en masse quand on la porte à l'ébullition.

Il peut encore arriver, mais le cas est également rare, que la solubilité d'un corps augmente d'abord rapidement avec la température, qu'elle atteigne son maximum à un certain degré de chaleur, et qu'ensuite elle diminue continuellement à mesure que la température s'élève. Ainsi, 100 parties d'eau à zéro dissolvent 12,17 parties de sulfate de soude cristallisé ; à 25° centigrades, elles en dissolvent 100 parties, c'est-à-dire leur poids ; à 33° centigrades, 322 parties (c'est là le *maximum de solubilité*) ; et à 50° centigrades, 262 parties seulement.

Dans l'industrie chimique, la séparation et la purification de plusieurs sels reposent sur la propriété particulière à ces sels d'être inégalement solubles dans l'eau à des températures différentes. Les corps les moins solubles sont ceux qui se déposent les premiers. Les sulfates de quinine, de quinidine, de cinchonine, par exemple, se séparent par ce moyen des dissolutions que l'on obtient en faisant bouillir avec de l'eau légèrement acidulée par l'acide sulfurique les écorces de quinquinas préalablement pulvérisées, et en filtrant. La séparation du chlorate de potasse et du chlorure de potassium, obtenus en faisant passer un courant de chlore dans une solution de carbonate de potasse, s'effectue de la même manière. Le mélange étant traité par l'eau bouillante, et la liqueur abandonnée au refroidissement, le chlorate de potasse cristallise par le refroidissement de la liqueur, et le chlorure de potassium reste dissous.

L'eau dissout la plupart des corps sans les décomposer ; mais il existe un certain nombre de sels qui, mis en contact avec l'eau, se séparent en deux autres sels, l'un soluble, qui reste en dissolution, l'autre insoluble, qui se précipite : tels sont les azotates de mercure, de bismuth, le sulfate de mercure, etc. Ce dernier sel, au contact de l'eau, se dédouble en sulfate acide soluble, et en sulfate basique insoluble, ou *turbith minéral*.

On dit que l'eau est *saturée* lorsqu'elle a dissous toute la quantité d'un corps qu'elle peut dissoudre à une température déterminée.

L'eau saturée d'un sel peut encore dissoudre un autre sel. Ainsi, une solution saturée de chlorure de sodium dissout plus d'azotate de potasse que l'eau pure.

La dissolution des liquides ou des solides dans l'eau, est quelquefois accompagnée d'un dégagement de chaleur ou d'une production de froid. Bien plus, un même corps peut produire successivement ces deux effets. C'est ainsi que le sulfate de soude anhydre se dissout dans l'eau en dégageant de la chaleur, tandis que le même sel cristallisé se dissout en produisant du froid.

Tous les gaz sont plus ou moins solubles dans l'eau; il n'existe même aucun gaz absolument insoluble dans ce liquide.

La quantité d'un gaz que l'eau peut dissoudre dépend de la température et de la pression. Ainsi, l'eau dissout 1,000 fois son volume de gaz ammoniac à zéro et sous la pression ordinaire, et cette solubilité diminue graduellement, de sorte qu'à 60° centigrades, elle est presque nulle. La dissolution d'un gaz dans l'eau est toujours en raison inverse de l'élévation de la température et en raison directe de l'intensité de la pression.

L'eau dissout l'air atmosphérique; mais l'air atmosphérique étant formé d'un mélange d'oxygène et d'azote, on ne sera pas surpris d'apprendre que les deux gaz ne se trouvent pas dissous dans l'eau dans les proportions intégrales où ces deux gaz constituent l'air atmosphérique. La plus grande solubilité du gaz oxygène dans l'eau, comparativement au gaz azote, explique cette circonstance.

D'après Gay-Lussac et de Humboldt, l'air dissous dans l'eau bien aérée renferme 32 pour 100 d'oxygène. Beaucoup de chimistes ont confirmé les résultats obtenus par Gay-Lussac et de Humboldt; de sorte qu'il est admis généralement que l'air dissous dans l'eau renferme 32 pour 100 d'oxygène en volume, au lieu de 21, qui est la proportion normale de l'oxygène dans l'air. Döbereiner a analysé l'air extrait de l'eau distillée qu'il avait soumise à l'aération : cette eau contenait 33,3 pour 100 d'oxygène pour 100 parties.

La diminution de la pression atmosphérique a pour résultat de diminuer la quantité d'air dissous dans l'eau. M. Boussingault a observé qu'à une hauteur de 2,600 mètres, l'eau n'absorbe que le tiers du volume d'air qu'elle dissout au niveau de la mer. 1 litre d'eau pris au niveau de la mer, contenait 35 parties d'air, tandis que près de Santa-Fé de Bogota, à une élévation de 2,640 mètres au-dessus du niveau de la mer, 1 litre d'eau ne renfermait plus que 12 parties d'air.

C'est à la diminution de la quantité d'air existant dans les lacs des Alpes et dans d'autres régions très-élevées, qu'il faut attribuer l'absence des poissons dans ces lacs : la petite proportion d'oxygène contenue dans les eaux ne suffirait pas à entretenir la respiration de ces animaux.

Les poissons ne vivent que dans l'eau aérée; ils meurent promptement lorsqu'on les plonge dans la même eau privée d'air. On sait que ces animaux sont munis d'organes particuliers, nommés *branchies*, pour absorber l'oxygène contenu dans l'eau.

Sous le rapport de l'alimentation, l'eau aérée est beaucoup plus salubre et agréable que l'eau privée d'air. Aussi, comme nous le verrons plus loin, l'air existe-t-il dans toutes les eaux potables.

CHAPITRE VII

L'ÉVAPORATION DE L'EAU. — CIRCONSTANCES QUI INFLUENT SUR L'ÉVAPORATION. — LES ÉTUVES. — LES ALCARAZZAS. — MANIÈRE DE MESURER L'HUMIDITÉ DE L'AIR. — L'HYGROMÈTRE DE DE SAUSSURE. — LE *cryophore* DE WOLLASTON. — L'ÉBULLITION DE L'EAU. — CIRCONSTANCES QUI INFLUENT SUR L'ÉBULLITION DE L'EAU. — L'*hypsomètre* DE REGNAULT. — L'EAU EN VAPEUR. — TENSION DE LA VAPEUR D'EAU AUX DIFFÉRENTES TEMPÉRATURES. — LA MARMITE DE PAPIN. — LES AUTOCLAVES. — LES CHAUDIÈRES DES MACHINES A VAPEUR EN USAGE DANS LES MANUFACTURES. — FORMES ACTUELLES DE CES CHAUDIÈRES.

L'eau se réduit en vapeur à toutes les températures. Le phénomène de l'*ébullition* n'est autre chose que la transformation rapide de l'eau en vapeur. Ce phénomène devient apparent pour nous quand l'eau a atteint la température de 100°, parce que nous sommes frappés de l'agitation du liquide qui est traversé par des bulles de vapeur; mais au-dessous de 100°, et même à la température de zéro, la transformation de l'eau en vapeur se produit toujours. Seulement elle ne se fait qu'en raison inverse de l'abaissement de température.

La pression atmosphérique et l'état hygrométrique de l'air influent, en même temps que la température, sur l'évaporation de l'eau. Il faut donc poser en principe que l'eau chaude s'évapore plus rapidement que l'eau froide, qu'elle s'évapore plus vite sur les hautes montagnes, où la pression atmosphérique est moindre, qu'au niveau de la mer, et que, dans l'air sec, l'évaporation est plus rapide que dans l'air humide.

Un courant d'air chaud et sec qui réalise une partie de ces conditions, doit activer beaucoup l'évaporation de l'eau. On construit dans l'industrie, pour la dessiccation des différentes substances, telles que le sucre, les gommes et divers produits chimiques, des *étuves*, qui sont la réalisation pratique de ces principes. Une *étuve* est un espace clos dans lequel on renferme les substances à dessécher, et qu'on soumet à un courant d'air sec et chaud.

Comme l'eau liquide existe en quantité considérable à la surface du globe, et comme elle se réduit en vapeur à toutes les températures, il en résulte que l'air atmosphérique doit renfermer constamment de l'eau à l'état de vapeur. Tout le monde sait, en effet, que l'air atmosphérique est un mélange d'oxygène et d'azote, mêlé d'une petite quantité de gaz acide carbonique, auquel s'ajoute de la vapeur d'eau.

Les quantités de vapeur d'eau contenue dans l'air atmosphérique varient par suite d'une foule de circonstances, mais surtout suivant la nature du pays. L'humidité atmosphérique est plus considérable sur les bords de la mer et dans le voisinage des grands lacs, que sur les continents. Mais ses variations principales tiennent à la température.

Lorsque l'air a été saturé de vapeur d'eau par l'action de la chaleur, c'est-à-dire lorsqu'il renferme autant d'humidité qu'il peut en admettre à cette température, et que l'air vient à se refroidir, l'excès de vapeur se précipite, soit à l'état liquide, soit à l'état vésiculaire. Ainsi se forment, dans les régions supérieures de l'air, les nuages, et à la surface de la terre, les brouillards. Si la température s'abaisse davantage dans les régions supérieures, l'eau passe de l'état vésiculaire à l'état liquide, et tombe à la surface de la terre ; en d'autres termes, les nuages se transforment en pluie.

Si on place un corps très-froid dans de l'air chaud, la surface de ce corps se recouvre d'eau. Cette eau provient des couches d'air qui entourent le corps froid et qui, refroidies par le contact du corps froid, ont déposé, à l'état liquide, la vapeur d'eau qu'elles contenaient. C'est ce qui arrive quand on porte, en été, dans un appartement, une carafe pleine d'eau frappée à la glace : on voit ses parois extérieures se recouvrir d'humidité.

Le *givre* qui se forme sur les vitres, à l'intérieur des appartements, a la même origine, ainsi que nous l'avons dit en parlant de l'eau solide. Mais il importe d'expliquer pourquoi ces aiguilles de glace ne se déposent pas toujours, en hiver, sur les carreaux de vitre. Cela dépend de l'existence de la vapeur d'eau dans la pièce de l'appartement ou de l'absence de cette vapeur. L'air de nos appartements a ordinairement une température de $+15$ à $+18°$, et contient en même temps beaucoup de gaz provenant de notre respiration et de notre transpiration. Mais, en hiver, cet air est continuellement refroidi par les vitres des croisées ; la vapeur d'eau se condense sur ces vitres quand le froid est considérable, et se convertit en glace, que l'on nomme *givre* dans ce cas particulier. Cependant, si l'air de la chambre est très-sec, ou s'il ne contient pas une quantité d'eau suffisante, les carreaux ne se recouvrent point de givre, même quand il y a une grande différence entre la température du dehors et celle du dedans. Si l'on veut provoquer la formation d'aiguilles cristallines, autrement dit de *givre*, sur les carreaux, il suffit de porter dans la chambre un vase plein d'eau chaude. L'évaporation de cette eau sature complétement l'air de vapeur, et au bout de quelques minutes les vitres commencent à se recouvrir de cristaux d'eau solidifiée.

L'humidité de l'air augmente également par la présence des animaux et des plantes, qui exhalent continuellement de la vapeur d'eau. Elle diminue s'il existe à la surface de la terre, différents sels et une foule d'autres corps qui, par leur affinité pour l'eau, la séparent de l'air.

Il est donc d'une grande importance pour les recherches scientifiques, et quelquefois pour les opérations de l'industrie, de connaître exactement la quantité d'eau contenue dans l'air. On appelle *hygromètre* l'instrument qui sert à apprécier le degré d'humidité atmosphérique; seulement, il faut bien s'entendre sur les indications données par lui. L'*hygromètre* n'indique pas les quantités absolues de vapeur d'eau qui sont contenues dans l'air, mais seulement le degré approchant le terme où l'air serait entièrement saturé d'humidité à la température ambiante. C'est donc une appréciation relative et non une mesure absolue que nous donne l'hygromètre. On peut, à la vérité, remonter par le calcul, ou simplement par les tables que les physiciens ont construites à cet effet, du degré de l'hygromètre à la quantité absolue de vapeur d'eau contenue dans un certain volume d'air; mais on a rarement besoin de cette donnée. La science et l'industrie se contentent des indications de l'hygromètre, dont les degrés nous disent ce qui manque à l'air pour être saturé d'humidité, à la température donnée par le thermomètre.

L'*hygromètre à cheveu*, ou *hygromètre de Saussure*, se compose tout simplement d'un cheveu tendu par un petit poids. Le cheveu, quand il a été débarrassé, par l'ébullition dans une eau alcaline, de la matière grasse qu'il contient, est une substance extraordinairement sensible à l'humidité de l'air, et qui absorbe ou abandonne très-vite cette humidité, en s'allongeant ou se raccourcissant dans des proportions très-sensibles. L'élongation ou le raccourcissement d'un cheveu, tel est donc le moyen qui sert à apprécier les variations de l'humidité atmosphérique. Cette élongation ou ce raccourcissement sont amplifiés et traduits par une aiguille, qui est attachée à une petite poulie autour de laquelle s'enroule l'extrémité libre du cheveu. Les degrés de ce cadran présentent les variations de longueur du cheveu et constituent le degré de l'*hygromètre*.

L'*hygromètre de Saussure* (fig. 32) se compose donc d'un cheveu C, tendu par un poids D, et exposé à l'air. Le cheveu s'enroule, par son extrémité libre, autour d'une poulie sur laquelle est fixée une aiguille parcourant un cadran, G. Un cadre métallique supporte le tout. Un thermomètre, H, indispensable pour les indications de l'hygromètre, accompagne l'instrument.

Il y a beaucoup d'autres manières d'apprécier l'état hygrométrique de l'air; mais l'instrument que nous venons de décrire est le seul qui soit en usage.

L'évaporation de l'eau produit un abaissement de température plus ou moins considérable suivant la rapidité de cette évaporation. C'est sur ce principe, c'est-à-dire sur la production du froid par l'évaporation, qu'est fondé l'emploi des vases poreux pour refroidir l'eau. Les *alcarazzas* (fig. 33), si communs en Espagne et qu'on fabrique également en France, pour refroidir l'eau, en été, sont des vases en terre très-poreuse : on les place à l'ombre et dans un courant d'air. L'eau qui suinte à travers leurs parois s'évapore aux dépens du calorique de l'eau contenue dans le vase, et l'eau se refroidit.

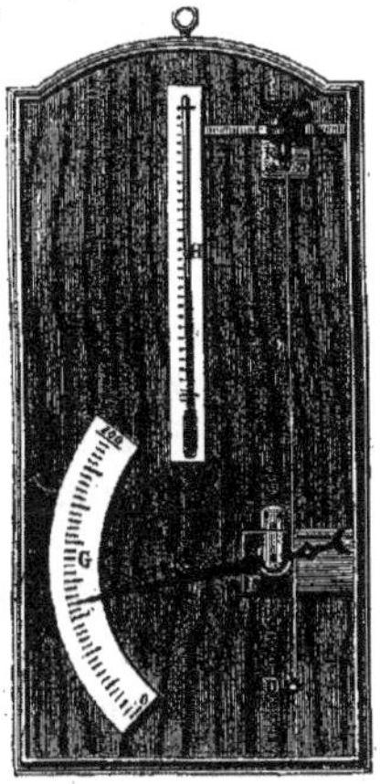

Fig. 32. — Hygromètre de Saussure.

Fig. 33. — Alcarazzas.

C'est en raison de l'accroissement d'évaporation que provoque le renouvellement de l'air que, dans les grandes chaleurs de l'été, on trouve plus de fraîcheur dans l'air agité que lorsqu'il est tranquille, quoique le premier soit quelquefois plus chaud que le dernier, parce qu'il accélère l'évaporation de la sueur formée principalement d'eau. L'usage des éventails a le même but. L'éventail, en agitant l'air, active l'évaporation à la surface du corps.

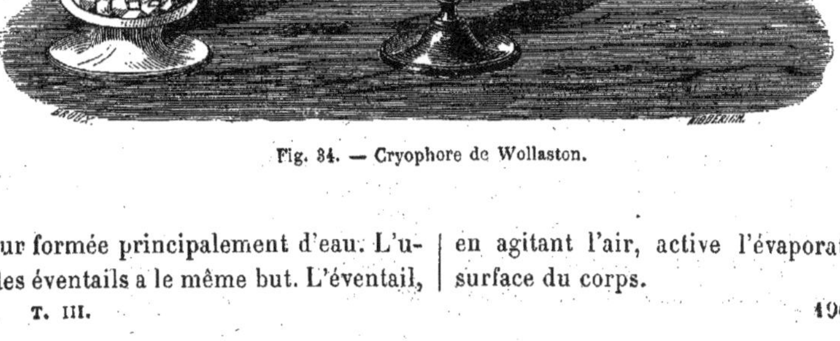

Fig. 34. — Cryophore de Wollaston.

Un appareil, nommé *cryophore*, et que l'on doit au docteur Wollaston, prouve, d'une manière très-frappante quel froid considérable produit l'évaporation. Dans le *cryophore*, on voit l'eau solidifiée par le froid produit par sa propre évaporation.

Cet instrument que représente la figure 34, consiste en un long tube en verre, recourbé et terminé à chaque extrémité par une boule, A et B. On introduit dans le tube un peu d'eau, que l'on fait bouillir, quand il est plein de vapeur, afin de chasser l'air, et on le ferme à la lampe. La vapeur, en se condensant ensuite, laisse l'espace intérieur vide d'air. Aussi, quand on renverse le liquide, tombe-t-il tout d'une pièce avec bruit comme dans le cas du *marteau d'eau*.

On fait, avec le *cryophore*, la curieuse expérience consistant à faire geler de l'eau par sa propre évaporation. Si l'on fait passer l'eau dans la boule A et qu'on plonge la boule B dans un mélange réfrigérant, il s'établit une espèce de distillation à froid; la vapeur d'eau formée dans la boule A se condense dans la boule B, et alors, l'évaporation étant très-rapide, il se produit bientôt un froid suffisant pour congeler l'eau dans la boule A.

C'est également en raison du froid que développe l'évaporation que l'on voit l'acide carbonique liquéfié par un refroidissement considérable et la compression de ce gaz, passer à l'état solide, quand il est exposé à l'air. Il en est de même pour le protoxyde d'azote liquide, qui, lorsqu'on le retire du vase où on l'a liquéfié, se solidifie, par suite du froid résultant de sa propre évaporation.

Le point d'ébullition de l'eau a été choisi pour déterminer le centième degré du thermomètre centigrade ; mais pour que l'eau bouille exactement à cette température, il faut se conformer à plusieurs conditions physiques, que nous allons passer en revue.

Il ne faut pas que l'épaisseur de l'eau soit de plus de quelques décimètres, car avec une épaisseur d'eau un peu considérable, les bulles de vapeur auraient besoin, pour surmonter la pression de la masse supérieure d'eau liquide, d'une plus forte tension ; elles emprunteraient donc une plus grande quantité de chaleur au foyer. L'eau contenue dans une chaudière ou dans un générateur d'usine, bout à 105 ou 106 degrés, quand la hauteur de l'eau dépasse 1 mètre 1/2 ou 2 mètres.

Pour que l'ébullition de l'eau se fasse exactement à 100 degrés du thermomètre centigrade, il faut que le vase qui la contient soit en métal, et que la surface du métal soit un peu rugueuse. Dans un vase bien poli ou dans un vase mauvais conducteur du calorique, comme le verre, l'eau bout au-dessus de 100 degrés.

Si dans un vase de verre où l'eau ne bout que lentement, on jette de petits clous et de la limaille de fer, on détermine instantanément une ébullition facile et une température plus basse.

La pression atmosphérique influe considérablement sur le degré de l'ébullition de l'eau. Ce liquide bout à des températures d'autant plus basses que la hauteur des lieux est plus considérable. Le tableau suivant fait connaître le degré de l'ébullition de l'eau dans quelques localités à altitude croissante.

Noms des stations.	Altitude.	Température de l'ébullition.
—	—	—
Niveau de la mer......	0	100°
Paris, à l'Observatoire..	65	99°,7
Moscou................	300	99°
Plombières...........	421	98°,5
Madrid...............	608	97°,8
Mont Dore...........	1,040	96°,5
Village de Barèges.....	1,269	95°6,
Hospice du mont Saint-Gothard...........	2,075	92°,8
Quito................	2,908	90°,1
Métairie d'Antisana (Mexique)...........	4,101	86°,3
Mont-Blanc..........	4,800	84°

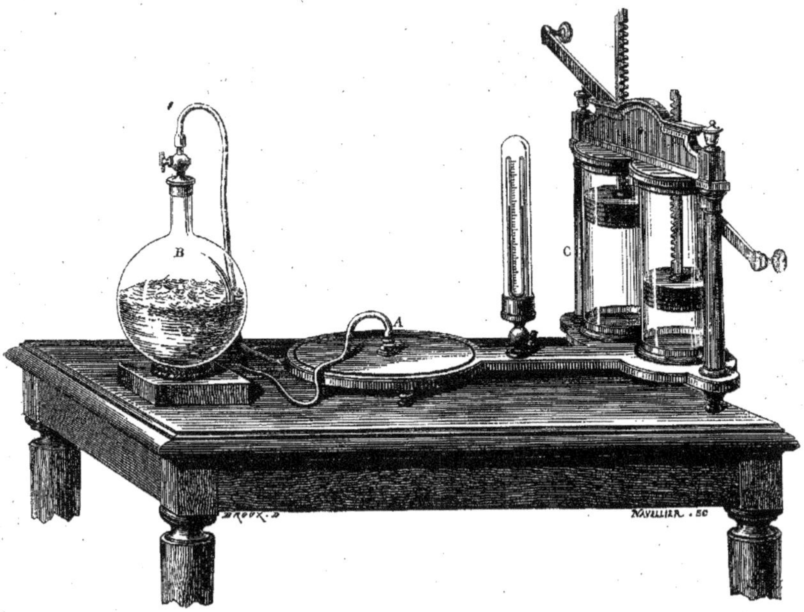

Fig. 35. — Ébullition de l'eau à froid, dans le vide produit par la machine pneumatique.

Ainsi, l'eau bouillante n'est pas également chaude dans tous les lieux de la terre. Sur les montagnes très élevées, les diverses substances alimentaires, comme la viande et les légumes, tenues en ébullition dans l'eau, ne se cuisent pas aussi bien que dans les plaines, à la hauteur du niveau de la mer. Un pot-au-feu fait au sommet du mont Blanc, à 4,800 mètres d'élévation, serait moins riche en matières solubles que celui qui serait préparé à la hauteur du niveau de la mer.

La pression atmosphérique étant la principale puissance qui s'oppose à l'évaporation de l'eau, l'évaporation est considérablement activée quand la pression atmosphérique diminue. Le principal obstacle qui s'oppose à la transformation en vapeur, c'est, en effet, le poids de l'air qui pèse sur cette eau. Diminuez la pression de l'air, et vous activerez l'évaporation; supprimez totalement la pression atmosphérique, vous verrez l'évaporation se produire, et une véritable ébullition avoir lieu à la température ordinaire, et sans aucun foyer.

Cette expérience intéressante se fait dans les cours de physique, au moyen de l'appareil que représente la figure 35. Dans un ballon, B, plein d'eau, fermé par un bouchon et communiquant, au moyen d'un tube de caoutchouc, avec une machine pneumatique, AC, on fait le vide, et tout aussitôt l'eau se met à bouillir. L'air atmosphérique qui, dans les conditions ordinaires, s'oppose, par sa pression, à la transformation de l'eau en vapeur, étant soustrait à l'intérieur du ballon par le jeu de la machine pneumatique, l'eau se transforme aussitôt en vapeur et, par une sorte de paradoxe physique, l'ébullition de l'eau est provoquée à froid.

La possibilité de faire bouillir l'eau dans le vide, ou d'accélérer considérablement sa vaporisation, est souvent mise à profit dans l'industrie. On a vu, dans la Notice sur l'*Industrie du sucre*, qui fait partie de ce recueil (1), que l'évaporation des jus sucrés provenant soit de la canne, soit de la betterave, se fait toujours par l'intermédiaire du vide. L'appareil de *Howard à cuire dans le vide* servit le premier, dans les colonies, à évaporer les jus sucrés au moyen du vide. Les appareils dits *à triple effet*, dans lesquels l'évaporation dans le vide a été singulièrement perfectionnée, servent aujourd'hui à l'évaporation des jus sucrés de la betterave, et réalisent une grande économie. C'est au moyen d'énormes machines pneumatiques, dites *pompes à air*, que l'on produit et que l'on entretient constamment, le vide dans les chaudières évaporatoires, ainsi que nous l'avons dit en décrivant les procédés d'extraction du sucre de betterave et de raffinage du sucre colonial.

L'industrie des produits chimiques fait usage du vide pour accélérer l'évaporation, ou pour évaporer des liquides que l'action de la chaleur pourrait altérer. Des sirops, des extraits, sont préparés de cette manière. On appelle en pharmacie *extraits dans le vide*, des extraits médicamenteux produits en évaporant des macérations aqueuses de différents produits végétaux. Tandis que les extraits obtenus par l'ancien procédé de l'évaporation à l'air libre, sont toujours noirs et en partie altérés, les *extraits dans le vide* sont d'une belle couleur fauve, indice certain de leur pureté.

Dans l'industrie du raffinage du sucre, la dessiccation au moyen du vide est largement employée. Ainsi que nous l'avons dit en parlant de cette industrie (2), on appelle *sucettes*, dans les raffineries, les appareils qui servent à dessécher, au moyen du vide, les pains de sucre, après le *clairçage*.

La température de l'ébullition de l'eau s'abaissant à mesure que la pression atmosphérique diminue, l'eau doit entrer plus vite en ébullition au sommet d'une montagne qu'à sa base ; bien plus, la température de cette ébullition doit correspondre exactement à la hauteur du lieu où l'on se trouve sur cette montagne. Par une conséquence du même genre, l'eau doit bouillir à des températures plus élevées, si l'on descend dans les profondeurs du sol. Sur le mont Blanc, comme on le voit d'après le tableau de la page précédente, l'eau bout à 84 degrés, tandis que dans les mines de charbon de terre, en Belgique, elle bout à plus de 100 degrés, à cause de la profondeur de ces mines.

On conçoit donc que le point d'ébullition de l'eau puisse servir à évaluer l'altitude des lieux. M. Regnault a construit sur ce principe un instrument qui donne la hauteur d'un lieu au-dessus du niveau de la mer, d'après la température de l'ébullition de l'eau.

L'*hypsomètre* de M. Regnault est représenté dans la figure 36.

A est une petite chaudière pleine d'eau que l'on chauffe avec une lampe à alcool ; elle est surmontée d'un tube C, qui s'allonge au moyen de tirages ; un thermomètre est suspendu à l'intérieur de ce tube, et le dépasse par son extrémité D, de manière à permettre de lire, de l'extérieur, les degrés extrêmes de l'échelle. On fait bouillir l'eau et on constate le degré du thermomètre. D'après le degré observé au thermomètre et au moyen de tables dressées par M. Regnault, on connaît la tension de la vapeur, et l'on en déduit la pression barométrique, et par conséquent la hauteur du lieu où l'on se trouve.

Cet instrument ne mérite pas une grande confiance, sous le rapport de l'exactitude ni de la facilité d'emploi, mais il est fondé sur un principe si curieux que nous n'avons pas cru devoir le passer sous silence.

(1) Tome II.
(2) Tome II, page 71.

Voici une autre conséquence importante de ce fait, que la pression atmosphérique s'oppose à l'ébullition de l'eau. Empêchez la vapeur d'eau de se dégager, quand vous faites bouillir cette eau, et vous empêcherez ou retarderez beaucoup son ébullition.

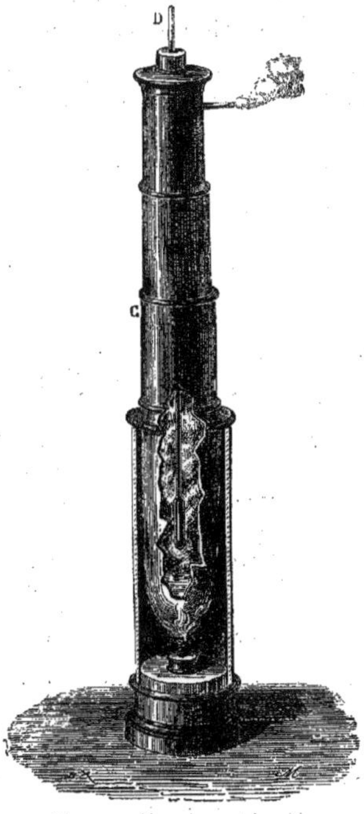

Fig. 36. — Hypsomètre de Regnault.

Si l'on chauffe de l'eau dans un espace clos, la température de l'eau s'élèvera de plus en plus, mais, au lieu d'être employée à produire de la vapeur, la chaleur restera concentrée dans le liquide, dont la température s'élèvera sans cesse. L'eau bout, sous nos yeux, à la pression d'une seule atmosphère; mais placez cette eau dans une capacité fermée et très-résistante, et l'eau n'entrera en ébullition qu'à 120° environ; ce qui veut dire que la tension de sa vapeur, à cette température, suffit pour vaincre la pression de deux atmosphères.

Dans la *marmite de Papin*, nom du physicien français qui l'a inventée, on peut porter l'eau à 300° centigrades, et même plus, sans qu'elle entre en ébullition.

Cette marmite consiste, comme le représente la figure 37, en un vase cylindrique en bronze C, fermé par un couvercle percé d'un petit orifice *s*, qui est fermé par la pression d'un levier L, porteur d'un poids, P. Le tout constitue ce que l'on nomme la *soupape de sûreté*. Le couvercle est fixé sur le vase par une vis de pression V.

Cet appareil, qu'on appelle aussi *digesteur*, est en usage dans l'industrie. Il sert à faire *digérer* certaines substances, telles que les os, dans l'eau, à des températures très-

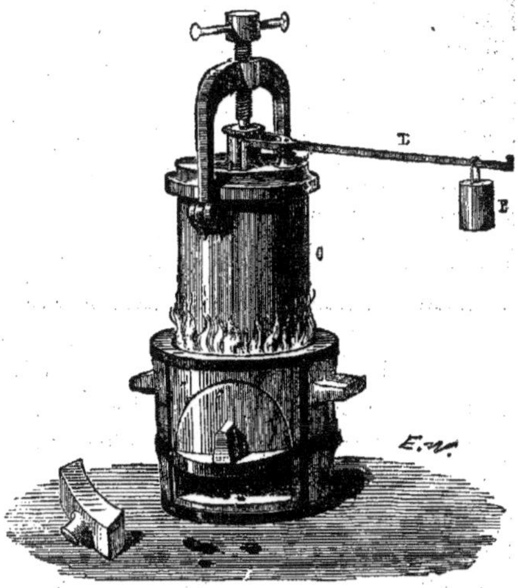

Fig. 37. — Marmite de Papin.

élevées; car la température de l'eau ainsi chauffée en vase clos est en raison directe de la pression qu'elle supporte, et son action dissolvante augmente avec la température.

On appelle aujourd'hui *autoclaves* les chaudières dans lesquelles on retient la vapeur d'eau pour produire certaines réactions chimiques à de hautes températures ou à de hautes pressions, ce qui est la même chose. Nous avons vu en parlant, dans ce recueil, de l'industrie de la *Teinture* (1), que les *autoclaves* sont très en usage dans les ateliers où l'on s'occupe de la préparation des couleurs d'aniline.

Il est une dernière circonstance qui influe sur le point d'ébullition de l'eau : c'est la présence des sels tenus en dissolution dans cette eau. On sait que l'eau de mer bout à une température plus élevée que l'eau pure.

Lorsque l'eau est saturée de sels, elle bout à une température constante, qui peut être très-élevée. Le physicien Legrand a fait une série d'expériences sur dix-sept sels différents, pour déterminer le point d'ébullition de l'eau saturée de ces sels. Nous citerons seulement douze de ces sels, que nous réunissons dans le tableau suivant :

DÉSIGNATION DES SELS.	POINTS D'ÉBULLITION en degrés centigrades.	QUANTITÉS DE SEL qui saturent 100 parties d'eau.
Chlorure de baryum	104°,4	60,1
Carbonate de soude	106°,6	48,5
Chlorure de potassium	108°,3	59,4
Chlorure de sodium	178°,4	41,2
Chlorhydrate d'ammoniaque	114°,2	88,9
Azotate de potasse	115°,9	335,1
Chlorure de strontium	117°,8	117,5
Azotate de soude	121°,0	224,0
Acétate de soude	124°,4	209,0
Carbonate de potasse	135°,0	205,0
Azotate de chaux	151°,0	362,0
Chlorure de calcium	179°,0	325,0

Le point d'ébullition de l'eau est loin d'être proportionnel à la quantité de sels qu'elle renferme. Il y a autant d'irrégularité sous ce rapport que pour la solubilité des sels dans l'eau à différentes températures.

D'autres sels, au lieu d'élever le point d'ébullition de l'eau, l'abaissent. Le sulfate de magnésie, le borate de soude et le sulfate de zinc sont dans ce cas, d'après M. Achard. Le sulfate de cuivre ne modifie pas le point d'ébullition de l'eau.

Le mélange de l'eau avec des liquides plus volatils, peut abaisser son point d'ébullition, et cela d'autant plus que la proportion du liquide volatil est plus considérable, et réciproquement. Un mélange d'eau et d'alcool bout à une température inférieure à 100°, parce que l'affinité des molécules de l'alcool pour l'eau entraîne celle-ci dans leur volatilisation.

La présence de l'air dans l'eau facilite beaucoup l'ébullition de ce liquide. Privée d'air et chauffée dans un vase ouvert, l'eau peut acquérir, d'après M. Donny, une température de 180° centigrades, et, une fois arrivée à ce degré de chaleur, produire une explosion par l'effet de sa vaporisation subite.

En passant à l'état de gaz ou de vapeur l'eau augmente de dix-sept cents fois son volume : en d'autres termes, 1 litre d'eau liquide se transforme en 1,700 litres de

(1) Tome II, pages 673, 675, etc.

vapeur d'eau. La vapeur d'eau produite dans une chaudière et dirigée, au moyen d'un tube, sous le piston mobile d'un corps de pompe fixe, telle est la grande puissance motrice de l'industrie moderne, telle est la *machine à vapeur*.

On appelle *tension*, ou force élastique, la puissance mécanique dont jouit la vapeur d'eau pour surmonter les obstacles qu'on lui oppose.

La *tension* de la vapeur s'accroît avec la température. Dans les machines à vapeur ordinaires, la vapeur n'est admise dans le corps de pompe qu'à la température de 100 à 102°, qui résulte de son ébullition ; mais, dans les machines à haute pression, on n'admet la vapeur dans les cylindres qu'après lui avoir communiqué une tension supérieure à celle de 100°. Il suffit pour cela de retenir la vapeur dans la chaudière, en continuant le chauffage. Dans les machines à haute pression, on communique d'habitude à la vapeur une pression de 4 à 5 atmosphères. Le *manomètre* fait connaître, à l'extérieur, la tension de la vapeur. Le thermomètre ne pourrait servir à indiquer avec exactitude la pression de la vapeur, parce que cette pression n'est point proportionnelle à la température.

On comprend donc de quel intérêt il est de connaître très-exactement à quelle température correspondent les tensions de la vapeur d'eau exprimées en atmosphères de pression. Arago et Dulong déterminèrent les premiers la tension de la vapeur d'eau depuis la tension correspondant à 100° centigrades, c'est-à-dire depuis 1 atmosphère, jusqu'à 24 atmosphères de pression. M. Regnault, dans des recherches faites avec le plus grand soin, a déterminé la tension de la vapeur d'eau depuis 100° jusqu'à 230°.

Voici le tableau résumant les expériences de M. Regnault, c'est-à-dire donnant la tension de la vapeur d'eau depuis 100° jusqu'à 230°, données qui sont de la plus grande importance pour la conduite des machines à vapeur.

TABLEAU

DE LA TENSION DE LA VAPEUR D'EAU EXPRIMÉE EN ATMOSPHÈRES CORRESPONDANT AUX TEMPÉRATURES DE 100° A 200° CENTIGRADES :

Température.	Atmosphères.
—	—
100°,0	1
120°,6	2
133°,9	3
144°,0	4
152°,2	5
159°,3	6
165°,3	7
170°,8	8
175°,8	9
180°,3	10
184°,5	11
188°,4	12
192°,1	13
195°,5	14
198°,8	15
201°,9	16
204°,9	17
207°,7	18
210°,4	19
213°,0	20
215°,5	21
217°,9	22
220°,3	23
222°,5	24
224°,7	25
226°,8	26
228°,9	27
230°,9	28

L'emploi de la vapeur d'eau comme moteur est d'une importance que nous n'avons pas besoin de faire ressortir.

Les chaudières, ou *générateurs*, dans lesquelles on produit la vapeur d'eau, pour la diriger dans les cylindres des machines dites *à vapeur*, présentent des dispositions qu'il nous paraît utile de mettre sous les yeux du lecteur, pour donner une idée exacte de l'état actuel de cette partie fondamentale de l'industrie moderne. Nous ne parlerons que des chaudières des machines fixes employées dans les usines, celles qui sont établies sur les bateaux à vapeur ou les locomotives ne rentrant pas dans la catégorie des machines

Fig. 38. — Chaudière à vapeur à deux bouilleurs latéraux.

X, chaudière recevant l'action directe de la flamme.
N, niveau de l'eau.
D, dôme ou réservoir de vapeur.
V, bouilleur recevant, après la chaudière, l'action de la flamme et des gaz chauds.
IK, tube unissant le bouilleur à la chaudière.
J, J, supports en fonte des bouilleurs.
V, troisième bouilleur enveloppé et chauffé par les gaz chauds et la fumée qui se rend à son extrémité. Ce troisième bouilleur reçoit l'eau d'alimentation.
A, trou d'homme de la chaudière.
B, porte du foyer. — C, porte du cendrier. — O, cendrier.
G, grille.
H, armure en fer portant la grille.
E, carneau que suivent la flamme et les gaz chauds en passant au-dessous de la chaudière.
F, carneau entourant le bouilleur V, et dans lequel passent les gaz chauds au sortir du carneau précédent.
F', carneaux du second bouilleur, dans lesquels passent les gaz chauds et la fumée pour se rendre dans la cheminée.
Z, Z, massif de maçonnerie.

Fig. 39. — Coupe de la figure précédente.

que les manufacturiers mettent en usage.

Les chaudières des machines à vapeur des usines, c'est-à-dire les machines fixes, se construisent toutes aujourd'hui dans le système dit à *bouilleurs*, dans lequel la chaudière est segmentée, divisée en plusieurs canaux plus ou moins larges, entre lesquels circule l'air chaud, venant du foyer, ou entre lesquels on installe le foyer lui-même.

La *chaudière à bouilleurs* la plus ancienne, composée d'un corps de chaudière avec deux bouilleurs placés au-dessous de ce corps de chaudière et communiquant avec lui par deux gros tubes verticaux, a été décrite et représentée dans les *Merveilles de la science*, (Notice sur les machines à vapeur) (1). Nous renvoyons à la figure qui accompagne cette description, dans les *Merveilles de la science*, pour se rendre compte de la disposition

(1) Tome I, page 115.

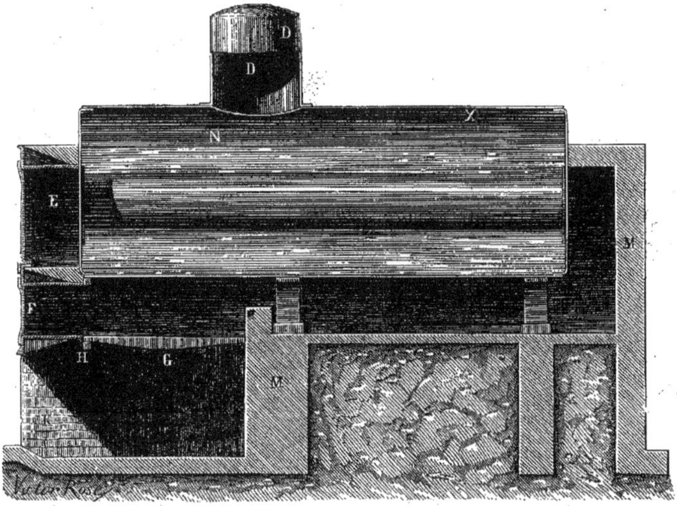

Fig. 40. — Chaudière à deux bouilleurs intérieurs et à foyer extérieur.

XY, corps de la chaudière. — N, niveau de l'eau. — D, dôme ou réservoir de vapeur. — E, boîte à fumée. — F, porte du foyer. — GH, grille. — K, cendrier. — L, L, carneaux parcourus par la flamme au sortir de la grille. — V, V, bouilleurs dans lesquels circulent les gaz chauds. — MM, massif de maçonnerie.

relative du foyer et de l'eau à échauffer.

La *chaudière à bouilleurs* a été perfectionnée de manière à lui adjoindre un bouilleur de plus, que l'on place sur le trajet des gaz sortant du foyer pour se perdre dans la cheminée. On profite de cette chaleur pour chauffer l'eau d'un troisième bouilleur qui renferme l'eau destinée à alimenter la chaudière à mesure qu'elle est consommée.

La figure 38 représente cette chaudière, dite à *bouilleurs latéraux*, qui est construite, ainsi que les suivantes, que nous allons décrire, par M. Hermann-Lachapelle à Paris.

Cette chaudière est disposée pour utiliser le calorique de la manière la plus rationnelle. L'eau y marche en sens inverse de la flamme, des gaz chauds et de la fumée. Elle entre dans le bouilleur le plus près de la cheminée, traverse le second, placé au-dessous et exposé à une chaleur plus vive, et s'échauffe ainsi graduellement, en se rapprochant de la chaudière qui reçoit l'action directe de la flamme du foyer. Ces générateurs procurent une grande économie de

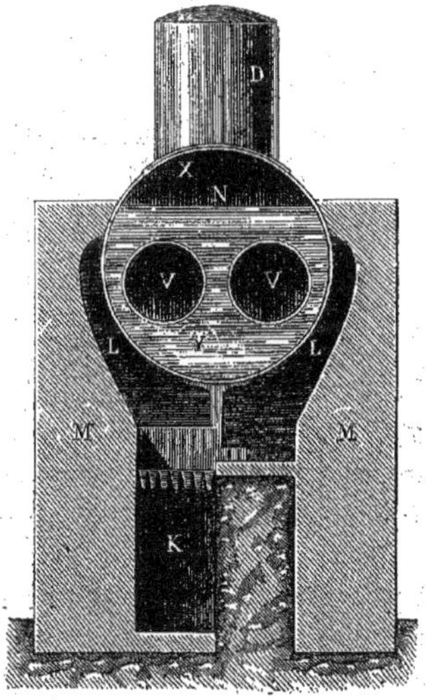

Fig. 41. — Coupe de la figure 40.

combustible, mais exigent de coûteuses maçonneries et une puissante cheminée.

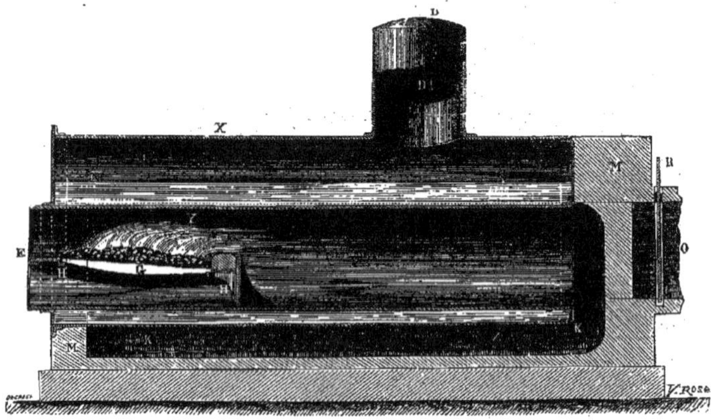

Fig. 42. — Chaudière à bouilleur intérieur et à foyer intérieur.

X, corps de la chaudière. — YY, parois du tube ou cylindre de la chaudière. — V, tube contenant le foyer. — E, porte du foyer. — GH, grille. — D, dôme ou réservoir de vapeur, portes-soupapes. — K, carneau en dessous de la chaudière, où se rendent la flamme et les gaz chauds en sortant du tube du foyer. — L, L, carneaux latéraux par où passent les gaz chauds et la fumée pour se rendre à la cheminée. — O, cheminée. — R, registre réglant le tirage de la cheminée. — M, massif de maçonnerie.

Le système à bouilleurs est souvent remplacé aujourd'hui par la disposition qui con-

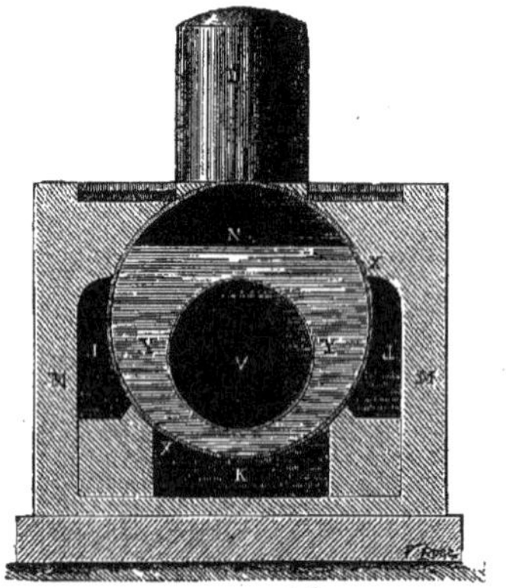

Fig. 43. — Coupe transversale de la figure 42.

siste à placer le foyer en avant du corps de la chaudière, et à faire circuler les gaz chauds venant du foyer dans un conduit enveloppé de toutes parts par l'eau à échauffer.

La figure 40 représente ce système. Les chaudières ainsi disposées sont d'une installation plus facile que celle des chaudières à deux bouilleurs latéraux, elles conviennent mieux pour les petites forces. La flamme et le gaz chaud circulent dans le carneau sous le corps de chaudière, et reviennent, par les deux bouilleurs, dans la boîte à fumée et à la cheminée qui lui est juxtaposée. Le calorique est bien utilisé. Le volume est relativement très-restreint et l'entretien facile.

Au lieu de placer le foyer en avant de la chaudière, on peut le placer au milieu même de l'eau. On a alors la chaudière dite à *bouilleur intérieur et à foyer extérieur*.

La figure 42 représente cette chaudière, que construit, comme la précédente, M. Hermann-Lachapelle, à Paris. Très-répandues en Angleterre, ces chaudières sont aujourd'hui appréciées en France et sont très-utiles dans les moyennes forces. Le foyer est placé à l'entrée d'un large tube intérieur, V, que parcourent la flamme et les gaz chauds pour se rendre dans un carneau, K, disposé au-dessous de la chaudière, d'où ils passent dans deux carneaux latéraux, L, L, pour arriver à la cheminée. Le

Fig. 44. — Chaudière tubulaire à foyer extérieur.

XY, corps de la chaudière. — N, niveau de l'eau. — D, dôme, ou réservoir de vapeur. — E, foyer. — G, grille. — K, cendrier. — V, tubes dans lesquels circulent les gaz chauds. — A, boîte à fumée munie de portes pour le ramonage des tubes. — L, L, carneaux dans lesquels passent les gaz pour se rendre à la cheminée. — MM, massif de maçonnerie.

calorique est ainsi bien utilisé. Ces générateurs sont économiques et exigent une maçonnerie relativement peu coûteuse.

Les *chaudières tubulaires* auxquelles les locomotives doivent leur puissance, et dont l'inventeur, Seguin aîné, créa, on peut le dire, toute l'industrie des chemins de fer, ont été appliquées aux chaudières des usines et des manufactures, comme elles avaient déjà été appliquées aux machines des bateaux à vapeur. Seulement, dans les machines des usines comme dans celles des machines fixes, on fait d'usage d'un bien moins grand nombre de *tubes à fumée*.

Dans les *chaudières tubulaires* qui servent pour les machines à vapeur des manufactures, on peut, comme dans les chaudières à bouilleurs, placer le foyer en avant de la chaudière ou à l'intérieur même de l'eau à chauffer. De là deux types différents de ces

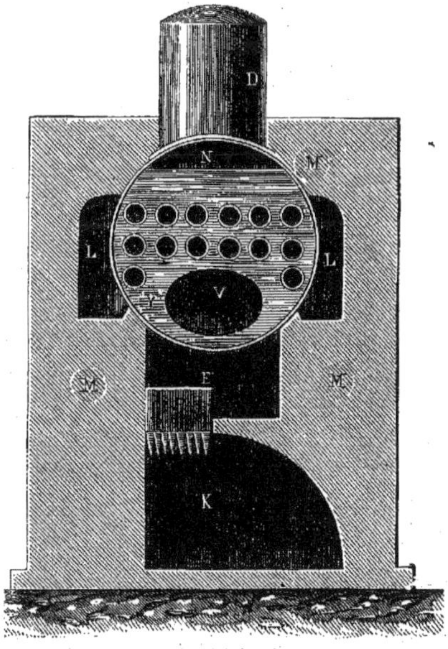

Fig. 45. — Coupe transversale de la figure 44.

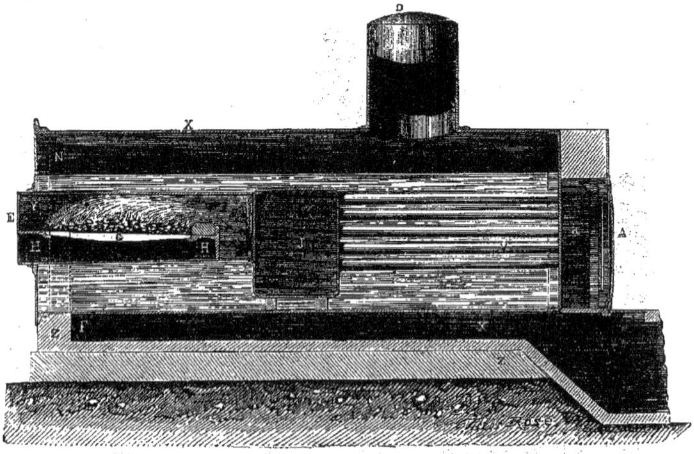

Fig. 46. — Chaudière tubulaire à foyer intérieur.

X, corps de la chaudière. — N, niveau de l'eau. — D, dôme, ou réservoir de vapeur. — E, porte du foyer. — G, grille. — HH, cendrier. — J, chambre du foyer. — V, tubes dans lesquels s'engagent la flamme et les gaz combustibles entraînés par le courant d'air chaud. — *a*, chambre à feu dans laquelle arrivent la flamme et les gaz chauds, avant de passer dans les carneaux. — F, F, carneaux dans lesquels circulent les gaz chauds pour se rendre dans la cheminée. — ZZ, massif de maçonnerie.

chaudières : les *chaudières tubulaires à foyer extérieur*, et les *chaudières tubulaires à foyer intérieur.*

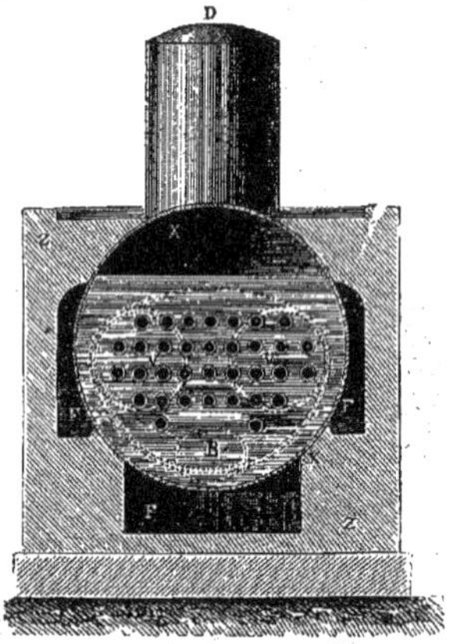

Fig. 47. — Coupe transversale de la figure 46.

La figure 44 représente le premier de ces types, tel que le construit M. Hermann-Lachapelle. Le foyer de ces chaudières est extérieur et dans la maçonnerie. On peut le faire de dimensions assez vastes pour permettre d'employer au chauffage les détritus d'usines : sciures, écorces, tannées, etc., etc. Les flammes et les gaz chauds longent le carneau placé sous la chaudière, reviennent par les tubes dans la boîte à fumée, pour, de là, se rendre à la cheminée par les deux carneaux de côté. Le grand parcours que l'on obtient ainsi permet d'utiliser tout le calorique et de brûler tous les gaz. Par l'emploi du faisceau de tubes, on obtient une grande surface de chauffe sous un petit volume. Ces chaudières occupent un emplacement très-restreint, et demandent peu d'entretien.

La figure 46 représente le second type, c'est-à-dire la *chaudière tubulaire à foyer intérieur.*

Le foyer, EGH, se trouve contenu dans l'intérieur de la chaudière et enveloppé d'eau. La flamme et les gaz chauds traversent, au sortir du foyer, une série de tubes V, pour se rendre dans une chambre J, d'où les gaz et la fumée, entraînés par le courant d'air chaud, passent dans les carneaux F, F, ménagés au-dessous et sur les côtés de la chau-

Fig. 48. — Machine à vapeur horizontale en usage dans les ateliers des manufactures.

dière, pour disparaître par la cheminée, après avoir perdu presque tout leur calorique.

Ces générateurs offrent une grande surface de chauffe sous un volume relativement petit. Ils sont d'un bon emploi sous le rapport de l'économie de combustible, et d'une installation commode, n'exigeant relativement que peu de maçonnerie; mais leur construction est un peu compliquée, leur nettoyage moins facile, et ils demandent un peu plus d'entretien que les chaudières à bouilleurs.

Nous donnons ici (fig. 48), le dessin du type de machines à vapeur les plus en usage dans les usines et les manufactures : c'est une machine horizontale posée sur la solide maçonnerie qui lui sert d'appui.

L'inspection de cette figure en fait comprendre les divers organes. A est le cylindre recevant la vapeur d'eau qui vient de la chaudière, et dans lequel le piston se meut, sous l'impulsion de la force élastique de la vapeur. Une tige, ou *bielle*, B, est attachée, au moyen d'une articulation mobile, à la tête de ce piston, et, au moyen d'un levier coudé, met en action l'arbre moteur C, ainsi que le volant D. Le mouvement de rotation de l'arbre moteur est transmis, au moyen d'une courroie de renvoi, aux arbres moteurs secondaires distribués dans les différentes parties de l'atelier. E, est le *régulateur à boules de Watt*, qui est encore en usage dans les machines actuelles pour régler l'entrée de la vapeur dans le cylindre, et produire l'égalité de mouvement nécessaire au jeu doux et régulier du moteur.

La figure que le lecteur a sous les yeux est une machine à condensation. On voit au-devant du support en maçonnerie une longue *bielle* attachée à l'extrémité de l'arbre moteur C, et en rapport avec le volant D. Cette *bielle* fait agir la pompe destinée à introduire dans une bâche l'eau nécessaire à la condensation de la vapeur. Mais cette machine à vapeur ne marche pas nécessairement par la condensation de la vapeur. On la fait le plus souvent fonctionner à haute pression, c'est-à-dire en rejetant dans l'air la vapeur après qu'elle a produit sur le piston son effet d'impulsion. Pour faire marcher cette même machine à haute pression, on supprime la *bielle*, le volant D, ainsi que le condenseur, et on fait perdre la vapeur dans l'air, après qu'elle a exercé son effet mécanique, au moyen du tube E, que l'on a représenté en partie et brisé sur la figure 48.

Ainsi la machine à vapeur horizontale que nous venons de décrire, et qui reproduit exactement le type que construit à Paris l'usine Cail, peut marcher, à volonté, à basse ou à haute pression, c'est-à-dire avec ou sans condenseur. C'est le genre de machine à vapeur le plus répandu aujourd'hui dans les manufactures.

CHAPITRE VIII

LE CHAUFFAGE PAR LA VAPEUR. — PRINCIPE THÉORIQUE DU CHAUFFAGE PAR LA VAPEUR. — DISPOSITIONS PRATIQUES. — LA DISTILLATION DE L'EAU. — L'ALAMBIC. — LA DISTILLATION DE L'EAU A LA CORNUE. — MOYEN D'APPRÉCIER LA PURETÉ DE L'EAU DISTILLÉE. — ÉTAT SPHÉROIDAL DE L'EAU. — EXPÉRIENCES DE BOUTIGNY. — DISSOCIATION DES ÉLÉMENTS DE L'EAU A LA CHALEUR ROUGE.

La vapeur d'eau ne sert pas uniquement, dans l'industrie, à fournir une puissance motrice; elle sert encore de moyen de chauffage, et ce système remarquable a pris, dans les usines modernes, une importance capitale. Presque partout le chauffage par la vapeur a remplacé aujourd'hui le chauffage direct. Il importe donc de bien faire comprendre sur quel principe théorique est fondé le chauffage par la vapeur.

Pour se transformer en vapeur, l'eau liquide a besoin d'emprunter à une source quelconque une quantité considérable de calorique. C'est ce calorique qui, s'ajoutant à l'eau à la température de 100°, la fait passer à l'état de vapeur. L'eau liquide bouillant à 100° et la vapeur d'eau, qui n'accuse également au thermomètre que la température de 100°, sont des corps bien différents sous le rapport du calorique qu'ils renferment. La vapeur d'eau à 100° renferme beaucoup plus de calorique que l'eau liquide à 100°, et c'est cette accumulation de calorique qui lui communique son état de vapeur. On appelle *chaleur dissimulée*, ou *chaleur latente*, la quantité de calorique que le thermomètre n'accuse point dans la vapeur d'eau, et qui la différencie de l'eau liquide à la même température.

La *chaleur latente*, c'est-à-dire qui n'est pas appréciable par le thermomètre, devient sensible et appréciable lorsque l'eau repasse de l'état de vapeur à l'état liquide. Elle reparaît au moment du changement d'état physique, et cela dans des proportions considérables. Aussi une petite quantité de vapeur d'eau suffit-elle, quand elle passe à l'état liquide, pour chauffer une grande quantité d'eau froide. Un litre d'eau que l'on porte à l'état de vapeur, met en liberté, quand elle repasse à l'état liquide, assez de calorique pour élever jusqu'à 100° 5 litres 1/2 d'eau supposée à zéro. En d'autres termes, un litre d'eau transformée en vapeur qu'on reçoit dans 5 litres 1/2 d'eau à zéro produit 6 litres 1/2 d'eau à 100°.

C'est sur ce principe qu'est fondé le chauffage par la vapeur. Une chaudière, ou *générateur*, fournit de la vapeur d'eau, laquelle est dirigée, au moyen d'un tube, dans des cuviers pleins d'eau froide. En se condensant dans l'eau qui remplit les cuviers, la vapeur élève rapidement jusqu'à l'ébullition la température de cette eau.

La figure 49 représente l'appareil dans lequel on réalise ce système de chauffage. C, est le *générateur* ou chaudière fournissant la vapeur; D, D, les cuviers de bois pleins d'eau froide que l'on veut chauffer par le courant de vapeur; E, le tube muni d'un robinet, qui conduit la vapeur dans chaque cuvier.

Nous supposons ici que c'est de l'eau qu'il s'agit de chauffer par un courant de vapeur ; mais, si le liquide qu'il faut chauffer est autre que l'eau, il y aurait souvent inconvénient à le laisser mélangé avec l'eau provenant de la condensation de la vapeur. Dans ce cas, au lieu de faire condenser la vapeur d'eau dans le liquide même, on la fait passer dans un conduit métallique, par conséquent très-conducteur de la chaleur, qui s'enroule, en forme de serpentin, à la base ou à l'intérieur de la masse liquide ; ou bien on reçoit la vapeur dans un double fond, concentrique au liquide. La vapeur d'eau se condense à l'intérieur de ce double fond. La chaleur qui résulte de la condensation de la vapeur, se transmet à travers les parois du serpentin, ou du double fond, à la masse d'eau qu'il s'agit d'échauffer. On fait de temps en temps écouler au dehors, au moyen d'un robinet, l'eau provenant de cette condensation.

Il faut avoir l'attention de faire varier la nature des tuyaux de condensation suivant les liquides dans lesquels ils doivent plonger. Si le liquide est acide, on doit faire usage de tuyaux de plomb, d'argent ou de platine, de tuyaux de fer si le liquide est alcalin, et de tuyaux de cuivre s'il est neutre, c'est-à-dire s'il n'est ni acide ni alcalin.

Le chauffage par la vapeur présente des avantages immenses. Il procure d'abord une grande économie de combustible, puisqu'il permet de tout réduire à un seul foyer, d'où la chaleur rayonne dans les divers points où l'on veut la porter. On comprend sans peine quelle perte de calorique on évite en réduisant ainsi le nombre des fourneaux et des foyers dont il faudrait faire usage pour les différentes opérations. Chaque

Fig. 49. — Coupe transversale de l'appareil servant à chauffer les liquides par la vapeur d'eau.

foyer produisant, par le rayonnement, une perte de calorique, la perte est considérablement réduite du moment où tout est centralisé dans un foyer unique et central.

Une grande économie de main-d'œuvre, et par conséquent une plus grande facilité pour la surveillance du feu, résultent encore du chauffage par la vapeur. Enfin on est certain de ne jamais dépasser la température que l'on désire produire, la vapeur de l'eau bouillante, à la pression ordinaire de l'air, ne pouvant élever le liquide à plus de 100°. Cette dernière condition est de la plus haute importance dans beaucoup d'industries, par exemple, pour la préparation des bains de teinture, pour le blanchiment et l'apprêt des toiles, pour la préparation de la gélatine, le collage du papier à la gélatine ou à l'amidon, etc.

Le chauffage par la vapeur fut la conséquence des découvertes de la physique sur le *calorique latent*. Aussi cette application de la vapeur fut-elle introduite dans l'industrie dès que la théorie physique de la vapeur fut établie dans la science. Ce furent les physiciens anglais Leslie et Dalton qui, à la fin du siècle dernier, posèrent les principes de la constitution physique des vapeurs et la théorie du *calorique latent*. Et presque aussitôt, James Watt, le célèbre créateur de la machine à vapeur en Angleterre, établit dans ses ateliers ce mode de chauffage. Déjà, il est vrai, en 1745, un autre Anglais, le colonel Cooke, avait signalé le principe de cette ingénieuse méthode; mais son idée avait passé inaperçue. Ce fut James Watt qui, le premier, installa dans son usine de Soho, près de Birmingham, ce nouveau mode de chauffage, qui fut bientôt après imité en France par les industriels ou les physiciens qui donnaient alors le signal du progrès, comme le comte de Rumford à Paris, Edouard Adam à Rouen, Montgolfier à Annonay, Clément-Désormes et autres aux environs de Paris.

Quand la vapeur d'eau se condense et repasse à l'état liquide, elle donne de l'eau

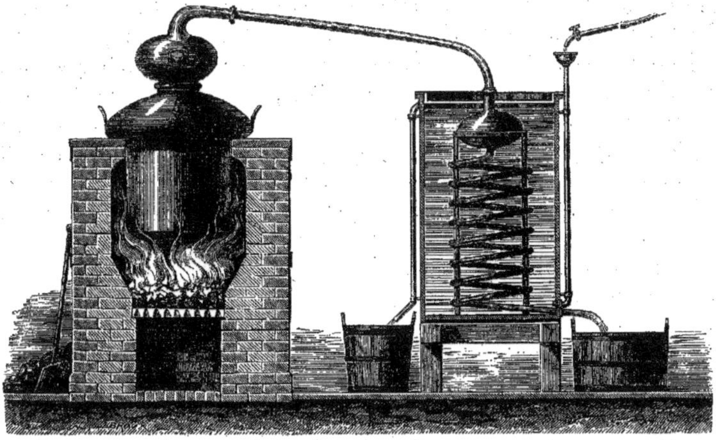

Fig. 50. — Alambic pour la distillation de l'eau.

pure, toutes les substances étrangères, qui ne sont pas volatiles, demeurant dans la chaudière, mêlées au reste de l'eau liquide. On appelle *distillation* l'opération qui consiste à vaporiser l'eau par la chaleur et à condenser cette vapeur dans un récipient convenablement refroidi. La *distillation* permet donc d'obtenir l'eau à l'état de pureté. C'est pour cela que l'eau pure prend souvent le nom d'*eau distillée.*

On appelle *alambic*, l'appareil qui sert, dans les laboratoires de chimie ou dans l'industrie, à produire l'eau distillée. La figure 50 représente l'alambic perfectionné, dont on fait usage aujourd'hui. A, est le corps de la chaudière, qui porte un nom spécial : on l'appelle *cucurbite.* Cette partie de l'appareil est, d'ordinaire, en cuivre ou en cuivre étamé. C'est dans la *cucurbite* que l'on introduit l'eau à distiller. B, est le *chapiteau*, dôme, en cuivre ou en étain, surmontant la cucurbite ; C, est le *col*, qui dirige les vapeurs dans un tube de cuivre recourbé en forme de tire-bouchon, et que l'on nomme *serpentin*, ou *réfrigérant.* C'est dans l'intérieur de ce long tube, replié sur lui-même en forme de *serpent* (de là son nom), que se produit la condensation de la vapeur.

Le serpentin est noyé dans de l'eau froide, contenue dans un grand seau de cuivre, D, nommé *récipient.* Comme l'eau renfermée dans le *récipient* s'échauffe très-vite, par suite de la condensation de la vapeur à l'intérieur du *serpentin*, il faut la renouveler sans cesse. Dans ce but, un robinet, *a*, fait écouler constamment, d'un réservoir supérieur, un courant d'eau froide, laquelle, au moyen du tube EE, descend à la partie inférieure du récipient. L'excès d'eau s'écoule constamment par un *trop-plein.* On a soin de placer ce trop plein, *b*, à la partie supérieure du seau, parce que l'eau chaude, en raison de sa légèreté spécifique, s'élève à la partie supérieure du liquide, et s'écoule, par le tube *bb*, à l'extérieur, tandis que l'eau froide tombe au fond. Grâce à cette excellente disposition, il arrive constamment de l'eau froide à la partie inférieure du seau, et l'eau chaude s'écoule constamment par sa partie supérieure.

L'eau qui a distillé dans le *serpentin* ruisselle d'une manière continue par le tube *d*, et on la recueille dans un baquet, H.

L'appareil que nous venons de décrire est l'alambic perfectionné, tel qu'on l'emploie aujourd'hui, et dont toutes les parties sont parfaitement calculées en vue du but à atteindre. Mais ce même appareil a eu pendant longtemps des formes très-défectueuses. Au Moyen âge et à la Renaissance, époque à laquelle la distillation était déjà fort employée, les chimistes, les pharmaciens et les parfumeurs, pour préparer l'alcool, les eaux de senteur et les huiles volatiles végétales, faisaient usage d'alambics aux formes les plus bizarres. Tout le monde connaît ces *athanors*, ces cornues et ces récipients fantastiques, à la large panse et au serpentin capricieux, qui ornaient les laboratoires des alchimistes des xve et xvie siècles. On s'amusait à faire parcourir à la vapeur d'eau les chemins les plus sinueux, avant de la conduire dans le vase de condensation.

Le mot *alambic* est d'une origine arabe. Il dérive du mot grec ἄμϐιξ, qui signifie couvercle, ou récipient. L'an 200 après Jésus-Christ, Alexandre, d'Aphrodisia, ville de Cilicie, écrivait : « On rend l'eau de mer potable en la mettant dans des vases placés sur le feu et en recevant sa vapeur sur des *couvercles* (ἄμϐιξ). » Le même écrivain ajoute qu'on peut traiter par ce moyen le vin et d'autres liquides.

Du mot grec ἄμϐιξ les savants de l'École d'Alexandrie firent *ambic.* En y ajoutant leur particule *al*, qui signifie par excellence, les Arabes en firent le mot *al-ambic*, qui devint, en Europe, *alambic.*

C'est dans un ouvrage d'un philosophe de l'école d'Alexandrie, Zozime le Panopolitain, qui écrivait au ive siècle après Jésus-Christ, que l'on trouve la première description exacte et détaillée de l'appareil pour la distillation de l'eau. Au ve siècle, un autre philosophe, Synésius, de Byzance, donna le dessin d'un vase distillatoire en verre. C'est donc aux savants de l'École d'Alexandrie que les Arabes empruntèrent l'appareil distillatoire qu'ils baptisèrent du nom d'*al-ambic.* On sait que, du xe au xiiie siècle, les Arabes eurent seuls le privilége des connaissances scientifiques. A cette époque, en Afrique et en Espagne, les écoles des Arabes brillaient d'un vif éclat, et la chimie était la science qu'ils cultivaient avec le plus de succès. L'*al-ambic* fut un des plus précieux appareils dont ils enrichirent l'Europe savante.

Les chimistes du Moyen âge qui reçurent l'*al-ambic* des Arabes, n'y ajoutèrent rien de sérieux. Ce ne fut qu'à la fin du xviiie siècle que les chimistes et les industriels, à la tête desquels il faut placer Édouard Adam, Baumé, l'abbé Molines, Duportal et Chaptal, perfectionnèrent ce précieux appareil.

Nous venons de faire connaître l'alambic qui sert dans les laboratoires et dans l'industrie à distiller l'eau. Quand il s'agit de se procurer de petites quantités d'eau, on se sert d'un appareil plus simple et mieux à la portée : on distille l'eau à la *cornue.*

La figure 51 représente l'appareil employé dans les laboratoires, pour la distillation de l'eau. La cornue est en verre et se compose de la panse, A, et du col, B ; D, est un ballon servant de récipient dans lequel on reçoit l'eau distillée. Afin de refroidir la vapeur avant son entrée dans le récipient D, on interpose, entre le col de la cornue et le récipient, un large conduit en verre, C, nommé *allonge.* Pour que le ballon soit toujours refroidi, on le maintient dans une terrine pleine d'eau, que l'on renouvelle souvent.

Pour s'assurer que l'eau distillée, obtenue soit à l'alambic, soit à la cornue, est bien pure, il faut réunir plusieurs moyens : l'évaporer, pour s'assurer qu'elle ne laisse aucun résidu, et la traiter par plusieurs réactifs, qui ne doivent point la troubler.

Le premier essai se fait rapidement, en plaçant quelques gouttes de l'eau à exa-

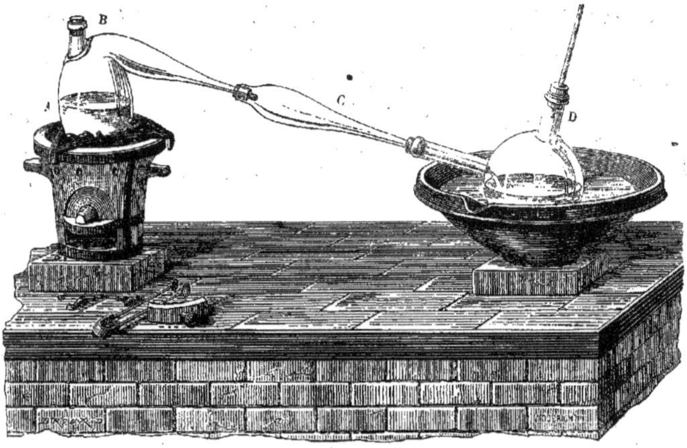

Fig. 51. — Distillation de l'eau à la cornue.

miner sur une lame de platine nette et brillante, que l'on chauffe à la flamme d'une lampe à alcool. Cette eau évaporée ne doit laisser sur le platine aucun résidu visible.

Les réactifs que l'on emploie pour constater la pureté de l'eau distillée sont : l'eau de chaux, l'eau de baryte ou le sous-acétate de plomb, qui dénotent la présence de l'acide carbonique par un trouble blanchâtre ; — le chlorure de baryum, qui indique la présence des sulfates ; — l'azotate d'argent, qui démontre la présence des chlorures; — l'oxalate d'ammoniaque, qui décèle la chaux. Avec le bichlorure de mercure et le sulfate de zinc, on peut constater la présence des matières organiques, par les précipités que ces réactifs déterminent; mais il faut attendre quelque temps, car ces précipités n'apparaissent que lentement.

Ainsi purifiée par la distillation, et par conséquent chimiquement pure, l'eau est claire et limpide, sans odeur ni saveur. On peut la conserver indéfiniment, à l'abri du contact de l'air, sans qu'elle contracte aucune odeur désagréable, ni qu'elle se trouble. Elle n'a aucune action sur les couleurs du tournesol ni de la violette; elle dissout parfaitement le savon sans le grumeler, et cuit très-bien les légumes.

L'eau distillée est peu digestible. Quand on la boit, elle provoque un sentiment de pesanteur à l'estomac, parce qu'elle ne renferme point d'air en dissolution. Mais elle contient toujours un peu d'acide carbonique, parce que ce gaz existe dans toutes les eaux qui coulent à la surface de la terre, et passe, avec la vapeur d'eau, dans le récipient. La présence de l'acide carbonique dans l'eau distillée n'a aucun inconvénient, mais si on voulait s'en débarrasser, il faudrait placer dans l'alambic où se fait la distillation, environ 32 grammes de chaux éteinte par 25 litres d'eau. La chaux éteinte absorbe entièrement l'acide carbonique.

Nous venons de voir comment se comporte l'eau exposée à une chaleur de 100°. Soumise à des températures plus élevées, elle présente des phénomènes physiques et chimiques sur lesquels nous attirerons maintenant l'attention.

Exposée à l'air libre, sur des surfaces métalliques, à la température du rouge, l'eau prend le singulier état physique qui a reçu le nom d'*état sphéroïdal*. Exposée, mais en vase clos, à des températures au-dessus du rouge, elle se décompose en ses éléments, oxygène et hydrogène, en subissant le phénomène que les physiciens de nos jours appellent *dissociation*.

État sphéroïdal de l'eau. — Lorsqu'on place quelques gouttes d'eau sur une barre de fer, une lame de platine ou d'autre métal chauffée au rouge blanc, elle prend la forme sphérique, roule dans tous les sens, et semble se promener sur la plaque sans la toucher. Elle ne bout et ne s'évapore que lorsque la température descend et passe au rouge brun.

Ce fait singulier et très-curieux, déjà connu de Laurent, Leidenfrost, Person, Klaproth et Baudrimont, fut étudié d'une manière très-approfondie par Boutigny, qui donna à cet état sphéroïdal le nom d'*état sphéroïdal*, ou *globulaire*, *des liquides*, car il est commun à tous les liquides. On a aussi désigné l'ensemble des phénomènes du même genre sous le nom de *caléfaction des liquides*.

La cause certaine qui provoque l'*état sphéroïdal* n'est pas encore bien connue. Boutigny l'expliquait par une répulsion entre les liquides et la surface du vase chauffé. Cependant, comme cette force de répulsion ne rentre pas dans les théories de la chaleur admises dans la science, les physiciens venus après Boutigny ont donné d'autres explications du phénomène. Ils ont prétendu, que l'état sphéroïdal de l'eau ne met nullement en défaut les théories actuelles de la chaleur. « Ces phéno- « mènes, dit un auteur moderne, dépen- « dent du rapport entre la cohésion propre « au liquide et sa cohésion pour le corps « sur lequel il s'appuie : la chaleur modifie « ce rapport en diminuant la dernière, et « quand celle-ci est moindre que le double « de la cohésion propre du liquide, il n'y « a plus contact, et la chaleur ne peut plus « pénétrer qu'en petite quantité dans le « liquide (1). »

Quoi qu'il en soit de l'explication, le phénomène de l'*état sphéroïdal* de l'eau est certainement des plus curieux, et par lui-même, et par les conséquences qui en découlent. Une goutte d'eau versée sur une lame de fer ou une capsule de platine renversée, posée sur un support et rougie par la flamme d'une lampe à alcool, semble danser à la surface de la plaque, sans la toucher (fig. 52). Elle ne participe pas de l'excessive température de ce corps, puisqu'elle ne se vaporise point. La goutte d'eau n'entre en ébullition et ne disparaît, par la vaporisation, que lorsque la plaque rouge de feu s'est refroidie, et est passée au rouge brun ou à une température inférieure.

On a réussi à déterminer la température des liquides qui se trouvent à l'état sphéroïdal, et l'on a reconnu que cette température est inférieure à leur point d'ébullition. La température de l'eau, à cet état physique, est inférieure à son point d'ébullition, puisqu'elle n'est que de 96°,5.

Le liquide qui présente le phénomène le plus curieux sous ce rapport, c'est l'acide sulfureux liquéfié. L'acide sulfureux est un gaz, mais on peut, par le froid et la pression, l'amener à l'état liquide. C'est seulement à la température de — 10° que l'acide sulfureux se liquéfie, ce qui revient à dire qu'il entre en ébullition à — 10°. Dès lors, si l'on prend un vase de platine, qu'on le porte au rouge blanc, et qu'on laisse tomber dans ce vase rougi quelques gouttes d'acide sulfureux liquide, elles prennent l'état sphéroïdal, et se maintiennent, non en ébullition, mais à une température un peu inférieure à leur point d'ébullition, qui est de — 10°.

Ainsi, dans ce vase de platine chauffé au rouge blanc, il y a un corps dont la

(1) Daguin, *Traité élémentaire de physique*, tome I, page 987. In-8°, Toulouse, 1855.

température est plus basse que — 10°, et ce corps ne s'échauffe point. Toute la chaleur qu'il reçoit du vase de platine incandescent, le traverse et semble se réfléchir sur sa surface, sans l'influencer en rien.

Boutigny exécutait cette expérience de la manière la plus saisissante. Il faisait fondre de l'argent ou de l'or dans une capsule de platine, puis à la surface de l'argent ou de l'or fondus et rouges de feu, il

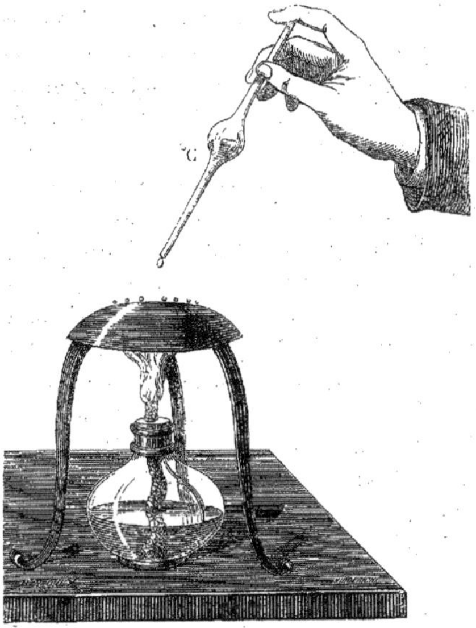

Fig. 52. — Expérience sur l'état sphéroïdal de l'eau.

versait de l'acide sulfureux liquide, qui, prenant l'état sphéroïdal, ne se vaporisait point, et conservait sa température de — 10°, en tournoyant au-dessus du métal rougi à blanc. Alors Boutigny faisait tomber délicatement sur ce globule d'acide sulfureux *sphéroïdal*, ou *caléfié*, quelques gouttes d'eau. Le contact de l'acide sulfureux refroidi à — 10° déterminait la congélation de l'eau; de sorte qu'en retirant promptement la capsule du feu contenant l'eau, pour la soustraire au contact des corps incandescents qui l'avoisinaient, l'expérimentateur retirait un glaçon de cette fournaise en miniature. Et les assistants d'applaudir à cette *merveille de la science!*

Il est un fait encore plus étonnant. Le protoxyde d'azote est un gaz qui, par la pression et l'abaissement de la température, peut être amené à l'état liquide. Ce n'est qu'à la température extraordinairement basse de — 88° que le protoxyde d'azote prend l'état liquide; en d'autres termes, il entre en ébullition, ou ne se réduit en vapeurs qu'à — 88°. Si l'on verse du protoxyde d'azote liquide dans une capsule de platine chauffée au rouge blanc, il prend l'état sphéroïdal, et conserve, au milieu du platine rouge-blanc, une température inférieure à — 88°. Si alors on ajoute à ce liquide un peu de mercure, ce métal, qui ne se solidifie qu'à — 39°, prend, à ce contact, l'état solide. De sorte que l'on retire une barre de mercure solidifié d'un creuset rougi au feu!

Ces phénomènes ne semblent que de pures curiosités scientifiques, et pourtant ils ont leur place dans les préoccupations de l'industrie. L'état sphéroïdal que prend l'eau peut expliquer le phénomène de l'explosion des chaudières à vapeur, resté jusqu'ici à peu près inexplicable si l'on considère la violence prodigieuse des effets de destruction, effets qui ne semblent pas en rapport avec la cause qui les produit. Des maisons entières renversées, des ravages s'étendant à des distances extraordinaires, ne s'expliquent pas suffisamment par la rupture de la tôle d'une chaudière à vapeur. Boutigny prétendait que l'état sphéroïdal de l'eau était la vraie cause de cet effrayant phénomène. On vient de voir que lorsqu'un métal est rougi au feu, l'eau qu'on y verse prend l'état sphéroïdal, c'est-à-dire qu'elle ne se volatilise pas tant que le métal reste au rouge, parce qu'alors l'eau ne le touche pas, mais que dès que le métal se refroidit, l'eau arrive à son contact, et que tout aussitôt elle se réduit en totalité en vapeur. Un phénomène de ce genre peut se produire, disait Boutigny, à l'intérieur d'une chaudière à vapeur. Si, par accident, la chaudière ne renferme qu'une petite quantité d'eau et que le métal rougisse, cette eau prend l'état sphéroïdal; puis, si la pompe alimentaire vient à introduire de nouveau de l'eau dans la chaudière rougie, toute cette eau se réduit subitement en vapeur, et détermine, par l'énorme masse d'eau vaporisée instantanément, les effets d'explosion et de destruction que l'on connaît.

L'état sphéroïdal de l'eau explique encore ce fait, connu dans les verreries, que l'on peut plonger une masse de verre fondu et rouge dans un baquet plein d'eau, sans que l'eau entre en ébullition. C'est qu'une partie de l'eau prend l'état sphéroïdal, et s'écarte de la masse rouge de feu; de sorte que le reste du liquide ne s'échauffe point, malgré la présence du verre fondu.

Boutigny faisait, à ce propos, une expérience tendant à prouver que dans l'état sphéroïdal une force répulsive empêche le contact du liquide avec la surface chauffée. Il plongeait dans l'eau une sphère incandescente, en argent massif. La sphère d'argent se maintenait incandescente, l'eau n'entrait pas en ébullition et ne touchait pas la sphère. Ce n'était que lorsque l'incandescence disparaissait, et que la température du métal descendait au rouge brun, qu'une ébullition très-rapide et tumultueuse se manifestait, et que l'eau se vaporisait. Or, pendant l'incandescence de la sphère, on observe entre celle-ci et le liquide un espace vide qui était très-reconnaissable à son éclat.

Il est certain qu'un corps à l'état sphéroïdal ne touche point la surface rouge de feu. Des expériences multipliées le prouvent. Au moyen d'une pipette C, versez, comme on l'a vu sur la figure 52, un peu d'eau colorée en noir sur une capsule de platine renversée, et chauffée au rouge, il vous sera facile de reconnaître en regardant entre la surface convexe de la capsule de métal et la goutte d'eau, un espace libre.

Si, dans une capsule de cuivre, percée de trous comme une écumoire, et portée au rouge, on verse de l'eau par gouttes, l'eau passe à l'état sphéroïdal, reste immobile et ne coule pas à travers les orifices placés au-dessous. Il n'y a donc pas contact entre la goutte *caléfiée* et le métal.

Enfin une expérience suggérée par le physicien Poggendorff est venue démontrer d'une manière très-élégante, que l'eau ne touche pas le métal, en faisant voir qu'un courant électrique ne se transmet point du liquide au métal.

A une coupe d'argent, contenant de l'eau à l'*état sphéroïdal*, on fixe un fil de métal aboutissant par son autre extrémité au fil d'un galvanomètre, et l'on attache l'autre bout du fil du galvanomètre à l'un des pôles d'une petite pile. Du pôle opposé de la pile part un fil, qu'on attache au bras d'un support de cornue. En abaissant le dernier fil, de manière que son extrémité touche l'eau à l'état sphéroïdal, on établit la communication électrique entre les deux pôles de la pile. Cependant on ne remarque rien dans l'aiguille du galvanomètre. Le courant ne passe donc pas : il y a donc interruption dans la conductibilité, et cette interruption tient à ce que l'eau ne touche pas le métal. En effet, si l'on retire la lampe, l'état sphéroïdal cesse, l'eau touche le métal, et aussitôt l'aiguille tourne, parce qu'alors le courant électrique passe.

Cette expérience prouve avec évidence, qu'il n'y a pas de contact entre l'eau *caléfiée* et le métal rougi.

Le curieux phénomène que nous venons de signaler donne la clef de toute une catégorie de faits, merveilleux en apparence, et à la vérité desquels on s'était toujours refusé à croire. Il est certain, par exemple, que l'on peut plonger impunément la main dans du plomb fondu, dans du cuivre ou de la fonte en fusion, pourvu que l'on ne fasse durer ce contact que quelques secondes. Il est également certain que l'on peut soulever un fer rouge avec la main sans se brûler, passer la langue sur une pelle rouge de feu, manier sous l'eau une masse de verre en fusion. Tout cela est possible, et tout cela était connu depuis longtemps. Seulement on n'y croyait pas, en général. Boutigny, en répétant courageusement ces expériences lui-même; en coupant avec sa main un jet de fonte qui coulait de la gueule d'un haut-fourneau; en maniant une barre de fer rouge; en léchant avec sa langue une tige de platine rougie; en posant son pied nu sur du cuivre en fusion, a montré la réalité de ces phénomènes, et en a, en même temps, donné l'explication.

Cette explication se trouve dans l'état sphéroïdal de l'eau. La surface de la peau est toujours humide, et il y a toujours, par suite de l'appréhension inévitable que l'on ressent au moment d'une telle expérience, une augmentation de cette humidité naturelle, c'est-à-dire de la sueur. L'eau de la sueur prend, au voisinage du métal fondu, l'état sphéroïdal, et réfléchissant, ou repoussant, comme le voulait Boutigny, le calorique du métal fondu, empêche, quelle que soit la théorie qu'on en donne, le contact entre la peau et le corps chaud, et préserve la peau de l'action de la chaleur et de ses effets destructifs.

Comme la sueur sur laquelle on compte pourrait faire défaut, il vaut mieux, avant de faire l'expérience, se mouiller les mains avec de l'eau ou de l'éther. Il est évident, toutefois, qu'il faut opérer très-rapidement; sans cela la mince couche d'eau à l'état sphéroïdal qui préserve la peau, finirait par se vaporiser, et l'on serait victime de l'expérience.

On a reconnu que l'éther sulfurique prend la forme globulaire quand on le fait tomber sur de l'eau bouillante. Partant de ce fait, M. Legal a pensé qu'en mouillant la main avec de l'éther sulfurique, on pourrait impunément la tremper dans l'eau bouillante. L'expérience a confirmé ces prévisions. Si l'on mouille ses mains avec de l'éther, on peut les plonger dans l'eau bouillante sans éprouver la moindre brûlure.

Dissociation de l'eau. — Nous arrivons au dernier terme de l'action de la chaleur sur l'eau. Si l'on expose de l'eau à une température au-dessus du rouge, mais en opérant dans des vases fermés, au lieu d'exposer l'eau sur une surface rouge en présence de l'air, il se produit un phénomène qui n'a été découvert que dans ces derniers temps, par les expériences de M. Charles Sainte-Claire Deville, et qui constitue, comme on va le voir, une sorte de contradiction chimique.

Vers 2,000° l'eau est décomposée en ses éléments, oxygène et hydrogène, sans l'intervention d'aucun agent chimique, et par le seul fait de l'excessive élévation de température. Si l'on considère que dans une foule de circonstances l'eau se forme, sous l'influence de la chaleur, par la combinaison de l'oxygène et de l'hydrogène, on trouvera étrange que la chaleur suffise à *dissocier*, à séparer l'oxygène et l'hydrogène qui constituent l'eau. On ne peut expliquer ce fait qu'en admettant que la combinaison des deux gaz qui composent l'eau se fait à une certaine température, à 1,000° par exemple, et qu'une température plus élevée, celle de 2,000°, peut produire la dissociation, la séparation des mêmes éléments.

Quoi qu'il en soit, M. Sainte-Claire Deville a mis hors de doute le phénomène de la décomposition de l'eau par la chaleur seule, à une température que l'on atteint facilement dans les laboratoires. L'expérience se fait de la manière suivante. On prend

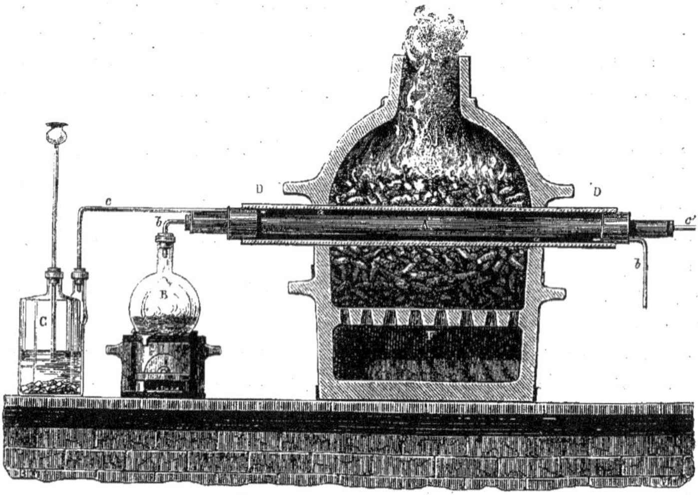

Fig. 53. — Appareil de M. Ch. Deville pour la *dissociation* de l'eau.

(fig. 53) un tube de porcelaine vernie, DD, dans l'intérieur duquel se trouve un deuxième tube de porcelaine non vernie, et par conséquent poreux, A. On chauffe très-fortement cet emboîtement de tube dans un fourneau capable de développer une très-haute température; puis on fait arriver de la vapeur d'eau, au moyen d'un petit ballon de verre B, dans le tube A. En même temps, on remplit de gaz acide carbonique l'espace *a* compris entre le tube de porcelaine non vernie, A, et le tube de porcelaine vernie, DD. Pour cela, on produit de l'acide carbonique en versant de l'acide sulfurique dans le flacon, C, qui contient des fragments de marbre (carbonate de chaux). Le gaz acide carbonique passe au moyen du tube *c*, dans l'espace *aa*. Sous l'influence d'une chaleur excessive, l'eau se décompose en ses éléments, oxygène et hydrogène. Le gaz hydrogène, d'après les lois de l'endosmose, traverse la paroi perméable du tube de porcelaine non vernie, A. Ce corps poreux, agissant comme une espèce de filtre, laisse passer le gaz hyrgogène et retient le gaz oxygène. Deux tubes de verre propres à conduire le gaz, *b* et *c'*, sont adaptés à l'un et à l'autre des tubes de porcelaine, de sorte qu'il se dégage par le tube *c'*, adapté au tube A, du gaz hydrogène, et par le tube *b* adapté au tube DD, du gaz oxygène.

Pour se débarrasser du gaz acide carbonique dont on avait rempli le tube et qui doit toujours être maintenu dans le cours de l'expérience, on reçoit les gaz amenés par les tubes *c'*, *b*, non sur de l'eau, mais dans une dissolution de potasse, qui absorbe l'acide carbonique, et l'on recueille ainsi de l'oxygène et de l'hydrogène à peu près purs, provenant de la décomposition de l'eau.

En faisant cette expérience, M. Sainte-Claire Deville a recueilli environ un centimètre cube d'un mélange de gaz oxygène et hydrogène par gramme d'eau employée. Ce n'est donc qu'une petite quantité de l'eau vaporisée qui se décompose. Cela tient à ce qu'une partie de gaz se recombine pour former de l'eau dans les parties moins chaudes de l'appareil.

On peut réaliser l'expérience de la décomposition de l'eau par la chaleur seule, c'est-à-dire la *dissociation* de l'eau, sans faire usage de tubes poreux. Pour cela, on fait passer un courant de gaz acide carbonique saturé de vapeur d'eau, à travers un tube de porcelaine rempli de fragments de porcelaine et placé dans un fourneau dont la combustion est activée par le vent d'un ventilateur, et on le chauffe le plus fortement qu'on le peut. On constate alors qu'une petite quantité de vapeur d'eau s'est décomposée en ses éléments. En effet, si l'on reçoit le gaz qui sort de l'appareil dans de longs tubes remplis d'une solution concentrée de potasse, on recueille, après deux heures d'expérience, 25 à 30 centimètres cubes d'un mélange gazeux, composé d'oxygène, d'hydrogène, d'oxyde de carbone et d'un peu d'azote.

On peut donc, sans tube poreux, réaliser l'expérience de la dissociation de l'eau; mais les quantités de gaz obtenues dans cette deuxième expérience, sont quatre fois moindres. Cela tient à ce qu'une proportion bien plus grande des gaz oxygène et hydrogène, qui sont séparés l'un de l'autre par l'action d'un véritable filtre, le tube poreux, se recombinent dans les espaces moins chauds de l'appareil.

Mais pourquoi la totalité du mélange détonant ne se transforme-t-elle pas en eau, pendant le refroidissement?

« Cela tient, dit M. Ch. Deville, à deux causes. La première, toute physique, est aussi la cause d'un fait bien connu, l'incombustibilité d'un mélange explosible répandu dans une certaine quantité de gaz inerte (acide carbonique ou azote). Un pareil mélange, en effet, résiste à l'action de l'étincelle électrique, et ne s'enflamme pas au contact d'une bougie allumée. Cependant, il ne pourrait traverser lentement un tube rempli de fragments de porcelaine, et porté au rouge sombre, sans que les éléments qui peuvent s'unir entrent intégralement en combinaison. Il y a donc une autre cause, et celle-ci est toute mécanique, c'est la vitesse des gaz qui traversent le tube de porcelaine chauffé à blanc et d'où dépend la rapidité du refroidissement ou du retour à la température à laquelle l'oxygène et l'hydrogène ne se combinent plus lorsqu'ils sont disséminés dans une grande masse d'acide carbonique. »

CHAPITRE IX

CLASSIFICATION DES EAUX TERRESTRES EN EAUX POTABLES, EAUX NON POTABLES, ET EAUX MINÉRALES, OU *médicinales*. — CARACTÈRES DES EAUX POTABLES. — INFLUENCE DES DIFFÉRENTES SUBSTANCES QUI FONT PARTIE DES EAUX POTABLES SUR LES PROPRIÉTÉS HYGIÉNIQUES DE CES EAUX.

Nous venons d'étudier l'eau au point de vue physique et chimique, en la considé-

Fig. 54. — Hippocrate.

rant comme pure. Mais c'est là, pour ainsi dire, une abstraction, rendue nécessaire pour la clarté de l'exposition des faits. En réalité, il n'y a point d'eau pure dans la nature. L'eau pure, c'est l'eau distillée, c'est-à-dire qui a été privée par la vaporisation et la condensation, des substances fixes qu'elle contient. Encore n'est-elle pas exempte, à proprement parler, de toute matière étrangère; car elle renferme, ainsi que nous l'avons dit, du gaz acide carbonique qu'elle avait absorbé en présence de l'air, et qui est passé à la distillation avec la vapeur d'eau. L'eau distillée elle-même ne saurait donc être considérée comme de l'eau pure que si l'on a eu la précaution de la faire bouillir, pour en chasser l'acide carbonique, et de l'enfermer, encore chaude, dans un flacon, que l'on a bouché, pour que l'acide carbonique de l'air ne puisse y rentrer. Les eaux de la pluie ou celles qui proviennent de la fonte des neiges, ne sont pas pures; elles renferment de l'air en dissolution, et différents sels, parmi lesquels figurent toujours les azotates. Quant aux eaux qui coulent à la surface de la terre, il est impossible qu'elles soient pures. Ces eaux proviennent soit de sources venant de l'intérieur du sol, soit des eaux pluviales qui ont coulé le long des parties déclives des terrains. Les eaux qui viennent des profondeurs de la terre se sont chargées de toutes les matières solubles qu'elles ont rencontrées dans le sol qu'elles ont traversé et pour ainsi dire lavé. Et la dissolution des substances minérales a été d'autant plus facile que, dans les profondeurs du sol la température étant sensiblement élevée, favorise la dissolution. Disons enfin que ces mêmes eaux entraînent, sans les dissoudre, des matières diverses et limoneuses qui troublent leur transparence.

Rien n'étant plus variable que la composition des terrains, depuis la surface du sol jusque dans ses profondeurs, on comprend que les eaux naturelles qui se chargent des différents matériaux solubles existant dans ces terrains, doivent considérablement varier dans leur composition. Il est donc très-difficile, ou, pour mieux dire, il est impossible de donner une classification rigoureuse des eaux naturelles. Comme il faut cependant adopter une classification quelconque, pour pouvoir dénombrer et étudier les faits, nous adopterons la classification des eaux naturelles la plus généralement adoptée, et qui consiste à diviser ces eaux en trois groupes :

1° Les eaux potables;

2° Les eaux non potables;

3° Les eaux minérales, ou *médicinales*.

Chacune de ces trois classes se subdivise ensuite en plusieurs groupes, que nous ferons connaître en leur lieu.

Nous consacrerons ce chapitre à l'étude *des eaux potables en général*, et les chapitres suivants à l'étude des différents groupes d'eaux potables, qui sont : les eaux de pluie, — les eaux de sources, — les eaux des fleuves et rivières, — les eaux artésiennes.

Les caractères des eaux potables sont aujourd'hui parfaitement connus, car, depuis l'antiquité jusqu'à nos jours, médecins et chimistes se sont appliqués à l'étude d'une matière qui touchait de si près à l'hygiène publique et à l'alimentation.

Les personnes qui sont habituées à juger les connaissances scientifiques de l'antiquité avec mépris ou indifférence, seront peut-être surprises d'apprendre que les caractères des eaux potables aient été dessinés de la manière la plus nette et la plus ferme par la main d'un homme qui écrivait ses immortels ouvrages 460 ans avant Jésus-Christ, par celui que l'on a appelé le *père de la médecine :* nous avons nommé Hippocrate.

L'illustre médecin de Cos, dans son *Traité des airs, des eaux et des lieux*, dit : « Il faut avoir beaucoup d'égards à la nature des eaux, examiner si elles sont claires ou pures, molles ou dures; c'est un point d'où dépend particulièrement la santé. »

Quels sont les caractères des eaux de bonne qualité? Chimistes et médecins sont d'accord avec le vulgaire, pour dire que ces caractères sont : la saveur franche, la limpidité et la fraîcheur. Hippocrate assigne pour caractères à une bonne eau d'être « limpide, légère, aérée, sans odeur ni saveur sensibles, *chaude en hiver*, *froide en été*. » Tous les auteurs qui, depuis Hippocrate, ont écrit sur ce sujet, n'ont fait que confirmer ses indications.

Oribase pense, avec Galien, que la meilleure eau est celle qui n'a aucune saveur et absolument aucune odeur, qui est claire, transparente, pure à la vue, qui paraît agréable et flatte à l'instant même ceux qui la boivent; mais surtout celle qui se digère promptement et bien.

Le médecin Tissot, dont la renommée de praticien était si répandue au siècle dernier, a dit dans son ouvrage sur la *Santé des gens de lettres* : « On doit choisir une eau de fontaine pure, douce, fraîche, qui mousse facilement avec le savon, qui cuise bien les légumes et qui lave bien le linge. »

Hallé, qui a, pour ainsi dire, créé la science de l'hygiène; Nysten, qui fut le collaborateur de Hallé et le continuateur de ses travaux; Ch. Londe et Rostan, médecins hygiénistes qui, dans notre siècle, se sont beaucoup occupés de cette question, expriment les mêmes idées qu'Hippocrate à l'égard des caractères d'une bonne eau potable.

Les auteurs des articles du *Dictionnaire des sciences médicales* et du *Dictionnaire de médecine et de chirurgie pratiques*, disent que l'eau peut être considérée comme bonne et potable quand elle est fraîche, limpide, sans odeur; quand sa saveur n'est ni désagréable, ni fade ni piquante, ni salée ni douceâtre; quand elle renferme peu de matières étrangères et qu'elle contient de l'air en dissolution; quand elle dissout le savon sans former de grumeaux et qu'elle cuit bien les légumes secs.

M. Chevreul donne pour caractères aux eaux potables d'avoir une saveur agréable, d'être limpides, de dissoudre le savon sans produire beaucoup de flocons, de cuire les haricots sans les durcir et de ne donner que de faibles précipités avec l'azotate d'argent et l'azotate de baryte.

Parmentier, qui a également traité cette question, reproduit les mêmes idées; puis il ajoute :

« Toutes les eaux qui sont troubles, grisâtres, jaunâtres, d'un goût de tourbe, d'une odeur marécageuse, qui se trouvent dans les étangs, les mares, les marais, sont excellentes pour l'agriculture; mais on ne doit s'en servir pour boisson que dans les cas d'une absolue nécessité, et après les avoir préparées par filtration et l'action du charbon, ou après les avoir mêlées avec du vin, des acides, etc. »

Les caractères d'une bonne eau potable étant ainsi bien déterminés par les auteurs les plus compétents, nous examinerons la valeur de chacun de ces caractères en particulier.

En ce qui concerne d'abord la *saveur* et l'*odeur*, il est de toute évidence qu'une eau potable ne doit avoir ni l'une ni l'autre. Quand l'eau a une odeur, elle la doit ordinairement à des substances organiques qui peuvent être putréfiées; donc elle ne saurait être bue sans danger pour la santé. Une saveur quelconque, autre que la saveur franche et sans caractère spécial qui est propre aux bonnes eaux, est l'indice que l'eau contient quelque substance étrangère.

Il y a pourtant quelques réserves à faire à cet égard.

Une eau peut avoir une saveur piquante parce qu'elle renferme une grande quantité de gaz acide carbonique, et être cependant excellente pour la boisson. Les habitants des pays où existent des sources d'eau chargées de gaz acide carbonique en font un usage habituel sans le moindre inconvénient.

D'un autre côté, une eau de source ou de rivière peut n'avoir aucune saveur sensible, et être impropre à la boisson. Telles sont la plupart des eaux dites *dures ou crues*. Le sulfate de chaux qu'elles contiennent les rend indigestes et impropres aux usages domestiques, sans leur communiquer de saveur particulière.

La saveur décèle assez bien la présence des matières organiques quand elles sont putréfiées et en quantité notable, mais elle ne peut signaler ces matières quand elles ne sont pas encore passées à l'état putride, ou quand elles n'existent qu'en très-faible proportion.

Ainsi il faut rejeter comme eau potable toute eau présentant une saveur autre que la saveur piquante, mais une eau peut n'avoir point de saveur et ne pas être potable.

Les eaux douces de source n'ont pas d'*odeur* prononcée. Mais celles qui n'ont pas d'écoulement, et surtout dans lesquelles vivent des plantes et des animaux inférieurs, ont le plus souvent une odeur nauséabonde, qui rappelle celle de la mousse infusée. Cette odeur est due à l'acide sulfhydrique, provenant de la décomposition des sulfates par les matières organiques, telles que les feuilles végétales. Les matières organiques, en réagissant sur les sulfates alcalins et terreux dissous dans ces eaux, produisent d'abord des sulfures, lesquels, par l'action de l'acide carbonique de l'air, se décomposent, et mettent en liberté de l'hydrogène sulfuré (acide sulfhydrique).

Enfin les meilleures eaux douces, conservées pendant quelque temps dans des vases clos, prennent insensiblement une odeur forte, désagréable, qui est en proportion avec la quantité de matières organiques qu'elles renferment. Cette eau alors n'est plus potable et doit être rejetée pour les usages hygiéniques, aussi bien que celles qui naturellement sont corrompues.

En ce qui concerne la *couleur*, si une eau destinée aux usages domestiques présente une nuance quelconque de coloration, c'est un signe certain qu'elle renferme quelque substance étrangère, particulièrement une matière organique. Une eau de cette nature est essentiellement mauvaise, et doit être rejetée.

Quant à la *limpidité*, il faut rejeter pour l'usage de la boisson toute eau trouble, bourbeuse, ou tenant en suspension des substances terreuses. Les eaux de rivière, dans les temps de crue, sont presque toutes dans ce cas. De telles eaux ne peuvent être bues sans inconvénient, à moins d'avoir été filtrées, parce que les matières terreuses qu'elles tiennent en suspension, les rendent indigestes.

Le précepte d'Hippocrate, que les eaux potables doivent être chaudes en hiver et froides en été est excellent. Si l'on faisait usage, en hiver, d'une eau froide, comme le sont alors les eaux de rivière, on s'exposerait à compromettre sa santé. Les eaux de source qui, venant de l'intérieur du sol, ont en hiver + 15° de température, sont donc préférables, à cette époque, aux eaux de rivière.

Pendant l'été la fraîcheur de l'eau potable est bien plus importante encore que son état tempéré pendant l'hiver. L'eau fraîche, ou du moins celle qui paraît telle en été, parce que sa température est alors beaucoup moins élevée que celle de l'atmosphère, plaît au palais et à l'estomac; elle apaise la soif, procure instantanément un sentiment de bien-être, et ranime les forces, soit par son action tonique sur l'estomac, action qui retentit sur tout l'organisme, soit en modérant par sa température la transpiration de la peau, qui, dans cette saison de l'année, s'exerce avec trop d'énergie. Rien n'est plus nuisible, au contraire, que de faire usage, pendant l'été, d'une eau qui se rapproche trop de la température de l'atmosphère, et qui paraît tiède quand on la boit ou quand on y plonge la main. Quelle que soit sa pureté sous le rapport des substances qu'elle tient en dissolution,

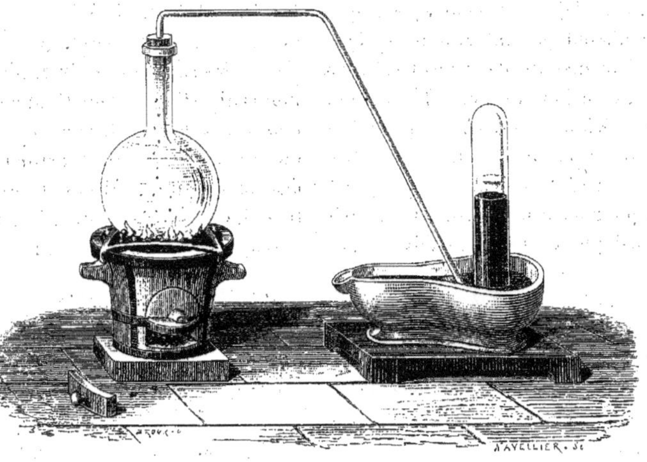

Fig. 55. — Appareil pour recueillir les gaz dissous dans l'eau.

cette eau est fade et nauséabonde ; elle ne plaît ni au palais ni aux organes digestifs ; elle n'apaise point la soif. Aussi, quand on l'a bue, ne laisse-t-elle pas, comme l'eau fraîche, ce sentiment agréable, cette action tonique et restauratrice, qui ranime promptement les forces, et rend le corps apte à un nouvel exercice. Si l'on fait usage, pendant les chaleurs, d'une eau qui ne soit pas fraîche, on s'expose à de graves maladies. Comme elle ne désaltère pas, on est amené à en boire de grandes quantités, ce qui donne lieu à des sueurs énervantes.

Un moyen assuré de prévenir le développement des différentes maladies qui sévissent sur les populations pendant les mois chauds de l'année, serait de faire usage d'une eau très-fraîche. Une telle eau est fortifiante par elle-même : un seul verre procure une fraîcheur générale. Pendant l'été, l'estomac s'affaiblit, par suite du fonctionnement trop énergique de la peau. Dans les pays chauds on évite cet inconvénient et l'on ranime les forces digestives par de forts excitants ; mais dans nos climats on ne pourrait faire usage sans danger d'excitants aussi énergiques que ceux dont on fait usage dans l'Inde, c'est-à-dire du poivre et du bétel. Nous remplaçons ces excitants par des boissons fraîches et glacées, qui rendent la vigueur à l'estomac et à tout l'organisme.

En résumé, une eau très-fraîche est pendant l'été, dans nos climats, une des principales nécessités hygiéniques.

Le mieux serait de faire usage, en toute saison, d'une eau de source ou de rivière, jouissant d'une température constante, dont le maximum serait + 16° et le minimum + 9°. Une eau à cette température est fraîche en été et tempérée en hiver ; elle ne force point l'estomac à subir de ces changements brusques du passage d'une eau tiède à une eau glacée, et par suite, la digestion se faisant en toute saison d'une manière uniforme, est régulière et facile.

La *légèreté* des eaux potables tient à ce qu'elles renferment de l'air en dissolution.

Mais l'air ne participe pas par tous ses éléments, aux bonnes qualités de l'eau : l'oxygène et l'acide carbonique sont seuls utiles ; l'azote paraît indifférent.

Nous avons déjà fait remarquer que l'air ne se dissout pas intégralement dans l'eau, car l'air dissous dans l'eau est plus pur que celui de l'atmosphère. Tandis que l'air atmosphérique contient 21 pour 100 d'oxygène et 79 d'azote, celui qui est dissous dans l'eau renferme 32 à 33 pour 100 d'oxygène, pour 65 à 67 d'azote. Cette différence, ainsi que nous l'avons fait remarquer, tient à ce que le gaz oxygène est plus soluble dans l'eau que le gaz azote. L'air renferme quatre fois plus d'azote que d'oxygène, mais le gaz oxygène est plus soluble dans l'eau que le gaz azote; l'air doit être un peu plus oxygéné dans l'eau que dans l'atmosphère.

Pour déterminer la quantité et la composition de l'air dissous dans l'eau, on se sert de l'appareil que représente la figure 55. On prend un ballon de verre de 3 à 4 litres de capacité, et on adapte à ce ballon, au moyen d'un bouchon troué, un tube, plein d'eau lui-même et propre à recueillir les gaz, ce qui se fait facilement en remplissant complétement le tube avant de l'adapter au matras, fermant avec le doigt son extrémité libre, introduisant l'autre extrémité dans le col du vase, et l'y fixant. Ensuite on dispose le matras sur un fourneau à feu nu ; on engage l'extrémité du tube sous une éprouvette pleine de mercure, on retire le doigt et l'on chauffe l'eau peu à peu. Bientôt on voit apparaître des bulles de gaz, et l'eau entre en ébullition. A partir de ce moment, l'air se dégage tout entier de l'eau, dans l'espace de deux à trois minutes. On enlève alors l'appareil du fourneau, on mesure le gaz, et on le soumet à l'analyse chimique, pour déterminer les proportions d'oxygène et d'azote qu'il renferme.

Les eaux sont d'autant plus agréables à boire qu'elles contiennent une plus grande quantité d'oxygène et de gaz acide carbonique, et que la somme totale du mélange gazeux dépasse 30 centimètres cubes par litre. On dit alors, dans le langage vulgaire, que les eaux sont *légères*. Quand l'inverse a lieu, elles sont moins vives, moins sapides, moins digestibles, et on dit que les eaux sont *lourdes*. Telles sont, par exemple, les eaux de puits, celles qui proviennent de la fonte des neiges ou des glaces et des montagnes très-élevées au-dessus du niveau de la mer.

D'après M. Péligot, il y a :

Dans 1 litre d'eau de la Seine recueillie en hiver......	54cc	de gaz dissous
Dans 1 litre d'eau de pluie..	23,	—

Ces gaz ont la composition suivante :

	Eau de Seine.	Eau de pluie.
Oxygène.............	10cc,1	7cc,4
Azote.................	21 4	15 1
Acide carbonique......	22 6	0 5
	54cc,1	23cc,0

Un litre d'eau de source de Royes, affluent de la rive droite de la Saône, analysée par M. Boussingault, a donné un mélange gazeux composé de :

6cc,20 d'oxygène.
15cc,50 d'azote.

Un litre d'eau de la source de Ronzier, à Lyon, analysé par Dupasquier, a donné un mélange gazeux composé de :

6cc,38 d'oxygène.
15cc,00 d'azote.

M. Seeligmann, de Lyon, a obtenu, le 5 octobre 1859, pour 1 litre d'eau du Rhône, puisé au pont Morand, un mélange gazeux composé de :

7cc,00 d'oxygène.
16cc,89 d'azote.

C'est l'air qu'elles tiennent en dissolution qui donne aux eaux potables, la propriété d'entretenir la vie des animaux aquatiques. En effet, si l'on chasse l'air de ces eaux par l'ébullition, elles deviennent insipides, de difficile digestion, et les poissons qu'on y plonge ne tardent pas à périr. Mais il suffit d'agiter fortement ces eaux au contact de l'air, pour leur faire reprendre leurs qualités premières.

Le fait de l'existence de l'air dans l'eau est, d'ailleurs, connu depuis bien longtemps, car, 470 ans avant J.-C., le philosophe Diogène, d'Apollonie, en faisait mention, et indiquait que l'air dissous de l'eau sert à la respiration des poissons.

Il importe cependant de faire remarquer que, dans certaines circonstances, les eaux potables ne renferment que des quantités d'air insignifiantes. Dans les eaux de source, on trouve moins d'oxygène que dans les eaux de rivière : l'oxygène a été absorbé par des substances minérales, végétales ou animales qui étaient mêlées aux eaux de la source.

La présence des végétaux et des animaux dans les eaux potables a pour effet de diminuer la quantité d'oxygène, et d'augmenter celle de l'acide carbonique. M. Seeligmann, dans un mémoire sur les *Eaux potables de la ville de Lyon*, lu le 29 novembre 1859, à la *Société d'agriculture de Lyon*, et publié dans le recueil de cette compagnie savante, dit que l'eau de source recueillie à la montée de l'Observance, dans la maison habitée par l'ingénieur en chef du service municipal, contenait à sa sortie, au mois de juillet 1859 :

18^{cc}, d'acide carbonique.
6^{cc},23 d'oxygène.

Cette eau, après avoir séjourné dans un bassin du jardin de cette maison, et après y avoir été mise en présence de végétations aquatiques, fut de nouveau soumise à l'analyse et donna alors :

9^{cc},00 d'acide carbonique.
8^{cc},79 d'oxygène.

Bineau et Fournet, de Lyon, avaient déjà, du reste, fait remarquer que les eaux du Gier, sortant de leur source, sont fortement chargées d'acide carbonique, et très-pauvres, au contraire, en oxygène, et qu'elles perdent insensiblement, en s'avançant dans leur parcours, de leur acide carbonique, tandis qu'elles gagnent graduellement en oxygène.

Quoi qu'il en soit, toutes les eaux qui s'épanchent à la surface du sol sont chargées d'acide carbonique ; mais la proportion de ce gaz subit l'influence de la température et de la pression atmosphérique. Les eaux retiennent d'autant mieux l'acide carbonique qu'elles sont plus froides. D'après M. Péligot, qui a confirmé les observations faites à Lyon par Bineau, l'acide carbonique entrerait pour moitié dans le volume des gaz que renferme l'eau de la Seine, et, de plus, le volume ne serait jamais constant, comme le prouvent les analyses suivantes de l'air recueilli à différentes époques en faisant bouillir l'eau de la Seine :

29 janvier.......	53,00 p. 100	d'acide carbonique
16 février.......	54,60 —	—
20 février.......	42,30 —	—
24 mars.........	40,00 —	—
28 mars.........	30,00 —	—
11 avril........	43,00 —	—
10 mai..........	40,00 —	—

Ces différences se font sentir davantage encore pendant les mois les plus chauds de l'année, comparativement aux mois les plus froids. Ainsi, tandis que, dans l'analyse de Dupasquier, 1 litre d'eau du Rhône donnait, au mois de février 1839

18^{cc},20 d'acide carbonique,

dans l'analyse de Boussingault, au mois de juillet 1835, 1 litre d'eau du Rhône donnait :

6^{cc},53 d'acide carbonique,

et dans une analyse faite par M. Seeligmann, le 5 octobre 1859, 1 litre d'eau du Rhône ne présentait plus que :

3^{cc},76 d'acide carbonique,

Disons enfin que le mélange gazeux tenu en dissolution dans l'eau est toujours un peu plus riche en oxygène et plus pauvre en acide carbonique pendant le jour, et que, pendant la unit, le phénomène inverse a lieu. Ainsi des expériences suivies par M. Seeligmann, pendant la première quinzaine de septembre 1859, ont donné les résultats suivants :

1 litre d'eau du Rhône, à 8 heures du matin :

7^{cc},69 d'oxygène.
6^{cc},38 d'acide carbonique.

1 litre d'eau du Rhône, à 8 heures du soir :

5^{cc},39 oxygène.
8^{cc},47 acide carbonique.

En résumé, une eau, pour être potable, doit contenir, au minimum, 20 centimètres cubes par litre d'air ou d'un mélange gazeux composé d'acide carbonique, d'oxygène et d'azote, et la quantité d'oxygène doit être supérieure à celle contenue dans l'air atmosphérique. Enfin l'acide carbonique doit s'y trouver constamment en proportion notable, quoique non définie.

Nous passons à la *pureté* des eaux potables. Mais il convient de bien s'entendre sur le mot de *pureté* appliqué aux eaux potables. Ce mot n'a pas la même acception dans la langue ordinaire et dans le langage scientifique. Pour l'homme du monde, la pureté de l'eau, c'est sa limpidité parfaite, c'est-à-dire l'absence de toute matière *en suspension* dans le liquide; pour le chimiste la pureté de l'eau, c'est l'absence de matières *en dissolution*. Le chimiste suppose toujours l'eau claire, soit par sa nature, soit par l'effet de la filtration.

L'eau absolument pure, c'est-à-dire l'eau distillée, qui ne contient aucuns sels et seulement quelques traces d'air atmosphérique, n'est point agréable à boire. Sa saveur est fade, elle pèse sur l'estomac, et dispose aux indigestions. Mais il n'y a point d'eau pure dans la nature. Toutes les eaux contiennent une plus ou moins grande quantité de produits étrangers.

Toutes les substances dissoutes dans les eaux ne contribuent pas à les rendre potables : quelques-unes leur communiquent des propriétés nuisibles.

Il suit de là que l'on peut diviser en deux catégories les substances dissoutes dans les eaux potables : d'une part, celles dont la présence est utile; d'autre part, celles qui sont nuisibles, ou qui du moins, quand elles existent en proportion un peu forte dans les eaux, altèrent leurs qualités.

Les premières substances agissent en communiquant à l'eau une action légèrement excitante, qui stimule doucement la muqueuse de l'estomac, et la rend plus apte aux fonctions digestives. A cette catégorie appartient le gaz oxygène de l'air, le gaz acide carbonique et le chlorure de sodium.

Les substances nuisibles qui se trouvent d'ordinaire dans les eaux, sont le sulfate de chaux, le chlorure de calcium et l'azotate de chaux. Les matières organiques se rangent également parmi les matières nuisibles.

Nous venons de dire que les substances utiles qui existent dans l'eau sont l'oxygène, l'acide carbonique et le chlorure de sodium. Nous avons déjà parlé de l'oxygène et de l'acide carbonique; nous n'avons donc à considérer que les deux autres substances.

Le chlorure de sodium étant employé dans la préparation de tous les aliments, et jouissant d'une propriété utile comme excitant la digestion, ne saurait nuire dans les eaux potables. Il serait plutôt utile comme agent digestif, s'il existait en proportion un peu sensible; mais son avantage principal paraît être de donner à l'eau une certaine sapidité.

Il serait impossible de fixer la limite exacte de la quantité de chlorure de sodium ou de potassium qui peut se trouver dans une eau potable sans nuire à ses qualités. L'expérience a démontré seulement que, pour les eaux qui sont réputées les meilleures, la quantité de chlorure de sodium et de potassium ne doit point dépasser par litre 1 centigramme et ne point être inférieure à 5 milligrammes. Les eaux du puits de Grenelle, qui sont justement renommées, contiennent par litre $0^{gr},009$ et $0^{gr},008$ de chlorures de sodium et de potassium.

Le carbonate de chaux avait été considéré, jusqu'au milieu de notre siècle, comme une substance nuisible dans les eaux potables. Alphonse Dupasquier, dans son ouvrage sur les *Eaux de source et les eaux de rivière*, combattit cette opinion. Il voulut qu'on distinguât, dans les eaux potables, le carbonate de chaux du sulfate de chaux. Tandis que le sulfate n'a que des propriétés nuisibles, le carbonate de chaux, selon lui, produirait d'excellents effets dans ces eaux, lorsqu'il ne dépasserait pas certaines limites. Les sels de chaux entrant comme éléments constituants de nos tissus, on ne saurait considérer comme substance nuisible, disait Dupasquier, un composé calcaire.

Cette théorie a joui pendant quelque temps d'une assez grande vogue; mais il serait dangereux de la professer, car elle introduirait beaucoup de confusion dans la question des eaux potables. On doit demander à l'eau d'être de l'eau et non une dissolution calcaire. L'opinion de Dupasquier a eu pour effet de diminuer la répugnance que l'on peut avoir pour les eaux calcaires, mais c'est là tout ce que l'on peut lui accorder, sous peine d'ouvrir la porte à toutes sortes de contradictions et même d'erreurs.

Pour faire admettre l'utilité du bicarbonate de chaux dans les eaux potables, Dupasquier prétend que ce sel agit sur l'estomac à la manière du bicarbonate de soude, et du bicarbonate de potasse, base des tablettes de Vichy, qui sont recommandées pour exciter l'action digestive de l'estomac. Il ajoute que les médecins emploient souvent le carbonate de chaux sous le nom d'*yeux d'écrevisse*, de *craie*, etc., pour combattre les embarras gastriques, les aigreurs des premières voies, pour saturer les acides de l'estomac, etc. Le bicarbonate de chaux des eaux potables, dit Dupasquier, est décomposé comme les bicarbonates alcalins, par l'acide du suc gastrique, avec dégagement d'acide carbonique; il opère, de même que ceux-ci, en saturant les acides de l'estomac, et en stimulant sa membrane muqueuse par l'acide carbonique qu'il laisse dégager en se décomposant. Dupasquier dit enfin que cette même substance agit d'une façon non moins utile en apportant à l'économie les sels de chaux qui sont nécessaires pour constituer les parties solides du squelette animal.

Il faut répondre à ces considérations que l'eau n'est pas destinée à guérir les malades, mais à entretenir la vie des gens bien portants; qu'il y aurait beaucoup à dire sur l'assimilation du bicarbonate de chaux au bicarbonate de soude et sur l'efficacité des alcalins dans les maladies stomacales. Mais il vaut mieux réfuter les vues théoriques de Dupasquier par un fait certain et indiscutable. Ce fait certain, c'est que les eaux trop chargées de carbonate de chaux sont indigestes, et quelquefois occasionnent de véritables accidents morbides.

Quant à l'utilité du carbonate de chaux pour constituer le phosphate de chaux des os, assertion qui a été corroborée plus tard par les expériences de Chossat et de Boussingault, il faut faire remarquer que la chaux abonde dans les aliments dont nous faisons usage, dans le pain, la viande et les légumes, et qu'il est bien superflu d'aller en demander une quantité nouvelle à l'eau. D'ailleurs, à ce compte, il faudrait que l'eau renfermât du phosphore, pour reconstituer le phrophate de chaux, puisque tel est le sel qu'il s'agit de faire pénétrer dans les os. Enfin la théorie de Dupasquier conduirait nécessairement à faire considérer le sulfate de chaux comme utile au même titre que le carbonate de chaux dans les eaux potables, assertion condamnée d'avance par l'expérience universelle et l'observation.

En résumé, l'opinion qui considère le bicarbonate de chaux comme utile dans les eaux potables, n'est pas soutenable. Elle a joui de quelque crédit dans la science pendant un certain temps, mais on est aujourd'hui revenu à des vues plus simples et plus droites.

Les substances *nuisibles* qui existent dans les eaux potables sont le sulfate de chaux, le chlorure de calcium, l'azotate de chaux, le sulfate de magnésie, le chlorure de magnesium, le sulfate de soude, enfin des matières organiques.

Bien que le sulfate de chaux soit peu soluble dans l'eau, l'eau peut en dissoudre assez pour devenir nuisible à la santé de l'homme ou des animaux qui en font usage.

On appelle *eaux séléniteuses* (parce que le sulfate de chaux portait le nom de *sélénite*, dans l'ancienne nomenclature chimique), les eaux qui contiennent du sulfate de chaux (gypse ou plâtre). Ces eaux sont, comme le dit le vulgaire, *dures*, *crues*. Elles ont pour caractères de décomposer le savon, en formant des grumeaux composés d'un savon calcaire insoluble, de précipiter abondamment par le chlorure de baryum et tous les sels de baryte solubles, et de ne pouvoir servir ni au blanchiment du linge, ni à la cuisson des légumes.

Les eaux *séléniteuses* sont impropres à servir de boisson. Sur ce point, tous les médecins sont unanimes. Elles ont le grave inconvénient de rendre les digestions pénibles, surtout chez les personnes délicates, et celles qui n'y sont pas habituées.

Les eaux *séléniteuses* proviennent des sources sortant des terrains gypseux. La quantité de sulfate de chaux qu'elles renferment varie de 0gr,1 à 0gr,8 ou 0gr,9. L'eau de la source de Belleville, près de Paris, renferme un gramme de sulfate de chaux par litre ; tandis que l'eau de la Seine n'en renferme pas plus de 0gr,039. L'eau du Jardin des plantes, à Lyon, contient, d'après Dupasquier, 0gr,25 de sulfate de chaux par litre. L'eau de la pompe de la rue du Commerce, n° 16, à Lyon, donna à M. Seeligmann 0gr,942 de sulfate de chaux et celle de la pompe rue Vieille-Monnaie, n° 19, 1gr,015. Le Rhône, au contraire, ne renferme que 0gr,005 de sulfate de chaux par litre ; la Saône, 0gr,001 ; à Lyon, les eaux de Royes, analysées par Boussingault, 0gr,02 ; les eaux de Ronzier analysées par Dupasquier, 0gr,011 ; les sources de Fontaines, 0gr,017 ; la Vesne, analysée par Bineau, 0gr,002 ; et la fontaine Camille, 0gr,004.

Les eaux de source ou de puits, même les plus chargées de sulfate de chaux, n'en sont pas cependant exactement saturées, puisqu'à la température ordinaire, ainsi qu à 100°, 1 litre d'eau peut dissoudre jusqu'à 3 grammes de ce sel.

Les eaux *séléniteuses*, avons-nous dit, précipitent le savon, cuisent mal les légumes et les viandes, sont lourdes à l'estomac, empêchent la digestion, et sont aussi impropres à l'industrie qu'aux usages domestiques. Expliquons chimiquement tous ces faits. On sait que le savon est un mélange de stéarate, margarate et oléate de soude, sels d'acides gras solubles dans l'eau. Au contraire, les mêmes acides gras, en se combinant avec la chaux, forment des sels (ou savons), insolubles dans l'eau. En vertu des lois de Bertholet, il y a décomposition d'un sel soluble lorsque la base réagissante peut former un sel insoluble avec l'acide du sel. Un stéarate, margarate et oléate de soude, mis en présence d'une eau chargée d'un sel calcaire, doit donc former un stéarate, margarate et oléate de chaux insolubles, et mettre en liberté la potasse ou la soude. Ainsi, plus une eau renfermera de sels calcaires, plus elle décomposera et précipitera le savon. Si l'on veut lessiver le linge avec une eau de cette nature, avant que l'eau puisse servir au savonnage du linge il faudra perdre une certaine quantité de savon, et pour une eau fortement chargée de chaux cette perte sera considérable.

Il n'est pas exact de dire qu'une eau séléniteuse soit absolument impropre au savonnage. Elle peut certainement servir à lessiver le linge, mais c'est à condition de commencer par perdre, à l'état insoluble, et par conséquent de rendre nulle, une bonne partie du savon. Rien n'empêche de se servir de cette eau, quand une partie du savon a été ainsi perdue; seulement l'on a dépensé en pure perte un tiers ou un quart du savon.

Le chlorure de calcium, l'azotate de chaux, le sulfate de magnésie, le chlorure de magnésium et le sulfate de soude, existent ordinairement en trop petite quantité dans les eaux potables pour pouvoir modifier sensiblement leur nature. Cependant le chlorure de calcium et même l'azotate de chaux sont, dans quelques cas, assez abondants dans une eau pour qu'elle décompose le savon. Dupasquier a constaté, en effet, que cette décomposition avait toujours lieu quand il essayait par l'eau de savon de l'eau distillée à laquelle il avait ajouté quelques gouttes d'une dissolution de l'un ou de l'autre de ces sels. Ces sels contribuent donc à rendre les eaux séléniteuses. Et comme les acides de l'estomac sont sans action sur ces mêmes sels, il est probable que leur action hygiénique est aussi fâcheuse que celle du sulfate de chaux.

Quant aux matières organiques, il est évident que leur présence en quantité notable dans les eaux employées pour la boisson, est toujours fâcheuse. Quand les eaux sont abandonnées à l'air, pendant l'été, ou seulement par une chaleur tempérée, la matière organique se décompose, et les eaux ne tardent pas à acquérir une odeur putride. Des eaux ainsi altérées peuvent donner lieu à de graves maladies. On a vu des maladies éclater dans les maisons par le fait de l'infiltration des produits des fosses d'aisances dans les puits servant à l'alimentation commune. Après des inondations qui ont humecté fortement le sol des villes, on a vu des quartiers populeux présenter un grand nombre de fièvres graves, que tous les médecins attribuaient à l'altération des eaux. Nous n'insisterons pas davantage sur ce point, personne ne mettant en doute que les eaux devenues putrides ne soient d'un usage dangereux.

Nous ferons seulement remarquer que l'analyse chimique ne fournit pas encore de lumières satisfaisantes en ce qui concerne la nature des matières organiques qui existent dans les eaux potables. On ne saurait donc décider d'après les seules indications de la science actuelle, si une eau peut ou non être employée comme boisson. On a vu fréquemment des eaux exemptes en apparence de matières organiques, ou du moins n'en contenant que des quantités à peine appréciables, donner lieu, par leur usage, à des maladies épidémiques.

M. Seeligmann, dans le mémoire que nous avons cité et qui a pour titre *Essai chimique sur les eaux potables appropriées aux eaux de la ville de Lyon*, a fait, au sujet des matières organiques qui peuvent exister dans les eaux potables, diverses remarques qu'il serait trop long de rapporter ici, mais que nous recommandons à l'attention des personnes qui s'intéressent à la question des eaux.

CHAPITRE X

L'HYDROTIMÉTRIE, OU LA MÉTHODE VOLUMÉTRIQUE EMPLOYÉE POUR DÉTERMINER LA PURETÉ DES EAUX POTABLES.

A la suite de ces considérations générales sur les eaux potables et sur leur pureté, se placera naturellement la description d'une méthode simple et rapide qui permet de déterminer avec une exactitude suffisante le degré de pureté de ces eaux. Nous voulons parler de l'*hydrotimétrie*, imaginée au commencement de notre siècle par un chimiste anglais, le docteur Clarke, et appliquée plus tard avec beaucoup de bonheur par MM. Boutron et Félix Boudet, membres de l'académie de médecine de Paris, à l'examen d'un grand nombre d'eaux douces d'origine différente. L'*hydrotimètre* décrit en 1856 par MM. Boutron et Félix Boudet, est aujourd'hui d'un usage général et rend de grands services à l'hydrologie et à l'hygiène, en donnant le moyen d'apprécier la pureté comparative des eaux potables sans les soumettre à l'analyse chimique et même sans les évaporer.

L'*hydrotimétrie* est une application du système d'analyse par les volumes imaginé par Gay-Lussac et Descrozilles, système qui a doté l'industrie de l'alcalimétrie, de la chlorométrie, etc.

Le principe de la méthode dont Clarke fit usage, c'est qu'une dissolution alcoolique de savon rend l'eau mousseuse, quand l'eau est pure, et qu'elle ne peut produire de mousse dans une eau chargée de sels terreux, particulièrement de sels de chaux et de magnésie. En d'autres termes, la mousse de savon ne peut apparaître dans une eau qu'autant que les sels calcaires que cette eau renferme ont été décomposés et précipités. Composé d'oléate et de margarate de soude, le savon précipite les sels de chaux ou de magnésie à l'état d'oléate et de margarate de chaux et de magnésie insolubles, et ce n'est que lorsque toute la quantité de sels de chaux et de magnésie existant dans ces eaux a été ainsi précipitée à l'état de sels insolubles par la dissolution alcoolique de savon, qu'un petit excès de la même dissolution alcoolique de savon étant ajouté, peut rendre l'eau mousseuse.

La dureté d'une eau étant proportionnelle à la quantité de sels terreux qu'elle contient, on peut prendre comme mesure de sa dureté la quantité de teinture de savon qu'il faut employer pour commencer à la rendre mousseuse.

Le docteur Clarke fit usage d'une dissolution alcoolique de savon titrée et d'une burette graduée pour apprécier la pureté des eaux et la proportion de matières incrustantes qu'elles déposent sous l'influence d'une ébullition prolongée (1). C'était surtout, en effet, pour apprécier la pureté des eaux destinées à l'alimentation des chaudières à vapeur, que le docteur Clarke avait imaginé et fait adopter cette méthode en Angleterre.

MM. Boutron et Félix Boudet appréciant toute l'utilité de ce système d'analyse, si commode par sa promptitude et sa simplicité, l'appliquèrent à doser les sels terreux dans les eaux potables, et réussirent à faire admettre ce procédé dans les laboratoires de chimie industrielle.

La base de l'*hydrotimétrie*, c'est donc la production de la mousse par l'eau pure dans une dissolution de savon, et l'obstacle que les bases terreuses apportent à cette production en transformant le savon en composés insolubles.

Vient-on, en effet, à verser quelques gouttes d'une teinture alcoolique de savon dans un flacon renfermant, par exemple, 40 centimètres cubes ou 40 grammes d'eau distillée, si l'on agite le mélange, il se forme immédiatement à la surface du li-

(1) *Note on the examination of water for towns, for its hardness and for the encrustation it deposits on boiling.*

quide une couche de mousse légère et persistante; mais si, au lieu d'eau distillée, on emploie une eau plus ou moins calcaire ou magnésienne, le phénomène de la mousse n'apparaît qu'autant que la chaux ou la magnésie contenues dans cette eau ont été neutralisées par une quantité proportionnelle de savon. Si alors on ajoute un léger excès de dissolution de savon, le savon ne rencontrant plus de chaux ni de magnésie, manifeste ses propriétés, comme s'il se trouvait en dissolution dans l'eau pure.

La proportion de savon exigée par 40 centimètres cubes d'une eau quelconque pour produire une mousse persistante donne donc la mesure de la quantité de sels calcaires ou magnésiens contenus dans cette eau. Et comme dans la plupart des eaux de sources de rivières, la chaux et la magnésie sont les principales matières qui, combinées avec différents acides, influent réellement sur leur qualité, il est évident qu'en déterminant la quantité qu'elles renferment de ces bases terreuses, on déterminera l'utilité de ces eaux pour le plus grand nombre de leurs usages.

La formation de la mousse à la surface de l'eau est un phénomène si saillant, la proportion de savon nécessaire pour la produire (1 décigramme par litre) tellement faible, et le moment où une eau calcaire ou magnésienne cesse de neutraliser le savon et devient mousseuse par l'agitation, est si facile à saisir qu'une dissolution alcoolique de savon peut être considérée comme un réactif extrêmement sensible pour déceler et doser les sels calcaires et magnésiens, dans des liquides très-étendus, tels que les eaux de sources et de rivières.

Pour éviter les inconvénients qui résulteraient de la composition variable des savons du commerce, MM. Boutron et Félix Boudet titrent leur liqueur d'épreuve au moyen d'une dissolution de chlorure de calcium fondu, contenant 1/4000 de son poids, ou 25 centigrammes de ce sel par litre d'eau distillée.

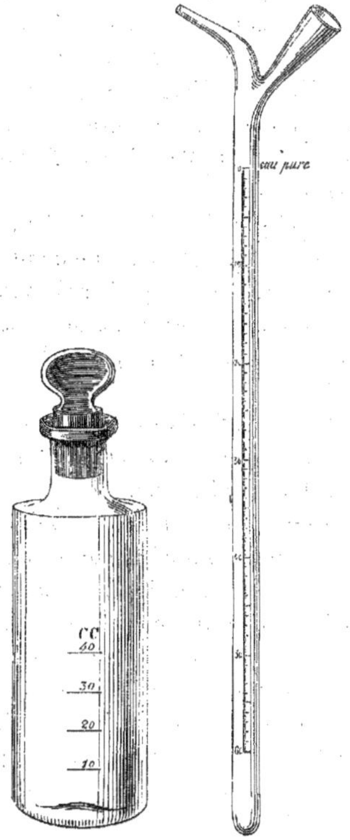

Fig. 56 et 57. — Hydrotimètre (flacon et burette graduée).

Pour préparer cette liqueur, on prend :

Savon de Marseille..........	100 gram.
Alcool à 90° centésimaux	1600 —

On dissout le savon dans l'alcool en chauffant jusqu'à l'ébullition ; on filtre, pour séparer les sels et les matières étrangères insolubles dans l'alcool que le savon peut contenir, et on ajoute à la dissolution filtrée :

Eau distillée..............	1000

On obtient ainsi 2700 grammes.

d'une liqueur qui doit avoir un titre très-rapproché du titre normal, mais qui ne saurait pourtant être employée, sans être soumise à un essai qui en constate la valeur réelle.

Il serait trop long d'entrer dans les détails de l'essai recommandé par MM. Boutron et Félix Boudet pour vérifier le titre de leur liqueur d'épreuve. Nous renvoyons pour ces détails pratiques au mémoire des auteurs imprimé dans les *Mémoires de l'Académie de médecine de Paris* (1).

Les essais hydrotimétriques s'exécutent au moyen d'un flacon de la capacité de 40 centimètres cubes divisés en capacités de 10, 20, 30 et 40 centimètres cubes et de de la burette graduée qui porte le nom d'*hydrotimètre* (fig. 56, 57).

Chaque essai exige 40 centimètres cubes ou 40 grammes d'eau, que l'on mesure dans le flacon d'essai lui-même.

La burette est graduée de telle manière que le trait circulaire marqué au sommet de l'instrument est la limite que la liqueur y doit atteindre pour qu'il soit chargé.

La division comprise entre ce trait circulaire et 0° représente la proportion de liqueur nécessaire pour produire le phénomène de la mousse avec l'eau distillée pure.

Les degrés à partir de 0 sont les *degrés hydrotimétriques*.

La composition de la liqueur a été calculée de manière que chaque degré représente 0gr,1 de savon neutralisé par 1 litre de l'eau soumise à l'expérience, et correspondе à 0gr,0114 de chlorure de calcium, soit à 0gr,01 de carbonate de chaux pour la même quantité d'eau.

Le *degré hydrotimétrique* d'une eau indique donc immédiatement la proportion de savon qu'elle neutralise par litre, et la mesure de sa pureté.

Le nécessaire hydrotimétrique se compose :

(1) *Hydrotimétrie, nouvelle méthode pour déterminer les proportions des matières en dissolution dans les eaux de sources et de rivières*, par Boutron et F. Boudet (Mémoires de l'Académie de médecine de Paris, 1856).

1° D'une burette graduée;

2° D'un flacon d'essai de 60 centimètres cubes de capacité et jaugé à 10, 20, 30 et 40 centimètres cubes par des traits circulaires;

3° D'un flacon de dissolution alcoolique de savon ou de *liqueur hydrotimétrique;*

4° D'un flacon d'eau distillée;

5° D'une pipette divisée en dixièmes de centimètre cube;

6° D'un ballon jaugé par un trait circulaire marqué à la base du col.

Lorsqu'on veut essayer une eau, on en mesure dans le flacon d'essai 40 centimètres cubes, et l'on y ajoute peu à peu la liqueur hydrotimétrique, en essayant de temps en temps si elle produit par l'agitation une mousse légère et persistante. Le degré qu'on lit sur l'hydrotimètre, quand on a obtenu cette mousse, est le degré hydrotimétrique de l'eau examinée.

Ce degré indique :

1° Le nombre de décigrammes de savon que cette eau neutralise par litre ;

2° La mesure de sa pureté, ou la place qu'elle occupe dans l'échelle hydrotimétrique.

Soit 20° le degré observé, il en résulte que 1 litre de l'eau essayée neutralise 20 décigrammes ou 2 grammes de savon, ou que cette eau marque 20° à l'hydrotimètre.

MM. Boutron et Boudet ont fait avec l'*hydrotimètre* une grande quantité d'analyses d'eau de source et de rivière. La promptitude de ce moyen d'essai leur a permis d'étendre leurs investigations à un grand nombre d'eaux d'origine variée.

Le tableau suivant, emprunté au mémoire de ces auteurs, exprime en degrés de l'hydrotimètre la pureté comparative de différentes eaux de sources et de rivières, l'eau distillée étant prise comme unité de pureté, c'est-à-dire marquant 0 degré à l'hydrotimètre.

DÉSIGNATION DES EAUX.	ORIGINE ET DATE.		DEGRÉS hydrotimétriques
Eau distillée..............	....		0°,
— de neige............	Recueillie à Paris..............	décembre 1854	2°,5
— de pluie............	— à Paris..............	décembre 1854	3°,5
— de l'Allier...........	— à Moulins............	5 mars.... 1855	3°,5
— de la Dordogne......	— à Libourne, près le pont du chemin de fer................	26 mars.... 1855	4°,5
— de la Garonne.......	— à Toulouse..........	9 mai..... 1855	5°,0
— de la Loire..........	— à Tours.............	5 mars.... 1855	5°,5
— —	— à Nantes............	—	5°,5
— du puits de Grenelle..	— —	26 février... 1855	9°,0
— de la Soude.........	— —	25 décembre 1854	13°,50
— de la Somme-Soude...	— —	—	13°,50
— de la Somme (département de la Marne).	— —	—	15°,0
— du Rhône...........	— —	17 avril..... 1855	15°,0
— de la Saône........	— à...................	—	15°,0
— de l'Yonne..........	— à 1,000 mètres à l'embouchure de l'Armançon...........	—	15°,0
— de la Seine..........	— au port d'Ivry........	15 décembre 1854	15°,0
— —	— —	16 février... 1855	17°,0
— —	— à Chaillot...........	—	23°,0
— de la Marne.........	— à Charenton.........	13 février... 1855	10°,0
— —	— —	23 février... 1855	23°,0
— de l'Oise............	— à Pontoise...........	5 avril..... 1855	21°,0
— de l'Escaut.........	— à Valenciennes.......	5 avril..... 1855	24°,5
— du canal de l'Ourcq..	— —	23 février... 1855	30°,
— d'Arcueil............	— -	—	28°,0
— des Prés-Saint-Gervais.	— —	-	72°,0
— de Belleville.........	— —	—	128°,0

Ce tableau donne une idée exacte de la pureté des différentes eaux naturelles qui ont été soumises par MM. Boutron et Félix Boudet à l'épreuve de l'hydrotimètre. Pour comprendre l'intérêt de ces comparaisons, il faut se placer à un point de vue pratique. Il faut supposer que l'on veuille consacrer ces différentes eaux au savonnage, soit du linge, dans une blanchisserie, soit des étoffes, dans une fabrique de tissus, et se demander quelles seraient, avec ces différentes eaux, les quantités de savon perdues, c'est-à-dire précipitées à l'état de savon insoluble (stéarate, oléate et margarate de chaux et de magnésie), ce précipité entraînant la perte d'une quantité correspondante de savon, car l'insolubilité des savons calcaires empêche l'action détersive et dissolvante du savon de se produire. D'après les résultats consignés dans ce tableau, pour 1 mètre cube ou 1000 litres d'eau, il n'y aurait, avec l'eau distillée, aucune perte de savon ; — avec l'eau du puits de Grenelle, on perdrait 9 hectogrammes de savon ; — avec l'eau de la Seine, prise à Chaillot, 2 kilogrammes 300 grammes ; — avec l'eau du canal de l'Ourcq, 3 kilogrammes ; — enfin l'eau de la source de Belleville absorberait, avant de servir efficacement au blanchissage, 12 kilogrammes, 800 grammes de savon.

Ces exemples suffisent pour montrer toute l'utilité pratique de l'*hydrotimétrie.*

CHAPITRE XI

LES EAUX DE PLUIE. — COMPOSITION CHIMIQUE DES EAUX DE PLUIE. — QUANTITÉS ET VARIATIONS DES PLUIES SELON LES CLIMATS ET LES LIEUX. — LES PLUVIOMÈTRES.

L'eau de pluie n'est autre chose que de l'eau distillée produite par le grand alambic de la nature, dont la chaudière est représentée par les mers et les eaux douces, dont le foyer est le soleil, l'atmosphère le condenseur, et la terre le récipient. Seulement, l'eau distillée par les mains de la nature est moins pure que celle que nous obtenons dans les alambics de nos laboratoires; d'abord parce qu'elle entraîne en dissolution ou en suspension les matières répandues dans l'air, ensuite parce qu'elle dissout toutes les substances solubles qu'elle trouve sur le sol. Avant même d'arriver à la surface de la terre, l'eau de la pluie est déjà impure, car elle s'est chargée de poussières qui voltigent dans l'air. Or, Ehrenberg a reconnu, outre les matières minérales, 320 espèces de formes organiques dans la poussière qui flotte dans l'air. La quantité de ces poussières est surtout considérable quand le temps est sec et chaud et l'air agité. Alors le vent enlève au sol une grande quantité de cette poussière mi-partie organique et minérale.

Il résulte de là que l'eau du ciel recueillie en mer est plus pure que celle que l'on recueille sur les continents, surtout aux environs des villes. Cette dernière se corrompt facilement, tandis que l'eau de la pluie recueillie en mer se conserve sans s'altérer.

La meilleure eau de pluie est celle que l'on recueille au printemps, dans la campagne, avant que l'atmosphère soit remplie de ces myriades d'insectes que fait naître l'été. Il est bon de ne la recevoir qu'après une série de journées de pluie, qui ont bien lavé l'air. L'eau du ciel, recueillie sur les hautes montagnes, serait plus pure encore. Les pluies d'orage donnent une eau moins pure, puisqu'elles renferment de l'azotate d'ammoniaque.

Recueillie avec toutes ces précautions, l'eau de pluie est plus pure et plus légère que celle des sources, des rivières et des fleuves. C'est la meilleure eau dont on puisse faire usage pour les bains, le lessivage et les diverses opérations de l'industrie. Elle peut remplacer l'eau distillée pour beaucoup d'opérations de la chimie. Il est même d'usage, dans les pharmacies, de recueillir l'eau de pluie et de la conserver, pour tenir lieu, au besoin, d'eau distillée.

Quant à son usage comme boisson, les opinions sont divergentes. D'après quelques auteurs, l'eau de pluie est sans rivale pour la boisson; d'après d'autres, elle est peu digestible, et doit être proscrite de l'alimentation. Un hygiéniste italien, M. Freschi, soutient que l'eau de pluie doit être rangée au nombre des meilleures eaux potables. Hippocrate considérait l'eau de pluie comme la meilleure de toutes; il recommandait seulement de la faire bouillir pour prévenir sa corruption et l'empêcher de contracter une odeur désagréable. L'usage que l'on fait dans beaucoup de petits centres de population et même dans de grandes villes, comme Venise, de l'eau de la pluie conservée dans des citernes, prouve bien, d'ailleurs, que l'on ne saurait contester à l'eau de pluie toutes les qualités que l'hygiène exige. Il faut donc ranger l'eau du ciel au nombre des meilleures eaux potables.

Nous venons de dire que l'eau de pluie se charge, en traversant l'atmosphère, des substances solubles qui s'y trouvent suspendues. Quelles sont ces matières? M. Barral, en évaporant 5 litres et demi d'eau de pluie, recueillie à l'Observatoire de Paris, a obtenu 183 milligrammes de résidu, composé de sulfate de chaux, de chlorure de sodium et d'une matière organique azotée.

Fig. 58. — Le pluviomètre de l'Observatoire de Paris.

M. Eugène Marchand a donné l'analyse de l'eau de pluie recueillie à Fécamp. Dans un litre, ou un kilogramme, d'eau de pluie, M. Marchand a trouvé :

Bicarbonate d'ammoniaque........	0,00174
Azotate d'ammoniaque..........	0,00189
Chlorure de sodium............	0,01143
Sulfate de chaux..............	0,00087
Sulfate de soude..............	0,01007
Matières organiques...........	0,02486 (1).
Total.......	0,05086

(1) *Des eaux potables en général.* Paris, 1855, in-4, page 19.

Ce qui frappe le plus, dans cette analyse, c'est la quantité de sels ammoniacaux. La constatation de l'existence de l'ammoniaque dans les eaux météoriques est une des découvertes les plus importantes qu'ait faites la chimie moderne, parce qu'elle a permis d'expliquer le rôle fertilisant de la pluie, et dévoilé l'origine de l'azote qui se fixe dans les tissus végétaux sans avoir été apporté par les engrais.

M. Boussingault a fait beaucoup de recherches sur la teneur en ammoniaque des eaux de pluie, et Bineau, de Lyon, a exécuté des expériences du même genre. Ce dernier observateur a reconnu que la pluie qui tombe en été dans la campagne, renferme une quantité d'ammoniaque double de celle que l'on recueille en hiver.

D'après Bineau, les pluies qui tombent lentement renferment plus d'ammoniaque que celles qui proviennent des averses. D'après M. Boussingault, la quantité d'ammoniaque diminue, en général, avec la durée de la pluie; mais si les pluies se succèdent à de très-faibles intervalles, l'ammoniaque est beaucoup plus forte en proportion, au commencement de la seconde averse qu'à la fin de la première.

Quelles sont les quantités d'ammoniaque que peut renfermer l'eau de pluie? Cette quantité varie suivant le moment de l'observation. Le tableau suivant, donné par M. Boussingault, résume ses analyses.

	Dates.	Moment de l'observation.	PLUIE.		Nombre d'échantillons analysés.	AMMONIAQUE PAR MÈTRE CUBE.		
			Commencement.	Fin.		Premier échantillon.	Échantillons suivants.	Moyenne.
1	26 août.	soir	4h,30′	6h,15′	6	3,75	0,64	1,47
2	28 »	matin	7 ,50	11 ,0	8	1,15	0,03	0,30
3	28 »	soir	6 ,0	6 ,15	2	1,38	0,96	2
4	6 sept.	matin	10 ,0	7 sept.	7	1,43	0,08	0,17
5	24 »	midi	11 ,30	5 ,0	5	6,59	0,36	2

D'après M. Barral, qui a étudié pour chacun des douze mois de l'année (de juillet 1851 à juin 1852) la composition des eaux de pluie, la quantité d'ammoniaque et d'acide azotique rapportée à un mètre cube d'eau, varie ainsi qu'il suit :

Ammoniaque, de 1gr,08 en octobre, à 9gr,65 en décembre. Moyenne de douze mois, 3gr,48.

Acide azotique, de 1gr,84 en juin, à 36gr,32 en décembre. Moyenne des douze mois, 12gr,65.

Azote de ces deux principes, de 2gr,01 en juin, à 15gr,01 en décembre. Moyenne des douze mois, 6gr,36.

Il résulte de ces chiffres qu'au mois de novembre 1852, un hectare de terrain recevait en azote, provenant de l'eau pluviale :

A l'état d'acide azotique....	659 grammes.
A l'état d'ammoniaque....	551 —
TOTAL...........	1210 grammes.

Les variations des quantités d'ammoniaque et d'acide azotique sont surtout sensibles quand on compare les mois d'été à ceux d'hiver. D'après les analyses de M. Barral, la proportion moyenne des matières contenues dans l'eau de pluie est :

	Ammoniaque.	Acide azotique.	Azote total.
De mars à août.......	2gr,69	7gr,34	4gr,20
De septembre à février.	4 ,27	17 ,96	8 ,51

On voit que les quantités d'acide azotique varient beaucoup plus pour l'ammoniaque que pour l'acide azotique ; et que, pour ces deux principes comme pour la somme d'azote qu'ils renferment, la proportion est double dans les mois de septembre à février, que dans ceux de mars à août.

Bineau, à Lyon, a trouvé les proportions suivantes d'ammoniaque dans un mètre cube d'eau de pluie :

Janvier, 28 grammes.
Première quinzaine de février, 31 grammes.
Deuxième quinzaine de février, 18 grammes.

La moyenne d'un grand nombre d'analyses d'eau de pluie tombée à Lyon en 1863, donna par mètre cube :

	Hiver.	Printemps.	Été.	Automne.	Moyenne pour l'année.
Ammoniaque..	16gr,3	12gr,1	3gr,1	4gr,1	6gr,8
Acide azotique.	0 ,3	1 ,0	2 ,0	1 ,0	1 ,0

Si l'on compare les résultats obtenus à Lyon par Bineau, avec ceux que M. Barral a obtenus à Paris, le rapport entre l'acide azotique et l'ammoniaque peut varier considérablement selon les localités et peut même être complétement renversé.

Les observations faites à Marseille et à Toulouse, mettent en évidence la même variation. Le 27 mai 1853, M. Martin, à Marseille, trouva 3gr,14 d'ammoniaque par mètre cube dans l'eau de pluie, sans aucune trace d'acide azotique. Pendant le premier semestre de 1855, M. Filhol, aux environs de Toulouse, trouva, par mètre cube, les quantités suivantes d'ammoniaque :

En Janvier.	Février.	Mars.	Avril.	Mai.	Juin.
0gr,60	0gr,82	0gr,83	0gr,44	0gr,55	0gr,70,

soit en moyenne 0gr,65 d'ammoniaque contre 1gr,09 d'acide azotique (plus exactement 3 grammes d'azotate de soude), tandis qu'à Toulouse même, l'eau renfermait en janvier 2gr,60, en février 6gr,60, c'est-à-dire notablement plus.

En Angleterre, MM. Lawes et Gilbert ont analysé l'eau de la pluie tombée à Rothamstedt pendant plus d'une année. Cette eau contenait 1 gramme d'ammoniaque par mètre cube.

Dans la rosée ils trouvèrent de 1 gramme à 6 grammes d'ammoniaque par mètre cube.

La neige fraîche contenait 1gr,78 d'ammoniaque par mètre cube ; après avoir séjourné trente-six heures sur de la terre de jardin, 10gr,34.

MM. Lawes et Gilbert ont trouvé également dans de l'eau de neige récente, 0gr,60 d'ammoniaque par mètre cube, et dans la neige ayant séjourné trente-six heures sur le sol, 3 grammes. Un chimiste de Paris, M. Mène, a retiré de l'eau provenant de la fusion de la grêle, 3gr,47 de chlorhydrate d'ammoniaque, par mètre cube d'eau fondue.

M. Bobierre a montré que les eaux pluviales de la ville de Nantes recueillies à 47 mètres d'altitude, contenaient 2 grammes d'ammoniaque par mètre cube, et que l'eau recueillie à 7 mètres d'altitude, dans un quartier peu salubre, contenait 5gr,934 d'ammoniaque par mètre cube.

Le mètre cube d'eau a fourni 7gr,36 d'acide azotique à 47 mètres d'altitude, et 5gr,68 dans la partie basse et peu salubre de la même ville.

On a constaté que les premières eaux pluviales qui tombent sont plus riches en ammoniaque que les dernières, ce qui se conçoit, car l'ammoniaque est entraînée par les premières eaux qui se condensent, excepté dans les pluies d'orage, où M. Barral a signalé, en moyenne, la proportion de 27gr,7 d'azotate d'ammoniaque par mètre cube d'eau recueillie pendant un orage.

Dans l'eau produite par la rosée, M. Boussingault a trouvé de 1 à 6 milligrammes d'ammoniaque par litre. L'eau d'un brouillard très-épais, recueillie à Paris, lui a fourni 0gr,137 par litre.

Les brouillards des grandes villes sont généralement très-riches en ammoniaque, et, par conséquent, très-utiles à la végétation.

Pendant les orages, la proportion d'acide azotique augmente dans l'eau de pluie. Liebig, ayant analysé dix-sept échantillons de pluies d'orage, y trouva dans toutes de l'acide azotique.

En résumé, toute eau de pluie renferme de l'azotate d'ammoniaque. Les eaux de pluie sont plus riches en ammoniaque que les eaux de fleuves ou de sources, mais elles en renferment moins que les brouillards, la neige ou la rosée.

C'est le chimiste anglais Cavendish, qui, en 1785, découvrit, le premier, l'existence d'un produit azoté dans l'air. Il fut amené à cette découverte par l'idée préconçue que l'oxygène de l'air pouvait se combiner à l'azote, pendant les orages, sous l'influence de l'électricité atmosphérique, et former ainsi de l'acide azotique. Cavendish trouva, en effet, de l'acide azotique dans l'eau de pluie ; mais on reconnut plus tard que cet acide azotique était combiné à l'ammoniaque, en d'autres termes que l'eau des pluies d'orage renferme de l'azotate d'ammoniaque, et cette découverte fut confirmée par une foule d'observations postérieures.

D'où provient l'azotate d'ammoniaque qui existe dans les pluies d'orage? Le chimiste Liebig a démontré, de nos jours, que cet azotate provient de la décomposition de la vapeur d'eau météorique, sous l'influence de l'étincelle électrique. Décomposée par l'électricité, la vapeur d'eau donne de l'hydrogène, lequel, se combinant à l'azote de l'air, forme de l'ammoniaque (AzH^3), tandis que l'oxygène, provenant de la décomposition de la même vapeur d'eau, se combine également avec l'azote, et forme de l'acide azotique (AzO^5). Cet acide azotique, se combinant à l'ammoniaque et à un équivalent d'eau, se transforme en azotate d'ammoniaque (AzO^5,AzH^3,HO).

Les travaux de MM. Boussingault, Barral et Bineau ont confirmé la théorie chimique donnée par Liebig de l'origine de l'ammoniaque des eaux de pluie. Ajoutons toutefois que quelques chimistes croient que c'est l'*ozone* atmosphérique, c'est-à-dire l'oxygène modifié par les étincelles électriques, et non l'oxygène ordinaire, qui transformerait l'azote de l'air en acide azotique. On a observé, en effet, que la proportion d'acide azotique qui existe dans l'eau pluviale, est en raison directe de la quantité d'ozone, et en raison inverse de la quantité d'ammoniaque.

L'*ozone* explique très-facilement la formation de l'acide azotique ; mais il faudrait toujours admettre la décomposition de la vapeur d'eau pour expliquer la production de l'ammoniaque.

D'après Frésénius, l'ammoniaque existerait à l'état normal, en très-petite quantité, dans l'atmosphère. Il résulte des expériences de ce chimiste, que 1,000,000 parties d'air, en poids, contiennent, en moyenne, 0,133 d'ammoniaque. Liebig prétend que l'acide azotique et l'ammoniaque, qui se trouvent dans l'atmosphère, proviennent toujours des orages, et que les pluies sans orages n'en contiennent pas; mais Berzelius et d'autres chimistes pensent, avec plus de raison, qu'une partie de l'ammoniaque atmosphérique provient des combustions et de la décomposition ou de la fermentation putride des substances organiques azotées, et que c'est pour cela qu'on trouve de l'ammoniaque dans toutes les eaux de pluie ordinaire.

Quelle que soit leur origine, les produits ammoniacaux apportés au sol par les pluies, jouent un rôle de la plus haute importance dans la végétation. D'après MM. Chevandier et Salvetat, l'action fertilisante des eaux de pluie est proportionnelle à la quantité d'azote contenue dans ces eaux.

Ainsi que nous l'avons vu par l'analyse de l'eau de la pluie donnée par M. Eugène Marchand, outre les sels ammoniacaux, les eaux météoriques contiennent toujours une proportion notable de sels minéraux. Bien que le chlorure de sodium ne soit pas volatil à la température ordinaire, il est certain que ce sel existe dans l'atmosphère, à une certaine distance des plages de la mer, parce qu'il est entraîné avec la vapeur d'eau, ou avec les gouttelettes que le vent emporte, en rasant la pointe des vagues. Dans les ateliers où l'on évapore l'eau de la mer, ainsi que des sources salées, pour l'extraction du sel marin, l'air est chargé, jusqu'à 200 ou 300 mètres de distance, d'une grande quantité de fines particules de sel : l'air est salé. En mer, il suffit de rester quelques minutes sur le pont du navire, pour que les vêtements s'imprègnent de sel entraîné par la vapeur d'eau ou par les fines gouttelettes provenant des vagues.

Les parcelles salines qui proviennent de la mer sont emportées par le vent dans l'intérieur des terres. Aussi est-il à peu près impossible, selon M. Bunsen, de ne pas trouver de la soude dans l'air quand on fait une analyse spectrale. Les observateurs qui procèdent à ce genre d'analyse optique, doivent toujours tenir compte de la raie du sodium provenant de cette origine.

La quantité de sel marin existant dans l'air diminue à mesure qu'on s'avance dans les terres, ou selon la direction des vents. Tous les chimistes qui ont analysé l'eau de la pluie, y ont trouvé quelques traces de chlorure de sodium, qui augmentent suivant la direction du vent. Sous notre latitude, les vents d'ouest amènent plus de vapeur aqueuse saturée de chlorures que les vents du nord.

Des expériences très-précises ont prouvé que la quantité de chlorures alcalins contenue dans l'eau de pluie est d'autant plus grande que l'on se rapproche davantage des bords de la mer. Le tableau suivant renferme les quantités de chlorure de sodium contenues dans l'eau de la pluie :

A Manchester, d'après Dalton, l'eau de pluie renferme : 0,000133 pour 100 chlorure de sodium.

A Caen, d'après Isidore-Pierre, l'eau de pluie renferme : 0,000006 pour 100 chlorure de sodium.

A Fécamp, d'après Marchand, l'eau de pluie renferme : 0,0000155 pour 100 chlorure de sodium.

A Marseille, d'après Martin, l'eau de pluie renferme : 0,000007 pour 100 chlorure de sodium.

A Paris, d'après Barral, l'eau de pluie renferme : 0,0000035 pour 100 chlorure de sodium.

A Lyon, d'après Bineau, l'eau de pluie renferme : 0,000001 pour 100 chlorure de sodium.

La proportion de sel marin doit varier beaucoup dans l'eau des pluies, car le vent, s'il est violent, et s'il vient de la mer, peut apporter des particules de sel marin ; au contraire, par les temps calmes, si la direction du vent change, les matières salines doivent diminuer. M. Barral trouva, dans ses observations faites à Paris, en 1851 et 1852, les quantités suivantes de chlorure de sodium, par mètre cube d'eau de pluie :

Chlorure de sodium.

Janvier.	Février.	Mars.	Avril.	Mai.	Juin.	Moyenne.
2gr,64	7gr,61	3gr,58	3gr,60	4gr,90	2gr,26	3gr,60.

M. Eugène Marchand retira, au mois de mars 1853, d'un mètre cube d'eau de neige, 17gr,04 de chlorure de sodium et d'un mètre cube d'eau de pluie, 11gr,43, de chlorure de sodium ; tandis que M. Filhol ne trouva à Toulouse, dans les six premiers mois de 1853, que 2gr,85 en moyenne, de chlorure de sodium dans l'eau de la pluie.

Comme les iodures et les bromures accompagnent les chlorures dans l'eau de la mer, on doit s'attendre à les retrouver dans l'eau de pluie, en même temps que le sel marin. Toutefois, l'eau de mer ne contenant que très-peu d'iodures et de bromures, ces derniers sels ne peuvent figurer qu'en proportion infinitésimale dans l'eau de pluie. Il doit même arriver souvent que les proportions de brôme et d'iode soient trop faibles pour que nos réactifs puissent en déceler la présence. Telle est sans doute la cause des divergences et des longues discussions auxquelles a donné lieu la question de la présence de l'iode et du brôme dans les eaux pluviales.

Tout le monde sait que M. Chatin a signalé dans toutes les eaux, et par conséquent dans celles de la pluie, l'existence de l'iode. Cette assertion fut combattue par M. de Luca, professeur de chimie à Naples, par MM. Martin, Macadam et Besson, qui, ne trouvant pas d'iode dans leurs analyses, se prononcèrent formellement contre l'existence de ce métalloïde dans l'eau pluviale. M. Barral, dans les recherches que nous avons déjà citées, ne trouva qu'une seule fois (en juin 1852) de l'iode et en très-petite quantité. Mais d'autres observateurs ont affirmé la présence constante de l'iode dans l'eau de pluie.

M. Chatin entreprit un voyage scientifique pour rechercher l'iode dans les eaux de pluie de diverses localités, et répondre ainsi aux critiques qu'avaient fait naître ses affirmations. Il signala la présence de l'iode dans les eaux pluviales de Nice, de Cette, de Montpellier, et de beaucoup d'autres localités du midi de la France. Van Ankum est arrivé au même résultat en examinant les eaux de pluie dans les Pays-Bas. Enfin M. Eugène Marchand a trouvé 0gr,05 d'iode dans un mètre cube d'eau de pluie recueillie à Fécamp. Il en a trouvé moins dans l'eau de neige, et des traces seulement dans la rosée.

L'iode qui, selon M. Chatin, existe dans les eaux de la pluie, ne saurait provenir que de l'air atmosphérique. M. de Luca, qui contestait les faits avancés par M. Chatin, voulut s'assurer, par l'expérience directe, de la présence ou de l'absence de l'iode dans l'air. Le chimiste italien, dans des expériences faites au Collége de France, à Paris, fit passer à travers des tubes pleins d'eau et de lessive alcaline, de grandes quantités d'air atmosphérique, sans pouvoir parvenir à constater dans l'air la présence de traces d'iode. Mais ce résultat négatif peut s'expliquer par la difficulté qu'il y a souvent à reconnaître l'iode dans les résidus de l'eau de la pluie, en raison de la très-faible proportion de ce corps.

Pour découvrir l'iode, M. Chatin recommande d'opérer de la manière suivante. On mélange deux litres d'eau de pluie à un décigramme de carbonate de potasse très-pur, et on évapore le liquide dans une capsule de porcelaine; on reprend le résidu par l'alcool à 36 degrés, on évapore la dissolution alcoolique au bain-marie, et on calcine légèrement le résidu, pour détruire les substances organiques. On reprend de nouveau par l'alcool faible, on chasse l'alcool par l'évaporation, et on ajoute au résidu un peu d'empois d'amidon frais et une goutte d'eau. On étale alors la matière dans une petite capsule en porcelaine et on la touche avec une baguette humectée d'acide azotique pur et concentré. L'iode libre colore aussitôt l'amidon en bleu.

Outre les sels ammoniacaux, les chlorures, bromures et iodures, il existe dans l'eau de la pluie, comme cela résulte de l'analyse de M. Eugène Marchand, du sulfate de chaux, et même du sulfate de soude.

M. Chatin a trouvé dans les eaux de pluie de Paris une dose notable de sulfates. M. Eugène Marchand, à Fécamp, a trouvé, par mètre cube :

	Eau de neige.	Eau de pluie.
Sulfate de soude..	15gr,63	10gr,07
Sulfate de chaux..	0 ,88	0 ,87

M. Smith, à Manchester, après une pluie de trente heures, obtint 34gr, 30 d'acide sulfurique par mètre cube, et, dans une autre circonstance, de 5gr,55 à 15gr,14.

L'eau de pluie, à Paris, est particulièrement riche en sulfate de chaux, surtout au moment où elle commence à tomber. La présence du sulfate de chaux dans les eaux pluviales de Paris tient à l'emploi très-général qui se fait, dans cette ville, du plâtre pour les constructions.

L'eau de la pluie doit nécessairement contenir de l'air, ou les gaz qui composent l'air. La nature et la quantité des gaz ainsi dissous dépend de leur degré de solubilité dans l'eau, mais surtout de la pression et de la température. La quantité de gaz ou d'air contenus dans l'eau de pluie doit augmenter avec la pression atmosphérique, et diminuer par la chaleur.

L'expérience confirme ces prévisions de la théorie. L'eau de pluie est généralement très-aérée, mais la quantité d'air qu'elle contient varie suivant la température et la pression, et selon le degré relatif de solubilité dans l'eau de l'oxygène et de l'azote. Ainsi, sous la pression ordinaire et à la température de + 10°, l'eau météorique peut dissoudre environ la vingt-cinquième partie de son volume d'air, dont la proportion d'oxygène est supérieure à celle qui existe dans l'air atmosphérique.

M. Péligot a trouvé dans l'eau de pluie, 2 à 4 pour 100 de gaz formés d'acide carbonique et d'azote.

Suivant Gay-Lussac et de Humboldt, le mélange gazeux contenu dans l'eau de pluie renferme 31 pour 100 d'oxygène.

Baumert retira de l'eau de pluie, recueillie à 11°, un mélange gazeux, composé en centièmes, de :

Azote	64,46
Oxygène	33,76
Acide carbonique	1,77

Les matières organiques se rencontrent très-souvent dans les eaux de pluie, mais on ne connaît pas leur nature. M. Smith a trouvé 10 grammes de matière organique par mètre cube d'eau de pluie recueillie à Manchester. Cette substance huileuse provenait sans doute de la houille des usines. M. Marchand en a trouvé 24 grammes dans l'eau de pluie recueillie à Fécamp. M. Chatin a trouvé, dans l'eau de pluie, 50 grammes par mètre cube d'une matière organique qu'il croit être de l'acide ulmique ou de l'ulmate d'ammoniaque. M. Barral a isolé des résidus d'un mètre cube d'eau de pluie évaporée, 10^{gr},18 une substance jaune azotée, soluble dans l'éther; l'éther évaporé laissa de petites aiguilles cristallines. D'après Robinet, la substance organique des eaux de pluie, à Paris, donne, avec l'azotate d'argent, un précipité d'un rouge grenat.

On trouve des corpuscules organiques dans le résidu de l'évaporation de l'eau de pluie, car ce résidu possède une teinte jaune brunâtre et répand une odeur ammoniacale. En général, les eaux pluviales qui ont balayé l'atmosphère des villes sont beaucoup plus impures que celles des campagnes. L'analyse microscopique décèle dans les premières des corpuscules charbonneux, des débris de végétaux, tels que des fragments de paille, des enveloppes corticales, des germes divers, des poils, du coton, de la laine, de la soie, des particules micacées.

On ne sera donc pas surpris d'apprendre que certaines eaux douces courantes ou de sources sont plus pures que certaines eaux pluviales. Robinet a constaté que de l'eau pluviale recueillie au mois de novembre 1863, à Nantes, marquait 7°,05 à l'hydrotimètre et 9° après de forts vents du sud-ouest, tandis qu'à Paris la moyenne des degrés hydrotimétriques des eaux de pluie essayées par ce chimiste a été de 3°, 27.

Ce que nous venons de dire de la composition des eaux de pluie, se rapporte à celles qui ont été recueillies avec soin par les chimistes, dans le but de les soumettre à l'analyse scientifique. Mais, dans les cas ordinaires, l'eau de pluie n'est point recueillie avec ces précautions. On la reçoit à sa descente des toits ou des gouttières, pour l'amener dans les citernes où elle doit se conserver. Il est évident que, recueillie de cette manière, l'eau pluviale est beaucoup moins pure. Elle est chargée de matières étrangères enlevées aux toits et aux conduits. La poussière des toits, la rouille des gouttières de fer-blanc, la chaux et les sels des mortiers et des maçonneries, etc., se mêlent ainsi à l'eau pluviale, qui est dès lors très-sujette à se décomposer.

Les instruments qui servent à évaluer l'épaisseur de la couche d'eau qui tombe en un lieu, se nomment *pluviomètres*, ou *udo-*

mètres. Ces appareils se composent toujours d'un large entonnoir destiné à recevoir la pluie et d'un réservoir servant à la mesurer.

On peut varier de différentes manières la construction d'un *pluviomètre*. Nous ferons connaître les formes les plus en usage.

Le *pluviomètre* de l'Observatoire, qui a été établi à la fin du siècle dernier, et n'a pas été modifié depuis cette époque, a la disposition représentée par la figure 58 (page 105). Un entonnoir, ou cône renversé, en tôle, A, est fixé à la partie supérieure du toit de l'Observatoire. L'eau de pluie tombant dans cet en-

Fig. 59. — Coupe d'un pluviomètre à niveau.

tonnoir, s'écoule par un tube, dans un réservoir B, parfaitement clos. L'eau contenue dans ce réservoir ne peut s'évaporer, puisqu'il n'y a d'autre ouverture que celle du petit tube qui le met en communication avec l'entonnoir extérieur. Quand on veut mesurer la quantité d'eau tombée dans une période quelconque, on ouvre un robinet fixé à la partie inférieure du réservoir, et l'on reçoit l'eau dans une éprouvette graduée, C. Il suffit d'évaluer en millimètres l'épaisseur de la couche d'eau tombée dans le vase de métal, E, pour avoir la hauteur que l'eau pluviale aurait acquise si elle était restée tout entière après sa chute à la surface du sol sans s'écouler où s'infiltrer dans la terre.

On a construit des *pluviomètres à niveau* d'eau, c'est-à-dire munis d'un tube de verre qui communique avec le réservoir, comme celui des chaudières à vapeur, et permet de lire les divisions du mètre le long d'une planchette appliquée contre ce tube transparent.

La figure 59 donne la coupe théorique de l'un de ces *udomètres* ou *pluviomètres à niveau d'eau*, instrument fort simple, que chacun peut construire pour son usage. L'eau s'élève dans le tube vertical en verre, C, de la même quantité qu'à l'intérieur du réservoir B; il est donc facile de voir à quel point de l'échelle l'eau s'arrête. On peut noter ainsi la quantité d'eau tombée soit en un jour, soit en un mois, soit depuis le commencement de l'année.

Le pluviomètre le mieux conçu a été construit par M. Hervé Mangon. Cet instrument, qui a été adopté pour le service hydraulique des ponts et chaussées, peut être installé soit sur un toit, soit dans une cour, soit en pleine campagne.

La figure 60 représente le pluviomètre de M. Hervé Mangon, qui se nomme aussi *pluviomètre totalisateur*, parce qu'il permet de mesurer une seconde fois, si on le veut, la quantité d'eau tombée dans le courant de l'année.

A est un entonnoir dans lequel l'eau de la pluie tombe, et se rend dans le réservoir B, qui consiste en un tube de verre divisé en demi-millimètres de capacité. La capacité de ce tube réservoir est telle qu'il faut une pluie de 75 centimètres pour le remplir. La personne chargée de faire les observations pluviométriques, inscrit chaque jour le résultat de sa lecture, et, aussitôt après son observation, elle ouvre un robinet placé au-dessus du réservoir, et fait tomber l'eau du tube gradué dans un second réservoir, C, dit de *totalisation*, c'est-à-dire dans lequel on conserve toute l'eau recueillie pendant le courant de l'année. Après un intervalle plus ou moins long, on peut évacuer ce réservoir par un robinet, et mesurer de nouveau l'eau qu'il contient au moyen d'une éprouvette graduée. Le volume d'eau ainsi trouvé doit être sensiblement égal à la somme des hauteurs qui ont été lues chaque jour sur le tube gradué.

Tels sont les instruments qui servent à mesurer la quantité d'eau pluviale tombée pendant une période quelconque.

La quantité de pluie qui tombe sur les différentes parties du globe est très-variable, et les lois que les physiciens ont établies souffrent bien des exceptions. Ces quantités dépendent, en effet, comme nous allons le dire, de bien des circonstances variées: des vents qui règnent, de la saison, de la situation des lieux, etc.

Les pluies d'été sont plus abondantes que celles d'hiver dans les climats chauds et tempérés, mais elles arrivent à de plus fréquents intervalles en hiver qu'en été. Aussi la terre reçoit-elle une plus grande quantité d'eau sous les tropiques et à l'équateur qu'aux pôles. La chaleur des contrées équatoriales évaporant une plus grande quantité d'eau, doit nécessairement amener des pluies abondantes dans ces régions du globe.

On admet que la quantité annuelle de pluie diminue à mesure que la latitude s'élève, c'est-à-dire à mesure que l'on se rapproche des pôles. Bien que cette loi souffre de nombreuses anomalies, par suite des influences locales, qui sont la direction des vents, le voisinage et l'orientation des chaînes de montagnes, la hauteur des lieux au-dessus de la mer, etc., les observations confirment généralement l'exactitude de cette loi. Le tableau suivant donné par M. de Gasparin, dans un travail sur la *pluviométrie*, publié dans la *Bibliothèque universelle de Genève*, fait voir que, sauf quelques exceptions, la quantité de pluie diminue à mesure que l'on va de l'équateur au nord de l'Europe.

Fig. 60. — Pluviomètre de M. Hervé Mangon.

Sous notre latitude, l'atmosphère est six fois plus chargée de vapeurs d'eau en été qu'en hiver. C'est ce qui explique la plus grande abondance des pluies dans cette saison, ou du moins la plus grande quantité d'eau tombée dans la totalité de la saison d'été. Chacun sait que si la pluie est plus fréquente en hiver qu'en été, sous notre latitude, elle ne se produit point dans cette saison, sous forme d'averses, mais par petites

LATITUDE.	PLUIE.	QUANTITÉ de pluie en millimètres.
5°,5'	Guinée	549,0
7 ,35	Kandy	1864,9
12 ,25	Seringapatnam	601,9
18 ,56	Bombay	2350,0
22 ,33	Calcutta	1928,6
23 ,9	La Havane	2320,7
29 ,57	Nouvelle-Orléans	1270,0
32 ,27	Madère	757,0
36 ,47	Tunis	1992,0
41 ,38	New-Bedfort (États-Unis)	1257,8
37° à 43°	Italie (sud de l'Apennin)	930,0
43 à 47	Vallée du Rhône	781,0
45 à 47	Italie (nord de l'Apennin)	1336,9
43 à 47	France septentrionale	656,8
45 à 54	Allemagne	678,0
50 à 56	Angleterre	784,0
55 à 62	Scandinavie	478,0
60	Bergen	2250,0
55 à 60	Russie	403,9

chutes, qui n'amènent pas, en définitive, une grande quantité d'eau, malgré leur durée.

En général, il pleut dans les montagnes plus que sur les vallées ; cependant cette règle souffre de nombreuses exceptions. Il pleut dans les vallées plus que dans les plaines.

En Europe, il pleut le jour plus que la nuit; le contraire arrive dans les régions équinoxiales.

Il est intéressant de connaître la quantité de pluie qui tombe chaque année en divers points du globe. Le tableau suivant présente le nombre de millimètres d'eau qui tombent annuellement en différents lieux :

A Londres	0m,546	millim. d'eau par an.
A Paris	0 ,564	—
A Bordeaux	0 ,650	—
A Bruxelles	0 ,715	—
A Madère	0 ,767	—
A Rome	0 ,784	—
A Florence	0 ,915	—
A La Havane	2 ,032	—
A St-Domingue	2 ,073	—
A L'Himalaya	17 ,000	—

M. Barral a consigné dans son livre *Le bon fermier*, le résumé suivant des observations pluviométriques récentes. Ces observations concernent des villes de la France situées diversement au nord et au midi. Le chiffre donné pour Paris diffère un peu de celui qui est porté dans le tableau précédent, parce que les années des observations ne sont pas les mêmes.

LOCALITÉS.	QUANTITÉ MOYENNE ANNUELLE de pluie.	NOMBRES MOYENS ANNUELS de jours de pluie.
	Millimètres.	Jours.
Lille	651	198,0
Metz	660	145,0
Châlons-sur-Marne	595	121,9
Paris	509	154,4
Nantes	1352	135,3
Orange	742	95,8
Alais	991	115,5
Toulouse	638	136,6
Marseille	504	76,7
Alger	949	107,4

On voit par les chiffres portés sur ce tableau qu'en moyenne, il tombe annuellement dans ces villes, 0m,76 de pluie, dont 21 pour 100 en hiver, 23 pour 100 le printemps et l'été, et 31 pour 100 en automne. La moindre quantité de pluie annuelle serait à Marseille (0m,50 seulement), le maximum est à Nantes (1m,05). Pour le reste de la France, la moyenne est de 0m,76.

Les régions où les chiffres moyens de pluie par jour sont les plus élevés sont aussi celles où l'on observe des chutes d'eau exceptionnelles. Parmi les *pluies majeures*, nous citerons les suivantes : A Bombay, en 1819, il tomba, en un seul jour, 162 millimètres d'eau ; à Cayenne, M. Roussin en vit tomber 280 millimètres, de 8 heures du soir à 6 heures du matin, ce qui fait 28 millimètres par heure. En 1827, il tomba à Joyeuse 791mm,7 en 24 heures, ce qui causa les inondations de l'Ardèche.

Le résultat le plus étonnant qu'on puisse citer a été observé à Gênes, le 25 octobre 1822. Il tomba, dans cette ville, en une seule pluie, 812 millimètres d'eau.

La connaissance de la quantité de pluie qui tombe annuellement dans une contrée géographique, pendant les différentes saisons de l'année, est de la plus grande importance pour l'agriculture. Cette donnée est indispensable, quand il s'agit d'établir de nouvelles cultures. Par exemple, quand on a voulu essayer de cultiver le cotonnier dans les provinces d'Alger, d'Oran et de Constantine, on obtint une récolte admirable dans l'un de ces points, médiocre dans un autre et presque nulle dans le troisième. Cette différence tenait aux époques des pluies dans les trois provinces. Si l'on avait été averti de cette circonstance, on aurait évité des essais ruineux.

Après les désastreuses inondations de la Saône, en 1840, on institua une commission chargée de mesurer la quantité de pluie qui tombe dans le bassin de cette rivière. Au moyen des résultats obtenus par l'udomètre, on put annoncer plusieurs fois l'arrivée des crues, et même indiquer, à quelques décimètres près, la hauteur que devaient atteindre les eaux.

Aujourd'hui le service *udométrique* fonctionne parfaitement dans nos départements. Quand les pluies persistent dans un bassin de la France, les autres parties du territoire en sont averties par la transmission des hauteurs d'eau relevées dans le pluviomètre. C'est ainsi que les riverains de la Saône et de la Loire, sont prévenus jour par jour, au moment des grandes crues, de la hauteur probable qu'atteindra le niveau du fleuve. Ces avertissements rendent les plus grands services.

La direction des vents est la cause principale qui influe sur la quantité des pluies, dans tous les pays. En Europe, c'est le vent du sud-ouest qui amène surtout de la pluie, parce qu'il s'avance vers des régions plus froides, et s'élève sur le relief du continent. Par une raison contraire, les vents du nord-est n'amènent presque jamais de pluie en Europe.

Par les vents du nord-ouest, la pluie est fine et tombe pendant longtemps. Si le vent du nord-est donne de la pluie, c'est surtout en hiver, quand il souffle brusquement à travers un air plus chaud ; la pluie est alors formée de grosses gouttes et ne dure que peu de temps.

Les vents de mer donnent généralement de la pluie. En se heurtant au relief des côtes, ils donnent d'abord beaucoup de pluie ; plus loin, la quantité va en diminuant, pour s'accroître de nouveau plus loin. Ainsi, en marchant dans la direction du sud-ouest au nord-est, les quantités annuelles de pluie sont, en France et en Allemagne :

La Rochelle.	Tours.	Paris.	Auxerre.	Laon.	Metz.	Manheim.	Berlin.
656mm,3	565,5	568,5	627,2	669,1	719,6	571,8	522,7

On trouve en Russie des résultats semblables

Les côtes de la Méditerranée se trouvent dans une situation exceptionnelle en ce qui concerne la pluie; les vents du sud-ouest, avant d'y parvenir, ont déposé leur eau à la rencontre des montagnes de l'Espagne, des Pyrénées et des Alpes ; ils sont d'ailleurs détournés par les vents du sud, vents chauds et secs qui viennent d'Afrique. Aussi, le vent de mer ne donne-t-il que peu de pluie sur les côtes de la Méditerranée, sauf dans des localités. C'est pour cela que, dans la vallée du Rhône, il tombe moins de pluie qu'en Allemagne.

L'Italie, entourée d'eau de tous les côtés, et soumise aux vents les plus variables, ne saurait être soumise à des règles exactes. Quant à son régime pluviométrique, on peut dire seulement qu'à Padoue, la pluie est amenée le plus souvent par les vents du nord et du nord-est, tandis qu'à Rome, ce sont les vents du nord et du sud qui amènent la pluie.

CHAPITRE XII

LES CITERNES, LEUR MODE DE CONSTRUCTION. — LES CITERNES DE VENISE.

Nous allons trouver l'application des principes et des faits contenus dans le chapitre précédent en parlant des citernes, qui sont employées comme réservoir d'eaux potables, dans les localités privées du bienfait d'une distribution d'eaux publiques.

Les citernes sont encore d'un usage fréquent. En France, on s'en sert beaucoup dans les campagnes. On les rencontre aussi dans les campagnes et même les villes de certaines contrées de la Suisse, de la Hollande, de l'Allemagne, de l'Autriche et de l'Italie; dans ces villages ou villes, les habitants n'ont d'autre eau potable que l'eau de pluie rassemblée et conservée dans des citernes.

Une citerne est donc un réservoir destiné à recevoir les eaux pluviales. Dans quelques villes où l'eau de pluie sert de boisson, on a le soin de disposer les conduites de façon à pouvoir rejeter les premières eaux qui tombent, et à ne recevoir que les dernières, qui sont les plus pures, comme nous l'avons déjà fait remarquer dans le chapitre précédent. A Cadix, où chaque maison a sa citerne, le conduit qui recueille l'eau des toits et la conduit à ce réservoir, est muni d'un robinet, au moyen duquel on fait écouler au dehors la première eau qui tombe. Quand les toits sont lavés par les premières pluies, on ouvre le robinet, et les eaux qui continuent de tomber arrivent dans la citerne.

D'autres fois, avant de recevoir l'eau de la pluie, on la fait passer à travers des couches de substances poreuses, afin d'en séparer les impuretés solides. C'est ce qu'on pratique à Venise, comme nous le dirons bientôt.

L'eau des citernes serait très-bonne, si l'on pouvait recueillir directement l'eau pluviale dans ces réservoirs telle qu'elle tombe du ciel, car l'eau de pluie est assez pure, mais la surface d'un réservoir serait trop petite pour fournir une quantité d'eau suffisante. On est donc obligé d'y déverser, au moyen de gouttières, l'eau qui tombe sur les toits des maisons. Nécessairement elle se souille, en lavant les toits, de beaucoup d'impuretés, telles que des poussières, des insectes, etc. Les toitures métalliques de plomb, de zinc, et les tuyaux de conduite peuvent également communiquer à ces eaux de mauvaises qualités.

Les eaux des citernes, quel que soit le mode employé pour les rassembler, sont toujours très-aérées dans le premier moment, et peuvent être considérées alors comme très-potables ; mais, conservées dans ces réservoirs, elles ne tardent pas à s'altérer, par la décomposition des matières organiques végétales et animales qui ont été enlevées aux toits ou aux pavés. Des plantes cryptogamiques, telles que champignons et moisissures, s'y développent ; l'oxygène qui était dissous dans l'eau, disparaît, absorbé par la vie de ces végétaux cryptogamiques ; de sorte qu'au bout de quelque temps, l'eau acquiert une teinte verdâtre, comme celle des mares. A l'époque des chaleurs, ces plantes cryptogamiques se décomposent, et communiquent à l'eau une odeur désagréable et un goût de *croupi*.

Les eaux des citernes ont un autre inconvénient, c'est de devenir troubles pendant le temps des pluies. Alors les terres qu'elles reçoivent s'y accumulent peu à peu, et il faut les curer assez profondément. De plus, le volume d'eau qu'elles reçoivent étant subordonné à la quantité d'eau qu'y déversent les pluies, il en résulte que, pendant l'été, elles tarissent, ou bien diminuent tellement, que, la grande quantité de matières minérales et organiques aidant, elles deviennent impropres à la boisson.

Le moyen d'éviter en partie l'inconvénient qui résulte du développement des plantes microscopiques dans les eaux des citernes, c'est de les maintenir à l'abri de la lumière. M. Marchand a prouvé, en effet, que la privation de la lumière est un obstacle à la production de la matière vivante dans les eaux. L'obscurité est donc un moyen certain d'assurer la salubrité des eaux de pluie conservées dans les citernes.

Il faut, en second lieu, avoir soin de nettoyer par intervalles, de *curer* le fond de la citerne, après l'avoir vidée.

Dans les citernes qui sont à la fois bien aérées et maintenues à l'abri de la lumière, et curées par intervalles, les eaux de pluie se conservent assez bien, et sont d'un usage précieux, pour la boisson et pour les usages domestiques.

Une découverte faite à Alger, il y a quelques années, prouve que, dans les citernes bien construites, l'eau peut se conserver pendant des siècles, sans s'altérer. En creusant les fondations du portail de la cathédrale, on mit à découvert, à 4 mètres environ au-dessous du sol, une mosaïque romaine parfaitement conservée, qui recouvrait une citerne d'une longueur considérable et contenant encore un mètre et demi d'eau. La profondeur à laquelle l'élévation du sol avait caché cette citerne, fait croire que l'eau s'y trouvait depuis bien des siècles ; elle était pourtant d'un goût agréable et propre à tous les usages domestiques.

Malheureusement, les citernes, surtout celles des campagnes, sont construites avec une négligence sans égale. On se borne, le plus souvent, à utiliser les excavations naturelles situées au pied des montagnes. Quelques pierres, sans ciment, servent de mur d'enceinte à beaucoup d'autres. Aussi une grande partie de l'eau ainsi recueillie s'infiltre-t-elle dans les terres ; et à l'époque de la sécheresse tarissent-elles complétement.

Comme l'eau des citernes constitue souvent la boisson habituelle de beaucoup de demeures rurales, il est bon d'indiquer les précautions à prendre pour les construire de manière à assurer à l'eau une certaine pureté.

Il faut d'abord maintenir les citernes parfaitement à l'abri de la lumière. Pour cela, il faut les recouvrir à une certaine élévation du sol, d'un toit qui, tout en s'opposant à ce que des matières étrangères puissent y tomber, n'empêchent pas l'air d'y circuler. Il faut modifier les dimensions de ce toit de telle sorte qu'il produise au point occupé par l'eau une entière obscurité, sans pour cela empêcher le renouvellement de l'air. *Aération* et *obscurité*, telles sont les deux conditions à remplir.

Si les matériaux avec lesquels les parois des citernes sont construites, sont calcaires, les eaux peuvent, à la longue, leur emprunter une certaine proportion de chaux, devenir *dures*, et, dès lors, de mauvaise qualité. Dans la construction des citernes et des puits, on doit donc préférer les pierres siliceuses aux pierres calcaires, et éviter surtout l'emploi de mortier, ou de ciments, dont la chaux est susceptible de se dissoudre dans l'eau.

Il serait bon d'établir autour des citernes, des *citerneaux*, ou excavations remplies de sable fin, qui feraient l'office de filtres et ne laisseraient entrer dans la cavité principale que de l'eau ayant traversé cette couche poreuse. Par ce moyen, on dépouillerait les eaux des matières étrangères empruntées au sol qu'elles ont lavé.

Cette épuration préalable de l'eau par la filtration à travers une couche de sable est réalisée d'une manière très-remarquable dans les citernes de Venise, qui sont un véritable modèle pour la construction de ce genre de réservoir. La ville de Venise est alimentée d'eaux potables en très-grande partie par les eaux pluviales recueillies dans des citernes. Chaque maison a sa citerne, remplie par les eaux pluviales qui tombent sur le toit et par le pavé de la cour. Les citernes du palais ducal ont été particulièrement établies avec un soin extrême, et l'on peut les citer comme un parfait modèle de ce que l'on peut réaliser pour retirer le meilleur parti des eaux pluviales.

Bâtie au milieu d'une lagune, c'est-à-dire dans une masse d'eau immobile communiquant avec la mer par un chenal, la ville de Venise occupe une surface de 5,200,000 mètres carrés, abstraction faite des grands et des petits canaux. Année commune, il y tombe 82 centimètres de pluie. La plus grande partie de cette pluie est recueillie par 2,077 citernes, dont 177 sont publiques et 1,900 appartiennent aux maisons particulières. Elles ont ensemble une capacité de 202,535 mètres cubes. Le pluviomètre du séminaire patriarcal démontre que la pluie tombe avec une abondance suffisante pour remplir les citernes cinq fois par an, ce qui donnerait près de 24 litres d'eau à consommer par habitant. Mais le sable dépurateur, occupant dans la citerne à peu près le tiers de sa capacité, les 24 litres se réduisent à 16.

M. Grimaud, de Caux, a publié en 1860 dans les *Comptes rendus de l'Académie des sciences* (1) la description des citernes du palais ducal de Venise, en reproduisant la description qui lui avait été adressée par l'ingénieur de la municipalité de Venise, M. Salvadori. Voici, d'après M. Salvadori, cité par M. Grimaud, de Caux, la manière dont on construit les citernes.

Les matériaux essentiels d'une citerne sont l'argile et le sable. Pour les construire, on creuse le sol jusqu'à environ 3 mètres de profondeur : les infiltrations de la lagune empêchent d'aller plus avant. On donne à l'excavation la forme d'une pyramide tronquée dont la base regarde le ciel. On maintient le terrain environnant à l'aide d'un bâti en bon bois de chêne ou de larix, s'appliquant sur le sommet tronqué, aussi bien que sur les quatre côtés de la pyramide. Sur le bâti en bois on dispose une couche d'argile pure, bien compacte et bien liée, dont on unit la surface avec un grand soin. L'épaisseur de cette couche est en rapport avec les dimensions de la citerne; dans les plus grandes, elle n'a pas plus de 30 centimètres. Cette épaisseur est suffisante pour résister à la pression de l'eau qui sera en contact avec elle, et aussi pour opposer un obstacle invincible aux racines des végétaux qui peuvent croître dans le sol ambiant. On regarde comme très-important de n'y point laisser de cavités où l'air puisse se loger.

Au fond de l'excavation, dans l'intérieur du sommet tronqué de la pyramide, on place une pierre circulaire creusée au mi-

(1) Tome LI, page 123

lieu en fond de chaudron, et on élève sur cette pierre un cylindre creux du diamètre d'un puits ordinaire, construit avec des briques sèches bien ajustées, celles du fond seulement étant percées de trous coniques. On prolonge ce cylindre jusqu'au-dessus du niveau du sol, en le terminant comme la margelle d'un puits.

Il y a ainsi, entre le cylindre qui se dresse du milieu de l'excavation pyramidale et les parois de la pyramide revêtues d'une couche d'argile reposant sur le bâti de bois, un grand espace vide. On remplit cet espace avec du sable de mer bien lavé, dont la surface vient affleurer l'argile.

Avant de couvrir le tout avec le pavé, on dispose à chacun des quatre angles de la base de la pyramide une espèce de boîte en pierre fermée par un couvercle également en pierre et percé de trous. Ces boîtes, appelées *cassettoni*, se lient entre elles par un petit canal, ou rigole, en briques sèches, reposant sur le sable. Le tout est recouvert enfin par le pavé ordinaire, qu'on incline dans le sens des quatre orifices des angles des *cassettoni*.

L'eau recueillie par les toits entre par les *cassettoni*, pénètre dans le sable à travers les jointures des briques des petits canaux et vient se rassembler, en prenant son niveau, au centre du cylindre creux dans lequel elle s'introduit par les petits trous coniques pratiqués au fond.

Une citerne ainsi construite et bien entretenue donne une eau limpide, fraîche, et la conserve parfaitement jusqu'à la dernière goutte.

La figure 61 donne la coupe d'une des deux citernes du palais ducal de Venise. On va voir que c'est là un véritable appareil de filtration des eaux pluviales. Le réservoir creusé dans le sol T et revêtu d'argile à sa surface, est rempli d'une couche de sable, SS, et ensuite recouvert, au niveau du sol, d'un pavé ou d'un dallage. Sur le pavé sont ménagées, au niveau du sol, deux prises d'eau R, R, aboutissant à deux petits canaux, B, B. Entre les deux canaux, B, B, est la citerne proprement dite, A, composée d'une cavité verticale en forme de puits, revêtue de pierres sèches sans mortier et percée à sa partie inférieure de petits trous destinés à laisser passer l'eau qui a filtré à travers la masse du sable. Un appareil quelconque pour l'élévation de l'eau, seau, margelle, corde d'appui, se trouve à la partie supérieure du puits.

M. Grimaud, de Caux, dans son ouvrage sur les *Eaux publiques* (1), après avoir rapporté la description que nous venons de donner des citernes de Venise par M. Salvadori, la fait suivre de détails complémentaires et de renseignements techniques, qu'il ne sera pas sans intérêt de mettre sous les yeux du lecteur.

« Les citernes de Venise, dit M. Grimaud, de Caux, doivent leur efficacité aux principes éminemment rationnels sur lesquels repose leur construction. L'expérience ayant démontré aux fugitifs d'Altino, aux fondateurs de Rialto que l'eau du ciel est une excellente eau, il s'agissait de la recueillir et de la conserver pour l'usage. On comprit que le meilleur moyen était de l'isoler de la manière la plus absolue en la préservant de la contamination de toute eau adventice filtrant dans les terrains d'alentour. Telle est en effet la théorie de la citerne vénitienne.

En terre ferme, dans les *villas*, les maisons de campagne et de plaisance, dans les châteaux, dans les couvents, c'est toujours la citerne qui fait la base de l'alimentation. L'eau de puits ne compte pas.

Et, si on y réfléchit bien, le choix, quand on est dans l'alternative de creuser un puits ou de construire une citerne, ne saurait être douteux.

Pour les puits, les difficultés de l'exécution et les dangers qu'elle présente ; les frais presque toujours supérieurs à ceux qu'on avait prévus ; l'incertitude du résultat — une sécheresse tant soit peu prolongée venant démontrer l'inanité des efforts, quand on se croit arrivé au but, quand on croit avoir atteint l'eau, — telles sont les chances que doit affronter le propriétaire qui veut creuser un puits.

Il n'en est pas de même s'il s'agit d'une citerne. Ici on opère à coup sûr; tout dépend de la superficie

(1) 1 vol, in-8. Paris, 1863, page 230 et suivantes.

Fig. 61. — Coupe d'une citerne de Venise.

de toit qu'on veut utiliser et de la quantité de pluie qui tombe dans la localité. La pluie est un phénomène météorologique dont l'apparition, liée aux conditions physiques du globe, est par cela même aussi constante et aussi bien réglée, pour ainsi dire, que le cours des astres. *Après le beau temps vient la pluie*, comme *après le jour vient la nuit*.

Voici maintenant le procédé technique, le *modus faciendi*, mis en usage pour que toutes les conditions soient exactement observées. On commence par préparer la pierre du fond, qui doit servir de base au cylindre ; elle ne doit pas être en calcaire. On dispose à proximité l'argile et le sable nécessaires, l'argile bien travaillée et bien liée, et le sable bien lavé. On creuse le terrain en forme de pyramide renversée. La troncature du sommet de la pyramide doit être égale à la grandeur de la pierre du fond. Les côtés, en talus, sont ordinairement élevés à 45°. A Venise, on creuse à 3 mètres : en terre ferme, rien n'empêche d'aller plus profondément. On régale bien les parois et l'on applique le bâti en bois. Ce qui reste à faire exige de la précision. On commence par tapisser le fond, la troncature de la pyramide, avec une couche d'argile, de l'épaisseur que l'on a déterminée et qui doit être en rapport avec la grandeur adoptée. L'ouvrier vénitien prend l'argile dans ses mains, la manie bien, en forme une grosse boule et la jette avec force à l'endroit indiqué. Il jette ainsi boules sur boules, les lisse bien sur place, mettant un grand soin à ce qu'il n'y ait point de vides et par conséquent point d'air interposé. Quand cette couche du fond est terminée, il pose la pierre dessus bien d'aplomb et bien nivelée. Cela fait, on commence à tapisser les parois tout autour avec de l'argile. Pendant qu'on fait ainsi un pied en hauteur, toujours en jetant boules sur boules et en lissant, un ouvrier *ad hoc* élève le cylindre de la même hauteur ; puis l'on tasse une couche égale de sable dans l'intervalle. On continue ainsi jusqu'à environ un pied au-dessous du niveau du sol, en maintenant le cylindre, le sable et la couche d'argile à des hauteurs toujours égales, l'intervalle restant est occupé par le pavé. A la fin de chaque journée, on recouvre l'argile de linges mouillés, afin de la retrouver, le lendemain, en l'état d'humidité où on l'a laissée.

On recouvre le tout en dalles, en briques ou en asphalte, en conservant de légères inclinaisons de la superficie, vers les quatre angles où sont les orifices des *cassettoni*. »

La figure 62 représente la cour du palais ducal à Venise, dans laquelle se trouvent les deux citernes. Leurs margelles sont des œuvres d'art que le dessin, la gravure et la photographie ont reproduites bien des fois. Ciselées par Albergethi et Nicolo di Marco, elles représentent Moïse frappant le rocher de sa baguette pour en faire sortir d'abondantes eaux; et Rébecca qui présente sa cruche à Éliézer, en lui disant : « Buvez, mon maître, *Bibe, domine mi.* »

Tout le monde peut aller puiser dans les citernes du palais ducal, et dès le matin c'est

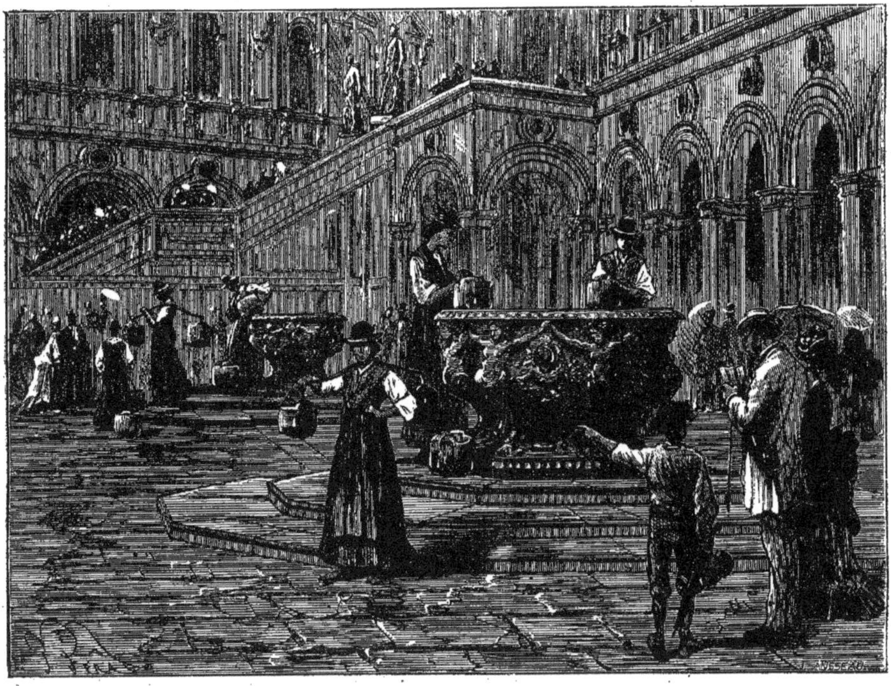

Fig. 62. — Les deux citernes de la cour du Palais Ducal, à Venise.

un spectacle curieux que celui des porteurs d'eau (*bigolante*) qui vont y remplir leurs cruches de fer-blanc, ou les descendre dans les citernes au moyen d'une corde, quand l'eau commence à baisser par suite de puisements réitérés. Les *bigolante* sont de jeunes Tyroliennes qui vont à Venise faire le métier que font à Paris les porteurs d'eau. On voit sur la figure 61 le costume de ces porteuses, qui parcourent les places publiques ou les canaux de Venise, le chapeau de feutre à bords relevés coquettement posé sur l'oreille. Elles portent cette eau chez les pratiques, qui la leur payent, selon l'éloignement, 6, 8, 10 et 12 centimes pour seize à dix-sept litres.

Les citernes du Palais Ducal, jointes à celles des maisons particulières, sont restées longtemps le seul moyen d'alimentation de Venise en eaux potables. Au milieu de notre siècle seulement, on a ajouté aux eaux des citernes celles qui proviennent d'une petite rivière, la *Brenta*, dérivée dans un petit canal.

On appelle *Seriola* le petit canal qui a été dérivé de la Brenta pour fournir un peu d'eau potable à Venise. Ce canal, toutefois, n'arrive pas jusqu'à Venise; il s'arrête à Fusine, au delà de la lagune, dans le quartier de Moranzani. C'est là que des bateliers vont chercher l'eau. Mais il est écrit que tout doit être original et bizarre dans cette étrange ville de Venise où les rues sont remplacées par des canaux, où les chevaux et les voitures sont inconnus et où les jardins sont une rareté exceptionnelle. Les porteurs d'eau de la Seriola sont les plus singuliers porteurs d'eau du monde. Au lieu de recevoir et de distribuer l'eau dans des cruches, ils en remplissent tout simplement leur barque, qui renferme deux compartiments à cet effet. Deux hommes mènent, à la rame et à l'aviron, la barque pleine d'eau douce; et comme la barque est presque entièrement remplie, les bateliers circulent sur ses bords, pieds nus, pour pousser la rame et l'aviron. Il arrive assez souvent, la barque étant toujours à peu près remplie, que, par un faux mouvement ou par un peu d'agitation, l'eau de la lagune vient se mêler à l'eau douce. Les pratiques boivent alors de l'eau quelque peu salée. S'il fait grand vent, l'eau de la lagune est projetée en plus grande quantité dans la barque; alors les bateliers se décident à revenir à la Seriola, pour remplacer leur chargement d'eau.

Il entre dans Venise environ quarante-deux barques par jour chargées de l'eau de la Seriola, et contenant environ vingt mètres cubes d'eau par barque. Les bateliers la vendent au prix de 15 centimes le *mastello* (environ 50 litres).

Il est évident que les citernes de Venise, qui sont de véritables appareils pour la filtration des eaux pluviales, pourraient être facilement imitées en d'autres pays, et remplaceraient, avec de grands avantages, les citernes dont on fait usage dans nos campagnes et qui sont construites avec tant de négligence.

Dans son ouvrage sur les *Eaux publiques*, qui nous a fourni les renseignements qui précèdent, M. Grimaud, de Caux, s'est efforcé d'établir les avantages que présenteraient la conservation et l'aménagement des eaux de pluie pour les besoins de l'économie domestique, dans les habitations rurales, ainsi que dans les communes dépourvues de sources et de rivières.

Bien des communes et des habitations rurales qui sont dépourvues d'eaux de sources et de rivières, ont recours à l'eau du ciel, mais elles en manquent souvent, non que l'eau provenant des pluies soit insuffisante, mais parce qu'on la recueille ou qu'on la conserve mal. M. Grimaud, de Caux, donne le relevé de la quantité de pluie qui tombe moyennement dans les principales villes de la France, et, d'après la quantité d'eau reconnue nécessaire pour les besoins d'un individu, il arrive à conclure que, pour une population de mille habitants, il suffirait de rassembler annuellement 23 mètres cubes d'eau, qui exigeraient, pour être recueillis, une superficie de 3,000 mètres carrés de toits. Or, cette superficie existe, nons-eulement dans toutes les communes de France, mais même dans de grandes habitations rurales. En rassemblant dans une citerne analogue à la citerne vénitienne, l'eau qui s'écoule d'une superficie de 3,000 mètres de toits, on se procurerait donc l'eau nécessaire aux besoins annuels d'une population de mille habitants.

« Dans toute habitation rurale où l'on peut disposer d'une superficie de toit de 1,000 mètres carrés, il est aisé, dit M. Grimaud de Caux, de recueillir et d'emmagasiner pour l'usage une provision de quarante jours à raison de 1,500 litres par jour. C'est la provision de vingt-cinq personnes, à 5 litres; de cinquante bêtes de somme, bœufs, vaches, chevaux, etc., à 20 litres par tête; le reste pour les plantes du potager.

« Dans toute commune, dans toute agglomération d'habitants où l'on peut disposer d'une superficie de toit de 12,000 mètres carrés, en un seul ou en plusieurs points pouvant être facilement reliés entre eux de manière à réunir leurs eaux en un point commun, il est aisé de recueillir et d'emmagasiner, pour l'usage, une provision de quarante jours à raison de 10,000 litres de consommation journalière. 10,000 litres, à 5 litres par tête, c'est la provision de 2,000 habitants.

« Nous avons parlé de communes, de fermes, d'habitations rurales : il n'est pas jusqu'au simple cultivateur qui ne puisse se ménager les bienfaits de la citerne vénitienne. En considérant que la main-d'œuvre l'emporte de beaucoup sur les matières premières, matières que d'ailleurs l'habitant de la campagne a presque toujours à sa proximité, on peut ajouter que la chose est peu dispendieuse.

« Soit donc l'habitation d'un petit cultivateur

exploitant deux ou trois hectares de terre. Une semblable habitation a, en superficie de toit, d'ordinaire, au moins 10 mètres sur 8 ou 9, soit 80 à 90 mètres carrés.

« La superficie de 90 mètres carrés donne, dans l'année, 68 mètres cubes d'eau.

	Par jour.	Par an.	
Une personne adulte a besoin de.	10 lit.	3 m. c.	600 lit.
Un cheval....................	50	18	»
Un bœuf ou une vache.........	30	11	»
Un mouton....................	2	0	750
Un porc......................	3	1	100
Total par an en mètres cubes.		33 m. c.	450 lit.

« D'après cette base, supposez l'habitation dont il s'agit occupée par le père, la mère et deux enfants, on aura :

4 personnes consommant, par an.	14 m. c.	400 litres.
1 bête de somme................	18	»
1 porc.........................	1	100
1 vache........................	11	»
Les besoins se réduisent donc à.	44 m. c.	500 litres.

« Une citerne vénitienne qui aurait pour vide une pyramide, représentée par 16 mètres de base et 4 mètres de hauteur, suffirait et au delà, pour conserver cette provision qui se produit et se consomme à tempérament et n'arrive ni ne se perd jamais tout à la fois.

« Le simple cultivateur qui voudra se ménager une source permanente d'eau pure, limpide et toujours fraîche n'a donc qu'à isoler, autour de son habitation, une superficie de 16 mètres carrés pour y loger sa citerne. Une fois la citerne construite, il lui suffira de soigner son toit, c'est-à-dire de maintenir en bon état la couverture et les canaux ou conduites qui le lient à la citerne (1). »

Ce système, ajoute M. Grimaud de Caux, dans un mémoire spécial inséré dans les *Comptes rendus de l'Académie des sciences*, est applicable partout, et est à la portée des ressources des plus pauvres communes. Les agents voyers des cantons sont naturellement indiqués pour leur exécution; et quant au service journalier de surveillance, de conservation et d'entretien, les maires s'en acquitteraient par l'intermédiaire des serviteurs salariés de la commune. En utilisant une plus grande superficie de toits, on aurait l'approvisionnement des animaux. On remplacerait ainsi, par des abreuvoirs d'eau salubre, les mares, trop souvent infectes, où on les conduit se désaltérer, et l'on conjurerait une des causes efficientes des épizooties.

(1) *Des eaux publiques et de leur application aux ressources des grandes villes, des communes et des habitations rurales*, in-8°. Paris, 1863, pages 240-242.

CHAPITRE XIII

LES EAUX DE SOURCE. — LEUR COMPOSITION. — LEUR TEMPÉRATURE. — LEUR COMPARAISON AVEC LES EAUX DE RIVIÈRE.

Les eaux de sources ont donné lieu, chez les anciens, aux plus singulières idées. Il nous paraît bien simple d'attribuer à la pluie leur origine. Cette explication, si naturelle et qui s'impose, pour ainsi dire, d'elle-même, n'était jamais venue à l'esprit des anciens; et il y a même à peine trois ou quatre siècles qu'elle est admise dans la science. Quand on parcourt les ouvrages d'histoire naturelle du moyen âge, qui reproduisent les idées scientifiques de l'antiquité, on y trouve les opinions les plus bizarres sur l'origine des sources d'eau douce. La plupart des auteurs croient, avec Pline, qu'elles proviennent de l'eau de la mer, laquelle, en traversant les terrains, s'est débarrassée de ses principes salins. Plusieurs auteurs assurent que la circulation de l'eau à l'intérieur de la terre n'est pas assujettie aux lois ordinaires de la pesanteur; mais que ces eaux s'élèvent ou descendent dans les profondeurs du sol, suivant des lois particulières et inconnues.

C'est Bernard Palissy qui, dans son ouvrage, *Discours admirables de la nature des eaux et fontaines*, attribua le premier aux eaux météoriques l'origine des sources, et expliqua la formation des bassins ou des cours d'eau souterrains par l'existence, à l'intérieur du sol, de couches de rochers ou de terres argileuses qui, impénétrables à l'eau, opposent une barrière à la pénétration plus profonde de ce liquide.

Du temps de Bernard Palissy (et François Bacon soutenait encore cette thèse cinquante ans plus tard), on croyait que les fontaines sont produites, ou par l'infiltration des eaux de la mer, ou par l'évaporation et la condensation des eaux que renferment des cavernes situées à l'intérieur des montagnes. Bernard Palissy combat cette opinion. Il prouve que les eaux de sources proviennent de l'infiltration des eaux de pluie, lesquelles tendent à descendre dans l'intérieur de la terre, jusqu'à ce que, rencontrant un fond de roc ou une couche imperméable d'argile, elles s'y arrêtent, et finissent par se faire jour par quelque ouverture de la partie déclive du terrain.

Palissy décrit le moyen d'établir des fontaines artificielles, « à l'imitation et le plus près approchant de la nature, en en suivant le formulaire du *souverain fontainier*. » Ce procédé, il l'expose avec une exactitude, une précision, une clarté qui ne laissent rien à désirer.

« La cause pourquoi les eaux se trouvent tant ès sources qu'ès puits n'est autre qu'elles ont trouvé un fond de pierre ou de terre argileuse, laquelle peut tenir l'eau autant bien comme la pierre ; et si quelqu'un cherche de l'eau dedans des terres sableuses, il n'en trouvera jamais, si ce n'est qu'il y ait au-dessous de l'eau quelque terre argileuse, pierre ardoise, ou minéral qui retiennent les eaux de pluies, quand elles auront passé au travers les terres. »

Personne aujourd'hui ne met cette explication en doute, et l'on se demande comment elle a pu n'être pas admise d'emblée, quand on voit les sources taries reparaître après les pluies, et ces mêmes sources disparaître par une longue sécheresse.

Les sources d'eaux douces sont donc produites par l'infiltration des eaux pluviales à l'intérieur du sol. Quand elles rencontrent des terrains sablonneux qui sont très-perméables, les eaux pluviales pénètrent, en vertu de la pesanteur, à l'intérieur du sol, jusqu'à ce qu'elles rencontrent des terrains imperméables, c'est-à-dire des argiles, ou des terrains cristallisés, qui les retiennent. Une fois arrêtées, ces masses d'eaux forment des ruisseaux souterrains, et ces petits cours d'eaux intérieurs se font jour lorsqu'elles trouvent dans un point situé plus bas une ouverture libre à fleur du sol.

Les eaux souterraines, quand elles apparaissent au jour, prennent le nom de *source*. On les appelle quelquefois *fontaines*, mais on réserve habituellement ce nom au bassin qui reçoit l'eau provenant d'une source.

On confond quelquefois les eaux de source avec les eaux de puits et les eaux *artésiennes*. Sans doute les eaux *artésiennes* et celles des puits ont la même origine : elles proviennent toutes les deux de l'infiltration des eaux pluviales, mais on doit les distinguer, pour la clarté de l'exposition des faits. L'*eau de source* provient, comme l'eau de puits, des eaux pluviales qui se sont infiltrées plus ou moins profondément dans le sol ; mais la *source* apparaît d'elle-même à la surface du sol, et forme un courant continu, tandis que l'*eau de puits* est une nappe immobile, qu'il faut aller chercher, par des moyens artificiels, en creusant le sol plus ou moins profondément. Quant aux *eaux artésiennes*, elles ne se rangent ni dans l'une ni dans l'autre de ces catégories, par l'immense profondeur de leur trajet souterrain.

C'est surtout dans les mines que l'on voit clairement la véritable origine des sources. Le mineur a continuellement à lutter contre les eaux qui menacent ses travaux. Dans la plupart des exploitations de roches et de minerais métallifères, il faut entretenir constamment des pompes, pour extraire les eaux et les rejeter à l'extérieur des galeries. Ce sont souvent de véritables rivières que

Fig. 63. — Une source.

l'ingénieur doit épuiser; et dans trop d'occasions il arrive qu'il est forcé d'abandonner l'exploitation, par l'impossibilité de lutter contre l'envahissement des eaux.

La quantité d'eau débitée par une source varie beaucoup. Elle dépend surtout du régime pluviométrique. Après les longues pluies le débit des sources augmente; mais l'eau est rendue trouble par les matières terreuses qu'elle a entraînées. Elle est alors chargée de carbonate de chaux, de sulfate de chaux, de silice et d'argile, et elle ne recouvre sa limpidité qu'en reprenant son débit ordinaire.

Le débit des sources augmente plus encore par les neiges persistantes que par la pluie, et leur trouble s'accroît dans la même proportion. C'est que la neige détrempe la terre plus que la pluie et d'une manière plus continue.

La composition chimique des eaux de sources dépend des terrains que ces eaux traversent dans leur trajet souterrain. Les eaux de sources les plus pures sont celles qui proviennent des terrains primitifs, c'est-à-dire qui ont été arrêtées par le granit, le gneiss ou les roches volcaniques siliceuses, roches qui ne peuvent céder à l'eau que très-peu de substances solubles. On désigne sous le nom d'*eaux de roche* les sources qui s'échappent des montagnes granitiques, et que l'on considère, avec raison, comme supérieures en pureté à toutes les eaux connues.

Les eaux douces qui émergent des terrains secondaires, et qui renferment dès lors un peu de carbonate de chaux, sel dont la présence dans les eaux n'a point d'inconvénient, sont considérées comme très-bonnes pour la boisson. Il faut seulement qu'elles réunissent deux conditions : 1° elles ne doivent pas contenir de sulfate de chaux, sel calcaire, qui est très-nuisible à la cuisson des légumes; 2° la proportion totale de matières salines qu'elles renferment, ne doit pas dépasser 3 décigrammes par litre; car, au-dessus de ces limites, elles deviennent incrustantes, cuisent mal les légumes et décomposent le savon.

Ce sont ces principes de géologie et de chimie qui ont guidé dans le choix des eaux potables destinées à remplacer les eaux de la Seine pour l'alimentation de Paris. Comme nous le verrons dans l'histoire des eaux de Paris, M. Belgrand, chargé de cet important travail, renonça à toutes les sources provenant du bassin de la Seine, dont le terrain tertiaire est partout mélangé de couches de sulfate de chaux. Il alla chercher au loin, dans la Champagne, les sources de la Dhuis et de la Vanne, qui émergent de la craie des terrains secondaires et qui ne renferment pas plus de 3 décigrammes de matières salines par litre.

Les eaux de source ont sur les eaux de rivière, quand on les destine à l'usage de la boisson des habitants d'un centre de population, l'avantage d'être, selon la recommandation d'Hippocrate, fraîches en été et chaudes en hiver; ce qui revient à dire que leur température est immuable, à l'opposé des eaux de rivière, qui, circulant à l'air libre, participent de toutes les variations de la température extérieure, et sont froides en hiver et chaudes en été. Dans l'espace de deux ans, la température de la Seine a varié, selon M. Poggiale, de 0° à + 26°. Au contraire, la constance de la température des sources est remarquable. Plusieurs physiciens contemporains ont fait connaître des faits pleins d'intérêt à cet égard.

Dans un mémoire intitulé : *Recherches sur la composition chimique et les propriétés qu'on doit exiger des eaux potables* (1), M. Hugueny, de Strasbourg, a fait les remarques suivantes concernant la constance de la température des eaux de source.

La température des eaux de source des environs de Lyon, étudiée par Dupasquier, est :

Source de Roye de....	13°	dont la moyenne est 12°,5, tandis que la moyenne annuelle à Lyon est de 12°,4.
Source de Rouzier de.	12 ,2	
Source de Fontaine de.	12	
Source de Neuville de.	13	

La température de l'eau de ces quatre sources reste constante pendant toute l'année. La seule variation que l'on ait pu observer est d'environ 1°. Cette eau, en effet, marque au maximum 13°,2 et 12 au minimum.

La source du Rosoir, que Darcy a conduite de Messigny à Dijon, présente, au sortir de la montagne, une température constante de 10°, et elle arrive de Messigny à Dijon par un aqueduc de quatorze kilomètres de longueur (recouvert par de la terre sur une épaisseur de 1 mètre environ dans presque toute sa longueur) sans que sa température ait sensiblement varié.

Les observations de température à la

(1) Paris, 1865, in-8°, chez V. Masson, et à Strasbourg, chez Salomon, page 119 et suivantes.

source et à Dijon ont été faites par M. Perrey, professeur de physique à la Faculté des sciences de cette ville, avec un thermomètre très-sensible, qui permettait d'apprécier la température à un dixième de degré près. M. Hugueny résume dans le tableau suivant les résultats obtenus du 23 juin au 13 avrilpour les températures de l'eau à l'air, dans le réservoir de la Porte-Guillaume et dans les bornes-fontaines.

	TEMPÉRATURE MOYENNE		
Dates.	de l'air.	de l'eau du réservoir.	de l'eau des bornes-fontaines.
1844. 23 juin	16	11,2	12,3
10 juillet	20,9	11,5	12,7
24 juillet	20,8	12,1	13,2
10 août	16,6	12,4	13,5
30 novembre	5	11	10,6
18 décembre	1,7	10,8	9,9
1848. 3 janvier	2,1	10,2	9,2
24 et 25 janvier	3	9,4	8,6
22 février	4,5	8,6	7,8
13 avril	11	10,1	9,9

La plupart des sources de nos climats qui arrivent au jour sans se mélanger à des eaux superficielles, ne subissent annuellement, dans leur température, que de faibles variations, qui, en général, ne dépassent pas un dixième de degré.

M. Daubrée a donné, dans sa *Description géologique et minéralogique du département du Bas-Rhin*, une étude remarquable sur la température des sources de ce département, qui prouve l'exactitude de cette observation générale.

D'après M. Daubrée, les sources situées dans la plaine, les collines basses de l'Alsace ou les vallées des Vosges, ne diffèrent pas, en général, dans leur température moyenne, de plus de 0°,8, lorsqu'elles sont à égale hauteur au-dessus de la mer. Il est remarquable de trouver autant d'uniformité dans la température d'eaux qui sortent de terrains variés dans leur nature, dans leur relief et dans leur exposition.

La nappe d'eau qui imbibe le gravier de la plaine du Rhin, possède à Strasbourg, une température moyenne de 10° qui n'est que de peu inférieure à celle des sources proprement dites.

Selon M. Daubrée, la température des eaux de source diminue à mesure que l'on s'élève. Mais cette décroissance n'est pas régulière. Si l'on construit une ligne dont les abcisses représentent la température des sources, et dont les ordonnées soient proportionnelles aux altitudes des sources au-dessus de la mer, on voit que la ligne ainsi déterminée s'éloigne sensiblement de la ligne droite, ce qui montre que le décroissement dans la température des sources à mesure que l'on s'élève n'est pas tout à fait uniforme. Dans la plaine et dans les collines de hauteur inférieure à 280 mètres, le décroissement n'est à peu près que de : 1° par 200 mètres. De 280 mètres à 360 mètres d'altitude, la diminution est beaucoup plus rapide elle : est de 1° par 120 mètres. A partir de 360 mètres et jusqu'à 920 mètres, le décroissement redevient le même que dans la plaine, c'est-à-dire approximativement 1 degré par 200 mètres.

MM. Commailles et Lambert ont pris la température des eaux de certaines sources qui alimentent Rome, et qui sont amenées dans cette ville par des aqueducs ou qui s'échappent du sol même. Ils ont trouvé :

	Température.	Température de l'air.
Eau Félice.	16°	28° (5 juillet).
Eau Vergine ou de Trevi.	14°	22
Eau Pauline.	23°	25
Eau Argentine, source près du Forum.	15°	
Eau du Soleil, source des jardins Colonna.	15°	

Il est regrettable que la température des trois premières eaux n'ait pas été prise à la source; il aurait été intéressant de comparer les températures de chacune d'elles au point de départ et au point d'arrivée.

On remarque cependant que, sauf l'eau Pauline, qui présente une exception, tenant probablement à ce qu'elle vient en partie des lacs Bracciano et Martignano, la température des cinq autres sources est sensiblement la température moyenne de Rome, c'est-à-dire 15°.

Hippocrate disait : les meilleures eaux sont chaudes en hiver et froides en été. C'est en partie par cette considération que certaines villes, telles que Rome, Paris, Dijon, Édimbourg, Bordeaux, etc., vont chercher au loin et avec des sacrifices énormes, des eaux de source, qui conservent leur fraîcheur, même après un long trajet, bien que toutes ces villes soient traversées par un fleuve ou une rivière.

Les eaux de source l'emportent encore sur les eaux de rivière, en ce que ces dernières sont souvent troubles et chargées de limon, tandis que les eaux de source sont constamment limpides. Les matières organiques contenues dans les eaux de rivière entrent facilement en putréfaction dans les fortes chaleurs, et au contact de la lumière. Les eaux deviennent alors insalubres, d'une odeur plus ou moins infecte et d'une saveur désagréable et saumâtre, si les substances organiques sont abondantes. Les eaux de sources ne sont pas sujettes à de pareilles altérations, leur trajet étant souterrain et à l'abri de toute influence altérante.

Les eaux de source ont l'inconvénient d'être peu aérées lorsqu'elles émergent de la terre, parce qu'elles ont perdu une partie de l'air qu'elles contenaient avant d'y entrer (car l'eau de pluie est toujours très-aérée). On a quelquefois élevé cette objection contre l'usage des eaux de source : on a voulu les rejeter à cause de leur peu d'aération. Mais il n'est rien de plus facile que d'aérer une eau de source : il suffit de lui laisser former un petit ruisseau, de faire traverser à ce petit ruisseau des pierres ou des cailloux, ou de la faire tomber sur une série de petites cascades.

Nous disions plus haut que l'eau de source employée en boisson ne doit pas renfermer plus de 3 décigrammes par litre de matières salines. Il est intéressant de connaître la quantité de résidu salin que laissent quelques-unes des eaux potables consacrées à l'alimentation des populations. Nous réunissons dans le tableau suivant les quantités de matières solubles contenues dans un litre de chaque source ; c'est une sorte d'échelle décroissante de la pureté comparative de ces eaux potables.

	Résidu par litre.
Source de la vallée de Monveaux, près de Metz.	0gr,170 à 0gr,214
— des environs de Reims.	,186 à ,424
— de Lyon.............	,230 à ,265
— de Rouen.............	,232 à 1gr,753
— de Bordeaux..........	,245 à ,523
— de Dijon..............	,260
— de Vergine ou de Trévi, à Rome............	,263
— de Fécamp...........	,269 à ,378
— de Félice à Rome......	,270
— de Montivilliers.......	,276
— de Besançon..........	,279 à ,283
— de Bolbec............	,291
— de la Dhuis..........	,293
— de Harfleur..........	,330
— du Havre............	,368 à ,925
— de Lille...............	,478
— d'Arcueil, près Paris...	,527

CHAPITRE XIV

LES EAUX DE FLEUVE ET DE RIVIÈRE. — COMPOSITION CHIMIQUE DES EAUX DE FLEUVE ET DE RIVIÈRE. — VARIATION DE LEURS ÉLÉMENTS.

Les eaux de fleuve et de rivière sont formées par la réunion des ruisseaux, lesquels proviennent eux-mêmes des eaux de pluie, des eaux de source ou de la fonte des glaciers. Les ruisseaux qui forment dans les montagnes des torrents plus ou moins im-

Fig. 64. — Le Rhin, à Heidelberg.

pétueux, vont, après un trajet plus ou moins long, sur un sol plus ou moins incliné et plus ou moins pur, former les rivières et les fleuves, qui les portent à la mer, le grand réservoir des eaux du globe. La composition et les qualités des eaux douces et courantes doivent donc varier beaucoup suivant la nature et l'étendue du sol parcouru, la végétation qui se développe au fond de ces différentes espèces de cours d'eau, et les animaux divers qui peuvent y naître et y mourir. Elles doivent également varier par les crues que provoquent les pluies.

Ainsi, l'eau de la Tamise, qui parcourt en grande partie un terrain d'alluvion, c'est-à-dire composé de matières meubles et altérables par l'eau, contient $0^{gr},26$ de principes solubles par litre, tandis que celle de la Dée, à Aberdeen, qui traverse un terrain granitique, ne contient que $0^{gr},04$ de matières solubles par litre.

On peut donc considérer les eaux de fleuves et de rivières comme de l'eau de pluie qui tient en dissolution des principes provenant à la fois de l'atmosphère et du sol qu'elles parcourent.

Lorsque les eaux proviennent de la fusion des glaciers, elles ne sont pas chargées de principes fixes solubles dans le commencement de leur cours. L'eau de l'Arve, qui, sortant des glaciers du Mont-Blanc, traverse la vallée de Chamonix et entre dans le Rhône, près de Genève, ne donne à son origine, c'est-à-dire dans la vallée de Chamonix, aucun précipité avec les azotates de baryte et d'argent, l'oxalate d'ammoniaque ni d'autres réactifs ; tandis qu'à son point de jonction avec le Rhône, après un cours de 100 kilomètres, ces mêmes réactifs la précipitent.

Si, dans l'origine, les eaux de sources qui, en se rassemblant plus tard, donneront naissance aux ruisseaux, n'ont traversé que des roches cristallines (granit ou mica), elles sont peu chargées de matières salines; elles renferment seulement de l'acide carbonique, peu de chlorures et de sulfates, et sont claires, limpides et fraîches.

Cependant les eaux des ruisseaux ne proviennent pas toutes des sources. Elles doivent aussi leur origine aux eaux pluviales. Ces eaux, en coulant sur des terrains meubles et calcaires, se chargent de sels de chaux et de magnésie. Il se passe là une véritable réaction chimique. Une partie du gaz acide carbonique dissous dans ces eaux, se combine aux carbonates neutres de chaux et de magnésie, et forme des bicarbonates solubles. Mais plus tard le choc de l'eau contre les aspérités du fond produit l'effet inverse, c'est-à-dire fait dégager le gaz acide carbonique, et précipite les carbonates neutres à l'état insoluble.

Le bicarbonate de chaux est, de tous les sels dissous dans les eaux courantes, celui qui se précipite et disparaît le plus rapidement par l'action des secousses réitérées que les particules d'eau reçoivent par leur choc contre le fond de leur lit. Il se décompose alors en gaz acide carbonique, qui retourne à l'atmosphère, et en carbonate de chaux neutre, qui se précipite et va, avec les matières organiques solubles et minérales tenues en suspension, former ce que l'on nomme le *limon des rivières*.

Il résulte de là que la proportion de carbonate de chaux soluble, ou bicarbonate de chaux, assez forte dans l'eau des ruisseaux, diminue dans l'eau des rivières, et d'avantage encore dans l'eau des fleuves; en d'autres termes; que plus une eau douce parcourt un espace étendu de terrain, moins elle contient de carbonate de chaux dissous.

En perdant ainsi un excès de sels calcaires, l'eau subit une véritable dépuration, dont le résultat varie suivant que l'on examine cette eau près ou loin de son lieu d'émergence. Il est certain, en effet, que plus on s'éloigne des petits cours d'eau, moins les eaux sont chargées de sels solubles. Les eaux des fleuves sont moins chargées de matières salines dissoutes que celles des rivières, et les eaux des rivières sont elles-mêmes moins chargées de sels que celles des ruisseaux.

Les eaux des fleuves et des rivières subissent dans leur trajet de graves modifications.

Pour se rendre compte des changements que les eaux des rivières et des fleuves subissent dans leur cours, il faut considérer l'influence qu'exerce sur elles le sol sur lequel elles coulent, et l'action qu'elles exercent réciproquement sur ce même sol.

Les eaux exercent sur les terrains à travers lesquels elles se frayent un passage, une action destructive constante, dont l'énergie est augmentée par la richesse des eaux en carbonate et en azotate d'ammoniaque.

Outre cette attaque par la voie chimique, il y a une action mécanique des eaux, qui amène la désagrégation des roches; surtout par les alternatives de chaleur et de froid. Les roches ainsi divisées sont en partie dissoutes, en partie entraînées par le courant des montagnes vers les plaines.

La corrosion des rives des points élevés d'un cours d'eau entraînant les débris vers des parties plus basses, se fait sans jamais s'interrompre. Les matières ainsi enlevées se déposent plus ou moins loin, selon la pente de l'eau et la résistance des roches. Les parties les plus denses des roches, qui se trouvent au fond du cours d'eau, se séparent les premières, et forment les galets, les cailloux roulés, le gravier et le sable. Les parties plus fines et plus ténues restent en suspension dans l'eau, et sont entraînées jusqu'à l'embouchure des fleuves. Dans ces points, l'eau perdant sa force vive et le courant diminuant, ces matières se déposent, et donnent naissance aux dépôts connus sous le nom d'*alluvions des fleuves*, ou *terrains de transport*.

Quelques chiffres donneront une idée exacte de l'importance de ce travail des eaux courantes. D'après les observations faites par le colonel Everest, à qui l'on doit la mesure géodésique de l'Inde, faite en 1831 et 1832, le Gange roulerait :

	Pendant les 4 mois de pluie.	Pendant les 5 mois d'hiver.	Pendant les 3 mois d'été.
Comme masse d'eau, par seconde.....	14120^{mc}	2034^{mc}	1038^{mc}
Comme matières en suspension, par mètre cube......	1943^{gr}	446^{gr}	217^{gr}

Le courant entraîne donc, à l'état de matières en suspension :

	Par seconde.	Par mois (millions de kilog.)
Dans la saison des pluies.	2743 kil.	7132
En hiver...............	906	2356
En été.................	225	585

Ce qui, en tenant compte de la durée indiquée plus haut, pour chacune des périodes, correspond, par an, à une quantité totale de 43,063 millions de kilogrammes de matières entraînées. Cette quantité de terres suffirait pour former un dépôt de 172 milles carrés anglais ayant 0^{m},30 d'épaisseur.

On a calculé que l'eau du Mississipi, fleuve d'Amérique, contient 803 grammes par mètre cube d'eau, d'éléments dissous ou en suspension, et emporte, chaque année, à la mer 222 millions de mètres cubes de ces matières.

Le fleuve Jaune, en Chine, tient en suspension 5 kilogrammes de matières solides par mètre cube d'eau, et entraîne chaque année près d'un milliard de mètres cubes de ces matières.

Le Nil contient (au Caire) 1^{k},58 de matières en suspension par litre d'eau, et en roule 377,000 mètres cubes par jour. L'alluvion déposée par les eaux du Nil forme la 120e partie de son volume, et représente une masse de 50 à 68 mètres cubes roulée par heure.

Les matières terreuses suspendues dans les eaux sont prodigieusement ténues, et leur précipitation est excessivement difficile. Dans les eaux du Rhin, à Bonn, par exemple, la filtration ne peut les séparer : il faut quatre mois pour clarifier le liquide.

Ce sont ces matières qui donnent aux eaux de fleuves leur nuance verdâtre ou jaunâtre, quand cette couleur ne dépend pas de produits organiques.

La quantité des matières en suspension augmente au moment des crues et des pluies, et varie pendant le reste de l'année. C'est ce que l'on a vu par les chiffres que nous avons cités à propos du Gange. A Bonn, le Rhin, au mois de mars 1851, contenait par litre 205 grammes de matières, au moment d'une forte crue; en mars 1852, après une longue sécheresse, il ne conservait plus que 17 gr. de matières en suspension.

Le Rhône, dont le débit annuel est de 54,236 millions de mètres cubes, charrie, en moyenne, dans une année, 21 millions de mètres cubes de limon.

Le Danube emporte plus de 60 millions de mètres cubes de matières terreuses, et dans les époques d'inondations la proportion de ces matières est quarante fois plus grande que dans la saison sèche.

Il y a souvent dans la Loire 225 à 250 grammes de limon, par chaque mètre cube d'eau.

La proportion des matières terreuses tenues en suspension dans la Seine, s'élève quelquefois jusqu'à $\frac{1}{2000}$. Celui qui boirait dans sa journée 3 litres d'eau de Seine non filtrée, à l'époque des plus fortes crues, chargerait son estomac d'un gramme et demi de substances terreuses.

On a calculé que la Durance, dans le moment des grandes crues, charrie 4 kilogrammes 18, de substances terreuses, et que la quantité moyenne de substances terreuses qu'elle tient en suspension dans tout le courant de l'année, est de 280 grammes par litre. L'eau du Rhin en contient, en moyenne, 20 grammes; la Saône contient en maximum 100 gr., en minimum 8 grammes, en moyenne 40 grammes.

Outre les substances solides enlevées à leur lit, les eaux de fleuves et de rivières sont troublées par les pluies et les averses. A chaque averse, les eaux des ruisseaux ou des torrents se chargent de terre végétale, d'argile, de graviers, et de toutes sortes de détritus qu'elles arrachent au sol. L'ensemble de ces matières est entraîné, pêle-mêle, jusque dans le lit des rivières.

Il n'est pas surprenant, d'après cela, que les eaux des rivières et des fleuves soient presque constamment troubles.

Ce n'est pas seulement à l'action de l'eau contre les rives qui la renferment ou à la présence du limon terreux apporté par les eaux torrentielles à la suite des grandes pluies, qu'est due l'altération des eaux des fleuves et rivières. Il y a une troisième action s'exerçant sur les terres végétales des rives. On a reconnu que les terres, cultivées ou non, qui sont un mélange de produits minéraux désagrégés et de détritus organiques, enlèvent à l'eau qui les baigne quelques-uns des sels en dissolution dans cette eau. Les terres absorbent très-faiblement la soude, mais énergiquement l'ammoniaque et la potasse. Parmi les acides, les terres s'emparent surtout d'acide phosphorique ; elles s'assimilent moins facilement la silice, encore moins l'acide sulfurique, et ne paraissent pas agir sur les chlorures.

Les silicates et azotates de soude sont décomposés en partie : environ $\frac{1}{8}$ de leur base est retenu. L'ammoniaque et la potasse sont absorbées par le sol, lorsqu'elles existent à l'état de sulfates, d'azotates, de silicates ou de chlorures : le chlore passe à l'état de chlorure de calcium. La silice des sels de potasse est enlevée à l'eau, tantôt en proportion très-faible, tantôt intégralement. Pour le phosphate de chaux et le phosphate ammoniaco-magnésien, l'acide phosphorique est complétement absorbé : l'ammoniaque du phosphate ammoniaco-magnésien, ainsi que la chaux, restent en dissolution.

En résumé, les eaux des rivières et des fleuves sont soumises, en coulant sur le sol, à deux influences : l'une qui tend à les dépouiller des substances dissoutes, l'autre qui tend à leur en ajouter. Comme la dernière influence est la plus importante, les eaux fluviales sont toujours plus riches en éléments dissous, notamment en sels, que les eaux de pluie.

Si l'on tient compte de l'influence du sol sur les eaux des rivières et des fleuves, et des différences qu'amènent les pluies dans leur débit, on comprendra que la composition chimique de ces eaux doive être très-variable, non-seulement pour les différents fleuves, mais pour le même cours d'eau pris à différents points de son cours.

Cette question, c'est-à-dire la composition chimique des eaux des fleuves et des rivières (quand elles sont débarrassées de toute matière en suspension), doit maintenant nous occuper.

Il ressort des considérations que l'on vient de lire, qu'après les eaux de pluie et de source, les eaux de rivière et de fleuve sont les plus pures. Dans les eaux les plus chargées, la quantité d'éléments dissous est toujours assez faible pour que leur densité diffère à peine de celle de l'eau distillée.

Voici les quantités de principes dissous dans un litre d'eau de différents fleuves et rivières.

NOMS DES FLEUVES.	POIDS DU RÉSIDU PAR LITRE D'EAU.
La Loire, à Firminy.......	0gr,350
Le Rhône, à Lyon........	0 ,107
La Moselle, à Metz.........	0 ,116
La Garonne, à Toulouse...	0 ,137
La Saône, à Lyon.........	0 ,141
Le Maine, à Angers.......	0 ,147
La Seine, avant sa jonction avec la Marne..........	0 ,178
La Marne, avant sa jonction avec la Seine.......	0 ,180
Le Dolter, à Mulhouse.....	0 ,184
L'Isère, à Grenoble.......	0 ,188
La Vesle, avant Reims.....	0 ,190
La Vienne, à Troyes.......	0 ,198
Le Doubs, à Besançon.....	0 ,230
Le Rhin, à Strasbourg.....	0 ,232
L'Escaut, à Cambrai......	0 ,294
La Deule, avant Lille......	0 ,308
La Lys, près de Menin.....	0 ,351
La Tamise, à Greenwich...	0 ,397
Le Tibre, à Rome.........	0 ,546

L'eau des fleuves ou des rivières qui traversent les contrées peu habitées, renferme moins de principes dissous que celle des fleuves qui traversent des centres de populations nombreuses. C'est à leur sortie des grandes villes, où elles reçoivent le plus souvent le contenu des égouts, que les eaux des fleuves et rivières sont chargées d'une grande quantité de principes étrangers. La Seine, à Paris, contient cinq fois plus de matières dissoutes que la Delaware et l'Ottawa en Amérique, et que l'Ilz, dans la Bavière; la Tamise, à Londres, en renferme vingt fois plus. Cependant l'Ilz est presque noire, par suite du voisinage des tourbières, et son sillon se reconnaît encore longtemps au-dessous de Passau, après qu'elle s'est jetée dans l'Inn.

Quand les villes sont bâties près de l'embouchure d'un fleuve, la proportion des matières étrangères que renferme l'eau de ce fleuve augmente au moment de la marée montante, et diminue à la marée descendante, parce que, pendant le flux, l'eau reste immobile et conserve les impuretés qui, auparavant, se perdaient dans la mer. La Tamise, à Londres, contient trois fois plus d'éléments solides à la marée montante qu'à la marée descendante, et les matières en suspension y sont alors huit à dix fois plus considérables.

Une conséquence naturelle des conditions que nous venons d'indiquer, c'est que, pour un même fleuve, la quantité des éléments varie, suivant le point de son parcours où l'on puise l'eau. Mais un fait que l'on n'aurait pas soupçonné, c'est que ces variations ont lieu d'une rive à l'autre. D'après Vauquelin et Bouchardat, l'eau de la Seine contient vers la rive droite, depuis le confluent de la Marne, une quantité de magnésie plus grande que vers la rive gauche; et l'eau de la rive gauche, analysée par ces deux chimistes, donna des traces d'un azotate alcalin, sel qui faisait défaut dans l'eau de la rive droite.

MM. Boutron et Henry ont trouvé que la proportion des azotates augmente dans l'eau de la Seine à mesure que ce fleuve s'éloigne de Paris. Comment expliquer cette particularité ? Lorsque les fleuves sont très-spacieux, les eaux des rivières qui s'y jettent ne se confondent entièrement avec celles du fleuve qu'au bout d'un temps très-long. Tout le monde sait que la Seine et la Marne, qui se joignent en amont de Paris, forment deux courants distincts, qui ne se mélangent entièrement qu'à une assez grande distance de leur point de jonction. D'après Robinet, il y a 6 degrés hydrotimétriques de différence entre les deux courants. Cet observateur assure que ce n'est qu'après avoir franchi le circuit formé par la Seine devant Meudon et Sèvres, que les eaux sont suffisamment mélangées avec celles de la Marne, et qu'on trouve le même titre hydrotimétrique en quelque point que l'on puise l'eau.

Le bicarbonate de chaux constitue la plus grande partie des sels dissous dans les eaux de fleuves et de rivières. Le tableau suivant montre dans quelle proportion le carbonate de chaux entre dans 100 parties de principes dissous dans les eaux de différents fleuves.

Pour le Rhône..........	82 à 94	p. 100 de résidu.
— la Seine............	75	—
— l'Aar...............	75	—
— le Danube..........	61	—
— la Vistule..........	60	—
— le Rhin............	55 à 75	—
— l'Elbe..............	55	—
— la Loire............	53	—
— la Meuse...........	48 à 62	—
— la Tamise..........	43 à 57	—

Ces chiffres correspondent à des masses de matières considérables. Ainsi, la petite rivière de la Pader, en Westphalie, enlève chaque année, par voie de dissolution, au terrain qu'elle traverse, une quantité équivalente à un cube de 30 mètres de côté de carbonate de chaux.

Les phosphates existent dans les eaux de rivière. On les trouve dans les proportions suivantes, pour 1,000 parties d'eau :

De la Delawarre........	0,024	(Wurtz.)
Du Dniéper.............	0,004	(Guillemin.)
De la Dee (Angleterre)...	0,010	(J. Smith.)
Du Don................	0,050	(J. Smith.)

Disons seulement que l'iode a été trouvé par M. Chatin, dans un grand nombre d'eaux de rivières de France, et par Van-Ankum dans presque toutes les eaux des Pays-Bas. La proportion en est toujours très-faible.

En résumé, on ne saurait formuler de conclusions générales quant à la teneur en principes solides dissous dans les eaux de fleuves et de rivières, qu'en tenant compte des conditions de localité de terrain et de la longueur du parcours de l'eau courante.

Des matières organiques existent toujours dans les eaux de fleuves et de rivières. Ces matières sont solubles ou insolubles. Les matières organiques solubles modifient notablement la constitution chimique des eaux. Sous l'influence de la lumière solaire et de l'oxygène dissous dans ces eaux, il se fait une oxydation énergique, qui transforme ces matières en ammoniaque, laquelle est, à son tour, transformée en azote, et il se produit en même temps de l'acide carbonique.

Les matières organiques insolubles se déposent avec les sels calcaires, tantôt dans le lit des cours d'eau qui n'ont qu'un faible écoulement, tantôt sur les plages, par les alternatives de flux et de reflux. Ces dépôts de matières organiques, réunis en grand nombre, constituent le *limon*. Ce limon, se décomposant pendant l'été, devient une grande cause d'insalubrité pour les riverains.

Les matières organiques qu'on trouve dans les eaux des fleuves et rivières, proviennent : 1° des égouts ; 2° des plantes aquatiques qui, parvenues à leur complet développement, se détruisent, en cédant aux eaux des produits ammoniacaux ; 3° de nombreux animaux de toute classe qui naissent et meurent dans l'eau douce. Nous avons déjà dit que dans les villes traversées par un fleuve, celui-ci recevant toutes les eaux qui ont lavé les rues, ou qui ont servi à l'industrie, charrient toujours une plus grande quantité de principes organiques à leur sortie qu'à leur entrée.

La décomposition des matières organiques, lorsqu'elles existent en proportions notables, sont la cause principale de l'insalubrité des eaux des fleuves et des rivières. En effet, ces matières, en présence des sulfates alcalins et terreux dissous dans ces eaux, désoxydent les sulfates et les convertissent en sulfures. Ensuite ces sulfures, décomposés par l'acide carbonique de l'air, dégagent de l'hydrogène sulfuré, qui rend l'air méphitique.

La pente naturelle, ainsi que la température, a une grande influence la sur pureté des eaux de fleuves et de rivières. Quand les eaux ont un écoulement rapide, les matières solubles se détruisent par l'oxydation avec une assez grande rapidité; mais lorsqu'elles coulent lentement ou que la pente du cours d'eau est peu prononcée, le limon s'accumule, et l'eau qui le recouvre est très-impure. Le lit de la rivière de Bièvre, qui traverse le faubourg Saint-Marcel, à Paris, n'est qu'une couche épaisse de vase, composée de matières organiques provenant de nombreuses tanneries établies sur ses bords.

Pendant les grandes chaleurs et lorsqu'il n'a pas plu depuis longtemps, les eaux des ruisseaux et des rivières exhalent une odeur désagréable, parce qu'elles tiennent en dissolution une plus grande quantité de matières organiques qu'en hiver.

L'influence funeste que les matières organiques exercent sur les eaux de rivière n'est nulle part mieux mise en évidence que par la Tamise, dans son parcours de Londres. Avant d'arriver à Londres, ce fleuve parcourt une longue étendue de terrains richement cultivés, et il reçoit, dans son trajet, les égouts de diverses villes, dont la population s'élève à plus de sept cent mille habitants. Aussi son eau, à l'intérieur de Londres, est-elle très-chargéede matières organiques, et montre-t-elle une couleur jaunâtre, due à la présence de matières organiques en dissolution, lorsqu'on la regarde, en plaçant derrière le vase une feuille de papier blanc.

Les matières organiques, quand elles existent dans des eaux potables, deviennent une source de maladies pour ceux qui en boivent journellement, et leur séparation constitue un problème très-difficile à résoudre. Un chimiste hollandais, M. Medlock, s'est occupé de cette question en étudiant les eaux publiques de la ville d'Amsterdam. On avait remarqué que ces eaux, quoique complétement incolores et transparentes, laissaient déposer sur les parois des vases, après quelque temps de repos, un sédiment rougeâtre, et contractaient une faible odeur de poisson. On avait cru d'abord que ce dépôt était formé de sesquioxyde de fer, provenant de ce que les tuyaux étaient en fer ; mais M. Medlock s'assura que cette conjecture était fausse, parce que l'eau, avant d'entrer dans les tuyaux de fer, contenait plus de traces de fer, d'alumine et de phosphates, qu'après avoir traversé ces tuyaux. Cependant le dépôt rougeâtre se produisait toujours, et il ne se formait pas avant d'entrer dans les tuyaux. L'examen chimique et microscopique de ce dépôt rougeâtre prouva à M. Medlock qu'il se composait, presque en totalité, de substances organiques consistant en filaments d'algues, de conferves et d'autres végétaux microscopiques diversement altérés. L'odeur analogue à celle du poisson tenait à la présence de quantités considérables d'*Ulva intestinalis*, qui flottaient à la surface de l'eau dans les réservoirs, avant qu'elle fût filtrée et introduite dans les tuyaux de conduite.

Il résulte des intéressantes expériences de M. Medlock, sur les eaux d'Amsterdam et sur celles de la Tamise, que le fer a la propriété, commune, du reste, à d'autres métaux, et signalée pour la première fois par Schönbein, de convertir l'ammoniaque, ou les matières organiques azotées, en acide azoteux (AzO^3), qui possède des propriétés oxydantes très-énergiques. C'est ainsi que M. Medlock explique la disparition des matières organiques des eaux en présence du fer.

M. Muspratt a confirmé les résultats de M. Medlock, en étudiant les eaux de Liverpool.

Si les faits signalés par ces deux chimistes se confirment pour toutes les eaux contenant des matières organiques azotées, qui sont les plus dangereuses employées en boisson, le fer, métal inoffensif, deviendrait le purificateur des eaux, et rendrait à l'hygiène publique des services réels.

Les végétaux microscopiques qui apparaissent dans l'eau des rivières altérées par des matières organiques, appartiennent aux familles des Conferves, des Champignons, des Diatomacées, des Desmidiées, etc.

Beaucoup de ces végétaux se présentent au microscope avec des formes très-remarquables. Le docteur Hassall a étudié au microscope l'eau de la Tamise altérée par des matières organiques. Pour faire cet examen, on place environ un litre de l'eau à essayer, dans un vase en verre, assez étroit, et de forme conique. Après quelques heures de repos, il se fait un léger dépôt au fond du vase. Dans ce dépôt on voit fréquemment de nombreux animalcules se mouvoir avec rapidité : ce sont de petits crustacés, les *Cyclopes quadricomis*, En été, on les rencontre souvent dans les eaux de rivière chargées de matières organiques. On trouve dans les mêmes eaux, d'autres crustacés, particulièrement certaines espèces de *Daphnia*, qui, par leur grand nombre, communiquent quelquefois à l'eau une couleur jaunâtre. Les hydres et d'autres espèces de zoophytes se rencontrent souvent dans les eaux altérées.

L'éponge d'eau douce (*Spongia fluviatilis*), se présente également dans ces eaux.

Pour bien examiner le dépôt qui s'est formé au fond du vase de verre à fond conique, il faut séparer l'eau claire, et placer une portion du dépôt dans le champ du microscope.

La figure 64 représente, d'après le docteur Hassal, les principaux animaux et végétaux contenus dans l'eau de la Tamise, prise à Richmond et au pont de Waterloo, vus au microscope, avec un grossissement de 220 diamètres seulement.

L'influence des grandes villes sur l'augmentation de la quantité de matières organiques dans l'eau des fleuves, est donc de toute évidence. Cependant, pour beaucoup de fleuves, les matières organiques proviennent d'une autre cause. La Dee, en Angleterre, l'Ohe, en Bavière, sont très-chargées de matières organiques, qui proviennent uniquement des tourbières que traversent ces eaux.

C'est à la présence des matières organiques qu'est due l'odeur particulière que dégagent les résidus d'évaporation de beaucoup d'eaux de fleuves. Cette odeur rappelle celle des matières azotées pour l'eau qui traverse les grandes villes, et celle des tourbes pour les rivières traversant des contrées marécageuses.

La présence de matières organiques tend à faire diminuer la proportion de l'air dissous dans l'eau des fleuves et des rivières. Les eaux qui sont pendant longtemps en contact avec des feuilles mortes, du bois pourri, celles qui filtrent à travers une terre végétale chargée de terreau, sont toujours très-peu aérées. Il est aujourd'hui bien reconnu que ce défaut d'aération tient à ce que les substances végétales s'emparent de l'oxygène de l'air dissous dans l'eau. Dalton assure qu'il suffit de laisser séjourner l'eau dans un vase de bois, pour que cette eau perde, en très-peu de temps, la totalité de son oxygène : elle devient fade et impropre à la boisson. Nous verrons, en parlant de l'eau de la Seine, que l'altération de cette eau par les matières de toute nature qu'y déversent aujourd'hui les égouts a pour conséquence, entre autres mauvais résultats, de faire disparaître la majeure partie de l'oxygène dissous dans cette eau.

On voit quelquefois les poissons d'un étang périr sans cause appréciable. Cette cause est presque toujours l'accumulation qui s'est faite de matières organiques dans la vase. Ces matières se putréfient, ab-

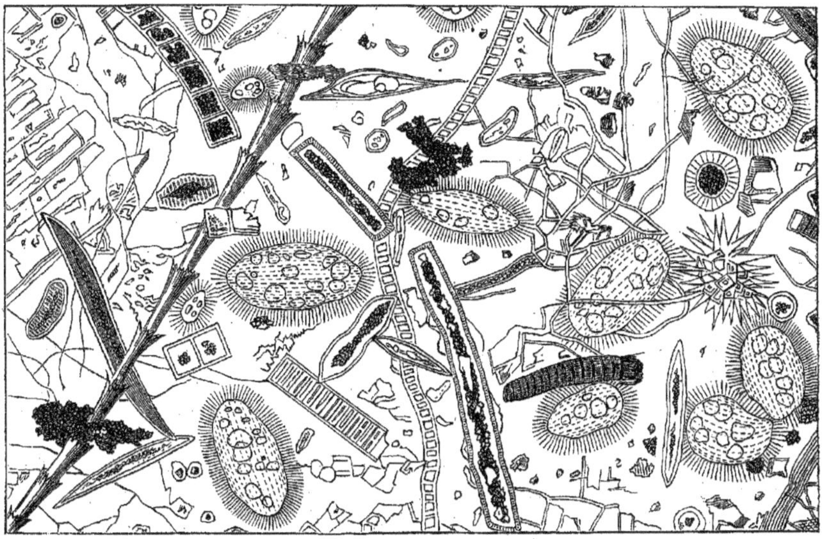

Fig. 65. — L'eau de la Tamise, à Richmond et au pont de Waterloo, vue au microscope.

sorbent tout l'oxygène de l'air dissous dans l'eau, et le remplacent par du gaz acide carbonique, de l'hydrogène carboné, de l'hydrogène sulfuré, que respirent les poissons. C'est pour cela qu'il est indispensable de curer les étangs à de certains intervalles.

Malgré la présence des matières organiques azotées, les eaux des fleuves contiennent, comme nous l'avons déjà dit, beaucoup moins d'ammoniaque que les eaux de pluie. M. Boussingault a trouvé par mètre cube :

Dans l'eau de pluie.......	$0^{gr},79$	ammoniaque
Dans l'eau du Rhin, à Lauterbourg (juin 1853).....	0 ,48	—
Dans l'eau du Rhin en octobre 1853............	0 ,17	
M. Poggiale a trouvé dans la Seine, au pont d'Ivry....	0 ,17	

Toute faible qu'elle est, cette proportion d'ammoniaque représente une masse considérable pour le débit total d'un fleuve. A Lauterbourg, le Rhin entraînerait par 24 heures 16,245 kilogrammes d'ammoniaque.

La proportion relative d'ammoniaque qui existe dans l'eau des fleuves s'explique par ce fait que le sol a enlevé une partie de l'ammoniaque aux eaux de pluie, et parce que l'ammoniaque étant un corps volatil, s'échappe, pendant les chaleurs, avec la vapeur qui s'élève de l'eau.

Si les eaux fluviales renferment peu d'ammoniaque, en revanche elles contiennent une proportion très-forte d'azotates.

Bineau a trouvé par mètre cube :

Dans les eaux du Rhône. $0^{gr},5$ à $5^{gr},0$ d'azotates.

D'après M. Deville il y a,

Dans les eaux de la Seine, à Bercy.............. 14 ,6 d'azotate.

Le même chimiste a trouvé,

Dans l'eau du Rhin, à Strasbourg.	$3^{gr},8$	d'azotates.
Dans le Doubs, à Rivotte.......	8 ,0	—
Dans le Rhône, à Genève.......	8 ,5	—

M. Maumené à trouvé,

Dans la Vesle, à St-Brice...... 1gr,8 d'azotates.

Et M. Herapath,

Dans l'Exe................ 2gr,8 —

Toutes les eaux des fleuves contiennent en dissolution de l'air et du gaz acide carbonique. Les proportions moyennes sont de :

6 à 9	centimètres cubes	d'oxygène.
13 à 20	—	d'azote.
7 à 23	—	de gaz acide carbonique.

Les eaux des fleuves, comme celle des sources, sont d'autant plus agréables à boire qu'elles contiennent proportionnellement plus d'oxygène et de gaz acide carbonique. Il faut que la somme totale de ce mélange gazeux dépasse 30 centimètres cubes par litre. Les eaux de fleuves sont dites alors *légères*. Quand elles renferment peu d'air, elles sont sans saveur et peu digestibles.

M. Péligot a analysé comparativement l'air dissous dans l'eau de la Seine et dans l'eau de pluie.

Nous avons donné, dans les considérations générales sur les eaux potables, les quantités de gaz que ce chimiste a trouvées comparativement dans l'eau de la Seine et dans l'eau de la pluie (1).

Il résulte de ces chiffres que l'eau de la Seine renferme trente fois plus de gaz acide carbonique et plus d'oxygène que l'eau de la pluie.

M. Péligot a beaucoup multiplié les dosages de l'oxygène dans l'eau de la Seine. D'un litre d'eau de Seine il a retiré :

Le 19 janvier 1855......	54cc,1	de gaz.
Le 26 id.	53 ,6	—
Le 16 février 1855......	54 ,6	de gaz
Le 20 id.	42 ,8	—
Le 24 mars 1855......	40 ,4	—
Le 28 id.	30 ,0	—
Le 11 avril 1855......	43 ,3	—
Le 18 mai 1855......	40 ,0	—

(1) Voir page 94.

M. Poggiale avait trouvé dans les eaux de la Seine, du mois de décembre 1852 au mois de décembre 1853, de 30 à 55 centimètres cubes de gaz dont la composition était :

	D'après Péligot. (Expérience du 19 janvier.)	D'après Poggiale.
Acide carbonique....	22,6	21,C
Azote...............	21,4	20,0
Oxygène............	10,1	9,0

L'azote et l'acide carbonique sont dissous respectivement à peu près dans le rapport qu'indiquent les lois de dissolution des mélanges gazeux.

Selon M. Péligot, le gaz acide carbonique entre pour moitié environ dans le volume des gaz dissous dans l'eau de la Seine, et sous doute aussi dans l'eau de toutes les rivières et des fleuves.

Nous terminerons ces considérations par quelques mots sur la température des eaux de fleuves et de rivières. La température de ces eaux se rapproche de la température de l'air des lieux qu'elles traversent ; en outre, les *maxima* et les *minima* de leur température s'écartent moins de la moyenne annuelle du lieu que les *maxima* et les *minima* de la température de l'air. C'est ce qui ressort clairement, pour le Rhin et pour l'Ill, du tableau suivant, emprunté aux *Opuscules de météorologie* de M. Bertin.

Températures mensuelles du Rhin et de l'Ill, avec les températures de l'air de 1850 à 1859.

MOIS ET SAISONS.	AIR à Strasbourg.	AIR au pont de Kehl.	RHIN au pont de Kehl.	ILL à Strasbourg.
Janvier	0,2	1,0	3,1	2,8
Février	1,0	2,5	3,5	3,5
Mars	4,3	5,3	5,7	5,0
Avril	10,3	10,8	9,5	10,9
Mai	14,5	14,3	12,8	14,8
Juin	19,8	19,2	17,2	18,6
Juillet	21,7	20,7	19,2	20,4
Août	20,9	19,7	19,1	20,2
Septembre	15,7	15,4	16,5	15,8
Octobre	10,7	10,8	12,9	12,2
Novembre	3,4	4,6	7,0	5,7
Décembre	0,8	1,8	4,5	3,3
Hiver	0,5	1,8	3,7	3,2
Printemps	9,7	10,1	9,3	10,2
Été	20,8	19,9	18,5	19,7
Automne	9,9	10,3	12,1	11,2
Année	10,2	10,5	10,9	11,2
Variation de l'hiver à l'été	20,3	18,1	14,8	16,5

On trouve dans les *Annales des sciences physiques et naturelles d'agriculture et d'industrie*, publiées par la Société impériale d'agriculture de Lyon (tome VII, année 1844), une note dans laquelle Fournet étudie la question des températures du Rhône.

Voici le tableau qu'a donné J. Fournet des températures comparées du Rhône, de la Saône et de l'air:

Mois.	TEMPÉRATURE. Rhône.	Saône.	Air.
Janvier	4,2	2,1	1,5
Février	4,6	3,3	3,9
Mars	6,1	5,0	7,2
Avril	10,0	10,0	9,0
Mai	15,2	16,8	16,5
Juin	18,7	10,9	21,2
Juillet	19,2	21,1	21,9
Août	19,6	21,0	20,3
Septembre	17,5	18,7	16,9
Octobre	13,9	13,6	12,2
Novembre	10,1	8,6	9,5
Décembre	6,0	4,5	4,5
Moyennes	12,1	12,1	11,9

M. Seeligmann a déterminé, en 1859, chaque jour, à 3 heures de l'après-midi, la température des eaux du Rhône à Lyon, entre le pont Morand et le pont du Collége, ainsi que la température atmosphérique, depuis le mois de juillet jusqu'au mois de novembre. Voici les résultats qu'il a obtenus :

	Dates.	TEMPÉRATURE.	Rhône.
Juillet.	8	28°,50	25°,50
	9	30 ,50	25 ,00
	10	31 ,00	26 ,50
	11	31 ,00	24 ,75
	12	33 ,00	25 ,75
	13	34 ,50	25 ,75
	14	36 ,00	25 ,75
	16	30 ,50	24 ,50
	18	30 ,00	24 ,25
	19	32 ,50	24 ,25
Août	17	24 ,25	21 ,00
	19	23 ,75	21 ,00
Septembre	9	22 ,50	18 ,00
	10	22 ,50	18 ,00 (1)

(1) *Essai chimique sur les eaux potables appropriées*

Ces observations, faites pendant des chaleurs excessives, ont été continuées vers la fin d'octobre, et ont donné les résultats suivants :

	Dates.	TEMPÉRATURE.	Rhône.
Octobre	24	11°,20	8°,40
	25	11 ,80	8 ,80
	26	10 ,10	9 ,10
	27	12 ,89	9 ,20
	28	10 ,70	9 ,00
	29	14 ,40	9 ,75
	31	14 ,00	9 ,75
Novembre	2	14 ,60	10 ,60
	3	12 ,60	9 ,60
	4	16 ,00	9 ,40
	5	15 ,30	9 ,60
	7	18 ,40	10 ,80
	8	14 ,70	11 ,00
	9	10 ,80	9 ,40
	10	7 ,70	8 ,40
	11	6 ,40	7 ,00
	12	3 ,80	6 ,20
	14	3 ,30	5 ,40
	15	3 ,00	3 ,40
	16	5 ,40	5 ,20

Des observations semblables ont été faites pour les températures comparées de l'air et de l'eau de la Seine, à Paris. On trouve, dans l'*Annuaire des eaux de la France*, les résultats de ces observations, qui comprennent les cinq derniers mois de 1850, et ont été faites, pour l'eau et pour l'air, au pont des Invalides, par M. Bernard, conducteur des ponts et chaussées.

Moyennes des mois.

	9 heures du matin.		4 heures du soir.	
	Air.	Eau.	Air.	Eau.
Août......	18°,1	18°,5	21°,3	19°,2
Septembre.	14 ,6	15 ,0	18 ,2	15 ,9
Octobre ...	9 ,1	10 ,1	11 ,3	10 ,5
Novembre.	8 ,6	8 ,4	10 ,4	8 ,7 (3 heures du soir.)
Décembre..	3 ,4	4 ,5	5 ,4	4 ,7 (3 heures du soir.)

Rouen. Seine, 1850.

	9 heures du matin.		3 heures du soir.	
	Air.	Eau.	Air.	Eau.
Octobre........	8°,2	9°,5	10°,1	9°,8
Novembre.....	7 ,3	8 ,7	9 ,1	8 ,8
Décembre.....	3 ,5	5 ,0	4 ,7	4 ,0

Il résulte de cette série d'observations faites en différentes saisons, que la température de l'eau des fleuves et des rivières est presque toujours un peu supérieure à celle de l'air, quelle que soit la saison.

En résumé, les eaux des fleuves et des rivières puisées au large, loin des grands centres de population et entre les deux époques des basses eaux de l'été et des crues de l'hiver, sont considérées, à juste titre, comme excellentes, tant pour la boisson que pour les usages économiques et industriels. Elles n'ont pas la fraîcheur des eaux de sources, mais elles sont plus aérées.

CHAPITRE XV

FLEUVES ET RIVIÈRES EMPLOYÉS POUR LA DISTRIBUTION DE L'EAU POTABLE. — LA SEINE A PARIS ET A ROUEN. — LA MARNE. — LA BIÈVRE. — LE CANAL DE L'OURCQ ET LA LOIRE. — LA GARONNE. — LA SAONE, — LA MOSELLE. — LES EAUX DU RHIN, DE L'ESCAUT, DE LA TAMISE, DU DANUBE, DU VOLGA.

Eau de la Seine. — L'eau de la Seine alimente Paris en eaux publiques, de concert avec les anciennes eaux d'Arcueil, les nouvelles sources de la Dhuis et de la Vanne, avec un faible tribut fourni par les eaux artésiennes de Grenelle et de Passy.

La première analyse scientifique des eaux de la Seine a été faite, en 1816, par une commission composée de Thénard, Hallé et Tarbé.

En 1829, Vauquelin entreprit l'analyse des eaux du département de la Seine. Ce travail, que la mort ne lui permit pas de

... *eaux de Lyon*, Mémoire présenté à la Société d'agriculture, d'histoire naturelle et des arts utiles de Lyon, novembre 1869 (*Mémoires de l'académie de Lyon*, 1860, page 389).

terminer, fut mis en ordre et publié dans le *Journal de pharmacie,* en 1830, par M. Bouchardat.

Vauquelin et Bouchardat firent l'analyse de l'eau de la Seine avant sa jonction avec la Marne et après sa jonction. D'après ces chimistes, voici la composition de l'eau de la Seine, avant sa jonction avec l'eau de la Marne :

Acide silicique..........	0gr,004
Carbonate de chaux......	0 ,119
Sulfate de chaux........	0 ,0385
Chlorures de calcium et de sodium............	0 ,017
Chlorure de magnésium..	Traces.
Azotate de chaux........	Quantité indéterminée mais constante.
Substances organiques...	Traces.
Total...............	0gr,1785

Voici maintenant la composition des eaux de la Seine, après sa jonction avec la Marne, avant son entrée dans Paris (rive droite) :

Acide silicique.................	0gr,006
Bicarbonate de chaux..........	0 ,108
Carbonate de magnésie.........	0 ,0086
Sulfate de chaux..............	0 ,0325
Sulfate de magnésie............	0 ,00125
Chlorures de magnésium et de sodium..........................	0 ,015
Substances organiques..........	Traces.
Total......................	0gr,1826

La composition de l'eau de la Seine au sortir de Paris (rive gauche), est la suivante, d'après les mêmes chimistes :

Acide silicique............	0gr,006
Carbonate de chaux.......	0 ,108
Carbonate de magnésie....	0 ,006
Sulfate de chaux..........	0 ,030
Sulfate de magnésie.......	0 ,010
Chlorures de magnésium et de sodium..............	0 ,021
Azotate de magnésie.......	Traces.
Substances organiques.....	Quantité sensible.
Total.................	0gr,1810

En 1831 Lassaigne fit l'analyse de l'eau de la Seine, puisée au Port-à-l'Anglais, et trouva :

Gaz dissous...	Air atmosphérique..	0lit,024
	Acide carbonique...	0 ,006
Matières fixes..	Sulfate de chaux...	0gr,017
	Carbonate de chaux.	0 ,099
	Chlorure de magnésium et azotate de magnésie.......	0gr,012
	Total..........	0gr,128

En 1846, M. Henry Sainte-Claire Deville

Fig. 66. — Vauquelin.

fit l'analyse de l'eau de la Seine, prise à Bercy. Voici les résultats de cette analyse :

Acide carbonique...........	0lit,0162
Azote......................	0 ,0120
Oxygène....................	0 ,0039
Acide silicique............	0gr,0244
Alumine....................	0 ,0005
Peroxyde de fer............	0 ,0025
Carbonate de chaux.........	0 ,1655
Carbonate de magnésie......	0 ,0034
Sulfate de chaux...........	0 ,0269
Chlorure de sodium.........	0 ,0123
Sulfate de potasse.........	0 ,0050
Azotate de soude...........	0 ,0094
Azotate de magnésie........	0 ,0052
Total des principes fixes..	0gr,2551

Ces analyses, faites de 1829 à 1846, prouvent que l'eau de la Seine, prise dans Paris, était sensiblement pure, puisque la quantité de matières dissoutes ne dépassait pas 2 décigrammes par litre, et que la proportion de substances organiques y était très-faible. Mais, à partir de l'année 1848 environ, les choses changèrent de face. L'eau de la Seine, qui était renommée jusque-là pour l'excellence de ses qualités potables, commença à démériter de sa réputation. C'est que l'industrie parisienne, qui s'était considérablement développée à cette date, déversait tous ses résidus dans le fleuve, et que les égouts qui commençaient à se multiplier, y rejetaient tous les immondices et résidus des habitations.

On remarquait déjà une notable différence dans la composition de l'eau de la Seine à son entrée à Paris, à Bercy, et à sa sortie, au pont d'Iéna. En 1848, MM. Boutron et Ossian Henry furent chargés, par l'administration municipale de Paris, de faire l'analyse des eaux de la Seine. Quatre échantillons furent analysés par ces chimistes : le premier pris au pont d'Ivry, le second pris dans Paris au pont Notre-Dame, le troisième à la pompe à feu du gros Caillou, le quatrième à la pompe à feu de Chaillot.

On voit dans le tableau qui suit que le résidu salin est beaucoup plus considérable dans les trois derniers que dans le premier de ces échantillons. Cela tient à ce qu'au pont d'Ivry la Seine ne s'est pas encore jointe à la Marne, et à d'autres causes dont on va parler plus loin.

Voici le tableau des analyses de MM. Boutron et Henry (1).

SUBSTANCES CONTENUES DANS LES EAUX.		PONT D'IVRY.	PONT NOTRE-DAME.	POMPE DU GROS-CAILLOU.	POMPE DE CHAILLOT.
Produits gazeux.	Air atmosphérique	0^{lit},003	0^{lit},003	0^{lit},004	0^{lit},003
	Acide carbonique libre	0 ,013	0 ,014	0 ,014	0 ,013
Substances fixes.	Bicarbonate de chaux	0^{gr},132	0^{gr},174	0^{gr},174	0^{gr},230
	— de magnésie	0 ,060	0 ,062	0 ,075	0 ,076
	Sulfate de chaux	0 ,020	0 ,039	0 ,040	0 ,040
	— de magnésie — de soude	0 ,040	0 ,017	0 ,027	0 ,030
	Chlorure de calcium — de magnésium — de sodium	0 ,010	0 ,025	0 ,032	0 ,032
	Sels de potasse	Traces.	Traces.	Traces.	Traces.
	Azotate alcalin	Indices.	Indices.	Indices très-sensibles.	Indices très-sensibles.
	Acide silicique, alumine, oxyde de fer	0 ,008	0 ,014	0 ,023	0 ,024
	Matière organique	Traces.	Traces.	Traces très-sensibles.	Traces très-sensibles.
		0^{gr},240	0^{gr},331	0^{gr},426	0^{gr},432

Il résulte de ce tableau que la quantité de substances fixes que renferme l'eau de la Seine est plus considérable en aval qu'en amont de Paris. Cette progression est surtout très-sensible pour le bicarbonate et le

(1) Si l'on compare le poids des résidus trouvés dans les analyses de Vauquelin et Bouchardat, et de Lassaigne avec ceux de MM. Boutron et Henry, qui sont en général

sulfate de chaux, l'azotate alcalin et la matière organique. L'eau puisée à Chaillot et au Gros-Caillou doit contenir, en effet, une plus grande quantité de sels, puisqu'alors la Seine a reçu, non-seulement les eaux de la Bièvre, qui y arrivent toujours dans un grand état d'impureté, mais encore celles d'Arcueil, qui y sont versées par quelques fontaines publiques de la rive gauche, dont plusieurs coulent sans interruption; à quoi il faut encore ajouter une énorme quantité d'eau de l'Ourcq provenant du canal Saint-Martin et d'un certain nombre de bornes-fontaines destinées au lavage des rues et alimentées par les bassins de Saint-Victor et de la rue Racine.

Quant à l'augmentation de la matière organique, il est encore plus facile de s'en rendre compte quand on voit toutes les industries qui s'exercent sur la Seine et sur ses bords, telles que les établissements de bains, les bateaux des blanchisseuses, les teintureries, les corroieries, etc., etc., et quand on songe aux nombreuses bouches d'égouts qui viennent à chaque instant y verser les eaux ménagères et celles qui proviennent du lavage des voies publiques.

L'augmentation de la matière organique qui se montrait, dès l'année 1848, dans l'eau de la Seine, en aval de Paris, ne fit que s'accroître à partir de cette époque jusqu'au moment actuel. C'est que l'immense réseau des égouts que l'administration municipale faisait creuser sous les rues de la capitale, ne cessait d'infecter le fleuve, et lui enlevait de jour en jour le caractère de pureté dont il avait joui à juste titre pendant des siècles.

Le degré d'infection des eaux de la Seine prise à sa sortie de Paris, est devenu tout à fait intolérable depuis quelques années. En 1874, époque à laquelle le réseau des égouts de la capitale a été terminé, par l'adjonction de deux grandes artères souterraines qu'on appelle les *égouts collecteurs d'Asnières et du Nord*, cette altération a été portée à son comble. C'est au-dessous du pont d'Asnières que débouchent les deux grands égouts collecteurs, de sorte que les riverains de la Seine au-dessous d'Asnières reçoivent aujourd'hui l'eau qui a servi aux usages industriels et privés de deux millions d'habitants!

L'eau de la Seine, en amont de Paris, vers Charenton, est d'une limpidité satisfaisante; elle commence à être trouble dans sa traversée de Paris, et, à partir du grand égout collecteur d'Asnières, elle exhale une odeur très-désagréable et a une couleur de purin. On comprend dans quelles conditions désavantageuses, au point de vue hygiénique, se trouvent les populations qui boivent une pareille eau.

C'est surtout pendant les chaleurs de l'été, que l'eau de la Seine, infectée par les eaux d'égout qui s'y déversent à Asnières, exhale des miasmes nuisibles, car, à ce moment de l'année, le débit des eaux du fleuve est très-faible, et, de plus, le courant est encore ralenti par les barrages qui ont été établis en aval de la capitale. Au point où l'égout collecteur débouche dans la Seine, au-dessous d'Asnières, on voit, à cette époque, se former un dépôt de matières lourdes et infectes et des gaz nauséabonds s'en dégager, sous forme de grosses bulles.

Le moyen qu'on a employé jusqu'ici pour obvier, autant que possible, à ces causes d'insalubrité, est d'opérer des nettoyages du fond du lit avec la drague, pendant l'été, quand les eaux sont suffisamment basses. Mais ce moyen est insuffisant.

Les causes d'infection dont nous venons de parler augmenteront avec le temps; et

plus forts, il importe de savoir que ces derniers ont toujours considéré les carbonates qui sont contenus dans les eaux, comme y étant à l'état de bicarbonates, ce qui augmente le poids de ces sels d'environ un tiers. Si l'on retranche ce tiers, on tombe exactement sur le chiffre des résidus obtenus, par Vauquelin et Bouchardat, pour l'eau de Seine prise en *amont de Paris*.

les villes situées en aval de Paris ne manqueront pas, à un moment donné, d'accentuer plus énergiquement leurs justes réclamations. Si les poissons eux-mêmes pouvaient se plaindre, ils le feraient, car on trouve sur les rives du fleuve de nombreux poissons asphyxiés.

M. le docteur Gérardin, inspecteur des établissements insalubres du département de la Seine, a publié un travail sur l'*altération des cours d'eau* qui a obtenu, en 1874, un des prix annuels de l'Académie des sciences de Paris. M. le docteur Gérardin a plusieurs fois examiné au microscope l'eau de la Seine prise après le débouché des égouts, et il a fait des observations très-curieuses sur le dépôt de ces matières dans le lit du fleuve et sur ses berges. Il a remarqué, par exemple, que les objets entraînés par l'égout se déposent dans un ordre méthodique sur une grande longueur. Les sables, les poils, les lambeaux d'épidermes, les trachées végétales isolées par la digestion, ont tous des points particuliers où ils se rassemblent presque exclusivement. Il est un point des rives de la Seine, près de Saint-Ouen, qui pourrait s'appeler, selon M. Gérardin, l'*île des poils*, car il s'est formé là un véritable banc, par l'agglomération des poils d'animaux de toute provenance entraînés par les égouts, et qui, par une sorte d'affinité élective, se sont réunis tous en ce lieu. Les sables s'accumulent dans d'autres points de la rive.

M. Gérardin a bien voulu dessiner, pour les *Merveilles de l'industrie*, une vue microscopique exacte des corps étrangers qui se voient dans l'eau de la Seine puisée entre Asnières et Saint-Ouen. Ce dessin (fig. 67) fait le 15 février 1875, à un grossissement de 600 diamètres, montre quelles sont les matières organiques et minérales que l'eau de la Seine roule en aval de Paris : des fragments de cellules végétales, des poils et des cheveux, des animalcules divers, des produits de matières fécales, etc., etc.

On voit par ce document irrécusable que l'eau de la Seine, en 1875, n'est plus celle dont on vantait au siècle dernier la parfaite pureté. Ce n'est donc pas sans raison que l'on a substitué à cette eau devenue impure et fétide (au moins à sa sortie de Paris) les eaux pures et salubres des sources de la Dhuis et de la Vanne, que l'administration municipale a fait dériver à grands frais, des coteaux de la Champagne, ainsi que nous le raconterons, avec les détails nécessaires, dans le chapitre qui sera consacré à l'histoire et à la description des eaux publiques de Paris.

La présence de matières putrides dans l'eau de Seine peut être décelée d'une manière indirecte, pour ainsi dire, en constatant que cette eau, dans son parcours de Paris, est privée de ce gaz oxygène qui est l'indice de la pureté des eaux courantes. L'absence de l'oxygène d'une eau prouve, indirectement mais sûrement, la présence de matières en décomposition dans sa masse. Or, cette preuve a été donnée par l'analyse chimique.

M. Félix Boudet a exécuté avec M. Gérardin, en 1874, une série d'analyses chimiques des gaz recueillis dans l'eau de la Seine, en s'attachant particulièrement à doser la quantité de gaz oxygène. MM. Boudet et Gérardin ont trouvé que le gaz oxygène, qui existe en amont de Paris en quantité normale, diminue graduellement de Corbeil à Asnières, Saint-Denis, etc., pour reprendre son chiffre normal à Rouen seulement. Voici les chiffres fournis par l'analyse :

En amont de Corbeil, on a trouvé 9 centilitres d'oxygène par litre ; à 1,500 mètres en aval, 8,7 ; à Choisy-le-Roi, 7 1/12 ; à Ivry, 8 ; au pont de la Tournelle, 8 ; au viaduc d'Auteuil, 6 ; à Billancourt, 5 ; à Sèvres, 5,4 ; à Saint-Cloud, 5,3 ; à Asnières, 4,6 ; au pont de Saint-Ouen, 4 ; à Saint-Denis, 2 ; à la Briche, 1 ; à Épinay, 1 ; à Argenteuil, 1,4 ;

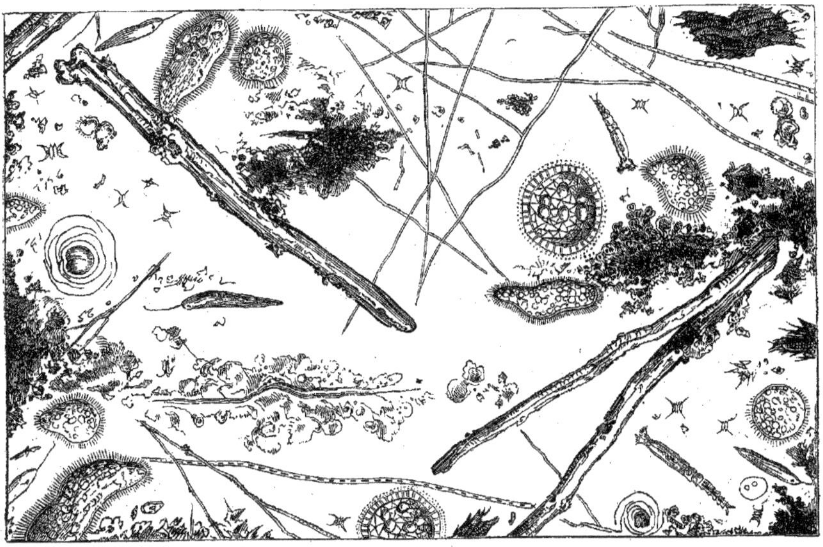

Fig. 67. — L'eau de la Seine au-dessous du débouché de l'égout collecteur d'Asnières, vue au microscope.

à Poissy, 6; à Meulan, 8; à Vernon, 9 1/2; à Rouen, 10 1/2.

Voilà des chiffres qui établissent avec éloquence l'impureté de l'eau de Seine dans son parcours de Paris et en aval de cette ville.

M. Félix Boudet a réuni le tableau de ses observations et les conséquences qui en résultent dans un Rapport adressé le 23 octobre 1874, au Préfet de police sur l'*Altération des eaux de la Seine par les égouts collecteurs d'Asnières et du Nord.* Quelques extraits de ce rapport donneront une idée de cette importante question d'hygiène publique.

« Déjà, dit M. Boudet, dans ce rapport, en 1859, 1860 et 1861, alors que le grand égout d'Asnières ne réunissait pas encore les eaux vannes de la rive gauche de la Seine à celles de la rive droite, alors aussi que le système des égouts étant beaucoup moins développé dans la capitale récemment agrandie, qu'il ne l'est aujourd'hui, le tribut que recevait le collecteur général était aussi beaucoup moins considérable, l'attention de l'administration avait été souvent appelée sur l'altération des eaux du fleuve par cet affluent impur. Les habitants de Batignolles, de Montmartre, de Clignancourt, de La Chapelle se plaignaient amèrement de l'insalubrité des eaux qui leur étaient distribuées par les réservoirs de La Villette, et qui étaient leur unique ressource pour les usages domestiques.

« Ces plaintes n'étaient que trop fondées; en effet, tandis que les eaux de la Seine, au pont d'Ivry, avant son entrée dans l'enceinte de Paris, contenaient, d'après mes analyses et celles de M. Poggiale, de 6 à 7 centièmes de milligrammes d'ammoniaque par litre et 9 centimètres cubes d'oxygène, je trouvais dans les mêmes eaux prises à Asnières et à Saint-Ouen, en aval du collecteur, aux points mêmes où les prises étaient établies, des proportions d'ammoniaque de 513,284 et 232 centièmes de milligrammes et des quantités d'oxygène réduites à 6,87 et même à 4 centimètres cubes seulement par litre.

« Ces observations montrent qu'il y a quinze ans déjà l'eau de la Seine était profondément altérée dans certaines parties de son cours en aval du grand collecteur; l'altération n'existait pas, il est vrai, à ce degré d'intensité dans une étendue considérable du fleuve, elle était beaucoup moins grave sur la rive gauche et en plein courant, que sur la rive droite, et il a été possible d'améliorer très-notablement les conditions du service municipal des eaux, en portant les tuyaux des prises, de droite à gauche, aux points où l'influence des égouts était beaucoup moins sensible, mais il est constant néanmoins, qu'à cette époque, les eaux de la Seine étaient déjà profondément altérées par les déjections du grand égout collecteur d'Asnières, en aval de son embouchure.

« Depuis 1861, l'affluent du collecteur d'Asnières s'est considérablement accru en raison de la suppression des égouts secondaires, du développement du service général de la salubrité dans Paris et de l'accroissement de la population renfermée dans son enceinte; aussi son influence, combinée avec celle du collecteur du Nord qui verse, chaque jour, dans la Seine, 50,000 mètres cubes d'eaux vannes provenant des égouts de quatre arrondissements de Paris, de la rigole d'assainissement d'Aubervilliers et de la voirie de Bondy, a porté la corruption des eaux du fleuve à un degré beaucoup plus élevé et à une distance beaucoup plus grande qu'en 1861. Je dois insister particulièrement sur l'importance de la part d'infection qui revient à la voirie de Bondy; il est notoire, en effet, que l'exploitation de cette voirie étant plus au moins complétement suspendue depuis quelques années, et que les bassins surélevés de 2 mètres étant remplis et ne pouvant plus rien recevoir, les vidanges destinées à ce dépotoir immense, sont depuis quelque temps écoulées directement à la Seine par le collecteur du Nord, sans avoir été soumises à aucune dépuration ou exploitation propre à en diminuer la puissance d'infection. La corruption des eaux de la Seine s'est donc nécessairement beaucoup aggravée. »

Le moyen dont MM. Boudet et Gérardin se sont servis pour doser l'oxygène des eaux de la Seine, consiste à faire usage d'hydrosulfite de soude, selon le procédé imaginé par M. Schutzemberger et Gérardin, pour doser rapidement les quantités de gaz oxygène dissoutes dans l'eau.

Le tableau donné par M. Boudet dans son Rapport, et dont nous avons résumé les chiffres plus haut, ce qui nous dispense de le reproduire ici, permet de suivre d'un coup d'œil la marche de l'altération de ces eaux, et leur assainissement spontané de Paris à Rouen.

« De l'inspection de ce tableau, dit l'auteur, il résulte que la Seine, au pont d'Ivry, tient en dissolution 9cc,50 d'oxygène, quantité à peu près égale à la moyenne de 9, des 13 déterminations de ce gaz, qui ont été faites en 1852, 1853 et 1854 par notre collègue, M. Poggiale, à la même station, à l'aide des procédés ordinaires qui étaient usités à cette époque.

« Ce titre d'oxygène 9cc,50 se modifie graduellement pendant le passage de la Seine à travers Paris; au viaduc d'Auteuil, il est abaissé à 5cc,99, au barrage de Suresnes à 5cc,32, et au pont d'Asnières à 5cc,34.

« Le grand collecteur, au moment où il se jette dans la Seine, ne fait pas varier brusquement, comme on pourrait le supposer, le titre oxymétrique de ses eaux, bien que le titre des déjections de cet égout observées, à 50 mètres en amont de son embouchure, ne s'élève pas à plus de 2 centimètres cubes.

« L'influence de l'égout réduit le titre oxymétrique de la Seine à 4cc,60 au pont de Clichy, et à 4cc,07 à la prise d'eau de Saint-Ouen, et il est bien remarquable que ce dernier chiffre soit exactement le même que j'avais observé en 1861 au même point.

« Les sables blancs, les algues vertes et les mollusques que l'on observe à la pointe de l'île de la Grande-Jatte, en amont du collecteur d'Anières, disparaissent en aval, dès que les eaux de la Seine se trouvent mélangées avec celles de l'égout.

« Les dépôts de sables de macadam qui sont entraînées par l'égout dans le lit de la Seine, y occupent une étendue de 1,000 à 1,200 mètres. Ces sables sont noirs et fétides, les cultivateurs les refusent, ils ne sont pas assez riches en engrais fertilisants; on les a employés pour relever les berges de la Seine du côté d'Asnières et dans l'île Saint-Denis. Cet emploi me paraît offrir des inconvénients; ces sables, étant noirs et chargés de matières organiques en décomposition, altèrent l'eau de la Seine, quand ils y restent plongés, et deviennent un foyer d'émanations insalubres dès qu'ils émergent et se trouvent exposés à l'action de l'air et de la chaleur.

« La vase proprement dite, formée presque entièrement de détritus organiques, se trouve au maximum à l'embouchure de chacun des deux égouts et s'étend, sans interruption, jusqu'à la machine de Marly et aux écluses de Bougival.

« Au pont de Saint-Denis, la Seine titre 2cc,65 d'oxygène; un peu plus bas elle reçoit le collecteur du Nord et son titre descend très-rapidement sous son influence; à La Briche, il est descendu à 1cc,02 et à Argenteuil, au pont il est à 1cc,45. Ces chiffres minimum d'oxygène observés à La Briche et à Argenteuil, et qui caractérisent le maximum d'altération de la Seine, montrent que ce maximum oscille entre La Briche et Argenteuil.

« A partir de cette limite extrême de l'altération et de la désoxygénation des eaux de la Seine, le titre oxymétrique remonte à 1cc,91 à la prise d'eau de Marly, il atteint graduellement 3cc,74 à Maisons-Laffitte, 6cc,12 à Poissy en aval de l'embouchure de l'Oise, 7^{cc},07 à Triel, 8^{cc},17 au pont de Meulan, 8^{cc},96 à Mantes, où semble s'arrêter l'influence des égouts de Paris sur la salubrité de la Seine.

« A Vernon, le titre oxymétrique est de 10^{cc},10 et à Rouen, dans le bras droit du fleuve, il s'élève à 20^{cc},42, tandis qu'il n'est que de 9^{cc},06 dans le petit bras. Cette différence remarquable entre les titres des deux bras, doit, dans l'opinion de mon honorable collègue, M. Girardin, correspondant de l'Institut et directeur de l'École supérieure des sciences, à Rouen, être attribuée à l'influence des établissements industriels et des égouts de la ville d'Elbeuf, qui versent leurs eaux à 20 kilomètres en amont de Rouen sur la rive gauche du fleuve.

« Dans son mémoire sur *l'altération et la corruption des rivières*, qui a été couronné par l'Académie des sciences, M. Girardin a fait connaître les stations des mollusques en 1869, dans la région de la Seine comprise entre Asnières et le barrage de Besons. Il résulte des observations qu'il a faites en 1874 que ces stations se trouvent aujourd'hui déplacées et qu'elles se sont avancées de 5 kilomètres en aval. En 1868, la Seine était déjà, le plus souvent, dépeuplée de poissons, depuis Clichy jusqu'à Saint-Denis dans un espace de 5 kilomètres; en juillet 1869, leur mortalité s'est étendue jusqu'au barrage de Bezons dans un espace de 17 kilomètres. Cette année, le 10 juin à Marly, les employés de la machine hydraulique ont enlevé quatre-vingts hectolitres de poissons morts qu'ils ont enfouis, conformément à la circulaire télégraphique de M. l'ingénieur Foulard. Le 7 juin 1874, la mortalité a dépassé Le Pecq et s'est produite sur une étendue de 33 kilomètres.

« Ces faits montrent la marche envahissante de l'infection des eaux de la Seine sous l'influence des égouts de Paris : il est à regretter que les observations à cet égard ne remontent pas à plus de six années ; mais, si récentes qu'elles soient, si on les réunit à toutes celles qui ont été exposées dans ce rapport, elles démontrent surabondamment les progrès, l'étendue et la gravité de l'infection de la Seine par les égouts, et la nécessité de prendre les mesures le plus promptes et les plus puissantes pour remédier à un état de choses qui déjà porte les plus déplorables atteintes au bien-être et à la salubrité publics, sur les deux rives de la Seine, dans une étendue considérable et qui ne cesse de s'aggraver avec une effrayante rapidité. »

Il ne sera pas sans intérêt de rapporter les conclusions du travail de M. Félix Boudet.

« A la suite de l'exposé des faits, des expériences et des considérations résumés dans ce rapport, est-il besoin que je cherche à démontrer l'état d'altération et de corruption des eaux de la Seine et que j'insiste sur la nécessité de porter remède à un mal qui est arrivé aux limites les plus extrêmes et qui contraste d'une manière frappante avec les progrès si remarquables, d'ailleurs, de l'hygiène publique et des institutions destinées à en répandre les bienfaits dans Paris et dans toute la France ? Les faits parlent trop haut pour qu'il soit besoin de rien ajouter à leur énergique et irréfutable langage. Un système a été adopté et mis en pratique, contrairement aux lois de la nature aussi bien qu'aux vieilles et prévoyantes ordonnances royales de 1669 et de 1777, la Seine a été considérée comme un égout destiné à recevoir toutes les déjections, toutes les souillures que peut produire un centre de population de deux millions d'habitants. Paris a été doté d'un vaste système d'égouts où il verse ses immondices, ses eaux impures, une partie même de ses vidanges, Paris, balayé, lavé, nettoyé chaque jour avec un soin extrême et merveilleusement assaini, accumule dans ses égouts tous les résidus, toutes les déjections de son industrie et de sa consommation immense, et, en même temps, il reçoit, ou va recevoir, les eaux pures de la Dhuys et de la Vanne ; c'est là un magnifique résultat, mais il y a le revers de la médaille, la Seine est sacrifiée ; altérée déjà fortement dans l'enceinte de la ville, elle devient infecte et putride, une source puissante d'insalubrité pour les populations riveraines, dans un parcours considérable ; mauvaise et impropre à l'alimentation sur une étendue de 40 kil. et au delà, et elle engloutit en pure perte une masse énorme de matières fertilisantes, résidu de son immense consommation alimentée par tous les départements de la France auxquels elle emprunte toujours les produits de leur sol, sans leur en rendre l'équivalent pour en entretenir la fécondité. Le système qui a conduit à ces résultats et qui a corrompu les eaux de la Seine, à ce point qu'il est devenu impossible de le pratiquer plus longtemps, peut-il être le dernier mot de l'hygiène publique et de la science des ingénieurs, est-il conforme aux lois de la nature et aux règles de notre législation ? Évidemment non.

« L'hygiène réclame pour les populations de l'air pur et de l'eau pure.

« La Seine, devenue un vaste foyer de fermentation et d'infection, n'offre plus, dans une partie de son cours, qu'une eau impropre à tous les usages, et à la vie des poissons, exhalant dans l'atmosphère des émanations malsaines, pour les populations riveraines et pour les mariniers, et offrant aux portes de la capitale un spectacle repoussant. Ce système est donc contraire aux lois de l'hygiène. Il ne l'est pas moins à celles de la nature.

« Le sol et l'atmosphère entretiennent la végétation à la surface de la terre, les végétaux entretiennent la vie des hommes et des animaux qui doivent rendre au sol et à l'atmosphère les éléments fertilisants d'une végétation nouvelle, et ainsi se maintient le cycle de la vie.

« Partout où la nature n'est pas entravée, la terre reçoit, absorbe et consomme les déjections de la vie animale et les emploie au profit de la vie végétale. C'est donc dans le sol, et non dans nos fleuves et nos rivières qu'il faut enfouir ces résidus de la vie animale, qui, dans les eaux, deviennent une source de putréfaction et de mort, aux dépens du sol qui les réclame, tandis que dans la terre ils sont une source de fécondité et de vie.

« Répandre sur les terres cultivées les immondices, les déjections des égouts et de l'industrie, tel est le système nouveau qu'il faut substituer à celui qui est en vigueur aujourd'hui. »

Dans les dernières lignes de son Rapport, M. Félix Boudet fait allusion à la méthode nouvelle qui est expérimentée depuis plusieurs années dans les plaines d'Asnières et de Gennevilliers, pour tirer parti des eaux d'égouts et les consacrer aux irrigations fertilisantes. On nous saura gré de donner ici quelques explications sur cette importante entreprise.

L'égout est sans doute le réservoir commun, indispensable à l'assainissement d'une ville; il déverse dans la rivière tous les détritus, toutes les matières dissoutes ou en suspension qu'entraînent les eaux; mais l'égout a deux graves inconvénients : des quantités considérables de matières, qui fourniraient un excellent engrais, sont perdues pour le sol, et les pays situés en aval de l'embouchure sont plus ou moins incommodés ou infectés par une eau impure, qui exhale quelquefois des miasmes pestilentiels. Ainsi l'eau et l'air, ces deux agents essentiels à la vie, sont altérés par des matières dont l'agriculture pourrait tirer un utile profit.

Ce système est en usage dans les deux plus grandes villes de l'Europe : Londres et Paris. Dans ces deux villes on a donc tous les inconvénients des égouts. On s'est récemment occupé de remédier à ce fâcheux état de choses. A Paris et à Londres on a cherché à utiliser les eaux d'égouts pour l'agriculture. Dans ce but on les a répandues, en manière d'engrais, sur des terrains cultivés.

On possède les données suivantes sur la composition chimique des eaux des égouts de Paris.

Un mètre cube de l'eau de ces égouts, que l'on nomme communément *eaux vannes*, renferme environ 3 kilogrammes de substances diverses, tenues en suspension ou en dissolution. Ces matières sont des produits azotés, de l'acide phosphorique, des alcalis et des matières organiques et terreuses. Le dépôt qui se forme naturellement dans ces eaux conserve la moitié de l'azote, tout l'acide phosphorique, ainsi que la presque totalité des matières organiques et terreuses.

L'eau, séparée du dépôt, a une couleur blonde; elle retient la moitié de l'azote et la moitié des alcalis. Sur 1000 parties de dépôt, il y en a 7 d'azote, 7 d'acide phosphorique, 227 à 259 de matières organiques, et 759 à 727 de terre. La valeur de ces eaux brutes est évaluée à 10 centimes le mètre cube, et l'engrais qu'elles donnent à 18 francs la tonne. Ainsi, les 200 millions de litres qui se rendent tous les jours dans la Seine, représentent une valeur de 7 millions et demi par année.

Deux moyens se présentent pour utiliser les eaux d'égouts. Le plus simple est l'emploi de ces eaux en nature, l'irrigation ordinaire. Le second moyen rentre dans la fabrication des engrais : il consiste à précipiter les matières étrangères à l'eau, et à se servir de ce précipité sec comme engrais.

« Les deux procédés n'en font qu'un, dit M. Mille, ingénieur de la ville de Paris; ils ne diffèrent que par le temps employé. La voie naturelle est lente, mais elle utilise tout; la voie industrielle est rapide, mais elle exige des sacrifices d'argent, qui ne seront pas moindres qu'un centime par mètre cube. La séparation d'ailleurs est impossible, et le succès est un régime qui développerait la *distribution* en s'appuyant sur l'*épuration*. »

Un premier champ d'expériences fut établi

Fig. 68. — La Seine près de Rouen.

en 1867, dans la plaine de Gennevilliers, pour appliquer à la culture les eaux d'égouts en guise d'engrais, et pour faire servir au même usage le produit solide, riche en matières organiques, que l'on peut retirer de ces mêmes eaux. Le procédé qui fut adopté pour séparer des eaux d'égouts par précipitation les matières azotées, est celui que M. Le Châtelier avait employé pour obtenir la *défécation* du jus de betteraves. Il consiste à traiter l'eau chargée d'impuretés par le sulfate d'alumine. L'alumine forme, avec les matières organiques, une sorte de laque qui se précipite en quelques heures et laisse les eaux à peu près clarifiées et imputrescibles.

On plaça près du collecteur d'Asnières une machine à vapeur de la force de quatre chevaux et une pompe à eau qui refoulait chaque jour 500 mètres cubes de liquide vers un champ d'essai d'un hectare et demi de surface, situé à 640 mètres de la bouche de l'égout et en aval du fleuve. Les cultures se composaient de fourrages, de légumes et de fleurs. Le milieu du champ était occupé par deux bassins, longs de 100 mètres et larges de 10 mètres, qui recevaient l'eau de l'égout destinée à être épurée et précipitée par le sulfate d'alumine. A cet effet un filet d'une dissolution de 200 grammes de sulfate d'alumine par mètre cube était mêlé à l'eau de ces bassins.

Ainsi, dans ce champ d'expériences on a fait usage à la fois d'*eaux vannes*, c'est-à-dire de l'eau des égouts sans aucun traitement, et du précipité que l'on obtient en traitant ces eaux par le sulfate d'alumine.

Les résultats de cette grande expérience

ont dépassé toutes les espérances (1). M. Durand-Claye, dans un mémoire sur les cultures obtenues à Gennevilliers par l'emploi des eaux des égouts de Paris, présente des chiffres tout à fait éloquents. La dernière récolte a donné 100,000 kilogrammes de betteraves, 27 hectolitres de blé, 18,000 kilogrammes de foin sec à l'hectare. Aujourd'hui, les produits des curages des rigoles, des bassins, ou même des draguages de la Seine, sont emportés par un grand nombre de cultivateurs industriels. On a expédié près de 4,000 tonnes de ces matières, aux frais des intéressés, dans la partie de la plaine non irriguée, à Chatou, au Vésinet, à Saint-Germain, à Argenteuil, etc. Ces matières sont ensuite revendues comme terreau ou comme *gadoue*. A mesure que la surface arrosée par les eaux d'égout augmente, la culture par les procédés ordinaires disparaît du pays.

Une Commission nommée par le ministre de l'agriculture et du commerce a été chargée de constater, au point de vue agricole, les résultats des cultures de Gennevilliers. M. Hardy, directeur du potager de Versailles, a rédigé le rapport, qui vise les récompenses à décerner.

Ainsi, les eaux des égouts de Paris consacrées à la culture agricole ont donné des résultats vraiment extraordinaires au point de vue du rendement et des bénéfices, et l'expérience poursuivie pendant sept ans ne pouvait parler avec plus d'éloquence.

Mais l'application des eaux des égouts n'a encore été faite que dans un but d'expérience; ce n'était qu'un essai, pour apprécier la valeur pratique et les avantages de la méthode. Maintenant que l'expérience a parlé et que les résultats sont d'une évidence qui frappe tous les yeux, le moment serait venu, il nous semble, de faire l'application en grand de cette manière d'employer l'eau des égouts.

Il y aurait d'autant plus d'urgence à adopter ce parti, que l'eau de la Seine, en aval de Paris, devient de jour en jour de plus en plus fétide, ainsi que cela a été surabondamment établi par le rapport de M. Félix Boudet, dont nous avons cité divers passages.

Que faire dans de pareilles conjonctures? On a proposé de construire un aqueduc qui suivrait la rive droite de la Seine, sous le chemin de halage, et qui recevrait les eaux d'égouts, à leur sortie du grand collecteur à Asnières. Cette conduite ne se terminerait que près de l'embouchure de la Seine, dans le point où la marée commence à se faire sentir. Les travaux à exécuter ne seraient pas trop dispendieux, et les dépenses seraient atténuées si l'on recueillait une partie de ces eaux sur le parcours de la conduite, pour les faire servir à la culture, d'après les procédés si heureusement expérimentés à Gennevilliers.

Nous avons fait connaître les excellents résultats obtenus dans la plaine de Gennevilliers où l'on élève ces eaux au moyen d'une machine à vapeur, pour les utiliser comme engrais, soit à l'état d'*eaux vannes*, c'est-à-dire telles qu'elles arrivent de l'égout, soit à l'état de matière sèche obtenue par précipitation au moyen d'un sel d'alumine. Les récoltes faites de cette manière sont tellement abondantes qu'elles font vivement regretter la perte de l'énorme quantité de produits utiles à l'agriculture qui se perdent dans la Seine.

C'est là, du reste, le grand vice des villes modernes. Les eaux de leurs égouts y sont toutes perdues. De riches engrais, qui seraient utiles à la culture, sont chaque jour jetés à la mer. Cet inconvénient n'existe pas dans les campagnes, où tout retourne à la terre, sans aucune perte. La mer engloutit journellement une partie considérable de la source des productions agricoles, et

(1) Ces expériences, interrompues par la guerre, furent reprises en 1871.

cependant on s'en préoccupe médiocrement. Le sol n'est pourtant pas inépuisable, et l'atmosphère n'est pas un magasin suffisant pour rendre à la terre ce qui est annuellement jeté à la mer. Il y a là un sujet d'études bien digne des méditations du philosophe et du savant, car plus nous allons, plus la solution du problème devient pressante.

Il nous semble qu'en ce qui concerne les eaux des égouts de Paris, la solution simple et pratique se trouverait dans la construction, qui a été proposée, d'une conduite qui recevrait les eaux de l'égout collecteur au point où il se déverse aujourd'hui dans la Seine, c'est-à-dire au-dessous d'Asnières. Au lieu de faire déboucher en ce point de la Seine les eaux des égouts, on les dirigerait dans une conduite qui longerait le cours du fleuve, au-dessous du chemin de halage, et suivrait tout le parcours de la Seine, jusqu'à quelque distance de son embouchure. Sur le trajet de cette conduite, on distribuerait ces eaux pour l'arrosement et la fertilisation des terres, ou bien on établirait des bassins de réception dans lesquels on traiterait les eaux par le sulfate d'alumine, pour en précipiter les matières organiques et faire servir comme engrais cette matière séchée.

Ce système est très-pratique, et la ville de Paris va, dit-on, faire prochainement procéder à l'établissement de ce *canal des eaux vannes* qui longerait le cours de la Seine et recevrait tous les liquides des égouts. Si ce travail s'exécute en entier, la Seine sera heureusement soustraite aux causes d'infection qui la rendent aujourd'hui si insalubre en aval de Paris.

Nous venons de parler de l'eau de la Seine dans Paris et en aval de Paris, jusqu'à Rouen. Examinons maintenant le même fleuve à Rouen. Il est intéressant de voir les changements qu'un long parcours a nécessairement apportés à l'eau de ce fleuve.

A Rouen, l'eau de la Seine est généralement claire et limpide, sans aucun mauvais goût. Parfois cependant, et cela arrive surtout en hiver, elle charrie tant de limon et de terre argileuse, qu'il devient presque impossible aux fabricants d'indienne, dont les établissements sont sur ses bords, d'y faire laver leurs pièces de calicot. Mais cette eau jaune et trouble ne tarde pas à s'éclaircir et à reprendre sa limpidité première. C'est principalement pendant les crues excessives qui arrivent à l'époque des grandes marées, que l'eau de la Seine, à Rouen, change complétement d'aspect. En effet, les marées se font parfaitement sentir à Rouen, et leur action s'étend jusqu'au Pont-de-l'Arche.

MM. J. Girardin et Preisser ont analysé l'eau de la Seine avant son entrée à Rouen et au sortir de la ville, sur la rive droite et sur la rive gauche du fleuve, en été et en hiver, afin de reconnaître l'influence que peuvent exercer sur sa composition les eaux des égouts et des ruisseaux de la ville, ainsi que les saisons.

Le tableau suivant résume les résultats de leurs analyses, et indique la station et les époques où l'eau a été prise.

TABLEAU

SUBSTANCES FIXES TENUES EN DISSOLUTION.	EAU PRISE à l'Escure, avant son entrée à Rouen, en juillet 1842.	EAU PRISE à l'Escure, avant son entrée à Rouen, en janvier 1842.	EAU PRISE à l'île du petit Gué, à la sortie de la ville, en juillet 1842.	EAU DE la rive droite, prise à peu de distance du Pont-de-Pierre, en mars 1842.	EAU DE la rive gauche, prise près de la caserne de Saint-Sever, en mars 1842.
Carbonate de chaux............	0,083	0,071	0,081	0,002	0,075
Sulfate de chaux...............	0,038	0,033	0,038	0,039	0,034
Chlorure de sodium............	0,021	0,018	0,031	0,020	0,017
Chlorure de magnésium........	0,007	0,012	0,010	0,007	0,012
Chlorure de calcium............	0,015	0,017	0,016	0,016	0,017
Acide silicique.................	Quantité indéterminée.	Traces.	Traces.	Traces.	Traces. 0,003
Matières organiques............	Traces.	Quantité marquée.	Quantité plus forte que dans les deux premières analyses.	0,006	
Résidus solides par litre.........	0,164	0,151	0,176	0,170	0,158

Ces analyses comparatives démontrent: 1° Que l'eau de la Seine est moins pure au sortir de Rouen qu'avant son entrée dans le port, résultat qu'on devait prévoir *à priori* quand on remarque que la Seine passe devant plusieurs fabriques d'indienne et de produits chimiques, et qu'elle reçoit, dans le port, tous les égouts de la ville et les deux rivières de Robec et d'Aubette;

2° Que, parmi les différentes substances qu'elles tient en dissolution, c'est surtout le sel marin ou chlorure de sodium, dont la proportion augmente après que la Seine a traversé la ville;

3° Que la proportion de matières organiques dissoutes y est aussi plus forte;

4° Que sur la rive droite, l'eau de la Seine est beaucoup moins pure que sur la rive gauche, ce qui s'explique aisément quand on sait que tous les égouts de la ville, les rivières de Robec et d'Aubette ont leur embouchure sur la rive droite, et que la rive gauche ne reçoit presque aucune eau étrangère;

5° Enfin, qu'à égalité de hauteur, l'eau de la Seine est plus chargée de matières solubles en été qu'en hiver.

La moyenne des différentes analyses de l'eau de la Seine prise à Paris, rapportées plus haut, donne un résidu fixe de 0^{gr},19. La moyenne des analyses de l'eau de la Seine nous donne pour le résidu 0^{gr},16. On voit clairement par là que l'eau de la Seine, à Rouen, est sensiblement plus pure que l'eau de la Seine, à Paris. Les différences portent surtout sur l'acide silicique et le carbonate de chaux, qui se déposent peu à peu pendant le trajet du fleuve de Paris à Rouen, et sur les matières organiques aujourd'hui si abondantes dans l'eau de Seine à sa sortie de Paris.

Eaux de la Bièvre et de l'Ourcq. — A côté de l'eau de la Seine, nous croyons devoir dire quelques mots des rivières de la Bièvre et de l'Ourcq, qui jouent un rôle important dans l'industrie manufacturière de Paris. Nous empruntons les renseignements qui vont suivre à l'*Annuaire des eaux de la France* publié en 1854, par les soins et sous la direction de M. Dumas, alors ministre de

Fig. 69. — La Loire, à Orléans.

l'agriculture et du commerce, ouvrage qui forme la réunion la plus complète, pour cette époque, des documents relatifs aux eaux de la France, tant douces que minérales.

La rivière de Bièvre, dit l'*Annuaire des eaux de la France*, depuis son origine jusqu'à son embouchure dans la Seine, coule dans un vallon d'environ 32 kilomètres d'étendue. Elle prend sa source entre les villages de Guyancourt et de Bouvier, à une petite distance du grand parc de Versailles.

La Bièvre se jette dans la Seine, à environ 30 mètres en amont du pont d'Austerlitz.

La Bièvre, dans plusieurs des localités qu'elle traverse, sert aux riverains pour leurs usages domestiques. A partir d'Arcueil et de Gentilly, elle reçoit les eaux d'un grand nombre de buanderies, et, quand elle arrive à Paris, elle a déjà perdu une partie de sa limpidité. Mais, c'est particulièrement depuis son entrée dans cette ville jusqu'à son embouchure que l'altération de ses eaux devient encore plus sensible. Les établissements de tanneurs, mégissiers, hongroyeurs, maroquiniers, teinturiers, amidonniers, les fabriques de bleu de Prusse et de carton, les blanchisseries de chiffons, etc., qui sont placés sur ses bords, donnent aux eaux de cette rivière une couleur noire, un aspect fangeux et une odeur fétide.

L'eau de la Bièvre, prise depuis sa source jusqu'à Arcueil, est limpide, et sa saveur n'a rien de désagréable; elle cuit bien les légumes et dissout le savon. On a même longtemps prétendu que les eaux de cette rivière étaient préférables à toutes les autres pour certains genres de teintures, particulièrement pour la teinture des laines; mais cette tradition, qui s'était perpétuée depuis les frères Gobelin, teinturiers sous François Ier, n'est qu'un préjugé sans fondement.

Boutron et Henry ont analysé l'eau de la Bièvre puisée à Amblainvilliers, le 27 octobre 1845. Ils ont trouvé pour un litre d'eau :

Gaz....	Acide carbonique.....	0[lit],020
	Air atmosphérique....	Quantité indéterminée.
Substances fixes.	Bicarbonate de magnésie......	0[gr],303
	Sulfate de chaux..............	0 ,116
	Sulfate de soude.............. / Sulfate de magnésie...........	0 ,170
	Chlorure de magnésium....... / Chlorure de sodium...........	0 ,181
	Acide silicique, alumine, oxyde de fer....................	0 ,034
	Matière organique...........	Traces.
		0[gr],804

La rivière de l'Ourcq prend sa source dans la forêt de Ris (département de l'Aisne), passe à Fère-en-Tardenois, à Oulchy-le-Château, à Brény, à Vichel, se grossit du ru de Savière au-dessous du village de Trouesne, arrose la Ferté-Milon, Marolles, Fulaines et Mareuil, et vient se jeter dans la Marne, un peu au-dessous de Lizy, après un parcours de 72,000 mètres.

A Mareuil, cette rivière se divise en deux parties : l'une sert à alimenter le canal de l'Ourcq, l'autre suit son cours et se rend dans la Marne.

L'eau de la rivière d'Ourcq a été analysée en 1816, par Colin, et plus tard par Boutron et Henry. L'eau avait été prise à son entrée dans la gare de Mareuil, le 25 août 1845. L'analyse a fourni les résultats suivants:

Gaz....	Acide carbonique libre. / Air atmosphérique....	Quantité indéterminée.
Substances fixes.	Bicarbonate dec haux.......... / Bicarbonate de magnésie......	0[gr],107
	Sulfate de chaux.............	0 ,082
	Sulfate de soude.............. / Sulfate de magnésie...........	0 ,031
	Chlorure de sodium........... / Chlorure de calcium.......... / Chlorure de magnésium.......	0[gr],014
	Azotate alcalin................	Traces.
	Acide silicique, alumine, oxyde de fer....................	0 ,027
	Matière organique azotée.......	Indices.
		0[gr],261

On voit que l'eau de la rivière d'Ourcq est assez pure ; mais il en est autrement de celle du canal du même nom. Ainsi que nous le verrons dans l'histoire des eaux de Paris, on donne le nom de *canal de l'Ourcq*, à une dérivation de la rivière de l'Ourcq qui a été amenée à Paris pour servir tout à la fois d'eaux potables et de canal de navigation.

L'eau du canal de l'Ourcq analysée par Boutron et Henry, a donné les résultats suivants pour un litre :

Bicarbonate de chaux................	0[gr],158
Bicarbonate de magnésie............	0 ,075
Sulfate de chaux.....................	0 ,080
Sulfate de soude et de magnésie anhydres..............................	0 ,095
Chlorure de sodium.... / Chlorure de calcium.... / Chlorure de magnesium....	0 ,113
Azotate alcalin........................	Traces.
Acide silicique, alumine, oxyde de fer.	0[gr],069
Matière organique azotée..............	Indices
	0[gr],590

Le mouvement de la navigation ayant prodigieusement augmenté sur le canal de l'Ourcq depuis quelques années, ses eaux sont aujourd'hui beaucoup plus impures que ne l'indique l'analyse que nous venons de rapporter. La corruption des eaux du canal de l'Ourcq dépasse toute limite; et l'on a peine à comprendre qu'elle puisse encore servir à la boisson dans tout une partie de la capitale. Examinée dans la plaine de Pantin, à quelques pas du champ Langlois, qui vit les forfaits de Troppmann, cette eau se présente comme un liquide stagnant, alternativement jaunâtre, verdâtre et noirâtre, et ressemble plutôt à un ruisseau de *purin* de ferme qu'à l'eau d'un canal.

C'est que les ingénieurs de la ville de Paris, à l'époque de la Restauration, eurent le tort immense de jeter la rivière marécageuse de l'Ourcq, née dans un terrain bourbeux, dans un canal, pour la faire servir à la fois à la navigation et à la boisson publique.

Nous reviendrons sur cette question dans l'histoire des eaux de Paris. Nous avons voulu seulement, à propos de l'analyse de l'eau de l'Ourcq par Boutron et Henry, empêcher de tirer de cette analyse une conclusion favorable à cette eau, qui est dans l'état présent des choses une véritable calamité pour les populations de la capitale; forcées, pour quelque temps encore, de s'en abreuver. Les filtrations les mieux entendues ne peuvent parvenir à débarrasser les eaux du canal de l'Ourcq des impuretés qu'y déversent des milliers de mariniers qui vivent au port de la Villette, lavant leur linge, et jetant toutes leurs déjections dans des eaux qui servent ensuite à la consommation publique.

CHAPITRE XVI

L'EAU DE LA LOIRE. — LES EAUX DE LA GARONNE ET DE LA GIRONDE. — LES EAUX DU RHONE. — EAUX DE LA MEUSE ET DU RHIN. — EAUX DU DANUBE, DE LA MOSELLE, DE LA VIENNE, DE LA MAINE. — EAUX DE L'ESCAUT, DE LA TAMISE, DE L'ELBE, DU DANUBE ET DE LA VISTULE.

Eau de la Loire. — On trouve, dans l'*Annuaire des eaux de la France*, la description des affluents de la Loire, le fleuve le plus important du territoire français. Les pages qui vont suivre, sont le résumé de ce qui est dit dans ce recueil (1).

Le bassin de la Loire comprend, en totalité ou en partie, vingt deux départements, savoir : la Haute-Loire, la Loire, l'Allier, la Saône-et-Loire, la Nièvre, le Cher, la Creuse, la Haute-Vienne, la Vienne, l'Indre, l'Indre et-Loire, le Loir-et-Cher, le Loiret, l'Eure-et-Loir, l'Orne, la Mayenne, la Sarthe, le Maine-et-Loire, les Deux-Sèvres, la Vendée, l'Ille-et-Vilaine et la Loire-Inférieure.

Dans son parcours du Gerbier-de-Jonc à Saint-Nazaire, et sur un développement de de 1,040 kilomètres, la Loire traverse plusieurs formations géologiques, et reçoit un grand nombre d'affluents, dont quelques-uns sont des rivières considérables. Son cours peut se diviser en trois portions assez distinctes. Dans la première, de sa source au confluent de l'Allier, près de Nevers, la Loire et l'Allier, son principal affluent, coulent du nord au sud, presque parallèlement au Rhône, qui longe le pied oriental du massif montagneux du centre de la France. Ce massif est, au contraire, traversé par les deux cours d'eau, dont le lit est presque exclusivement creusé dans les terrains cristallins, granit, gneiss, porphyre et roches volcaniques. Cette première partie du bassin, où l'Allier atteint un développement de 425 kilomètres, constitue une région bien dessinée par ses caractères géologiques.

La portion moyenne du bassin de la Loire, qui s'étend de Nevers à Angers, offre un contraste frappant avec la précédente. Ici la Loire, au lieu de présenter un cours presque rectiligne, forme une courbe dont Orléans occupe le point culminant et le plus septentrional. Au lieu d'être encaissée des deux côtés par des montagnes rapides, elle traverse la ceinture des terrains secondaires qui enveloppent tout le bassin tertiaire du nord, et qui s'est ici considérablement rétrécie, puis elle s'étend sur un lit presque toujours très-large, placé dans une légère dépression de l'étage moyen du terrain tertiaire. A Orléans, le vaste bassin de la Loire n'est séparé de celui de la Seine que par une

(1) Pages 132-139.

pente très-douce, que gravissent avec la plus grande facilité les locomotives du chemin de fer, pour atteindre le niveau de la Beauce.

De cette disposition même il résulte que, durant cette portion de son cours, la Loire ne peut recevoir aucun cours d'eau sur sa rive droite. Tous lui viennent de la gauche. Parmi ces cours d'eau se placent deux rivières importantes, le Cher et la Vienne, et entre les deux, parallèlement, un cours d'eau secondaire, l'Indre.

Le Cher atteint un développement de 370 kilomètres, et la Vienne, dont l'affluent principal est la Creuse, a un cours de 355 kilomètres.

D'Angers à la mer, on trouve une troisième région, qui se différencie nettement des deux premières. Les formations géologiques traversées par la Loire et ses affluents sont les plus anciennes : d'Angers à Ancenis, ce sont les terrains dévoniens et siluriens ; d'Ancenis à la mer, des micaschistes, des gneiss, des amphibolites et des granits.

Le seul affluent considérable de la Loire, dans cette dernière portion de son cours, est la Maine. Cette rivière vient de recevoir, auprès d'Angers, le Loir, qui lui apporte le tribut du versant sud-ouest du plateau de la Beauce, la Sarthe, qui coule presque exclusivement sur le terrain crétacé inférieur, et la Mayenne, qui traverse uniquement les terrains cristallins et de transition.

Malgré la longueur de son cours et l'étendue de son bassin, la Loire traverse, en résumé, soit directement, soit par ses affluents, des terrains formés surtout de silicates alcalins. L'élément calcaire, qui domine dans le bassin de la Seine, ne peut lui être fourni que par des cours d'eau secondaires, dont le plus important est le Loir. On doit donc s'attendre à trouver dans les eaux de la Loire une quantité notable d'acide silicique et de sels alcalins, et relativement peu de carbonate calcaire.

Les débordements auxquels cette rivière est sujette, chargent très-souvent ses eaux de quantités considérables de matières insolubles, de nature essentiellement argileuse ou sableuse. Il en résulte, dans les parties basses de son cours, des bancs qui, par leur mobilité, déjouent la science des ingénieurs, et en rendent la navigation pénible et dangereuse.

Cependant, par ses débordements même, la Loire est une source de richesse pour les contrées qu'elle arrose, car le limon que déposent ses eaux sur les prairies les rend extrêmement productives. On voit sur les prairies périodiquement inondées, la production atteindre, en moyenne, de 23 à 30 quintaux métriques par hectare. En considérant ces résultats, on se demande s'il ne serait pas possible, dans le double intérêt de l'hygiène et de l'agriculture, de transformer en prairies les espaces encore si vastes qui, sous le nom de *baies*, sont, dans certaines localités, complétement abandonnées à la vase ou à une eau plus ou moins corrompue.

Arrivons à la composition chimique des eaux de ce fleuve.

En 1842, la question, agitée depuis longtemps, de procurer à la ville de Saint-Étienne une quantité suffisante d'eau potable, engagea M. Janicot, répétiteur de chimie à l'École des mines de Saint-Étienne, à faire l'analyse des eaux de la Loire.

L'eau avait été puisée dans cette rivière, le 2 décembre 1844, au Pertuiset, près de Firminy. Voici les résultats de l'analyse :

Produits gazeux.	Acide carbonique....	0[lit],0128
	Azote...............	0 ,0170
	Oxygène.............	0 ,0080
		0[lit],0378
Produits fixes.	Chlorure de sodium.........	0[gr],0070
	Chlorure de calcium..........	
	Chlorure de magnésium......	
	Sulfate de chaux..............	0 ,0026
	Carbonate de chaux..........	0 ,0144
	Acide silicique...............	0 ,0070
	Oxyde de fer..................	0 ,0018
	Matière organique...........	0 ,0024
		0[gr],0352

Fig. 70. — La Gironde, à Bordeaux.

On voit que cette eau ne contient qu'une très-petite quantité de matières dissoutes, et qu'elle est convenablement aérée : elle serait donc une fort bonne eau potable. Elle dissout, d'ailleurs, le savon, sans formation de grumeaux.

En 1846, M. H. Deville a fait l'analyse de l'eau de la Loire, recueillie sous le pont de Meung, près d'Orléans, au commencement d'une forte crue du fleuve.

La température était de 16° dans l'eau et 26° dans l'air.

L'analyse a donné :

Gaz	Acide carbonique	0lit,0018
	Azote	0 ,0202
	Oxygène	
		0lit,0220

Substances fixes	Acide silicique	0gr,0406
	Alumine	0 ,0071
	Peroxyde de fer	0 ,0055
	Carbonate de chaux	0 ,0481
	Carbonate de magnésie	0 ,0061
	Carbonate de soude	0 ,0146
	Sulfate de soude	0 ,0034
	Chlorure de sodium	0 ,0048
	Silicate de potasse	6 ,0044
		0gr,1346

Cette eau renferme, comme on le voit, une quantité notable d'acide silicique et de silicate de potasse, qui est en rapport avec la nature des terrains qu'elle a traversés avant d'arriver à Orléans. On va voir, par l'analyse suivante, que la présence de la silice est habituelle dans la Loire.

L'eau de la Loire, à Nantes, puisée au milieu du fleuve, en regard du château de Nantes, le 7 juillet 1846, a été analysée par

MM. Bobierre et Moride, et a donné les résultats suivants :

Température de l'eau : 20° ; pression barométrique : $0^m,762$.

Gaz.	Oxygène	$0^{lit},00548$
	Azote	0 ,01145
	Acide carbonique	0 ,00053
		$0^{lit},01746$

Substances fixes.	Chlorure de sodium	$0^{gr},0072$
	— de magnésium	0 ,0012
	Sulfate de magnésie	0 ,0057
	Carbonate de chaux	0 ,0438
	— de magnésie	0 ,0079
	Silicates de soude, de chaux et de magnésie	0 ,0225
	Alumine / Peroxyde de fer	0 ,0043
	Matière organique	0 ,0220
		0 ,1170

Eaux de la Garonne et de la Gironde. — L'*Annuaire des eaux de la France* donne sur les eaux douces du bassin de la Gironde les renseignements que nous allons résumer.

Les deux rivières qui, en se réunissant au bec d'Ambez, constituent la Gironde, sont très-différentes l'une de l'autre.

La Dordogne, le premier affluent de ce fleuve, prend ses sources dans les sommités du Mont-Dore et du Cantal, et reçoit successivement la Vézère et l'Isle. Le caractère commun à ces trois cours d'eau et à leurs principaux affluents, est de s'échapper des roches volcaniques du massif central, et après avoir traversé une zone de terrains jurassiques, de couler sur les formations tertiaires qui s'étendent jusqu'à l'Océan. Le cours de la Dordogne atteint ainsi un développement de 500 kilomètres environ, et arrose, par lui-même ou ses affluents, les départements du Cantal, du Puy-de-Dôme, de la Corrèze, de la Haute-Vienne, de la Dordogne et de la Gironde.

L'autre grand affluent, la Garonne, joue un rôle de beaucoup plus important. Elle arrose, par elle-même et par ses nombreux affluents, les départements de l'Ariége, de la Haute-Garonne, des Hautes-Pyrénées, du Tarn, de l'Aveyron, du Tarn-et-Garonne, du Lot, du Lot-et-Garonne et de la Gironde. Son développement total, jusqu'à son confluent avec la Dordogne, est de 620 kilomètres, et de 750 jusqu'à la mer. Ses deux sources principales, la Garonne proprement dite et l'Ariége, proviennent, la première des points culminants de la chaîne des Pyrénées, le Pic de Nethou et la Maladetta, la seconde du remarquable nœud de montagnes d'où divergent aussi la Sègre et la Têt.

De Toulouse à la mer la vallée de la Garonne a une direction simple, et se détourne peu du nord-ouest. Elle reçoit, dans cet intervalle, sur sa rive gauche, un grand nombre de cours d'eau, dont le plus considérable est le Gers. Ces rivières divergent presque toutes d'un même centre, d'une hauteur secondaire et située plutôt au pied des Pyrénées que dans la chaîne elle-même; de sorte que tandis que la Garonne, l'Ariége, et même l'Adour et le Gave de Pau empruntent leurs eaux aux formations primitives et de transition qui constituent les crêtes centrales de la chaîne des Pyrénées, ces affluents secondaires n'ont traversé que des terrains tertiaires ou ont à peine effleuré les contreforts des Pyrénées.

Sur la rive droite, la Garonne reçoit deux affluents considérables. Le Tarn descend du plateau granitique d'où s'écoulent en divers sens la Loire, l'Allier, l'Ardèche et le Lot; il reçoit, un peu au-dessus de Montauban, les eaux de l'Aveyron, qui ont presque toujours arrosé des terrains cristallins, et atteint un développement de 355 kilomètres.

Le Lot, qui part à peu près du même point que le Tarn, coule beaucoup plus à l'ouest que cette dernière rivière; aussi n'atteint-il la Garonne que plus loin, au-dessous d'Agen, après avoir traversé, dans un parcours de 430 kilomètres, les terrains primitifs les terrains jurassiques et tertiaires.

Avant l'établissement des machines qui élèvent et distribuent à Toulouse les eaux de la Garonne, les habitants de cette ville en étaient réduits à employer, pour la boisson et les besoins domestiques, une source de peu d'importance et de médiocre qualité : l'eau de la fontaine Saint-Étienne. La distribution de l'eau de la Garonne fut donc un service immense rendu à la ville de Toulouse.

L'analyse des eaux de la Garonne a été faite par M. H. Deville. L'eau avait été puisée à Toulouse, en amont de la ville, à 300 mètres au-dessus du port de Garaud, le 16 juillet 1846. L'analyse a donné, pour un litre :

		Litres.	Composition en centièmes.	Composition de l'air dissous.
Gaz.	Acide carbonique.	0,0170	41,9	»
	Azote	0,0157	38,6	66,3
	Oxygène	0,0079	19,5	33,7
		0,0406	100,0	100,0

Substances fixes.	Acide silicique	0gr,0401
	Peroxyde de fer	0 ,0031
	Carbonate de chaux	0 ,0645
	Carbonate de magnésie	0 ,0034
	Carbonate de manganèse	0 ,0030
	Carbonate de soude	0 ,0065
	Sulfate de soude	0 ,0053
	Sulfate de potasse	0 ,0076
	Chlorure de sodium	0 ,0032
		0gr,1367

La somme des résidus fixes trouvés dans cette analyse est presque identique à celle trouvée pour la Loire par le même chimiste, et moitié de celle qu'avait présentée la Seine, à Paris, un mois auparavant.

Ce résidu se compose, presque uniquement, de carbonate de chaux et de silice. La proportion de silice est considérable; il faut l'attribuer à ce que la haute Garonne et ses principaux affluents, au-dessus de Toulouse, comme l'Ariége, coulent en très-grande partie sur des roches de feldspath.

L'analyse de M. H. Deville prouve que l'eau de la Garonne, à Toulouse, réunit toutes les qualités des meilleures eaux potables.

La composition de l'eau de la Gironde, à Bordeaux, ne diffère point de celle de la Garonne, qui ne fait que changer de nom vers la fin de son parcours.

Cependant la Gironde ne sert pas à alimenter Bordeaux en eaux potables. Comme nous le verrons en parlant des distributions d'eaux dans les principales villes de France, Bordeaux emprunte aujourd'hui ses eaux potables à plusieurs sources abondantes et pures situées à 12 kilomètres de la ville. Ces eaux sont conduites par un aqueduc jusqu'à un vaste réservoir d'où une machine à vapeur les élève, et elles se répandent dans le réseau des conduites publiques.

Eau du Rhône. — Le Rhône, dit l'*Annuaire des eaux de la France*, sort de l'un des vastes glaciers qui couronnent les hautes montagnes de la Suisse, et d'où s'échappent, en sens inverse, le Rhin, pour descendre vers la mer du Nord, l'Inn, pour aboutir à la mer Noire, par le Danube ; le Tessin, dans l'Adriatique, par le Pô, et le Rhône dans la Méditerranée.

Dans la longue et profonde vallée qu'il parcourt depuis sa source jusqu'au lac de Genève, le Rhône reçoit d'un côté les eaux produites par la fonte intérieure des glaciers qui occupent des espaces immenses et inaccessibles entre le Haut-Valais et l'Oberland-Bernois, et de l'autre côté celles des glaciers moins considérables, mais plus nombreux, placés sur la ligne de faîte de la chaîne qui sépare la Suisse de l'Italie. Peu après sa sortie du lac de Genève, le Rhône reçoit encore la rivière de l'Arve, qui vient de la vallée de Chamonix et lui apporte le produit de la *mer de glace* située au pied du mont Blanc.

Il n'y pas moins de quarante-deux glaciers importants qui alimentent ce fleuve, avant et après le lac de Genève. En été, le tribut permanent de leurs eaux est considérablement accru dans le lit du Rhône, par la fusion des neiges qui se sont accumulées pendant six mois sur les sommets des montagnes de la Suisse et de la Savoie. Le lac de Genève lui-même, où se rend, indépendamment du fleuve, l'énorme quantité des eaux de neige des Alpes du Chablais, grossit alors d'un mètre et demi à deux mètres, quoique sa superficie ait plus de trente et une lieues carrées.

Ces détails topographiques feront comprendre l'extrême différence qui existe entre le Rhône et d'autres grands cours d'eau, comme la Saône, la Loire, la Seine, soit sous le rapport de l'origine, et par conséquent de la nature de l'eau, soit sous le rapport du volume.

La saison d'été qui provoque la fusion des glaces dans les Alpes, a pour effet de grossir les eaux du Rhône. Aussi les eaux de ce fleuve ne sont-elles jamais aussi hautes qu'au milieu des chaleurs, c'est-à-dire précisément à l'époque où les autres rivières baissent considérablement.

A son passage à Genève, le Rhône, après avoir traversé le lac, conserve la transparence qu'il y a acquise, et on le verrait en tout temps aussi limpide que dans l'hiver sans son mélange avec l'Arve, qui s'y jette près de Genève. Cette rivière, au cours torrentiel, d'une apparence boueuse et qui roule en été les eaux provenant de la fusion des neiges du mont Blanc et des Alpes savoisiennes, lui donne alors la couleur grise qu'il présente en passant à Lyon, pendant six mois de l'année.

Après avoir pénétré en France et dans le trajet qu'il parcourt jusqu'à son confluent avec la Saône, le Rhône reçoit un grand nombre de ruisseaux et une rivière principale, l'Ain, dont les crues fréquentes contribuent, pendant les six autres mois, à détruire sa limpidité d'une autre manière et par des causes différentes, c'est-à-dire en entraînant, à la suite des orages et des longues pluies, les marnes et l'argile des terrains du Bugey et de la Bresse, mêlées à toutes sortes de détritus.

L'Arve et l'Ain, les deux affluents principaux du Rhône, étant sujets à de grandes variations, le Rhône varie très-souvent dans ses qualités physiques. Quand c'est l'Arve qui domine dans le Rhône, son eau tient en suspension un limon grisâtre, formé d'une immense quantité de débris que cette rivière a enlevés aux calcaires schisteux sur lesquels elle passe en descendant des Alpes. Lorsque l'Ain, accru subitement et débordé sur ses rives, vient augmenter le volume du Rhône, c'est une terre argilo-calcaire qui lui communique sa couleur jaunâtre.

Le Rhône, à son passage à Lyon, est donc très-variable dans son aspect, comme dans sa composition. En hiver, son eau est claire et presque complétement limpide : elle se trouve alors réduite au plus faible volume et contient plus de sels et de gaz en dissolution que dans l'été. Au printemps, dès que commence la fusion des neiges dans les Alpes, l'eau du Rhône augmente de volume et se trouble de jour en jour, en même temps que les proportions des substances salines et gazeuses y diminuent, parce que l'eau provenant de la fusion des neiges alpines est originairement privée d'air et de principes salins. Cet état se conserve pendant l'été et jusqu'au milieu de l'automne. Aussi l'eau du Rhône est-elle d'autant plus pure, chimiquement, qu'elle est plus impure dans son aspect.

Indépendamment des deux grands changements amenés par les saisons, le Rhône subit, en toute saison, des variations brusques par l'effet de diverses circonstances météorologiques, et présente souvent des crues extrêmement rapides.

L'eau du Rhône, lorsqu'elle est naturellement claire, ou lorsqu'elle a été filtrée, n'a

Fig. 71. — Le Rhône, entre Beaucaire et Tarascon.

aucune saveur désagréable; elle a alors la sapidité de toute bonne eau de rivière.

Dans l'été, pendant les mois de juillet et d'août, sa température s'élève quelquefois jusqu'à 25 degrés et au delà. En hiver, elle descend à + 1 degré.

Ces variations dans la température du Rhône suivent généralement les modifications de la température atmosphérique dues à l'influence des saisons. On conçoit cependant que sa température doit également éprouver de brusques changements par suite de la crue instantanée de l'un de ses pricinpaux affluents. Ce phénomène s'observe particulièrement quand l'accroissement de ces eaux est dû à la fonte rapide des neiges des Alpes sous l'influence des vents du midi.

L'eau du Rhône varie tout autant sous le rapport de sa composition chimique, que sous le rapport de sa limpidité ou de sa température. Dupasquier trouva d'un mois et même d'une semaine à l'autre, des modifications très-notables dans sa composition.

L'eau du Rhône, dans son passage à Lyon, a été analysée, en 1835, par M. Boussingault, alors doyen de la Faculté des sciences de cette ville, ensuite par Dupasquier, en 1839, et par Bineau, professeur à la Faculté des sciences. Ces analyses, faites à des époques diverses de l'année, sont réunies dans le tableau suivant : elles se rapportent toutes à un litre d'eau.

Tableau

		Juillet 1835. Boussingault.	Février 1839. Dupasquier.	2 mars 1839. Bineau.	18 mars 1839. Bineau.	28 avril 1839. Bineau.	20 sept. 1839. Bineau.
		Litres.	Litres.	Litres.	Litres.	Litres.	Litres.
Gaz.	Acide carbonique	0,0065	0,0182	0,0128	0,0167	0,0109	0,0079
	Azote	0,0115	0,0124	0,0160	0,0222	0,0145	0,0140
	Oxygène	0,0065	0,0067	0,0079	0,0071	0,0071	0,0063
		0,0245	0,0373	0,0367	0,0476	0,0325	0,0282
		Grammes.	Grammes.	Grammes.	Grammes.	Grammes.	Grammes.
Substances fixes.	Carbonate de chaux	0,1006	0,1567	0,141	0,135	0,140	0,133
	Sulfate de chaux	0,0067	0,0195	0,014			
	— de soude	Traces.		»	0,001	Indéterm.	Indéterm.
	— de magnésie	Traces.	0,0060	0,016			
	Chlorure de sodium	Traces.					
	— de magnesium	»	0,0067	0,001	0,001	Indéterm.	Indéterm.
	— de calcium	Traces.					
	Azotates de potasse et de magnésie	»		0,003	0,003	Indéterm.	Indéterm.
	Acide silicique	»		Traces.	Traces.	Traces.	Traces.
		0,1073	0,1898	0,175	0,140	»	»
Matière organique		»	»	0,007	0,013	Indéterm.	Indéterm.

L'examen de ce tableau montre que la proportion des gaz, et notamment celle de l'acide carbonique, est susceptible de très-grandes variations.

Les résultats des analyses du 2 et du 18 mars montrent à quel point est variable la proportion des sulfates dans le Rhône.

La présence des azotates n'est point un fait accidentel; on les a également retrouvés dans les eaux puisées dans le fleuve à diverses époques.

Quant aux quantités absolues de matières salines en dissolution dans les eaux, les chiffres établissent très-bien la différence entre le régime hibernal et le régime estival à ce point de vue. En rapprochant ces nombres, on trouve :

En février	0gr,1898
En mars	0 ,1750
En juillet	0 ,1073

Ce qui revient à dire que les eaux du Rhône renferment plus de matières solubles en hiver qu'en été. Ce résultat confirme ce que nous avons dit du régime du Rhône selon les saisons.

Eau de la Saône. — L'eau de la Saône, prise à Lyon, donna les résultats suivants à Bineau, pour un litre :

		5 mars 1839.
Gaz	Acide carbonique	0lit,0126
	Azote	0 ,0137
	Oxygène	0 ,0060
		0lit,0323
Carbonate de chaux et acide silicique		0gr,134
Sulfate de chaux		0 ,003
Chlorure de sodium		0 ,002
Azotates		0 ,002
Matières organiques		0 ,030
Total		0gr,271

L'eau de la Saône renferme donc plus de résidu soluble que celle du Rhône. Si les eaux du Rhône l'emportent en pureté sur celles de la Saône, c'est pour la proportion des matières organiques.

De cette analyse de l'eau de la Saône prise à Lyon, on peut rapprocher l'analyse des eaux de la même rivière, prises à Mâcon, analyse faite par le docteur Niepce, médecin inspecteur des eaux minérales d'Allevard.

Les eaux de la Saône, prises à Mâcon, contiennent, d'après le docteur Niepce :

Carbonate de chaux	0gr,113
Sulfate de chaux	0 ,047
Chlorure de calcium	0 ,007
Chlorure de sodium	0 ,020
Acide silicique	Traces.
Oxyde de fer	Traces.
	0gr,187

Si l'on compare l'analyse des eaux de la Saône prises à Lyon et due à Bineau, à l'analyse des eaux de la Saône prises à Mâcon et faite par Niepce, on trouve que cette eau, à Lyon, renferme plus de matières solubles qu'à Mâcon. La différence porte principalement sur le sulfate de chaux et les sels solubles.

Eaux de l'Escaut et de la Meuse.— Le versant de la mer du Nord, ou *versant Rhénan*, ne fait qu'effleurer la France au nord-est. Ce versant, dit l'*Annuaire des eaux de la France*, auquel nous empruntons les renseignements qui vont suivre sur les eaux de la Meuse et du Rhin, est compris, d'une manière générale, dans un vaste triangle, presque équilatéral, dont l'angle aigu serait placé dans cette remarquable portion des Alpes dont le Saint-Gothard occupe le centre, et d'où divergent, vers trois mers différentes, le Rhône, le Rhin et le Tessin, et dont la base suivrait une ligne courbe joignant le cap Gris-Nez à la pointe septentrionale du Texel.

Cet immense territoire est sillonné par trois grands cours d'eau, d'importance fort inégale : l'Escaut, la Meuse et le Rhin.

L'Escaut a sa source dans le département de l'Aisne, au Castelet, un peu au-dessus de Cambrai. Il quitte bientôt le territoire français, sur lequel il ne coule que sur une longueur de 90 kilomètres, tandis que son développement total atteint 360 kilomètres. De Tournai à Anvers, cette rivière traverse les plaines de la Belgique.

Les deux seuls affluents de l'Escaut qui arrosent le territoire de la France sont la Scarpe, qui passe à Arras et à Douai, et la Lys, qui passe à peu de distance de Lille, où elle est canalisée. Comme l'Escaut, elles descendent toutes deux du bombement qui court du cap Gris-Nez à Dommartin. Après avoir atteint le pied oriental de cette protubérance crayeuse, elles coulent sur les terrains tertiaires peu accidentés et les plaines alluviales, d'une grande richesse, qui constituent les Flandres française et belge.

On sait que Cambrai est situé sur la rive orientale de l'Escaut, à six lieues environ de sa source. L'Escaut entre dans cette ville par plusieurs bras.

M. Tordeux, pharmacien, a analysé l'eau de l'Escaut, puisée à Cambrai.

L'eau de ce fleuve est limpide, son odeur nulle, sa saveur légèrement marécageuse ; elle dissout bien le savon. Elle donne au papier une réaction sensiblement alcaline.

L'analyse a donné :

Gaz.	Acide carbonique	0lit,02671
	Oxygène	0 ,00579
	Azote	0 ,01759
		0lit,05009
Produits fixes.	Chlorure de sodium	0gr,047
	Sulfates de chaux et de magnésie	0 ,008
	Carbonate de chaux	0 ,233
	Acide silicique	0 ,006
	Matières organiques	traces.
		0gr,294

On voit que l'eau de l'Escaut, à peu de distance de sa source, contient plus de principes solubles que celles de la plupart des fleuves ou rivières que nous avons examinées. Ces sels consistent principalement en carbonate de chaux ; mais la quantité de ce sel ne paraît pas nuire aux propriétés dissolvantes de l'eau pour le savon : car M. Tordeux insiste particulièrement sur ses bonnes qualités sous ce rapport.

La Meuse joue en France un rôle plus important que l'Escaut. Descendue de l'angle sud-ouest des Vosges, près du plateau de Langres, cette rivière coule d'abord jusqu'à Mézières, dans une vallée creusée dans le terrain oolithique, et qui court au nord-ouest; puis elle se détourne brusquement vers le nord, et traverse les terrains schisteux et houillers des Ardennes et du Hainaut. A Verdun, elle commence à devenir navigable; à Namur, elle reçoit la Sambre, qui a pris sa source en France à peu de distance de la frontière. De Maestricht à la mer, elle traverse des plaines tertiaires et alluviales.

Le développement total de la Meuse atteint 700 kilomètres, dont 260 sur le territoire français.

Une des particularités de cette rivière est sa disparition à Bazeilles et sa réapparition à 15 kilomètres de distance, près de Noncourt.

Eau du Rhin. — Le Rhin prend sa source dans le point où la chaîne de l'Oberland bernois rejoint le mont Saint-Gothard. Ses deux branches principales se réunissent à Reichenau, près de Coire, et se rendent de là, avec une pente rapide, vers le nord, dans le lac de Constance. En sortant du lac de Constance, le Rhin forme les célèbres cascades de Laufen, et coule de l'est à l'ouest, jusqu'à Bâle. Là, il change encore une fois brusquement de direction, et traverse longitudinalement la grande plaine à laquelle il a donné son nom, et qui, du S.-S.-O., au N.-N.-O., est resserrée entre le massif des Vosges et les montagnes de la forêt Noire. Sorti enfin de cette longue vallée par les défilés de Bingen, entre le Taunus et le Hundsruck, il se dirige du S.-E. au N.-O., vers le Zuyderzée, arrosant l'ancien duché du Bas-Rhin et la Hollande. A peu de distance de la mer, son cours principal se détourne vers l'O., et se joint à la Meuse, dont l'embouchure lui est commune.

Le cours du Rhin, dont le développement total atteint 1,550 kilomètres, est entièrement en dehors de notre territoire. Son bassin se divise en deux portions très-inégales et très-distinctes par leurs conditions physiques. Dans la première portion, le Rhin reçoit uniquement, soit par lui-même soit par ses principaux affluents, l'Ill, la Thur, l'Aar, les eaux des grandes Alpes, entre le canton des Grisons et le lac de Genève. Il se trouve ainsi, dans cette portion supérieure de son cours, sous la dépendance des immenses glaciers qui s'étendent sur cette haute chaîne. Aussi, les plus hautes eaux du Rhône, à Bâle, sont-elles comme le Rhône, à Lyon, dans les mois d'été, où la fusion des neiges et des glaciers est à son *maximum*. Le *minimum* de ses eaux a lieu vers le mois de janvier. Au contraire, lorsque le Rhin, après avoir traversé la grande plaine alsacienne (qui pourrait aussi constituer pour lui une région distincte et moyenne), et où il ne reçoit qu'un seul cours d'eau important, le Neckar, débouche, par Bingen, dans les terrains, de moins en moins accidentés, qui, du Taunus, le conduisent jusqu'à la mer, son régime se complique par les tributs qu'il reçoit de grands cours d'eau provenant de régions à pluies automnales ou hivernales. Aussi, à Cologne, ses eaux atteignent-elles annuellement deux *maxima*, l'un, en juillet, correspond à celui qu'il présente à Bâle ; l'autre, plus élevé que le premier, a lieu vers les mois de janvier et de février.

Parmi les affluents que le Rhin reçoit dans cette portion inférieure de son cours, et dont quelques-uns, la Lahn, la Lippe et surtout le Mein, sont des rivières considé-

Fig. 72. — Le Rhin, à Coblentz.

rables, un seul, la Moselle, offre un grand intérêt au point du vue français.

La Moselle prend sa source vers l'extrémité S.-E. des Vosges, au pied du ballon de Giromagny. Après avoir traversé successivement les terrains ignés et les différents étages du trias, elle atteint, au-dessus de Toul, les terrains jurassiques, et reçoit, à Nancy, le tribut de la Meurthe qui, partant des montagnes granitiques qui dominent Gérardmer, a un cours tout à fait analogue au sien, mais moins étendu. La Moselle quitte la France près de Sierk, et se jette dans le Rhin à Coblentz, après un parcours de 530 kilomètres.

Parmi les petits cours d'eau qui, du flanc oriental des Vosges, descendent dans le Rhin, un seul, l'Ill, a quelque importance. Parti d'un point très-voisin des sources de la Meurthe, il contourne le massif du ballon de Guebwiller et atteint, en sortant de la vallée industrielle de Thann, les plaines de l'Alsace, où il arrose Colmar, Strasbourg, et se joint, peu après cette dernière ville, au cours du Rhin.

On voit, ajoute l'*Annuaire des eaux de la France*, qu'il y a peu de bassins hydrographiques en Europe dont les conditions soient plus variées que celui dont nous venons de donner une rapide analyse. Il offre néanmoins, sous un rapport, une remarquable unité. Si l'on excepte l'Escaut, toutes les eaux reçues par ce territoire se rendent à la mer par les mêmes voies; la Meuse et le Rhin se réunissent à la fin de leur cours. Il en résulte que, sur un espace littoral relativement fort petit, vient se rendre dans la mer du Nord la masse énorme des eaux de ce versant. Ces débris terreux venant à se déposer par l'effet des remous dus au phénomène des marées, près des embouchures, il est résulté, de leur accumulation, l'immense delta qui constitue le sol de la Hollande, et qui offre au physicien tant de sujets d'études sur les causes géologiques qui agissent encore sous nos yeux, en même temps qu'un magnifique témoignage de ce que peut le génie de l'homme sur la nature.

Nous citerons deux analyses de l'eau du Rhin, puisée à Bâle et près de Strasbourg. La première, due à M. Pagenst, en 1837, a donné les résultats suivants :

Carbonate de chaux	0gr,1279
Carbonate de magnésie	0 ,0135
Sulfate de chaux	0 ,0154
Sulfate de magnésie	0 ,0039
Sulfate de soude	0 ,0018
Chlorure de sodium	0 ,0015
Acide silicique	0 ,0021
Perte	0 ,0050
	0gr,1711

La seconde, due à M. H. Deville, a donné, pour l'eau recueillie à Strasbourg, les nombres suivants :

		Litres.	Composit. en centièmes.	Composit. de l'air. dissous.
Gaz.	Acide carbonique	0,0076	24,6	»
	Azote	0,0159	51,4	68,2
	Oxygène	0,0074	24,0	31,8
		0,0309	100,0	100,0

Substances fixes.	Acide silicique	0gr,0488
	Alumine	0 ,0025
	Peroxyde de fer	0 ,0058
	Carbone de chaux	0 ,1356
	Carbonate de magnésie	0 ,0051
	Sulfate de chaux	0 ,0147
	Sulfate de soude	0 ,0135
	Chlorure de sodium	0 ,0020
	Azotate de potasse	0 ,0038
		0gr,2318

En comparant ces deux analyses, on saisit une différence notable dans la quantité absolue de matières dissoutes. Cette différence atteint le quart du poids total de ces substances ; mais, si l'on examine la nature des sels trouvés par ces deux chimistes, on est, au contraire, frappé de la similitude de décomposition de ces eaux, puisées à des points fort différents, et analysées par des méthodes sans doute assez diverses.

Il y a lieu de penser, d'après cela, que la différence dans les proportions absolues des matières dissoutes dépend surtout des saisons dans lesquelles l'eau a été puisée.

On conçoit, d'ailleurs, ces différences pour une rivière qui, comme le Rhin, prend sa source au centre de vastes glaciers, et reçoit, en outre, un grand nombre d'affluents capables de produire des variations dans la composition de ses eaux. Nous avons déjà remarqué, d'après les analyses des eaux du Rhône, à Lyon, que ce fleuve renferme en hiver une quantité plus considérable de sels qu'en été.

Eau du Doubs. — L'eau du Doubs, prise au port de Rivette, a été analysée par M. H. Deville en 1845. Les substances fixes trouvées, par litre d'eau, sont les suivantes :

Acide silicique	0gr,0159
Alumine	0 ,0021
Peroxyde de fer	0 ,0030
Carbonate de chaux	0 ,1910
Carbonate de magnésie	0 ,0023
Sulfate de soude	0 ,0051
Chlorure de magnesium	0 ,0005
Chlorure de sodium	0 ,0023
Azotate de potasse	0 ,0041
Azotate de soude	0 ,0039
	0gr,2302

L'eau du Doubs, abstraction faite du carbonate de chaux, qui est prépondérant dans les contrées calcaires comme le Jura, est d'une pureté remarquable. On n'a pu y découvrir une quantité appréciable de sulfate de chaux. Le carbonate de chaux n'atteint pas la proportion de 0,25 par litre, qui est nécessaire pour constituer une eau incrustante.

L'eau du Doubs, d'ailleurs très-riche en oxygène, est donc une des meilleures eaux potables.

Eau de la Moselle. — M. Langlois a publié dans l'*Exposé des travaux de la Société des sciences médicales de la Moselle* (1847-1848), le résultat de ses recherches sur les eaux potables de la ville de Metz. Nous en extrayons l'analyse chimique des eaux de la Moselle, à Metz.

Cette eau renferme les quantités suivantes de substances fixes :

Carbonate de chaux	0gr,060
Sulfate de chaux	0 ,026
Sulfate de magnésie	0 ,003
Sulfate d'alumine	0 ,001
Chlorure de calcium	0 ,003
Chlorure de potassium	0 ,004
Chlorure de sodium	0 ,003
Azotate de chaux	0 ,005
Azotate de potasse	»
Silicate de potasse	0, 002
Carbonate de magnésie	0 ,004
Carbonate de fer	0 ,001
Matières organiques et acide crénique	0 ,004
	0gr,116

Les eaux qui s'écoulent des roches granitiques contenant les sources de la Meurthe et de la Moselle, sont d'une grande pureté. Ces deux rivières coulent ensuite sur des roches de grès, qui ne leur offrent que peu de matières à dissoudre ; de sorte qu'après la filtration rendue nécessaire par son état fréquent de trouble, l'eau de la Moselle, à Metz, doit être d'un excellent usage.

Eau de la Vienne. — Un litre de cette eau, analysée par M. Delaporte, pharmacien à Troyes, à donné les résultats suivants :

Acide carbonique	0gr,045
Carbonate de chaux	0 ,165
Sulfate de chaux	0 ,010
Chlorure de calcium	0 ,020
Chlorure de magnesium	0 ,003
Acide silicique	Traces.
Substance organique, probablement de nature végétale	Quantité très-sensible.
	0gr,198

Cette eau, par ses propriétés physiques comme par sa composition, paraît donc très-propre à tous les usages de l'économie domestique.

Eau de la Maine. — L'eau de la Maine, à Angers, a été examinée par MM. Cadot et Roujon, qui ont trouvé, par litre de cette eau :

Carbonate de chaux	0gr,100
Carbonate de magnésie	0 ,006
Chlorure de sodium	0 ,022
Chlorure de calcium et de magnésium	0 ,006
Matière extractive et perte	0 ,013
	0gr,147

Eau de la Tamise. — L'eau de la Tamise analysée par M. Bennedetti, sur un échantillon puisé à Greenwich, a donné les résultats suivants, pour un litre d'eau :

Sulfate de potasse	0,01953
Sulfate de soude	0,05587
Sulfate de magnésie	0,00780
Chlorure de magnésium	0,01635
Chlorure de calcium	0,02317
Carbonate de chaux	0,20514
Silice	0,01132
Phosphate d'alumine	traces.
Fer	traces.
Matière organique	0,05814
	0,39732

Eau de l'Elbe. — Cette eau analysée, à Hambourg, au mois de juin 1862, par Bischoff, a donné, pour un litre d'eau :

Carbonates	0,737
Chlorures	0,394
Sulfates	0,072
Silice	0,054
Alumine, oxyde de fer, manganèse.	0,012
Total des matières solides	1,269

Eau du Danube. — Analysée à Vienne, au mois d'août 1862, cette eau a donné à Bischoff les résultats suivants :

Carbonate	0,987
Chlorure	traces.
Sulfate	0,186
Silice	0,049
Alumine, oxyde de fer, manganèse.	0,020
	1,242

Eau de la Vistule. — Analysée à Culm, par Bischoff, au mois d'avril 1853, cette eau a donné, pour un litre, les résultats suivants :

Carbonate	1,384
Chlorure	0,083
Sulfate	0,223
Silice	0,080
Alumine, oxyde de fer, manganèse	0,011
Substance organique	0,224
	2,005

CHAPITRE XVII

LES EAUX ARTÉSIENNES.

Les eaux qui jaillissent des puits artésiens renferment moins de principes solubles que les eaux de sources et de rivières, parce qu'elles n'ont pas traversé de grandes étendues de terrain auxquelles elles puissent emprunter des matières solubles.

Nous avons consacré une Notice aux puits artésiens dans les *Merveilles de la Science* (1) ; il nous suffira donc de quelques mots pour rappeler ici la théorie professée par les géologues concernant l'origine de ces eaux.

On appelle *puits artésiens* de simples trous, souvent fort étroits, forés dans le sol, au moyen d'une sonde.

Les eaux pluviales s'infiltrent dans la terre, jusqu'à ce qu'elles rencontrent une couche imperméable qui les retienne ; et il se forme alors une nappe d'eau souterraine. Si la couche perméable à l'eau de pluie se trouve sur le flanc d'une colline ou d'une montagne, et si le terrain perméable qui a donné passage à l'eau, est compris entre deux couches imperméables composées d'argile, enfin si l'ensemble de ces couches est incliné et plonge sous le sol jusqu'à une certaine profondeur, toutes les conditions nécessaires pour la réussite d'un puits artésien seront réunies. Que l'on vienne à creuser, dans la partie la plus inclinée d'un puits, jusqu'à la rencontre de la nappe d'eau, cette eau s'élèvera par l'ouverture pratiquée, jusqu'à ce qu'elle soit arrivée au niveau de son point de départ, c'est-à-dire de son lieu d'infiltration, situé sur la colline ou la montagne.

Les eaux artésiennes sont caractérisées par leur température toujours supérieure à celle des eaux qui coulent à la surface de la terre. Leur température s'accroît d'un degré par chaque 33 mètres de profondeur. L'eau du puits de Grenelle, qui a 747 mètres de profondeur, marque + 28°. Le puits creusé à Rochefort jusqu'à 825 mètres (la plus grande profondeur que l'on ait atteinte jusqu'ici) a donné de l'eau à + 42°.

Il résulte de cette particularité que l'eau des puits artésiens reste toujours liquide, malgré les hivers les plus rigoureux. Aussi s'en est-on servi pour chauffer les serres et les bains. A Carnstadt, près de Stuttgard, les eaux souterraines venues d'une grande profondeur, réunies dans de vastes bassins, permettent de se livrer, en toute saison, au plaisir de la natation.

Les courants souterrains étant toujours soumis à une pression considérable, soit par les gaz qui sont condensés à l'intérieur des couches terrestres, soit par le poids de la colonne liquide, il en résulte que les sources artésiennes se font jour avec une force qui leur a valu quelquefois le nom de source ou de fontaine *jaillissante.*

L'eau obtenue par un trou de sonde peut s'élever à des hauteurs considérables. Dans les puits artésiens percés à

(1) Tome III.

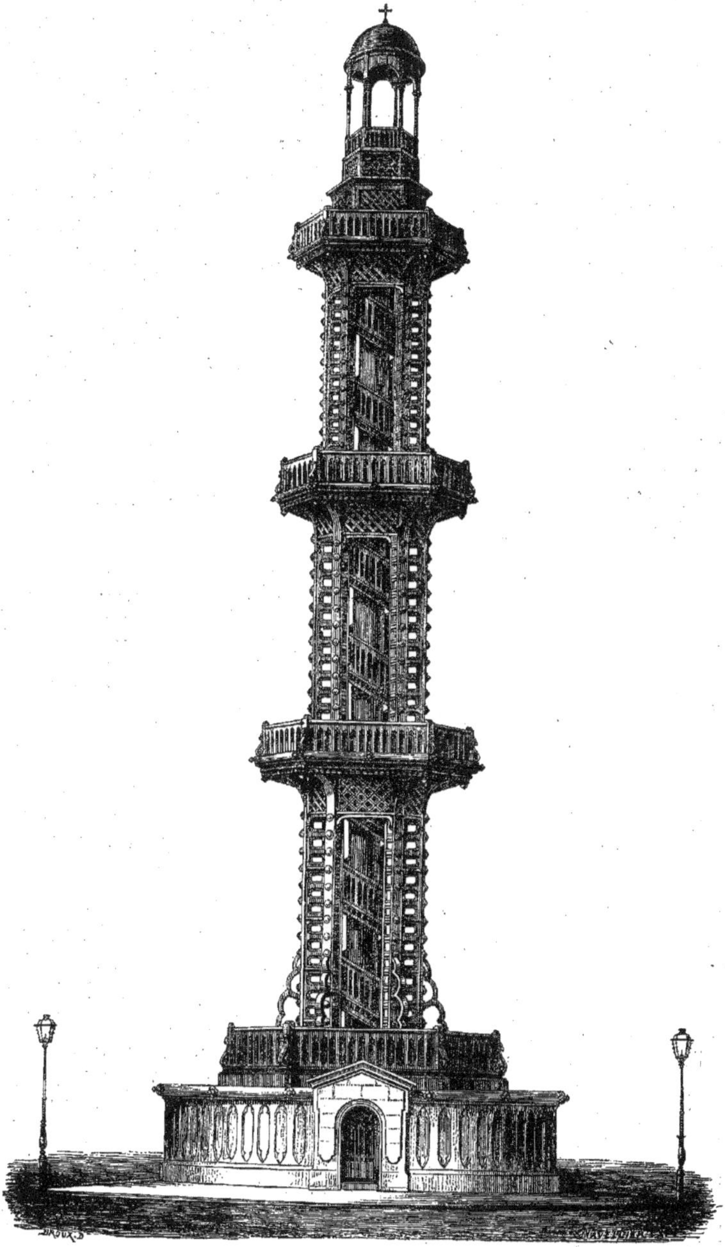

Fig. 73. — Puits artésien de Grenelle, à Paris.

Elbeuf, on voit l'eau jaillir à 32 mètres au-dessus du sol, et l'eau du puits de Grenelle monte jusqu'à 38 mètres.

Le débit des puits artésiens, sauf les engorgements qui se produisent accidentellement dans les tubes inférieurs, est généralement constant. Celui de Lillers (Pas-de-Calais) n'a pas varié dans son rendement depuis un grand nombre d'années.

Les puits artésiens de Chicago, aux États-Unis, ont 233 mètres de profondeur, et donnent 5,676,000 litres d'eau claire et fraîche, par 24 heures.

Ces derniers puits offrent une anomalie dont les géologues n'ont pas encore donné l'explication. Ils ne sont pas creusés dans une vallée, ou dans une dépression, mais dans une prairie environnée d'un pays également plat, d'une immense étendue. Le point d'infiltration qui fournit cette eau doit donc se trouver sur une montagne ou colline située à une très-grande distance.

Nous avons déjà fait remarquer que les eaux artésiennes n'ayant pas traversé de longues étendues de terrain, ne renferment que de petites quantités de matières salines. On peut avancer que leur pureté est d'autant plus grande qu'elles viennent de plus bas. Selon Ossian Henry, l'eau du puits artésien de la gare de Saint-Ouen contient, à la profondeur de 50 mètres, $0^{gr},73$ de principes fixes par litre ; à 65 mètres elle n'en renferme que $0^{gr},27$.

De même que pour les sources, plus l'origine de l'eau artésienne se rapproche des terrains primitifs, qui sont uniquement siliceux, moins elle renferme de matières minérales. L'eau du puits de Grenelle, qui sort des grès verts des terrains secondaires, ne laisse pas plus de $0^{gr},143$ à $0^{gr},149$ de sels fixes pour 1 litre de liquide ; tandis que celles qui émergent de la craie et qui surtout ont parcouru une grande étendue de terrain avant d'arriver à la surface du sol, sont moins pures. C'est pour cela que les eaux de certains puits forés qui sortent de la craie, n'ont pu être consacrées aux usages économiques et alimentaires : elles étaient chargées d'une trop forte proportion de chaux.

La proportion de matières solubles que contiennent les eaux artésiennes, est, en général, inférieure à la quantité des principes contenus dans les eaux de sources et de fleuves. C'est ce qui résulte du tableau suivant, dans lequel on a réuni les proportions de principes fixes qui existent dans un certain nombre de puits artésiens :

		Principes solubles contenus dans 1 litre d'eau.
Puits artésiens,	à Rouen........	$0^{gr},133$
—	à Passy (Paris)...	0 ,141
—	à Grenelle (Paris)..	0 ,142
—	à Perpignan.....	0 ,230
—	à Tours.........	0 ,320
—	à Lille..........	0 ,394 à $0^{gr},711$
—	à Roubaix.......	0 ,547 à 0 ,775
—	à Cambrai.......	0 ,605
—	à Elbœuf........	0 ,710

Les eaux des puits artésiens de Londres donnent de $0^{gr},92$, à 1 gramme de principes solubles par litre. Elles contiennent une proportion de substances solides relativement plus grande que l'eau de la Tamise, mais moindre que celle des puits ordinaires. Elles sont caractérisées par leur abondante teneur en sels de soude, et par leur alcalinité due au bicarbonate de soude. En général, les eaux des puits artésiens de Londres diffèrent des eaux des puits ordinaires en ce qu'elles contiennent plus de phosphates, moins de sels calcaires et de matières organiques. L'eau des puits artésiens de Paris est plus pure que celle des puits de Londres.

Le tableau suivant donne la composition chimique de quelques eaux de puits artésiens d'Angleterre :

PLACE DES PUITS.	PROFONDEUR en pieds anglais.	CARBONATE de soude.	SULFATE de soude.	CHLORURE de sodium.	AUTRES substances.	TOTAL du résidu par litre.
Londres (place Trafalgar).......	510	0gr,201	0gr,271	0gr,360	0gr,136	0gr,970
Londres (hôtel de la Monnaie)...	426	0 ,124	0 ,189	0 ,350	0 ,083	0 ,546
Southampton.................	1360	0 ,259	0 ,115	0 ,285	0 ,316	0 ,975

L'analyse des eaux des puits artésiens de Grenelle et de Passy a montré que ces eaux renferment moins de principes salins que toutes les autres eaux qui alimentent Paris. Mais, chose singulière, l'analyse a également prouvé que la nature de ces principes est susceptible de notables variations, quoique le résidu laissé par l'évaporation soit, en tout cas, à peu près le même.

Voici les résultats de l'analyse de l'eau du puits artésien de Passy, faite en 1862, par MM. Poggiale et Lambert :

Carbonate de chaux..............	0gr,064
Carbonate de magnésie...........	0 ,024
Acide silicique....................	0 ,010
Carbonate de potasse............	0 ,012
Carbonate ferreux................	0 ,001
Sulfate de soude..................	0 ,015
Chlorure de sodium..............	0 ,009
Alumine............................	0 ,001
Acide sulfhydrique libre et sulfure alcalin..........................	0 ,0006
Matière organique, iodure alcalin, manganèse et perte............	0 ,0044
Acide carbonique des bicarbonates.	7cc,00
Azote...............................	17 ,10
Total des matières fixes......	0 ,141

Les eaux artésiennes, excellentes pour les divers usages économiques et industriels, tels que le lessivage du linge, l'alimentation des chaudières à vapeur, la préparation des bains de teinture, etc., sont beaucoup moins propres à la boisson que les eaux de sources, de fleuves et de rivières. Comme elles arrivent des grandes profondeurs du sol et qu'elles n'ont pu subir le contact direct de l'atmosphère, elles sont peu aérées, ou bien elles ne renferment que du gaz azote et de l'acide carbonique, et sont d'une digestion plus difficile que celles des sources et surtout que celles des rivières. Si on veut les faire servir à la boisson, il faut les refroidir et les aérer, en les faisant circuler à l'air libre depuis leur sortie de terre jusqu'au réservoir qui doit les renfermer, en ayant soin de ménager plusieurs chutes, dans lesquelles l'eau très-divisée soit en contact avec l'air par de grandes surfaces.

Du reste, l'expérience a établi qu'aucun puits artésien n'a pu servir de base à une distribution d'eaux publiques. Sous ce rapport, il est intéressant de savoir ce que sont devenus les puits forés qui, dans l'origine, avaient excité le plus l'attention publique.

Dans la ville de Tours, il a été creusé, de 1830 à 1837, onze puits artésiens, de 112 mètres à 169 mètres de profondeur, dont neuf aux frais de la ville et les autres au compte de particuliers. Le plus grand de ces puits ne donne aujourd'hui presque aucun produit, et n'entre pour rien dans la distribution des eaux publiques de la ville.

En 1847, on creusa à Venise dix-sept puits artésiens. Neuf cessèrent de jaillir en 1852 ; les huit qui continuent de couler ne donnent que 700 mètres cubes d'eau par 24 heures, et l'eau est de très-mauvaise qualité. Elle renferme, au lieu d'air atmosphérique, un mélange gazeux, composé d'hydrogène protocarboné, d'azote et d'acide carbonique. La grande proportion de gaz hydrogène carboné fait que l'on peut faire brûler ce gaz à sa sortie de l'eau artésienne, et ce divertissement a longtemps amusé la population du quartier *San Polo*.

Il a donc fallu renoncer à la distribution de cette eau dans Venise, et s'en tenir aux citernes et à l'eau de la Seriola.

Les eaux des puits artésiens de Grenelle et de Passy, à Paris, ne sont pas consommées comme eaux potables.

Les raisons qui ont empêché de faire une distribution publique des eaux de Grenelle et de Passy, ont été exposées comme il suit dans un rapport de M. Dumas, au conseil municipal de la ville de Paris, à l'époque où il s'agissait de prendre une décision sur une nouvelle distribution d'eaux potables dans la capitale, pour remplacer l'eau de la Seine, devenue impure.

« Il serait imprudent, dit le célèbre chimiste, de chercher dans l'emploi des puits artésiens la base exclusive de l'alimentation de la ville de Paris.... Il est évident que toute secousse imprimée au sol, qui se transmet sans les modifier à travers les couches solides, peut devenir, partout où se présente un espace vide, l'occasion de glissements, de ruptures, d'éboulements, capables de compromettre pour longtemps ou d'anéantir pour toujours les ressources des puits artésiens.

« Après le tremblement de terre du 14 août 1846, M. Pilla constatait près de Lorenzano, en Toscane, l'apparition de sources formant autant de puits artésiens, dit-il, alignés selon six bandes, dont l'une en comptait vingt-quatre. Des nappes d'eaux souterraines avaient été soudainement mises en communication avec la surface du sol par la rupture brusque des couches de terrain, et par la formation des crevasses qui en étaient la conséquence. Si de telles nappes d'eau eussent alimenté des puits artésiens, que seraient devenus ces derniers? On avait observé les mêmes événements en 1706, sur le chemin de Rome à Tivoli, et on pourrait multiplier à l'infini de tels exemples. Paris, il est vrai, est peu sujet aux tremblements de terre; mais quand on institue des services importants, pour un long avenir et pour des siècles, il ne faut pas qu'un accident, même de ceux qui n'apparaissent qu'à de rares intervalles, puisse les mettre en péril.

« Le 16 novembre 1843, les eaux du puits de Grenelle se troublèrent : des matières argileuses abondantes en sortirent pendant la nuit. Le lendemain, les eaux étaient claires, mais leur volume se réduisit peu à peu de moitié. Elles coulaient encore parfois très-noires pendant le cours de janvier, et ce n'est que deux mois après que leur régime reprit son allure normale. M. Lefort, l'ingénieur des eaux de la ville à cette époque, n'hésita pas, sinon à attribuer cette intermittence à une secousse de tremblement de terre qui fut ressentie à Cherbourg et à Saint-Malo, du moins à signaler comme très-remarquable la coïncidence qui fut constatée entre les deux événements.

« Les puits artésiens creusés jusqu'à la nappe des sables verts sont-ils destinés à durer toujours? L'ingénieur est-il assez sûr de lui-même pour répondre de la solidité d'un travail qui s'effectue à 6 ou 700 mètres de profondeur, au milieu d'un sable fluide, sous les voûtes d'une argile toujours prête à se gonfler ou à se délayer dans l'autre ?...

« L'eau du puits de Grenelle étant privée d'oxygène libre et étant légèrement alcaline, un tubage en fer n'en devait, par exemple, éprouver aucun effet nuisible, et, au contraire, le fer devait s'y conserver aussi bien que dans l'eau bouillie. Cependant des observations précises ont démontré que les puits forés des environs de Tours, qui puisent dans une nappe analogue à celle où s'alimentent les puits de Grenelle et de Passy, une eau presque identique avec la leur, ne peuvent pas être tubés en fer. L'érosion des tubes en tôle s'y effectue par l'action lente et mystérieuse d'une matière inaperçue, avec une telle régularité, qu'un constructeur très-expérimenté, ayant pris l'engagement de fournir un tube garanti pour dix ans, celui qu'il a livré s'est trouvé hors de service au bout de dix ans et trois mois. Il est rare que les tubages résistent après vingt ans pour les épaisseurs de tôle habituellement employées. Tout objet en fer, en contact avec les eaux des puits forés de la Touraine, avant qu'elles aient eu le contact de l'air, se détruit tôt ou tard. Ainsi, un puits foré peut perdre tout d'un coup son tubage, et, par suite, éprouver des accidents qui interrompent son service, s'il a été tubé en fer et qu'il donne issue à des eaux contenant quelques traces de certains principes qui existent dans la nappe artésienne des sables verts.

« Le cuivre paraît résister, au contraire, à leur action ; mais on n'accepte pas volontiers l'usage des boissons ou des aliments qui ont séjourné dans des vases de cuivre. Ce serait une grande responsabilité pour une administration qui, ayant dirigé à travers des tubes en cuivre, même étamés, l'eau destinée à tous les besoins domestiques de la ville, serait obligée, par l'impossibilité de la remplacer instantanément, de contraindre ses habitants à en continuer l'emploi en temps d'épidémie, même en présence de ces émotions auxquelles il faut pouvoir céder, et qu'il est plus sage de prévenir...

« En résumé, les phénomènes et accidents naturels, tels que les tremblements de terre, qui exercent peu d'influence sur les canaux d'écoulement des eaux superficielles, peuvent, au contraire, en produire sur les canaux d'évacuation des eaux profondes, qui soient capables d'en déranger le cours. Quoique de tels événements soient rares, il suffit qu'on ait eu en vingt ans l'occasion d'en observer une fois les effets sur le puits de Grenelle, pour qu'il n'y ait pas lieu d'exposer la ville de Paris à recevoir, tout à coup, et pour des mois entiers, des eaux troubles dans tous ses réservoirs, ou à subir une diminution de moitié, dans les produits de ses puits jaillissants, qui, fut-elle momentanée, n'en serait pas moins grave. »

M. Péligot ayant soumis à un examen attentif l'eau du puits de Grenelle, a été amené à considérer cette eau plutôt comme eau minérale que comme eau douce. Soumise à l'ébullition, cette eau donne, par litre, 23 centimètres cubes de gaz, renfermant 22 pour 100 d'acide carbonique. Cet acide carbonique étant absorbé par la potasse, le mélange gazeux contient:

Azote	82,6
Oxygène	17,4
	100,0

« Ce curieux résultat établit une différence bien marquée, dit M. Péligot, entre l'eau du puits de Grenelle et les eaux douces ordinaires, qui toutes, ayant eu le contact de l'air, renferment en dissolution une quantité considérable d'oxygène. Sous le rapport de la nature du gaz qu'elle contient, cette eau ressemble plus à une eau minérale qu'à une eau douce.

« L'examen des substances salines laissées par l'évaporation de l'eau de Grenelle, montre que ce rapprochement n'est pas aussi forcé qu'il paraît être au premier abord ; car, au moment où elle arrive au jour, elle est à la fois siliceuse, ferrugineuse, alcaline et sulfureuse. On sait qu'en outre elle est à la température de 28°.

« D'après mon analyse, le résidu salin qu'elle laisse par l'évaporation à siccité présente la composition suivante :

Carbonate de chaux	40,8
Carbonate de magnésie	11,5
Carbonate de potasse	14,4
Carbonate de protoxyde de fer	2,2
Sulfate de soude	11,3
Hyposulfite de soude	6,4
Chlorure de sodium	6,4
Silice	7,0
	100,0

« Un litre d'eau m'a donné $0^{gr},142$ de résidu desséché.

« Quoiqu'il soit assez difficile de démontrer l'existence du fer dans l'eau qui a séjourné pendant quelques instants au contact de l'air, la nature ferrugineuse de cette eau ne peut pas être mise en doute ; elle donne lieu, en effet, à une petite industrie créée par le gardien du puits qui, ayant oublié un jour, dans le réservoir supérieur, un verre, qu'il retrouva le lendemain recouvert d'un dépôt ocreux, eut l'idée de colorer en jaune, par ce procédé, des vases en cristal ordinaire, qu'il vend aux nombreux visiteurs du puits. Ces vases, qui ne séjournent dans l'eau que quelques heures, prennent une teinte irisée assez belle, qu'ils doivent à un dépôt ferrugineux très-mince et très-adhérent. Un contact prolongé pendant huit à dix jours donne au dépôt ferrugineux une épaisseur suffisante pour ôter au verre toute sa transparence.

« Enfin l'eau qu'on reçoit directement du trou de sonde dans des flacons qui contiennent de l'air, fournit bientôt contre leurs parois un léger dépôt jaunâtre. Une bien petite quantité d'air suffit pour produire cet effet, qui est dû, sans doute, à la transformation du carbonate de protoxyde de fer en peroxyde de ce métal.

« J'ai dit que l'eau du puits de Grenelle était sulfureuse. En ouvrant le robinet qui donne issue à l'eau, l'odeur de l'acide sulfhydrique se reconnaît facilement. A la vérité, la quantité de sulfure qu'elle renferme est trop minime pour qu'il soit possible de l'apprécier exactement ; mais j'ai pu constater la présence de l'hyposulfite de soude, qui est, comme on sait, le produit de l'oxydation par l'air du sulfure alcalin que renferment les eaux sulfureuses dites *naturelles*. »

M. Péligot conclut de l'ensemble de ses expériences, que si l'eau du puits foré de Grenelle reste, au point de vue de son emploi dans les ménages et dans les usines, une eau de bonne qualité, à cause de la minime proportion des matières salines qu'elle renferme, elle présente néanmoins, en raison de la nature même de ces matières et de celle des gaz qu'elle a dissous, quelques-uns des caractères d'une eau minérale.

L'eau du puits de Passy, qui diffère très-peu, par sa composition, de celle de Grenelle, parce qu'elle appartient probablement à la même nappe souterraine, est susceptible des mêmes reproches, au point de vue de son emploi comme eau potable.

Elle ne sert point, du reste, à la consommation pour la boisson, car elle est simplement réunie aux eaux de la Seine, dans le réservoir de Chaillot, pour servir à alimenter les lacs et la rivière du Bois de Boulogne. Son débit est, d'ailleurs, devenu assez faible. Il n'est aujourd'hui que de 28,000 mètres cubes par 24 heures.

L'eau du puits de Passy est alcaline, comme celle du puits de Grenelle. Sa température élevée, sa saveur, l'absence d'air et la faible quantité d'acide carbonique, empêchent de l'employer comme boisson, du moins avant de l'avoir aérée et refroidie. Mais, comme toutes les eaux artésiennes, elle est excellente pour les usages industriels : le blanchissage, la préparation de bains de teinture et l'alimentation des chaudières à vapeur.

Il ne faut donc pas compter sur les sources artésiennes comme eaux potables, mais seulement comme eaux industrielles. Sous ce dernier rapport, il est même bon d'être prévenu que bien souvent les résultats obtenus ne répondent pas aux grandes dépenses occasionnées par ce forage, et l'on ne peut que se ranger à l'avis de l'abbé Paramelle qui, dans son ouvrage sur l'*Art de découvrir les sources* (1), s'exprime ainsi :

« Tout en reconnaissant les avantages sans nombre et les agréments de toute sorte que procurent ces admirables puits, je n'imiterai pas certains auteurs qui, pour encourager tout le monde à en entreprendre, citent bien exactement tous ceux qui ont réussi, mais ne font pas connaître ceux qui n'ont point réussi, ni les grands frais que les uns et les autres ont occasionnés.

« Dans les quarante départements que j'ai parcourus dans le plus grand détail, j'ai rencontré dix-neuf localités dans chacune desquelles on avait foré un puits artésien, à la profondeur de 40 à 150 mètres. A Elbeuf j'en ai vu un, qu'on venait de terminer et qui avait parfaitement réussi. Sur la place de Saint-Sever, à Rouen, sur celle de Saint-Ferréol à Marseille, et à Béchevelle en Médoc, j'ai vu trois autres puits artésiens, qui avaient coûté chacun de 15,000 à 40,000 francs, produisant chacun un petit filet d'eau qui coulait à la hauteur de deux ou trois pieds au-dessus du sol, par un robinet moins gros que le petit doigt. Dans les autres quatorze localités que je m'abstiens de désigner, pour ne pas nuire à la réputation de ceux qui ont conseillé ou entrepris ces puits, on a complétement échoué, après avoir dépensé de 20,000 à 150,000 francs. »

(1) Page 231.

CHAPITRE XVIII

LES EAUX NON POTABLES. — LES EAUX DE PUITS. — LES PUISARDS. — LES PUITS PERDUS, OU *boit tout*. — LES PUITS INSTANTANÉS. — LES PUITS DU DÉSERT ET LES OASIS.

Quand la nature nous refuse l'eau courante des sources ou des rivières, elle nous laisse la ressource d'aller chercher ce liquide dans les profondeurs de la terre. Presque en tous lieux, l'eau existe à une profondeur plus ou moins grande du sol, et avec plus ou moins d'abondance. Il faut voir une sorte de vue providentielle dans cette circonstance géologique qui assure à l'homme la possession d'un élément indispensable à son existence.

De tout temps, l'homme civilisé a creusé le sol, pour mettre à jour les courants souterrains, ou pour ouvrir aux eaux d'infiltration un espace dans lequel elles se rassemblent. Les eaux de puits ont, en effet, cette double origine : elles font partie d'un courant régulier allant d'un point à un autre selon la déclivité des couches entre lesquelles elles cheminent; ou elles proviennent de simples infiltrations des eaux de pluie circulant çà et là, et se rendant, en vertu des lois de la pesanteur, dans un réservoir, où elles restent immobiles.

Un *puits* est donc une cavité creusée artificiellement, et qui a pour but d'aller mettre à jour un courant d'eaux souterraines, ou un réservoir d'eaux stagnantes. D'après cela, il faut distinguer les *puits d'eaux vives* et les *puits d'eaux stagnantes*.

Les *puits d'eaux vives* tarissent rarement, tandis que les *puits d'eaux stagnantes* s'épuisent et ne se remplissent à nouveau qu'au bout d'un temps plus ou moins long. Quant au mode de construction de l'un et de l'autre de ces puits, il est nécessairement le même.

L'art du puisatier consiste, après avoir creusé le sol jusqu'à la rencontre de la nappe aquifère, à revêtir d'une muraille de maçonnerie cette cavité perpendiculaire. Sans cela l'eau, à mesure qu'elle suinte dans la cavité creusée artificiellement, s'infiltrerait dans les terres, par les parois de cette même cavité.

Obéissant à la pression qu'elle subit dans les couches inférieures du sol, l'eau s'élève dans l'enceinte de pierres qu'on lui a ménagée, et elle se tient à une hauteur qui varie selon l'intensité de la pression souterraine à laquelle elle est soumise. Cette hauteur à niveau varie peu, la pression qui la détermine étant à peu près constante.

Les eaux des sources et les eaux des puits ont la même origine ; elles proviennent toutes les deux, des eaux pluviales. Ces eaux tombant sur les hauteurs, traversent les couches perméables du sol, c'est-à-dire les couches sablonneuses, et se réunissent dans un point situé plus bas, arrêtées qu'elles sont par une couche argileuse imperméable, ou par une roche cristalline. Cependant les eaux de sources sont potables et celles de puits ne le sont pas ; les eaux de sources sont *douces* et celles de puits sont *dures*. A quoi tient cette différence? A ce que l'eau de source se fait assez promptement jour hors de terre, tandis que l'eau de puits y reste confinée. L'eau de source traversant rapidement les terrains, à cause de l'issue qu'elle trouve au dehors, reste fort peu en contact avec le sol, et n'a pas le temps de se charger de beaucoup de principes solubles. Au contraire, l'eau de puits, demeurant constamment en contact avec le sol profond, dissout tous les principes solubles qui s'y trouvent. Les eaux des puits de Paris ne sont autre chose qu'une solution presque saturée de sulfate de chaux, parce que le *gypse*, ou sulfate de chaux, abonde dans les terrains tertiaires de Paris. Les eaux souterraines en contact avec cette roche, qui est légèrement soluble dans l'eau, en dissolvent nécessairement une grande quantité.

C'est la présence du gypse dans les eaux des puits qui a fait donner, d'une manière générale, aux eaux souterraines de mauvaise qualité, le nom d'*eaux séléniteuses.*

Dans la plupart des localités appartenant aux terrains tertiaires et d'alluvion, le sulfate de chaux est la substance qui altère les eaux de puits et les rend *dures*, c'est-à-dire difficiles à digérer, qui leur donne la fâcheuse propriété de précipiter le savon à l'état de stéarate et d'oléate de chaux insolubles, et de mal cuire les légumes. Les substances organiques ont un grave inconvénient, quand elles existent dans les eaux de puits en même temps que le sulfate de chaux. Elles réagissent sur le sulfate de chaux et donnent naissance à du sulfure de calcium, lequel, étant oxydé par l'air et décomposé par le gaz acide carbonique, dégage de l'acide sulfhydrique, corps éminemment délétère.

En même temps que le sulfate de chaux, les eaux de puits renferment beaucoup de carbonate de chaux, enlevé au sol.

Les eaux de puits ont l'inconvénient d'être peu aérées. Venant des profondeurs de la terre, n'étant pas en contact avec l'air, elles renferment très-peu d'oxygène en dissolution. L'oxygène manque dans l'eau des puits quand ils restent couverts, surtout si l'on y puise l'eau, comme on le fait dans presque toute l'Allemagne, avec une pompe à soupape dormante. Mais, même dans les puits ouverts à l'air libre, le renouvellement de l'air est toujours très-difficile dans la partie profonde de cette cavité. L'eau ne peut absorber presque aucune trace d'oxygène atmosphérique, la couche d'air qui pèse sur elle ne se renouvelant qu'avec beaucoup de difficulté. Aussi une odeur de *renfermé* est-elle particulière à l'atmosphère des puits. Cette odeur prouve que l'air de cette cavité est en complète stagnation.

Fig. 74. — Puits de l'hôtel de Cluny, à Paris.

A leur forte minéralisation, à l'absence d'air, qui rend l'eau des puits impropre à la boisson, vient se joindre une troisième cause, la plus grave de toutes. Destinés aux besoins d'une exploitation agricole ou industrielle, les puits sont toujours construits près des habitations, c'est-à-dire dans des points où séjournent des amas de fumier, des résidus de fabrique, et les détritus de la vie habituelle. Dans les villes qui possèdent des égouts, le niveau de ces égouts n'est pas de beaucoup supérieur à celui des puits et des fosses d'aisances, c'est-à-dire des réservoirs dans lesquels des substances animales, réunies en grand nombre, sont en proie à la décomposition putride.

Dans presque toutes les fermes de la France, même dans celles qui sont peu éloignées d'un cours d'eau, c'est un puits qui sert à l'exploitation agricole. Ce puits est placé dans une vaste cour, autour de laquelle sont ramasssés tous les bâtiments : l'écurie, l'étable, la vacherie, la volaille, les magasins, etc. En Allemagne et en Belgique cette disposition est la même : les bâtiments sont groupés autour de la cour et le puits est dans cette cour. Or, le puits, soit dans les fermes, soit dans les usines, soit dans les habitations privées, reçoit nécessairement une partie des substances animales ou végétales en décomposition qui imprègnent le sol dans le rayon de la ferme, de l'établissement industriel ou de l'habitation. Les eaux des fumiers, les résidus des fabriques, les déjections des animaux, les produits des fosses d'aisances, etc., pénètrent dans le sol avec les eaux pluviales, et se rendent dans la nappe d'eau qui alimente le puits. En buvant cette eau, on s'exposerait donc à boire des résidus de toutes ces déjections. Aussi est-ce par une mesure bien justifiée que, dans les fermes, on réserve l'eau du puits à la boisson des animaux, à l'arrosage ou aux emplois industriels. Ce n'est qu'à défaut d'autres eaux que l'on peut se contenter de celle du puits pour la boisson des habitants de la ferme.

La contamination de l'eau de puits par les produits de la décomposition putride des matières animales disséminées dans son voisinage, n'est pas une simple conception de

Fig 75. — Une oasis dans le Sahara, en Afrique.

la théorie. Les faits suivants le prouvent avec évidence.

M. Larocque, pharmacien à Paris, a pu reconnaître dans l'eau de deux puits situés aux portes de Paris, près d'une fabrique d'alcool, la présence de l'acide valérianique et de l'acide acétique, provenant de vinasses qui étaient répandues dans un réservoir, et qui, entraînées par les eaux pluviales, se rendaient dans ces puits.

M. Jules Lefort a retrouvé dans l'eau d'un puits assez rapproché d'un cimetière, des matières organiques qui avaient pour origine des cadavres en putréfaction (1).

M. Ed. Robinet a trouvé dans l'eau de plusieurs puits de la ville d'Epernay une quantité considérable de chlorure de calcium, qui provenait de la décomposition du chlorure de chaux, matière désinfectante qui avait été employée quand on avait enfoui,

(1) *Traité de chimie hydrologique*, page 112. Paris, in-8. 1873.

en 1870, des cadavres de soldats prussiens dans un cimetière situé à une assez grande distance de ces puits.

Pour qu'un puits fournisse une bonne eau, il faut qu'il soit creusé dans des terrains sablonneux, parce que l'eau, s'infiltrant à travers les couches de ce terrain, se purifie et devient plus potable. Combien la nature est prévoyante ! L'eau, en traversant la couche arable, rencontre de l'humus et d'autres matières organiques, qui la prédisposent à se corrompre ; mais, arrivée à la couche sablonneuse, elle trouve un filtre naturel, de dimensions colossales, qui arrête ces impuretés, rend l'eau claire, limpide et exempte de matières putrescibles. Une seconde prévoyance de la nature, c'est d'avoir incliné les différentes couches du sous-sol, afin que l'eau, coulant le long des couches imperméables, puisse se rendre dans les localités plus basses. Sans cette circonstance, l'eau remplirait le filtre naturel que forment les couches de gravier, elle séjournerait dans la couche arable, où elle ne tarderait pas à se corrompre.

Le sous-sol est composé, en général, de sable. D'autres fois, il est formé de craie ou d'une roche poreuse, et par conséquent perméable. Dans ce dernier cas, l'eau est plus calcaire que celle qui traverse le sable. Mais si le sous-sol est argileux, et par conséquent imperméable, l'eau est arrêtée à sa surface, elle reste saumâtre et son goût est détestable. Tel est le cas des marais, des prairies tourbeuses, etc.

Cependant certains puits fournissent des eaux aussi bonnes que celles des sources. Ce sont les puits d'*eau vive* creusés loin des centres d'habitation et à peu de distance d'une rivière ou d'un fort ruisseau. Il est évident que l'eau provient, dans ce cas, des infiltrations de la rivière ou du ruisseau. L'eau courante suffisamment aérée, en s'infiltrant dans le sol caillouteux, s'y clarifie, et ne se rend dans le puits qu'après avoir acquis tous les caractères des eaux potables.

On trouve dans l'ouvrage de l'abbé Paramelle, *l'Art de découvrir les sources*, d'importants renseignements sur la manière de construire les puits le long des cours d'eau. Dans les campagnes qui possèdent une rivière, si l'on avait le soin de creuser le puits le long de ce cours d'eau ou dans son voisinage, on aurait des eaux tout aussi pures que celles qui sont consommées par les citadins.

Cette règle, pourtant, n'est pas sans exception ; et l'on ne saurait prétendre, d'une manière absolue, que tous les puits creusés le long d'une rivière, soient alimentés par l'eau de cette rivière. MM. Robinet et Jules Lefort ont analysé l'eau d'un réservoir artificiel creusé à Nevers, à quelques mètres de la Loire. La composition de cette eau n'était nullement identique à celle de l'eau de ce fleuve (1). M. Jules Lefort a également constaté qu'à Moulins l'eau d'un puits situé à quelques mètres de l'Allier était tout à fait différente de celle de cette rivière (2).

Dans une même localité les eaux de puits présentent quelquefois des différences très-considérables dans leur composition et leurs qualités. Ainsi l'eau de Bruxelles est bonne dans la partie haute de la ville, tandis qu'elle est mauvaise dans la partie basse.

On rencontre de l'eau de puits dans presque toutes les localités où l'on creuse ; seulement il faut quelquefois descendre très-bas avant de trouver la nappe d'eau. C'est ce qui a lieu, par exemple, dans les coteaux sablonneux qui dominent la ville de Bruxelles, où les puits sont très-profonds.

Il est difficile de fixer la quantité totale

(1) *Journal de pharmacie et de chimie*, 1861, tome I, page 340.

(2) *Ouvrage cité*, page 113.

de principes solides contenus dans chaque litre d'eau de puits. L'eau d'un puits de Paris, analysée par MM. Poggiale, a fourni $2^{gr},43$ de résidu par litre. Les eaux des puits de Londres donnent à peu près la même proportion de principes fixes.

En résumé, l'eau des puits est fraîche, mais impotable par sa nature, à moins qu'elle n'appartienne à la catégorie des *puits d'eau vive*, ce qui n'est qu'une très-rare exception. Il faut donc réserver exclusivement ces eaux aux usages industriels et à la boisson des animaux. Quant à l'emplacement des puits, il faut, quand on le peut, les creuser à peu de distance d'un cours d'eau, et dans tous les cas, les laisser autant que possible découverts, pour que l'air y pénètre librement et se dissolve dans l'eau.

Puisards. — On appelle *puisards* des réservoirs d'eau douce et stagnante, creusés à une profondeur moindre que les puits. L'eau qui les remplit ayant traversé les terrains d'alluvion ou les couches argileuses et calcaires superficielles du sol, et recevant, par suite du voisinage des habitations, les résidus du travail et de la vie de l'homme et des animaux, est tout aussi insalubre que celle des puits ordinaires. Elle est, sans doute, plus aérée que l'eau des puits, par suite de la faible profondeur de ce réservoir, mais elle contient une plus grande quantité de matières organiques enlevées au sol environnant, et ces matières se décomposent très-vite. Elle n'a pas la fraîcheur de l'eau de puits, car, située très-peu au-dessous du sol, elle participe de la température ambiante. Le débit des puisards est soumis aux variations des saisons, et la composition chimique de leurs eaux est variable.

On appelle *puits perdu*, ou *boit-tout*, des puits profonds, qui rendent d'immenses services dans les usines où l'on a la bonne fortune de pouvoir les établir. Dans les fabriques qui n'ont pas une rivière à proximité, pour y jeter les résidus, ou lorsqu'il y a interdiction administrative de se débarrasser par cette voie des liquides encombrants et nuisibles, on jette ces liquides dans le *boit-tout*. Ce sont des puits qui, par une heureuse disposition des couches profondes du sol, sont incessamment parcourus par une eau courante, qui va elle-même se perdre dans quelque grand courant souterrain.

Dans un rapport au Comité d'hygiène publique, M. Würtz rappelle, d'après M. Chevreul, que les *boit-tout* n'ont d'efficacité que dans trois conditions. La première est que les liquides qu'on y fera couler ne corrompront pas la nappe d'eau potable qui alimente les puits et les services d'eau servant aux usages économiques du pays où les *boit-tout* seront creusés. La seconde est que les *boit-tout* aient leur fond dans une couche parfaitement perméable ; autrement le terrain, bientôt saturé, ne permettra plus au boit-tout d'absorber l'eau. La troisième est que la couche perméable où se rendra l'eau qu'on veut évacuer de la superficie du sol, étant située au-dessous de la nappe d'eau qui alimente les puits du pays, cette couche perméable ne conduise pas les eaux dans une nappe d'eau servant à l'économie domestique d'un pays autre que celui où le *boit-tout* est creusé.

Les *puits perdus* sont sujets à s'obstruer par l'accumulation des corps étrangers, au fond de la cavité, et quand ces produits se décomposent, ils répandent dans l'air des émanations insalubres. M. Würtz pense que, pour certaines industries, il faudrait exiger que l'on ne déversât dans ces puits que des liquides préalablement clarifiés par la filtration à travers le sable.

Nous venons de parler des puits tels que les met en œuvre la civilisation. Quelques mots sur les puits creusés par les peuples encore en dehors de l'industrie moderne, ne seront pas de trop, pour terminer ce chapitre.

Dans les déserts africains, les cours d'eau sont très-rares. Du versant méridional de l'Atlas, quelques ruisseaux descendent dans la plaine, mais ils tarissent dans la saison chaude. Il en est de même des petites rivières qui alimentent les lacs de la grande oasis au sud de l'Algérie; aussi ces lacs sont-ils presque à sec pendant l'été. Le bord occidental du Sahara est arrosé par la rivière Ouédi-Draa, qui descend de l'Atlas marocain, et par le Sagniel, qui vient du sud. On attribue à l'une et à l'autre une longueur considérable; mais elles tarissent aussi pendant les grandes chaleurs.

Les pluies absorbées par le sable du désert forment très-probablement de puissantes nappes d'eau souterraines, à une profondeur peu considérable. Cette circonstance est bien connue des Arabes, qui, de temps immémorial, ont mis à profit ces eaux souterraines en creusant des espèces de puits artésiens. Pour eux, le Sahara est une île qui flotte sur une mer souterraine. Lorsqu'ils manquent d'eau, ils percent le sable, jusqu'à ce qu'ils arrivent à la couche aquifère.

Le célèbre géographe et astronome de l'ancienne Égypte, Ptolémée, a comparé la surface du Sahara à une peau de panthère: le pelage jaune représente les plaines de sable, les taches noires sont les oasis éparses sur cette solitude immense.

L'existence des oasis et de tous les villages qui se groupent autour de ce centre de végétation isolée, dépend d'un arbre bienfaisant: le dattier. Mais pour vivre, le dattier, comme le palmier, son congénère, doit avoir, selon le mot arabe, « le pied dans l'eau et la tête dans le feu. » Pour trouver l'eau indispensable à la vie du dattier, l'Arabe a, de tout temps, creusé des puits en enlevant la couche de sable, et perforant le banc de calcaire ou de gypse qui recouvre la couche aquifère.

Parmi les Arabes de l'Oued-Rir, les *puisatiers* (*R'tass*) forment une corporation particulière, qui jouit d'une grande considération. Les moyens qu'ils emploient sont, d'ailleurs, tout à fait barbares. Comme ils ne peuvent pas épuiser les eaux d'infiltration, ils travaillent fréquemment sous l'eau, quelquefois sous des colonnes de 20 mètres de hauteur. Quelques-uns périssent par suffocation, les autres meurent de phthisie pulmonaire, au bout de peu d'années. Chaque plongeur ne reste que deux ou trois minutes sous l'eau, puis ramène son panier rempli de déblais. On comprend avec quelle lenteur doit marcher le creusement d'un puits dans de telles conditions.

Les puits creusés avec tant de peine n'ont quelquefois qu'une durée éphémère: un coup de vent ou le *simoun* viennent y rejeter les sables, et l'oasis meurt avec la source qui la fertilisait.

Les eaux des puits employées à l'arrosage du sol africain, y provoquent une végétation salutaire, qui attire en ce point quelques nuages et précipite les vapeurs atmosphériques. Chaque puits devient ainsi un centre de végétation autour duquel se groupent les habitations et les cultures : il est, pour ainsi dire, l'âme de l'oasis. Aussi les habitants le ménagent-ils avec le plus grand soin. L'orifice du puits est recouvert d'une peau, qui le défend contre l'invasion des sables; de petites rigoles amènent son eau dans les jardins, où elle arrose les légumes, à l'ombre des palmiers.

Sans eau, la vie est impossible au désert; quand une source tarit, le sable reprend possession de son ancien domaine. Privés d'eau, le dattier et le palmier périssent, et leur disparition amène celle des cultures, qui ne sont possibles que sous l'ombre tutélaire de ces arbres. Les ruines éparses dans le Sahara attestent l'existence de villages importants, dont la ruine n'eut pas d'autre cause que l'arrêt accidentel d'une source bienfaisante. Les Arabes disent, dans ce cas, que la source *meurt*. L'oasis de Tébaïch a péri de cette manière en 1860. Les pointes de ses dattiers, dépouillées de leurs palmes, se dressent aujourd'hui au-dessus des sables, comme les mâts des navires d'une flotte échouée.

On se fait communément une idée très-inexacte des *oasis*, tant sous le rapport de leur étendue que de la nature du sol. Les oasis les moins considérables ont encore une étendue de plusieurs journées de marche dans un sens ou dans l'autre, ce qui donne une superficie de 200 à 300 kilomètres carrés. Les grandes oasis sont, d'ailleurs, plus nombreuses que les petites, parce qu'elles résistent beaucoup mieux à l'invasion des sables mouvants. L'oasis de l'Ouadi-Folesseles est d'une longueur de 300 kilomètres sur 100 kilomètres de large. L'oasis de Thèbes a une étendue de 100 kilomètres sur 15. La grande oasis d'Asben occupe, du nord au sud, et de l'ouest à l'est, une étendue de 3 degrés ou d'environ 330 kilomètres, d'après le voyageur Barth, qui l'a visitée en 1850. Composée de plateaux dont la hauteur moyenne est de 600 mètres, et de montagnes qui atteignent 2,000 mètres d'élévation, on pourrait appeler cette oasis la *Suisse du désert*. L'air y est très-pur, salubre et relativement frais. La capitale de cette oasis, la ville d'Agadès, était autrefois florissante, et rivalisait avec Tombouctou.

Des royaumes entiers, dans le désert, n'occupent chacun qu'une seule oasis. Ainsi, on peut regarder comme de grandes oasis, au nord, le Fezzan, pays montagneux à vallées fertiles, et au sud, le Darfour, situé à l'ouest du Cordofan. L'Égypte elle-même n'est autre chose qu'une grande oasis.

Les forêts de palmiers sont surtout ce qui constitue les oasis. L'Arabe dit que Dieu créa le palmier en même temps que l'homme, pour faire servir cet arbre à l'entretien de la vie humaine. C'est le rôle bienfaisant que remplit le bananier dans les régions tropicales. Le palmier prospère dans les oasis africaines, parce que cet arbre rustique s'accommode, et même se trouve bien, de l'eau saumâtre, la seule que fournisse le désert.

En outre des palmiers et des dattiers, on cultive dans les oasis beaucoup d'arbrisseaux, des légumes et des céréales. On y cultive aussi l'orge, cette céréale vraiment cosmopolite, puisqu'elle vit jusqu'en Laponie et qu'on la retrouve dans les sables brûlants du Sahara.

Dans la Notice sur les puits artésiens qui fait partie des *Merveilles de la science* (1), nous avons dit que l'Afrique a été dotée par nos ingénieurs militaires, d'un grand nombre de puits artésiens, pendant la période de 1856 à 1860 ; que dans cette période, 50 puits artésiens furent forés dans le Sahara oriental, mais que les eaux ainsi obtenues sont malheureusement très-chargées de matières salines. Les eaux de l'Oued-Rir renferment, en effet, $4^{gr},2$ de substances solubles par litre. Cette quantité s'élève jusqu'à 12 grammes dans les eaux du forage de Amm.

Ces principes solides sont les chlorures de sodium et de magnésium, les sulfates de magnésie et de chaux. Ils donnent à l'eau une saveur fortement salée et amère. Ces eaux seraient considérées comme non potables en Europe ; mais les Arabes s'en contentent, et elles sont loin de nuire à la végétation des oasis.

(1) Tome IV, pages 604-607.

CHAPITRE XIX

LES EAUX DES LACS. — LEUR ORIGINE. — COMPOSITION DES EAUX DES LACS. — LES ÉTANGS. — LES MARES. — ÉTUDE DES MATIÈRES ORGANIQUES QUI PRODUISENT L'ALTÉRATION DES EAUX STAGNANTES.

On appelle *lac d'eau douce* un réservoir d'eaux naturelles, alimenté soit par les eaux pluviales, soit par des sources. Si l'eau s'épanche sur une large surface, qu'elle recouvre à peine, et si ses rives sont mal délimitées, cette étendue d'eau prend le nom d'*étang*. Un *marais* est une masse d'eau douce immobile, habituellement couverte de plantes aquatiques, telles que lentilles d'eau, ajoncs, roseaux, etc. Une *mare* est un marais en miniature, un amas d'eaux stagnantes, formé par les eaux pluviales dans un point déclive du sol.

Occupons-nous d'abord des lacs.

Les *lacs d'eau douce* se rencontrent à toutes les hauteurs, dans les plaines aussi bien que dans les montagnes, par cette raison que les pluies tombent à toutes les hauteurs, et que, dans les montagnes, les sources ne manquent pas, qu'elles sont seulement situées au pied d'autres montagnes, encore plus élevées.

Les lacs provenant des eaux pluviales et des sources, ont souvent pour bassin, comme dans l'Auvergne, le cratère d'un volcan éteint. L'évaporation de l'eau étant compensée par les pluies, le niveau de ces lacs ne varie pas sensiblement.

Le plus curieux des lacs de ce genre, c'est-à-dire de ceux qui, formés par les eaux pluviales, ont pour bassin le cratère d'un volcan éteint, c'est le lac Pavin, en Auvergne. Les lacs d'Albano et d'Averne, en Italie, et plusieurs lacs de l'Eifel, ont la même origine géologique que le lac Pavin.

Les véritables lacs ne sont, le plus souvent, que des évasements du bassin d'une rivière ou d'un fleuve. C'est ainsi qu'en Europe, le lac de Genève est formé par le développement du Rhône, le lac de Constance par l'épanouissement du Rhin, le lac Majeur et les lacs de Côme et de Garde par les affluents du Pô. La rivière d'Orbe traverse d'abord le lac de Joux (dans le haut Jura), situé à 600 mètres au-dessus du lac de Genève, puis elle s'engouffre dans de vastes entonnoirs, creusés dans les calcaires; après un cours souterrain de 4 kilomètres, elle ressort dans une vallée inférieure, à 230 mètres au-dessous du lieu où elle disparaît, et traverse encore les lacs de Neufchâtel et de Bienne. Le lac Baïkal, dans la Sibérie orientale, est traversé par l'Angara; le lac Tzana, en Éthiopie, par l'Abaï ou *fleuve Bleu*.

On observe quelquefois plusieurs étranglements successifs de la vallée, et le lac se divise ainsi en plusieurs bassins. Le lac de Lucerne, traversé par la Reuss, qui remplit trois bassins, sans compter deux autres lacs latéraux avec lesquels il communique encore. En Amérique, les cinq grands lacs du Canada semblent n'être que les bassins successifs de la large étendue du fleuve Saint-Laurent. En Russie, les lacs Ladoga, Onéga, Saïma, Biélo, Ilmen, communiquent, par des rivières, tous entre eux et avec le lac de Finlande.

Les lacs d'où sortent des rivières ne sont souvent alimentés que par des sources souterraines. Tels sont le lac Seligher, qui donne naissance au Volga; le Koukou-Noor, au pied de la chaîne du Thian-Chan, d'où sort le fleuve Jaune; le Rawana-Hrada, sur le versant boréal de l'Himalaya, source d'un affluent de l'Indus. Ces lacs sont ordinairement petits et situés à un niveau très-élevé, comme celui du Monte-Rotondo, en Corse, et le Cader-Idris, dans le comté de Galles. Le contraire arrive lorsqu'un lac reçoit une rivière sans qu'il en sorte aucun cours d'eau. Alors de deux choses l'une : ou bien les eaux se perdent par des conduits souterrains, ou bien l'évaporation compense la quantité d'eau qui afflue. Quelquefois ces deux causes peuvent agir ensemble.

L'eau des lacs d'eau douce est d'une limpidité extraordinaire, ce qui s'explique par cette double circonstance, que le liquide est dans une immobilité complète qui permet à toutes les matières étrangères de se précipiter au fond, et par la profondeur considérable de ces bassins naturels. Dans le lac Wettersee, en Suède, on voit une pièce de monnaie à 35 mètres de profondeur.

L'eau douce des lacs, quand elle provient des sources, est remarquable par la faible quantité de principes minéraux qu'elle renferme. Cette circonstance s'explique si l'on considère que l'eau, une fois arrivée dans ce réservoir, n'en sort plus, et ne peut, dès lors, se charger des principes solubles d'une longue série de terrains, comme il arrive aux eaux de source et de rivière qui coulent longtemps sur le sol. L'eau du lac Kattrin, situé en Écosse dans le comté de Perth, que Walter Scott a décrit dans son roman *la Dame du lac*, ne renferme pas plus de deux parties de principes minéraux sur 7 mètres cubes d'eau. L'eau de certains lacs des Vosges, d'après Braconnot, est à peu près dépourvue d'éléments minéraux : c'est à proprement parler de l'eau pluviale. Les eaux du lac Starnberg, près de Munich, en Bavière, ne sont pas plus minéralisées : elles ne renferment que 50 grammes de parties solides par mètre cube d'eau. L'eau du lac Rachel, dans la Forêt-Noire, ne contient que 70 grammes de matière soluble par mètre cube ; celle du lac de Zurich ne renferme, d'après Moldenhauer, que 140 grammes de matière solide par mètre cube d'eau.

Le lac Pavin, en Auvergne, dont le lit est un cratère éteint, contient une eau peu minéralisée, parce que les parois de ce bassin sont des laves siliceuses. Ce lac, d'une profondeur considérable, est percé, sur l'un de ses côtés, d'une échancrure, par laquelle déborde le trop-plein de ses eaux, qui vont, de cascades en cascades, se jeter dans l'Allier. Aussi, par une exception à noter, l'eau du lac Pavin est-elle potable.

Placé à 1,200 mètres au-dessous du niveau de la mer, ce lac est alimenté, outre les eaux pluviales, par des sources souterraines qui jaillissent des montagnes environnantes, hautes de plus de 1,400 mètres, et qui, par conséquent, le dominent.

Il est probable que plusieurs lacs des Vosges, que l'on rencontre à toutes les hauteurs, depuis le fond des vallées jusqu'au-dessous de la ligne de faîte, s'alimentent, comme les lacs de l'Auvergne, par des sources souterraines.

Un des principaux lacs des montagnes de l'Auvergne, le lac du Bouchet, qui est situé à 15 kilomètres du Puy, à une altitude de 1,200 mètres, n'a pas moins de 3 kilomètres de circonférence et une profondeur de 27 mètres, et ne reçoit aucun affluent de l'extérieur. Tout fait supposer qu'il s'alimente par d'abondantes sources qui débouchent dans son bassin même, au-dessous de la surface de l'eau.

Nous avons dit que l'eau des lacs d'eau douce est remarquable par sa très-faible minéralisation. Par contre, elle renferme une assez grande quantité de matières organiques.

Voici la proportion des matières organiques et des principes minéraux contenus dans les lacs de Starnberg et de Rachel.

	Eau du lac Starnberg.	Eau du lac Rachel.
Matières organiques......	15gr,6	44gr,1
Matières minérales........	34 ,6	25 ,8
Total...........	50gr,2	69gr,9

La proportion relative des différents sels dans les eaux des lacs dépend de la nature

Fig. 76. — Un lac de plaisance.

des terrains d'où proviennent les sources qui les alimentent. Ainsi, pour le lac Rachel, dont les eaux traversent des terrains de granit et de gneiss, les alcalis l'emportent de beaucoup sur la chaux et la magnésie. Pour le lac Starnberg, dont les sources viennent de terrains calcaires, la chaux et la magnésie dominent. Il en est de même pour l'eau du lac de Zurich.

Voici la composition chimique de l'eau des trois lacs dont il vient d'être question.

LAC DE RACHEL.

Chlorure de sodium	2,14
Potasse et soude	26,32
Chaux	1,43
Magnésie	»
Silice	3,58
Oxyde de fer	1,72
Substances organiques et acide carbonique	63,00

LAC DE STARNBERG.

Chlorure de sodium	1,55
Potasse et soude	18,00
Chaux	5,64
Magnésie	18,03
Silice	2,89
Oxyde de fer	0,17
Substances organiques et acide carbonique	52,25

LAC DE ZURICH.

Sulfates alcalins	13,2
— de chaux	4,2
Chlorure de calcium	1,3
Carbonate de chaux et de magnésie	119,0
Silice	2,9

Quand un lac provient de l'évasement d'une rivière, ses eaux sont loin de présenter la limpidité et la pureté des eaux des lacs enfermées dans les bassins. Alimentée par les fleuves et les rivières, l'eau de ces lacs est, comme ces eaux, trouble et chargée de principes minéraux ou organiques empruntés au sol.

Toutefois la somme des matières dissoutes dans l'eau d'un lac est toujours moindre que celle des eaux courantes pro-

Fig. 77. — Un lac dans les Alpes.

prement dites. On peut citer, comme exemple, l'eau du lac de Grand-Lieu, dans le département de la Loire-Inférieure, qui, provenant des ruisseaux et des rivières, la Boulogne, l'Ognen, le Tenn et le Logne, se déverse dans la Loire par l'Acheneau. Ce réservoir, le plus grand de la France, contient, d'après MM. Bobierre et Moride, de l'eau trouble d'odeur marécageuse et très-peu minéralisée.

C'est en prenant la température de l'eau du fond des lacs alpins que Théodore de Saussure et de la Bêche constatèrent, à la fin du siècle dernier, le fait, si important pour la physique du globe, que la température du fond des lacs est toujours à + 4° ou + 5°, quelle que soit la température extérieure. C'est ce que montre le tableau suivant, extrait du mémoire de ces auteurs :

	TEMPÉRATURE à la surface.	TEMPÉRATURE au fond.	
Lac de Genève. 6 février 1777...	+ 5°,6 cent	+ 5°,4 cent	316 mèt.
Lac de Genève. 5 août 1779.....	21 ,2	6 ,1	50 —
Lac de Thun (7 juil. 1783).	19 ,0	5 ,0	116 —
— de Brientz (8 juil. 1783).	19 ,4	4 ,8	166 —
— de Lucerne (28 juillet).	20 ,3	4 ,9	200 —
— de Constance (25 juillet 1781)...........	18 ,1	4 ,3	123 —
— Majeur (19 juil. 1873).	25 ,0	6 ,7	111 —
— de Neufchâtel (17 juillet 1779)..........	23 ,1	5 ,0	108 —
— de Brienne (20 juillet 1779)..........	20 ,7	6 ,9	105 —
— d'Annecy (14 mai 1780).............	14 ,4	5 ,6	54 —
— du Bourget (9 octobre 1874).............	17 ,9	5 ,6	80 —

Eaux des étangs et des marais. — Les eaux des étangs et des marais sont généralement stagnantes, et contiennent beaucoup de matières organiques, végétales et animales, en décomposition. On doit éviter, autant que possible, de les employer pour la boisson ou les usages économiques. Ce sont les miasmes dégagés par ces eaux qui rendent malsains les pays marécageux, et qui donnent lieu à des fièvres et à d'autres maladies. On détruit ces foyers d'infection au moyen de *saignées*, c'est-à-dire de canaux qui donnent de l'écoulement aux eaux stagnantes ou saumâtres, et rendent à l'agriculture un terrain qui est très-fertile, parce qu'il est chargé de débris organiques.

A défaut de meilleures eaux, et en cas de nécessité absolue, on pourrait utiliser pour la boisson les eaux des étangs et des mares, en les filtrant à travers le charbon, qui absorbe les gaz délétères. Il faudrait, en outre, les aérer, en les faisant tomber, d'une certaine hauteur dans l'air, ou en les agitant longtemps au contact de l'air.

Lorsque l'on est contraint de faire usage pour la boisson, d'eaux très-impures, on doit corriger leurs mauvaises qualités en les buvant avec du vin, de l'alcool, ou les additionner de sucre ou d'un peu de vinaigre.

En Chine, on consomme les eaux marécageuses en les faisant bouillir avant de les employer pour la boisson. A l'époque du choléra, à Londres, quelques médecins recommandaient de ne boire que de l'eau bouillie. L'ébullition détruit les germes végétaux et animaux qui se trouvent dans l'eau.

Les Arabes du Sahara, qui sont souvent obligés de faire usage d'eaux marécageuses, y font macérer des *noix de gouro*, avant de les boire. Ce fruit, très-amer, rend plus digestibles et plus salubres les eaux saumâtres. Nos soldats d'Afrique, dans les mêmes circonstances, corrigent les mauvaises qualités des eaux stagnantes par l'addition de quelques grammes de café par litre, ou par l'addition de 3 à 4 gouttes d'acide sulfurique, quantité suffisante pour détruire les germes végétaux ou animaux, qui deviendraient des causes de fièvre ou de dyssenterie.

D'après les analyses de M. Eugène Marchand, les eaux stagnantes sont caractérisées surtout par la présence de notables quantités d'*albumine* et d'*humus*. Ces deux principes proviennent de la décomposition continuelle des myriades d'êtres microscopiques, de nature végétale et animale, qui naissent et se développent, avec une rapidité incroyable, dans les eaux dormantes, et dont les débris, se putréfiant dans ces eaux, les rendent nuisibles. La formation de l'hydrogène protocarboné, ou gaz des marais, accompagne cette décomposition, et la quantité de ce gaz est d'autant plus considérable que les eaux renferment une plus forte proportion de matière organique.

Nous venons de dire que M. Eugène Marchand a trouvé de l'albumine et de l'*humus* dissous dans les eaux dormantes. Le travail de M. Marchand a trop d'importance pour que nous n'en donnions pas une idée plus précise. Nous rapporterons, dans ce but, quelques passages du mémoire intitulé *Des eaux potables en général* (1) dans lesquels l'auteur expose les expériences qu'il a faites pour étudier les produits qui se forment par la décomposition spontanée des matières organiques dans les eaux stagnantes des étangs et des marais.

Quand les eaux sont conservées pendant longtemps sans aucun renouvellement et en présence de la lumière et de l'air, la matière organique qui se trouve contenue dans ces eaux, quelle que soit d'ailleurs son origine, se transforme en globules de couleur verte, auxquels on a donné le nom de *matière verte de Priestley*, en souvenir du chimiste anglais qui l'observa le premier.

D'après Wagner, la *matière verte de Priestley* est formée par les cadavres d'innom-

(1) In-8° Paris, 1855, chez J. B. Baillière, pages 59 et suivantes.

brables petits êtres, infusoires d'une constitution très-élémentaire, qui appartiennent au degré le plus inférieur du règne animal : ils portent le nom d'*Euglena viridis*.

Une autre variété, l'*Euglena sanguinea*, observée par Ehrenberg, et que l'on peut reproduire à volonté en exposant à l'action de la lumière les eaux pluviales, est susceptible de colorer l'eau en rouge.

Suivons maintenant M. Eugène Marchand dans les expériences qu'il a faites pour étudier la formation de produits organisés au sein des eaux dormantes exposées à l'action de l'air et de la lumière.

« Dans ces conditions, dit M. Eug. Marchand, les eaux ne tardent pas à se recouvrir d'une matière quelquefois verte, quelquefois rouge, dont la quantité va sans cesse en augmentant; elle se répand plus tard dans toute la masse du liquide, et se dépose même au fond de la cuve, en même temps que l'eau, par sa vaporisation spontanée, diminue de volume. Lorsque l'action de la lumière sur les couches inférieures du liquide est interceptée par la matière colorée existant à sa surface, il se développe de nombreux animalcules microscopiques dont les générations se succèdent rapidement et augmentent la quantité des matières organiques qui se déposent en subissant la fermentation putride. L'eau contracte alors des propriétés nuisibles, car si on la filtre, on l'obtient colorée en jaune; elle possède une saveur fade et désagréable; elle réduit les sels d'or, et empêche la réaction de l'iode sur l'amidon. L'analyse y décèle la présence de proportions notables d'albumine végétale et animale, ainsi que de l'humus, en quantité quelquefois considérable. Cependant l'air qu'elle retient en dissolution est ordinairement très-oxygéné, car dans plusieurs expériences nous l'avons trouvé formé, en centièmes, de :

Oxygène...........................	33,5
Azote..............................	66,5

et sa proportion s'élevait jusqu'à 25 centimètres cubes par litre.

« Cette richesse de l'air dissous en gaz comburant n'a rien qui doive surprendre, car l'une des propriétés les plus importantes de la *matière verte de Priestley* est précisément d'excréter une quantité considérable d'oxygène pur. »

M. Marchand a étudié ensuite les modifications que les eaux stagnantes éprouvent quand elles renferment dans leur sein et à leur surface, des plantes vivantes.

« Les eaux baignant et portant à leur surface des végétaux en grand nombre, dit M. Marchand, contiennent de même de nombreux animalcules, mais grâce à l'action des plantes qu'elles baignent, les phénomènes de putréfaction qui s'y développent cessent d'être appréciables à l'odorat. Néanmoins l'humus dissous en excès colore encore le liquide en jaune pâle, et lui communique souvent une réaction légèrement acide; on peut toujours l'y retrouver, en même temps que des matières albumineuses dont la quantité varie. L'air atmosphérique qu'elles contiennent est aussi abondant que dans les eaux de la dernière classe, et oxygéné au même degré. Leur saveur est fade et souvent désagréable.

« Les eaux stagnantes, exposées à l'action des rayons lumineux, contractent donc des propriétés nouvelles en subissant l'influence des êtres organisés qui s'y développent et leur cèdent certains produits résultant des sécrétions fournies pendant leurs diverses périodes d'évolutions vitales, ou bien de leur décomposition spontanée, soit de l'humus et des matériaux albumineux. Ces derniers sont toujours reconnaissables par l'action de la chaleur qui les coagule. M. Fauré, de Bordeaux, en a de son côté constaté la présence dans les eaux stagnantes du terrain aliotique du département de la Gironde.

« On conçoit que, sous l'influence réductive des phénomènes de putréfaction signalés plus haut, les nitrates se trouvent encore transformés en sels ammoniacaux dont la proportion, si elle n'est absorbée par les végétaux, doit se trouver accrue. Cette ammoniaque ainsi produite opère la dissolution de l'humus. Les sels dissous diminuent de proportion en passant dans la constitution des êtres organisés...

« Toutes les eaux stagnantes, en se vaporisant, laissent à découvert des terres imprégnées de matières putrescibles qui deviennent la source d'une production active d'hydrogène protocarboné — le gaz des marais — dont elles se saturent en contractant des propriétés plus nuisibles encore; car, on ne l'ignore pas, ce gaz est le principe ou le véhicule le plus actif des miasmes paludéens. Nous avons cru remarquer que sa production est d'autant plus assurée que les eaux contiennent une plus grande quantité d'albumine végétale. »

Ces matières putrescibles laissées à la surface du sol par la vaporisation des eaux stagnantes, sont, à n'en pas douter, la cause des miasmes dits *paludéens*, qui engendrent les fièvres intermittentes dans les lieux marécageux. Les marais pontins, aux environs de Rome, les marais de la Toscane, certains marais du centre de la France et les étangs salés de la région du littoral méditerranéen,

Fig. 78. — Un marais.

sont infectés par des miasmes occasionnés par le limon putride que l'eau stagnante abandonne en s'évaporant. Par sa décomposition, ce limon produit de l'hydrogène carboné, du gaz sulfhydrique et des produits organiques mal connus, qui rendent éminemment insalubre l'air de ces régions.

La question de la cause de l'insalubrité des marais est d'une haute importance, tant pour la France, où l'on trouve encore plus de 450,000 hectares de marais, que pour l'Algérie, qui offre un grand nombre de centres marécageux dont les émanations sont très-préjudiciables à nos soldats et à nos colons. On a prétendu que les marais de la France, convertis en terres labourables, ajouteraient plus de sept millions aux revenus de l'Etat, et nourriraient plus d'un million d'habitants. Cette évaluation n'a pu être qu'approximative, mais elle n'en atteste pas moins les effets pernicieux qui résultent des émanations des marais et le progrès que l'on réaliserait par leur desséchement.

On ne possède encore qu'un très-petit nombre de documents précis sur la composition des eaux stagnantes et des sols marécageux de la France. Aussi croyons-nous devoir emprunter à l'*Annuaire des eaux de la France* quelques pages dans lesquelles cette question est spécialement traitée.

Une foule de théories ont été mises en avant pour expliquer la nature des miasmes paludéens et leurs funestes effets sur la santé de l'homme. On connaît, dit l'*Annuaire des eaux de la France*, dont nous allons rapporter le texte en l'abrégeant, la théorie des *animalcules*, celle de l'*iatrochimie*, le système des *gaz*, etc., etc. On sait aussi que, pour trancher la difficulté, quelques médecins ont pris tout simplement le parti de nier l'existence de ces émanations, et d'attribuer les effets funestes du séjour dans les lieux marécageux à l'influence du froid et de l'humidité.

Néanmoins, presque tous les auteurs qui ont écrit sur les émanations marécageuses, ont reconnu que jamais l'air n'est plus préjudiciable à la santé qu'après l'évaporation des eaux d'un marais ou d'un étang, lorsque la vase, exposée aux rayons du soleil, subit l'influence d'une température élevée. On admet assez généralement que les grandes pièces d'eau qui ne sont point soumises à ces alternatives, sont loin de présenter les mêmes dangers.

Fig. 79. — Un étang.

A l'aide de travaux bien dirigés, on pourrait donc conserver, sans aucun inconvénient l'hygiène publique, les grands réservoirs d'eau dont l'utilité est manifeste, soit pour prévenir les inondations, soit pour établir de grandes irrigations, soit pour l'empoissonnement.

Des faits rapportés par les savants qui ont étudié avec le plus de soin les causes et les effets des émanations marécageuses (Gaetano Giorgini, F. Daniel, Darwin, Gardner, Laird, Boussingault, etc.), on peut déduire les conclusions suivantes :

L'insalubrité de l'air des localités marécageuses paraît principalement déterminée par la réaction des matières organiques sur les sulfates, réaction qui donne naissance à des produits délétères, parmi lesquels est le gaz sulfhydrique.

Cette réaction pent s'établir, non-seulement par le mélange des eaux de mer avec les eaux douces, mais encore toutes les fois que les terrains contiennent des sulfates, des matières organiques, de l'eau, et quand la température est élevée. Ces effets s'observent surtout pendant les chaleurs, au moment où les terrains marécageux étant desséchés par l'été, les pluies viennent à les humecter de nouveau.

Rien ne prouve jusqu'ici que ce soit exclusivement au gaz sulfhydrique que l'on doive attribuer les effets des émanations marécageuses; mais ce qui paraît bien établi, c'est que la réaction qui donne naissance aux miasmes, produit souvent du gaz sulfhydrique.

Quoi qu'il en soit, l'existence de ces émanations, ou miasmes, ne saurait être contestée. Entraînées avec la vapeur d'eau, elles exercent leur action sur de vastes étendues, et les vents peuvent les répandre au loin. Elles s'introduisent dans l'économie animale, soit en se déposant à la surface du corps, soit en entrant, avec l'air, dans les poumons, ou avec les aliments dans les voies digestives. Ces émanations sont d'ailleurs invisibles. On aperçoit seulement, à la surface des marais, une sorte de brume ou de nuage, quelquefois d'une odeur désagréable, et qui se dégage d'une manière plus ou moins appréciable selon la nature des eaux et de l'élévation de la température.

Les marais de la France sont, en général, pourvus d'une petite quantité d'arbres : des saules, des peupliers, des aunes, des bouleaux, des frênes, et plus rarement, quelques chênes ; mais on y trouve souvent d'excellents pâturages. Les renoncules, l'iris, la ciguë, croissent en abondance dans les marais, mais on y trouve en même temps les gracieuses corolles du nénuphar et de la sagittaire. Rien de plus variable, d'ailleurs, que cette végétation, suivant que les plantes vivent plongées dans les eaux ou flottent à leur surface, ou qu'elles se tiennent sur le bord du marais.

On ne voit pourtant croître avec vigueur que les plantes aquatiques. Les arbres y sont généralement chétifs, rabougris, et il est difficile d'amener leurs fruits à une complète maturité ; ceux-ci restent gorgés de sucs aqueux, sans saveur et sans arome.

Les céréales sont de qualité très-inférieure ; les plantes potagères ne réussissent qu'imparfaitement, les légumineuses sont froides et abondent aussi en principes aqueux.

Mais c'est surtout le règne animal qui paraît souffrir de l'action des effluves. Les grandes espèces animales y dépérissent rapidement, même dans la Bresse, où les pâturages sont abondants; les races de chevaux et de bœufs s'y dégradent en peu de temps. Dans tous les pays où les bœufs et les vaches sont obligés de chercher leurs aliments parmi les étangs boueux, ils languissent et ne tardent pas à périr.

Les effets pernicieux produits sur l'homme par les émanations marécageuses se manifestent, tantôt par une altération progressive et générale de l'économie, tantôt par des accidents plus ou moins graves, mais toujours rapides.

Dans le premier cas, c'est une modification profonde de l'économie animale, une manière d'être toute particulière. Les hommes, dans ces contrées, sont en général d'une petite stature. Leur peau est d'un blanc mat et comme blafard ; les chairs sont molles, tuméfiées et comme atteintes d'une sorte de bouffissure; le ventre est volumineux et mou ; la puberté y est tardive et la vieillesse précoce. Sausset et Price ont estimé que dans de telles régions la vie moyenne ne va pas au delà de 26 ans ; Condorcet l'avait estimée à 18 seulement.

Calculée d'après les relevés des décès d'un siècle dans les communes de Saint-Trivier, Villars et Saint-Nizier, en Bresse, la vie moyenne a été trouvée de 20 à 22 ans.

Dans l'espace de 22 ans, dit Montfalcon, la population de dix communes de la partie marécageuse du département de l'Ain, qui était, en 1786, de 3,606 habitants, avait diminué de 1/8. Dans la Sologne, le nombre des décès l'emporte de beaucoup sur celui des naissances. On compte, année moyenne, dans la commune de Châtillon, 184 naissances $\frac{5}{10}$, et 204 décès $\frac{6}{10}$, et on estime que le déficit est encore plus considérable dans d'autres parties de la Bresse (1).

Après avoir établi par des chiffres empruntés aux documents officiels, la mortalité considérable des populations qui habitent les régions marécageuses situées dans les départements du Cher, de la Charente-Inférieure, du Gard, des Bouches-du-Rhône et de l'Hérault, l'*Annuaire des eaux de la France* tire cette conclusion, que la statistique établit « un avantage incontestable en faveur des loca-

(1) *Annuaire des eaux de France*, page 18-23.

« lités qui se trouvent sous la même latitude « et à peu de distance les unes des autres, et « sont plus éloignées des foyers d'exhalaison. »

Les fièvres intermittentes sont la maladie résultant de l'empoisonnement qu'occasionnent les émanations des marais. Ces fièvres sont *bénignes* ou *pernicieuses*.

Fig. 80. — Une mare.

Les fièvres intermittentes se déclarent à a fin de l'été et au commencement de l'automne, lorsque l'eau des marais étant presque entièrement évaporée par les chaleurs de l'été, la vase reste à nu et en contact avec l'air atmosphérique.

Quand on parcourt les côtes de la Méditerranée, dans le voisinage des nombreux étangs salés qui s'étendent d'Aigues-Mortes à Agde, on reconnaît sur les traits amaigris et à la physionomie maladive des habitants, la vérité du tableau que nous venons de tracer. Chacun sait également que nos soldats d'Afrique rapportent en France des fièvres intermittentes rebelles, contractées par leur séjour dans les régions marécageuses des bords de la Méditerranée sur les rivages africains.

Nous en avons dit assez pour établir l'insalubrité des régions marécageuses, et prouver que cette insalubrité est bien due à la décomposition des matières organiques mélangées à ces eaux, décomposition qui s'opère à l'automne après que l'évaporation provoquée par les chaleurs de l'été a laissé la vase des marais à nu sur la surface du sol. Quant à l'agent précis de cette intoxication, quant au produit défini, qui, émanant de cette vase séchée, devient la cause déterminante des fièvres intermittentes, c'est une question encore à résoudre, et qui résistera longtemps sans doute, aux efforts de la science et de l'observation. L'important pour l'hygiène publique, c'est de savoir que c'est bien dans la décomposition du résidu de l'évaporation des eaux stagnantes que gît la cause primitive des affections qui sévissent dans les régions marécageuses.

CHAPITRE XX

LES EAUX MINÉRALES, OU MÉDICINALES. — CARACTÈRES PHYSIQUES DES EAUX MINÉRALES. — CAUSES DE LEUR MINÉRALISATION ET DE LEUR THERMALITÉ. — LA COMPOSITION DES EAUX MINÉRALES EST-ELLE SUJETTE A DES VARIATIONS ?

Après avoir étudié le groupe des *eaux potables* et des *eaux non potables*, nous avons à parler du troisième et derniergroupe, c'est-à-dire des eaux *minérales*, ou, *médicinales*.

Il est assez difficile, ou pour mieux dire, il est impossible de définir rigoureusement les *eaux minérales*. Une distinction bien tranchée ne saurait être établie entre les eaux minérales et les eaux potables ou non potables, puisque les eaux minérales se boivent, et qu'elles ne peuvent pourtant être considérées comme des eaux potables analogues à celles des fleuves ou des rivières. Le passage du groupe des eaux potables ou non potables à celui des eaux *minérales* se fait avec des nuances insensibles, inappréciables à notre jugement, et l'on ne saurait prétendre assigner des limites qui, en réalité, n'existent pas.

Mais s'il est impossible de donner une définition rigoureuse des eaux minérales, il faut ajouter que l'usage et la pratique ne se trompent pas à cet égard. Personne n'hésite sur la catégorie dans laquelle il faut ranger telle ou telle eau. Pour tout le monde, l'eau de Plombières et de Mont-Dore est une eau minérale, bien qu'elle renferme très-peu de principes solubles, et on ne donnera jamais le nom d'eau minérale à l'eau d'un puits, bien qu'elle tienne en dissolution plus d'un gramme de matières salines.

Pour définir les eaux minérales, il faut donc se contenter d'un degré relatif d'exactitude. Sous ce rapport, la définition qu'a donnée M. Jules Lefort, dans son *Traité de chimie hydrologique*, est la plus satisfaisante. « On doit entendre par eaux minérales, dit cet auteur, toutes celles qui, en raison, soit de leur température, bien supérieure à celle de l'air ambiant, soit de la quantité et de la nature spéciale de leurs principes salins et gazeux, sont, ou peuvent être employées comme agents médicamenteux. »

L'emploi thérapeutique des eaux minérales remonte à l'antiquité. Dès l'origine de la médecine, on reconnut, chez les Orientaux, chez les Grecs et les Romains, l'action puissante que certaines eaux naturelles exercent sur l'économie animale, ainsi que le parti qu'on peut en tirer pour le traitement et la guérison des maladies. Les anciens faisaient usage des eaux minérales, en bains et en boisson.

Homère parle de sources d'eaux minérales froides et chaudes. Hippocrate fait mention des eaux minérales, quoiqu'il n'en fasse pas l'application au traitement des maladies en particulier. Pline, dans son *Histoire naturelle*, s'étend sur les propriétés des eaux minérales. Il attribue à certaines sources minérales des propriétés exagérées et même ridicules. Il raconte, par exemple, que dans la Béotie, près du fleuve Orchomène, on trouve deux sources minérales, dont l'une a la vertu de fortifier la mémoire, et l'autre la propriété de l'affaiblir. Il dit ailleurs qu'il y a dans la Cilicie une source qui donne de l'esprit, et une autre, dans l'île de Cos, qui rend stupide; enfin que la fontaine de Cupidon, à Cyzique, guérit de l'amour !

Quand on pratique des fouilles sous le sol de quelques-unes de nos stations thermales actuelles, on y découvre des vestiges de constructions romaines, ou gallo-romaines, qui prouvent que les anciens consacraient ces eaux à la cure des maladies

A Aix en Savoie, on voit encore debout de beaux monuments romains qui attestent que ces thermes étaient très-fréquentés il y a douze ou quinze siècles. La figure 81 représente l'*Arc romain* d'Aix, en Savoie, reste des constructions qui furent élevées dans ces thermes par l'empereur Gratien. A Luxeuil, à Plombières, à Vichy, ainsi que dans quelques stations thermales de l'Allemagne, on a retrouvé les canaux qui servaient à la distribution de l'eau minérale du temps des Romains.

L'exploitation des eaux minérales est une branche importante de l'industrie moderne. Elle met en mouvement dans divers pays de l'Europe une quantité considérable de capitaux. En conséquence, nous croyons devoir donner un exposé concis des questions, tout à la fois scientifiques et industrielles, qui se rapportent aux eaux minérales.

Nous examinerons ces eaux, d'abord au point de vue de leurs propriétés physiques, ensuite de leurs caractères chimiques. Après avoir traité la question de la classification des eaux minérales, et adopté la division qui nous semble la plus rationnelle et la plus pratique, nous passerons rapidement en revue les

Fig. 81. — L'arc romain et l'établissement thermal d'Aix en Savoie.

types les plus importants des eaux de chacun de ces groupes.

Propriétés physiques des eaux minérales. — Toutes les eaux minérales sont sans *couleur* quand on les regarde en petite quantité ; mais si on les regarde à travers une grande épaisseur de liquide, elles offrent une couleur verdâtre. Les eaux minérales ont quelquefois cependant une couleur propre qui est due, non à des principes dissous, mais à des corps en suspension et qui leur communiquent une teinte rougeâtre, jaunâtre ou verdâtre.

La plupart des eaux sulfureuses exposées à l'air se troublent et prennent une teinte opaline, due au soufre précipité par l'oxygène de l'air. On dit alors que les eaux sulfureuses sont *blanchissantes :* telles sont les eaux de Luchon, et, à un degré plus faible, celles d'Aix-en-Savoie. D'autres eaux plus chargées de principes sulfureux, telles que l'eau de Baréges ou de Challes, près d'Aix-en-Savoie, deviennent jaunâtres ou verdâtres par la formation d'un polysulfure alcalin ou terreux. La source sulfureuse de Cadéac (Hautes-Pyrénées, arrondissement de Bagnères-de-Bigorre), jaillit avec une teinte jaune verdâtre, parce que le polysulfure alcalin s'est formé dans les profondeurs du sol. L'une des sources d'Ax (Ariége) est nébuleuse et présente l'aspect opalin d'une dissolution aqueuse du sulfate de quinine. On attribue cet effet tout à la fois à du soufre et à de l'ardoise excessivement divisée, tenus en suspension dans l'eau.

Certaines sources ont une couleur rougeâtre, qui provient de ce qu'elles tiennent en suspension une argile ocreuse.

En général, une coloration quelconque dans une eau médicinale, est le résultat de la décomposition partielle de quelques-uns des principes qui la minéralisent.

La *saveur* des eaux minérales est très-variable. Elle est alcaline, acidule, salée, saumâtre, styptique, sulfureuse, etc., selon les principes qu'elle renferme. L'acide carbonique libre contenu dans les sources gazeuses bicarbonatées, chlorurées ou sulfatées, leur communique une saveur aigrelette ou piquante, plus ou moins sensible, suivant la proportion de cet acide existant dans l'eau ; et cette proportion dépend surtout de la température et de la pression auxquelles l'eau est soumise. Après la disparition du gaz, la saveur des eaux bicarbonatées est saline, terreuse ou amère, suivant la nature et la quantité des sels contenus dans l'eau.

Les eaux sulfureuses et ferrugineuses sont celles dont la saveur est la plus caractéristique. Même en très-faible proportion, les sels de fer communiquent aux eaux qui en renferment une saveur atramentaire (d'encre). Cependant la saveur des sels de fer peut être masquée par certains autres sels. Plus les eaux sont chargées de principes salins et d'acide carbonique, moins la saveur inhérente au fer est facile à distinguer.

Les eaux sulfurées se reconnaissent tout de suite à leur saveur d'acide sulfhydrique, qui rappelle celle des œufs pourris ou couvés. Il reste ensuite un arrière-goût salin ou fade, mais quelquefois amer.

Les eaux chlorurées et sulfatées ne se distinguent pas facilement au palais, leur saveur étant à peu près la même.

Quelques eaux minérales peuvent se déceler par l'*odeur*. Les eaux sulfureuses sont celles qui offrent l'odeur la plus caractéristique et la plus prononcée. Cette odeur, analogue à celle des œufs pourris, provient de l'acide sulfhydrique qui préexiste ou qui se produit par l'action de l'air sur les sulfures contenus dans les eaux. Dans les sources non sulfureuses on remarque souvent une faible odeur sulfureuse. Les hydrologistes l'attribuent à la décomposition de quelques traces de sulfate par des substances organiques; cette odeur est, d'ailleurs, très-fugace et ne tarde pas à disparaître complétement au contact de l'air. On a remarqué aussi que quelques eaux minérales présentent une faible odeur marécageuse ou bitumineuse, en général éphémère. Dans le voisinage des volcans, certaines sources dégagent parfois une odeur d'acide sulfureux. L'eau de la source iodo-bromurée de Saxon (Valais) répand une odeur safranée, qui n'est pas désagréable.

Disons enfin que quelques eaux minérales qui sont chargées d'acide carbonique, ont une odeur bitumineuse. Cette odeur se dissipe lorsqu'on les a conservées pendant quelque temps en bouteille.

La *limpidité* caractérise, on peut le dire, les eaux minérales, car le cas est assez rare où des matières en suspension troublent leur transparence. Les eaux minérales qui émergent des terrains primitifs sont toujours très-limpides. Toutefois l'eau thermale de Neyrac (Ardèche), qui sort du granit, est trouble, parce qu'elle a lavé plusieurs couches de sable très-divisé et d'humus. Celles qui arrivent des terrains secondaires ou tertiaires, sont parfois troublées par des substances terreuses dans un état d'extrême division. Les eaux minérales ferrugineuses, surtout les eaux bicarbonatées, se troublent par l'effet de la transformation de l'oxyde ferreux en oxyde ferrique, qui se dépose par le repos.

L'*onctuosité*, c'est-à-dire la sensation savonneuse au toucher, caractérise certaines eaux minérales, particulièrement celles de la chaîne des Pyrénées. Un bain d'eau de Luchon, de Bigorre, de Baréges, donne à la peau une sensation grasse. On ne sait si l'on doit attribuer cet effet au sulfure alcalin ou à la matière organique qui existe dans les eaux de la chaîne des Pyrénées. Ce même caractère s'observe en effet dans quelques eaux thermales non sulfureuses, telles que la source *savonneuse* de Luxeuil, qui ne contient ni sulfates, ni matière organique.

La *densité* des eaux minérales est, contrairement à ce qui arrive pour les eaux potables, supérieure à celle de l'eau distillée. Elle varie nécessairement suivant la proportion des principes minéralisateurs, mais cette variation se maintient dans des limites assez restreintes. Elle oscille entre 1,000, densité de l'eau pure, et 1,19, densité de l'eau de la mer Morte, qui est, d'après M. Boussingault, l'eau la plus dense et la plus fortement minéralisée de toutes celles du globe. Plusieurs sources minérales ont cependant une densité inférieure à celle de beaucoup d'eaux potables réputées de bonne qualité. En général, la densité des eaux minérales bicarbonatées et sulfatées varie depuis 1,0010 jusqu'à 1,0050. Les eaux sulfureuses sodiques sont celles dont la densité se rapproche le plus de celle de l'eau distillée. Elle est, en moyenne, de 1,0002, et celle des eaux sulfureuses calciques, de 1,0012.

L'air atmosphérique exerce sur les eaux minérales une action qu'il importe de bien connaître.

Par suite du dégagement du gaz acide carbonique qui tenait en dissolution les sels terreux et magnésiens, ces eaux laissent précipiter du carbonate de chaux et de magnésie, mélangé de sulfate de chaux, de phosphate de chaux et de silice. Bientôt après, l'oxygène de l'air, venant à suroxyder le composé ferrugineux, quand ces eaux en renferment, on voit se déposer du fer à l'état d'oxyde.

Le *tuff*, ou *travertin*, est un terrain qui s'est formé en entier par l'action de l'air atmosphérique sur de véritables fleuves d'eaux bicarbonatées venues des profondeurs du sol. Le *tuff*, ou *travertin*, a, en effet, la composition que nous venons d'assigner au précipité que déposent les eaux minérales bicarbonatées exposées à l'air, à savoir, du carbonate de chaux et de magnésie, du phosphate et du sulfate de chaux, de la silice et de l'hydrate de sesquioxyde de fer.

Les eaux sulfureuses, en général, blanchissent à l'air, en donnant un dépôt de soufre. Celles de Baréges, au contraire, jaunissent sans se troubler. Ces altérations sont dues à l'action de l'oxygène et de l'acide carbonique de l'air, ou encore, d'après M. Filhol, à l'acide silicique libre contenu dans les eaux, comme cela se présente pour les eaux de Luchon. Parmi les eaux minérales, les eaux sulfureuses sont celles qui subissent avec le plus de rapidité, et de la manière la plus complète, l'action décomposante de l'oxygène de l'air; elles deviennent lactescentes lorsque le soufre se sépare à l'état d'extrême division, ou se colorent en jaune verdâtre s'il se produit un polysulfure.

L'action de l'air sur les eaux sulfureuses ou ferrugineuses commence dès qu'elles se trouvent en contact avec l'oxygène, soit à leur point d'émergence, soit dans l'intérieur de la terre; et ce dernier cas explique pourquoi certaines eaux sulfureuses ou ferrugineuses, lorsqu'elles sourdent à la surface du sol, sont déjà troubles ou colorées. Dans quelques stations thermales, on fait arriver les eaux sulfureuses dans les baignoires par la partie inférieure, afin d'éviter l'action décomposante de l'air.

Les eaux salines sulfatées ou chlorurées sont celles qui s'altèrent le moins au contact de l'air.

La chaleur altère les eaux minérales, aussi bien que l'air. Les eaux bicarbonatées sont particulièrement altérées par le calorique. Les gaz se dégagent d'abord, puis l'eau se trouble, ou devient louche, par la précipitation des carbonates de chaux et de magnésie et d'autres principes qui étaient dissous à la faveur de l'acide carbonique Ces précipités sont plus ou moins colorés par de l'oxyde de fer.

D'où proviennent les substances solubles qui sont contenues dans les eaux minérales? — Quelle est la cause de la chaleur propre à un certain nombre de ces eaux? — Voilà deux questions intéressantes qui se rattachent à l'étude des eaux minérales.

L'explication de la cause de la minéralisation des eaux, qui était si difficile pour les savants des siècles derniers, nous paraît fort simple aujourd'hui. Tout le monde reconnaît que les eaux minérales empruntent leurs principes solubles aux roches avec lesquelles elles se sont trouvées en contact dans les profondeurs du sol. La haute température du sol profond, jointe à la pression que l'eau y subit, de la part des gaz qui parcourent les régions souterraines, provoquent ou activent considérablement la dissolution des principes solubles de ces roches. Les eaux minérales nous rapportent donc, quand elles jaillissent au niveau du sol, les éléments solubles des terrains qu'elles ont traversés. C'est ce que le chimiste Vauquelin a exprimé par une image aussi juste que saisissante, en disant que les eaux minérales sont « des espèces de sondes qui nous « rapportent des entrailles de la terre des « échantillons des matières qui la com« posent. »

Beaucoup d'eaux naturelles, qui ont été minéralisées dans les profondeurs de la terre, perdent, dans leur trajet ascensionnel, une partie de leurs éléments primitifs, et en acquièrent d'autres par l'effet des réactions qui s'opèrent dans leur parcours. En effet, sous l'influence d'une haute température produite par la chaleur centrale du globe et d'une forte pression, ou encore de l'électricité qui, suivant quelques auteurs, exercerait une certaine influence sur la minéralisation des sources, les eaux, à l'état liquide ou à l'état de vapeur, séparent du sol qu'elles traversent et qu'elles lessivent continuellement, les principes solubles.

La dissolution de certains principes dans l'eau, qui ne s'effectuerait jamais à la température et à la pression ordinaires, peut s'opérer sous l'influence simultanée de ces deux agents énergiques. C'est ainsi qu'on explique que l'eau puisse dissoudre les silicates alcalins et terreux qui existent dans quelques roches granitiques, feldspathiques et micaschistiques.

M. de Sénarmont a démontré que l'eau pure fortement chauffée et comprimée dissout de l'acide silicique et d'autres substances, que l'eau ne pourrait dissoudre dans les circonstances ordinaires. La puissance dissolvante des eaux souterraines sous une forte pression est si grande que, lorsque des trous de mine débouchent dans des poches d'eau, on voit l'eau qui avait séjourné dans ces poches avec une forte compression produite par des gaz accumulés, laisser déposer, en s'évaporant, d'abondantes concrétions de carbonate de chaux, de silice, et même de sulfate de baryte. Ces substances, qui s'étaient dissoutes sous l'influence de la chaleur et de la pression, se déposent quand l'eau se refroidit et qu'elle n'est plus soumise à la pression.

M. Damour a fait voir aussi que l'eau, à la température de l'ébullition, dissout une proportion notable d'acide silicique et de silicates natifs. Cette dissolution, suivant Ebelmen, est accrue d'une manière considérable par la présence de l'acide carbonique. Même à froid, l'action de l'acide carbonique sur les silicates naturels est manifeste ; il se forme des bicarbonates et l'acide silicique devient libre.

Il faut tenir compte, en outre, des immenses réactions chimiques qui s'opèrent dans les entrailles de la terre, sous l'influence de causes diverses, et qui peuvent expliquer la présence de nombreux prin-

Fig. 82. — Le mont Dore.

cipes qui se rencontrent dans les sources minérales, tant froides que thermales, quoique ces diverses réactions ne soient pas encore bien connues des chimistes. Ainsi, on admet que les silicates et les carbonates alcalins, qui jouent un rôle si important dans les eaux émergeant des terrains primitifs ou volcaniques, proviennent, ainsi qu'il vient d'être dit, d'après les travaux de MM. Damour et Daubrée, de l'action combinée de l'acide carbonique mêlé à la vapeur aqueuse sur les roches granitiques, sous l'influence d'une forte pression et d'une haute température. De cette réaction résulte la formation de carbonates alcalins, tandis que l'acide silicique, devenu libre, se dissout dans une grande quantité d'eau, ou même à la faveur des carbonates alcalins formés.

Si, dans la réaction dont nous venons de parler, l'acide carbonique est remplacé par de l'acide sulfhydrique, du soufre ou d'autres principes sulfurés, la formation des sources minérales sulfureuses sodiques se trouve expliquée. Ces matières sulfurées réagissant sur les roches ou les silicates naturels, produisent du sulfure de sodium, en mettant l'acide silicique en liberté. La silice est, en effet, assez répandue dans les eaux sulfureuses sodiques, tandis que l'acide carbonique, si abondant en général dans les sources minérales, se rencontre en très-petite proportion dans les eaux sulfureuses de cette classe.

Ces considérations prouvent qu'il faut apporter quelques restrictions à la règle posée *à priori* que l'on peut prévoir la composition d'une eau minérale d'après le terrain qui lui donne issue. Mais il n'en importe pas moins de bien connaître la nature du sol d'un pays où sourdent les eaux minérales, la liaison entre la composition chimique des eaux et la nature du terrain d'où elle s'épanche, étant un fait d'une vérité générale incontestable. Passons donc en revue, à ce point de vue, les diverses couches dont est formée la croûte solide du globe, et les roches qui composent ces couches.

Les *terrains primitifs*, les *terrains de transition*, les *terrains secondaires*, les *terrains tertiaires* et les *terrains quaternaires* ou d'*alluvion*, telles sont les quatre assises de la croûte du globe. Chacun de ces quatre groupes de terrains est traversé par une autre formation, le *terrain éruptif*, ou *volcanique*, qui s'arrête au niveau de l'un quelconque de ces quatre étages.

Les *terrains primitifs*, dont le granit, le gneiss, le micaschiste, forment les types les mieux caractérisés, sont riches en principes minéraux, mais très-pauvres en sels solubles dans l'eau. A part les iodures, les bromures et les chlorures, qui se rencontrent partout; à part quelques sels de potasse, de soude, de lithine et d'alumine, qu'ils peuvent abandonner en se décomposant, les principes solubles cédés à l'eau par ces terrains sont peu nombreux; ils se réduisent à des sulfates et à des carbonates alcalins ou terreux, à des sulfures, à de la silice, et quelquefois à une petite quantité d'oxyde de fer.

Les terrains primitifs qui constituent en partie de hautes montagnes, comme les Alpes et quelques régions des Pyrénées, donnent issue aux eaux alcalines et aux eaux sulfureuses.

Cependant les terrains primitifs sont rarement à découvert; il est assez rare de trouver le sol superficiel composé de granit, de gneiss ou de micaschiste. Le terrain primitif est presque partout recouvert du terrain secondaire ou tertiaire. Il peut donc arriver que les eaux qui, dans un terrain primitif se sont chargées de certaines substances, les perdent quand elles se trouvent en contact avec les couches géologiques supérieures, ou que ces substances soient chimiquement modifiées par ce contact. Une eau chargée de carbonate de soude traversant un banc de plâtre, cède son acide carbonique à la chaux de la pierre à plâtre, forme du carbonate de chaux insoluble et du sulfate de soude.

En résumé, les eaux qui jaillissent des terrains primitifs contiennent de l'acide sulfhydrique, de l'acide carbonique, de la silice, des carbonates et d'autres sels à base de soude, des sels à base de chaux (sauf le carbonate) et peu d'oxyde de fer. C'est de ce terrain que nous viennent toutes les eaux à température élevée, comme la plupart des eaux sulfurées des Pyrénées (Luchon, Eaux-Bonnes, Cauterets, Baréges) ainsi que les eaux thermales de Chaudesaigues et de Vic (Cantal).

Les *terrains de transition*, composés de granits, de syénites et de calcaires, mais contenant des grés, ou *grauwackes*, ainsi que les roches schisteuses désignées sous le nom de *phyllades*, succèdent immédiatement aux terrains primitifs dans l'ordre de superposition. Les débris fossilisés des premiers êtres organisés, c'est-à-dire des fougères, des équisétacées, mêlés à des calcaires houillers et à des houilles, composent ces terrains. Les eaux qui les traversent se chargent de plus de principes solubles que dans les terrains primitifs. Le carbonate calcaire, les iodures et les bromures s'y trouvent en plus grande quantité.

Les eaux qui jaillissent de ces terrains ont beaucoup d'analogie avec celles des terrains primitifs. Cependant l'acide sulfhydrique a presque disparu, et la proportion de silice et d'acide carbonique a diminué sensiblement. Les principes qui dominent dans ces eaux sont les sels de soude (à l'exception du carbonate). Le sulfate de chaux existe dans toutes ces eaux. Citons, comme exemples, les eaux de Bagnères-de-Bigorre, d'Ussat, de Luxeuil, de Bagnols, de Plombières, d'Aix-en-Savoie, de Pyrmont et de Niederbronn.

Les eaux minérales des *terrains secondaires* ou de *sédiment*, contiennent des proportions plus considérables de principes salins que les précédentes. Ces terrains caractérisés par des mollusques fluviatiles et marins, des poissons et des reptiles fossiles, contiennent l'immense variété d'espèces minéralogiques connues sous le nom de *calcaires*. La craie blanche en forme les couches supérieures. On y trouve le *lias*, ou *calcaire alpin* — le calcaire jurassique, ou *oolithique*, qui renferme des marnes schisteuses et compactes ; — le grès vert — le grès houiller, etc. Entre le grès houiller et le lias on trouve des amas innombrables de sel marin, le calcaire conchylien et les marnes irisées, ou *keuper*.

Les masses de sel gemme sont presque toujours en contact ou mélangées avec du carbonate de chaux. On y trouve fort souvent aussi du sulfate de chaux, réparti d'une façon irrégulière.

Cet aperçu de la composition des terrains secondaires fait prévoir les matières qu'on doit trouver en dissolution dans les eaux qui les traversent. Ce sont : les carbonates de chaux et de magnésie ; les chlorures de sodium, de calcium, de magnesium, enfin les iodures et les bromures.

Le sulfate de chaux qui ne se rencontre qu'accidentellement dans les eaux qui viennent des terrains primitifs et de transition, apparaît en grande proportion dans celles des terrains secondaires. Le gypse existe dans les formations secondaires, en amas quelquefois abondants. On l'observe dans le grès bigarré, dans le calcaire conchylien, dans les marnes irisées, dans le lias. Absent des dépôts anciens de la formation jurassique, il reparaît dans ses parties supérieures, puis dans le grès vert, inférieur à la craie.

Les eaux de ces terrains sont un peu sulfurées, comme celles de Gréoulx et chlorurées comme celles de Balaruc et de Bourbonne-les-Bains. Cette catégorie semble, du reste, comprendre presque toutes les autres, puisqu'on y trouve, à côté des eaux sulfurées et chlorurées, des eaux bicarbonatées et sulfatées, comme à Pougues, à Aix (Bouches-du-Rhône), et à Saint-Amand (Nord). Elles sont tantôt froides et tantôt thermales.

Les *terrains tertiaires* renferment, comme espèces minéralogiques, le calcaire coquillier, la marne, le calcaire siliceux recouvert par le gypse. Par-dessus viennent des sables et des grès, surmontés eux-mêmes de couches calcaires, mélangées quelquefois de pierre meulière.

Les eaux qui émergent de ces terrains, contiennent du carbonate de chaux, des sulfates de chaux et de magnésie, du sulfate et du carbonate de fer. Quelques-unes sont très-sulfatées comme celles de Passy, d'Arcueil ; d'autres carbonatées acidules et ferrugineuses, telles que les eaux de Forges, Provins, Segray (Loire). C'est de ce groupe de terrains que sourdent les sources sulfurées d'Enghien, minéralisées par du sulfure de calcium.

Les eaux issues des terrains tertiaires sont froides.

Les *terrains quaternaires*, ou d'*alluvions modernes*, formés surtout de sables, de gravier et de cailloux roulés liés par un ciment calcaire, ne sauraient donner issue à des eaux dignes d'intérêt. La plus grande partie des eaux de puits appartiennent à ces couches supérieures de la croûte terrestre.

Le *terrain volcanique*, ou *éruptif*, qui se trouve à la hauteur de tous les étages précédents, puisqu'il provient de la matière qui occupe l'intérieur du globe injectée sous forme de *veines* ou *filons* à travers tous les terrains anciens ou modernes, fournit des eaux qui ont la plus grande analogie avec celles des terrains primitifs. Ces eaux sont tantôt froides et tantôt chaudes, selon la profondeur du filon volcanique.

Les substances minérales que ces terrains cèdent à l'eau, sont l'acide carbonique, l'acide sulfhydrique, la silice, des carbonates alcalins et terreux, enfin les produits des déjections volcaniques, tant anciennes que modernes. Les sources du Mont-Dore, de Saint-Allyre, de Royat, de Vic-le-Comte, de Châtelguyon, jaillissent des terrains d'éruption.

Les eaux qui s'échappent des localités possédant des volcans encore en activité, sont toujours chaudes. L'acide carbonique, la silice, l'acide sulfhydrique, y abondent, ainsi que les carbonates de soude et de chaux. On y trouve même de l'acide sulfurique libre.

Les sources les plus remarquables de ces terrains existent dans les environs de Naples et à la solfatare de Pouzzoles. Les eaux des geysers d'Islande et celles d'une partie de l'Amérique méridionale, de la Martinique, de Saint-Domingue, ont la même origine géologique. On trouve à Java une eau minérale qui contient de l'acide sulfurique libre. La rivière de Rio-Vinagro, qui prend sa source dans les Cordillères de la Nouvelle-Grenade, et l'eau minérale de Parana de Ruiz, renferment des acides chlorhydriques et sulfuriques libres.

La seconde question que nous avons à examiner, c'est la cause de la thermalité des eaux minérales.

La réponse à cette question ne soulève pas grande difficulté dans l'esprit des savants au courant des travaux contemporains. On n'hésite plus à déclarer que la chaleur propre aux eaux minérales tient à ce que ces eaux arrivent des couches profondes du sol, lesquelles sont d'autant plus chaudes que leur profondeur est plus grande.

Cette explication n'a pas toujours paru aussi évidente. Bien des controverses, bien des discussions se sont élevées parmi les savants, avant que la thermalité des eaux minérales ait pu être expliquée par la chaleur interne du globe.

Aristote attribue l'origine de la chaleur des eaux minérales au soleil qui, pénétrant dans les profondeurs du sol, les échauffe et communique cette chaleur aux eaux contenues dans ces couches profondes.

Beaucoup d'autres opinions furent émises après Aristote sur le même sujet. Les uns prétendaient que l'eau minérale s'échauffait en tombant par des crevasses dans des cavités de la terre occupées par un brasier naturel. D'autres expliquaient ce phénomène par une réaction chimique. Becker prétendit que l'eau de Carlsbad était échauffée par la réaction de l'eau chargée de chlorure de sodium sur une couche de pyrite en combustion. Klaproth modifia cette hypothèse en substituant à la couche de pyrite la houille pyriteuse.

Selon Descartes, les eaux arrivent au-dessous des montagnes par des courants souterrains; la chaleur interne du globe les réduit en vapeur; elles se condensent vers le sommet des montagnes, et produisent des sources chaudes qui s'échappent là où le sol permet leur libre sortie.

Les travaux de Laplace, de Humboldt, d'Arago, de Brongniart, de Fourrier et de Cordier, en démontrant que la terre possède une chaleur indépendante de celle qu'elle reçoit du soleil, vinrent fournir la seule explication qui puisse être donnée de la thermalité des eaux naturelles.

La terre ayant commencé par être une masse brûlante de matière liquéfiée, les couches superficielles de ce globe de feu se sont insensiblement refroidies de la circonférence au centre. Ces couches externes solidifiées recouvrent une matière qui est encore aujourd'hui fluide et incandescente. Il en résulte que les diverses assises du globe ont une température d'autant plus

Fig. 83. — Les Eaux-Bonnes (l'église et l'établissement thermal).

élevée qu'elles se rapprochent davantage du centre.

On admet aujourd'hui que la température du sol s'accroît de 1° par chaque 33 mètres de profondeur.

En se fondant sur ce phénomène naturel, Laplace explique en ces termes la thermalité des eaux minérales :

« Si l'on conçoit que les eaux pluviales, en pénétrant dans l'intérieur d'un plateau élevé, rencontrent dans leur mouvement une cavité de 3,000 mètres de profondeur, elles la rempliront d'abord, ensuite acquerront à cette profondeur une chaleur de 100° au moins, et, devenues par là plus légères, elles s'élèveront et seront remplacées par des eaux supérieures; en sorte qu'il s'établira deux courants d'eau, l'un montant, l'autre descendant, perpétuellement entretenus par la chaleur intérieure de la terre. Ces eaux, en sortant de la partie inférieure du plateau, auront évidemment une chaleur bien supérieure à celle de l'air au point de leur sortie (1). »

Cette théorie est aujourd'hui universellement admise. Le degré de chaleur des eaux minérales dépend de la profondeur du terrain d'où elles proviennent. Les grandes variations de température qu'elles nous offrent tiennent à ce que les diverses couches qui constituent notre globe se trouvent à une température d'autant plus élevée qu'elles se rapprochent davantage du centre, de sorte que, toutes choses étant égales d'ailleurs, les eaux seront d'autant plus chaudes qu'elles viendront de couches plus profondes.

Les sources froides sourdent le plus souvent des terrains modernes, et les

(1) *Annales de chimie et de physique*, tome XIII, page 412.

sources thermales des terrains primitifs.

Il est à peine nécessaire de réfuter une opinion qui compta jadis un certain nombre de partisans. On prétendait que les sources thermo-minérales possédaient une chaleur propre, différente de celle que nous produisons dans nos foyers ordinaires. On s'appuyait sur ce fait que les eaux minérales se refroidissent plus lentement et conservent plus longtemps leur chaleur naturelle que les eaux potables chauffées à la même température; enfin, que ces deux espèces d'eaux avaient des chaleurs spécifiques différentes.

On affirmait, par exemple, que, tandis qu'un certain volume d'eau thermale mettait 13 heures à se refroidir, l'eau de source ordinaire, chauffée à la même température, employait 11 heures pour descendre au même degré.

Longchamp, Anglada, Schweiger et d'autres chimistes, plus tard M. Jules Lefort, ont démontré que cette assertion est complétement erronée, et que la chaleur des sources thermales ne diffère en rien de celle de nos foyers. Ces divers expérimentateurs ont reconnu que les eaux thermales se refroidissent exactement dans le même espace de temps que l'eau ordinaire chauffée à la même température, et qu'elles ne diffèrent aucunement, au point de vue de leurs effets sur les animaux et les végétaux, des eaux ordinaires portées au même degré de température.

C'est dans les eaux de Néris que M. Jules Lefort a fait ses expériences sur le temps comparatif que mettent à revenir à la température ordinaire les eaux minérales sortant de la source et l'eau douce portée à la même température.

Nous réunissons dans le tableau suivant la température de quelques sources thermales les plus chaudes de différents pays.

FRANCE.

	Degrés du thermomètre.
Chaudes-Aigues	81,5
Olette	78,27
Aix en Savoie	75
Plombières	70,10
Dax (Landes)	60
Bagnères	59
Cauterets	55
Bourbonne	57
Balaruc	47
Mont-Dore	44

ALLEMAGNE.

	Degrés du thermomètre.
Borcette	77,43
Carlsbad	73,33
Wiesbade	70,47
Aix-la-Chapelle	62

AMÉRIQUE.

Ile Saint-Michel	99
Ile Sainte-Lucie	95

ANGLETERRE.

Bath	47,40

ITALIE.

Ischia	98,20
Albano	82,37

ASIE.

Malka, au Kamtchatka	100
Schouhon, au Thibet	88
Source de Pierre, au Caucase	90
Source de Catherine, au Caucase	81

Caldas de Mombuy (Espagne)	70
S. Pedro do Sul (Portugal)	67
Ædepse (Grèce)	90,67
Keykum (Islande)	90
Les Geysers (Islande)	120,5
— au fond	124

On voit, d'après ce tableau, que l'eau du Geyser, ou source jaillissante de l'Islande, est la plus chaude des eaux thermales du globe. La température du grand Geyser, déterminée par M. Bunsen, en 1846, varie de 88° centigrades à la sortie de la source, jusqu'à 124 et même 127° à 30 mètres de profondeur.

La source du grand Geyser est célèbre par la beauté de ses éruptions, le volume de ses eaux, et parce qu'elle est intermittente. Toutes les demi-heures, elle lance, à environ 50 mètres de hauteur, une colonne d'eau, dont le diamètre est évalué à 6 mètres à peu près, et qui laisse déposer par le refroidissement des concrétions de silice pure. C'est là un des plus beaux et des plus intéressants phénomènes de la nature.

On a découvert, en Californie, près du lac de Washo, des sources thermales très-analogues à celles des Geysers de l'Islande. Outre la silice, elles renferment de l'acide sulfhydrique et de l'acide carbonique, ainsi que des carbonates alcalins. Ces substances ont été enlevées par l'eau aux roches trachytiques, sous l'influence d'une haute température et d'une forte pression.

L'eau minérale la plus chaude de France, celle de Chaudes-Aigues (Cantal) marque 81°,5.

La composition des eaux minérales est-elle sujette à varier ? L'expérience a démontré qu'en général, la température et la composition chimique d'une même source minérale varient très-peu. Cependant, quelques sources minérales ont subi ou subissent encore des altérations notables dans leur composition ou dans leur température. Ainsi, d'après Berzelius, une des sources de Tœplitz contenait autrefois plus de principes minéraux qu'aujourd'hui. D'après Struve, les eaux de Pyrmont sont alcalines et gypseuses pendant l'été seulement; en hiver, elles perdent ces qualités. Selon Hermann, la plus grande partie de la chaux des sources salées de Halle est aujourd'hui remplacée par la magnésie. L'une des sources de Borcette (Prusse), suivant Fontan, n'est sulfureuse que durant l'été.

Des changements de composition ont été bien constatés pour l'eau de Seltz. Daubéni a montré que les gaz de l'eau de Bath, en Angleterre, non-seulement ne s'échappent pas constamment dans la même proportion, mais encore ne renferment pas toujours des quantités égales d'acide carbonique pour un même volume de gaz dégagé. L'eau de Spa est plus active dans les temps chauds; dans les saisons de pluies, elle est, dit-on, presque insipide. La source de la Reinette, à Forges, est trouble et bourbeuse durant un ou deux jours avant les changements de temps ; elle charrie plus abondamment avant et après le coucher du soleil.

C'est dans les dépôts abandonnés par les eaux, que l'on a reconnu des différences notables dans leur composition, surtout quantitative. Ainsi, les incrustations des eaux de Saint-Nectaire étaient autrefois plus riches qu'actuellement en acide silicique. La composition de beaucoup de *travertins* n'est pas la même dans leurs couches supérieures et inférieures, ce qui semble prouver que la composition des eaux qui les ont fournis, à différentes époques, n'était pas identique.

On attribue ces différences de minéralisation des eaux à des changements de trajet qu'elles subissent par l'effet de l'obstruction de leurs canaux primitifs; ainsi qu'à des mélanges d'eaux douces voisines, ou d'eaux pluviales, qui changent plus ou moins la nature des sources minérales auxquelles elles se mêlent.

Les eaux facilement altérables, telles que les eaux sulfureuses, se modifient rapidement dans leur composition durant leur trajet ascensionnel, en absorbant l'oxygène de l'air qui se trouve dans les couches supérieures du globe.

C'est dans les eaux qui s'échappent des terrains volcaniques que l'on a observé les variations les plus considérables. Les tremblements de terre ont, en effet, une grande influence sur la composition, la température et le débit des sources.

Le tremblement de terre de Lisbonne du 1er novembre 1755 occasionna une agitation dans toutes les sources thermales d'Europe.

Pendant cette convulsion géologique qui détruisit une partie de la ville de Lisbonne, et étendit ses ravages sur un rayon considérable de l'Europe et du littoral du Nord de l'Afrique, une nouvelle source apparut à Néris ; la température des eaux de Luchon augmenta considérablement, tandis que celle des eaux d'Aix, en Savoie, s'abaissait beaucoup durant plusieurs heures, et reprenait ensuite son degré normal. Le volume des sources de Néris et de Bourbon-l'Archambault augmenta considérablement. L'eau de cette dernière station devint trouble, rougeâtre et très-chaude, pendant quatre jours, et reprit ensuite son état ordinaire. Le même jour, entre 11 heures et midi, l'eau de la principale source de Tœplitz, en Bohême, se troubla, puis devint jaune et épaisse, cessa de couler pendant quelques minutes, et revint bientôt avec abondance.

Dans la cour du château d'Alfieri, en Piémont, trois puits d'une eau douce excellente devinrent sulfureux et salés et conservèrent cet état jusqu'en 1808, où un autre tremblement de terre vint rendre l'eau potable.

Pendant le tremblement de terre d'Isernia, en Italie, au mois de juillet 1805, les sources de Carlsbad cessèrent de jaillir pendant quelques heures, et leur température s'abaissa.

Le tremblement de terre qui se fit sentir, en Autriche, en 1768, eut pour résultat d'augmenter notablement le débit des eaux de Bade. En 1809, la *Sprudela* et d'autres sources de Carlsbad éprouvèrent les plus grandes altérations ; la *Schlossbrunenn* disparut complétement et ne reparut qu'en 1823, mais avec une température différente.

Lors d'un tremblement de terre arrivé en 1616, l'eau de Luchon devint plus chaude, en même temps que celle de Bagnères-de-Bigorre se refroidissait.

Les sources situées dans les montagnes de Viajama, à Saint-Domingue, apparurent pour la première fois pendant un tremblement de terre arrivé en 1751.

En 1812, à la suite d'une commotion terrestre semblable, une source froide située dans les mines d'Elliot (Amérique septentrionale) devint chaude, puis se troubla et disparut tout à fait, pour faire place à un dégagement abondant de gaz acide carbonique.

Enfin, pendant les terribles tremblements de terre qui eurent lieu en juillet 1868, sur la presque totalité du globe, on assure que l'eau de la source de César, à Cauterets, augmenta de 10 degrés, le 19 juillet, au moment d'un violent orage qui précéda le tremblement de terre (1).

Les exemples d'altération dans la température des eaux minérales, par l'effet des tremblements de terre, sont nombreux, et la science ne les a pas tous enregistrés. Si l'on avait porté plus d'attention à cette coïncidence, peut-être aurait-on trouvé que les différences de température et de composition observées depuis un certain nombre d'années, dans plusieurs stations thermales, tiennent aux révolutions intérieures du globe. Cette remarque est d'autant plus à noter que quelquefois l'effet des commotions terrestres se fait sentir à des distances considérables.

En résumé, sauf les cas, très-rares en définitive, des tremblements de terre, la composition chimique et la température des sources minérales varient fort peu. Les variations portent plutôt sur les proportions des éléments minéralisateurs que sur la disparition d'un ou de plusieurs d'entre eux.

La cause habituelle de la variation de composition des eaux minérales tient au voisinage des sources d'eau douce ou à leur mélange avec les eaux pluviales. Les saisons font également varier la composition ou le

(1) *Moniteur scientifique*, 1868, tome X, page 1026.

Fig. 84. — Luchon (l'établissement thermal).

débit des sources minérales. Il est reconnu qu'en hiver dans les saisons des pluies les eaux minérales sont moins chargées qu'en été de principes solubles.

Cependant, nous le répétons, si la composition chimique d'une eau minérale n'est pas absolument invariable, ces variations ont si peu d'importance que le plus souvent l'analyse chimique est impuissante à les reconnaître.

CHAPITRE XXI

CLASSIFICATION DES EAUX MINÉRALES.

La classification des eaux minérales présente des difficultés qui n'ont pas encore été résolues. Une classification rigoureuse est assurément possible, mais, excellente peut-être sur le papier, elle est inapplicable dans la pratique. Nous allons parcourir les divers essais de classification qui ont été faits depuis l'origine de la science jusqu'à nos jours, et nous serons conduit à adopter un groupement, qui, s'il n'est pas le reflet absolu de l'élément scientifique dans cette question, a du moins l'avantage d'être consacré par une longue pratique.

Les anciens divisaient les eaux minérales, d'après la température, en *eaux froides*, *tièdes* et *thermales*. Mais comme les mêmes eaux minérales, prises dans la nature, peuvent être froides, tièdes ou chaudes, en présentant la même composition, cette division n'en est pas une.

Pline admettait quatre classes d'eaux minérales : 1° *sulfureuses* ; 2° *alumineuses* ;

3° *salines ;* 4° *acides et bitumineuses.*

Vitruve qui, dans ses ouvrages, a traité beaucoup de questions d'histoire naturelle, suit la division de Pline, en réunissant seulement les eaux *salines* et *bitumineuses.* Au demeurant, pour une classification qui a dix-huit siècles de date, celle de Pline, adoptée par Vitruve, ne manque pas de mérite.

En 1758, Charles Leroy, dans un ouvrage latin, divisa les eaux minérales en trois classes : 1° *eaux salines ;* 2° *eaux bitumineuses;* 3° *eaux sulfureuses.*

Dans un *Traité des eaux minérales* publié en 1768, Monnet adopta la classification de Charles Leroy, en introduisant dans le troisième groupe, c'est-à-dire dans les *eaux ferrugineuses*, une très-bonne subdivision : les *eaux ferrugineuses vitrioliques* et *non vitrioliques*, autrement dit : eaux ferrugineuses contenant du sulfate de fer et eaux ferrugineuses dans lesquelles le fer n'existe pas à l'état de sulfate.

Le chimiste Bergmann, dans une *Dissertation sur les eaux minérales froides ou artificielles*, publiée à Dijon, en 1780, fit quatre classes de ces eaux : 1° *eaux hydro-sulfureuses ;* 2° *eaux acidules ;* 3° *eaux ferrugineuses acidules ;* 4° *eaux salines.* C'est toujours à peu près la division de Charles Leroy.

Dans un *Essai sur l'art d'imiter les eaux minérales*, ou *De la connaissance des eaux minérales et de la manière de se les procurer*, publié à Paris en 1780, Duchannoy donna une classification plus compliquée. Il distingua onze classes d'eaux : 1° *gazeuses ;* 2° *alcalines ;* 3° *terreuses ;* 4° *ferrugineuses*, subdivisées en *vitrioliques*, *non salines*, *gazeuses* et *non gazeuses ;* 5° *thermales simples ;* 6° *thermales spiritueuses ;* 7° *savonneuses ;* 8° *sulfureuses ;* 9° *martiales sulfureuses ;* 10° *bitumineuses ;* 11° *salines.*

Dans ses *Leçons élémentaires d'histoire naturelle et de chimie*, publiées à Paris, en 1782, Fourcroy réduisit les classes de Duchannoy à neuf : 1° les *eaux acidules froides ;* 2° *acidules chaudes ;* 3° *sulfuriques salines ;* 4° *muriatiques salines ;* 5° *sulfureuses simples ;* 6° *sulfureuses gazeuses ;* 7° *ferrugineuses simples ;* 8° *ferrugineuses acidules ;* 9° *sulfuriques ferrugineuses.*

En 1810, le chimiste Bouillon-Lagrange, publia un *Essai sur les eaux minérales naturelles et artificielles*, qui peut être considéré comme le premier ouvrage dans lequel les notions de la chimie aient été appliquées avec sagacité à la connaissance des eaux médicinales, et qui résumait toutes les notions acquises jusqu'à cette époque. Bouillon-Lagrange, adoptant la classification de Bergmann, divise ces eaux en *sulfureuses — acidules — salines — et ferrugineuses.*

En 1829, le chimiste prussien Osann, établit sept classes d'eaux médicinales, subdivisées en 27 genres.

Il est bon de citer cette classification, qui a joui autrefois, en Allemagne, d'un certain crédit, et qui exprime en peu de mots la composition de toutes les eaux minérales.

1° Eaux ferrugineuses.	Ferrugineuses salines; — ferrugineuses alcalino-salines; — ferrugineuses alcalino-terreuses. — Eaux vitrioliques; — ferrugineuses terreuses. — Eaux alumineuses.
2° Eaux sulfureuses.	Sulfureuses alcalino-muriatiques; — sulfureuses alcalino-salines; — sulfureuses salino-terreuses; — sulfureuses salino-ferrugineuses.
3° Eaux alcalines.	Alcalino-terreuses; — alcalino-salines; — alcalino-muriatiques.
4° Eaux amères	. . . .
5° Eaux magnésiennes.	Alcalino-magnésiennes; — magnésiennes-terreuses.
6° Eaux salines	Eaux de sel marin; — eaux salines; salino-ferrugineuses; — salino-alcalines.
7° Eaux acidules.	Alcalino-muriatiques; — terreuses muriatiques; — alcalino-salines; — acidulo-terreuses; — alcalino-terreuses; — acidulo-ferrugineuses.

Aucun point de départ bien précis n'avait encore été adopté pour classer les eaux minérales. On les avait divisées tantôt d'après les acides, tantôt d'après les bases qui prédominent dans les sels des eaux minérales. Une classification plus logique parut en 1855, dans l'*Annuaire des eaux de la France* (1). Voici cette classification, que l'auteur intitule *d'après l'élément chimique prédominant*.

EAUX				Régions de la France où se trouve leur gisement principal.	Exemples.
carbonatées	à base de soude		thermales	Massif central.	Vichy, Saint-Alban, Châteauneuf.
			froides	Massif central.	Vals, Pontgibaud, Sultzbach.
	à base terreuse	non ferrugineuses ferrugineuses	toutes froides	Toutes les régions et principalement les plaines du Nord et du Midi, et les massifs du N.-E. et du N.-O.	Chateldon, Foncaude, St-Pardoux, Orezza (Corse).
sulfurées et sulfatées	à base de soude	sulfurées ou sulfureuses proprement dites	toutes thermales	Pyrénées, Alpes et Corse.	Baréges, Cauterets.
		sulfatées (*sulfureuses dégénérées*) d'Anglada	thermales	Pyrénées, Alpes et Corse.	Saint-Gervais en Savoie.
			froides	Pyrénées, Alpes, plaines du Midi.	Miers, Préchac.
	à base de chaux	sulfatées simples	thermales	Pyrénées, Alpes, plaines du Midi.	Bagnères-de-Bigorre, Ste-Marie.
			froides	Les deux régions de plaines, principalement celles du Midi.	Propriac, Bio (Lot).
		sulfatées et sulfurées	thermales	Pyrénées, plaines du Midi.	Cambo, Castéra-Verduzan.
			froides	Plaines du Nord.	Enghien.
	à base de magnésie	sulfatées	thermales	Rares en France.	Saint-Amand, Louesch (Suisse).
			froides	Rares en France.	Sedlitz, Pullna (Bohême).
	à base de fer	sulfatées	toutes froides	Rares en France.	Cransac' Passy.
chlorurées	toutes à base de soude	simples	thermales froides	Vosges, Jura et Haute-Saône. Alpes, Pyrénées.	Forbach, Soultz-les-Bains, Balaruc, Availles, Jouhe, Tercis, Eau de Mer.
		iodo-bromurées	thermales froides		

Cette classification est scientifiquement très-correcte, mais elle a le défaut d'être tout à fait artificielle. Elle est basée sur *l'élément prédominant.* Mais comment décider que tel ou tel élément prédomine ? L'auteur le détermine d'une manière arbitraire, et il ne saurait en être autrement, car les principes des eaux minérales sont très-nombreux, et rarement l'un d'eux l'emporte beaucoup sur les autres. Il n'est presque aucun cas où l'on puisse dire avec certitude quel est le sel qui a le plus d'importance. D'ailleurs, à quel point de vue se place-t-on pour décider la suprématie de tel ou tel sel? Est-ce au point de vue géologique, thérapeutique ou chimique? C'est l'auteur de la classification qui en décide. Cette classification n'est donc l'expression que des vues personnelles, et non la traduction des faits naturels.

MM. Ossian Henry, et Henry fils dans leur *Traité d'analyse chimique des eaux minérales*, ont proposé la classification suivante :

(1) Page 327.

CLASSES.	GENRES.	ESPÈCES.	VARIÉTÉS.
1° Eaux salines.	Chlorurées.	....	Eau de la mer, fontaines salées, Bourbonne, Salies.
	Iodo-bromurées.	Calcaires.	Eau de Saxon.
		Natreuses.	Eau de Montélimart.
	Bromurées.	....	Mer Morte.
	Sulfatées.	Calcaires.	Puits de Paris.
		Magnésiennes.	Sedlitz, Epsom, Montmirail.
		Calcaires et magnésiennes	Sermaize, Contréxeville, Aulus. Siradan.
2° Eaux acidules, carbonatées et bicarbonatées.	Calcaires et magnésiennes	....	Sainte-Allyre, Chabetout, Royat, Chateldon, Saint-Galmier, Soultzmatt.
	Sodiques ou natreuses.	....	Vichy, Saint-Nectaire, la Bourboule, Vals.
3° Eaux alcalines	Silicatées.	....	Plombières, Evaux, Montégut-Ségla.
	Boratées.	....	*Lagoni*, lacs de Hongrie, du Thibet.
4° Eaux sulfurées ou sulfureuses.	Sulfhydriquées.	....	Allevard, Baume-les-Dames.
	Sulfhydratées essodiques.	....	Challes, Cauterets, Molitg, Baréges, Vernet, Bagnères-de-Luchon.
	Sulfhydratées et sulfhydriquées.	Calcaires.	Enghien, Pierrefonds, Euzet.
		Sodiques.	Cauvalat, Schinznach.
5° Eaux ferrugineuses.	Sulfatées.	Simples, alumineuses.	Auteuil, Passy.
	Carbonatées.	....	Spa, Bussang.
	Crénatées.	....	Forges, en Normandie, Saint-Denis-les-Blois, Pierrefonds.
	Magnésiennes.	Sulfatées.	Cransac.
		Carbonatées.	Luxeuil.

Le docteur Durand-Fardel divise les eaux minérales en sept groupes, subdivisés eux-mêmes en 13 classes. Voici cette classification :

FAMILLE DES SULFURÉES.

1re classe. Sulfurées.
Divis. : Sulfurées sodiques.. Ex. Baréges.
— Sulfurées calciques.. Ex. Enghien.

FAMILLE DES CHLORURÉES.

2e classe. Chlorurées sodiques. Ex. Kreusnach, Salins.
3e classe. — sulfurées. Ex. Uriage, Gréoulx, Aix-la-Chapelle.
4e classe. — bicarbonatées. Ex. La Bourboule, St-Nectaire, Bourbon l'Archambault, Ischia, Gurgitello.
5e classe — sulfatées.. Ex. Lamotte, St-Gervais, Baden (Suisse), Cheltenham.

FAMILLE DES BICARBONATÉES.

6e classe. Bicarbonatées.
Divis. : Bicarbonatées sodiques. Ex. Vichy, Vals.
— — calciques.. Ex. Pougues.
— — mixtes.... Ex. St-Alban, St-Myon, Châteauneuf.
7e classe. Bicarbonatées chlorurées. Ex. Vic-le-Comte, Vic-sur-Lère, Royat, Ems.
8e classe. sulfatées.. Ex. Contrexeville, Sermaize.
9e classe. sulfatées, chlorur. Ex. Chatelguyon, Carlsbad, Marienbad, Saxon.

FAMILLE DES SULFATÉES.

10e classe. Sulfatées.
Divis. : Sulfatées sodiques.. Ex. Miers.
— calciques.. Ex. Bagnères-de-Bigorre, St-Amand, Lœsche.
— mixtes.... Ex. Vittel, Lavey, Bath.

Fig. 85. — Vue générale de Plombières.

Divis. : Sulfatées magnésiennes. Ex. Montmirail, Pülna, Sedlitz.

FAMILLE DES INDÉTERMINÉES.

11e classe. Eaux thermales simples..... Ex. Plombières, Luxeuil, Ussat.

EAUX FAIBLEMENT MINÉRALISÉES.

12e classe.......................... Ex. Mont Dore, Evaux, Evian, St-Christau.

EAUX FERRUGINEUSES.

13e classe.......................... Ex. Spa, Bussang.

Cette classification serait irréprochable si l'auteur eût fait rentrer ses 11e et 12e classes dans leur groupe naturel, ce qui n'était pas impossible.

Le docteur Armand Rotureau, à qui l'on doit de nombreux écrits sur les eaux minérales, suit la classification simplement géographique.

M. Jules Lefort a présenté une classification fondée qui repose sur le travail de M. Durand-Fardel.

Nous passons sous silence beaucoup d'autres classifications, soit géologiques, soit chimiques, soit enfin thérapeutiques et physiologiques, qui ont été proposées à différentes époques. Aucune des classifications présentées jusqu'à présent n'est à l'abri d'objections graves.

Nous répartirons les eaux minérales en cinq groupes :

1° Les eaux minérales acidules, ou gazeuses ;

2° Les eaux minérales alcalines ;

3° Les eaux minérales salines ;

4° Les eaux minérales ferrugineuses ;

5° Les eaux minérales sulfureuses.

Cette division a l'avantage d'être la plus

simple et la plus généralement suivie par les auteurs de tous les pays.

CHAPITRE XXII

EXAMEN DES PRINCIPAUX TYPES DES CINQ GROUPES D'EAUX MINÉRALES NATURELLES.

Nous allons parcourir les cinq groupes d'eaux minérales que nous avons distingués, en faisant connaître quelques-uns des types les plus renommés de chacun de ces groupes.

Eaux acidules gazeuses. — Le gaz acide carbonique est le principe dominant de ce groupe d'eaux. Ce gaz est en partie libre et en partie combiné à la soude, à la potasse, à la chaux, la magnésie, la lithine et quelquefois à un peu d'oxyde de fer.

La grande quantité de gaz acide carbonique contenue dans ces eaux les fait bouillonner au moment de leur sortie de la source. Une partie de ce gaz se dissipe dans l'air, mais l'eau en demeure saturée, et le gaz acide carbonique se dégage avec force, quand on débouche une bouteille remplie de cette eau et qui a été bouchée avec soin au sortir de la source.

Les eaux acidules bicarbonatées sont très-abondantes dans la nature; elles sont presque toutes froides, et sourdent de terrains de natures diverses. Le plus souvent ce sont les bicarbonates de chaux et de magnésie qui les minéralisent; plus rarement, les bicarbonates de soude, de potasse, ou de lithine. Quand ces derniers sels existent en proportion notable, on les appelle *eaux alcalines gazeuses.*

Quelle est l'origine des bicarbonates alcalins terreux ou métalliques, contenus dans les eaux? L'acide carbonique, très-abondant dans l'intérieur de la terre, réagit sans cesse sur les matériaux qui composent la croûte solide du globe, et se combine à plusieurs substances de nature diverse, de manière à donner naissance aux bicarbonates, que les eaux dissolvent et charrient avec elles.

Le bicarbonate de soude provient des silicates des terrains primitifs ou volcaniques que l'acide carbonique, mêlé à la vapeur aqueuse, désagrége et décompose, sous l'influence d'une haute température et d'une forte pression, donnant ainsi naissance à du carbonate de soude et à de l'acide silicique libre, qui se dissout partiellement dans l'eau. A mesure que le mélange de carbonate de soude et d'acide carbonique s'approche des couches supérieures du globe, il se refroidit, et dès lors l'acide carbonique entre en combinaison avec le carbonate neutre, et le transforme en bicarbonate, tel qu'il se rencontre dans les eaux dites bicarbonatées sodiques froides. Dans les eaux thermales de température assez élevée, les carbonates alcalins se trouvent probablement à l'état de carbonate ou de sesqui-carbonate, car les bicarbonates se décomposent par la chaleur.

Tout porte à croire que le bicarbonate de potasse a la même origine géologique que le bicarbonate de soude, et qu'il provient, comme ce dernier, des silicates naturels contenant à la fois de la soude et de la potasse.

Il est assez étrange que, bien que la potasse soit plus abondante que la soude dans les silicates qui composent les roches primitives, les sels potassiques se rencontrent bien moins souvent que les sels sodiques dans les sources minérales bicarbonatées. Il faut croire que les silicates à base de soude sont plus facilement attaqués par l'acide carbonique que les silicates de potasse.

Les eaux minérales gazeuses bicarbonatées sont caractérisées par une saveur d'abord aigrelette et piquante, qui devient ensuite alcaline et terreuse. Elle sont incolores et peu odorantes. Lorsqu'on les agite fortement, le gaz acide carbonique s'en échappe ; alors elles moussent et petillent comme du vin de Champagne. Si on les chauffe, il s'en dégage du gaz acide carbonique, ensuite de l'air, et elles se troublent, en déposant du carbonate de chaux ou de magnésie.

Quelques-unes de ces eaux sont employées comme boisson d'agrément ou pour faciliter la digestion. On les nomme souvent, pour cette raison, *eaux de table*. Il est même, en France et en d'autres pays, des localités où les habitants ne font usage, pour les usages ordinaires de la vie, que d'eaux gazeuses, peu minéralisées. Les eaux minérales de *table* appartiennent donc autant à l'hygiène qu'à la thérapeutique. Pour que toutes les eaux gazeuses de ce genre puissent convenir à l'usage de la table, il faut que leur saveur soit franchement acidule, sans arrière-goût alcalin, salin ou ferrugineux.

Nous donnerons ici la composition de quelques eaux minérales dites de *table;* qui sont aujourd'hui en faveur : les eaux de Seltz, de Condillac et de Saint-Galmier.

L'analyse des eaux de Seltz ou Selters (duché de Nassau) a été faite par O. Henry, qui a obtenu les résultats suivants, pour un litre d'eau :

Acide carbonique libre	1gr,035
Bicarbonate de soude	0 ,979
— de chaux	0 ,551
— de magnésie	0 ,209
— de strontiane	traces.
— de fer	0 ,030
Chlorure de sodium	2 ,040
— de potassium	0 ,001
Sulfate de soude	0 ,150
Phosphate de soude	0 ,140
Acide silicique et alumine	0 ,050
Bromure alcalin, crénates de chaux et de soude, matière organique	traces.
Total des matières fixes et gazeuses	5gr,085

Les eaux de Seltz sont recherchées pour leurs vertus digestives. Elles s'expédient dans toute l'Europe comme *eaux de table*. Hâtons-nous d'ajouter que l'eau minérale naturelle de Seltz, ou Selters, est bien différente de l'eau de Seltz artificielle du commerce. Cette dernière ne consiste, en effet, qu'en une simple dissolution d'acide carbonique dans l'eau ordinaire.

La source naturelle de Condillac se trouve dans le département de la Drôme. Voici l'analyse de la source Anastasie, faite par O. Henry :

Acide carbonique libre	1gr,083
Bicarbonate de chaux	1 ,359
— de magnésie	0 ,035
— de soude	0 ,166
Sulfate de soude	0 ,175
— de chaux	0 ,053
Chlorure de sodium / — de calcium	0 ,150
Iodure, azotate, sel de potasse	traces.
Silicate de chaux et d'alumine	0 ,245
Carbonate et crénate de fer	0 ,010
Matière organique	traces.
	3gr,276

Ces eaux qui renferment, en outre, des traces d'arsenic et de manganèse, sont employées comme boisson de table.

Une eau de table dont l'usage s'est beaucoup répandu, est celle de Saint-Galmier, source située dans le département de la Loire, à 20 kilomètres de Montbrison. C'est une eau gazeuse froide, bicarbonatée et calcique, qui sort du granit. Elle n'est guère utilisée que transportée et comme eau digestive. Son grand mérite, c'est son bon marché : elle ne coûte pas à Paris plus de 25 centimes la bouteille.

Voici la composition de la *source Badoit*, pour un litre d'eau :

	Litres.
Acide carbonique libre	1 vol. 1/2
Bicarbonate de chaux	1gr,0200
— de magnésie	0 ,4200

Fig. 86. — Source des *Célestins*, à Vichy.

Bicarbonate de soude	0 ,5600
— de potasse	0 ,0200
— de strontiane	indiqué.
Sulfate de soude	0 ,2000
Azotate alcalin	0 ,0550
Chlorure de magnésium	0 ,4800
Silice et alumine	0 ,1340
Oxyde de fer	indices.
	2gr,8890

La *source Remy* diffère peu par sa composition, de la *source Badoit.*

L'eau de Soultzmatt (Haut-Rhin) est également employée comme eau de table.

Eaux minérales alcalines. — On comprend sous le nom d'*eaux alcalines* celles qui contiennent du bicarbonate de soude, et de la silice, qui ne sont pas trop chargées d'acide carbonique et qui offrent une réaction franchement alcaline, surtout après l'ébullition. Ces eaux proviennent le plus souvent des terrains granitiques, qui leur fournissent, directement ou indirectement, une partie ou la totalité des silicates et des carbonates qui les minéralisent. En général, les eaux silicatées sont peu chargées de principes salins.

Les eaux alcalines les plus renommées sont chaudes, sauf celles de Vals.

La présence de matières organiques dans les eaux silicatées est assez singulière; elle paraît confirmer l'opinion de M. Baudrimont, qui pense que c'est à la surface du sol que les eaux se chargent de substances organiques, avant de pénétrer dans les profondeurs de la terre.

Les eaux de ce groupe se rapprochent beaucoup de celles du groupe précédent par leurs propriétés et par leur formation. Aussi les désigne-t-on généralement sous les noms d'*eaux acidules* ou d'*eaux alcalines*, suivant que l'on prend en considération leur gaz acide carbonique ou leurs bicarbonates alcalins.

Les eaux alcalino-gazeuses où prédomine le bicarbonate de soude, sont désignées par quelques auteurs sous le nom d'*eaux bicarbonatées sodiques:* telles sont, par exemple,

Fig. 87. — Galerie de la *source de la Grande-Grille*, du *Puits carré* et de la source de *Mesdames*, à Vichy.

celles de Vichy, de Vals, d'Ems, etc. La présence de silicates alcalins peut également rendre les eaux *alcalines*. C'est ce qui arrive pour les eaux de Plombières. On appelle plus spécialement eaux gazeuses, ou *acidules gazeuses*, des eaux généralement bicarbonatées calcaires, dont l'acide carbonique est l'agent principal.

On confond quelquefois les eaux *alcalino-gazeuses* avec les eaux *acidules gazeuses*. Les premières sont caractérisées surtout par leur saveur alcaline, parce qu'elles verdissent le sirop de violettes et bleuissent, même après une ébullition prolongée, la teinture ou le papier de tournesol préalablement rougis par les acides.

Nous indiquerons maintenant les analyses de quelques eaux alcalino-gazeuses ou bicarbonatées sodiques ; ensuite, comme exemple d'une eau alcaline silicatée, nous citerons celle de Plombières.

Les eaux de Vichy sont les plus renommées du groupe des eaux bicarbonatées sodiques.

Les sources de Vichy appartiennent à l'État. L'établissement des bains est magnifique et réunit, dans la saison des eaux, une société brillante et nombreuse.

Les sources de Vichy sont en partie naturelles et en partie fournies par des sondages artésiens. Les sources naturelles sont : la *Grande-Grille*, le *Puits carré*, la source de l'*Hôpital* et celle des *Célestins*. Les sources artésiennes sont *Hauterive* et *Mesdames*.

Les eaux de Vichy sont expédiées dans le monde entier, comme eaux toniques et digestives. Généralement, elles se conservent bien à distance. L'eau du *Puits carré* est employée exclusivement pour l'usage externe.

Quelques sources de Vichy sont froides, d'autres thermales.

Le tableau suivant, donné par M. Bouquet, fait connaître la composition des six sources de Vichy les plus employées.

SUBSTANCES CONTENUES dans UN KILOGRAMME D'EAU.	GRANDE-GRILLE	PUITS CARRÉ,	HOPITAL,	CÉLESTINS,	MESDAMES,	HAUTERIVE,
Température...........	42°,5 C.	43°,60 C.	31°,70 C.	14°,3 C.	17° C.	15 C.
	Grammes.	Grammes.	Grammes.	Grammes.	Grammes.	Grammes.
Acide carbonique libre...	0,908	0,876	1,067	1,049	1,908	2,183
Bicarbonate de soude.....	4,883	4,893	5,029	5,103	4,016	4,687
— de potasse...	0,352	0,378	0,440	0,315	0,189	0,189
— de magnésie.	0,303	0,335	0,200	0,328	0,425	0,501
— de strontiane.	0,003	0,003	0,005	0,005	0,003	0,003
— de chaux....	0,434	0,421	0,570	0,462	0,604	0,432
— ferreux.....	0,004	0,004	0,004	0,004	0,026	0,017
— manganeux..	traces.	traces.	traces.	traces.	traces.	traces.
Sulfate de soude.........	0,291	0,291	0,291	0,291	0,250	0,291
Phosphate de soude......	0,130	0,028	0,046	0,091	traces.	0,046
Arséniate de soude......	0,002	0,002	0,002	0,002	0,003	0,002
Borate de soude..........	traces.	traces.	traces.	traces.	traces.	traces.
Chlorure de sodium......	0,534	0,534	0,518	0,534	0,355	0,534
Acide silicique..........	0,070	0,068	0,050	0,060	0,032	0,071
Matière organique bitumineuse..............	traces.	traces.	traces.	traces.	traces.	traces.
Total des matières fixes et gazeuses..............	7,914	7,833	8,222	8,244	7,017	8,956
Eau pure...........	992,086	992,167	991,778	991,756	992,189	991,04
Eau minérale......	1,000,000	1,000,000	1,000,000	1,000,000	1,000,000	1,000,000

Les eaux thermales d'Ems, en Allemagne, sont renommées dans toute l'Europe, parmi les eaux alcalines. Elles s'exportent beaucoup au dehors, surtout celle de *Kesselbrunnen* (source de la Chaudière).

Voici, d'après Frésenius, la composition de cette source pour un litre d'eau :

Acide carbonique libre...........	0gr,88394
Bi-carbonate de soude............	1 ,97884
Chlorure de sodium.............	1 ,01179
Sulfate de potasse..............	0 ,05122
— de soude.............	0 ,00080
Bicarbonate de chaux............	0 ,53605
— de magnésie.........	0 ,18698
— de fer..............	0 ,00362
— de manganèse........	0 ,00062
— de strontiane et de baryte..............	1 ,00048
Phosphate d'alumine............	0 ,00012
Acide silicique.	0 ,04740
Carbonate de lithine............	traces.
Iodure de sodium..............	faible trace.
Bromure de sodium.............	trace douteuse.
Total des principes fixes et gazeux.	4gr,40186

Nous avons dit que la silice minéralise plusieurs eaux alcalines. Pour donner un exemple d'une eau alcaline contenant de la silice, nous citerons les eaux de Plombières.

L'efficacité des eaux de Plombières est bien constatée, et cependant elles contiennent une faible quantité de principes minéralisateurs. Il est vrai que parmi ces éléments minéralisateurs figure l'arséniate de soude, dont l'action thérapeutique est si active. C'est à l'arsenic que le docteur Lhéritier attribue à peu près exclusivement l'action curative des eaux de Plombières.

On fait surtout usage, à l'intérieur, de l'eau des *Dames* et de celle du *Crucifix*.

Voici la composition des trois sources des eaux de Plombières, d'après MM. Jutier et Lefort :

PRINCIPES CONTENUS DANS 1,000 GRAMMES. Température................	SOURCE DE VAUQUELIN, —	SOURCE DES DAMES, 51°,80 C.	SOURCE DU CRUCIFIX, 42 à 45° C.
	Grammes.	Grammes.	Grammes.
Acide carbonique libre........................	0,00688	0,01267	0,00825
— silicique........................	0,02155	0,02731	0,00749
Sulfate de soude........................	0,13564	0,09274	0,10670
— d'ammoniaque........................ Arséniate de soude........................	traces.	traces.	traces.
Silicate de soude........................	0,12863	0,05788	0,10611
— de lithine........................	traces.	traces.	traces.
— d'alumine........................	traces.	traces.	traces.
Bicarbonate de soude........................	0,02288	0,01123	0,02092
— de potasse........................	0,01673	0,00133	0,00233
— de chaux........................	0,02778	0,03868	0,03639
— de magnésie........................	traces.	0,00670	traces.
Chlorure de sodium........................	0,01044	0,00927	0,01004
Fluorure de calcium........................ Oxyde de fer et de manganèse........................	traces.	traces.	traces.
Matière organique azotée........................	indiquée.	indiquée.	indiquée.
Total des principes fixes et gazeux........................	0,37053	0,25781	0,29823

Eaux minérales salines. — Les eaux minérales *salines*, caractérisées par la présence du chlorure de sodium, du sulfate de soude et de magnésie, sont les plus abondantes dans la nature. Elles sont rarement thermales. C'est aux sulfates de soude et de magnésie qu'elles doivent leurs propriétés purgatives. Les eaux de Sedlitz et d'Epsom renferment du sulfate de magnésie, celles de Püllna et de Carlsbad du sulfate de soude.

Mais le chlorure de sodium est le sel qui domine toujours dans ce groupe d'eaux. Il est ordinairement associé à des traces d'iodures et de bromures, dont l'action thérapeutique, même à dose très-faible, est si prononcée. On comprend donc l'efficacité, pour la cure des maladies, de ces eaux qui joignent à l'action purgative les effets de l'iode et du brôme.

Les eaux *salines* sont caractérisées chimiquement par leur goût plus ou moins salé ou amer, et par la forte proportion de principes solubles qu'elles renferment.

M. Würtz partage les eaux salines en trois groupes : 1° *eaux salines chlorurées*, caractérisées par la prédominance des chlorures; 2° *eaux salines sulfatées*, dans lesquelles prédominent les sulfates; et 3° *eaux salines bromo-iodurées*, qui renferment, outre les chlorures, des bromures et des iodures. Mais cette distinction théorique ne peut s'appliquer dans la pratique, car il n'est jamais possible de déterminer exactement quel est le sel qui prédomine dans le mélange, et, par conséquent, on ne saurait dans lequel de ces groupes placer une eau saline donnée.

Quant à leur origine géologique, les eaux salines proviennent des courants d'eaux souterrains qui ont lessivé des amas de sel gemme, ou chlorure de sodium naturel; ou bien elles ont leur origine dans de simples infiltrations de l'eau de la mer.

La principale des eaux minérales salines, celle que l'on peut appeler l'eau saline par

Fig. 88. — Source de l'*Hôpital*, à Vichy.

excellence, c'est l'eau de la mer. Dans la Notice sur l'*Industrie du sel* qui fait partie du tome Ier de ce recueil (1), nous avons fait une étude assez complète des propriétés physiques et chimiques de l'eau de la mer. Nous n'avons donc pas à revenir sur cette question. Nous mettrons seulement sous les yeux du lecteur la composition chimique de l'eau de la mer, cet élément étant nécessaire pour les comparaisons auxquelles nous aurons à nous livrer tout à l'heure.

D'après l'analyse que nous avons faite en 1848, de l'eau de la mer, prise à quelques lieues de la côte du Havre, cette eau renferme, pour un litre :

Chlorure de sodium..........	25gr,704
Chlorure de magnésium.......	2 ,905
Sulfate de magnésie..........	2 ,462
Sulfate de chaux.............	1 ,210
Sulfate de potasse............	0 ,094
Carbonate de chaux...........	0 ,132
Silicate de soude.............	0gr,017
Bromure de sodium............	0 ,103
Bromure de magnésium.......	0 ,030
Oxyde de fer, carbonate et phosphate de magnésie.......... Oxyde de manganèse..........	traces.
	32gr,657

(1) Pages 584-509.

Nous donnerons maintenant la composition des eaux minérales salines les plus connues, en commençant par celles de la France.

L'eau de Bourbonne-les-Bains (source de la Place), analysée par nous, en 1848, nous a donné les résultats suivants :

(Source de la Place.)

Chlorure de sodium...........	5gr,783
Chlorure de magnésium........	0 ,392
Sulfate de chaux.............	0 ,899
Sulfate de potasse............	0 ,149
Carbonate de chaux...........	0 ,108
Bromure de sodium............	0 ,065
Silicate de soude.............	0 ,120
Alumine......................	0 ,030
	7gr,546

Fig. 89. — Les bains de mer à Trouville.

(Source de l'intérieur de l'établissement.)

Chlorure de sodium	5gr,771
Chlorure de magnesium	0 ,381
Sulfate de chaux	0 ,879
Sulfate de potasse	0 ,129
Carbonate de chaux	0 ,098
Bromure de sodium	0 ,064
Silicate de soude	0 ,120
Alumine	0 ,029
	7gr,471

Nous avons fait, en 1848, l'analyse chimique de l'eau de Balaruc, qui nous a donné les résultats suivants pour un litre d'eau (1) :

Chlorure de sodium	6gr,802
Chlorure de magnesium	1 ,074
Sulfate de chaux	0 ,803
Sulfate de potasse	0 ,053
Carbonate de chaux	0gr,270
Carbonate de magnésie	0 ,030
Silicate de soude	0 ,013
Bromure de sodium	0 ,003
Bromure de magnesium	0 ,032
Oxyde de fer	traces.
	9gr,080

(1) *Nouvelles observations sur la source thermale de Balaruc*, par MM. Marcel de Serres et Louis Figuier, in-8. Montpellier, chez Ricerd, 1848, page 16.

Connues des Romains, les eaux d'Uriage, petite ville située à 13 kilomètres de Grenoble, dans le Dauphiné, n'ont été remises en faveur que dans notre siècle. C'est en 1822 que furent jetés les fondements des thermes nouveaux. L'établissement d'Uriage, un des plus beaux et des plus complets que nous possédions en France, reçoit les eaux qui alimentaient autrefois les thermes romains. Elle sort des schistes argilo-calcaires du lias (terrain secondaire) et coule dans des canaux de bois formés de troncs de sapin creusés au centre, et recouverts de planches épaisses, le tout enfermé dans une galerie maçonnée de 300 mètres de longueur. Elle est reçue dans un vaste réservoir de 1200 hectolitres, d'où elle est dirigée dans les diverses parties de l'établissement.

L'eau d'Uriage n'est pas absolument de l'ordre des eaux salines, car elle renferme, outre les chlorures et les fluorures, un élément sulfureux : le gaz sulfhydrique qui, en s'oxydant, se transforme en hyposulfite, que l'on trouve en dissolution. Elle est donc à la fois saline et sulfureuse sodique. Cette richesse de minéralisation explique l'odeur sulfureuse de cette eau, et sa saveur, hépatique d'abord, ensuite amère. Elle explique également l'activité de ses effets thérapeutiques.

L'eau d'Uriage ne renferme pas moins de 10 grammes de sels par litre. Quant aux principes chimiques fixes ou gazeux qui la constituent, ils ont été fixés comme il suit par M. Jules Lefort.

L'eau d'Uriage contient, pour 1 litre d'eau :

Azote	19 cent. cubes.	
Acide carbonique libre	3, 2	ou 8gr,0062
— sulfhydrique	7, 3443	0 ,0113
Chlorure de sodium		6 ,0569
— de potassium		0 ,4008
— de lithium		0 ,0068
— de rubidium		impond.
Iodure de sodium		impond.
Sulfate de chaux		1gr,5205
— de magnésie		0 ,6048
— de soude		1 ,1874
Bicarbonate de soude		0 ,5555
Hyposulfite de soude		indices.
Arséniate de soude		0gr,0021
Sulfate de fer		impond.
Silice		0gr,0790
Matière organique		indices.
		10gr,4262

Les eaux salines de l'Allemagne sont plus nombreuses et plus renommées que celles de France. Un certain nombre de ces eaux s'exportent à l'étranger. Nous donnerons la composition des eaux salines allemandes, les plus en usage : celles de Sedlitz, de Püllna, de Wiesbade, de Nauheim, de Kreutznach, de Hombourg, de Baden, de Niederbronn et de Carlsbad.

L'eau de Sedlitz, si employée comme purgatif, renferme, d'après Steimann, pour 1 kilogramme d'eau :

Acide carbonique	0gr,450
Sulfate de magnésie	20 ,810
— de soude	5 ,180
— de potasse	0 ,570
— de chaux	0 ,830
Chlorure de magnesium	0 ,138
Carbonate de magnésie	0 ,036
— de chaux	0 ,760
— de strontiane	0 ,008
— de fer	0 ,007
Total des substances fixes et gazeuses	28gr,780

L'eau de Püllna, d'après le chimiste Struve, renferme, pour un litre :

Acide carbonique	0gr,8069
Sulfate de magnésie	12 ,1209
— de soude	16 ,1200
— de potasse	0 ,6245
— de lithine	0 ,0004
— de chaux	0 ,3385
— de strontiane	0 ,0028
— de baryte	0 ,0001
Chlorure de magnesium	2 ,2606
Carbonate de magnésie	0 ,8339
— de chaux	0 ,1003
— de fer	0 ,0229
— de manganèse	0 ,0026
Phosphate de potasse	0 ,0132
Total des substances fixes	33gr,2476

L'eau de Wiesbade, analysée par nous, a donné, pour 1 litre d'eau, les résultats suivants :

(Source Kochbrünnen.)

Chlorure de sodium	7gr,332
— de magnesium	0 ,246
— de potassium	0 ,038
Sulfate de chaux	0 ,085
Carbonate de chaux	0 ,180
— de magnésie	0 ,008
— de protoxyde de fer	0 ,009
Silicate de soude	0 ,183
Bromure de magnesium	0 ,019
	8gr,100

(Source de l'hôtel de Cologne.)

Chlorure de sodium	6gr,791
— de magnesium	0 ,280
— de potassium	0 ,101
Sulfate de chaux	0 ,136
Carbonate de chaux	0gr,150
— de magnésie	traces.
— de protoxyde de fer	0 ,010
Silicate de soude	traces.
Bromure de magnesium	0 ,016
	7gr,484

Deux sources de l'eau minérale de Nauheim nous ont donné les résultats suivants, pour 1 litre d'eau :

(Source n° 2.)

Chlorure de sodium	23gr,046
— de magnesium	3 ,760
— de potassium	1 ,005
Sulfate de chaux	0 ,627
Carbonate de chaux	1 ,095
— de protoxyde de fer	0 ,121
Silicate de soude	0 ,039
Bromure de magnesium	0 ,090
	29gr,783

(Source n° 5.)

Chlorure de sodium	27gr,333
— de magnesium	2 ,653
— de potassium	»
Sulfate de chaux	0 ,047
Carbonate de chaux	1 ,280
— de protoxyde de fer	0 ,016
Silicate de soude	0 ,005
Bromure de magnesium	0 ,100
	31gr,434

Les deux principales sources de Hambourg, d'après notre analyse, renferment :

(Source d'Élisabeth.)

Chlorure de sodium	10gr,649
— de magnesium	1 ,187
— de potassium	0 ,030
Sulfate de chaux	0 ,027
Carbonate de chaux	0 ,940
— de magnésie	0 ,360
— de protoxyde de fer	0 ,043
Silicate de soude	0 ,064
	13gr,300

(Source de l'Empereur.)

Chlorure de sodium	16gr,021
— de magnesium	1 ,302
— de potassium	0 ,027
Sulfate de chaux	0 ,018
Carbonate de chaux	0 ,027
— de magnésie	traces.
— de protoxyde de fer	0gr,097
Silicate de soude	0 ,031
	18gr,523

Deux sources de Soden, analysées par nous, ont donné les résultats suivants :

(Source n° 6, A.)

Chlorure de sodium	14gr,327
— de magnesium	0 ,311
— de potassium	0 ,207
Sulfate de chaux	0 ,094
Carbonate de chaux	0 ,540
— de magnésie	2 ,108
— de protoxyde de fer	0 ,045
Silicate de soude	0 ,061
Alumine	traces.
	15gr,691

(Source n° 6, B.)

Chlorure de sodium	10gr,898
— de magnesium	0 ,284
— de potassium	0 ,229
Sulfate de chaux	0 ,082
Carbonate de chaux	0 ,979
— de magnésie	0 ,098
— de protoxyde de fer	0 ,037
Silicate de soude	0 ,064
Alumine	traces.
	12gr,671

Nous avons également analysé l'eau minérale de Niederbronn, en Alsace, qui nous a fourni les résultats suivants pour un litre d'eau :

Chlorure de sodium	0gr,070
— de magnesium	0 ,288
— de potassium	0 ,260
— de calcium	0 ,825
Sulfate de chaux	0 ,090
Carbonate de chaux	0 ,120
Bromure de sodium	0 ,040
Carbonate de protoxyde de fer	0 ,091
— de magnésie	traces.
Alumine	traces.
Oxyde de manganèse	traces.
Silicate de soude	traces.
	4gr,784

Fig. 90. — Établissement thermal de Balaruc-les-Bains.

L'eau de Bade (Baden-Baden, dans le grand-duché de Bade), analysée par Bunsen, renferme les substances suivantes, pour 1 kilogramme d'eau de la *Source principale* (Hauptquelle) :

Acide carbonique.. 77 cent. c., ou	0gr,1510
Bicarbonate de chaux............	0gr,1657
— de magnésie........	0 ,0055
— ferreux.............	0 ,0048
— manganeux.........	traces.
— d'ammoniaque.......	0 ,0066
Sulfate de chaux................	0 ,2026
— de potasse...............	0 ,0022
Phosphate de chaux.............	0 ,0028
Arséniate de fer................	traces.
Chlorure de magnesium..........	0 ,0127
— de sodium.............	2 ,1511
— de potassium...........	0 ,1638
Bromure de sodium.............	traces.
Acide silicique..................	0 ,1190
Alumine........................	0gr,0011
Nitrate, acide propionique combiné.	traces.
Acide carbonique libre...........	0 ,0389
Azote libre......................	»
Total des substances fixes et gazeuses....................	2gr,8768

C'est donc une eau faiblement minéralisée, et dont l'action médicale est nécessairement peu marquée.

L'eau de Carlsbad (Bohême) est très-renommée en Allemagne. Le résidu laissé par l'évaporation de ces eaux, connu, dans le commerce, sous le nom de *sel de Carlsbad*, est très-employé en Allemagne comme purgatif.

Les eaux de Carlsbad furent découvertes en 1358 par l'empereur Charles IV, d'où le nom de Carlsbad, ou *Kaiser Karlsbad* (bain de l'empereur Charles).

Fig. 91. — Établissement thermal d'Uriage.

Berzelius a trouvé dans un kilogramme des eaux de Carlsbad, les substances qui suivent :

Acide carbonique libre......	0gr,78800
Sulfate de soude............	2 ,58713
Carbonate de soude.........	1 ,26237
Chlorure de sodium.........	1 ,03852
Carbonate de chaux........	0 ,30860
Magnésie..................	0 ,17834
Acide silicique............	0 ,07515
Oxyde de fer..............	0 ,00362
— de manganèse........	0 ,00084
— de strontium.........	0 ,00096
Fluorure de calcium........	0 ,00320
Phosphate de chaux.........	0 ,00022
— d'alumine basique.	0 ,00032
Total des principes fixes et gazeux................	6gr,24727

L'eau de Kreutznach, connue depuis le xve siècle et qui s'exporte au loin, est iodée et bromée. C'est une des sources de l'Allemagne dans laquelle on a trouvé les nouveaux métaux, le cesium et le rubidium, au moyen de la méthode de l'analyse spectrale, découverte par MM. Bunsen et Kirchoff.

Voici l'analyse de la *source d'Elise*, à Kreutznach, faite par Löwig :

Chlorure de sodium.............	8gr,745
— de calcium..............	1 ,600
— de magnesium..........	0 ,488
— de potassium...........	0 ,074
— de lithium.............	0 ,073
Bromure de magnesium...........	0 ,033
Iodure de magnesium............	0 ,004
Carbonate de chaux.............	0 ,203
— de magnésie..........	0 ,012
Acide silicique.................	0 ,015
Phosphate d'alumine............	0 ,003
	11gr,250

Les *eaux mères* des sources de Kreutznach,

qui contiennent beaucoup de bromure de magnesium et d'iodure de sodium, sont employées en médecine et exportées, pour les faire servir à composer des bains médicinaux.

Disons, en passant, que les eaux mères des eaux salines de l'Allemagne, ainsi que celles de Salies (Béarn) et Salins en France, sont aujourd'hui consacrées à l'usage médical.

Ces eaux mères présentent certaines dissemblances : le chlorure de magnesium domine dans les eaux mères de Nauheim, et le chlorure de calcium est prédominant dans celles de Kreutznach.

Les eaux mères de Salins, de Salies (en Bearn), de Kreutznach, de Nauheim, etc., renferment des proportions assez notables de bromures. Voici la composition des eaux mères de Kreutznach et de celles des salines de Salins (Jura).

EAUX MÈRES DE L'EAU DE KREUTZNACH.

Chlorure de sodium	7gr,8567
— de magnesium	5 ,0052
— de potassium	2 ,2525
— de calcium	205 ,4300
Bromure de magnesium	2 ,6000
— de sodium	8 ,7000
	231gr,8444

EAUX MÈRES DES SALINES DE SALINS (Jura).

Chlorure de sodium	157gr,980
— de magnesium	31 ,750
— de potassium	31 ,090
Sulfate de magnésie	19 ,890
— de potasse	10 ,140
— de soude	4 ,170
Bromure de potassium	2 ,700
	257gr,720

Dans le mémoire que nous avons présenté à l'Académie de médecine, MM. Mialhe et moi, le 23 mai 1848, nous nous sommes attachés à faire ressortir deux points importants concernant les eaux minérales salines de France, comparées à celles de l'Allemagne. Nous avons établi la ressemblance complète qui existe entre les eaux salines de France et celles de l'Allemagne, pour prouver qu'on pourrait substituer avec avantage nos eaux françaises à celles que l'on va chercher au delà du Rhin. Nous avons signalé, en même temps, la grande analogie qui existe entre toutes ces eaux et celles de la mer; si bien qu'avec de l'eau de mer chauffée, on pourrait produire artificiellement les unes et les autres

Nous croyons devoir rapporter ici ce passage de notre mémoire (1) :

« Si l'on examine d'une manière comparative la composition des principales eaux salines d'Allemagne et de France, il est facile de saisir entre elles de frappantes analogies de composition. Les eaux de Nauheim, de Bade, de Wiesbade, de Kissingen, de Kreutznach, de Hombourg, de Baden, et les eaux minérales françaises de Niederbronn, de Bourbonne et de Balaruc, renferment toutes les mêmes principes minéralisateurs et ne varient entre elles que par la proportion de ces principes. La seule différence que l'on puisse saisir entre elles, se trouve dans les proportions de sulfate de chaux et de carbonate de fer. Les eaux d'Allemagne sont un peu plus ferrugineuses que les eaux françaises ; ces dernières sont plus gypseuses que les eaux d'Allemagne. On remarquera en outre que toutes les eaux dont il est question ici présentent avec l'eau de la mer les plus grandes analogies de composition.

« Pour faire mieux ressortir ces ressemblances, nous allons les résumer dans un tableau. Dans ce tableau, placé en regard de cette page, chacun des principes minéralisateurs communs est inscrit d'après sa proportion relative dans chacune des eaux minérales.

« Il résulte des comparaisons représentées dans ce tableau que les eaux minérales de Balaruc, de Niederbronn et de Bourbonne, ressemblent entièrement par la nature de leurs éléments minéralisateurs aux eaux de Viesbade, de Nauheim, de Hombourg, de Soden et nous pouvons ajouter aussi de Kissingen, de Bade et de Kreutznach. En outre, ces deux groupes généraux d'eaux minérales se rapprochent également de l'eau de la mer.

« Il est facile de comprendre d'après cela que, si l'on composait des mélanges convenables d'eau de la mer avec de l'eau douce, ou bien avec certaines de nos eaux salines françaises, on pourrait arriver

(1) *Examen comparatif des principales eaux minérales salines de France et d'Allemagne, sous le rapport chimique et thérapeutique. Mémoire présenté à l'Académie de médecine dans la séance du 23 mai* 1848.

NOMS DES EAUX MINÉRALES.	QUANTITÉ de sels contenue dans 1 litre d'eau.	CHLORURE de sodium.	CHLORURE de magnésium.	SULFATE de chaux.	SULFATE de potasse.	CARBONATE de chaux.	CARBONATE de magnésie.	BROMURE de sodium.	BROMURE de magnesium.	CHLORURE de potassium.	CARBONATE de fer.	SILICATE de soude.
	grammes.	grammes.	grammes.	grammes.	grammes.	grammes.	grammes.	grammes.	grammes.			grammes.
Eau de la mer	32,657	25,704	2,905	1,210	0,094	0,132	traces.	0,103	0,030	»	»	0,017
Eau de Nauheim (n° 5)	31,434	27,333	2,653	0,047	»	1,280	»	»	0,100	»	0,016	0,005
Eau de Nauheim (n° 2)	29,783	23,046	3,760	0,627	»	1,095	»	»	0,090	»	0,121	0,039
Eau de Hombourg (source de l'Empereur)	18,523	21	1,302	0,018	»	1,027	traces.	»	»	0,027	0,097	0,031
Eau de Soden (source n° 6, A)	15,691	14,327	0,311	0,094	»	0,540	0,108	»	»	0,207	0,04	0,061
Eau de Hombourg (source Élisabeth)	13,300	10,649	1,787	0,027	»	0,940	0,360	»	»	0,030	0,043	0,064
Eau de Soden (source n° 6, B)	12,671	10,898	0,284	0,082	»	0,979	0,098	»	»	0,229	0,037	0,064
Eau de Balaruc	9,080	6,802	1,704	0,803	0,053	0,270	0,030	0,003	0,032	»	traces.	0,013
Eau de Wiesbade (source de l'Aigle)	8,225	7,316	0,254	0,098	»	0,450	traces.	»	0,008	0,043	0,015	0,041
Eau de Wiesbade (source de Kochbrünnen)	8,100	7,332	0,246	0,085	»	0,180	0,008	»	0,019	0,038	0,009	0,183
Eau de Bourbonne (source de la place)	7,546	5,783	0,392	0,899	0,149	0,108	»	0,065	»	»	»	0,120
Eau de Bourbonne (source de l'établissement)	7,481	5,771	0,381	0,879	0,129	0,098	»	0,064	»	»	»	0,120
Eau de Wiesbade (source de l'hôtel de Cologne)	7,484	6,791	0,280	0,136	»	0,150	traces.	»	»	0,010	»	traces.
Eau de Niederbronn	4,784	3,070	0,288	0,090	»	0,120	traces.	0,040	0,260	0,260	0,091	traces.

à composer des bains qui reproduiraient d'une manière à peu près intégrale les bains de certaines eaux d'Allemagne.

« Ainsi, pour prendre un exemple, si l'on réunit une partie d'eau de mer, une partie d'eau de Bourbonne et une partie d'eau douce, on obtient un mélange dont la composition est à peu de chose près la même que celle de l'eau de Hombourg. Le poids du résidu total est le même, le sel marin et le chlorure de magnesium s'y trouvent en égale quantité. Le mélange artificiel renferme un peu de sulfate de magnésie que ne contient pas l'eau naturelle. Enfin, si le mélange ne renferme pas autant de carbonate de chaux que l'eau de Hombourg, ce sel s'y trouve remplacé par un poids équivalent de sulfate de chaux. Ce mélange artificiel ne diffère de l'eau de Hombourg que par l'existence dans l'eau artificielle d'un peu de bromure qui n'existe pas dans l'eau de Hombourg, et par le carbonate de fer, qui se trouve dans cette dernière et n'existe pas dans le mélange.

« Deux parties d'eau de Bourbonne, une partie d'eau douce, une partie d'eau de mer, fourniraient un mélange qui reproduirait l'eau de Soden (n° 6 B), et n'en différerait guère que par la présence d'un peu de bromure, que l'eau de Soden ne contient pas.

« C'est ce que montre le tableau suivant, où l'on a inscrit les principes les plus importants de l'eau minérale.

	QUANTITÉ de sel dans un litre d'eau.	CHLORURE de sodium.	CHLORURE de magnesium.	SULFATE de chaux.	CARBONATE de chaux.	CARBONATE de magnésie.	SILICATE de soude.
	grammes.	grammes.	grammes.	grammes.	grammes.	grammes.	grammes.
Eau de Hombourg.........	13,300	10,649	1,187	0,027	0,940	0,360	0,064
Eau de mer 1/3....... Eau de Bourbonne 1/3. Eau douce 1/3........ } ...	13,400	10,499	1,099	0,703	0,080	»	0,044
Eau de Soden (n° 6 B)......	26,271	10,898	0,284	0,082	0,979	0,098	0,064
Eau de mer 1/4....... Eau de Bourbonne 1/2. Eau douce 1/4........ } ...	11,937	9,317	0,922	0,752	0,087	»	0,063

« Il serait facile de multiplier des comparaisons de ce genre; les deux cas que nous avons choisis suffiront pour faire comprendre notre pensée. Nous croyons, par exemple, qu'avec de l'eau de mer chauffée, on pourrait obtenir un grand nombre des effets thérapeutiques propres aux sources minérales de l'Allemagne. Pour augmenter l'activité médicale de ces bains, on pourrait y verser une certaine quantité des résidus de l'évaporation des salines, liquides très-riches, comme on le sait, en bromures alcalins. C'est là, d'ailleurs, une pratique généralement adoptée dans les grands établissements thermaux de l'Allemagne. On est dans l'usage, dans le cas où les eaux minérales salines ne renferment pas de bromures ou d'iodures, ou quand elles n'en contiennent que des quantités insuffisantes, d'ajouter à l'eau minérale le résidu de l'évaporation des salines. Les eaux mères des salines de Nauheim et de Kreutznach sont transportées dans ce but dans divers établissements thermaux, et servent à faire des mélanges qui augmentent beaucoup l'activité thérapeutique des bains. Les salines françaises du Midi permettraient d'imiter cette pratique avec avantage, car elles renferment de notables quantités de bromures alcalins.

« Pour savoir jusqu'à quel point les eaux mères des salines françaises pourraient être substituées aux eaux mères allemandes, nous avons déterminé la quantité de bromures contenue dans les eaux mères de la saline de Nauheim et de Kreutznach, et celle que renferme le contenu de l'évaporation des salines de Salies en Béarn. Nous avons obtenu à ce sujet les résultats suivants :

« 1 kilogramme de l'eau mère de Kreutznach de la densité de 1,293 contenait 316^{gr},6 de matières solubles. On trouve parmi ces sels 6^{gr},2 de bromure, de magnesium, et 7^{gr},8 de bromure de sodium.

« 1 kilogramme de l'eau mère de Nauheim, d'une densité de 1^{r},381, renferme 383,3 de matières solubles. On a trouvé parmi ces sels 1^{gr},53 de bromure de magnesium, et 2^{gr},60 de bromure de sodium.

« L'eau mère de la saline de Salies en Béarn, d'une densité de 1,218, renferme par kilogramme 282^{gr},5 de sels solubles. On a trouvé parmi ces sels 0^{gr},63 de bromure de magnesium, et 1^{gr},60 de bromure de sodium.

« D'après ces résultats, deux parties en poids des eaux mères des salines de Béarn renfermeraient à peu près autant de bromures qu'une partie de l'eau mère de Nauheim et pourraient, par conséquent,

Fig. 92. — Établissement thermal de Spa.

dans les cas indiqués, jouer un rôle thérapeutique analogue.

« Les résultats mentionnés dans ce travail, disions-nous en terminant, nous paraissent ouvrir une voie intéressante à l'emploi des eaux minérales françaises. Le mélange de nos eaux thermales avec l'eau de la mer, l'addition des eaux mères de nos salines à ces mêmes eaux minérales ou à l'eau de la mer chauffée, seraient de nature à rendre d'utiles services à la thérapeutique. Par ces artifices judicieusement employés, on pourrait probablement suppléer dans plusieurs cas à l'usage des eaux minérales salines de l'Allemagne, qui jouissent d'une réputation si méritée. Il est évident toutefois que l'observation médicale permettra seule d'apprécier la valeur des substitutions chimico-thérapeutiques que nous proposons. Notre but, en publiant ce travail, est donc surtout d'appeler sur ce point l'attention des médecins convenablement placés pour soumettre le fait à l'épreuve de l'expérience chimique. »

Eaux minérales ferrugineuses. — Rien n'est plus commun dans la nature que les sources minérales ferrugineuses. Presque toutes les eaux naturelles, potables ou minérales, contiennent des traces d'oxyde de fer, et l'on ne sait quel terme assigner à la dose de ce principe dans une eau, pour qu'elle puisse prendre la désignation de minérale.

Les eaux ferrugineuses sont caractérisées par leur saveur, analogue à celle de l'encre, saveur qui est plus ou moins prononcée ; — par le précipité rouge d'ocre qui se forme lorsqu'on les soumet à l'ébullition, ou lorsqu'on les expose au contact de l'air ; — par la couleur noire ou rouge foncé qu'elles prennent par leur mélange avec une infusion de noix de galle ou d'autres substances astringentes végétales, phénomène dû à la formation du tannate et du gallate de fer — et par le précipité bleu qu'elles produisent avec une dissolution de cyanure ferrico-potassique.

On peut distinguer les eaux ferrugineuses en trois espèces, savoir : 1° les *eaux ferrugineuses bicarbonatées*, qui sont les plus communes; 2° les *eaux ferrugineuses sulfatées*, qui sont plus rares ; 3° les *eaux ferrugineuses crénatées*. Les eaux de Tunbridge, en Angleterre, celles de Schwalbach, en Allemagne, et celles d'Orezza, en Corse, celles de Spa, en Belgique, appartiennent à la première division; celles de Passy à la deuxième, et celles de Forges à la troisième catégorie.

Dans les eaux ferrugineuses bicarbonatées l'oxyde ferreux est tenu en dissolution par l'acide carbonique.

L'oxyde de manganèse, à l'état de bicarbonate, accompagne souvent le bicarbonate ferreux dans les eaux ferrugineuses.

Quelques eaux ferrugineuses renferment une si grande proportion de gaz acide carbonique, qu'elles sont effervescentes : telles sont celles de Pyrmont, de Schwalbach, de Spa.

Les eaux ferrugineuses, surtout celles qui renferment du bicarbonate de fer, sont très-instables. Bien qu'elles soient limpides en sortant de leur source, elles se troublent au contact de l'air, parce que le carbonate ferreux, absorbant l'oxygène de l'air, et perdant son gaz acide carbonique, passe à l'état d'oxyde ferrique hydraté, qui n'est pas soluble dans l'acide carbonique, et qui, dès lors, se dépose, sous la forme d'un précipité rougeâtre, qui trouble l'eau. Ce même dépôt ocreux tapisse les parois des vases dans lesquels on recueille les eaux, ainsi que le sol sur lequel elles coulent.

Les *eaux ferrugineuses sulfatées*, moins nombreuses que les précédentes, doivent provenir de l'action de l'air et de l'eau sur la pyrite de fer (sulfure de fer). L'air oxyde le sulfure et le change en sulfate; l'eau, venant ensuite à laver la pyrite sulfatée, dissout ce sulfate de fer. Ossian Henry assure que ce phénomène se passe à Cransac à l'air libre, et que l'on voit, pour ainsi dire, l'eau minérale se former à la vue de tout le monde.

Les *eaux ferrugineuses crénatées* renferment de l'oxyde de fer combiné à un acide organique, l'acide crénique, que Berzelius découvrit le premier, en 1832, dans l'eau minérale de Porla (Suède), et qui a été retrouvé, depuis cette époque, dans plusieurs autres sources minérales ferrugineuses. L'acide crénique paraît provenir de la décomposition de l'humus des tourbes. Les matières organiques ont, d'ailleurs, beaucoup de tendance à se combiner au protoxyde de fer, et à former des composés solubles dans l'eau.

Une découverte qui a fait beaucoup de sensation de nos jours, c'est la constatation de l'existence de l'arsenic dans les eaux minérales ferrugineuses. Quand il fut démontré, pour la première fois, que les eaux minérales ferrugineuses contiennent de l'arsenic, la présence de cet agent toxique dans les eaux médicinales produisit beaucoup de frayeur. Mais on reconnut bientôt que l'arsenic n'existe dans ces eaux qu'en très-faible proportion, et de manière à leur communiquer seulement des propriétés médicamenteuses.

C'est en 1839 que l'arsenic fut signalé pour la première fois dans les eaux minérales ferrugineuses de l'Algérie, par un pharmacien militaire, M. Tripier. Ce fait fut alors très-contesté ; mais, en 1846, le chimiste allemand Walchner reconnut la présence de l'arsenic en analysant les dépôts ocreux qu'abandonnent spontanément les eaux ferrugineuses de Pyrmont, de Schwalbach, de Viesbade et d'autres sources.

Walchner s'était servi de l'appareil de Marsh pour constater la présence de l'arsenic dans ces dépôts. L'annonce de ce fait ayant vivement excité l'attention des chimistes et des médecins, le docteur Ch. Flandin s'empressa de répéter les expériences de Walchner. Il opéra sur les eaux de Passy, et conclut de ses recherches qu'il n'existe dans ces eaux minérales aucune trace d'arsenic.

Il était nécessaire, pour vérifier le fait annoncé par Walchner, d'agir sur les eaux mêmes que ce chimiste avait examinées, c'est-à-dire sur les eaux de Viesbade. J'entrepris cette recherche sur 500 grammes de résidu de l'évaporation spontanée de l'eau de Viesbade, reçu de cet établissement thermal. En dissolvant 100 grammes de ce résidu dans l'acide sulfurique bouillant, je n'eus pas de peine à reconnaître dans ce liquide, au moyen de l'appareil de Marsh, la présence de l'arsenic J'essayai de remonter indirectement à la quantité de composé arsenical existant dans l'eau de Viesbade, et arrivai à ce résultat que 100 litres de cette eau peuvent renfermer 0gr,00045 d'arsenic, à l'état d'arsénite de fer.

En communiquant ce résultat à l'Académie des sciences (1), je disais, en terminant mon mémoire :

« Le fait de la présence de l'arsenic dans les eaux de Viesbade ouvre une voie nouvelle à l'appréciation thérapeutique de l'action des eaux minérales, et, par conséquent, il promet aux chimistes des résultats très-dignes d'encourager leurs travaux. On connaît un grand nombre d'eaux minérales qui, chimiquement, ne diffèrent pas de l'eau des puits, et qui cependant produisent les effets les plus énergiques de réaction générale et exercent consécutivement sur l'économie les modifications les plus profondes. Ces faits singuliers, qui tous les jours frappent les médecins de surprise, n'ont jusqu'ici trouvé aucune explication plausible et ont contribué à élever contre la valeur des indications chimiques appliquées aux eaux minérales, certaines défiances que le temps apprendra à surmonter. Quelques médecins vont, en effet, jusqu'à faire honneur de l'efficacité thérapeutique des eaux dont nous parlons à leur thermalité particulière. Il devient maintenant très-probable que les effets remarquables sont dus à quelques substances actives à faible dose ; et probablement les chimistes pourront ajouter quelques noms à la liste de ces agents méconnus jusqu'ici, et dont l'acide arsénieux nous aura appris à rechercher la présence. »

(1) Séance du 26 octobre 1846. — Voir le mémoire dans le *Journal de pharmacie et de chimie*, 1847.

Les observations postérieures ont montré l'exactitude de ces prévisions. MM. Liebig, Chatin, Chevallier, Ossian Henry et d'autres chimistes, ont constaté l'existence de l'arsenic dans une foule des eaux ferrugineuses et non ferrugineuses. Quelques hydrologistes ont prétendu même que l'arsenic est un élément constant des eaux ferrugineuses; mais MM. Chevallier et Gobley ont démontré que ce métalloïde n'existe pas dans quelques sources de ce genre. Celles de Tunbridge, en Angleterre, par exemple, sont dans ce cas, d'après Brande.

L'existence de l'arsenic est donc très-fréquente dans les sources minérales ferrugineuses. C'est dans le sédiment abandonné par les eaux qu'on le trouve le plus souvent, mêlé à de l'oxyde de fer et à d'autres principes insolubles.

On n'hésite pas aujourd'hui à attribuer les propriétés toniques et réconfortantes des eaux ferrugineuses, tout à la fois à l'oxyde de fer et à l'arsenic. Ce corps, dont l'action sur l'organisme est si énergique, doit exercer une influence considérable sur les effets curatifs des eaux minérales, bien qu'il y existe toujours en proportion minime. C'est l'opinion de Thénard et de M. Lhéritier à l'égard des eaux de Plombières et du Mont-Dore.

Thénard attribue également à l'arsenic les effets énergiques de l'eau de Bourboule. Cette eau est la plus arsenicale que l'on connaisse, puisqu'elle renferme, d'après Thénard, 13 milligrammes d'arsenic par litre d'eau.

L'arsenic se trouve probablement, comme je l'avais annoncé en 1847, à l'état d'arsénite ou d'arséniate ferreux dans les eaux minérales ferrugineuses. L'arsénite ou l'arséniate de fer est insoluble dans l'eau, mais il peut être dissous par l'acide carbonique libre.

Thénard croyait que l'arsenic existe dans les eaux minérales à l'état d'arséniate de soude. Pendant l'évaporation de l'eau, ce sel, réagissant sur l'oxyde de fer, formerait l'arséniate ferrique, que l'on rencontre dans les dépôts spontanés des sources.

Il paraît que les proportions d'arsenic augmentent avec celles du fer dans les eaux ferrugineuses, d'après la remarque de M. Bouquet pour les eaux de Vichy.

L'origine première de l'arsenic des sources minérales, c'est probablement la décomposition des pyrites de fer arsenifères qui existent dans les terrains parcourus par ces eaux au sein de la terre.

Voici la composition des eaux ferrugineuses les plus connues. Celles de Spa, en Belgique (province de Liége, arrondissement de Verviers), analysée par M. Monheim (source Pouhon), a donné.

	centimètres cubes.
Acide carbonique libre	1170,7
	grammes.
Carbonate de soude	0 ,0959
— de chaux	0 ,0795
— de magnésie	0 ,0331
— de fer	0 ,0927
— d'alumine	0 ,0033
Chlorure de sodium	0 ,0216
Acide silicique	0 ,0298
Perte	0 ,0016
Total des matières fixes	0gr,3575

Les eaux de Spa peuvent être considérées comme le type des eaux ferrugineuses. Leur connaissance remonte à une époque très-reculée, puisque Pline en parle déjà comme d'une source célèbre de son temps. On en expédie de grandes quantités à l'étranger.

L'eau de Forges (source Cardinale), analysée par Ossian Henry, a donné les résultats suivants :

	litres.
Acide carbonique libre	0 ,225
Azote avec oxygène	traces
	grammes.
Bicarbonate de magnésie	0 ,076
Crénate ferreux	0 ,098
— manganeux	traces
Alumine	0 ,033
Sulfate de chaux	0 ,040
— de soude	0 ,006
Chlorure de sodium	0 ,012
— de magnesium	0 ,003
Crénate alcalin (potasse)	0 ,002
Sel ammoniacal (carbonate?)	traces
Totalité des substances fixes	0gr,270

Dans les eaux de Forges, comme on le voit, le fer se trouve à l'état de *crénate ferreux*. Ces eaux ont été très-célèbres autrefois. Elles sont employées comme toniques et fortifiantes dans la chlorose et l'anémie.

L'eau de Schwalbach (source du Vin), renferme, d'après Frésenius, pour 1 litre d'eau, les substances suivantes :

	litres.
Acide carbonique libre	1 ,7414
	grammes.
Bicarbonate de fer	0 ,0576
— de manganèse	0 ,0090
— de chaux	0 ,5708
— de magnésie	0 ,6051
— de soude	0 ,2456
Sulfate de potasse	0 ,0074
— de soude	0 ,0062
Chlorure de sodium	0 ,0086
Acide silicique	0 ,0465
Phosphate de soude	traces
Matière organique	traces
Total des matières fixes et gazeuses	3gr,2982

Dans la vallée d'Orezza (Corse), se trouve l'eau minérale la plus ferrugineuse qui soit consacrée à l'usage médical : elle renferme 0gr,128 de carbonate de fer par litre. Elle est, depuis quelques années, l'objet d'une exportation considérable.

La vallée d'Orezza est située dans le canton de Piédicroce, à 30 kilomètres de Bastia. L'eau ferrugineuse sort avec la température de + 15° et fournit environ

Fig. 93. — Établissement thermal et étuves de Baréges.

144,000 litres d'eau, par 24 heures. Voici sa composition :

			Litres.
GAZ.	Air atmosphérique		9,011
GAZ.	Acide carbonique libre et acide carbonique des bicarbonates		1,248
			Grammes.
SUBSTANCES FIXES.	Carbonate de chaux		0,602
	—	de magnésie	0,074
	—	de lithine	traces
	—	de fer	0,128
	—	de manganèse	traces
	—	de cobalt	traces
	Sulfate de chaux		0,021
	Chlorure de potassium		0,014
	—	de sodium	
	Alumine		0,006
	Acide silicique		0,004
	Acide arsénique		traces
	Fluorure de calcium		
	Matière organique		
			0gr,849

Les eaux du Mont-Dore (Puy-de-Dôme) que l'on range tantôt dans les eaux bicarbonatées calciques, tantôt dans les eaux ferrugineuses, doivent leurs propriétés si actives dans le traitement des voies respiratoires, à l'arséniate de soude. C'est l'opinion la plus en faveur aujourd'hui.

Thénard, Aubergier, Chevallier ont analysé l'eau du Mont-Dore. Voici la composition de cette eau médicinale, d'après l'analyse faite en 1863, par M. Jules Lefort, qui est la plus récente :

		Centimètres cubes.
Oxygène		0,98
Azote		14,22
		Grammes.
Acide carbonique libre		0 ,5967
Bicarbonate de soude		0 ,5361
—	de potasse	0 ,0212
A reporter		1 ,1540

		Grammes.
	Report....	1 ,1540
Bicarbonate	de rubidium.......	indices
—	d'oxyde de césium..	indices
—	de lithine.........	traces
—	de chaux..........	0 ,3209
—	de magnésie.......	0 ,1676
—	de protoxyde de fer.	0 ,0558
—	de manganèse.....	traces
Chlorure de sodium............		0 ,3587
Sulfate de soude...............		0 ,0736
Arséniate de soude.............		0 ,00096
Borate de soude...............		traces
Iodure et florure de sodium...		traces
Acide silicique.................		0 ,1552
Alumine......................		0 ,0083
Matière organique bitumineuse..		traces
		2gr,29706

Luxeuil (département de la Haute-Saône) renferme une eau ferrugineuse qui jouit d'une très-ancienne renommée. Voici, d'après Braconnot, la composition de la source ferrugineuse de Luxeuil :

	Grammes.
Chlorure de sodium.............	0 ,2579
— de potassium..........	0 ,0021
Sulfate de soude................	0 ,0700
— de chaux...............	0 ,0050
Carbonate de chaux.............	0 ,0350
Oxyde de manganèse............	0 ,0220
Magnésie......................	0 ,0070
Matière azotée..................	0 ,0100
Silice et alumine................	0 ,0080
Oxyde de fer..................	0 ,0270
Phosphate de fer...............	0 ,0270
Arséniate de fer...............	0 ,0270
	0gr,4440

Eaux sulfureuses. — Les eaux sulfureuses, assez répandues dans les régions volcaniques du globe, sont caractérisées par leur odeur d'œufs pourris ou couvés, due à la présence de l'acide sulfhydrique libre, qu'elles renferment naturellement, ou qui provient de la décomposition, par l'acide carbonique de l'air, du sulfure qui s'y trouve dissous. C'est en raison du gaz sulfhydrique qui s'en dégage, que les eaux sulfureuses ont la propriété de noircir les pièces d'argent qu'on y plonge, en formant du sulfure d'argent à la surface du métal, et qu'elles précipitent en noir les sels de plomb, de cuivre, de bismuth et d'autres métaux.

L'intensité de l'odeur d'une eau sulfureuse n'est pas en rapport avec sa richesse en soufre, mais bien avec la rapidité avec laquelle l'air la décompose, pour en dégager le gaz sulfhydrique.

Les eaux sulfurées se divisent en deux groupes, nettement tranchés au double point de vue chimique et thérapeutique : les eaux sulfurées *sodiques*, c'est-à-dire à base de sodium, et les eaux sulfurées *calciques*, c'est-à-dire à base de calcium.

Les eaux sulfurées sodiques sont généralement pauvres en substances fixes et gazeuses. Ces substances ne dépassent pas 15 à 20 centigrammes par litre. Leur principe sulfuré est le sulfure de sodium, qui se décompose très-facilement par l'action de l'oxygène et de l'acide carbonique de l'air. L'acide silicique, ou la silice, qui existe dans ces mêmes eaux, suffit même pour décomposer leur principe sulfureux, et, l'action de la silice se joignant à celle de l'acide carbonique de l'air, on comprend que la décomposition de ces eaux soit très-prompte. Aussi, presque inodores à leur point d'émergence, exhalent-elles bientôt une odeur sulfureuse.

Outre les principes minéraux qu'elles renferment, les eaux sulfurées *sodiques* contiennent, en assez grande quantité, une matière organique azotée, de consistance gélatineuse, qui paraît avoir une structure organisée, et qui a reçu le nom de *barégine*, ou de *glairine*.

La matière azotée que Longchamps appela *barégine*, et Anglada *glairine*, est inodore, généralement incolore, d'une saveur fade, d'une consistance mucilagineuse, insoluble dans l'eau et l'alcool, un peu soluble dans l'eau bouillante, et encore plus soluble dans les eaux alcalines. L'acétate de plomb la précipite en blanc, l'infusion de noix de galle et l'azotate d'argent, en brun.

Les eaux sulfurées *sodiques* ont une réaction légèrement alcaline au papier de tournesol rougi et une saveur sulfureuse. Elles sont presque toutes thermales et émergent des terrains primitifs.

Les principales stations d'eaux sulfurées sodiques sont : Luchon, Eaux-Bonnes, Eaux-Chaudes, Baréges, Cauterets, Amélie-les-Bains, Molitg, La Presle, Saint-Sauveur, Le Vernet, Bagnols, Saint-Honoré, dans les Pyrénées françaises; Escaldas, Guagno, Guitera, Olette, Pietrapola, dans les Pyrénées espagnoles.

Les eaux sulfurées *calciques* renferment du monosulfure de calcium et souvent de l'acide sulfhydrique libre. Elles contiennent plus de principes minéraux et surtout plus de chlorure de sodium que les eaux sulfurées *sodiques;* mais moins de *barégine* et de *glairine.* Elles sont généralement froides et émergent des terrains de transition et des terrains modernes. Leur saveur est saumâtre, et leur réaction faiblement alcaline. Elles renferment toujours de l'acide sulfhydrique libre, qu'on ne trouve pas dans les eaux sulfurées sodiques. Aussi laissent-elles dégager spontanément, c'est-à-dire sans aucune intervention de l'acide carbonique de l'air, du gaz sulfhydrique, et sont-elles odorantes dès leur sortie de la source.

Les principales stations d'eaux sulfurées calciques sont : Allevard, Auzon, Uriage, Cambs, Castéria, Verduzan, Cauvalat, Digne, Enghien, Euzet, Gréoulx, Guillon, Montmirail, Pierrefonds, Puzzichiello.

La division des eaux sulfureuses en deux groupes, les *eaux sulfurées sodiques* appartenant aux terrains primitifs, et les *eaux sulfurées calciques* appartenant aux terrains de transition ou aux terrains modernes, qui, au premier abord, semble ne pas avoir grande importance, a amené une révolution dans la manière d'expliquer l'origine géologique du principe sulfureux des eaux minérales.

Il paraissait tout simple d'admettre que les eaux circulant souterrainement empruntent un sulfure soluble aux terrains primitifs ou aux terrains volcaniques qu'elles traversent. Seulement, il était un peu plus difficile de comprendre l'origine du sulfure de calcium enlevé par les eaux aux terrains de transition et aux terrains modernes. En examinant de plus près les caractères qui différencient ces deux groupes d'eaux, on arriva à expliquer parfaitement l'origine géologique du soufre dans les eaux sulfurées *calciques;* et bientôt on étendit cette explication aux eaux sulfurées *sodiques;* de sorte que l'on a fini par attribuer à la même origine géologique le principe sulfureux de ces deux groupes d'eaux.

C'est le docteur Fontan, célèbre hydrologiste pyrénéen, qui posa le premier le grand principe de la division des eaux sulfureuses en *sodiques* et *calciques.* Joseph Anglada, professeur à la Faculté de médecine et à la Faculté des sciences de Montpellier, à qui l'on doit les premières bonnes études chimiques et hydrologiques sur les eaux sulfureuses de la chaîne des Pyrénées (1), avait découvert que le principe sulfuré de ces eaux n'était point simplement, comme on l'avait cru jusque-là, de l'acide sulfhydrique, mais du monosulfure de sodium combiné à l'acide sulfhydrique, et formant un sulfhydrate de monosulfure alcalin ou terreux. Fontan, continuant les recherches d'Anglada, confirma la présence du monosulfure de sodium dans les eaux sulfureuses des Pyrénées; mais il fit une grande distinction entre les eaux sulfurées qui jaillissent des terrains primitifs (granit, gneiss, micaschiste) et celles qui émergent des terrains de transition ou des terrains modernes (grès, calcaire, argile, schiste argileux, pouddin-

(1) *Mémoires pour servir à l'histoire des eaux sulfureuses et des eaux thermales,* 2 vol. in-8. Montpellier, 1826.

gue, etc.). Les premières, selon Fontan, ne contiennent que du sulfure de sodium et doivent être nommées *eaux sulfurées naturelles;* les secondes renferment du sulfure de calcium combiné à de l'acide sulfhydrique et formant du sulfhydrate de sulfure. Fontan appela ces dernières *eaux sulfurées accidentelles.*

Fontan dressa le tableau suivant, pour différencier par leurs caractères les eaux sulfurées sodiques des eaux sulfurées calciques (1).

EAUX SULFURÉES NATURELLES.

(Sulfurées sodiques.)

1° Terrain primitif, ou limite des terrains primitifs et de transition.
2° Isolées.
3° Très-peu de substances salines.
4° Gaz azote pur.
5° Grande quantité de substances azotées en dissolution.
6° A peine de sels calcaires ou magnésiens.
7° Sulfure ou sulfhydrate sodique.
8° Thermales, à moins qu'elles ne soient refroidies par des mélanges ou des circuits.

EAUX SULFURÉES ACCIDENTELLES.

(Sulfurées calciques.)

1° Terrains de transition, secondaires ou tertiaires.
2° Voisines de sources salées.
3° Quantité notable de substances salines.
4° Acide carbonique, hydrogène sulfuré, traces d'azote.
5° Pas de substance azotée ou à peine.
6° Sels calcaires ou magnésiens et chlorures.
7° Sulfure de calcium ou sulfhydrate de chaux.
8° Froides, à moins qu'elles ne soient réchauffées par des sources voisines.

Fontan pose les caractère suivants pour distinguer les eaux sulfurées *naturelles* des eaux sulfurées *accidentelles.* Tandis que les eaux sulfurées des terrains primitifs contiennent une matière organique azotée (barégine), les secondes renferment de l'acide crénique. L'odeur des eaux sufurées *naturelles* est différente de celle des eaux *accidentelles.* L'eau de chaux dans les eaux à base de soude ne produit aucun trouble dans le premier moment, ce n'est qu'après une heure environ que le liquide commence à se troubler et à déposer du silicate de chaux, de l'oxyde de fer et de la matière organique; au contraire, le même réactif donne immédiatement dans une eau sulfurée calcique un précipité de carbonate de chaux.

Quelque temps après la publication des recherches de Fontan, Ossian Henry, s'emparant de l'une des deux divisions si nettement posées par l'hydrologiste pyrénéen, c'est-à-dire s'attachant particulièrement au groupe des eaux sulfurées calciques, jeta sur l'origine géologique du soufre de ces eaux un magnifique trait de lumière. Son point de départ fut l'eau d'Enghien, qui, jaillissant des terrains modernes, ne saurait emprunter son principe sulfuré tout formé à des terrains situés profondément. Ossian Henry avait reconnu que le composé sulfureux de l'eau d'Enghien ne peut provenir que du sulfate de chaux qui forme une partie du terrain des environs de Paris, décomposé par une matière organique très-hydrogénée, telle qu'un bitume ou une substance analogue, capable de réduire le sulfate de chaux, et de le transformer en sulfure de calcium soluble dans l'eau. Ossian Henry étendit cette théorie chimico-géologique à l'explication de la présence du soufre dans les eaux sulfureuses qui émergent des terrains de transition, dans les Pyrénées. Selon lui, le sulfate de soude qui accompagne le sel gemme dans les terrains secondaires et de transition, peut être décomposé par des matières hydro-carbonées provenant des bancs de houille qui font partie des mêmes terrains, cette réaction étant facilitée par la double et puissante influence de la chaleur centrale du globe et de l'électricité. Ainsi s'expliquerait tout à la fois l'origine du sulfure de calcium

(1) *Recherches sur les eaux minérales des Pyrénées, de l'Allemagne, de la Belgique, de la Suisse et de la Savoie.* Paris, 1853, in-8.

Fig. 94. — Établissement thermal de Cauterets.

dans les eaux sulfureuses émergeant des terrains secondaires et la présence du sulfure de sodium dans les eaux qui arrivent des terrains primitifs.

D'après Ossian Henry, toutes les eaux sulfureuses, tant calciques que sodiques, auraient donc la même origine : elles proviendraient de la transformation d'un sulfate en sulfure, sous l'influence d'une matière organique bitumineuse. Dans les terrains primitifs, le sulfate de soude serait le sel décomposé par la matière organique, et il donnerait naissance à du sulfure de sodium ; dans les terrains de transition et les terrains modernes, le sulfate de chaux serait l'agent minéralisateur ; décomposé par une matière organique, il produirait du sulfure de calcium.

Ossian Henry invoquait, à l'appui de cette théorie, ce fait que, dans plusieurs eaux des Pyrénées, le sulfure alcalin est en proportion directe avec la quantité de chlorure de sodium, c'est-à-dire que plus l'eau est sulfurée, plus elle contient de sel marin. La même relation s'observe dans les eaux sulfurées qui ont pour origine la décomposition du sulfate de chaux : plus elles sont chargées de sulfure de calcium, moins l'analyse constate d'acide sulfurique. Quelques-unes même, comme celles de Labassère et de Gazost, ne renferment que des traces à peine sensibles d'acide sulfurique.

M. Filhol, professeur à la Faculté des sciences de Toulouse, à qui l'on doit un grand nombre de travaux sur les eaux minérales, adopte complétement l'opinion d'Ossian Henry. Il se fonde, pour défendre cette théorie, sur ce fait que la matière organique existe en dissolution dans toutes les eaux des Pyrénées, et qu'elle atteste par sa présence, pour, ainsi dire, le rôle qu'elle a joué dans la sulfuration de l'eau. M. Filhol s'appuie sur cet autre fait, que les eaux les plus sulfurées sont les moins riches en sulfates, ainsi que l'avait remarqué Ossian Henry — sur la quantité assez forte de sulfure qui se forme lorsqu'on abandonne ces eaux, après les avoir chauffées, dans des bouteilles bien bouchées; — enfin sur ce que les eaux thermales non sulfurées qui se rencontrent dans le voisinage des eaux sulfurées, paraissent dépourvues de matières organiques et sont sulfatées.

M. Filhol rapproche la formation des eaux minérales sulfurées de celle des pyrites de fer et de cuivre.

Fontan, avons-nous dit, désignait les eaux sulfurées calciques sous le nom d'*eaux sulfureuses accidentelles*, réservant le nom d'*eaux sulfureuses naturelles* pour celles des Pyrénées et autres qui sourdent des terrains granitiques. Mais si, comme le prétendent Ossian Henry, Filhol et d'autres hydrologistes, les eaux sulfureuses sodiques sont minéralisées de la même manière, c'est-à-dire proviennent du sulfate sodique décomposé par des matières organiques, la dénomination d'*eaux accidentelles* proposée par M. Fontan n'a aucune raison d'être.

Ossian Henry démontra directement la formation du principe sulfureux dans l'eau d'Enghien, par une expérience remarquable qui consiste à mettre du sulfate de chaux en contact avec de l'eau et des matières organiques, à l'abri du contact de l'air : il se forme ainsi du sulfure de calcium. Mais lorsqu'on a détruit par la chaleur ces matières organiques, la sulfuration ne se produit plus.

Plusieurs faits confirment la vérité de cette théorie. On a vu à Bagnères-de-Bigorre, une source sulfatée devenir à volonté sulfureuse ou non, suivant qu'on lui faisait traverser un banc de tourbe ou qu'on la détournait de ce lit de matière organique.

La théorie d'Ossian Henry, défendue par M. Filhol, compte aujourd'hui beaucoup de partisans. Elle explique victorieusement l'origine du soufre dans les terrains de transition et les terrains modernes, mais elle est plus difficile à accepter pour les eaux sulfurées sodiques, qui sortent des terrains primitifs, terrains exempts de toute matière organique. A moins d'admettre que l'eau ne soit minéralisée fort loin de son point de sortie, il est certain que ce fait met en défaut la théorie d'Ossian Henry.

MM. Pelouze et Frémy croient que la minéralisation des eaux sulfureuses est due à la décomposition du sulfure de silicium par l'eau, ce qui paraît peu probable.

M. Boussingault pense que l'acide sulfhydrique des eaux minérales provient de la réaction mutuelle de la vapeur d'eau et du sulfure de sodium à une haute température, réaction dont le résultat serait la production de sulfate de soude et d'acide sulfhydrique.

D'autres chimistes supposent que l'acide sulfhydrique résulte surtout de l'action de l'eau sur les pyrites de fer.

M. Jules Lefort explique la présence de l'acide silicique dans les eaux minérales sulfureuses par une réaction des acides sulfhydrique et sulfureux sur les silicates naturels, analogue à celle qu'exerce l'acide carbonique sur les mêmes silicates.

En résumé, les eaux minérales sulfureuses contiennent du monosulfure de sodium ou de calcium, soit pur, soit combiné à l'acide sulfhydrique, et formant du sulfhydrate de sulfure de sodium ou de calcium, ou bien ces deux produits, mélangés d'un excès d'acide sulfhydrique. C'est une difficulté vraiment inextricable, au point de vue chimique, que de déterminer dans quel rapport précis de combinaison ou de mélange sont ces trois composés dans une eau sulfureuse donnée. Et non-seulement on ne peut dire exactement à quel état chimique est le principe sulfuré dans ces eaux, mais encore, malgré la belle théorie chimico-géologique d'Ossian Henry, on ne saurait dire avec certitude d'où provient le soufre dont ces eaux se sont chargées au sein de la terre. Beaucoup de ténèbres subsistent donc encore sur cette question, quels que soient le nombre et l'importance des travaux qui ont été entrepris de nos jours pour l'élucider.

Nous donnerons maintenant la composition de quelques eaux sulfurées : celles de Luchon, de Baréges, des Eaux-Bonnes et de Challes, pour les eaux sulfurées sodiques, et celles d'Allevard, d'Aix en Savoie et d'Enghien, pour les eaux sulfurées calciques.

Luchon est la principale et la plus importante des stations thermales des Pyrénées. Les sources sulfureuses y son nombreuses et leur température élevée. Ces eaux blanchissent fortement lorsqu'elles sont exposées au contact de l'air, ou lorsqu'on les mélange avec de l'eau froide aérée. Cette coloration tient, d'après M. Filhol, à l'état d'extrême division du soufre, devenu libre par l'action que l'acide siilcique libre exerce sur le sulfure de sodium.

Les eaux de Luchon s'emploient surtout sous forme de bains. Elles sont difficiles à exporter, à cause de leur altération rapide.

Voici la composition des principales sources sulfureuses de deux sources de Luchon, analysées par M. Filhol.

1 LITRE D'EAU.	SOURCE REINE.	SOURCE BAYEN.
Acide sulfhydrique libre	traces	traces
Sulfure de sodium	0gr,0550	0gr,0777
— de fer	0 ,0028	traces
— de manganèse	0 ,0033	traces
Sulfate de potasse	0 ,0087	traces
— de soude	0 ,0222	traces
— de chaux	0 ,0323	traces
Chlorure de sodium	0 ,0674	0 ,0829
Acide silicique libre	traces	0 ,0444
Silicate de soude	traces	traces
— de chaux	0 ,0118	0 ,0220
— de magnésie	0 ,0083	traces
— d'alumine	0 ,0274	traces
Matière organique	non dosée	non dosée
Carbonate et hyposulfite de soude; Iodure de sodium, alumine; Phosphate, sulfure de cuivre	traces	traces
Totalité des substances fixes	0gr,2392	0gr,2270

Les eaux de *Baréges* s'altèrent moins à l'air que celles de Luchon, et ne déposent point de soufre, comme ces dernières. Elles sont employées sous forme de bains, sans mélange d'eau froide, parce que leur température est voisine de celle du corps humain. On administre également les eaux de Baréges dans des étuves. Le gaz sulfhydrique de l'eau minérale est alors absorbé par la peau sans l'intermédiaire de l'eau.

M. Filhol a donné l'analyse suivante d'un litre d'eau sulfureuse de Baréges :

Sulfure de sodium	0gr,0408
Chlorure de sodium	0 ,0720
A reporter	0gr,1128

Report	$0^{gr},1128$
Silicate de soude	0 ,0984
— de chaux	0 ,0161
— de magnésie	traces
Sulfate de soude	traces
Iodure de sodium	traces
Phosphates	0 ,0020
Fer	0 ,0006
Matière organique	0 ,0660
Total des principes fixes	$0^{gr},2959$

Les eaux sulfurées qui sourdent dans le village des *Eaux-Bonnes*, situé à six lieues de Pau (Basses-Pyrénées), sont très-fréquentées. On en exporte des quantités considérables.

Les Eaux-Bonnes sont les plus actives de toutes les eaux sulfureuses des Pyrénées. On les emploie presque exclusivement à l'intérieur, en quantités progressivement augmentées, contre la phthisie pulmonaire, le catarrhe bronchique, l'asthme; et, à l'extérieur, contre les plaies et les blessures d'armes à feu. Cette dernière propriété leur a valu le nom *d'eaux d'arquebusade*, qu'on leur donnait autrefois, à cause des bons effets qu'en éprouvèrent les Béarnais blessés à la bataille de Pavie en 1525. Aujourd'hui on porte moins d'attention à la puissance curative des Eaux-Bonnes contre les plaies et blessures qu'à leurs effets dans les maladies de l'appareil respiratoire. La médecine elle-même semble subir l'empire de la mode.

Le village des Eaux-Bonnes est situé au fond de la vallée d'Ossau. Entouré de hautes montagnes couvertes de sapins, il se compose d'une rue unique, bordée de maisons à plusieurs étages.

Voici la composition d'un litre des Eaux-Bonnes, donnée par M. Filhol, et rapportée à un litre de liquide :

Sulfure de sodium	$0^{gr},0214$
— de calcium	traces
Chlorure de sodium	0 ,2640
— de calcium	traces
A reporter	$0^{gr},2854$
Report	$0^{gr},2854$
Sulfate de soude	0 ,0277
— de chaux	0 ,1644
— de magnésie	traces
Fluorure de calcium	traces
Acide silicique	0 ,0500
Phosphates de chaux et de magnésie	traces
Ammoniaque	0 ,0005
Iodure de sodium	traces
Fer	traces
Matière organique	0 ,0480
Total des principes fixes	$0^{gr},5760$

Il existe aux Eaux-Bonnes sept sources sulfurées : la *source Vieille*, la *source Nouvelle*, la *source d'En-bas*, la *source Froide*, la *source d'Ortech*. La *source Vieille*, la plus en renom, sert à la boisson. C'est celle dont nous avons donné l'analyse.

La source de *la Buvette* dégage beaucoup d'azote pur.

Les eaux sulfureuses de *Cauterets* appartiennent, comme celles des Eaux-Bonnes, à la classe des eaux sodiques. Ces eaux étaient connues dès la plus haute antiquité. On prétend même que le bain actuel de *César* est celui que le conquérant des Gaules avait fait construire pour ses soldats.

Les sources de Cauterets sont très-nombreuses et d'une température qui varie de + 25 à + 60°. Elles sont disséminées autour de la ville, qui est située dans la vallée de Lavedan, à quelque distance de la ravissante vallée d'Argelès.

Il est assez singulier que les eaux de Cauterets, qui attirent un si grand nombre de malades, n'aient encore été l'objet que d'un très-petit nombre d'analyses chimiques. Il n'existe qu'une analyse complète d'une source, celle de la *Raillière*. Elle est due à Longchamps, et c'est certainement une des moins bonnes analyses de ce chimiste, ou du moins des plus mal interprétées chimiquement, car la soude caustique, la magnésie et la chaux indiquées par Longchamps, n'existent certainement pas à cet

Fig. 95. — Établissement thermal d'Enghien.

état dans les eaux sulfureuses, et c'est à tort qu'on les présente sous cette forme.

Quoi qu'il en soit, voici l'analyse de la source de la *Raillière* donnée par Longchamps et rapportée à un litre d'eau :

Azote	0lit,004
Chaux	0gr,004487
Magnésie	0 ,000445
Soude caustique	0 ,003396
Sulfure de sodium	0 ,019400
Sulfate de soude	0 ,044317
Chlorure de sodium	0 ,049576
Silice	0 ,061097
Barégine, potasse caustique, ammoniaque	traces
	0gr,182718

En attendant que l'on fasse des analyses exactes des nombreuses sources sulfureuses de Cauterets, nous pouvons citer un travail d'ensemble, d'une grande utilité pratique, qui a été exécuté par MM. Filhol et Buron : c'est le tableau de la quantité, exprimée en fractions de grammes, de sulfure de sodium qui existe dans treize sources de Cauterets.

Voici ce tableau :

	Sulfure de sodium.
Source ancienne de César, près de la source	0gr,0267
Source nouvelle de César sous la galerie.	0 ,0280
— dans un bain	0 ,0099
Espagnols, près de la source	0 ,0234
— dans un bain	0 ,0123
Pauze vieux, à la douche	0 ,0245
— bain à 34°	0 ,0151
Pauze nouveau, à la buvette, source moderne	0 ,0285
Pauze nouveau, bain à 38°	0 ,0147
La Raillière, à la source	0 ,0192
— à la buvette	0 ,0186
— au bain, près de la source.	0 ,0148
— la plus éloignée	0 ,0124

Petit Saint-Sauveur	0gr,0099
— chauffée	0 ,0149
Bain du Pré	0 ,0233
— buvette	0 ,0224
Bain du Bois, ancienne source	0 ,8161
— nouvelle source	0 ,0099
Mahourat, buvette	0 ,0154
Source des Yeux	0 ,0179
Source aux Œufs	0 ,0192
Bruzaud	0 ,0150

Toutes ces sources, qui donnent ensemble plus de 12,000 hectolitres d'eau par jour, alimentent plusieurs établissements de bains. Le plus important et le plus récent est alimenté par la source dite des *Œufs;* c'est celui que nous représentons dans la figure 94 (page 233).

Les eaux de Cauterets sont limpides et ne blanchissent pas, comme les eaux de Luchon. Elles ne déposent pas de soufre dans les conduits, mais elles abandonnent de la *barégine.* Elles peuvent se transporter plus facilement sans s'altérer que les eaux de Luchon.

Les eaux de *Challes* (simple propriété, située à 4 kilomètres de Chambéry) sont les plus sulfurées que l'on connaisse. Les sulfures y existent en proportion trente fois plus forte que dans les eaux minérales des Pyrénées. Aussi faut-il étendre cette eau minérale d'eau pure, pour la boire ou pour en composer des bains.

L'eau de Challes renferme, d'après l'analyse faite en 1842 par Ossian Henry, les principes suivants, pour un litre d'eau :

Azote	traces légères
Chlorure de magnesium	0gr,0100
— de sodium	0 ,0814
Bromure de sodium	0 ,0100
Iodure de potassium	0 ,0009
Sulfure de sodium	0 ,2950
— de fer et de manganèse	0 ,0015
Carbonate de soude	0 ,1377
Sulfate de soude / — de chaux, peu	8 ,0730
Silicate de soude	0 ,0410
Bicarbonate de chaux	0 , 0430
A reporter	8gr,8025
Report	8gr,8025
Bicarbonate de magnésie	0 ,0300
— de strontiane	0 ,0010
Phosphate d'alumine et de chaux. / Silicate d'alumine ou de chaux.	0 ,0580
Glairine rudimentaire	0 ,0021
Matière organique azotée, soude libre	sensible
Perte	0 ,0325
	8gr,8461

Les eaux d'*Aix en Savoie* sont sulfurées calciques. Ces eaux étaient connues et fréquentées par les anciens. L'empereur Gratien y avait fait construire un établissement thermal qui prit le nom d'*aquæ Gratianæ.* Les restes en sont encore debout dans le parc de l'établissement.

Les eaux thermales d'Aix forment deux ruisseaux distincts, qui composent par leur réunion une véritable rivière brûlante, car elles fournissent plus de 7 millions de litres d'eau en 24 heures. La première, dite *eau de soufre,* a la température de + 45°, la seconde, dite *eau d'alun,* a la température de + 46°.

Voici la composition d'un litre *d'eau de soufre,* la seule qui soit sulfureuse.

Azote	0gr,8320
Acide carbonique libre	0 ,0257
— sulfhydrique libre	0 ,0414
Sulfate d'alumine	0 ,0548
— de magnésie	0 ,0352
— de chaux	0 ,0160
— de soude	0 ,0960
Chlorure de magnesium	0 ,0172
— de sodium	0 ,0079
Carbonate de chaux	0 ,1485
— de magnésie	0 ,0258
— de fer	0 ,0088
Silice	0 ,0050
Phosphate de chaux / — d'alumine / Fluorure de calcium	0 ,0024
Strontiane / Sulfate de fer / Iode	traces
Glairine	quant. indéterm.
Perte	0 ,0120
	0gr,4296

Allevard est une eau sulfurée calcique, dont la température est de + 24°, et dont le débit est de 2,736 hectolitres par 24 heures. Voici la composition d'un litre de cette eau, analysée par Dupasquier, en 1839.

	centimètres cubes.
Acide sulfhydrique libre	24,75
Acide carbonique libre et des bicarbonates.	97,75
Azote	41, »

	Sels anhydres.	Sels cristallisés.
Carbonate de chaux	0gr,305	0gr,305
— de magnésie.	0 ,010	0 ,015
— de fer	traces	traces
Sulfate de soude	0 ,535	1 ,211
Sulfate de magnésie	0 ,523	1 ,065
— de chaux	0 ,298	0 ,374
— d'alumine	traces	traces
Chlorure de sodium	0 ,503	0 ,503
— de magnesium	0 ,061	0 ,061
— d'alumine	traces	traces
Acide silicique	0 ,005	0 ,005
Matière bitumineuse	traces	traces
Glairine	quant. indétermin.	
	2gr,240	3gr,139

L'eau d'*Enghien*, près Paris, est une eau sulfurée calcique froide. Sa composition, d'après MM. De Puisaye et Leconte, est la suivante, pour un litre d'eau :

Azote	0gr,0195
Acide carbonique libre	0 ,1195
— sulfhydrique libre	0 ,0255
Carbonate de chaux	0 ,0167
— de magnésie	0 ,2178
Sulfate de potasse	0 ,0089
— de soude	0 ,0503
Sulfate de chaux	0 ,3190
— de magnésie	0 ,0905
— d'alumine	0 ,0390
Chlorure de sodium	0 ,0392
Acide silicique	0 ,0287
Oxyde de fer	traces
Matière organique azotée	indéterm.
Total des corps fixes et gazeux.	0gr,9746

CHAPITRE XXIII

LES USAGES DE L'EAU. — USAGE DES EAUX POTABLES. — DISTRIBUTION DES EAUX POTABLES DANS LES VILLES ET CENTRES DE POPULATION. — CAPTAGE DES EAUX DE SOURCE. — ÉLÉVATION DES EAUX DE FLEUVE ET DE RIVIÈRE. — FILTRATION DES EAUX PUBLIQUES. — THÉORIE DE LA FILTRATION : EFFET MÉCANIQUE ET EFFET CHIMIQUE. — LA FILTRATION NATURELLE ET LA FILTRATION ARTIFICIELLE DES EAUX POTABLES. — EXEMPLES DES PRINCIPAUX SYSTÈMES DE FILTRATION NATURELLE ET ARTIFICIELLE. — LA FILTRATION DES EAUX PUBLIQUES A TOULOUSE, A LYON, A VIENNE, A ANGERS, A LONDRES, A HALL, A MARSEILLE, A BERLIN, A GLASCOW, ETC.

Après avoir étudié l'eau au point de vue physique et chimique, ainsi que sous le rapport de son état dans la nature, nous avons à aborder la question des usages de ce liquide dans l'industrie et l'hygiène publique.

Pour procéder avec méthode à cette étude, nous distinguerons les eaux potables et les eaux non potables.

Le principal usage des eaux potables, c'est de servir à l'alimentation des populations. L'industrie intervient pour une grande part, dans cette importante application de l'eau. Elle a pour mission de recueillir les eaux, puis de les distribuer par des conduites. Le *captage* et la *distribution* des eaux potables, voilà donc ce qui doit d'abord nous occuper.

Nous avons longuement exposé les qualités que doivent réunir les eaux potables, et dit que les eaux de source, de fleuve et de rivière tiennent le premier rang quand il s'agit de pourvoir à une distribution d'eaux publiques. Quand on a le choix entre les eaux de source et les eaux de fleuve, on préfère toujours les eaux de source aux eaux de fleuve ou de rivière, qui sont chaudes en été, froides en hiver et sensiblement chargées de principes solubles, tandis que les eaux de source ont une température invariable et une légèreté parfaite.

Quelques travaux sont nécessaires pour réunir et utiliser une eau de source. Il faut commencer par nettoyer et curer le bassin d'émergence du liquide. Quelques corps légers, jetés à la surface de l'eau, indiquent, par le sens de leur mouvement, de quel côté arrive le courant. On creuse le sol du bassin naturel autour de cette issue, et l'on abaisse même le niveau de l'écoulement de l'eau, pour accroître et régulariser son débit. On entoure alors le bassin d'un mur en maçonnerie, et on le recouvre d'une voûte, pour soustraire l'eau à la chute des corps étrangers; puis on fait communiquer le bassin de la source, ainsi protégée, avec la conduite qui aboutit à la canalisation.

Les sources de bonne qualité donnant de l'eau en abondance, ne sont pas nombreuses. On a alors la ressource d'aller à la recherche d'eaux souterraines, c'est-à-dire de recueillir les eaux de pluie qui ont filtré à travers les couches perméables du sol. On crée, de cette manière, une véritable *source artificielle*, dont les eaux servent très-bien à l'alimentation des villes.

De faibles sources existant dans le pays, sont souvent l'indice et le guide pour les recherches de cette nature; leur faible volume vient ensuite s'ajouter aux eaux que l'on a recueillies artificiellement. Il y a une transition insensible entre les abondantes sources naturelles, qu'il suffit de recueillir et de conduire au milieu des villes, et celles qui sont dues à l'industrie de l'homme allant découvrir, au sein d'un terrain, sec en apparence, un cours d'eau abondant.

Ajoutons que les eaux provenant du drainage, et qui s'écoulent par le débouché des rigoles d'assèchement, ont été quelquefois utilisées pour l'alimentation publique. On a beaucoup parlé de l'emploi qui a été fait dans le bourg de Farnham, en Angleterre, des eaux provenant du drainage de 2 hectares de terre seulement, qui procurèrent une eau excellente à une population de 3,500 âmes. Il avait même été question de fournir de l'eau à Londres, ainsi qu'à Bruxelles, au moyen des eaux de drainage. Mais le débit de ce genre de source artificielle est trop incertain pour qu'on puisse en faire la base d'une distribution d'eaux publiques.

Les sources que l'on crée artificiellement en ouvrant une issue à l'eau des terrains humides, tel est donc le seul sytème à recommander, en l'absence d'une source proprement dite suffisamment abondante.

Pour créer des sources semblables, il faut aller chercher dans le sous-sol une couche de terre imperméable, c'est-à-dire argileuse ou cristalline, recouverte d'une grande épaisseur de couches perméables, c'est-à-dire sablonneuses, et rassembler tous les filets d'eaux qui doivent composer la source artificielle.

Le procédé qui sert à ce *captage* des eaux est tout à fait du ressort de l'art du drainage. On compose une conduite en pierre, dont les joints laissent pénétrer l'eau à l'intérieur du conduit, qui les amène ensuite au dehors, grâce à une pente convenablement ménagée.

Fig. 96. — Captage des eaux souterraines.

Nous citerons comme exemple de la manière de créer une *source artificielle*, la disposition qui a été employée par M. Belgrand, pour capter artificiellement les eaux qui servent à l'alimentation de la ville d'Aval-

Fig. 97. — Coupe du filtre naturel des eaux de la Garonne à Toulouse (page 244).

lon. M. Belgrand a établi au milieu des terrains sourciers un aqueduc étanche, qui recueille les eaux au moyen d'ouvertures, ou *barbacanes*, percées dans sa partie supérieure. Un lit de pierraille de 25 centimètres de hauteur, surmonte l'aqueduc de maçonnerie et facilite l'entrée des eaux dans les orifices dont est percé le sommet de cet aqueduc souterrain. La figure 97 représente, par une coupe transversale, l'aqueduc qui sert à recueillir l'eau de la source artificielle d'Avallon.

Mais on n'a pas toujours des eaux de source à sa disposition. On se contente alors des courants naturels d'eaux potables, fleuve ou rivière, qui avoisinent les centres de population à desservir.

Les fleuves et les rivières servent à alimenter d'eaux potables presque toutes les villes qu'ils traversent. Il est rare qu'une ville arrosée par un fleuve ou une rivière aille demander son alimentation en eaux potables à une source éloignée. Il faut pour cela que les ressources de la ville soient considérables. Paris est dans ce cas. Tout en étant traversée par la Seine, cette ville a renoncé aujourd'hui aux eaux de ce fleuve pour son alimentation. Elle va chercher, à plus de 30 lieues de distance, les sources de la Dhuis et de la Vanne, réservant les eaux de la Seine pour le service des nettoyages et des lavages. Rome, Édimbourg, Bordeaux et quelques autres grandes vlles de l'Europe sont dans le même cas. Mais, nous le répétons, ce sont là des exceptions. Dans presque toutes les grandes villes parcourues par une rivière, on se contente de ses eaux, malgré le double inconvénient de la variabilité de leur température et de leur état habituel de trouble. La filtration de l'eau avant sa distribution dans les conduites, est la seule obligation à laquelle on se trouve soumis. Cette dépense quotidienne, très-faible, dispense de toute construction coûteuse.

Le système le plus rationnel serait d'avoir deux distributions d'eaux : l'une d'eau de source, consacrée à la boisson et aux usages domestiques et n'exigeant qu'un faible tribut de liquide ; l'autre d'eau de rivière ou de fleuve, fournissant à profusion de l'eau pour les services publics du nettoyage, du lavage, de l'arrosage, etc. C'est ce qui se pratique à Paris et à Bordeaux.

Les prises d'eaux de fleuve n'ont rien de particulier. On prend l'eau en amont de la ville, et on l'amène, par un canal, au point convenable pour la distribution. Le plus souvent, il faut élever cette eau, soit par des machines hydrauliques, soit par des machines à vapeur, afin de pouvoir desservir tous les points de la ville. En décrivant la distribution d'eaux publiques dans certaines villes importantes de l'Europe, nous dirons un mot des machines qui servent à l'élévation des eaux.

L'opération du *filtrage* s'impose nécessairement lorsque l'eau d'un fleuve ou d'une rivière est distribuée comme eau potable dans un centre de population. Les eaux d'une rivière ou d'un fleuve sont troubles en toute saison, il faut donc toujours les filtrer.

Cela paraît bien simple, au premier abord, de filtrer de l'eau, et pourtant c'est là une des plus grandes difficultés de l'industrie. Fort simple avec des petites quantités d'eau, le filtrage devient très-difficile quand il faut l'exécuter sur des masses considérables.

Abandonnée à elle-même, à l'état de repos, l'eau se clarifie toute seule, les matières qui troublaient sa transparence se déposant au fond. Seulement, quand il s'agit d'énormes volumes d'eau, il faut beaucoup de temps pour que les matières étrangères se séparent et que l'eau devienne entièrement limpide. L'eau de la Loire ne se clarifie pas spontanément avant quinze jours de repos; il faut trois ou quatre semaines pendant les périodes de crues. Les eaux de la Seine et celles de la Garonne exigent, pour se clarifier, douze jours d'une immobilité absolue. Or, cette immobilité prolongée a de grands inconvénients. Pendant l'été, dans cette véritable eau dormante exposée à l'air, il se développe des végétations cryptogamiques. Des insectes aquatiques et même de petits reptiles, naissent, vivent, meurent dans ce liquide, et lui communiquent une odeur désagréable et des propriétés nuisibles.

On ne peut donc compter sur le simple repos comme moyen d'épuration d'une eau potable. Si l'on fait usage, dans plusieurs villes, de réservoirs de clarification pour les eaux publiques, c'est seulement afin de les débarrasser des particules les plus grossières qu'elles tiennent en suspension. Les corps un peu gros se déposent assez vite; mais les particules fines et très-divisées ne se séparent qu'avec une lenteur excessive.

Ainsi, par un repos trop prolongé, l'eau acquiert des propriétés désagréables, et, après un repos de quelques jours seulement, elle s'écoule laiteuse et opaline dans les réservoirs. La filtration est donc indispensable.

Dans les laboratoires, la filtration des liquides s'opère à travers du papier non collé, et par conséquent très-poreux, qui laisse passer le liquide et retient entre ses interstices les matières en suspension. Les tissus fibreux, comme la laine, le drap, la ouate de coton, l'étoupe, le crin et l'éponge, servent de matière filtrante dans les fabriques de produits chimiques ou dans les ateliers de l'industrie. De minces plaques d'une pierre poreuse, comme le grès, sont très-souvent employées comme matière filtrante. Le sable et le gravier peuvent remplir l'office de la plaque filtrante en grès.

Il y a dans la filtration un double effet physique et chimique, qu'il importe de distinguer. Lorsque de l'eau trouble traverse un filtre de pierre ou de matière végétale, les parties les plus grossières s'arrêtent à la surface, les plus fines se déposent dans les espaces capillaires du corps poreux, et l'eau s'échappe limpide. Mais les matières poreuses qui opèrent cette clarification se chargent nécessairement d'impuretés. Leurs pores s'obstruent peu à peu, et il arrive un moment où le filtre, ayant tous ses espaces bouchés, ne laisse plus rien passer. L'engorgement des filtres ne saurait être évité d'une manière absolue, mais on peut en réduire les effets en choisissant convenablement les matières filtrantes. Plus les pores de ces matières sont étroits et plus vite ils s'obstruent, et réciproquement. Les cailloux cessent d'agir plus tard que le gravier et le gravier plus tard que le sable. D'après cela, il est bon de composer un filtre de couches successives de matières à gros grains, suivies de couches à grains plus fins. L'eau, traversant d'abord les couches grossières, s'y débarrasse de ses plus fortes impuretés, lesquelles ne vont pas engorger les couches suivantes. Celles-ci conservent donc leur action plus longtemps sans que les couches supérieures soient mises hors de service, et la durée totale du filtre se trouve notablement augmentée.

Lorsqu'un filtre est engorgé, il n'est pas perdu pour cela. On fait passer avec force de l'eau pure en sens inverse de son trajet habituel; cette eau reprend une grande partie des impuretées déposées dans les interstices et à la surface du filtre, et le courant la rejette à la rivière. On peut ainsi rendre à la matière filtrante, sinon toute sa valeur primitive, au moins une grande partie de son action.

Mais un filtre n'a pas un effet purement mécanique; il ne se borne pas à séparer, comme par une espèce de tamisage, les matières étrangères suspendues dans l'eau. Les corps dissous sont eux-mêmes influencés par la matière filtrante, en vertu des lois de l'attraction moléculaire.

On sait que les gaz sont absorbés et condensés par les corps solides. Cette propriété s'étend aux substances dissoutes, qui sont retenues et précipitées sur la substance solide filtrante, par une sorte d'attraction moléculaire.

Cette attraction est faible, sans doute, mais elle est positive. Le charbon animal possède cette propriété à un degré remarquable. Le sable, les plaques de grès, n'en jouissent qu'à un degré très-affaibli; mais on ne saurait le contester aux matières organiques, comme le coton, la laine, l'éponge ou le crin, employés comme filtre.

M. Witt a fait sur les eaux de la Tamise qui alimentent la distribution de Chelsea, avant et après la filtration, des analyses qui prouvent que les couches filtrantes, composées de sable, de coquilles et de petits cailloux, avaient retenu une certaine quantité de sels minéraux en dissolution et une forte proportion de matières organiques. Dans d'autres expériences, en opérant avec des filtres de charbon, on constata que le filtre de charbon avait enlevé cent quarante fois plus de matières minérales et dix-sept fois plus de matières organiques que le filtre de sable.

L'absorption des gaz par les matières filtrantes est de toute évidence. Quand elle porte sur les gaz nuisibles, cette absorption est une bonne chose, mais elle est fâcheuse quand il s'agit de gaz qui doivent se trouver normalement dans l'eau potable. Le gaz oxygène et l'acide carbonique sont souvent retenus par la matière filtrante; c'est un mal, mais on ne peut y remédier.

La filtration appliquée aux eaux potables doit donner les résultats suivants : limpidité parfaite, absence de végétaux ou d'animaux microscopiques, élimination, aussi complète que possible, des matières organiques, surtout des matières organiques en décomposition. L'eau doit enfin avoir une température convenable, et contenir la proportion normale de gaz oxygène et de gaz acide carbonique empruntés à l'atmosphère. Ces diverses conditions sont loin d'être entièrement remplies par les procédés en usage; les dernières surtout, relatives à la conservation des gaz, laissent souvent à désirer.

Passons aux différents systèmes de filtration des eaux publiques. On peut distinguer deux méthodes : la *filtration naturelle* et la *filtration artificielle*.

Nous venons de voir que le sable et le gravier sont de bonnes matières filtrantes. Quand le sol, avoisinant le cours d'un fleuve, est sablonneux, on peut donc l'utiliser comme filtre, surtout si le courant est un

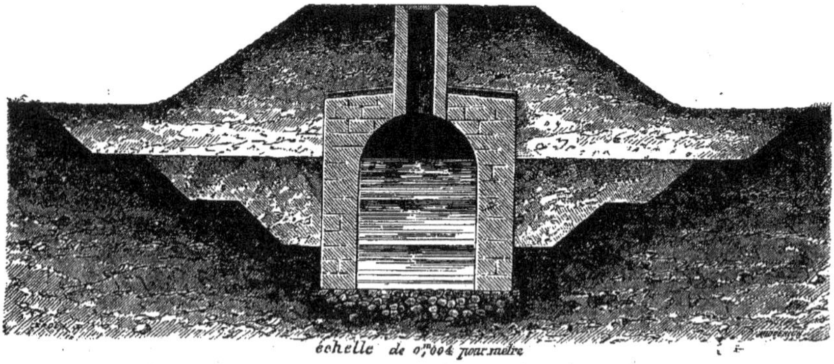

Fig. 98. — Coupe de la galerie filtrante naturelle des eaux du Rhône, à Lyon.

peu fort. La Garonne, à Toulouse, le Rhône à Lyon, la Loire, à quelque distance d'Angers, réunissent ces conditions. Aussi, dans ces villes, la filtration de l'eau destinée aux usages publics s'opère-t-elle tout simplement par le passage de l'eau à travers de grands

Fig. 99. — Coupe de la galerie filtrante naturelle des eaux de la Loire, près d'Angers.

bancs de sable et de cailloux faisant partie du lit du fleuve même. Pour nettoyer ce filtre naturel et prévenir son engorgement, on remplace de temps en temps les couches supérieures de sable.

La figure 97 (page 241) représente, en

Fig. 100. — Réservoir et bassin de filtration des eaux de la Tamise à Battersea, près de Londres (plan).

Fig. 101. — Réservoir et bassin de filtration des eaux de la Tamise à Battersea (coupe transversale).

coupe transversale, l'une des galeries de filtration des eaux de la Garonne, à Toulouse. Les galeries de filtration sont placées dans l'épaisseur d'un banc d'alluvion, composé de sable, de gravier et de cailloux, qui règne le long du cours Dillon. La troisième galerie de filtres dont la figure 97 montre la coupe transversale est située à une distance de 40 mètres de la Garonne, parallèlement à son cours. Cette galerie filtrante a 250 mètres de longueur. Elle est ouverte à $1^m,14$ au-dessous des plus basses eaux. L'aqueduc, qui doit recevoir les eaux filtrées, est composé de deux murs en briques superposées sans ciment et recouvertes de dalles de pierre. Il a $0^m,60$ de largeur et $1^m,50$ de hauteur. L'espace compris entre l'aqueduc et les parois de l'excavation est rempli de gros cailloux bien lavés. Au-dessus on a répandu une couche de gravier de $0^m,66$ d'épaisseur, puis on a comblé avec de la terre sablonneuse extraite de la fouille, et on a semé du gazon à la surface.

Ce filtre naturel fournit par jour 2,800 mètres cubes d'une eau limpide et d'une température égale. C'est la fontaine artificielle la plus économique que l'on puisse imaginer.

Les eaux du Rhône, à Lyon, sont également clarifiées par la filtration naturelle. La figure 98 représente la galerie filtrante des eaux du Rhône, à Lyon. C'est une espèce d'aqueduc en béton, enfoncé à 3 mètres au-dessous de l'étiage du Rhône. Sa largeur est de 5 mètres et sa longueur de 150 mètres. L'eau du Rhône pénètre dans cette galerie, après avoir filtré à travers les cailloux et sables du lit du fleuve. La température de l'eau débitée par cette galerie est constante, et se maintient, comme celle d'une source, à environ + 13°.

La filtration naturelle est employée pour la purification de l'eau de la Loire, près d'Angers. Quoique cette ville soit traversée par la Maine et que les eaux de cette rivière eussent pu être employées, à la rigueur, comme eaux potables, le conseil municipal s'était prononcé pour les eaux de la Loire, beaucoup plus pures, et qui avaient une grande réputation de salubrité. La Loire est à 5 kilomètres de la ville. Il fut décidé que la prise d'eau serait faite dans une île de la Loire dite *île du Château*, qui contient un des quartiers de la petite ville de Ponts-de-Cé. Comme les puits dont se servent les habitants donnaient en abondance une eau limpide et fraîche, on ne doutait pas qu'en creusant une galerie dans cette île, entièrement formée des sables de la Loire, on ne trouvât facilement toute l'eau nécessaire pour la distribution de la ville. On se décida donc à y creuser la galerie filtrante.

La figure 99 donne la coupe en travers de la galerie filtrante naturelle de l'eau de la Loire, près d'Angers. L'eau fournie par ce filtre naturel, est fraîche et limpide.

Le système de filtration naturelle a encore été établi à Tours, en France, à Nottingham (Angleterre), à Perth (Écosse), et il a fourni d'excellents résultats.

Si l'on se demande comment les filtres composés simplement de sable et de gravier fonctionnent sans s'engorger, il faut répondre avec M. Dupuit (1), que la condition indispensable au succès, c'est que la rivière arrive à la surface du lit filtrant de sable ou de gravier avec une certaine vitesse, qui produit le nettoyage du filtre, en même temps que la filtration de l'eau. C'est ce qui explique que l'on ait échoué quand on a voulu établir la filtration naturelle sur les bords de la Clyde, en Écosse. La marée, arrêtant le courant des eaux du fleuve pendant plusieurs heures chaque jour, ralentissait la vitesse de l'eau qui est indispensable au bon fonctionnement des filtres.

La filtration naturelle donne d'excellents résultats, mais elle ne saurait être appliquée partout, parce que les lits des fleuves ne sont pas toujours composés de matières sablonneuses à un état de grosseur relative ou de division convenable. Quand il s'agit de filtrer rapidement de très-grandes quantités de liquide, pour distribuer un volume d'eau considérable dans un grand centre de population, il faut recourir à la *filtration artificielle.*

La *filtration artificielle* des eaux n'est qu'une imitation de la filtration naturelle. Elle consiste à faire passer l'eau à travers une couche plus ou moins épaisse de sable et de gravier.

Les dispositions pratiques pour le filtrage artificiel en grand varient beaucoup. Un filtre artificiel se compose habituellement d'un grand réservoir contenant une couche de gravier, surmontée d'une couche de sable fin. L'eau arrive sur le sable fin, passe sur le gravier, et ainsi totalement débarrassée des matières qui la troublaient, elle s'introduit limpide dans les conduites qui partent du fond du bassin. De temps en temps, on enlève la couche supérieure du filtre, composée de sable fin, qui a retenu la plus grande partie du limon de l'eau, on la jette et on la remplace par du sable neuf. Il faut, on le comprend, pour que le service ne soit pas interrompu pen-

(1) *Traité théorique et pratique de la conduite et de la distribution des eaux*, 2e édition. Paris, 1865, page 40.

dant le nettoyage, avoir deux bassins ainsi construits.

Ce genre de bassins filtrants est très-employé en Angleterre. Les eaux de la Tamise, à Battersea, au-dessus de Londres, se composent de deux grands réservoirs creusés dans le sol, qui n'ont pas moins de 5,000 mètres carrés de surface et 4 mètres de profondeur. Près de ces réservoirs sont deux bassins de filtration, ayant 80 mètres de long sur 58 mètres de large.

La figure 101 (page 246) représente, en plan, le réservoir de clarification et le bassin de filtration de Battersea, et la figure 101 les mêmes deux bassins en coupe transversale.

Le réservoir de clarification, A (figure 101 et 100) communique, par un canal R, avec la Tamise, et se remplit au moyen d'une vanne, qu'on lève au moment des crues. Au fond du réservoir, A, est une rigole demi-circulaire, CD, dans laquelle se rassemble le dépôt et sédiment de l'eau, dépôt qui est facilité par la pente du fond du bassin aboutissant à cette rigole. Un peu éclairci par le repos dans le bassin, l'eau passe au moyen d'une conduite construite en pierres et de près d'un demi-mètre de diamètre dans le bassin de filtration, E. Au fond du bassin de filtration sont 6 canaux BB, séparés par un intervalle d'un mètre et demi. Ces canaux en maçonnerie sont percés de trous pour laisser écouler l'eau ; ils donnent issue au dehors à l'eau qui a subi cette première épuration. Par-dessous ces canaux d'écoulement est placée la couche filtrante, composée de 0^{m},30 de gravier, puis de 0^{m},25 de sable grossier et enfin de 0^{m},15 de sable fin. Le tout est surmonté d'une couche de 1 mètre de sable de rivière.

Après avoir traversé cette masse filtrante, l'eau entre dans les canaux *ab* et s'écoule dans le tuyau P, où des machines à vapeur la prennent pour la distribuer jusqu'aux étages les plus élevés des maisons de Battersea.

Pendant l'été, il faut se préoccuper du développement dans les bassins de repos, des végétations ou des animaux microscopiques. Dès qu'on les voit apparaître, on laisse écouler l'eau à la marée basse qui suit immédiatement et l'on nettoie à fond les réservoirs avant d'y introduire de nouvelle eau.

Ces filtres fournissent par vingt-quatre heures 9,800 mètres cubes d'eau qu'on livre à raison de 1 centime le mètre cube.

Le filtrage des eaux de *Chelsea* est voisin de celui de *Battersea*, et n'en diffère que par quelques particularités. Il se compose de deux réservoirs de clarification et de deux filtres, dont l'un est en service pendant qu'on renouvelle dans l'autre les matières filtrantes. Les bassins filtrants ont 73 mètres de long sur 55 de large, et fournissent chaque année 5 millions de mètres cubes.

Les matières qui composent ce filtre artificiel sont, en suivant l'ordre de superposition et de haut en bas, du sable fin, du sable grossier, du sable mêlé de gravier, du gravier fin, enfin du gravier grossier à la partie inférieure. Dans cette dernière couche sont ménagés les canaux d'écoulement pour les eaux filtrées.

La ville de Hall, en Angleterre, dont la population est de 100,000 âmes, est approvisionnée d'eaux filtrées par le même système. Cette ville reçoit ainsi 177 litres d'eau par habitant chaque 24 heures.

L'eau de la Durance, qui alimente la ville de Marseille et qui est fort trouble en toute saison, est clarifiée par le procédé de la filtration artificielle.

Les filtres sont établis à Marseille. Ils donnent 13 mètres cubes d'eau par 24 heures et par mètre carré de surface filtrante. Ils sont composés d'une couche de 80 centimètres d'épaisseur seulement, contenant les matières suivantes, ainsi disposées :

Sable très-fin de Montredon.......	0^{m},30
Sable moyen de Gondes..........	0 ,08
Gros sable de Riom.............	0 ,18

Fig. 102. — Appareil de filtration de l'eau de la Sprée, à Berlin (plan).

Fig. 103. — Appareil de filtration des eaux de la Sprée à Berlin (coupe transversale).

Petit gravier du Prado de Marseille.	0 ,12
Pierres concassées passant par un anneau de 0^m,06 centimètres....	0 ,12
	0^m,80

Pour nettoyer ces filtres, on y fait passer un courant d'eau de bas en haut. Nous devons dire que ces filtres ne fonctionnent pas d'une manière irréprochable et que l'eau distribuée à Marseille est trop souvent trouble ou insalubre.

L'eau de la Sprée, à Berlin, élevée par des machines à vapeur, est amenée dans deux réservoirs communiquant au moyen de quatre filtres qui présentent les dispositions suivantes. Les couches filtrantes, d'une épaisseur de 1^m,40, se composent, en suivant l'ordre de haut en bas, de sable moyen, de gravier, de cailloux de la grosseur du poing, enfin d'une sorte de canal de pierre sans ciment, qui entoure un tuyau percé de trous a sa partie supérieure et dans lequel s'introduit l'eau filtrée.

Les figures 102-103 montrent cette disposition. R, S sont deux réservoirs qui se remplissent de l'eau de la Sprée. Ils sont coupés par de petits murs *h*, *h*, qui en font autant de réservoirs de faible dimension, faciles à nettoyer. L'eau passe de ces réservoirs R, S, à travers les couches filtrantes *n*, *n*, et, arrivée dans les rigoles F, F, passe par les petits canaux *i*, *i* et la rigole *o*, dans le collecteur général *m*, *m*, lequel amène l'eau filtrée dans les conduites de la ville.

La filtration des eaux de Glascow se fait par un système particulier dit à *gravitation* ou à *gradins*. Voici quelles sont les dispositions des matières filtrantes.

L'eau commence par traverser les matériaux les plus gros et n'arrive qu'en dernier lieu sur les couches de matière plus fine ; mais

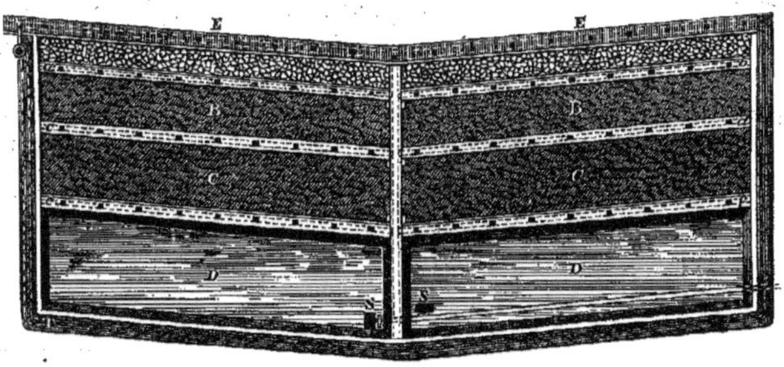

Fig. 104. — Coupe transversale des bassins de filtration artificielle des eaux de Glascow.

ces diverses couches, au lieu d'être parallèles, sont disposées en forme de gradins, à hauteurs inégales.

Les eaux commencent par se clarifier par le repos dans deux réservoirs dont l'un contient 349,000 mètres cubes; l'autre, placé inférieurement, n'a pas moins d'un million de mètres cubes de capacité.

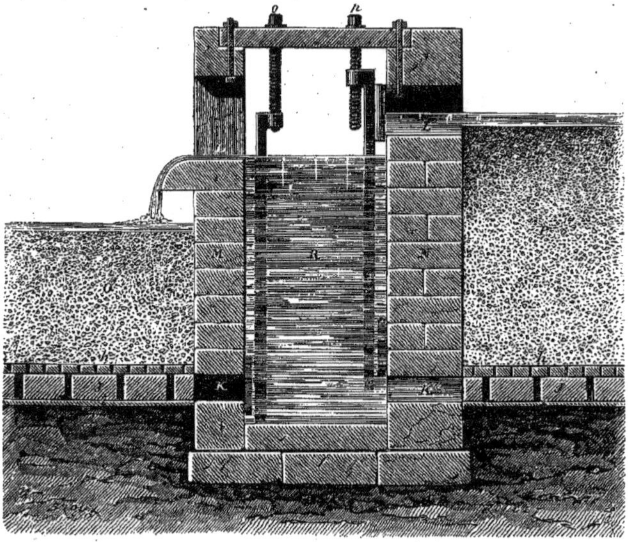

Fig. 105.— Coupe transversale d'une des écluses pour le passage de l'eau d'une couche filtrante à la couche inférieure, dans les bassins de filtration des eaux de Glascow.

De ces réservoirs, l'eau est amenée sur les deux masses filtrantes qui sont composées ainsi qu'il suit, de haut en bas (fig. 104) : 1° une partie EE, composée de sable grossier, et formant une couche peu épaisse; 2° une masse, BB, composée de cailloux; 3° une épaisseur plus forte de sable plus fin, CC; 4° enfin un réservoir d'eau DD. En sortant de ce bassin l'eau est reçue dans une conduite dont les orifices sont munis de portes métalliques SS.

C'est au moyen d'écluses automatiques et de petits canaux, que l'on voit représentés sur la figure 104 par les lettres *ab*, *cd*, *ef*, que l'eau passe d'une couche filtrante dans la couche inférieure.

La figure 105 donne la coupe transversale d'une des écluses des canaux *ab*, *cd*, *ef* (fig. 104), qui séparent, l'une de l'autre, les couches filtrantes superposées; M et N sont les deux murs qui forment le réservoir R; P est le filtre supérieur, composé de sable grossier. L'eau qui a traversé le filtre arrive à un faux plancher *hl* formé de briques, J, séparées les unes des autres et posées debout. L'eau qui a traversé le filtre P se rassemble dans l'intervalle que comprennent les planchers *h* et *l*, passe de là par le canal K, dans le réservoir R, où son niveau s'élève jusqu'à ce qu'elle atteigne l'ouverture L qui la conduit au filtre suivant, O. En changeant la position des valves, de manière à fermer K' et L et à laisser ouvertes K et L', on peut faire écouler l'eau du filtre P et du réservoir R dans un tuyau de décharge quand il est devenu nécessaire de nettoyer les filtres.

Les procédés de filtration artificielle des eaux d'un fleuve ou d'une rivière ne peuvent s'appliquer en France que dans des circonstances assez rares. Toulouse, Lyon, Angers et Marseille, sont à peu près les seules villes où ce moyen ait pu être employé. En général, quand on se sert des eaux d'un fleuve ou d'une rivière pour l'alimentation d'une ville, on ne la filtre pas, vu l'impossibilité d'appliquer ce moyen sur une très-grande échelle. On se contente d'amener l'eau dans des bassins de dépôt, dans lesquels elle séjourne 8 à 10 jours seulement, et où elle se débarrasse des matières les plus grossières. Cette eau, encore trouble, est envoyée dans les conduites qui se ramifient dans la ville. Il importe, en effet, de remarquer que toute l'eau n'a pas besoin d'être filtrée. Cette opération est superflue pour les eaux destinées aux services publics de l'arrosage des jardins et cours, du lavage et du nettoyage des rues, etc. Cette portion des eaux peut donc être employée sans aucune dépuration. L'eau destinée à la boisson a seule besoin d'être filtrée.

Cette filtration s'opère à Paris, soit dans de petites fontaines domestiques, établies chez les particuliers, soit dans des établissements spéciaux, connus sous le nom de *fontaines marchandes*. Dans ces établissements, on filtre l'eau de la Seine, qui est ensuite vendue aux porteurs d'eau, lesquels, à leur tour, la revendent en détail au clients.

Nous donnerons, en parlant des eaux de Paris, la description des *fontaines marchandes* et des fontaines domestiques.

Le filtrage appliqué à la seule quantité d'eau pour laquelle il soit rigoureusement nécessaire, ne coûte pas beaucoup plus cher que ne coûterait le filtrage en grand de toute une masse d'eau dont une partie pourrait se passer de cette opération. Il n'a d'autre inconvénient que d'exiger la présence, chez les particuliers, d'un petit appareil, qui nécessite des nettoyages, ainsi que le transport de l'eau sur la voie publique au moyen de tonneaux et de seaux.

On voit, par ces dernières considérations, combien l'eau de source a de supériorité sur l'eau de fleuve ou de rivière, pour le service des villes en eaux potables. Les eaux de source telles que celles de la Vanne et de la Dhuis, qui arrivent à Paris du haut des coteaux de la Champagne, n'ont besoin d'aucun filtrage. Après un court séjour dans un bassin de repos, elles sont amenées par les conduites de distribution, aux fontaines publiques et chez les particuliers, et jouissent d'une transparence parfaite, sans avoir subi aucun travail. Tout appareil encombrant et coûteux est ainsi supprimé; l'eau est bue à peu près telle qu'elle sort de la source, sans avoir exigé la plus faible dépense pour sa purification. L'économie quotidienne ainsi réalisée permet donc de faire les dépenses nécessaires pour amener au sein d'une ville une source éloignée. Ce dernier avantage, auquel on ne pense pas généralement, est à ajouter aux nombreux arguments qui prescrivent de préférer les eaux de sources à celles des fleuves et des rivières, pour l'alimentation des villes.

CHAPITRE XXIV

DISTRIBUTION DES EAUX POTABLES. — LES AQUEDUCS ET LES MACHINES ÉLÉVATOIRES. — LES TUBES-SIPHONS. — LES PONTS-SIPHONS CHEZ LES ANCIENS ET CHEZ LES MODERNES. — DESCRIPTIONS DES AQUEDUCS ANCIENS. — LES AQUEDUCS DE ROME. — DE LYON. — DE METZ. — DE NIMES. — DE COUTANCES.

Quand on a fait choix de l'espèce d'eau que l'on veut distribuer dans une ville, il faut s'occuper de l'amener dans les réservoirs de cette ville. Si le niveau de la source, du fleuve ou de la rivière permet de les conduire à ces réservoirs par la seule pente de l'eau, on emploie un aqueduc. Si, au contraire, comme c'est le cas le plus fréquent, la rivière ou la source est à un niveau inférieur à celui de la ville, il faut élever l'eau par des machines, soit hydrauliques, soit à vapeur.

Occupons-nous d'abord des moyens d'amener l'eau par sa pente naturelle.

On appelle aqueduc, du latin *aqua ductus*, une rigole construite en maçonnerie, en poterie ou en métal, pour servir au transport automatique des eaux. Ces rigoles sont couvertes et enfouies à une certaine profondeur au-dessous du sol, tant pour s'opposer à l'évaporation, que pour conserver à l'eau sa fraîcheur et sa pureté.

Rien n'est plus variable que les dimensions que l'on peut donner à un aqueduc. Les anciens aqueducs avaient des dimensions bien plus considérables que celles qu'on leur donne aujourd'hui. Dans la plupart des aqueducs construits jusqu'à notre siècle, on donnait à ces conduites des dimensions exagérées, et tout à fait inutiles. On voulait qu'un homme pût y circuler, et l'on construisait même à côté de la *cunette*, c'est-

Fig. 106. — Coupe de l'aqueduc d'Arcueil.

à-dire de la rigole qui reçoit l'eau, une banquette, sur laquelle les ouvriers pouvaient

Fig. 107. — Coupe de l'aqueduc de Montpellier.

marcher en se tenant debout. Dans le canal des eaux du pont du Gard construit par les Romains, on se promène comme dans une pièce d'appartement. On circule avec la plus grande facilité sur la banquette, à l'intérieur du canal des eaux de l'aqueduc d'Arcueil, qui a 2 mètres de hauteur sur 1 mètre de section, et dont une faible partie est occupée par la cunette des eaux.

La figure 106 donne la section de l'aqueduc d'Arcueil, et la figure 107, celle de l'aqueduc du Peyrou, à Montpellier.

Aujourd'hui on a singulièrement réduit, avec juste raison, la section des aqueducs. Darcy a donné à l'aqueduc de Dijon, construit en 1839 et que représente la figure 108, des dimensions qui en font un excellent type pour des aqueducs de portée moyenne, surtout quand leur débit varie peu. L'aqueduc de Dijon a 90 centimètres de hauteur totale, et la *cunette* $0^m,60$ de largeur, de sorte que l'on peut y circuler sans trop de gêne. L'épaisseur du *radier* est de 30 centimètres. Les pieds droits ont 62 centimètres de hauteur et 40 centimètres d'épaisseur. De distance en distance, des regards permettent de descendre dans l'aqueduc. Ces regards consistent en des espèces de chemi-

Fig. 108. — Coupe de l'aqueduc de Dijon.

nées en maçonnerie, qui sont fermées au moyen d'une trappe.

Ce sont là pourtant de grands aqueducs, de véritables édifices hydrauliques, dont l'établissement n'est justifié que dans de rares circonstances. Dans les cas ordinaires, lorsqu'il s'agit de conduire de faibles volumes d'eau et avec le moins de dépense possible, on simplifie singulièrement ce système de conduite. Le ciment permet de bâtir à très-peu de frais de petits aqueducs. M. Belgrand a construit, pour amener les eaux à Avallon, un des premiers et des meilleurs types de ce genre d'aqueducs. Fabriqué en béton avec du ciment de Vassy, il se compose simplement, comme le représente la figure

Fig. 109. — Coupe de l'aqueduc d'Avallon.

109, d'une *cunette* de $0^m,30$ de largeur et de $0^m,15$ de hauteur, surmontée d'une voûte de $0^m,30$ de largeur et de $0^m,11$ de flèche. La maçonnerie n'a qu'un décimètre d'épaisseur, et pourtant la surface du débouché de l'eau a la section de $0^m,07$.

L'aqueduc d'Avallon débite plus de 1,850 mètres cubes d'eau par 24 heures. Il est enfoncé à $1^m,50$ seulement au-dessous du sol.

Le béton permet de fabriquer, soit sur place, soit par moulage, d'excellents conduits, très-économiques, pour les petites distributions d'eaux. Des usines spéciales livrent aujourd'hui des tuyaux en ciment, au prix de 1 franc le mètre courant, pour un diamètre de 8 centimètres, au prix de 3 francs le mètre courant pour un diamètre de 30 centimètres et de 8 francs pour un diamètre de 50 centimètres. Mais, le plus souvent, on construit sur place l'aqueduc avec le béton. Un petit aqueduc en béton moulé au fond d'une tranchée et recouvert de pierre et de plâtre maçonné, donne d'excellents résultats avec une très-faible dépense.

Les anciens qui n'avaient pas ce précieux béton qui a créé de nos jours l'art de la bâtisse économique, faisaient usage, pour diriger les eaux, de conduites en pierres ou en poterie. On ne peut fouiller le sol autour des villes anciennes sans y trouver les vieilles conduites de terre qui servaient au transport des eaux. De nos jours encore, les tuyaux de poteries sont loin d'être abandonnés pour des conduites de peu d'importance, quand le parcours est bref et la pression presque nulle. Les tuyaux de drainage, garnis de colliers de jonction que l'on ferme avec du ciment hydraulique, servent souvent à conduire des eaux potables. Mais il ne faut pas leur donner de trop petites dimensions, car s'ils fonctionnent à pleine charge, ils sont fort exposés aux fractures.

Outre les conduites en poterie, les anciens se servaient de tubes de plomb, qu'ils enterraient dans le sol, ou qu'ils posaient à l'intérieur d'un aqueduc de maçonnerie. Les modernes rejettent, avec raison, les tuyaux de plomb, et les remplacent par les tuyaux de fonte, matière beaucoup plus économique.

Les tuyaux de fonte ne sont pas cependant employés à titre de conduits ordinaires. On a recours à ce métal, en raison de sa résistance à la pression, lorsqu'il s'agit de franchir une vallée profonde, et de remonter à l'autre bord, sans élever le mur qui serait indispensable pour supporter la conduite si l'on voulait franchir directement la vallée. Au lieu de passer d'un bord à l'autre des deux éminences, on établit un conduit souterrain en fonte, en forme de siphon renversé : l'eau descend jusqu'au bas de la conduite métallique et reprend son niveau en s'élevant dans la seconde branche du siphon. Les *tuyaux-siphons*, ou *tubes-siphons* qui permettent de se passer d'un mur, d'un

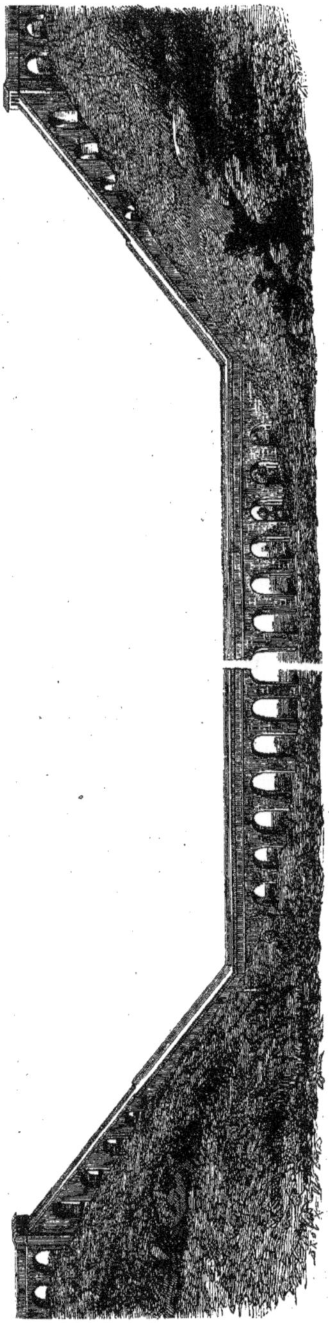

Fig. 110. — Restauration du *tube-siphon* du mont Pila, près de Lyon, construit par les Romains.

remblai ou d'un pont, rendent à l'art de la conduite des eaux des services immenses.

On croit généralement que l'invention des *tuyaux-siphons* est de date moderne ; mais c'est là une erreur, car les architectes romains ont fait usage en plusieurs circonstances de *tuyaux-siphons*, ou *siphons renversés*, qu'ils construisaient avec d'énormes conduits de plomb. L'aqueduc du mont Pila qui conduisait à Lyon les eaux qui descendent ou sortent de cette montagne, présentait, entre Soucieux et Chaponot, un magnifique *siphon renversé*, qui constitue un des plus curieux ouvrages de l'architecture ancienne.

La figure 110 représente le *tuyau-siphon* du mont Pila, restauré d'après les restes qu'on en trouve encore sur la colline de Chaponot et dans la vallée.

L'aqueduc du mont Pila avait été construit par ordre de l'empereur Claude, qui était né à Lyon. Il servait à amener les eaux qui arrosaient les jardins du palais de Claude, situé sur le point le plus élevé de la colline de Fourvières. Les eaux du mont Pila, recueillies près de Saint-Étienne en Forez, à 50 kilomètres environ de Lyon, devaient franchir, avant d'arriver à la ville, un certain nombre de vallées, plus ou moins profondes. L'aqueduc passait treize de ces dépressions sur des arcades assez hautes pour laisser couler l'eau en conduite libre avec une faible pente. Mais pour trois vallons, dont l'un, celui de l'Izeron, ne s'abaissait pas à moins de 100 mètres au-dessous du niveau de l'aqueduc, la dépense avait sans doute paru trop considérable aux architectes romains, et l'on avait eu recours aux siphons. Douze tuyaux de plomb, de 21 centimètres de diamètre, partaient du fond d'un réservoir, dans lequel l'aqueduc versait son produit en arrivant au val de l'Izeron, puis descendaient sur le flanc de la montagne, portés tantôt par des arceaux rampants, tantôt par un massif de maçonnerie. Ils traversaient ensuite le fond de la vallée sur des arcades de 12 mètres de haut, et remontaient enfin la pente opposée pour aboutir à un second réservoir formant la tête de l'aqueduc continué. Les deux autres passages étaient pratiqués par des travaux analogues.

Un certain nombre de ces tuyaux que l'on a retrouvés encore en place, portaient cette inscription : TI. CL. CÆS. (Tiberius Claudius Cæsar) (1).

Rondelet qui a traduit en français le *Commentaire de Frontinus* donnant la description des aqueducs de l'ancienne Rome, a fait suivre sa traduction de la description du *pont-siphon* du mont Pila, que les Romains avaient construit entre Soucieux et Chaponot.

« Le vallon qui est entre Soucieux et Chaponot, dit Rondelet, a 200 pieds environ de profondeur. Cinq ponts l'un sur l'autre auraient été à peine élevés suffisamment pour porter l'aqueduc d'un coteau à l'autre, et le dernier de ces ponts aurait eu environ 400 toises de longueur.

« Le vallon entre Chaponot et Sainte-Foy, d'environ 300 pieds de profondeur, et dans lequel passe la rivière d'Izeron, aurait exigé huit rangs d'arcades les uns sur les autres, tous très-longs. Le troisième vallon, entre la colline du petit Sainte-Foy et celle de Fourvières, aurait exigé trois rangs d'arcades.

« Toutes ces constructions auraient exigé des travaux prodigieux et une dépense énorme, capables d'arrêter l'exécution du projet ; mais l'intelligence des architectes qui en furent chargés leur fit imaginer de substituer à ces constructions des tuyaux en plomb, d'un travail et d'une dépense bien moins considérables.

« Ainsi, pour le passage du vallon du Garou, l'aqueduc, parvenu sur la hauteur de la colline, répandait ses eaux dans un réservoir ou cuvette, placé sur une tour carrée.

« Le mur de ce réservoir, du côté du vallon, était percé, à 9 pouces au-dessus du fond, de neuf ouvertures ovales, de 12 pouces de hauteur sur 10 de largeur, à 7 pouces d'intervalle les unes des autres. C'est par ces ouvertures que l'eau sortait du réservoir de chasse par autant de tuyaux de plomb qui descendaient dans le vallon, couchés d'abord sur un des arcs rampants et ensuite sur un massif de maçonnerie, dont la pente était réglée jusqu'aux ar-

(1) Delorme, *Recherches sur les aqueducs de Lyon construits par les Romains.* — Le père Colonia, *Inst. littér. de la ville de Lyon.* — Flacheron, *Mémoire sur trois anciens aqueducs de Lyon.*

cades, sur lesquelles ils traversaient le fond du vallon. De là, ces tuyaux remontaient le côté opposé, également couchés sur un autre massif de maçonnerie, terminé par les arcs rampants qui lui donnaient l'entrée dans un autre réservoir, qui est de niveau avec l'aqueduc de Chaponot.

« Le pont à siphon, sur lequel les tuyaux traversaient le vallon, est construit et disposé dans les mêmes proportions que les ponts-aqueducs ; ses piles ayant 9 pieds de face, l'ouverture des baies 18, et la hauteur de l'arcade 36.

« Selon M. Delorme, les neuf siphons, qui sortaient du réservoir par autant d'orifices, avaient chacun 8 pouces de diamètre intérieur, et s'évasaient dans ces ouvertures sur 11 pouces de haut, pour faciliter l'entrée de l'eau. Ces tuyaux, d'environ 1 pouce d'épaisseur, descendaient jusqu'à moitié de la pente, où ils se divisaient en deux branches, qui passaient sur le pont, et remontaient le côté opposé du vallon jusqu'à 70 pieds, où les deux branches se réunissaient comme de l'autre côté en un tuyau de 8 pouces, qui allait jusqu'au réservoir.

« Quant à moi, je pense que les neuf tuyaux partant du réservoir de chasse et allant au réservoir de fuite, étaient les mêmes dans toute leur étendue, et qu'ils passaient sur les arcades. »

Ainsi, les architectes romains avaient déjà recours aux *tubes-siphons*. Au lieu de construire ces ponts-aqueducs à arcades, qui excitent l'admiration du vulgaire par l'élégance de leurs lignes et la majesté de leur style, ils avaient quelquefois recours à ces modestes, mais économiques *tubes-siphons*, afin d'économiser les ressources du trésor public.

Il n'est pourtant pas toujours possible d'établir des *tubes-siphons*. La nécessité de laisser passer un cours d'eau ou des voies de communication transversales, oblige d'élever un mur étroit destiné à porter la conduite des eaux. Un simple remblai de terrain ne saurait répondre à ce besoin, à cause des tassements inévitables que les remblais subissent avec le temps, et qui changeraient la pente, toujours si faible, qui détermine la marche de l'eau dans l'aqueduc. Il faut donc construire un véritable mur en maçonnerie. Et comme ce mur doit livrer passage, dans la vallée, aux routes, aux voies de circulation, aux cours d'eau, etc., il faut nécessairement construire ce mur en arcades. De là, ces magnifiques *ponts-aqueducs* que les Romains ont édifiés dans tous les pays qu'ils ont occupés, ceux que l'on a construits après les Romains et à leur imitation, enfin ceux qu'on a élevés dans les temps modernes.

Il faut dire, toutefois, que ces constructions monumentales sont aujourd'hui bonnes à admirer, mais non à imiter. Les Romains qui ne connaissaient pas la fonte et n'avaient que des tuyaux de plomb d'un prix énorme et de très-mauvaise qualité, ne pouvaient guère faire passer les eaux d'un aqueduc d'un côté à l'autre d'une vallée qu'au moyen de ces constructions monumentales qui ont reçu le nom de *ponts-aqueducs*. Mais aujourd'hui, l'emploi si général et si peu coûteux de la fonte permet de franchir aisément l'intervalle d'une vallée au moyen d'un *siphon renversé*, qui n'a qu'un inconvénient, c'est de produire une grande perte de charge d'eau.

Les conduites de fonte, qui remplacent aujourd'hui les *ponts-aqueducs* des anciens, se moulent sur la forme du terrain. Quand il faut franchir un cours d'eau, on les pose sur un pont étroit et léger, et l'on triomphe ainsi des difficultés qui étaient tout à fait insolubles par les anciens procédés. Si les Romains avaient possédé les ressources qui nous sont acquises dans l'art des constructions, ils n'auraient pas procédé autrement que nous.

Après ces réserves techniques, il ne faut pas marchander l'admiration ni les éloges aux constructions monumentales que les anciens nous ont laissées. Les architectes Romains ont construit avec leurs ponts-aqueducs de magnifiques modèles. L'art contemporain ne saurait les faire oublier. L'aqueduc de Roquefavour qui a été construit pour conduire les eaux de la Durance à Marseille, n'est qu'une copie du pont Romain du Gard, dont il a cependant le double de longueur, et il n'est supérieur, ni par les qualités des matériaux, ni par la forme architecturale, à son devancier séculaire. On peut en dire autant de l'aqueduc du Croton, à New-York, qui est plus long encore que le pont du Gard.

Il ne sera pas sans intérêt de jeter un coup d'œil rapide sur les plus remarquables aqueducs que l'antiquité nous ait laissés.

Ce serait une tâche beaucoup trop longue que de passer en revue tous les aqueducs célèbres dans l'histoire de l'art. Si l'on voulait rendre ce tableau complet, il faudrait sortir de l'Europe, pour montrer le nombre considérable de ces ponts-aqueducs que les Romains avaient construits dans une partie de l'Asie et du nord de l'Afrique. Quelques-uns sont encore debout aujourd'hui, et n'ont pas cessé, malgré les injures du temps, de verser dans les lieux habités le bienfait de leurs eaux. Un grand nombre embellit de ruines sublimes les environs des cités, et témoignent, par la majesté de leurs proportions et leurs restes impérissables, du génie architectural des Romains.

Nous passerons en revue les plus célèbres des *ponts-aqueducs* construits par les Romains et leurs successeurs jusqu'aux temps modernes, c'est-à-dire les aqueducs de l'ancienne Rome, celui de Nîmes ou *pont du Gard*, ceux de Lyon, de Metz, de Coutances, etc.

Assise au bord du Tibre, près du confluent de ce fleuve avec l'Anio (aujourd'hui le Téverone), Rome occupe les derniers monticules d'une chaîne de hauteurs qui borde au sud-est le bassin de l'Anio.

L'insalubrité des eaux du Tibre et leur état de trouble trop fréquent, le besoin d'assainir la ville et d'établir des fontaines dans les quartiers dont la population augmentait de jour en jour, l'usage de bains qui se multipliaient, amenèrent à dériver successivement à Rome une énorme masse d'eaux, empruntées à différentes sources, et à faire couler à travers la ville un véritable fleuve d'eaux pures qui aurait suffi aux besoins d'une population vingt fois plus considérable que celle de Rome.

Dès la fin du premier siècle après J.-C., sous les empereurs Nerva et Trajan, il y avait à Rome neuf aqueducs qui apportaient un immense volume d'eau, et qui desservaient les quartiers de la ville à des niveaux différents. Six de ces aqueducs *Appia*, *Anio vetus*, *Marcia*, *Aqua Virgo*, *Claudia* et *Anio Novus*, prenaient l'eau dans la vallée de l'Anio; deux autres, nommés *Tepula* et *Julia*, détournaient les sources des petits affluents de la rive gauche du Tibre inférieur. Le dernier prenait l'eau du lac Alsietinus, situé sur la rive droite du Tibre, au nord-ouest de Rome : d'où le nom d'*Alsietina*.

Ces aqueducs qui portaient, comme on le voit, les noms de ceux qui les firent construire ou des sources auxquelles ils étaient empruntés, avaient été édifiés successivement, suivant un ordre que nous allons indiquer.

Le premier aqueduc (*Appia*) fut construit 441 ans avant J.-C. par le censeur Appius Claudius Cœcus. Il rassembla les sources éparses des montagnes de Frascati et les conduisit jusqu'à Rome, tantôt par des canaux souterrains, creusés dans la montagne, tantôt par des arcades. Près de la porte *Nœvia*, ses eaux se divisaient en deux branches, l'une dirigée vers le mont *Testaceus*, l'autre vers le pont *Sublitius*. Elles alimentaient vingt *châteaux d'eau*. Auguste réunit à ces eaux une partie de celles qui portent son nom. C'est sans doute la raison qui fit donner à leur réunion le nom de *Gemelles*.

Le second aqueduc construit fut l'*Anio vetus :* les dépouilles provenant du roi Pyrrhus en firent les frais. Il fut commencé 481 ans avant J.-C. par le censeur Curius Den-

Fig. 111. — Un des anciens aqueducs de la campagne de Rome.

tatus, et terminé par Flavius Flaccus, alors *curateur* des eaux. Il dut son nom à l'Anio. Une dérivation de cette rivière qui commençait un peu au-dessus de Tivoli, à six lieues de Rome, traversait la montagne de *Vicovaro* par un canal de cinq pieds de haut sur quatre de large, taillé dans le roc sur un kilomètre de longueur, et se continuait par une suite d'arcades de 360 mètres, dans la campagne de Rome. Les eaux de l'*Anio vetus* étant souvent troubles, ne servaient qu'à laver les rues, à arroser les jardins et à abreuver les animaux.

L'état de ruine dans lequel se trouvaient les aqueducs *Appia* et *Anio vetus* engagea le sénat, l'an 68 de la fondation de Rome, sous les consuls Servius Sulpicius Galba, et Lucius Aurelius Cotta, à les restaurer. Le préteur Marcius amena au Capitole une rigole d'eau qui prit le nom d'*aqua Marcia*. Le sénat lui accorda, pour cette opération, une somme équivalente à 1,142,400 francs de notre monnaie.

L'aqueduc *Marcia* restauré par Urbain VIII, alimente aujourd'hui la belle *fontaine de Moïse* élevée par Charles Fontana, monument que le touriste rencontre lorsqu'il arrive à Rome par le chemin de fer.

L'aqueduc d'*aqua Tepula* fut construit 628 ans avant J.-C. par les censeurs S. L. Servilius Cœpio et L. Cass. Langinus, sous le consulat de Plautius. Il empruntait ses eaux à des sources situées près de Frascati, et les portait à Rome, en traversant la voie Prénestine. Longeant le camp des soldats, et pénétrant dans les murs de Rome près de la porte *Nœvia*, aujourd'hui porte *Majeure*, il débouchait dans l'aqueduc *Marcia*.

Une partie de ses eaux servait à l'arrosement des campagnes, l'autre se distribuait dans les différents quartiers de Rome, où elle remplissait quatorze réservoirs.

La quantite d'eau amenée par les aqueducs *Appia*, *Anio vetus*, *Marcia* et *Tepula*, ne suffisait plus, au temps d'Auguste, pour les besoins de Rome. L'an 34 avant J.-C. Auguste fit embellir Rome de 700 bassins (*lacus*) de 105 fontaines jaillissantes (*salientes*) et de 130 superbes châteaux d'eau (*castella*). 170 bains gratuits furent ouverts au peuple. Pour alimenter toutes ces fontaines, Auguste fit réparer par l'édile Agrippa, l'an 35 avant J.-C., les anciens aqueducs et amener par un nouvel aqueduc (*aqua Julia*) les sources de la vallée comprise entre Tusculum et le mont Albain. L'an 22 avant J.-C., Auguste inaugura l'*aqua Virgo*, autre aqueduc qui conduisait et conduit encore, par des canaux en partie souterrains en partie supportés par des arcades, l'eau d'une source située sur la voie Collatine, et qui aboutit à Rome, au sud du Champ-de-Mars et à l'est du Panthéon.

Ce dernier aqueduc était surtout destiné aux bains publics.

Auguste amena aussi l'*aqua Alsietina*, tirée du lac Alsietinus, aujourd'hui *lago di Martignano*, près de la voie Claudia. Mais cette eau non potable ne servait qu'aux arrosages et à alimenter la naumachie. Elle desservait aussi le quartier de la rive gauche du Tibre, quand l'eau venait à y manquer.

Deux aqueducs, plus importants encore, commencés sous l'empereur Caligula et achevés sous l'empereur Claude, *aqua Claudia* et l'*Anio novus* furent ajoutés aux sept que Rome possédait déjà. Le premier recevait les eaux de deux sources très-pures, appelées Cœrulus et Curtius, sur la voie *Sublacensis*. Cet aqueduc parcourait un espace de 46,406 pas, dont 36,230 dans des conduits souterrains (1).

(1) Le *pas* romain équivaut à 1 mètre, 485.

L'aqueduc *Claudia* amenait l'eau à 47,42 au-dessus du Tibre, celui de l'*Anio novus* l'élevait plus haut encore. Ce dernier aqueduc était porté par les mêmes arcades que l'*aqua Claudia*, mais dans un conduit supérieur. C'était aussi l'aqueduc qui avait le plus long développement; il parcourait un un espace de 58,700 pas (1).

Tels sont les neuf aqueducs qui alimentaient Rome du temps de Frontinus, qui fut *curator*, c'est-à-dire inspecteur ou directeur des eaux sous les empereurs Nerva et Trajan. Frontinus en a laissé une description complète. A ces neuf aqueducs, il faut ajouter deux nouveaux aqueducs qui furent construits, l'un sous Trajan, l'*aqua Trajana*, qui porta les eaux du lac Sabatinus *lago di Bracciano* au Janicule et dans la région transtevérine; l'autre sous Alexandre-Sévère, l'*aqua Alexandrina*, destiné à alimenter les thermes qui portaient le nom de cet empereur.

Nous ne parlons pas d'autres aqueducs secondaires, sur la direction desquels on n'a que des données incertaines, ou qui ne sont que des dérivations de quelques-uns des précédents. C'est seulement en les comptant, ou par des confusions de noms, que certains auteurs ont parlé de dix-neuf aqueducs comme existant à Rome, sous les derniers empereurs. Procope dit qu'il en existait quatorze en 537 lorsque Vitigès mit le siége devant cette ville.

Tous ces aqueducs aboutissaient, près des murs de Rome, à de grands réservoirs, dans lesquels elles se purifiaient par le repos. Elles se rendaient ensuite dans les *châteaux d'eau*, où débouchaient les tuyaux destinés à les répandre dans les différents quartiers.

La distribution des eaux s'opérait par des tuyaux de terre (*fistula*). Il y avait 25 moules différents pour le diamètre de ces conduits. La jauge des tuyaux se faisait dans le château d'eau, au moyen de calibres en

(1) *Dictionnaire des antiquités de Ch. Daremberg et Saglio*, 1874, article *Aqueduc*.

bronze (*calix*) au nombre de 25. Le plus petit calibre s'appelait *quinarius*, et avait pour diamètre un doigt $\frac{51}{224}$; sa surface était de 0^m,423 millimètres carrés. Le doigt (*digitus*) était la limite de mesure : il avait 0^m,019. Sous la direction de Frontinus, les neuf aqueducs, d'après les mesures prises par lui aux sources mêmes, devaient apporter à Rome 24,805 *quinarii*. Mais ce chiffre n'était pas celui des registres sur lesquels étaient inscrites toutes les eaux distribuées dans la ville et dans les environs, car il y avait beaucoup de déperditions et de dérivations frauduleuses.

La longueur de ces aqueducs variait de 23,000 à 91,000 mètres; ils mesuraient ensemble 417,722 mètres, soit 418 kilomètres, dont plus de 364 en souterrains, 4 1/2 en remblais, et 49 environ (soit plus de 12 de nos lieues), sur arcades.

A leur entrée dans Rome, le plan d'eau du plus bas dépassait encore le quai du Tibre de 8 mètres. Les plus élevés arrivaient à 38, 39 et 47 mètres au-dessus du quai du Tibre. Le dernier était à 3 mètres plus haut que la plus haute colline de Rome.

L'eau *Appia*, la moins élevée, n'arrivait qu'à 8^m,37 au-dessus du quai du Tibre. L'eau *Marcia* avait 37^m,48 d'élévation. L'*Anio novus*, la plus élevée de toutes, avait 47^m,52 au-dessus du Tibre.

Des aqueducs *privés*, pour ainsi dire, avaient été construits par de riches particuliers, ou par les empereurs, de leurs propres deniers, pour fournir l'eau à leurs bains, aux fontaines, jets d'eau et cascades qui embellissaient leurs villas. Ces aqueducs spéciaux remontaient jusqu'à la source même ou s'embranchaient sur les aqueducs de l'État. On voit encore près de Tivoli les restes d'un aqueduc qui alimentait la villa Adriana, et qui puisait son eau à l'aqueduc *Claudia*. Il existe encore des vestiges d'un aqueduc particulier, qui amenait l'eau à la villa des Quintilii. Du reste, il suffit de parcourir la campagne romaine pour y rencontrer de magnifiques ruines d'arcades, qui témoignent de la quantité de ces aqueducs particuliers. La figure 111 (p. 257) représente un de ces aqueducs en ruine qui parsèment la campagne romaine, et que l'on conserve avec un soin religieux, tout à la fois comme souvenir de l'antiquité et comme modèle de l'art.

Les aqueducs romains se composaient de conduites de maçonnerie qui marchaient tantôt sous terre, tantôt en remblai, à travers les montagnes et au penchant des coteaux. Puis, sans perdre de leur pente régulière, et dédaignant les tubes-siphons, qui réalisent l'économie aux dépens de l'altitude, ils franchissaient les vallées sur des arcades magnifiques, dont la hauteur dépassait parfois 30 mètres, et l'ouverture plus de 8 mètres. Plusieurs, par exemple, les aqueducs Julia, Tepula, Marcia se superposaient en se rencontrant, afin de ne rien perdre de leurs niveaux respectifs, et cheminaient sur les mêmes arcades. La plupart (tous ceux des dérivations de la rive gauche du Tibre, à l'exception de l'*aqua Virgo*) suivaient en approchant de Rome, un long coteau parallèle à la voie Appia, et y trouvaient, comme nous l'avons dit, de vastes réservoirs, où l'eau se clarifiait plus ou moins complétement par le repos, avant d'entrer dans la cité reine du monde. Ceux qui puisaient aux sources les moins pures, l'*Anio vetus* et l'*Anio novus*, avaient en outre un semblable réservoir à leur point de départ.

A l'intérieur de la ville, un système de conduites, tantôt enfouies, tantôt portées sur des arcades, distribuait l'eau de colline en colline, de quartier en quartier. 247 réservoirs, ou *châteaux d'eau* secondaires, la recevaient pour la répandre chez les particuliers par une foule de tuyaux. Chacun de ces tuyaux, soigneusement mesuré, s'embranchait directement sur un réservoir, et n'avait qu'un seul orifice d'écoulement dans les palais, les jardins, les viviers, dans les camps des soldats, dans les bains, les thermes, les naumachies, les théâtres, dans les fontaines publiques et dans les égouts.

La masse des eaux ainsi dérivées était énorme. Comme nous l'avons dit plus haut, Frontinus, le *curateur* des eaux sous les empereurs Nerva et Trajan (l'an 98 avant J.-C.) en a donné la mesure dans un de ses *commentaires*. Cette quantité en mesure moderne était de 1,488,300 mètres cubes coulant chaque vingt-quatre heures, et composaut de véritables fleuves artificiels réunis sur les sept collines. Cette masse d'eau équivaut à près de neuf fois le débit total du canal de l'Ourcq; elle est à peu près égale à celle que la Marne verse dans la Seine, en été.

Toutes les eaux de Rome n'étaient pas également limpides, également salubres, ce qui détermina à les classer suivant les usages auxquels on les destinait. L'eau *Marcia* fut placée au premier rang et réservée tout entière pour la boisson. L'*Anio vetus*, au contraire, fut destiné à l'arrosement des jardins et aux besoins les plus ordinaires de l'économie domestique.

La plus grande partie de ces eaux était destinée aux usages publics. Elles coulaient nuit et jour par les fontaines; elles se rendaient ensuite, par des canaux souterrains, dans les naumachies, où elles arrivaient en assez grande abondance pour qu'on pût y simuler des combats de vaisseaux, genre de spectacle qui plaisait beaucoup aux Romains, et pour lequel on ne craignait pas de faire de grandes dépenses. C'est pour alimenter sa naumachie qu'Auguste avait fait construire l'aqueduc de 32,925 mètres de longueur, qui portait l'eau *Alsietina*. L'empereur Claude transforma le lac Fucin en naumachie, en faisant placer tout autour des rives de ce lac des siéges pour les spectateurs. Les provinces suivirent l'exemple de la capitale de l'empire. On a reconnu à Metz et à Saintes des restes de naumachies.

Les bains publics absorbaient une quantité considérable de l'eau amenée par les aqueducs. On se fait une idée suffisante de l'importance des bains publics de l'ancienne Rome, quand on parcourt les restes des *Thermes d'Antonin Caracalla*, qui sont les plus belles ruines de Rome, en même temps que l'un des monuments les plus considérables du monde entier. Le périmètre extérieur de ces bains publics n'était pas moindre de 1,400 mètres. Dans le *caldarium*, c'est-à-dire la piscine chaude, seize cents personnes pouvaient se baigner à la fois. Plusieurs milliers de citoyens s'y livraient, en même temps, au plaisir du bain. On y trouvait outre les piscines et les étuves, des bibliothèques pour les lecteurs, des gymnases pour les athlètes et les lutteurs, des arènes pour les courses, des théâtres, des magasins où affluaient les acheteurs, des marchés, des buffets pour les rafraîchissements, en un mot la réunion de tout ce qui pouvait amuser et distraire un peuple qui aimait à réunir les plaisirs de l'esprit à ceux de la sensualité.

La figure 112 donne une vue des restes des thermes d'Antonin Caracalla.

Sous Trajan, Pline décrivait avec admiration ces magnifiques ouvrages : ces longues suites d'arcades conduisant vers Rome une incroyable quantité d'eau, les montagnes coupées, les roches percées, les vallées franchies; et il ne trouvait rien de plus merveilleux dans l'univers. Quatre siècles plus tard, au temps de Théodoric, pour donner aux surveillants des eaux une haute idée de leurs fonctions, Cassiodore, gouverneur de Rome, écrivait :

« A comparer entre eux les édifices de Rome, on hésiterait à donner la préférence; il faut distinguer pourtant ceux dont l'utilité fait le prix, de ceux que leur seule beauté recommande. Le forum de Trajan est un prodige, même pour des yeux accoutumés à le voir chaque jour. Le Capitole porte les chefs-d'œuvre du génie de l'homme. Mais ce n'est point là qu'est la source de la santé, du bien-être et de la vie.

Fig. 112. — Vue extérieure des ruines des thermes de Caracalla, à Rome.

Les aqueducs sont remarquables et par leur admirable structure et par la salubrité de leurs eaux. Les fleuves qui coulent sur ces montagnes artificielles semblent avoir un lit creusé naturellement dans les plus durs rochers, puisqu'ils résistent depuis tant de siècles à l'impétuosité du courant. Les flancs des monts s'écroulent, le lit des torrents s'efface, mais ces ouvrages des anciens ne périront pas tant qu'un peu d'industrie et de vigilance seront employées à leur conservation. »

Le complément de cette magnifique abondance d'eaux publiques dans la cité reine du monde, c'étaient les égouts ou, comme on les appelait, les *cloaques*, qui rejetaient hors de la ville les eaux ayant servi aux différents usages publics et domestiques. Les égouts de Rome, que les modernes n'ont eu qu'à imiter, recevaient les eaux et immondices de la ville, et les conduisaient au Tibre.

C'est Tarquin l'Ancien qui avait ordonné, le premier, de construire des égouts à Rome. Tarquin le Superbe fit faire le grand cloaque qui commençait à la place Romaine et débouchait dans le Tibre. Sous les empereurs, quand le champ de Mars eut été couvert de maisons, on y construisit aussi de nouveaux égouts se rendant dans les anciens ; mais, avec le temps, ils aboutirent tous au Tibre.

Ces constructions souterraines étaient très-considérables ; Denys d'Halicarnasse les rangeait au nombre des trois merveilles de Rome ; les deux autres merveilles étaient les aqueducs et les chemins publics.

Strabon dit que les *cloaques* étaient voûtés et d'une hauteur telle qu'un chariot chargé de foin pouvait y passer sans toucher à leurs parois. On employait, pour les construire, des briques, de la chaux et de la *pouzzolane* (espèce de ciment en terre rouge). Pline s'étonne de leur solidité, qui résistait au poids des édifices et des maisons.

Agrippa fit entrer dans les cloaques toute l'eau des sept aqueducs de Rome qui existaient de son temps, afin de les nettoyer continuellement et d'empêcher l'accumulation des résidus.

Les Romains faisaient un si grand cas de leurs cloaques, qu'ils les avaient mis sous la protection d'une divinité : la déesse *Cloacine !*

Écoutons Pline, vantant et décrivant les égouts de l'ancienne Rome :

« Rome n'a-t-elle pas ses égouts, dit Pline, ouvrage le plus hardi qu'aient entrepris les hommes, et pour lequel il fallut percer des montagnes ? Car ces égouts, à l'instar de ce qu'on a dit de Thèbes, passent sous la ville comme sous un pont, et ont converti Rome souterraine en un canal navigable.

« Ce fut pendant son édilité que Marcus Agrippa fit concourir ensemble sept ruisseaux différents, comme autant de rivières, et dont au surplus la pente roide fait des torrents rapides qui emportent et balayent tout ce qu'ils rencontrent, surtout lorsque, grossis par les grandes pluies, ils battent à droite et à gauche, par dessus et par dessous, ces merveilleux conduits. Quelquefois le Tibre, en débordant, s'efforce d'entrer dans ces conduits et fait refluer l'eau des égouts ; mais celle-ci lutte alors contre cet assaut, s'efforçant de repousser le fleuve, et, dans tout ce grand choc, cette merveilleuse construction reste inaltérable. Les ravines entraînent et roulent dans ces conduits des blocs de pierre immenses, sans que l'édifice en soit le moins du monde attaqué.

« Les gravats des maisons qui tombent de vétusté sont entraînés par une pente générale dans ces canaux ; autant en font les ravages des incendies ; surviennent encore les tremblements de terre, qui y charrient d'autres monceaux de pierres. Toutes ces attaques sont impuissantes, et, depuis sept cents ans, les égouts construits par Tarquin l'Ancien demeurent en quelque sorte inexpugnables. »

Les eaux amenées à Rome avec tant de magnificence, étaient administrées avec un ordre, un soin et une jurisprudence administrative qui pourraient servir de modèle aux hommes de nos jours. L'administrateur ou *curateur* des eaux, Frontinus, nous a laissé dans son *Commentaire* le tableau complet des sénatus-consultes qui formaient la jurisprudence des Romains sur la conservation et l'administration des aqueducs et des eaux Poleni a recueilli les lois ou constitutions impériales rendues depuis Frontinus, jusques et y compris celles de l'empereur Justinien.

En voici les principales dispositions, résumées par Génieys, dans son *Essai sur les moyens de conduire les eaux* (1).

Sous la République, le soin des eaux de Rome était confié aux censeurs et aux édiles.

Sous l'empire, les administrateurs des eaux étaient nommés par l'empereur, et confirmés par le sénat.

Les administrateurs, ou *curateurs* des eaux, étaient tenus de veiller à ce que les fontaines publiques coulassent très-exactement pendant le jour et la nuit pour l'usage du peuple.

Celui qui désirait jouir de l'eau publique devait en obtenir la permission du prince.

Le curateur désignait le *calice*, ou tuyau de jauge, qui convenait à la quantité accordée, et l'orifice du tuyau de plomb qu'on y adaptait devait être le même que celui du calice jusqu'à 16 mètres de distance.

Aucun particulier ne pouvait tirer de l'eau

(1) In-4, Paris, 1829, pages 4-6.

des canaux publics; il fallait que le tuyau de sa concession partît du château d'eau.

Le droit de concession d'eau ne pouvait être transmis ni à l'héritier, ni à l'acquéreur, ni enfin à aucun nouveau propriétaire des domaines : le titre de concession était renouvelé avec le possesseur. Mais les bains publics jouissaient du privilége de conserver perpétuellement les eaux qui leur étaient une fois accordées.

Les travaux d'entretien des aqueducs étaient confiés à 700 individus environ, divisés en différentes classes d'agents, tels que les contrôleurs, les gardiens de château, les inspecteurs, les paveurs, les faiseurs d'enduits et les autres ouvriers. Ils étaient payés par le trésor public, qui se trouvait défrayé de cette dépense par les sommes provenant du droit de concession des eaux.

Tout ce qui pouvait être tiré des champs des particuliers, comme la terre, la glaise, la pierre, la brique, le sable, les bois et les autres matériaux nécessaires à l'entretien ou à la construction des aqueducs, réservois et conduites, après avoir été estimé par des arbitres, était pris et enlevé sans que personne pût s'y opposer.

Pour le transport de ces matériaux, il était pratiqué toutes les fois que le besoin l'exigeait des chemins ou sentiers au travers les champs particuliers, en les dédommageant.

Pour faciliter les réparations des canaux et des conduits, il n'était permis de construire des édifices, ni de planter des arbres qu'à la distance de $1^m,62$ de canaux apparents ou souterrains qui étaient dans l'intérieur des villes. En pleine campagne, il devait y avoir un isolement de $4^m,87$ de chaque côté des fontaines, murs et voûtes des aqueducs.

Si quelque propriétaire faisait des difficultés pour vendre la partie de son champ dont on avait besoin, on achetait le champ tout entier et on vendait le surplus, afin d'établir d'une manière certaine le droit des limites des particuliers et celui de l'État.

De fortes amendes étaient prononcées contre ceux qui, par mauvaise intention et à dessein, avaient percé, rompu ou tenté de percer et de rompre les canaux, les conduits souterrains, les tuyaux, les châteaux d'eau et les réservoirs dépendants des eaux publiques; et contre ceux qui avaient intercepté ou diminué l'écoulement des eaux, ou fait des plantations ou constructions dans l'espace de terrain qui devait rester libre.

Ce n'est pas seulement à Rome que l'on admirait ce luxe d'eaux que nous avons décrit. La plupart des grandes villes de l'Italie en étaient également dotées. La Gaule fut tout aussi bien traitée. Pendant près de cinq siècles que les Romains l'occupèrent, ils édifièrent des aqueducs sur presque tous les points de ce pays. Outre ceux de Nîmes, de Metz, de Paris, de Lyon, de Coutances, ils créèrent des aqueducs dans les villes suivantes : Aix, Arles, Autun, Besançon, Béziers, Blois, Bourges, Bordeaux, Douai (en Anjou) Fréjus, Narbonne, Orange, Poitiers, Vienne, Saintes, Sens, Toulouse, etc. On voit encore aujourd'hui autour de ces villes les ruines de ces grands ouvrages.

L'empereur Constantin ayant transféré, 328 après J.-C., le siége de l'empire à Constantinople, ce fut désormais pour cette seconde Rome que s'exécutèrent les nouveaux ouvrages hydrauliques.

Il existe, dans la vallée de Bourgas, trois aqueducs qui portent des eaux dans cette ville. Le plus remarquable a été établi sous le règne de Justinien (527 ans après J.-C.).

Ces aqueducs diffèrent de ceux de Rome en ce qu'ils ne forment pas une ligne continue, ayant une pente uniforme depuis la source jusqu'au château d'eau. A la rencontre d'une vallée, d'un bas-fond ou d'un pli de terrain, on se dispensait quelquefois de soutenir le canal par des arcades, et on le remplaçait par une conduite en siphon renversé, qui dessinait le contour de la vallée. Lorsque la vallée avait trop d'étendue, on élevait des piles de distance en distance, pour soutenir une cuvette ou bassin. Ces piles portaient le nom de *souterazi.* Un tuyau partant de l'extrémité de la première partie de l'aqueduc, conduisait l'eau du canal dans la première cunette. Un second tuyau la recevait ensuite, et la remontait à une autre cunette; et ainsi de suite, jusqu'à ce qu'elle fût parvenue sur le sommet du revers opposé du coteau, où la seconde partie du canal prenait son origine. On perdait ainsi une partie de la vitesse acquise par l'eau dans la première partie de l'aqueduc et la portion de charge absorbée par les frottements dans les tuyaux, mais on diminuait de beaucoup les dépenses de construction.

Aqueduc de Nîmes.—L'*aqueduc de Nîmes*, connu aujourd'hui sous le nom de *pont du Gard,* était destiné à amener dans la ville de Nîmes les eaux de deux sources : celle d'Aire, près d'Uzès, et celle d'Eure, village à trois lieues et demie de Nîmes. Ces eaux alimentaient les thermes de Nîmes, dont on voit encore les restes, parfaitement conservés, dans les bassins antiques de la ravissante promenade publique de *la Fontaine.*

Les inscriptions que l'on a trouvées dans les anciens thermes de Nîmes, établissent que l'aqueduc fut construit par *Vipsanius Agrippa*, gendre et favori d'Auguste, pendant le séjour qu'il fit à Nîmes, par ordre de cet empereur. L'aqueduc conduisait à Nîmes les eaux des deux sources d'Aire et d'Eure avec un circuit de 7 lieues. Le *pont-aqueduc* situé à 3 lieues au nord de Nîmes joignait deux collines entre lesquelles passe le Gardon. A Nîmes, la conduite aboutissait à un grand réservoir établi derrière les bassins des thermes et destiné à alimenter ces bassins.

Les restes encore debout du pont du Gard (fig. 113) permettent de juger de son importance et de la longueur de son développement. C'est un des plus grands monuments que les Romains aient construits dans les Gaules. Franchissant la vallée, à plus de 48 mètres au-dessus des basses eaux de la rivière, il se compose de 3 rangs d'arcades : le premier rang a 270 mètres de longueur, et se compose de six arches de 20 mètres de

Fig. 113. — Coupe transversale du troisième rang d'arcades du pont du Gard.

haut, sur 23 mètres d'ouverture. Le Gardon passe sous la cinquième arche, qui est plus large que les autres. Le second rang a onze arcades de 17 mètres de hauteur, et de même ouverture que les inférieures. Le troisième rang, long de 238 mètres, se compose de cinq arcades de près de 4 mètres de hauteur. Sur cette dernière galerie est construit le canal de l'aqueduc, qui est couvert d'un rang

Fig. 114. — Le pont du Gard.

de dalles. La hauteur totale du monument est de 50 mètres. L'intérieur du canal est formé par un massif de béton de 8 pouces, sur lequel est une couche de ciment fin, sur 3 pouces environ d'épaisseur.

Au commencement du dix-septième siècle, on voulut, pour la circulation des voitures et des voyageurs, jeter un pont sur le Gardon, et l'on entreprit d'abattre une partie de l'épaisseur du deuxième rang d'arcades du pont romain. Mais cette opération menaçant de mettre tout l'aqueduc en ruines, Bâville, l'intendant de la province, interposa son autorité pour faire arrêter ce vandalisme. Il chargea l'architecte Daviler de visiter ce monument et de chercher les moyens de restauration. Daviler proposa d'adosser à l'aqueduc romain un nouveau pont, qui, relié avec les constructions antiques, outre l'avantage de les renforcer, offrirait un passage aux voitures. En 1743, les États de la province du Languedoc sanctionnèrent cet ingénieux projet. Les travaux furent commencés et terminés en 1747. Une inscription gravée sur le marbre et placée sur le monument, conserve le souvenir de cette importante restauration.

La figure 114 représente le profil du troisième rang d'arcades de l'aqueduc du pont du Gard, et du canal dans lequel passaient les eaux. On y voit les parements en moellon; les deux assises en pierre de taille formant plinthe; le milieu de la construction en maçonnerie formé de petits moellons et de mortier; le canal dont le fond est creusé en portion de cercle et qui est en partie obstrué par les dépôts ou concrétions calcaires, enfin les grandes dalles de recouvrement.

Le canal, ou aqueduc proprement dit,

est la seule partie qui ne soit pas en pierre de taille. Sa largeur intérieure était de 1m,22. La pente générale de l'aqueduc était réglée à 4 centimètres pour 100 mètres.

On reconnaît dans l'aqueduc un dépôt calcaire considérable formé de chaque côté contre la seconde couche de ciment antique qui formait l'enduit. Ce dépôt a encore environ 29 centimètres d'épaisseur sur 1 mètre de hauteur au-dessus du fond du conduit. A ce point il diminue sensiblement, pour disparaître au point le plus élevé auquel les eaux pouvaient parvenir.

Dupuit, dans son *Traité de la conduite et de la distribution des eaux*, dit que, connaissant la section du courant dans l'aqueduc et sa pente, on peut calculer la vitesse des eaux, par la formule du mouvement uniforme, et qu'elle devait être, d'après ces données, de 0m,61 par seconde. Dupuit en conclut que la quantité d'eau fournie par l'aqueduc était de 732 litres par seconde, ou 63,234 mètres cubes par jour, quantité prodigieuse pour la population d'une petite ville des Gaules comme était Nîmes (*Nemausa*).

Aqueducs romains de Lyon. — Au-dessous de la colline de Fourvières, et dans le vallon qui lui fait suite, on voit encore une suite d'arcades antiques. Ce sont les restes d'un bel aqueduc que les Romains avaient construit sous Claudius Nero, fils de Drusus. Cet aqueduc, élevé de 12 mètres au-dessus du sol, alimentait les fontaines de *Lugdunum*. Son massif est composé de petites assises en béton bien équarries à leur surface apparente, et prolongées en forme de coin dans la maçonnerie. Quelques parties sont en marbre blanc. Le reste est construit avec une pierre blanche, extrêmement fine. Les lits de cette construction disposés diagonalement lui donnent l'apparence de réseau; ce qui l'a fait appeler par les anciens *opus reticulatum*.

Les arcs ont 5 mètres environ d'ouverture, et 75 centimètres de hauteur. Entre eux sont alternativement placées des tuiles. Un cordon de briques forme le ceintre. Prenant ses eaux au pied du mont Pila, cet aqueduc parcourait jusqu'à Lyon un espace de 70 kilomètres. Sur des tuyaux de 0m,21 de diamètre, qui composaient un tube-siphon, dans le vallon de Soucieux, on a trouvé inscrit, comme nous l'avons dit en parlant du tube-siphon du mont Pila, le nom de Tib. Claud. Cæsar.

Sous les premiers empereurs romains, Lyon était déjà une grande et populeuse cité. L'empereur Auguste vint s'y établir pendant trois ans, accompagné des divers ambassadeurs des diverses puissances du monde. Lyon possédait déjà les éléments de sa grande prospérité, car il était, dès cette époque, entouré d'un territoire fertile. Point de réunion où aboutissaient toutes les voies stratégiques qui traversaient les pays occupés par les tribus gauloises, il était le centre d'un grand commerce.

Les collines entre lesquelles coule la Saône offraient de grandes ressources pour étaler les merveilles de l'architecture. Aussi voyait-on sur les penchants de Fourvières une suite de naumachies, de bains et de cascades.

Sénèque a dit que Lyon renfermait autant de magnifiques monuments qu'il en fallait pour embellir et illustrer plusieurs villes.

L'empereur Auguste apporta à Lyon un nouvel élément de prospérité. Il dota la ville de théâtres, de bains, de palais. Il abolit les anciens tributs que Jules Cæsar avait imposés à Lyon, et il y créa des entrepôts de marchandises pour les Gaules, l'Italie, l'Espagne, l'Afrique, l'Orient. Auguste disait qu'à son arrivée il avait trouvé Lyon bâtie en briques, et qu'il la laissait, à son départ, bâtie de marbre.

Quatre-vingt-dix ans seulement après la fondation de *Lugdunum*, l'empereur Claude, en faisant élever la colonie lyonnaise, sa patrie, aux droits de suffrage dans les élections de Rome, lui donnait le nom de *Colonia Claudia Copia* et constatait, dans son discours au sénat, que Lyon renfermait tous les genres de splendeur et tous les éléments d'un immense et riche commerce.

Un incendie terrible vint mettre un terme inattendu à la prospérité croissante de la cité. L'histoire offre peu d'exemples d'une catastrophe aussi complète et aussi subite. «Il fallut, dit Sénèque, moins de temps pour anéantir cette grande et populeuse cité, qu'il n'en faudrait pour décrire son malheur. »

Les environs de Lyon ont conservé les restes de quatre systèmes de grands aqueducs qui amenaient les eaux à des hauteurs différentes.

Ces aqueducs sont ceux du Mont-d'Or, de Feurs, du mont Pila et du Rhône. Ils ne furent construits que successivement et à mesure que la ville grandissait en population et en richesse.

M. Aristide Dumont, dans son mémoire publié en 1862, sous ce titre : *Les eaux de Lyon et de Paris, description des travaux exécutés à Lyon pour la distribution des eaux du Rhône filtrées*, donne les extraits de quelques auteurs anciens qui permettent de comprendre quelle était la destination des différents aqueducs dont on trouve les restes aux environs de Lyon.

«*Aqueducs du Mont-d'Or.* — Deux branches d'aqueducs embrassaient, dit M. Aristide Dumont, le groupe entier des montagnes formant le Mont-d'Or et en recueillaient les eaux.

« L'une, depuis Poleymien, jusqu'à Saint-Didier, en prenant par les collines qui regardent la Saône, dans les communes de Curis, Albigny, Couzon, Saint-Romain, Collonges et Saint-Cyr; l'autre, depuis Crimonest jusqu'à Saint-Didier.

« Ces deux branches se réunissaient en une seule qui passait sur un pont à siphon dans les vallons d'Eculy et remontait à Saint-Irénée.

« Cet aqueduc ayant été bientôt insuffisant, on en construisit un second qui prenait l'eau près de *Feurs*.

« *Aqueduc de Feurs.* — Selon Delorme, les eaux de ces deux aqueducs étaient dirigées à l'amphithéâtre et au palais qui étaient situés dans l'emplacement actuel de l'hospice de l'Antiquaille; mais elles n'arrivaient qu'à une hauteur insuffisante, les sommités de la colline de Fourvières ne pouvaient pas être desservies; c'est pour y obvier qu'on entreprit la construction de l'aqueduc du *mont Pila*, qui était le plus considérable de tous.

« *Aqueduc du mont Pila.* — Sur les penchants du *mont Pila*, on réunit les eaux du *Gier*, du *Janon*, du *Furand* et de *Langonau* dans un seul aqueduc au midi de Saint-Chaumont.

« Cet aqueduc passait sur le territoire des communes de Cellieu, Chaignon, Saint-Genis, Terre-Noire, Saint-Martin, La Plaine, Saint-Maurice-sur-Dargoire, Mornant, Saint-Laurent-d'Agny, Soucieux, Chaponnot, Sainte-Foy, Saint-Irénée et Fourvières, où l'aqueduc se terminait par un réservoir dont on voit encore les ruines dans la Maison-Angélique, près de la descente de Langes.

« *Aqueduc du Rhône.* — Enfin l'aqueduc du Rhône, spécialement destiné à la basse ville, prenait les eaux du fleuve sur la rive droite à partir de Mirlhel et les dirigeait sur la presqu'île au bas de la colline de la Croix-Rousse.

« L'aqueduc du Rhône correspond donc à un *bas service*, ceux du *Mont d'Or* et de Feurs à un service *moyen*.

« Enfin, celui du mont Pila à un *haut service*.

« Le volume d'eau amené par le seul aqueduc de Pilat s'élevait à 25,000 mètres cubes d'eau par jour environ, c'est le volume de la distribution actuelle.

« Le moyen service était beaucoup moins important.

« Quant à l'aqueduc du Rhône, il est assez difficile d'évaluer son volume.

« Quoi qu'il en soit, cet ensemble de travaux dénote une vaste organisation hydraulique et de grands besoins créés par les habitudes des anciens, qui ornaient leurs cités de bains, de naumachies, de cascades.

« Sous les Romains, la colline de Fourvières était un immense amphithéâtre, où s'élevaient çà et là de somptueux édifices au dôme doré.

« Les eaux sorties des aqueducs par une foule de tuyaux, après avoir arrosé des jardins étagés, s'être divisées en jets d'eau, se réunissaient au bas de la montagne dans un réservoir qui servait aux *naumachies*.

« On ne doit pas s'étonner de cette profusion dans la première ville des Gaules, quand on considère les immenses travaux exécutés alors à Rome, où chaque cité allait puiser des modèles et des exemples. »

Nous représentons dans la figure 115 les

Fig. 115. — Restes de l'aqueduc romain de Chaponnot, près de Lyon.

restes de l'aqueduc du mont Pila, tels qu'ils se voient aujourd'hui dans le vallon situé au-dessus de Chaponnot.

Aqueduc de Metz. — L'aqueduc dont on voit encore aux environs de Metz les restes imposants, fut construit par les Romains, peu d'années avant l'année 70 de notre ère, époque à laquelle ces conquérants furent expulsés de cette partie de la Gaule. Les eaux de cet aqueduc aboutissaient à Gorze, dans un grand réservoir, d'où, sortant par un canal souterrain, élevé de 2 mètres et large de $0^m,65$, elles traversaient la Moselle, d'Ars à Jouy, et se rendaient à Metz, en entrant par la citadelle. Sur le pont-aqueduc, le canal se divisait en deux branches parallèles, au moyen d'un mur en maçonnerie de $0^m,04$ d'épaisseur.

Ce monument est construit en moellon taillé; ses arcades ont $5^m,5$ d'ouverture sur 17 mètres d'élévation. Ses pieds-droits vont en diminuant au moyen de cinq retraites formées dans leur hauteur; ils sont couronnés par une assise de pierre dure. La longueur totale de cet aqueduc, depuis Gorze jusqu'à Metz, était de 20 kilomètres. Au temps des Romains, il alimentait les bains, la naumachie et les fontaines publiques.

Malgré les soins que les Romains avaient apportés à la construction de cet édifice, les glaces le renversèrent dans la partie qui traversait le fleuve.

En 1767, un ingénieur de Metz, Lebrun, fit des expériences qui prouvèrent que cet aqueduc amenait à la ville 875 pieds cubes d'eau par minute.

Aqueducs de Mérida. — Les deux aqueducs qui sont encore debout à Mérida, dans l'Estramadure (Espagne), ne le cédaient en

Fig. 116. — L'aqueduc de Coutances.

rien à ceux de Rome. Le plus grand a 37 piles encore debout. Quelques-unes de ces piles soutiennent trois rangs d'arcades superposés. Le conduit qui recevait l'eau est élevé à 23^m,50 au-dessus du sol. Cet aqueduc est construit avec un mélange de pierres et de ciment, revêtu à l'extérieur de belles pierres taillées en bossage, d'une grande dimension et séparées, de cinq assises en cinq assises, par des filets de briques.

Aqueducs de Byzance. — Il y avait à Byzance (Constantinople) des aqueducs de pierre. Ceux qui subsistent encore en partie témoignent de la magnificence de l'édifice; l'un porte le nom d'aqueduc de *Valens*, l'autre celui de *Justinien*. Quelques auteurs ont dit que ces noms sont ceux des empereurs qui les ont restaurés, et que le premier aqueduc fut élevé par Adrien, le second par Constantin.

L'aqueduc de Justinien avait un passage pour le public, qui traversait les piles dans leur milieu, au-dessus du premier rang d'arcades, sur une largeur de 1^m,3. Ils furent tous les deux souvent réparés sous les empereurs grecs et sous les Turcs, leurs successeurs.

Aqueduc d'Arcueil. — Cet aqueduc, construit, selon Dulaure, de l'an 292 à l'an 306 par Constance Chlore, grand-père de l'empereur Julien, amenait au palais des Thermes les eaux de Rungis, d'Arcueil et de quelques autres sources éloignées de Paris. Il parcourait un espace d'environ 10 kilomètres, et se terminait au palais des Thermes, dont il faisait presque partie. On voit aujourd'hui, dans le palais des Thermes, une arcade et deux piles de cet aqueduc. Ce sont là les seuls restes des constructions romaines qui se soient conservées à Paris.

Dans la plus grande partie de son cours, l'aqueduc gallo-romain d'Arcueil ne consistait qu'en un canal de 4 pieds de large sur 4 pieds de profondeur, creusé dans le tuf, et revêtu d'une couche de mortier ou de ciment.

Détruit par les ravages des Normands, l'aqueduc d'Arcueil fut abandonné pendant plus de 800 ans. En 1610, comme nous le verrons dans l'histoire des eaux de Paris, Marie de Médicis, mère de Louis XIII, le fit reconstruire dans toute sa longueur; on remplaça les canaux souterrains qui étaient détruits et on les rétablit de nouveau. Le nouvel aqueduc d'Arcueil fut terminé en 1624.

Aqueduc de Coutances. — Cet aqueduc a longtemps été considéré comme d'origine romaine. Mais M. Léopold Quénault, dans des recherches sur l'origine de ce monument, a cherché à prouver qu'il ne remonte qu'à l'année 1595. Nous n'entrerons pas dans le fond de cette discussion, et nous nous bornerons à mettre sous les yeux du lecteur (fig. 116) le dessin de ces belles ruines qui sont renommées en France par le pittoresque de leur effet dans les verdoyantes prairies de la jolie ville normande.

Nous ne pousserons pas plus loin l'examen des aqueducs de construction romaine. En parlant de la distribution de l'eau dans les principales villes de France, nous aurons à décrire quelques beaux ouvrages qui ne sont pas indignes de figurer à côté de ceux que les Romains ont légués à notre admiration. Tels sont l'aqueduc qui conduit à Montpellier les eaux de la source de Saint-Clément, celui de Roquefavour, qui amène à Marseille les eaux de la Durance, et l'aqueduc du Croton à New-York.

CHAPITRE XXV

MACHINES POUR L'ÉLÉVATION DES EAUX. — MACHINES HYDRAULIQUES ET MACHINES A VAPEUR. — RÉSERVOIRS. — LE RÉSERVOIR DE PASSY. — TUYAUX DE CONDUITE. — DISTRIBUTION DE L'EAU. — JAUGEAGE ET MESURAGE DE L'EAU FILTRÉE. — LES COMPTEURS A EAU.

Nous venons de parler de la manière d'amener l'eau potable dans un centre de population, au moyen de conduites et d'aqueducs, lorsque la source et la rivière sont à un niveau assez élevé pour parvenir, par la seule action de la pesanteur, aux réservoirs de distribution. Mais cette circonstance avantageuse ne se présente pas toujours. Il faut alors élever l'eau, soit à son point de départ à la source, soit du niveau de la rivière à une hauteur d'où l'on puisse la distribuer dans tous les quartiers de la ville. Cette dernière circonstance, c'est-à-dire la nécessité de distribuer l'eau jusqu'au plus haut des étages des maisons, rend presque toujours nécessaire l'exhaustion de l'eau au-dessus de son niveau naturel.

Cette exhaustion se fait, soit par des machines à vapeur, soit par des pompes mues par des roues hydrauliques, qui mettent à profit le courant même de la rivière ou du fleuve dont il faut élever les eaux. Nous signalerons, en parlant de la distribution de l'eau dans quelques villes importantes, telles que Paris, Lyon, Marseille, etc., les appareils moteurs en usage dans les usines hydrauliques de chacune de ces villes. Bornons-nous à dire, à titre de généralité, pour ce qui concerne les machines à vapeur employées à l'élévation des eaux, que la vieille machine à simple effet de Watt, désignée aujourd'hui sous le nom de *machine du Cornouailles*, parce qu'elle est employée pour l'extraction des eaux dans les mines du Cornouailles, est encore aujourd'hui la plus en faveur en Angleterre pour la distribution des eaux publiques. Les ingénieurs anglais ont réussi à faire adopter cette vieille machine dans plusieurs villes de France, notamment à Paris, pour l'élévation de l'eau de la Seine par la pompe de Chaillot, et à Lyon pour celle du Rhône. On ne s'explique pas bien comment la machine à vapeur, la plus ancienne en date, celle que James Watt établit dans les mines il y a un siècle, peut avoir le pas aujourd'hui sur les machines à vapeur à haute pression, qui ont été si perfectionnées de nos jours. On fait valoir, pour expliquer cette préférence, la simplicité de ces machines, qui se bornent à produire le vide par la vapeur liquéfiée dans un condenseur, et à profiter de la chute du piston pour faire descendre et remonter les tiges des pompes. Ce mécanisme est sans doute d'une grande simplicité, et il présente de grands avantages appliqué à l'élévation de l'eau dans les mines. Mais il est moins utile pour l'élévation des eaux des fleuves et rivières, car il présente peu d'économie, vu la difficulté et souvent même l'impossibilité de détendre la vapeur, artifice d'un si grand avantage pour économiser le combustible. Du reste, on n'a pas dû s'applaudir beaucoup de la vapeur à simple effet dans l'usine de Chaillot, puisque dans l'usine hydraulique établie postérieurement au quai d'Austerlitz, on a adopté les machines à vapeur ordinaires, à double effet et à haute pression.

Tout compte fait, on croit pourtant que les deux systèmes de machines à vapeur donnent à peu près les mêmes résultats, au point de vue de la force réelle et de l'économie, lorsqu'elles sont l'une et l'autre bien conduites et bien construites.

M. Hocking, constructeur anglais de machines du système Cornouailles pour l'approvisionnement d'eau dans les villes, admet qu'une machine de la force de 250 chevaux élève à 100 pieds de hauteur 1,600,000 *gallons* d'eau par tonne de houille brûlée, ce qui revient à $1^{kil},21$ de houille brûlée par heure et par force de cheval. Or, les machines à vapeur modernes réalisent et au delà ces conditions. La machine établie par M. Farcot pour l'alimentation de la ville d'Angers, qui est de la force de 45 chevaux, et qui marche à la pression de 5 atmosphères, ne brûle pas plus de 1 kilogramme par heure et par force de cheval, mesurée en eau élevée.

Ajoutons que les machines à vapeur se perfectionnent tous les jours, et que leur usage devient de plus en plus économique. L'ingénieur a donc aujourd'hui le choix entre beaucoup de systèmes de machines, et nous ne croyons pas que l'antique pompe à feu du Cornouailles reste longtemps en possession de desservir chez nous les distributions d'eaux publiques.

Les roues hydrauliques qui utilisent le courant de la rivière pour l'élévation des eaux, peuvent remplacer et remplacent souvent les machines à vapeur. Le courant du fleuve dans la machine hydraulique dite *de Marly*, amène à Versailles l'eau de la Seine. Nous décrirons en son lieu cet important appareil.

Les pompes employées pour élever l'eau, soit par la force de la vapeur, soit par une roue hydraulique, sont à la fois aspirantes et foulantes. La colonne d'aspiration est placée au-dessous du corps de pompe, lequel se termine, à sa partie supérieure, par une plaque à laquelle est adaptée la boîte à étoupe. La tige du piston passe dans cette boîte. La colonne d'aspiration s'embranche au-dessus du piston par une tubulure adaptée latéralement au corps de pompe.

Les pompes employées dans l'usine de Chaillot ont $0^{m},715$ de diamètre et sont garnies avec de la tresse. Leur produit théorique est au produit réel dans le rapport de 1159 à 1000. En général, on compte sur une perte de force de 15 pour 100. Dans la machine à vapeur construite par M. Farcot pour l'élévation de l'eau dans la ville d'Angers, l'effet utile des pompes est de 84 pour 100; on perd donc 16 pour 100 de force.

Amenée soit par des aqueducs, soit par des machines, au point le plus élevé du périmètre à desservir, l'eau est toujours reçue dans un vaste réservoir, afin qu'elle coule, par la seule action de la pesanteur, dans les conduites qui doivent la distribuer.

Les réservoirs servent à compenser les irrégularités de l'approvisionnement et de la consommation. Ils accumulent pendant la nuit les eaux apportées par les aqueducs ou les machines. En cas d'incendie, ils fournissent un volume d'eau supérieur à celui que débitent régulièrement les conduites. Leur capacité doit donc être déterminée, dans chaque cas particulier, d'après les éventualités auxquelles ils ont à répondre.

Les réservoirs sont construits en tôle ou en maçonnerie. Les réservoirs en tôle ne s'appliquent qu'à des distributions de très-peu d'importance. Les réservoirs en maçonnerie sont en partie enfoncés dans le sol; le reste se composant d'un solide mur de moellons.

On fait quelquefois les réservoirs à ciel ouvert : tels étaient les anciens réservoirs de l'eau de la Seine à Passy. Mais c'est un tort, car l'eau gèle en hiver dans les réservoirs à ciel ouvert: en été, elle se remplit de plantes et animaux aquatiques; et en toute saison elle reçoit les poussières et les impuretés apportées par le vent. Il faut donc toujours recouvrir les réservoirs d'une voûte, qui abrite l'eau de la température extérieure et des corps étrangers.

La forme des réservoirs dépend de la place dont on dispose; mais leur mode de construction est toujours à peu près le même. L'ensemble du réservoir est divisé en une série d'arcades, qui assurent une grande solidité à toute la construction. L'eau occupe tout l'intervalle de ces arcades. Nous retrouverons cette disposition dans tous les réservoirs dont nous aurons à parler.

Le fond et les parois du réservoir sont ordinairement en béton recouvert d'un enduit de ciment hydraulique. Ce fond de béton a $0^m,30$ à $0^m,70$, selon la résistance du sol et la hauteur de l'eau, qui varie habituellement de 2 à 5 mètres. L'épaisseur des murs d'enceinte est à peu près égale, en moyenne, aux deux tiers de la hauteur d'eau à supporter, si les murs sont isolés et d'une certaine longueur. Le meilleur mode de recouvrement des réservoirs consiste à les recouvrir de voûtes cylindriques légères, supportées par des rangées d'arcades, reposant elles-mêmes sur de petits piliers isolés.

Comme exemple de dispositions que l'on donne aujourd'hui aux réservoirs d'eaux publiques, nous citerons celui qui a été construit, en 1864, sur les hauteurs de Passy. Il occupe 6,000 mètres environ de superficie, partagée en trois bassins, contenant ensemble 25,200 mètres cubes d'eau, savoir :

Bassin de réserve n° 5........	3,900 m. c.
Bassin inférieur de Villejust n° 3..................	10,000
Bassin inférieur du Bel-Air n° 1.	11,300
	25,200 m. c.

Par-dessus le radier des deux bassins n° 1 et n° 3, sont des paliers supportant, au moyen d'arcs de $3^m,20$ d'ouverture, une voûte en meulière et ciment de $0^m,33$ d'épaisseur, qui forme le fond d'un second étage de bassins de la capacité de 11,900 mètres cubes, savoir :

Bassin du Bel-Air, supérieur n° 2.	5,700 m. c.
Bassin de Villejust, id. n° 4.	6,200
	11,900 m. c.

La capacité totale du réservoir est de 37,100 mètres cubes.

La figure 117-118 donne la coupe transversale des réservoirs de Passy.

Les tuyaux de conduites débouchent ordi-

Fig. 117-118. — Coupe transversale des réservoirs de l'eau de la Seine à Passy.

nairement au fond des réservoirs, ainsi que les tuyaux de vidange qui sont nécessaires pour évacuer l'eau et nettoyer les bassins. S'il s'agit de petits tuyaux, on les ouvre par des robinets placés à l'extérieur. Mais dès que les conduites ont un diamètre un peu considérable, les robinets ordinaires ne sont plus admissibles. On garnit alors l'ouverture évasée de chaque tuyau d'une soupape de fond que l'on manœuvre de la surface supérieure du réservoir, à l'aide d'une tige verticale en fer fixée sur la tête de la vis qui soulève le clapet.

L'eau étant amenée dans les réservoirs, il ne reste plus qu'à la distribuer dans la ville par les tuyaux.

Les tuyaux qui servent à la distribution de l'eau sont de différentes espèces. Ceux de fonte sont les plus employés. Nous représentons (fig. 119) le type des tuyaux de fonte

Fig. 119. — Coupe verticale et transversale d'un tuyau de fonte pour la conduite de l'eau.

adoptés pour la distribution des eaux de Paris et de presque toutes les villes de France. Leur longueur est de 2 mètres à 2 mètres et demi. On les pose dans une tranchée qui a ordinairement $1^m,50$ de profondeur, et qui est assez large pour que les ouvriers puissent y descendre. Chaque tuyau a une petite extrémité et une extrémité d'emboîtement plus dilatée (fig. 120). L'ouvrier introduit la petite extrémité de chaque tuyau dans l'emboîtement du tuyau qui précède; ensuite il

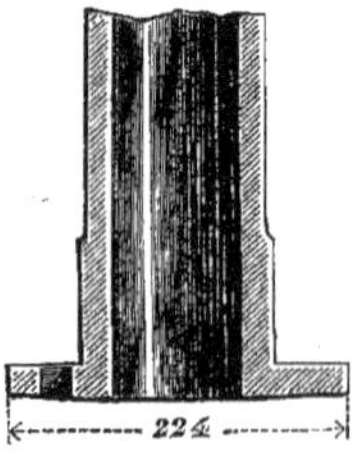

Fig. 120. — Tête d'un tuyau en fonte.

chasse avec force, au moyen d'un ciseau, de la corde goudronnée dans l'espace annulaire qui existe entre les deux tuyaux. Alors, avec de l'argile détrempée d'eau, on fait un petit godet sur l'ouverture de cet espace annulaire, et l'on y coule du plomb fondu. Quand le plomb est figé, on bat fortement pour compléter l'opération.

S'il s'agit de réunir deux parties d'un tuyau qui ont été coupées, ou de rattacher deux bouts de tuyaux d'un diamètre différent, on fait usage de *manchons*, petits tuyaux présentant la même disposition à leurs deux extrémités que l'emboîtement des tuyaux ordinaires. Au moyen de boulons, on réunit les deux parties du *manchon* et l'on fait le joint comme de coutume.

Le raccordement de deux conduites importantes se fait avec un tuyau garni d'une tubulure latérale.

Les courbes de grand rayon des conduites peuvent se faire avec des tuyaux droits que l'on incline légèrement les uns par rapport aux autres; mais s'il s'agit de courbes de petit rayon, on se sert de tuyaux infléchis dont la courbure représente l'angle que l'on veut obtenir.

Outre les tuyaux en fonte on fait usage de tuyaux de tôle recouverts intérieurement et extérieurement d'un enduit bitumineux, dit *bitume Chameroi*.

La fonte et la tôle sont exclusivement employées pour les grosses conduites. Pour les petites conduites s'embranchant sur les tuyaux de distribution et amenant l'eau dans les maisons, on emploie des tuyaux de plomb ou de fer étiré.

L'emploi du plomb pour composer les petits embranchements qui amènent l'eau chez les particuliers, à Paris, a donné lieu, dans ces derniers temps, à des plaintes, plus ou moins fondées. On a prétendu qu'en traversant ces petites conduites de plomb ou en y séjournant, l'eau peut se charger de particules d'oxyde de plomb et devenir toxique. M. Belgrand, directeur des eaux de Paris, a dissipé ces appréhensions en présentant à l'Académie des sciences, en 1874, des tuyaux de plomb de construction romaine, ainsi que des conduites de même métal, établies au Moyen-Age, et qui n'ont rien perdu de leurs dimensions primitives; ce qui prouve que, malgré leur long service, ces conduites n'avaient cédé aucun principe soluble à l'eau. Le plomb se recouvre, par l'action de l'oxygène et de l'acide carbonique de l'air, d'une couche de carbonate de plomb et de carbonate de chaux, qui préservent le métal sous-jacent de toute altération.

Le plomb employé pour les petites conduites, a l'immense avantage de se plier à toutes les inflexions qu'exige leur cheminement sous les murs des constructions intérieures. Il est donc très-difficile à remplacer pour cette application spéciale. Cependant, comme ce métal excite, à tort ou à raison, quelques craintes sous le rapport hygiénique, on renonce aujourd'hui généralement à ce genre de tuyaux. A Paris, où la plus grande partie des tuyaux d'embranchements chez les particuliers est en plomb, on les a abandonnés pour toutes les nouvelles distributions, et l'on remplace les tuyaux de plomb, quand ils sont hors de service, par des tubes en fer étiré.

Les tuyaux en tôle recouverte de zinc à

l'intérieur, ont été proposés, mais paraissent peu sûrs. On peut en dire autant des tuyaux en papier bitmuiné, qui sont à très-bas prix, mais qui ne méritent pas grande confiance.

Des robinets doivent être placés à l'origine de tous les branchements, pour arrêter à volonté l'écoulement de l'eau, en cas d'accidents arrivés à ces branchements. Ces robinets sont de la grosseur de la conduite sur laquelle ils sont posés. Les petits tuyaux qui ne dépassent pas 6 centimètres de diamètre

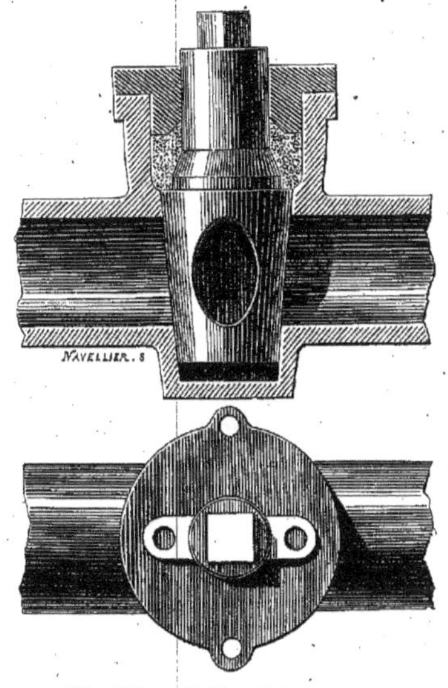

Fig. 121. — Robinet à boisseau.

sont munis de robinets, dits à *boisseau*, que l'on place à l'origine de tous les branchements (fig. 121). Au point où le robinet est placé, le tuyau de conduite est accessible, grâce à une petite cheminée en briques, fermée au niveau du sol par un couvercle de fonte. L'employé ouvre avec une clef ce couvercle de fonte et tourne le boisseau du robinet, au moyen d'une longue tige de fer se terminant par une douille carrée qui embrasse la tête de ce boisseau. C'est ce que l'on appelle un *robinet sous bouche à clef*.

Pour ouvrir et fermer les grosses conduites, on se sert d'un appareil de fermeture plus solide, c'est le *robinet-vanne* (fig. 122),

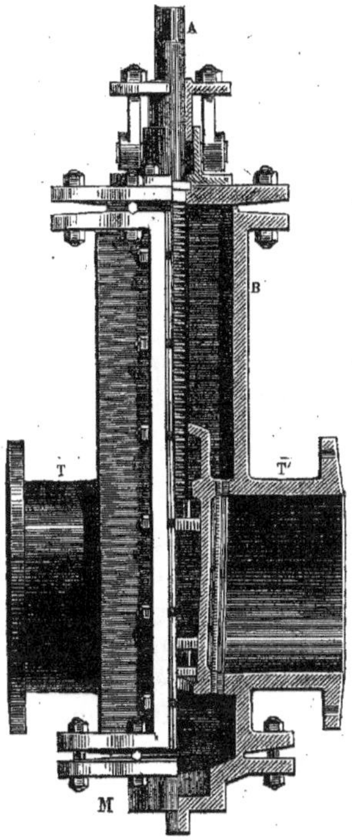

Fig. 122. — Robinet-vanne.

qui est composé, comme son nom l'indique, d'une vanne verticale, que l'on peut abaisser et élever du dehors au moyen d'une tige, A, qui fait tourner une longue vis, A. Pour ouvrir le tuyau, on tourne la vis dans le sens convenable, au moyen d'une tige à douille. On relève ainsi la vanne, V, et on l'amène dans une chambre, B, placée au-dessus du tuyau. Pour le fermer, on tourne la vis dans le sens opposé, et l'on fait descendre la vanne dans le tuyau TT′, qu'elle obture alors complétement.

Quand un tuyau se remplit d'eau, il faut

que l'air s'échappe par le haut de la conduite, de même qu'il faut que l'air y rentre quand on fait évacuer l'eau qui remplissait ce tuyau. On pourrait évacuer l'air en tournant à la main, au moment opportun, un petit robinet placé au point le plus haut de la

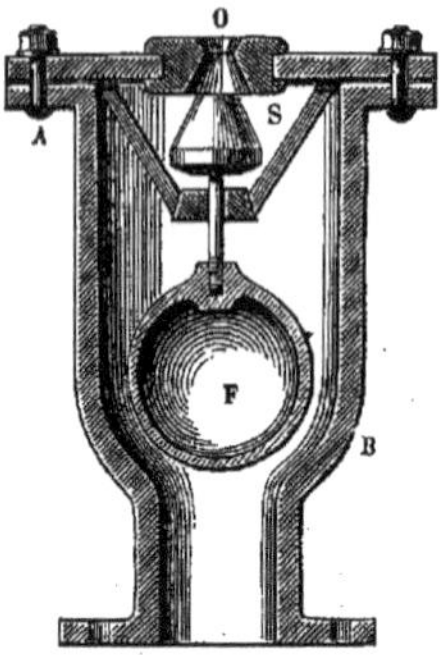

Fig. 123. — Ventouse à flotteur.

conduite générale. Mais si le robinet d'*évent* et celui de *vidange* sont éloignés, il est difficile de surveiller l'un et l'autre. On évite cet inconvénient en plaçant sur les points culminants un petit appareil appelé *ventouse à flotteur*, inventé par Bettancourt, et dont la figure 123 fait comprendre le mécanisme.

La *ventouse à flotteur* consiste en un tuyau AB, adapté verticalement au sommet de la conduite CD, et fermé à sa partie supérieure par une plaque de cuivre percée d'un trou conique, O. Dans ce tuyau est placé un flotteur, F, nageant sur l'eau et portant une tige verticale, à l'extrémité de laquelle est une soupape renversée, S, disposée pour fermer l'orifice conique, O, de la plaque supérieure. Pour guider la tige dans son mouvement vertical, elle passe dans une traverse qui est placée à cet effet dans l'intérieur de la ventouse.

Lorsque l'eau remplit la capacité de la conduite et de la ventouse, le flotteur, soulevé par l'afflux de l'eau qu'il surnage, force la soupape à fermer le trou de la plaque supérieure de la ventouse; mais si l'air vient remplacer l'eau, le flotteur s'abaisse avec elle, la soupape s'ouvre, et l'air s'échappe par l'orifice O.

Les robinets d'écoulement, placés dans les maisons, n'ont besoin d'aucune mention particulière. Le seul appareil d'écoulement qui nécessite une explication, est celui des *bornes-fontaines*. C'est un robinet *à repoussoir*, c'est-à-dire se refermant de lui-même quand on cesse de presser le bouton. Tout le mécanisme du *repoussoir* consiste en un ressort à boudin qui cède à la pression de la main exercée sur le bouton, et qui reprend sa position primitive grâce à l'élasticité du métal, quand la pression n'est plus exercée.

Les figures 125 et 126 donnent l'élévation et la coupe de la borne-fontaine, et montrent le mécanisme qui ferme le robinet quand la main cesse de presser le bouton A, relevé par le ressort à boudin qui lui fait suite.

L'eau est vendue aux propriétaires et aux habitants des villes suivant deux modes différents : la *distribution continue* et la *distri-*

Fig. 124. — Robinet de jauge.

bution mesurée. Dans la *distribution continue*, l'eau est livrée au consommateur au moyen d'un robinet qu'il peut ouvrir et qui, constamment en charge, fournit de l'eau à discrétion. Dans la *distribution mesurée*, on remplit un réservoir d'un certain volume,

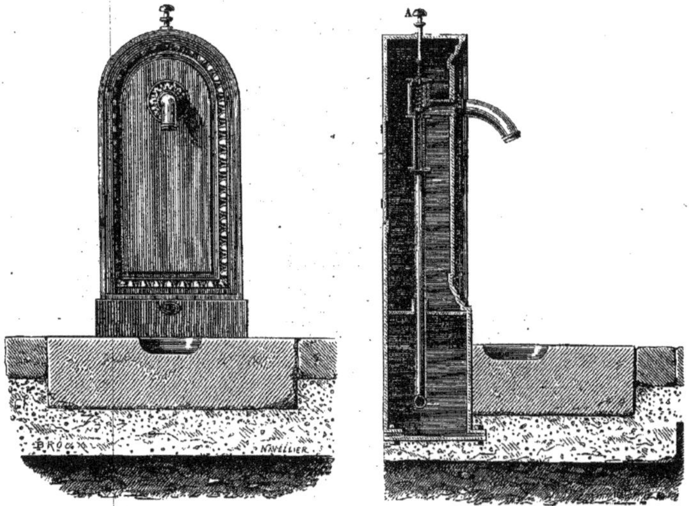

Fig. 125-126. — Borne-fontaine avec robinet à repoussoir et coupe de la borne-fontaine.

qui n'est jamais dépassé. A cet effet, le robinet qui amène l'eau dans le réservoir de la maison, porte un boisseau percé d'un trou assez petit pour assurer, par un écoulement continu, le débit, en vingt-quatre heures, du volume d'eau convenu. Un réservoir en zinc reçoit continuellement le filet d'eau qui coule de ce robinet.

Quand le réservoir est plein, il faut suspendre l'écoulement de l'eau. Pour cela le robinet d'écoulement est pourvu d'un flotteur fixé par une tige en fer à la clef du robinet. Ce flotteur (fig. 124), composé d'une boule de cuivre qui suit les mouvements de l'eau, ferme le robinet quand le réservoir est plein. Dès que l'eau baisse, le flotteur la suit, découvre l'ouverture du robinet, et l'écoulement recommence.

Ces deux systèmes ont chacun quelques inconvénients. Dans les concessions d'eau à discrétion, il y a souvent un gaspillage et une perte d'eau qui ne profite à personne, et que les compagnies ont intérêt à éviter. Dans les concessions à volume d'eau limité, le tuyau qui conduit le faible volume d'eau concédé, est tellement étroit, qu'il s'obstrue fréquemment, pour peu que l'eau donne des dépôts calcaires ou entraîne des particules de sable. Il faut alors avoir recours à l'employé de la compagnie pour déboucher le conduit obstrué et rétablir l'écoulement de l'eau.

Ce double inconvénient a fait songer à un nouveau système, qui serait la solution la plus équitable : à un *compteur à eau*, analogue au *compteur à gaz*, et qui, laissant au consommateur la faculté de prendre de l'eau à discrétion, enregistrerait exactement le volume d'eau dépensé, volume qui serait ensuite payé à la compagnie d'après les constatations faites par l'appareil.

La compagnie des eaux de Paris a fait essayer différents systèmes de *compteur à eau;* elle n'en a encore adopté aucun en particulier, et la question est encore à l'étude. Nous pouvons cependant signaler un nouveau compteur à eau et à liquides inventé par M. A. Bonnefond, et qui s'exécute dans les ateliers de M. Ferret, fabricant de pièces d'horlogerie à Corbeil, auquel a été

Fig. 127-128. — Compteur à eau de M. Bonnefond (coupe et plan).

A A A Corps en fonte renfermant tous les organes du compteur.

B B Tuyau de passage de l'eau.

C C Vis d'Archimède en cuivre, à noyaux creux et à filets multiples ayant à chaque extrémité un pivot D en platine tournant dans une crapaudine *e* en pierre dure.

f, petite vis sans fin communiquant le mouvement de rotation de la vis d'Archimède à l'engrenage *g* et par l'intermédiaire des vis sans fin *h* et *i* et des roues J et K, à la première mollette *l* du système enregistreur.

Le rapport des engrenages est calculé de telle façon, qu'un tour de l'arbre de la vis *i* correspond à un écoulement de 10 litres par le tuyau B, par suite le cadran P fixé sur cet arbre et divisé en dix parties égales, marquera les litres.

L'engrenage K, sur l'arbre duquel est montée la première mollette *l*, ayant dix dents, un tour de cet arbre et de cette mollette correspondra à un écoulement de 100 litres, marqués de dizaine en dizaine par les chiffres

Suite de la légende des figures 127 et 128.

1 à 0. Cette mollette *l* porte un engrenage à une dent qui vient à chaque tour engrener avec une roue de dix dents fixée après la deuxième mollette *m*, et faire faire à cette dernière un dixième de tour, d'où il suit que la deuxième mollette marquera les centaines de litres. Cette deuxième mollette communiquant le mouvement à la troisième mollette *n* dans les mêmes conditions qu'elle le reçoit de la première, la troisième mollette marquera les unités de mille.

Ainsi avec cinq mollettes se commandant successivement on aura la dépense *écrite* du compteur jusqu'à 1,000,000 de litres, après quoi l'enregistreur se remet de lui-même à zéro.

Le mouvement enregistreur placé sous glace O avec un joint hermétique obtenu par le couvercle à vis S serrant sur deux rondelles en caoutchouc, est séparé de la vis d'Archimède par un espace vide R formant chambre à air et calculé de façon que jusqu'à une pression de 6 à 7 atmosphères, l'air vient se comprimer dans la partie supérieure occupée par le mouvement, et empêche l'eau d'atteindre un niveau supérieur à la ligne *t u*.

v, vis de vidange.

accordé le privilége exclusif de la fabrication de cet appareil.

Ce système de compteur, dont la figure 127 donne la coupe transversale, est basé sur l'emploi comme moteur de la vis d'Archimède à filets multiples.

Cette vis d'Archimède prend, sous l'action de l'eau, une vitesse de rotation proportionnelle à son pas et à la vitesse de l'eau.

Ce mouvement est transmis à l'appareil enregistreur par une série d'engrenages et de vis sans fin, dont on calcule les rapports en se basant sur ce que : pour un tour de la vis d'Archimède, l'eau parcourt la longueur d'un pas dans le tube formant gaîne de cette vis.

La figure 128, qui donne la vue en plan de la moitié de l'appareil, donne une idée exacte de la façon facile et sûre dont on peut à chaque instant effectuer la lecture et la dépense d'eau. La ligne supérieure des chiffres indique cette dépense jusqu'aux dizaines; les flèches indiquent l'entrée ou la sortie de l'eau et le cadran inférieure marque les litres complémentaires.

Les points principaux auxquels on s'est attaché dans ce système de compteur, sont les suivants :

1° Sensibilité extrême et exactitude de l'appareil;

2° Lecture rapide et sûre;

3° Durée et bonne exécution.

Ce système de compteur, d'un petit volume, d'un contrôle extrêmement facile et d'un prix peu élevé, convient spécialement aux distributions d'eau dans les villes, ainsi qu'aux industries privées qui ont besoin de connaître les quantités d'eau qu'elles emploient.

CHAPITRE XXVI

LA FILTRATION DE L'EAU POUR LES USAGES DOMESTIQUES. — APPAREILS DIVERS PROPOSÉS DEPUIS LE XVIIIe SIÈCLE JUSQU'À NOS JOURS, POUR LA FILTRATION DE L'EAU DANS LES MAISONS. — LES FONTAINES FILTRANTES A ÉPONGE, INVENTÉES PAR AMY EN 1725. — FILTRE SMITH, COCHET ET MONTFORT INVENTÉ EN 1800 POUR L'EMPLOI DU GRAVIER, DU CHARBON ET DES ÉPONGES. — LE FILTRE FONVIELLE. — LE FILTRE SOUCHON. — LES FONTAINES MARCHANDES DE PARIS. — LE PORTEUR D'EAU A PARIS. — LA FONTAINE FILTRANTE A PLAQUE DE GRÈS EN USAGE A PARIS. — LA FONTAINE FILTRANTE A ÉPONGE ET A CHARBON OU FONTAINE DUCOMMUN. — LA FONTAINE FILTRANTE ANGLAISE A PLAQUE DE GRÈS. — LE TUBE ASPIRATEUR ET LE BLOC DE CHARBON POUR LA FILTRATION SUR PLACE DES EAUX IMPURES.

Nous avons dit que la filtration en grand des eaux de fleuves et de rivières est tellement difficile, si l'on opère sur de grandes masses, que dans la plupart des cas il faut renoncer à ce mode d'épuration, et que l'on se contente de laisser l'eau en repos pendant quelques jours, dans des réservoirs, d'où elle est ensuite distribuée, encore à demi-trouble, dans les conduites publiques. Mais comme il faut nécessairement que l'eau, pour être consommée en boisson, soit parfaitement limpide, on opère sa filtration à l'intérieur des villes, soit dans des établissements spéciaux, nommés à Paris *fontaines marchandes*, soit dans de petits appareils établis dans chaque maison, et dits *fontaines à filtre*. Nous avons à décrire les différents appareils en usage en France et dans d'autres pays pour la filtration domestique. Ces systèmes, très-nombreux et très-divers en apparence, sont fort simples au fond, et ne diffèrent entre eux que par la nature des matières filtrantes et la manière de les installer dans la fontaine.

Tous les peuples ont fait usage, pour purifier l'eau, de vases de terre poreux dans lesquels l'eau se clarifie en les traversant. Les Égyptiens purifiaient l'eau du Nil en la plaçant dans un mince vase de grès, à travers lequel elle s'écoulait goutte à goutte. Chez beaucoup de peuples de l'Orient, particulièrement chez les Japonais, ces vases de grès sont encore en usage aujourd'hui.

En France, au milieu du XVIIIe siècle, la fragilité des fontaines filtrantes en terre donna l'idée de les remplacer par des vases de cuivre étamé, contenant une couche de sable. On fit également usage de fontaines de bois, revêtues intérieurement de lames de plomb et contenant une couche de sable fin. Mais le contact permanent d'un métal quelconque avec l'eau ne pouvait qu'avoir de grands inconvénients. En 1745, un fabricant, nommé Amy, présenta à l'Académie des sciences de Paris, une fontaine filtrante en bois, ou en terre cuite, dans laquelle la matière filtrante se composait d'un lit d'éponges et d'un lit de sable.

Amy donnait à ses fontaines filtrantes différentes dispositions. Il se servit d'abord de coffres de bois revêtus entièrement de lames de plomb, et divisés en compartiments dans lesquels l'eau passait successivement à travers du sable et des éponges. Il construisit ensuite des fontaines en terre, en verre, en grès, qu'il garnissait de différentes matières filtrantes. Réaumur écrivait, le 29 juillet 1749, dans un certificat délivré à l'inventeur :

« J'ai eu plusieurs de ses fontaines, dont chacune avait été garnie par lui-même d'un filtre différent, les unes d'éponges, les autres de coton, les autres de laine, les autres de soie et les autres de sable; elles ont toutes donné constamment une eau très-claire et très-limpide. »

Amy doit donc être considéré comme le créateur des fontaines filtrantes domestiques en France.

Dans son *Dictionnaire de l'industrie*, publié en 1800, Duchesne a signalé les inconvénients du plomb et du sable employés dans les fontaines filtrantes :

« C'est pour y remédier, dit-il, que l'on a imaginé des *fontaines de pierres filtrantes;* ces fontaines sont de pierre de liais, rondes ou carrées, jointes ensemble par un mastic impénétrable à l'eau, et peintes extérieurement à l'huile en forme de granit ou de porphyre. Au lieu de sable ou d'éponge, on construit intérieurement, et au fond de la fontaine, une petite chambre plus ou moins grande et bien mastiquée, avec trois à quatre pierres de 27 millimètres d'épaisseur, dressées de champ, pouvant contenir à peu près deux à trois pintes d'eau. Ces pierres filtrantes viennent de Picardie; on leur donne le nom de *Vergier*. C'est en passant à travers ces pierres que l'eau versée dans la fontaine filtre et s'épure, et de sale et bourbeuse qu'elle était, elle en sort claire et limpide par un robinet, qui pénètre dans cette chambre fermée, dans laquelle entre un tuyau mastiqué qui, venant aboutir au haut de la fontaine, sert à donner de l'air à l'intérieur de la chambre ou réservoir et facilite l'écoulement de l'eau. A peu près tous les trois mois, et lorsque les pores de la pierre filtrante sont bouchés par la bourbe et les saletés de l'eau, on ratisse la pierre avec un racloir et on la lave. C'est afin que la pierre qui recouvre la petite chambre s'encroûte moins, qu'elle est posée en forme de toit. »

La fontaine filtrante à plaque de grès décrite en 1800, par l'auteur du *Dictionnaire de l'industrie*, est encore en usage à Paris, avec peu de modifications. On a cherché cependant à l'améliorer de diverses manières. Un rapport a été fait à la *Société d'encouragement*, en 1831, sur une fontaine filtrante domestique proposée par M. Lelogé, et que l'auteur nomme *filtre ascendant* ou *fontaine à eau ascendante filtrant par le charbon et la pierre poreuse* (1).

(1) *Bulletin de la Société d'encouragement*, tome XXX, page 171.

Fig. 129. — Fontaine marchande du marché Saint-Martin, à Paris.

A, Robinet de l'eau de Seine.
B, Robinet de l'eau de l'Ourcq.
C, Tuyauconduisant l'eau au tuyau collecteur D.
D, Tuyau introduisant l'eau dans les filtres.
E, Tuyau conduisant l'eau filtrée au tuyau G.
FF, Filtres David et Manceau.
G, Tuyau conduisant l'eau au réservoir R.
R, Réservoir.
H. Tuyau du trop-plein.
J, J, Tuyaux distribuant l'eau filtrée de la fontaine.
K, Vanne d'arrêt du réservoir.

Cette fontaine est divisée sur sa hauteur en quatre parties inégales. La partie supérieure est à elle seule à peu près égale en capacité aux trois autres. Cette partie supérieure est destinée à recevoir l'eau à filtrer. Le fond de ce premier compartiment est une pierre non filtrante, à l'angle de laquelle se trouve un orifice communiquant par un tuyau vertical avec la partie inférieure, laquelle forme un premier réservoir de peu de hauteur. Dans ce premier réservoir, l'eau se clarifie par le repos et laisse déposer des matières terreuses, que l'on retire de temps en temps par un tampon mobile pratiqué à cet effet dans le fond de ce premier compartiment, qui est le fond de toute la fontaine.

L'espace compris entre ce réservoir et les parties supérieures est divisé en deux autres réservoirs. Le réservoir inférieur est séparé du précédent par une pierre percée de trous, et il est de plus rempli de charbon. Il est séparé du troisième par une pierre filtrante.

Par cette disposition, l'eau arrive dans le premier réservoir, après y avoir opéré un premier dépôt. Par le poids de l'eau contenue dans la partie supérieure, elle est forcée de filtrer par *ascension* d'abord au travers du charbon que contient le deuxième réservoir, ensuite au travers du filtre qui le sépare du troisième.

Cet appareil était trop compliqué dans ses dispositions pour pouvoir se faire accepter.

En 1791, James Peacock, en Angleterre, prit un brevet d'invention pour un appareil à filtrer par *descente et ascension* de l'eau à travers le sable et le gravier. Cet appareil se composait : 1° d'un grand réservoir d'eau placé à une hauteur convenable; 2° d'une caisse fermée placée au-dessous et remplie de gravier ou de sable lavé, ou d'un mélange de charbon et de carbonate de chaux, lorsqu'il s'agissait de désinfecter l'eau. L'opération de la filtration s'effectuait ainsi :

L'eau contenue dans le grand réservoir supérieur descendait, au moyen d'un tuyau, dans le fond de la caisse inférieure. Elle filtrait par *ascension* à travers le gravier ou le charbon, et sortait en descendant par un tuyau fixé à la partie supérieure de la caisse. Pour nettoyer ce filtre, il fallait y faire passer un courant d'eau intense au moyen d'une pompe.

Ce système de filtration par *ascension et descente*, n'était pas assez pratique pour devenir d'un usage général. L'appareil de Peacock ne fut pas plus adopté en Angleterre que ne l'avait été en France celui de Lelogé.

En 1800, Smith, Cuchet et Montfort prirent le premier brevet qui ait été décerné en France pour un appareil de filtration. Cet appareil, que les inventeurs appelaient *filtre inaltérable tiré des trois règnes de la nature*, se composait de la réunion des procédés déjà décrits et employés par Amy et Peacock, car il renfermait à la fois du charbon, du sable et de l'éponge.

En 1806, Smith, Cuchet et Montfort construisirent en grand leur *filtre inaltérable*, et fondèrent, au quai des Célestins, à Paris, le premier établissement pour la filtration de l'eau de la Seine, ou la première *fontaine marchande*. On filtrait l'eau du fleuve dans de petites caisses prismatiques, doublées en plomb, et contenant, à leur partie inférieure, une couche de charbon comprise entre deux couches de sable, puis une couche d'éponges placée à la partie supérieure.

L'eau traverse ces quatre couches de haut en bas; après quoi, elle retombe en pluie dans un réservoir inférieur, de manière à reprendre l'air dont elle s'est dépouillée pendant ces diverses filtrations. Elle s'échappe alors par un robinet, percé au bas du réservoir.

Chaque mètre superficiel de filtre ne donnait que 3,000 litres d'eau clarifiée par vingt-quatre heures. En outre, quand les eaux de la Seine et de la Marne étaient très-chargées de limon, il était indispensable de renouveler tous les jours les matières filtrantes contenues dans la caisse, ou au moins leur couche supérieure.

En 1814, Ducommun prit un brevet de dix ans pour des perfectionnements apportés aux filtres à base de charbon. L'inventeur donnait en ces termes la composition de son filtre :

1° Un fond solide, percé de trous, et destiné à porter le filtre;

2° Une couche de gros sable, qui ne puisse passer à travers les trous;

3° Une seconde couche de sable moyen,

qui ne puisse passer entre les grains de la couche précédente;

4° Une troisième couche de sable fin ou de grès pilé, qui ne puisse également passer entre les grains de sable moyen;

5° Une couche de charbon concassé. S'il est fin, il suffit de lui donner 5 à 6 millimètres d'épaisseur; dans ce cas, le filtre est propre aux eaux de rivière, qui sont peu infectes et qui n'ont besoin que d'être peu clarifiées; s'il est gros, l'épaisseur de la couche peut aller jusqu'à 30 centimètres, ce qui convient pour les grandes filtrations et pour celles où l'on doit épurer les eaux infectes et corrompues;

6° Une couche de grès ou de sable fin, comme la troisième, surmontant le charbon pour le retenir et l'empêcher de s'élever;

7° Une couche de sable plus gros que le précédent;

8° Une couche de gros sable, comme celui du fond;

9° Enfin, un plateau percé de trous, pour éviter que la chute de l'eau ne dérange les matières filtrantes (1).

Un filtre de 1 mètre carré de section, composé suivant cette méthode, peut aisément filtrer, d'après l'inventeur, 4,000 voies d'eau par vingt-quatre heures; ce qui correspond à plus de 450 ou 460 litres par heure.

Le 27 novembre 1835, Henri Fonvielle prit un brevet de dix ans, *pour un appareil mobile servant à la filtration des eaux.* Le filtre était composé de couches superposées d'éponges, de cailloux, de zinc, de limaille de fer et de charbon. Sur ce filtre tombait, à ciel ouvert, un courant d'eau, qui le traversait en descendant, et s'échappait, après la filtration, par un robinet. Ce premier appareil était fort imparfait.

En 1836, Henri Fonvielle, dans une *addition* à son brevet, substitua les hautes pressions et les filtres fermés, dont l'usage avait déjà été proposé, aux pressions basses et aux filtres ouverts.

En 1837, il ajouta à son brevet un système de nettoyage par l'action simultanée de plusieurs courants d'eau. L'eau pénétrant brusquement dans la masse du filtre, dans des directions et à des hauteurs diverses, remuait et entraînait rapidement les matières terreuses qui engorgeaient le filtre.

En Angleterre, James Peacock et Robert Thom avaient déjà filtré dans des vases clos; et ils nettoyaient leur filtre en y faisant passer rapidement, dans la direction contraire, une grande quantité d'eau pure. Henri Fonvielle n'avait donc rien inventé sur ces deux points. Mais où résidait son invention, c'était dans le moyen rapide et économique de nettoyer les filtres par l'action de plusieurs courants d'eau, agissant simultanément ou presque simultanément sur les matières filtrantes sans les bouleverser. Ce moyen n'était pas connu avant Fonvielle.

« Nous ne pouvons avoir aucun doute, dit Arago, dans un rapport fait à l'Académie des sciences sur le filtre Fonvielle, sur la grande utilité de ce conflit des deux courants opposés; car, après avoir nettoyé le filtre de l'Hôtel-Dieu, *à la manière de l'ingénieur Thom*, nous voulons dire à l'aide d'un courant ascendant, nous avons été assurés que ce même courant ascendant ne donnait, au robinet de dégorgement, que de l'eau limpide; dès qu'on manœuvrait les deux autres robinets, l'eau sortait au contraire du filtre, dans un état de saleté extrême. Pour le dire en passant, les malades, témoins de l'opération, exprimaient hautement leur surprise en voyant, à quelques secondes d'intervalle, la même fontaine fournir, tantôt une épaisse bouillie jaunâtre, et tantôt de l'eau claire comme du cristal. »

Vivement recommandé dans le rapport d'Arago à l'Académie des sciences de Paris, le filtre Fonvielle fut appliqué à l'Hôtel-Dieu, et adopté ensuite par divers établissements publics et particuliers, usines, maisons et châteaux. Son mérite essentiel, et la véritable innovation réalisée par Henri Fonvielle, c'était le mode de nettoyage et l'emploi régu-

(1) *Description des brevets d'invention expirés*, tome XII, page 8.

lier de la pression pour activer la filtration. Grâce à la pression, un filtre de très-petite capacité débitait une quantité considérable d'eau dans un court espace de temps. Le filtre de l'Hôtel-Dieu, quoiqu'il n'eût pas un mètre d'étendue superficielle, donnait avec une pression d'une atmosphère et 1/6 seulement, 50,000 litres d'eau clarifiée par vingt-quatre heures. Encore ce nombre, déduit de l'examen des divers services de l'hôpital, n'était-il qu'une petite partie de ce que l'appareil entier aurait fourni si la pompe alimentaire eût été continuellement en charge. Arago reconnut, par expérience, que le filtre Fonvielle donnait jusqu'à 95 litres d'eau par minute, ce qui représentait 136,000 litres en vingt-quatre heures. En comparant ce débit à celui des filtres alors en usage, on trouva qu'il était dix-sept fois plus grand. L'idée d'appliquer la pression au filtrage de l'eau était donc une innovation importante.

En 1839, un autre industriel, Souchon, eut l'idée de substituer la laine au charbon et aux éponges employés dans le filtre Fonvielle. Sans doute cette matière avait déjà été employée à cet usage, mais Souchon en faisait une véritable nouveauté par l'espèce de laine à laquelle il s'adressait. Souchon prit la *laine tontisse*, c'est-à-dire le produit de la tonte des draps dans les fabriques. Ce produit laineux, presque sans valeur, opère la filtration tout aussi bien que la *chausse* de laine, ou *chausse d'Hippocrate*, qui, depuis des siècles, est en usage dans les pharmacies, dans les laboratoires de produits chimiques et chez les confiseurs, pour filtrer les sirops et les liqueurs. Bien plus, Amy, en 1749, avait fait entrer la laine dans la confection de ses filtres domestiques. Seulement, au lieu de prendre la laine à l'état de flocons, ou d'employer le sac de laine (*chausse des pharmaciens*) Souchon, comme il vient d'être dit, prenait la laine à l'état de courtes fibrilles, que fournit la tonte des draps et qui était alors sans aucune valeur. La laine, salie par le filtrage, était lavée à l'eau courante, puis employée de nouveau.

Souchon construisit, avec la *laine tontisse* et les éponges, un filtre qui fit une grande concurrence à celui de Fonvielle. On l'établit à l'Hôtel-Dieu, en regard de son concurrent, et les avantages des deux appareils se montrèrent les mêmes.

L'Académie des sciences avait approuvé un rapport d'Arago exaltant les vertus du filtre Fonvielle. L'Académie de médecine de Paris approuva un rapport de MM. Gauthier de Claubry et Bayard, exposant les qualités de la laine tontisse.

La *Revue scientifique* du mois de mars 1842, a résumé les observations et expériences faites par Gauthier de Claubry et Bayard. Suivant l'auteur de ce résumé, « ce qui fait la supériorité des filtres à laine sur les filtres à charbon, c'est non-seulement la qualité des eaux obtenues, la rapidité du filtrage, le bon marché, mais encore la rapidité et la facilité du nettoyage des filtres. La présence d'une plus grande quantité de limon en hiver est sans doute gênante, en ce qu'elle rend ce filtrage plus paresseux, en ce qu'elle demande des couches flottantes de laine plus nombreuses; mais elle compense une partie des inconvénients en rendant plus facile le nettoyage des filtres. Le limon aide, en effet, au dégraissage de la laine. »

Les filtres Fonvielle et Souchon étaient d'excellents appareils, qui pouvaient lutter l'un contre l'autre à armes égales et avec des avantages très-balancés. Fonvielle et Souchon prirent le meilleur parti; ils fusionnèrent leurs intérêts et leurs appareils. Un système nouveau, qui reçut le nom de *filtre Fonvielle-Souchon*, fut construit, breveté et installé dans les fontaines marchandes de Paris. Vedel, directeur de la compagnie Fonvielle, et Bernard, gérant de la compagnie Souchon, fondèrent, en 1860, la *Com-*

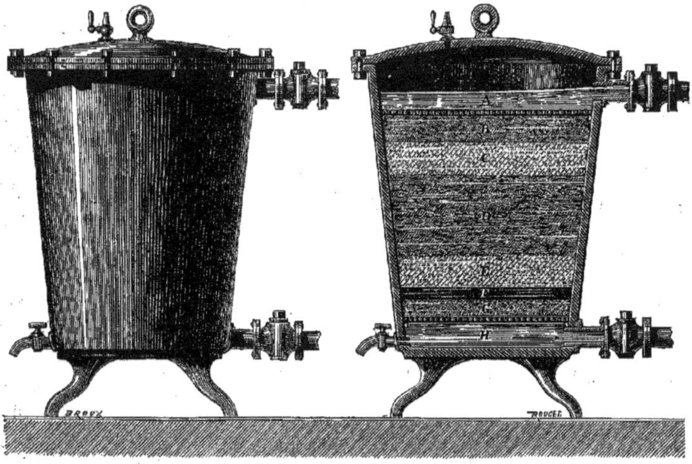

Fig. 130-131. — Élévation et coupe du filtre domestique Souchon-Fonvielle.

pagnie de filtrage des eaux de Paris, *Vedel et Bernard.*

Aujourd'hui, MM. David et Manceau sont les directeurs de cette même compagnie, qui possède dans Paris plusieurs établissements pour le filtrage de l'eau de la Seine. Dans ces établissements on filtre l'eau de Seine et on la vend aux porteurs d'eau, qui vont la livrer à domicile.

Nous représentons dans la figure 129 (page 281) la plus importante des fontaines marchandes de MM. David et Manceau, située entre les rues Saint-Martin et Rambuteau. L'eau contenue dans un grand réservoir soumis à la pression donnée par les conduites d'eau de la ville, passe dans le filtre, d'où elle s'écoule, limpide, dans le tonneau du porteur d'eau.

Outre les grands appareils des fontaines marchandes, MM. David et Manceau construisent de petites fontaines filtrantes, ou *fontaines domestiques*, pour la filtration rapide de l'eau de la Seine. Ces appareils, qui servent à l'épuration des eaux dans presque tous les établissements de la ville de Paris, sont en fonte, à vase clos. Ils opèrent avec pression et distribuent instantanément et sans interruption l'eau à tous les étages des maisons auxquelles ils sont appliqués. On les place généralement dans les caves, afin de les mettre à l'abri des changements brusques de température. Dans ces conditions, ils donnent de l'eau relativement fraîche en été et moins froide en hiver. Ils suppriment les coups de bélier dans les colonnes montantes. Leur entretien, très-simple et très-rapide, peut être fait sans le secours d'ouvriers spéciaux.

Leur pose n'offre aucune difficulté, aucun changement dans les dispositions des conduites et n'entraîne, par conséquent, qu'à une très-faible dépense. La conduite d'arrivée se fixe par une bride au robinet supérieur de l'appareil, et l'eau filtrée sort immédiatement et sans interruption par le robinet inférieur, d'où elle peut desservir toute prise d'eau utile.

Lorsque le filtre devient *paresseux*, c'est-à-dire quand il ne fournit plus une quantité d'eau suffisante, on procède au nettoyage de l'appareil. Cette opération consiste à enlever les matières, à les laver séparément et à les replacer dans l'ordre primitif. Cette main-d'œuvre peut s'effectuer en moins d'une heure et dans un temps relativement très-court; quand le filtre fonctionne depuis trop longtemps, il faut remplacer par de nouvelles les matières filtrantes.

Les figures 130 et 131 donnent en élévation et en coupe la disposition du filtre domestique Souchon-Fonvielle et des matières filtrantes qui le composent. L'eau arrive, sous l'influence de la pression, par le tube A, à la partie supérieure du filtre. Elle traverse une couche de sable B, ensuite la couche d'éponges C, enfin la couche de charbon D. Les mêmes substances se retrouvent placées dans le même ordre dans les couches EFG, l'eau les traverse et sort par le tube I.

Un filtre, de forme conique, d'environ 1 mètre de hauteur, fournit 1,000 litres d'eau par heure. L'entretien et le nettoyage doivent être exécutés une fois par mois, pour des filtres d'une certaine dimension. On lave à grande eau les matières filtrantes et on les remet en place. Cet entretien se fait par abonnement avec la compagnie.

Les filtres Fonvielle qui fonctionnent avec pression, sont surtout destinés aux grands établissements. Dans les maisons de Paris, on se contente, de la simple fontaine qui a été décrite, en 1800, par Duchesne dans le *Dictionnaire de l'industrie.* Ces appareils domestiques, qui n'exigent aucune pression que celle du propre poids de l'eau, se composent d'un coffre de bois ou de terre (fig. 132) contenant une plaque de grès ou plutôt de calcaire quartzeux, qui, par sa porosité et sa texture homogène, forme un excellent filtre. Versée dans une cavité supérieure, dont le fond est une mince plaque de grès, l'eau filtre lentement à travers cette plaque, et se rassemble dans un compartiment inférieur, où on la recueille par le robinet.

On fait également usage à Paris du *filtre Ducommun*, appareil qui fournit une eau plus épurée que celle que donne la simple fontaine à plaque de grès, parce qu'il renferme tout à la fois du sable, de l'éponge et du charbon. La fontaine Ducommun fonctionne sans pression, comme les fontaines parisiennes à plaque de grès. La cavité su-

Fig. 132. — Fontaine filtrante à plaque de grès en usage à Paris.

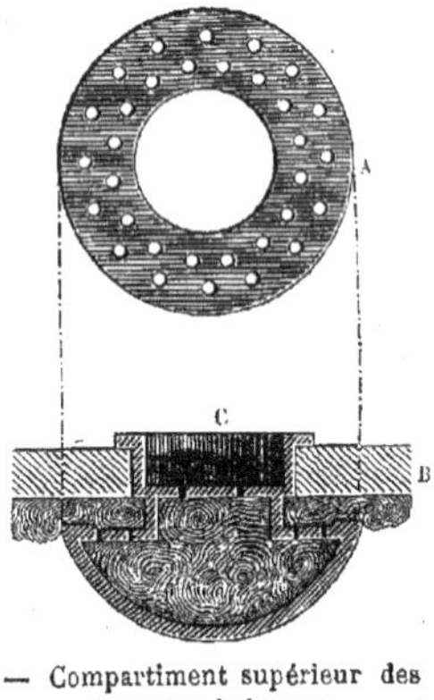

Fig. 133. — Compartiment supérieur des fontaines filtrantes à éponge.

périeure B, dans laquelle l'eau est versée, après avoir traversé un diaphragme, A, est percée à son fond d'une large ouverture, C, bouchée par une grosse éponge (fig. 133). L'eau filtre d'abord à travers cette éponge, passe dans le compartiment situé au-dessous, qui renferme un lit de sable, puis une couche de charbon, et elle se réunit dans le compartiment inférieur, d'où on la recueille au moyen d'un robinet.

Le nettoyage de cette fontaine ne devient urgent qu'au bout d'une année environ, si l'on a la précaution de retirer de temps en temps et d'exprimer l'éponge qui sert de premier agent d'épuration.

En Angleterre, on se sert, dans les ménages, de fontaines filtrantes à plaque de grès, fonctionnant avec la pression des conduites publiques, mais semblables, par la nature de la matière filtrante, à la fontaine à plaque de grès des ménages de Paris. Seulement, au lieu d'être une simple plaque, le grès a été taillé en forme de sac et a l'aspect d'une *chausse de laine*.

La figure 134 représente le filtre à plaque de grès en usage en Angleterre. F est le grès poreux taillé en forme de sac, ce qui donne une grande surface filtrante. Il est fixé, par sa partie supérieure, dans un couvercle en fonte, et fermé, à sa partie inférieure, par un fond en fonte P. On fixe fortement le couvercle au moyen de l'écrou, I, et de la vis de serrage, J. L'eau à filtrer arrive, soit d'un réservoir, soit d'une conduite, avec la pression nécessaire, par le tuyau K. Elle occupe l'espace compris entre l'enveloppe et la pierre, traverse cette dernière et ressort par le tuyau M, muni d'un robinet O.

Pour nettoyer cette fontaine, on enlève le bouchon H, ce qui fait entrer l'air et écouler l'eau ; on desserre l'écrou I, on retire le couvercle avec la pierre filtrante, et on la nettoie en la frottant avec du grès. Le nettoyage est très-facile, parce que les impuretés de l'eau ne se déposent qu'à la surface de la pierre.

On peut remplacer, dans les fontaines domestiques, la plaque de grès filtrante par des plaques ou vases en argile poreux, que l'on mélange à diverses substances. On peut obtenir une excellente matière filtrante et lui donner un degré de porosité quelconque,

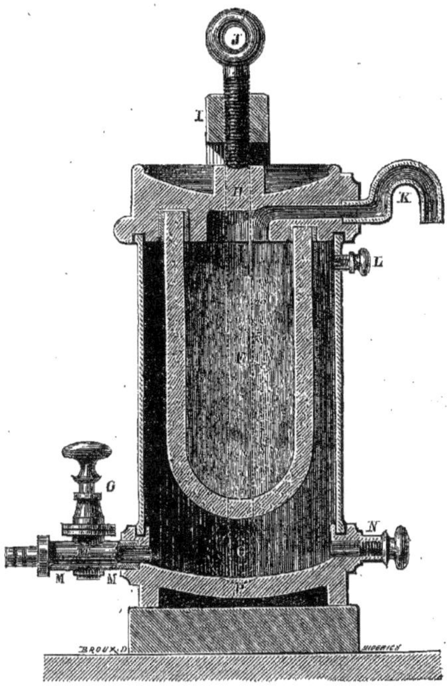

Fig. 134. — Fontaine filtrante anglaise.

en faisant varier la proportion des éléments du mélange plastique. Un mélange de sable et de verre, que l'on fait chauffer jusqu'à fondre le verre, donne également un très-bon filtre.

Quand on veut filtrer rapidement une eau impure, on peut se passer de toute fontaine filtrante, en faisant usage d'un tube et d'un fragment de charbon poreux obtenu en calcinant certaines substances organiques qui laissent une masse de charbon remplie de cavités. Le voyageur, le soldat en campagne, le colon africain, le *coureur des bois* dans le nord de l'Amérique, peuvent se procurer instantanément une eau pure au moyen de cet appareil. Pour cela on adapte à une douille de cuivre que porte le bloc de charbon, l'une des extrémités d'un tube en caoutchouc, muni d'un pas de vis en cuivre, s'adaptant à la douille de charbon, et l'on aspire par l'autre extrémité. L'eau impure attirée par l'inspiration, traverse les interstices de toute la masse du charbon, et s'écoule par le tube de caoutchouc, parfaitement pure et limpide, car elle a été tout à la fois filtrée et purifiée par la masse charbonneuse.

CHAPITRE XXVII

LES EAUX DE PARIS A L'ÉPOQUE GALLO-ROMAINE, A L'ÉPOQUE DES ROIS MÉROVINGIENS ET CARLOVINGIENS. — LES SOURCES DES PRÉS-SAINT-GERVAIS ET DE BELLEVILLE ALIMENTENT PARIS DE 1200 A 1600. — CONSTRUCTION DES POMPES DE LA SAMARITAINE SUR LE PONT-NEUF, EN 1608. — CONSTRUCTION DE L'AQUEDUC D'ARCUEIL SOUS LOUIS XIII, EN 1613. — NOUVELLE PÉNURIE D'EAU. — ÉTABLISSEMENT DES POMPES DU PONT NOTRE-DAME, EN 1670. — ÉTAT DU SERVICE DES EAUX DE PARIS A LA FIN DU DIX-SEPTIÈME SIÈCLE.

Nous passons à la description du service des eaux potables dans les principales villes de l'Europe. Paris nous occupera d'abord.

Pendant la domination gallo-romaine, Paris recevait ses eaux potables de deux aqueducs. Le principal était l'aqueduc d'Arcueil, qui conduisait, au palais des Thermes, l'eau de la source d'Arcueil, ou plutôt du village de Rungis. Parmi les ruines encore debout du palais des Thermes, dont la construction est, comme on le sait, attribuée à l'empereur Julien, et dont la figure 135 représente une partie, on reconnaît les deux dernières arcades de l'aqueduc gallo-romain d'Arcueil.

Le second aqueduc qui amenait à Paris les eaux potables, suivait le bord droit de la Seine. On a retrouvé en 1850, pendant que l'on perçait le prolongement de la rue de Rivoli après l'Hôtel de ville, une partie de cet aqueduc, qui ne consistait qu'en une simple conduite en poterie.

Après la chute de la puissance romaine, les aqueducs furent détruits. Sous les rois mérovingiens et carlovingiens, les habitants de la ville de Paris, qui était encore renfermée dans les limites de l'étroite enceinte de la cité, ne buvaient que l'eau de la Seine, puisée directement dans le fleuve, et celle des puits quand les eaux du fleuve étaient troubles.

A Belleville et aux Prés-Saint-Gervais existent de petites sources très-nombreuses, émergeant des terrains situés au-dessus des marnes gypseuses, et qui renferment de fortes proportions de sulfate de chaux, comme la plupart des eaux du bassin parisien. Ces sources ont suffi pendant quatre siècles à l'alimentation des Parisiens.

L'aqueduc des Prés-Saint-Gervais, qui fut construit pour recueillir une partie de ces sources, fut l'œuvre des moines de l'abbaye Saint-Laurent, à une époque qu'il est impossible de fixer avec exactitude. Situé au pied de la butte Montmartre, le monastère Saint-Laurent remonte au delà du sixième siècle. La fontaine Saint-Lazare, qui dépendait de ce monastère, était alimentée par les eaux de l'aqueduc des Prés-Saint-Gervais.

C'est encore à des religieux qu'il faut attribuer la construction de l'aqueduc qui servit à réunir les sources de Belleville. Il existait, en 1244, dans l'enceinte de l'abbaye de Saint-Germain des Champs, une fontaine qui recevait les eaux de cet aqueduc.

Ces sources, aux eaux dures et séléniteu-

Fig. 135. — Ruines du Palais des Thermes à Paris.

ses (1), qui seraient aujourd'hui universellement méprisées, ont alimenté Paris depuis l'année 1200 jusqu'en 1608, c'est-à-dire jusqu'à l'époque où l'on s'adressa à l'eau de la Seine, et où fut construite la pompe de la Samaritaine, située sur le Pont-Neuf.

C'est Philippe-Auguste qui introduisit dans Paris les eaux des Prés-Saint-Gervais (1). Les fontaines Maubuée, des Innocents et des Halles sont les trois plus anciennes dont il soit fait mention dans l'histoire de Paris. La première était alimentée par les eaux de Belleville, les deux autres par celles des Prés-Saint-Gervais. Les eaux de ces deux aqueducs, une fois conduites dans l'intérieur de la ville, pour l'entretein des fontaines publiques, il devint difficile aux abbés de Saint-Laurent et de Saint-Mar-

(1) Voici les résultats des analyses de ces eaux de source faites par MM. Boutron et O. Henry, en 1848 :

EAU : UN LITRE.

	Source de Belleville.	Source des Prés-Saint-Gervais.
Bicarbonate de chaux et de magnésie	0gr,400	0gr,032
Sulfate de chaux	1 ,100	0 ,012
Sulfate de soude et de magnésie	0 ,520	0 ,480
Chlorure de calcium, de sodium et de magnésium	0 ,400	0 ,100
Nitrates de chaux et de magnésie	traces	indices
Silice, alumine, oxyde de fer, matières organiques	0 ,100	0 ,020
Totaux	2gr.520	0gr,644

Essayées par M. Belgrand, au moyen de l'hydrotimètre, ces eaux ont donné :

Belleville	155°
Prés-Saint-Gervais	76°

Ce sont les plus mauvaises eaux de source qui existent dans le bassin de la Seine.

(1) *Histoire de la ville de Paris*, par dom Félibien, p. 204.

tin d'exercer sur ces eaux le droit exclusif de propriété dont ils avaient joui jusqu'alors : ce droit passa aux rois de France, à partir de Philippe-Auguste.

Pendant longtemps nos rois disposèrent de ces eaux ; mais, oubliant qu'elles avaient été amenées à Paris pour les besoins du peuple, ils eurent le tort d'en accorder de larges concessions aux riches monastères et aux grands seigneurs de leur entourage. L'abus devint si grand et les fontaines publiques devinrent si pauvres, qu'on craignit l'abandon de divers quartiers de Paris, dans lesquels l'eau manquait presque complétement.

Cette circonstance nécessita l'édit de Charles VI, du 9 octobre 1392, qui révoqua toutes les concessions particulières, sauf celles du Louvre et des hôtels des princes du sang (1). L'autorité municipale n'intervenait pas encore dans l'administration des eaux, qui ne relevait que du roi.

Les troubles et les guerres des règnes de Charles VI et de Charles VII firent négliger l'entretien des aqueducs. Celui de Belleville tombait en ruines lorsque, en 1457, le prévôt des marchands le fit reconstruire sur 96 toises de longueur. C'est sans doute à partir de cette époque que la ville fut chargée de l'entretien de ses établissements hydrauliques, et qu'elle acquit sur ces établissements un droit de propriété. Déjà, sous Louis XII, *le bureau de la ville*, composé du prévôt des marchands et des échevins, réglait le cours des eaux de Belleville et des Prés-Saint-Gervais.

C'est aussi de cette époque que datent les premiers registres de la ville, qui contiennent les ordonnances des prévôts et des échevins sur le régime des eaux publiques.

Chargée de distribuer et de régler les cours d'eau, l'autorité municipale de Paris veilla d'abord avec une certaine fermeté pour les conserver à leur destination primitive, c'est-à-dire à l'usage du peuple et du bourgeois. Mais comment tenir la main à l'exécution de règlements publics au milieu des troubles de la Ligue ? Ceux qui avaient usurpé sur le roi de France l'exercice de l'autorité suprême, les hauts barons et seigneurs, usurpèrent aussi à leur profit les eaux publiques de la capitale.

A la fin du quinzième siècle, les fontaines publiques de Paris étaient au nombre de seize, toutes situées sur la rive droite : douze dans l'intérieur de la ville, quatre hors des murs.

Pendant toute la durée du quinzième siècle, le service des eaux éprouva peu d'améliorations. Trois nouvelles fontaines publiques, celles du Trahoir, de Birague et du Palais, furent établies. Cette dernière était la seule qui existât dans la Cité ; toutes les autres étaient sur la rive droite.

Mais le volume d'eau disponible n'était pas augmenté pour cela. On se fera une idée de la pénurie dans laquelle Paris se trouvait sous ce rapport, lorsqu'on saura que le volume d'eau produit par les sources qui alimentaient autrefois les deux aqueducs de Belleville et des Prés-Saint-Gervais, ne dépasse pas habituellement aujourd'hui, en automne, 300 mètres cubes par 24 heures ; que dans des années très-sèches, il tombe à 200 mètres cubes et qu'il est même descendu à 164 mètres cubes en 1858, année qui heureusement n'est comparable à aucune autre pour la sécheresse. La quantité d'eau que les fontaines publiques versaient, aux quatorzième et quinzième siècles, aux habitants de Paris, ne dépassait pas celle qui serait nécessaire aujourd'hui à une petite sous-préfecture. En 1553, le nombre des habitants de Paris était de 260,000, et le volume d'eau distribué n'était, comme il vient d'être dit, que d'environ 300 mètres cubes par 24 heures, ce qui correspond à 1 litre environ par habitant. On verra plus loin que, lorsque les travaux pour la distri-

(1) *Traité de la police*, t. IV, p. 381.

bution de l'eau de la Vanne seront terminés, chaque habitant de Paris aura à sa disposition 227 litres d'eau par 24 heures.

L'abus des concessions particulières gratuites rendait encore plus précaire le service des eaux. Toute riche abbaye, tout personnage puissant, se faisait accorder une concession d'eau. On la demandait, pour la forme, au bureau de la ville, qui avait toujours la main forcée.

Lorsque la disette d'eau était par trop grande, quand les fontaines publiques étaient taries, le prévôt des marchands rendait une ordonnance, qui prescrivait à tous les concessionnaires de présenter leurs titres. Mais le public n'y gagnait rien. On ne manquait jamais, en effet, après une exécution de ce genre, de demander et d'obtenir de nouvelles concessions, qui rétablissaient les choses dans l'état primitif. Les grands seigneurs, les riches abbayes détournaient à leur profit les minces filets d'eau rassemblés à grand'peine par le prévôt des marchands.

Ce n'est qu'à ce résultat négatif qu'aboutirent l'édit de Charles VI, du 9 octobre 1392, l'ordonnance du *bureau des eaux*, du 28 novembre 1553, et l'ordonnance du prévôt des marchands de 1587.

Henri IV fut le premier qui sut faire respecter ses édits. Dès son entrée dans Paris, il ôta au prévôt des marchands et aux échevins la faculté de disposer de l'eau des fontaines publiques. On fit la révision des titres des concessionnaires, et, au mois de mai 1598, le nombre des concessions se trouva réduit à 14. Henri IV fit détruire les conduites qui amenaient l'eau dans les habitations des grands seigneurs et des particuliers. Il se réserva de disposer de ces eaux, et n'usa de ce droit que pour assurer au peuple leur usage exclusif.

La première concession payante fut accordée en 1598, au prévôt des marchands, Martin Langlois, qui paya à la ville une rente de 35 livres 10 sous, pour une dérivation de la fontaine Barre-du-Bec. Cet exemple fut imité, et, depuis, un assez grand nombre de concessions d'eau furent acquises à prix d'argent.

En 1608, nouvelle pénurie d'eau, nouvelle réduction des concessions. Le roi lui-même se soumet à la réduction.

Pour remédier en partie au manque d'eau qui excitait les plaintes du peuple, Henri IV voulut rendre à la distribution de la ville le volume d'eau que recevaient à cette époque les maisons royales. Il fit étudier et approuva, en 1606, le projet de la pompe de la Samaritaine, qui lui fut présenté par un Flamand, nommé Jean Limlaer. Cette pompe devait élever l'eau de la Seine dans un réservoir placé au-dessus du Pont-Neuf, pour la distribuer au Louvre et aux Tuileries. Cet établissement hydraulique fut érigé en 1608, malgré l'opposition du prévôt et des échevins. L'eau élevée fut substituée à celle qu'on tirait de la fontaine de la Croix-du-Trahoir (1).

La pompe de la Samaritaine amenait l'eau dans une espèce de château d'eau situé sur le Pont-Neuf, et qui était construit dans un style tout architectural par ses dimensions et ses proportions élégantes. La figure 136 (page 293) représente la *Samaritaine du Pont-Neuf* au temps de Henri IV.

Henri IV se disposait à faire conduire à Paris, pour l'usage des habitants, les eaux de la source d'Arcueil, lorsque la mort le surprit. Mais ce projet, comme on va le voir, fut réalisé par Marie de Médicis.

Cette époque est remarquable à deux points de vue. Pour la première fois, on faisait usage des machines hydrauliques pour élever l'eau du fleuve, et l'on adoptait un nouveau mode de distribution, en vendant des concessions d'eau. Jusqu'alors, si l'on fait abstraction des privilégiés qui la re-

(1) *Mémoires de l'Académie des inscriptions*, t. XXX, p. 743.

cevaient gratuitement, les habitants de Paris ne pouvaient jouir de l'eau de la ville qu'en la prenant aux fontaines publiques. Le premier abonnement (1) payant a eu lieu, comme nous l'avons dit plus haut, en 1598. Ce mode de distribution de l'eau ne s'était développé que très-lentement dans les seizième et dix-septième siècles, il nous a paru intéressant d'indiquer son point de départ.

Après la mort de Henri IV, tous les anciens abus, si difficilement réprimés par ce roi, se renouvelèrent avec plus de force que jamais. Dès l'année 1611, on rétablit une partie des anciennes concessions qui avaient été supprimées par l'édit de Henri IV en 1608, relatif à la création de la pompe de la Samaritaine. Vainement le bureau de la ville prenait des mesures pour assurer les services publics; ses prescriptions étaient toujours éludées. Une ordonnance de 1616, qui prescrivait la réduction de toutes les concessions particulières, demeura complétement sans effet ; elle ne fut mise à exécution que chez un seul concessionnaire. Aucune fontaine publique n'existait encore sur la rive gauche de la Seine. En 1609, Henri IV avait songé, avons-nous dit plus haut, à rétablir, dans l'intérêt de cette partie de la ville, l'antique conduite des eaux d'Arcueil, attribuée à l'empereur Julien, et qui avait été détruite, on le croit du moins, par les envahisseurs normands dans le cours du neuvième siècle. Sully faisait rechercher les anciennes sources de cet aqueduc lorsque la mort du roi vint arrêter ce projet. Ce fut la reine Marie de Médicis qui eut le mérite de mettre à exécution le projet de la création d'un aqueduc amenant à Paris les eaux de la source d'Arcueil. Ce fut au moment où elle faisait construire le Palais du Luxembourg que la pensée lui vint de doter Paris de ce bienfait public.

Un particulier, nommé Jacques Aubry, proposa à Marie de Médicis de mettre à exécution le projet conçu par Henri IV, de la dérivation de la source d'Arcueil. Cette offre fut accueillie. Aubry s'engageait à amener, en quatre ans, les eaux des fontaines de *Rungis*, situées près du village d'Arcueil, dans un grand réservoir établi entre les portes Saint-Jacques et Saint-Michel. Il demandait pour cela, 200,000 livres par an pendant six ans, et le tiers des eaux dérivées ; le second tiers devait appartenir au roi et à la reine régente, et le dernier être livré au bureau de la ville, pour en faire la distribution au profit des habitants. L'affaire fut renvoyée au bureau de la ville qui décida, le 6 juillet 1612, qu'on dresserait un devis des travaux. Ce devis fut arrêté le 5 septembre suivant.

Hugues Cosnier, directeur du canal de la Loire, offrit d'entreprendre la dérivation étudiée par Jacques Aubry. Il demandait une somme de 718,000 livres, plus la con-

(1) Le principal obstacle à la généralisation de l'abonnement était d'abord le faible volume des eaux dont on disposait, mais surtout le mode de distribution. Dans l'origine, les prises d'eau pour les concessions gratuites par pouces et lignes étaient faites sur les conduites mêmes, sans que l'on tînt aucun compte des charges des conduites, et il est probable que pour la plupart l'écoulement était continu. Il n'est pas difficile de comprendre quels abus et dilapidations devaient résulter de ces dispositions.

Lorsque l'acqueduc d'Arcueil fut établi, la distribution des nouvelles eaux se fit par la méthode romaine, c'est-à-dire que chaque concessionnaire eut une conduite particulière partant d'un château d'eau ou cuvette de distribution, situé ordinairement dans l'intérieur de la fontaine publique la plus voisine.

Un édit de Louis XIII, du 26 mai 1635, prescrit l'application de cette mesure aux eaux de Belleville et des Prés-Saint-Gervais : « Nous voulons et ordonnons que, par Augustin Guillain, maître des œuvres,... vous ayez à faire promptement travailler, pour réformer toutes les prises d'eau des fontaines de Belleville et des Prés-Saint-Gervais, et les réduire par bassinets dans les regards publics, comme est pratiqué aux concessions des fontaines prises sur les eaux de Rungis. »

Cette nouvelle méthode, complétement équitable et rigoureusement exacte, a été mise en pratique jusque dans les dernières années; mais, on le conçoit, elle était le plus grave obstacle à la distribution à domicile; les rues n'auraient pas été assez larges pour contenir les conduites particulières si chaque maison avait été abonnée; d'ailleurs les frais énormes qu'exigeait le premier établissement des prises d'eau, devait nécessairement éloigner tous les petits abonnés.

Fig. 136. — La Samaritaine du Pont-Neuf au temps de Henri IV.

cession du volume d'eau dérivée qui excéderait 30 pouces. Le 11 septembre, le prévôt et les échevins se rendirent au conseil d'État, et demandèrent à substituer à Hugues Cosnier un entrepreneur de leur choix, qui ferait à la ville des conditions moins onéreuses. Un nouveau devis, présenté au conseil le 4 octobre, servit de base à une adjudication, qui fut passée, le 27 du même mois, avec Jehan Coing, maître maçon, pour la somme de 460,000 livres. Cette somme devait être acquittée par le fermier de l'octroi, sur les entrées du vin, d'après les mandements du trésorier. Mais pendant l'exécution des travaux cette estimation fut notablement augmentée.

Des lettres patentes du 4 décembre 1612 attribuèrent, malgré toutes les réclamations du bureau de la ville, qui revendiquait le droit d'exercer la surveillance sur tous les travaux relatifs aux eaux publiques, l'inspection des ouvrages de l'aqueduc d'Arcueil aux trésoriers de France.

L'acqueduc d'Arcueil, construit sous Louis XIII, en 1613, subsiste encore aujourd'hui en assez bon état. La figure 139 représente cet aqueduc.

La première pierre du grand regard des fontaines alimentées par l'aqueduc d'Arcueil fut posée, le 17 juillet 1613, par Louis XIII en personne, accompagné de la reine régente.

L'eau que devait fournir l'aqueduc d'Arcueil fut ainsi partagée : 18 pouces furent réservés pour les maisons royales et 12 cédés à la ville de Paris; le surplus appartint à l'entrepreneur des travaux.

Lorsque les eaux arrivèrent au regard de

distribution, un arrêt du conseil du 19 mai 1623 ordonna qu'on procéderait à leur partage.

Les réservoirs publics furent d'abord établis sur les places Maubert et Saint-Benoît, près le puits Sainte-Geneviève et la porte Saint-Michel. L'eau fut introduite dans les conduits de distribution le 18 mai 1624 (1).

Le 28 juin de la même année, le roi posa la première pierre de la fontaine d'eau de Rungis qui fut élevée sur la place de Grève. On érigea, en même temps, une partie des 15 fontaines destinées aux mêmes eaux (2). Le surplus des eaux de l'aqueduc d'Arcueil fut abandonné aux colléges, aux communautés religieuses, et à quelques personnages haut placés.

Divers arrêts de 1623, juin 1624 et du 3 octobre 1625, révoquèrent ou modifièrent toutes les concessions, et donnèrent lieu à une nouvelle répartition des eaux.

Il est fait mention, dans le dernier arrêt, de l'abandon fait au roi, des 20 pouces appartenant à l'entrepreneur (3).

« Procédant à une nouvelle distribution desdites eaux, tant des 30 pouces que lesdits entrepreneurs sont tenus de fournir par ledit bail, que des 20 pouces qu'ils prétendent avoir de surplus à eux appartenant, lesquels Sa Majesté a retenus à soi pour le prix et conditions portés par l'arrêt sur ce donné aujourd'hui, a ordonné et ordonne, etc. »

Le roi se réservait donc 38 pouces d'eau, et en laissait 12 au public, qui était encore obligé de partager avec les riches abbayes et les puissants seigneurs de la cour.

La dérivation de la source d'Arcueil fit jouir la ville de Paris d'un volume d'eau presque double de celui dont elle avait disposé jusque-là. Il y avait 30 fontaines publiques, dont 16 étaient alimentées en eau de Belleville et des Prés-Saint-Gervais, et 14 en eau d'Arcueil.

Malgré l'amélioration notable que ces dernières eaux auraient dû produire dans le service, la pénurie ne tarda pas à reparaître dans le volume d'eau distribuée aux habitants de Paris, parce que de nouvelles concessions étaient arrachées tous les jours à la faiblesse du bureau de la ville. Le luxe de quelques particuliers consommait ce que réclamaient les besoins publics. L'édit de Louis XIII du 26 mai 1635, réprima un de ces abus les plus criants en changeant le mode de distribution. On prit des *châteaux d'eau*, c'est-à-dire des réservoirs particuliers, pour point de départ des conduites particulières à écoulement continu. Avant cette époque, les conduites particulières étaient tout simplement branchées sur celles de la ville, sans avoir égard à la pression à laquelle ces conduites étaient soumises, selon l'élévation des lieux ou leur distance de l'origine de l'aqueduc.

De nouvelles recherches faites à Rungis,

(1) Voici l'analyse des eaux d'Arcueil, faite par M. Henri Sainte-Claire-Deville, en 1846, et se rapportant à un litre d'eau.

Acide silicique........	0,0306	
Alumine avec phosphate...............	0,0053	
Carbonate de chaux...	0,1990	
— de magnésie	0,0082	Essayée à l'hydrotimètre, l'eau d'Arcueil, puisée à son entrée à Paris, donne 37°,63.
Sulfate de chaux......	0,1638	
— de soude......	0,0054	
— de potasse.....	0,0205	
Chlorure de sodium....	0,0376	
— de magnésium	0,0166	
Azotate de magnésie...	0,0570	
Total.. ...	0,5440	

Cette eau, quoique bien meilleure que celle de Belleville et des Prés-Saint-Gervais, est encore très-dure, et, de plus, très-incrustante.

(2) *Registres de la ville*, vol. XXIV, fol. 303 et 349. Ces quatorze fontaines étaient établies à Notre-Dame des Champs, à la porte Saint-Michel, près Saint-Côme, près le puits Saint-Benoît, au carrefour Sainte-Geneviève, à la croix des Carmes, rue Saint-Victor, au carrefour Saint-Severin, au bout du pont Saint-Michel, rue de Bucy, au parvis Notre-Dame, dans la cour du Palais, sur la place de Grève et la place Royale.

(3) On appelait autrefois *pouce d'eau* ou *pouce de fontainier* l'unité de mesure pour les eaux courantes. Le *pouce d'eau* est la quantité d'eau qui coule en une minute, par un orifice circulaire d'un pouce de diamètre, percé dans une paroi verticale, avec une charge, ou hauteur d'eau, d'une ligne, au dessus du point culminant de l'orifice. La quantité d'eau qui coule dans ces circonstances est de 672 pouces cubes par minute, ce qui revient à 19 mètres cubes en 24 heures.

en 1651, produisirent un volume d'eau de 24 pouces, dont 14 restèrent à la ville et à l'entrepreneur des travaux, et 10 furent attribués au roi.

Cependant l'abus des concessions gratuites continuait. Il devint tel que, le 22 janvier 1653, on statua qu'il serait sursis à toute concession ultérieure, à moins que les concessionnaires ne s'engageassent à payer à la villé les frais des recherches de nouvelles eaux qu'elle se proposait d'entreprendre : « Et cependant il sera sursis à toutes con« cessions, qui ne pourront être faites ci« après qu'en remboursant à proportion les « frais et dépens qu'il aura convenu faire « pour l'augmentation des dites eaux (1). »

C'est ainsi que Fouquet paya 10,000 livres un pouce d'eau de Belleville et des Prés-Saint-Gervais, qui fut délivré le 4 juin 1655. La somme était forte, mais le surintendant des finances de Louis XIV était alors à l'apogée de sa fortune.

Le 9 novembre 1655, on ordonna de déposer à l'hôtel de ville toutes les clefs des regards et cuvettes de distribution, afin d'éviter les vols et détournements d'eau que les entrepreneurs et ouvriers ne craignaient pas de faire au profit de riches particuliers, lorsqu'ils disposaient des clefs, et qu'ils pouvaient, sans contrôle, s'introduire dans tous les établissements hydrauliques de la ville. Ce fait prouve avec quelle négligence était conduit, sous Louis XIV, le service des eaux publiques de la capitale.

En 1634, s'établit l'usage de concéder quatre lignes d'eau aux prévôts et échevins sortant de charge.

A la même époque, les riches concessionnaires employaient, pour la décoration de leurs jardins, une partie de l'eau dont ils disposaient. Pendant ce temps, le peuple souffrait de la pénurie d'eau.

Cette pénurie devint telle qu'un arrêt du Conseil du roi du 26 novembre 1666, révoqua toutes les concessions accordées jusqu'à cè jour.

(1) *Registres de la ville*, vol. XXXV, fol. 279.

« Sa Majesté, est-il dit dans cet arrêt, ayant été informée de l'état où se trouvent à présent les fontaines publiques, que les unes ne fournissent plus d'eau, et les autres en si petite quantité, que les habitants de la bonne ville de Paris en souffrent beaucoup d'incommodités, ce qui provient des différentes concessions qui avaient été ci-devant faites par les prévôts des marchands et échevins de ladite ville, tant à aucuns princes, officiers de la couronne, compagnies souveraines, qu'aux dits prévôts des marchands, officiers et bourgeois de ladite ville; ce qui est porté à un tel excès, que le public manquant d'eau, plusieurs particuliers en abondent dans leurs maisons, non-seulement par des robinets, mais *par des jets jaillissants et pour le plaisir;* ce qui est un désordre auquel étant nécessaire de remédier... Sa Majesté étant en conseil, a révoqué et révoque toutes les concessions, etc..., ordonne Sadite Majesté... que tous les bassinets qui ont été mis au bassin public qui reçoit les eaux aux regards des fontaines, et les tuyaux qui conduisent aux hôtels et maisons particulières, seront ôtés desdits regards..., même les tuyaux *entés sur les tuyaux publics*, etc. »

Nous citons cet arrêt en entier parce qu'il fait voir nettement quelle était la position du service des eaux à cette époque. Malgré les ordonnances réitérées du bureau de la ville, malgré les arrêts du conseil, et les édits des rois, aucun abus ne disparaissait. La quantité d'eau distribuée à Paris ne dépassait pas 500 à 700 (1) mètres cubes par

(1) Lorsqu'après l'arrêt du 26 novembre 1666, on procéda à une nouvelle répartition des eaux, on fixa comme il suit leur distribution :

	AU PUBLIC.		AUX CONCESSIONNAIRES.	
	pouces.	lignes.	pouces.	lignes.
Eaux de Rungis (Arcueil)...........	6	128	6	184
Eaux de Belleville..	3	35	2	17
Eaux des Prés-Saint-Gervais..........	3	108	1	53
Totaux....	12	271	9	254

Total général : 24 p. 93 l., soit très-approximativement 475 mètres cubes par vingt-quatre heures.

On estimait que, dans les saisons d'abondance, les sources donnaient :

Eaux de Rungis (Arcueil).........	21 p.	50 l.
— de Belleville...............	8	»
— des Prés-Saint-Gervais......	10	»
Totaux...........	39 p.	50 l.

Ou 755 mètres cubes par vingt-quatre heures.

Fig. 137. — L'aqueduc d'Arcueil.

24 heures (en déduisant, bien entendu, le produit de la pompe de la Samaritaine, et la partie des eaux d'Arcueil retenue pour les châteaux royaux), et ce volume d'eau, déjà insuffisant pour l'alimentation d'une aussi grande ville, était détourné presque en entier par tous ceux qui se sentaient assez puissants pour braver la loi. Le mode de distribution prescrit par Louis XIII n'était même pas suivi d'une manière générale, puisqu'en 1666, il y avait encore « *des tuyaux particuliers entés sur les tuyaux publics,* » et on conçoit quels désordres devaient en résulter lorsque l'eau coulait « *par jets jaillissants et pour le plaisir,* » comme il est dit dans l'arrêt du conseil du roi que nous venons de citer.

La profusion inconsidérée avec laquelle le bureau de la ville avait distribué les eaux d'Arcueil, l'abus fait des priviléges et de l'usage qui accordait une partie des eaux publiques comme récompense de ses services rendus à l'État, portaient leurs fruits, et les mesures tardives prises par l'autorité demeuraient inefficaces. Une réforme était devenue nécessaire pour calmer l'irritation publique ; car on comprend quel profond mécontentement devait faire naître dans l'esprit du peuple et du bourgeois, la privation d'une chose indispensable à la vie, surtout quand la cause de cette privation était évidente pour tous les yeux.

La seule réforme à réaliser, le seul moyen qui restât de remédier au mal, c'était d'augmenter le volume d'eau disponible. Il fallut donc en venir là. Nous ne parlerons pas ici des projets avortés, qui ne manquèrent pas plus au dix-septième siècle qu'ils n'ont manqué de nos jours. Nous nous attacherons

Fig. 138. — Les pompes du pont Notre-Dame.

seulement au projet qui fut présenté et exécuté vers cette époque.

Au-dessous de la troisième arche du pont Notre-Dame, il existait, au dix-septième siècle, un moulin à blé mû par le courant de la Seine. Le 29 novembre 1669, le sieur Daniel Jolly, chargé de la conduite de la pompe de la Samaritaine, proposa de substituer une machine à quatre corps de pompe à ce moulin à blé, et de consacrer cette machine à élever et à distribuer l'eau de la Seine pour faire servir ces eaux à l'alimentation des fontaines publiques de la capitale.

Ce projet fut approuvé le 20 décembre 1669, et le 27 février 1670, le sieur Jolly fut mis en possession de l'emplacement qu'il avait lui-même demandé. Il fut chargé de l'exécution des travaux aux conditions fixées par lui.

A peine le marché était-il conclu que Jacques Demance, trésorier de la fauconnerie, présenta au bureau de la ville le projet d'une seconde machine hydraulique, composée de huit corps de pompe, qui serait mise en jeu par un nouveau moulin placé au-dessous du premier. Jacques Demance s'engageait à fournir 50 pouces d'eau pour une somme de 40,000 livres, et 50 autres pouces pour une somme de 30,000 livres. Il proposait de se charger de l'entretien des machines pendant dix ans, à raison de 2,000 livres par an pour les 50 premiers pouces et 1,000 livres pour les 50 derniers. Ces nouvelles propositions furent acceptées par le bureau de la ville.

La machine de Demance fut reçue en mai 1670; elle donna un peu plus de 50 pouces d'eau : celle du sieur Jolly, qui ne fut terminée qu'en 1671, n'en donna que 25 à 30.

La distribution des eaux de la pompe Notre-Dame se fit par quinze nouvelles fontaines publiques, dont l'emplacement fut approuvé par un arrêt du Conseil du roi, en date du 22 avril 1671. Le prévôt des marchands et les échevins furent autorisés à vendre à prix d'argent l'eau excédante.

Les nouvelles fontaines furent érigées en moins de deux ans, avec un grand luxe de sculptures, tables de marbre et inscriptions.

Le 2 juin 1673, on arrêta une nouvelle répartition des eaux publiques de Paris, qui se trouvèrent distribuées comme il suit :

Les eaux des Prés-Saint-Gervais desservirent 9 fontaines publiques et 19 concessions avec..............	11 pouces	54 lignes.
Les eaux de Belleville, 7 fontaines et 46 concessions avec.....................	8	71
Les eaux d'Arcueil, 14 fontaines et 59 concessions.....	24	17
Et les eaux de la pompe Notre-Dame, 21 fontaines et 80 concessions.............	59	93
Total, 61 fontaines, 204 concessions..................	102 pouces	235 lignes.

En 1673, la ville acheta les deux moulins du pont Notre-Dame, dont les chutes faisaient marcher les machines. Cette acquisition fut faite au prix de 42,000 livres, et le prévôt fut autorisé, le 30 juin de la même année, à vendre, à prix d'argent, d'abord dix, ensuite vingt pouces de l'eau élevée.

Les frais d'entretien des pompes, qu'on trouvait très-lourds alors, s'élevaient, d'après le bail passé le 30 juillet 1680, à 850 livres par an ; leur produit était à cette époque de 70 à 80 pouces. Mais leur débit était très-variable, car, au mois d'août 1681, il fut trouvé de 14 pouces seulement par les commissaires nommés *ad hoc* pour le règlement de juillet 1670.

Plusieurs projets furent successivement présentés et abandonnés, pour améliorer le service des eaux. Ce ne fut qu'en 1695 qu'une nouvelle machine fut établie sous le pont de la Tournelle, du côté de l'île Saint-Louis, par M. Friquet de Vaurole. Cette machine, qui n'eut aucun succès, fut détruite le 4 juin 1707.

Cependant les machines du pont Notre-Dame n'avaient pas tardé à se détériorer, et elles arrivèrent bientôt à un état complet de dépérissement. Celle du petit moulin ne donnait plus que 10 pouces d'eau ; elle fut réparée par Servais Rennequin, dont les propositions furent acceptées le 21 mai 1700. Après les réparations, le produit, en 1705, fut trouvé de 35 pouces. Les pompes du grand moulin furent aussi reconstruites à neuf l'année suivante. Nous représentons ici (fig. 138), les anciennes *pompes du pont Notre-Dame*. Les Parisiens se souviennent encore d'avoir vu en pleine Seine, au pied du pont Notre-Dame, ce disgracieux et confus édifice hydraulique, car il n'a été détruit qu'en 1858, à l'époque de la reconstruction de ce pont, pendant les travaux d'embellissements de la capitale par l'Empereur. Vues des quais de la Seine, les pompes du pont Notre-Dame ne représentaient qu'un inextricable fouillis de poutres et charpentes mal assemblées, qui cachait la roue hydraulique dont l'axe faisait jouer la pompe destinée à élever l'eau du fleuve.

A la fin du dix-septième siècle, le service des eaux de Paris disposait donc par jour :

Des eaux de Belleville et des Prés-Saint-Gervais, qui ne paraissent pas avoir subi de grandes variations depuis cette époque, et donnaient par conséquent comme aujourd'hui, en basses eaux, environ..........................	300 mètres cubes.
Des eaux de Rungis, desquelles la ville ne prenait que.....	500
Enfin des eaux élevées par les pompes Notre-Dame, dont le volume, lorsque les machines étaient en bon état, était de..	1,000
Volume total en 24 heures...	1,800 mètres cubes.

Le nombre des habitants de Paris étant alors de 500,000, la quantité d'eau distribuée était seulement de 3 litres 1/2 par tête. Ce volume paraît bien insuffisant, quand on sait que les hydrauliciens modernes réclament une part de 50 à 60 litres d'eau par chaque habitant d'une grande ville.

La machine hydraulique du pont Notre-Dame avait augmenté pendant quelque temps le volume d'eau disponible dans Paris. Malheureusement, les dérangements de l'appareil n'avaient pas tardé à réduire considérablement leur débit. Au moment de l'établissement de ces nouvelles pompes de la Seine, les magistrats de la ville préposés à la garde et à l'entretien du trésor des eaux publiques, peu habitués à une telle abondance, eurent le tort de le regarder comme intarissable. L'abus des concessions gratuites, qui avaient eu de si tristes résultats dans les siècles précédents, se renouvela avec la même force. Tout cela obligea à revenir aux mêmes mesures que les mêmes circonstances avaient nécessitées précédemment. En 1733, tous les concessionnaires d'eaux furent sommés de déposer leurs titres à l'hôtel de ville, pour en obtenir la confirmation, s'il y avait lieu. On ne voit pas néanmoins que cette mesure ait produit de résultat avantageux.

Aucune amélioration importante ne fut réalisée dans le service des eaux, dans la première moitié du dix-huitième siècle, si ce n'est la restauration, faite en 1787, des machines du pont Notre-Dame, par le célèbre Bélidor. Après l'achèvement des travaux, le produit de cet établissement fut trouvé de 150 pouces par 24 heures (1). Mais la négligence avec laquelle était fait l'entretien des établissements hydrauliques de la ville, produisit son effet ordinaire ; les machines, si habilement réparées par Bélidor, se détériorèrent de nouveau. L'Académie des sciences fut consultée sur les mesures à prendre pour leur conservation. Camus, Montigny et de Parcieux firent à cette assemblée un rapport. Mais ce travail n'eut aucune suite ; on se borna à exécuter, pour 1,612 livres, de menus travaux indispensables pour empêcher la ruine totale des machines.

(1) *Architecture hydraulique*, tome II, p. 215 et suivantes.

Tout ce qui précède fait voir combien l'art d'administrer est nouveau, quelles entraves, quels obstacles incessants il rencontrait dans la vicieuse organisation sociale qui existait avant notre immortelle révolution de 1789. L'histoire nous apprend que, parmi les prévôts de Paris, il se trouva des hommes éminemment énergiques et distingués, qui surent, au péril de leur vie, défendre les priviléges de la ville. Les derniers faits que nous venons de raconter, ne nous montrent-ils pas, au contraire, une administration sans règle et sans vigueur, laissant aller les affaires de la ville avec la plus complète incurie ? Il serait injuste, toutefois, de juger les actes de nos ancêtres d'après nos idées du jour, comme il est souverainement ridicule d'abaisser tout ce qui existe aujourd'hui pour exalter un passé qui ne nous paraît digne d'admiration qu'à la longue distance où nous le voyons, distance à laquelle tous les détails s'effacent et rendent le jugement incertain.

CHAPITRE XXVIII

LES EAUX DE PARIS AU DIX-HUITIÈME SIÈCLE. — PROJET DE DÉRIVATION DE L'YVETTE, PAR DE PARCIEUX. — LES FRÈRES PÉRIER SONT AUTORISÉS, EN 1717, A CONSTRUIRE LES PREMIÈRES POMPES A FEU. — LA COMPAGNIE DES EAUX DES FRÈRES PÉRIER. — SES ACTIONNAIRES. — ORAGES ET DISCUSSIONS. — MÉMOIRES DE BEAUMARCHAIS ET DU COMTE DE MIRABEAU. — DÉSASTREUX RÉSULTAT FINANCIER; DISSOLUTION DE L'ENTREPRISE. — REPRISE DES PROJETS DE DÉRIVATION. — M. DE FER PROPOSE LA DÉRIVATION DES EAUX DE LA BIÈVRE. — CE PROJET EST ÉCARTÉ PAR LES RÉCLAMATIONS DES TEINTURIERS DE PARIS. — ÉTAT DU SERVICE DES EAUX DE PARIS A LA FIN DU DIX-HUITIÈME SIÈCLE.

L'esprit du dix-huitième siècle, beaucoup

plus spéculatif qu'entreprenant, va se manifester dans la question des eaux publiques de la capitale. On publiait de nombreux mémoires ayant pour objet l'amélioration de ce service, mais on se bornait à construire quelques fontaines publiques (1).

De nouveaux projets surgissaient sans cesse; mais ils n'allaient jamais jusqu'à une étude bien sérieuse. Ces projets consistaient surtout à élever les eaux de la Seine, soit aux frais du gouvernement ou de la ville, soit aux frais des particuliers, qui demandaient le privilége de vendre à leur profit l'eau amenée dans les rues de la capitale.

Parmi tous les mémoires qui appartiennent à cette époque, le plus remarquable, sans contredit, est celui qui fut présenté par de Parcieux, qui proposait de dériver à Paris les eaux de l'Yvette, petite rivière qui se jette dans la Seine au-dessus de Longjumeau, au midi de la capitale. L'état d'imperfection des pompes de Notre-Dame, l'incertitude et les intermittences du service qui en résultaient, suffisaient pour justifier la nécessité de ce projet, qui ne serait pas considéré aujourd'hui comme discutable. Les eaux de l'Yvette, plus dures que celles de la Seine, sont aussi moins agréables à boire. Mais alors les procédés chimiques étaient peu perfectionnés, et on se rendait imparfaitement compte des qualités à demander aux eaux potables. Les chimistes de l'Académie des sciences, consultés sur le projet de Parcieux, trouvèrent que les eaux de l'Yvette ne différaient pas sensiblement, par leur composition, de celles de la Seine. Les savants de nos jours ne tomberaient pas dans une pareille erreur; mais Hellot et Macquer, en déclarant les eaux de l'Yvette *saines et potables*, n'avaient pu qu'appliquer les méthodes imparfaites de la chimie de leur temps. Une commission de la *Société royale de médecine*, compagnie savante qui a précédé et tenait à peu près la place de notre *Académie nationale de médecine* actuelle, avait joint son témoignage à celui de l'Académie des sciences, pour proclamer les bonnes qualités des eaux de l'Yvette.

Dans un premier mémoire, présenté le 13 novembre 1762 à l'Académie des sciences, de Parcieux exposa les bases de son projet. On devait dériver 1,200 pouces d'eau au moyen d'un aqueduc de 17,000 à 18,000 toises de longueur : le point d'arrivée était choisi à 16 pieds environ au-dessus du réservoir des eaux d'Arcueil.

Nous n'examinerons pas en détail ce projet, qui passionna le public dans la deuxième moitié du dix-huitième siècle. Dans son mémoire sur les *sources du bassin de la Seine* (1), M. Belgrand, directeur du service des eaux de Paris, a fait voir qu'il ne donnerait qu'une très-médiocre solution de la question des eaux. Mais on ne raisonnait pas ainsi en 1761. L'opinion publique se partageait alors entre le projet de dérivation et celui des pompes à feu. Ce qui se passa à Paris vers 1860, s'y voyait aussi un siècle auparavant; l'opinion publique était ballottée entre le projet de dérivation d'eaux éloignées et celui de l'élévation des eaux de la Seine. En 1765, la compagnie qui s'était formée pour mettre à exécution un plan rival de celui de de Parcieux, avait exposé son système au public, et fait appel aux souscripteurs. Elle se proposait d'établir, à la gare de l'Hôpital ou à la pointe de l'île Saint-Louis, des pompes à feu pour élever l'eau de la Seine. Tout Paris prenait parti

(1) Celles de Louis-le-Grand, en 1707; de Desmarest, au haut de la rue Montmartre, en 1713; de la rue Garancière et de l'abbaye Saint-Germain des Prés, en 1715; du Chaudron, en 1718; des Blancs-Manteaux, et cinq fontaines dans le faubourg Saint-Antoine, en 1719. Le plus beau de ces établissements est la fontaine de Grenelle, érigée en 1646, dont les sculptures sont dues à Bouchardon. Une décision du bureau des eaux, du 19 février 1746, accorda à cet artiste célèbre une pension viagère de 1,500 livres.

(1) *Recherches statistiques sur les sources du bassin de la Seine qu'il est possible de conduire à Paris, entreprise en 1854, par les ordres de M. le préfet de la Seine.* 1 vol. in-4°. Paris, 1854.

pour l'un ou l'autre de ces deux systèmes.

Dans deux autres mémoires lus à l'Académie des sciences, en 1766 et 1767, de Parcieux soutint son projet, en cherchant à démontrer que les eaux de l'Yvette n'étaient point inférieures en qualité à celles de la Seine.

Le chevalier d'Auxiron, dont nous avons parlé dans la Notice sur les *Bateaux à vapeur*, publiée dans les *Merveilles de la science* (1), était l'auteur du projet d'élévation de l'eau de la Seine par des machines. D'Auxiron répondait, en 1769, à de Parcieux. On écrivait et on parlait beaucoup ; le public se passionnait, mais la solution n'avançait guère. Dans un mémoire qui fut publié en 1771, dans la collection de l'Académie des sciences, l'illustre Lavoisier discuta les deux projets, et donna, en définitive, l'avantage à celui de de Parcieux.

Ce savant illustre n'eut pas la satisfaction d'être témoin du triomphe de ses idées. Ce ne fut qu'après sa mort, arrivée le 2 septembre 1768, qu'un arrêt du conseil du 30 juillet 1768 adopta son projet de dérivation de l'Yvette, et chargea les ingénieurs de Chezy et de Perronnet de dresser le projet de dérivation.

Un mémoire dans lequel ces ingénieurs exposaient le résultat de leur travail, fut lu, le 15 novembre 1775, à l'Académie des sciences. Le développement du canal de dérivation était de 17,352 toises. L'aqueduc était à ciel ouvert; sa largeur de 4 pieds 1/2; sa profondeur de 5 pieds; sa pente de 15 pouces par 1,000 toises; l'eau arrivait à 15 pieds au-dessus du réservoir d'Arcueil; la dépense devait s'élever à 7,816,000 fr.; le point de départ était un vaste étang qui se trouve vers Chevreuse; le débit de l'aqueduc était évalué à 1,500 pouces.

La seule condition de prendre dans un étang les eaux potables destinées à Paris ferait aujourd'hui repousser ce projet; mais telle ne fut point la considération qui fit échouer une entreprise si longtemps étudiée et discutée avec tant de passion. La ville ne put jamais réunir les fonds nécessaires à l'exécution des travaux. Ce qui contribua encore à faire échouer ce projet, ce fut l'incertitude où se trouvaient les esprits, ballottés, comme ils le sont encore aujourd'hui, entre les dérivations et l'élévation des eaux de la Seine par des machines.

La difficulté fut enfin levée par les frères Périer. Ces puissants manufacturiers, qui tenaient alors la première place dans l'industrie et dans l'art des constructions, offrirent de former une compagnie d'actionnaires, qui établirait, à ses frais, une ou plusieurs machines, à l'aide desquelles on élèverait 150 pouces d'eau de Seine par jour. Ils ne demandaient que le privilége exclusif de construire les machines pendant quinze ans, et de les employer comme ils le jugeraient convenable.

Il y avait dans le projet des frères Périer une nouveauté séduisante, et qui contribua beaucoup à attirer en sa faveur les sympathies des hommes de progrès. Périer s'était rendu à Londres pour y étudier la machine à vapeur, d'invention alors toute récente. Il avait rapporté des ateliers de Watt, une *pompe à feu*, c'est-à-dire une machine à vapeur destinée à l'élévation des eaux, et la juste admiration qu'excitait cette belle et récente découverte de la mécanique, tournait en faveur du système que Périer proposait pour l'élévation des eaux de la Seine.

Ce fut donc ce système, qui, après tant de luttes, triompha dans cette première période. La proposition des frères Périer, soumise, le 17 août 1776, au bureau de la ville, eut l'approbation de ce bureau. Le 25 octobre suivant, et le 7 février 1777, les frères Périer reçurent du Parlement les lettres pa-

(1) Tome Ier, p. 158.

tentes qui les autorisaient à construire à leurs frais, dans les lieux désignés par le prévôt des marchands, les pompes et *machines à feu* destinées à élever l'eau de la Seine ; à conduire cette eau dans les différents quartiers de la ville, pour y être distribuée aux particuliers et aux porteurs d'eau, moyennant un prix réglé de gré à gré ; à établir aux lieux qui seraient désignés des fontaines de distribution ; à placer, sous le pavé des rues, les conduites, regards, etc. Le roi leur accordait un privilége exclusif de quinze années, à la condition que, dans un délai de trois ans, le volume distribué serait de 150 pouces.

Depuis l'époque où de Parcieux avait présenté son projet jusqu'à celle où nous sommes arrivés, beaucoup de mémoires relatifs à la fourniture des eaux de Paris avaient été adressés, soit au roi, soit aux bureaux de la ville. Aucun n'avait obtenu de succès, si ce n'est deux demandes en autorisation de vendre des eaux filtrées : les sieurs Montbreuil et Ferrant reçurent, en 1763, l'autorisation d'établir des appareils de filtrage à la pointe de l'île Saint-Louis. Le sieur Charancourt fut autorisé, par un arrêt du conseil du 18 mai 1782, à établir six fontaines épuratoires dans divers quartiers de la ville, où l'eau serait vendue à prix d'argent. Ces établissements prirent, toutefois, peu d'extension.

Cependant la compagnie, à la tête de laquelle se trouvaient les frères Périer, s'organisait sérieusement. Un traité, en date du 27 août 1778, fut formé entre les principaux capitalistes de Paris. Le fonds social, porté d'abord à 1,440,000 livres, fut divisé en 1,200 actions. On accordait aux frères Périer une indemnité de 25,000 livres et au moyen du dixième prélevé sur toutes les actions créées un traitement annuel et viager de 20,000 livres; ils étaient chargés de la direction de tous les travaux.

Les premières machines à vapeur établies furent celles de Chaillot; elles montèrent, en 24 heures, disent les prospectus de MM. Périer, 48,600 muids d'eau (13,300 mètres cubes) à 110 pieds au-dessus de la Seine, dans quatre réservoirs placés sur les hauteurs de Chaillot.

On commit une grande faute en choisissant cet emplacement de Chaillot, situé au-dessous de Paris, c'est-à-dire dans la localité la moins convenable pour recueillir de l'eau potable. Pourquoi cet emplacement fut-il adopté? C'est ce qu'il est difficile de dire aujourd'hui. On nous a affirmé qu'un des principaux motifs fut la proximité de la route de Versailles, qui devait permettre au roi de visiter les machines, et cette raison, à une époque d'autocratie monarchique, pourrait bien être la bonne. Il est probable que ce qui contribua encore à décider le choix de cet emplacement fut l'heureuse disposition des coteaux de Chaillot, qui, étant très-rapprochés de la Seine en ce point, permirent d'établir les réservoirs à peu de distance des machines. Mais il est plus difficile de justifier le choix de l'emplacement des machines du Gros-Caillou. Cette localité est évidemment dans des conditions plus défavorables que les terrains placés en amont de la Bièvre, au pied du promontoire de l'Hôpital, dont la déclivité était aussi convenable que celle des coteaux de Chaillot, pour l'établissement des réservoirs, et qui, de plus, étaient situés en amont des égouts de Paris. Quoi qu'il en soit, la prise d'eau de la Seine fut établie au-dessous de la capitale, et cette faute devait, plus tard, durement peser sur le système de distribution des eaux de Paris.

On établit à Chaillot deux pompes à feu, qui devaient se suppléer au besoin; elles commencèrent à fonctionner en 1782. L'eau élevée fut distribuée pour la première fois, au mois de juillet, à la fontaine de la porte Saint-Honoré.

La vente de l'eau était faite par abonnements de trois, six ou neuf années, à raison de 50 livres par an, pour une fourniture d'un muid d'eau en 24 heures (274 litres). Des fontaines de vente furent établies successivement à la porte Saint-Honoré, à la Chaussée-d'Antin, à la porte Saint-Denis et à l'entrée de la rue du Temple. La compagnie acheta, en outre, en 1785, moyennant 150,000 livres, les établissements des frères Vachette, qui avaient été autorisés, en 1771, à vendre de l'eau de Seine élevée avec des manéges.

Deux nouvelles machines à vapeur furent établies au Gros-Caillou; on se proposait d'en établir une à la gare de l'Hôpital, mais ce projet ne fut point réalisé.

En même temps qu'on exécutait ces travaux, on s'occupa de la distribution des eaux dans l'intérieur de la ville.

Cependant le capital social avait été promptement absorbé ; on créa donc, au mois de décembre 1781, 600 nouvelles actions de 1,200 livres ; au mois d'août 1784, 2,200 au même prix ; enfin, en juillet 1786, 1,000 actions à 4,000 livres chacune. Le nombre des actions se trouva porté ainsi à 5,000 et le capital social élevé à la somme énorme, eu égard au résultat obtenu, de 8,800,000 fr.

L'agiotage ne date pas d'aujourd'hui; cette lèpre financière sévissait au dix-huitième siècle, comme elle a sévi de nos jours : Law et ses actionnaires avaient fait école. L'agiotage perdit une entreprise des mieux conçues. Grâce aux manœuvres des intéressés, et bien avant que l'affaire eût donné aucun bénéfice (de 1778 à 1786), la valeur de l'action de la compagnie des eaux, d'abord de 1,200 livres, s'éleva progressivement à 4,000, de sorte que la dernière émission d'actions eut lieu à ce cours, que rien ne justifiait.

En 1786, l'année la plus productive, les abonnements produisirent. . . 45,883 liv.

La vente de l'eau aux fontaines	66,278
Total.	112,161 liv.

Ce qui était loin de représenter l'intérêt des capitaux engagés.

Deux noms célèbres se rencontrent à cette période de l'histoire financière de la compagnie des eaux. Dès l'année 1785, le comte de Mirabeau, père du célèbre orateur révolutionnaire, avait attaqué l'entreprise, en dénonçant l'extrême exagération des promesses et des assertions des frères Périer. Le défenseur attitré de la compagnie était Beaumarchais, qui se chargea de la tâche difficile de repousser les attaques du comte de Mirabeau. Mais il suffit de lire ses deux Mémoires pour reconnaître que sa verve et son entrain habituels lui font ici presque entièrement défaut. Son style, froid et lourd, ne rappelle en rien la série de ses *Mémoires* qui ont fait une si grande réputation de polémiste au processif auteur du *Mariage de Figaro*. Les écrits passionnés de ces deux jouteurs préoccupaient vivement l'attention générale; le public commençait à perdre ses illusions, et l'engouement conçu par les capitalistes en faveur de l'entreprise, faisait place à une méfiance bien fondée. La vérité était si évidemment du côté de Mirabeau, que la baisse des actions suivit immédiatement la publication de son deuxième *Mémoire*, en 1786 (4).

Un des principaux détenteurs d'actions conçut alors le projet hardi de faire rache-

(1) On aura une idée des exagérations du Mémoire de Beaumarchais, lorsqu'on saura qu'il évaluait à 70,000 muids, soit à 19,180 mètres cubes par vingt-quatre heures, la quantité d'eau qui serait vendue à Paris ; de sorte qu'en adoptant le prix du tarif de la compagnie, soit 50 fr. le muid, le montant de la recette brute annuelle aurait été de 3,500,000 livres. Jamais les machines de Chaillot et du Gros-Caillou n'ont pu élever 19,180 mètres cubes d'eau, et, en 1858, la quantité d'eau vendue par la ville avant l'annexion de la banlieue (en déduisant bien entendu les concessions gratuites) étaient à peine de 25,000 mètres cubes, et le montant de la recette brute de 1,900,000 fr.

ter ces actions par la ville de Paris, à raison de 3,600 livres chacune. Il eut assez de crédit pour faire agréer cet arrangement par le ministre du département de Paris, le

Fig. 139. — Beaumarchais.

prévôt des marchands et l'assemblée des actionnaires.

Cette cession, autorisée par un arrêt du conseil du 8 mars 1788, fut consommée par un contrat du 14 avril suivant, et ratifiée par un arrêt du 18 du même mois. Ce traité ne fut pas néanmoins ratifié par lettres patentes enregistrées au parlement, ce qui était nécessaire pour qu'il fût mis à exécution. Les actions (y compris 100 actions délivrées à MM. Périer), qui étaient au nombre de 5,100, furent converties en 15,300 quittances de 1,200 livres, dont les quatre cinquièmes passèrent au Trésor royal en échange d'autres valeurs; de sorte que le gouvernement, à la fin de 1788, se trouva presque seul propriétaire des pompes à feu et des autres établissements qui en dépendaient (1).

Ainsi, l'affaire se liquida au détriment

du Trésor royal, qui s'y trouva engagé pour une somme d'environ.	14,760,000 liv.
La part des actionnaires par les manœuvres de l'agiotage qui avaient produit ce résultat, se trouva réduite à environ.	3,600,000
De sorte que le capital engagé par suite de la spéculation fut en réalité de.	18,360,000 liv.

Cependant les partisans de la dérivation de l'Yvette ne se regardaient pas encore comme battus. Le résultat désastreux, au point de vue financier, que venait de fournir, à la surprise générale, l'entreprise des pompes à feu, leur donnait plus de force que jamais.

En 1782, un ingénieur, M. de Fer de Lanouerre, lut, à l'Académie des sciences, un Mémoire dans lequel il proposait de dériver les eaux de la Bièvre, au lieu de celles de l'Yvette selon le projet de de Parcieux. Pour faire bien accueillir son idée, il assurait qu'il saurait réaliser une économie de neuf dixièmes sur le projet de Parcieux.

Ces conditions parurent tellement séduisantes que, le 3 novembre 1787, un arrêt du conseil d'État, rendu malgré les avis peu favorables du bureau de la ville, autorisa l'exécution de ce projet, mais à condition qu'on se contenterait d'abord de prendre 500 pouces d'eau dans la Bièvre à Amblainvilliers; « de manière qu'il ne sera procédé « à aucun autre ouvrage relatif à la totalité « du projet de l'Yvette et de la Bièvre, que « lorsque lesdits travaux de la rivière de « Bièvre, prise à Amblainvilliers, seront « portés à leur point de perfection. » M. de

(1) *Rapport du comité de liquidation, concernant les eaux de Paris*, par Jean de Batz, député de Nérac, 1790.

Fer devait déposer un cautionnement de 250,000 fr.

Cet ingénieur se hâta de mettre l'affaire en actions. Il créa une société au capital de 4,800 actions de 1,200 livres chacune, c'est-à-dire de 5,760,008 fr. Mais il paraît que ces actions n'obtinrent pas grande faveur, car, le 4 février 1789, le produit de leur vente n'était encore que de 461,000 livres.

Le tracé de la dérivation de la Bièvre fut pourtant exécuté en 1788; les travaux furent même commencés. Mais les plaintes des riverains et des *usagers* de la Bièvre, c'est-à-dire des teinturiers de Paris, furent telles que le Parlement de Paris rendit, le 3 décembre 1788, un arrêt par lequel il évoquait à lui la connaissance des contestations soulevées par les riverains de la Bièvre. Toutefois un arrêt du conseil d'État, en date du 14 février 1789, cassa cette décision du Parlement.

Enfin les plaintes adressées au Conseil d'État par les teinturiers, mégissiers et tanneurs du faubourg Saint-Marceau, qui voyaient déjà la Bièvre à sec, et celles des propriétaires dont les terrains étaient traversés par la dérivation, motivèrent un arrêt, en date du 11 avril 1789, qui suspendit définitivement les travaux commencés par M. de Fer.

C'est ainsi qu'échoua, aux approches de la Révolution française, qui vint paralyser pour longtemps les travaux de ce genre, ce beau projet de dérivation de l'Yvette, qui pendant vingt-sept ans avait captivé l'opinion publique, et qui vaudra à son auteur, de Parcieux, une gloire méritée. De Parcieux est, en effet, le premier qui ait attiré sérieusement l'attention de l'administration sur les dérivations des rivières pour l'alimentation de Paris, et quoiqu'on ait abandonné son projet pour exécuter, sous le premier Empire, le canal de l'Ourcq, l'idée de cette dernière entreprise a été certainement inspirée par les études de de Parcieux, Perronet et Chizy.

Si les sommes que l'on dépensa follement pour établir les machines de Chaillot et du Gros-Caillou, avaient été appliquées à la dérivation de l'Yvette; si M. de Fer, par une modification peu rationnelle du plan de Parcieux, consistant à abandonner l'Yvette pour les eaux de la Bièvre, qui sont indispensables à une importante industrie, n'avait égaré l'opinion publique, la ville de Paris serait alimentée aujourd'hui, il n'y a pas à en douter, non-seulement par les eaux de l'Ourcq, mais encore par celles de l'Yvette, qui auraient eu sur celles du canal de l'Ourcq l'avantage d'être beaucoup moins dures, et d'arriver à Paris à plus de 4 mètres au-dessus du niveau des eaux d'Arcueil, c'est-à-dire à 10 mètres environ au-dessus du niveau du bassin de la Villette.

L'État ayant acheté, comme nous l'avons dit plus haut, l'entreprise des frères Périer, les usines hydrauliques devinrent sa propriété, et furent mises au nombre des établissements publics.

Les bouleversements politiques de la fin du dix-huitième siècle suspendirent tous les projets d'amélioration du service des eaux de Paris.

Nous ferons connaître, en terminant ce chapitre, l'état de la distribution des eaux à Paris, au commencement du dix-neuvième siècle.

Les eaux qui étaient distribuées à Paris étaient les suivantes :

Eaux des Prés-Saint-Gervais. — Leur produit en 24 heures était évalué à 117 mètres cubes.

Eaux de Belleville. — Leur produit en 24 heures était de 114 mètres cubes.

Eaux d'Arcueil. — Elles produisaient en 24 heures 952 mètres cubes.

Eaux de Seine. — Cette eau était distribuée :

1° Par les *pompes de la Samaritaine* et produisaient 400 mètres cubes ;

2° Par les *pompes du pont Notre-Dame.* — Elles produisaient, en 24 heures, 914 mètres cubes ;

3° Par la *pompe à feu de Chaillot*, qui donnait un produit de 4,132 mètres cubes;

4° Par la *pompe à feu du Gros-Caillou*, qui produisait en 24 heures 1,303 mètres cubes, ce qui fait un total pour ces quatre distributions de 7,986 mètres cubes.

Paris comptait alors 547,755 habitants ; la distribution était donc de 14 litres par tête, chaque 24 heures. Aujourd'hui, ce volume d'eau suffirait à peine à la distribution d'une ville de 80,000 âmes.

CHAPITRE XXIX

LES EAUX DE PARIS PENDANT LA RÉVOLUTION ET SOUS LE CONSULAT. — M. BRULLÉE PROPOSE LA DÉRIVATION DE LA BEUVRONNE. — DÉRIVATION A PARIS DES EAUX DU CANAL DE L'OURCQ. — ÉTUDES DIVERSES RELATIVES A CETTE ENTREPRISE.

Depuis la mort de de Parcieux tous les projets qui avaient été mis en avant, soit pour des dérivations de sources ou de rivières, soit pour l'élévation des eaux de la Seine, devaient être entrepris, non par le gouvernement, ni même par la ville de Paris, mais par des compagnies financières. C'était un privilége d'une importance énorme, et qui devait amener des bénéfices en proportion, que celui de vendre de l'eau à tous les habitants de la capitale. Aussi, la spéculation s'était-elle jetée avec ardeur dans cette affaire, et elle avait produit ces périodes d'agitation financière dont les Mémoires du comte de Mirabeau, et les répliques de Beaumarchais nous ont conservé le souvenir. Mais depuis l'année 1792, par suite de nos troubles politiques, tous les capitaux ayant momentanément quitté la France, les spéculations sur les eaux de Paris durent subir un temps d'arrêt. Il faut aller jusqu'à l'année 1797 pour assister aux débuts de la belle entreprise, qui devait se terminer, après des phases assez diverses, et sous les auspices de l'empereur Napoléon Ier, par la construction du canal de l'Ourcq, destiné à joindre ses eaux à celles de la Seine pour l'alimentation de Paris.

L'Ourcq est un affluent de la rive gauche de la Marne ; il prend sa source dans la forêt des Ris, un peu au-dessus de Fère en Tardenois. Le faible ruisseau qui sort de cette forêt, reçoit de nombreux affluents, qui tous, comme cette rivière, sortent d'abord des argiles à meulière de Brie et des marnes du gypse ; puis, plus bas, des terrains tertiaires inférieurs au gypse. Après avoir parcouru une large vallée tourbeuse, l'Ourcq arrive à Mareuil, qui fut choisi pour le point de départ de la dérivation, et vient tomber enfin dans la Marne, au-dessous de Lisy, après un cours d'environ 15 lieues.

Depuis longtemps on avait eu l'idée de dériver vers Paris cette petite rivière, que l'abondance de ses eaux rendait préférable à l'Yvette, surtout à une époque où l'on ne se rendait pas bien compte de la fâcheuse influence des sels terreux et de la tourbe sur la qualité de l'eau potable. Jetons un rapide coup d'œil sur les projets qui s'étaient produits, antérieurement à notre époque, pour amener à Paris les eaux de cette rivière.

Les premiers travaux entrepris pour faire de la rivière d'Ourcq un canal de navigation, remontent à 1529, et furent achevés en 1636.

Les priviléges et les péages de la navigation d'Ourcq furent concédés à perpétuité, en 1661, au frère du roi, Philippe de France, et compris dans l'apanage de la maison d'Orléans. Ce prince désintéressa M. Arnoult moyennant une somme de 60,000 livres, qui lui fut comptée le 1er mai 1665.

En 1676, Pierre-Paul Riquet, qui s'est immortalisé par l'exécution du canal du

Languedoc, proposa d'amener l'Ourcq à Paris, au moyen d'un canal navigable qui aurait débouché juste au pied de l'arc de triomphe du faubourg Saint-Antoine. Associé avec son gendre, Jacques de Manse, l'auteur d'une des machines du pont Notre-Dame, Riquet obtint des lettres patentes qui lui concédaient l'entreprise. D'après ces lettres, la dérivation n'avait pas seulement pour objet l'établissement d'un canal navigable; les eaux rendues à Paris devaient servir à entretenir de nouvelles fontaines, à embellir les jardins publics, faire marcher des usines, laver les égouts, etc.

Cette grande entreprise, si digne du génie de Riquet, échoua, après avoir été combattue par ceux qu'elle intéressait le plus, c'est-à-dire par les marchands de grains de la Brie, qui auraient trouvé dans ce canal, latéral à la Marne, une grande facilité pour le transport de leurs marchandises, et par le bureau de la ville, qui ne pouvait méconnaître les avantages assurés à Paris par l'exécution d'un semblable projet, mais qui craignait de voir compromises quelques-unes de ses attributions.

La mort de Riquet, survenue en 1680, et celle de Colbert, son protecteur, qui ne lui survécut que trois ans, privèrent M. de Manse de ses plus fermes soutiens. Alors des tracasseries de toutes sortes vinrent paralyser ses opérations. Enfin, un jugement du prévôt des marchands, du 19 mai 1684, l'obligea de fournir, dans le délai d'un mois, tous les plans du canal projeté, faute de quoi il y serait contraint par toutes les voies dues, et même par corps.

Ce jugement porta le dernier coup au projet de Riquet. On n'entendit plus parler de la dérivation de l'Ourcq jusqu'en 1717, époque à laquelle la veuve de M. Manse essaya, mais sans y parvenir, d'attirer sur cette entreprise l'attention du Régent.

La rivière d'Ourcq continua donc d'être une simple voie navigable, comprise dans l'apanage de la maison d'Orléans. La loi du 6 avril 1791, qui supprima les apanages, fit rentrer le canal dans les attributions de l'État.

Le projet de Riquet différait essentiellement de celui qui a été exécuté sous le premier Empire. Il consistait, comme on l'a vu, à amener l'eau de l'Ourcq à l'arc de triomphe du faubourg Saint-Antoine, c'est-à-dire à un point bas de Paris. Ce n'est que par hasard, et par extension d'un autre projet de dérivation, qu'on a songé plus tard à profiter de la large coupure qui existe, de Claye à Saint-Denis, dans la banlieue de Paris, pour amener à la Villette, à un niveau beaucoup plus élevé, par conséquent, le point d'arrivée du canal de dérivation.

En 1785, Brullée, ingénieur habile, avait présenté à l'Académie des sciences, un mémoire relatif à la dérivation de la Beuvronne. Ce mémoire était fort remarquable en ce sens qu'il indiquait pour la première fois cette grande coupure dont nous venons de parler, comme le chemin naturel devant conduire les eaux dérivées au niveau du plateau de la Villette. La rigole d'amenée devait desservir un canal à point de partage, descendant dans la Seine, d'un côté au bassin de l'Arsenal, de l'autre à Saint-Denis, et se prolongeant de là, vers Conflans-Sainte-Honorine et Pontoise. C'est, comme on le voit, l'idée première des canaux Saint-Martin et Saint-Denis, dont Brullée est bien l'inventeur. L'eau surabondante de la dérivation devait être distribuée aux habitants de Paris.

Le 24 mai 1786, les commissaires chargés de l'examen de ce projet en rendirent un compte avantageux; mais on ne donna pas d'autre suite à cette idée.

En 1790, la même affaire fut de nouveau soumise à l'Assemblée constituante. La dérivation de la Beuvronne fut autorisée par une loi du 30 janvier 1791.

Mais, par suite de la pénurie de capitaux

qui existait alors, Brullée ne put réunir, dans le délai de trois mois qui lui était accordé, la somme de 10,000,000 de fr., qui lui était nécessaire pour constituer l'entreprise. Quelques années après, il céda ses

Fig. 140. — Riquet.

droits à Solages et Bossu, qui les firent valoir en 1799.

Ces ingénieurs s'engageaient à distribuer dans Paris 2,000 pouces d'eau à certaines conditions, et notamment au moyen de la cession de tous les établissements hydrauliques de la ville.

Brullée pensait augmenter de 3,000 pouces le produit de la Beuvronne par une prise d'eau faite dans la Marne, au-dessous de Lisy; mais il est évident que cela n'était pas possible, puisque la Marne en ce point est à un niveau inférieur à celui de la dérivation de la Beuvronne.

Solages et Bossu modifièrent cette partie de leur projet, en remontant la prise d'eau dans la rivière d'Ourcq, au-dessus de Lisy. En 1800, ils demandèrent au premier consul l'autorisation de prendre dans la Beuvronne, la Thérouenne et l'Ourcq, un volume d'eau de 120,000 mètres cubes par 24 heures, dont la moitié serait distribuée, comme eau potable, aux habitants de Paris, et l'autre alimenterait ce qu'on appelait alors le canal de Pontoise. L'idée première de ce canal consistait, comme on l'a dit plus haut, à relier le bassin projeté de la Villette, non-seulement à la Seine, vers Saint-Denis, mais encore à l'Oise, vers Conflans-Saint-Honorine et Pontoise.

Les offres de Solages et Bossu étaient très-séduisantes ; mais il parut dangereux de mettre tous les établissements hydrauliques de Paris à la disposition d'une seule compagnie.

On ne tarda pas, d'ailleurs, à reconnaître que les propositions faites jusqu'alors reposaient sur des bases incertaines. Quatre nivellements, dirigés par l'ingénieur Bruyère, démontrèrent, en effet, que le point de départ de la dérivation, pris au-dessus de Lisy, était à 1 mètre en contre-bas du point d'arrivée.

Bruyère pensait que la prise d'eau devait être remontée jusque vis-à-vis le village de Crouy; mais en même temps il proposait, dans son rapport du 9 floréal an X, de se borner à dériver la Beuvronne dans un aqueduc couvert.

Le 29 floréal de la même année, le Corps législatif rendit un décret ordonnant « qu'il serait ouvert un canal de dérivation de la rivière d'Ourcq, et que cette rivière serait amenée à Paris dans un bassin près de la Villette. »

Les propositions de Solages et Bossu furent définitivement écartées par un arrêté du premier consul, spécifiant: « que les travaux relatifs à la dérivation de l'Ourcq seraient commencés le 1er vendémiaire an XI; que les fonds nécessaires seraient préle-

(1) Propositions de l'ingénieur hydraulique de la ville, du mois de juin 1799.

Fig. 141. — Vue du canal de l'Ourcq, au bassin de la Villette.

vés sur le produit de l'octroi..., que le préfet de la Seine serait chargé de l'administration générale de tous les travaux, lesquels seraient exécutés par les ingénieurs des ponts et chaussées. »

Le 15 septembre 1802, Girard fut nommé ingénieur en chef des travaux du nouveau canal. On plaça sous ses ordres MM. Dutens et Stanislas Leveillé, ingénieurs ordinaires, Égault et Lehot, élèves ingénieurs.

Un premier repère fut placé, le 1er vendémiaire an XI (23 septembre 1802), ainsi que le prescrivait l'arrêté du premier consul, et l'on procéda aux études sur le terrain et à la rédaction des projets. En même temps, on commença les travaux du canal dans la grande tranchée du bois de Saint-Denis.

Le projet de la partie du canal comprise entre Paris et la forêt de Bondy fut remis à M. Frochot, préfet de la Seine, les 11 et 12 novembre 1802, et soumis, le 13, à l'assemblée générale des ponts et chaussées.

Ce projet, ainsi que la partie des travaux en cours d'exécution dans les bois de Saint-Denis, donna lieu à de très-vives critiques de la part de deux ingénieurs, MM. Gauthey et Bruyère. Il nous paraît inutile d'entrer ici dans le détail de ces discussions. L'assemblée des ponts et chaussées décida, le 23 février 1803, sur la proposition de M. Bruyère, que sous le rapport de l'art et de l'économie, le tracé de la tranchée qu'on avait commencé à ouvrir ne pouvait être approuvé.

Pour couper court à ces différends, et s'assurer par lui-même de l'état des choses, le premier consul parcourut, les 28 février et 1er mars 1803, toute la ligne du tracé depuis Paris jusqu'à Mareuil.

En 1803, les travaux étaient presque achevés entre Pantin et Sévran. En 1804, le tracé fut définitivement fixé dans l'arrondissement de Meaux.

Les jaugeages de la rivière, faits au-dessous du moulin de Crouy, accusaient un débit de 335,000 mètres cubes par 24 heures, à la fin de 1802, et de 197,844 mètres cubes en juin 1804.

On résolut d'amener à Paris toutes les eaux de la rivière, et, en admettant un débit moyen de 260,000 mètres cubes par 24 heures, on trouva qu'avec une section de 8m,625 et une longueur totale de 96 kilomètres, il fallait donner au canal une pente totale de 10 mètres.

Par une fausse application des lois de l'hydraulique, alors imparfaitement connues, M. Girard fit une inégale répartition de cette pente sur la longueur du canal.

Les projets définitifs de la nouvelle dérivation furent remis, en octobre 1803, au préfet de la Seine. Ils soulevèrent de nouvelles discussions dans le sein de l'assemblée des ponts et chaussées. Les uns, à la tête desquels se trouvait M. Bruyère, voulaient qu'on se contentât d'une simple dérivation de la Beuvronne ; les autres demandaient que le canal, rendu navigable jusqu'à la Marne, vers Lisy, fût continué vers Paris à l'état de simple rigole. En mai 1804, la Chambre de commerce de Paris opta pour le canal de petite navigation proposé par l'ingénieur en chef : elle y voyait la tête d'un canal de jonction de Paris à la Meuse.

Les jaugeages de l'Ourcq et de ses affluents furent vérifiés du 10 au 30 septembre 1804, par une commission composée de de Prony, Becquey, de Beaupré, Bruyère et Regnard, auxquels furent adjoints MM. Girard et Leveillé.

Ces jaugeages, vivement critiqués par Girard, donnèrent les produits suivants par 24 heures :

Ourcq..................	104,729 mètres cubes.
Collinance................	11,275
Gergogne.................	18,244
Thérouenne...............	11,390
Sources de May, Gregy et Sévran................	7,771
Beuvronne................	18,244
Produit total........	171,653 mètres cubes.

Le conseil des ponts et chaussées commit, dans cette circonstance, une singulière erreur, dont il est difficile de se rendre compte aujourd'hui. Il conclut des opérations de la commission que le débit de l'Ourcq ne pourrait suffire à un canal navigable ; qu'il fallait, par conséquent, se borner à construire un canal navigable de Mareuil jusqu'à la Marne, et ouvrir de là, jusqu'à Paris, une simple rigole, destinée à conduire à la Villette le volume nécessaire à une distribution d'eaux publiques.

Cette question fut débattue, le 17 mars 1805, dans le cabinet de l'Empereur. Les personnes qui assistaient à cette conférence mémorable étaient de Champagny, ministre de l'intérieur ; Cretel, directeur général des ponts et chaussées ; Regnault de Saint-Jean-d'Angely, conseiller d'État ; Maret, secrétaire d'État ; Frochot, préfet de la Seine ; de la Place, Monge et de Prony, membres de l'Institut ; Becquey, ingénieur en chef du département, et Girard, ingénieur en chef du canal.

Après une très-vive discussion, l'Empereur résuma lui-même les débats. Il ajouta qu'il ne comprenait pas qu'on allât chercher l'eau à Mareuil pour en perdre une partie dans l'ancien lit ; *que la rivière entière devait suffire à peine à tous les usages auxquels elle était destinée ; qu'il regrettait même qu'au lieu de l'Ourcq on ne pût introduire la Marne dans le nouveau canal ;* que ce dernier ouvrage serait promptement relié à celui de Saint-Quentin, etc.

Cet avis de l'Empereur fut adopté par l'assemblée, et le profil du canal de l'Ourcq fut définitivement fixé tel qu'il est aujourd'hui, c'est-à-dire de manière à donner passage à des bateaux de moyenne grandeur.

Mais cette décision ne mit pas fin aux discussions que soulevait la construction du canal.

Les travaux furent poussés avec activité. Vers le mois de septembre 1805, le canal était achevé ou entrepris, sur une longueur de 50 kilomètres.

Les premières fouilles du bassin de la Villette furent adjugées au mois de septembre 1807.

Vers la fin de juillet 1807, Égault avait terminé le nivellement général de Paris. On avait, en outre, achevé les études du canal de l'Ourcq à l'Aisne et les canaux Saint-Denis et Saint-Martin. Ces projets furent présentés à l'Empereur, et approuvés dans un conseil d'administration tenu à Saint-Cloud le 13 août 1807. A la suite de ce conseil, M. Girard fut nommé directeur des anciennes et des nouvelles eaux.

Une vérification des jaugeages de l'Ourcq faite en octobre 1807, par une commission du conseil général, donna un volume de 181,816 mètres cubes, volume bien différent de celui de 104,728 obtenu en 1804.

L'année 1808 fut remarquable par l'impulsion donnée aux travaux. L'aqueduc de ceinture fut entrepris le 11 août de cette année. Le bassin de la Villette se trouva complétement achevé au mois d'octobre suivant, et les eaux de la Beuvronne y furent introduites le 2 décembre 1808.

D'autres travaux étaient entrepris et s'exécutaient en même temps. L'égout-galerie Saint-Denis, commencé le 15 juin 1808, fut terminé le 14 octobre. Les premiers travaux de la galerie Saint-Laurent furent ouverts le 1er août.

Enfin le 15 août 1809, jour de la fête de l'Empereur, les eaux de la Beuvronne, introduites pour la première fois dans les conduites de la ville, coulèrent en larges nappes, à la fontaine des Innocents, aux yeux d'un public émerveillé, qui n'avait jamais vu aux fontaines de Paris qu'un filet d'eau, sans cesse amaigri par les concessions gratuites.

Un décret du 20 février 1810 fixa à l'année 1817 l'achèvement du canal et de la distribution de ses eaux. Les fonds alloués chaque année furent portés à 2,800,000 fr. En outre, la ville fut autorisée à faire un emprunt de 7,000,000 de fr. pour payer les indemnités de terrain.

Le 15 août 1811 les eaux de la Beuvronne jaillirent de la fontaine du Château-d'Eau.

Au mois de décembre de la même année, on commença les travaux du canal Saint-Denis.

La galerie des Martyrs fut achevée en mars 1812, et, le 15 août 1813, on ouvrit la navigation de la première section du canal entre Claye et Paris.

Nous abrégerons la dernière période des travaux du canal de l'Ourcq, en disant qu'après des suspensions motivées par les revers essuyés par nos armées en 1815, l'état des finances de la ville de Paris, dans les premières années de la Restauration, ne lui permettant pas d'achever les travaux du canal de l'Ourcq, on songea à faire terminer cette grande entreprise par les soins et aux frais d'une compagnie financière, à laquelle on abandonnerait les produits des canaux. La compagnie Vassal et Saint-Didier signa le 19 avril 1818, avec M. Chabrol de Volvic, préfet de la Seine, le traité de concession des canaux de l'Ourcq et Saint-Denis.

Par ce traité, la ville accordait une subvention de 7,500,000 fr. pour achever le canal de l'Ourcq, avec la concession des péages et des revenus territoriaux des canaux de l'Ourcq et Saint-Denis et du bassin de la Villette pendant quatre-vingt-dix-neuf ans, à la condition que la compagnie achèverait les travaux à ses frais et les entretiendrait jusqu'à l'expiration de la concession. L'entrée en jouissance de la compagnie était fixée au 1er janvier 1823 pour le canal Saint-Denis, et à partir de l'achèvement des travaux pour le canal de l'Ourcq, achèvement qui, d'après le traité, devait avoir lieu à la même date du 1er janvier 1823. La ville se réservait 4,000 pouces d'eau pour les besoins de sa distribution.

Ce projet de traité, approuvé par le conseil municipal, fut sanctionné par une loi en date du 18 mai 1818.

Le canal Saint-Denis fut ouvert en grande pompe, en présence de toute la cour, le 12 mai 1821.

Quant au canal de l'Ourcq, il était entièrement ouvert à la fin de 1824.

Le canal Saint-Martin, concédé, le 5 août 1821, à une compagnie, fut achevé sous la direction de M. l'ingénieur en chef Devilliers, et, le 4 novembre 1825, on vit pour la première fois descendre, des bateaux expédiés de Mareuil. M. Chabrol de Volvic, préfet de la Seine, le corps municipal, quelques membres des ponts et chaussées et les administrateurs des compagnies accompagnaient ce convoi.

Le 10 octobre 1829, il fut procédé à la réception des canaux de l'Ourcq et Saint-Denis, en présence de M. le préfet de la Seine, du commissaire de la ville, M. Tarbé de Vauclair, de M. Coïc, ingénieur en chef de la compagnie, etc.

Ce n'est pourtant que vers 1837, ainsi que le constatent deux procès-verbaux de réception du 20 juin 1833, et du 21 juin 1839, dont le dernier est définitif, que tous les travaux furent achevés.

Ainsi se termina cette grande entreprise du canal de l'Ourcq, qui permit enfin de donner à la distribution d'eau dans Paris un développement digne de l'importance de la ville.

Les fautes commises dans la conception et l'exécution de ce travail furent amèrement reprochées à l'ingénieur en chef, dans les discussions passionnées qui ne cessèrent d'avoir lieu au sein du conseil des ponts et chaussées pendant toute la durée des travaux. La principale a tenu à cette idée fausse de Girard, partagée à tort par beaucoup de bons esprits de cette époque, qu'on peut faire d'une dérivation une chose à deux fins, à savoir : un canal de navigation, et une rigole pour la distribution d'eau dans une ville.

Nous avons déjà dit quelles étaient les idées de Girard sur l'usage des eaux publiques d'une grande ville : le lavage des rues et des égouts, tel était, selon lui, le principal but à atteindre. Et dans cette hypothèse il n'y a certes aucun inconvénient à conduire l'eau dans un canal navigable. Aux yeux de Bruyère, au contraire, les eaux distribuées doivent être non-seulement pures, mais agréables ; ce qui exige nécessairement qu'elles soient amenées dans un aqueduc couvert. Les idées de ces deux hommes étaient donc inconciliables ; aussi, Bruyère se montra-t-il l'adversaire déclaré du canal de l'Ourcq, et il entraîna constamment avec lui une partie du conseil des ponts et chaussées.

Girard, et quelques autres ingénieurs de cette époque, admettaient que la construction d'un aqueduc couvert demandait beaucoup plus de temps et d'argent que celle d'un canal (1) ; c'était une erreur capitale. Cette opinion se justifiait néanmoins à une époque où l'égout de la rue de Rivoli venait d'être achevé au prix fabuleux de 1,200 francs le mètre courant ; où la galerie Saint-Denis coûtait 400 fr., et l'aqueduc de ceinture presque autant. M. Bruyère n'était pas tombé dans cette erreur. « En adoptant des formes simples, écrivait-il, un

(1) *Mémoires sur le canal de l'Ourcq*, t. Ier, p. 59, *discussion dans le cabinet de l'Empereur.*

Fig. 142. — La pompe à feu de Chaillot.

aqueduc couvert ne coûte pas plus cher qu'un canal. » On sait aujourd'hui qu'un aqueduc coûte beaucoup moins cher, et de plus que, n'apportant aucune entrave à la circulation, aucune gêne à l'agriculture, il exige beaucoup moins d'indemnités de terrain.

L'aqueduc qu'il aurait fallu substituer au canal de l'Ourcq, pour amener à Paris 5,000 pouces d'eau, avec une pente de $0^m,10$ par kilomètre, n'aurait pas coûté plus de 100 francs le mètre courant, indemnités de terrain comprises, soit 10,000,000 de francs environ. Or la dépense du canal de l'Ourcq s'est élevée à 13,250,993 francs jusqu'en 1847, et à 10,187,330 francs jusqu'à son achèvement complet ; total : plus de 23 millions. En amenant les eaux à couvert, il serait resté une somme plus que suffisante pour élever avec des machines l'eau nécessaire à l'alimentation des canaux Saint-Denis et Saint-Martin.

Le canal de l'Ourcq n'en est pas moins une des plus grandes choses que l'on ait exécutées dans ce genre de travaux. Aujourd'hui que les eaux potables sont amenées à Paris par deux aqueducs couverts, l'œuvre de Girard se trouvera bientôt rendue à sa véritable destination : l'eau du canal ne servira plus qu'au lavage des rues et des égouts, à l'alimentation des fontaines monumentales et des cascades du bois de Boulogne, en un mot à l'embellissement de Paris, selon l'idée primitive de l'auteur de ce canal.

CHAPITRE XXX

ÉTAT DES EAUX DE PARIS DANS LA PREMIÈRE MOITIÉ DU DIX-NEUVIÈME SIÈCLE.

Après cet exposé historique des diverses phases qu'ont parcourues les établissements, constructions et monuments divers destinés à alimenter la capitale en eaux publiques jusqu'au milieu du dix-neuvième siècle, il nous reste à présenter le tableau de l'état de la distribution de ces eaux à cette époque, c'est-à-dire au milieu du dix-neuvième siècle. Nous devrons comprendre dans cet exposé les divers établissements dont nous avons suivi historiquement la création, à savoir, par ordre d'ancienneté :

1° Les eaux des Prés-Saint-Gervais et de Belleville ;

2° Les eaux d'Arcueil ;

3° Les eaux de Seine, fournies par les pompes du pont Notre-Dame et de la Samaritaine ;

4° Les eaux de Seine élevées par les pompes à feu de Chaillot, du Gros-Caillou et du quai d'Austerlitz ;

5° Celles du canal de l'Ourcq.

Eaux des Prés-Saint-Gervais et de Belleville. — Les eaux de Belleville et des Prés-Saint-Gervais qui, jusqu'au commencement du dix-septième siècle, ont alimenté toutes les fontaines publiques de Paris, sont appréciées aujourd'hui à leur juste valeur : on les considère comme les plus détestables qu'il soit possible de trouver (1).

Après la construction des pompes Notre-Dame, vers la fin du dix-septième siècle, le produit de ces deux sources comptait à peine pour 1/5 dans l'alimentation de Paris ; à la fin du dix-huitième, il n'était plus que 1/30 de la consommation totale; il n'était plus en 1860 que 1/500 du volume des eaux publiques.

Pendant les années de sécheresse, ce volume s'est réduit :

En 1857, à.....	205 mètres cubes	par 24 heures.
En 1858, à.....	183	
En 1859, à.....	163	

Eaux de la Samaritaine et du pont Notre-Dame. — La machine de la Samaritaine, érigée par Henri IV, en 1608, à l'aval du Pont-Neuf, fut détruite en 1813. Son produit était, vers cette époque, de 21 pouces environ ou de 400 mètres cubes par 24 heures.

Les pompes du pont Notre-Dame érigées, comme nous l'avons rapporté, vers 1670, ont cessé de marcher le 2 mars 1858, et la charpente, peu monumentale, qui les soutenait, fut complétement détruite le 14 août suivant.

(1) Selon M. Chatin, ces eaux, comme toutes celles qui contiennent trop peu d'iode, sont susceptibles de produire le goître. On remarque, en effet, quelques goîtreux aux environs de Belleville et de Ménilmontant. Cette affection est assez commune dans toute la région gypsifère située au nord de Paris, et notamment à Luzarches.

Les eaux gypsifères sont en général peu iodurées. Il serait curieux de faire l'histoire du goître à Paris, antérieurement au XVIIIe siècle.

La pompe de la Samaritaine avait été, jusqu'à la révolution de 1789, affectée spécialement à l'alimentation des châteaux royaux. Celles du pont Notre-Dame, au contraire, n'ont jamais eu, depuis leur établissement, d'autre destination que le service public.

Le travail de ces machines était extrêmement irrégulier.

Dans les derniers temps, on avait régularisé le service des pompes Notre-Dame au moyen d'un entretien rigoureux, et par le secours d'un barrage à poutrelles établi sur le pont, en 1837. Mais on n'avait conservé qu'un seul établissement; encore ne faisait-on marcher que la moitié environ des corps de pompe. Le produit de l'année 1857 varia de 980 à 1,800 mètres cubes par 24 heures.

Eaux d'Arcueil. — Avant le dix-neuvième siècle, le bureau de la ville se contentait de visiter, une fois par an, les aqueducs des Prés-Saint-Gervais, de Belleville et d'Arcueil; on faisait de temps en temps un jaugeage, d'où l'on concluait le volume d'eau dont le bureau de la ville pouvait disposer. Aujourd'hui les eaux de différentes provenances sont jaugées tous les quinze jours, et l'on a bien vite reconnu, au moyen de ces observations régulières, que les produits des aqueducs étaient très-variables au moment des basses eaux, suivant l'intensité de la sécheresse.

On a vu ci-dessus qu'après l'établissement de l'aqueduc d'Arcueil, le produit des sources de Rungis était évalué à environ 50 pouces (960 mètres cubes par 24 heures), dont 38 pouces appartenaient au roi et 12 à la ville. Après de nouvelles recherches, entreprises en 1651, le débit des eaux se trouva augmenté de 42 pouces et porté ainsi à 74 pouces. Mais il s'en faut beaucoup que ce chiffre représente le débit minimum des sources actuelles. En 1806, on ne comptait le produit des sources de Rungis que pour 952 mètres cubes.

Pendant les sécheresses extraordinaires de ces dernières années, le produit minimum des sources de Rungis a été :

En 1857, de..........	365 mètres cubes.
— 1858, de..........	432
— 1859, de..........	240

Pompes à feu de Chaillot et du Gros-Caillou. — Les pompes à feu de Chaillot, construites par les frères Périer en 1782, ont cessé de marcher, l'une le 7 août 1851, l'autre le 3 novembre 1853. Ces machines, pendant toute leur durée, furent maintenues dans leur état primitif, avec chaudières à tombeau, à fond plat. Les cylindres étaient à simple effet, suivant le système de Newcomen. Elles brûlaient énormément de charbon (de 5 à 6 kilogrammes par heure et par force de cheval), et n'ont jamais produit la quantité de travail annoncée par les frères Périer, qui avaient promis 13,300 mètres cubes par 24 heures. Au commencement du dix-neuvième siècle, on comptait leur produit pour 4,132 mètres cubes par 24 heures. En 1852, le produit minimum quotidien était de 4,300 mètres cubes, et le maximum de 333 pouces, ou de 6,400 mètres cubes par 24 heures.

Nouvelles machines de Chaillot. — Les machines de Chaillot et du Gros-Caillou étaient depuis longtemps dans un état qui contrastait avec les progrès de la science. Non-seulement elles brûlaient beaucoup trop de charbon, mais encore elles manquaient de puissance, et le volume d'eau qu'elles pouvaient élever n'était plus en rapport avec les besoins de Paris. Un projet de machines nouvelles fut donc dressé par les ingénieurs du service municipal, et les travaux furent adjugés, le 8 octobre 1851, à l'usine du Creusot.

Le nouvel établissement hydraulique de la ville fut maintenu dans l'emplacement des anciennes pompes à feu de Chaillot. Ce fut une grande faute, car on condamnait de nouveau les Parisiens à boire les eaux de Seine souillées par les déjections des égouts, et notamment par celles de l'égout de la rue Rivoli, qu'on construisait en même temps, et qui débouchait en Seine en aval du pont de la Concorde.

Les machines de Chaillot sont au nombre de deux; elles sont à simple effet, système Cornouailles, c'est-à-dire que la vapeur n'agit dans le cylindre que pendant l'aspiration. Le refoulement de l'eau s'opère par des contre-poids qui chargent le piston des pompes. Le volume d'eau monté par chaque appareil varie avec la longueur de la course du piston. Il est au maximum, et en marche normale, de 19,000 mètres cubes par 24 heures.

La machine dite de l'*Alma* a été mise en roulement le 3 novembre 1853; la machine dite de l'*Iéna*, le 1er août 1854 (1).

Depuis cette époque, ces deux machines ont fait, en grande partie, le service d'eau de Seine de l'ancien Paris; malheureusement elles ont un grave défaut, résultant du système dans lequel elles sont construites, c'est-à-dire du système dit de *Cornouailles*. Les machines à vapeur du système dit de *Cornouailles* refoulant au moyen de contre-poids, doivent monter l'eau à une hauteur fixe. Lorsqu'elles travaillent au-dessous de ce niveau normal, le contrepoids est trop lourd, descend trop vite et brise les soupapes et leurs clapets. Si l'eau est montée trop haut, le piston des pompes reste en route. Il faut donc que les pompes travaillent sous une pression d'eau constante. Cette condition ne fut pas remplie à Chaillot; les machines durent travailler longtemps avec des pressions variables; de là des chocs irrésistibles et les accidents de toutes sortes qui ont compromis pendant plus de trois ans le service des eaux de Paris.

Ce ne fut qu'après l'achèvement des réservoirs de Passy, dans lesquels l'eau, refoulée, arrive à un niveau invariable, que le travail des machines à vapeur devint complétement régulier. Depuis cette époque, c'est-à-dire depuis la fin de 1857, les accidents sont devenus très-rares, et le service de Paris n'a plus subi d'interruption.

Les machines à vapeur de Chaillot travaillent sans détente; elles n'ont pas assez de masse; il faudrait donner au piston une vitesse initiale trop considérable, mais toutes les tentatives faites jusqu'à ce jour ont causé de graves accidents. On les fait donc marcher à pleine vapeur, d'où il résulte que la consommation de charbon est un peu plus grande qu'elle ne devrait être.

En comptant le travail des machines en eau montée, c'est-à-dire en *chevaux utiles*, on trouve que le poids de charbon consommé par heure et par cheval utile est aujourd'hui de 2 kilogrammes,6 en moyenne. C'est un rendement satisfaisant pour des machines à vapeur qui marchent sans détente.

La figure 142 (page 313) représente la salle des machines de l'usine de Chaillot ou la *pompe à feu de Chaillot*, selon l'expression vulgaire.

Dans toutes les machines destinées à élever les eaux, on dispose près des pompes aspirantes, un large réservoir de fonte, qui se remplit d'air comprimé à une pression constante, par l'action d'un piston à air mû par la vapeur. Cet air comprimé à la même tension détermine l'écoulement régulier de l'eau à l'extérieur. On voit sur la figure 142, qui représente la salle des machines de l'usine de Chaillot, le réservoir d'air au fond de la salle; les cylindres où la vapeur est reçue, pour passer ensuite dans le condenseur, sont au premier plan.

Pompe à feu du quai d'Austerlitz — Dans le cours de l'été si sec de 1858, on reconnut

(1) Les vieilles machines de Chaillot, qui portaient les noms d'*Augustine* et de *Constantine*, cessèrent de marcher, la première, le 7 août 1851, la seconde, le 3 novembre 1853.

Fig. 143. — Pompe à feu du quai d'Austerlitz.

que l'eau de la Seine fournie par les machines du Gros-Caillou n'était pas acceptable dans le service. L'odeur qu'elle exhalait était intolérable ; aussi, malgré la pénurie d'eau dont on souffrait à cette époque, les machines furent-elles mises en chômage, par arrêté du 13 août 1858. Elles cessèrent de fonctionner le 15 du même mois.

Une nouvelle machine fut commandée à MM. Farcot, ingénieurs-mécaniciens, et installée, en 1858, dans un emplacement qui appartient à la ville, en amont du pont d'Austerlitz, de la Bièvre et de l'égout de la Salpêtrière. Cette machine à vapeur est à haute pression et à détente, sa force est de 130 chevaux-vapeur. Elle dessert, suivant les besoins du service, les bassins de Charonne (rive droite) ou ceux de Gentilly (rive gauche).

Malheureusement, la force de cette machine est limitée par le diamètre de la conduite sur laquelle elle refoule l'eau. Cette conduite, dont la longueur entre le quai d'Austerlitz et les réservoirs de Passy est de 13,500 mètres, n'a que $0^m,40$ de diamètre à son origine sur 2,400 mètres de longueur. On ne pouvait prudemment, dans une conduite de ce diamètre, refouler plus de 100 litres d'eau par seconde. La nouvelle machine élève donc à peu près cette quantité d'eau, ou 8,600 mètres cubes par 24 heures. Elle consomme de 1 kilogramme 50 à 1 kilogramme 90 de houille par heure et par force de cheval utile. C'est un travail supérieur à celui des machines de Chaillot.

Les dépenses pour créer le nouvel établissement, construire les bâtiments, faire la prise d'eau, etc., s'élevèrent à 234,000 francs.

La figure 143 représente la salle des machines de l'usine hydraulique du quai d'Austerlitz.

Voici quel était, en 1861, l'état général des machines de la ville et des quantités d'eau que ces machines pouvaient élever.

Nous commençons par l'amont, et nous suivons le cours du fleuve en descendant.

Établissement du Port-à-l'Anglais.	Volume d'eau qui peut être élevé en 24 heures.
2 Machines.............	6,000 mètres cubes.
Établissement de Maisons-Alfort.	
3 Machines.............	6,400
Établissement du quai d'Austerlitz.	
2 Machines.............	10,000
Établissement de Chaillot (quai de Billy).	
2 Machines.............	38,000
Établissement d'Auteuil.	
3 Machines.............	4,100
Établissement de Neuilly.	
2 Machines.............	4,700
Établissement de Clichy.	
1 Machine.............	1,500
Établissement de Saint-Ouen.	
3 Machines.............	4,300
Total : 18 Machines élevant.....	75,000 mètres cubes.

Mais comme tous les appareils ne pouvaient marcher à la fois, que le tiers ou la moitié devaient rester au repos, pour qu'on pût opérer les nettoyages et les réparations, on ne montait guère plus de 42,000 mètres cubes.

En résumé, le volume d'eau dont l'administration municipale de Paris pouvait disposer en 1861, peut s'évaluer ainsi qu'il suit :

	Mètres cubes en 24 heures.
Eau de l'Ourcq....................	106,000
— de Seine élevée par les machines à vapeur....................	42,000
— d'Arcueil, environ...............	1,000
— du puits de Grenelle............	940
Eaux de Belleville et des Prés-Saint-Gervais..........................	160
Volume total par 24 heures...	150,100

Il est curieux de rapprocher ces chiffres de ceux que nous avons indiqués dans la partie historique de cette Notice. On a vu que, jusqu'à la fin du seizième siècle, Paris recevait seulement. . 200 mètres cubes d'eau.
A la fin du dix-septième siècle..... 1,800 —
A la fin du dix-huitième siècle..... 7,986 —

En 1861, la ville de Paris disposait de plus de 150,000 mètres cubes d'eau.

CHAPITRE XXXI

ÉTUDE FAITE PAR M. HAUSSMANN, PRÉFET DE LA SEINE, D'UN NOUVEAU SYSTÈME DE DISTRIBUTION D'EAUX PUBLIQUES. — IMPERFECTION DU RÉGIME ACTUEL DES EAUX PUBLIQUES DE PARIS. — IMPURETÉ DES EAUX DE LA SEINE ET DE L'OURCQ. — PREUVES A L'APPUI. — INSUFFISANCE DES QUANTITÉS D'EAU POTABLE DISTRIBUÉES DANS PARIS. — M. BELGRAND, INGÉNIEUR EN CHEF DES EAUX DE PARIS, EST CHARGÉ PAR LE PRÉFET DE LA SEINE DE FAIRE L'ÉTUDE DES SOURCES QUI POURRAIENT ÊTRE DÉRIVÉES VERS PARIS.

Nous arrivons à l'époque où un système tout nouveau de distribution d'eaux potables fut laborieusement cherché par les ingénieurs de la ville de Paris, et finalement réalisé, après bien des difficultés, et malgré des oppositions de toute nature. Le projet de doter Paris d'une distribution abondante d'excellentes eaux, projet essentiellement philanthropique, qui aurait du être accueilli avec reconnaissance par la population parisienne, rencontra mille obstacles, par suite de l'opposition qui lui était faite dans les journaux. La campagne contre les projets de l'administration municipale était menée par divers publicistes, particulièrement par le rédacteur en chef de la *Patrie*, M. Delamarre, on ne voit pas trop pour quelle raison, si ce n'est par ce besoin d'opposition politique jalouse qui s'obstinait, sous le second Empire, à combattre les mesures les plus utiles au bien général, par cela seul qu'elles émanaient de l'administration ou de l'État.

Les premières études relatives au nouveau système de distribution d'eaux potables que nous avons à exposer, remontent à l'année 1854. Au moment où l'on se préparait à exécuter dans les grandes voies de la capitale cette transformation merveilleuse dont nous admirons aujourd'hui les résultats, la question des eaux ne pouvait être oubliée. Le service des eaux de Paris présentait, en effet, pour le service privé et pour les eaux potables, de telles imperfections, il était si fort au-dessous de ce qui existait dans plusieurs villes de l'Europe, que l'administration municipale de Paris devait tenir à honneur d'inaugurer sur ce point un système nouveau, et de doter la capitale de la France d'une distribution d'eaux en rapport avec les progrès de la science et les besoins de la population. Dans une ville comme Paris, il faut pouvoir distribuer des quantités d'eau, non-seulement suffisantes, mais même supérieures aux besoins de chaque habitant. Il faut que cette eau puisse être conduite, à bas prix, non-seulement dans chaque maison, mais encore à tous les étages de chaque maison, quelle que soit son altitude. Il faut qu'elle soit d'une irréprochable pureté; qu'elle n'ait besoin d'être soumise à aucune filtration, et puisse être consommée telle qu'elle sort des conduites publiques, afin d'affranchir la population de l'impôt du porteur d'eau, c'est-à-dire du marchand d'eau filtrée. Il faut que cette eau ne participe point de la température extérieure; qu'elle porte la fraîcheur en été, en hiver une température agréable. Toutes ces conditions manquaient évidemment au système de distribution d'eaux publiques de la capitale, qui se faisait, comme nous l'avons établi plus haut, au moyen des eaux du canal de l'Ourcq pour les deux tiers, et des eaux de la Seine pour le reste. Or, l'eau de l'Ourcq est incessamment salie par une population de quinze cents mariniers et de cinq cents bateaux qui vivent sur ce canal, dont on a eu la fâcheuse idée de faire à la fois une voie de navigation et une conduite d'eau potable; et quant à l'eau de Seine, elle est d'une impureté bien plus grande encore que celle du canal de l'Ourcq. Nous avons déjà mis ce fait en évidence dans le cours de cette Notice, mais il convient maintenant d'appeler plus spécialement sur ce sujet l'attention du lecteur.

Dès l'année 1860, la Seine était le réceptacle des déjections et des résidus d'une population, en partie industrielle, de dix-sept cent mille habitants. Si l'on se transportait sur le pont des Arts, un jour d'été, quand le niveau du fleuve avait baissé sensiblement, on voyait l'égout qui se dégorge près du pont des Saints-Pères, vomir les eaux d'une rivière immonde. Si l'on descendait sur la berge au bas du pont d'Asnières, au point de dégorgement du grand égout collecteur de la rive droite, on voyait se précipiter dans le fleuve un volume plus considérable encore de ces mêmes eaux noires, bourbeuses, chargées d'immondices solides de toute nature, qui laissaient dans une zone très-étendue les traces visibles de leur passage. Personne n'ignore que, chaque nuit, de fétides ruisseaux, provenant de la partie liquide des fosses d'aisances sont déversés sur la voie publique, pour couler de là dans la Seine. On sait que les entrepreneurs de vidanges sont autorisés à déverser sur la voie publique ces liquides, après une désinfection préalable, mais qui n'est jamais complète, comme chacun a pu s'en convaincre. Cette horrible liqueur va se perdre dans la Seine par les ruisseaux et les égouts. Ce sont les eaux d'un fleuve ainsi contaminées par toutes sortes d'immondices qui étaient distribuées par la pompe de Chaillot à une partie des Parisiens, par la pompe de Saint-Ouen aux habitants de Montmartre et de Batignolles. Nous le demandons, un tel système était-il digne de la capitale des arts et du monde civilisé? Qu'un tel système eût été adopté ou maintenu il y a un demi-siècle, lorsque Paris comptait au plus cinq cent mille habitants, cela pouvait se comprendre. Mais avec une population qui avait triplé en nombre comme en activité, on ne pouvait le considérer que comme un regrettable vestige des imperfections d'une époque disparue.

L'impureté des eaux de la Seine distribuées à Paris pour la consommation publique fut établie directement en 1860, par l'examen de l'état de ces eaux dans les divers réservoirs existant dans plusieurs quartiers de la capitale. M. le docteur Bouchut, agrégé à la Faculté de médecine, médecin de l'hôpital de Sainte-Eugénie, rédigea, sur cette question, un mémoire que Coste communiqua à l'Académie des sciences, au nom de l'auteur, dans la séance du 17 juin 1860. M. Bouchut avait examiné l'eau des réservoirs de la rue Racine, du Panthéon, de la rue Saint-Victor, de la rue de Vaugirard, de Passy, de la barrière Monceau et du quartier Popincourt.

En parlant du réservoir de la rue Racine, cet honorable médecin disait :

« L'eau, qui a une profondeur de 4 mètres, tient en suspension, par moments, des myriades de particules jaunâtres qui lui donnent l'apparence d'une émulsion épaisse semblable à de la boue. En retirant un seau de cette eau, on voit qu'elle est remplie d'êtres vivants. »

Pour le réservoir du Panthéon :

« L'eau, écrivait M. Bouchut, tient souvent en suspension une innombrable quantité d'êtres vivants *qu'on prend à la cuillère, comme dans un potage*. Il s'y développe quelquefois des poissons dont les germes ont dû traverser les corps de pompes de la machine de Chaillot, pour remonter dans les bassins. *On y a trouvé un poisson qui pesait plus d'une demi-livre, et qui a été remis à l'ingénieur.* »

A propos du réservoir Popincourt, M. Bouchut avait fait des observations analogues.

Il faut ajouter que le volume d'eau potable distribué dans Paris en 1860 était inférieur à ce qui existait dans plusieurs grandes villes d'Europe. En effet, la quantité d'eau distribuée à chaque habitant de Paris, déduction faite des services publics, n'était alors que de 35 litres par habitant, tandis que les hydrauliciens modernes s'accordent à réclamer une part de 60 à 70 litres d'eau potable, chaque vingt-quatre heures, pour chaque habitant d'une grande ville.

On trouve, dans le *Rapport de la commission d'enquête du département de la Seine*, le tableau suivant du nombre de litres qui étaient distribués en 1860 par jour et par habitant, dans les principales villes de France, d'Europe ou d'Amérique :

Villes.	Litres par jour et par habitant.
Rome moderne	944
New-York	568
Carcassonne	400
Besançon	246
Dijon	240
Marseille	186
Bordeaux	170
Gênes	120

Castelnaudary	120
Glasgow	100
Londres	95
Paris	90
Narbonne	85
Toulouse	78
Genève	74
Philadelphie	70
Grenoble	65
Vienne (Isère)	60
Montpellier	60
Clermont	55
Edimbourg	50

Dans ce tableau, Paris figurait pour 90 litres d'eau ; mais comme les services publics en absorbaient 55 litres, il en résultait que la part de chaque habitant n'était que de 35 litres. A Londres, au contraire, où l'on distrait fort peu d'eau pour les services publics, la part de chaque habitant, déduction faite des services publics, s'élève à 80 litres.

A son entrée dans l'administration municipale de Paris, M. Haussmann, préfet de la Seine, se trouva en présence de cette grave question des eaux, et il dut l'attaquer en face, le système de distribution des eaux publiques étant appelé à jouer un rôle essentiel dans ce vaste ensemble d'améliorations que l'on se proposait de réaliser pour changer radicalement l'aspect et les dispositions de l'ancien Paris.

Les premières études que fit entreprendre M. Haussmann prouvèrent que les eaux du fleuve qui traverse la capitale ne pourraient être filtrées en grandes masses dans les sables de la plaine d'Ivry.

Comme le système de filtration par des tranchées pratiquées au bord du fleuve est établi à Toulouse, à Lyon et à Angers, on fut naturellement conduit à essayer le même mode de filtration sur les rives de la Seine. Mais il était facile de prévoir que ces essais n'aboutiraient à aucun résultat avantageux. Tous les géologues savent qu'il n'existe aucune analogie entre les alluvions de la vallée de la Seine et celles du Rhône et de la Garonne. La vallée du Rhône, à Lyon, est remplie d'une masse énorme de galets, et l'on n'ignore pas que, dans beaucoup de villes du Midi, ces galets sont consacrés au pavage des rues. On comprend sans peine que l'eau, déjà filtrée par la couche de sable

Fig. 144. — M. Haussmann.

fin qui tapisse le fond du fleuve, se rende, en traversant la masse de ces galets, dans les galeries filtrantes creusées au-dessous de la rive, et que le fleuve offre cet avantage d'opérer lui-même le nettoyage du filtre en renouvelant les sables qui le composent. Mais rien de semblable n'existe dans la plaine d'Ivry. La couche d'alluvions, beaucoup moins puissante, est formée presque entièrement de sable fin, et elle repose sur une couche d'argile remplie de cristaux de gypse (argile plastique). Il était évident que l'eau passerait beaucoup plus difficilement dans ce filtre entièrement composé de sable fin que dans les galets du Rhône; il devait aussi arriver nécessairement que les eaux filtrées, dissolvant le sulfate de chaux de l'argile plastique, devinssent séléniteuses.

Ces prévisions de la géologie furent confirmées par le résultat des recherches et des études des ingénieurs. M. Delesse, ingénieur des mines, a démontré que tous les puits de la plaine d'Ivry, même les plus rapprochés du fleuve, ne donnent que des eaux dures et chargées de sulfate de chaux. Les tranchées qu'il a fallu ouvrir à Paris pour la construction du canal Saint-Martin et de l'égout collecteur des coteaux de la rive droite, ont pénétré profondément dans la nappe d'eau des puits des alluvions de la Seine. On a reconnu que cette nappe était très-abondante, et, quoiqu'on se soit tenu partout à plus de 2 mètres au-dessus des eaux du fleuve, il a fallu de nombreuses machines à vapeur pour l'épuiser. Les eaux extraites étaient dures et impotables. De plus, le sable à travers lequel elles s'écoulaient était tellement fin et fluide, que la tranchée se remplissait au fur et à mesure qu'on la creusait, lorsque l'épuisement ne faisait pas convenablement baisser la nappe d'eau. N'est-il pas probable, d'après cela, que les filtres naturels que l'on aurait creusés dans la plaine d'Ivry, se seraient remplis de même tout à la fois de sable et d'eau ?

M. Ad. Mille, ingénieur en chef des Ponts et Chaussées, entreprit, en 1854, des recherches dans la plaine d'Ivry pour savoir si le filtrage des eaux de la Seine à travers ses alluvions, pouvait donner des résultats pratiques : il reconnut que le filtrage au travers de ces terrains ne fournirait que des eaux dures et séléniteuses.

D'ailleurs, une filtration, même parfaite, ne remédierait pas à tout. Après leur filtration, les eaux de la Seine retiendraient encore beaucoup de substances organiques, qui résistent à l'action du filtre, parce qu'elles ne sont pas simplement suspendues dans l'eau, mais bien dissoutes. Il ne saurait exister de système de purification complète pour les eaux de la Seine dans leur état d'irrémédiable altération que chacun connaît.

Les mêmes études prouvèrent que les eaux de la Seine ne pourraient être rafraîchies en été, ni réchauffées en hiver dans les réservoirs ; en un mot, qu'elles ne pourraient jamais être livrées sans préparation aux conduites publiques. Quels que fussent les avantages, naturels, pour ainsi dire, que présente la Seine pour l'alimentation de Paris, on ne pouvait donc compter sur ses eaux pour les distribuer, soit par les machines à vapeur, soit par des ouvrages hydrauliques sagement combinés. On pouvait, il est vrai, établir la prise d'eau très en amont de Paris, à Port-à-l'Anglais, par exemple, mais il aurait fallu de puissantes machines à vapeur pour refouler l'eau de la Seine, par des conduites très-longues et très-dispendieuses, jusqu'à la hauteur de 64 mètres en moyenne, nécessitée par les exigences du nouveau service. D'ailleurs, une eau de rivière, froide en hiver, chaude en été, et qui a besoin d'être soumise à la filtration, ne doit être livrée comme eau potable aux habitants d'une grande ville qu'en présence d'une nécessité absolue.

Ainsi, l'alimentation de Paris en eau potable était un problème hérissé de difficultés. La Seine ne pouvant suffire à fournir des eaux suffisamment pures, abondantes et exemptes des vicissitudes de la température extérieure, il fallait sortir des voies battues. Imitant l'exemple des anciens, si heureusement suivi par les modernes en plusieurs circonstances, il fallait chercher loin de Paris ce que Paris ne pouvait offrir, c'est-à-dire aller emprunter à quelques régions plus ou moins éloignées, des sources d'une pureté et d'une abondance suffisantes, et les amener dans la capitale au moyen d'un aqueduc.

Malheureusement, par suite de la nature du sol qui environne Paris, les sources d'eau parfaitement pure sont extrêmement rares, car les terrains gypseux qu'elles traversent dans leur parcours, viennent les charger de ce gypse, ou sulfate de chaux, qui donne aux puits de Paris de si détestables qualités pour les usages économiques. Il était donc certain d'avance qu'il faudrait se transporter fort loin pour trouver le fleuve d'eau pure nécessaire à l'alimentation de Paris, et que dès lors les dépenses pour la construction de l'aqueduc de dérivation, seraient considérables.

Ce motif ne parut pas suffisant pour écarter le projet d'une dérivation lointaine. Sans doute, l'exécution d'un immense aqueduc et la création de tout un système hydraulique nouveau devaient imposer une lourde charge au budget municipal; mais, ce grand travail une fois exécuté, Paris se trouvait en possession d'un monument durable, qui n'avait rien à redouter de la main du temps ni de celle des hommes, et qui assurait aux générations suivantes le bienfait continu d'un régime d'eaux pures et abondantes. L'aqueduc une fois édifié, l'eau arriverait éternellement, par le seul fait de la pente naturelle du sol, sans imposer d'autres soins aux administrateurs de la cité que la surveillance et l'entretien d'un monument de pierre et de fer. Cette imitation des constructions hydrauliques des anciens, ouvrages admirables qui ont résisté à l'action des siècles, ce travail préparé tout à la fois pour les besoins du présent et ceux de l'avenir, offrait un caractère de majesté et de grandeur propre à exercer sur bien des esprits une séduction puissante.

C'est à cet empire secret que dut obéir M. Haussmann lorsque, après avoir reconnu l'insuffisance des eaux de la Seine pour le service des eaux publiques de la capitale, il se décida à confier aux ingénieurs l'étude d'un projet de dérivation de sources d'eaux éloignées de Paris.

CHAPITRE XXXII

ÉTUDE DES SOURCES DU BASSIN DE LA SEINE PAR M. BELGRAND. — PROPOSITION FAITE PAR CET INGÉNIEUR DE DÉRIVER A PARIS LES EAUX DE SOMME-SOUDE, DE LA DHUIS ET DE LA VANNE. — PREMIER MÉMOIRE DU PRÉFET DE LA SEINE. — LE CONSEIL MUNICIPAL ADOPTE LE PROJET PRÉFECTORAL. — DEUXIÈME MÉMOIRE DU PRÉFET DE LA SEINE. — NOUVELLE DÉCLARATION DU CONSEIL MUNICIPAL.

C'est en avril 1854 que le préfet de la Seine chargea M. Belgrand, ingénieur en chef de la navigation de la Seine et du service hydrométrique du bassin de ce fleuve, de faire une étude des sources qui pouvaient être dérivées vers Paris. Suivant le programme qui était tracé à M. Belgrand, l'eau à dériver devait être limpide et fraîche, et d'une pureté au moins égale à celle de la Seine, prise en amont de Paris. Elle devait arriver dans les réservoirs à une hauteur de 53 mètres au-dessus de la Seine, et fournir un volume de 86,000 mètres cubes par 24 heures. On ne remettait d'ailleurs à l'ingénieur en chef aucune indication de sources, et on lui laissait toute latitude pour pousser ses recherches sur toute l'étendue du bassin de la Seine. On lui accordait trois ou quatre mois pour faire son travail.

M. Belgrand reconnut d'abord que les projets de ses devanciers ne satisfaisaient point aux conditions du programme. La dérivation de l'Eure, proposée sous Louis XIV, celles de l'Yvette et de la Bièvre, qui ont excité, dans la seconde moitié du dix-huitième siècle, les vives discussions que nous avons racontées, n'auraient conduit à Paris que des eaux de rivière d'une qualité chimiquement inférieure à celles de la Seine. Les eaux des sources de la Beuvronne, que l'inspecteur général Bruyère voulait dériver vers Paris dans un aqueduc couvert, sont chargées de sulfate de chaux et de magnésie. On ne pouvait donc donner aucune suite à ces anciens projets.

M. Belgrand basa tout son système sur un principe dont la suite des études démontra la parfaite exactitude. Il admit que, dans toute l'étendue d'une même formation géologique homogène, la composition chimique des matières en dissolution dans l'eau ne doit pour ainsi dire pas varier. Ainsi, selon lui, dans toute l'étendue de la craie blanche de la Champagne, les eaux de source devaient être de même qualité; il devait en être de même dans les terrains non gypsifères de la Brie, etc. Il suffisait donc de faire l'analyse d'un petit nombre d'échantillons d'eau provenant de chaque formation géologique, pour connaître la composition de toutes les eaux de source qui s'y trouvaient.

C'est ainsi que M. Belgrand put faire une excellente classification des sources du bassin de la Seine sous le rapport de leur composition chimique.

Ces eaux ont été divisées par M. Belgrand, quant à la disposition géologique du bassin, en huit régions.

De ces huit régions, la plus rapprochée de Paris se trouve dans toute l'étendue de la Brie. Ses eaux, soutenues par la couche d'argile verte dont on voit des affleurements au-dessus de Montmartre et des buttes Chaumont, alimentent cette multitude de jolies sources qui entretiennent une si riche verdure sur les coteaux de Bougival, Saint-Cloud, Ville-d'Avray, Bellevue, Brunoy, etc. Malheureusement, une immense lentille de gypse s'étend sur toute la surface du bassin parisien entre Meulan et Château-Thierry, et altère la qualité de toutes les eaux de cette région. Ces sources si limpides, mais chargées de sulfate de chaux, ne peuvent donc pas être utilisées pour l'alimentation de Paris.

Les terrains gypsifères ne dépassent pas la rive gauche de la Seine en amont de Paris, et, d'ailleurs, les calcaires de la Beauce et les sables des environs de Fontainebleau sont plus élevés dans l'échelle géologique que les gypses. On trouve donc d'excellentes sources dans le fond des vallées de la Beauce; les principales alimentent les rivières de Juine et d'Essonnes. Malheureusement, ces rivières font tourner des usines tellement importantes, qu'on ne saurait songer à les dériver vers Paris.

Ainsi, soit qu'on remonte la Marne, soit qu'on suive les bords de la Seine, les deux seules voies, en définitive, par lesquelles on puisse faire passer un aqueduc dirigé vers Paris, on ne trouve des eaux de bonne qualité ou disponibles pour la capitale que dans le bassin de la Marne, au delà de Château-Thierry, et dans celui de la Seine, au delà de Fontainebleau, c'est-à-dire à très-peu de distance des points où commence à se montrer la craie blanche qui couvre les plaines de la Champagne.

Dans cette dernière région se trouvent un grand nombre de sources d'excellente qualité, et assez abondantes pour alimenter Paris. Des analyses faites au laboratoire des Ponts et Chaussées et de l'École normale, sous la direction de MM. Mangon et Henri Sainte-Claire-Deville, démontrèrent que ces eaux ne contenaient pour ainsi dire que du carbonate de chaux, et même en quantité moindre que l'eau de Seine. C'est donc sur ces eaux que dut se fixer le choix de l'administration.

Après avoir soumis à l'examen chimique les principales sources de ces vallées champenoises, M. Belgrand proposa de faire l'étude de la dérivation des sources de la Somme-Soude, petite rivière qui coule entièrement dans les terrains de craie, et tombe dans la Marne, entre Châlons et Épernay. En y réunissant quelques belles sources des terrains tertiaires situées entre Château-Thierry et Épernay, en dehors de l'action des gypses, telles que la Dhuis et le Sourdon, on pouvait conduire sur les hauteurs de Belleville, à 53 mètres au-dessus de la Seine,

100,000 mètres cubes d'eau par vingt-quatre heures.

Dans une évaluation sommaire, M. Belgrand portait à 214 kilomètres la longueur de l'aqueduc de dérivation, et à 22 millions le montant des dépenses de construction de l'aqueduc.

Le travail de M. Belgrand fut déposé à la préfecture de la Seine le 8 juillet 1854.

Le 4 août 1854, le préfet de la Seine communiqua au conseil municipal un exposé complet de la nouvelle question des eaux. Ce travail, qui produisit une vive sensation en France et à l'étranger, a été imprimé sous ce titre : *Memoire sur les eaux de Paris*. Dans ce mémoire, le préfet de la Seine, après avoir exposé l'état du service des eaux de Paris, montrait quelles étaient les imperfections de ce régime. Il indiquait les conditions d'un bon service, et faisait connaître les résultats des nouvelles études, les dispositions de la canalisation qui serait nécessaire pour compléter la distribution des anciennes eaux et celle des eaux nouvelles empruntées aux sources lointaines. Enfin, il proposait au conseil municipal d'instituer un service spécial d'ingénieurs, pour étudier le projet définilif de dérivation des nouvelles eaux.

Dans sa séance du 12 janvier 1853, le conseil municipal autorisa M. le préfet :

« 1° A faire dresser un projet complet et un devis détaillé de la dérivation des sources indiquées par M. Belgrand, et à diriger les études définitives de manière à ne plus permettre de doute sur les sources à prendre tout d'abord, ni sur celles qu'il conviendrait d'y ajouter en cas d'insuffisance ;

« 2° A faire marcher parallèlement avec ces études celles de la distribution des eaux dans Paris, de l'extension et du perfectionnement du réseau des galeries d'égout, du meilleur mode d'établissement des fosses d'aisances, et des meilleurs systèmes d'évacuation du produit des vidanges. »

Un service spécial d'ingénieurs fut donc organisé. Il fut composé de deux ingénieurs ordinaires, MM. Rozat de Mandru et Collignon, chargés des études définitives, sous

Fig. 145. — M. Belgrand.

les ordres de M. Belgrand, qui se réservait les études complémentaires des sources.

Le tracé de l'aqueduc de dérivation des sources de la Somme-Soude, du Sourdon et de la Dhuis, fut établi sur le terrain. Des nivellements, faits avec le plus grand soin, démontrèrent la possibilité d'amener ces sources sur les coteaux de Belleville, à 37 mètres au-dessus du zéro de l'échelle du pont de la Tournelle.

En même temps, l'administration fit étudier, sous la direclion de M. Belgrand, par M. l'ingénieur Lesguillier, le projet de dérivation de quelques sources qui alimentent une autre rivière, la Vanne, appartenant au bassin de la Seine, et qui tombe dans l'Yonne, à Sens. Cette seconde dérivation devait, selon le vœu exprimé par le conseil municipal, suppléer, en cas de besoin, à l'insuffisance des sources de la Somme-Soude et de la Dhuis.

Les eaux de 299 sources, prises à différents points du bassin de la Seine, furent essayées au moyen de l'*hydrotimètre*.

On entreprit également des études sur les eaux de rivière du bassin de la Seine. On nota, jour par jour, leur degré de limpidité et leur température. Enfin, on constata également, jour par jour, la température des eaux distribuées dans Paris à leurs points de départ et d'arrivée.

Tout cet ensemble de travaux fut exécuté avec les soins et la rigueur des méthodes scientifiques actuelles.

Les projets de dérivation et les études chimiques et hydrauliques sur les sources, furent déposés, le 7 mai 1856, aux bureaux de l'administration municipale. Les ingénieurs présentaient, dans ce travail, le tracé complet de l'aqueduc destiné à conduire à Paris les eaux de la Somme-Soude et de la Vanne ; ils donnaient l'évaluation des dépenses qui seraient nécessitées par ces différents travaux.

C'est dans la séance du 16 juillet 1858 que M. Haussmann présenta au conseil municipal le projet des ingénieurs ; il lut en même temps au conseil son *Deuxième mémoire sur les eaux de Paris* (1).

Nous n'entreprendrons pas l'analyse de cet important document; elle ne ferait que reproduire ce qui a été exposé ci-dessus et le résumé qu'on trouvera plus loin. M. Haussmann proposait au conseil municipal la dérivation immédiate des eaux de la Somme-Soude et de la Dhuis, qui pouvaient donner 100,000 mètres cubes d'eau par vingt-quatre heures, élevées à 57 mètres au-dessus du zéro du pont de la Tournelle. La Vanne, dont l'eau ne pouvait arriver qu'à 43 mètres au-dessus du même point, devait être réservée dans l'avenir pour les besoins des quartiers bas. Enfin, dans le cas où l'annexion de la banlieue se réaliserait, on proposait de détacher la source de la Dhuis de l'aqueduc de la Somme-Soude, et de l'amener à part sur les coteaux de Belleville, à 81 mètres au-dessus du zéro de l'échelle du pont de la Tournelle, pour desservir les quartiers hauts du nouveau Paris.

En admettant la réalisation de ces trois projets, on amenait à Paris, par vingt-quatre heures, pour les besoins des quartiers hauts, les 40,000 mètres cubes d'eau de la Dhuis et de quelques autres sources qu'on pouvait y réunir ; pour tous les quartiers moyennement élevés, les 60,000 mètres cubes de la Somme-Soude ; enfin, pour les quartiers bas, les sources de la Vanne, dont on portait la prise d'eau à 100,000 mètres cubes, ce qui représentait en tout 200,000 mètres cubes, ou 100 litres par habitant, pour une population de 2 millions d'individus.

Dans la séance du 18 mars 1859, M. Dumas, président du conseil municipal, discuta les projets de l'administration. Il exposa les divers systèmes que l'on avait cru pouvoir mettre en opposition avec les plans des ingénieurs de la ville, notamment le projet consistant à élever les eaux de la Seine avec des machines ou avec des roues hydrauliques. Après avoir démontré que ces divers projets ne satisferaient nullement aux conditions du programme, le président du conseil proposait d'adopter les propositions du préfet.

Le conseil municipal, dans cette même séance, adopta le projet dressé par les ingénieurs du service municipal, en vue de dériver sur Paris une partie des eaux souterraines des vallées de la Somme et de la Soude, et subsidiairement les sources du ruisseau des Vertus, du Sourdon et de la Dhuis.

(1) 1 vol. in-4° de 132 pages, avec cartes, plans et tableaux. Paris, 1858.

CHAPITRE XXXIII

ACQUISITION DES SOURCES DE LA DHUIS ET DE LA VANNE PAR LA VILLE DE PARIS. — DÉLIBÉRATION DU CONSEIL MUNICIPAL. — ENQUÊTE *de commodo et incommodo.* — RAPPORT DE LA COMMISSION D'ENQUÊTE DU DÉPARTEMENT DE LA SEINE.

Cependant, un fait considérable s'accomplissait. Un décret impérial, en date du 16 février 1859, réunissait à l'ancienne ville de Paris la partie des communes suburbaines comprise dans l'enceinte des fortifications. Cette immense extension du périmètre de la capitale forçait d'étendre le projet primitif de distribution des eaux, tant en raison de l'accroissement de la population à desservir, que par suite de l'altitude des nouveaux quartiers de Belleville, Batignolles, Passy, etc. Il fut dès lors décidé que les eaux de la Dhuis, dont l'altitude est de 80 mètres au-dessus de la Seine, desserviraient les quartiers hauts de Montmartre, Belleville, Passy et Montrouge, récemment annexés à l'ancienne ville, et qu'un aqueduc nouveau recevant les eaux de la Vanne, dont l'altitude est de 43 mètres au-dessus de la Seine, serait consacré au service des quartiers bas.

L'aqueduc de la Dhuis était donc le premier ouvrage à exécuter, puisque l'eau dérivée atteindrait les points les plus élevés de la capitale, et que les 40,000 mètres cubes d'eau que cet aqueduc devait amener chaque 24 heures pouvaient suffire pendant quelques années à tous les besoins du service privé.

Le 30 janvier 1860, les ingénieurs du service des eaux de Paris purent remettre à l'administration, le projet de dérivation des eaux de la Dhuis, et le projet des machines à vapeur destinées à élever 100,000 mètres cubes d'eau de Seine, par chaque 24 heures, à la hauteur exigée de 64 mètres, en moyenne, au-dessus des eaux de la Seine.

Dans leur rapport, les ingénieurs démontraient que la dérivation des sources empruntées à la Champagne pourrait seule fournir une eau n'ayant besoin de subir aucune préparation, et pouvant être consommée par la classe ouvrière telle qu'elle sort des conduites publiques. Ils prouvaient, en même temps, que ce dernier projet réunissait encore le mérite de l'économie. En effet, l'eau de la Dhuis, rendue dans ses réservoirs par l'aqueduc proposé, devait coûter seulement 56 centimes le mètre cube.

La ville de Paris s'empressa de faire l'acquisition des sources signalées dans les études des ingénieurs. Au mois d'avril 1859, elle acheta, pour la somme de 65,000 fr., la source de la Dhuis, située à quelque distance de Château-Thierry, et pour la somme de 12,000 fr. les sources de Montmort, pour les réunir à celle de la Dhuis dans l'aqueduc de dérivation destiné au service des quartiers hauts de Paris.

Dans la vallée de la Somme-Soude, avoisinant celle de la Dhuis, une opposition violente, suscitée dans la population, empêcha de faire aucune acquisition de sources.

On fut plus heureux pour les sources destinées à alimenter l'aqueduc de dérivation de la Vanne. En 1860, la ville de Paris acheta, dans la vallée de la Vanne, pour la somme de 215,000 francs, les sources de *Noé*, *Theil*, *Malhortie*, *Saint-Philbert* et *Chigy*, qui débitent, dans les plus grandes sécheresses, 67,000 mètres cubes d'eau par vingt-quatre heures, et dans les sécheresses séculaires, comme en 1858, 48,000 mètres cubes. Enfin, elle acheta, pour la somme de 50,000 fr., les trois sources d'*Armentières*, situées à quelque distance des précédentes, dans la vallée de la Vanne, et qui débitent dans les grandes sécheresses 20,000 mètres cubes par vingt-quatre heures, et dans les sécheresses séculaires 12,000 mètres cubes.

En définitive, la ville de Paris devint propriétaire des sources dont la désignation suit :

		Débit par 24 heures en temps de sécheresse extraordinaire.
Sources devant être amenées par l'aqueduc de la Dhuis...	1° La Dhuis	30,000 mètres cubes.
	2° Les sources de Montmort	3,000
Sources devant être amenées par l'aqueduc de la Vanne...	1° Les sources de Noé, Theil, Malhortie, St-Philbert et Chigy.	67,000
	2° Les sources d'Armentières.	20,000
	Total....	120,000 mètres cubes.

La question des eaux de Paris, mise dans ces conditions nouvelles, fut présentée par le préfet de la Seine, au conseil municipal, dans la séance du 20 avril 1860. Dans la séance du 18 mai suivant, le conseil municipal ayant à se prononcer entre les trois projets de l'élévation de l'eau de la Seine au moyen de machines à vapeur, de la dérivation de la Loire, ou de la dérivation des sources de la Champagne, adopta le projet préfectoral.

Le ministre des travaux publics annonça, le 15 avril 1860, au préfet de la Seine, qu'il autorisait la mise aux enquêtes du projet de la Dhuis, et l'ouverture des registres d'enquête dans les départements de la Seine, de Seine-et-Oise, de la Marne, de l'Aisne et de Seine-et-Marne.

Les registres d'enquête furent donc ouverts pendant un mois, du 25 avril au 25 mai 1860, à Paris, à Versailles, à Châlons, à Meaux et à Château-Thierry. Aucune opposition sérieuse ne fut faite, dans ces départements, au projet de dérivation de la Dhuis. Mais le projet de recherches d'eaux dans les roches crayeuses de la Champagne, c'est-à-dire dans le bassin de la Somme-Soude, souleva une opposition très-vive. La commission d'enquête du département de la Marne le repoussa formellement.

La commission d'enquête du département de la Seine, présidée par Élie de Beaumont, et qui avait pour secrétaire, Robinet, président de l'Académie de médecine, fit, sur le projet de dérivation des sources de la Dhuis, un rapport remarquable, que le *Moniteur* publia le 16 août 1861. Dans ce travail, la commission d'enquête du département de la Seine s'attachait à établir les conditions que doit remplir un bon système de distribution d'eaux potables dans une grande ville; elle combattait les objections de diverse nature qui ont été élevées contre le projet de l'administration municipale, qu'elle adopta unanimement.

Environ six mois après la publication du rapport de la commission d'enquête, le conseil des ponts et chaussées, réuni pour l'examen définitif de cette question, se prononçait, par un vote unanime, en faveur du projet de la dérivation de la Dhuis.

Et, le 4 mars 1862, un décret impérial déclarait ce projet d'*utilité publique*.

C'était la dernière des longues et laborieuses épreuves auxquelles avait été soumis le projet de l'édilité parisienne.

CHAPITRE XXXIV

DESCRIPTION DES SOURCES DE LA VANNE ET DE LA DHUIS QUI ALIMENTENT LES NOUVEAUX AQUEDUCS.

A l'époque où la question des eaux de Paris préoccupait beaucoup les ingénieurs, c'est-à-dire en 1860, tout le monde parlait des sources de la Vanne et de la Dhuis; mais peu de personnes pouvaient en parler *de visu*. Nous prîmes la peine de faire les deux voyages nécessaires pour visiter ces sources. Ce qui va suivre a été écrit d'après les notes prises par nous sur les lieux.

Les sources de la Vanne qui alimentent l'un des deux nouveaux aqueducs, sont de petits affluents de la rivière de ce nom qui se jette dans l'Yonne, à Sens. Ces sources sont répandues sur divers points de la vallée

Fig. 146. — Le porteur d'eau à Paris.

de la Vanne. Pour s'y rendre de Paris, on prend le chemin de fer du Midi jusqu'à Sens. Là, on abandonne le chemin de fer, pour suivre, en voiture, la route de Sens à Troyes. A une heure de Sens, on entre dans une série de plaines occupées par des prairies marécageuses, et l'on arrive d'abord au village de Noé, où se trouve la première source achetée par la ville de Paris pour l'alimentation de l'aqueduc de la Vanne.

La *source de Noé*, qui fournit 6,000 mètres cubes d'eau par vingt-quatre heures, sort de la craie blanche de la Champagne. Elle jaillit au milieu d'un bassin en maçonnerie. Avant de tomber dans la Vanne, et tout près de son point d'émergence, elle fait tourner, par sa chute, un moulin de quatre chevaux de force. C'est une eau éminemment limpide, agréable et fraîche.

A une demi-heure de marche du village de Noé, après avoir traversé de belles plaines en culture, on arrive au village de *Theil*, où se trouve la source de ce nom, qui peut fournir 20,000 mètres cubes d'eau par vingt-quatre heures. La source est reçue, dès son émergence, dans un magnifique bassin de 40 mètres de côté, creusé au pied d'un joli coteau et entouré d'une plantation de saules. Cette belle pièce d'eau faisait autrefois partie d'un grand domaine appartenant à la famille de Serilly, trésorier des finances au dix-septième siècle, et plus tard à la famille de Beaumont. La ville de Paris a acheté, au prix de 120,000 francs, cette source, dont l'altitude est de 66 mètres au-dessus du niveau de la Seine.

Au sortir du village de Theil, si l'on quitte la grande route, on s'engage dans un sentier qui court à travers les champs crayeux, et l'on arrive à la source de *Saint-Philbert*, que la ville a achetée au prix de 20,000 francs, et qui débite un volume d'eau presque égal à celui de la source de Theil.

Saint-Philbert n'est pas un village, mais un pauvre et vieux moulin, dont la roue, démantelée et immobile, pend tristement au bord de la maison. Autour de cette plaine humide, l'eau se montre et court de tous côtés. La plus grande partie de cette eau va se perdre dans le marais avant de se rendre à la Vanne, et n'est par conséquent d'aucune utilité. Rien ne peut donner une idée de la fraîcheur et du goût agréable de l'eau de la source de Saint-Philbert; sa fraîcheur est telle que c'est à peine si l'on peut y maintenir la main pendant quelques minutes. Le 20 août 1860, jour de l'excursion que nous fîmes aux sources de la Vanne, pour nous assurer *de visu* de l'état de ces cours d'eau, la température de l'air étant de + 22°, la température de la source de Saint-Philbert était de + 11°. Cette eau marque seulement 18° à l'hydrotimètre. L'altitude de Saint-Philbert est de 64 mètres au-dessus du niveau de la Seine.

Si l'on remonte le coteau, pour descendre dans la vallée de Vareilles, on traverse le ruisseau produit par la source de ce village, propriété de la commune, et après une demi-heure de marche, à l'entrée d'un bois d'aunes et de peupliers, on rencontre, au bord de la route, la source de Chigy, aujourd'hui propriété de la ville de Paris, et qui fournit 6,000 mètres cubes d'eau par vingt-quatre heures. En ce pays privilégié, les eaux vives et fraîches sortent pour ainsi dire sous les pieds. Négligeant ces richesses, traversons le village de Chigy, donnons un coup d'œil en passant à la jolie rivière de la Vanne, et reprenons la route de Sens à Troyes.

A une lieue de Chigy, dans la vallée de l'Alain, on coupe cette rivière, pour arriver à la petite ville de Villeneuve-l'Archevêque, distante de Troyes d'environ dix lieues.

C'est au delà de Villeneuve-l'Archevêque, à deux lieues de cette petite ville, que se trouvent les trois sources d'*Armentières* qui fournissent à l'aqueduc de la Vanne son plus précieux et son plus pur tribut.

Les sources d'Armentières sont situées au milieu d'un vallon solitaire, dans lequel on descend en laissant à gauche la route de Troyes. La ferme d'Armentières se présente d'abord aux regards. C'était autrefois, sans doute, une abbaye, bâtie au fond d'une vallée productive. Ses murs épais, des meurtrières, aujourd'hui fermées, une pieuse inscription (*Deus adjutor et custos*) tracée au front du monument, montrent que ce fut là la résidence de quelque riche congrégation qui savait, au besoin, défendre ses biens terrestres contre l'ennemi du dehors.

Après la ferme ou l'ancien couvent d'Armentières, et tout au pied d'un coteau boisé, apparaît subitement ce que les anciens appelaient *lucus*, ou bois sacré. Là se trouve une source d'une pureté admirable, et si bien cachée aux regards, que l'on comprend qu'elle soit restée longtemps ignorée de nos ingénieurs en quête de richesses hydrologiques. Une masse de verdure luxuriante dérobe aux yeux cette véritable grotte des nymphes. Les chênes, les noisetiers, les ormes, les sureaux, les aunes, les coudriers, les peupliers et les saules, forment, à l'entrée, un berceau presque impénétrable, autour duquel les viornes et les clématites entrelacent le rs touffes délicates. Là se cache la première source, dont l'eau pure et délicieuse au goût, sortant d'une grotte naturelle, coule sur un lit de silex et de craie, pour se rendre ensuite dans la rivière de la Vanne. L'urne de cette fontaine solitaire est entourée de cressons gigantesques, de vigoureux cnicius et d'épilobes. Nous avons trouvé l'eau de cette source à la température de + 11°,1, la température de l'air étant de + 22°. Elle marque 17°,6 à l'hydrotimètre, et peut fournir 20,000 mètres cubes par vingt-quatre heures.

A deux cents pas de cette source, est une seconde, puis une troisième, toutes semblables par leurs qualités à la première; elles se rendent toutes les trois dans la Vanne, en suivant le flanc gauche de la vallée, et formant un petit cours d'eau qui n'est utilisé sur aucun point de son parcours.

Passons aux sources de la Dhuis.

Pour visiter ces sources, il faut prendre le chemin de fer de l'Est jusqu'à Château-Thierry; arrivé là, monter en voiture et suivre la vallée de la Marne par l'ancienne route de Metz. C'est une route pittoresque, entourée d'une luxuriante verdure, due à l'influence de nombreuses petites sources qui sortent de l'argile plastique et courent aux bords du chemin. A Mezy, on abandonne l'ancienne route de Metz, et l'on entre dans la vallée du Surmelin, que l'on suit, par un chemin frais et ombragé, jusqu'au village de Condé. Ici commence la vallée de la Dhuis, petite rivière qui forme un des affluents du Surmelin.

En laissant à gauche le village de Pargny, qui s'élève en amphithéâtre au bord de la vallée, on arrive à la source de la Dhuis, aujourd'hui propriété de la ville de Paris. Cette source s'échappe de terre dans un point très-resserré du fond de la vallée; elle faisait autrefois, dès son origine, tourner un moulin, aujourd'hui au repos. Une partie de l'eau tombe dans le lit de la petite rivière par l'ancien chenal du moulin; le reste se perd à travers les fissures des murs, et va se rendre au même lit, par un ravin profond, pavé d'énormes débris de pierre meulière.

D'après l'analyse chimique, dont les résultats seront rapportés plus loin, l'eau de la Dhuis est un peu plus calcaire que l'eau de la Seine. Mais ce qui montre qu'elle sera peu incrustante pour l'aqueduc, c'est que la roue du moulin de Pargny qu'elle met en action, n'est nullement recouverte de dépôts terreux, comme il arrive, dans ce cas, pour les eaux des sources très-calcaires.

Cette eau, qui sort des argiles à meulière, dont on voit les blocs disséminés tout autour, à fleur du sol, est d'une limpidité parfaite; sa température, en été, se maintient à 11°; aussi l'extérieur des vases se recouvre-t-il, en été, d'une forte buée dès qu'ils en sont remplis. Elle est excellente au goût, quoique inférieure, sous ce rapport, aux admirables eaux de la Vanne.

Les jolies sources de Montmort, que la ville de Paris a achetées, sont situées à 25 kilomètres de la précédente. Elles sortent aussi des argiles à meulière. Tout le long de la vallée coulent, d'ailleurs, de nombreuses sources plus abondantes, et qu'il serait facile de réunir à celles de la Dhuis.

Voici la composition de l'eau de la Dhuis, d'après l'analyse qui en a été faite par M. Poggiale :

GAZ POUR 1,000 LITRES D'EAU.

Acide carbonique libre, ou provenant des bicarbonates.........	29,46 cent. cub.
Azote..........................	14,78
Oxygène........................	5,00
Total...........	49,24 cent. cub.

PRINCIPES FIXES POUR 1,000 GRAMMES D'EAU.

Carbonates de chaux	0,209 grammes.
— de magnésie	0,024
— de soude	0,010
— de fer, alumine	0,002
Sulfate de chaux	0,001
Chlorure de sodium	0,009
Azotates de soude et de potasse	0,013
Silicate alcalin	0,014
Ammoniaque	0,000
Iodure alcalin	traces
Matières organiques	traces presque insensibles.
Eau combinée et perte	0,011
Total	0,293 grammes.

CHAPITRE XXXV

RÉSUMÉ DE LA QUESTION DES NOUVELLES EAUX DE PARIS.

La question des nouvelles eaux de Paris se compose d'éléments si divers et si nombreux, que nous avons dû consacrer à cet exposé un grand nombre de pages. Il sera donc nécessaire de condenser dans un dernier chapitre l'ensemble des considérations et des faits que nous avons présentés dans les chapitres qui précèdent.

Par suite du notable accroissement de la population de Paris et de l'extension donnée en 1859 au périmètre de la capitale ; en raison du nombre toujours croissant d'industries qui se sont établies à l'intérieur et dans la banlieue de Paris, le service des eaux publiques, tel qu'il existait en 1860, était devenu insuffisant et réclamait une modification radicale. En premier lieu, le volume d'eau dont on disposait à Paris en 1860 pour le service privé, déduction faite de celui qui est absorbé par les services de l'administration, c'est-à-dire pour l'arrosage, le lavage des rues et des égouts, l'entretien des fontaines d'ornement, etc., était inférieur à celui qui était à la disposition du public dans beaucoup de grandes villes de la France et de l'Europe. La quantité d'eau distribuée à chaque habitant de Paris, déduction faite des services publics, n'était alors que de 35 litres par 24 heures ; or, les hydrauliciens modernes s'accordent à porter à 60 ou 80 litres par tête et par jour, la quantité d'eau nécessaire aux habitants d'une grande ville.

En second lieu, l'eau distribuée dans Paris était d'une impureté notoire. Nous avons suffisamment insisté sur le triste état d'impureté des eaux de la Seine, sans cesse altérées par leur mélange avec les produits des égouts, des fosses d'aisances et des résidus qu'y déversent les industries s'exerçant à l'intérieur de la ville. L'eau du canal de l'Ourcq est passible du même reproche. Les créateurs du canal de l'Ourcq ayant eu la fâcheuse idée de faire à la fois de ce canal une voie de navigation et une conduite d'eau potable, il en résulte que cette eau est incessamment altérée par les mariniers et les bateliers qui vivent sur ce canal, depuis le bassin de la Villette jusqu'à Mareuil. Aussi l'eau de l'Ourcq est-elle depuis longtemps en détestable renommée auprès des Parisiens.

Le service des eaux de Paris exigeait donc une réforme. Mais quel système fallait-il adopter? Il y en avait deux : 1° s'adresser à la Seine, augmenter la prise d'eau actuelle, en transportant cette prise d'eau en amont de Paris, pour se mettre à l'abri des souillures que le fleuve reçoit dans la traversée de la capitale, et élever cette eau mécaniquement à la hauteur exigée par les nouveaux points à desservir; 2° dériver des eaux de source ou de rivière, choisies à une certaine distance de la capitale.

Le premier moyen, celui qui consistait à prendre dans la Seine le supplément d'eaux nécessaires à l'alimentation de Paris, paraissait le plus naturel. Ajoutons qu'administrativement c'était le plus facile; une édilité paresseuse l'aurait adopté d'emblée.

Tout se serait, en effet, réduit à commander aux constructeurs le nombre de machines à vapeur et de conduites d'eau nécessaires pour la nouvelle distribution. On se serait ainsi épargné bien des tracas, et l'on aurait évité aux ingénieurs du service municipal bien des fatigues et des travaux. Le grand mérite du préfet de la Seine fut de renoncer à ce système, d'une facile exécution, de concevoir quelque chose de plus hardi, de mieux en harmonie avec l'état actuel de la science et des véritables besoins de la population parisienne.

Supposez, en effet, réalisé le système d'alimentation de Paris au moyen de l'eau de la Seine, quels en auraient été les résultats? Après avoir élevé l'eau du fleuve par des appareils convenables, qu'aurait-on donné à l'habitant de Paris? Une eau impure. — L'impureté de la Seine est un fait de toute évidence, et à quelque hauteur qu'on remonte en amont de Paris, on aurait toujours trouvé des usines qui, par leurs résidus, auraient altéré la pureté de l'eau. Une eau trouble. — Cette eau trouble, le peuple, qui n'a pas le moyen de payer au porteur d'eau 5 francs le mètre cube d'eau filtrée, c'est-à-dire 10 centimes la voie de 20 litres, l'aurait consommée telle qu'elle sort de la conduite publique. Le riche et le bourgeois auraient continué de l'acheter; de là, l'impôt habituel du porteur d'eau maintenu sur le budget quotidien du pauvre. — Une eau froide en hiver, chaude en été. Pour la ramener à une température agréable, en hiver ou en été, il aurait fallu la descendre à la cave ou dans le puits. Ainsi la ville de Paris aurait fait chaque jour une dépense considérable pour élever par des machines à vapeur l'eau jusqu'au sommet des maisons les plus hautes de Paris, et le premier soin du consommateur aurait dû être de descendre cette eau à la cave, pour la faire rafraîchir : plaisante conséquence, on en conviendra.

Mais comment aurait-on élevé l'eau de la Seine? Ce travail n'aurait pu se faire par des machines à vapeur sans occasionner de grands frais d'établissement, et un entretien quotidien qui aurait absorbé une somme considérable. L'eau de la Seine élevée par des machines à vapeur établies, par exemple, à Port-à-l'Anglais, jusqu'à la hauteur exigée par les nouveaux services, c'est-à-dire à 64 mètres en moyenne, serait revenue aussi cher que le même volume d'eau amenée par dérivation d'un aqueduc de 35 lieues de longueur. Quant à élever cette eau par de simples ouvrages hydrauliques, par des barrages et des turbines ou des roues, c'est une conception aujourd'hui condamnée sans retour; le grand nom et l'autorité d'Arago n'ont pas suffi à la sauver (1). La navigation de la Seine constamment entravée, les chutes d'eau destinées à faire marcher les pompes, suspendues par suite des crues du fleuve, et par conséquent la distribution des eaux compromise à la suite des grandes pluies : telles auraient été les conséquences de l'élévation de l'eau de la Seine par des ouvrages hydrauliques. Les Parisiens auraient manqué d'eau dans leurs maisons quand la saison aurait été trop pluvieuse! Voilà pourtant à quelle singulière conséquence on aurait été conduit avec les ouvrages et les machines hydrauliques employées à élever l'eau du fleuve.

L'eau de la Seine étant ainsi reconnue impropre à la nouvelle distribution pro-

(1) On n'a pas oublié la discussion qui s'éleva à la Chambre des députés entre Arago et le ministre des travaux publics. L'illustre savant proposait de placer, à la pointe de la Cité, un énorme barrage de trois mètres, qui aurait infailliblement noyé toutes les propriétés riveraines en amont du fleuve. Le ministre des travaux publics n'eut pas de peine à prouver que cette chute énorme était irréalisable; qu'en la réduisant à de justes proportions, on réduirait aussi le volume d'eau montée à 30,000 ou 40,000 mètres cubes, quantité insuffisante pour l'alimentation de Paris; enfin, que l'usine hydraulique serait exposée à des chômages qui diminueraient de beaucoup son utilité. Telle était aussi l'opinion de Mary, l'ingénieur en chef des eaux de Paris, qui, dans ce débat, fut l'auxiliaire du ministre.

jetée, il ne restait que la dérivation d'une rivière ou d'une source. La dérivation des rivières a occupé les ingénieurs français pendant les deux derniers siècles. On connaît le projet de la dérivation de l'Eure, qui avait tant souri à Louis XIV, et dont l'exécution fut même commencée au dix-huitième siècle. La dérivation de l'Yvette, à laquelle de Parcieux a attaché son nom d'une manière impérissable, la dérivation de la Bièvre et celle de la Beuvronne, dont nous avons longuement parlé, ont été étudiées au dix-huitième siècle, de la manière la plus approfondie; mais on sait positivement aujourd'hui qu'aucun de ces projets ne satisferait aux besoins actuels de la capitale. La dérivation de la Loire, qui avait été proposée au conseil municipal vers 1859, n'aurait pas été plus heureuse. Il aurait fallu commencer par résoudre le problème, déclaré aujourd'hui presque insoluble, de la filtration des eaux de la Loire en toute saison.

Ainsi la dérivation des eaux de source était le seul moyen praticable. Mais où prendre ces eaux? Le bassin de Paris est malheureusement traversé par une lentille de gypse qui charge de sulfate de chaux la plupart des sources qui avoisinent la capitale. Il fallait donc s'écarter de Paris pour trouver de bonnes eaux. Les meilleures eaux de source sortent des terrains de granit; mais les terrains du Morvan sont trop éloignés de Paris, et ne produisent, d'ailleurs, que des sources d'un très-petit débit. Les meilleures sources, après celles qui s'échappent des granits, sortent de la craie. Or les terrains crayeux, dans le bassin de Paris, commencent à la limite des argiles de la Brie et de la craie blanche de la Champagne. C'était donc là qu'il fallait s'adresser, et c'est là que s'adressa M. Belgrand quand il fut chargé par le préfet de la Seine d'étudier les sources qu'il serait possible de dériver à Paris pour alimenter cette ville en eaux potables.

Nous faisions ressortir tout à l'heure les inconvénients, les incohérences pratiques, qui seraient résultés de l'adoption du système de l'élévation des eaux de la Seine. Mettons en regard les avantages, l'enchaînement des réalités logiques, qui ont été la suite de l'exécution du projet de dérivation des eaux de source.

Avec le nouveau système aujourd'hui établi, il y deux natures d'eaux différentes affectées au service. Les eaux de la Seine et celles du canal de l'Ourcq servent à entretenir les services publics, à arroser les rues, à nettoyer les pavés, à laver les égouts, à entretenir les fontaines monumentales et décoratives, etc.; c'est là leur emploi naturel, car ce que l'on reproche à ces eaux, ce n'est pas leur défaut d'abondance, mais leur impureté, et pour les services publics la pureté n'est plus une condition nécessaire. Les eaux des sources de la Dhuis et de la Vanne sont réservées pour la boisson, la table et les usages domestiques. Ces eaux ont toutes les qualités exigées pour les eaux potables : la fraîcheur en été, en hiver une température agréable, puisque l'eau d'une source, en toute saison, ne varie pas dans sa température au delà de + 10 à + 12°, quand elle est dirigée et maintenue dans un canal souterrain. Ces eaux sont pures et limpides comme toutes les eaux de source; de là l'affranchissement, pour la population parisienne, de l'impôt du marchand d'eau filtrée, ou porteur d'eau. Plus de fontaines à filtre dans les offices, plus de fontaines marchandes dans les rues; l'eau puisée par le pauvre à la conduite publique, est tout aussi pure que celle qui est apportée sur la table du riche, attendu que c'est toujours la seule et même eau. Ainsi le ménage bourgeois qui dépensait autrefois 15 à 20 centimes d'eau par jour, pour l'achat d'eau filtrée, est exonéré de cette dépense, et le ménage pauvre, l'artisan, le manouvrier, n'ont plus à souffrir de la nécessité de boire une eau rendue impure et malsaine par absence de filtration.

Un autre avantage résulte de la masse considérable d'eaux potables qui sont disponibles à Paris. Aux 153,000 mètres cubes d'eau par jour que nous donnent aujourd'hui les eaux de la Seine, de l'Ourcq et du puits de Grenelle, on a ajouté les 170,000 mètres cubes fournis par les trois dérivations de la Vanne et de la Dhuis. Paris a donc à sa disposition 323,000 mètres cubes d'eau. Est-il nécessaire de faire ressortir l'extrême utilité, pour l'hygiène des grandes villes, d'une grande abondance d'eaux publiques? L'importance de l'eau pour l'hygiène des villes est une de ces questions qui ne se discutent pas, mais qui s'affirment par elles-mêmes. Conduire l'eau en abondance dans la demeure du pauvre, et jusqu'aux étages les plus élevés des maisons, c'est distribuer, non pas seulement la propreté, qui, selon un Père de l'Église, est une vertu, mais encore le bien-être et la santé.

La salubrité d'une ville exige que le pavé puisse être incessamment lavé par une masse d'eau épanchée des bornes-fontaines. Sans ce lavage continuel, il est très-difficile d'empêcher une certaine quantité de matières organiques apportées de l'intérieur des maisons, de s'altérer, de se corrompre, en répandant des exhalaisons nuisibles; tandis qu'une autre portion de ces matières, en pénétrant dans le sol, s'ajoute aux produits infects qui y séjournent. Un lavage incessant du pavé le débarrasse de ces immondices, dangereux pour la santé publique.

Si une ville dispose d'une quantité considérable d'eau, de manière qu'elle soit en charge dans les tuyaux de conduite, l'arrosage de la voie publique se fait rapidement, sans frais et sans entraver la circulation.

Un autre emploi très-important de l'eau fournie en excès dans les villes, consiste dans la facilité de laver régulièrement et continuellement les égouts. Ces conduits, creusés à grands frais sous les rues, sont mille fois précieux pour la salubrité des villes; mais il faut, de toute nécessité, qu'ils soient parcourus, comme l'étaient ceux de l'ancienne Rome, par un courant d'eau incessant, qui empêche les produits qui s'y rassemblent de se putréfier et de laisser dégager à travers les orifices ou l'épaisseur même du sol, des émanations nauséabondes et nuisibles à la santé publique.

L'eau fournie en excès aux besoins d'une ville peut, non-seulement être employée aux usages variés de la vie domestique, mais encore être utilisée par les établissements industriels et médicaux qu'elle rencontre sur son parcours. Elle peut servir à donner presque gratuitement des bains à la population, et permettre d'établir des lavoirs publics pour le blanchissage du linge de la classe pauvre.

En outre de ces usages, l'eau dont on jouit à profusion, peut devenir un embellissement pour les places publiques ou les promenades, et les animer d'une vie nouvelle, en jaillissant de fontaines monumentales, en s'élançant en gerbes et retombant en cascades.

Dans les principaux centres de population de l'Angleterre, l'eau est distribuée avec une extrême abondance dans l'intérieur de chaque maison, et cet avantage n'est pas entré pour peu de chose dans le développement et la prospérité de ces villes. Depuis la nouvelle distribution des eaux de la Tamise, commencée en 1860 et terminée en 1867, dans chaque maison de Londres, on peut distribuer l'énorme volume de 900 litres d'eau par jour. On a calculé que, si les canaux de distribution n'étaient pas établis, et qu'il fallût aller puiser cette eau directement aux fontaines, il faudrait employer à ce travail deux cent quarante mille individus, c'est-à-dire tous les hommes valides de la métropole; le salaire de ces porteurs d'eau s'élèverait à 200 millions par an. Dans la ville de Glasgow, chaque habitant jouit de 150 litres d'eau par jour. Aussi, dans chaque maison, on trouve, quelquefois à chaque étage, un bain chaud, un *water closet*, un *shower bath* ou robinet de pluie d'eau froide, dont on se sert pour produire dans l'économie une réaction qui est très-salutaire, en raison de l'humidité du climat. Chaque logement d'ouvrier, de la valeur de 125 à 150 francs, est pourvu de tout cet arsenal hydraulique. Malgré cette extrême profusion d'eau, les habitants de Glasgow en réclament encore davantage, et pour les satisfaire, on a dérivé le lac Katrin, situé à plus de douze lieues de la ville.

On n'en viendra jamais là sans doute à Paris, car la nécessité de l'eau est moins vivement sentie en France qu'en Angleterre; mais nous citons ces faits pour montrer, par des exemples, à quels avantages imprévus, à quels emplois utiles pour l'hygiène privée peut conduire la possession d'un très-riche arsenal hydraulique.

Une considération d'un autre ordre mérite aussi d'être soumise aux réflexions de nos lecteurs. En adoptant le système de l'élévation d'eau de la Seine, en outre du coûteux établissement des machines à vapeur et des conduites de refoulement, il aurait fallu grever le budget de la ville, pour l'entretien de ces machines et leur travail permanent, d'une somme qui est évaluée environ à 1,300,000 francs par an. Or, avec le système de dérivation, tous les travaux, une fois exécutés et payés par annuités, ne laisseront au budget municipal qu'une dépense annuelle d'environ 100,000 francs pour les frais d'entretien et de surveillance des aqueducs. L'eau coulera toujours, sans exiger autre chose, que les frais d'entretien d'un monument de pierre et de fer. Dans son troisième *Mémoire sur les eaux de Paris*, présenté au conseil municipal, le 20 avril 1860, M. Haussmann présenta cette idée en termes saisissants, et que l'on nous permettra de rapporter.

« Lorsque, après quarante années révolues, disait le préfet de la Seine, c'est-à-dire une période bien courte, presque fugitive dans la vie des grandes cités et des États, la ville se sera libérée de tout engagement contracté pour le service des eaux nouvelles, si elle a préféré le système de machines élévatoires, elle devra porter éternellement au budget de ses dépenses une somme de près de 1,300,000 fr., susceptible d'accroissement, selon le renchérissement du combustible, des engins et de la main-d'œuvre; si, au contraire, elle s'est arrêtée à l'un des projets de dérivation qui lui sont proposés, elle n'aura pas d'autre charge annuelle à supporter qu'une centaine de mille francs pour l'entretien du grand et magnifique ouvrage accompli par elle, et pourra inscrire à ses revenus, sans aucune autre dépense pour balance, le produit de la distribution des eaux municipales.

« Dans quelles mains aura passé l'administration de la ville, au bout de près d'un demi-siècle? Vous l'ignorez, comme moi, messieurs, mais vous pensez aussi, comme moi, que les hommes chargés de la gestion des affaires d'une si grande cité ne doivent pas raisonner de même que s'ils avaient en mains la disposition d'une fortune particulière. Ils doivent porter leurs regards dans l'avenir, plus loin même que les pères de famille, et ajouter à leurs calculs les siècles qui manquent à leur propre existence, mais pendant lesquels doit se prolonger celle de la ville. Quelle approbation accorderont à leurs prédécesseurs et surtout quel tribut de reconnaissance payeront au souverain qui règle aujourd'hui tout grand intérêt parisien, les conseillers municipaux des premières années du vingtième siècle, s'ils trouvent la ville en jouissance d'un fleuve d'eau pure et fraîche, incessamment versée sur les collines qui bornent sa nouvelle enceinte, et s'ils n'ont plus nulle dépense à faire pour profiter d'un tel bienfait? Avons-nous d'ailleurs, messieurs, pour obtenir cette gratitude posthume, un sacrifice à faire dans le présent? Aucun; l'annuité dépensée pendant quarante années pour les dérivations d'eaux de sources, aura été constamment inférieure à celle qu'aurait exigée l'emploi de machines élévatoires. L'économie bien entendue est ici d'accord avec l'étendue des desseins et la grandeur de la pensée.

« Supposez qu'il y a cinquante ans, l'empereur Napoléon Ier, au lieu de décréter la dérivation de l'Ourcq, dont la dépense est aujourd'hui soldée, se fût contenté de faire élever de la Seine, par la va-

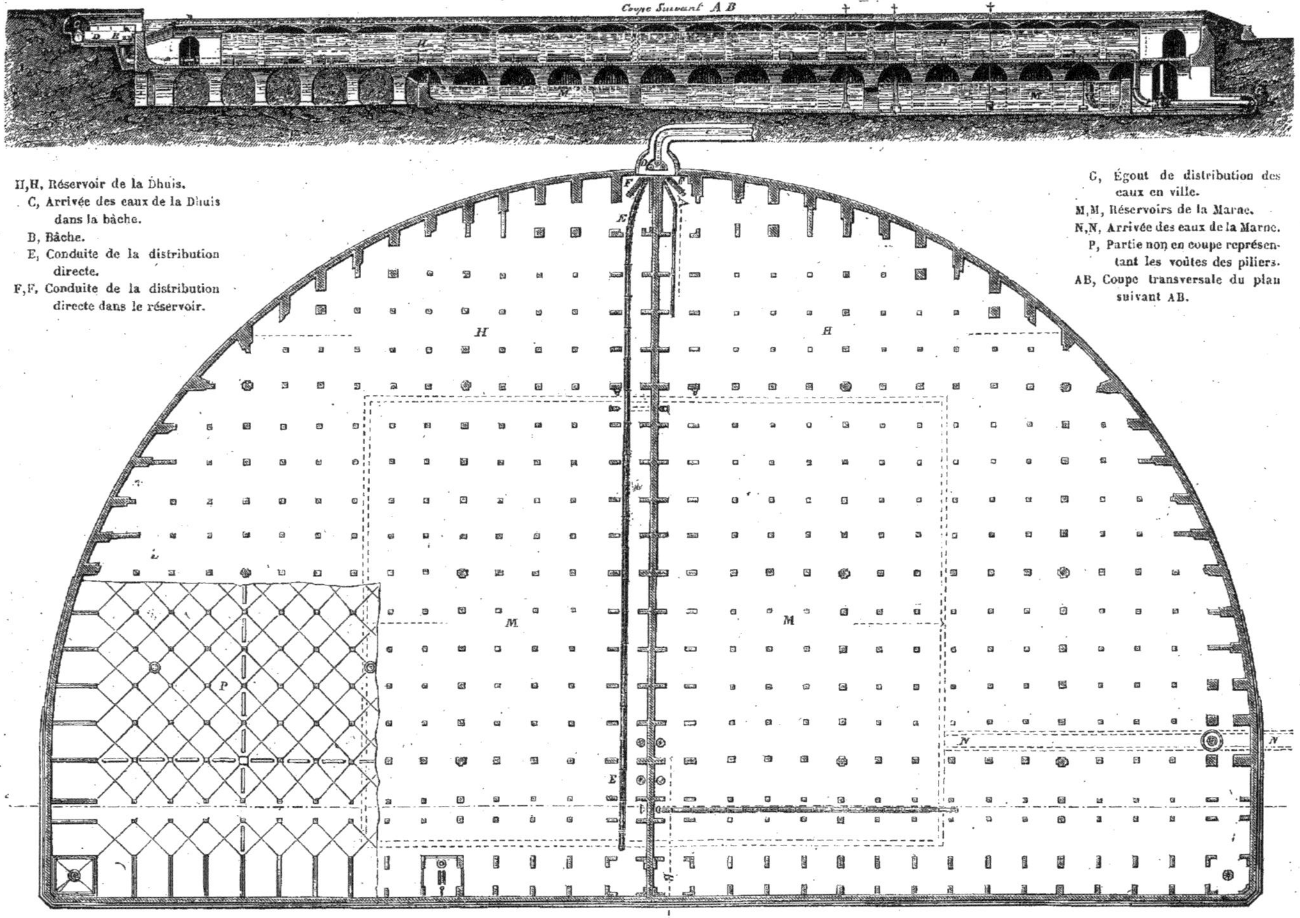

H,H, Réservoir de la Dhuis.
C, Arrivée des eaux de la Dhuis dans la bâche.
B, Bâche.
E, Conduite de la distribution directe.
F,F, Conduite de la distribution directe dans le réservoir.

C, Égout de distribution des eaux en ville.
M,M, Réservoirs de la Marne.
N,N, Arrivée des eaux de la Marne.
P, Partie non en coupe représentant les voûtes des piliers.
AB, Coupe transversale du plan suivant AB.

Fig. 117. — Plan et coupe transversale des réservoirs de la Dhuis et de la Marne, à Ménilmontant.

peur, les 105,000 mètres cubes que verse journellement le canal dans les réservoirs de la ville, vous seriez en ce moment même contraints de faire figurer en dépense à votre budget, pour le service des machines élévatoires, une somme annuelle considérable, charge lourde et croissante, dont il ne vous serait pas possible de vous affranchir. Ce que notre premier empereur a fait pour l'ancien Paris, l'empereur Napoléon III le fera avec plus de magnificence encore pour la ville nouvelle. »

On ne saurait méconnaître la grandeur, et en même temps la justesse de ces vues.

Disons enfin que la nouvelle distribution d'eau de source a été conçue dans les intérêts populaires. Dans la question des eaux potables à distribuer aux grandes villes, ce sont les classes pauvres, l'artisan, l'ouvrier, le petit ménage, qui sont principalement intéressés. Le riche habitant, l'homme aisé, souffre peu des mauvaises qualités de l'eau potable; il a toujours quelque moyen de la corriger : il a les filtres perfectionnés, dans lesquels il épure une eau, déjà payée au porteur d'eau, c'est-à-dire prise aux *fontaines marchandes*, où elle a subi une première épuration; il a le vin, avec son action tonique, l'eau de Seltz, avec son acide carbonique digestif. Comme le voulait la reine Marie-Antoinette, à défaut de pain, il mange de la brioche; à défaut d'eau pure, il boit de l'eau rougie. Beaucoup d'excellents bourgeois de Paris n'ont appris que par leur journal les fâcheuses qualités que l'on reproche à l'eau de la Seine. Avant de paraître sur la table, cette eau a subi dans les appareils de l'administration, dans le filtre des fontaines marchandes, dans la fontaine de l'office, tout un travail dont le résultat seul se montre aux yeux du consommateur, sans qu'il en ait conscience.

C'est dans cette erreur naïve que tomba, en 1860, un honorable médecin de Paris, M. le docteur Jolly, membre de l'Académie de médecine, qui crut devoir essayer une réfutation du *Rapport de la commission d'enquête du département de la Seine*. « Des eaux « claires! s'écriait le bon docteur ; mais y « a-t-il donc tant de gens à Paris qui boi- « vent de l'eau trouble? A vous dire vrai, je « n'en connais guère! » Sans doute, savant académicien, mais vous oubliez que ces eaux claires on ne les livre qu'à prix d'argent. Allez dans les quartiers pauvres de Paris, dans les faubourgs, là où quelques centimes ont leur valeur, entrez dans les chantiers de construction, dans les ateliers, et vous ne direz plus ne connaître personne à Paris qui boive de l'eau trouble.

Ce n'est donc, nous le répétons, ni le riche, ni le bourgeois des grandes villes qui sont intéressés, sous le rapport hygiénique, dans la question des eaux potables : l'ouvrier, le ménage pauvre, c'est-à-dire l'immense majorité de la population des villes, voilà ceux que cette question touche et concerne, voilà ceux qui sont victimes des vicieuses dispositions du service des eaux publiques, ceux qui payent par la souffrance, par les maladies, les fautes que commettent les administrations municipales dans la distribution des eaux. A nos yeux, le système vraiment parfait serait celui qui livrerait aux bornes-fontaines, sans aucune rétribution, sans nécessiter aucun filtrage, une eau d'une grande pureté et d'une bonne température. Les eaux distribuées à la population d'une grande ville, devraient toujours, selon nous, pouvoir être bues sans aucun filtrage préalable, sans aucun travail; elles ne devraient avoir besoin ni d'être rafraîchies, ni d'être réchauffées. Comment, en effet, l'ouvrier, le ménage pauvre, pourraient-ils effectuer ces préparations? On a dit que l'eau de la Seine conservée, avant d'être bue, dans des réservoirs placés dans la cave, y prendrait une température convenable. Sans doute, mais l'ouvrier a-t-il une cave? Ce conseil ressemble un peu à celui du médecin qui prescrirait à un malade misérable le vin de Bordeaux, les viandes de choix et les promenades à cheval. Et le manouvrier qui, brûlé par l'ardeur du soleil, ou fatigué de sa pénible tâche, court étancher sa soif à la prochaine borne-fontaine, ce manouvrier a-t-il une cave? La cave est un luxe de bourgeois. Les petits ménages ne sont pas mieux partagés. La mère de famille, absorbée par ses occupations, a-t-elle le temps de descendre sa cruche à la cave, pendant l'hiver, ou de puiser, en été, l'eau du puits, pour y faire rafraîchir le liquide qui sort de la conduite publique? Reste, il est vrai, le filtrage à domicile; mais il exige, pour l'entretien des filtres, des soins qu'on ne peut guère attendre de pauvres ménagères accablées de travail. Un filtre n'opère pas sur l'eau par une vertu magique, il ne sert pas indéfiniment. Si, tous les six mois, on n'a pas le soin de détacher la pierre filtrante, de la brosser, de la nettoyer à fond, elle devient une nouvelle cause d'infection. En effet, les impuretés, les souillures restées à l'intérieur de la pierre poreuse, provoquent la putréfaction des matières organiques contenues dans les eaux; de sorte que ces filtres ajoutent ainsi à l'insalubrité qu'ils ont pour but de combattre.

Le projet de l'édilité parisienne qui fut livré en 1860 aux discussions des journaux, du public et des savants, avait donc un caractère éminemment populaire et philanthropique. L'amélioration du sort des classes pauvres est dans les aspirations et les désirs de tous; mais il ne faut pas s'en tenir à des vœux stériles; il faut agir, il faut que la science et l'humanité se mettent à l'œuvre de concert. On a compris la nécessité d'assainir le logement du pauvre, de lui fournir de l'air respirable, d'élargir les rues, d'ouvrir des *squares*, ou jardins publics; est-il besoin de rappeler que, pour le pauvre, une eau pure, abondante et fraîche, c'est la santé, c'est peut-être la vie?

Songeaient-ils à cela ceux qui, en 1860, prêchaient si ardemment dans les journaux, dans des mémoires, dans des brochures, dans des réunions publiques, de continuer d'abreuver d'eau de Seine la population de Paris?

Quand on se rappelle aujourd'hui les polémiques ardentes que soulevait en 1860 le projet de M. Haussmann, d'amener à Paris, par un aqueduc, les sources de la Dhuis et de la Vanne, on s'attriste de voir avec quelle facilité la passion politique, aidée de l'ignorance, permet d'égarer les populations, et de leur suggérer des idées absolument contraires à leurs intérêts les plus directs. Si l'opposition de 1860 eût prévalu, où en serait aujourd'hui la ville de Paris, en ce qui concerne les eaux potables, avec la Seine infectée par les égouts et les eaux de l'Ourcq devenues à peu près impotables? Heureusement on laissa dire la *Patrie* et le *Siècle*, M. Havin et M. Delamarre. Aujourd'hui, Paris reçoit un véritable fleuve d'eau pure, et il se passe de l'impôt absurde du porteur d'eau, les sources de la Vanne et de la Dhuis lui apportant une eau limpide, qui n'a aucunement besoin d'être filtrée.

CHAPITRE XXXVI

LES NOUVEAUX AQUEDUCS DE DÉRIVATION DES SOURCES DE LA DHUIS ET DE LA VANNE. — LES RÉSERVOIRS DE MÉNILMONTANT ET DE MONTSOURIS.

Les deux aqueducs dont la municipalité de Paris avait décidé l'exécution pour la dérivation des eaux de la Dhuis et de la Vanne, ne furent pas construits simultanément. On commença par celui de la Dhuis, qui fut terminé en 1865. Les eaux de la Dhuis furent amenées sur les hauteurs de Ménilmontant, et un immense réservoir fut construit pour la réception et la distribution de ces eaux. Ce volume d'eau était destiné à l'alimentation des quartiers hauts de la rive droite de la Seine, qui exigeait 40,000 mètres cubes d'eau par 24 heures.

Depuis 1857 jusqu'à 1860, toute la par-

Fig. 148. — Élévation de la machine hydraulique de Saint-Maur.

Fig. 149. — Projection horizontale de la machine hydraulique de Saint-Maur.

A, Tuyau d'aspiration.
B, — de refoulement.
C,C, Roues hydrauliques.
D,D, Réservoirs d'air.
P,P, Pompes.
E, Canal d'arrivée.
F,F, Passerelles.

Fig. 150. — Vue d'ensemble de l'usine hydraulique de Saint-Maur.

tie de la France, située au nord du plateau central, avait souffert d'une sécheresse dont on ne trouve aucun exemple dans les dix-septième et dix-huitième siècles, et très-probablement, en remontant dans les siècles antérieurs, jusqu'au quinzième. Il résulta de ces sécheresses, que non-seulement la navigation des canaux Saint-Denis et Saint-Martin, alimentés par les eaux du canal de l'Ourcq, était arrêtée pendant les mois chauds, mais encore que la ville ne pouvait tirer de ce dernier canal les 105,000 mètres cubes qu'elle a le droit d'y puiser tous les jours. En réalité, ce puisage était tombé, dans certains mois, au-dessous de 80,000 mètres cubes.

Par suite, l'État autorisa la ville de Paris à puiser dans la Marne 500 litres d'eau par seconde au moulin de Trillardou devenu sa propriété, et un pareil volume de 500 litres au barrage d'Isles-les-Meldeuses, construit pour la navigation, et dont la chute fut mise à la disposition du service des eaux.

Il fut décidé que l'eau de la rivière de la Marne serait emmagasinée dans un réservoir placé inférieurement à celui de la Dhuis à Ménilmontant, l'étage supérieur recevant les eaux de la Marne, l'étage inférieur, celles des sources de la Dhuis.

La figure 147 (page 337) représente, en coupe transversale et en plan, le réservoir de Ménilmontant, qui reçoit, comme il vient d'être dit, les eaux de la Dhuis et celles de la Marne.

Ce réservoir est à deux étages séparés par des voûtes d'arête de $0^m,36$ d'épaisseur, en meulière et mortier de ciment de Passy.

Les bassins supérieurs portent une couverture légère formée de voûtes d'arête de 6 mètres d'ouverture et de $0^m,07$ d'épaisseur. Ces voûtes sont couvertes d'une couche de terre gazonnée de $0^m,40$ d'épaisseur.

La surface utile du réservoir est de 2 hectares. Il a coûté, en chiffres ronds, 4,030,000 francs, y compris 380,000 francs pour acquisition de terrain. Sa capacité utile étant de 128,000 mètres, le prix du mètre cube de capacité est de 28 francs.

L'usine de Saint-Maur renferme une machine hydraulique qui se compose de quatre roues turbines du système Girard et de 120 chevaux chacune, soit en tout, de. . . . . 480 chevaux.
et de trois turbines, système Fourneyron, de 100 chevaux chacune, soit ensemble. . . . . 300 —

Total de la force hydraulique. . . . . 780 chevaux.
On y adjoint deux machines à vapeur de 150 chevaux chacune. . . . . 300 —

Force totale de l'usine. . 1,080 chevaux.

La force motrice est due à l'eau de la Marne et à la chute du canal de Saint-Maur. La Marne contourne le promontoire connu sous le nom de *Boucle-de-Marne*, et après un trajet de 13,000 mètres revient sur elle-même passer à un kilomètre environ de son point de départ. Le canal de Saint-Maur coupe l'isthme à son point le plus étroit par un court souterrain. Pour ne point nuire à la navigation, la ville a creusé un second souterrain qui conduit l'eau à son usine. Les travaux, commencés en 1864, ont été terminés en 1865. La chute qu'on gagne ainsi est de $5^m,10$ environ en très-basses eaux; elle est en moyenne de 4 mètres.

La figure 148 donne l'élévation de la machine hydraulique de l'usine de Saint-Maur, et la figure 149 la projection horizontale de cette machine. L'ensemble de l'usine hydraulique est représenté dans la figure 150.

Deux des roues du système Girard sont employées à monter 12,000 mètres cubes d'eau par 24 heures, puisés dans une source découverte à Saint-Maur par M. Belgrand. Le puisage est fait à l'altitude 28, et l'eau

Fig. 151. — Section de l'aqueduc de la Dhuis.

est élevée à l'altitude 108 dans le réservoir de la Dhuis à Ménilmontant, soit à 80 mètres de hauteur.

Les deux autres roues et deux des turbines puisent 28,000 mètres cubes d'eau de la Marne à l'altitude 34 et les refoulent à l'altitude 100, soit à 66 mètres de hauteur, dans les bassins inférieurs de Ménilmontant. Enfin, l'une des turbines prend 12 à 15,000 mètres cubes d'eau à l'altitude 34 et les élève à l'altitude 72, soit à 38 mètres dans le lac de Gravelle qui sert à la distribution du bois de Vincennes.

Lorsque toutes les machines marchent, le volume d'eau monté en vingt-quatre heures par l'usine de Saint-Maur est donc de 52 à 55,000 mètres cubes.

En 1873, le volume d'eau maximum a été monté en mai et s'est élevé à. . . 51,075^{mc}

Le maximum a eu lieu après le chômage de la Marne pendant le remplissage des biefs, au mois d'août, et ne s'est élevé qu'à. . . . 27,216^{mc}

Pour parer à cette faiblesse du service, qui a toujours lieu au moment où l'eau est le plus nécessaire, c'est-à-dire pendant les grandes chaleurs, on a ajouté récemment à l'usine de Saint-Maur deux machines à vapeur de 150 chevaux.

L'usine de Trillardou a été achevée entièrement et mise en service le 19 avril 1868; celle d'Isles-les-Meldeuses le 3 juillet de la même année.

Ces usines ne travaillent que pendant les

Fig. 152. — Un des *ponts-siphons* de l'aqueduc de la Dhuis.

basses eaux d'été, lorsque l'alimentation du canal de l'Ourcq est insuffisante.

La roue principale de Trillardou est une roue de côté du système Sagebien. Son diamètre est de 11^m,04; sa largeur en couronne de 5^m,96. La chute varie de 0^m,40 à 1^m,20. La roue peut absorber de 500 à 1,100 litres d'eau par seconde et par mètre de couronne. Elle fait un tour et demi par minute. Elle élève l'eau à 15 mètres environ et peut en monter 28,000 mètres cubes par jour. Son rendement en eau montée, lorsque la chute est bonne, est égal aux 70 centièmes de la puissance théorique de cette chute.

Nous donnerons maintenant la description de l'aqueduc qui amène au réservoir de Ménilmontant l'eau des sources de la Dhuis.

L'aqueduc de la Dhuis se compose de galeries en maçonnerie et de tuyaux en fonte. Les galeries sont établies sur les côteaux qui bordent la Dhuis ou la Marne; les conduites en fonte servent à franchir les vallées secondaires qui coupent ces coteaux.

La largeur intérieure de l'aqueduc est considérable; elle n'est pas moindre de 1^m,76 sur certains points, et sur d'autres de 1^m,40. Les conduites de fonte, pour la traversée des vallées, auront 1 mètre et 1^m,10 de diamètre intérieur.

La longueur totale de cet aqueduc est de 130,880 mètres. Cette longueur se décompose ainsi :

Parties voûtées dans les tranchées à ciel ouvert.	100,822^{m}
Parties en souterrains.	12,928
Siphons pour traverser les vallées.	17,130^{m}
Longueur totale.	130,880^{m}

La pente des galeries en maçonnerie est de 0^{m},10 par kilomètre. Celle des conduites de fonte ou *siphons*, dont le diamètre est plus petit et dans lesquelles l'eau doit prendre une plus grande vitesse, est portée à 0^{m},55 par kilomètre.

L'aqueduc se maintient sur les coteaux de la rive gauche de la Dhuis, puis de la Marne, jusque dans le voisinage de Paris, près de Chalifert, où il franchit la Marne sur un pont, pour passer de là sur les coteaux de la rive droite, qu'il suit jusqu'à Paris.

Comme les égouts de Paris, cet aqueduc est construit en pierre meulière et avec du ciment romain. Mais tandis que la pierre meulière est transportée à grands frais à Paris, par eau ou par chemin de fer, on la trouve presque partout au sommet des coteaux que longe l'aqueduc. On comprend donc que la dépense de construction de cette longue conduite n'ait pas été considérable.

Cette dépense a été d'environ 18 millions.

L'eau de la source de la Dhuis est à l'altitude de 130 mètres au-dessus de la mer; elle arrive dans le réservoir de Ménilmontant, près des fortifications, à l'altitude de 108 mètres, c'est-à-dire à 81 mètres audessus du niveau de la Seine, pris au zéro de l'échelle du pont de la Tournelle.

La figure 151 représente la section de l'aqueduc de la Dhuis, et la figure 152 un des ponts-siphons du même aqueduc.

Passons à l'aqueduc de la Vanne.

L'aqueduc destiné à conduire à Paris, sur les hauteurs de la rive gauche, les eaux de la Vanne, n'a été construit qu'après celui de la Dhuis. Il a été terminé en 1873. Le réservoir de Montsouris, destiné à emmagasiner ces eaux, n'a été terminé qu'en 1875.

Les eaux de la Vanne sont destinées à alimenter les maisons des quartiers bas et moyens de Paris. Le débit moyen de l'aqueduc est de 100,000 mètres cubes par vingt-quatre heures.

Nous entrerons dans quelques détails sur la construction de l'aqueduc de la Vanne, ce monument étant, avec raison, cité comme un modèle pour les constructions de ce genre.

La longueur de cet aqueduc se décompose ainsi :

Parties voûtées en tranchées ou supportées par des substructions. . . .	93,000^{m}
Parties supportées par des arcades.	16,600
Parties voûtées en souterrains.	41,900
Siphons.	21,500
Longueur totale.	173,000^{m}

Dans cette longueur sont compris 16,223 mètres d'aqueducs de captation des sources, soit en fonte, soit en maçonnerie, dont les dimensions varient suivant l'importance du travail à faire, savoir :

Conduites libres.	9,605^{m}
— forcées.	6,618
Total.	16,223^{m}

et de plus un aqueduc collecteur de forme circulaire de 20,386 mètres de longueur, dont le diamètre intérieur varie de 1^{m},70 à 1^{m},80. L'aqueduc principal, qui fait suite à ce collecteur, est aussi de forme circulaire; son diamètre varie de 2 mètres à 2^{m},10.

Les siphons se composent de deux conduites en fonte de 1^{m},10 de diamètre intérieur.

L'altitude du point de départ de l'aqueduc collecteur est, à la source d'Armentières. . . . . 111^{m},17

Celle du trop-plein du réservoir de Montrouge, à l'arrivée de l'eau

à Paris.	80^m,00
Pente totale de l'aqueduc. . .	31^m,17

La pente par kilomètre de l'aqueduc collecteur est de 0^m,20 ; celle des parties maçonnées du grand aqueduc varie de 0^m,10 à 0^m,12. Enfin, la charge des siphons est de 0^m,60 par kilomètre.

La longueur de l'*aqueduc collecteur des sources* est de 20,386 mètres ; elle se décompose ainsi :

Partie en tranchées ordinaires.	12,240^m
25 souterrains.	5,746
Substructions et arcades de la Ranche, de Milly, de Monteau-douard, du siphon de Pont-sur-Vanne et de la porte de Theil, etc.	1,000^m
Siphon de la Vanne (longueur développée).	1,400
Longueur totale.	20,386^m

Les souterrains et tranchées sont ouverts dans la craie ou dans des terrains de transport : limon, arène et cailloux, provenant souvent de la craie. Les travaux ont été très-difficiles sur 3 kilomètres, à partir d'Armentières, parce qu'on a trouvé de très-grandes sources qu'on a renfermées dans un drain.

Le siphon de la vallée de la Vanne traverse la tourbière qui en occupe le fond sur une longueur d'environ 1 kilomètre. Les tuyaux de 1^m,10 de ce siphon sont supportés au-dessus de la tourbe par des pieux ; ils sont recouverts d'un remblai crayeux.

L'*aqueduc principal* commence sur les coteaux de la rive droite de la Vanne, presque en face de l'usine de la Forge qui relève une partie des sources basses. Il passe sans discontinuité de la vallée de la Vanne à celle de l'Yonne dont il suit également la rive droite jusqu'au siphon qui traverse cette dernière vallée. Sa longueur se décompose ainsi :

Partie construite en tranchées.	14,974
10 souterrains.	1,375^m
Substructions et arcades de Beauregard, de Vaumarot, du siphon de Saligny, du siphon de Soucy, de la Chapelle, de Cuy, du siphon de l'Yonne, etc.	1,575
Siphons de Saligny et de Soucy.	1,036
Longueur totale.	18,960^m

Après cette section vient le *siphon de l'Yonne* (fig. 153, page 348) qui est le plus grand de tous. Sa longueur développée est de 3,737 mètres ; sa flèche est de 40 mètres ; il est soutenu au-dessus des eaux des crues de l'Yonne par un pont aqueduc de 1,493 mètres de longueur, composé de 162 arches, dont 45 de 6 mètres d'ouverture, 21 de 7 mètres, 80 de 8 mètres, 10 de 12 mètres, 2 de 22^m,60, 4 de 30 mètres et 1 de 40 mètres. Il est construit en béton aggloméré.

La tranchée qui reçoit les tuyaux est ouverte dans les alluvions limoneuses ou caillouteuses anciennes. Ces alluvions quaternaires se soudent, sans discontinuité, aux alluvions du cours d'eau moderne. Le siphon sur la rive gauche remonte dans la craie blanche. On ne peut donner ici de détails sur les terrains de transport limoneux peu importants traversés au fond des autres vallées, ni sur les blocs de grès superficiels qu'on rencontre çà et là à la surface du sol.

La partie de l'aqueduc qui va depuis le siphon de l'Yonne jusqu'à la fin des arcades de Fresnes est remarquable par le nombre et la longueur des souterrains qui percent les contre-forts de la craie.

Sa longueur se décompose ainsi :

Partie ouverte en tranchées. . .	8,814^m
15 souterrains.	9,345
Substructions et arcades d'Oilly, de Pont-sur-Yonne, de Villemanoche, de la Chapelle, d'Aigremont, de Chevinois, de Fresnes, etc.	1,488

Fig. 153. — Aqueduc de la Vanne (traversée de la vallée de l'Yonne).

Siphons d'Oilly, de Villemanoche, d'Aigremont et Chevinois. .	1,871
Longueur totale.	21,518^m

La plus grande partie des tranchées est ouverte dans des terrains limoneux superficiels.

Le terrain crétacé est particulièrement propre aux travaux des aqueducs ; on y a ouvert, à partir des sources, plus de 16 kilomètres de souterrains, ce qui n'a exigé, pour ainsi dire, aucun boisage.

Après les arcades de Fresnes l'aqueduc principal entre dans la forêt de Fontainebleau. La longueur de cette partie de l'aqueduc se décompose ainsi :

Parties construites en tranchées.	7,536^m
Souterrains du Tertre-Doux, de la Fontenotte, des Carrières, de Radignon, de Noisy-le-Sec, de Vaubert, des Sureaux, de Ville-Saint-Jacques, de la Fontaine, de la Colonne.	5,658
Arcades et substructions du siphon du Loing, de la Grande-Paroisse, etc.	443
Siphon de Moret (longueur développée).	2,357
Total.	15,794

Les terrains tertiaires que le tracé rencontre jusqu'à Paris, sont à niveau décroissant. L'aqueduc les traverse donc successivement en commençant par les plus anciens, c'est-à-dire par les terrains éocènes. Contrairement à ce qui a eu lieu dans la plus grande partie du bassin de la Seine, ces terrains appartiennent entièrement à

Fig. 154. — Aqueduc de la Vanne (traversée des sables de Fontainebleau.)

des formations d'eau douce. L'aqueduc passe d'abord en souterrain dans un mameton de sable d'eau douce, connu dans le pays sous le nom de *Tertre-Doux*, puis il entre dans l'argile plastique, composée d'une seule couche de glaise panachée de gris, de violet et de rouge, véritable terrain éruptif analogue à ceux que vomissent, encore de nos jours, les geysers d'Islande; au-dessus de la glaise s'élève une masse puissante de calcaire d'eau douce d'une grande dureté. Les souterrains de Radignon, de Noisy-le-Sec, de Ville-Saint-Jacques sont ouverts partie dans l'argile, partie dans le calcaire, quelquefois dans les deux à la fois. Ils ont donné lieu à de grandes difficultés d'exécution. L'extraction du calcaire d'eau douce, dans le souterrain de Ville-Saint-Jacques, a coûté 32 francs par mètre cube.

Le siphon de Moret descend et remonte les coteaux de la vallée au fond d'une tranchée ouverte dans le calcaire d'eau douce; au fond de la vallée, il est supporté au-dessus du niveau des grandes eaux du Loing sur 53 arcades d'une longueur totale de 584 mètres. Les fondations de ce grand ponta-queduc (fig. 154, page 349) reposent sur les graviers des alluvions anciennes du Loing.

L'extrémité d'aval du siphon passe pardessus le chemin de fer du Bourbonnais, sur un pont métallique de 30 mètres d'ouverture. A peu de distance de ce pont, le tracé quitte le calcaire d'eau douce pour entrer dans un terrain marin.

Après avoir traversé les sables de Fontaibleau depuis les substructions de Moret jusqu'aux arcades de Chevannes, la longueur de cette partie de l'aqueduc se décompose ainsi :

Parties en tranchées.	16,162m
Souterrains de Bouligny, de Montmorillon, de Médicis, de la Salamandre, de Noisy, de Milly, de Coquibu, de Montrouget, de Thurelles, de Dannemois, de la Padole, de Beauvais, et petits souterrains.	11,477
Souterrains à fenêtre d'Arbonne, de Noisy.	1,618
Arcades et substructions des Sablons, du Grand-Maître, de la route de Nemours, de la route d'Orléans, de la Goulotte, du siphon d'Arbonne, de Soisy-sur-École, de Montrouget, du siphon de Montrouget, du siphon de Dannemois, etc.	6,183
Siphons d'Arbonne, de Montrouget, de Dannemois.	3,225
Siphon de route.	27
Longueur totale.	38,692m

M. Belgrand eut l'idée de suivre un de ces longs ravins, d'origine diluvienne, qui sillonnent la masse des sables de la forêt. Il traversa ainsi ce terrain si tourmenté en apparence, sensiblement en ligne droite sur une longueur de 23 kilomètres, et il put arriver à Paris à l'altitude 80, qui est indispensable pour la distribution.

Le profil en long de ce sillon rectiligne est loin d'être régulier. L'aqueduc y est supporté sur 5,200 mètres d'arcades; il s'enfonce en souterrain sur un développement de 5,900 mètres. En dehors de la forêt, à partir de Coquibu, on trouve encore de grandes masses de sable percées en général par des souterrains. Parmi les ouvrages construits dans la traversée de ces sables, il en est de très-considérables.

L'aqueduc principal entre ensuite dans les meulières du pays de Hurepoix entre les arcades de Chevannes et le siphon de l'Orge. La longueur de cette partie de l'aqueduc se décompose ainsi :

Parties en tranchées.	3,347m
Souterrains de Couvrance et de Courcouronnes.	427
Arcades et substructions de Chevannes, du siphon d'Ormoy, de Courcouronnes, de Ris-Orangis et de Viry.	12,530
Siphon d'Ormoy.	1,451
10 petits siphons maçonnés sous les routes et chemins.	264
Longueur totale.	18,019m

La vallée de l'Essonnes, qui traverse le pays de Hurepoix, a été franchie par un siphon. Comme toutes les vallées du bassin de la Seine, dont les versants sont entièrement perméables, la vallée de l'Essonnes est très-tourbeuse. Sur une longueur de 400 mètres environ, la double conduite qui constitue le siphon est supportée par un pilotis dont les pieux ont jusqu'à 15 mètres de longueur. Entre l'Essonnes et l'Orge, à Courcouronnes, l'aqueduc perce, par un souterrain, un mamelon de sable de Fontainebleau. Cette partie de l'aqueduc, en raison de ces nombreux ouvrages d'art, a été fort coûteuse, sans être d'ailleurs d'une exécution difficile.

La vallée de l'Orge a été également traversée par un siphon de la longueur de 1,972 mètres.

La tranchée du siphon de l'Orge traverse, au sommet des coteaux, l'extrémité des dépôts de meulières, tantôt en place, tantôt à l'état d'éboulis, puis les marnes vertes et le calcaire d'eau douce (calc. de Saint-Ouen). A l'altitude 60m,76 il rencontre, sur la pente du coteau de la rive droite, le limon ancien du lit de l'Orge. Au fond de la vallée, il repose sur l'alluvion ancienne de la rivière.

Après avoir traversé la vallée de l'Orge, l'aqueduc arrive à Paris. La longueur de cette dernière partie se décompose ainsi :

Parties ouvertes en tranchées. .	6,104^{m}
Souterrains de Champagne, de Rungis, de Chevilly, de l'Hay, des Saussayes, des Sablons, des Garennes, du fort de Montrouge. . .	8,215
Arcades et substructions d'Arcueil, de Gentilly, des fortifications.	2,602
Siphons du fort de Montrouge.	275
Longueur totale.	17,196^{m}

Entre le siphon de l'Orge et la Bièvre, le tracé traverse d'abord la partie inférieure des terrains miocènes. A partir de la sortie de ce souterrain jusqu'à 1,500 mètres de l'Hay, la tranchée traverse le limon des plateaux et atteint les amas de meulières. Il entre ensuite en souterrain dans les marnes vertes, sur une longueur de 2,800 mètres. Cette partie du travail a été rendue très-difficile par la présence de la nappe d'eau des marnes vertes qu'on a rencontrées presque partout. Il a fallu poser l'aqueduc sur un large tuyau de drainage qui conduit l'eau de cette nappe dans l'ancien aqueduc d'Arcueil, dont le débit a été au moins doublé.

L'aqueduc marche ainsi à quelque distance de celui d'Arcueil jusqu'au village de ce nom, et il franchit la vallée de la Bièvre sur 77 arcades de 990 mètres de longueur totale, superposées à celles du pont-aqueduc de Marie-de-Médicis, et qui s'élèvent à 38 mètres au-dessus du fond de la vallée. C'est là une des plus curieuses parties de cette immense suite de constructions tantôt souterraines, tantôt apparentes.

Nous représentons dans les figures 153 et 154, les deux parties de l'aqueduc de la Vanne qui nous ont paru les plus intéressantes, à savoir : le grand pont-aqueduc de la traversée des sables de la forêt de Fontainebleau et la vallée de l'Yonne.

L'aqueduc de la Vanne a été terminé en 1875.

En résumé, l'eau dont la ville de Paris peut disposer aujourd'hui par 24 heures, est de :

Volume d'eau indiqué ci-dessus.	355,000^{mc}
Eau de la Vanne.	90,000
Eau de la Dhuis.	20,000
Total.	465,000^{mc}
En retranchant pour les mécomptes 45,000 mètres cubes (principalement sur le rendement des usines de Trillardou et d'Isles-les-Meldeuses), il reste. .	420,000^{mc}

La population de Paris, d'après les derniers recensements (31 décembre 1872), est de 1,851,792 habitants.

Le volume d'eau disponible étant de. . . . . 420,000^{mc} la consommation par tête et par jour pourrait être de

$$\frac{420,000}{1,851,792} = 227 \text{ litres par personne,}$$

quantité plus que suffisante. Il est probable que, pendant quelques années encore, les usagers laisseront, comme aujourd'hui, une partie de l'eau dans les réservoirs de la ville.

Si l'on ne considère que l'eau consommée à domicile et que l'on admette l'hypothèse qui se réalise aujourd'hui, c'est-à-dire que cette consommation soit la moitié de la consommation totale, on trouve que le volume d'eau qui, après l'achèvement des conduites, sera livré au service privé, s'élèvera à 114 litres par tête et par jour.

L'aqueduc dont nous venons de faire connaître les dispositions amène l'eau de la Vanne dans le réservoir de Montsouris situé au sud de Paris, à quelque distance de l'Observatoire.

Les figures 155 et 156 (page 352) représentent en coupe transversale et en plan le réservoir de Montsouris. La capacité de ce réservoir est énorme : elle est de 305,000 mètres cubes, capacité plus grande encore que celle du réservoir de Ménilmontant.

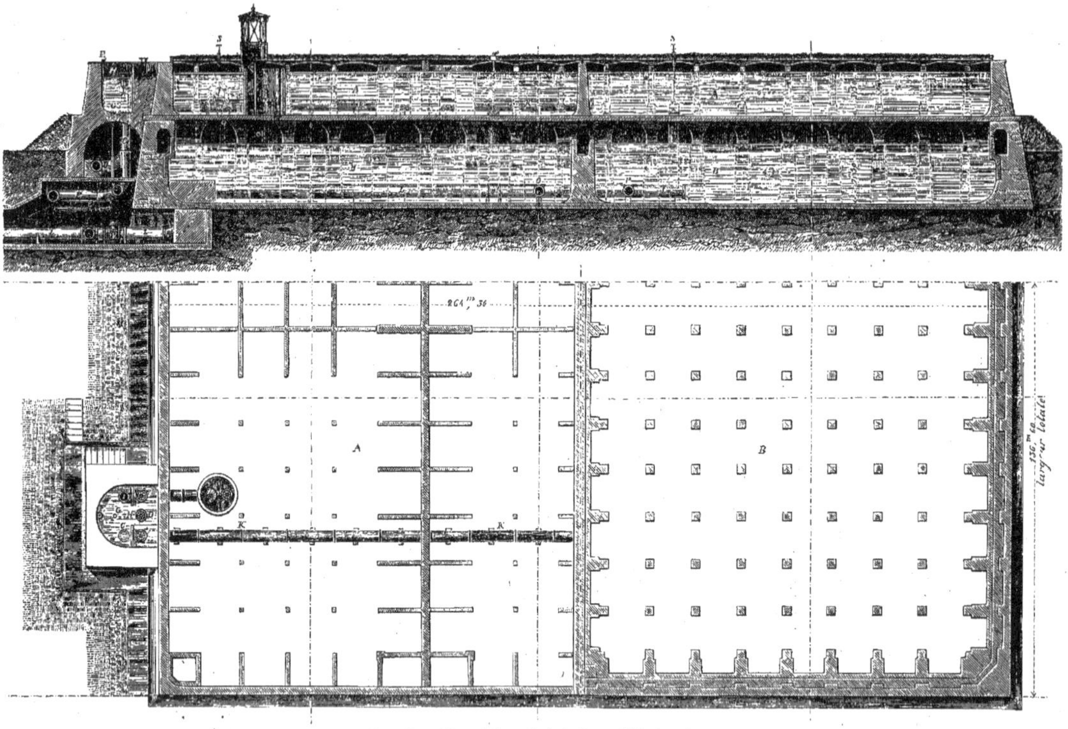

Fig. 155 et 156. — Réservoir de la Vanne à Montsouris.

(Coupe longitudinale.) (Plan.)
A, Réservoir supérieur. } A, —
B, — inférieur. } B, —
C, Conduite de droite du siphon des fortifications.
D, — de gauche — —
E, — de distribution directe.
F, Ventouse de distribution directe.
G, Décharge du fond de la bâche.
H, Bâche d'arrivée.
I, Conduite du trop-plein.
J, Bonde d'alimentation du compartiment supérieur.
K, Conduite d'alimentation des compartiments supérieurs.
L, Conduite de distribution courant sur le radié inférieur.
M,N, Distribution des compartiments supérieur.
O,P, — — inférieur.
R, Robinet-vanne.
S,S, Tiges de manœuvre.

Fig. 157. — Fontaine de Médicis dans le jardin du palais du Luxembourg, à Paris.

Le réservoir supérieur se compose de 28 compartiments de 38 piliers; et (26 piliers contre-forts) chacun, soit. 56 piliers.

	56 piliers.
	28
	448
	112
Total...	1568 piliers.
Total général...	5136 —

CHAPITRE XXXVII

DESCRIPTION DE L'ÉTAT ACTUEL DU SERVICE DES EAUX DE PARIS.

Pour décrire exactement le service actuel des eaux de Paris, nous parlerons 1° des conduites d'eau; 2° de la distribution de l'eau.

Conduites. — La longueur des rues de Paris est de 865,863 mètres; celle des conduites d'eau est bien plus grande, parce que, dans le système adopté, les eaux du service privé sont complétement séparées de celles du service public. La longueur des conduites d'eau devrait donc être deux fois plus grande que celle des rues. Il n'en est pas ainsi, parce que la séparation des deux services n'est pas encore complétement effectuée.

En réalité, au 1er janvier 1874, la longueur des conduites publiques dans Paris, non compris celles des parcs et des squares, était de 1,431,000 mètres. Cette longueur se décompose ainsi :

En béton :	
Conduite forcée de 1m,30 de diamètre.	1,350m
Conduites en fontes.	1,359.650
— en tôle bitumée.	63,000
— en plomb.	3,000
Petite canalisation en plomb	4,000
Total.	1,431,000m

Le volume d'eau que le service tient dans ces conduites à la disposition des consommateurs, peut s'évaluer ainsi, en mètres cubes, par vingt-quatre heures :

Eau du canal de l'Ourcq.	Provenant de la *rivière d'Ourcq*		105,000m.
	de la Marne, relevée dans le canal par les usines de Trillardou et d'Isles-lès-Meldeuses.		80,000
Eau de Seine, relevée par les douze machines à vapeur de Port-à-l'Anglais, Maisons-Alfort, Austerlitz, Chaillot, Auteuil et Saint-Ouen.			88,000
Eau de la Marne, montée par les machines de Saint-Maur . .			43,000
Volume total de l'eau de rivière			316,000mc
Eau des *puits artésiens*		6,000	6,000
Eaux de sources.			
Eau d'Arcueil . . .		1,000	
— de la Dhuis . .		20,000	
— de la source de Saint-Maur, relevée par les machines de Saint-Maur		12,000	
Volume total des eaux de source		33,000	33,000
Total général			355,000mc

Les machines de Trillardou et d'Isles-les-Meldeuses, qui relèvent l'eau de la Marne, pour compléter l'alimentation du canal de l'Ourcq, ne travaillent que dans les saisons sèches. Le canal est suffisamment alimenté dans les saisons humides. Pour relever 88,000 mètres cubes d'eau de Seine, il faut que les douze machines à vapeur marchent ensemble.

Le maximum d'eau de Seine montée en vingt-quatre heures a été, pour l'année 1873, de 85,000 mètres cubes.

En comptant seulement le maximum d'eau élevée par les machines en 1873, on trouve que le volume que le service tient à la disposition des usagers, est de 352,000 mètres cubes. Et avec le produit des dérivations de la Dhuis et de la Vanne, on a un disponible total de 462,000 mètres cubes.

La quantité d'eau consommée est très-inférieure à ce volume.

En voici le résumé, mois par mois, pour l'année 1873 :

	CONSOMMATION EN 24 HEURES	
	1re quinzaine.	2e quinzaine.
Janvier.	213,000 mc	210,000 mc
Février.	219,000	226,000
Mars.	225,000	232,000
Avril.	236,000	244,000
Mai.	238,000	247,000
Juin.	251,000	260,000
Juillet.	272,000	272,000
Août.	260,000	258,000
Septembre.	253,000	245,000
Octobre.	239,000	239,000
Novembre.	230,000	231,000
Décembre.	218,000	230,000

On doit faire remarquer, d'ailleurs, que la consommation est réglée par les usagers eux-mêmes et non par le service des eaux, qui tient toujours à leur disposition le volume maximum.

La distribution est faite par :

59 Fontaines monumentales;
224 Bornes à repoussoir;
33 Fontaines de puisage;
26 Fontaines marchandes d'eau filtrée;
556 Bornes-fontaines;
4,500 Bouches sous trottoir;
240 Bouches pour remplir les tonneaux d'arrosement;
2,900 Bouches d'arrosage à la lance;
80 Bouches d'incendie;
155 Bureaux de stationnement;
681 Effets d'eau d'urinoirs;
152 Établissements de l'État;
14 — du Département;
83 — de l'Assistance publique;
49 Édifices religieux;
247 Écoles et colléges;
167 Établissements municipaux divers;
3 Grands parcs (Bois de Boulogne, de Vincennes, Champs-Élysées);
50 Squares;
38,000 Abonnements du service privé.

Les eaux des sources sont exclusivement destinées au service privé. Néanmoins, les abonnés peuvent choisir, si cela leur convient, l'autre espèce d'eau qui circule dans les rues. L'eau de source arrive partout aux étages supérieurs des maisons.

Ces eaux sont recueillies dans les 11 grands réservoirs de Ménilmontant, Passy, Belleville, Charonne, parc des Buttes-Chaumont, Monceau, Gentilly, Panthéon, Saint-Victor, Racine, Vaugirard, et dans les cuvettes de distribution du cimetière de Passy, de Montmartre et du château de Montmartre.

La capacité des réservoirs est de 231,000 mètres cubes.

Distribution de l'eau. — Le nombre des maisons de Paris est de 70,000. Au 1er janvier 1873, le nombre des propriétaires abonnés aux eaux de la ville se décomposait ainsi :

NATURE DE L'EAU.	NOMBRE D'ABONNEMENTS.	NOMBRE total de mètres cubes par jour d'après les polices.	PRODUIT annuel en argent au 1er janvier 1873.
Eau de l'Ourcq	15,706	36,822	2,042,456 fr. 20
Eau de Seine et autres	22,183	37,848	3,871,992 65
Totaux	37,889	74,670	5,914,448 fr. 85

Il faut ajouter au produit en argent les recettes des fontaines marchandes et quelques accessoires.

La liquidation de 1873 s'est élevée à 6,358,398 fr. 41.

La consommation journalière dépasse de beaucoup 74,670 mètres cubes d'eau, surtout pendant l'été, parce que les eaux de l'Ourcq et une partie des autres eaux sont distribuées à robinet libre, et qu'il y a un gaspillage énorme dont la salubrité de la ville profite.

Ainsi, pendant le siége de Paris, le canal de l'Ourcq et l'aqueduc de la Dhuis ayant été coupés par les Prussiens, tous les services qui se rattachaient à la voie publique furent suspendus. L'eau restant disponible fut réservée pour les besoins des habitants

Fig. 158. — L'une des fontaines de la place de la Concorde, à Paris.

abonnés ou non, et pour les établissements hospitaliers, pour ceux de la ville, du département et de l'État. La consommation s'éleva aux chiffres suivants :

Fin de septembre		116,000^{mc}
Octobre	$\frac{128+136}{2}$	132,000
Novembre	$\frac{120+123}{2}$	122,000
Décembre	$\frac{116+106}{2}$	111,000
Janvier	$\frac{4+91}{2}$	88,000

En résumé, le volume d'eau distribué à Paris est réparti aujourd'hui d'une manière à peu près égale entre les services se rattachant à la voie publique et les services intérieurs comprenant les maisons abonnées et les établissements de l'État et de la ville.

Quelques explications seront nécessaires concernant le mode de distribution de l'eau aux particuliers.

Nous avons dit que la première concession payante fut faite vers 1598, mais que le mode de distribution adopté dans presque toute la ville et généralisé par l'édit de Louis XIII du 26 mai 1635, était le plus grand obstacle au développement du nombre des abonnements. En effet, chaque abonné avait sa conduite particulière en plomb, partant d'un *château d'eau* ou *bassinet*, dans lequel se réglait le volume de l'eau concédée. Le nombre de ces châteaux d'eau était nécessairement restreint. Beaucoup d'entre eux auraient dû desservir 300 ou 400 maisons, et auraient été par conséquent le point de départ de 300 ou 400 conduites particulières. On conçoit qu'un tel mode de distribution, sans parler des in-

Fig. 159. — Fontaine Saint-Michel, à Paris.

convénients sans nombre qu'il présentait pour la viabilité, était inconciliable avec un grand développement du service privé. Il a donc été abandonné, et la ville a racheté toutes les concessions desservies par ce procédé.

Elle a racheté également toutes les concessions perpétuelles. Aujourd'hui les abonnements sont annuels, et chaque traité peut être résilié, à la volonté de l'abonné, en prévenant l'administration trois mois à l'avance.

Les eaux de l'Ourcq se distribuent à *robinet libre*, c'est-à-dire que l'abonné a, dans sa cour, son jardin, ses appartements, autant d'orifices de dépense qu'il juge convenable. Ces orifices puisent directement l'eau dans les conduites publiques, et l'abonné peut les ouvrir à discrétion.

Le volume de l'eau consommée ainsi est fixé par estimation, d'après les bases suivantes :

Dépense par jour.	Par personne domiciliée	30 litres.
	Par ouvrier	5
	Par élève ou militaire	10
	Par cheval	75
	Par voiture à deux roues	40
	Par voiture à quatre roues de luxe	200
	Par voiture à quatre roues de louage	50
	Par mètre d'allée, cour et jardin	3
	Par boutique	100
	Par vache	75

Par force de cheval-vapeur.

Dépense par minute.	1° Machine haute pression	1/2 litre
	2° Machine à détente et condensation	10 litres.
	3° Machine à basse pression	20

Ce mode de distribution est le plus libéral de tous et le plus digne d'une grande administration; mais il donne lieu à un gaspillage énorme, et il n'a pu être appliqué aux autres eaux dont la ville dispose, qui sont trop peu abondantes pour qu'on les abandonne ainsi à la discrétion des abonnés.

Les eaux de Seine, de source et du puits de Grenelle, sont distribuées par un *robinet de jauge*, c'est-à-dire qu'elles s'écoulent d'une manière continue, par un orifice très-petit, qui débite exactement le volume dû à l'abonné. Comme ce débit est ordinairement trop faible pour alimenter les robinets de service, l'eau sortant de la conduite de la ville s'emmagasine dans un réservoir, qui en fait ensuite la répartition dans toute la maison.

L'obligation d'emmagasiner l'eau dans un réservoir rend ce mode de distribution défectueux. En effet, les maisons de Paris sont mal disposées pour recevoir cet appareil, qui est exposé, d'ailleurs, aux variations de température.

Voici le tarif de vente des eaux de la ville :

Volume d'eau délivré par jour.	Prix par an. Eau d'Ourcq.	Eau de Seine et autres.
Pour deux cent cinquante litres d'eau de Seine ou de source		60 fr.
Pour cinq cents litres d'eau de Seine ou de source		100
De 1 à 5 mètres cubes, par mètre cube	60	120
Au-dessus de 5 mètres cubes et jusqu'à 10 mètres cubes; par mètre cube	50	100
De 10 mètres cubes et jusqu'à 20 mètres cubes; par mètre cube	40	80

Au delà de 20 mètres cubes on traite de gré à gré, sans que, dans aucun cas, le prix du mètre cube d'eau d'Ourcq puisse être inférieur à 25 fr. et celui d'eau de Seine à 55 fr.

Ce tarif est très-modéré ; l'eau est vendue à Paris bien moins cher que dans la plupart des villes d'Angleterre.

Cette partie du service est confiée à la *Compagnie générale des eaux*, et le produit des abonnements contractés par elle est partagé dans la proportion de trois quarts pour la ville et d'un quart pour la compagnie. Jusqu'à ce jour l'eau n'a jamais été refusée à aucun propriétaire, et si toutes les maisons ne sont pas pourvues d'eau aujourd'hui, cela tient à des causes indépendantes de la volonté de l'administration, et que nous allons énumérer.

Jusqu'à ces derniers temps la ville faisait filtrer l'eau de Seine dans 30 établissements, connus sous le nom de *fontaines marchandes*, que nous avons représentés (fig. 129, page 281). Les eaux ainsi purifiées sont vendues aux porteurs d'eau, qui les distribuent et les vendent à domicile. Dans la plupart des maisons riches, les locataires ne consomment pas d'autre eau pour les usages domestiques ; quelques propriétaires en profitent pour ne point s'abonner aux eaux de la ville : le service des cours et des jardins se fait avec des eaux de puits.

Les classes ouvrières puisent de l'eau gratuitement aux fontaines publiques pendant toute la journée et la nuit, et aux bornes-fontaines lorsqu'elles sont ouvertes pour opérer le lavage des ruisseaux. Cette tolérance, en apparence si libérale, a, en réalité, un résultat déplorable. On sait que la classe ouvrière de Paris est logée dans de grandes maisons à loyer. Les propriétaires, voyant que leurs locataires ont la possibilité de puiser de l'eau à la borne-fontaine, ne prennent point d'abonnements aux eaux de la ville. Le petit ménage est donc obligé, pour se procurer de l'eau, de descendre et de remonter cinq à six étages, pour puiser à la fontaine publique ; il faut quelquefois parcourir 150 mètres dans la rue, pour arriver à une borne-fontaine. Et comme les heures d'ouverture sont irrégulières, on doit souvent faire le voyage plusieurs fois avant de se procurer un seau d'eau. On a vu, dans des rues où les bornes-fontaines sont remplacées par des bouches sous trottoir, des femmes et des enfants remplir leur seau en puisant l'eau dans le ruisseau même.

Cependant le prix d'un abonnement aux eaux de la ville est bien minime dans une maison d'ouvriers. La dépense d'eau dans une maison habitée par 100 personnes, sans chevaux ni voitures, avec une cour de 100 mètres carrés, est fixée, d'après les bases d'estimation indiquées ci-dessus, à 4 mètres cubes par jour, et le prix d'abonnement à 240 fr. par an, soit à 4 fr. 20 par tête. Néanmoins la plupart des propriétaires des maisons des quartiers d'ouvriers reculent devant cette dépense, qu'ils pourraient facilement mettre à la charge de leurs locataires.

La distribution d'eau à domicile laisse donc encore beaucoup à désirer à Paris.

Nous représentons, dans les figures qui accompagnent ces pages, quelques-unes des fontaines monumentales de Paris, celle de la place de la Concorde, celle de la place Saint-Michel et celle du Luxembourg. Toutes les trois méritent d'être reproduites dans ce recueil en raison de leurs qualités monumentales et artistiques. Mais nous aurions manqué au devoir de la reconnaissance publique, si nous avions négligé d'accorder ici une place à la populaire et philanthropique création du bienfaiteur gé-

Fig. 160. — Fontaine Wallace.

néreux qui a doté Paris de modestes fontaines publiques, destinées à suppléer à l'insuffisance des bornes-fontaines. L'honorable sir Richard Wallace, en faisant construire à Paris un grand nombre de petites fontaines destinées à la boisson, a rendu à la population de Paris un service précieux dont elle apprécie tous les jours l'utilité.

La figure 160 représente une des *fontaines Wallace*, que l'on voit aujourd'hui dans les squares, les places et les rues, et qui n'ont qu'un seul défaut, celui de n'être pas assez nombreux pour les besoins de la population.

CHAPITRE XXXVIII.

LES EAUX DE VERSAILLES. — LA MACHINE DE MARLY. — SA CONSTRUCTION SOUS LOUIS XIV. — SON ÉTAT D'ABANDON PENDANT UN SIÈCLE. — SA RESTAURATION SOUS LOUIS NAPOLÉON III. — DESCRIPTION DE LA MACHINE ACTUELLE DE MARLY CONSTRUITE PAR M. DUFRAYER.

La ville de Versailles est alimentée en eaux potables par l'eau de la Seine que lui apporte la machine de Marly, restaurée en 1860, par les soins et aux frais de l'empereur Napoléon III. Mais telle n'était pas dans l'origine la destination de la machine de Marly. Louis XIV avait fait construire ce volumineux système de pompe « qui buvait l'eau de la Seine, » comme on l'a dit, dans le seul but d'apporter aux bassins de Marly et de Versailles les masses d'eaux qui étaient nécessaires aux jeux hydrauliques, cascades et effets aquatiques semés avec profusion dans cette résidence royale. Au XVIIe siècle, sous le grand roi, on songeait peu aux besoins du public en eaux potables. Tandis que des masses d'eaux inondaient les parcs et les jardins de Versailles et de Marly, la ville proprement dite devait se contenter des eaux blanchâtres et impures de quelques étangs dans lesquels on avait rassemblé les eaux d'infiltration des coteaux environnants. Ce n'est que dans notre siècle que la machine de Marly, dûment restaurée, a été consacrée à fournir l'eau de la Seine, tout à la fois à la ville de Versailles, pour son alimentation, et aux jardins des parcs de Versailles et de Marly, pour leur embellissement. Il n'est pas sans intérêt de connaître toute cette histoire.

On sait que Louis XIV ayant décidé, en 1662, de faire bâtir dans la forêt de Marly un château royal dans une des situations les plus belles du monde, l'architecte Mansard traça des jardins magnifiques, qui réunissaient tout ce que l'imagination pouvait désirer. Exposition heureuse, vue ravissante verdure et perspective variée, tout se trouvait rassemblé dans cet Éden royal. Il n'y manquait qu'une chose : de l'eau. Et comment se passer d'eau dans ces jardins que l'on voulait rendre féeriques? Comment alimenter ces nombreuses cascades aux gerbes jaillissantes? On vit alors éclore une foule de projets pour amener d'abondantes eaux sur les hauteurs de Versailles.

Le plus gigantesque de ces projets fut celui que proposa Paul Riquet, l'illustre créateur du canal du Midi. Riquet voulait amener la Loire à Versailles. Le simple aperçu de la hauteur du lit de la Loire au dessus du lit de la Seine, avait suggéré à Riquet ce projet, qui ne put résister à l'examen qu'en fit l'abbé Picard. Ce physicien reconnut que la Loire, qu'il fallait prendre à la Charité, ne pourrait arriver à Versailles, parce que les plateaux de la Beauce n'étaient pas à la hauteur nécessaire pour l'établissement d'un canal.

On songea alors à tirer parti des eaux souterraines fournies par les environs de Versailles. Près de Trappes et de Bois-d'Arcy étaient deux dépressions plus élevées de 5 mètres et de 8 mètres que le réservoir de la Tour. On barra ces vallons, pour y arrêter et y accumuler les eaux fournies par les plateaux supérieurs dans leur cours naturel vers la Bièvre. De nombreux canaux furent creusés et permirent de diriger l'eau dans les nouveaux étangs.

En 1675 les eaux d'infiltration remplissaient les étangs de Versailles. Toutefois, leur teinte blanchâtre les empêcha de servir aux usages domestiques. Et comme les eaux de source qui suffisaient au village et au château de Versailles étaient devenues in-

Fig. 161. — La machine hydraulique de Marly, en 1725.

suffisantes depuis que Versailles était devenue une ville, on recueillit et on amena dans la plaine toutes les eaux qui descendaient des collines situées au nord et à l'ouest de la nouvelle ville. Le produit des sources du nord fut dirigé vers Trianon et amené de là au château, tandis que les eaux de l'ouest, c'est-à-dire celles qui étaient recueillies à Saint-Cyr, furent reçues dans le bassin de Choisy, pour alimenter la ménagerie. Mais le volume d'eau ainsi rassemblé était tout à fait insuffisant pour fournir aux énormes dépenses hydrauliques projetées.

Louis XIV fit alors venir son architecte Mansard, et Colbert son ministre.

« La Seine est à une lieue d'ici, au bas du coteau de Louveciennes, dit le roi; faites-lui escalader le coteau; vous établirez là un réservoir et un aqueduc. Quant à la machine qui doit faire monter l'eau de la Seine, demandez-la aux savants de France.

— Je m'adresserai demain aux savants de France, répondit Mansard, et l'eau montera jusqu'au ciel, s'il plaît à Votre Majesté. »

Un gentilhomme des environs de Liége, le baron de Ville s'était fait une grande réputation en Hollande en inventant une très-belle machine pour l'élévation de l'eau. Mansard fit venir à Versailles ce savant homme. Après avoir reconnu les bonnes qualités du système que le baron de Ville proposait pour élever l'eau de la Seine jusqu'au sommet du coteau de Louveciennes, il lui confia l'exécution de cette machine.

Le baron de Ville amena avec lui un charpentier de Liége, Rannequin Swalem, et il l'attacha à la construction de la machine hydraulique. Rannequin Swalem resta conducteur de la machine de Marly jusqu'à sa mort.

Les avis sont partagés sur la part relative de Rannequin Swalem et du baron de Ville dans l'exécution de ce grand travail, Bélidor, dans son *Traité d'architecture hydraulique* publié en 1739, présente Rannequin comme le véritable inventeur; mais les écrivains contemporains ont écrit le contraire.

La machine exécutée par le baron de Ville et Rannequin, commença à fonctionner en 1682. Elle avait coûté plus de 8 millions, ce qui équivaudrait à une somme triple aujourd'hui.

Le baron de Ville et Rannequin avaient pris une grande partie de l'eau de la Seine pour l'élever à Marly. Pour cela, ils avaient réuni, par un barrage commun, les diverses îles qui existent entre Bezons et Marly, et fermé ce bras par des vannes, vers son extrémité inférieure. Ils purent ainsi mettre en mouvement 14 roues d'environ 12 mètres de diamètre, dont les arbres armés de manivelles faisaient mouvoir 211 pompes aspirantes et foulantes étagées sur le flanc du coteau. Les pompes inférieures, au nombre de 64, envoyaient les eaux par 5 conduites dans un premier réservoir situé à 50 mètres environ au-dessus de la Seine. Là elles étaient reprises par 79 autres pompes, qui les portaient dans un second réservoir situé à 50 mètres plus haut. De ce second réservoir, elles étaient élevées par une troisième série de 78 pompes, à 155 mètres au-dessus du niveau de la Seine. Là se trouvait une tour qui formait le point de départ de l'aqueduc de Marly et qui était à plus de 1200 mètres au-dessus de la rivière. C'était un véritable tour de force pour l'art mécanique du XVIIIe siècle.

Les pompes des deux étages supérieurs recevaient le mouvement de l'eau, au moyen de tringles disposées suivant la pente du coteau et reliées, par des boulons, à des supports oscillants, dit *varlets*, fixés au sol.

En réunissant toutes les pompes que nous venons de mentionner, on trouve que le nombre total des pompes employées pour élever l'eau au sommet de l'aqueduc de Marly, atteignait, comme nous l'avons dit, le chiffre de 211.

Les eaux, ainsi élevées, se rendaient par l'aqueduc, soit au château d'eau de Marly, soit à Versailles.

Pour arriver à Versailles, elles suivaient l'aqueduc dit de Marly qui existe encore. Cet aqueduc, qui a 6,200 mètres de longueur, sert aujourd'hui, comme au siècle dernier, à porter dans le réservoir de la butte de Picardie, les eaux des machines actuelles.

Cependant, le « monstre de Marly », comme on l'appelait, ne put jamais fournir à Versailles qu'un volume d'eau assez restreint. C'est que la force motrice de cet énorme assemblage était en très-grande partie absorbée par les frottements des balanciers et des bielles, qui transmettaient la force des roues aux pistons des deux étages de pompes échelonnées sur les flancs du coteau. On prétend que le volume élevé par les pompes était à l'origine de 5,000 mètres cubes d'eau en vingt-quatre heures, mais il diminua rapidement par l'usure des pièces, et ayant perdu les 5/6 de sa puissance, il ne put suffire à tous les besoins auxquels on avait espéré satisfaire.

La machine de Marly était une œuvre gigantesque, mais ses grandes dimensions et la multiplicité de ses pièces mobiles entraînaient beaucoup d'inconvénients et de désordres. Lorsque Bélidor écrivait son *Traité d'hydraulique*, c'est-à-dire en 1739, la machine était déjà en partie épuisée, et les réparations coûtaient des sommes énormes. On chercha, mais en vain, à exciter le zèle des ingénieurs par des promesses, par des offres magnifiques, pour essayer de lui apporter des perfectionnements devenus indispensables. Mais on ne put réussir à remettre le monstre hydraulique en bon état.

Pendant près d'un siècle la machine de Marly fut abandonnée. Elle fut même un moment vendue, puis rachetée. Elle était finalement au moment d'être démolie, lorsqu'en 1803, Napoléon Ier, s'occupant de relever Versailles de ses ruines, porta son attention sur ce monument délabré. Il le trouva dans l'état le plus déplorable. La machine de Marly n'élevait plus que 240 mètres cubes d'eau par vingt-quatre heures.

Une commission nommée par le ministre pour examiner les moyens propres à améliorer la machine de Marly, proposa de la détruire et d'établir de nouvelles pompes disposées de manière à élever d'un seul jet 600 pouces d'eau de la Seine à une hauteur de 83 mètres. On aurait employé une partie de cette eau à mettre en mouvement une seconde roue qui aurait élevé 50 pouces d'eau jusque dans la cuvette de l'aqueduc de Marly. C'était l'ancien système restauré.

Un arrêté des consuls ordonna la construction de cette nouvelle machine, qui fut même adjugée. Mais son exécution fut abandonnée, à la suite d'une proposition nouvelle qui démontra que l'on pourrait résoudre le problème d'une manière plus satisfaisante. Un entrepreneur de charpente, nommé Brunet, proposa d'élever les eaux *d'un seul jet*, au sommet de la tour de Marly. C'est ce que l'on n'avait jamais osé tenter jusque-là, parce que l'on craignait la rupture des tuyaux.

Le projet de Brunet ayant été approuvé, une des roues fut mise à sa disposition. Il monta sur un arbre de couche deux manivelles, au moyen desquelles il mit en mouvement quatre pompes aspirantes et foulantes. L'eau refoulée servait à comprimer de l'air dans un réservoir, afin d'obtenir un mouvement régulier d'ascension dans la conduite.

En septembre 1804, la machine, ainsi disposée, fut mise en marche. Les eaux s'élevèrent d'un seul jet jusqu'à l'aqueduc, et l'on constata que l'on obtenait ainsi deux fois plus d'eau qu'avec l'ancien système.

Cependant le projet de Brunet ne fut pas exécuté dans son entier. On ne s'occupa point à transformer de la même manière les treize autres roues. C'est que les frères Perrier, les constructeurs de la pompe à feu de Chaillot, s'étaient présentés annonçant qu'ils élèveraient l'eau avec deux machines à vapeur.

Les travaux commencèrent sous la direction des frères Perrier, mais ils ne tardèrent pas à être abandonnés. Un autre système de machine à vapeur fut adopté. Sur le rapport d'une Commission composée d'ingénieurs et de membres de l'Institut, on arrêta définitivement le projet d'une machine à vapeur très-différente de celle de Perrier.

Cependant, comme l'exécution de cette machine à vapeur demandait un temps assez considérable, et que l'ancienne distribution devenait de plus en plus insuffisante, les constructeurs firent adapter à deux des anciennes roues des pompes disposées dans un système analogue à celui de Brunet. Ce système nouveau fut mis en marche pour la première fois en 1817, et il fonctionna jusqu'en 1858. Les deux roues de l'ancienne machine suffisaient pour assurer le service, lorsque les eaux de la Seine se trouvaient à un niveau favorable pour la marche de ses roues. La machine à vapeur était mise en marche lorsque la machine hydraulique était arrêtée ou lorsqu'elle ne suffisait pas aux besoins de la consommation de la ville de Versailles. Cette machine à vapeur était d'un grand secours, puisqu'elle pouvait fournir à elle seule environ 1,800 mètres cubes d'eau en vingt-quatre heures, c'est-à-dire près des deux cinquièmes du volume nécessaire, seulement elle consommait une

Fig. 162. — La machine actuelle de Marly (coupe théorique).

RR roue de 64 aubes.
P, P' couronnes concentriques auxquelles sont fixés les bras en bois de la roue.
E, E tiges du piston des pompes à eau.
A, A corps des pompes à eau.
B, B' boîtes à clapets.
C, C' robinets-vannes.
F, F' réservoirs d'air.
I, I pompe à air comprimé.
O, O' soupape d'introduction de l'air comprimé dans les réservoirs FF'.
G Vanne.
H Arbre du mécanisme servant à mouvoir la vanne, G
L tuyau d'aspiration de l'eau, M.
D, D section des conduites d'eau élevée par les pompes.

telle quantité de combustible, qu'elle devenait ruineuse. Le prix de revient de l'eau qu'elle fournissait n'était pas moindre de 23 centimes par mètre cube.

L'établissement d'un moteur à vapeur à côté d'une force hydraulique était évidemment une superfétation, une anomalie que l'on ne comprenait pas, et qui ne s'explique que par la circonstance tout à fait exceptionnelle du projet qui existait alors, de supprimer le barrage de la Seine, c'est-à-dire d'anéantir l'usine hydraulique de Marly, que l'on trouvait nuisible à la navigation.

Cependant ce barrage ne fut pas détruit, par suite de l'établissement d'un barrage mobile, qu'exécuta en 1838 à Bezons, un des plus habiles et des plus savants ingénieurs de notre époque, M. Poirée, qui a rendu à la navigation de la Seine les plus grands services.

Ce barrage et les digues de Carrières, Chatou et Croissy, ainsi que l'écluse de com-

Fig. 163. — La machine actuelle de Marly (vue de l'ensemble des six roues hydrauliques).

munication établie entre les deux bras du fleuve, rendirent la navigation de la Seine complétement indépendante et permirent de laisser intacte la chute de la Seine créée sous Louis XIV, pour fournir la puissance motrice nécessaire à la machine hydraulique de Marly, qui fut ainsi sauvée de la destruction qui la menaçait.

On pouvait alors songer à améliorer et à rendre utile la machine de Marly. L'empereur Napoléon III eut la gloire de mener cette entreprise à bonne fin. Il chargea M. Dufrayer, directeur du service des eaux de Versailles, de rechercher les moyens de réparer la machine de Marly et de tirer un meilleur parti de la chute d'eau. Divers projets furent successivement examinés, et sur l'avis d'une commission composée de savants et d'ingénieurs dont V. Regnault, membre de l'Institut, était le rapporteur, Napoléon III décida, en 1854, l'exécution de la machine qui fonctionne aujourd'hui pour élever l'eau de la Seine à Versailles et à Marly.

Nous pourrons donner une description exacte de cette belle machine hydraulique d'après la notice rédigée pour l'Exposition universelle de 1867, par M. Dufrayer, directeur du service des eaux de Versailles et de Marly.

La nouvelle machine hydraulique est établie à peu près sur le même emplacement que l'ancienne; seulement elle se compose de 6 roues au lieu des 14 roues de l'ancienne machine. Malgré cette addition, la machine occupe beaucoup moins d'étendue. Les quatorze roues de l'ancienne machine ne donnaient pas, lorsqu'elles se trouvaient dans le meilleur état, un rendemement égal à celui que donnent aujourd'hui les trois premières grandes roues qui ne dépensent pas la moitié de la force disponible.

Ces roues sont, en effet, exécutées dans d'excellentes conditions. Au lieu de fonctionner, comme les anciennes, par le simple courant de l'eau, elles sont emboîtées à leur partie supérieure dans un coursier circulaire.

Le bâtiment dans lequel se trouve tout le système, contient six grandes roues, et par conséquent, six mécanismes semblables.

Chaque roue se compose de 64 aubes planes, formées de fortes planches en bois d'orme, assemblées entre elles et fixées par des équerres en fer, à deux rangées de couronnes concentriques, au nombre de quatre sur la largeur, qui opèrent la réunion de toutes les aubes. Elles sont en outre reliées à la circonférence extérieure et aux deux bouts par des boulons à écrous; 32 aubes ont $4^{m},50$ de longueur sur 3 mètres de largeur, tandis que les 32 autres n'ont, avec la même longueur, que $2^{m},40$ de largeur.

L'arbre de transmission repose sur deux larges paliers fixés sur une plaque de fondation en fonte, solidement attachée au sol au moyen de boulons de scellement.

Les vannes, pour une largeur de roue aussi considérable, sont forcément d'un grand poids. Pour réduire ce poids autant que possible, tout en conservant la force de résistance nécessaire à l'effort qu'elles ont à supporter, ces vannes ont été exécutées en forte tôle avec des cloisons ou nervures. Pour les déplacer dans leurs guides latéraux inclinés, un mécanisme spécial est disposé sur le plancher au-dessus de chacune d'elles.

Le mécanisme servant à la manœuvre des vannes est un treuil composé d'un bâti en fonte réuni par des entre-toises et muni d'un arbre à manivelle, sur lequel est fixé un pignon. Celui-ci engrène avec une roue calée sur un arbre intermédiaire supporté également par le bâti, et garni d'un pignon qui commande une roue dentée fixée sur un arbre.

Cet arbre est supporté par de petites consoles unies au bâti, et repose, par ses extrémités prolongées dans toute la longueur de la vanne, sur des petits supports fixés au sol. Deux pignons sont clavetés vers ses extrémités et engrènent avec des crémaillères attachées à la vanne, de telle sorte que, lorsqu'on agit sur la manivelle du treuil, on communique à cette vanne un mouvement ascensionnel ou descensionnel, suivant le sens de rotation, et cela très-lentement, par suite des rapports qui existent entre les engrenages de la transmission.

Pour éviter que des matières solides, entraînées par le courant de la Seine, arrivent sous les roues, un large grillage de fer est placé en travers du canal d'arrivée.

Les pompes réalisent le meilleur emploi de la force du courant, et c'est là une des meilleures dispositions imaginées par M. Dufrayer, l'habile ingénieur à qui l'on doit la reconstruction de la machine que nous décrivons.

Chaque roue met en jeu quatre pompes horizontales à piston plongeur à simple effet. Ces pompes se composent chacune d'un cylindre en fonte, de $0^{m},45$ de diamètre extérieur fixé dans un bâti de fonte.

Ce dernier, formé de deux flasques fondues avec des nervures qui les relient entre elles, est boulonné solidement au sol et assemblé par de forts boulons avec la plaque de fondation sur laquelle est fixé le palier correspondant de l'arbre de la roue.

Le bâti de la pompe placée de l'autre côté, dans le même axe, étant également relié à cette plaque, l'ensemble d'un double jeu de pompe se trouve ainsi solidaire, et présente par suite toute la solidité nécessaire.

Dans ce corps de pompe se meut un long piston creux en fonte, ajusté à frottement doux dans la presse-étoupe, serré par huit boulons et garni au fond d'une bague en bronze.

A la tête du piston est clavetée une chape dont les deux branches sont traversées par un petit arbre en fer forgé et tourné, garni à ses deux extrémités de longs coulisseaux en bronze, destinés à se mouvoir horizontalement dans les glissières en fonte boulonnées et clavetées sur le bâti même de la pompe, c'est une disposition analogue à celle qui est employée pour guider la tige du piston des machines à vapeur horizontales.

Le mouvement est communiqué directement aux pistons de quatre pompes à la fois, par l'arbre de chaque roue hydraulique, garni à cet effet, des deux côtés, en dehors des paliers qui les supportent, de deux fortes manivelles de $0^m,80$ de rayon, calées à angle droit.

Sur le bouton de chaque manivelle sont ajustées les têtes des deux bielles en fer forgé ; l'une de ces têtes est à fourche pour laisser place à la seconde. Ces bielles n'ont pas moins de $3^m,40$ de longueur.

Le corps de pompe est fondu, du côté opposé au presse-étoupe, avec une sorte de boîte à deux tubulures perpendiculaires à son axe ; celle du dessus est fermée par un fort couvercle qui sert à visiter la pièce et, au besoin, à la réparer.

Quand le tuyau d'aspiration se remplit par l'afflux de l'eau, deux clapets en bronze dont le piston est muni, descendent entièrement et s'appuient sur un siége en bois d'orme, qui assure l'herméticité de la fermeture. Alors deux autres clapets s'ouvrent pour laisser l'eau aspirée s'échapper par la conduite de refoulement.

Ces clapets sont en bronze, avec garniture en cuir, pour s'appliquer exactement et sans bruit sur leur siége en bronze, à face inclinée, à l'extrémité du corps de pompe.

A la suite de la boîte munie des clapets de refoulement, est un robinet-vanne, qui permet au besoin, quand l'une des pompes est en réparation, d'interrompre la communication de cette pompe avec les deux conduites collectives.

Les *réservoirs d'air* qui sont aujourd'hui adjoints à toutes pompes servant à l'élévation de l'eau, sont placés sur toute la longueur du bâtiment, près des murs, sous une galerie en fonte avec balustrades et candélabres, qui permet de circuler tout autour de la salle. Cette galerie communique avec un grand réservoir en fonte qui est placé au bout de la salle, et s'élève jusqu'à la toiture. Une seconde galerie et un second réservoir à air existent symétriquement de l'autre côté de la salle. On sait que les *réservoirs à air* ont pour but de régulariser, par l'égalité de la pression qu'exerce l'air comprimé, le mouvement de l'eau dans la conduite ascensionnelle, et d'éviter ainsi les coups de bélier qui se produisent dans certaines circonstances, par la fermeture instantanée des clapets des pompes.

L'air est entretenu dans les *réservoirs d'air comprimé* au moyen d'un petit appareil très-simple, appliqué sur les couvercles des boîtes à clapet d'aspiration. Cet appareil se compose d'une petite cloche en fonte, montée sur un robinet en bronze, vissé sur le couvercle. La bride de ce robinet, sur laquelle repose la cloche, est percée de petits trous fermés par un disque en cuir, qui est maintenu au centre par une vis, afin que sa circonférence puisse se soulever sous la pression de l'air refoulé par le piston de la pompe. L'air est introduit dans le corps de pompe, à chaque aspiration du piston, par un petit tube placé sur le tuyau d'aspiration, et muni d'un robinet que l'on ferme, quand on s'aperçoit, en examinant des robinets étagés sur le réservoir, que la quantité d'air refoulé est suffisante.

Chaque série de deux pompes est pourvue d'un petit appareil semblable.

L'air, refoulé dans tous les appareils, est amené dans un tube à l'intérieur du réservoir. Il y acquiert une pression de 16 à 17 atmosphères, c'est-à-dire un peu supérieure à celle de l'eau dans la conduite générale.

Celle-ci est en communication directe avec les réservoirs d'air par des tuyaux passant sous la voûte, et venant s'assembler sur une tubulure ménagée à chacun des petits réservoirs intermédiaires en tôle.

La *prise d'eau par les pompes* a été installée avec des précautions toutes particulières. Le bâtiment des pompes est placé en travers de la Seine. Entre chacune des six galeries, de 4^{m},50 de largeur, qui reçoivent les roues et leur vannage, on a ménagé, ainsi que vers les deux extrémités, huit canaux destinés à laisser arriver l'eau nécessaire à l'alimentation de toutes les pompes, lesquelles sont placées directement au-dessus. Leurs tuyaux d'aspiration y descendent par des ouvertures rectangulaires ménagées, à cet effet, dans l'épaisseur des voûtes.

Ces canaux, traversant le bâtiment d'outre en outre, laisseraient s'écouler un volume d'eau qui affaiblirait considérablement la chute s'ils n'étaient fermés en aval par une vanne qui maintient le niveau du liquide. En amont, il existe une vanne semblable, et devant celle-ci une grille, qui ne permet pas aux herbes ou autres matières étrangères charriées par le fleuve, de pénétrer dans le canal de prise d'eau.

Un mécanisme très-facile à manœuvrer, est appliqué à l'intérieur du bâtiment, pour manœuvrer ces vannes. Il se compose d'une vis et d'un écrou muni d'une roue à rochet à double encliquetage que l'on met en jeu à l'aide d'un levier. Ce double encliquetage avec arrêt en sens inverse, permet de maintenir la vanne à toutes hauteurs, soit qu'on veuille la soulever, soit qu'on veuille la faire descendre.

De la chambre des roues partent deux conduites de fonte, qui montent à découvert, appuyées sur le sol, jusqu'à l'aqueduc de Marly. Arrivées au pied de l'aqueduc, qui n'a pas moins de 6,200 mètres de long, les eaux s'élèvent verticalement dans la conduite jusqu'à son sommet, et le parcourent dans une cuvette en plomb placée sur son couronnement. Parvenue à l'extrémité de l'aqueduc, l'eau pénètre dans un tuyau placé sous terre, et qui, se recourbant en siphon, la conduit à Versailles, aux réservoirs des Deux-Portes.

L'aqueduc de Marly est sans doute très-monumental, mais il est tout à fait superflu, au point de vue hydraulique. Il y aurait avantage à le supprimer et à établir une conduite qui irait de la chambre des roues motrices de la machine de Marly aux réservoirs de Versailles. On ne le conserve que par l'intérêt qu'il présente comme monument historique, comme rappelant, par son côté architectural, le siècle de Louis XIV; mais au point de vue des services réels qu'il rend, comme conduite d'eau, l'aqueduc de Marly est plus nuisible qu'utile. Sans supprimer ce joli monument architectural, qui semble faire partie du paysage sur le coteau de Marly, on pourrait le retirer du service actif et le remplacer par une conduite de fonte, facile à visiter, à entretenir et à réparer. Ce n'est peut-être pas l'avis des peintres ni des habitants du pays, mais c'est l'opinion des ingénieurs.

CHAPITRE XXXIX

LES EAUX DE LYON. — HISTOIRE DES TRAVAUX RELATIFS A LA DISTRIBUTION DES EAUX POTABLES DANS LA VILLE DE LYON. — EXÉCUTION DU PROJET DE M. ARISTIDE DUMONT RELATIF A LA DISTRIBUTION DE L'EAU DU RHONE FILTRÉE. — DESCRIPTION DU SERVICE ACTUEL DES EAUX DU RHONE, A LYON.

Jusqu'à la fin du siècle dernier, Lyon fut très-mal approvisionnée en eaux potables. Bien que le Rhône, dont l'eau est excellente,

Fig. 164. — L'usine hydraulique de Lyon.

traverse cette ville, ainsi que la Saône, on avait recours à des puits, à des infiltrations du Rhône ou de la Saône pour distribuer l'eau aux fontaines publiques.

L'Académie des sciences et lettres de Lyon mit au concours, en 1770, cette question : *Quels sont les moyens les plus faciles et les moins dispendieux de procurer à la ville de Lyon la meilleure eau qu'elle puisse obtenir, et d'en distribuer une quantité suffisante ?*

Le concours ne produisit rien de satisfaisant; mais, plus tard, la même question ayant été de nouveau proposée, et à deux reprises différentes, un des mémoires adressés à l'Académie de Lyon fut couronné. Cependant le projet qui avait été approuvé resta sans exécution.

En 1808, la même question, avec de plus grands développements, fut, de nouveau, mise au concours, mais sans résultat.

En 1824, Rambaud, alors maire de Lyon, fit un appel public aux compagnies qui voudraient fournir à la ville 3,000 mètres cubes (trois millions de litres) d'eau potable, par vingt-quatre heures. Malheureusement cet appel resta sans réponse.

Quelques années plus tard, un autre maire de Lyon, Lacroix de Laval, renouvela la même tentative, sans réussir mieux que son prédécesseur. Cependant, une compagnie s'était présentée; un emprunt avait même été fait à cette occasion, mais on n'avait pas cru devoir, en définitive, accepter les conditions proposées, et l'emprunt était allé s'engloutir dans la construction du grand Théâtre.

Sous l'administration de Prunelle, en

1832, une distribution partielle d'eau du Rhône fut établie, comme essai, dans quelques quartiers de la division du nord. Il n'y eut donc qu'une bien petite partie de la ville qui jouît de cette amélioration ; encore est-il nécessaire d'ajouter que l'eau non rafraîchie en été, toujours plus ou moins trouble, puisqu'elle n'était pas filtrée, présentait de très-notables inconvénients pour les différents emplois auxquels elle était destinée.

En 1833, l'Académie des sciences de Lyon proposa de nouveau cette question, formulée en ces termes : *Indiquer le meilleur moyen de fournir à la ville de Lyon les eaux nécessaires pour l'usage de ses habitants, pour l'assainissement de la ville et les besoins de l'industrie lyonnaise.*

Le prix fut obtenu par Thiaffait, qui proposait d'amener à Lyon les eaux de source de la rive gauche de la Saône, et de dériver particulièrement les principaux cours d'eau du territoire de Roye. Thiaffait se fondait sur cette idée qu'il y aurait de l'inconséquence à demander à des moteurs créés et entretenus à grands frais, des eaux que l'on peut obtenir par leur simple écoulement naturel.

En résumé, il fallait à la ville de Lyon une distribution continue et considérable d'eau fraîche et limpide. Mais à quel système devait-on s'arrêter, car Lyon est assez favorisé par la nature, pour avoir à choisir entre les eaux de rivière et les eaux de source? Élèverait-on l'eau du Rhône après l'avoir filtrée, ou bien amènerait-on, par un canal de dérivation, les sources de la rive gauche de la Saône? Thiaffait, nous venons de le dire, se prononçait pour ce dernier projet.

Alphonse Dupasquier, chimiste et médecin d'un grand mérite, s'occupa, avec la plus grande ardeur, dès l'année 1840, de faire adopter le projet de Thiaffait, consistant à dériver à Lyon les eaux des sources situées sur la rive gauche de la Saône, imitant en cela les Romains qui avaient conduit à Lyon, par l'aqueduc du mont Pila, les sources qui sortent de cette montagne.

Dupasquier écrivit, pour faire adopter son projet, un mémoire remarquable, et surtout son beau livre, *Des eaux de source et des eaux de rivière* (1), dont nous avons parlé dans la première partie de cette Notice. Mais il ne put réussir à faire prévaloir ses idées.

M. Aristide Dumont, ingénieur d'un grand mérite, avait présenté au Conseil municipal de Lyon un projet qui consistait à utiliser les eaux du Rhône comme eaux potables, en les épurant par la filtration naturelle à travers les sables du Rhône. Ce projet fut adopté par la ville de Lyon, de préférence à celui de Dupasquier. Un traité fut conclu le 8 août 1853, entre M. Aristide Dumont, auteur du projet, et la ville de Lyon.

Aux termes de ce traité, la Compagnie s'obligeait :

1° A puiser dans le Rhône les eaux à distribuer, à les clarifier au moyen de filtres naturels, et à les livrer à la consommation, à raison de 20,000 mètres cubes par jour;

2° A entretenir à ses frais les bornes-fontaines pour l'usage public;

3° A alimenter les fontaines monumentales que la ville jugerait convenable de faire construire;

4° A pratiquer à fleur du sol, et à réquisition de l'autorité, des bouches destinées à l'arrosage de la voie publique;

5° A établir un réseau de conduites de distribution sur un parcours total d'au moins 78 kilomètres;

6° A exécuter un système complet d'égouts souterrains dont le développement pourrait être porté à 20,000 mètres;

7° A terminer, dans l'espace de quatre ans, tous les travaux qui viennent d'être spécifiés.

(1) 1 vol. in-8. Lyon et Paris, 1848.

En retour des charges imposées à la Compagnie, le traité du 8 août 1853 assurait à cette compagnie une redevance annuelle et lui accordait un tarif d'abonnement pour les distributions à domicile.

C'est en vertu de ce traité que ces travaux furent entrepris.

Il fut décidé que la galerie de filtration serait creusée dans la plaine du Petit-Broteau, sur la rive droite du Rhône, à l'amont de Lyon.

Cette petite plaine, élevée de 5 à 6 mètres au-dessus de l'étiage, s'étend au-dessous du coteau de Montessuy, qui offrait des emplacements très-convenables pour les réservoirs. L'usine hydraulique fut donc établie au pied du coteau et à peu de distance de la route de Lyon à Genève. Le sous-sol de cette plaine est composé d'une masse de gravier et de sable à la fois pur et perméable.

Il fut décidé que la galerie de sables et graviers du Rhône, destinée à opérer la filtration des eaux, et qui serait suffisante pour donner 20,000 mètres cubes d'eau en vingt-quatre heures, aurait une longueur de 120 mètres, une largeur intérieure de 5 mètres, et qu'elle serait creusée à 3 mètres en contre-bas de l'étiage. Cependant l'expérience prouva que ces dimensions étaient insuffisantes, et il fallut, comme nous le dirons bientôt, compléter cette galerie par deux nouveaux bassins filtrants, contigus aux premiers.

Les eaux, après avoir traversé la galerie de filtration, se rendent dans un puisard commun au réservoir. Là, trois machines à vapeur, de la force de 170 chevaux chacune, l'élèvent, pour la distribuer dans les différents quartiers de la ville de Lyon. Seulement, comme Lyon est bâtie en partie en plaine, en partie sur les collines de Fourvières et de la Croix-Rousse, le service hydraulique doit se faire en deux sections : celle du *haut* et celle du *bas* service.

Le service se divise en *haut* et *bas service*.

Le *bas service*, qui comprend la plus grande partie de la ville, est alimenté par un réservoir de 10,000 mètres cubes de capacité placé sur le coteau immédiatement au-dessus de l'usine hydraulique.

Le *haut service* est alimenté par un réservoir de 6,000 mètres cubes de capacité placé au sommet du coteau de Montessuy.

Les eaux du bas service sont refoulées de l'usine au réservoir qui commande ce service, par une conduite de $0^m,92$ de diamètre, et celles du haut service dans le réservoir de Montessuy, par un conduit de $0^m,60$ de diamètre.

Afin d'assurer un très-grand débit dans un moment donné pour l'arrosage public, un réservoir auxiliaire de 4000 mètres cubes de capacité a été établi dans l'intérieur même de la ville de Lyon, dans l'emplacement de l'ancien Jardin des plantes ; il est alimenté par le grand réservoir du bas service, à l'aide d'une conduite de $0^m,60$ de diamètre. Nous verrons plus loin quel est le rôle de ce réservoir auxiliaire, et dans quelle proportion il augmente la puissance de la distribution.

Cet ensemble a été complété par l'installation d'un troisième service, destiné à atteindre les hauteurs de Fourvières. A cet effet, les eaux du haut service sont reprises au réservoir de Montessuy par une machine à vapeur qui les élève au sommet d'une colonne en fonte de 55 mètres de hauteur, surmontée d'un petit réservoir en tôle. Parvenues à cette hauteur, les eaux s'engagent dans une conduite qui descend des hauteurs de la Croix-Rousse, sur le pont de Nemours, pour remonter, en siphon renversé, sous une pression de plus de 13 atmosphères, sur le coteau de Fourvières.

Un réservoir, de 1000 mètres cubes de capacité, a été construit à Fourvières, et c'est dans ce réservoir que vient dégorger la conduite en siphon renversé qui part du haut de la colonne de Montessuy.

A partir des quatre réservoirs dont nous venons de parler, se ramifie dans toutes les directions un vaste système de tuyaux de fonte, dont le diamètre varie de $0^m,60$ à $0^m,081$, et qui a une longueur totale de 90,000 mètres.

Ces travaux devaient être complétés par l'établissement de 20,000 mètres d'égouts, qui assurent en tout temps l'arrosement et le bon entretien de la voie publique.

L'exécution de tous ces travaux se partagea en deux périodes bien distinctes :

La première s'étendit du 1er janvier 1854 au 1er janvier 1858. La seconde du 1er janvier 1858 au 1er janvier 1861.

Dans la première période, on exécuta les travaux définis par le cahier des charges de 1853, en complétant toutefois ces travaux par l'établissement d'un premier bassin filtrant parallèle à la galerie de filtration. Dans la seconde période, on entama les travaux relatifs tant au complément du système de la filtration qu'à l'alimentation des quartiers de l'ouest et des hauteurs de Fourvières.

En résumé, les travaux qu'il a fallu exécuter pour créer la distribution d'eaux de Lyon, comprennent : 1° l'établissement de deux bassins filtrants réunis par une galerie de filtration ; 2° la création d'une usine de 510 chevaux de force nominale ou de 600 chevaux de force effective ; 3° quatre réservoirs d'une capacité totale de 21,000 mètres cubes ; 4° la pose de 90,000 mètres de tuyaux de distribution ; 5° le creusement de 20,000 mètres d'égouts.

Dans son mémoire sur les *Eaux de Lyon* (1), publié en 1861, M. Aristide Dumont a décrit l'ensemble des machines et appareils, conduites, bassins, etc., qui composent la distribution des eaux du Rhône à Lyon, tant par le *haut* que par le *bas* service, c'est-à-dire pour les quartiers situés au-dessous des collines de la Croix-Rousse et de Fourvières. Nous emprunterons à l'ouvrage du savant ingénieur les renseignements concernant cette distribution d'eau.

(1) 1 vol. in-4°, avec atlas. Paris, 1862.

Nous commencerons par décrire le système de filtration des eaux du Rhône.

Les eaux du Rhône se filtrent à travers les sables du Rhône, dans une galerie principale longue de 120 mètres, large de 5 mètres, couverte par une voûte, que supportent deux culées placées à 3 mètres en contre-bas de l'étiage. La surface filtrante de cette galerie est de 600 mètres carrés.

La pratique ayant prouvé que cette galerie était insuffisante, on pratiqua près de cette galerie un nouveau bassin filtrant, long de 44 mètres et large de 38,30. Ce bassin est creusé à 5 mètres en contre-bas de l'étiage, et se compose d'une série de voûtes supportées par des culées.

La surface filtrante présentée par ce bassin est de 1600 mètres carrés.

La surface totale filtrante de la galerie et du premier bassin est donc de 2,200 mètres carrés.

On se croyait fondé à penser que cette surface suffirait à l'alimentation et qu'elle donnerait les 20,000 mètres cubes par vingt-quatre heures, stipulés au traité de concession, tant pour le service public que pour le service particulier. Mais, ces prévisions ayant été trompées, on prit, avons-nous déjà dit, la résolution de créer un nouveau bassin filtrant présentant une surface de 2,168 mètres carrés, ce qui portait à 4,368 mètres carrés la surface totale des filtres de l'usine.

Comme conséquence de l'établissement de ce nouveau bassin de filtration, on établit une machine alimentaire présentant une force suffisante pour élever un volume de 1,250 mètres cubes à 4 mètres de hauteur par heure, soit 30,000 mètres cubes par vingt-quatre heures.

Tous ces travaux furent exécutés dans le courant de l'année 1859.

L'eau filtrée est élevée au réservoir du

haut et du bas service par des machines à vapeur du système Cornouailles, semblables à celles dont on fait usage à Paris, dans l'usine de Chaillot.

On se sert de trois machines. La première machine est destinée à alimenter le réservoir du bas service ; la deuxième alimente le réservoir du haut service ; la troisième est une machine mixte qui peut, au moyen d'un manchon mobile adapté au piston, fonctionner à volonté pour le haut ou pour le bas service.

Ces machines sont de la force de 170 chevaux chacune, et fonctionnent à la pression de 3 atmosphères.

Les pompes sont à simple effet, aspirantes et foulantes. Le piston de la pompe du bas service a 1 mètre de diamètre et $2^m,50$ de course. Son débit est de $1^m,80$ à 2 mètres par coup de piston. Le nombre des coups de piston est de huit par minute en moyenne.

Le piston de la pompe du haut service a $0^m,60$ de diamètre et $2^m,50$ de course. Son débit est de 0,60 à $0^m,65$.

Les eaux refoulées par les pompes passent par des récipients d'air. Ces récipients, qui ont 2 mètres de diamètre et 15 mètres de hauteur, sont semblables à ceux que nous avons représentés dans le dessin de l'usine hydraulique de Chaillot, à Paris.

Ces machines sont alimentées par six chaudières à bouilleurs ayant $10^m,80$ de longueur et un diamètre de $1^m,20$, les bouilleurs ont 9 mètres de longueur et 1 mètre de diamètre.

Les machines, les chaudières et toutes les dépendances sont installées dans un bâtiment de $63^m,64$ de longueur totale, et de $17^m,10$ de profondeur.

Ces machines sont placées dans la partie centrale du bâtiment : à gauche sont les chaudières, à droite sont les ateliers de réparation et les logements.

La galerie de filtration vient aboutir à un bassin, ou *puisard*, couvert placé sous les pompes des machines et où chacune d'elles peut puiser isolément.

Le volume d'eau qui arrive dans ce bassin en sortant de la galerie de filtration est réglé par une vanne qui peut manœuvrer du dehors.

Passons aux réservoirs destinés à emmagasiner l'eau du Rhône avant sa distribution.

Ces réservoirs sont au nombre de cinq : 1° le réservoir du *bas service ;* 2° le réservoir du *haut service ;* 3° le réservoir auxiliaire du bas service, dit du Jardin des plantes ; 4° le réservoir de la Croix-Rousse ; 5° enfin le réservoir destiné à l'alimentation des parties hautes du quartier de l'ouest, dit *réservoir de la Sarra.*

Le *réservoir du bas service* établi à Montessuy, sur le versant est du coteau, contient 10,000 mètres cubes d'eau. Il est divisé en deux compartiments, qui peuvent être mis en communication au moyen d'un robinet-vanne de près de 1 mètre de diamètre. Comme les deux compartiments sont indépendants l'un de l'autre, on peut les nettoyer et les réparer successivement sans nuire au service.

Ce réservoir est construit en béton de ciment de Pouilly. Il est couvert par une série de voûtes d'arêtes supportées par des piliers de même construction. Il est établi sur un terrain d'une superficie de 16,114 mètres carrés, disposé en terrasse au moyen de murs de soutènement. On y arrive par la route de Genève, en suivant un escalier de pierre de taille entièrement affecté au service du réservoir. C'est sous cet escalier que sont placées la conduite de refoulement et les deux conduites maîtresses de distribution. Chaque conduite se bifurque près du réservoir, et alimente à volonté, au moyen d'un jeu de vannes ou de robinets, ensemble ou séparément, les deux compartiments.

Les voûtes du réservoir sont chargées d'un mètre de terre, de manière à soustraire l'eau à l'influence des variations de température.

La conduite de refoulement qui sert à alimenter ce réservoir a $0^m,92$ de diamètre.

Les conduites de distribution, qui ont $0^m,60$ de diamètre, suivent l'une et l'autre le cours d'Herbonville jusqu'au pont Morand. Là, elles se bifurquent, une branche se rend au Jardin des plantes, et l'autre continue à longer les quais de la rive droite du Rhône.

Il y a en outre une conduite de décharge de $0^m,246$ de diamètre qui passe sous la route de Genève, aboutit au Rhône, et permet de vider dans ce fleuve les eaux provenant du nettoiement du réservoir.

Le *réservoir du haut service* est situé sur le point culminant du plateau de Montessuy. Son radier est à $95^m,70$ au-dessus de zéro de l'étiage du pont de Tilsitt, soit à la cote de $256^m,48$ du nivellement général de Lyon. Le déversoir ou trop-plein est à $4^m,50$ en contre-haut du radier. Les eaux peuvent donc être tenues dans le réservoir à $100^m,20$ au-dessus du zéro du pont de Tilsitt.

Le réservoir du haut service contient 6,000 mètres cubes d'eau. Il est construit en maçonnerie de moellons et couvert par deux voûtes annulaires, supportées par deux culées et par le mur de division du réservoir. Car ce réservoir, comme celui du bas service, est partagé en deux compartiments indépendants, mais qui peuvent néanmoins être mis en communication au moyen d'un robinet-vanne.

Ce réservoir est alimenté par une conduite de $0^m,60$ de diamètre qui part du bâtiment des machines, longe la route de Genève jusqu'au chemin de Montessuy, le chemin de Montessuy, et enfin le chemin de Margnolles.

Du réservoir part une seule conduite de distribution de $0^m,40$ de diamètre, qui passe devant le réservoir de la Croix-Rousse, pour pourvoir à son alimentation au moyen d'un jeu de robinets convenablement établi, et aboutit à la rue Masson, avec ce même diamètre de $0^m,40$.

Le *réservoir du Jardin des plantes* a pour objet de conserver un grand approvisionnement d'eau pour les besoins du service public.

Il est à $35^m,80$ au-dessus du zéro de l'échelle du pont de Tilsitt, soit à la cote $196^m,58$ du nivellement général de Lyon. Les eaux peuvent donc être tenues à $39^m,30$ du pont de Tilsitt, soit à $11^m,60$ plus bas qu'au réservoir n° 1 dit de Montessuy.

Ce réservoir, de la capacité de 4,000 mètres cubes, est partagé en trois compartiments : il supporte le grand bassin du jet d'eau du Jardin des plantes, ainsi que la plate-bande et la grille qui l'entourent.

Le réservoir du Jardin des plantes est alimenté à volonté par les réservoirs du haut ou du bas service, en vertu de la différence du niveau de ces réservoirs.

Du réservoir part une nouvelle conduite de distribution de $0^m,60$ qui suit la rue d'Algérie, le quai d'Orléans et le quai Saint-Antoine.

Le *réservoir de la Croix-Rousse*, de la capacité de 1,000 mètres cubes, est situé dans la rue des Gloriettes. Le niveau de son radier est au-dessous du niveau du réservoir du *haut service.*

Le *réservoir de la Sarra*, de la capacité de 1,000 mètres cubes, a été établi pour les besoins des parties élevées du quartier de l'ouest. Il est situé sur la rue des Quatre-Vents, aux abords du champ de manœvre de la Sarra. Son radier est à la cote de $140^m,22$ au-dessus du zéro de l'échelle du pont de Tilsitt, soit à 301 mètres du nivellement général de la ville de Lyon. Il est construit en maçonnerie de moellons ordinaires.

Ce réservoir est alimenté par une conduite en siphon renversé partant de Montessuy.

CHAPITRE XL

LES EAUX DE BORDEAUX.

La ville de Bordeaux a imité Paris pour son alimentation en eaux potables. Bien que traversée par la Gironde, elle est allée recueillir, à 10 ou 12 kilomètres de distance, une abondante provision d'eau de sources. Aujourd'hui, Bordeaux possède une fourniture d'eau qui peut être citée comme un modèle, par l'abondance et la pureté de l'eau, et par l'excellent système qui a consisté à établir sur toute la surface de la ville des bouches d'eau spéciales destinées à l'alimentation des pompes à incendie.

La dérivation des eaux de source qui alimentent la ville de Bordeaux, a été exécutée de 1853 à 1857, sous la direction de M. Mary, ingénieur en chef des ponts et chaussées, plus tard inspecteur général à Paris, et l'un des maîtres dans cet art, et de M. Devanne, ingénieur des ponts et chaussées.

Pour donner une idée exacte de la distribution d'eau de Bordeaux, nous donnerons ici des extraits d'une *Notice descriptive sur la distribution d'eau de Bordeaux*, qui a été rédigée en 1869, par M. Lancelin, ingénieur des ponts et chaussées, qui était, à cette époque, chargé du service municipal de Bordeaux. Les détails que cette Notice renferme nous ont paru dignes d'intéresser nos lecteurs. C'est donc une partie de la Notice de M. Lancelin que nous nous bornerons à reproduire dans ce chapitre.

L'eau mise en distribution à Bordeaux est fournie, dit M. Lancelin, par des sources qui sortent du rocher, dans les communes d'Eyzines, du Taillan et de Saint-Médard, à dix ou douze kilomètres à l'ouest de Bordeaux. Ces sources sont alimentées par les eaux pluviales qui filtrent à travers le sable et s'accumulent dans des bancs de rocher calcaire argileux, où elles forment un vaste réservoir. Il y a des sources au fond de toutes les petites vallées des environs de Bordeaux et jusque dans la ville, partout où le rocher se montre à découvert. Mais dans la ville même, dont le sol s'est élevé de 3 mètres depuis l'époque gallo-romaine, les anciennes sources ont été étouffées ou sont devenues des puits.

Avant 1858, les quartiers bas du centre de la ville étaient pourvus de quelques fontaines alimentées par la source d'Arlac, qui émerge à 4 kilomètres de Bordeaux, au-dessus du village du Tondu, près d'un affluent du Peugue. Les eaux étaient conduites jusqu'à la ville dans des tuyaux en poterie, et circulaient ensuite dans des tuyaux en plomb. Elles passaient pour excellentes. La ville en a fait don à l'hospice général de Pélegrin. La distribution de cette source, au siècle dernier, fut un grand bienfait; elle ne donne cependant pas plus de 4 litres par seconde.

Sous le premier Empire on distribua, le long des quais et dans le quartier des Chartrons, les eaux de la *Font de l'or*, source connue depuis longtemps et située au pied de l'église Saint-Michel. Elles furent élevées au moyen d'une pompe à manége. Ces eaux étaient déjà fort altérées par les infiltrations dont le sol s'imprègne dans les lieux habités. Il ne reste de cette époque que la fontaine du quai de la Grave. La source se perd actuellement dans la Gironde.

D'autres sources de peu d'importance, comme la fontaine Daurade, la fontaine Bouquière, la fontaine d'Audége, ont également disparu. Quelques autres d'un faible débit, comme les fontaines de Figuereau, Lagrange et Tivoli, ont été longtemps distribuees au moyen de tonnes qui parcouraient toute la ville. Deux cruches d'eau de dix litres se vendaient cinq centimes. Quelques habitants ont conservé une prédilection pour ces eaux, car on rencontre encore des tonnes marchandes qui la distribuent. Mais le plus souvent les porteurs d'eau remplissent leurs seaux aux bornes-fontaines qu'ils rencontrent et la donnent pour de l'eau de Tivoli, à la satisfaction de leurs abonnés.

Arrivons aux nouvelles sources.

Les eaux nouvelles dérivées des sources d'Eyzine, du Taillan et de Saint-Médard, sont conduites à Bordeaux dans un canal voûté de $1^m,50$ de large sur $1^m,60$ de haut, dont elles remplissent la moitié. La pente de ce canal est très-faible ($0^m,06$ par kilomètre). L'eau n'y coule qu'avec une vitesse d'environ $0^m,20$ par seconde, et met 15 ou 16 heures pour arriver à Bordeaux. Dans ce trajet elle dépose les légers troubles que les sources donnent quelquefois, par exemple en temps d'orage, et elle arrive à Bordeaux avec une limpidité parfaite.

Les sources forment quatre groupes. Les deux groupes les plus éloignés sont ceux de Bussaguet (commune du Taillan), et du Thil (commune de Saint-Médard). Elles coulent tout près du ruisseau de la Jalle, sur la rive gauche. Dans cette étendue le canal d'amenée est creusé dans le roc, et les sources ne sont autre chose que de petites chambres contiguës au canal et communiquant avec lui au moyen de fenêtres pratiquées dans la maçonnerie des parois.

Les deux autres groupes de sources sont sur la rive droite et à quelque distance du ruisseau, dans la commune d'Eyzine. L'un, celui de Cantinolle, surgit assez haut pour couler dans le canal d'amenée. L'autre, celui de Bussac, est élevé au moyen d'un appareil hydraulique très-simple, consistant en un tympan à spirale, monté sur le même arbre qu'une roue Poncelet qui utilise la chute d'eaux empruntées à la Jalle. Cet appareil fonctionne jour et nuit avec très-peu de surveillance et d'entretien, grâce à des régulateurs automobiles.

Pour assurer la conservation des sources, la ville a dû acquérir, tout autour de chaque groupe, d'assez vastes étendues de terrain que les fermiers doivent laisser en bois et en prairies. On évite ainsi les infiltrations qui pourraient troubler la pureté des eaux et les entreprises qui pourraient en amener le détournement, en leur ouvrant des issues sur des points plus déprimés que le canal d'amenée.

C'est en été qu'on dépense le plus d'eau et c'est la saison où les sources donnent le moins. C'est donc le moment où il faut en jauger le produit.

Le groupe des sources du Thil donne, par seconde	44 litres.
Celui des sources de Bussaguet	116
Les sources de Bussac	28
Celles de Cantinolle	20
Total	208 litres.

Soit environ 18,000 mètres cubes par vingt-quatre heures.

A coté de ces chiffres le produit des anciennes sources, dont la population de Bordeaux s'est contentée pendant des siècles, est tout à fait insignifiant, mais l'eau est un des premiers éléments de bien-être et de salubrité. On n'en a jamais trop et il serait à désirer qu'on pût en répandre davantage sur l'immense étendue de la ville, très-vaste par rapport à sa population. Le développement des voies publiques de Bordeaux est en effet de 230 kilomètres, ou le tiers du développement des rues de Paris, tandis que la population n'est que de 194,000 habitants, ou le dixième de celle de la capitale.

Pendant l'hiver le produit des sources augmente d'un quart ou d'un tiers, mais sans profit. Dans les étés d'une extrême sécheresse il peut diminuer d'un quart au-dessous du chiffre indiqué précédemment. Ces variations sont faibles, si on les compare à celles de la plupart des sources. Elles placent la distribution d'eau de Bordeaux dans

Fig. 165. — L'usine hydraulique de Bordeaux (bâtiment des machines et tour du service sur-élevé).

des conditions presque aussi bonnes, sous le rapport de la quantité, que celle des villes alimentées par des rivières, et bien supérieures pour la qualité des eaux.

A leur arrivée à Bordeaux, les eaux s'étendent dans un réservoir souterrain, d'une contenance de 13,000 mètres qui forme comme un épanouissement du canal d'amenée. Le canal lui-même, à raison de sa faible pente, joue le rôle d'un réservoir d'une égale capacité, de sorte que le niveau ne baisse pas de plus de vingt centimètres, même quand la dépense est le plus active. Ce niveau est à 10^{m},70 au-dessus de l'étiage ou des plus basses mers dans le port de Bordeaux, ce qui donne 4 mètres au moins au-dessus du pavé des quais et des rues aboutissantes. On a donc pu, par la pente seule et sans le secours des machines, distribuer l'eau dans le quartier des Chartrons, mais on ne le pouvait pas dans le reste de la ville, parce qu'il fallait atteindre ou traverser des quartiers trop élevés.

C'est dans le quartier de l'ancienne gare du chemin de fer de la Teste, dans la rue Paulin, point culminant de la ville que sont établies les machines à vapeur qui élèvent l'eau des réservoirs pour la distribution de la ville. Ces machines élévatoires consistent en deux pompes de 0^{m},90 de diamètre, mues par deux machines à vapeur de 50 chevaux. Il n'y a jamais qu'une pompe et qu'une machine en service. L'établissement possède des ateliers de réparation et de construction, des bureaux et des logements pour le directeur, les mécaniciens et les chauffeurs. Les machines marchent jour et nuit.

Les eaux, soit dirigées vers le quartier des

Chartrons, soit puisées et refoulées par les pompes pour les autres quartiers, sont distribuées dans des conduites en fonte, dont le diamètre varie de 0^m,60 à 0^m,06. Ces conduites forment ainsi plusieurs réseaux communiquant entre eux sur divers points. Un très-grand nombre de robinets sont disposés sur le parcours, pour permettre d'isoler au besoin les conduites à réparer ou à percer, sans interrompre le service sur une trop grande étendue. Dans tous les points bas, des tuyaux de décharge permettent de vider les conduites dans les égouts.

Le volume d'eau refoulé par les pompes se règle suivant les besoins. Une bielle articulée sur un balancier transmet au piston d'eau le mouvement du piston de vapeur. Suivant qu'on éloigne ou qu'on rapproche de l'axe du balancier l'articulation de la bielle, on augmente ou l'on diminue la course du piston d'eau, et, par suite, le volume aspiré et refoulé. La course peut ainsi varier de 0^m,25 à 0^m,75. Avec la course maximun la pompe envoie 850 litres par tour de volant, soit pour la vitesse ordinaire de 17 tours par minute, un volume de 267 mètres cubes par heure. C'est un peu plus que le produit des sources, qui s'élève à 700 mètres par heure en été. La pompe ne peut donc pas marcher constamment à grande course, car elle épuiserait bientôt le réservoir, qui fournit d'ailleurs directement au quartier des Chartrons. Il y a chaque jour quelques heures d'arrêt dont on profite pour les nettoyages.

La dépense d'eau qui se fait en ville, par les orifices publics ou particuliers, varie à toute heure. Elle atteint son maximum au moment des lâchures faites pour le lavage des ruisseaux. Elle est alors bien supérieure à ce que les pompes peuvent envoyer, de sorte que les conduites se videraient si elles n'étaient entretenues par un approvisionnement suffisant. Il a donc fallu construire des réservoirs de distribution.

On a placé ces réservoirs de distribution naturellement sur les points élevés de la ville, en les élevant sur des voûtes à quelques mètres au-dessus des rues voisines. Le fond est à 19^m et le trop-plein à 21^m,50 au-dessus des basses mers. Le réservoir St-Martin construit dans l'ancien cimetière de ce nom, près de la place Dauphine, a 3,000 mètres de capacité ; le réservoir Ste-Eulalie, sur le cours d'Aquitaine, 4,800 ; et le réservoir de Sablonat (fig. 166), près la place Nansouty, dans le faubourg St-Nicolas, 5,500 mètres.

Les réservoirs reçoivent et rendent l'eau par les mêmes conduites. Quand la pompe fournit plus d'eau qu'il ne s'en dépense en route, les réservoirs s'emplissent. Quand la dépense devient supérieure ou que la pompe s'arrête, les réservoirs se vident. Leur niveau détermine celui que l'eau peut atteindre dans les tuyaux de distribution, quand il n'y a pas, dans le voisinage de ces tuyaux, trop d'orifices ouverts, car alors l'eau s'écoule rapidement et perd de sa pression.

On a construit dans le quartier des Chartrons, rue Bourbon, un réservoir en tôle de 800^m de capacité, au même niveau que le canal d'amenée, dont il est fort éloigné. C'est afin que l'eau n'ait pas à faire un trop long parcours avant d'atteindre les orifices de distribution, au moment d'une grande dépense. Elle arriverait alors en trop faible quantité.

Un réservoir en maçonnerie de 100^m, dont le fond est à 21^m et le trop-plein à 27^m au-dessus des basses mers, a été construit dans la rue Pagès, pour le service du quartier de Ségur. On ne peut le remplir qu'à la condition de fermer l'entrée de tous les autres, dans lesquels l'eau se rendrait de préférence et se perdrait par les trop-pleins, parce qu'ils sont moins élevés. Ce service se fait la nuit. Pendant le jour le quartier de Ségur est isolé du reste de la distribution et ne reçoit d'eau que de son réservoir.

Fig. 166. — Le réservoir de Sablonat, à Bordeaux.

D'après la hauteur des bassins de distribution, on voit que l'eau peut s'élever partout à quelques mètres au-dessus du pavé et même, suivant l'altitude des quartiers, au premier et quelquefois au second étage des habitations. En accordant des abonnements, la ville ne promet l'eau d'une manière continue qu'au rez-de-chaussée, sauf des interruptions accidentelles de courte durée. Mais on a pu, jusqu'à présent, fournir de l'eau pendant la nuit aux bassins que la plupart des concessionnaires trouvent commode de placer dans les étages supérieurs et jusque dans les combles. On ferme pour cela tous les réservoirs de la ville, y compris ceux de Ségur et de la rue Bourbon ; on ferme également le canal d'amenée, et l'on met le réservoir des Chartrons en communication avec les pompes, dont la course est réduite à $0^m,35$ ou $0^m,40$ et la vitesse ralentie, à cause des résistances à surmonter. L'eau refoulée s'élève alors jusqu'aux orifices qu'elle peut rencontrer. Pour limiter, dans l'intérêt de la conservation des conduites et des machines, la pression qu'elle peut atteindre, une conduite de sûreté est placée au départ et débouche dans un bassin en tôle, construit au sommet d'une tour dans l'établissement Paulin, à 39 mètres au-dessus de bassess mers ou 21 mètres au-dessus de la place Dauphine (fig. 165). Ce bassin ne reçoit que l'excédant du produit de la pompe sur la dépense du moment, excédant d'abord très-faible, mais qui croît à mesure que les bassins particuliers, en se remplissant, sont fermés par leurs flotteurs. Quand ce service a duré assez longtemps, on arrête la pompe, le bassin de la tour rend peu à peu l'eau qu'il a reçue et l'on rétablit toutes les communications. Les mécaniciens et les gardiens des réservoirs sont avertis par des manomètres ou indicateurs de pression. Il faut beaucoup de précision dans toutes ces manœuvres afin que les conduites ne cessent jamais d'être alimentées soit par les pompes, soit par les réservoirs. Autrement elles pourraient se vider et se remplir d'air qu'on aurait de la peine à chasser et dont le déplacement brusque occasionnerait de violents coups de bélier. Pour éviter les fausses manœuvres, on a fait établir en 1872, comme il sera dit plus loin, une correspondance électrique entre l'établissement principal et les réservoirs de distribution. Toutefois la consigne du service est sévère et bien gardée par tout le monde.

Le développement des conduites publiques était en 1860 de 130,000 mètres, il est aujourd'hui de plus de 150,000 mètres.

Le nombre des bornes-fontaines est aujourd'hui de 300 ; elles sont jour et nuit à la disposition du public. Il n'y en a pas dans toutes les rues, mais elles sont distribuées de façon qu'on n'ait jamais, pour en trouver une, plus de 150 mètres à parcourir dans le centre de la ville, ni plus de 200 mètres dans les faubourgs en ; d'autres termes l'espacement de l'une à l'autre est de 300 à 400 mètres, à peu d'exception près.

Les *bouches d'eau sous trottoir* sont au nombre de 1,000 environ. On les ouvre tous les matins, pour le lavage des ruisseaux. Les fontainiers chargés de ce soin ont des itinéraires déterminés. Ils ouvrent d'abord toutes les bouches, puis les referment successivement dans le même ordre. Les bornes-fontaines ont aussi des orifices destinés au lavage des ruisseaux. C'est pour cela qu'on les a placées sur les points culminants des rues. Cette position n'est pas toujours la plus convenable au point de vue du puisage.

Toutes les bornes et bouches sont munies de raccords du même calibre, sur lesquels on peut adapter des boyaux pour l'arrosage à la lance ou pour le service des pompes à incendie. Il y a, d'ailleurs, des boîtes à raccords en grand nombre dans les jardins publics, dans les cours et sur le périmètre des principaux édifices, comme l'hôpital, le lycée, l'hôtel de ville, le théâtre, la bourse, l'entrepôt, etc.

30 colonnes ou poteaux sont répartis dans les divers quartiers, pour le remplissage des tonneaux d'arrosement ou du service d'incendie. Ils donnent 6 litres par seconde, les bouches de lavage, 2 litres, les bornes-fontaines, un demi-litre au bec de puisage.

Des fontaines décoratives où l'on peut puiser au moyen de boutons ou de pédales, se voient au quai de la Grave et sur les places du Palais, du Parlement, Saint-Paujet, Fondandége, Mériadeck et Nansouty.

Tous les édifices publics sont pourvus d'une distribution d'eau. Ceux qui en usent le plus largement sont l'hôpital, l'abattoir, le théâtre et les halles.

La ville accorde des concessions d'eau, tant aux établissements industriels qu'aux maisons particulières. L'eau concédée est presque partout à la discrétion des consommateurs, sans limite et à condition de ne pas la répandre sans nécessité. Un tarif règle le taux des abonnements d'après la valeur locative et suivant l'importance présumée de la consommation. Ce tarif est très-modéré ; il n'en pouvait être autrement dans une ville où des fontaines multipliées fournissent l'eau gratis et à toute heure. Il n'est pas le tiers du tarif de Paris. Dans les usines qui font une grande consommation d'eau la dépense se règle au compteur à raison d'un centime par hectolitre.

Il n'est pas facile de savoir comment se répartissent les 18,000 mètres cubes distribués chaque jour. On ne peut pas distinguer ce qui se dépense aux bornes-fontaines ou dans les maisons particulières. Il y a des bornes-fontaines où l'on ne cesse pas de puiser ; d'autres, dans les faubourgs, où l'on va laver du linge, des légumes, malgré les défenses et qui coulent toujours. Beaucoup d'abonnés laissent couler l'eau sans aucune utilité. Dans les grandes chaleurs on aime partout à la répandre et les services publics s'en ressentent.

Le nombre des concessions est aujourd'hui de 4,000, dont 150 seulement à compteur et le reste à discrétion.

Il était digne d'une grande cité de consacrer à l'embellissement de ses places une partie de sa richesse hydraulique. Des jets d'eau ornent la terrasse du jardin public, le jardin de l'Hôtel de ville, la place d'armes. La gerbe des Quinconces et les fontaines de Tourny sont du meilleur effet, mais elles dépensent beaucoup et l'on est obligé de compter les heures des eaux jaillissantes. Ainsi la gerbe donne 25 litres par seconde ou 90 mètres cubes par heure et les deux fontaines de Tourny donnent ensemble un peu plus. Ces eaux vont ensuite alimenter la rivière du jardin public.

Fig. 167. — La fontaine des Grâces, à Bordeaux.

Le nouveau service de Bordeaux fut inauguré le 15 août 1857.

La distribution d'eau de Bordeaux fut couronnée par l'établissement, en 1869, d'une fontaine nouvelle, dont les dessins principaux avaient été donnés par l'éminent architecte Visconti, peu de temps avant sa mort.

En 1865, le conseil municipal, sur la proposition de M. Brochon, maire, décida que la *Fontaine des Grâces* serait construite sur la place de la Bourse, et il invita le maire à faire choix des plus beaux matériaux et des meilleurs artistes pour l'exécution des plans de Visconti.

M. Brochon s'adressa alors à M. Gumery, statuaire, pour le groupe des Grâces et confia la direction de l'œuvre artistique à M. Jouandot, jeune sculpteur bordelais.

La fontaine fut inaugurée en 1869. Les Grâces, adossées à une colonne, surmontée d'un vase artistique, tiennent deux à deux des urnes d'où s'échappent trois jets abondants. L'eau retombe en nappe tout autour de la vasque. Des dauphins fixés sur le piédestal lancent par les narines six jets paraboliques. Cette fontaine dépense 108 mètres cubes d'eau par heure.

Terminons en disant que la distribution d'eau de Bordeaux a coûté, en y comprenant les travaux de restauration, 7,500,000 francs. La dépense d'entretien du service s'élève annuellement à 100,000 francs, tant en personnel qu'en matériel.

A l'exposé qui précède et qui est emprunté, ainsi que nous l'avons dit, à la notice de M. Lancelin, nous ajouterons, comme complément nécessaire, les particularités suivantes.

M. l'ingénieur Wolf, chargé, après M. Lancelin, des travaux de distribution, a fait établir un réseau télégraphique qui relie, d'une part, tous les réservoirs à l'établissement Paulin (fig. 165, page 377) où sont les machines élévatoires ; d'autre part, la caserne centrale des pompiers avec tous les postes de pompiers et avec l'établissement Paulin. La ville venait d'acheter deux pompes d'incendie à vapeur, sortant des ateliers de M. Thirioz, constructeur à Paris, et il importait d'en assurer promptement le service, en cas de sinistre. M. Wolf fit alors établir sur toute la surface de Bordeaux des bouches spéciales destinées à l'alimentation de ces pompes, qui débitent chacune 14 litres par seconde, tandis que les pompes à bras ne donnent que 3 litres, et il les distribua de telle sorte que tous les points de la ville pussent être secourus, au moins par une pompe à vapeur, et le plus souvent par les deux. Le nombre de ces bouches est de plus de 100, et il s'accroît tous les jours.

Selon M. Wolf, le volume d'eau qui alimente Bordeaux est insuffisant. Avec la surface considérable que présente la ville, il faudrait 400 litres par seconde. Les besoins domestiques et industriels sont parfaitement pourvus ; mais l'arrosage des rues ne dure guère que 30 à 40 minutes par jour, ce qui, en été, est insuffisant.

Bien que l'on en ait élevé le prix, les abonnements domestiques, qui sont à robinet libre, et dont le nombre s'accroît sans cesse, coûtent encore moins cher que ceux de la plupart des villes de France. On paye aujourd'hui un centime et demi l'hectolitre d'eau fourni à l'industrie.

Le revenu actuel de la ville, en abonnements d'eau, est de 400,000 francs.

L'eau de Bordeaux est bonne, mais un peu incrustante. Elle marque 22° à l'hydrotimètre ; et au thermomètre 14°, 5. En été cette température s'élève d'un demi degré, et l'eau n'est plus aussi fraîche qu'on le désirerait.

CHAPITRE XLI

LES EAUX DE MARSEILLE. — LE CANAL DE LA DURANCE. — TRAVAUX DE MONTRICHER. — L'AQUEDUC DE ROQUEFAVOUR. — ÉTAT ACTUEL DES EAUX PUBLIQUES A MARSEILLE. — TRANSFORMATION DES ENVIRONS DE MARSEILLE PAR L'ARROSAGE.

Jusqu'à l'année 1850, la ville de Marseille ne fut alimentée en eaux potables, que par la dérivation des petites rivières de l'Huveaune et de la Rose. La quantité d'eau potable ainsi distribuée était insuffisante pour une ville dont l'importance commerciale et le nombre des constructions s'accroissaient, pour ainsi dire, d'heure en heure. Les environs de Marseille étaient alors un des sites les plus arides du midi de la France. Desséchée par un vent impétueux, brûlée par le soleil, la banlieue de Marseille était une sorte de Sahara. Il était donc de la plus grande urgence qu'une distribution d'eaux abondantes vînt apporter aux habitants de cette ville l'eau nécessaire à leurs besoins, et procurer à ses environs la fraîcheur et la fertilité. Tout cela est aujourd'hui réalisé, et ce bienfait Marseille le doit à un ingénieur doué d'un véritable génie, à M. de Montricher.

A peine son œuvre achevée, Montricher trouva, jeune encore, la mort en Italie, pendant l'exécution des travaux qu'il avait été chargé d'accomplir pour l'assainissement des environs de Rome. Mais le souvenir de cet homme éminent ne périra pas, grâce à l'œuvre admirable qu'on lui doit, et qui a révolutionné les conditions de l'existence du citadin marseillais.

C'est en amenant à Marseille les eaux de la Durance, par un canal de 92 kilomètres de longueur, que Montricher résolut le grand problème des eaux publiques de cette ville.

Un assez grand nombre de projets avaient été mis en avant, à Marseille, pendant tout le XVIIIe siècle, pour amener les eaux de la Durance. La création du canal de Craponne avait été l'origine de ces projets de dérivation de la Durance. Mais on avait surtout en vue, à cette époque, un canal d'irrigation pour tout le parcours du canal de la Durance à Marseille. Montricher réduisit le rôle du canal projeté à l'alimentation en eaux potables de Marseille et de ses environs.

C'est en 1836 que Montricher proposa d'amener à Marseille les eaux de la Durance, par un canal dont il estimait les dépenses de construction à 10 millions de francs. La ville de Marseille acceptait ce projet avec reconnaissance, et était prête à faire les dépenses de ce canal.

Le projet de Montricher fut soumis pendant trois ans à diverses discussions. La ville d'Aix résistait; elle voulait que le canal eût une direction qui la desservît. A la suite de ces discussions Montricher amenda son tracé, en réduisit la longueur, et obtint, en 1839, une décision définitive. L'aqueduc, de 83 kilomètres de développement, devait, pour une somme de 14 millions, apporter à Marseille l'eau nécessaire à l'usage de la ville et de ses environs.

Nous trouvons dans un ouvrage moderne (1) des *notes prises pendant l'exécution du canal de la Durance*, qui renferment des renseignements intéressants sur les conditions du problème d'hydraulique qu'il s'agissait de résoudre.

« Pour l'irrigation de 1000 hectares de terre sous le ciel de la Provence, dit M. Grimaud de Caux, il faut une prise d'eau de 660 litres (deux tiers de mètre cube) par seconde. On estime à 6,000 hectares au moins les terrains des environs de Marseille qu'il convient d'arroser; ce serait donc 3 mètres cubes et demi par seconde qu'exigerait le territoire marseillais. D'après les évaluations admises par le conseil général des ponts et chaussées, la Durance n'en aurait jamais moins de 74. En outre, les eaux potables et domestiques sont très-rares à Marseille. En 1834, le maire se vit obligé d'employer deux compagnies de grenadiers pour garder le filet d'eau que la rivière de l'Huveaune fournissait encore ; à diverses reprises, la disette d'eau y a causé des épidémies et des émeutes. La prise d'eau totale devrait être de 8 à 9 mètres cubes par seconde, c'est-à-dire au plus du huitième de ce que débite la Durance aux plus basses eaux. Pour compenser les pertes d'eau causées par les filtrations et l'évaporation, le canal devrait emprunter à la Durance 1 mètre cube de plus par seconde. A ce compte la prise d'eau eût été de 10 mètres cubes par seconde.

Malheureusement la requête de la ville de Marseille avait soulevé beaucoup d'opposition. Il a fallu respecter les droits acquis des propriétaires des canaux d'irrigation dont les prises d'eau se trouvent en dessous de Saint-Paul, point de départ adopté par M. de Montricher. Il a été reconnu nécessaire de laisser à la Durance une certaine quantité d'eau pour la branche septentrionale du canal Boisgelin, appelé canal des Alpines. Par ces motifs, la ville de Marseille n'a été autorisée à puiser dans la Durance que 5 mètres cubes 3/4 qui, en raison des pertes, n'en produiront effectivement que 5. Cette réduction est vraiment exagérée. Le conseil général des ponts et chaussées admet que la quantité d'eau roulée par la Durance est de 74 mètres cubes, et qu'il suffit qu'elle en conserve 12 à son embouchure dans le Rhône. Or les concessions actuelles ne s'élèvent qu'à 32 mètres cubes, il en restait donc 30 à concéder. Quoi qu'il en soit, de guerre lasse, les Marseillais ont accédé à ces conditions. Ils renoncent au projet qu'ils avaient formé de distribuer de l'eau sur tout le parcours de leur canal, et ils garderont pour leur clocher tout ce qui leur a été attribué. Frappés de ce que le canal débouchait du souterrain de Notre-Dame (hameau situé à 2 lieues de Marseille) à une hauteur de 150 mètres au-dessus du niveau de la mer, ils avaient pensé qu'avec 5 mètres cubes tombant de cette hauteur, ils auraient une force motrice suffisante pour un nombre considérable de fabriques. En effet, la puissance ainsi créée eût été équivalente à 3,000 chevaux. Ils abandonnent cette espérance. Mais leur cité sera admirablement arrosée et parfaitement approvisionnée, même pour le service courant des fabriques; le port cessera d'être un cloaque infect. D'ailleurs le canal sera creusé de manière à recevoir 10 mètres cubes, et il pourra les emprunter à la Durance

(1) *Les eaux publiques*, par M. Grimaud, de Caux, in-8. Paris, 1863, pages 312-344.

même pendant la majeure partie de l'été ; car, grâce aux glaciers des Alpes, dont le tribut augmente pendant les chaleurs de l'été, l'étiage extrême est un accident qui ne dure que pendant quelques jours. Plus tard enfin on se décidera peut-être à établir des réservoirs semblables à ceux qu'alimentent les canaux de navigation, et où l'on amassera, aux époques de pluie ou pendant la fonte des neiges, d'immenses approvisionnements pour les temps de sécheresse ! »

Les travaux du canal de la Durance durèrent environ douze ans ; de 1839 à 1850. On ne possède aucun document technique sur la construction du canal de la Durance et l'aqueduc de Roquefavour, sur la distribution d'eau de Marseille, ni sur son mode exact d'épuration. La mort inopinée de Montricher a empêché la ville de Marseille de publier la description des œuvres d'art et de construction qui l'ont dotée de sa distribution d'eaux actuelle. C'est une lacune qu'il appartient à la ville de Marseille de combler, tant par reconnaissance pour l'ingénieur illustre qui l'a enrichie du bienfait de ses nouvelles eaux, que dans l'intérêt de la science et de l'art. En attendant, on en est réduit sur cette question à une grande pénurie de renseignements.

Nous emprunterons les éléments d'une description sommaire concernant les travaux de la distribution d'eaux de Marseille, à un rapport adressé en 1864 au préfet de la Seine, par un des ingénieurs de la ville de Paris, M. Ad. Mille, ingénieur en chef des ponts et chaussées, ayant pour titre, *Marseille et le canal de la Durance, rapport à M. le sénateur préfet de la Seine* (1).

Donnons d'abord, d'après M. Ad. Mille, une idée exacte du point de départ et de la traversée du *Canal de la Durance*, ou *Canal des eaux de Marseille*.

Entre la Durance, qui coule de l'est à l'ouest, pour se jeter dans le Rhône, au-dessous d'Avignon, et la mer à laquelle appartient le bassin de Marseille, on trouve la grande plaine d'Aix, ayant pour émissaire, la rivière d'Arc, qui tombe dans l'étang de Berre. Cette topographie explique le tracé et les accidents du canal de la Durance. La prise du canal est en face de Pertuis, à la cote de 180 mètres. L'aqueduc se développe d'abord le long de la Durance, parallèlement au canal de Craponne ; puis il entre en souterrain aux Taillades, pour atteindre vers Lambesc les sommets de la plaine d'Aix. Il y traverse la Touloubre, et après un parcours étudié dans le but de rencontrer la rivière d'Arc, dans une brèche profonde du calcaire grossier, il franchit la vallée profonde de l'Arc, sur un ouvrage célèbre, le *pont-aqueduc de Roquefavour*.

Le pont-aqueduc de Roquefavour a été construit de 1842 à 1846, sous la direction de Montricher. Jeté sur la vallée, pour relier les deux montagnes qui la forment, il a 400 mètres environ de longueur, et $82^m,50$ de hauteur moyenne, non compris les fondations de 9 à 10 mètres de profondeur. Il est donc plus considérable que le pont du Gard, qui n'a que 47 mètres de hauteur et 200 de longueur. Il se compose de trois rangs d'arches superposées : le premier compte 12 arches, de 15 mètres d'ouverture sur $3^m,10$ de hauteur ; le second, 15 arches de 16 mètres d'ouverture ; et le troisième 53 arches, de 5 mètres. La largeur totale de l'aqueduc est de $13^m,60$ à la base.

L'aqueduc de Roquefavour est aussi élevé que la lanterne du Panthéon, à Paris ; il a 14 mètres de plus de hauteur que la balustrade des tours de Notre-Dame.

Après avoir franchi la vallée de l'Arc sur le pont-aqueduc de Roquefavour, le canal de la Durance n'a plus qu'à percer le souterrain de la Nerthe, et il débouche sur le territoire de Marseille, près des Aigalades, à l'altitude de 150 mètres. Alors son rôle

(1) In-4° de 30 pages. Paris, 1864. Imprimerie de Mourgues, imprimeur de la Préfecture de la Seine.

Fig. 168. — L'aqueduc de Roquefavour, sur le trajet du canal qui amène à Marseille les eaux de la Durance.

d'aqueduc est fini ; il devient une branche mère, qui côtoie les hauteurs en alimentant les dérivations de Lestaque, du cap Janet, de Longchamps, de Saint-Julien, et bientôt d'Aubagne, lesquelles sont chargées de porter l'eau sur les faîtes secondaires.

L'aqueduc a des pentes et des sections variables suivant la nature des lieux traversés.

Parmi les souterrains, qui sont au nombre de quarante, trois ont environ 3,500 mètres.

On compte sur la ligne deux cent trente ponts ou aqueducs ; parmi ces derniers, il en est un de 25 mètres de hauteur et de 170 mètres de longueur.

La section et la pente du canal ont été calculées de manière à débiter 7 mètres cubes d'eau par seconde avec un mouillage de $1^m,50$ et une vitesse moyenne de $0^m,84$ environ par seconde. On a rempli cette condition en donnant au canal une largeur de 3 mètres à la cunette, de 7 mètres à la ligne d'étiage, et une pente de $0^m,30$ par kilomètres. La profondeur totale du canal est d'ailleurs de $2^m,40$, et sa largeur de $9^m,40$ au sommet. Dans ces conditions, les eaux peuvent atteindre sans inconvénient une hauteur de $0^m,50$ au-dessus de l'étiage; elles acquièrent alors une vitesse de $0^m,90$ environ, fournissent 10 mètres cubes par seconde : ce volume peut être considéré comme le produit habituel du canal.

En terrain naturel, la pente, disons-nous, est de $0^m,30$, par kilomètre ; la section du canal est trapézoïdale, avec base de $2^m,66$, et talus réglés à 3/4. Dans le rocher la pente par kilomètre augmente à $0^m,30$; la section passe au double carré de 2 mètres. En souterrain, la pente est de $1^m,3$; la section est rectangulaire et sa base réduite à 3 mètres. Enfin, sur les ouvrages d'art, sur les ponts-aqueducs, car il n'y a pas de siphon, la pente double encore ; elle atteint 2 mètres par kilomètre, ce qui permet de réduire la largeur de cunette à 2m,20.

On se demande si Montricher eut raison d'écarter la solution modeste du siphon et de jeter à Roquefavour un monument de pierre, qui a 400 mètres de longueur et qui est à 80 mètres au-dessus du lit du torrent. L'ingénieur arrive en face de ce monument avec un arrêt de condamnation tout prêt. Mais quand ses yeux distinguent le nouveau pont du Gard, refait après dix-huit siècles, avec le goût, l'élégance, la science de notre temps; quand il voit devant lui, non plus une masse puissante, à arcades carrées et trapues, mais une galerie portée dans le vide par des piles qu'appuient de minces contre-forts ; quand il constate la solidité des assises naturelles sur lesquelles ces piles posent le pied, quand il réfléchit qu'en 1840 on ne fabriquait guère de grosses conduites, et que si l'on manie aujourd'hui d'énormes pressions d'eau, on ne s'exposait pas volontiers à cette époque à des atmosphères de 7 à 8 pressions; qu'en définitive l'eau est libre partout, depuis la Durance jusqu'à Marseille, et que la limite et la séparation atteignent ainsi tous les points du profil, alors l'admiration désarme la critique et l'on applaudit à cette belle création du génie contemporain.

M. Ad. Mille, dans le rapport qui nous sert de guide, aborde ensuite le mode de distribution des eaux de la Durance dans la ville de Marseille.

Quand Montricher, dit M. Ad. Mille, demandait, en 1836, à prendre 10 mètres cubes d'eau par seconde à la Durance, il calculait que la ville avec ses 150,000 habitants et ses 7,000 maisons de campagne, consommerait 2 mètres cubes par seconde ; il destinait aux usines 3 mètres cubes, c'est-à-dire 3,000 chevaux de force; car chaque litre, tombant ici d'une hauteur moyenne de 100 mètres, représente un cheval-vapeur ; il livrait 4 mètres cubes à l'arrosage de 5,000 hectares dans le territoire, et il faisait l'appoint de 10 mètres cubes avec 1 mètre accordé à l'évaporation et aux filtrations. L'exécution n'a pas démenti sensiblement les données prévues. Le canal prend en moyenne à la Durance 8 mètres d'eau par seconde ; 1 mètre cube se perd par la filtration et l'évaporation sur un parcours de 83 kilomètres. Des 7 mètres cubes effectifs qu'apporte l'aqueduc, 2m,50 sont fournis par la branche de Longchamps qui descend dans la ville, 4m,50 suivent la branche mère, pour faire le service des maisons de campagne, des cultures et des usines.

Voyons maintenant comment cette eau est distribuée dans la ville. La branche de Longchamps aboutit aux réservoirs, qui sont situés sous le jardin zoologique. On avait d'abord établi auprès de ces réservoirs des filtres artificiels, composés de sable et de gravier, d'une superficie de 9,000 mètres; mais comme ces filtres étaient d'un nettoyage difficile, on les a plus tard supprimés; les eaux se déversent dans la distribution telles qu'elles sortent du canal.

C'est par leur séjour dans un bassin de repos, le bassin de Réaltor, que l'on clarifie, autant qu'il est possible, les eaux de la Durance. D'autres bassins situés à l'intérieur de la ville, et la filtration à domicile quand il s'agit d'eaux destinées à la boisson et aux usages économiques, font le reste. Quant aux usages agricoles dans la banlieue, les eaux de la Durance, malgré leur état constant de trouble, répondent suffisamment aux besoins. Les irrigations, les lavages et autres usages, peuvent s'accommoder d'une eau trouble, surtout quand on considère qu'autrefois on n'avait ni eau claire ni eau trouble dans la banlieue marseillaise.

Nous disons que c'est par le repos dans des réservoirs, que l'eau de la Durance se clarifie partiellement. Il y a plusieurs de ces bassins de repos dans l'enceinte de Marseille, mais le principal est hors de la ville. C'est celui de Réaltor, qui se trouve sur le trajet du canal, dans la vallée de la Mérindolle, à une assez grande distance de Marseille.

Le principe des bassins de repos ou de décantation, appliqué comme moyen de purification des eaux troubles de la Durance, se comprend facilement. Supposons que le canal, au lieu de se rendre dans une section étroite, se déverse en lame mince sur une grande largeur de profil, n'est-il pas évident que la vitesse de l'eau étant devenue nulle, les troubles se déposeront et que l'eau s'écoulera moins trouble par le déversoir ? La clarification obtenue sera grossière, mais efficace; la boue s'arrêtera avant de pénétrer dans le canal de distribution qui fait suite au réservoir.

Telle est l'idée que Montricher avait eue dès 1836, et qu'il avait préparée en achetant 75 hectares de terrain à Réaltor. M. Pascalis, aujourd'hui directeur du canal, après avoir été le meilleur aide de la construction, a fait prévaloir le principe de la décantation.

Le bassin de repos ou de décantation de Réaltor est ainsi disposé. Un triangle qui n'a pas moins de 75 hectares, fermé par une digue de 600 mètres de longueur, sur 19 de hauteur, peut rassembler 4 millions et demi de mètres cubes d'eau du canal. Il est divisé en deux compartiments, au moyen d'un barrage-déversoir. Le triangle d'amont de 18 hectares (le *citerneau*) reçoit de première main les eaux dérivées du canal ; il les livre à la *citerne* de 57 hectares, après qu'elles ont coulé en lame mince sur le déversoir. Comme ici la tranche supérieure de 1^m 50 sur 75 hectares, représente 850,000 mètres cubes d'eau clarifiée, on peut, par des manœuvres de vannes, puiser ce qu'on veut restituer à l'aqueduc.

Mais il faut se débarrasser des matières terreuses qui se sont accumulées au fond du réservoir, et qui forment des amas considérables. En effet, le volume moyen des matières tenues en suspension dans l'eau de la Durance n'est pas moins de 1/100e de litre par mètre cube; c'est une eau constamment trouble. Parfois. dans les jours d'orage, le dépôt dépasse 1/100e (10 litres de matière solide par mètre cube). Aucune rivière de France n'est chargée d'autant de produits terreux; aussi estime-t-on à 220,000 mètres cubes le total des dépôts terreux qui se déposeraient chaque année au fond du bassin de Réaltor.

Pour se débarrasser de ces dépôts, le bassin est découpé en redans longitudinaux, au moyen de petits murs, entre lesquels se logent les vases. Puis, aux jours d'eaux claires, on ouvre la bonde du bassin, et on envoie sur les fonds à labourer les eaux du canal roulant avec une vitesse torrentielle. La boue est ainsi entraînée, précipitée, par le ruisseau de la Mérindolle, jusque dans la rivière d'Arc, et les crues emmèneront plus tard les dépôts dans l'étang de Berre.

Le système de clarification qui s'effectue en grand dans le bassin de Réaltor, est mis en pratique sur une plus petite échelle dans quelques réservoirs de moindre importance distribués dans la ville, et c'est ainsi que l'on clarifie autant qu'on le peut l'eau de la Durance amenée à Marseille par l'aqueduc.

Suivons maintenant la distribution de l'eau dans Marseille.

Quatre conduites maîtresses de 0^m, 60 et de 0^m, 40 de diamètre, partent du réservoir du jardin zoologique, et portent l'eau dans les différents quartiers. La plus importante aboutit à l'extrémité du cours Bonaparte, dans un bassin dissimulé sous des jardins, au pied de Notre Dame de la Garde. Le trop-plein s'échappe en cascade et décore la perspective du boulevard.

Marseille compte aujourd'hui sur les places publiques, 12 fontaines monumentales. L'eau y jaillit ordinairement du milieu des arbustes et des fleurs. Elle possède 300 bornes-fontaines et 1,700 bouches d'arrosage, au moyen desquelles le cantonnier lance trois fois par jour des gerbes de 30 mètres d'amplitude, qui mouillent jusqu'aux plus hautes branches des platanes. La nuit, les bouches d'arrosage versent l'eau aux ruisseaux et les lavent : puis, le courant se rend aux égouts.

Ces bouches, consacrées à l'arrosage, ne versent que de l'eau trouble, presque blanche, et qui, parfois, passe au rouge et au noir, suivant le torrent dont la crue a rempli la Durance.

Quand elle a été filtrée, l'eau est très-agréable à boire, très-douce, puisqu'elle marque 18° à l'hydrotimètre, et 100 litres sont régulièrement concédés au particulier par abonnement et coulent par 4,000 prises; Mais comme les troubles consistent en un sable argileux (*la nite*) qui use les robinets et déforme les diaphragmes, il n'y a pas de jauge possible. Quelques particuliers prennent vingt fois ce qu'ils devraient avoir. Les 100 litres d'abonnement normal deviennent, dit-on 1,000 litres, qu'il faut laisser gaspiller, pour ne pas être envahi par les réclamations. En somme, le service public obtient 1 mètre cube d'eau et le service privé autant, l'appoint jusqu'à 250 mètres cubes répond à des conduites qui sortent de la ville.

Passons au service des eaux dans la banlieue. Les eaux, dans le territoire qui environne Marseille, sont livrées de deux façons: 1° comme *eaux périodiques* ou *d'arrosage*, c'est-à-dire par rotation de trois heures tous les trois jours, et servant à arroser les prairies et les jardins; 2° comme *eaux continues*, coulant sans intermittence, pour les usages domestiques de l'habitation et de la décoration des parcs. Dans le premier cas, des rigoles et des vannes; dans le second, des conduites et des robinets, alimentent les concessionnaires.

Malheureusement, les dépôts boueux laissés par l'eau de la Durance, qui n'a pu subir aucune épuration autre que celle du dépôt dans le bassin de Réaltor, salissent les bassins et les fleurs; cette eau blanche et limoneuse répugne dans une demeure somptueuse. La ville, qui vend cette eau, doit donc, pour atténuer les plaintes, tolérer les abus. Les 2,500 litres vendus pour l'arrosage deviennent 3,000 litres et les 200 litres vendus pour l'écoulement continu se changent en 500 litres. Voilà 2,500 litres absorbés sur 4,500; le reste va aux services divers, aux puisages pour les maçonneries de constructions ,à l'arrosage des voies publiques de la banlieue: car le propriétaire de la bastide marseillaise se plaint aujourd'hui s'il rencontre la poussière en chemin! *Quantum mutatus ab illo !*

Les environs de Marseille sont découpés en mille propriétés d'agrément, d'importance très-variable. On y trouve, avec la villa du négociant, la *bastide* du commerçant et celle du simple ouvrier. En outre, les terrains maraîchers, où l'on cultive des légumes, abondent, et l'on commence même à voir des prairies où l'on nourrit des vaches laitières, et où l'on récolte des foins. Le terrain se vendant au mètre carré, ce qui donne une idée de sa valeur, chacun achète en raison de la proximité, de la beauté du site, des facilités d'arrosage. Quand la terre végétale manque, on en apporte à grands frais; on y ajoute le fumier et l'eau, et l'on se hâte de jouir du bonheur de créer de la verdure et de l'ombre, sur ce sol naguère aride et desséché, de créer une oasis dans ce sahara de la Provence. C'est par la prairie qu'on commence. Le sol, toujours accidenté, est sillonné par des rigoles de niveau, d'où l'eau descend en ruisselant, de l'une à l'autre rigole. Avec la prairie, paraissent les lignes de peupliers, les allées de platanes; puis en plein soleil, les planches de légumes et d'arbres fruitiers, les plates-bandes et les massifs de fleurs. Partout circule la rigole d'eau. En ouvrant une petite vanne, dissimulée sous le gazon, on livre l'eau à la soif du terrain. Les abris sont inutiles sous ce climat; on n'en établit guère que contre le vent, en plantant des murs de cyprès très-rapprochés. L'espalier résulte de la disposition naturelle des lieux, et on obtient alors le climat de l'Afrique.

A Cannes, sous l'abri de la montagne de l'Estérel, les orangers viennent en pleine terre, les palmiers croissent au milieu des jardins et les aloès forment les buissons des haies. A Grasse, à l'abri des montagnes des Alpines, les fleurs propres à la parfumerie, les roses, les tubéreuses, les jasmins, les résédas, se cultivent par hectares, comme on cultive dans le nord le colza, l'œillette et la pomme de terre. Quand elle est arrosée, la végétation du Midi est d'un aspect splendide. La lumière se reflète sur des feuilles et des fleurs d'une grandeur, d'une vigueur de tons inconnue dans le Nord, car le tissu et la matière colorante se développent en raison de l'intensité des rayons solaires. Quand on regarde Marseille des hauteurs de Mazargues, la vue de ce panorama de verdure, de pavillons, de jardins, qui ne s'arrêtent qu'à la mer, cause un plaisir inexprimable, surtout quand on se rappelle l'ancienne aridité de ces mêmes lieux, aspect que l'on retrouve, d'ailleurs, dans la partie de la banlieue non encore arrosée. On voit la sécheresse, l'aridité, la nudité, fuir devant les rigoles d'eau, comme l'ombre fuit à l'approche des rayons du jour.

Ce qui fera la gloire de Montricher, c'est d'avoir compris de quelle importance il était d'amener une rivière d'eau pure dans une grande ville, constamment brûlée par le soleil, et qui n'avait aucun moyen de désaltérer ni ses habitants ni son sol; c'est d'avoir envisagé dans son avenir la situation de Marseille; d'avoir su reconnaître quel service on lui rendrait, si on lui donnait assez d'eau, non pas seulement pour boire, mais pour rendre ses rues salubres, assainir son port, arroser ses alentours, et faire pousser la verdure où il n'y avait jamais eu que des rochers desséchés, friables et répandant, au moindre vent, une poussière insupportable; c'est enfin d'avoir porté la conviction dans l'esprit des administrateurs de Marseille, et de les avoir décidés à risquer de troubler leurs finances, pour travailler à la prospérité de leur ville dans le présent et dans l'avenir.

Le trouble apporté dans les finances de Marseille, par la construction du canal de la Durance, n'a pas été, d'ailleurs, de longue durée. Le canal a coûté 60 millions, et la vente des eaux rapporte déjà à la ville plus d'un million par an. Marseille n'a donc pas fait une mauvaise affaire, et elle a réalisé, avec sa distribution d'eau, une des plus remarquables créations de l'art de l'ingénieur, en même temps qu'elle a édifié, avec l'aqueduc de Roquefavour, un des plus utiles et des plus beaux monuments des temps modernes.

CHAPITRE XLII

LES EAUX PUBLIQUES A TOULOUSE. — PROJETS ANTÉRIEURS A LA DISTRIBUTION D'EAU DE LA GARONNE, EXÉCUTÉE EN 1825 PAR MASQUELEZ ET D'AUBUISSON. — ÉTAT ACTUEL DU SERVICE DES EAUX A TOULOUSE.

Avant l'année 1825 l'eau potable manquait aux habitants de Toulouse. Quelques sources apportaient seules une quantité insuffisante d'eau. De nombreuses tentatives avaient pourtant été faites pour obtenir un service régulier de bonnes eaux; mais comme il est arrivé souvent pour les villes traversées par un fleuve, deux systèmes rivaux étaient toujours restés en présence, et, se faisant échec l'un à l'autre, avaient empêché de rien exécuter. Ce ne fut qu'après deux autres siècles de discussions, et par la nécessité de prendre enfin un parti, que l'on se décida à se contenter des eaux de la Garonne. Un système de filtration naturelle de l'eau à travers les matériaux du fleuve, réalisé après de longs tâtonnements, contribua surtout à assurer la préférence à ce dernier système.

Le récit des tentatives faites avant l'exécution du projet de 1825 présente beaucoup d'intérêt. D'Aubuisson de Voisins en a publié, dans les *Mémoires de l'Académie royale des sciences, inscriptions et belles-lettres de Toulouse* (1) un long exposé, dont nous donnerons quelques extraits.

Jusqu'au XVIIe siècle, Toulouse s'était contentée de la dérivation de quelques sources voisines de son enceinte. Mais la pénurie d'eau devint telle, à cette époque, que les *capitouls*, c'est-à-dire les magistrats municipaux, furent contraints de s'occuper sérieusement de fournir une eau plus abondante aux 50,000 âmes qui formaient alors la population de leur ville.

En 1612, un Italien vint proposer d'élever, à l'aide de machines, les eaux de la Garonne, et de les distribuer dans toute la ville. Son projet ne fut pas agréé, tant à cause de la dépense considérable qu'il eût entraînée, que parce que les eaux de ce fleuve sont troubles pendant la plus grande partie de l'année.

En 1677, on proposa d'amener à Toulouse la source des Ardennes. Des hommes versés dans les travaux hydrauliques furent consultés, et le projet, ainsi que le devis des ouvrages à faire, fut dressé. L'entrepreneur, moyennant une somme de quarante mille livres, se chargeait de conduire 25 pouces d'eau à la place Rouaix et autres lieux indiqués au devis. On lui donnait encore 2,000 livres par chaque pouce d'eau qu'il amènerait en sus. 4,000 francs lui furent comptés, et l'on commença les travaux. Mais ils furent mal exécutés; bientôt ils furent suspendus, puis abandonnés.

Cinq ans après, un Marseillais proposa de porter 3 pouces d'eau de la Garonne au delà du pont, à l'aide d'un aqueduc. Il demandait 8,000 livres, et il se chargeait de l'entretien pendant dix ans, moyennant 150 livres par an. Son offre fut acceptée, et l'on mit la main à l'œuvre; mais, cette fois encore, le succès ne répondit pas à l'attente. On ne put faire parvenir qu'un demi-pouce d'eau au delà du fleuve. N'ayant pu mener l'eau dans l'intérieur de la ville, on se restreignit à ce faubourg et l'on alloua 3,000 francs à l'entepreneur, à la charge d'y entretenir ces trois pouces d'eau.

Les mécomptes que l'on avait éprouvés ne découragèrent pas. L'administration municipale décida, en 1684, que les eaux de la source des Ardennes seraient menées dans la ville à l'aide d'un grand aqueduc porté sur des arceaux, et l'on commença à creuser le grand réservoir dans lequel elles devaient d'abord se réunir. Mais bientôt quelques personnes prétendirent qu'il valait mieux élever les eaux de la Garonne, et les laisser séjourner pendant quelque temps dans un grand bassin, où elles déposeraient les matières terreuses qui en altéraient la limpidité. On nomma des commissaires pour examiner ces divers projets; et, comme il n'arrive que trop souvent, pour concilier des opinions ou prétentions contraires, on ne fit rien. De longtemps il ne fut plus question de la conduite des eaux de l'Ardenne.

En 1750, un Flamand, nommé Brossard, présenta aux capitouls le modèle d'une machine propre à élever les eaux de la Garonne à une hauteur suffisante pour être ensuite distribuées dans toute la ville. L'Académie

(1) Tome I, 1re partie, in-8. Toulouse, 1830.

des sciences de Toulouse nomma une commission pour examiner cette machine : c'était un chapelet à godets (*noria*), mû par une roue à aubes qui lui transmettait le mouvement à l'aide d'un double engrenage. Les commissaires, MM. de Garipuy et d'Arquiner, s'occupèrent, non-seulement de l'élévation de l'eau, mais encore de sa distribution dans la cité ; et, à ce sujet, ils firent le nivellement de ses points principaux. Ils pensèrent que 50 pouces d'eau étaient nécessaires ; ils les élevaient à l'aide de deux des machines proposées, qu'ils plaçaient au-dessous de la digue du moulin du château, au local occupé aujourd'hui par l'usine Mazarin. Ils conduisaient l'eau destinée aux fontaines dans leurs puisards par un canal garni de matières filtrantes, de manière qu'elle y arrivât dépouillée de substances terreuses. Elle était ensuite portée à 42 pieds, au haut de la tour du château renfermant les appareils ; et finalement elle était distribuée à sept fontaines placées sur les sept places principales, par des tuyaux de poterie renfermés dans de petits aqueducs, ou scellés dans de la maçonnerie. La commission estima la dépense à 133,180 francs. Brossard reçut une gratification de 600 francs, mais rien ne fut exécuté.

Quelques années après, en 1761, un étranger, François Lefèvre, frère cordelier, homme versé dans les constructions hydrauliques, qui venait d'établir à Narbonne une machine à élever les eaux, arriva à Toulouse, appelé par les États de la province. Il présenta à l'administration un projet pour les fontaines. Il établissait encore au local de Mazarin, une machine consistant en une roue à aubes qui menait quatre pompes de 10 pouces de diamètre, à l'aide desquelles il élevait 147 pouces à 57 pieds de hauteur. Cette eau était versée dans un grand réservoir, où elle se clarifiait par le repos, et d'où elle était ensuite distribuée à quarante-sept fontaines établies dans les diverses parties de la ville, par des conduites en fonte renfermées dans de petites galeries en maçonnerie, et sur lesquelles se branchaient des conduites en plomb d'un diamètre inférieur. Ce projet ne fut point agréé ; on objectait principalement le trouble habituel des eaux de la Garonne, et l'insuffisance des moyens de clarification proposés. Sous ce rapport les eaux de l'Ardenne semblaient préférable ; l'administration ne les perdait pas de vue. F. Lefèvre se rendit sur les lieux ; il y jaugea et y nivela les diverses sources. Il trouva que celles dont les eaux pouvaient être menées au delà du pont fournissaient environ 72 pouces d'eau ; il proposa de les recueillir, et de les conduire par deux petits aqueducs en maçonnerie, qui se réuniraient à la *Cipière*, d'où elles seraient menées dans un petit réservoir à la place d'Assezat. Il les distribuait ensuite à quarante-sept fontaines.

L'eau de source était donc toujours ici en présence de l'eau de fleuve, comme il arrive si souvent. Cependant, malgré les avantages que semblait promettre la dérivation des sources de l'Ardenne, la municipalité finit par y renoncer définitivement.

L'Académie des sciences de Toulouse fit de la question des eaux le sujet du prix à décerner en 1783. Le programme était celui-ci : « Déterminer les moyens les plus avantageux de conduire dans la ville de Toulouse une quantité d'eau suffisante, soit des sources éparses dans le territoire de la ville, soit du fleuve qui baigne ses murs, pour fournir, en tout temps, dans les différents quartiers, aux besoins domestiques, aux incendies, à l'arrosement des rues, des places, des quais et des promenades. »

La valeur du prix, pour l'auteur du Mémoire où la question aurait été résolue de la manière la plus convenable, était de 1,000 francs. L'administration municipale, voulant contribuer à exciter l'émulation des savants et des artistes, y ajouta 2,400 francs. Aucun des mémoires qui furent envoyés n'ayant rempli les vues de l'Académie, elle prorogea le terme du concours jusqu'en 1785 ; mais encore à cette époque aucun des ouvrages reçus ne fut jugé digne du prix.

La ville de Toulouse aurait été privée pour longtemps encore du bienfait d'une distribution d'eaux publiques sans une circonstance qui vint lever l'obstacle principal, c'est-à-dire les dépenses qu'il y avait à faire.

En 1789, un ancien capitoul de Toulouse, Charles Lagane, légua à la ville une somme de 50,000 francs « pour y introduire des eaux de la Garonne, pures, claires et agréables à boire, en un mot, dégagées de toutes saletés, afin que les habitants puissent la boire toute l'année, et, dans le cas où cela ne se pourrait pas, pour y conduire les eaux des fontaines voisines. » Ce legs ne devait être exigible qu'après le décès de madame Lagane ; mais, « si dix ans après la mort de mon héritière, ajoutait le testateur, les administrateurs n'ont pas entièrement terminé la conduite des eaux dans la ville, je révoque mon legs. »

Madame Lagane mourut en 1817, et l'administration municipale se vit contrainte, pour ne pas perdre les 50,000 francs qui lui avaient été légués, de s'occuper sérieusement de l'établissement de fontaines publiques. Divers projets furent proposés. Après de nombreuses discussions, on adopta la machine hydraulique à roues présentée par un mécanicien, nommé Abadie.

Maguès, ingénieur de travaux de la ville, qui avait beaucoup étudié cette question, fut chargé de la conduite des travaux. Virebent, architecte de la ville, s'occupa de la construction du château d'eau et de l'installation des machines. Enfin d'Aubuisson de Voisins, ingénieur du département, par une longue suite de tâtonnements, arriva à réaliser la filtration des eaux de la Garonne sur ses bords mêmes, dans trois immenses galeries filtrantes composées de galets et de sables, qui avaient l'avantage de fournir une quantité d'eau considérable dans un espace de temps très-court, et de pouvoir se nettoyer facilement par le cours de la rivière renversée de sa direction.

Les filtres naturels de Toulouse ont fait époque dans l'art de l'hydraulique. Ce système, réalisé à Toulouse pour la première fois, en 1825, fut adopté bientôt dans plusieurs distributions d'eaux en France et en d'autres villes de l'Europe. Nous avons décrit, dans le chapitre consacré à la *filtration naturelle*, les filtres de la Garonne, à Toulouse (page 245). Nous n'avons pas, en conséquence, à y revenir, et quelques mots suffiront pour faire connaître le mode d'installation actuelle de ces filtres, ainsi que la distribution de l'eau de la Garonne dans la ville de Toulouse.

Dans la prairie située entre le cours Dillon et la Garonne, c'est-à-dire dans la *prairie* dite des *filtres*, sont disposées des galeries souterraines, composées de bancs naturels remplis de sable et de cailloux, destinés à clarifier l'eau de la Garonne. L'eau, clarifiée par son passage à travers ces filtres, se rend dans les puisards ou réservoirs du château d'eau, d'où les pompes aspirantes et foulantes d'Abadie, mises en mouvement par les eaux de la Garonne, la font monter dans des tuyaux en fonte, jusqu'à la cuvette supérieure, placée au second étage de la tour. Arrivée à cette hauteur, l'eau redescend dans d'autres tuyaux jusqu'au niveau de la terrasse, à laquelle aboutit le petit pont dont l'extrémité s'appuie sur le cours Dillon, et de là elle se distribue dans tous les quartiers de la ville.

Le château d'eau de Toulouse (fig. 170) peut fournir près de 5 millions de litres d'eau par vingt-quatre heures. Malheureusement, quand la Garonne déborde, elle obstrue les filtres et empêche les machines de fonctionner. Alors, les fontaines de la ville ne donnent plus d'eau. Dans la terrible inonda-

Fig. 169. — Le château d'eau de Toulouse.

tion du mois de juin 1875, l'établissement hydraulique fut submergé, bouleversé par le courant impétueux du fleuve. Cependant les dégâts furent assez facilement réparés, et les galeries de filtration rétablies dans leur intégrité. Le château d'eau, situé dans ce malheureux faubourg de Saint-Cyprien, qui fut le théâtre de tant de malheurs, résista parfaitement à l'assaut du fleuve.

CHAPITRE XLIII

LES EAUX PUBLIQUES DE LILLE. — ÉTABLISSEMENT DE LA DISTRIBUTION D'EAU PAR M. MASQUELEZ. — LES EAUX PUBLIQUES DE LA VILLE DE DIJON. — TRAVAUX DE DARCY. — LE CHATEAU D'EAU DE LA PORTE GUILLAUME. — SYSTÈME DE DISTRIBUTION DES EAUX DANS LA VILLE DE DIJON.

La ville de Lille a été pourvue d'un nouveau système de distribution d'eaux par les soins d'un habile ingénieur hydraulicien, M. Masquelez. Les travaux ont duré de

1867 à 1871. Nous en donnerons une idée rapide.

Les eaux de source et de puits de l'intérieur de la ville avaient suffi aux habitants de Lille jusqu'à l'année 1867. Mais dans certains quartiers l'eau avait un goût très-désagréable de fer ou de soufre. D'ailleurs, elle était excessivement chargée de sels calcaires, et contenait des sulfates en proportion nuisible. Enfin presque partout on constatait une grave altération, par suite d'infiltrations diverses dans les terrains très-perméables qui se trouvaient en contact avec cette eau, et l'on sait que, dans ce cas, la présence des matières organiques offre de grands dangers pour la santé.

D'un autre côté, les aspirations d'eaux pour les usines dans les nappes souterraines, avaient pris un tel développement, que les pompes de beaucoup de ménages ne fournissaient plus d'eau pendant la marche des machines, et qu'un certain nombre d'usines manquaient elles-mêmes d'eau vers la fin de la journée.

Au point de vue de l'hygiène, il importait donc de procurer aux habitants de Lille une distribution d'eau potable, et, au point de vue de l'industrie, il fallait rassembler un volume suffisant pour qu'on pût fournir aux usines les appoints dont elles avaient besoin.

Dans la crainte de ne pas trouver une quantité d'eau potable suffisante à la fois pour les usages domestiques et industriels, on avait d'abord pensé à desservir les usines au moyen d'une large prise d'eau à la rivière de la Deûle. Mais le conseil municipal abandonna ce système, qui aurait entraîné de nouveaux réservoirs, de nouvelles machines, plus une double canalisation dans un grand nombre de rues, c'est-à-dire une très grande dépense. D'ailleurs, l'eau de la Deûle est infectée par les déjections du travail industriel.

On trouve à Bénifontaine (Pas-de-Calais) quatre sources qui ont permis de procurer à la ville de Lille toute la quantité d'eau potable nécessaire pour les usages domestiques et industriels. Ces quatre sources sont : 1° celle du *flot de Wingles*, donnant, par 24 heures, 10,000 mètres cubes d'eau ; 2° celles de Seclin, donnant, par 24 heures, un produit de 10,700 mètres cubes; 3° celles de Billaut et de Guermanez, donnant 5,000 mètres cubes ; 4° la source de la Cressonnière, donnant 1,650 mètres cubes d'eau par 24 heures. D'autre part, on a pu faire arriver, dans le canal-aqueduc, une quantité d'eau souterraine représentant 12,650 mètres cubes d'eau.

En résumé, c'est un total de 40,000 mètres cubes d'eau que fournissent toutes ces sources, et en hiver leur produit s'élève à 45,000 mètres cubes. La population de Lille étant de 155,000 âmes, ces chiffres représentent une ressource journalière de 176 litres par habitant.

Examinées par M. Girardin et par M. Meurein, les eaux publiques de Lille ont été reconnues d'une très-grande limpidité et de très-bon goût. Elles sont beaucoup moins incrustantes que celles de la Deûle.

Le produit de chaque source est recueilli dans un aqueduc, dit *rigole alimentaire*, qui s'embranche sur l'aqueduc collecteur, dit *conduite principale d'amenée*, lequel vient emmagasiner toutes les eaux dans un réservoir situé à Emmerin, au pied du long versant méridional du monticule de l'Arbrisseau.

De puissantes machines, installées près de ce réservoir, servent à pomper les eaux et à les refouler dans un réservoir supérieur, placé au sommet de l'Arbrisseau. Là elles atteignent l'altitude de 50 mètres, et exercent une pression d'environ trois atmosphères sur tout le réseau de la distribution intérieure.

La construction de l'aqueduc qui amène à Lille les eaux de sources a présenté peu de difficultés. Le terrain était si peu accidenté que l'on put marcher presque toujours en ligne droite. Quelques *tubes-siphons* durent être employés pour la traversée des vallées un peu profondes et pour franchir la Deûle.

Le bâtiment des machines et des pompes, construit près du réservoir inférieur, renferme une grande salle destinée aux machines à vapeur et aux pompes à eaux. Sa longueur est de 24 mètres sur 12^{m},80 de largeur. Les machines à vapeur sont horizontales à haute pression et détente et à condensation. Des réservoirs d'air accompagnent les pompes à eau.

Le bâtiment des chaudières fait suite à celui des machines. Les chaudières envoient de la vapeur à 5 atmosphères.

La force de chaque machine est de près de cent chevaux-vapeur.

La distribution d'eaux de la ville de Dijon est due à un ingénieur d'un grand mérite, H. Darcy, inspecteur général des ponts et chaussées.

Darcy a donné la description des travaux auxquels a donné lieu la fourniture d'eau à Dijon, dans un ouvrage qui a pour titre : *Les fontaines publiques de la ville de Dijon* (1). Ce volume n'est pas seulement consacré à l'exposé des travaux faits pour la distribution de l'eau à Dijon; c'est un véritable traité sur la conduite des eaux, analogue à celui que l'on doit à Dupuit, *Traité de la conduite des eaux*, qui a été publié postérieurement et que nous avons cité plusieurs fois. On trouve dans l'ouvrage de Darcy les renseignements les plus précis sur tout ce qui concerne les distributions d'eaux potables.

C'est en amenant à Dijon les eaux d'une source excellente, la source du *Rosoir*, éloignée de Dijon d'une vingtaine de kilomètres, que Darcy résolut, vers 1855, le problème de la fourniture d'eau de Dijon.

Sous le rapport des eaux publiques, la ville de Dijon était dans une situation déplorable lorsque le conseil municipal s'occupa de pourvoir à ce besoin d'utilité générale. Les habitants avaient pour toute eau potable des puits particuliers et une centaine de puits publics qui n'étaient pas même recouverts, en sorte que le seau, qui puisait l'eau destinée aux usages domestiques, ramenait quelquefois le corps d'un chien ou d'un chat noyé depuis plusieurs jours. Par suite de la perméabilité du sol, les eaux contenaient toujours, dans des proportions considérables, des sels terreux et des matières d'origine organique. Ces eaux étaient non-seulement désagréables, mais malsaines, et on leur attribuait certaines maladies qui affectaient les habitants. Aussi depuis quatre siècles l'autorité municipale de Dijon cherchait-elle les moyens de doter la ville d'une eau abondante et pure qui pût convenir à toutes les exigences de la salubrité.

Darcy fut chargé par le conseil municipal de pourvoir Dijon en eaux potables. Cet ingénieur se posa d'abord la question suivante : Quel est le volume d'eau nécessaire à l'alimentation d'une ville? Il trouva, par des recherches comparatives, que ce volume, en tenant compte des usages domestiques et industriels, de l'alimentation des fontaines publiques et de l'arrosage des rues, doit être de 150 litres par tête et par jour.

Il fallait, pour fournir à la ville de Dijon 150 litres par tête, trouver, d'après le chiffre de sa population, un volume de 4,500,000 litres par jour. Où les prendre? On ne pouvait penser aux puits artésiens, qui avaient été proposés d'abord, mais qui n'auraient donné qu'un débit insuffisant. Pour élever les eaux de la rivière de l'Ouche,

(1) 1 vol. in-4, avec atlas. Paris, 1856.

Fig. 170. — Plan du château d'eau ou réservoir de la porte Guillaume, à Dijon.

A, arrivée de l'eau.
B, sortie de l'eau.
a, b, c, d, fondations du réservoir.
C, Décharge.
D, Trop-plein.

le prix d'acquisition seul des machines eût été de 200,000 fr., leur exploitation eût entraîné une dépense annuelle de 30,000 francs, et, malgré ces frais, on n'eût obtenu que des eaux impotables en temps de crue ou de sécheresse. Ces considérations déterminèrent H. Darcy à recourir à une dérivation de la source du Rosoir, qui fournit une eau excellente sous le rapport de la température et de la composition chimique. Il s'agissait d'amener cette eau par un aqueduc.

Les travaux furent conduits avec activité, et quelques mois à peine s'étaient écoulés depuis l'expropriation de la source, que l'eau arrivait à Dijon, après avoir parcouru, en trois heures et demie, un aqueduc en maçonnerie d'une longueur de 13 kilomètres. La construction de cet aqueduc n'avait coûté que 358,000 francs.

Nous n'entrerons dans aucun détail sur les dispositions de l'aqueduc des eaux de Dijon, qui est pourtant cité pour sa bonne installation et l'économie qui a présidé à sa construction. Nous parlerons seulement de la distribution de l'eau dans la ville, en

Fig. 171. — Coupe transversale du château d'eau. ou réservoir de la porte Guillaume, à Dijon.

mettant sous les yeux du lecteur le dessin de l'un des deux réservoirs, le *réservoir de la porte Guillaume*, édifice remarquable au point de vue de l'architecture et de l'appropriation spéciale.

La distribution de l'eau de la source du Rosoir à l'intérieur de Dijon, se compose : 1° de deux réservoirs : l'un étant placé en tête, l'autre établi à l'extrémité de la conduite, ou artère principale ; 2° d'un système de tuyaux en fonte de différents diamètres, qui, se ramifiant dans tous les quartiers de la ville et des faubourgs, viennent alimenter les bornes-fontaines.

Le réservoir de la porte Guillaume (fig. 171) est établi au centre d'une promenade plantée circulairement. Il est recouvert d'un mètre de terrain et les eaux qu'il renferme conservent la température de la source à son origine. Le tertre sous lequel est placée cette construction, est couronné par un petit édifice, dont le projet a été dressé par M. Saget, architecte, et qui réunit les styles d'architecture grecque, romaine et renaissance.

Le soubassement porte sur trois de ses faces, des inscriptions relatives à l'établissement de l'aqueduc et des fontaines.

Huit pilastres supportent un riche entablement surmonté de fleurons, et à chaque angle duquel est gravée en relief et en caractères gothiques, une des huit lettres formant les mots *Le Rosoir*. Un toit en fonte et en fer forme le couronnement. Dans l'intérieur, un escalier en fonte, d'une grande légèreté, conduit à un espace vide laissé entre les pilastres.

Une grille de fer, élevée sur le périmètre octogone d'un espace pavé en dalles, entoure ce monument, qui est placé dans le prolongement de l'axe de la rue Guillaume, et que l'on aperçoit de l'intérieur de la ville, à une distance de plus de 550 mètres, comme encadré par l'arc de triomphe de la porte Guillaume.

Le réservoir présente une forme circulaire : son diamètre est de 28 mètres. Le mur d'enceinte de ce puits, que l'édifice surmonte, a 2 mètres d'épaisseur. L'intervalle compris entre la paroi extérieure de ce mur d'enceinte et la paroi intérieure du réservoir est de 10^m, 80. Cet intervalle est partagé en deux parties que recouvrent deux voûtes annulaires, reposant sur un pied-droit dont l'épaisseur est de 0^m,80 à l'origine de ces voûtes.

Le mur de refend qui sépare les deux voûtes, et qui leur sert de pied-droit, a la largeur de 1^m, 20 à sa base. Le parement intérieur du mur d'enceinte du réservoir présente à sa base l'épaisseur de 3 mètres.

Des retraites de 0^m,20 sont placées à partir de la hauteur de 0^m, 90, au-dessus du radier.

L'épaisseur des voûtes est de 0^m, 40. Le mur de refend, sur lequel les deux voûtes annulaires viennent reposer, est percé de vingt-quatre ouvertures, qui ont pour but de mettre en communication les deux bassins annulaires, d'augmenter le vide disponible, et de donner plus de légèreté à la construction. Ce mur de refend a 2^m, 50 de hauteur. Les ouvertures dont nous parlons ont la largeur de 1^m, 05, et la hauteur de 2^m, 05.

La hauteur totale du réservoir est de 5 mètres.

Trois orifices sont pratiqués dans le mur d'enceinte du réservoir. Les orifices sont traversés, comme le montre la figure 171, qui donne le plan de ce réservoir, le premier et le deuxième, par le tuyau qui donne à la fois les eaux à la ville et au réservoir; le troisième par le tuyau qui conduit au jardin botanique le trop-plein du réservoir. Le premier tuyau traverse le puits central; le second y présente son embouchure; il verse ses eaux dans un aqueduc qui s'étend jusqu'au jardin botanique. Ces tuyaux, de 0^m, 35 de diamètre intérieur, sont disposés dans des rigoles en pierres de taille de 0^m,60 de largeur et de 0^m,20 de profondeur au-dessous du radier.

Deux autres ouvertures sont pratiquées au bas du puits central. La première a pour but de mettre en communication, lorsqu'il y a lieu, le puits et le réservoir ; la seconde reçoit l'embouchure du tuyau qui règle le niveau des eaux du réservoir : l'arête supérieure de ce tuyau a été fixée à 0^m,50 en contre-bas de l'intrados des voûtes.

Le conduit en fonte qui alimente le réservoir et la ville, a son embouchure sur le radier d'un puits vertical du diamètre de 1^m,50 contigu au parement extérieur du réservoir.

L'aqueduc souterrain qui fait suite au viaduc de la porte Guillaume, est mis, presque immédiatement après la chute verticale, en communication avec ce puits au moyen d'une voûte inclinée recouvrant un escalier par lequel l'eau descend en cascade jusqu'à ce que le puits soit rempli. Cet escalier sert aussi à arriver aisément de l'aqueduc souterrain au fond du puits dont il vient d'être question, afin que l'on puisse visiter l'état du grillage placé devant la chambre dans laquelle débouche le tuyau alimentaire.

Outre le réservoir de la porte Guillaume, Darcy fit établir, à l'extrémité de la distribution, un second réservoir à la porte Neuve, près d'une propriété appelée Montmusard. Ce second réservoir était indispensable pour assurer la régularité du service. Nous ne décrirons pas ce second château d'eau, c'est-à-dire le *reservoir de Montmusard*, qui est construit sur les mêmes dispositions que le réservoir de la porte Guillaume, mais qui n'a aucun caractère architectural.

En résumé, Darcy a fourni à la ville de Dijon une masse d'eau considérable. Cette eau, qui sort du calcaire jurassique, est excellente ; elle est pure, limpide, et elle a une température constante de +10 degrés.

Pour donner une idée de l'abondance de la fourniture d'eau de Dijon, il nous suffira de dire qu'elle s'élève en moyenne à 300 ou 400 litres par habitant. En ce qui concerne la dépense, elle a été en totalité, en y comprenant les réservoirs et la distribution intérieure, de 1,250,000 francs, ce qui, pour une population de 25,271 individus, ne représente qu'un peu plus de 49 francs par habitant.

Analysée par M. Sainte-Claire Deville, l'eau de la source du Rosoir, prise à une borne-fontaine de la ville, donna les résultats suivants, pour un litre :

Silice	0gr,0152
Alumine	0 ,0010
Carbonate de magnésie	0 ,0021
Carbonate de chaux	0 ,2300
Chlorure de magnesium	0 ,0019
Chlorure de sodium	0 ,0007
Sulfate de soude	0 ,0027
Carbonate de soude	0 ,0044
Azotate de potasse	0 ,0027
	0gr,2607

On peut citer Dijon comme une des villes les mieux approvisionnées de France en eaux potables. L'eau y circule partout. Est-ce là du luxe? Assurément non. La condition essentielle, pour la salubrité d'une ville pavée, avec trottoirs et ruisseaux des deux côtés d'une chaussée bombée, c'est que des bornes-fontaines remplissent incessamment ces ruisseaux d'une eau pure, dont la masse soit considérable relativement à celle des eaux impures qui sortent des maisons et dont le mouvement soit assez rapide pour qu'elle ne croupisse jamais. Faute de cette double condition de grande masse et de mouvement continu de l'eau répandue sur la voie publique, les matières organiques ne pouvant être entraînées, se décomposent et infectent l'air environnant. C'est surtout en comparant les rues de Dijon, où coulent si abondamment les eaux du Rosoir, aux rues des autres villes où les bornes-fontaines ne versent qu'une petite quantité d'eau et pendant quelques heures seulement, qu'on peut s'assurer de cette vérité. L'odeur ammoniacale qui s'exhale des ruisseaux de ces dernières, suffit à la démonstration.

CHAPITRE XLIV

LES EAUX PUBLIQUES DE MONTPELLIER. — AQUEDUCS DU PEYROU CONDUISANT A MONTPELLIER LES SOURCES DE SAINT-CLÉMENT. — LES EAUX PUBLIQUES DE NIMES. — LA SOURCE DE LA FONTAINE. — LA NOUVELLE DISTRIBUTION A NIMES DE L'EAU DU RHONE FILTRÉE.

Montpellier est alimenté, depuis l'année 1750, par l'eau d'une source qui a le défaut d'être beaucoup trop calcaire : la source de Saint-Clément, située à 10 kilomètres de la ville. Comme la quantité d'eau fournie par cette source était insuffisante, on a, de nos jours, complété ce service par une dérivation de la petite rivière du Lez, qui coule à 2 kilomètres de Montpellier.

L'eau de la source de Saint-Clément est amenée à Montpellier par un aqueduc souterrain qui, aux abords de la ville, se termine par un pont-aqueduc d'une telle élégance et d'une si heureuse position, qu'il peut être cité comme le plus remarquable monument de ce genre.

C'est au milieu du dix-huitième siècle que le projet de conduire à Montpellier les eaux de Saint-Clément fut arrêté par les États du Languedoc. L'ingénieur en chef des travaux de la province du Languedoc, le célèbre Henri Pitot, natif d'Aramon (Gard), fut chargé de ce travail, et il lutta sans désavantage contre les architectes romains du pont du Gard. Comme il arrive toujours, les oisifs et les esprits chagrins contestaient le mérite de l'œuvre, et mettaient en question le succès. « Quand l'aqueduc sera terminé, l'eau n'arrivera pas, » disaient-ils.

On avait fini par ébranler la confiance de l'archevêque de Narbonne, Mgr de Dillon, président des États du Languedoc. L'archevêque manda près de lui l'ingénieur :

« Monsieur Pitot, lui dit-il, êtes-vous bien sûr de vos opérations? On affirme que les eaux de Saint-Clément ne monteront pas au Peyrou.

— On a parfaitement raison, Monseigneur, répondit Pitot; les eaux ne monteront pas au Peyrou : elles y descendront. »

Ce fut un grand jour que celui où, les travaux étant achevés, on vit, malgré les prévisions contraires, l'eau de Saint-Clément arriver à Montpellier. Des paris avaient été ouverts pour ou contre, et un élan d'enthousiasme patriotique salua la descente de l'eau dans le réservoir du château d'eau, encore en construction.

Les sources de Saint-Clément sont au nombre de trois. L'une est enfermée dans une construction carrée, sur les parois de laquelle, à l'intérieur, on lit, en face : *C'est icy ma nessance;* à gauche, ces mots : *Je fais icy mon ceiour;* et à droite : *Adieu, mes amis, ie par.*

Saint-Clément est à la hauteur de 61 mètres au-dessus du niveau de la mer, et la place du Peyrou où aboutit l'aqueduc, est à 51 mètres.

La longueur de l'aqueduc est de 13,904 mètres, et sa pente totale de 4 mètres. Le réservoir placé à la source de Saint-Clément, est à 9 mètres au-dessus du château d'eau du Peyrou. La pente totale est de 4^{m},02 sur 13,904 mètres de longueur; et la hauteur de distribution étant de 2^{m},60 au-dessus du seuil de la porte du Peyrou, la pente totale du réservoir d'origine à celui de distribution avait été fixée à 6^{m},76, avec une économie de 2^{m},74, abandonnée aux besoins de l'entrepreneur.

Depuis la source, à Saint-Clément, jusqu'au Peyrou, l'aqueduc parcourt donc un espace de 13,904 mètres, 10,384 mètres sont bâtis en moellons, et 3,520 en pierre de taille. Dans la même étendue, la rigole parcourt 8,772 mètres au-dessous du niveau du sol, et 4,252 mètres au-dessus de ce niveau. Une partie est soutenue par des arceaux de diverses hauteurs, selon la profondeur des ravins et des cours d'eau que l'aqueduc doit traverser.

Depuis le réservoir dit des *arcades* jusqu'au Peyrou, une longueur de 880 mètres est supportée par le pont-aqueduc, composé de deux rangées d'arcades, placées l'une au-dessus de l'autre. Il y a cinquante-trois grands arceaux et cent quatre-vingt-trois petits; chacun des grands arceaux en supporte trois petits. Toutefois, vingt-quatre de ces derniers, du côté du réservoir des *arcades*, reposent sur le sol. Ces arcades sont construites en pierre de Saint-Jean de Védas jusqu'au niveau de la rigole, la partie supérieure en pierre de Saint-Geniès. Les

Fig. 172. — L'aqueduc du château d'eau et la plate-forme de la place du Peyrou, à Montpellier.

grands arceaux ont 8 mètres d'ouverture; l'épaisseur des piles est de 4 mètres; les soubassements varient de hauteur, à cause de l'inégalité du terrain; les petits arceaux ont $2^m,78$ d'ouverture; l'épaisseur des piles est de $1^m,36$. La hauteur moyenne de l'aqueduc, en arrivant au Peyrou, est de $21^m,68$. On peut marcher tout le long de l'aqueduc, sur les grandes arcades, à travers de petits arceaux ménagés dans l'épaisseur du rang supérieur.

Cette promenade aérienne entre les arceaux du second étage de l'aqueduc, nous l'avons faite plus d'une fois dans notre enfance.

A l'intérieur de la promenade du Peyrou, l'aqueduc est supporté par trois grands arceaux; l'ouverture de celui du milieu est de près de 20 mètres, celle des deux autres est de 10 mètres.

La base extérieure de la conduite d'eau a 3 mètres de largeur; à l'intérieur, l'eau coule dans un espace de 30 centimètres carrés. Seulement, pour prévenir les filtrations que les gelées rendaient désastreuses pour la conservation de l'aqueduc, on a garni de lames de plomb la partie de la rigole des eaux soutenue par les arceaux.

La dépense totale de l'aqueduc fut environ de 950,000 livres.

Le pont-aqueduc de Montpellier est une œuvre d'art d'un intérêt tout particulier. Les aqueducs anciens décorent des sites champêtres; ils servent à faire passer l'eau d'une colline à l'autre, en pleine campagne : ce sont les monuments de la solitude. L'aqueduc de Roquefavour, celui de Croton, à New-York, sont dans le même cas. Ils s'élèvent, comme le pont du Gard, au milieu d'un désert; il faut aller les admirer loin des lieux habités. Au contraire, l'aqueduc de Montpellier forme la décoration naturelle d'une belle ville ; il fait presque partie de son enceinte, il se relie à ses édifices. De plus, il aboutit à un château d'eau d'un style plein d'élégance, et se termine à la plate-forme du Peyrou, une des plus belles promenades du monde, celle d'où l'on jouit de la vue la plus ravissante et la plus étendue, car l'œil peut y embrasser à la fois les Alpes et les Pyrénées. L'aqueduc vient encore ajouter à la beauté de ce site merveilleux. On suit dans l'éloignement, jusqu'à une distance de 900 mètres, le développement de ses deux rangs d'arcades, qui tracent au milieu des jardins, comme une dentelle de pierre.

Le château d'eau auquel aboutit cet édifice, est un pavillon hexagone, supporté par des colonnes isolées et accouplées. Il abrite un bassin circulaire d'une grande profondeur, librement ouvert à la vue. Les six faces de ce pavillon sont de hauts portiques, qui laissent à l'air un large passage, et qui abritent ce réservoir, qu'entoure seulement une balustre circulaire en fer. De ce réservoir, l'eau s'échappe en cascade, sur des rochers, où elle se brise et s'aère ; puis elle tombe dans un large bassin, dont la belle nappe n'est pas un des moindres ornements de la promenade du Peyrou. C'est en sortant de ce bassin que l'eau pénètre dans les tuyaux qui la distribuent dans les différents quartiers de la ville.

L'eau de la source de Saint-Clément étant très-calcaire, finit par former, à l'intérieur des conduites placées sous les rues, des dépôts de carbonate de chaux, qui menacent d'obstruer leur calibre et de diminuer leur débit. Le professeur E. Bérard suggéra l'idée de dissoudre les dépôts formés à l'intérieur des conduites de la ville, en y faisant couler de l'acide chlorhydrique. Cette opération hardie réussit parfaitement. Quand les conduites sont trop obstruées par les dépôts, après un service de vingt ou trente ans, on arrête les fontaines de la ville, et on fait passer pendant vingt-quatre heures de l'acide chlorhydrique étendu d'eau dans le réseau des tuyaux de fonte qui constituent la canalisation souterraine. Le métal n'est pas altéré par l'acide, le carbonate de chaux étant le premier attaqué et dissous. On fait ensuite passer l'eau pure pendant quelques jours, pour laver les conduites, et on rend l'eau à la consommation. J'ai vu exécuter à Montpellier, au mois de juin 1874, cette curieuse opération.

Construit en 1740, l'aqueduc du Peyrou n'amenait plus, au bout d'un siècle, une quantité d'eau suffisante pour la population de la ville, qui s'était sensiblement accrue. On a donc été obligé d'augmenter la quantité d'eau potable destinée aux habitants. On s'est adressé au Lez, petite rivière qui coule auprès de Montpellier. Par des travaux fort simples, l'ingénieur du département exécuta, en 1858, une dérivation de cette rivière qui amène aujourd'hui à Montpellier une quantité d'eau à peu près égale à celle de l'aqueduc de Saint-Clément. L'eau du Lez se réunit à celle de la source de Saint-Clément dans le réservoir du château d'eau du Peyrou.

La ville de Nîmes a emprunté, jusqu'à l'année 1752 environ, son eau potable à la source dite de la *Fontaine*. Bien que la source de la Fontaine soit une véritable rivière qui sort du pied de la colline de la Tour-Magne (mont Cavalier), il arrivait, dans les grands étés, que le volume de la source diminuait au point de laisser la ville dans une complète pénurie d'eau. L'industrie de la teinture et de la fabrication des tissus de coton et de soie, qui a pris à Nîmes un grand développement, souffrait considérablement du manque d'eau pendant l'été. Le conseil municipal décida de se mettre à l'abri de cette fâcheuse éventualité, et mit au concours une nouvelle distribution d'eau. L'eau de la source d'Eure, qui alimentait autrefois les thermes de Nîmes, au moyen de l'aqueduc du pont du Gard, obtint d'abord la préférence de l'administration. On voulait rétablir dans la ville moderne le service hydraulique des Romains. Mais ce plan fut reconnu inexécutable. On songea ensuite à une dérivation du Gard. Plus tard, enfin, on proposa une dérivation des eaux du Rhône. Des travaux assez dispendieux furent même entrepris pour la dérivation de ce fleuve.

La question des eaux de Nîmes avait fait dépenser en études et en travaux provisoires des sommes considérables, et pourtant elle n'avançait pas. Le projet de dérivation des eaux du Rhône avait été décidé et les travaux étaient même commencés; mais, mal conçus et mal dirigés, ils étaient à la veille d'être abandonnés, et la ville de Nîmes allait retomber dans sa triste situation sous le rapport du service hydraulique, lorsque M. Aristide Dumont, l'habile ingénieur qui venait d'exécuter à Lyon l'élévation des eaux du Rhône filtrées au moyen des cailloux du fleuve, présenta un nouveau projet, qui finit par entraîner en sa faveur l'opinion publique. La *Compagnie des eaux de Nîmes*, qui s'était formée pour la dérivation des eaux du Rhône, céda la place à M. Aristide Dumont, qui entreprit et mena à bien l'œuvre difficile de la conduite des eaux du Rhône à Nîmes, malgré la différence énorme de niveau entre ce fleuve et la ville.

Pour faire connaître l'état actuel de la distribution des eaux à Nîmes, nous avons donc à parler de la *Fontaine* qui alimente encore une grande partie des conduites de la ville, et de la dérivation des eaux du Rhône, terminée en 1872.

Le *jardin de la Fontaine* est une des plus belles promenades de la France. Il doit son nom à la célèbre *fontaine*, source très-abondante, qui forme au pied de la colline de la Tour-Magne (mont Cavalier), un gouffre aux eaux profondes et limpides. Cette source donne, après les fortes pluies, une masse d'eau si considérable, qu'on l'évalue au sixième du volume que débite, à son étiage, la Seine à Paris.

Le *jardin de la Fontaine* a été dessiné pour entourer d'une promenade publique le cours de la petite rivière qui sort de la base du Mont-Cavalier. Quand on visite ce jardin pour la première fois, quand on franchit la grille de ce lieu privilégié, on est surpris de trouver tant de fraîcheur sous le climat brûlant du Midi. D'après le genre de décoration de ce jardin, on croirait pénétrer dans une dépendance de Versailles ou de Saint-Cloud; mais quand on a fait quelques pas, on ne regrette plus ni Saint-Cloud ni Versailles, car si le jardin de la Fontaine n'a ni les dimensions ni le caractère grandiose du parc de Versailles, il a plus de variété dans les sites, plus de richesse dans la végétation, plus de pittoresque dans les aspects, plus de soleil et plus de parfums.

Le jardin de la Fontaine est placé par-dessus les anciens thermes romains. On a conservé le plus qu'il a été possible les bassins de ces thermes antiques que l'on aperçoit en contre-bas des allées. En effet, les Romains recueillaient soigneusement les eaux de la fontaine de Nîmes. Ils les distribuaient par des canaux ou des cascades, en bains ou en irrigations, dont le but et l'utilité ne nous sont qu'imparfaitement connus. Il serait bien difficile, en effet, après les dévastations de tous les siècles, de retrouver les constructions, les salles de bains, les jeux et les cirques, qui constituaient sous les Romains les thermes de Nîmes.

L'enceinte de la source, dite le *Creux de la Fontaine* a conservé seul l'aspect antique. Les hémicycles avec leurs escaliers, sont bâtis sur les fondements des constructions romaines. Le petit pont-aqueduc par où les eaux s'écoulent dans le second bassin, avait anciennement trois arches ; il n'en a que deux aujourd'hui. Le second bassin, désigné sous le nom de *Nymphée*, a peu changé dans sa disposition fondamentale. On voit encore, sous un entablement avancé soutenu par de petites colonnes, les enfoncements semi-circulaires où l'on plaçait les baignoires. Le grand stylobate offre, dans sa partie inférieure, et surtout dans la frise qui en décore le pourtour, une exacte copie de l'antique.

Le troisième bassin existait du temps des Romains.

L'aqueduc du Pont-du-Gard aboutissait à la Fontaine, par une galerie souterraine. On a découvert une portion remarquable de ce conduit non loin du *temple de Diane*, auquel il se terminait.

Le *temple de Diane* est sans contredit l'édifice le plus remarquable de la Fontaine. C'est un précieux échantillon des monuments, empreints de grâce et de magnificence, qui embellissaient les thermes romains.

La colline qui surmonte la promenade de la Fontaine est plantée d'arbres verts en toute saison, qui forment des allées sinueuses s'élevant en pente douce jusqu'à son sommet. Là se dresse la *Tour-Magne*, une des plus belles ruines du monde.

La *Tour-Magne*, de construction romaine, qui, toute délabrée qu'elle est aujourd'hui, présente encore d'énormes proportions, domine la colline, la promenade et imprime au paysage un caractère tout particulier. Il faut plus d'une heure pour gravir le mont Cavalier, car on s'arrête à chaque pas : ici, pour suivre la poussière dorée d'un petit jet d'eau ; là, pour admirer la délicatesse de quelques fleurs confiées à la loyale discrétion du public ; plus loin, pour jouir d'une vue ravissante qui rappelle celle des collines des environs de Florence.

Après le *jardin de la Fontaine*, qui sert de promenade publique, la source forme une véritable rivière. Contenue dans des quais, elle pénètre dans une partie de la ville, et aboutit, après le *quai de la Fontaine*, à un bassin, où commence la distribution de l'eau par les conduites publiques.

Arrivons à la dérivation des eaux du Rhône terminée en 1872.

M. Aristide Dumont a réalisé cette dérivation par des moyens très-hardis, et qui ont été fort admirés : il a amené à Nîmes les eaux du Rhône, situées à 27 kilomètres de cette ville et à un niveau sensiblement inférieur. Élevant les eaux de ce fleuve, au moyen d'une machine à vapeur, à la hauteur de 72 mètres, et, les filtrant sur place, il a conduit les eaux jusqu'à Nîmes, au moyen d'un canal souterrain. Aujourd'hui la population jouit d'une distribution journalière de 500 litres d'eau par jour et par habitant.

La purification préalable de l'eau est obtenue en filtrant les eaux du Rhône à travers des tranchées naturelles creusées dans le sol. Ce système n'est autre chose que celui que M. Aristide Dumont avait employé avec succès pour la distribution des eaux du Rhône à Lyon. Appliqué à la ville de Nîmes, il a donné des résultats tout aussi avantageux.

L'opération de la conduite des eaux du Rhône à Nîmes a présenté trois ordres de faits intéressants :

1° La filtration naturelle des eaux du Rhône, par une galerie souterraine et latérale de 500 mètres de longueur et de 11 mètres de largeur intérieure. Cette galerie de filtration est la plus grande que l'on connaisse aujourd'hui.

2° Le refoulement direct de ces eaux par deux machines à vapeur, de 200 chevaux chacune, à une distance d'environ 10,000 mètres, par une conduite de refoulement unique de 80 centimètres de diamètre intérieur. Cette conduite, qui présente dans son par-

Fig. 178. — La fontaine de Nîmes.

cours de nombreuses inflexions, est commandée par un grand réservoir d'air de 14 mètres de hauteur, sur lequel actionnent les pompes, non pas directement, mais après avoir refoulé l'air dans d'autres réservoirs plus petits, joints à ces derniers.

L'intervention de ces réserxoirs multiples, la pose de nombreux évacuateurs d'air à tous les points saillants, ont pour effet de rendre très-maniable cette immense colonne d'eau, dont le poids est de près de 5,000 tonnes.

3° Les machines à vapeur, qui sont verticales, à mouvement direct, sans intermédiaire d'aucun engrenage, ont été établies suivant le système de Woolf. Leur consommation ne s'élève qu'à 1 kilogramme 400 de charbon par heure et par force de cheval, calculée en eau montée.

CHAPITRE XLV

TABLEAU DES RÉACTIONS PRODUITES PAR LES EAUX POTABLES DE PLUSIEURS VILLES DE L'EUROPE.

Nous avons passé en revue les plus intéressantes fournitures d'eaux potables des villes de France. Nous aurions dû citer, au même point de vue, Nantes, Valenciennes et quelques autres villes; mais nous n'aurions fait que répéter les détails donnés précédemment.

Nous ferons seulement connaître la manière dont se composent les eaux potables des principales villes de l'Europe, quand on les traite par les réactifs que les chimistes emploient pour constater le degré relatif de pureté des eaux.

Dans une thèse présentée en 1867, à l'Université de Bruxelles, pour le doctorat ès sciences, thèse qui a pour titre : *Hydrologie*

TABLEAU DES RÉACTIONS

produites, d'après M. Ferreira, par les eaux potables de plusieurs villes de l'Europe avec les réactifs suivants :

DÉSIGNATION des VILLES.	DISSOLUTION D'AMMONIAQUE	DISSOLUTION D'AZOTATE D'ARGENT acide.	DISSOLUTION D'AZOTATE DE BARYTE	DISSOLUTION D'OXAL. D'AMMONIAQUE	DISSOLUTION D'ACÉTATE TRIBASIQUE de plomb.	DISSOLUTION HYDROALCOOLIQUE de savon.	REMARQUES.
BRUXELLES....	Trouble bien sensible.	Précipité blanc assez abondant, sol. dans l'ammoniaque, noircissant à la lumière.	Précip. blanc assez sensible, ins. dans l'acide azotique.	Précipité blanc bien sensible.	Précipité blanc abondant.	Précip. blanc grumeleux.	Eau de puits prise dans la partie haute de la ville. Elle se trouble par l'ébullition, après laquelle les précipités produits par l'acétate de plomb et l'oxalate d'ammoniaque sont bien moins abondants.
COLOGNE	Trouble opalin peu intense.	Précip. blanc abondant, soluble dans l'ammon., noircissant à la lumière.	Précip. blanc léger, insol. dans l'acide azotique.	Précip. blanc assez abondant.	Précipité blanc abondant.	Précipité blanc caillebotté.	Eau de source se troublant par l'ébullition, après laquelle les précipités produits par l'acétate de plomb et l'oxalate d'ammoniaque sont moins abondants.
HANOVRE	Trouble léger.	Précip. blanc abondant, soluble dans l'ammon., se colorant à la lumière.	Précip. blanc peu abondant, insol. dans l'acide azotique.	Précipité blanc bien sensible.	Précipité blanc abondant.	Précipité blanc caillebotté.	Eau de puits se troublant par l'ébullition. Précipite moins après l'ébullition par l'acétate de plomb et l'oxalate d'ammoniaque.
HAMBOURG....	Réaction nulle.	Précip. blanc abondant, soluble dans l'ammon., noircissant à la lumière.	Réaction nulle.	Précipité à peine sensible.	Précipité blanc abondant.	Coloration blanche opaline, pas de grumeaux.	Eau de rivière. Elle ne se trouble pas par l'ébullition.
MOSCOU	Réaction nulle.	Absolument rien.	Réaction nulle.	Précip. blanc assez sensible.	Précip. blanc assez abondant.	Coloration blanche, opaline, peu intense.	Eau de source venant d'une distance d'environ 15 kilomètres. Elle ne se trouble pas par l'ébullition. Elle est très-agréable, fraîche et complétement incolore lorsqu'on la regarde en masse.
St-PÉTERSBOURG	Réaction nulle.	Teinte louche, d'un blanc opalin, noircissant à la lumière.	Réaction nulle.	A peine des traces de précipité.	Précipité blanc abondant.	Coloration blanche, opaline, tr.-légère.	Eau de fleuve (la Newa). Elle ne se trouble pas par l'ébullition, après laquelle l'oxalate d'ammoniaque ne la précipite plus. Elle est légèrement jaunâtre, vue en masse, et d'une odeur *sui generis*, quoique peu sensible. Elle est réputée mauvaise.
BERLIN	Réaction nulle.	Précipité blanc assez sensible, sol. dans l'ammon., se colorant à la lumière.	Réaction nulle.	Précip. blanc peu abondant.	Précipité blanc abondant.	Teinte louche d'un blanc opalin, pas de flocons.	Eau de puits. Vue en masse, elle est légèrement jaunâtre. Elle ne se trouble pas par l'ébullition, après laquelle l'oxalate d'ammoniaque ne la précipite plus, mais l'acétate de plomb la précipite encore.
PESTH ET BADE	Réaction nulle.	Trouble opalin assez intense, se colorant à la lumière.	Réaction nulle.	Précip. blanc assez apparent.	Précip. blanc assez abondant.	Précip. blanc grumeleux, assez abondant.	Eau de puits. Elle se trouble par l'ébullition, et, après ce phénomène, précipite encore, mais peu, par l'acétate de plomb et par l'azotate d'ammoniaque.
VIENNE.......	Trouble bien sensible.	Précip. blanc assez abondant, sol. dans l'ammon., noircissant à la lumière.	Précip. blanc peu abondant, insol. dans l'acide azotique.	Précipité blanc abondant.	Précipité blanc abondant.	Précipité blanc caillebotté, abondant.	Eau de puits. Il y a aussi des eaux de source et de rivière, mais moins fraîches en été que la première, qui est assez agréable. Elle se trouble par l'ébullition.
MUNICH......	Réaction nulle.	Trouble blanc léger, noircissant à la lumière.	Réaction nulle.	Précip. blanc assez sensible.	Précipité blanc abondant.	Précip. blanc, peu abondant.	Eau de source prise loin de la ville. Elle se trouble légèrement par l'ébullition, est très-aérée. Elle précipite moins après l'ébullition.
		ger, noircissant à la lumière.	sens., ins. dans l'acide azotique.	appréciable.	abondant.	opaline, peu intense.	Elle ne se trouble pas par l'ébullition.
BERNE	Réaction nulle.	Trouble opalin, qui noircit à la lumière.	Réaction nulle.	Précip. blanc peu sensible.	Précipité blanc abondant.	Trouble opalin, à peine des traces de flocons.	Eau de source prise dans les montagnes voisines. Elle ne se trouble pas par l'ébullition.
GENÈVE	Réaction nulle.	Trouble à peine sensible, noircissant à la lumière.	Réaction nulle.	A peine des traces de précipité.	Précipité blanc abondant.	Colorat. blanche opaline, peu sensible.	Eau du lac de Genève qui alimente la ville. Elle ne se trouble pas par l'ébullition.
STUTTGARD....	Trouble bien apparent.	Précip. blanc assez abond., sol. dans l'ammon., noircissant à la lumière.	Précip. blanc peu abondant, insol. dans l'acide azotique.	Précip. blanc assez abondant.	Précipité blanc abondant.	Précip. blanc caillebotté, abondant.	Eau de puits. Elle se trouble par l'ébullition. Il y a aussi de l'eau de source qui est moins employée que l'eau de puits.
FRANCFORT ...	Trouble peu sensible.	Précipité blanc assez abondant, sol. dans l'ammoniaque.	Précipité blanc abondant, insol. dans l'acide azotique.	Précipité blanc abondant.	Précip. blanc tr.-abondant.	Précip. blanc grumeleux, abondant.	Eau de puits. C'est sur cette eau que les essais ont été faits. Elle se trouble par l'ébullition. On boit aussi de l'eau de source et de la rivière le Mein.
BOLOGNE	Précipit. blanc assez abondant.	Précip. blanc assez abondant, sol. dans l'ammon., noircissant à la lumière.	Précip. blanc léger, ins. dans l'acide azotique.	Précip. blanc assez abondant.	Précip. blanc tr.-abondant.	Précipité blanc grumeleux.	Eau de puits qui se trouble fortement par l'ébullition. Elle est très-chargée de sels, mais elle est fraîche et agréable. Les précipités par l'acétate de plomb et l'oxalate d'ammoniaque sont moins abondants après l'ébullition.
TURIN........	Réaction nulle.	Réaction nulle.	Réaction nulle.	Trouble blanc à peine sensible.	Précip. blanc peu sensible.	Trouble opalin très-peu sensible.	Eau de source. Les eaux des puits de cette ville sont aussi très-pures ; pas de trouble par l'ébullition.
GÊNES........	Réaction nulle.	Trouble à peine sensible, noircissant à la lumière.	Réaction nulle.	Précip. blanc bien sensible.	Précipité blanc abondant.	Trouble opalin peu sensible.	Eau de source qui ne se trouble pas par l'ébullition.
VENISE.......	Réaction nulle.	Précip. blanc abondant, soluble dans l'ammon., noircissant à la lumière.	Précip. blanc bien sensible, insol. dans l'acide azotique.	Précip. blanc assez sensible.	Précipité blanc abondant.	Précipité blanc grumeleux.	Eau de puits qui se trouble par l'ébullition. L'eau de citerne, qu'on boit aussi dans la ville, est plus pure que l'eau de puits.
MILAN........	Réaction nulle.	Trouble opalin se colorant à la lumière.	Précip. blanc peu appréc., insol. dans l'ac. azot.	Précip. blanc bien sensible.	Précip. bien sensible.	Trouble opalin peu intense.	Eau de source qui n'est pas troublée par l'ébullition.
PARIS	Trouble bien sensible surtout avec l'eau d'Arcueil.	Teinte blanche opaline peu intense, noircissant à la lumière.	Précip. blanc peu abondant, ins. dans l'acide azotique.	Précip. blanc assez abondant.	Précip. blanc tr.-abondant.	Précip. blanc grumeleux.	Eau de la Seine. Elle se trouble par l'ébullition, après laquelle les précipités par l'acétate de plomb et l'oxalate d'ammoniaque sont moins abondants. Par l'ébullition, l'eau d'Arcueil se trouble plus que l'eau de la Seine.
LONDRES......	Trouble sensible.	Trouble peu sensible, soluble dans l'ammon., noircissant à la lumière.	Réaction nulle.	Précip. blanc bien sensible.	Précipité blanc abondant.	Précip. blanc grumeleux, peu abondant.	Eau de la Tamise. Elle se trouble, mais peu, par l'ébullition.
ÉDIMBOURG ...	Réaction nulle.	Trouble à peine sensible, noircissant à la lumière.	Réaction nulle.	Précipité blanc à peine appréciable.	Précip. blanc peu abondant.	Trouble opalin peu intense.	Eau de source qui ne se trouble pas par l'ébullition.
MANCHESTER..	Réaction nulle.	Trouble à peine sensible, noircissant à la lumière.	Précipité à peine sensible, insol. dans l'acide azotique.	A peine des traces de précipité.	Précip. blanc peu abondant.	Trouble opalin peu intense.	Eau de drainage. Elle ne se trouble pas par l'ébullition. Dans plusieurs villes de l'Angleterre et de l'Écosse, on utilise les eaux de drainage pour les usages domestiques et les besoins de la cité.

générale, M. Antonio Ferreira, résidant à Rio de Janeiro, a consigné, sous forme de tableau, les résultats des observations faites par lui, concernant l'action qu'exercent l'azotate de baryte, l'azotate d'argent, l'ébullition, etc., sur les différentes eaux potables de ces villes. Le tableau ci-dessus que nous empruntons à la thèse de ce chimiste, donne donc une idée approximative des propriétés des eaux les plus généralement employées comme boisson dans plusieurs villes de l'Europe, et permet de les comparer les unes avec les autres, sous le rapport de la pureté chimique.

CHAPITRE XLVI

APPLICATIONS DES EAUX NON POTABLES. — L'EAU DANS LES DIFFÉRENTES INDUSTRIES.

Après cette longue étude des applications des eaux potables, nous avons à parler, pour terminer cette Notice, des applications des eaux non potables. Nous serons bref dans cette dernière partie, c'est-à-dire en examinant les eaux non potables au point de vue chimique, tout ce que nous aurons à dire n'étant qu'une application des connaissances que le lecteur a acquises par l'étude générale des propriétés de l'eau.

Toutes les industries sans exception font usage de l'eau. Ne pouvant les passer toutes en revue, nous nous bornerons à signaler celles qui exigent des qualités particulières dans l'eau qu'elles emploient.

L'eau qui alimente les machines des *chaudières à vapeur* doit être de la plus grande pureté possible ; car si elle contient trop de sels, particulièrement de sels calcaires, ces sels se déposent, par suite de l'évaporation, contre les parois de la chaudière, et constituent des incrustations, que l'on est obligé d'enlever à coups de ciseau, après avoir vidé la chaudière.

L'addition à l'eau des générateurs de certaines substances, telles que des râclures de pommes de terre, des copeaux de bois de campêche et mille autres corps étrangers, s'opposent très-efficacement à la formation de ces dépôts terreux. Les sédiments calcaires, au lieu de se fixer contre les parois de la chaudière, se précipitent sur ces corps qui flottent au sein du liquide, et, de là, se délayent dans l'eau, de telle sorte qu'au lieu d'avoir des dépôts contre le fond et les parois du générateur, on n'a qu'une eau trouble et boueuse, que l'on évacue quand l'appareil n'est plus en feu. Les parois du métal sont ainsi toujours parfaitement nettes et brillantes.

On remplirait un volume des recettes qui ont été données pour prévenir la formation des incrustations terreuses dans les chaudières de machines à vapeur. Chaque atelier a son moyen particulier, que la pratique a consacré et qui réussit toujours entre les mains du chauffeur qui en a l'habitude.

Toutefois, on pense aujourd'hui qu'il est plus rationnel, au lieu de se débarrasser de ces dépôts quand ils se sont produits, d'empêcher leur production. Ce sont les sels de chaux qui composent la presque totalité des sédiments terreux des générateurs. Il vaut mieux priver l'eau des sels de chaux avant de l'introduire dans le générateur, que d'avoir à s'en débarrasser plus tard. Si l'on n'admet dans la chaudière que de l'eau dépourvue de sels de chaux, on n'aura pas à redouter la précipitation de sédiment terreux par l'évaporation. Or, il n'y a rien de plus facile que de débarrasser une eau de la chaux qu'elle renferme. Par une espèce de paradoxe scientifique, par une élégante application des principes de la chimie, c'est avec la chaux elle-même que l'on enlève à l'eau ses sels calcaires. C'est ce que l'on va comprendre. Dans les eaux de rivière ou de source, la plus grande partie de la chaux existe à l'état de bicarbonate de chaux soluble. Mais le carbonate de chaux neutre est insoluble dans l'eau. Pour transformer le bicarbonate de chaux soluble en carbonate insoluble, que faut-il faire? Lui ajouter de la chaux, qui sature l'excès d'acide carbonique du bicarbonate de chaux et forme du carbonate de chaux neutre. Ajoutez donc un peu de chaux pure à une eau potable, et vous transformerez son bicarbonate de chaux soluble en carbonate neutre insoluble, lequel se précipitera.

Tel est le principe théorique de l'épuration, au moyen de la chaux, de l'eau qui sert à l'alimentation des chaudières à vapeur. Ce moyen simple et économique est aujourd'hui en usage dans un grand nombre d'usines du nord de la France, de l'Angleterre et de la Belgique. On a de grands bassins dans lesquels l'eau est traitée par un lait de chaux caustique. On fait couler ce lait de chaux dans l'eau, en brassant le tout. On laisse l'eau en repos, pour que le carbonate de chaux se précipite, et, quand on veut l'introduire dans le générateur, on soutire l'eau claire et limpide, par un robinet placé à une hauteur convenable.

Pour donner, par un cas particulier, un exemple de ce moyen d'épuration de l'eau destinée aux chaudières à vapeur, nous rapporterons ce qui a été fait, en 1874, au chemin de fer d'Orléans, pour épurer l'eau des locomotives.

Il s'agissait de la prise d'eau à établir au dépôt d'Aigrefeuille, où se bifurquent les lignes de Rochefort et de la Rochelle. Or, cette eau était très-chargée de sels calcaires : un litre donnait 416 milligrammes de résidu.

On se décida à épurer l'eau au moyen d'un lait de chaux.

La quantité de chaux grasse qui est employée pour épurer 100 mètres cubes varie, pour l'eau du dépôt d'Aigrefeuille, entre 35 et 38 kilogrammes. On délaye la chaux dans un réservoir en tôle, dont la capacité est suffisante pour former un lait de chaux très-clair. On sépare ordinairement en deux ou trois parties la dose de 35 kilogrammes, afin d'être certain d'obtenir une réaction chimique complète. Lorsque le lait de chaux est préparé convenablement, on en règle l'écoulement dans l'eau du réservoir au moyen d'un robinet et d'une règle. Après quelques tâtonnements, l'ouvrier chargé de ce travail trouve facilement les quantités relatives, de l'eau ordinaire et du lait de chaux.

Le liquide, formé d'eau ordinaire mélangée au lait de chaux, est laissé en repos pendant douze heures. Le bicarbonate de chaux, transformé en carbonate neutre insoluble, se dépose complétement au fond du réservoir. L'eau épurée, déjà claire, est prise à une certaine hauteur au-dessus du fond du réservoir, et dirigée sur des filtres à laine et à éponges ; elle se rend de là dans la citerne destinée à recevoir l'eau épurée. Cette eau est élevée par les pompes dans des réservoirs spéciaux qui alimentent les grues de service.

Lorsqu'une eau calcaire donne un résidu inférieur à 250 à 300 milligrammes par litre, il n'y a pas avantage à épurer l'eau par la chaux. Dans ce cas, il faut recourir aux corps étrangers qui, mêlés à l'eau des chaudières, donnent toujours de bons résultats.

On a établi une autre épuration d'eau à la Compagnie d'Orléans. Cette prise est celle de la station de Neuville-aux-Bois, ligne d'Orléans à Pithiviers, dont l'eau fournit un résidu calcaire supérieur à 3 décigrammes par litre. Dans ce cas, la simple décantation a remplacé le filtrage.

En résumé, ajouter à l'eau des générateurs les divers corps étrangers destinés à empêcher la formation des dépôts terreux, ou traiter l'eau par la chaux, tels sont les moyens dont on fait usage pour purifier l'eau des chaudières à vapeur.

L'eau destinée aux *teinturiers* doit être d'une pureté toute particulière, tant sous le rapport physique que sous le rapport chimique. Une eau calcaire modifie ou altère les couleurs des substances tinctoriales; une eau trouble ternit les couleurs et les prive de leur éclat. Les eaux de la Bièvre sont renommées pour les usages de la teinture ; mais il existe dans tous les pays des eaux de rivières ou de sources bien plus pures. Les teinturiers de Lyon, de Rouen, de Lille, savent par expérience à quelles eaux ils doivent donner la préférence pour composer leurs bains de teinture. La pratique et l'observation renseignent sur cette question les chefs d'atelier. Souvent un teinturier n'est guidé que par la seule nature des eaux, dans le choix de l'emplacement de son usine. Et si le chimiste analyse ensuite les eaux dont le teinturier fait usage de préférence, il constate l'absence à peu près complète, dans cette eau, des sels de chaux. C'est donc l'examen chimique, uni à l'observation, qui doit diriger le teinturier dans cette grande question.

Les *tanneurs* ont autant d'intérêt que les teinturiers à choisir une eau, sinon limpide, au moins très-pure, c'est-à-dire exempte de sels de chaux. Jamais un tanneur ne fera usage d'eau de puits pour remplir ses fosses ou pour préparer ses infusions tannantes. L'eau de source et, à son défaut, l'eau de rivière, ont seules accès dans les tanneries. Les tanneurs de Paris ont longtemps pensé que l'eau de la Bièvre était supérieure à l'eau de la Seine pour leur industrie, et c'est pour cela que les bords de la Bièvre étaient encombrés de tanneries. On est revenu aujourd'hui de cette idée, car beaucoup de tanneries existent au bord de la Seine, principalement à Puteaux.

Pour comprendre la nécessité de bannir les eaux calcaires des ateliers de tannage, il faut considérer que, lorsqu'on met l'infusion de tan en contact avec la peau, pour que le tannin s'introduise dans tous ses interstices, la peau a déjà été gonflée par de longues et nombreuses préparations, qui ont consisté à élargir ses pores par des liqueurs faiblement acides. Or, si l'eau était chargée de sels de chaux, la chaux se combinerait avec le tissu de la peau gonflée, à la place du tannin, et donnerait un cuir d'une infériorité relative. En second lieu, l'eau chargée de sels dissout moins de tannin que l'eau pure, et comme la préparation des infusions tannantes avec l'écorce de chêne, le sumac et autres substances végétales, est l'opération fondamentale dans les tanneries, le choix d'une eau dissolvant la plus grande partie possible du tannin de l'écorce, est une question capitale pour le fabricant, qui a tout intérêt à tirer tout le parti possible des écorces, c'est-à-dire à ne rien perdre de leur principe actif.

Chez les *brasseurs*, le même principe trouve son application. L'eau pure est beaucoup plus dissolvante que l'eau chargée de sels. Or, le houblon et l'orge servent, dans les brasseries, à composer les infusions qui doivent constituer la bière. Le houblon, particulièrement, est partout d'un assez haut prix; il n'est donc pas indifférent au brasseur d'employer une eau non calcaire, qui réalise pour lui une véritable économie. Ajoutons que la bière étant une boisson, la salubrité exige que l'on s'adresse pour sa préparation à l'eau la plus pure. Les brasseurs de Paris doivent se faire un devoir de substituer à l'eau de la Seine, l'eau de la Dhuis ou de la Vanne, si pures et si salubres, dont la capitale est aujourd'hui dotée.

Il faut également une eau pure pour les préparations de l'art du *confiseur* et du *liquoriste*, afin que la saveur et les qualités de leurs sirops ne soient point altérées. Ici pourtant, cette considération a moins de valeur que pour la fabrication de la bière, en raison de la faible proportion de la consommation des produits du confiseur.

Dans l'art du *boulanger*, la question de la pureté de l'eau est fondamentale. Le pain renferme un quart au moins de son poids d'eau. Une substance comme le pain, qui est consommée tous les jours en quantité plus ou moins grande, ne doit contenir que des produits de la plus entière pureté. Le boulanger qui se sert d'une eau de puits ou d'une eau suspecte, est donc coupable, puisqu'une substance malsaine, ingérée même à la plus faible dose, peut avoir les plus grands inconvénients, quand on la prend tous les jours, soit sous forme liquide, avec la boisson, soit sous forme solide, avec le pain.

C'est dans l'industrie du *blanchissage* que l'on se préoccupe particulièrement des qualités de l'eau. On dit communément que les eaux les plus convenables pour le blanchissage sont celles qui dissolvent le mieux le savon, celles qui forment le moins de grumeaux ou de dépôts quand on y mêle le savon. Ce caractère chimique de bien dissoudre le savon est excellent comme signe de pureté de l'eau, car il en entraîne plusieurs autres. Une eau qui dissout bien le savon est propre à tous les usages domestiques. C'est donc avec raison que dans la méthode *hydrotimétrique*, que nous avons décrite, on a pris comme signe caractéristique et pour doser comparativement la pureté des eaux, la quantité de savon que l'eau peut dissoudre.

Les eaux de source et de rivière sont celles qui dissolvent le mieux le savon. Les eaux de puits qui précipitent d'énormes grumeaux de sels calcaires, quand on les mêle au savon, seraient ruineuses pour le blanchisseur. L'idéal pour cette industrie serait l'eau de pluie, qui, étant exempte de sels de chaux, dissout le savon intégralement; malheureusement il n'y a pas à y songer, dans ce cas.

Pour le lavage de la laine, qui est toute une industrie, puisque la laine est lavée trois fois (sur le dos de l'animal vivant, après la tonte, pour la débarrasser du suint, enfin dans la fabrique, pour la préparer à recevoir les couleurs), il faut avoir soin de choisir une eau dissolvant bien le savon, c'est-à-dire à puiser dans une rivière ou dans un étang d'eau douce.

Dans les fabriques de *papier* la question de l'eau est fondamentale. Beaucoup de papeteries doivent la renommée de leurs produits à l'excellence de leurs eaux. Ce que l'on recherche dans l'eau destinée à la fabrication du papier, c'est moins sa pureté chimique que sa parfaite limpidité. Une eau trouble, ou seulement rendue laiteuse par l'argile ou le sable en suspension, est la véritable pierre d'achoppement dans cette fabrication. Il faut que l'eau d'une papeterie soit aussi claire que possible, afin que la pâte conserve sa blancheur, sa parfaite finesse et toute la douceur de son grain. Des particules de sels terreux provenant de l'eau étant interposées à la pâte, lui enlèveraient ces qualités.

Dans les fabriques de *papiers peints*, c'est la pureté chimique, plutôt que la limpidité, qu'il faut rechercher. L'éclat des couleurs pourrait être altéré par le mélange ou la combinaison des principes colorants avec les sels contenus dans l'eau.

Pour le fabricant de *produits chimiques*, la pureté de l'eau est une condition essentielle. Dans ce genre d'industrie on fait souvent usage d'eau distillée; c'est assez dire que l'on cherche à se mettre à l'abri de l'action qu'exercent les sels de chaux contenus dans les eaux ordinaires, sur les produits que l'on veut préparer. La chaux, formant beaucoup de composés insolubles avec les substances organiques, a souvent pour effet de précipiter à l'état insoluble les produits mêmes que l'on cherche à préparer dans ces laboratoires. On évite cet écueil avec des eaux très-pures ou avec de l'eau de pluie recueillie dans des citernes.

De toutes les industries chimiques la fabrication du *savon* est celle qui a le plus grand intérêt à faire usage de bonnes eaux. Une eau calcaire précipiterait, à l'état insoluble, les acides stéarique et oléique, lesquels, unis à la soude, constituent le savon. On comprend donc quel intérêt a le savonnier à faire usage de l'eau la plus pure pour ses diverses opérations. Le savon lui-même contenant environ 30 pour 100 d'eau, qui a servi à favoriser la combinaison du corps gras et de l'alcali, on comprend que l'eau joue un rôle essentiel dans l'art du savonnier.

C'est par la même considération chimique que le fabricant de *sucre* et le *raffineur* se préoccupent toujours de la qualité des eaux qu'ils emploient. Le sucre se prépare ou se raffine en faisant usage de l'eau pour composer les sirops. Si l'eau dont on se sert n'a pas les qualités exigées par la salubrité et l'hygiène, si elle abandonne par l'évaporation une quantité quelconque de matières de mauvais goût, ces matières enlèveront au sucre sa sapidité. Il y a en Europe plusieurs fabriques de sucre qui ne doivent leur infériorité qu'aux mauvaises qualités des eaux dont elles font usage.

De même que la fabrication du sucre, celle de l'*amidon* et des *fécules alimentaires* demandent une eau très-pure. En se déposant sur le grain de fécule, les sels calcaires que l'eau renferme, nuisent à leurs propriétés; ils donnent un goût désagréable aux fécules alimentaires, et empêchent l'empois de bien cuire, ou de prendre tout son liant.

Les fabriques de *porcelaine*, parmi les industries chimiques, ont elles-mêmes à s'inquiéter de la nature des eaux. On assure que l'eau de puits employée à faire la pâte de porcelaine, lui enlève le liant qu'exige une bonne fabrication.

FIN DE L'INDUSTRIE DE L'EAU

INDUSTRIE

DES BOISSONS GAZEUSES

CHAPITRE PREMIER

LA FABRICATION DES EAUX MINÉRALES ARTIFICIELLES AVANT NOTRE SIÈCLE. — JENNY ET OWARD EN 1685. — NICOLAS LÉMERY. — LANE ET PRIESTLEY. — DU CHANNOIS. — BERGMANN. — PREMIÈRE FABRICATION DES EAUX MINÉRALES FACTICES EN FRANCE. — LA FABRICATION DE L'EAU DE SELTZ ARTIFICIELLE A GENÈVE. — DESCRIPTION DE L'APPAREIL DIT *de Genève*. — L'ÉTABLISSEMENT D'EAUX MINÉRALES ARTIFICIELLES DE TIVOLI, A PARIS. — BARRUEL ET VERNAUT INVENTENT L'APPAREIL A COMPRESSION CHIMIQUE. — SAVARESSE PERFECTIONNE CET APPAREIL.

Dans le langage ordinaire, on donne le nom d'*eau de Seltz* à une simple dissolution de gaz acide carbonique dans l'eau. Ce nom provient de ce qu'à l'origine, on se proposa de reproduire artificiellement l'eau d'une source minérale naturelle située dans la ville de *Selters*, ou *Seltz*, qui fait partie du duché de Nassau (Allemagne). A la fin du siècle dernier, la pharmacie s'était mise en tête de reproduire un certain nombre d'eaux minérales, et l'eau de Seltz, ou Selters, qui avait fixé l'attention par la grande proportion de gaz acide carbonique qu'elle contient, avait été plus particulièrement l'objet de ce genre d'imitation. Mais, plus tard, la fabrication artificielle de l'eau de Seltz ayant paru trop difficile ou inutile, on y renonça, et l'on se contenta de vendre sous le nom d'*eau de Seltz* une dissolution de gaz acide carbonique dans l'eau pure, faite à l'aide de la pression. Bien que cette eau simplement gazeuse différât essentiellement de l'eau de Seltz artificielle que les pharmaciens avaient fabriquée à la fin du siècle dernier, l'industrie générale, qui, vers 1832, s'était emparée de ce genre de fabrication, continua de donner le nom d'eau de Seltz à cette boisson, qu'il vaut évidemment beaucoup mieux désigner sous le nom d'*eau gazeuse*, pour en représenter exactement la nature.

L'industrie de la fabrication des eaux gazeuses ayant pour origine l'imitation des eaux minérales naturelles, nous sommes obligé, pour donner l'historique de cette industrie, de remonter à l'époque où l'on se proposa, pour la première fois, d'imiter les eaux minérales naturelles.

En 1685, Jenny et Oward, pharmaciens de Londres, obtinrent un brevet du roi Charles II, pour fabriquer artificiellement des eaux ferrugineuses.

Dans le même siècle, les apothicaires de Paris exploitaient déjà cette ressource industrielle. La Bruyère, dans son ouvrage *Les Caractères*, en parlant des charlatans enrichis, parle de B... « qui vendait l'eau de la rivière. » On lit dans la *Clef des caractères*, publiée à Amsterdam, en 1720, par le même auteur : « B... n'est autre que l'apothicaire Barbereau, qui a amassé du bien en vendant de l'eau de la rivière de Seine pour des eaux minérales. »

Barbereau n'était pas le seul qui se livrât à ce commerce. Le *Livre des adresses*, publié en 1692, par de Blegny, apothicaire et fils du médecin du roi, indique « le sieur Tillesac, rue de la Bûcherie, comme vendant toutes sortes d'eaux minérales. »

Nicolas Lémery, dans son *Cours de chimie*, publié en 1695, donne la composition du *soda water*, ou de l'eau de Seltz préparée avec des poudres effervescentes que l'on mêlait à l'eau, absolument comme on le fait aujourd'hui.

« On peut contrefaire, dit Nicolas Lémery, une eau minérale très-salutaire, en faisant fondre dans une livre et demie d'eau, six dragmes de sel végétal; on donnera cette eau à boire en un matin, à jeun, verre à verre, de quart d'heure en quart d'heure, en observant de se promener. Le remède purgera sans échauffer le malade. On peut faire une eau minérale apéritive en dissolvant huit ou neuf grains de *grilla vitrioli* dans deux livres d'eau. »

Le *sel végétal* de Nicolas Lémery était notre tartrate de potasse ou de soude, et le *grilla vitrioli* le sulfate de fer. Ces éléments entrent dans la préparation du *soda-water* des Anglais de nos jours, et ils devaient probablement servir à la fabrication des eaux ferrugineuses pour lesquelles Jenny et Oward prirent un brevet en 1685.

A cette époque, c'est-à-dire à la fin du XVIIe siècle, le gaz acide carbonique n'était pas encore découvert. Ce fut le chimiste Van Helmont qui, le premier, reconnut l'existence du gaz acide carbonique dans la plupart des sources naturelles. Van Helmont fit du gaz acide carbonique, qu'il appela *gaz sylvestre*, ou *air fixe*, une étude remarquable pour son temps. Le *gaz sylvestre*, ou *air fixe* de Van Helmont, fut bientôt signalé dans plusieurs eaux minérales. Ce fut le chimiste allemand Hoffmann, qui découvrit ce gaz dans l'eau de Selters et dans celle d'Éga.

Fait assez curieux, Hoffmann eut aussitôt l'idée d'imiter artificiellement l'eau de Seltz.

« En mettant, dit Hoffmann, dans un vase à col étroit plein d'eau bien pure de l'alcali et ensuite de l'acide vitriolique, en bouchant promptement la bouteille pour retenir l'esprit minéral qui se forme par l'effervescence et en agitant le vase qui contient le mélange, on se procurera une eau artificielle entièrement semblable aux eaux acidulées des sources. »

Presque en même temps (1750), Hales et Black prouvaient, par des expériences directes, que le *gaz sylvestre* contenu dans les eaux minérales, est le même que celui que l'on obtient en décomposant les carbonates. Hales et Black donnaient les moyens de recueillir et de mesurer ce gaz.

En 1775, Venel, professeur à l'Université de Montpellier, enseigna le premier la manière de composer une eau gazeuse artificielle. Il imagina de séparer les matières dans la bouteille, de manière qu'elles ne fussent mises en contact qu'après le bouchage. « On obtient ainsi, disait Venel, une eau non-seulement analogue à celle des sources de Selters, mais encore plus chargée. »

Jusque-là, on n'avait songé, pour imiter les eaux minérales naturelles, qu'à mélanger avec l'eau des substances faisant effervescence par leur action mutuelle. Le docteur Bewley fit faire à cette fabrication un pas immense, en imaginant d'imiter l'eau de Selters en saturant l'eau avec le gaz produit dans un vase à part, par la réaction de l'acide sulfurique sur du carbonate de potasse. Il mettait pour cela le *sel de tartre* (carbonate de potasse) dans un vase à deux ouvertures, versait par l'une des tubulures l'acide sulfurique, et le gaz, se dégageant par la seconde tubulure, arrivait dans la bouteille contenant l'eau destinée à dissoudre le gaz.

En 1768, Lane et Priestley imitaient les eaux de Selters en saturant l'eau pure de gaz acide carbonique provenant de la fermentation de la bière, et dissolvant ce gaz dans l'eau à l'aide d'un vase approprié. Pour rendre l'eau ferrugineuse, ils ajoutaient à l'eau un morceau d'acier dont l'oxydation fournissait un sel de fer soluble.

Priestley, perfectionnant et simplifiant les procédés de Hales, de Black et des autres savants, qui l'avaient précédé dans cette voie, inventa un appareil susceptible jusqu'à un certain point d'applications industrielles. Le gaz obtenu dans un vase à deux ouvertures, par la réaction de l'acide sulfurique sur la craie délayée dans l'eau, était amené, par un tuyau flexible, dans une vessie ou dans un vase renversé sur l'eau ; puis il passait, par la pression que l'on opérait sur la vessie ou le vase, dans un flacon contenant le liquide qu'il devait saturer, et dont le goulot était également renversé dans un bassin plein d'eau. Lorsque l'arrivée du gaz avait fait baisser le niveau du liquide dans le flacon, Priestley agitait vivement le flacon; le gaz se dissolvant, le liquide remontait aussitôt. Il agitait alors le vase contenant le mélange d'acide sulfurique et de craie, une nouvelle quantité de gaz se dégageant arrivait dans le flacon, dont l'eau, après quelques minutes d'agitation, avait absorbé le gaz. Ces diverses manipulations étant répétées deux ou trois fois, l'eau était prête pour l'usage. On la conservait dans les mêmes bouteilles bien bouchées, goudronnées et tenues dans une position renversée.

Priestley, dans la note qui explique son procédé, indique les proportions qu'on doit employer d'acide et de craie, et il termine ainsi ses instructions :

« Notre méthode peut servir pour donner de l'air fixe (gaz acide carbonique) au vin, à la bière et à presque toutes les autres liqueurs. Lorsque la bière est éventée ou est devenue plate, on peut la ranimer par ce moyen. »

Priestley comprenait, d'ailleurs, le rôle important que devait jouer l'industrie des boissons gazeuses.

« Le but que s'est proposé le docteur Priestley en publiant son ouvrage, dit l'*Histoire de l'Académie des sciences de Paris*, a été de faciliter les moyens d'employer l'air fixe contre les maladies qui viennent de la corruption, surtout contre le scorbut de mer, en donnant un moyen sûr de se procurer en peu de temps une assez grande quantité d'eau très-chargée de cette matière. »

Les chimistes français n'apportaient pas moins d'ardeur que les savants des autres nations à étudier le gaz qu'on appelait encore *air fixe*, et à chercher les meilleurs moyens de le dissoudre dans l'eau, pour en former une boisson gazeuse à la fois agréable et hygiénique. Bucquet composa le réservoir destiné à recevoir l'eau à saturer le gaz de deux calottes métalliques mises l'une sur l'autre, et il disposa la partie supérieure de manière à introduire un baromètre destiné à indiquer, comme le manomètre actuel, la pression intérieure du gaz. Rouelle employa un vase à deux tubulures, pour recevoir le mélange de craie et d'acide sulfurique, et l'appela *bouteille du mélange*. Le réservoir contenant l'eau et les substances destinées à être exposées à l'action du gaz acide carbonique, fut nommé par lui *bouteille de réception*.

En 1780, le chimiste allemand Bergmann donna plusieurs méthodes pour imiter artificiellement les eaux de Seltz, de Pyrmont et de Spa. Il ajouta au vase contenant l'eau que l'on voulait saturer d'acide carbonique, un agitateur, composé de quatre palettes, que l'on mettait en mouvement de l'extérieur, au moyen d'une poignée.

A la même époque, le docteur Nooth inventait les premiers appareils portatifs d'où sont découlés tous les appareils dits de *ménage*, pour lesquels on a pris de nos jours tant de brevets d'invention.

L'appareil de Nooth se compose de trois vases en verre, disposés les uns au-dessus des autres, assemblés à leur jonction pour éviter les fuites. Le récipient inférieur reçoit les substances destinées à produire le gaz; celui du milieu l'eau qu'on veut saturer; celui du haut, beaucoup plus petit, est terminé par un long bec qui plonge dans l'eau du second. Le col du récipient saturateur est pourvu d'une soupape qui laisse passer le gaz dégagé au travers d'une sorte de crible, et empêche le liquide de descendre dans le vase producteur de gaz. L'acide carbonique, en arrivant dans le récipient, fait bientôt monter, par la pression qu'il exerce, l'eau dans le vase supérieur. Lorsque celui-ci est plein, on a soin de placer son bouchon sur sa tubulure, restée jusqu'alors ouverte, on enlève les deux vases surmontant le producteur, qui leur sert de piédestal, et on les agite, pour opérer la dissolution du gaz. Les replaçant ensuite sur le piédestal, on laisse dégager une nouvelle quantité de gaz, pour recommencer l'agitation, jusqu'à épuisement du mélange.

On ne tarda pas à perfectionner cet appareil compliqué, en ajoutant une tubulure au flacon inférieur pour l'introduction des matières, et un robinet latéral à la partie inférieure du second flacon, pour l'écoulement de l'eau gazéifiée.

Un de ces appareils, qui a appartenu à Lavoisier, existe encore dans les collections de l'École de pharmacie de Paris.

Le docteur Du Chanoy, régent de la Faculté de médecine de Paris, publia, en 1780, un *Essai sur l'art d'imiter les eaux minérales*, et indiqua un procédé qui, malgré ses imperfections et son peu de puissance, donna un premier essor à cette industrie.

L'acide carbonique était produit dans un flacon à deux tubulures, par la réaction de l'acide sulfurique étendu d'eau sur de la craie en poudre. Un flacon plein d'eau ou un tonneau, selon la quantité de liquide qu'on voulait saturer, recevait le gaz provenant de la décomposition de la craie, et l'on favorisait sa dissolution par une agitation répétée.

Au commencement de notre siècle, on préparait dans les pharmacies l'eau de Seltz artificielle par les procédés que Bergmann et Du Chanoy avaient indiqués. Dans un vase métallique capable de résister à une certaine pression, pourvu à sa partie supérieure d'une pompe à gaz, on plaçait de l'eau contenant les éléments constitutifs de l'eau naturelle de Seltz. Cette eau minérale a une constitution chimique assez compliquée (1). On ne pouvait songer à la repro-

(1) Voici la composition d'un litre d'eau de Seltz, d'après Ossian Henry :

	Grammes.
Bicarbonate de soude	0,979
— de chaux	0,551
— de magnésie	0,209
— de strontiane	traces.
— de fer	0,030
Chlorure de sodium	2,040
— de potassium	0,001
Sulfate de soude	0,150
Phosphate de soude	0,040
Silice et alumine	0,050
Bromure alcalin, crénates de chaux et de soude, matières organiques	traces.
Acide carbonique libre	1,085
	5,105

D'après une analyse faite plus récemment en Allemagne, par le docteur Mohr, de Bonn, et dans laquelle le gaz acide carbonique est évalué à part, l'eau de Selters renferme, pour un kilogramme :

Carbonate de soude	0,83568
— d'ammoniaque	0,00417
— de baryte	0,00012
— de strontiane	0,00067
— de chaux	0,24650
— de magnésie	0,20300
— de protoxyde de fer	0,00464
— de protoxyde de manganèse	0,00042
Chlorure de sodium	2,32980
Sulfate de potasse	0,05270
Acide silicique	0,04200
Total des éléments solides	3,71970

Le docteur Mohr ne donne pas la proportion exacte du

Fig. 174. — Appareil dit de *Genève* pour la fabrication de l'eau de Seltz.

duire rigoureusement; on se contentait donc d'une formule approchée.

Voici quelles étaient les anciennes formules pour la composition de l'eau de Seltz :

Formule de Tryaire et Jurine.

	Grammes.
Eau pure	750
Acide carbonique (4 fois le volume de l'eau)	
Carbonate de soude	2
Carbonate de magnésie	1
Chlorure de sodium	11

Formule de Swediaur.

Eau pure	24 litr.
Carbonate de chaux	8 gr.
— de magnésie	32 —
— de soude	180 gr., 50
Chlorure de sodium	48 ., 50
Acide carbonique	130 à 140 lit.

On introduisait dans le vase métallique les sels que nous venons de citer; ensuite on refoulait du gaz acide carbonique dans ce vase, en faisant jouer la pompe et mettant la partie supérieure vide d'eau du réservoir en communication avec un gazomètre contenant l'acide carbonique.

Mon oncle, Pierre Figuier, fabriquait à Montpellier, en 1800, de l'eau de Seltz par ce procédé. On préparait le gaz acide carbonique par l'action de l'acide sulfurique sur le marbre et on recueillait ce gaz sur la cuve à eau, dans des vessies munies de tubulures de cuivre. On appliquait ces tubulures sur l'orifice du *récipient saturateur*, et on refoulait le gaz dans l'eau au moyen d'une pompe aspirante et foulante, mue à bras, verticalement. Quand on avait refoulé dans l'eau le volume de gaz prescrit par la formule de Tryaire, on mettait en bouteilles l'eau de Seltz artificielle, au moyen d'un robinet inférieur.

L'appareil dont Pierre Figuier se servait à Montpellier en 1800, pour préparer l'eau de Seltz artificielle, avec le gaz acide carbonique recueill sur la cuve à eau, est con-

gaz carbonique contenu dans l'eau ; il dit seulement que le gaz de la source contient pour 100 volumes :

91,2	acide carbonique.
0,9	oxygène.
7,9	azote.
100,0	

servé, comme une sorte de monument historique, dans la pharmacie de mon frère, O. Figuier, à Montpellier.

Au commencement de notre siècle, l'eau de Seltz était donc un véritable produit pharmaceutique : elle ne se délivrait guère que sur l'ordonnance du médecin.

La fabrication de l'eau de Seltz artificielle avait pris à Genève une certaine extension. Deux pharmaciens associés, Gosse et Paul, s'attachèrent à perfectionner cette fabrication, et créèrent un appareil remarquable pour cette époque, qui reçut le nom d'*appareil de Genève*.

Gosse et Paul préparaient d'abord l'acide carbonique en décomposant la craie (carbonate de chaux) par la chaleur; mais ils ne tardèrent pas à traiter la craie par l'acide sulfurique qui, à froid, en dégage l'acide carbonique. Le gaz ainsi produit traversait des tonneaux renfermant de l'eau, où il se lavait et se rendait dans un gazomètre. Là, une pompe aspirante et foulante le dirigeait, en le comprimant, dans un vaste *récipient saturateur* muni d'un agitateur, et contenant la quantité d'eau qu'on voulait saturer. Les matières salines qu'il fallait ajouter à l'eau, pour imiter différentes eaux minérales, étaient mises dans le récipient, et quelquefois introduites en poudre dans les bouteilles. L'eau dissolvait naturellement un volume de gaz acide carbonique égal au sien; la compression opérée au moyen de la pompe et le jeu de l'agitateur augmentaient la saturation. On soutirait alors l'eau gazeuse, et, lorsque le récipient était vide, on commençait une nouvelle opération.

La figure 174 représente l'appareil *dit de Genève*. Dans cet appareil, le tonneau G, qui reçoit l'eau et le gaz, est en cuivre étamé, d'une grande épaisseur, afin de résister à la pression. Sa capacité est d'environ cent litres. Ce tonneau métallique est muni en haut d'une ouverture, qui sert à introduire l'eau, et qui se ferme par un bouchon de métal, sillonné d'une vis : la tête de ce bouchon est carrée et peut être serrée facilement au moyen d'une clef; *a*, est une autre ouverture à laquelle s'adapte le tube qui introduit dans le tonneau le gaz refoulé par la pompe à air, F. M est le manomètre qui fait connaître l'état de la pression à l'intérieur du tonneau. Un agitateur à palettes porté sur un axe qui traverse le tonneau à la moitié de sa hauteur, et que l'on peut mouvoir au moyen d'une manivelle, H, sert à mettre l'eau en mouvement, pour faciliter la dissolution du gaz.

A, est le vase dans lequel se produit l'acide carbonique par l'action de l'acide sulfurique sur la craie. On pulvérise la craie, on la délaye dans trois parties et demie d'eau, de manière à faire une bouillie claire, et on l'introduit dans le vase de plomb, A.

Un vase plus petit, B, est placé au-dessus du premier, avec lequel il est soudé, et sert de réservoir à l'acide sulfurique. On fait tomber l'acide sur la craie en ouvrant un robinet.

Il importe que la pression soit la même dans le vase à acide et dans le vase où se fait le dégagement du gaz. Sans cela, quand on ouvre le vase à acide, il y aurait des projections au dehors de l'acide sulfurique, ce qui serait dangereux pour l'opérateur. On évite cet inconvénient en établissant une communication entre l'atmosphère des deux vases, au moyen d'un tuyau en plomb *t* qui va du vase à acide, B, au vase *décompositeur*, A.

Cette disposition n'existait pas dans l'appareil primitif de Genève : elle fut imaginée à Paris, par Soubeiran. Elle prévient les accidents qui résultaient trop souvent du maniement du vase à acide; c'est-à-dire les projections d'acide sulfurique au visage et sur les mains de l'opérateur.

Le lavage du gaz acide carbonique est une opération importante : il a pour effet de débarrasser ce gaz des portions d'acide sulfurique qu'il a pu entraîner avec lui. Pour effectuer ce lavage, on se sert d'un tonneau en bois, C, étroit et profond. Un tube amène le gaz jusqu'au fond du tonneau, qui est rempli d'eau. Le gaz à son arrivée est obligé de traverser un diaphragme percé de petits trous placé au fond du tonneau ; il s'y divise en très-petites bulles, et présente ainsi beaucoup de surface à l'eau qui doit le débarrasser de la petite quantité d'acide qu'il a entraînée.

Un autre tube, T, partant de la partie supérieure du tonneau-laveur, C, amène dans le gazomètre l'acide carbonique.

Le gazomètre se compose d'un grand vase cylindrique, D, en tôle ou en cuivre étamé, que l'on remplit d'eau, et d'une cloche renversée en tôle, E, qui est tenue en équilibre au moyen d'un contre-poids. Le gaz arrive dans la cloche par le tube, T; il en sort par un autre tube placé au bas de la cloche quand on met en action la pompe aspirante et foulante.

Cette pompe, F, mue à la main au moyen de la tige P, puise le gaz acide carbonique dans le gazomètre et le refoule dans le récipient, G.

Quand on veut opérer, on remplit complétement le tonneau avec de l'eau pure, et l'on ferme toutes les ouvertures, à l'exception du robinet du tube, T. Alors, au moyen de la pompe, on commence à refouler de l'acide carbonique.

A mesure qu'on l'introduit dans le tonneau, le gaz carbonique s'accumule à la surface de l'eau, et il se dissout ensuite facilement à l'aide du mouvement imprimé par l'agitateur H. Il est utile d'entretenir l'agitation pendant tout le temps que dure l'introduction du gaz, parce que le jeu des pompes est alors plus facile.

Il est bon de placer l'appareil dans un lieu frais, et qui conserve, été comme hiver, une température moyenne favorable à l'absorption du gaz.

On connaît la quantité de gaz qui a été introduite dans le récipient G, en mesurant au moyen d'une règle graduée, L, dont le gazomètre est pourvu, le volume de gaz qui a été refoulé. La pression intérieure est constatée au moyen du manomètre M plongeant dans le récipient.

L'établissement de Gosse et de Paul à Genève, prit une grande extension, car en 1796 on n'y fabriquait pas moins de quarante mille bouteilles d'eau de Seltz par an.

En 1799, Paul se sépara de Gosse, son associé de Genève, et vint ouvrir à Paris, rue Montmartre, un établissement dans lequel il fabriquait de l'eau de Seltz artificielle, ainsi que d'autres eaux minérales factices. Il préparait : de l'eau de Seltz, — de l'eau de Spa, — de l'eau alcaline gazeuse, — de l'eau de Sedlitz, — de l'eau sulfureuse, — de l'eau oxygénée, c'est-à-dire contenant la moitié de son volume de gaz oxygène, — et de l'eau hydrogénée, c'est-à-dire contenant le tiers de son volume de gaz hydrogène.

En 1820, Paul créa, près du jardin de Tivoli, un second établissement, qui fut dirigé avec beaucoup d'intelligence par Tryaire, son associé, ensuite par Jurine.

En 1820, l'*établissement des eaux minérales de Tivoli* passa entre les mains d'un autre industriel, Andéoud, qui perfectionna dans beaucoup de détails l'*appareil de Genève*. Il composa le producteur de gaz acide carbonique d'une bonbonne en plomb à trois tubulures; dans la tubulure du milieu était placé l'axe de l'agitateur.

L'*appareil de Genève* présentait cependant de graves inconvénients. Il fournissait une eau gazeuse qui s'affaiblissait au fur et à mesure que le tirage avançait, parce que la condensation et la pression des gaz devenaient moindres à mesure que l'eau était tirée. En outre, il forçait d'interrompre le tirage, tantôt pour remplir de gaz et d'eau le récipient, tantôt pour produire le gaz et faire jouer la pompe. L'appareil de Genève était donc à *fabrication interrompue*.

En 1824, un brevet fut pris en Angleterre pour un appareil ayant deux dispositions remarquables. Un simple soufflet en cuir servait de gazomètre ; l'acide carbonique y arrivait d'un vase à deux tubulures. Lorsqu'il en contenait une quantité suffisante, on posait un poids sur le gazomètre, et le gaz était poussé dans un tonneau saturateur porté sur deux tourillons posés sur des supports et dont l'intérieur était partagé, dans le sens de son axe, en deux parties par un diaphragme percé de trous. Lorsque le gaz arrivait dans ce saturateur, on lui imprimait un mouvement de rotation, tantôt dans un sens, tantôt dans un autre. Le liquide et le gaz, tamisés ensemble par le diaphragme, se mélangeaient très-vite, et l'on mettait rapidement en bouteille l'eau saturée.

Ce mouvement imprimé au tonneau saturateur, inspira l'idée du cylindre oscillant, qui fut imaginé en France quelques années après.

En 1824, Cameron, chimiste anglais, construisit un appareil que nous devons mentionner, parce qu'il fournit à Barruel le producteur d'acide qu'il adopta.

Le *producteur d'acide* de Cameron se compose d'une boîte en fonte revêtue de plomb. Un agitateur, également revêtu de plomb, fonctionne dans l'intérieur. On remplit le vase de craie délayée dans l'eau au moyen d'une ouverture latérale placée à sa partie supérieure. Au-dessus, on place, pour réservoir d'acide, un ballon en plomb à parois très-épaisses, qui communique avec le producteur au moyen d'un robinet également en plomb, qui règle l'écoulement de l'acide. Un tuyau latéral conduit le gaz dans un vase intermédiaire en fonte doublée de plomb, servant de laveur. De là le gaz arrive dans le saturateur de forme ovoïde, muni d'un agitateur vertical à trois palettes superposées et se mouvant sur ses axes comme le précédent. Ce récipient est en cuivre ou en fonte, étamé à l'intérieur, et pourvu d'un manomètre à mercure.

En 1830, Barruel, préparateur des cours de chimie à l'École de pharmacie et à la Sorbonne, créa l'*appareil intermittent à cylindre oscillant*, dont il prit les éléments, c'est-à-dire le *producteur d'acide* et le *cylindre oscillant*, dans les deux appareils anglais que nous venons de citer. Barruel donna au *saturateur* la forme d'un cylindre allongé, et fit osciller ce cylindre sur deux pivots. Il avait reconnu que le choc violent produit par une brusque oscillation, comme on l'exécutait dans l'appareil anglais, suffisait pour dissoudre subitement le gaz dans l'eau.

Le *système de Barruel*, ou plutôt de *Vernaut et Barruel*, diffère, on le voit, du *système de Genève* par la suppression de la pompe de compression. Le gaz acide carbonique se produit dans un vase qui est en communication directe avec le récipient où doit s'opérer la dissolution du gaz acide carbonique dans l'eau. Une nouvelle quantité de gaz s'ajoute à chaque instant à celui qui a déjà été produit, et la pression intérieure se trouve ainsi augmentée. C'est donc le gaz qui, se comprimant lui-même, facilite sa dissolution dans l'eau.

L'appareil de Vernaut et Barruel, que représente la figure 175, se compose des pièces suivantes :

B, est le vase où se produit le gaz : il est en cuivre fort épais. Il est traversé par un agitateur, U, et porte, à sa partie inférieure, une ouverture, T, qui sert à le vider. A sa partie supérieure se trouvent : 1° une tubulure sur laquelle s'adapte un manomètre, V ; 2° une ouverture plus grande, R, par laquelle on introduit la craie délayée ; 3° un tube, J, qui va porter le gaz dans les laveurs, D,D ; 4° une ouverture sur laquelle s'adapte exactement un vase en cuivre épais,

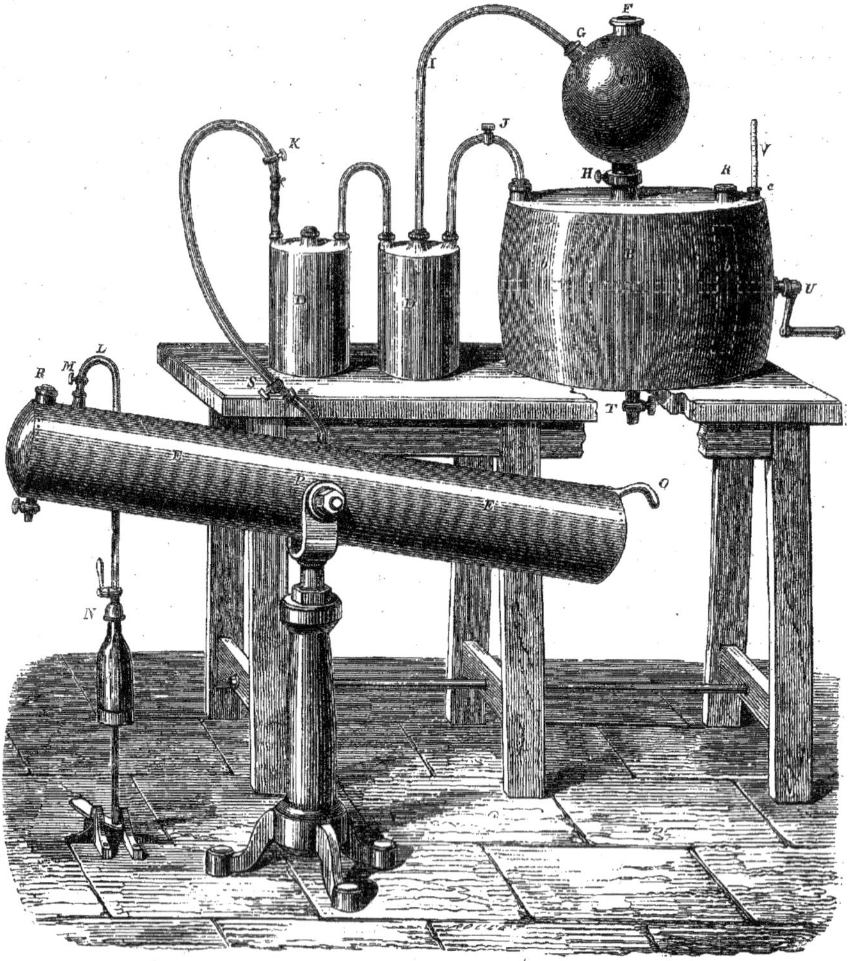

Fig. 175. — Appareil de Vernaut et Barruel, ou *système à cylindre oscillant.*

C, doublé en plomb, et qui est destiné à recevoir l'acide sulfurique. Entre les vases B et C, est un robinet, H, en argent, qui sert à introduire l'acide. Le réservoir, C, porte, en outre, deux ouvertures : l'une, F, par laquelle on introduit l'acide sulfurique; l'autre, G, d'où part un tube en plomb, I, G, qui communique avec le premier vase laveur, et qui est destiné à établir dans le vase à acide une pression égale à celle des vases laveurs, D, D.

EE, est le récipient dans lequel doit se faire la dissolution du gaz dans l'eau. C'est un long cylindre de cuivre étamé, d'une capacité de 120 litres environ. Il porte dans la direction de son axe transversal deux tourillons qui posent sur une articulation mobile, P, de manière qu'en saisissant le cylindre EE par la poignée, O, on peut aisément lui imprimer un mouvement de bascule qui agite fortement le mélange d'eau et de gaz contenu dans le cylindre, et accélère la dissolution du gaz carbonique dans l'eau. Le cylindre, EE, communique avec les laveurs par un tube en plomb, KS, dont les deux extrémités sont munies d'un tuyau de caoutchouc flexible, de manière à ce que le tube obéisse facilement au mouvement que lui communique l'agitation du cylindre. Ce cylindre, EE, porte deux autres tubulures; l'une R par laquelle on remplit d'eau ce cylindre, l'autre fermée par un robinet, M, qui porte le tube plongeant inférieur, L. Quand le récipient est plein d'eau gazeuse et qu'on ouvre le robinet, N, la pression exercée par le gaz refoule le liquide et le fait passer dans le robinet d'embouteillage.

Quand on veut fabriquer l'eau gazeuse, on introduit dans le vase, B, la craie et dans le vase C, l'acide sulfurique. On fait couler de l'acide et l'on met en action l'agitateur, jusqu'à ce que le manomètre, V, indique six atmosphères de pression. Alors on laisse couler environ 10 litres du liquide du cylindre EE. Cela fait, on saisit la poignée O, on imprime au cylindre un mouvement de bascule qui agite l'eau avec le gaz. On voit instantanément baisser le manomètre; mais on ouvre le robinet à l'acide sulfurique, de manière à produire du gaz à mesure que l'eau en absorbe et à maintenir la pression à six atmosphères. On continue ainsi jusqu'à ce que, malgré l'agitation, le manomètre reste fixe. On met alors l'eau en bouteilles, en ayant soin, pendant l'embouteillage, d'entretenir la même pression à la surface du liquide, en faisant couler de temps en temps de l'acide sulfurique sur la craie.

Les inconvénients de ce système étaient nombreux, on le conçoit. D'abord, la production de l'eau gazeuse était intermittente. Ensuite le vase à acide sulfurique était mal combiné et pouvait donner lieu à des projections dangereuses.

L'embouteillage présentait de grandes difficultés. Il est malaisé d'enfermer dans une bouteille un liquide soumis à une grande pression et sursaturé de gaz. Le pharmacien Planche avait imaginé, en 1810, un robinet spécial, qui fut abandonné bientôt, mais qui n'en était pas moins remarquable, comme premier essai. Ce robinet se composait de deux pièces se montant à baïonnette. Le tube recourbé du robinet, assez long pour plonger au fond des bouteilles, était inséré dans un canal de forme conique et pourvu de crénelures dans lesquelles on avait ménagé de petites ouvertures qui correspondaient à une soupape placée à la partie supérieure. On fixait sur ce cône un bouchon en liége percé dans le sens de sa longueur, et taillé en cône, afin qu'il pût s'ajuster facilement dans le goulot des bouteilles. Le liquide arrivait en bouillonnant jusqu'au fond de la bouteille; l'air qu'elle contenait en était chassé par une soupape placée au-dessus du cône en cuivre, et l'on bouchait rapidement les bouteilles aussitôt qu'elles étaient pleines.

Cette longue tige était plus nuisible qu'utile; elle contribuait à augmenter l'agitation dans le liquide, et le mouvement qu'on faisait pour le retirer de la bouteille, occasionnait une perte de gaz considérable.

Bramah, ingénieur anglais, inventa un robinet, qui fut souvent modifié et perfectionné depuis, mais qui présentait ses dispositions les plus essentielles au sortir des mains de l'habile ingénieur anglais.

Le bec du robinet, formé par un petit tube destiné à introduire le liquide dans la bouteille, est entouré d'une capsule conique, garnie intérieurement d'une rondelle en caoutchouc; un levier gouverne la tige qui forme soupape, et règle l'écoulement du liquide. On pose la bouteille sur un support à pédale; on engage son goulot dans le baguin ou capsule du robinet, et il suffit de peser un peu sur la pédale, pour qu'en appuyant contre la rondelle de cuir ou de caoutchouc qui garnit l'intérieur de la capsule, on obtienne un bouchage hermétique. L'ouvrier ouvre alors, la soupape du robinet, et l'eau jaillit dans la bouteille, jusqu'à ce que la pression qui se produit l'empêche de se remplir. Un léger mouvement de bascule, dégageant le goulot, donne une rapide issue à l'air atmosphérique comprimé avec le gaz. Le tireur ouvre de nouveau le robinet, recommence s'il le faut le même dégagement, et passe vivement la bouteille, quand elle est pleine, à l'ouvrier chargé du bouchage.

Un tireur habile peut ainsi remplir de cent cinquante à deux cents bouteilles par heure, et un appareil mû à bras et saturant d'acide carbonique l'eau du récipient, peut alimenter deux robinets de tirage et donner, en moyenne, trois cent cinquante bouteilles par heure. Les plus puissants appareils alors connus n'en donnaient guère plus dans une journée.

Soubeiran modifia ce robinet en 1836. Il voulut pouvoir établir l'égalité de pression dans l'intérieur de la bouteille et l'intérieur du récipient saturateur. Pour cela, il plaça dans le robinet deux tubes. L'un, destiné à amener le liquide, s'ouvrait au fond du tonneau; l'autre, simplement destiné à établir l'égalité de pression, s'ouvrait au-dessus du liquide. La clef de ce robinet était percée de deux ouvertures, elle ouvrait et fermait à la fois les deux conduits. De cette manière, le liquide arrivait sans agitation dans la bouteille; mais il y avait cet inconvénient grave que l'air atmosphérique contenu dans la bouteille pouvait pénétrer dans le saturateur et nuire ainsi à la fabrication et à la qualité des eaux.

Quant au bouchage de la bouteille, il s'opérait encore de la manière la plus primitive. On prenait un bouchon un peu conique et trempé dans l'eau; on le faisait pénétrer vivement, en le tournant un peu, dans le goulot, et on achevait de l'enfoncer en le frappant de deux ou trois coups de batte. Une ficelle servait à l'assujettir. Ce n'est qu'à la période suivante que nous verrons employer la machine à boucher.

Le système de Vernaut et Barruel fut simplifié et modifié avec beaucoup d'avantages par Savaresse. La figure 176 représente l'appareil de Savaresse, qui n'est, comme on va le voir, qu'un perfectionnement de l'appareil *à cylindre oscillant* de Vernaut et Barruel.

A, est le vase plein d'acide sulfurique étendu d'eau dans lequel le gaz est produit. On donne à la craie qui doit être décomposée par l'acide sulfurique la forme d'une longue cartouche, que l'on introduit dans le tube CB, qui surmonte le vase A, plein d'acide sulfurique. Cette cartouche de craie ne peut avoir le contact de l'acide qu'autant qu'un levier étant mis en mouvement par la manivelle, C, brise son extrémité et fait tomber un peu de carbonate de chaux dans l'acide. Le dégagement de gaz est ainsi réglé facilement. F et F′ sont deux laveurs, contenant de la braise de boulanger, arrosée d'une dissolution de bi-carbonate de soude. G, est le manomètre; J, le cylindre qui contient l'eau et qui reçoit le gaz. P, est le robinet qui ouvre et ferme la communication entre la première et la seconde partie de l'appareil; N, est le robinet pour mettre en bouteilles.

Formé dans le vase A, le gaz carbonique est amené dans les laveurs F, F′, et de là dans le récipient J, où il doit se dissoudre. Le manomètre indique à chaque instant quelle est la pression, et sert de règle pour hâter ou ralentir le dégagement du gaz.

Pour faire marcher cet appareil, on remplit d'eau le récipient, J; on introduit l'acide dans le vase, A, et la cartouche de

Fig. 176. — Appareil de Savaresse à *cylindre oscillant.*

craie dans le col CB. On fait dégager un peu de gaz, pour chasser l'air de l'appareil, puis l'on pose le manomètre. Alors on adapte et l'on serre les viroles placées en H et H', et le gaz commence à entrer dans le récipient J, où il vient occuper la partie supérieure. De temps en temps, on donne au cylindre J, au moyen de la poignée O, un mouvement de bascule, qui, par l'agitation du liquide, facilite la dissolution du gaz dans l'eau. Lorsque, malgré quelques chutes ainsi répétées du cylindre oscillant, le manomètre ne baisse plus et marque six atmosphères, on met l'eau en bouteilles.

L'appareil Savaresse, très-ingénieux, sinon très-commode, entra en rivalité avec le système de Genève.

CHAPITRE II

INVENTION DE L'APPAREIL A FABRICATION CONTINUE FAIT A LONDRES, PAR BRAMAH. — DESCRIPTION DE CET APPAREIL.

Jusqu'à l'année 1832, la fabrication de l'eau de Seltz n'avait pris que très-peu d'ex-

Fig. 177. — Appareil de Bramah, pour la fabrication continue de l'eau de Seltz.

tension en France. On ne fabriquait à Paris que 200,000 bouteilles par an. On avait, d'ailleurs, supprimé dans la préparation de l'eau de Seltz artificielle, toute espèce de sels, de sorte que ce que l'on vendait sous le nom d'*eau de Seltz* n'était plus qu'une simple dissolution d'acide carbonique dans l'eau.

Cependant l'eau de Seltz n'était toujours qu'une boisson de luxe, et presque un produit pharmaceutique. L'épidémie de choléra qui sévit à Paris en 1832, ouvrit une période nouvelle à la consommation des boissons gazeuses. Les services que rendirent ces boissons pendant le choléra, en répandirent l'usage parmi les classes aisées. La consommation atteignit subitement plus de 500,000 bouteilles par an. Le génie industriel fut stimulé par cet accroissement rapide; on vit aussitôt les inventions et les perfectionnements se multiplier.

En 1832, on connaissait en France les appareils suivants pour la préparation de l'eau gazeuse :

1° Le système intermittent à pression mécanique, dit *de Genève*, qui, après avoir reçu des perfectionnements et subi des modifications de détail, fonctionnait dans plusieurs grands établissements ;

2° Le système intermittent à simple pression chimique, muni d'un saturateur oscillant, c'est-à-dire l'*appareil de Savaresse.*

3° Le système à fabrication continue et à pression mécanique, inventé par l'ingénieur anglais Bramah, et qui seul, on le reconnaissait déjà, pouvait desservir une exploitation industrielle un peu développée.

Le robinet de tirage inventé par Bramah, et modifié par Soubeiran, possédait deux organes essentiels : le bec conique à bague et la pédale-levier.

La bouteille ordinaire était alors seule employée au tirage; le bouchage mécanique était encore inconnu.

L'ingénieur anglais Bramah avait réalisé le progrès le plus considérable qu'eût encore reçu l'industrie des boissons gazeuses, en substituant le système à fabrication continue aux systèmes intermittents. Mais l'appareil anglais était encore peu répandu, et n'était pas considéré comme suffisamment pratique pour entrer dans l'industrie française.

Cet appareil était pourtant en usage en Angleterre, depuis l'année 1830. On le fabriquait à Londres, dans les ateliers de Taylor ; mais il n'était guère employé hors de l'Angleterre. C'est vers 1832 que l'on commença à l'introduire en France, et l'on comprit alors que dans le système de fabrication continue résidait l'avenir de la fabrication des boissons gazeuses.

La grande invention de Bramah, celle qui fait le mérite de son appareil, c'est le robinet de la pompe qui permet d'aspirer à volonté, successivement ou simultanément, de l'eau ou du gaz acide carbonique dans le gazomètre, pour les refouler dans le saturateur. Quand la pression est considérable dans le récipient-saturateur, il est difficile d'y introduire de nouveau gaz, malgré l'action de la pompe. Cela tient à deux causes : d'abord il devient presque impossible de refouler du gaz quand on est arrivé à plus de six atmosphères par le jeu d'une pompe à piston, qui, à une aussi forte pression, cesse de fermer exactement. Ensuite le calorique latent du gaz mis en liberté par sa compression, n'ayant pas le temps d'être absorbé par les corps environnants, réagit sur le gaz lui-même au moment où l'on remonte le piston, en sorte que le mouvement de la pompe est arrêté. Quand la pression est assez forte, le gaz se comprime et se dilate sans sortir du corps de pompe.

Ces inconvénients disparurent entièrement par l'heureuse idée qu'eut Bramah, de renverser le corps de pompe en plaçant le piston en dessous, et d'y adapter un collier en cuir semblable à celui dont il avait fait l'application aux pompes hydrauliques.

Ainsi modifiée, la pompe aspire en même temps de l'eau et du gaz, et le collier se trouvant toujours submergé, retient mieux le liquide, avantage d'autant plus précieux que cette pompe a un effet continu, puisqu'elle refoule en même temps l'eau, de sorte qu'au fur et à mesure qu'on tire le liquide, pour le mettre en bouteilles, la pompe alimente dans les mêmes proportions le réservoir d'eau. La saturation de l'eau par l'acide carbonique se fait à l'aide d'un agitateur qui est mis en mouvement par le jeu même de la pompe.

Tel est le principe général de l'*appareil continu* de Bramah.

La figure 177 représente l'appareil de Bramah. E est le producteur de gaz. C'est un cylindre de plomb contenant la craie délayée dans l'eau. Il est surmonté d'un vase plus petit, D, également en plomb, contenant de l'acide sulfurique. Un robinet sert à introduire l'acide sulfurique du vase D, dans le producteur, E. Ce dernier vase est pourvu d'une boîte à étoupes, par laquelle passe la tringle de l'agitateur. Un tuyau en plomb conduit le gaz du producteur E, au laveur F, d'où il passe au gazomètre G. Un châssis de fer porte la cuve et le gazomètre, et les lie solidement ensemble au moyen de trois montants en fer forgé. Deux poulies soutiennent la corde et un poids maintient le gazomètre. O, est la pompe qui introduit dans le récipient saturateur N, tantôt le gaz, puisé dans le gazomètre par le tube K, tantôt l'eau, aspirée par le tube L, dans un baquet. Un agitateur, R, et un manomètre, M, complètent l'appareil.

Soubeiran, directeur de la Pharmacie centrale de Paris, qui s'était occupé avec beaucoup de soins de la fabrication des eaux minérales factices, ne comprit pas suffisamment tous les avantages du système de Bramah. Il s'appliqua, avec Boissenot, à perfectionner, non l'appareil anglais, mais celui de Genève. On s'étonne de cette préférence et il faut, pour se l'expliquer, se rappeler que Soubeiran se proposait de préparer les eaux minérales artificielles, ou, si on le veut, d'imiter les eaux minérales naturelles pour l'usage des pharmacies, en dissolvant les sels dans le récipient-saturateur, plutôt que de fabriquer de l'eau purement gazeuse à l'usage de l'industrie.

L'appareil de Soubeiran et Boissenot consistait en deux grands flacons à trois tubulures. Le premier contenait du marbre et de l'acide chlorhydrique étendu d'eau; il communiquait par deux tuyaux en plomb avec le second, qui était rempli d'une dissolution de potasse. Le gaz se rendait par un seul tuyau, de ce laveur au fond de la cuve d'un gazomètre, et subissait un second lavage, en traversant la masse d'eau que contenait cette cuve, pour se rendre sous la cloche. La pompe, mise en mouvement par un balancier, comprimait le gaz dans un tonneau en cuivre étamé. Un agitateur, composé d'un volant en fonte, facilitait la dissolution du gaz.

Soubeiran perfectionna les dispositions du producteur d'acide. Il y ajouta deux tubulures, l'une pour le remplir, l'autre pour le vider. Un tuyau en plomb, mettant en communication l'atmosphère du cylindre et celle de ce réservoir, établissait entre les deux capacités l'égalité de pression. Un robinet latéral réglait l'écoulement de l'acide. Un autre conduit en plomb, qui traversait le pot à acide, donnait passage à la tige d'un agitateur vertical en cuivre, recouvert de plomb, qui servait à opérer le mélange des matières gazéifères. Soubeiran employait un gazomètre gradué, qui portait sur les parois de la cloche une échelle servant à marquer le volume de gaz qu'elle renfermait. Enfin il apporta au robinet de tirage les changements remarquables que nous avons indiqués.

Savaresse, auquel l'industrie doit, entre autres inventions remarquables, celle du vase siphoïde, s'attacha à perfectionner l'appareil de Vernaut et Barruel, en réunissant tous les organes sur un même bâti, et en régularisant la production du gaz, de manière que la quantité produite ne pût jamais dépasser celle déterminée à l'avance d'après la force de résistance des parois de l'appareil, et que toute explosion fût ainsi impossible.

Nous avons décrit plus haut l'appareil de Savaresse.

De tous les systèmes à pression chimique, celui de Savaresse était le mieux combiné. La cartouche, l'introduction de l'acide, l'aménagement de tous les organes sur un même établi, le tirage mécanique, et les vases siphoïdes, forment un ensemble d'inventions qui assignent une place très-honorable à Savaresse, parmi tous ceux qui ont contribué au progrès de l'industrie des boissons gazeuses.

Il faut, d'ailleurs, pour bien juger le mérite de ces inventions, se reporter à l'époque à laquelle elles furent faites, c'est-à-dire en 1837 ou 1838, et se rappeler les circonstances dans lesquelles elles se produisirent. On comprendra alors la vogue qui les accueillit, et qui ne les abandonna que lorsque les besoins de la consommation eurent rendu complétement insuffisants les appareils intermittents à pression chimique.

Le système de Savaresse donna naissance à un grand nombre d'imitations; mais aucune ne réalisait une combinaison qui mérite d'être signalée. Beaucoup d'appareils, au contraire, étaient défectueux, et quelques-uns occasionnèrent, par leur explosion, de tels accidents qu'il fallut renoncer à leur emploi.

Un autre constructeur, M. Ozouf, ne contribua pas moins que Savaresse, pendant la période de 1832 à 1835, aux progrès de l'industrie qui nous occupe. Il s'appliqua, comme Soubeiran et Boissenot, à perfectionner le système *de Genève*, et tenta de combiner la compression chimique avec la continuité de fabrication ou plutôt de tirage. Toutefois, M. Ozouf perfectionna plus tard le système de Bramah à fabrication continue, et nous aurons à décrire l'appareil que construit aujourd'hui ce fabricant, et qui est encore employé dans quelques établissements pour la production de l'eau de Seltz.

CHAPITRE III

PROGRÈS DE LA FABRICATION DES EAUX DE SELTZ DE 1835 A 1855. — LA FABRICATION DE L'EAU DE SELTZ PAR LE MÉLANGE DIRECT DES POUDRES EFFERVESCENTES. — L'APPAREIL PORTATIF ET L'APPAREIL DE MÉNAGE — INVENTION DU VASE SIPHOIDE. — INVENTION DU BOUCHAGE MÉCANIQUE.

Vers 1835, lorsque l'usage de l'eau de Seltz commença à se répandre beaucoup, la fabrication ne pouvait suffire aux demandes, et les produits se vendaient fort cher. On eut alors l'idée de remplacer l'eau saturée de gaz par les poudres qui, étant dissoutes dans l'eau, produiraient, par leur mélange, un dégagement d'acide carbonique.

Cette invention n'était pas nouvelle, d'ailleurs. Nous avons dit, dans le chapitre Ier, qu'en 1775, la préparation des eaux gazeuses par des substances chimiques fut inventée par Venel, de Montpellier, qui faisait un mélange de deux solutions, l'une contenant un carbonate alcalin (du bicarbonate de soude par exemple), l'autre un acide (l'acide tartrique). La décomposition du carbonate avait lieu aussitôt. La dissolution du gaz était opérée par sa propre compression ou par l'agitation qu'on lui communiquait.

Ce procédé, que Gay-Lussac avait rappelé dans son cours de chimie, fut exploité commercialement par le docteur Fèvre, qui le fit breveter à son profit.

Le bicarbonate de soude et l'acide tartrique sont les substances que le docteur Fèvre adopta pour produire, par leur réaction mutuelle, un dégagement d'acide carbonique. On les introduisait dans une bouteille pleine d'eau, que l'on bouchait rapidement. La décomposition du bicarbonate commençait aussitôt. L'acide tartrique s'empare de la soude, forme un sel soluble (le tartrate de soude), l'acide carbonique se dégage et se dissout dans l'eau.

Cette méthode simple, facile et économique, se répandit vite lorsque, par une inspiration du génie commercial, le docteur Fèvre eut l'idée de renfermer, dans de petits paquets bleus et blancs, le carbonate de soude et l'acide tartrique, dosés pour fournir une bouteille d'eau gazeuse.

Seulement cet avantage de pouvoir faire soi-même, à la minute, l'eau gazeuse qu'on veut boire, est singulièrement amoindri par les résultats qu'il entraîne. On n'a pas préparé ainsi de l'eau de Seltz, on a fabriqué une espèce d'eau de Sedlitz, une eau gazeuse purgative. Le tartrate de soude qui s'est formé, et qui reste dissous dans l'eau, est, en effet, un véritable laxatif, comme le bitartrate de potasse, ou crème de tartre.

« La présence de ce sel (tartrate de soude) légèrement purgatif, dit Payen, dans son *Traité des substances alimentaires*, dans une boisson dont on fait journellement usage, pourrait à la longue exercer une action défavorable à la santé, principalement chez les personnes dont les organes de la digestion seraient affaiblis. Il est prudent, dans tous les cas, de s'abstenir d'une boisson qui, de l'avis des praticiens, ne peut être entièrement exempte de pareils inconvénients. »

Pour remédier à ces inconvénients, on revint aux anciens appareils portatifs de Nooth. On s'appliqua à les perfectionner et on leur donna le nom d'*appareils gazogènes* ou d'*appareils de ménage*. Un nombre infini de brevets furent pris dans ce but; tous reposent sur le même principe, et ne sont que des modifications du même système. Deux vases sont accolés ensemble et communiquent entre eux, par des tubulures mobiles. Dans l'un de ces vases s'opère la décomposition des poudres; l'eau saturée jaillit de ce vase dans l'autre, soit par un robinet ordinaire, soit à l'aide d'un siphon.

On réussit à donner à ces appareils une forme élégante, pour en faire un objet de décor pour la table.

L'économie résultant de ces appareils pour la préparation de l'eau de Seltz, était réelle à l'époque de leur invention, mais elle est nulle aujourd'hui. Avec cet appareil un litre d'eau gazeuse revient à quinze centimes, plus l'achat de l'appareil. Or, un siphon d'eau de Seltz, livré par le fabricant ne coûte pas plus cher.

Le véritable avantage qu'offrent ces appareils, c'est de fournir de l'eau gazeuse dans les localités isolées et éloignées des fabriques, et de permettre de les additionner de sels ou de substances médicamenteuses prescrites dans certaines maladies.

Fig. 178. — Modèle actuel du flacon gazogène Briet.

De tous les appareils pour produire l'eau gazeuse par la réaction des poudres effervescentes, le *gazogène* que Briet fit breveter en 1840, et que construit aujourd'hui son successeur, M. Mondollot, est le plus ingénieux et le plus répandu. Le tartrate de soude résultant de la réaction n'est point dissous dans le liquide qui constitue l'eau de Seltz artificielle, la préparation s'effectuant dans un vase à part, qui communique par un tube, avec la carafe dans laquelle on prépare l'eau gazeuse.

La figure 178 représente le *flacon gazogène Briet,* qui se compose de deux vases A et B s'adaptant l'un sur l'autre au moyen d'un pas de vis.

Pour faire de l'eau de Seltz artificielle, on démonte l'appareil en dévissant la carafe A, et on la sépare du pied, B. On enlève le tube de communication qui entre à frottement dans la tubulure de B, et établit une communication entre les deux pièces principales. Quand on veut faire fonctionner l'appareil, on remplit d'eau la carafe A, que l'on pose sur sa partie plane ; on introduit dans la cavité B, 18 grammes d'acide tartrique pulvérisé et 22 grammes de bicarbonate de soude pulvérisé. On pose alors le tube de communication dans l'ajustage du vase B ; et on renverse ce vase sur le pied ; on ferme en vissant et l'on retourne l'appareil. L'eau de la carafe coule sur les sels, jusqu'à ce que son niveau soit descendu à la hauteur de l'extrémité supérieure du tube. Le gaz acide carbonique se produit et se rend dans l'eau de la carafe, où il se dissout.

Il faut attendre une demi-heure pour que la réaction chimique ait le temps de s'accomplir. Vers la fin de l'opération, il est bon d'agiter légèrement l'appareil, pour faciliter la dissolution du gaz dans l'eau.

Le mécanisme du *gazogène Briet* repose sur la disposition de son tube intérieur. Il est nécessaire, pour comprendre son mécanisme, de le représenter, comme nous le faisons, dans une figure à part et en coupe (fig. 179).

Ce tube se compose d'une tige creuse, *aa*, s'emboîtant dans le cylindre *ee*, auquel elle est reliée par une plaque en argent *bb*, percée de trous capillaires. Ce cylindre *ee* porte une garniture de coton, pour faire joint entre les deux globes ; il est percé de deux rangées de trous, *o*, supérieurs et *o'*, inférieurs.

L'appareil étant chargé et redressé sur son pied, la partie de l'eau du globe supérieur, qui se trouve au-dessus de la tige creuse *aa*, s'écoule par son poids, à travers cette tige, et arrive dans le cylindre *ee*, d'où elle déborde dans le globe inférieur, par la rangée de trous *o*; tandis que l'air déplacé traverse la rangée de trous *o'*, puis les trous capillaires de la plaque *b*, et se rend dans le globe supérieur, où il remplit le vide qu'a laissé l'eau en s'écoulant. Le gaz formé par la réaction des poudres suit le même chemin, ne pouvant passer par la tige creuse *aa*, dont l'extrémité inférieure plonge dans l'eau qui emplit le cylindre *ee* jusqu'à la hauteur des trous *o'*.

Fig. 179. Tube du flacon gazogène Briet.

Cette ingénieuse disposition du tube fait: 1° que les poudres sont entièrement isolées de l'eau destinée à la boisson; 2° que l'eau nécessaire à la réaction des poudres se trouve mesurée et distribuée automatiquement sans que l'opérateur ait à s'en occuper; 3° enfin que le gaz pénètre à la partie inférieure du liquide à saturer dans un état de division extrême, condition excellente pour sa dissolution.

Comme toutes les pièces métalliques de l'appareil Briet, le tube est en étain; ce qui écarte le danger provenant du contact des tubes avec la boisson.

Les pièces fondamentales du flacon *gazogène Briet* ont subi peu de modifications depuis l'origine de son invention. La forme du modèle actuellement en usage est celle que nous avons représentée plus haut (fig. 178). Nous ferons connaître par quelques figures de détails la manière de faire usage de ce nouveau modèle.

Pour préparer l'eau gazeuse avec cet appareil, il faut: 1° remplir entièrement d'eau (fig. 180) la carafe n° 1; 2° à l'aide d'un entonnoir, verser dans la boule n° 2 les poudres effervescentes; 3° enfoncer solidement le tube n° 3 dans le goulot de la boule n° 2; 4° visser avec force sur la carafe la boule armée du tube, de façon à remonter l'appareil suivant la figure A; 5° fermer le robinet et redresser l'appareil sur son pied, suivant la figure B.

Ainsi disposé, l'appareil fonctionne seul: au bout d'une demi-heure, l'eau gazeuse est préparée, et l'on peut, à l'aide du robinet, la faire jaillir à volonté.

Après chaque opération, on vide la boule et on la rince ainsi que le tube.

Pour obtenir une eau bien gazeuse, il est bon d'agiter l'appareil à deux ou trois reprises, avant de s'en servir, en le tenant appuyé sur l'angle du pied et lui imprimant quelques vives secousses par la partie supérieure. Préparée une ou plusieurs heures à l'avance, l'eau n'en est que meilleure.

En rinçant la boule après chaque opération, il faut avoir soin de la vider du côté opposé au robinet, pour éviter d'obstruer ce robinet.

On peut préparer à l'aide de cet appareil, non-seulement de l'eau gazeuse, mais encore du *vin mousseux*, en remplaçant l'eau par du vin dans lequel on a fait dissoudre 30 à 50 grammes de sucre candi pulvérisé; de la *limonade gazeuse*, en versant l'eau gazeuse dans un verre contenant la quantité de sirop désirée, enfin toutes les *eaux gazeuses minéralisées*, en faisant dissoudre dans l'eau de la carafe les sels prescrits par le médecin.

Le *bouchage mécanique* des bouteilles d'eau de Seltz est une autre invention qui fut réalisée pendant la période qui nous occupe, c'est-à-dire de 1835 à 1855.

Le bouchage à la *batte* de bouteilles dans

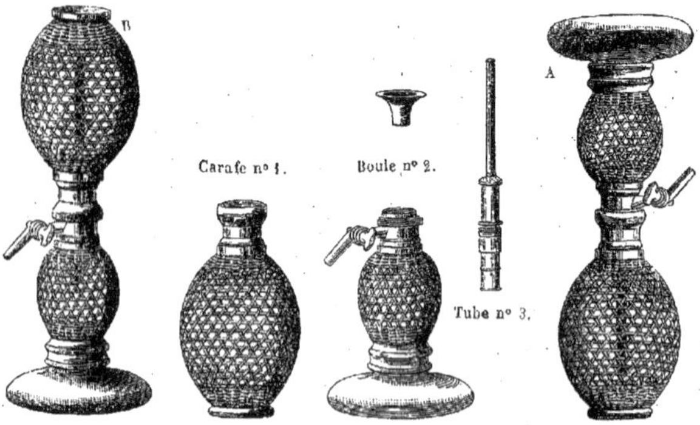

Fig. 180. — Flacon gazogène Briet monté et démonté.

1° Remplir entièrement d'eau la carafe n° 1.

2° A l'aide de l'entonnoir, verser dans la boule n° 2 les poudres des deux paquets (blanc et bleu).

l'intérieur desquelles il existe une pression de cinq à six atmosphères, offre des inconvénients et des dangers qu'il serait inutile de faire ressortir. Les machines à boucher vinrent faire disparaître ces inconvénients et ces dangers.

L'appareil pour le bouchage mécanique fut breveté à Londres, pour la première fois, en 1825. Son principe consiste à placer le bouchon dans un entonnoir conique, à l'extrémité duquel vient s'adapter le goulot de la bouteille, et à enfoncer ce bouchon par l'action d'un levier, d'une vis ou d'un cric. Progressivement comprimé par le levier ou le cric, le bouchon pénètre dans le goulot sans difficulté, et s'y dilate ensuite, de manière à constituer, en se serrant contre les parois, un bouchage hermétique. Pour tirer l'eau de Seltz, on pose la bouteille sur un support, reposant lui-même sur une pédale-lévier qui la soulève et maintient le goulot sous le cône tant que le pied appuie sur la pédale. L'ouvrier n'a plus qu'à l'y maintenir un instant et à ficeler rapidement la bouteille.

Vers 1832, M. Vielcasal réunit en un seul appareil le robinet du cône dans lequel on comprime d'abord le bouchon ; puis, la pédale qui sert, lorsque la bouteille est pleine, à finir d'enfoncer le bouchon. C'est le système aujourd'hui employé par tous les constructeurs.

Une autre découverte, celle des bouteilles *siphoïdes*, ou du *siphon* à *eau de Seltz*, due à Savaresse, vint réaliser un dernier progrès dans l'industrie des boissons gazeuses et révolutionner, on peut le dire, cette industrie. C'est en 1837, que Savaresse fit breveter cette ingénieuse invention.

Quand on enfermait, comme au début, l'eau de Seltz dans une bouteille simplement bouchée au liége fixé par une ficelle, il se faisait, au moment où l'on coupait la ficelle, pour faire partir le bouchon, une vive effervescence, qui entraînait au dehors une partie du liquide. Le buveur était alors partagé entre le double inconvénient de perdre une partie du gaz contenu dans l'eau de son verre, s'il s'occupait à reboucher aussitôt la bouteille, ou de laisser affaiblir l'eau qui resterait dans la bouteille, s'il commençait par boire la liqueur versée. En outre, chacun a appris, par sa propre expérience, que, pour peu que l'on tarde à boire la totalité d'une bouteille d'eau gazeuse, les dernières parties que l'on se verse sont à peine chargées de gaz. C'est ce double inconvénient que Savaresse parvint à éviter par l'emploi des bouteilles dites *siphoïdes*.

Une bouteille siphoïde (fig. 181) est un cruchon en grès verni ou en verre.

La tubulure de la bouteille est entourée d'un ajutage en étain, solidement fixé dans le col de la bouteille.

Cet ajutage porte à une certaine hauteur un rétrécissement sur lequel vient peser à l'intérieur un petit cylindre en alliage, C, terminé par un disque de liége très-fin,

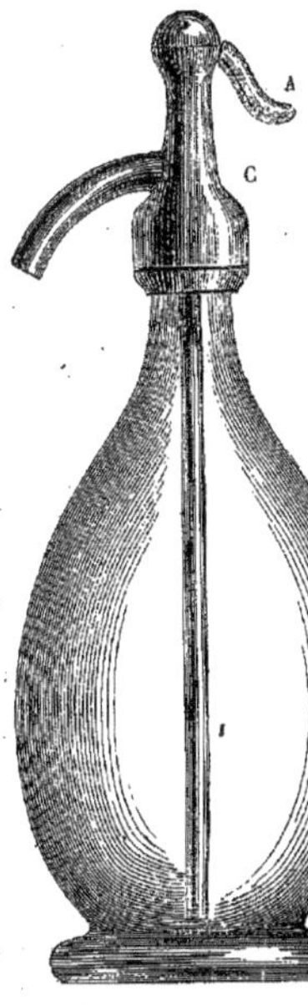

Fig. 181. — Siphon.

attaché avec de la cire à cacheter : quand le liége est appuyé exactement, il intercepte toute communication entre l'intérieur de la bouteille et l'extérieur. Le cylindre C est garni à l'intérieur avec un peu de coton, pour qu'il glisse à frottement dans la cavité de l'ajutage. La vis traverse un bouton qui ferme la partie supérieure de l'ajutage et s'oppose à ce que le petit piston puisse sortir. En faisant mouvoir la vis au moyen du levier A, on ouvre ou l'on ferme à volonté la communication entre l'intérieur du cruchon et l'ajutage; le gaz et l'eau sortent par le bec. Un tube *t* plonge presque jusqu'au fond du cruchon.

Supposons le cruchon plein d'eau gazeuse, un petit espace vide de liquide se trouve à la partie supérieure, qui contient du gaz acide carbonique, comprimé à plusieurs atmosphères. En cet état, rien ne peut sortir de la bouteille, car le liége est appliqué exactement sur l'ouverture : la pression du gaz ne peut vaincre la résistance de la vis. Mais que l'on vienne à abaisser le levier A, le gaz qui presse sur la surface de l'eau la fait monter dans le tube *t*, comme dans un siphon. Elle s'élève dans le tube et est déversée par le conduit latéral. Mais dès que l'on fait marcher la vis en sens contraire en cessant de presser le levier, le liége redescend, et rien ne peut plus sortir de la bouteille.

On ne s'explique pas toujours à première vue comment on peut remplir un siphon d'eau de Seltz. Cependant le remplissage est plus facile et plus prompt que celui des bouteilles. Il s'effectue directement par le bec sans qu'on soit obligé de déranger en rien l'armature.

La figure 182 représente l'appareil qui sert à effectuer le remplissage des siphons. Le siphon est renversé par la position que montre la figure 180. Si l'on pèse au moyen du pied sur la pédale P, on amène le bec du vase dans une cavité conique que présente le robinet N. On ouvre le vase à l'aide d'un levier D, puis on fait tourner de haut en bas la clef du robinet N, qui communique par un tube avec le récipient de l'appareil qui fournit l'eau de Seltz saturée de gaz. Dès que le robinet se trouve ainsi ouvert, l'eau gazeuse se précipite dans la bouteille, qu'elle remplit en partie. L'air que renferme la bouteille est pressé jusqu'à ce que sa force élastique fasse équilibre à la pression exercée à la surface de l'eau dans le récipient de l'appareil. C'est en vertu de ce phénomène que le vase ne se remplit pas immédiatement d'eau chargée de gaz acide carbonique comprimé. Pour faire sortir cet air, qui serait un obstacle au remplissage complet de la bouteille, on ramène à son

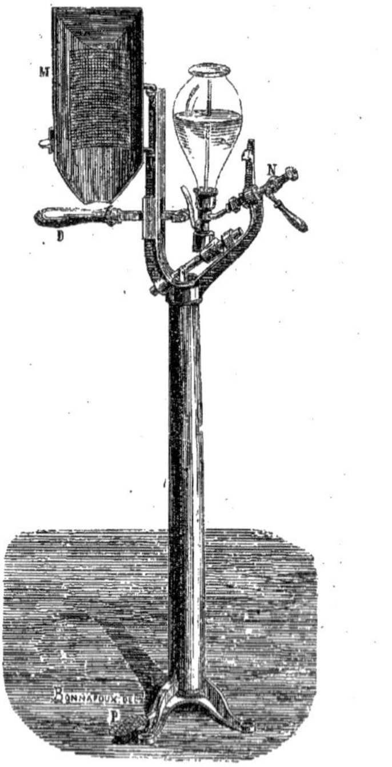

Fig. 182. — Remplissage d'un siphon d'eau de Seltz.

point de départ la clef du robinet N, lequel est percé de trois trous. Un des conduits fait alors communiquer l'intérieur du siphon avec l'air extérieur; puis on achève de remplir le vase en ouvrant de nouveau le robinet. Dès que le siphon est plein, on le ferme en lâchant la poignée D; on ramène la clef du robinet N à son point de départ et l'on enlève le siphon, en cessant d'exercer une pression sur la pédale P.

Dans l'embouteillage, comme dans le tirage en siphon, l'ouvrier, qui a soin, d'ailleurs, de se couvrir le visage d'un masque à grillage métallique, pour éviter les effets dangereux de l'explosion des bouteilles, est encore protégé contre ces explosions par une enveloppe métallique, M, qui recouvre entièrement le vase ou la bouteille.

Les vases siphoïdes se remplissent beaucoup plus vite que les bouteilles.

Tels sont les progrès qui furent accomplis dans l'industrie des boissons gazeuses depuis 1832 jusqu'à l'année 1855, c'est-à-dire jusqu'à l'exposition universelle qui fut ouverte à Paris à cette date.

Depuis l'année 1855 jusqu'à ce jour, différents perfectionnements secondaires ont été apportés à ces appareils. MM. Hermann-Lachapelle et Glover, s'emparant du système anglais de Bramah, et perfectionnant l'exécution de ses différentes pièces, ont introduit de nombreux perfectionnements dans le jeu de cet appareil. Un autre constructeur, M. Ozouf, s'est également appliqué à perfectionner le même système.

La découverte la plus originale qui a été faite dans la dernière période, c'est-à-dire vers 1870, c'est la suppression du gazomètre dans l'appareil servant à la fabrication des boissons gazeuses. M. Mondollot est le mécanicien à qui l'on doit ce nouveau et dernier perfectionnement du système de Bramah, qui a réduit le matériel pour la fabrication des eaux de Seltz à une simplicité remarquable, et au minimum de volume qu'il puisse occuper

CHAPITRE IV

DESCRIPTION DES APPAREILS SERVANT ACTUELLEMENT A LA FABRICATION DES BOISSONS GAZEUSES. — APPAREILS DE MM. HERMANN - LACHAPELLE ET GLOVER. — DIFFÉRENTS ORGANES QUI COMPOSENT L'APPAREIL

COMPLET. — PRODUCTEUR OU LAVEUR. — ÉPURATEUR DU GAZ. — GAZOMÈTRE. — RÉCIPIENT-SATURATEUR. — POMPE. — AGITATEUR. — COLONNES DE TIRAGE. — POMPE A SIROP. — SIPHONS. — APPAREILS A DEUX CORPS DE POMPE ET A DEUX SPHÈRES. — RÉCIPIENTS PORTATIFS. — L'EAU DE SELTZ DANS LES BOUILLONS-DUVAL.

Après cet exposé historique de l'origine et des perfectionnements successifs de l'industrie des boissons gazeuses, nous avons à décrire l'état actuel de cette industrie, et à faire connaître les appareils qu'elle met en œuvre aujourd'hui.

De tous les appareils que nous avons passés en revue dans l'historique précédent, un seul subsiste aujourd'hui : c'est le système anglais, le système de Bramah, mais modifié assez profondément pour constituer, suivant les changements qu'on lui a apportés, autant d'appareils nouveaux, qui portent le nom des inventeurs. Ces appareils sont :

1° L'appareil Hermann-Lachapelle et Glover;

2° L'appareil Ozouf;

3° L'appareil Mondollot.

Quant à l'*appareil de Genève*, malgré les perfectionnements apportés à son mécanisme par Soubeiran, Boissenot et autres, il est abandonné, le système de fabrication intermittente ne répondant plus à l'énorme consommation qui se fait maintenant des boissons gazeuses.

L'appareil Savaresse, que nous avons représenté par la figure 176 (page 424), malgré ses ingénieuses et curieuses dispositions, n'a pas résisté davantage à l'épreuve du temps, parce qu'il rentre dans le système de la fabrication intermittente, et ne répond plus, dès lors, aux besoins de l'industrie.

Pour donner une idée exacte de l'état présent de l'industrie des boissons gazeuses, nous avons donc à décrire les appareils de MM. Hermann-Lachapelle et Glover, celui de M. Ozouf et celui de M. Mondollot.

Les appareils Hermann-Lachapelle et Glover se composent :

1° D'un *producteur* de gaz acide carbonique ;

2° D'un *épurateur du gaz ou laveur ;*

3° D'un *gazomètre ;*

4° D'un *récipient-saturateur*, sphérique, desservi par une pompe ;

5° De *tirages* à bouteille et de *tirages* à siphon.

Le *récipient-saturateur* peut être à deux sphères et à deux corps de pompe, suivant la destination ou la puissance de l'appareil.

Nous allons décrire avec détails chaque organe de cet appareil en mettant à profit les descriptions données par M. Hermann-Lachapelle, dans son ouvrage intitulé : *Des boissons gazeuses aux points de vue alimentaire, hygiénique et industriel* (1).

Producteur de gaz. — Le producteur de gaz carbonique, dont la figure 183 représente l'élévation et la figure 184 la coupe verticale, se compose de deux compartiments : un *cylindre décompositeur*, A, et une boîte, ou *réservoir à acide*, B.

Le cylindre décompositeur, A, est en cuivre et garni à l'intérieur d'une couche de plomb. Sur le haut et au-devant du cylindre, une ouverture en bronze, *a*, sert à introduire l'eau et la craie dans le décompositeur. Cette ouverture est fermée par un couvercle en bronze, à gorge, garnie d'une rondelle en caoutchouc, s'adaptant hermétiquement sur ses rebords. Le couvercle est maintenu et serré par une vis de pression à poignée en bronze, K, montée sur deux tourillons placés de chaque côté de l'ouverture.

Une seconde ouverture inclinée, *b*, placée dans le fond du cylindre décompositeur, sert à le vider lorsque les matières sont épuisées.

Un *mélangeur* horizontal à ailes demi-cir-

(1) Un volume in-8. Paris, 1874, 6e édition.

culaires, EF, placées concentriquement sur l'arbre et se coupant à angle droit, mû par une manivelle *f*, produit le mélange de l'acide avec la craie et aide le prompt dégagement du gaz. Son arbre en bronze, revêtu de plomb, fonctionne dans des garnitures de

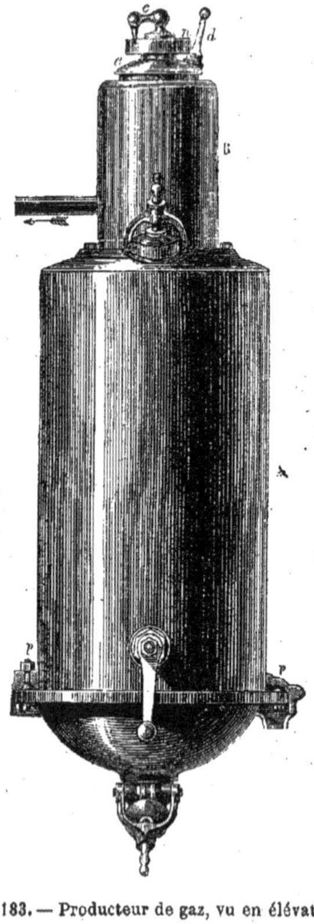

Fig. 183. — Producteur de gaz, vu en élévation.

cuir contenues dans des boîtes crapaudines en bronze, *g*, *g*. Quatre vis *i*, *i*, *i*, *i* fixent sur l'arbre les ailes E, F. L'ouverture I, placée sur le haut du cylindre, derrière la boîte à acide, est en communication avec un tuyau en plomb qui conduit le gaz à l'*épurateur du gaz* ou *laveur*.

Le *réservoir à acide*, B, est placé immédiatement au-dessus du décompositeur, A, sur lequel il est fixé par des vis à écrous. Cette disposition permet d'enlever facilement la boîte à acide, de la visiter et de la réparer au besoin. Elle est en cuivre rouge poli à l'extérieur, garnie de plomb à l'intérieur, et fermée, en haut, par un plateau en bronze *ee* qui se visse à demeure dans les rebords su-

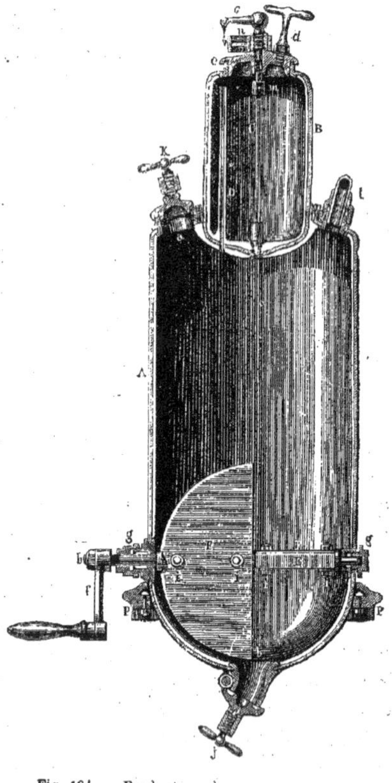

Fig. 184. — Producteur de gaz, vu en coupe.

périeurs. Ce plateau est pourvu d'une ouverture *d* formée par une vis à poignée en bronze, par laquelle l'acide est introduit dans le réservoir à l'aide de l'entonnoir en plomb.

La distribution de l'acide s'opère au moyen d'une tige, C, en cuivre, revêtue de plomb et armée à son extrémité d'une coquille en platine qui forme soupape en s'adaptant dans un orifice qui établit la communication entre le réservoir et le décompositeur. Une vis placée au centre du plateau, gouvernée par un bras à aiguille *c*, sert à mouvoir la tige distributive d'acide, C, avec laquelle elle est réunie par un manchon d'assemblage *n* maintenu au moyen d'une goupille.

Les indications données par le cadran *n*, sur lequel court l'aiguille recourbée *c*, servent à régler l'ouverture de l'orifice, et, par conséquent, la distribution de l'acide suivant les besoins de l'opération.

Un tube en plomb, D, établit la communication et l'égalité de pression entre le cylindre décompositeur, A, et le réservoir à acide, B, ce qui fait que l'acide tombe par son propre poids. Le plateau en bronze *e* se visse et se dévisse au moyen d'une clef.

L'armature en platine qui règle l'écoulement de l'acide sulfurique du réservoir d'acide, B, dans le décompositeur, A, empêche la soupape de s'user par l'action de l'acide sulfurique. L'ouvrier règle en toute sécurité l'écoulement de l'acide suivant les besoins de l'opération.

Épurateur du gaz ou *laveur*. — Comme on le voit sur la figure 186, qui représente sa coupe verticale, le *laveur*, ou *épurateur du gaz*, se compose d'un cylindre divisé à l'intérieur en deux compartiments par un diaphragme vertical, E. Il est pourvu, à sa partie supérieure, de trois ouvertures. L'une, placée de face, communique avec les deux compartiments intérieurs formés par le diaphragme; elle sert à introduire l'eau au moyen d'un entonnoir. La deuxième ouverture reçoit, par le raccord *q*, le tuyau qui amène le gaz du producteur. La troisième sert à la sortie du gaz de l'épurateur par le tuyau coudé H, et porte sur ses rebords le raccord numéro 1 du tuyau qui le conduit au gazomètre. Une ouverture inclinée, *i*, communiquant avec les deux compartiments, et placée au bas du cylindre, sous l'entablement du bâti, sert à faire écouler l'eau toutes les fois qu'on veut la renouveler. Un tuyau, F, conduit le gaz du raccord *q* au fond du premier compartiment du laveur, d'où il passe dans le second compartiment par le tuyau G. Sur le côté du cylindre, un petit bouton *j* sert à indiquer

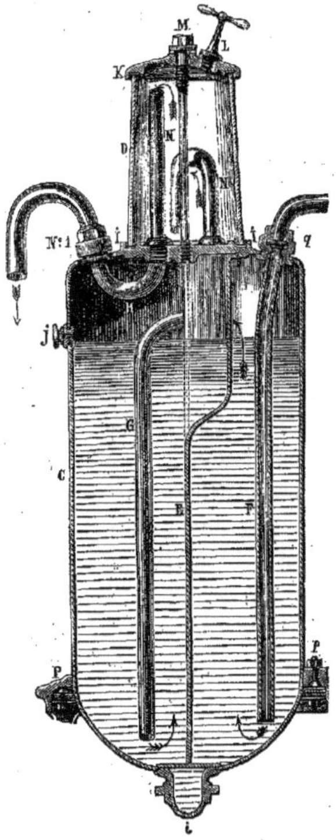

Fig. 185. — Coupe du laveur.

le niveau de l'eau dans les deux laveurs, au moment où on les remplit d'eau.

Pour suivre de l'œil le dégagement du gaz à l'intérieur de l'appareil, MM. Hermann-Lachapelle et Glover ont disposé, au-dessus du corps du *laveur proprement dit*, un petit appareil, qu'ils nomment *laveur-indicateur*. Cet appareil se compose d'un cylindre en cristal, D, légèrement conique, qui s'emboîte dans la gorge garnie d'un siége en caoutchouc, d'une table en bronze, *ii*, fixée à demeure au-dessus du cylindre C. Un plateau K, en bronze doublé d'étain et pourvu d'une gorge, ou emboîtage, garni de caoutchouc, lui sert de couvercle. Le plateau et le cylindre en verre sont fixés par une tige en bronze M à deux parties filetées, serrant le plateau K sur la table en bronze *ii*. Une ouverture fermée par une vis à poignée en bronze L, sert à introduire l'eau.

Le *laveur-indicateur* a l'avantage de faire constamment suivre par l'œil de l'ouvrier, le dégagement du gaz qui se produit dans la boîte à acide, c'est-à-dire dans le *producteur*.

Le *gazomètre* dans lequel s'accumule le gaz acide carbonique qui a pris naissance dans le *producteur* et s'est lavé dans l'*épurateur*, est une cloche, E, en tôle galvanisée (fig. 186). La cuve F, à fond concave, est également en tôle galvanisée. Un bouchon à vis en bronze P, placé au bas, sert à la vider.

Un petit bouton *r*, placé au-dessus de la cloche, donne issue à l'air qu'elle peut contenir lorsque le gaz arrive pour la première fois dans la cuve pleine d'eau.

Un bâti fer et fonte, composé de deux montants J, J et d'une traverse K, portant à ses extrémités les poulies T, T posées sur leurs axes, fixées par les boulons *u*, *u*, supporte l'appareil de suspension, composé de deux contre-poids, L, L, attachés à deux cordes, lesquelles passant sur les deux poulies, T, T, viennent se nouer aux oreillons, *s*, *s*, de la cloche E, et lui font équilibre. Les montants, *j*, *j*, sont fixés sur la cuve par des boulons.

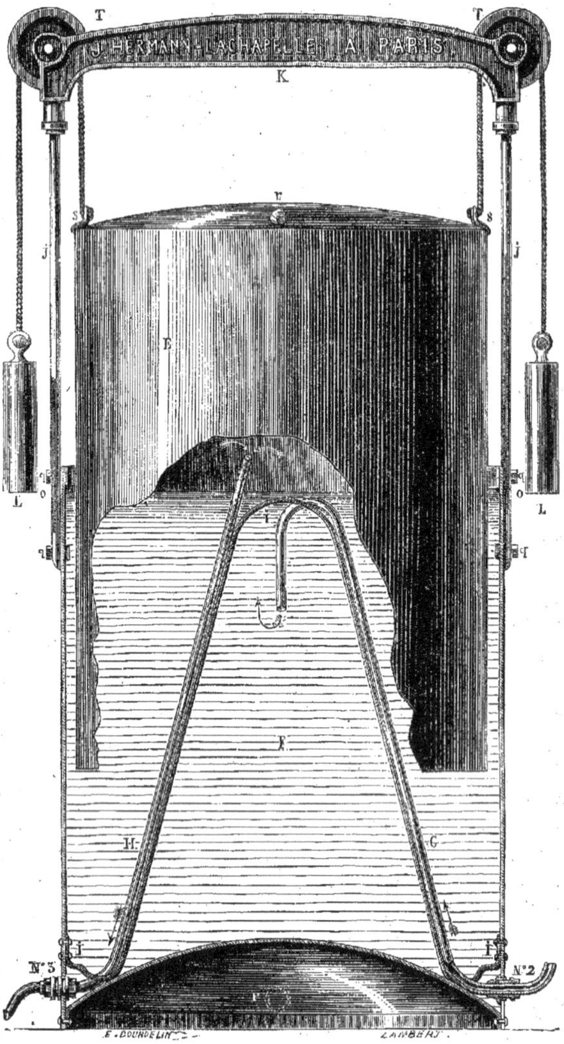

Fig. 186. — Gazomètre.

Un tuyau recourbé, G, conduit le gaz du raccord numéro 2 dans la cuve du gazomètre ; un second tuyau, H, s'ouvrant au-dessus du niveau de l'eau, prend le gaz sous la cloche et le conduit au raccord numéro 3, qui lui donne issue vers la pompe.

Récipient saturateur. — Le *récipient-saturateur* (fig. 187) est la pièce capitale de l'appareil. Il se compose de différents organes groupés sur un bâti, ou colonne, en fonte, à savoir :

1° Du volant et des roues d'engrenage.

2° De la pompe à double effet, F, avec son bassin.

3° Du *récipient-saturateur*, H ;

4° Des organes indicateurs et de sûreté IKL.

Nous emprunterons à l'ouvrage de M. Hermann-Lachapelle la description de ces différents éléments.

Les *organes du mouvement* se composent d'un arbre moteur fonctionnant dans des coussinets en bronze placés dans le chapiteau de la colonne-bâti et portant à une de ses extrémités la roue dentée V, qui, par un pignon d'engrenage, X, met en jeu l'agitateur ZZ, fonctionnant dans l'intérieur de la sphère, et, à l'autre extrémité, la manivelle T, qui gouverne la bielle, U, de la pompe E. Un volant, Q, lui donne le mouvement. Il est pourvu d'une manivelle, W, lorsque l'appareil fonctionne à bras. S'il est desservi par la vapeur, deux poulies A, A s'adaptent à l'extrémité de l'arbre en avant du volant. L'une sert de poulie motrice ; l'autre poulie, folle, transmet le mouvement au mélangeur du producteur, pourvu alors d'une poulie en place de manivelle.

La *pompe* aspirante et foulante à double effet, E (fig. 187), en bronze poli à l'extérieur, étamé à l'intérieur, est fixée sur la colonne-bâti. Une bielle à fourche très-longue d'une seule pièce, U, à articulations perpendiculaires, recevant le mouvement du volant par la manivelle T, gouverne le piston de la pompe ; les deux branches s'articulent autour d'un axe, L, qui fonctionne dans le corps de pompe de bas en haut, de sorte que, dans son action pour aspirer à la fois un liquide et un gaz, il se trouve toujours couvert d'une couche de liquide formant fermeture hydraulique et empêchant à la fois l'introduction de l'air et la perte du gaz.

Un seul *robinet régulateur* remplace les deux robinets qui réglaient dans l'appareil anglais de Bramah, l'un l'aspiration de l'eau, l'autre celle du gaz, et dont la manœuvre occasionnait sans cesse des erreurs et par conséquent des irrégularités dans la marche des appareils. Le boisseau du robinet est pourvu de trois ouvertures ; sur l'une se raccorde le tuyau qui amène le gaz du gazomètre ; sur l'autre s'adapte le tuyau d'aspiration qui puise l'eau dans le bassin d'alimentation. La troisième communique avec la chambre d'aspiration.

La clef du robinet, G, n'a, au contraire, qu'une seule entaille, qui permet à la fois le passage du liquide et celui du gaz en quantités plus ou moins grandes, suivant qu'elle correspond plus ou moins avec les deux trous aspirateurs d'eau ou de gaz. Si l'on tourne la clef du côté de l'introduction du gaz dans le boisseau, on diminue l'aspiration du liquide et on augmente l'aspiration du gaz ; en tournant la clef complétement du côté du liquide, il n'arrive plus que de l'eau dans la pompe. On peut ainsi régler les quantités proportionnelles d'eau et de gaz que la pompe doit aspirer.

Cette clef est pourvue d'une poignée de manœuvre et d'une aiguille qui parcourt un cadran gradué. Par la position qu'elle occupe sur le cadran, cette aiguille indique les quantités proportionnelles d'eau et de gaz auxquelles le robinet donne passage, et que refoule la pompe dans la sphère.

Lorsque le piston exécute son mouve-

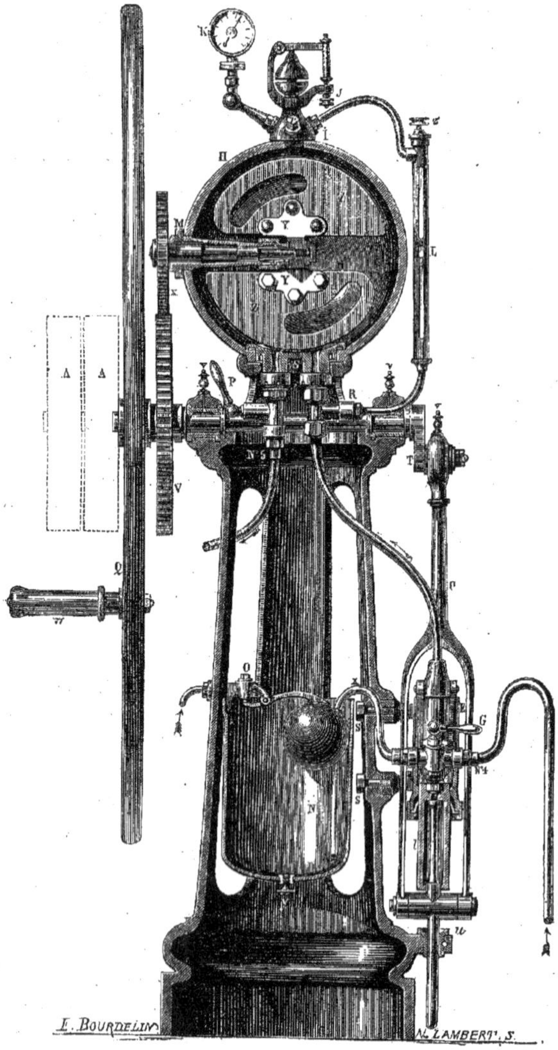

Fig. 187. — Coupe du récipient-saturateur.

ment descendant d'aspiration, le robinet G, étant ouvert, l'eau et le gaz arrivant par le tube X, soulève contre sa cage une bille placée dans la chambre d'aspiration, tandis qu'une autre bille de la chambre de refoulement est maintenue, au contraire, sur sa rondelle en cuir par la même force d'aspiration. L'eau et le gaz remplissent alors le corps de pompe. Aussitôt que le piston, parvenu au bas de sa course, reprend son mouvement ascendant, l'eau et le gaz poussant fortement les deux billes en sens contraire, celle qui joue dans la chambre d'aspiration s'abaisse, se colle contre la rondelle en cuir qui lui sert de siége et établit la fermeture hermétique, tandis que la bille de refoulement, s'élevant contre sa cage, livre passage à l'eau et au gaz que le piston refoule dans le saturateur.

Le *bassin d'alimentation*, N, en cuivre étamé est placé à l'intérieur de la colonne-bâti. L'eau y est tenue à un niveau constant au moyen d'une soupape à flotteur. Le flotteur, formé par une *sphère* creuse, O, est adapté à un levier-balancier ayant pour point d'appui un axe qui le fixe sur un bras du corps ou boisseau de la soupape; l'extrémité du petit bras de levier opposé au flotteur porte sur la tige du clapet de la soupape. Lorsque l'eau est dans le bassin à son niveau normal, le flotteur, soulevé par elle, ne pèse point sur le levier dont la branche opposée cesse d'agir sur la soupape que maintient fermée le poids de l'eau dont le courant arrive sur elle. Aussitôt, au contraire, que le niveau baisse dans le bassin, le flotteur entraîne par son poids le levier et, soulevant par contre-coup la soupape, l'eau arrive aussitôt. Il faut que cette soupape-flotteur soit en communication avec un réservoir d'eau. Une petite ouverture ménagée au fond du bassin et fermée par un bouchon à vis et à poignée *y*, sert à le vider pour faciliter son nettoyage.

Le *récipient-saturateur* de forme sphérique, H, est en bronze fondu d'une seule pièce. Il couronne la colonne ou bâti sur l'entablement de laquelle il est fixé par le tampon autoclave S, pourvu d'une rondelle en caoutchouc *u*, assure l'herméticité de la fermeture.

L'entablement du bâti est percé de deux ouvertures. La première sert à l'arrivée du liquide et du gaz dans la sphère. Une pièce R, reçoit le raccord du tuyau de la pompe R et celui du tuyau du bas de l'armature du niveau d'eau *v*. La seconde ouverture sert à la sortie de l'eau saturée; sur les rebords vient se visser le corps du robinet P, qui gouverne l'écoulement du liquide par le tuyau de tirage, lequel se raccorde sur le prolongement inférieur de ce corps de robinet. La clef du robinet P est à vis, à garniture de chanvre.

Organes indicateurs et de sûreté. — Au haut du récipient saturateur se visse une pièce demi-sphérique I, à trois ouvertures filetées pour recevoir 1° la soupape de sûreté *i*, 2° le bras, I, du manomètre K, 3° le raccord *m* du tuyau de l'armature du niveau d'eau.

Le *manomètre métallique* à cadran, K, qui indique en atmosphères le degré de la pression intérieure, fait par cela même connaître le degré de la saturation de l'eau, cette pression étant proportionnelle à la quantité du gaz contenu dans la sphère.

La *soupape de sûreté* (fig. 188) est munie d'un *sifflet avertisseur*, composé d'une boîte sphérique à deux compartiments. La partie inférieure de la boîte est pourvue d'un piédouche qui se visse dans la pièce demi-sphérique; elle sert de cuvette au sifflet. Sa partie supérieure sert de timbre, et vient se superposer à la cuvette qui forme le bec de sifflet dans lequel le gaz, en s'échappant, met en vibration.

On comprend facilement le jeu de la soupape et du sifflet. Lorsque la tension du gaz dépasse le nombre d'atmosphères qu'on veut qu'elle atteigne, la résistance du levier, qui a été réglée au moyen de l'écrou molleté *j*, à ce nombre d'atmosphères, cesse de contre-balancer la pression intérieure; la soupape s'ouvre sous la pesée et le gaz s'échappe en se mettant en vibration dans le sifflet. Un coup de sifflet aigu prévient l'atelier, et la tension intérieure est aussitôt diminuée par la fuite du gaz en excès. Il n'y a pas de danger possible lorsque la soupape est bien réglée.

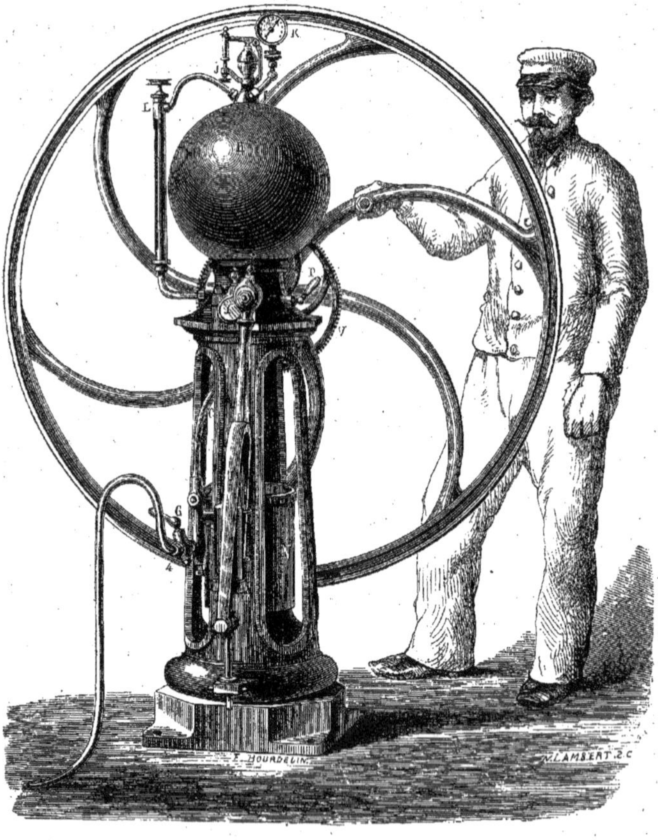

Fig. 188. — Saturateur.

Le niveau d'eau, L, est formé d'un tube en cristal protégé par une armature en bronze dans laquelle il est logé, et qui le met à l'abri de tout choc extérieur. Une vis de pression, exerçant son action sur une glissière placée dans l'armature, sert à serrer hermétiquement le tube dans les garnitures en caoutchouc dont sont pourvus les emboîtages dans lesquels on le place. Ce tube communique avec l'intérieur de la sphère par le tuyau et le raccord *v*, du bas de l'armature, qui permet au liquide d'arriver jusqu'à lui et par le tuyau supérieur de l'ouverture et le raccord I, qui établit l'égalité de pression entre les deux vases communiquants. Un coup d'œil jeté sur le tube L montre donc le niveau correspondant de l'eau dans la sphère.

Un *agitateur* à larges et puissantes ailes, Z,Z (fig. 187), se meut dans le récipient et opère rapidement la dissolution du gaz et la saturation de l'eau. Son arbre moteur reçoit le mouvement par un pignon, X, qui s'engrène avec la roue dentée, V, du volant,et fonctionne dans une douille, M, enbronze étamé, vissée dans la paroi de la sphère.

A l'extrémité de l'arbre M se visse la pièce, YY, destinée à porter les ailes, Z,Z, de l'agitateur, qui se fixent sur cette pièce à l'aide de trois vis.

La capacité des récipients saturateurs est proportionnée à la puissance des pompes, de manière à produire rapidement de l'eau complétement saturée. L'agitateur fouettant de ses ailes et brisant contre les parois de la sphère toute la masse du liquide, amène la dissolution subite du gaz. La forme sphérique et l'épaisseur des parois du saturateur, mettent à l'abri de tout danger d'explosion.

Pour fabriquer l'eau gazeuse avec l'appareil dont nous venons de donner la description, on commence par produire le dégagement du gaz acide carbonique. Pour cela, on introduit dans le producteur de gaz la quantité d'eau et de carbonate de chaux voulue, on opère le mélange et on fait arriver l'acide en faisant jouer le bras de la tige-soupape. Le gaz se dégage, passe dans l'épurateur, et se rend dans la cloche du gazomètre, qui s'élève par l'arrivée du gaz.

On arrête la production du gaz lorsque la cloche arrive à 15 centimètres à peu près de la traverse. Sans cela l'acide carbonique, se comprimant par sa propre tension, commencerait par se dissoudre dans l'eau de la cuve qui forme fermeture hydraulique, puis se dégagerait de l'eau et s'échapperait par l'espace resté vide entre les parois de la cuve et celles de la cloche. On laisse ensuite le gaz continuer de se dégager, et on fait fonctionner le saturateur.

Pour y faire arriver le gaz, on place l'aiguille du robinet régulateur sur le mot *eau* du cadran, on amorce la pompe, et, mettant en mouvement le volant à l'aide de la manivelle, on fait fonctionner la pompe, qui a bientôt entièrement rempli d'eau la sphère.

L'air que contenait la sphère, comprimé par l'arrivée du liquide, s'échappe par la soupape-siffleur, dont on a eu soin de dévisser l'écrou *f* et qu'on laisse ouverte jusqu'à ce que l'eau en jaillisse.

On met l'aiguille du robinet régulateur sur le n° 5 du gaz. La pompe n'aspire alors que du gaz carbonique, lequel, refoulé dans la sphère, exerce sa pression sur l'eau qu'elle contient et qui continue à s'échapper par la soupape pendant une dizaine de tours du volant. On ouvre ensuite le robinet d'écoulement P et ceux du tirage. L'eau, trouvant alors par ces robinets une issue, s'écoule sous la pression du gaz; on laisse ainsi sortir à peu près la moitié du liquide que contenait la sphère.

Lorsque l'eau est descendue à la hauteur de l'œil dans le niveau d'eau, on ferme le robinet de tirage P, et on laisse fonctionner la pompe; le robinet régulateur G, toujours ouvert sur le n° 5, ne laisse aspirer et refouler que l'acide carbonique. Le manomètre monte; on observe son aiguille, et, lorsqu'elle marque une pression de 7 à 8 atmosphères pour le tirage des bouteilles, de 12 à 13 atmosphères pour le tirage des siphons, on met l'aiguille du robinet régulateur entre les n°s 3 et 4 ou 4 et 5 du cadran indicateur. Le liquide contenu dans la sphère est alors saturé, on commence aussitôt la mise en bouteille ou en siphon. L'eau et le gaz arrivant désormais en quantité proportionnée dans le récipient saturateur par la manœuvre facile du robinet régulateur et le mouvement du volant, les robinets de tirage seront alimentés d'une manière régulière de liquide saturé et toujours également chargé de gaz.

L'*œuf*, c'est ainsi qu'on nomme souvent le *saturateur* ou la sphère dans laquelle s'opère la dissolution de l'acide carbonique dans l'eau, étant ainsi rempli d'eau saturée

Fig. 189. — Emplissage de la bouteille.

Fig. 190. — Dégagement de la bouteille du cône de tirage.

de gaz acide carbonique à la pression de 7 à 8 atmosphères, il s'agit de tirer l'eau soit en bouteilles, soit en siphons.

Pour tirer l'eau en bouteille, il faut introduire (fig. 189) le bouchon dans l'ouverture D, et, abaissant le levier E dans la ligne horizontale, sans la quitter de la main droite, mettre la bouteille sur le bloquet A. Le pied, appuyant sur la pédale B, la soulève, engage son goulot dans le baguin, et le maintient fortement sous le cône C. L'ouvrier amène alors devant lui la cuirasse F, et il ouvre le robinet en tournant d'un demi-tour, avec la main gauche, la clef G. Le liquide saturé se précipitera dans la bouteille. On fait dégager de l'air en appuyant par deux ou trois petits coups de pouce brusquement donnés sur le bouton H. A chaque dégorgement on fait arriver une nouvelle quantité d'eau saturée, et l'on continue d'opérer ainsi jusqu'à ce que la bouteille soit entièrement pleine, en conservant toutefois un vide de 2 à 3 centimètres, formant chambre pour la dilatation des gaz et la place du bouchon. On ferme alors le robinet G. Pendant toute la durée de l'opération, la main droite n'a pas quitté le levier E, exerçant la pesée nécessaire pour maintenir le bouchon dans le cône. On enfonce le bouchon en liége dans le goulot, en abaissant le levier articulé E par deux ou trois coups saccadés, jusqu'à ce qu'un petit dégagement de gaz, se faisant dans le cône, annonce en sifflant que le liége a suffisamment pénétré dans la bouteille. Il ne reste plus alors qu'à dégager le bouchon et le goulot du baguin et à fixer le bouchon soit par le ficelage, ce qui demande deux personnes, soit par l'emploi de l'anneau en fil de fer et de la bandelette en fer-blanc, ce que le tireur peut faire seul.

Enfin on cesse de presser du pied la pédale, et on retire la bouteille de dessous le robinet (fig. 190).

Le bouchon peut être maintenu par une bandelette en fer-blanc fixée autour du goulot par une bague en fil de fer, ou par une simple ficelle. Dans le premier cas, l'anneau en fil de fer est posé d'avance autour du goulot de la bouteille, où il reste constamment. Lorsque la bouteille bouchée est retirée du robinet, on prend de la main droite (fig. 191) la bandelette en fer-blanc par une de ses extrémités, et on l'introduit par l'autre entre le bouchon et le baguin, en fléchissant légèrement le pied et maintenant le bouchon avec le pouce de la main gauche. On rabat ensuite les deux extrémités de la bandelette dans l'anneau en fil de fer à l'aide du couteau, puis on les recourbe en crochet sur elles-mêmes.

Si le bouchon doit être maintenu par un nœud de ficelle, c'est un second ouvrier qui pose cette ficelle. Le tireur enlève la bouteille du baguin du tirage de la main gauche, et la pose dans le calebotin placé devant l'ouvrier chargé de former le nœud, en ayant soin de tenir toujours le pouce appuyé sur le liége. L'ouvrier ficeleur assis devant le tabouret, tenant la boucle qui doit se serrer au-dessous de la cordelière et qu'il a fermée d'avance, la place aussitôt autour du goulot comme on le voit sur la figure 192. Croisant ensuite deux fois l'un sur l'autre les deux bouts de la ficelle au-dessus du bouchon, il prend le couteau de la main droite, le trèfle de la main gauche, enroule la ficelle autour de leurs manches, et serre avec force le nœud sous la bague de la bouteille et dans le liége où il s'incruste. On peut alors couper les deux bouts sans que le moindre relâchement se produise. Le pouce du tireur abandonne aussitôt le bouchon, et il remplit une nouvelle bouteille, tandis que le ficeleur forme un second nœud qui se croise à angle droit avec le premier sur le bouchon.

Voilà comment on procède pour la mise en bouteille de l'eau de Seltz. Examinons maintenant l'appareil pour le tirage dans les siphons. Nous en avons déjà dit quelques mots, mais nous devons l'expliquer maintenant d'une manière détaillée.

Les dispositions de cet appareil sont extrêmement ingénieuses. Une colonne R (fig. 193), fixée au sol porte tout le système. La tige mobile, mue par la pédale B, au lieu de se terminer en tampon ou bloquet, porte une sorte de main ou d'armature articulée, H, qui soutient une cuirasse en cuivre C, sur laquelle se replie, par un éperon articulé, une contre-partie ou autre demi-cuirasse. Le siphon renversé est placé dans cette cuirasse ; sa tête repose dans une cavité creusée sur le sommet de la tige A, et placée sur le même plan perpendiculaire que le cône D. Un levier recourbé et articulé C, reçoit d'un ressort placé dans la douille du bras et sur la tige, le mouvement qui le fait appuyer sur le levier du siphon et ouvrir automatiquement la soupape en même temps que l'action du pied, pesant sur la pédale, élève la tige mobile et la main H et engage le bec du siphon dans le cône du robinet de tirage D. L'eau arrive du saturateur par les tuyaux des deux raccords numéro 5 et numéro 7. Deux soupapes F, ouvrant toutes deux sous l'action d'une clef à poignée, permettent, l'une au liquide d'entrer dans le vase, l'autre à l'air comprimé dans le siphon de s'échapper.

Les *siphons*, ou *vases siphoïdes*, sont en verre blanc, bleu, vert ou jaune. Leur

Fig. 191. — Pose de la bandelette de fer blanc autour de la bouteille.

Fig. 192. — Ficelage du bouchon.

forme est ovoïde ou semi-cylindrique, mais, dans les deux cas, elle est calculée de manière à offrir la plus grande résistance possible. Chaque vase siphoïde avant d'être livré est essayé à une pression qui n'est pas moindre de 20 atmosphères.

Le corps du siphon est en étain, de forme arrondie et unie. Il est fondu d'une seule pièce afin d'éviter toute espèce de soudure, principalement celle du bec, partie qui souffre le plus dans cet appareil. Le ressort de son piston est à la fois doux et puissant. Il se démonte facilement et se prête à toutes les réparations. Un écrou flexible et mobile, également en étain, est passé autour du cou du vase sous la cordeline. Le corps du siphon placé sur le goulot vient se visser sur cet écrou, qui le serre et le maintient de la manière la plus solide, en permettant au fabricant de le dévisser toutes les fois qu'il juge convenable de visiter l'intérieur. Cette disposition est commune à tous les siphons.

Le siphon se compose d'un corps de siphon A (fig. 194), dans l'interieur duquel fonctionne le ressort à boudin J, muni de deux rondelles en caoutchouc feutré. L'une *ii*, établie dans la gorge qui entoure la partie centrale du piston, forme la soupape. Cette soupape s'ouvre du haut en bas par une

Fig. 193. — Tirage de l'eau de Seltz en siphon.

poussée produite de l'extérieur sur la tige D. Cette soupape J est en étain, et donne un bouchage hermétique. Le ressort à boudin qui est en laiton est placé au bout de la tige D, battant contre un manchon supérieur adapté sur la tige au-dessus de lui, et contre une rondelle *f* posée sur deux autres rondelles en basane. Ces rondelles forment une sorte de *stuffing-box* dans lequel glisse la tige D, lorsque le levier C agit sur cette tige, et découvre la soupape J. Un tube M, précédé d'une sorte d'entonnoir K, plonge jusqu'au fond du flacon. Quand la soupape J est abaissée et que la communication entre le tube *y* et le bec R aboutissant à l'extérieur, est établie, la pression du gaz fait sortir avec force l'eau gazeuse par le tube R.

La fabrication de la limonade gazeuse est une branche importante de l'industrie des boissons gazeuses.

La limonade gazeuse se prépare en remplissant d'eau de Seltz, à la pression de 4 à 5 atmosphères seulement, des bouteilles, ou des siphons, dans lesquels on a préalablement introduit le sirop d'acide citrique ou tartrique, qui, mélangé à l'eau de Seltz, et aromatisé par une essence, doit composer la limonade.

La recette la plus habituelle, c'est d'introduire dans chaque bouteille, d'une contenance de 675 grammes, 75 grammes de sirop acidulé et aromatisé, et de tirer l'eau gazeuse par-dessus, à la pression de 5 atmosphères. Lorsque la bouteille est bou-

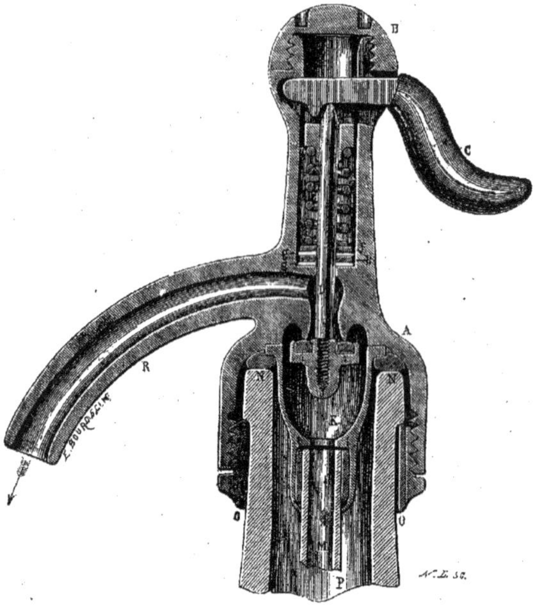

Fig. 194. — Coupe transversale du siphon.

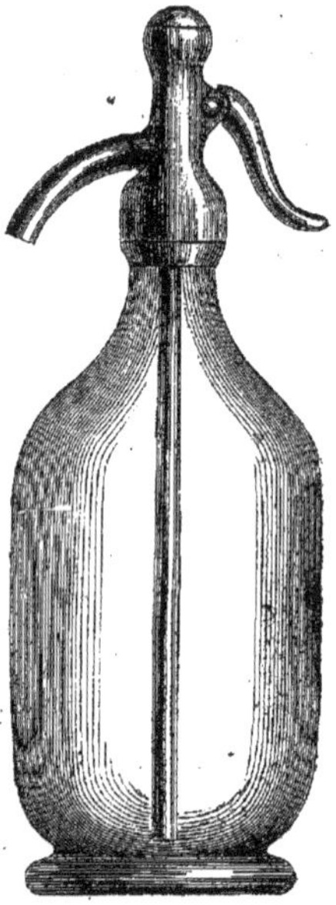

Fig. 195. — Siphon.

chée, on agite pour opérer le mélange.

Outre les limonades, on prépare les sirops d'orange, de grenadine, que l'on aromatise avec des alcoolats divers.

Pour la limonade, on met dans un litre de sirop 10 à 15 grammes d'alcoolat de citron, et pour l'orangeade de 10 à 15 grammes d'alcoolat d'orange. Pour la grenadine, blanche ou colorée en rose, on met moitié alcoolat de citron, moitié alcoolat d'orange pour un litre de sirop. Pour la limonade à la vanille, on aromatise le sirop avec 15 grammes d'alcoolat de vanille.

Les sirops aromatisés ainsi obtenus, il ne reste plus qu'à les mélanger avec l'eau gazeuse. La quantité des sirops mise par bouteille est de 70 à 80 grammes; au-dessus la limonade est trop sucrée, au-dessous elle ne l'est pas assez.

On se contentait autrefois de verser les sirops dans les bouteilles à l'aide d'une mesure en fer-blanc ou en étain, avec laquelle on le puisait dans la terrine qui le contenait. La dose de sirop ainsi mesurée n'est jamais exacte; souvent elle est moindre, parfois plus forte. Certaines bouteilles sont dès lors très-bonnes; d'autres n'ont que le goût d'eau de Seltz, différences qui choquent singulièrement le consommateur.

Il est, en outre, difficile de conserver dans ces différentes manipulations la propreté qu'exige une opération si délicate. Il faut doser une certaine quantité de bouteilles avant que de les remplir; dès lors le sirop reste exposé à l'air libre, retient les corpuscules, les animalcules qui y foisonnent et attire les mouches et les moucherons. De plus, il est bien difficile de ne pas en répandre une partie en le puisant ou en le versant dans la bouteille. La *pompe à sirops*

Fig. 196. — Pompe à sirop pour la préparation des limonades gazeuses.

(fig. 196.) remédie à tous ces inconvénients. Elle exécute le dosage avec précision et rapidité, et fait pénétrer le sirop dans la bouteille, ou même dans le siphon, sans perte et sans difficulté.

Le sirop ne doit marquer pas plus de 28° à froid, pour le bon fonctionnement de la pompe. S'il était plus dense, on y ajouterait de l'eau, pour le ramener à ce degré.

Pour remplir les bouteilles de la quantité constamment nécessaire de sirop, on soulève le couvercle et l'on met le sirop dans le vase en cristal A.

Une colonne, T, semblable à celle des appareils de tirage, porte en haut de sa partie arc-boutée, un anneau horizontal, qui sert d'armature au corps de pompe G. Un second anneau porté par une tige surmonte parallèlement cette armature, et sert de support au réservoir en cristal, A, dans lequel le tuyau d'aspiration, B, de la pompe vient puiser le sirop aromatisé que doivent recevoir les bouteilles. Dans la partie inférieure du corps de pompe, dont le haut forme entablement, se trouve une bague-écrou, qui, en se serrant sur un pas de vis, l'assujettit dans l'armature de la colonne.

Le piston de la pompe est gouverné par

Fig. 197. — Appareil à deux corps de pompes, pour la fabrication de l'eau de Seltz.

une tige-crémaillère, F, mue par un levier-manivelle, E, muni d'un buttoir, qui parcourt un cadran régulateur, D. Au bas du corps de pompe G, un robinet règle l'aspiration et le refoulement de l'eau gazeuse, en mettant, lorsque le piston exécute son mouvement ascensionnel, le corps de pompe en communication avec la tige d'aspiration B, et en donnant passage, lorsque le piston exécute son mouvement descendant, au sirop dans la bouteille.

Au fur et à mesure que les bouteilles sont dosées, on les passe aux tireurs, qui emplissent les bouteilles d'eau gazeuse, sous une pression de 5 à 6 atmosphères, en ayant soin d'agiter le vase aussitôt qu'il est plein et bouché, pour faciliter le mélange.

Les bouteilles sont ficelées et bouchées comme nous l'avons décrit pour les eaux de Seltz, et l'on recouvre le bouchon, qui doit être bien choisi, et une partie du col par une feuille d'étain.

Pour des motifs qui ne sont pas encore bien expliqués, les limonades en bouteilles sont toujours meilleures que les limonades en siphon. Aussi, les fabricants ont ils re-

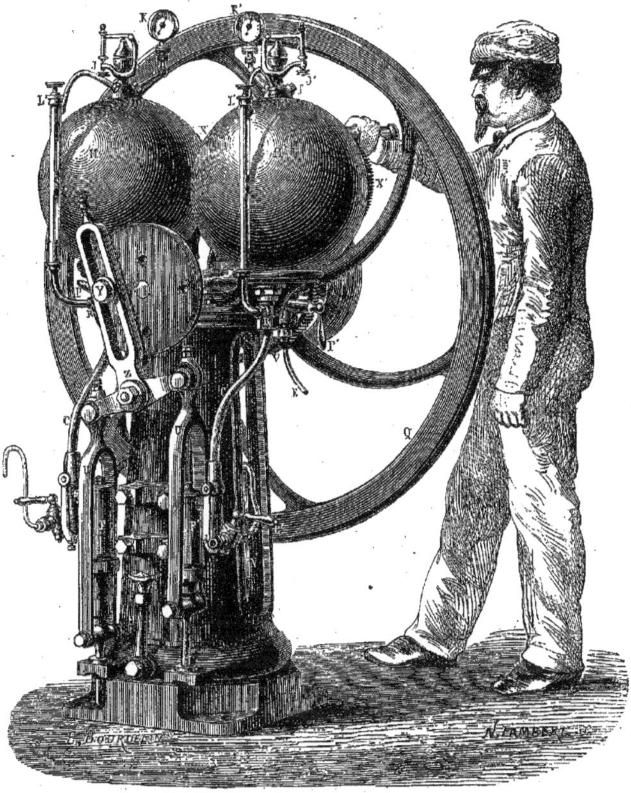

Fig. 198. — Appareil à deux corps de pompes et à deux saturateurs, pour la fabrication de l'eau de Seltz.

noncé à débiter des boissons gazeuses sucrées en siphon.

L'appareil pour la préparation des boissons gazeuses de M. Hermann-Lachapelle, dont nous venons de donner la description détaillée, se compose, comme on l'a vu, d'un récipient saturateur, ou *œuf*, d'une capacité d'une centaine de litres. La puissance productive de cet appareil résulte évidemment de la quantité proportionnelle d'eau et de gaz que la pompe peut refouler dans le saturateur en un temps déterminé. Deux pompes donneront donc à un appareil une puissance double de celui qui n'en possédera qu'une, si d'ailleurs chacune de ces pompes, ayant les mêmes dimensions, donne par minute le même nombre de coups de piston. C'est sur ce principe qu'ont été construits les appareils à deux corps de pompe qui, en dehors de cette adjonction, ne diffèrent en rien de ceux que nous venons de décrire.

M. Hermann-Lachapelle, dans son ouvrage sur les *Boissons gazeuses*, auquel nous empruntons la série de ces descriptions, explique en ces termes le mécanisme des appareils à deux corps de pompe.

« Au lieu de l'arbre à manivelle qui gouverne, dans les appareils ordinaires, la bielle de la pompe, l'arbre du volant Q (fig. 198) porte à son extrémité, dit M. Hermann-Lachapelle, un disque claveté, à demeure et percé, à des distances différentes du centre, de quatre trous destinés à recevoir un bouton Y faisant fonction de manivelle. Les bielles UU' des deux pompes FF' s'articulent aux deux extrémités d'un balancier oscillant sur un axe fixé dans la colonne et qui sert de support à tout le mécanisme.

« Une glissière Z placée sur le bouton-manivelle Y commande le balancier.

« Lorsque l'impulsion est donnée au volant Q, de l'appareil, le disque claveté sur son axe suit son mouvement rotatif, et le bouton-manivelle Y agissant comme excentrique dans la glissière Z, fait osciller le balancier, qui entraîne avec lui les bielles des pompes. Ces deux pompes s'équilibrent à l'extrémité des branches du balancier comme les plateaux d'une balance, il ne faut guère plus de force pour mettre en jeu les deux pistons que pour un seul dans un appareil ordinaire.

« Si une seule pompe peut suffire au travail qu'opère l'appareil, un buttoir Q adapté par un écrou sur un bras mobile P autour d'un axe donne un appui par le débrayage du piston de la pompe qu'on veut laisser reposer. On peut aussi réduire leur course en plaçant plus près du centre le bouton Y. »

M. Hermann-Lachapelle construit également des appareils à deux corps de pompe et à deux saturateurs.

Ce dernier appareil (fig. 199) spécialement destiné aux grands établissements et aux brasseries, est assez puissant pour produire jusqu'à 10,000 bouteilles, ou siphons par jour. On peut le considérer comme composé de deux appareils complets d'égale puissance réunis pour plus de commodité sur un même bâti et n'ayant qu'un même volant et un même arbre moteur.

M. Hermann-Lachapelle le décrit en ces termes :

« Deux sphères-saturateurs H,H', sont placées côte à côte sur une même colonne. Le volant Q donne à la fois le mouvement aux agitateurs des deux sphères à l'aide des trois roues d'engrenage V,X,X', et aux deux corps de pompe par le disque claveté à l'extrémité de son arbre et portant le bouton manivelle Y. Chacune des deux sphères et des deux pompes sont identiquement les mêmes que celles que nous avons décrites dans les appareils à un corps de pompe et à une seule phère; le mécanisme moteur des pompes est celui que nous venons de décrire. Les deux sphères, pourvues chacune de leurs organes de sûreté et indicateurs peuvent fonctionner ensemble ou séparément sous la même pression ou sous une pression différente, et s'alimenter dans le même bassin ou dans des réservoirs différents, suivant la volonté de celui qui les manœuvre ou les besoins de la fabrication. On peut mettre les deux sphères en communication par un tuyau vissé dans les écrous d'attente *f*,*f'* placés sous la base de la soupape. Un robinet adapté sur le milieu de ce tuyau permet, au besoin, d'établir et d'intercepter à volonté cette communication (1). »

Nous terminerons cette revue des différents appareils que construisent aujourd'hui les fabricants pour répondre aux usages multipliés qu'a reçus l'eau de Seltz, en parlant d'un usage qui s'est introduit depuis quelques années dans le mode de consommation des boissons gazeuses. Dans certains restaurants, mais surtout dans les

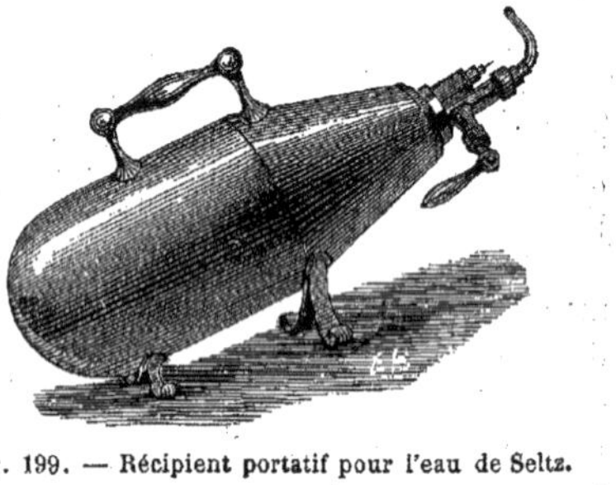

Fig. 199. — Récipient portatif pour l'eau de Seltz.

Bouillons-Duval, l'eau de Seltz arrive sur la table même du consommateur, sans l'emploi d'aucun siphon ni d'aucun vase. Elle est versée facilement dans le verre du consommateur, par un robinet fixe qui traverse la table.

Le moyen de faire arriver ainsi l'eau gazeuse sur la table du consommateur, consiste dans l'emploi d'un récipient d'un assez

(1) *Des boissons gazeuses, au point de vue alimentaire, hygiénique et industriel*, Paris, 1874, in-8, 2e édit. p. 153.

Fig. 200. — Buvette alimentée d'eau de Seltz par un récipient portatif.

grand volume, qui est placé dans la cave ou sur le comptoir, et qui aboutit à chaque table du restaurant.

Ces récipients portatifs (fig. 199) sont munis d'une soupape ou d'un robinet et fonctionnent comme les bouteilles siphoïdes. Ils sont de forme ovoïde, en cuivre étamé à l'intérieur et pourvues d'une poignée. Une tête en bronze étamé se fixe à demeure à leur ouverture. Cette pièce est pourvue de deux tubulures : l'une porte une soupape de sûreté; l'autre, munie d'un robinet, porte à l'intérieur un tuyau qui plonge jusqu'au fond du réservoir, et se termine, à l'extérieur, par un pas de vis, sur lequel vient se visser le raccord d'un tuyau d'alimentation.

On remplit ce récipient par la tubulure à robinet, en donnant issue, par la petite soupape, à l'air comprimé. Lorsque le récipient est plein, ce qu'on reconnaît au sifflement de la soupape, on ferme le robinet, et l'on serre la soupape.

Ces réservoirs, contenant depuis vingt jusqu'à cinquante litres d'eau saturée, sont transportés chez les débitants comme un siphon ordinaire. On leur donne une forme commode et élégante, le plus souvent celle d'un gros siphon.

La figure 200 montre l'installation complète d'un de ces récipients portatifs dans un débit de boisson.

CHAPITRE V

LA PRODUCTION DE L'ACIDE CARBONIQUE PAR LA COMBUSTION DU CHARBON. — APPAREIL DE M. OZOUF POUR LA FABRICATION CONTINUE DE L'EAU DE SELTZ. — COLONNES DE TIRAGE.

Nous venons de décrire avec détail les

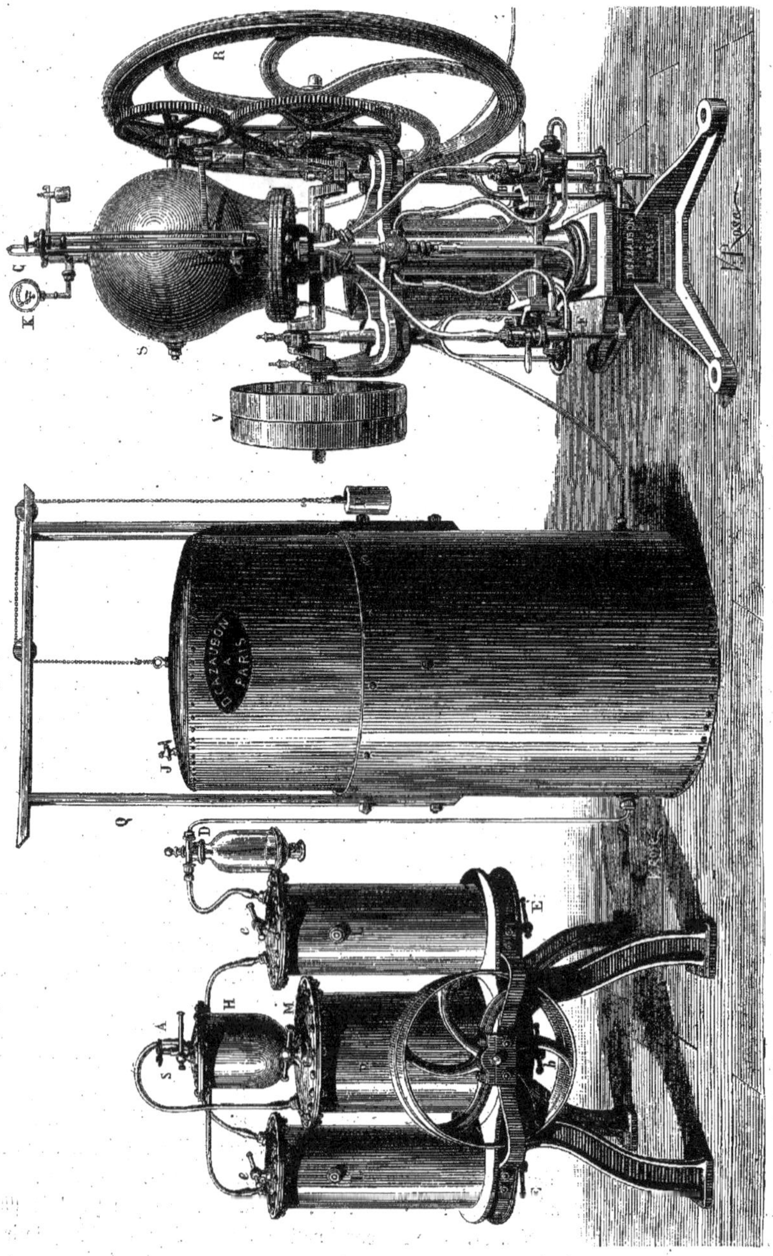

Fig. 201. — Appareil Ozouf, pour la préparation des eaux gazeuses.

appareils Hermann-Lachapelle et Glover, parce qu'ils nous ont permis de donner une idée exacte des différentes opérations de l'industrie des boissons gazeuses. Ces appareils ne sont, comme on l'a vu, que des modifications apportées à l'appareil primitif de l'ingénieur anglais Bramah. Un autre constructeur de Paris, M. Ozouf, a modifié le même appareil par des dispositions qui diffèrent de celles adoptées par MM. Hermann-Lachapelle et Glover.

Avant de décrire l'appareil de M. Ozouf pour la fabrication continue de l'eau gazeuse, nous dirons que ce constructeur a fait, en 1868, une tentative intéressante, dictée par la théorie, mais que la pratique industrielle n'a malheureusement pas sanctionnée. Au lieu de produire l'acide carbonique en décomposant la craie, le marbre ou le bicarbonate de soude par l'acide sulfurique, comme on le fait dans tous les appareils en usage aujourd'hui, M. Ozouf voulut emprunter l'acide carbonique destiné à fabriquer les eaux gazeuses à la combustion du charbon.

En substance, le procédé de M. Ozouf pour la production de l'acide carbonique, est le suivant : obtenir l'acide carbonique par la combustion du coke, et engager ensuite ce gaz dans une combinaison alcaline, laquelle, décomposée par une température élevée, laisse dégager le gaz acide carbonique.

On avait toujours fabriqué le gaz carbonique en traitant la craie par l'acide sulfurique ; mais cette méthode ne donne de bons résultats qu'à la condition d'agir sur des matériaux d'excellente qualité, et avec la précaution de laver le gaz dans l'eau, pour le dépouiller de toute odeur étrangère et des traces d'acide sulfurique qu'il peut avoir entraînées. Il est bien rare que ces diverses conditions soient fidèlement remplies. C'est ce qui avait suggéré à M. Ozouf la pensée d'un autre mode de préparation.

Voici quelles étaient les dispositions de ses appareils.

Le générateur d'acide carbonique est un foyer en briques réfractaires, garni d'une enveloppe en tôle, dans lequel s'opère la combustion du coke. Le foyer étant chargé en proportion du volume d'air qu'il reçoit, le coke brûle en produisant de l'acide carbonique entièrement exempt d'oxyde de carbone. Le gaz acide carbonique, à mesure qu'il se forme, est aspiré par une pompe, qui fait en même temps appel de l'air extérieur au-dessous du foyer où il active la combustion. Le gaz carbonique est ensuite refoulé dans un réfrigérant composé de tubes verticaux entourés d'eau froide, puis il passe dans un vase-laveur, d'où il se rend dans une série de cylindres horizontaux en tôle, munis d'agitateurs à ailes, et chargés d'une dissolution de sous-carbonate de soude. Là il est absorbé par le sel alcalin, qui se transforme ainsi en bicarbonate. Dès qu'elle est saturée d'acide carbonique, la dissolution saline s'écoule dans un bac, d'où elle est transportée, au moyen d'une pompe aspirante et foulante, dans des vases distillatoires chauffés par de la vapeur. Sous l'influence de la chaleur, le bicarbonate de soude abandonne la moitié de son acide carbonique, et repasse à l'état de carbonate neutre. Reprise alors par un jeu de pompe, elle circule, pour se refroidir, dans des serpentins incessamment baignés d'eau courante et revient au premier cylindre saturateur, pour s'y charger d'acide carbonique et fournir à une nouvelle opération, tandis que le gaz acide carbonique qu'elle vient de perdre par l'action de la chaleur, passe lui-même dans un réfrigérant tubulaire, reprend la température ordinaire en laissant déposer la vapeur d'eau qu'il a entraînée, et se rend enfin dans un gazomètre.

Ainsi, l'acide carbonique produit par la combustion du charbon est lavé, puis absorbé par une liqueur alcaline, laquelle ne pouvant absorber les autres gaz qui l'accompagnent, les élimine ainsi complétement. Ce même acide carbonique, dégagé de cette combinaison par la chaleur, refroidi et dépouillé de la vapeur d'eau dont il était chargé, va s'accumuler, dans un gazomètre, où il est puisé à volonté pour la fabrication des eaux gazeuses. En même temps la solution alcaline dépouillée de gaz acide carbonique retourne à son point de départ, pour se charger de nouveau du même gaz et servir ainsi presque indéfiniment à un jeu continu d'absorption et de dégagement d'acide carbonique. Les gaz fournis par la combustion du coke ne contiennent pas d'oxyde de carbone, car les conditions du tirage et de la température sont assez bien calculées pour que ce produit dangereux ne puisse pas se former. Il ne s'échappe du foyer qu'un gaz composé de 11 pour 100 d'oxygène, 80 pour 100 d'azote, et 9 pour 100 d'acide carbonique.

M. Ozouf réalisa une double application de ce procédé pour la fabrication en grand de l'acide carbonique.

Dans une usine qu'il avait établie à Saint-Denis, il appliquait ce gaz à la fabrication de la céruse, ou carbonate de plomb; à Paris, il l'employait exclusivement à la préparation des eaux gazeuses. Les appareils étaient disposés de manière à pouvoir fournir 20,000 litres de gaz par heure et remplir environ 2,000 siphons d'eau saturée.

Le prix de revient de l'acide carbonique par ce procédé était inférieur à celui que l'on obtient par la décomposition de la craie. M. Ozouf assurait, en effet, que le mètre cube de ce gaz pour la préparation des eaux gazeuses, ne revenait qu'à 40 centimes, tandis que, par le procédé des acides, il coûte 60 centimes.

Malheureusement la pratique n'a pas confirmé les promesses de la théorie, la décomposition du bicarbonate de soude par la chaleur, était d'une exécution trop dispendieuse; après de coûteuses installations, M. Ozouf dut renoncer à ce système. Aujourd'hui M. Ozouf, ou plutôt M. Cazaubon, son successeur, produit l'acide carbonique par le procédé ordinaire, c'est-à-dire en traitant dans un vase décompositeur la craie par l'acide sulfurique.

La figure 201 représente l'appareil de M. Ozouf pour la fabrication continue des eaux gazeuses. L'emploi de deux pompes et d'un seul épurateur, l'installation du producteur de gaz et du laveur sur un seul bâti, distinguent particulièrement cet appareil.

L'acide sulfurique destiné à décomposer la craie est contenu dans le vase de plomb H. P est le *producteur* de gaz dans lequel on introduit l'acide sulfurique contenu dans le réservoir H, en tournant le robinet M. L,L sont les deux *laveurs* que traverse le gaz acide carbonique, D est un troisième vase-laveur en cristal qui permet de suivre de l'œil le dégagement du gaz. G est le gazomètre dans lequel le gaz s'introduit par le tube DZ. La cloche est équilibrée par un contre-poids P. La double pompe B,B aspire le gaz du gazomètre, et le refoule dans l'œuf, ou saturateur, S, aspirant tantôt le gaz dans le gazomètre, tantôt l'eau dans le réservoir P.

La pompe est mise en action par la roue R mue à la main et pourvue, à l'autre extrémité de l'axe, d'un volant V. Le tirage dans les bouteilles se fait au moyen d'un tube Z, amenant l'eau dans l'appareil à embouteillage.

Nous représentons à part (fig. 202) les colonnes de tirage dont on fait usage avec l'appareil de M. Ozouf. La première colonne A sert à tirer l'eau dans les bouteilles; la seconde colonne A′ sert à tirer l'eau à siphon; la troisième A″ à tirer les limonades gazeuses ou les vins mousseux.

Nous avons déjà expliqué le mécanisme du tirage en bouteilles et en siphon; nous n'avons donc pas à revenir sur ce sujet. La figure 202 montre seulement l'installation

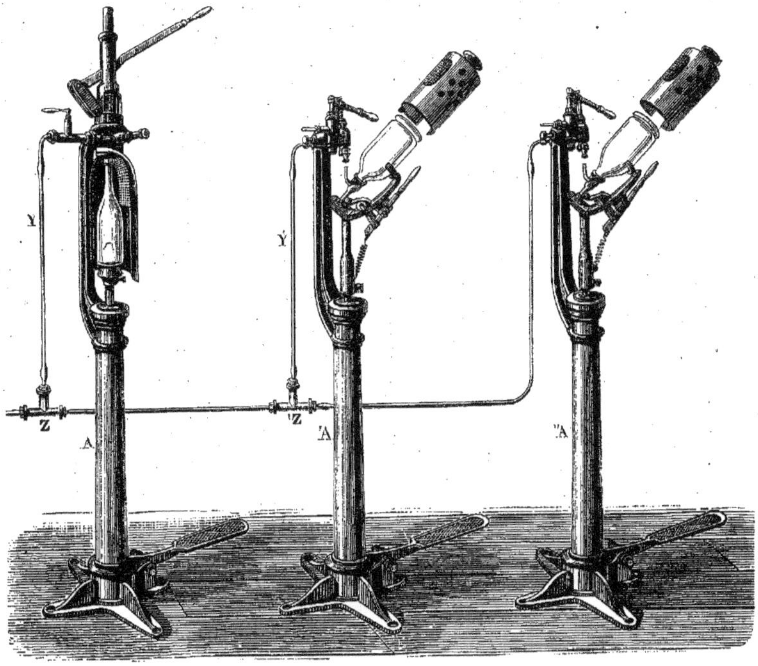

Fig. 202. — Colonnes de tirage de l'appareil Ozouf.

de ces deux modes de tirage (en bouteilles et en siphon) sur un même tube ZY de distribution d'eau gazeuse en rapport avec le récipient saturateur.

CHAPITRE VI

NOUVEAU SYSTÈME D'APPAREILS INVENTÉ PAR M. MONDOLLOT SUPPRIMANT LE GAZOMÈTRE. — DESCRIPTION DES DEUX TYPES DE CE SYSTÈME. — IMPORTANCE DE L'INDUSTRIE ACTUELLE DE LA FABRICATION DES EAUX DE SELTZ.

Arrivons à un système qui constitue le dernier perfectionnement dans la fabrication continue de l'eau de Seltz. Nous voulons parler de l'appareil imaginé en 1870, par M. Mondollot, constructeur mécanicien, ancien élève de l'École centrale des Arts et Manufactures.

Ce qui distingue ce nouvel appareil c'est la suppression du gazomètre, et cette disposition, toute nouvelle, que le jeu de la pompe opère tout à la fois la distribution automatique de l'acide pour la production du gaz, ainsi que l'aspiration et le refoulement du gaz dans l'œuf.

On vient de voir que de tous les appareils construits jusqu'à ce jour pour la fabrication continue de l'eau gazeuse, les seuls qui conviennent aux besoins de l'industrie, ne sont que des modifications particulières du système anglais, c'est-à-dire de l'appareil de Bramah. Mais, comme l'appareil de l'ingénieur anglais, ils ont l'inconvénient d'être

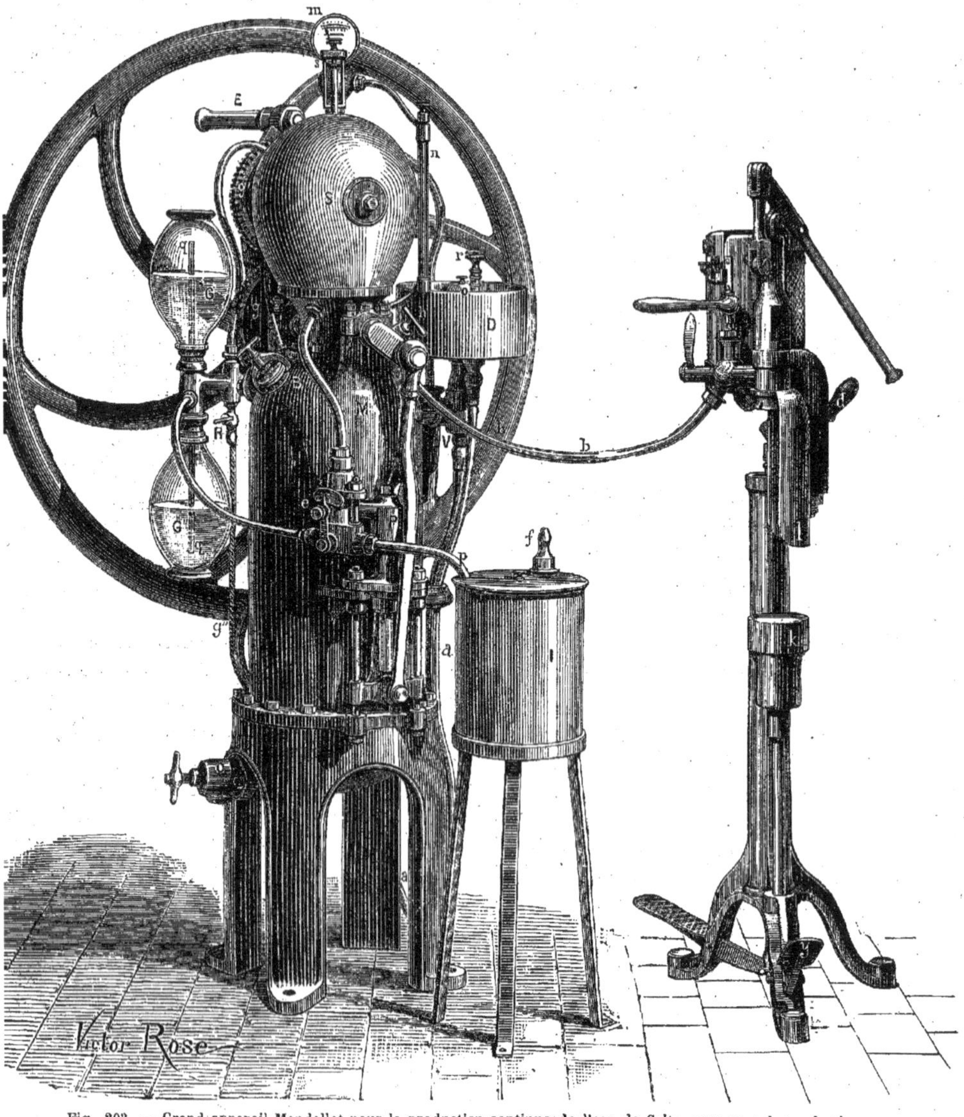

Fig. 203. — Grand appareil Mondollot pour la production continue de l'eau de Seltz, avec sa colonne de tirage.

encombrants, et assez compliqués. Enfin, et c'est là leur principal défaut, ils ne sont pas réellement continus; en effet, le gaz y est produit d'une manière intermittente, et, par intervalles, plus rapidement qu'il n'est consommé; ce qui nécessite l'emploi d'un gazomètre, de laveurs multipliés ou volumineux, de tuyautages, et, en outre, le service toujours délicat d'un robinet à acide.

Pour faire disparaître ces inconvénients, il fallait rendre la production du gaz tout à fait continue, et la régler automatiquement sans le secours de l'opérateur.

C'est ce qu'a fait M. Mondollot. Son appareil se distingue par cette particularité que le jeu de la pompe y opère la distribution automatique de l'acide sulfurique et la production continue du gaz nécessaire aux besoins de la saturation. Dès lors, plus de dangers ni de difficultés dans la manœuvre du robinet à acide ; meilleure épuration du gaz dans les laveurs de moindre dimension ; suppression du gazomètre, toujours si encombrant.

Ainsi simplifié, l'appareil est d'une conduite facile et sûre. Toutes les pièces dont il se compose, étant groupées sur un bâti unique, tiennent peu de place.

Pour faire comprendre ce système, nous représenterons dans une figure à part (fig. 204), la partie essentielle de l'appareil de M. Mondollot.

Le vase supérieur, A, représente le réservoir d'acide sulfurique ; il est ouvert à l'air libre; un robinet métallique, R, placé supérieurement, permet de laisser couler l'acide sulfurique par le tube recourbé en plomb, NN, dans le vase de plomb, L, dans lequel on a placé d'avance de la craie délayée dans de l'eau. L'agitateur destiné à renouveler les surfaces de contact entre la craie et l'acide est représenté par O. Cette lettre désigne une poulie qui reçoit son mouvement de l'axe moteur de l'usine ou de la force de l'homme. Le gaz formé dans le vase L, se rend, par le tube *aa*, au fond du vase-laveur en cuivre étamé, P, qui est aux trois quarts rempli d'eau. Après s'être lavé, le gaz se rend, par le tube *d*, à la pompe de l'appareil, qui doit le refouler dans le récipient saturateur.

S, est un manchon cylindrique ouvert et rempli d'eau ; il sert de vase de sûreté pour les deux récipients L et P, avec lesquels il communique par les tubes *cc* et *bb*; B,

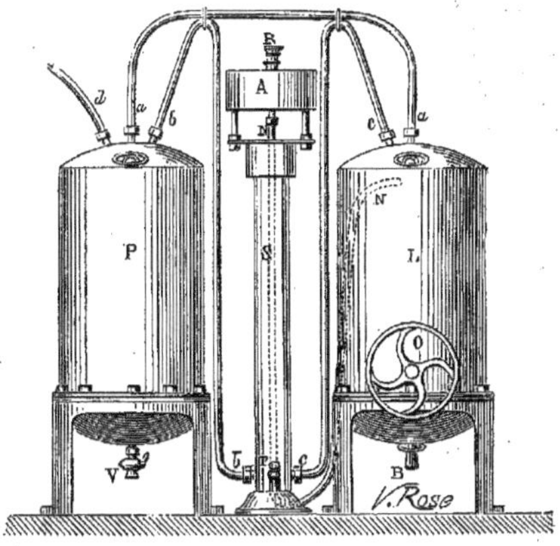

Fig. 204. — Principe du grand appareil Mondollot.

V et *r* sont les robinets de vidange qui permettent de vider à volonté les trois récipients L, P, S.

Pour faire marcher l'appareil, on ouvre le robinet à acide R et l'on fait tourner l'arbre moteur, qui met en mouvement à la fois l'agitateur O du producteur d'acide L, celui du récipient-saturateur, et la pompe aspirante et foulante, qui se relie, par le tuyau *d*, au laveur P. Le jeu de la pompe détermine dans le récipient-saturateur une diminution de pression, qui est transmise au producteur d'acide L, par l'intermédiaire du tuyau de communication *aa*. Cette diminution de pression dans le producteur L a pour effet d'y faire affluer, par le tuyau recourbé NN, l'acide sulfurique du vase A. Rencontrant la craie contenue dans ce vase, l'acide sulfurique provoque un dégagement de gaz qui rétablit bientôt, dans le vase L, une pression suffisante pour arrêter l'écoulement de l'acide sulfurique, en le refoulant dans le tuyau recourbé NN. Le jeu de la pompe continuant, il se produit une nouvelle aspiration, par suite, un écoulement momentané d'acide sulfurique et un nouveau dégagement de gaz.

On voit que le seul jeu de la pompe provoque et règle la production du gaz carbonique, sans que l'opérateur ait à s'en occuper. On n'a pas à exécuter, comme dans les anciens appareils, la manœuvre délicate du robinet à acide. L'ouvrier n'a qu'à ouvrir ce robinet, quand il met l'appareil en marche, et à le fermer quand il l'arrête.

Le vase de sûreté S a pour but d'empêcher tout dangereux excès de pression dans les vases L et P. Si la pression dans ces vases devient supérieure à celle de la colonne d'eau du manchon ouvert, S, l'excès de gaz s'échappe aussitôt en soulevant cette colonne. En outre, ce vase de sûreté empêche tout retour de gaz par le tuyau NN, la colonne d'acide contenue dans ce tuyau étant plus haute que la colonne d'eau qui remplit le vase S.

Tel est le principe essentiel de l'*appareil gazogène continu* de M. Mondollot. Donnons maintenant la description complète de l'appareil, tel qu'il est construit par l'inventeur.

La figure 203 (page 457) représente cet appareil, M est le vase producteur de gaz, dont nous avons représenté la coupe dans la figure précédente, GG le laveur composé de deux carafes superposées; D le vase à acide, S le saturateur, ou *œuf*.

Avant de faire marcher l'appareil, on a dû : 1° charger le producteur M, c'est-à-dire y introduire, par la tubulure B, de la craie, et de l'eau; 2° remplir d'acide sulfurique le vase à acide D, dont le robinet *r* est tenu fermé.

Pour mettre l'appareil en marche, on ouvre le robinet à acide, *r*, et l'on fait tourner la manivelle du volant, A; alors le jeu de la pompe P détermine dans les vases-laveurs G,G′ et de là dans le producteur M, une aspiration qui fait affluer dans ce dernier, par le tuyau descendant, *aa*, l'acide sulfurique contenu dans le vase ouvert, D. Rencontrant la craie tenue en suspension dans l'eau par le jeu de l'agitateur *g*, cet acide provoque un dégagement de gaz, qui rétablit bentôt une pression suffisante pour arrêter l'écoulement de l'acide sulfurique, en le refoulant dans le tuyau recourbé *aa*. Le jeu de la pompe continuant, il se produit une nouvelle aspiration, par suite un écoulement momentané d'acide sulfurique et un nouveau dégagement de gaz.

Ainsi, comme nous le disions dans l'exposé du principe de l'appareil, la production du gaz est continue et réglée par le jeu même de la pompe. L'ouvrier n'a pas à faire, comme dans les anciens systèmes, la manœuvre du robinet à acide; il n'a qu'à l'ouvrir quand il met l'appareil en marche, et à le fermer quand il veut terminer l'opération. La pompe P aspire, en même temps que le gaz, l'eau contenue dans le baquet, I, par le tube *p*, et les refoule ensemble dans l'*œuf*, S, où s'opère la saturation de l'eau, grâce à la compression et au jeu de l'agitateur *g*.

L'arbre du volant commande en même temps que le piston de la pompe P la roue d'engrenage *g′* montée sur l'agitateur du récipient S et la roue à chaîne *g″*, qui est montée sur l'agitateur du producteur de gaz M. Le manomètre *m* et le niveau d'eau *n*, guident l'opérateur dans la manœuvre du robinet de distribution de la pompe. Le double laveur en cristal G,G′ sert d'épurateur pour le gaz, en même temps que, grâce à sa transparence, il indique à l'œil la marche de l'opération.

Un tube de sûreté plongeant dans une colonne d'eau d'environ 70 centimètres de hauteur, est installé sur le producteur, à côté du vase à acide. Ce tube, qui se trouve caché dans le dessin, ainsi que le vase où il plonge, fait office à la fois de soupape de sûreté et de reniflard pour le producteur de gaz. En cas d'excès de pression dans ce récipient, il donne issue au gaz; en cas d'aspiration, quand la craie a donné tout son gaz, il permet une rentrée d'air dont le bruit particulier avertit l'opérateur que les matières sont épuisées.

A ce moment, l'on arrête l'opération et l'on ferme le robinet à acide, *r;* puis on extrait les matières épuisées par le robinet de vidange C, et l'on charge à nouveau le producteur et le vase à acide, comme il a été dit plus haut.

Le temps nécessaire pour la vidange et le chargement est à peine de cinq minutes; aussitôt après le chargement, l'opération peut continuer, le récipient-saturateur en (*œuf*) étant resté en pression. Les charges des appareils sont calculées pour durer environ deux heures et demie; aussi cet arrêt de trois minutes ne peut-il être considéré comme une perte de temps pour les appareils mus à bras d'hommes, il représente le repos strictement nécessaire à l'homme qui les met en mouvement.

La pompe de cet appareil peut être mue à bras ou par la vapeur.

On construit trois types d'appareils de différentes grandeurs, produisant par jour, le premier 900 bouteilles d'eau de Seltz, le second 1,800, le troisième 3,600. Le débit de ce dernier type d'appareil correspond à la quantité que peut remplir un tireur travaillant sans interruption. Le dernier type est disposé pour marcher mécaniquement, les deux autres pour être mus à bras. Dans ces trois appareils, il faut 2 kilogrammes de craie pour produire 100 siphons d'eau de Seltz et 150 bouteilles.

M. Mondollot construit un autre modèle du même système, mais plus simple encore, et disposé pour faire usage de bicarbonate de soude au lieu de craie. Par ses dimensions restreintes, il convient aux laboratoires du pharmacien.

La simplification a été obtenue en supprimant l'agitateur du vase à acide et le vase de sûreté. La grande quantité d'acide carbonique contenue dans le bicarbonate de soude et la pureté de ce sel ont permis de réduire beaucoup l'opération du lavage.

Nous représentons dans la figure 205 la coupe du producteur d'acide dans le petit appareil de fabrication continue de M. Mondollot. Ce producteur est placé entre les pieds de l'appareil. S, est un seau de plomb dans lequel est posée une cloche renversée, C, formée également d'une lame de plomb et qui est percée de trous, *a,a*. Cette cloche est divisée, au

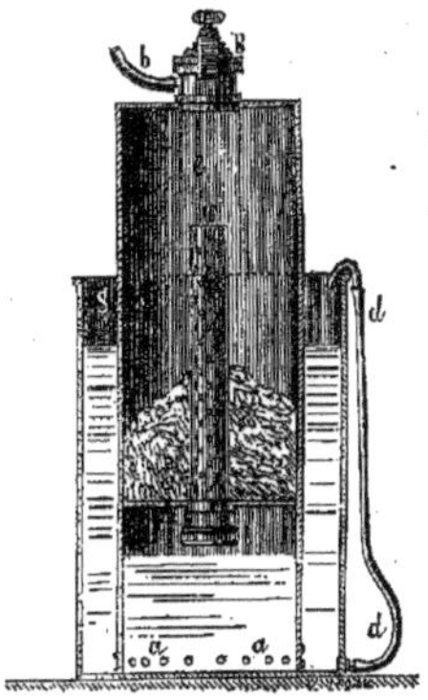

Fig. 205. — Coupe théorique du vase producteur d'acide dans le petit appareil Mondollot.

tiers de sa hauteur, par une cloison A, portant à son centre une tubulure *t*, sur laquelle est vissé un tube en plomb *t*, dont toute la surface est percée de petits trous. La cloche est surmontée d'une tubulure en bronze, B, qui communique avec le tuyau *b*, lequel apporte le gaz produit aux laveurs et de là à la pompe. On introduit, par la tubulure B, le bicarbonate de soude dans la cloche; puis on referme cette tubulure, et l'on verse dans le seau S de l'acide sulfurique étendu d'eau. Le niveau tend à s'établir par les trous *a,a* entre le seau S et la cloche C; mais alors l'eau acidulée, arrivant par les trous du tube *t* sur le bicarbonate, produit du gaz acide carbonique, lequel, n'ayant pas d'issue, refoule cette eau, ce qui arrête la production du gaz jusqu'à ce qu'on mette l'appareil en marche.

Alors l'aspiration de la pompe fait de

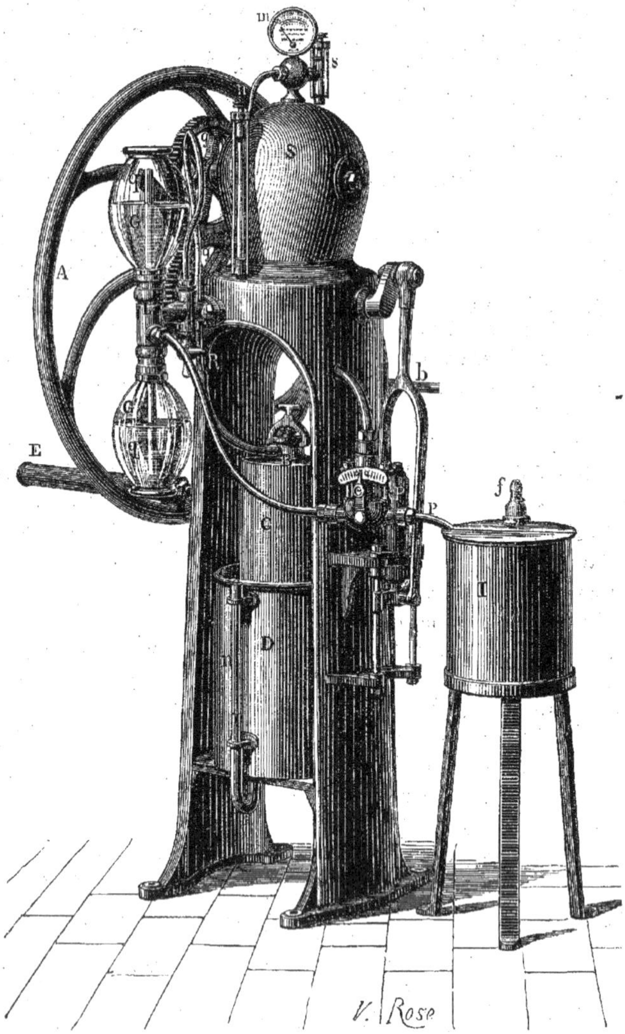

Fig. 206. — Petit appareil Mondollot.

nouveau affluer l'eau acidulée sur le bicarbonate de soude ; d'où, dégagement de gaz, puis refoulement momentané de l'eau acidulée. Le niveau de cette eau acidulée s'élève et s'abaisse ainsi alternativement en déterminant une production de gaz selon les besoins de la pompe.

Quand tout le bicarbonate est transformé en sulfate, on évacue la solution de ce sel au moyen du tube de caoutchouc *dd*, dont on abaisse l'extrémité au-dessous du vase S. Lorsque l'écoulement cesse, on relève ce tube et on le suspend au bord du seau, avant de recharger l'appareil pour la production d'une nouvelle dose de gaz carbonique.

La figure 206 représente l'appareil complet. Pour le faire marcher, il faut dévisser le laveur inférieur G' et le remplir à moitié d'eau; puis, avant de le revisser en place, remplir d'eau à moitié également le laveur supérieur G; pour cela, ajuster sur le bout du robinet de ce laveur le tuyau en caoutchouc qui termine l'un des deux entonnoirs, et, le robinet étant ouvert, verser par l'entonnoir de l'eau jusqu'à moitié du laveur; fermer alors le robinet et enlever le tuyau en caoutchouc; cela fait, visser en place le laveur inférieur : les deux laveurs se trouvent ainsi montés, l'un au-dessus de l'autre, à moitié pleins d'eau.

Cela fait, on introduit dans la cloche du producteur D, par la boîte en bronze B qui la surmonte, et à l'aide d'un grand entonnoir, 800 grammes de bicarbonate de soude en grains; après avoir refermé la boîte en bronze, on verse dans le seau en plomb D où plonge la cloche du producteur, d'abord un litre d'un mélange d'acide sulfurique et d'eau, puis quatre litres d'eau. Le mélange d'acide et d'eau a été préparé à l'avance et se compose de deux volumes d'eau pour un volume d'acide sulfurique à 66 degrés. On a soin d'agiter ce mélange avant de le verser dans le seau du producteur. On se sert pour ces dosages d'acide et d'eau acidulée, d'un litre en plomb.

L'appareil étant chargé comme il vient d'être dit, il n'y a plus qu'à faire tourner le volant A, au moyen de la manivelle E pour produire l'eau gazeuse.

Le robinet de distribution de la pompe permet de faire varier à volonté les proportions relatives d'eau et de gaz refoulées dans le saturateur. Pour refouler plus d'eau, on tourne l'aiguille du robinet à droite vers le mot *eau* gravé sur le cadran gradué, et à gauche, vers le mot *gaz* pour refouler plus de gaz. Quand on charge le saturateur, il faut prendre au début un excès d'eau, puis, plus de gaz vers la fin, de façon à remplir le saturateur à moitié d'eau sous une pression de 10 à 12 atmosphères pour le tirage des siphons, et de 5 à 6 atmosphères pour le tirage des bouteilles. Pendant le tirage il faut maintenir le saturateur constamment dans ces mêmes conditions d'eau et de pression; pour cela il faut régler convenablement le robinet de distribution, et faire le tirage régulièrement en suivant la production de l'appareil (environ deux siphons en trois minutes).

Les proportions d'acide sulfurique et de bicarbonate de soude sont calculées pour une marche d'environ une heure et quart. On doit arrêter l'opération quand on voit le niveau de l'eau acidulée descendre à fleur du premier des deux cordons qui font saillie sur la cloche du producteur.

Pour recommencer une nouvelle opération, il faut changer les matières du producteur. Pour cela, après avoir ouvert la boîte en bronze de la cloche, on fait écouler le liquide du producteur en abaissant le tuyau de caoutchouc fixé sur le fond du seau et qui sert de robinet; l'écoulement terminé, on redresse ce tuyau et on le pose sur le bord du seau; puis on charge ce producteur comme il a été dit plus haut, c'est-à-dire on introduit d'abord le bicarbonate de soude dans la cloche, puis, la boîte de celle-ci ayant été refermée, on verse dans le seau l'eau acidulée et l'eau pure.

Nous avons décrit les appareils qui servent à la production des boissons gazeuses, comprenant à la fois les appareils dits de *ménage* dans lesquels le consommateur produit lui-même son eau de Seltz, et les appareils mécaniques dans lesquels on fabrique industriellement les boissons gazeuses. Il nous reste à donner une idée de l'importance de cette industrie dans notre pays.

En 1862, le jury de l'exposition de Londres évaluait à 20,000,000 de bouteilles, ou siphons, la production de Paris, et à 35,000,000 celle des départements, en tout 55,000,000 de siphons ou bouteilles, représentant un mouvement d'affaires de 22,000,000 de francs. En 1867 on consommait plus de 70,000,000 de bouteilles. Aujourd'hui, la consommation de la France entière peut être évaluée chaque année à plus de 100,000,000 de siphons ou bouteilles de boissons gazeuses de toutes sortes, représentant pour le consommateur une dépense de 30,000,000 de francs.

Ce chiffre de cent millions de siphons ou bouteilles est peu de chose, relativement à la population ; il donne à peine trois siphons par tête, mais chaque jour des fabricants nouveaux s'établissent, l'usage des boissons gazeuses entre davantage dans les habitudes des classes aisées et ouvrières, et tout porte à croire que la consommation des boissons gazeuses en France dépassera ces limites.

CHAPITRE VII

LA FABRICATION DES EAUX MINÉRALES ARTIFICIELLES. — QUELQUES FORMULES POUR L'IMITATION DES EAUX MINÉRALES NATURELLES LES PLUS EMPLOYÉES.

On a vu que l'industrie des boissons gazeuses a eu pour origine l'imitation des eaux minérales naturelles. C'est en cherchant à reproduire artificiellement les eaux minérales de Seltz, de Sedlitz, de Pyrmont, de Spa, de Vichy, etc., que l'on préluda, au commencement de notre siècle, à la création de la grande industrie moderne des boissons gazeuses. L'eau de Seltz artificiellement fabriquée eut le pas sur tous les autres liquides de ce genre. Mais bientôt, avons-nous dit dans l'historique, l'eau de Seltz artificielle fut abandonnée et l'on s'en tint à une simple dissolution de gaz acide carbonique dans l'eau.

L'imitation des eaux minérales naturelles est tombée, depuis le milieu de notre siècle, dans un discrédit, qui n'a fait que s'accroître tous les jours. D'une part, l'impossibilité reconnue d'imiter par l'art les eaux naturelles ; d'autre part, la facilité avec laquelle on transporte rapidement en tous pays, grâce aux chemins de fer, la plupart de ces eaux, ont fait renoncer à atteindre le but que l'on s'était proposé au commencement de notre siècle. Aujourd'hui la pharmacie n'a plus la prétention d'imiter la plus simple des eaux minérales. Les *eaux minérales artificielles* des pharmaciens ne sont que des médicaments particuliers, qui ne rappellent que de loin les eaux minérales dont elles prennent le nom.

C'est avec ces réserves que nous allons rapporter les formules données par le dernier *Codex* français pour la fabrication des eaux minérales artificielles :

Eau de Seltz.

	Grammes.
Chlorure de calcium...........	0,33
— de magnesium.......	0,27
— de sodium...........	1,20
Carbonate de soude cristallisé..	0,90
Sulfate de soude..............	0,10
Eau gazeuse simple...........	650,00

Faites dissoudre dans l'eau, d'une part les sels de soude, et d'autre part les chlorures terreux; mélangez les liqueurs et chargez-les d'acide carbonique. (*Codex*, 1866.)

Désignée sous le nom d'*eau acidule saline de Seltz*, cette eau est plus chargée d'acide carbonique que l'eau de Seltz naturelle. La formule du *Codex* passe sous silence le fer, la silice, les matières organiques, l'alumine, le bicarbonate de strontiane, le bromure alcalin, etc., qui font partie de l'eau naturelle. Il est à peu près impossible d'introduire ces sels dans les eaux factices, et pourtant ils existent dans presque toutes les eaux naturelles.

Autre formule :

	Grammes.
Chlorure de calcium fondu.....	0,544
— de magnesium cuit....	0,057
— de sodium............	0,902
Carbonate de soude cristallisé...	1,677
Fer limé......................	0,006
Eau gazeuse à 5 volumes........	650,000

(*Journal de pharmacie*, 1862.)

Le fer est converti, dans l'eau, en carbonate ferreux, qui reste dissous à la faveur de l'acide carbonique.

Voici maintenant une formule pour l'imitation de l'eau de Vichy :

Eau alcaline gazeuse.

	Grammes.
Bicarbonate de soude.......	3,12
— de potasse......	0,25
Sulfate de magnésie.........	0,35
Chlorure de sodium.........	0,03
Eau gazeuze simple.........	650,00

Faites dissoudre les sels dans une petite quantité d'eau, complétez 650 grammes de dissolution que vous chargerez d'acide carbonique.

(*Codex*, 1866.)

Cette eau artificielle est indiquée par le *Codex* comme pouvant remplacer l'eau de Vichy ; mais elle en diffère considérablement. L'eau de l'ancien *Codex* se rapprochait davantage de l'eau naturelle de Vichy que celle du *Codex* actuel.

Le *Journal de pharmacie* a donné en 1860 la formule suivante :

Eau de Vichy.

	Grammes.
Carbonate de soude cristallisé.......	7,267
— de potasse...............	0,170
Sulfate de magnésie cristallisé.......	0,351
Chlorure de calcium fondu.........	0,283
— de sodium..............	0,084
Arséniate de soude cristallisé........	0,003
Fer limé.........................	0,001
Eau gazeuse simple à 5 atmosphères.	650,000

Cette formule est plus rationnelle que celle du *Codex*. L'eau artificielle qu'elle donne se rapproche sensiblement par sa composition de l'eau de la source naturelle.

Voici maintenant les formules pour l'eau de Sedlitz artificielle, qui est si souvent prescrite aujourd'hui comme purgatif salin.

Eau de Sedlitz.

	Grammes.
Sulfate de magnésie...........	30
Eau gazeuse simple............	750

Faites dissoudre le sulfate de magnésie dans une petite quantité d'eau ; filtrez la solution, versez-la dans la bouteille et remplissez avec l'eau gazeuse.

(*Codex*, 1866.)

Autre formule :

	Grammes.
Sulfate de magnésie............	30
Bicarbonate de soude...........	4
Acide tartrique cristallisé.......	4
Eau ordinaire..................	650

Faites dissoudre dans l'eau le sulfate de magnésie et le bicarbonate de soude ; filtrez la solution, mettez-la dans la bouteille, et ajoutez l'acide tartrique.

(*Codex*, 1866.)

L'eau obtenue d'après la première de ces formules est trop chargée d'acide carbonique, tandis que celle de la deuxième formule l'est très-peu. L'une et l'autre sont une imitation grossière de l'eau naturelle de Sedlitz. Elles sont cependant préférables toutes les deux à l'eau naturelle de Sedlitz, parce qu'elles sont chargées d'acide carbonique qui les rend plus agréables pour les malades, et permet à l'estomac de les tolérer.

Dans la deuxième formule, l'eau est rendue gazeuse au moyen de l'acide carbonique dégagé du bicarbonate de soude par l'acide tartrique.

En France, les médecins prescrivent continuellement cette *Eau de Sedlitz artificielle* comme purgatif.

On prépare de même des eaux de Sedlitz contenant 45 et 60 grammes de sulfate de magnésie par bouteille. Le médecin désigne celle dont le malade doit faire usage.

Eau ferrée gazeuse.

	Grammes.
Tartrate ferrico-potassique....	0,15
Eau gazeuse simple..........	650,00

Mettez le sel de fer dans la bouteille et remplissez d'eau gazeuse. (*Codex*, 1866.)

Cette eau artificielle est conseillée par le *Codex* pour remplacer les eaux ferrugineuses naturelles de *Spa*, de *Forges*, d'*Orezza* et d'autres, avec lesquelles elle n'a pourtant

Fig. 207. — Intérieur d'une fabrique d'eau de Seltz.

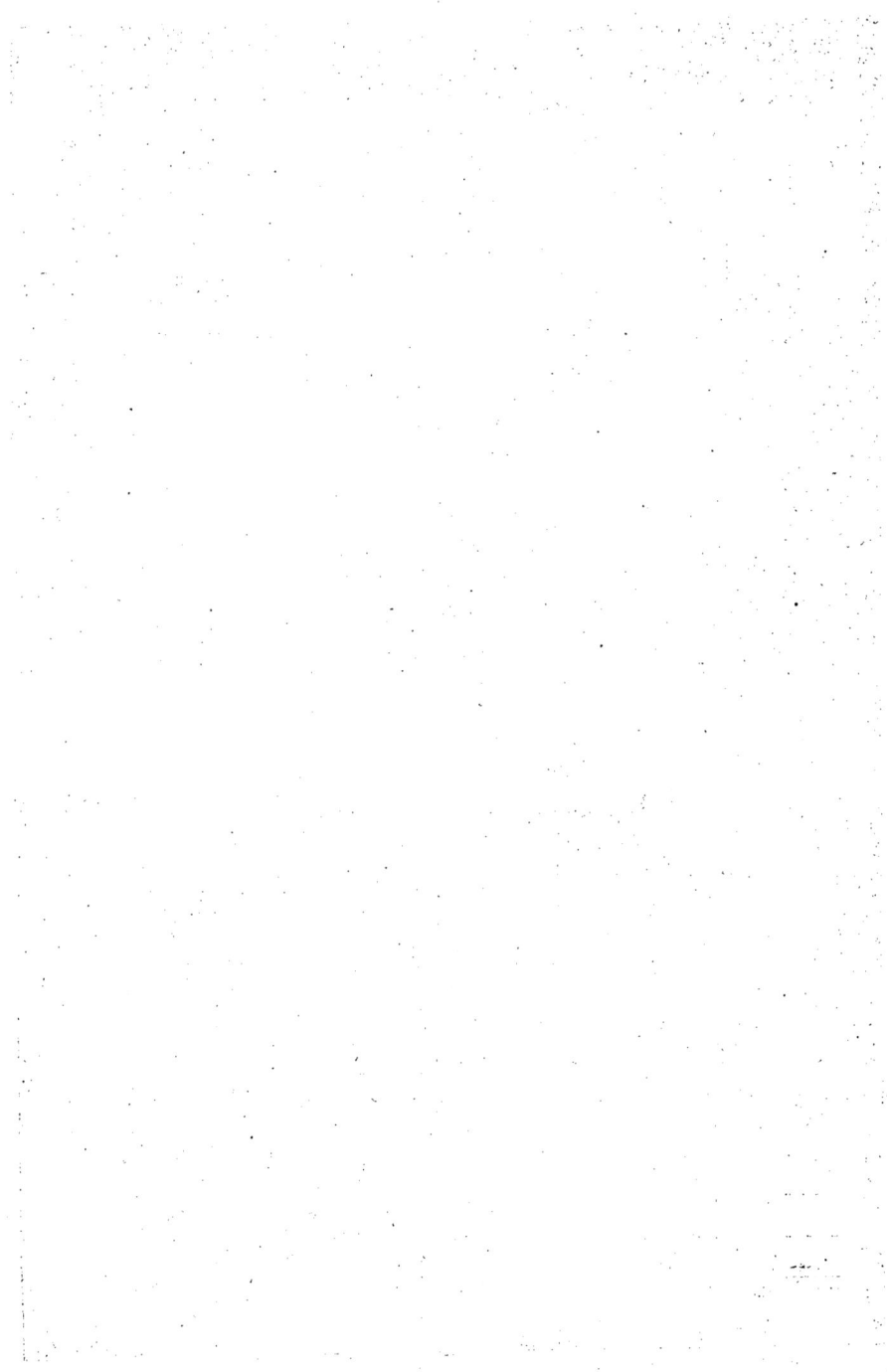

aucun rapport de composition, et très-probablement aucune analogie d'effet médical.

Eau de Spa.

	Grammes.
Carbonate de soude cristallisé...	0,165
— de chaux...........	0,033
— de magnésie.........	0,014
Protochlorure de fer...........	0,043
Alun cristallisé................	0,008
Eau privée d'air................	625,000
Acide carbonique (5 volumes)...	6,000

(*Codex*, 1837.)

Cette formule est celle de l'ancien *Codex*, c'est-à-dire du *Codex* de 1837. L'eau qu'elle fournit se rapproche beaucoup plus de l'eau naturelle que celle qui est donnée dans le nouveau *Codex*. Aussi ne rapportons-nous pas cette dernière.

Eau sulfurée.

	Grammes.
Monosulfure de sodium cristallisé ($NaS + 9HO$)..................	0,13
Chlorure de sodium.............	0,13
Eau privée d'air par l'ébullition.	650,00

Faites dissoudre et conservez dans une bouteille bien bouchée. (*Codex*, 1866.)

Cette eau sulfureuse artificielle est employée dans les cas où sont indiquées les eaux sulfurées naturelles des Eaux-Bonnes et de Baréges. Elle n'en donne pourtant qu'une imitation imparfaite, surtout sous le rapport de l'odeur et de la saveur. L'embouteillage de ces eaux exige des soins particuliers.

Eau de Baréges.

	Grammes.
Monosulfure de sodium cristallisé..	0,130
Chlorure de sodium.............	0,046
Silicate de soude................	0,065
Eau distillée.....................	650,000

(*Journal de pharmacie*, mai 1862.)

Eaux-Bonnes.

	Grammes.
Monosulfure de sodium cristallisé.	0,083
Sulfate de soude cristallisé........	0,126
Chlorure de calcium fondu.......	0,098
Chlorure de sodium.............	0,081
Eau distillée.....................	650,000

(*Journal de pharmacie*, mai 1862.)

Les matières organiques sulfureuses (*barégine*), la silice et d'autres corps contenus dans les eaux sulfureuses naturelles, ne peuvent pas être introduites dans les eaux artificielles.

Voici enfin une formule donnée par Soubeiran pour l'imitation de l'eau de la mer.

Eau de mer (pour bain).

	Grammes.
Chlorure de sodium.............	8,400
Sulfate de soude cristallisé........	3,702
Chlorure de calcium cristallisé....	765
— de magnésium cristallisé.	3,111

Pour un bain de 300 litres.

Cette eau de mer artificielle peut devenir utile quand on est éloigné de la mer, bien que sa composition s'éloigne beaucoup de celle de l'eau naturelle. On n'y trouve ni les iodures, ni les bromures, ni les sels de potasse qui font partie de l'eau naturelle.

FIN DE L'INDUSTRIE DES BOISSONS GAZEUSES.

INDUSTRIES

DU

BLANCHIMENT ET DU BLANCHISSAGE

CHAPITRE PREMIER

HISTORIQUE. — LA DÉCOUVERTE DU CHLORE PAR SCHEELE. — APPLICATION FAITE PAR BERTHOLLET DU CHLORE AU BLANCHIMENT DES FILS ET DES TISSUS. — THÉORIE DE L'ACTION DÉCOLORANTE DU CHLORE. — LE CHLORE EMPLOYÉ PAR LES FABRICANTS DE ROUEN, LILLE, PARIS, ETC., ET PAR LES FABRICANTS DE LA BELGIQUE. — LES CHLORURES DÉCOLORANTS.

Les matières textiles, propres à la fabrication des tissus et des étoffes, telles que le lin, le chanvre, le coton, la laine et la soie, sont recouvertes, dans leur état brut, de filaments déliés, enduits de substances qui sont étrangères à la fibre, et qui sont colorés. Ces sortes d'enduits doivent être enlevés ou détruits par l'opération du *blanchiment.* Ce n'est qu'après avoir subi cette opération, que les matières textiles peuvent être employées aux usages de la vie.

On peut encore considérer le blanchiment comme une préparation préliminaire et nécessaire à la teinture, car les substances colorées et grasses qui recouvrent la fibre, nuisent aux opérations de la teinture.

Les tissus livrés au commerce se salissent par l'emploi qu'on en fait. Le linge surtout perd vite sa propreté. Les matières qui se déposent ainsi sur le linge et sur les tissus, dans les usages domestiques, sont enlevées au moyen d'une opération qui se nomme *blanchissage*. Ces impuretés sont des matières colorées et des corps gras, qui font tache; elles se sont déposées par l'évaporation des liquides qui les tenaient en dissolution.

Le *blanchiment* et le *blanchissage*, ou *blanchiment domestique*, sont donc les deux divisions de cette Notice.

On opérait autrefois le blanchiment des tissus, surtout des tissus de lin, de chanvre et de coton, en les étendant sur un pré. Les conditions qu'il fallait chercher à réaliser pour la réussite de l'opération, étaient d'arroser souvent les tissus et d'avoir soin de faciliter la libre circulation de l'air et de la lumière au-dessous des étoffes, en laissant l'herbe croître à une hauteur suffisante.

C'est donc par l'action combinée de l'air, de la lumière et de l'eau que l'on parvenait autrefois à blanchir les étoffes et les tissus, sans autre dépense que celle du temps et d'un espace convenable et bien disposé.

Plusieurs expositions sur le pré sont indispensables pour obtenir une décoloration complète; l'opération est aidée et accélérée par des lessivages bouillants.

La matière colorante subit, de cette manière, une transformation : elle se change en une résine, qui est soluble dans les alcalis, c'est-à-dire dans une dissolution de carbonate de potasse, de soude ou d'ammoniaque.

Le temps nécessaire au parfait blanchiment des toiles sur le pré, est de plusieurs semaines et quelquefois de plusieurs mois. C'est donc ordinairement dans la belle saison que l'on procède à cette opération, puisque la lumière du soleil hâte considérablement le résultat.

Il n'est pas nécessaire de faire un grand effort de réflexion pour comprendre qu'un tel procédé de blanchiment soit très-onéreux. En effet, on enlève ainsi à l'agriculture l'emplacement de vastes prairies, et l'on perd cet élément si précieux en industrie, comme en toutes choses, qui s'appelle le temps.

L'action décolorante de la lumière, de l'air et de l'humidité, pour opérer le blanchiment des toiles et des tissus, n'a été expliquée d'une manière à peu près satisfaisante que dans ces derniers temps. C'est le corps désigné sous le nom d'*ozone* qui explique ce mode de blanchiment.

Les matières colorantes doivent leur couleur à des matières hydrogénées qui entrent dans leur composition. Or, l'oxygène de l'air, sous l'influence de la lumière et de l'eau, se combine à l'hydrogène de la substance colorante, pour former de l'eau, et la couleur est détruite, ou plutôt transformée en une autre substance incolore, soluble dans les lessives alcalines. Mais la combinaison de l'oxygène de l'air ainsi opérée directement, avec le concours du temps, de la lumière et de l'air, n'est pas due à l'oxygène ordinaire; elle est provoquée par l'oxygène modifié. L'oxygène, dans son état ordinaire, tel qu'il se trouve dans l'atmosphère, ne se combine pas facilement et directement avec l'hydrogène ou les matières hydrogénées; mais quand il est passé à cet état inconnu appelé par les chimistes *ozone*, il est susceptible de se combiner directement avec l'hydrogène, comme avec le plus grand nombre des autres corps. C'est précisément cet état actif de l'oxygène, cet *ozone*, qui agit dans le blanchiment sur le pré. L'oxygène de l'air se transforme en *ozone*, sous l'influence des rayons solaires ou de l'électricité, et, dès lors, il agit avec activité sur la matière colorante des tissus, et finit par la détruire entièrement, c'est-à-dire par décolorer le tissu. Dans le *blanchiment sur le pré*, ce n'est donc pas l'oxygène ordinaire de l'air qui agit, mais l'oxygène transformé en ozone.

Ce mode de blanchiment est à peu près complétement abandonné aujourd'hui. Cet abandon commença, d'ailleurs, dès l'année 1785, époque à laquelle Berthollet opéra la grande transformation industrielle dont nous allons parler, c'est-à-dire introduisit le chlore dans l'industrie du blanchiment.

Le chlore est un corps simple gazeux. Découvert par Scheele, en 1774, il fut d'abord appelé *acide muriatique déphlogistiqué* ou *déshydrogéné*.

Voici comment Scheele raconte la découverte du chlore.

« Je versai une once d'acide muriatique sur une demi-once de magnésie noire en poudre (peroxyde de manganèse). Au bout d'une heure, je vis ce mélange à froid se colorer en jaune; par l'application de la chaleur, il se développa une forte odeur d'eau régale. Pour mieux me rendre compte de ce phénomène, je me servis du procédé suivant: j'attachai une vessie vide à l'extrémité du col de la cornue contenant le mélange de magnésie noire et d'acide muriatique. Pendant que ce mélange faisait effervescence, la vessie se gonflait; l'effervescence ayant cessé, j'ôtai la vessie. Celle-ci était *teinte en jaune par le corps aériforme qu'elle contenait*, exactement comme par l'eau régale. Ce corps n'est point de l'air fixe (gaz acide carbonique); son odeur excessivement forte et pénétrante, affecte singulièrement les narines et les poumons. En vérité, on le prendrait pour la *vapeur qui se dégage de l'eau régale chauffée*. Quiconque voudra connaître la nature de ce corps, devra l'étudier à l'état de fluide élastique. »

Pour comprendre pourquoi Scheele donna au gaz qu'il avait découvert le nom d'*acide muriatique déphlogistiqué*, ou *déshyrodgéné*, il faut savoir que l'on désignait au siècle dernier, sous le nom d'*acide muriatique*, notre acide chlorhydrique, composé des deux gaz, le chlore et l'hydrogène. Cet acide chlorhydrique, privé de son hydrogène, c'est-à-dire déshydrogéné, était le corps que Scheele avait découvert. Ce n'est que dans notre siècle que le nom de *chlore* fut donné au gaz jaune que Scheele avait découvert en traitant le peroxyde de manganèse par l'acide chlorhydrique.

Le chlore est un corps simple; tout le monde le sait. Mais il a été pris assez longtemps pour un corps composé, et voici pourquoi. Quand on soumettait le chlore à l'action de la chaleur, ce gaz était toujours chargé d'une certaine quantité de vapeur d'eau, sans que les opérateurs pussent s'en douter. Or, cette eau se décomposait en hydrogène et oxygène; ce dernier gaz devenait libre, tandis que l'hydrogène se combinait avec le chlore, pour former de l'acide chlorhydrique. On recueillait donc de l'acide chlorhydrique et de l'oxygène, quand on soumettait le chlore à la simple action de la chaleur. D'où l'on concluait que l'action de la chaleur avait décomposé le chlore en oxygène et en acide chlorhydrique, et que, par conséquent, cet acide était de l'acide chlorhydrique moins de l'hydrogène, ou bien que le chlore était de l'acide chlorhydrique oxygéné. Ce fut par les recherches de Berthollet et de Fourcroy que l'on apprit à se faire une idée plus exacte de la nature du chlore et à le considérer comme un corps simple.

C'est en 1785 que Berthollet appliqua le chlore au blanchiment. Nous ne craignons pas de dire que cette découverte met son auteur au rang des bienfaiteurs de l'humanité.

Le chlore, proposé par Berthollet comme agent de blanchiment, offrait à la fois deux avantages considérables : il supprimait le blanchiment sur les prés, qui se trouvaient ainsi rendus à l'agriculture, et il abrégeait considérablement la durée de l'opération, puisque, au lieu de quelques semaines, on pouvait, avec le chlore, décolorer les toiles ou les fils en quelques jours.

Malgré des avantages aussi évidents, cette nouvelle application de la science à l'industrie eut à lutter, au début, contre la routine, contre l'ignorance des industriels, enfin contre des craintes mal fondées. Cependant la méthode de Berthollet avait des avantages si visibles, si immédiats, elle produisit bientôt de si immenses résultats, que son triomphe ne se fit pas attendre.

Dans l'origine, Berthollet se servit d'une dissolution aqueuse de chlore, pour décolorer les tissus d'origine végétale. Les chlorures décolorants remplacèrent l'eau de chlore, à la suite d'observations et de découvertes nouvelles de Berthollet, dont nous parlerons plus loin.

Dans son mémoire de 1785, Berthollet donna la théorie, en même temps que la pratique, de l'opération du blanchiment par le chlore. Cette théorie n'a pas changé depuis, et nous pouvons ajouter que beaucoup de perfectionnements réalisés de nos jours avaient été déjà indiqués par cet illustre chimiste.

« Je cherchai, dit Berthollet, à imiter les procédés du blanchiment ordinaire, parce que je pensai que l'acide muriatique oxygéné devait agir comme l'exposition des toiles sur le pré, qui seule ne suffit pas, mais qui paraît seulement disposer les parties colorantes de la toile à être dissoutes par l'alcali des lessives. J'examinai la rosée, soit celle qui se précipite de l'atmosphère, soit celle qui vient de la transpiration nocturne des plantes, et j'observai que l'une et l'autre étaient saturées d'oxygène au point de détruire la couleur d'un papier teint faiblement par le tournesol. J'employai donc alternativement des lessives et l'action de l'acide muriatique oxygéné, alors j'obtins des blancs solides.

« Lorsqu'on blanchit du lin sous forme de fil ou de toile, par le moyen de l'acide muriatique oxygéné, cet acide perd de l'oxygène, et les parties qui ont enlevé ce principe deviennent propres à se combiner avec les alcalis. En répétant l'action de l'acide muriatique oxygéné et celle des alcalis, toutes les parties colorantes sont enlevées successivement et le lin devient blanc. Le blanchiment consiste donc à rendre, par le moyen de l'oxygène, les parties colorantes qui sont fixées dans les filaments du lin solubles par les alcalis des lessives, et l'acide muriatique oxygéné fait avec plus de promptitude et d'énergie ce qu'opère l'exposition sur le pré dans le blanchiment ordinaire.

« Dès que le fil est épuré, l'alcali, suffisamment étendu d'eau, n'en éprouve plus aucune altération et ne produit aucun changement dans sa couleur. Qu'on passe alors ce fil dans l'acide muriatique oxygéné, dans lequel il commence à avoir de la blancheur, et qu'ensuite on le lessive, l'alcali perd de nouveau sa causticité et prend une couleur foncée comme dans les premières lessives. Le fil de lin contient donc des parties colorantes qui peuvent lui être enlevées immédiatement par les lessives, et d'autres qui doivent éprouver l'action de l'oxygène pour être rendues solubles ; et par cette action ces dernières acquièrent précisément les propriétés de celles qui étaient solubles d'elles-mêmes dans les alcalis, de sorte que l'acide muriatique oxygéné ne produit pas dans ces matières colorantes un autre changement que celui par lequel elles sont disposées naturellement à se dissoudre dans les alcalis. »

L'expérience montra à Berthollet que, pour blanchir les toiles, il fallait les laisser tremper pendant vingt-quatre heures dans l'eau, ou dans de vieilles lessives, afin d'en enlever l'*apprêt*, et qu'il fallait, après cela, faire agir le chlore, enfin lessiver ou rincer plusieurs fois à grande eau, pour enlever tout ce qui est soluble dans l'eau.

Berthollet fit encore une remarque importante : il vit que les lessives rendues caustiques par la chaux et soumises à l'ébullition, sont plus actives que les lessives carbonatées et peuvent être employées dans un état de concentration moins grand, en sorte que l'emploi des lessives canstiques procure une économie notable du carbonate alcalin.

Berthollet a indiqué une autre source d'économie, dans l'extraction de la soude des résidus des lessives par la calcination du produit évaporé.

C'est également Berthollet qui remarqua que les matières colorantes ont une plus grande affinité pour la chaux que pour les alcalis, soude, potasse, etc. De là résulte, comme il le fit observer, que la chaux forme sur le lin un précipité difficile à enlever, ce qui est un inconvénient pratique.

C'est à Paris que Berthollet fit les premières applications de sa méthode de blanchiment des tissus.

En France, Bonjour et Constant appliquèrent les premiers la méthode nouvelle, à Valenciennes ; Descroisilles la fit connaître aux Rouennais. Lille, Courtrai et la Belgique tout entière suivirent l'impulsion qui venait d'être donnée, et les résultats ne se firent pas attendre.

Les nouveaux procédés de Berthollet se propagèrent rapidement à l'étranger. L'Angleterre en eut connaissance pour la première fois par James Watt, qui avait assisté aux expériences de Berthollet dans le laboratoire même du savant français.

Le chlorure de chaux, les chlorures de soude et de potasse, que Berthollet substitua à l'eau de chlore agissent comme le chlore. Ces substances qui, considérées chimiquement, sont des hypochlorites, se décomposent, sous l'influence de l'acide carbonique de l'air, en oxygène et en chlore. Ces deux corps, le chlore et l'oxygène, s'emparent de l'hydrogène de la matière colorante, pour former de l'acide chlorhydrique, lequel est incolore et soluble dans l'eau. La matière colorante est donc transformée par le chlore, ainsi que par l'oxygène, en une substance sans couleur et soluble dans l'eau.

Les substances d'origine animale sont, comme les matières végétales, enduites d'un principe agglutineux coloré, uni à des matières grasses ou résineuses. Avant d'opérer le blanchiment de ces substances, il faut donc enlever les corps gras et résineux par des lessives alcalines. Ces lessivages sont suivis de lavages à l'eau ; et ce n'est qu'après ces opérations préliminaires qu'il faut avoir recours à l'action du chlore. Le chlore n'agit pas, dans ce cas, comme oxydant, mais tout au contraire comme désoxydant ou réducteur. Cette désoxydation, qui porte sur la partie résineuse, produit encore une décoloration.

La laine et la soie éprouvent de la part du chlore ce même genre d'altération, et passent au blanc. Pour les étoffes de laine et de soie,

Fig. 208. — Le blanchiment des toiles sur le pré.

qui doivent être teintes, on se contente de les lessiver avant de les traiter par le chlore ou les chlorures.

Ayant entouré de glace un flacon contenant une dissolution aqueuse de chlore, Berthollet s'aperçut que le liquide prenait une forme concrète, et donnait au fond de l'eau un précipité jaunâtre. Nous savons aujourd'hui que le corps solide qui se forme ainsi est un *hydrate* de *chlore*, c'est-à-dire une combinaison de chlore et d'eau.

Berthollet fit une expérience très-belle, mais qui, mal interprétée, ou plutôt interprétée selon les idées du temps, le confirma dans son erreur sur la prétendue composition du chlore. Il soumit une dissolution aqueuse de chlore à l'influence de la lumière solaire, et il recueillit, au moyen d'un tube recourbé engagé sous un récipient plein d'eau, le gaz qui se dégageait. Or, ce gaz était de l'oxygène. Quand les bulles eurent cessé de se dégager, la liqueur avait perdu sa couleur et son odeur : elle ne renfermait plus que de l'*acide muriatique* (chlorhydrique). Cette expérience égara Berthollet, quant à la vraie nature du chlore; elle lui fit conclure que ce corps était de l'acide chlorhydrique oxygéné, qui, dans cette circonstance, avait été décomposé par la lumière en oxygène et en acide chlorhydrique.

La vérité est que, sous l'influence de la lumière, le chlore décomposait l'eau et formait de l'acide chlorhydrique, qui restait dissous, et de l'oxygène, qui se dégageait.

Berthollet savait que le chlore, quand il a exercé son action sur les matières colorantes, est amené à l'état d'acide muriatique (chlorhydrique). Il croyait que, dans cette réaction, le chlore perdait son oxygène, tandis qu'en réalité le chlore, qui, en sa qualité de corps simple, ne peut rien céder, n'avait fait qu'enlever l'hydrogène de la substance colorante.

C'est après avoir observé l'action que le chlore exerce en général sur les matières colorantes, que Berthollet songea à décolorer par ce moyen les fils et les toiles, c'est-à-dire à transporter cette réaction dans l'industrie. Il se servit d'abord, pour blanchir les toiles, d'une eau de chlore très-concentrée, qu'il renouvelait lorsqu'elle était épuisée, jusqu'à parfaite décoloration des fils ou toiles. Mais il s'aperçut bientôt que les tissus ainsi traités perdaient toute leur solidité. Il employa donc l'eau de chlore affaiblie, qui n'altéra aucunement les toiles.

Berthollet pensait toutefois que le chlore devait agir comme l'exposition des toiles sur les prés, qui seule ne suffit pas à décolorer les tissus, mais qui seulement dispose les parties colorées de la toile à être enlevés à l'état soluble par l'alcali des lessives. Il fit donc suivre le traitement par le chlore d'un traitement par les lessives, et il obtint ainsi des résultats irréprochables. L'emploi alternatif du chlore et des lessives alcalines donnait un très-beau blanc, sans altérer aucunement les tissus. Vers la fin de l'opération, Berthollet passait les toiles dans du lait aigri ou dans de l'acide sulfurique étendu de beaucoup d'eau, pour obtenir un blanc plus éclatant encore.

En faisant alterner les lessives alcalines et les chlorures, Berthollet put se dispenser d'employer une lessive concentrée, et y laisser, à chaque immersion, les toiles longtemps plongées. Il évitait ainsi deux inconvénients très-gênants dans la pratique : l'odeur suffocante du chlore, et l'altération des toiles.

L'établissement créé à Valenciennes pour blanchir les tissus par la méthode de Berthollet, rencontra au début de grandes difficultés. La plus grave était la préparation du chlore, qui n'avait pas encore été exécutée en grand pour l'usage des manufactures. Berthollet dut modifier le procédé suivi dans les laboratoires pour la fabrication du chlore, et imaginer une opération manufacturière. Le nouveau procédé créé par Berthollet, fut mis en pratique à Rouen et en Angleterre. Il consistait à mettre en présence le peroxyde de manganèse, le sel marin, l'acide sulfurique et l'eau. On obtenait ainsi le gaz décolorant avec le moins de dépense possible.

Berthollet recommandait de mêler avec soin l'oxyde de manganèse avec le sel marin, d'introduire le mélange dans le vaisseau distillatoire placé sur un bain de sable, de verser sur ce mélange l'eau acidulée par l'acide sulfurique, et d'adapter promptement un tube, pour diriger le gaz dans un premier vase, après lequel venait un tonneau, dit *pneumatique*, aux deux tiers plein d'eau. C'est dans ce vase que s'opérait la dissolution du chlore, c'est-à-dire la préparation du liquide décolorant à l'usage des manufactures. Un agitateur était adapté au tonneau, pour favoriser l'absorption du chlore. Il fallait, pour blanchir les toiles, employer plusieurs lessivages, sans que l'on pût en préciser le nombre d'avance.

Le blanchiment des toiles de coton n'exigeait que deux ou trois lessives alcalines, et autant d'eaux chlorées.

Berthollet éprouvait plus de difficultés à blanchir les fils que les toiles; il considérait néanmoins le blanchiment des fils comme plus avantageux pour le fabricant que celui des toiles.

Le moyen que Berthollet préférait pour essayer la force décolorante de ses liqueurs était la dissolution d'indigo dans l'acide sulfurique, c'est-à-dire le sulfate d'indigo.

C'est ici le lieu d'expliquer le mot d'*eau de Javelle*, qui est encore conservé dans l'industrie pour désigner le chlorure de soude, ou la dissolution du chlore dans de l'eau contenant du carbonate de soude. Voici le fait qui est devenu l'origine de cette désignation.

Au commencement de ses expériences, Berthollet fut prié de montrer dans une grande fabrique de produits chimiques qui existait à Javelle, village près de Paris, comment il fallait préparer le chlore, et comment on devait s'en servir pour le blanchiment. A cette époque, Berthollet employait encore, pour préparer son liquide décolorant, une dissolution de chlore dans l'eau, à laquelle il ajoutait un peu d'alcali. C'est l'opération qu'il fit exécuter dans le laboratoire de la fabrique de Javelle.

« Quelque temps après, dit-il, les manufacturiers de Javelle publièrent dans différents journaux qu'ils avaient découvert une liqueur particulière qu'ils appelèrent *lessive de Javelle*, et qui avait la propriété de blanchir les toiles par une immersion de quelques heures. »

Le changement que le directeur de la fabrique de Javelle avait apporté au procédé de Berthollet consistait à ajouter beaucoup plus de carbonate de soude dans l'eau qui recevait le gaz, ce qui provoquait une plus grande absorption de chlore. Cette liqueur chloro-alcaline fut connue dès lors sous le nom d'*eau de Javelle*. Ce n'est pas à proprement parler un chlorure de soude, mais une dissolution de chlore dans un excès de carbonate de soude ou de potasse. C'est un liquide très-alcalin, très-variable dans sa composition, et dont les blanchsiseurs font aujourd'hui un grand abus. Sa couleur rougeâtre est due à une petite quantité de chlorure de manganèse qui est entraînée par le chlore pendant sa préparation. Berthollet était fort ennemi de ce liquide décolorant. Il prétendait qu'on ne pouvait blanchir avec de l'eau de Javelle qu'une quantité de toile bien moins considérable que celle qu'on blanchirait avec la même quantité de chlore simplement dissous dans l'eau.

Berthollet appliqua, mais sans succès, le chlore au blanchiment de la cire : cette matière conservait toujours une teinte jaune, à moins qu'on ne répétât un grand nombre de fois l'opération.

Diverses expériences prouvèrent à Berthollet qu'on peut se servir du chlore pour éprouver la solidité des couleurs, et pour découvrir, en quelques instants, quelles dégradations le temps peut y produire.

Le mémoire publié en 1785 par Berthollet, a marqué dans l'histoire de la science et de l'industrie une date trop importante pour que nous ne fassions pas connaître sommairement les principes et les faits contenus dans ce mémorable travail. Berthollet commence par définir le blanchiment.

« Lorsqu'on blanchit du lin sous la forme de fil ou de toile, par le moyen de l'acide muriatique oxygéné, cet acide perd l'oxygène, et les parties qui lui ont enlevé ce principe, deviennent propres à se combiner avec les alcalis. En répétant l'action de l'acide muriatique oxygéné et celle des alcalis, toutes les parties colorantes sont enlevées successivement, et le lin devient blanc.

« Le blanchiment consiste donc à rendre, par le moyen de l'oxygène, les parties colorantes qui sont fixées dans les filaments du lin solubles par les alcalis des lessives, et l'acide muriatique oxygéné fait avec plus de promptitude et d'énergie ce qu'opère l'exposition sur les prés dans le blanchiment ordinaire. Telle est la théorie du blanchiment. »

Ce mémoire peut être résumé comme il suit:

La cause du blanchiment des fils et toiles de lin et de chanvre est dans l'enlèvement des parties colorantes qui forment jusqu'au quart et même jusqu'au tiers de leur poids.

Les alcalis ne dissolvent qu'une petite

portion de ces matières colorées. Leur solubilité est déterminée par l'oxygène de l'atmosphère, la rosée ou le chlore. D'où il suit qu'il est nécessaire d'alterner l'action des lessives et de l'oxygène.

Une fois la dissolution de ces substances colorantes opérée par un alcali, on peut les précipiter par l'eau de chaux.

Ces substances colorantes dissoutes par les alcalis sont précipitées par les acides; le précipité est fauve, brun, mais il est noir quand on l'a séché.

Avant leur dissolution par l'alcali, ces substances colorantes paraissent blanches, mais elles deviennent fauves par la chaleur et les lessives.

Les parties vertes des végétaux sont également blanchies par le chlore, mais elles deviennent jaunes par l'ébullition.

Les substances colorantes sont malifiées par l'oxygène. Ce gaz se combine avec elles en affaiblissant leur couleur ou en les blanchissant; ou bien il se combine à une partie de l'hydrogène, et il change alors la couleur en jaune on en fauve; ou bien encore il agit de ces deux manières, et c'est assez l'ordinaire; dans ce cas l'un des deux effets peut dominer l'autre.

Lorsqu'une couleur est rendue jaune, fauve ou brune par le chlore, le charbon devient prédominant. C'est ce qui arrive quand on soumet une substance à une chaleur intense ou à une combustion légère, ainsi qu'on en a des exemples avec la noix de galle et de sumac, le sucre et l'indigo.

Les substances sur lesquelles on fait agir l'acide azotique, et même l'acide sulfurique, deviennent également jaunes, fauves, brunes, noires; la proportion du charbon est aussi augmentée, tandis que celle de l'hydrogène diminue. Les oxydes métalliques caustiques ont une action semblable sur les matières animales.

Ces phénomènes, et plusieurs autres, dans lesquels il se fait une légère combustion, dépendent de ce qu'à une température basse, l'hydrogène a plus de disposition et de facilité que le carbone à s'unir avec l'oxygène; mais le contraire peut avoir lieu par un concours d'affinités, comme dans la respiration et dans la fermentation vineuse.

Les parties colorantes du bois et de l'écorce prennent leur principale source dans la partie verte des feuilles et de la seconde écorce des arbres. L'oxygène communique une couleur fauve à cette partie verte de l'écorce et du bois, qui finit par perdre, surtout dans l'écorce, la propriété de circuler dans les vaisseaux, est rejetée à l'extérieur, et constitue la plus grande partie de la substance solide de l'écorce.

Telles sont les remarques essentielles que développe, dans son mémoire de 1785, le célèbre chimiste français à qui l'on doit l'application régulière à l'industrie, des propriétés décolorantes du chlore, et la révolution qu'amena cette découverte dans la production manufacturière des deux mondes.

Parmi les touristes, qui, en visitant la Savoie, arrivent à Annecy, les personnes sensibles vont chercher dans la ville les souvenirs de J.-J. Rousseau; les savants vont saluer la statue de Berthollet, qui s'élève, au bord du lac, dans une des situations les plus ravissantes qui soient au monde.

CHAPITRE II

PRÉPARATION INDUSTRIELLE DU CHLORE, ET DES CHLORURES DÉCOLORANTS OU HYPOCHLORITES.

Après cet historique nous passerons à la description des procédés qui servent dans l'industrie à la préparation du chlore. Mais

Fig. 209. — La statue de Berthollet, au bord du lac d'Annecy.

nous sommes obligé, pour que cet exposé soit bien compris, de commencer par rappeler les propriétés physiques et chimiques du chlore.

Le chlore est un corps simple, gazeux, d'une couleur jaune verdâtre qui lui a fait donner son nom (du grec χλωρὸς, jaune verdâtre). Il est beaucoup plus lourd que l'air : sa densité est 2,45, celle de l'air étant l'unité. Quand on le soumet à une pression de 4 atmosphères, et à la température de 15 degrés au-dessous de zéro, il prend la forme liquide.

Le chlore peut se combiner directement avec presque tous les corps simples. La réaction s'opère souvent avec dégagement de chaleur et de lumière. C'est ce qui arrive pour l'arsenic, l'antimoine, etc. Lorsqu'on projette ces corps en poudre dans un flacon de chlore sec, la combinaison se fait avec incandescence. Dans le chlore le phosphore s'enflamme spontanément.

Le chlore a une très-grande affinité pour le gaz hydrogène. Quand on fait un mélange de ces deux gaz, à volumes égaux, le contact d'un corps enflammé détermine leur combinaison, avec détonation : des vapeurs blanches remplacent le mélange, sans qu'il y ait changement de volume. Le produit de cette combinaison est l'acide chlorhydrique. Ce que fait une flamme, les rayons directs du soleil le font aussi ; il en est de même de la flamme résultant de la combustion d'un fil de magnesium.

Le chlore décompose l'eau, en s'emparant de l'hydrogène et mettant l'oxygène en liberté. Voilà pourquoi on conserve la dissolution aqueuse de chlore dans l'obscurité ou dans des flacons noirs. Cette décomposition de l'eau par le chlore s'effectue avec plus d'énergie à la température rouge.

La grande affinité du chlore pour l'hydrogène explique l'action de ce gaz sur les substances végétales et animales. L'hydrogène des matières colorantes se combine au chlore; il en résulte une modification profonde dans la constitution de ces matières, et leur couleur est détruite. L'acide chlorhydrique formé est enlevé par les lavages, dans un certain nombre de cas; dans beaucoup d'autres, ce corps reste dans la substance, il en fait partie intégrante et ne saurait être enlevé que par la décomposition complète de la substance.

Cette action énergique du chlore sur les matières organiques explique encore pourquoi les matières qui ont subi l'action du chlore présentent souvent des caractères d'altération ou de désorganisation bien prononcés. Par exemple, tout le monde sait que les blanchisseuses détériorent le linge quand elles font un trop grand usage de l'eau de Javelle.

Le chlore décolore la teinture de tournesol, l'encre, le sulfate d'indigo, les pétales des fleurs, les graisses, les cires, les huiles, etc., en un mot, toute substance colorée végétale.

Le chlore qui détruit si promptement les matières colorantes détruit avec la même énergie les principes infectieux, odorants ou sans odeur. C'est un puissant désinfectant. C'est toujours en s'emparant de l'hydrogène que ce gaz agit pour décomposer les miasmes infectieux.

La préparation du chlore dans les laboratoires de chimie se fait, par deux procédés, qui consistent à traiter l'oxyde de manganèse par l'acide chlorhydrique, ou à faire réagir sur l'oxyde de manganèse l'acide sulfurique, en présence du sel marin (chlorure de sodium). Dans le premier cas, l'oxygène de l'oxyde métallique s'unit à l'hydrogène de l'acide chlorhydrique, pour former de l'eau, tandis que le chlore de ce même acide est mis en liberté. Dans le second cas, le chlore du chlorure de sodium se dégage, en même temps que ce métal s'oxyde aux dépens de l'oxygène de l'oxyde de manganèse et forme un sulfate.

L'un et l'autre de ces procédés ont été mis en usage pour la préparation industrielle du chlore; mais le premier, c'est-à-dire le traitement du bioxyde de manganèse par l'acide chlorhydrique, est seul conservé aujourd'hui, le peroxyde de manganèse et l'acide chlorhydrique étant à un très-bas prix dans le commerce.

Qu'est-ce que le peroxyde de manganèse? C'est l'oxyde d'un métal analogue au fer, le manganèse, et très-abondant dans la nature. Les principales mines de peroxyde de manganèse sont situées à Romanèche, à Framont, dans le sud de l'Espagne, dans l'Amérique du Nord, en Thuringe et dans la Hesse.

Avant d'acheter le peroxyde de manganèse qu'il destine à la préparation du chlore, le fabricant doit essayer sa richesse en oxyde de manganèse, parce que c'est de cet élément que dépend la quantité de chlore que devra donner ce produit pendant l'opération.

Il existe plusieurs méthodes pour essayer les minerais du commerce. La méthode de Gay-Lussac consiste à déterminer la quantité de chlore que peut fournir le minerai. 3 grammes 98 centigrammes de peroxyde de manganèse pur, étant traités par un excès d'acide chlorhydrique, laissent dégager un litre de chlore sec, à la température de zéro, et sous la pression de 760 millimètres. Ainsi, un minerai qui ne dégagerait que 4 décilitres de chlore, dans ces conditions, ne représenterait, en poids, qu'une quantité de peroxyde égale à $3,98 \times 0,4$ grammes.

Un autre procédé pour connaître la richesse d'un minerai de manganèse est fondé sur l'action de l'acide oxalique. On réduit le minerai en poudre et on le fait bouillir avec de l'acide oxalique en dissolution dans l'eau. Le gaz qui se dégage est de l'acide carbonique. On dessèche ce gaz, et on le reçoit dans des tubes remplis de potasse caustique. On a pesé les tubes pleins de potasse avant l'opération, on les pèse après, et la différence des poids donne la quantité d'acide carbonique produit. On se fonde sur ce qu'un gramme de peroxyde de manganèse pur donne un gramme d'acide carbonique sec, à 0 degré, et sous 760 millimètres de pression.

Dans ce mode d'opérer, il faut avoir soin de retrancher l'acide carbonique qui répond aux carbonates terreux contenus dans le minerai. Celui-ci doit, d'ailleurs, être employé entièrement sec, ou après avoir été maintenu, pendant un certain temps, à une température élevée.

Arrivons au procédé pour la préparation industrielle du chlore, qui se fait comme nous l'avons dit au moyen du peroxyde de manganèse et de l'acide chlorhydrique.

Les proportions à employer, en supposant les corps purs, sont 5 parties en poids d'acide chlorhydrique et 3 de peroxyde de manganèse.

La formule chimique suivante explique la réaction :

$$\underbrace{MnO^2}_{\text{Bioxyde de manganèse.}} + \underbrace{2ClH}_{\text{Acide chlorhydrique.}} = \underbrace{2HO}_{\text{Eau.}}, + \underbrace{ClM}_{\text{Chlorure de manganèse.}} + \underbrace{Cl.}_{\text{Chlore.}}$$

Ce qui veut dire que deux équivalents chimiques d'acide chlorhydrique agissant sur un équivalent chimique de bioxyde de manganèse, produisent de l'eau, du chlorure de manganèse et du chlore libre.

Cette formule chimique indique que l'on obtient la moitié du chlore contenue dans le bioxyde de manganèse. Mais dans la pratique, il n'en est pas ainsi, parce que le minerai n'est pas pur et que l'acide chlorhydrique contient de l'eau en proportion variable. Ce sont des essais préalables qui doivent fixer sur les proportions des corps à employer.

Les vases dans lesquels on produit le chlore ne doivent être attaquables ni par ce gaz ni par les acides. On les faisait autrefois en plomb ; mais on a renoncé à l'usage de ce métal, à cause de la grande dépense qui en résultait, en raison du grand nombre d'appareils que l'on emploie.

Les dispositions adoptées aujourd'hui dans l'industrie sont les suivantes.

Deux grandes caisses rectangulaires (fig. 211, page 481) composées de briques à l'extérieur et de grès à l'intérieur, sont enfermées l'une dans l'autre. Le chlore se produit dans la cavité intérieure, C ; l'entourage en briques EE est destiné à conserver à la caisse intérieure une température convenable.

La cavité dans laquelle s'opère la réaction est une masse pierreuse en grès, fermée en haut par une dalle également en grès; roche qui résiste à l'action des acides.

Les dimensions des cuves sont ordinairement de 2 mètres de long, 1^m,1 de large et 0^m,75 de hauteur. L'épaisseur des murs en briques qui forment l'enveloppe, est de 0^m,25. Pour que la cuve soit bien étanche, on coule de la poix entre les parois de la cuve et l'enveloppe briquée.

Au-dessus du fond de la cuve, à quelques centimètres, on pose une grille composée de barreaux de grès G,G, posés sur des traverses, H,H de la même matière, et qui reçoivent le minerai de manganèse. Le tout est revêtu de goudron.

Le minerai est introduit par une large ouverture J. Une autre ouverture, plus petite, est pratiquée dans le couvercle pour donner passage à un tuyau, F, par lequel se dégage le gaz acide chlorhydrique. Au même couvercle est adapté un prisme en grès, R, servant à faire arriver la vapeur qui doit chauffer la cuve. Le chlore formé dans la cuve, C, se rend dans le condensateur où se trouve la chaux qui doit l'absorber, si c'est du chlorure de chaux que l'on veut préparer.

Tel est presque toujours, en effet, le but de l'opération. On veut produire, non du chlore dissous dans l'eau, mais du chlorure de chaux ; le chlorure de chaux étant la forme manufacturière, pour ainsi dire, du chlore.

On commence par introduire 500 kilogrammes de minerai de manganèse, en l'étendant uniformément sur la grille, G ; on garnit les rebords du couvercle correspondant avec du mastic et on bouche les joints. Ce mastic est composé de terre de pipe, de minium et d'huile de lin.

On introduit l'acide chlorhydrique au moyen d'un vase de plomb armé d'un siphon (fig. 210). On place ce vase sur le couvercle

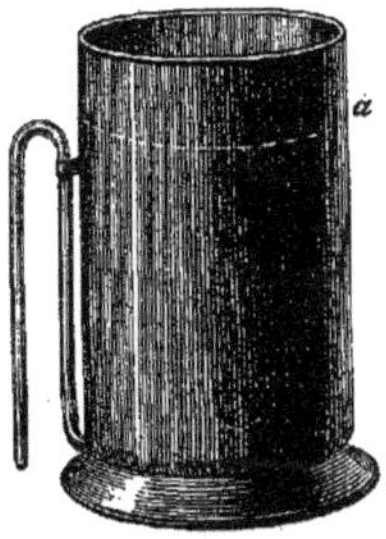

Fig. 210. — Vase de plomb pour l'introduction de l'acide chlorhydrique.

de la cuve, de manière que la longue branche du siphon s'applique sur l'ouverture d'introduction de l'acide dans la cuve. On mastique les joints et on remplit le vase d'acide chlorhydrique ; le siphon s'amorce et vide le vase quand le liquide a atteint le niveau *a*. Pour alimenter le vase d'acide chlorhydrique, on place au-dessus de lui un ballon rempli de ce liquide.

Pendant les douze premières heures de l'opération, le chlore se dégage sans qu'il soit nécessaire de chauffer. Après ce temps, on fait arriver la vapeur par le canal, R, pour chauffer entre 30 et 40 degrés ; et toutes les deux heures à peu près, on s'arrange pour que la température augmente d'une douzaine de degrés, sans dépasser 90 degrés.

La vidange de la cuve s'exécute facilement en desserrant la vis P, et retirant la brique, M, ainsi que le couvercle J et la brique, *e*. Après le nettoyage, on ferme l'ouverture, pour procéder à une nouvelle opération.

Nous n'entrerons pas dans le détail des modifications qu'on peut faire subir à l'appareil que nous venons de décrire, en vue d'une pratique plus ou moins facile. Chaque usine a ses moyens particuliers qui s'adaptent aux circonstances particulières de son installation. Nous ferons seulement remarquer que, à cause de la grille, dans l'appareil précédent on ne peut employer le minerai qu'en fragments et non en poudre ; le manganèse en poudre est pourtant bien moins cher.

Quand on prépare le chlore avec le chlorure de sodium, il se forme, pendant la première période de la réaction, du bisulfate de soude, et une portion seulement du chlore du sel marin se dégage. Pour obtenir le reste du chlore, il faut chauffer à un degré suffisant ; sans cela, tout le chlorure de sodium ne se décomposerait pas.

On peut néanmoins obtenir tout le chlore du sel marin, à une température peu supérieure à 100 degrés. Pour cela, on opère sur 3 équivalents d'acide sulfurique, 1 équivalent de peroxyde de manganèse et 1 équivalent de chlorure de sodium. Le chlorure se transforme entièrement en bisulfate, on obtient du sulfate de protoxyde de manganèse, et tout le chlore qui était combiné au sodium se dégage.

L'opération peut être conduite en mélangeant les trois substances ; mais il faut alors une chaleur de plus de 120 degrés, ce qui ne peut pas être réalisé avec la vapeur dans l'appareil ordinairement employé.

Fig. 211. — Coupe transversale de l'appareil pour la préparation industrielle du chlore.

Il vaut mieux produire l'acide chlorhydrique avec l'acide sulfurique dans un appareil, et la décomposition de l'acide chlorhydrique par le peroxyde de manganèse dans un vase séparé. Ce but est atteint en employant deux réservoirs que l'on fait communiquer l'un avec l'autre, ou bien en divisant un seul réservoir en deux parties. L'acide chlorhydrique se dégage, à l'état gazeux, de l'un des réservoirs, pour venir se condenser dans l'autre, qui renferme le bioxyde de manganèse.

Cela revient à opérer avec l'oxyde de manganèse et l'acide chlorhydrique, ainsi que nous l'avons décrit.

L'industrie se contente du procédé que nous avons exposé avec détail, c'est-à-dire du traitement du bioxyde de manganèse par l'acide chlorhydrique préparé d'avance, l'une et l'autre de ces matières étant, comme nous l'avons dit, à très-bas prix dans le commerce.

Beaucoup d'autres procédés industriels ont été essayés ou même mis en pratique pour la préparation du chlore. Nous décrirons seulement celui de M. Schlœsing, qui nous paraît offrir quelques avantages.

Les procédés en usage dans les fabriques pour la production du chlore ne donnent guère que 30 à 35 pour 100 de chlore, l'acide chlorhydrique n'étant pas entièrement utilisé. Guidé par cette considération, M. Schlœsing a cherché à obtenir tout le chlore de l'acide chlorhydrique par un procédé nouveau.

Ce procédé est basé sur la réaction d'un mélange d'acides azotique et chlorhydrique sur le peroxyde de manganèse. On obtient de l'azotate de manganèse et du chlore. On concentre et on décompose par la chaleur la dissolution d'azotate de manganèse, ce qui régénère l'acide azotique et le peroxyde de manganèse; ceux-ci peuvent donc servir indéfiniment, sauf les pertes. L'acide azotique, passé à l'état d'acide hypo-azotique, reprend à l'air l'oxygène, qui régénère l'acide azotique nécessaire pour décomposer l'acide chlorhydrique. On peut ainsi, en opérant convenablement, recueillir 90 à 96 pour 100 du chlore contenu dans l'acide chlorhydrique.

Le chlore, avons-nous dit, ne se prépare dans l'industrie que pour obtenir du chlorure de chaux. Donnons quelques détails sur le mode de préparation du chlorure de chaux avec le chlore obtenu comme il vient d'être dit.

On appelle vulgairement *chlorure de chaux* le produit qu'on obtient en faisant réagir le chlore gazeux sur la chaux.

Le chlorure de chaux doit conserver un grand pouvoir décolorant et rester stable, malgré les transports auxquels on le soumet. Pour réaliser ces conditions, il faut opérer avec de la chaux de bonne qualité, la traiter convenablement par le chlore, et bien connaître la manière dont il faut employer le produit dans l'opération du blanchiment.

Les calcaires qui servent à préparer la chaux doivent être purs; les substances terreuses ou autres, étrangères au carbonate calcaire nuisant à la qualité du produit.

On doit se servir de chaux éteinte, pour préparer le chlorure de chaux, parce que la chaux vive n'absorbe pas le chlore.

Lorsque la chaux est éteinte avec un poids d'eau correspondant à un demi-équivalent d'eau, elle absorbe 32 pour 100 de chlore, d'après M. Morin. Si la quantité d'eau est de 1 à 2 équivalents, la quantité de chlore absorbée est de 63 pour 100. La chaux éteinte avec excès d'eau et séchée à 100°, absorbe 113 pour 100 de chlore, d'après Houttou-Labilliardière.

On voit donc que la quantité d'eau contenue dans la chaux éteinte exerce une grande influence sur le pouvoir absorbant de la chaux pour le chlore.

La puissance décolorante du chlorure de chaux est d'autant plus prononcée que le contact de la chaux avec le courant de chlore a été plus prolongé. Cependant, il existe un maximum, et, une fois qu'il est atteint, le pouvoir décolorant va en diminuant.

Tout corps gazeux qui passe à l'état solide donne lieu à un dégagement de chaleur; c'est pour cela qu'une élévation de température se manifeste dans l'absorption du chlore par la chaux : la température, dans cette opération, peut atteindre + 80 ou + 90°.

De cette élévation de température, il résulte un commencement de décomposition, du chlorure de chaux déjà formé, qui affaiblit la puissance décolorante du composé.

M. Bobierre a fait des expériences pour déterminer la puissance chlorométrique du chlorure de chaux obtenu à différentes températures.

Les résultats des expériences de M. Bobierre sont consignés dans le tableau ci-dessous. Ce chimiste opérait avec de la chaux éteinte placée dans une caisse, et il la soumettait à l'influence du chlore froid, dans une grande chambre d'absorption. La température était donnée par des thermomètres placés à huit profondeurs différentes. Le degré chlorométrique correspondant à chaque thermomètre était déterminé. Les épaisseurs des lits de chaux étaient de 6,7 et 10 centimètres.

Indications des couches.	Températures.	Degrés chlorométriques.	Moyenne.
Couche sup...	24° à 55°	104° à 120°	112°,4
2e couche..	24° à 50°,2	150° à 124°	119°
3e couche..	24°,5 à 55°,2	114° à 120°	116°,8
4e couche..	24° à 52°	116°	
5e couche..	40° à 53°,2	45° à 125°	119°
6e couche..	53°,2	0° à 118°	38°
7e couche..	39° à 50°	0° à 126°	30°,7
8e couche..	37°,5 à 41°	»	»

Il résulte des expériences de M. Bobierre, que + 18 degrés est une limite de température un peu faible et qu'on peut aller plus loin, mais que, pour obtenir un bon produit, il ne faut pas dépasser + 50 degrés.

Il est à remarquer qu'une chaleur trop

grande produit le même effet défavorable qu'une action du chlore trop prolongée : elle diminue la stabilité du composé, en même temps que sa puissance décolorante.

Il est donc utile de laisser au chlorure de chaux un excès de cette base.

Pour conserver le chlorure de chaux, il faut se servir de barils ou de tonneaux aussi secs que possible, l'humidité étant contraire à la conservation de ce produit. On doit également le tenir à l'abri de la lumière.

La meilleure chaux pour la fabrication du chlorure est celle qu'on obtient avec des calcaires tendres comme la craie et les tufs des calcaires bitumineux.

La chaux éteinte doit renfermer 29 ou 30 pour 100 d'eau ; cette quantité surpasse de 6 à 8 pour 100 celle contenue dans l'hydrate simple.

Quand on a de la chaux possédant les qualités requises, on procède à son *extinction*, de la manière suivante :

On place la chaux sur une pelle percée de trous, comme une écumoire, et aux bords relevés. On la plonge dans l'eau et on l'y laisse jusqu'à ce qu'elle s'échauffe et dégage de la vapeur d'eau. Alors on la dépose sur le sol, et on reprend avec la pelle une nouvelle quantité de chaux que l'on plonge dans l'eau. C'est ainsi que la chaux absorbe juste la quantité d'eau voulue. Elle prend l'aspect d'une poudre fine et sèche dans les doigts. On la dispose en une couche de 4 à 5 centimètres d'épaisseur, pour la laisser refroidir, ensuite on la passe dans un tamis, pour séparer les parcelles de chaux non fusée. La poussière de chaux éteinte tombe dans une caisse placée sous le tamis. Les petits morceaux restés sur le tamis sont pulvérisés dans un tonneau, au moyen de boulets en fer, et cette poussière est réunie à la précédente.

Pour faire absorber le chlore par cette chaux, il faut que la poudre soit étendue en couches minces, et il importe d'éviter, pendant l'absorption du chlore, une trop grande chaleur. Les *chambres d'absorption* doivent donc être d'une grande capacité. Elles ont habituellement 6 mètres de long, 3 mètres de large et 2 de haut.

On emploie en Angleterre et en France le plomb laminé pour former les parois de ces chambres. On soude les feuilles de plomb d'après les procédés connus. Le plomb a l'avantage de se nettoyer facilement, mais il est moins durable que d'autres matières employées en d'autres pays pour composer les chambres d'absorption.

Des plaques de fer ou de fonte recouvertes d'un vernis d'asphalte, sont employées dans quelques usines de l'Allemagne pour composer ces chambres. Le bois goudronné ou le grès taillé en lames que l'on enduit de goudron, sont les matières les plus généralement mises en usage en Allemagne. Certaines usines font les parois de leurs chambres en briques, cimentées par un mélange de goudron et de poix, avec un toit en voûte surbaissée et verni au goudron. D'autres fois on se sert de dalles de pierre siliceuse ou de grès, pour confectionner les parois des chambres ; on consolide ces parois au moyen d'une charpente, et le toit est formé de planches et de madriers en chêne goudronnés.

On dispose la chaux en couches, sur des claies, comme le montre la figure 213, et on la remue pendant l'action du chlore. On peut cependant se dispenser de ces précautions, parce qu'on a remarqué que les pores de la chaux laissent pénétrer le gaz partout. Avec une couche de chaux de 6 à 8 centimètres d'épaisseur, l'absorption du chlore se produit dans toute la masse. Il ne faut que 6 à 8 centimètres carrés pour chaque 100 kilogrammes de chaux éteinte.

On introduit la chaux et on ferme la porte de la chambre d'absorption avec un couvercle mastiqué, fortement appliqué par une clavette et une traverse. C'est par la même porte qu'on retire le chlorure de chaux. Pour que les ouvriers puissent pénétrer sans danger dans la chambre après l'opération, il importe de pouvoir l'aérer facilement.

La chambre d'absorption du chlore est représentée sur la figure 212, en même temps que la cuve de pierre pour la fabrication du chlore. On voit que le gaz, en sortant de la cuve A, où il a pris naissance passe par le tube, DE, dans un vase F, où il dépose un peu d'eau. Il arrive ensuite, par le tube G, dans la chambre d'absorption B. On voit à l'un des angles de cette chambre un conduit J qui, au moyen d'un long ajutage, va déboucher dans la cheminée de la fabrique. L'orifice supérieur de ce conduit est à fermeture hydraulique, comme l'orifice par lequel s'introduit le chlore. La vapeur qui doit chauffer la chambre arrive par le tube H.

Pour remplir la chambre complétement de chlore, on laisse ouvert un trou ménagé à l'arrière de la chambre, afin de permettre à l'air de s'échapper; on ferme cette ouverture lorsque tout l'air est expulsé.

A partir d'un certain moment, l'absorption du chlore par la chaux va en diminuant, en sorte que la chambre finit par contenir un excès de ce gaz. L'opération est alors terminée. On débouche le trou d'air pour expulser le chlore, et l'on fait communiquer la chambre avec la cheminée. Une fois l'aération jugée suffisante, on ouvre la porte C, pour mélanger, avec des pelles, le chlorure de chaux. Cela fait, on le met dans des barils, en opérant toujours dans la chambre et maintenant le chlorure à l'abri de la lumière et de l'air. On recouvre ordinairement le fond des tonneaux avec une couche de plâtre gâché.

La teneur en chlore du chlorure de chaux est de 35 à 36 pour 100; mais elle descend souvent à 20 pour 100.

La charge employée pour l'appareil servant à préparer le chlore, que nous avons décrit et représenté par la figure 211 (page 481), est de 2,000 kilogrammes d'acide chlorhydrique et de 1,000 kilogrammes de minerai manganésifère, en supposant que ce minerai contienne 66 pour 100 de bioxyde. Avec ces proportions, on obtient de 31 à 36 pour 100 de chlore, en opérant sur 400 kilogrammes de chaux éteinte. On porte ce chiffre à 475 kilogrammes, lorsqu'on veut du chlorure à 28 et 29 pour 100 de chlore. Les quantités de chlorures obtenues ainsi, sont respectivement de 575 à 600 kilogrammes et de 675 a 700 kilogrammes.

Trente heures sont nécessaires pour une opération complète. Il est impossible d'effectuer une opération sans perdre une quantité de chlore notable ; cette perte est de 23 à 27 pour 100.

Quelles sont les propriétés du chlorure de chaux?

L'aspect du chlorure de chaux sec n'est autre que celui de la chaux éteinte. Sa couleur est d'un blanc parfait; son odeur est caractéristique : elle rappelle celle de l'acide hypochloreux. Ce corps est hygrométrique, mais il fixe assez lentement l'humidité de l'air. A la fin, il devient déliquescent, et dans cet état, il est tout à fait hors d'usage.

En délayant le chlorure de chaux avec un peu d'eau, on obtient une pâte grumeleuse. Pour s'en servir, on la dissout dans un excès d'eau, c'est-à-dire dans environ vingt fois son poids. Cette dissolution possède des propriétés décolorantes très-énergiques. Le précipité qui reste après la dissolution, ne renferme que des matières dépourvues de toute action de ce genre.

Le chlorure de chaux se décompose à l'air. Si après un an de fabrication son titre reste à 6 ou 8 degrés, c'est un produit de très-bonne qualité.

L'acide carbonique de l'air décompose le chlorure de chaux, et le chlore se dégage

Fig. 212. — Chambre d'absorption du chlore pour la fabrication du chlorure de chaux, avec la cuve de pierre pour la production du chlore.

lentement ; si l'air est fortement chargé de vapeur d'eau, c'est de l'acide hypochloreux qui se dégage.

On a vu quelquefois des vases renfermant du chlorure de chaux éclater, par suite de la décomposition du chlorure provoquée par la lumière ou la chaleur.

Le chlorure de chaux peut être obtenu à l'état liquide en faisant passer un courant de chlore dans du lait de chaux. Cette dissolution jouit de propriétés décolorantes, mais elle diffère de celle qu'on obtient par la dissolution du chlorure de chaux sec. Le lait de chaux absorbe deux fois plus de chlore que la chaux sèche.

Il semble donc, au premier abord, que l'on ferait mieux de préparer le chlorure de chaux liquide que le chlorure de chaux sec. Mais la préparation du chlorure en dissolution serait plus difficile, à cause de la pression qui se produirait dans l'appareil par suite de l'existence de masses liquides. Il est toujours très embarrassant de faire marcher une opération en grand avec des liquides. De plus, le chlorure de chaux liquide s'altère assez facilement, à cause du manque d'excès de chaux.

D'après Frésénius, le chlorure de chaux a la composition suivante :

Chlore...............	29,55
Calcium..............	33,12
Oxygène, eau, etc.......	37,33
	100,00

On n'est pas encore fixé sur la nature chimique exacte du composé formé par l'action du chlore sur la chaux. On sait cependant qu'en faisant passer du chlore gazeux dans des dissolutions étendues de potasse, de soude caustiques, etc., il se forme des chlorures métalliques et des hypochlorites; il est donc naturel d'admettre que, dans la réaction du chlore sur la chaux, on obtienne du chlorure de calcium et de l'hypochlorite de chaux. On peut, d'ailleurs, se convaincre de l'existence de l'acide hypochloreux dans le chlorure de chaux, comme dans les chlorures alcalins, en versant dans une de ces dissolutions, un peu d'acide sulfurique. On détermine ainsi immédiatement un dégagement d'acide hypochloreux, pourvu qu'on ne verse pas l'acide en excès. Si l'acide est introduit en trop grande quantité, c'est du chlore qui se dégage.

D'après l'analyse de Fresénius, donnée plus haut, il y aurait théoriquement dans le chlorure de chaux :

Hypochlorite de chaux........	26,72
Chlorure de calcium...........	25,51
Chaux caustique...............	23,05
Eau combinée et libre.........	24,72
Total...........	100,00

Par le passage d'un courant de chlore dans un lait de chaux, toute la chaux se transforme en chlorure de calcium et en hypochlorite de chaux. Il n'en est pas de même quand on opère avec la chaux éteinte et en poussière; toute la chaux n'est pas transformée, il en reste en liberté une partie qui n'a pu absorber le chlore.

Un mot sur les propriétés physiques et chimiques du chlorure de chaux.

Le chlorure de chaux, avons-nous vu, n'est pas entièrement soluble dans l'eau; il y a toujours un résidu d'hydrate de chaux. En épuisant le chlorure de chaux par des quantités d'eau insuffisantes, les dissolutions obtenues contiennent du chlorure de calcium et de l'hypochlorite de chaux en proportions différentes. La première eau dissout presque tout le chlorure de calcium; ce n'est qu'à la troisième fois que l'hypochlorite de chaux est complétement dissous.

En soumettant le chlorure de chaux à une forte chaleur, la plus grande partie de l'eau d'hydratation se sépare. Jusqu'à + 55 degrés, il n'y a pas d'autre effet, mais à la chaleur rouge, la décomposition est complète : il se dégage de l'oxygène et du chlore. Entre ces deux températures, le produit s'altère plus ou moins, en dégageant de l'oxygène et du chlore.

Le chlorure de chaux liquide bouillant se décompose en commençant à laisser dégager de l'oxygène. D'après quelques chimistes, c'est du degré de concentration de la dissolution que dépend le dégagement de l'oxygène. Les dissolutions très-étendues bouillantes ne laissent pas dégager d'oxygène, mais une dissolution concentrée fournit de l'oxygène et du chlorure de calcium.

Si la lumière solaire agit très-lentement sur le chlorure de chaux sec, elle détermine promptement dans une dissolution de ce corps un dégagement d'oxygène. Il en résulte une modification de l'odeur et une diminution de richesse en chlore. Si l'exposition à la lumière a été assez prolongée, il ne reste que du chlorure de calcium. D'ailleurs, plus la dissolution contient d'alcali, plus le dégagement d'oxygène est abondant. Dans ces circonstances il y a production d'un composé de chlore et d'oxygène.

L'air agit sur le chlorure de chaux par son humidité et par son acide carbonique.

On a vu plus haut que les vases dans lesquels on renferme le chlorure de chaux, peuvent éclater, à cause de la compression intérieure occasionnée par une production de gaz.

On a fait une expérience assez curieuse sur l'action du charbon et du chlorure de chaux. En renfermant ce chlorure avec du charbon de bois, le mélange s'échauffe et finit par détoner. Le soufre agit de la même manière. Cet effet explique les explosions qu'on a constatées par la présence de matières organiques dans du chlorure de chaux.

Comment expliquer l'action décolorante du chlorure de chaux ? Par sa décomposition en chlore ou en acide hypochloreux, décomposition provoquée par l'acide carbonique de l'air. En effet, un acide faible ajouté à ce chlorure de chaux active son action décolorante. L'acide hypochloreux se détruit ensuite lui-même spontanément, en fournissant de l'oxygène et du chlore, agents de décoloration. Le chlorure de chaux agit donc comme le chlore, il oxyde les matières colorantes, et se transforme en chlorure de calcium.

On prépare avec la soude et la potasse des composés analogues au chlorure de chaux.

Pour obtenir le *chlorure de soude*, on mélange une dissolution de carbonate de soude avec une dissolution de chlorure de chaux : il se fait du carbonate de chaux insoluble et du chlorure de soude soluble. Lorsque le précipité cesse de se former, la dissolution est du chlorure de soude, c'est-à-dire un mélange de chlorure de sodium et d'hypochlorite de soude. Il vaut mieux employer le bicarbonate de soude, parce que le précipité se dépose plus facilement.

Cependant le procédé le plus usité pour préparer le chlorure de soude, consiste à traiter une dissolution de carbonate de soude ou de soude caustique, par un courant de chlore. Le carbonate de soude est dissous, à froid, dans 10 parties d'eau. On fait passer le courant de chlore jusqu'à ce que le liquide blanchisse le papier de tournesol, ou jusqu'à production d'effervescence. De l'acide hypochloreux existe dans cette dissolution; elle contient encore du bicarbonate de soude et du chlorure de sodium. Mais si l'on prolonge l'action du courant du chlore, l'acide carbonique du bicarbonate se dégage, et l'on n'a plus en dissolution que de l'hypochlorite de soude et du chlorure de sodium.

Le chlorure de soude ainsi préparé et qui porte dans le commerce le nom d'*Eau de Labarraque* jouit d'un pouvoir décolorant très-prononcé. L'*eau de Labarraque* contient un équivalent de carbonate de soude pour un demi-équivalent de chlore, avec du carbonate de soude libre.

Si, dans la préparation précédente, on remplace la soude par la potasse, on a le *chlorure de potasse*, composé décolorant connu sous le nom d'*eau de Javelle*.

D'autres matières décolorantes sont préparées au moyen du chlore; ce sont les chlorures d'oxyde de zinc, d'alumine ou de magnésie. Nous n'entrerons dans aucun détail sur ces préparations; ceux que nous avons donnés sur les chlorures de chaux, de soude et de potasse nous paraissent suffisants. L'usage de ces derniers produits est, d'ailleurs, fort restreint.

CHAPITRE III

LE BLANCHIMENT. — PRINCIPAUX PROCÉDÉS EMPLOYÉS POUR BLANCHIR LES FILS ET LES TISSUS DE COTON, DE CHANVRE ET DE LIN.

Nous avons déjà dit qu'à l'état brut, les fibres du coton, du chanvre et du lin sont revêtues de matières étrangères, qui masquent leurs propriétés textiles. Ces matières étrangères sont colorées, résineuses, etc. D'autres matières ont été apportées par les diverses manipulations qui ont servi à transformer en toiles les fils de coton, de chanvre et de lin. Il faut donc dépouiller les fibres des matières grasses, du savon calcaire, des oxydes, etc., qui les colorent plus ou moins et en altèrent les propriétés textiles. L'opération du blanchiment a pour but d'enlever tous ces corps étrangers.

Cette opération est plus compliquée pour les fils que pour les toiles; et les toiles qui sont destinées à la teinture et à l'impression, exigent plus de soins et d'opérations que celles qui doivent être vendues blanches.

Nous allons, en conséquence, traiter séparément, dans ce chapitre :

1° du blanchiment des fils de coton, de lin et de chanvre;

2° du blanchiment des toiles de coton, de lin et de chanvre.

Dans le chapitre suivant nous traiterons du blanchiment de la laine et de la soie.

Blanchiment des fils de coton, de lin et de

chanvre. — Le blanchiment des *fils de coton* se pratique en faisant bouillir ces fils dans l'eau pendant environ deux heures. Ensuite on les laisse tremper plusieurs heures dans l'eau chaude. On les lave à grande eau, c'est-à-dire qu'on les *dégorge*, ou *décreuse*. Ensuite on les fait bouillir dans une lessive faite de soude marquant 1° et demi. Après avoir rincé, on opère la torsion des *pantes* (paquets d'écheveaux).

Cette torsion s'exécute avec l'*espart*. On nomme ainsi une cheville en bois ajustée dans un poteau et ayant une tête ou un

Fig. 213. — Espart ou appareil à tordre les écheveaux.

bout arrondi (fig. 213). L'ouvrier passe un bâton au milieu de l'écheveau fixé sur l'espart, et le tord fortement, de manière à exprimer le liquide.

Dans certaines usines, on emploie une *machine à tordre*, formée de deux crochets en fer, dont l'un reçoit un mouvement de rotation imprimé par une poulie, et dont l'autre a un mouvement horizontal de va-et-vient. Un levier qui guide la torsion engrène quand l'ouvrier le presse.

Au lieu des appareils de torsion, on fait usage dans beaucoup d'ateliers de l'*hydro-extracteur*, ou *essoreuse* de *Pentzoldt*. On renferme les fils dans la machine; on imprime aux tambours une vitesse de 1,500 à 1,800 tours par minute, et, en moins de 10 minutes, toute l'eau ou presque toute l'eau est exprimée.

C'est sur l'emploi de la force centrifuge que repose, comme on le sait, la construction de l'*essoreuse*. En donnant à une étoffe mouillée un mouvement de rotation rapide, le liquide s'échappe en s'éloignant de la circonférence décrite, exactement comme cela a lieu pour le panier à salade qu'on fait tourner avec le bras. Ces sortes d'appareils ont une force capable d'enlever en 5 minutes 18 kilogrammes d'eau à une pièce de calicot mouillée pesant 38 kilogrammes.

L'*essoreuse* de *Penzoldt* se compose d'un bâtis en fonte de fer, supportant l'arbre qui communique le mouvement à la machine au moyen de poulies et d'engrenages à vitesses multiples. Le linge ou les étoffes mouillés étant mis dans les compartiments, on fait tourner la manivelle dont le mouvement est accéléré par le jeu des engrenages et des poulies. L'eau expulsée par la force centrifuge à travers les trous des parois, vient tomber dans la bâche, et sort par le tuyau dont celle-ci est pourvue.

L'*essoreuse de Penzoldt* a l'inconvénient d'être peu solide et d'avoir un équilibre insuffisant. On a remplacé le couvercle par des rebords rentrants dans le haut, et l'équilibre a été rétabli par des disques mobiles qu'on a posés dans le milieu. Des roues d'angles sans dents ont été substituées aux roues dentelées; elles frottent contre un pignon, également sans dents. L'adhérence des points de contact est augmentée par du cuir qui enveloppe le pignon, dont le diamètre est le quart de celui des roues. 400 tours de ces roues par minute répondent à

Fig. 214. — Hydro-extracteur ou *Essoreuse de Penzoldt*, perfectionnée.

1,500 tours de l'hydro-extracteur. Cet appareil, mû par friction, est disposé comme l'indique la coupe de cet appareil (fig. 214) que nous empruntons, ainsi que la légende qui accompagne cette figure, à une Notice publiée par M. Kœppelin, dans les *Études sur l'Exposition de* 1867 (1).

C, cône en bois garni de cuir, ou pignon d'angle sans dents.

D, disques en fonte ou roues d'angle sans dents fixés solidement sur l'arbre moteur, A.

C, poulies en fonte rendues fixes sur le même arbre que les disques.

F, cylindre en cuivre percé de trous dans lequel on place les tissus à sécher.

A, arbre vertical sur lequel sont fixés le cylindre en cuivre et le cône de friction, ED.

X, axe moteur horizontal faisant tourner par une roue d'angle l'arbre vertical, A, de l'hydro-extracteur.

Les disques, E, sont appuyés contre le cône de friction, C, au moyen d'une vis de pression qui appuie le bout de l'arbre, et c'est en frottant contre le cône qu'ils lui communiquent le mouvement de rotation avec une vitesse croissante. C'est cette dernière disposition qui fait le caractère particulier de ce nouveau modèle de l'*hydro-extracteur* de Penzoldt.

Les fils étant ainsi lessivés et séchés, il s'agit de les soumettre à l'action décolorante du chlorure de chaux.

Pour cela, on les plonge dans un bain de

(1) In-8, 1867, chez Eug. Lacroix, tome VI, page 421.

chlorure de chaux à 2°, puis on les suspend à l'air, pour les sécher. Après les avoir un peu lavés dans l'eau courante, on les soumet à l'action d'un bain d'acide sulfurique étendu d'eau, marquant 4°. Au bout de trois heures, on les retire de ce bain, on les lave, on les tord et on les passe dans une cuve d'eau contenant une légère proportion de bleu de prusse. L'opération du blanchiment des fils est alors achevée.

Quand on veut obtenir le blanc *grand teint*, on emploie un bain de savon à la colophane après ceux de chlore et d'acide.

Les fils sont séchés pour la dernière fois, en disposant les *pantes* sur des barres de bois dans un lieu bien aéré et recevant la lumière directe du soleil. Dans la mauvaise saison, les *pantes* sont disposées sur des perches dans un séchoir à air chaud.

Les fils de *chanvre et de lin* sont plus longs à blanchir que ceux de coton. On les fait macérer dans des lessives peu colorées. qui ont servi une première fois. On les y tient plongés pendant un ou deux jours. On opère ensuite un lavage à l'eau courante, et on tord les *pantes*, ou, ce qui est préférable, on les presse fortement avec une presse hydraulique.

Les lessivages s'exécutent avec de la soude caustique, à 2°, en maintenant les fils de chanvre à + 45 ou + 55° de température, pendant dix heures, et ceux de lin dans une lessive marquant 1° et demi et à + 60° du thermomètre.

Tel est le mode de blanchiment des fils de chanvre et de lin généralement usité en France. Mais en Hollande, on opère le blanchiment des fils de chanvre et de lin comme celui du coton, c'est-à-dire que les lessivages se font à l'eau bouillante. Chaque lessivage prend six ou sept heures; leur nombre est variable. Pour 100 kilogrammes de fils, on emploie 8 ou 9 kilogrammes de sel de soude; mais entre chaque lessivage, il faut rincer dans l'eau courante, tordre ou presser.

Ces lessivages des fils de chanvre et de lin se font en Hollande, et en d'autres pays, avec la *cuve à projection.*

Le *cuvier à projection* est une invention de Widmer, de Jouy, perfectionnée par Descroizilles, Bardel et René Duvoir. Cet appareil étant d'un grand usage dans l'industrie du blanchiment, doit être représenté et décrit ici.

Le *cuvier à projection* (fig. 215), est un

Fig. 215. — Cuvier à projection pour le lessivage des fils de chanvre et de lin.

grand cuvier ou tonneau de bois, C, dont le fond est percé de trous. Il repose sur une maçonnerie contenant un foyer, et une chaudière, G, dans laquelle plonge un tube vertical A, ouvert aux deux bouts. Ce tuyau central est en cuivre; il fait communiquer le haut du cuvier avec la chaudière et amène la lessive dans le cuvier. La pression de la vapeur d'eau bouillante s'exerçant sur la surface de l'eau, force cette eau à s'élever dans le tuyau vertical A, c'est-à-dire la lessive, et à retomber en nappe sur les toiles T, contenues dans le cuvier, C.

Les toiles sont d'abord plongées dans une lessive faible et on les place dans le cuvier, C, en recouvrant le tout d'une toile assujettie par des barres en fer. Lorsque la chaudière a été remplie aux deux tiers avec de la lessive, on ferme exactement le cuvier au moyen de son couvercle, et on le chauffe jusqu'à l'ébullition. La vapeur formée presse sur la lessive et la fait monter dans le tuyau pour se répandre sur les fils. La lessive pénètre ceux-ci, et redescend pour s'écouler dans la chaudière à travers les trous. Là, elle s'échauffe et s'élève une deuxième fois, etc... Ainsi s'établit une circulation continue de la lessive à travers le linge.

Après ce lessivage on place les fils dans un bain de chlorure de chaux à 1 ou 2°. Il faut qu'ils ne séjournent que peu de temps dans le bain de chlorure ; on les retire, pour les exposer à l'air plusieurs heures. On les lave ensuite légèrement et on les plonge dans un bain acide. On les dégorge dans l'eau courante, on les étend sur le pré et on achève l'opération en les passant dans un bain d'acide sulfurique étendu d'eau et marquant seulement 1°. Enfin, on *dégorge* largement.

Avec les bons lins, on obtient un blanchiment parfait au moyen de deux fortes lessives, de deux autres lessives plus faibles, de trois bains de chlorure, et de trois bains acides.

Blanchiment des toiles de coton, de lin et de chanvre. — Les toiles de coton, celles de lin et de chanvre, ont besoin d'opérations plus nombreuses que les fils de mêmes matières, car elles contiennent un plus grand nombre de corps étrangers résultant du travail auquel les toiles ont été soumises dans les ateliers de tissage. De la gélatine, de l'albumine, de l'amidon, des savons, des matières grasses, des substances résineuses, etc., etc., telles sont les matières qui salissent les tissus de coton, de lin ou chanvre, et que l'opération du blanchiment a pour but de faire disparaître, en laissant la fibre végétale dans toute son éclatante blancheur.

Les tissus de coton perdent, dans le blanchiment, 28 pour 100 de leur poids. Il y a 5 pour 100 de matières solubles dans les alcalis; le reste est enlevé par le chlore, les acides et l'eau. Les tissus de chanvre et de lin perdent à peu près le même poids total, il y a 18 pour 100 de substances solubles dans les alcalis.

Après chaque opération, dans le blanchiment des toiles de lin, de chanvre et de coton, on fait dégorger à l'eau pure. Il sera donc nécessaire, avant de faire connaître la série d'opérations qui constituent le blanchiment des toiles, de décrire les moyens ou les appareils qui sont en usage pour le *lavage* ou le *rinçage* des toiles.

Ces dégorgeages s'opèrent de deux manières. La plus généralement employée consiste simplement à opérer à la main dans l'eau courante. La seconde consiste dans l'emploi des machines.

Le *lavage à la main* opéré dans l'eau courante, le plus ancien et le plus simple, est facilité par différentes dispositions. On peut laver dans l'eau courante au moyen de deux cylindres en bois, entre lesquels on fait passer la toile. On met ces cylindres au-dessus du courant d'eau; l'un d'eux, le supérieur, est cannelé, l'autre est uni. Plusieurs couples de ces cylindres sont disposés à la suite les uns des autres. La pièce de toile passe d'abord sous les deux premiers, retombe dans l'eau, repasse sous les deux cylindres suivants, et ainsi de suite.

Les *machines à laver* proprement dites qui remplacent le lavage à la main, seul usité autrefois, sont nombreuses.

On fait usage, dans certaines fabriques,

Fig. 216. — Lavage des toiles sur le *tambour* mû par une roue hydraulique.

d'une plate-forme circulaire (fig. 216), ou *tambour* qui se meut sur son centre, et a sa circonférence soutenue par des roulettes, comme pour le toit d'un moulin à vent.

Les toiles à laver sont mises sur la plate-forme, ou *tambour* A, qui tourne lentement au moyen d'un levier à manivelle adapté à une roue hydraulique, C. Toutes les pièces d'étoffe passent ainsi régulièrement sous les battants du tambour, A, qui est mis en jeu par l'arbre vertical de la roue hydraulique. L'ouvrier est occupé à retourner les toiles qui sont inondées par un courant d'eau, fourni par les godets, B, disposés près de la roue.

En Angleterre, on emploie une machine à laver dans l'eau courante, ayant la forme d'un tonneau mobile sur son axe au moyen d'une manivelle. Ce tonneau est divisé intérieurement par quatre cloisons à angle droit; chacune d'elles répond à une ouverture faite à l'un des fonds. Un courant d'eau s'introduit par une ouverture; il est projeté, au fond opposé, par un tuyau qui communique avec un réservoir et qui est terminé par un robinet.

Deux pièces de toile sont jetées par chacun des quatre trous correspondant aux divisions; on ouvre le robinet quand la machine a été mise en mouvement. Chaque révolution fait tomber les pièces de toile d'un diaphragme sur l'autre, ce qui fait rejaillir en grande partie l'eau dont elles sont imbibées. On peut ainsi battre et purger huit pièces de toile en un quart d'heure, en donnant une vitesse moyenne de vingt à vingt-deux tours par minute. Une plus grande rapidité laisserait la toile fixée à la circonférence, et elle serait toujours imprégnée de la même eau.

Nous décrirons encore la *roue à laver* en usage dans les fabriques de l'ouest de la France et le *clapeau à lanières*.

La *roue à laver* (fig. 217) se compose d'un

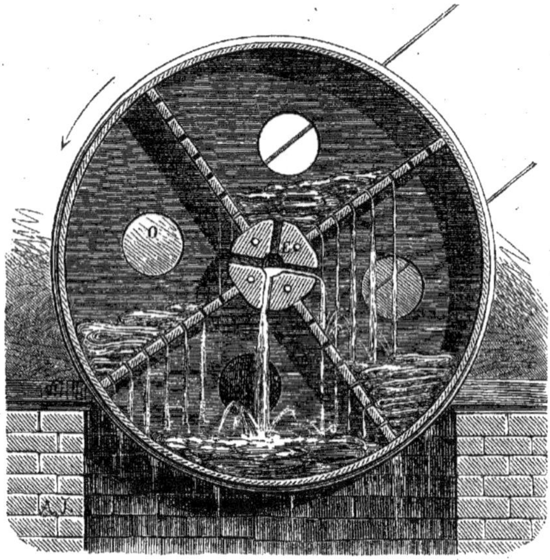

Fig. 217. — Roue à laver les toiles de coton, de chanvre et de lin.

tambour en bois qu'on met en mouvement avec une poulie et une courroie. Il est divisé en quatre chambres, séparées par des planches percées. Un tuyau communiquant avec un réservoir situé en haut y amène l'eau. Lorsque le cylindre tourne, l'eau arrive dans chaque chambre à son tour en passant par l'ouverture centrale, E, qu'on voit sur la figure et qui est pratiquée dans le moyeu de la roue; la même eau sort par les ouvertures, O, percées dans chacune des quatre chambres de la roue.

On introduit dans chaque chambre deux pièces de toile; ensuite on fait faire 20 ou 24 tours à la roue en une minute. Le poids des étoffes pénétrées d'eau les fait s'élever et retomber successivement d'une cloison à l'autre; l'eau s'écoule au dehors par les fenêtres, O, et de nouvelle eau est amenée par l'ouverture centrale, E. Le dégorgeage dure environ un quart d'heure.

En Normandie, on se sert d'une autre machine à laver, le *clapeau à lanieres*. Ce sont deux rouleaux en bois placés sur un bâti en fonte. L'un de ces rouleaux, l'inférieur, est très-gros et fixe; l'autre, plus petit, monte et descend sur une rainure construite entre les jumelles du bâti. Quatre tringles fixées sur un axe et supportant des lanières en gutta-percha ou en cuir, sont placées en avant du gros rouleau. Les pièces à dégorger passent entre les deux rouleaux. Les lanières tournant avec une vitesse de 800 à 1000 tours par minute, frappent constamment sur les pièces qui passent sur le gros rouleau. Deux pignons communiquent le mouvement; l'un est fixé sur l'axe du gros rouleau et l'autre sur celui des tringles à lanières.

Un plancher supporte le *clapeau;* au-dessous passe un courant d'eau ou bien un grand bassin est disposé de manière à pouvoir changer l'eau continuellement. Les pièces de toile à dégorger sont cousues les unes à la suite des autres et repassent incessamment de l'eau sur les cylindres où elles sont battues par les lanières de cuir.

Telles sont les différentes manières de laver ou de rincer les toiles après les opérations qui servent à les blanchir. Exposons maintenant ces opérations elles-mêmes.

M. Girardin, dans ses *Leçons élémentaires de chimie*, donne l'énumération suivante des opérations qui composent le blanchiment des *toiles de coton:*

1° Débouillage à la chaux (3,000 litres d'eau, 100 kilogrammes de chaux vive);

2° Bain d'acide chlorhydrique à 1° 1/2;

3° Lessive carbonatée à 1° 1/2, pendant 14 à 18 heures;

4° Lessive carbonatée avec addition de savon, de résine;

5° Bain de chlorure de chaux;

6° Bain d'acide chlorhydrique;

7° Dégorgeage parfait;

La série de ces manipulations se termine par le passage à l'amidon avec bleu azuré ou outremer. On sèche au cylindre ou on calandre.

Un mot sur chacune de ces opérations.

Le *débouillage à la chaux* consiste à faire bouillir le tissu avec de l'eau et de la chaux caustique, pendant environ 12 heures. On se sert de chaudières en cuivre, de forme ovoïde, autoclaves, c'est-à-dire fermées de toutes parts, dans lesquelles on porte la pression de la vapeur à 2 ou 3 atmosphères. Ces chaudières sont assez vastes pour contenir 2,000 mètres de calicot. Il est nécessaire d'opérer en vases clos, parce que la fibre végétale peut supporter l'action de la chaux caustique à la température de 100°, mais ne supporterait pas sans s'altérer cette même influence en présence de l'air.

L'ébullition dans le lait de chaux ne se fait pas pour les mousselines et les tissus légers.

Le *lessivage des toiles* sortant des *cuves à débouillage* s'opère en France dans le *cuvier à projection* que nous avons représenté plus haut (fig. 215) ou dans la *cuve à circulation.*

Ce dernier appareil (fig. 218) se compose d'une chaudière en fonte H, et d'un ou deux cuviers en bois, C, C, où l'on place les toiles. La chaudière et le cuvier sont au même niveau. La communication est établie entre eux, à la partie supérieure et à la base, au moyen de conduits horizontaux *r*, *r'*. On peut vider les cuviers par une bonde située à leur base.

On place les toiles dans le cuvier, on ajoute la lessive au même niveau, sa surface devant affleurer l'orifice du tube supérieur. La chaudière et le cuvier sont fermés hermétiquement et on chauffe. Le liquide bouillant passe dans le tuyau supérieur, se répand sur les toiles et renvoie une quantité égale de lessive par le tuyau inférieur, qui va se réchauffer dans la chaudière. Il y a ainsi un mouvement continu du liquide qui favorise beaucoup l'action de la lessive.

A propos de l'importante opération du lessivage des calicots, nous ne pouvons nous dispenser de signaler un nouveau procédé de lessivage dû à deux Américains, MM. Wright et Freemann, qui est mis surtout en usage pour les toiles destinées à l'impression.

Les trois lessivages, qui durent trois fois 6 heures ou 18 heures, et qui succèdent au débouillage à la chaux et au passage à l'acide, sont remplacés par deux lessivages ou même un seul, fait à une température plus haute que celle ordinairement employée.

Les pièces de toile sont encuvées dans une chaudière en fonte bien fermée. Le bain alcalin qu'on y introduit est composé de carbonate de soude; ensuite on y fait arriver la vapeur sous une pression de 5 ou 6 atmosphères. Le liquide ainsi pressé traverse aussitôt les pièces et vient se rendre dans un réservoir. On produit un vide partiel en condensant la vapeur au moyen de l'eau froide; il en résulte que le bain du réservoir remonte dans la chaudière. Une autre injection de vapeur la chasse de nouveau, et la circulation se fait ainsi durant

Fig. 218. — Cuve à circulation pour le lessivage des toiles de coton.

six heures, en faisant simplement agir des robinets.

Après ce traitement, les toiles sont lavées à l'eau pure, dans le même appareil et en procédant aux mêmes manœuvres. Un deuxième lessivage de six heures est nécessaire; c'est après celui-ci qu'on soumet les pièces à l'action du chlorure et de l'eau acidulée pour terminer le blanchiment.

L'appareil de MM. Wright et Freemann a été perfectionné par M. Gaudry; on peut, à son aide, blanchir deux fois plus de pièces pendant le même temps.

On encuve les toiles dans deux chaudières communiquant l'une à l'autre pour se transmettre successivement le bain alcalin, sous l'action d'un jet d'eau de vapeur.

La pression à laquelle on opère varie avec la nature du tissu à lessiver :

5 atmosphères pour les toiles de l'Alsace et les fortes toiles de Rouen;

4 atmosphères pour les toiles légères de Rouen, jaconas, madapolams;

3 atmosphères pour les articles de Saint-Quentin;

2 à 2 atmosphères et demie pour les toiles et fils de lin.

La lessive doit passer vingt fois à travers le tissu, pour que l'opération soit bonne.

Il ne faut pas plus de trois ou quatre jours pour effectuer toutes les pratiques du blanchi ment des toiles de coton, en faisant usage de cet appareil.

Reprenons la suite des opérations du blanchiment des toiles de coton, après le lessivage que nous venons de décrire.

C'est dans des cuviers garnis d'un *tourniquet* que se pratiquent ordinairement les passages des toiles dans les bains de chlorure de chaux. On enroule les toiles sur ce tourniquet qui, en tournant, fait plonger progressivement toute la pièce dans le bain. On laisse les toiles plonger ainsi pendant trente ou quarante minutes. On change leurs points de contact, on les émerge de nouveau, et on les *dessèche* à l'air pendant quelques heures. Après les avoir dégorgées un peu, on les replace sur le tourniquet, en disposant celui-ci au-dessus d'un cuvier rempli d'un bain d'acide sulfurique étendu d'eau; on y plonge les toiles en ayant soin de les dérouler. On les retire, pour les enrouler sur le tourniquet, et on les dégorge encore.

Une fois que les toiles blanchies sont rincées, on les essore en les pressant entre deux rouleaux, ou en les faisant passer dans l'*hydro-extracteur de Penzoldt*, que nous avons représenté plus haut (fig. 214, p. 489).

Dans les fabriques anciennes on se sert encore, pour sécher les toiles, de la machine appelée *panier à salade*.

On donne ce nom à un panier en bois et en fer, ayant ses fonds extrêmes fermés par deux grilles en fer étamé. Deux divisions partagent ce panier; on met dans chacune le même nombre de pièces. Un axe supporte le panier au milieu d'une grande chambre en bois, munie d'une porte. La machine marche par des poulies dont l'une est folle et l'autre fixe; la vitesse est de 500 à 800 tours par minute. On y laisse séjourner les pièces pendant 10 à 12 minutes. Un frein en fer, garni d'un demi-cercle en bois, s'adapte sur la poulie et se serre avec une manivelle qui permet d'arrêter le mouvement à la fin de l'opération.

Les essoreuses ont remplacé partout cet antique engin.

Lorsque l'essorage a été pratiqué, les pièces sont mises à sécher, en les suspendant à des traverses en bois disposées en gril, au-dessus d'une tour carrée en bois à parois ouvertes à jour.

La dessiccation des toiles s'effectue mieux encore dans des séchoirs à air chaud, ou sur des cylindres creux en cuivre dans lesquels on introduit de la vapeur. On passe sur plusieurs cylindres chauds les toiles développées sur toute leur longueur.

Les toiles, ainsi amenées au blanc parfait, reçoivent ordinairement un *apprêt*. On donne l'apprêt en plongeant les toiles dans de l'empois fait avec de l'amidon, de l'alun, et de l'azur de cobalt ou d'outremer factice. On donne ainsi au tissu à la fois la fermeté, la blancheur et la souplesse.

On se sert pour la préparation des apprêts, de fécules, de dextrine blanche, de salep, des gommes arabique et adragante, de savon, de gélatine, d'acide stéarique, de spermaceti, etc. Pour boucher les vides de la toile, on mêle souvent aux apprêts de la terre à porcelaine ou à faïence, ou bien du plâtre blanc et fin. Mais un simple lavage suffit pour enlever ces poussières.

Dans tous les ateliers une machine particulière sert à empeser et à sécher les toiles de coton. Une force motrice quelconque est appliquée à la manivelle, qui est munie d'un pignon engrenant avec la roue dentée de la machine. Des leviers articulés portent un poids à la partie inférieure, pour régler la pression qui se produit entre deux rouleaux en laiton.

La *cuve à apprêt* est portée sur des boulons fixés à un châssis, afin de pouvoir la soulever ou l'abaisser. Un autre rouleau de laiton fait plonger le calicot dans la cuve.

Le calicot sortant de l'empesage, passe sur cinq tambours creux en cuivre, chauffés à la vapeur et destinés à le sécher. Ensuite les pièces viennent sur dix autres rouleaux en cuivre plein, enfin sur deux rouleaux de pression dont l'un, l'inférieur, est mû par la manivelle, à l'aide de poulies et de courroies.

Ces derniers cylindres font circuler les pièces sur les cylindres sécheurs, pour les déposer ensuite sur une table. La vapeur arrive dans ces cylindres en pénétrant dans leurs axes creusés à cet effet. Des tuyaux

Fig. 219. — Le lavage des moutons à la rivière.

amènent la vapeur, puis la laissent échapper.

Les pièces ainsi préparées sont encore calandrées, pliées et comprimées à la presse hydraulique. C'est dans cet état qu'on les met en vente.

Les toiles de coton traitées par cette suite d'opérations ne laissent rien à désirer pour la blancheur ni pour les qualités nécessaires à l'impression. Seulement, comme elles ne sont jamais étendues, l'exposition sur le pré étant supprimée, elles présentent quelquefois des plis, qu'on ne fait disparaître que difficilement. A l'impression, ces plis peuvent occasionner des *larrons;* on appelle ainsi des blancs qui n'ont pas subi l'impression.

Passons au blanchiment des toiles de lin et de chanvre.

L'action des lessives caustiques doit être répétée plus souvent lorsqu'on traite les toiles de lin et de chanvre, car elles sont très-chargées de matières résineuses et colorantes. Ces toiles sont encore aujourd'hui étendues sur le pré, après chaque lessivage et pendant quatre ou cinq jours chaque fois.

La macération, ou *trempage*, se fait ici d'une manière toute particulière : on a recours à la fermentation.

Voici la série des opérations que l'on exécute.

Les toiles de même nuance et de même grain sont d'abord assorties ; c'est le moyen d'opérer sur toutes les pièces dans le même espace de temps. On les débarrasse ensuite des matières étrangères dont elles avaient été imprégnées pour les tisser plus facilement. C'est une *colle*, ou *parement*, dont le tissu a été revêtu pendant sa fabrication, et qui s'opposerait à l'imbibition des fils et à l'effet des agents de blanchiment. On parvient à détruire le *parement* en provoquant une fermentation, sans attaquer la fibre végétale. Pour cela, on plie la toile en feuillets égaux, que l'on place dans un cuvier en formant des couches que l'on immerge avec de l'eau tiède. On ajoute un peu de son, de farine ou de mélasse. Une fois la cuve remplie, on la recouvre en chargeant de poids, pour maintenir le couvercle pendant la fermentation, qui ne demande que quelques heures pour se développer, surtout si la température est élevée. Il est facile de reconnaître quand la fermentation se produit, aux bulles de gaz qui viennent crever à la surface et à la pellicule qui s'y forme. Ces signes cessant, la fermentation est terminée. Il faut alors retirer les toiles et les laver. C'est ce qui se fait au bout d'un temps qui varie entre 24 et 36 heures. Il faut avoir soin, dans cette pratique, d'éviter la fermentation putride ; si l'on dépasse le point convenable, on peut tout perdre.

Le *parement* est détruit par la fermentation, ainsi déterminée. En outre, les pores du tissu se dilatent et permettent à l'eau de s'y introduire, pour entraîner les corps étrangers. Après la macération, les toiles sont lavées avec soin.

Après ce lavage qui se fait dans l'eau courante ou dans une *roue à laver*, on soumet les toiles au *lessivage*, qui se pratique comme pour les toiles de coton, et au passage dans l'acide, qui s'exécute également de la même manière.

On expose alors les toiles sur le pré.

On doit entourer de fossés le terrain d'étendage ; il faut aussi le couper de canaux parallèles, éloignés entre eux de 15 à 20 mètres. L'eau destinée à l'arrosage doit être très-limpide et aussi pure que possible, afin d'éviter les taches. L'eau est puisée dans les canaux et jetée sur les toiles au moyen de longues pelles creuses. Le pré doit être tenu en état de propreté et dépourvu de taupinières. La toile ne doit pas reposer sur la terre, mais bien sur l'herbe, afin de permettre à l'air une libre circulation sous l'étoffe. Quelquefois on supplée à l'herbe par des cordes tendues.

Lorsque le blanchiment arrive à sa fin, on immerge les toiles dans de l'eau où l'on a jeté du petit-lait aigri. On peut remplacer le petit-lait par l'acide sulfurique, en prenant les précautions que la nature de ce liquide indique.

On termine le blanchiment par des savonnages, qui ont principalement pour but de ramener certaines parties des toiles au même degré de blancheur que le reste.

Lorsque les toiles ont acquis le point de blancheur voulu, on leur fait subir un apprêt qui les azure et leur donne de la consistance. Les substances le plus communément employées pour les apprêts, sont l'amidon, la fécule de pomme de terre, la gomme adragante, etc.

Une fois l'apprêt donné, on expose les toiles au séchoir.

Le séchoir se compose d'une vaste pièce en charpente, d'une hauteur suffisante. Les pièces de toile doivent y être étendues dans toute leur longueur. La clôture de cette charpente est faite de planches imbriquées, entre lesquelles l'air passe aisément. Dans l'intérieur est un filet qui empêche les toiles de battre contre les parois, ce qui les salirait. Les conditions favorables au séchage se rencontrent ordinairement au commencement de la journée.

On achève de donner aux toiles une belle apparence en les passant au cylindre, en les calandrant ou en les battant au maillet.

Pour calandrer, on enveloppe les toiles autour d'un cylindre, sur une certaine épaisseur. Deux de ces cylindres sont placés entre deux planches et parallèlement, la supérieure étant mobile et chargée de poids. Quand on la fait aller et venir, les cylindres roulent, font frémir les toiles et leur donnent l'apparence qu'on recherche.

On *maille* les toiles en les pliant. Pour cela on les pose sur une table en pierre polie, ou en marbre noir, et on les bat avec des maillets faits en bois lourd.

CHAPITRE IV

LE BLANCHIMENT DE LA LAINE ET DE LA SOIE.

L'enduit naturel de la laine est le *suint*. On donne ce nom à une substance grasse très-odorante, qui provient de la transpiration des moutons. Une grande quantité de corps composent le suint du mouton. La plus grande partie de ces corps est soluble dans l'eau; la partie insoluble est une sorte de graisse qui reste en suspension dans l'eau.

De simples lavages ne suffiraient pas pour débarrasser les laines de leur suint.

Pour blanchir les laines brutes on les soumet à deux séries d'opérations. La première opération ne fait qu'enlever aux laines, les corps gras qu'elles contiennent. La seconde est le blanchiment.

On peut opérer le lavage de la laine avant ou après la tonte, c'est-à-dire sur le dos de l'animal ou sur la laine tondue. C'est dans la belle saison, au mois de juin, que se pratique le *lavage à dos*. Les moutons sont plongés dans l'eau d'un étang, d'une mare ou d'une rivière (fig. 219). On les frotte jusqu'à ce que la blancheur de la laine apparaisse. Les moutons se sèchent au soleil. On ne les tond que quelques jours après, pour permettre au suint nouveau de remplacer celui qui a été enlevé par lavage.

Les Anglais pratiquent cette opération dans des ruisseaux profonds de 80 centimètres. Trois laveurs prennent successivement le même animal, en remontant le courant. On peut laver au moins 40 moutons à l'heure.

Le lavage à dos, n'est pas accepté par les connaisseurs; on préfère de beaucoup le lavage après la tonte.

Celui-ci se pratique, généralement, à chaud; on l'appelle *désuintage*. On commence par trier les laines suivant leur qualité; on les étend sur des claies en bois, et on les bat à la baguette. Les poussières sortent; on enlève les mèches feutrées, le crottin, les pailles, et on éparpille la laine avec une fourchette en fer à pointes recourbées.

Ensuite, on introduit les laines dans des cuviers remplis d'eau à + 45 degrés et renfermant du suint qui, par la décomposition putride, a chargé l'eau d'ammoniaque et l'a ainsi rendue très-propre au *dégraissage*. On laisse tremper, sans remuer, pendant 18 ou 20 heures. On chauffe l'eau du cuvier jusque vers 75 degrés et on immerge la laine dans ce bain en la trempant avec un bâton durant plusieurs minutes. On place ensuite la laine dans des paniers posés au-dessus des chaudières. La laine étant égouttée, on la porte dans l'eau courante, pour la laver, en la laissant dans les paniers. On cesse ce lavage quand l'eau qui sort de la laine est claire et sans couleur. On commence à dessécher avec le pressoir et on termine cette opération à l'ombre, en disposant la laine sur des claies.

750 kilogrammes de laine peuvent être lavés ainsi en un jour, par sept hommes et trois femmes.

Toutes les opérations que nous venons de décrire font perdre à la laine 35 à 45 pour 100 de son poids. Le suint seul qui est chaque année entraîné par les lavages de toutes les laines de France, suffirait, comme engrais, à 150,000 hectares de terrains.

Mais les laines qui ont subi ces opérations ne sont pas entièrement débarrassées des matières étrangères qui composent le suint : il faut encore les dégraisser.

Quelques fabricants d'Elbeuf opèrent encore d'après l'ancienne méthode, que nous allons décrire.

Les chaudières dans lesquelles on soumet la laine au *bain de dégrais* ont une capacité de 1,000 litres, ce qui répond à un rendement de laine de 160 kilogrammes par jour.

La chaudière contenant de l'eau, on y chauffe l'eau à + 50 ou + 55°, et l'on y verse 70 ou 80 litres d'urine putréfiée, riche par conséquent en ammoniaque, avec 20 kilogrammes de cristaux de soude. On dégraisse 4 *mises* de laine qui restent chacune une demi-heure dans la chaudière, et on ajoute encore 20 litres d'urine pendant toute la journée. On la termine en jetant la moitié du bain et on recommence le lendemain après avoir ajouté de l'eau, 10 kilogrammes de cristaux de soude et 35 litres d'urine. On appelle cela *remonter* le bain. On le *remonte* encore ainsi le troisième jour et on le jette alors. Il va sans dire qu'après le dégraissage, on lave les laines à grande eau dans des paniers.

L'opération du dégraissage est une véritable saponification. Toutes les laines y sont soumises, mais à des températures un peu variables, suivant leur provenance. Les laines d'Australie et même de Russie exigent une température de + 60 ou + 65 degrés ; celles de France ont besoin de + 70 degrés. Celles de l'Espagne et de l'Allemagne sont saponifiées à 75 et 80 degrés.

Plusieurs dégraissages sont nécessaires aux laines qui sont destinées à recevoir la teinture d'indigo. Chaque dégraissage est séparé du précédent par l'intervalle d'un mois ; on ne procède à l'opération que sur de la laine sèche.

Les traitements qui viennent de nous occuper sont tous applicables à la laine en flocons. Quand il s'agit des étoffes de laine qui doivent être imprimées, on les dégraisse avec des cristaux de soude et du savon blanc, en opérant à + 65 degrés. Les étoffes sont passées dans le bain avec une machine nommée *foulard*.

La figure 221 donne la coupe de la cuve qui porte dans les ateliers le nom de *foulard*, et qui sert au dégraissage des étoffes de laine. H est la cage de la caisse qui renferme le bain alcalin ; *rr*, des roulettes en bois sur lesquelles passent les étoffes pour circuler dans le bain ; T, le rouleau sur lequel les étoffes passent en entrant dans le bain ; L,R, deux grands rouleaux de cuivre entourés de calicot, qui attirent et pressent l'étoffe sortant du bain ; *a* un levier chargé d'un poids, au moyen duquel on fait varier la pression exercée par les rouleaux L,R, sur l'étoffe.

Chaque bain alcalin est suivi d'un lavage à l'eau chaude.

La laine étant ainsi bien dégraissée, on la blanchit par le *soufrage*, opération qui consiste à soumettre la laine à l'action du gaz acide sulfureux produit par la combustion du soufre.

On soufre dans une chambre isolée et dépourvue de cheminée. En haut se trouve une trappe et en bas une porte. Deux ouvertures placées de côté permettent d'introduire le soufre dans des vases où il doit brûler. Dans l'intérieur de la chambre, on place des perches, à une hauteur de 3 mètres, pour recevoir les laines humides. Celles-ci sont enveloppées d'une toile de coton mouillée, afin d'éviter le dépôt du soufre, entraîné par volatilisation. Une fois la chambre garnie on ferme toutes les issues en les lutant avec de l'argile, on allume le soufre, et on bouche les ouvertures par lesquelles on l'a introduit. La quantité de soufre employée est 2 kilogrammes pour 100 kilogrammes de laine. L'acide sulfureux produit

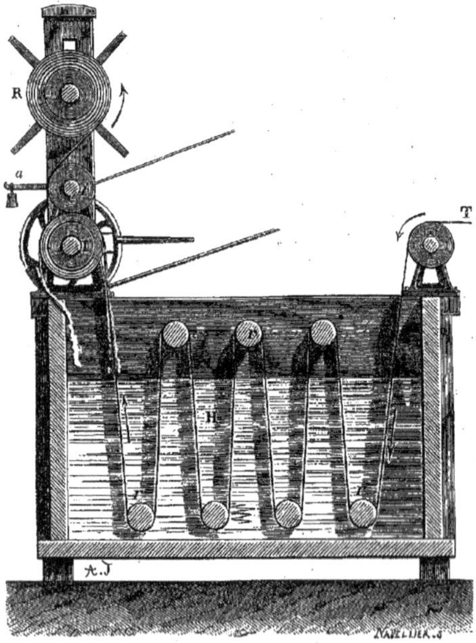

Fig. 220. — *Foulard*, ou cuve pour dégraisser les étoffes de laine.

dans la chambre, est dissous par l'eau dont la laine, est imbibée et agit comme décolorant.

La durée du soufrage varie entre 12 et 24 heures. Quand il est terminé, on ouvre toutes les issues et l'air ne tarde pas à sécher la laine. Si l'on est en hiver, on referme les ouvertures après avoir laissé échapper l'acide sulfureux, et on sèche au moyen de fourneaux chargés de braise en combustion.

Après avoir blanchi la laine par le soufrage, il faut la *désoufrer*. Pour cela on la lave à l'eau chaude, après quoi on la trempe dans un bain de savon. On emploie pour azurer le carmin ou indigo.

Un grave inconvénient est inhérent au blanchiment de la laine par l'acide sulfureux : la laine ainsi traitée jaunit au contact de l'air. M. Pion, d'Elbeuf, a voulu remplacer le soufrage sec par un bain fait avec une dissolution de sulfite de soude, que l'on décompose par l'acide chlorhydrique. Pour que la dissolution du sel et sa décomposition s'effectuent lentement, on prend le sel en gros cristaux. C'est toujours, comme on le voit, l'acide sulfureux qui opère le blanchiment de la laine ; seulement il est dégagé du sulfite par l'acide chlorhydrique, et se dissolvant dans l'eau dans laquelle plonge l'étoffe de laine, il la décolore. Le blanc ainsi obtenu est persistant et d'un bel éclat.

Passons au blanchiment de la soie en commençant par les fils en écheveaux.

Comme les fibres précédemment examinées, la soie est revêtue d'un enduit ou d'une espèce de vernis dont il faut la débarrasser avant de la soumettre aux opérations de la teinture. L'eau de savon chaude dissout ce vernis. On appelle *dégommage* et *décreusage en cuite*, les deux opérations qui servent à enlever ce vernis à la soie.

Le *dégommage* consiste à plonger les écheveaux de soie dans un bain chaud, à une température inférieure à 100 degrés ; ce bain contient 30 parties de savon blanc pour 100 parties de soie. On laisse la soie plongée dans le bain jusqu'à la disparition du vernis. Pour cela, on commence par porter l'eau à l'ébullition, puis on abaisse son degré de chaleur en ajoutant un peu d'eau fraîche et en cessant le feu. On trempe alors les écheveaux dans ce bain, en les maintenant sur des bâtons horizontaux posés au-dessus de la chaudière. De cette manière, le bain reste suffisamment chaud sans bouillir, car l'ébullition doit être évitée pour ne pas altérer les tissus. La matière colorante se sépare en même temps que le vernis, et la soie prend l'aspect et la souplesse nécessaires.

Après cette opération, la soie est tordue à la cheville; et on procède à la *cuite* ou *décreusage*.

La soie dégommée est *cuite*, ou *décreusée*, dans des sacs de toile qu'on plonge pendant une heure et demie dans une eau bouillante contenant 20 pour 100 de savon. Cela fait, on passe les écheveaux dans une eau légèrement acidulée par l'acide sulfurique, puis on dégorge la soie dans l'eau courante et on la fait sécher.

La perte de poids ou le déchet de la soie ainsi blanchie, est de 25 à 30 pour 100. Ce déchet est dû à l'albumine, à la gélatine, à la cire, aux substances grasses et résineuses qui sont enlevées par l'eau de savon. La matière colorante a également disparu; mais la soie retient toujours un peu d'albumine, qui lui donne de la consistance et du brillant.

On recommande de ménager l'emploi du savon, quand on n'a pas besoin de donner à la soie un blanc parfait, parce qu'une dissolution bouillante trop chargée de savon ôte à la soie une partie de ses qualités. C'est principalement à l'égard des soies qu'on veut teindre qu'il faut restreindre la dose du savon.

Un mode particulier de blanchiment s'applique à la soie, quand on veut lui donner une apparence agréable, c'est-à-dire obtenir le *blanc de Chine*, à reflet légèrement rougeâtre, le *blanc d'argent*, le *blanc d'azur* et le *blanc de fil*. On obtient ces nuances diverses en donnant à la soie déjà cuite, un bain de savon. Pour le *blanc de Chine*, on ajoute un peu de rocou. Les autres blancs s'obtiennent en azurant à divers degrés, soit avec l'indigo, soit avec d'autres bleus. Si on se sert d'indigo, il faut d'abord le laver plusieurs fois dans l'eau chaude; le réduire en poudre au moyen d'un mortier et le délayer dans l'eau bouillante. Après quelques moments de repos on décante et on verse dans le bain de savon le liquide tenant en suspension l'indigo. Au sortir du bain d'indigo, la soie est tordue et on la fait sécher sur des perches.

Les soies qui doivent servir à fabriquer les blondes et les gazes, ne peuvent pas subir la *cuite* ordinaire, attendu qu'il importe de conserver leur consistance. On prend alors des *écrus* de Chine, dont le blanc ne laisse rien à désirer, ou d'autres écrus analogues. On les trempe, on les lave dans un bain d'eau pure ou dans une eau de savon légère; on les tord, on les soufre et on les passe à l'azur.

On ne cuit pas la soie destinée à la fabrication des gazes, des blondes et des étoffes fermes, afin de leur conserver leur raideur naturelle. Les écrus les plus blancs sont passés à l'eau tiède, soufrés et azurés, et cela plusieurs fois. Pour les écrus jaunes, on se sert, à Lyon, d'un bain faible d'eau régale préparée avec 5 parties d'acide chlorhydrique et 1 partie d'acide azotique.

Un autre procédé consiste à les faire macérer dans de l'alcool à 36 degrés mélangé d'acide chlorhydrique pur; l'opération doit durer 48 heures. Le blanc obtenu est très-beau, mais la dépense est un peu trop forte.

Voici les opérations pour le blanchiment des étoffes de soie.

Les étoffes de soie, qui doivent subir la teinture ou l'impression, sont *dégommées* et *cuites* comme les fils ou à très-peu près.

Le bain de dégommage contient 250 grammes de savon pour chaque kilogramme d'étoffe sèche. L'ébullition dure 2 heures ou 3 heures. On met les tissus dans un sac, on fait dégorger et on décreuse dans un bain tout pareil. Ensuite on les plonge, pendant un quart d'heure, dans de l'eau contenant 15 grammes de cristaux de soude par pièce. On dégorge ces pièces et on les lave dans de l'eau un peu aiguisée d'acide sulfurique. On termine par un lavage à l'eau chaude, par un battage et un rinçage dans l'eau courante.

Avant le tissage, les étoffes de soie ont été quelquefois blanchies en partie; alors les opérations se simplifient. On se borne à les tremper dans l'eau courante, et à les faire bouillir, une heure environ, dans un bain composé de 60 grammes de savon et de 50 grammes de son par chaque pièce de 10 mètres. On les dégorge à l'eau chaude, à la température de 50 degrés; on termine par un lavage à grande eau et un battage.

Il est bon de soufrer légèrement les tissus de soie qui doivent être imprimés en couleur tendre.

Le blanchiment des fils et étoffes de soie s'opère à Lyon d'une manière un peu différente de celle qui vient d'être décrite. On blanchit les soies par l'acide sulfureux, après les avoir dégommées et cuites. On opère d'ailleurs le soufrage de la soie comme celui de la laine. Le soufrage donne un beau blanc à la soie. Il lui communique aussi le *froufrou* , que tout le monde connaît, et qui est produit par le froissement de la soie entre les doigts.

La soie qui doit être *moirée* n'est pas soufrée; celle employée en bonneterie ne l'est pas non plus.

Quand on veut teindre la soie soufrée, il faut commencer par la désoufrer, en la trempant dans de l'eau chaude.

On se demande souvent comment on opère en Chine, pour obtenir les magnifiques soies blanches que notre commerce reçoit de ce pays.

Les procédés de décreusage de la soie employés en Chine ont été décrits vers le commencement de notre siècle, par Michel de Grubbens.

La soie est blanchie chez les Chinois avec l'infusion d'une espèce de fève blanche particulière au pays, infusion à laquelle on ajoute de la farine de froment, du sel marin et de l'eau; à savoir : 5 parties de fèves, 5 de sel, 6 de farine et 25 d'eau.

Après avoir bien lavé les fèves, on les fait cuire avec de l'eau, dans une chaudière découverte, jusqu'à ce qu'elles deviennent assez molles pour se laisser écraser entre les doigts. Lorsqu'on a atteint le degré de cuisson indiqué, on retire la chaudière du feu, et on verse les fèves dans de grandes cuves plates, de 6 centimètres de hauteur sur $1^m,6$ de diamètre. On en forme une couche de 5 centimètres environ, et lorsqu'elles sont assez refroidies, on les mêle peu à peu avec la farine. Si la masse devient trop sèche et que la farine ne s'attache plus aux fèves, on y ajoute un peu d'eau provenant de la décoction. Tout étant bien mêlé, on étend cette pâte pour en former une couche égale, que l'on introduit dans une boîte munie d'un couvercle qui ferme exactement. Quand on s'aperçoit que la masse commence à se moisir, et qu'il se dégage de la chaleur, ce qui arrive après deux ou trois jours, on maintient le couvercle un peu soulevé, afin que l'air puisse circuler librement. On reconnaît que l'opération marche bien, lorsque la masse prend une couleur verte. Si, au contraire, elle devient noire, il faut aérer davantage et lever un peu plus le couvercle. Quand toute la masse est verte et moisie, ce qui a lieu ordinairement au bout de huit à dix jours, on enlève tout à fait le couvercle, et on expose pendant quelque temps à l'air et au soleil. Toute la masse étant fortement endurcie, on la coupe par tranches, qu'on jette dans une jarre de terre cuite; on y ajoute 250 livres d'eau et 50 livres de sel, si l'on a employé 50 livres de fèves. On agite fortement, et quand le tout est bien délayé, on introduit la soie dans le bain, et on expose le vase au soleil ; on remue deux fois par jour et on le tient couvert pendant la nuit.

Le blanchiment de la soie marche d'autant plus vite que la chaleur de l'atmosphère est plus grande; cependant bien qu'on n'entreprenne cette opération qu'en été, elle dure de deux à trois mois.

On laisse séjourner ce bain au soleil, jusqu'à ce que la dissolution paraisse complète et que le liquide soit devenu comme laiteux; alors on verse le tout dans des sacs de toile, et on presse ; la soie reste dans les sacs parfaitement blanche. Il n'y a plus qu'à la laver.

On prépare avec les résidus de l'opération précédente, des soies de qualités inférieures.

CHAPITRE V

LE BLANCHISSAGE. — PRINCIPAUX PROCÉDÉS POUR LE BLANCHISSAGE DU LINGE DANS L'ÉCONOMIE DOMESTIQUE ET DANS L'INDUSTRIE. — LE LESSIVAGE PAR COULAGE ; SES INCONVÉNIENTS. — PRINCIPAUX SYSTÈMES DE BLANCHISSAGE EMPLOYÉS DEPUIS LA FIN DE NOTRE SIÈCLE JUSQU'A NOS JOURS. — LE LESSIVAGE PAR AFFUSION ET CIRCULATION DES LESSIVES. — APPLICATIONS DIVERSES DE CE SYSTÈME RENÉ DUVOIR, — J. LAURIE, — DECOUDUN, ETC.

Le linge de corps était inconnu des anciens. Les Grecs et les Romains ne portaient pas de chemise, et les robes des femmes touchaient immédiatement la peau. Il en était de même pour les lits. Les Grecs et les Romains couchaient à nu sur des étoffes de laine, qui s'imprégnaient bientôt des malpropretés du corps.

C'est pour cela que les anciens prenaient si souvent des bains. C'était le soir, avant le principal repas, appelé la *cène* (*cœna*) que l'on prenait le bain, qui délassait des fatigues du jour, en même temps qu'il débarrassait le corps des impuretés qui s'y étaient fixées.

Nous avons sur les anciens l'avantage des tissus de chanvre et de coton, si faciles à laver. Mais parce que nous pouvons aisément changer de linge, cela ne nous doit pas dispenser de l'usage des lotions et des bains, et ce n'est qu'au détriment de la santé que l'on se dispense trop souvent, de nos jours, de cet usage salutaire.

Pour bien comprendre l'importance des pratiques de propreté, il faut savoir que la surface de la peau est le siége d'une exhalation très-abondante, que les physiologistes ont nommé *transpiration*, ou *perspiration cutanée*. La transpiration a pour but de débarrasser le corps de l'excès d'eau introduite par les boissons et par l'alimentation, et de servir, en même temps, à maintenir la température du corps. Le produit de la transpiration est une sorte de fluide vaporeux, qui est très-visible dans certains cas, par exemple quand on applique une partie de la peau à la surface d'une glace. Quelquefois même, en hiver, on la voit se dégager du corps, comme une fumée. La transpiration, c'est-à-dire la *sueur*, laisse, par son évaporation à la surface de la peau, un résidu qu'il est nécessaire d'enlever par le bain ou le lavage.

Outre la transpiration, il y a une autre excrétion de la peau formée par une humeur grasse qui est huileuse, destinée à conserver à la peau sa souplesse. C'est surtout cette humeur qui salit le linge.

Pour bien comprendre l'importance du blanchissage, il faut savoir que le linge sali a éprouvé une augmentation de poids d'environ 5 pour 100. Cet excès de poids est causé par une certaine quantité d'humidité et par des matières grasses, fibrineuses, albumineuses, etc., ainsi que par des poussières de toute nature qui adhèrent au tissu. Des taches, qui ne sont autre chose qu'une espèce de teinture malencontreuse, viennent encore détériorer sa blancheur. Toutes ces impuretés doivent être enlevées par le blanchissage.

On peut enlever les matières albumineuses ou gommeuses par des lavages à l'eau chaude ; mais les matières grasses ne peuvent disparaître qu'en employant des agents propres à les rendre solubles dans l'eau, tels que le savon et les lessives alcalines.

Quant aux taches, l'encre, la rouille, etc., elles exigent un autre traitement.

En général, l'*enlèvement des taches* doit précéder le *savonnage* et suivre le *lessivage*.

Les taches d'encre s'enlèvent avec le sel d'oseille, qui est un oxalate acide de potasse, lequel décompose le gallate de fer insoluble qui constitue l'encre, et le change en oxalate de peroxyde de fer, soluble dans l'eau, que le lavage à l'eau fait disparaître.

Avec l'acide sulfurique très-étendu et n'ayant que l'acidité de la limonade, on fait disparaître les taches de rouille : il se forme un sulfate de fer, soluble dans l'eau. Il faut ensuite laver la partie où était la tache après sa disparition.

On se sert d'essence de térébenthine pour enlever les taches de peinture.

L'eau de Javelle employée avec discrétion réussit assez bien pour dissoudre les substances qui forment les taches de fruits. Après l'action du chlorure, il faut laver largement la place.

On sait qu'en photographie, on emploie beaucoup d'azotate d'argent, et que de nombreuses taches de ce sel, soit sur la main, soit sur le linge, sont la suite de cet emploi. C'est le cyanure de potassium, poison très-violent, qui sert à enlever ces sortes de taches. On peut remplacer ce corps par une dissolution d'iodure de potassium à laquelle on a ajouté un peu d'iode. La tache est ensuite lavée à l'hyposulfite de soude concentré ; on n'a plus qu'à rincer avec de l'eau.

Autant que possible, on doit enlever les taches lorsqu'elles sont fraîches ; le traitement des vieilles taches présentant toujours plus de difficultés.

La malpropreté du linge provient, nous l'avons dit, de matières grasses, gommeuses et albumineuses. On conçoit que, conservé en cet état, le linge puisse être une cause d'insalubrité, par les exhalaisons que produisent les matières végétales et animales qui le souillent. Il serait, d'ailleurs, sujet à éprouver des altérations, par suite d'une fermentation, plus ou moins putride.

La chaleur favorise singulièrement l'altération du linge sale ; en outre, les rats et les souris viennent le ronger plus volontiers que quand il est blanc. Il y a, d'ailleurs, un autre inconvénient à l'entassement trop considérable et trop prolongé du linge sale. Les huiles, les graisses qui le tachent, absorbent peu à peu l'oxygène de l'air. Cette absorption se fait avec lenteur, mais quelquefois, et sans que l'on puisse bien en expliquer la cause, l'absorption de l'oxygène se fait avec un dégagement de chaleur assez considérable pour que l'inflammation du linge en soit la suite. Il arrive quelquefois que le linge servant aux lampistes pour nettoyer leurs lampes, et qui est nécessairement imprégné d'huile, absorbe assez promptement l'oxygène de l'air pour s'enflammer spontanément. Tel incendie d'un atelier ou d'un théâtre, dont on n'avait pu découvrir la cause, ne peut s'expliquer que par une combustion spontanée du linge dans la lampisterie.

Thénard racontait, dans ses cours, que, se trouvant un jour chez un peintre, il vit une boulette de coton dont le peintre venait de se servir pour essuyer son tableau, et qu'il jetait loin de lui, s'embraser pendant son court passage à travers l'air. Les pharmaciens préparent l'*onguent populeum* en faisant bouillir de l'huile d'olive avec diverses plantes, et l'huile de jusquiame s'obtient en faisant bouillir de l'huile avec des tiges de jusquiame noire. Or, il arrive quelquefois que les herbes ainsi imprégnées d'huile, et que l'on jette après l'opération, demeurant en tas exposées à l'air, s'échauffent et finissent par s'enflammer, tant est rapide et énergique l'absorption de l'oxygène de l'air par les tissus végétaux très-divisés imprégnés d'un corps gras.

On comprend, d'après ces faits, que le linge sale, couvert de taches de graisse, puisse absorber l'oxygène de l'air, et même s'embraser. Nous lisons dans une *Conférence sur le blanchissage* faite par M. Homberg : « J'ai moi-même vu le feu prendre spontanément à un tas de torchons sales laissés dans le coin d'une cuisine (1). »

Il est bon de faire remarquer, à l'égard des taches albumineuses, qu'il faut les dissoudre à l'eau froide, parce que l'eau chaude coagule l'albumine, comme tout le monde a été à même de le vérifier sur le blanc d'œuf, qui n'est autre chose que de l'albumine coagulée par la chaleur.

L'eau joue le rôle principal dans le blanchissage. Il est donc nécessaire de parler ici des qualités de l'eau employée au blanchissage.

L'eau débarrasse facilement le linge de toile et de coton de toutes matières étrangères; mais elle-même n'est pas toujours pure. Ainsi qu'on l'a vu dans la Notice sur l'*Eau*, qui fait partie de ce volume, l'eau de puits renferme en dissolution une grande quantité de sels de chaux; l'eau de rivière en contient moins, et l'eau de pluie n'en renferme aucune trace.

Toutes les eaux ne sont pas également bonnes pour le blanchissage. Il en est même que l'on ne saurait employer qu'après leur avoir fait subir une préparation préalable.

Pour l'industrie des blanchisseurs, il importe d'avoir une eau qui dissolve parfaitement le savon. L'expérience a appris depuis bien long-temps que les eaux de pluie sont les meilleures pour cet objet; celles des rivières viennent ensuite.

La propriété de dissoudre le savon en entraîne d'autres avec elle. Une eau qui dissout bien le savon est presque toujours bonne pour tous les usages de l'économie domestique, et elle est toujours excellente pour le blanchissage. Les eaux des étangs et des marais dissolvent bien le savon, mais leur stagnation les rend impures.

Les corps gras ne sont pas solubles dans l'eau, mais ils deviennent solubles dans ce liquide, lorsqu'on les a transformés en *savon*. C'est par la combinaison des principes constituants du corps gras avec les alcalis, qu'on produit les savons. Les acides gras renfermés dans les graisses et dans les huiles, se combinent avec la potasse, la soude, l'ammoniaque, pour former des savons solubles dans l'eau. Aussi les dissolutions de soude, de potasse, d'ammoniaque ainsi que les carbonates de ces bases, blanchissent-ils parfaitement le linge, parce que ces dissolutions, en s'emparant des graisses, enlèvent encore tous les corps étrangers qui adhéraient à ces graisses. D'autres matières, comme la Saponaire, communiquent à l'eau la propriété de dissoudre les corps gras, dans une certaine mesure; mais les lessives de carbonate de soude ou de potasse, ou les cendres de bois, qui contiennent les mêmes sels, sont les agents les plus efficaces pour le blanchissage du linge.

Comment agit le savon dans le blanchissage? Cette substance permet à l'eau bouillante d'enlever les corps gras qui tachent le linge. En effet, l'excès d'alcali contenu dans le savon saponifie ces corps gras. Le savon agit donc comme un alcali faible.

(1) *Association philotechnique, Entretiens populaires* publiés par Évariste Thévenin. In-12. Paris, 1862, page 294.

Le savon est d'autant meilleur qu'il renferme moins d'eau. Le *savon marbré de Marseille* est renommé pour sa vertu détersive. C'est, comme nous l'avons dit dans la notice sur le *Savon*, qui fait partie du tome Ier de ce recueil, le plus avantageux de tous les savons, parce qu'il n'est pas possible d'augmenter les quantités d'eau qu'il renferme.

Le blanchissage du linge comprend plusieurs opérations : le *trempage*, le *lessivage*, le *savonnage*, le *rinçage* et le *repassage*.

Disons d'abord comment se sont exécutées de tout temps et presque en tous pays ces opérations; nous verrons ensuite quels perfectionnements on y a introduits de nos jours.

Lessivage. — Un grand cuvier de bois placé dans la buanderie ; à côté de ce cuvier une grande chaudière dans laquelle on fait bouillir de l'eau : tels sont les seuls appareils nécessaires à l'opération du lessivage tel qu'on le pratique dans tous les pays. On remplit le cuvier avec le linge sale, en mettant le gros linge au fond et le linge fin pardessus. On recouvre le cuvier ainsi rempli d'une grosse toile liée avec une corde qui contourne le cuvier. On charge la toile de cendres de bois, elle se déprime sous ce poids et on verse l'eau bouillante sur ces cendres. L'eau chaude dissout le carbonate de potasse contenu dans les cendres, et forme une *lessive*, c'est-à-dire une dissolution alcaline, qui, traversant le linge, opère lentement la saponification des matières grasses. On ne cesse de verser de l'eau bouillante que lorsque le cuvier est rempli. Alors, on ouvre un robinet situé à sa partie inférieure, on recueille la lessive qui s'écoule et on la reporte dans la chaudière, pour la réchauffer. On reprend cette lessive chaude et on la reverse dans le cuvier, sur les cendres que l'on a remplacées par des cendres nouvelles. On continue ce manége pendant quelques heures, au bout desquelles le lessivage est terminé.

Il est évident qu'au lieu de cendres, on pourrait se servir avec avantage de carbonate de potasse ou de soude du commerce. Et c'est ce que l'on fait souvent.

Savonnage, rinçage. — Le linge provenant du lessivage est porté au lavoir ou à la rivière, pour être savonné, rincé, battu, frotté, jusqu'à ce qu'il soit exempt de toute impureté. En effet, le blanchissage opéré par le *coulage* de la lessive, ayant imparfaitement saponifié les corps gras, il est resté sur le linge des taches qui n'ont pas été atteintes par l'alcali ou des traces jaunes qu'il faut enlever par le savon.

La meilleure manière de savonner, c'est de froisser entre les mains, avec du savon, les parties du linge qui présentent des taches. Mais comme cette main-d'œuvre est longue, pénible et absorbe beaucoup de savon, on a cherché des moyens plus prompts et plus économiques. On se sert suivant les pays de brosses, de planches cannelées ou de battoirs. De tels auxiliaires économisent sans doute le temps et le savon, mais ils usent considérablement le linge.

Dans l'est de la France, on frotte les étoffes entre deux planches cannelées, ou avec les mains contre une planche cannelée en forme de persienne. C'est là un des moyens les plus funestes pour la conservation du linge.

On a remplacé ces persiennes de bois par des plaques de caoutchouc de la même forme, ce qui est une amélioration, mais ne fait que diminuer le degré de détérioration du linge.

Les blanchisseurs de Paris se servent d'une brosse de chiendent, qui est plus destructive encore, et qui a pourtant l'avantage sur les persiennes de l'Est de n'agir que sur les parties tachées.

Le battoir, dont on se sert dans le plus grand nombre des pays, est le meilleur outil, s'il est bien manié ; mais il demande de l'adresse et de l'habitude. Si le linge mouillé contient de l'air, ou s'il reçoit les coups obliquement, il ne résiste pas longtemps aux coups du battoir.

Après le savonnage, on tord le linge, pour le passer au bleu, dans une cuve contenant de l'eau chargée d'un peu d'indigo, de bleu de prusse ou d'outre-mer gommé.

Pour obtenir le degré voulu de bleu, on agite dans l'eau un sachet renfermant des boules de bleu, jusqu'à ce qu'on ait la teinte désirée.

Si le linge doit être empesé, on agite le petit sac de bleu dans de l'empois d'amidon, auquel on ajoute quelquefois un peu de dissolution de borax.

Il vaut mieux *essorer* le linge que de le tordre.

L'*essorage* consiste à imprimer au linge un mouvement de rotation rapide. A cet effet, on place le linge mouillé dans un tambour fermé tout autour avec une grille ou une feuille en métal trouée, et qui peut tourner au moyen d'une manivelle. La vitesse étant de 20 mètres par seconde pour la circonférence, on peut, en 10 minutes, enlever tout l'excès d'eau qui imprègne 40 kilogrammes de linge.

On fait également usage de la presse pour remplacer l'essoreuse et la torsion.

Séchage. — Quel que soit le mode employé pour expulser l'eau du linge, il faut le faire sécher à l'air libre, ou dans des étuves chauffées par de l'air chaud ou de la vapeur.

Les inconvénients du séchage à l'air libre sont la lenteur que peuvent occasionner les changements d'humidité et de sécheresse de l'atmosphère. De plus, le linge peut geler l'hiver, ce qui altère sa solidité.

Il est donc préférable de sécher le linge dans des séchoirs à air chaud.

On plie le gros linge pour le serrer ; celui qui doit être repassé est légèrement humecté avant de subir cette dernière opération.

Nous venons de décrire le système encore en usage aujourd'hui dans presque tous les pays, principalement dans les campagnes, pour le blanchissage du linge. C'est ce que l'on nomme le *coulage de la lessive.* Il n'a en sa faveur que la facilité de son installation dans les buanderies, dans les cuisines, dans les hangars, etc., mais surtout cette grande puissance qui s'appelle la routine. Quant à ses inconvénients, ils sont innombrables.

Le lessivage du linge opéré par le *coulage* remplit la pièce destinée à ce service d'une vapeur qui obscurcit l'air, se condense sur les murs et les plafonds, qu'elle détériore, tout en produisant une perte de chaleur, et, par suite, de combustible, qui représente une assez forte dépense, si l'on opère sur de grandes masses de linge. Pour rapporter continuellement la lessive refroidie qui a traversé le linge, à la chaudière, afin de la réchauffer, et la reverser, une fois réchauffée sur le linge, il faut un travail pénible, qui expose les femmes qui en sont chargées au contact continuel de la lessive bouillante. Pendant le transport, il y a une perte d'eau, par suite d'écoulement, et, dès lors, perte de lessive et de chaleur. Quand elles reversent la lessive chaude dans le cuvier, les femmes se brûlent les mains, et, quelques précautions qu'elles prennent, elles sont souvent victimes d'accidents que leur prudence n'a pu prévoir.

En raison des pertes du calorique résultant de l'évaporation continuelle de l'eau sur tant de surfaces, on peut dire que la lessive par *coulage* fait perdre la moitié de la chaleur fournie par le combustible.

La lessive qui traverse le linge n'est jamais à 100°, et la saponification des taches est incomplète avec ces lessives insuffisamment chauffées. Les taches n'étant jamais

Fig. 221. — Le savonnage après le coulage de la lessive.

entièrement enlevées par la lessive, il est indispensable de savonner le linge, pour enlever les dernières taches, ce qui ajoute à la dépense.

Ces inconvénients si graves ont été compris de bonne heure. Aussi, depuis un siècle, un grand nombre d'essais ont-ils été faits pour substituer à ce mode grossier de blanchissage un procédé nouveau qui fût en rapport avec les procédés de la science et de l'industrie. Nous allons passer en revue les diverses méthodes qui ont été essayées depuis la fin du siècle dernier jusqu'à nos jours, pour exécuter le blanchissage avec promptitude et économie, sans détériorer le linge, ni occasionner d'accidents aux opérateurs.

Fait bien remarquable, un système excellent pour la conservation du linge et pour l'économie de l'opération, c'est-à-dire le *lessivage à la vapeur sans pression*, fut proposé dès le commencement de notre siècle. Mais cette méthode fut abandonnée et tomba pendant cinquante ans dans un complet oubli. Ce n'est que vers 1848 que ce système, repris et mis judicieusement en pratique, reparut et fit apprécier ses avantages.

Avant 1789, deux établissements s'étaient fondés près de Paris, pour exécuter le blanchissage par la vapeur, dont le véritable inventeur est inconnu et qui, dit-on, était en usage dans l'Inde, de temps immémorial. Ces deux établissements furent ruinés par les troubles révolutionnaires. Dès que l'ordre fut un peu rétabli, la veuve d'un sieur Monet, qui avait créé à Bercy l'un de ces établissements, s'adressa au Directoire, pour solliciter un secours pour elle et ses enfants. Elle faisait connaître, dans sa supplique, le procédé de son mari, qui était à très-peu près celui du blanchissage à la vapeur tel qu'on le pratique aujourd'hui, et que nous décrirons plus loin.

Chaptal s'occupait alors du blanchiment des fils et des toiles, mais il ne s'était pas encore inquiété du blanchissage du linge. Frappé des résultats qui avaient été obtenus à la buanderie de Bercy, qu'il trouva décrits dans la pétition de la veuve Monet, Chaptal fit de nombreuses expériences, et ne tarda pas à regarder le blanchissage à la vapeur comme le procédé le plus rationnel et le plus économique que l'on pût appliquer au blanchissage du linge.

Peu de temps après, Chaptal ayant été nommé ministre de l'intérieur, fit étudier cette question. Divers chimistes, parmi lesquels nous citerons Bosc, Roard, Curaudeau, Bourgeron, de Layre et Cadet de Vaux, expérimentèrent ce nouveau procédé. Chaptal chargea Cadet de Vaux de rédiger une *Instruction populaire* sur le *blanchiment à la vapeur* qui parut en 1805.

Malgré les recommandations de Chaptal et de Cadet de Vaux, ce procédé fut accueilli avec peu de faveur. On se défia de la température élevée à laquelle le linge était soumis. On crut que la vapeur *brûlait le linge*, ce qui n'est vrai que lorsque la vapeur est portée à une trop haute température ou appliquée au linge sec. Dans les buanderies qui furent établies à Paris, vers 1805, d'après l'*Instruction* de Cadet de Vaux, on employait la vapeur produite par des générateurs à haute pression. Cette vapeur, d'une température trop élevée, détériorait le linge, y coagulait les matières albumineuses et le laissait maculé de taches difficiles à enlever. Le préjugé que « la vapeur brûle le linge» se répandit ainsi dans le public, et fit rejeter cette méthode, jusqu'au moment où des appareils simples, mais, d'ailleurs, construits sur les mêmes principes posés dans l'*Instruction* de Cadet de Vaux, sont venus rendre évidents les avantages du blanchissage à la vapeur.

Le procédé pour le blanchissage du linge à la vapeur, bien que déjà décrit dans l'*Instruction* de Cadet de Vaux, fut breveté en 1847, au nom de M. S. Charles et Cie, sous ce titre : *Appareil de lessivage à la vapeur perfectionné* (1).

Ce procédé consiste à plonger le linge sale dans de l'eau contenant du carbonate de soude en proportion qui sera indiquée plus loin, à l'imprégner bien également de cette lessive, puis à l'exposer à l'action de la vapeur, qui, élevant progressivement sa température jusqu'à 100°, sans dépasser ce terme, saponifie les matières grasses du linge sale. Il suffit de retirer le linge, après environ deux heures d'action de la vapeur, de le savonner et de le rincer à grande eau, pour obtenir le linge parfaitement blanc.

Cependant le préjugé « que la vapeur brûle le linge » continuant de régner, on chercha d'autres procédés.

Le premier système qui fut employé pour opérer le lessivage du linge avec économie et promptitude, fut le *blanchissage par affusion des lessives*. Nous avons décrit, dans la première partie de cette Notice, la *cuve à projection* inventée par Widmer, de Jouy, pour blanchir par les lessives, alternativement avec le chlorure de chaux, les toiles de lin, de chanvre et de coton. La *cuve à projection* fut appliquée, dès son invention par Widmer, au blanchissage du linge.

Si l'on veut bien se reporter à la figure 215 (page 490) on verra que cet appareil se com-

(1) *Brevets d'invention* de 1842 à 1847 et *Bulletin de la Société d'Encouragement*, 1847.

pose d'une chaudière pleine d'eau, dans laquelle est placé un cuvier en bois, le fond de ce cuvier étant percé de larges trous. On plaçait le linge sale dans le cuvier, la lessive dans la chaudière, et l'on portait la lessive à l'ébullition. La vapeur de l'eau bouillante, n'ayant point d'issue, pressait la surface du liquide et le forçait à s'élever dans un tube, qui, plongeant presque au fond de la chaudière, se terminait, à sa partie supérieure, par un champignon conique, contre lequel la lessive se projetait, pour se déverser ensuite uniformément sur la masse de linge contenue dans le cuvier. Ce liquide traversant le linge sale, de haut en bas, revenait à la chaudière, en traversant les trous du fond du cuvier. Il y avait donc affusion et circulation continue de la lessive à travers le linge.

Cette circulation durait environ six heures. Après l'opération, on retirait le liquide au moyen d'un robinet qui existait à la partie inférieure de la chaudière.

La *cuve à projection* était un progrès sur le vieux et classique système du *coulage de la lessive*, patronné par les ménagères du monde entier, bien qu'il soit tout à la fois dispendieux et incommode; mais il produisait encore une grande perte de chaleur, par l'évaporation du liquide dans lequel baignait le linge qui restait exposé à l'air libre pendant toute l'opération. En outre, le foyer, mal disposé, donnait un mauvais emploi du combustible.

Vers 1850, on vit paraître un grand nombre de perfectionnements du système d'*affusion et de circulation* de la lessive sur le linge par la pression de la vapeur. Il faut citer particulièrement ici les appareils de lessivage de René Duvoir, de Descroizilles, de Bardel, de Ducoudun, de Gay, constructeurs français; ceux de Laurie et de Guxon, constructeurs anglais.

L'appareil de ce genre qui obtint le plus de faveur est celui de J. Laurie, de Glasgow. La lessive n'était plus élevée par la pression de la vapeur, mais par une pompe aspirante, qui la projetait sur un disque, d'où elle se répandait à la surface du linge, tant que la vapeur n'avait pas une tension suffisante. Quand la tension de la vapeur était devenue assez forte, le liquide, s'élevant de lui-même par un tube latéral, ouvrait la soupape, et déterminait ainsi une circulation continue.

Ce système ressemble assez au *coulage* ordinaire, perfectionné par l'addition d'une pompe. La lessive s'élevait avec des températures successivement croissantes, ce qui était un avantage, mais la température de 100° n'était atteinte que vers la fin de l'opération, d'où résultait une saponification incomplète. En outre, la lessive se refroidissait en descendant dans le cuvier.

L'appareil de René Duvoir, constructeur de Paris, qui réalise la circulation de la lessive bouillante par des moyens très-rationnels, est celui qui a le plus attiré l'attention, et qui a été adopté dans le plus grand nombre d'établissements publics. René Duvoir sépara la chaudière du cuvier, et, tout en conservant le principe de la *chaudière à projection* de Widmer, il réalisa la circulation de la lessive par des moyens très-bien entendus.

La figure 222 (page 513) représente l'appareil de René Duvoir pour le blanchissage par l'affusion et la circulation continue de la lessive. C, est une chaudière cylindrique en cuivre, fermée au moyen d'un couvercle à vis de pression. Une soupape à flotteur fixée sur ce couvercle, ne s'ouvre que quand le niveau du liquide est descendu à une certaine limite. A, est un cuvier en bois de chêne, cerclé de fer. Ce cuvier a un faux-fonds en bois découpé en arcades, *a*. Le couvercle B du cuvier est en cuivre. Il est attaché à une corde qui, passant sur des poulies fixées au plafond, peut l'enlever ou l'abaisser à volonté, au moyen d'un treuil.

Après l'avoir fait tremper, on entasse le linge sale dans ce cuvier.

La lessive contenue dans la chaudière C pressée par la vapeur, passe par le tuyau E qui perce le fond du cuvier, s'élève jusqu'à la partie supérieure du cuvier, et se projette, par le champignon qui termine le tube E, dans toutes les directions. Après avoir traversé le linge, la lessive descend dans le bas du cuvier. Là, c'est-à-dire devant le tuyau F, est une soupape qui ne s'ouvre que quand une assez grande quantité de liquide s'est réunie au fond du cuvier. La lessive revient, au moyen de ce tuyau, dans la chaudière C.

G est le fourneau, K, la cheminée. Les produits de la combustion circulent deux fois autour de la chaudière, avant de se rendre dans la cheminée.

On procède comme il suit au blanchissage, avec cet appareil. On place au fond du cuvier le carbonate de soude, et on y verse de l'eau jusqu'à ce que la chaudière soit remplie, et que le niveau du liquide soit arrivé à la hauteur du faux-fonds *a* qui supporte le linge. On place le linge régulièrement et sans trop le tasser par-dessus le faux-fonds, et on abaisse le couvercle du cuvier. On allume le fourneau et on porte l'eau à l'ébullition. La pression de la vapeur fait monter la lessive dans le tuyau EE, et la projette contre le champignon, qui la répartit uniformément sur toute la surface du linge. La lessive descend à travers le linge, et se réunit à la partie inférieure du cuvier. Dès lors, le niveau du liquide s'abaissant dans la chaudière, la soupape s'ouvre. La lessive revient alors, d'elle-même, à la chaudière, s'y réchauffe et retourne encore dans le cuvier par la pression de la vapeur.

Ainsi s'établit une circulation continuelle de la lessive bouillante qui produit un lessivage prompt et complet du linge.

L'appareil de René Duvoir est resté en usage dans plusieurs établissements publics de Paris, tels que les hôpitaux, casernes, fabriques, etc., mais après avoir été perfectionné dans la manière de produire la pression de la vapeur.

Dans le *système Decoudun*, perfectionnement du système René Duvoir, le générateur de la vapeur est séparé, comme dans le système René Duvoir, du cuvier contenant le linge. La lessive, d'abord froide, est peu à peu échauffée par la vapeur, et forcée ensuite, par la pression de cette vapeur, de s'élever dans un tube central, d'où elle se déverse sur le linge et redescend à la chaudière pour s'y réchauffer. On rend intermittente l'ascension de la lessive au moyen de robinets et de soupapes. Cet appareil prend beaucoup de place, et entraîne à beaucoup de dépenses.

Gay modifia l'appareil de Ducoudun de manière à en faciliter la manœuvre. Il plaça sur le trajet de la vapeur une chambre autoclave dans laquelle s'opère le chauffage de la lessive et le réchauffement de cette même lessive quand elle redescend du cuvier.

Nous ne parlerons que pour mémoire d'un autre appareil pour le lessivage par la circulation continue de la lessive dans lequel on a banni la pression de la vapeur. Appliqué successivement par Hartmann et Schopper, par Descroizilles et Chevalier, ce système a été reconnu insuffisant et a été abandonné. Son principe était la circulation de la lessive, non par la vapeur, mais par le phénomène des vases communiquants. L'appareil se composait d'un cuvier contenant le linge sale, et d'une chaudière, l'un et l'autre vase étant de même hauteur, et communiquant par deux tubes horizontaux situés, l'un vers le fond, l'autre à quelques centimètres au-dessous du couvercle.

La figure 218 (page 495), qui représente la *cuve à circulation* en usage dans les fabriques pour le blanchiment des toiles, donnera

Fig. 222. — Appareil de René Duvoir pour le lessivage au moyen de l'affusion et de la circulation de la lessive par la pression de la vapeur.

une idée exacte de cet appareil de blanchissage, qui n'est autre chose que la *cuve à circulation* des fabriques de toiles appliquée au blanchissage.

On remplit de lessive la chaudière et le cuvier jusqu'au-dessus du tube supérieur, *r*. Le liquide échauffé s'élève, passe par le tube supérieur *r'* et, après s'être refroidi en traversant le linge, retourne au cuvier. Des robinets permettent de régler convenablement ce passage du liquide.

Ce système a l'inconvénient d'exiger un grand excès de lessive, puisque le cuvier et la chaudière doivent en être remplis, ce qui amène une dépense considérable de combustible et de carbonate de soude. En outre, la température est toujours insuffisante pour une bonne saponification des corps gras.

CHAPITRE VI

LE LESSIVAGE A LA VAPEUR. — L'APPAREIL DE ROUGET DE LISLE POUR LE LESSIVAGE A LA VAPEUR. — BUANDERIE DOMESTIQUE A LA VAPEUR.

Dans tous les appareils que nous venons de décrire et qui ont été adoptés dans les grands établissements publics depuis l'année 1840 environ, on faisait toujours agir les lessives bouillantes sur le linge sale. C'était, au fond, l'ancien système de *coulage de la lessive* mis en pratique d'une manière plus savante. On avait complétement perdu de vue l'idée du blanchissage à la vapeur, découvert à la fin du siècle dernier, patronné, au commencement de notre siècle, par Chaptal, et qui avait été soumis à l'expérience par Bosc, Roard, Cadet de Vaux, Curaudeau, Bourgeron. On songea, vers 1847, à expérimenter de nouveau cette méthode délaissée. On reprit les *Instructions* publiées en 1805 par Cadet de Vaux, et l'on fit revivre le lessivage à vapeur.

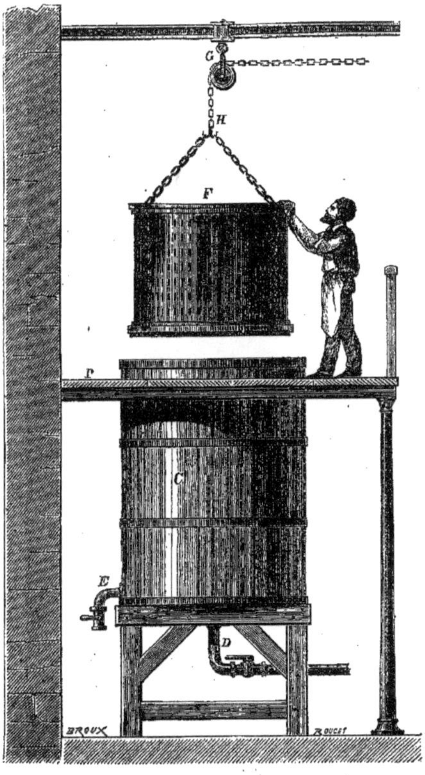

Fig. 223. — Appareil de Rouget de Lisle pour le blanchissage à la vapeur.

Le premier appareil dans lequel le lessivage à vapeur fut pratiqué, était trop compliqué pour pouvoir être adopté dans la pratique. Ce procédé consistait à tremper le linge dans la lessive alcaline, à l'égoutter et à l'exposer à l'action de la vapeur, dans un tonneau de bois que l'on remplissait de vapeur à 100° au moyen d'un générateur.

La figure 223 représente cet appareil dont l'invention est due à Rouget de Lisle, petit-fils, si nous ne nous trompons, de l'auteur de la *Marseillaise.*

C, est un cuvier en bois, hermétiquement fermé par un couvercle et dans lequel on fait arriver la vapeur produite dans un générateur, au moyen du tuyau D; il est monté sur un trépied de bois.

E, est le tuyau qui sert à faire écouler la vapeur condensée ; G, une poulie fixée à une espèce de chariot, qui roule sur une poutre horizontale supérieure AA, qui fait l'office d'un rail de chemin de fer. Une chaîne de fer, H, sert à faire descendre le linge imbibé de lessive, dans un panier en osier ou en tôle à claire-voie, F, pour l'exposer, pendant une heure ou deux, à l'action de la vapeur qui remplit le tonneau C, et à retirer le panier quand cet effet a été produit. P est un plancher, sur lequel marche l'ouvrier pour faire le service de l'appareil.

Le système de Rouget de Lisle pour le blanchissage par la vapeur n'était pas conçu dans des données suffisamment pratiques. Le procédé qui fut décrit et breveté en 1847, sous ce titre : *Appareil de lessivage à la vapeur perfectionné par MM. Charles et Cie*, présentait, au contraire, les plus grandes facilités d'exécution.

Voici la description de cet appareil, aujourd'hui en usage chez beaucoup de particuliers et chez un certain nombre de blanchisseurs.

On fait tremper le linge à blanchir dans une lessive alcaline, composée de 10 parties de carbonate de soude et d'une partie de savon ; elle doit marquer 2 ou 3° à l'aréomètre quand le linge est sec. S'il est humide, il faut que la lessive marque 4 à 6° à l'aréomètre.

Le linge fin est immergé dans la lessive la plus faible; on le tord ensuite et on l'exprime au moyen de la petite essoreuse que représente la figure 224.

Cette essoreuse se compose de deux cylindres de fonte revêtus de caoutchouc, tournant en sens inverse l'un de l'autre, au moyen d'une manivelle. C'est une sorte de

Fig. 224. — Essoreuse de la buanderie à la vapeur.

laminoir sous lequel on fait passer le linge, pour en exprimer le liquide.

On renforce la lessive, pour y plonger le gros linge, que l'on met dans un cuvier posé par-dessus un chaudron renfermant de l'eau pure.

Ce chaudron (fig. 225) est fermé en bas par un grillage dans lequel on dresse des bâtons, qui permettront l'arrivée de la vapeur dans les vides qui seront formés quand on les retirera. Le linge doit remplir le cuvier, et être faiblement tassé entre les bâtons, en plaçant le plus fin en dessus.

Le linge étant ainsi disposé, on enlève les bâtons, on place le couvercle du cuvier et on fait du feu sous le chaudron. La vapeur qui se forme bientôt, traversant les trous ménagés à travers la masse, passe dans le linge et l'échauffe. Il arrive un moment où elle s'échappe autour du couvercle. L'opération est alors finie. Le linge, qui a acquis la chaleur de l'eau bouillante, est retiré, savonné et rincé.

Fig. 225. — Buanderie à la vapeur sans pression.

Voici, du reste, le texte du brevet, qui contient une description plus détaillée du procédé :

« On verse dans un baquet autant de litres d'eau qu'on a de kilogrammes de linge sec à lessiver. On y fait dissoudre 1 kilogramme de cristaux de soude pour 25 litres d'eau. On trempe le linge non essangé dans le liquide préparé, en commençant par le moins sale. On le tord au fur et à mesure, et on le met en tas dans un autre baquet.

Le fourneau étant disposé, on y place la chaudière et on l'emplit d'eau pure. Après avoir introduit dans le cuvier le plateau et les autres accessoires, on y jette le linge, le plus sale en premier, et on le remplit en finissant par le moins sale. On retire ensuite le bâton central, on place le couvercle et on allume le feu. La vapeur de l'eau pénètre le linge en passant à travers le trou central du plateau et par les intervalles laissés entre les autres bâtons.

Après avoir entretenu le feu pendant deux à trois heures, le linge se trouve suffisamment détergé, et l'eau de la chaudière a reçu toutes les impuretés.

Celles qui n'ont pas été entraînées disparaissent par un simple rinçage à l'eau. On lave ensuite le linge en le jettant dans l'eau, le battant et n'employant le savonnage que pour enlever les taches. »

L'opération ne dure pas plus de quatre heures et donne de très-bons résultats, pourvu toutefois qu'elle soit bien conduite.

CHAPITRE VII

MACHINES CONSTRUITES POUR EXÉCUTER LES OPÉRATIONS DU LESSIVAGE ET DU SAVONNAGE. — MACHINES A LAVER. — MACHINES A SAVONNER.

Dans l'industrie moderne on tend à substituer partout la machine au travail manuel. Le blanchissage du linge n'a pas été exclu de ce principe, et un assez grand nombre de systèmes sont en usage, en divers pays, pour effectuer mécaniquement le lessivage du linge et son savonnage. Nous terminerons cette Notice par la description de ces machines.

Une machine construite en Angleterre par M. Thomas Bradforth, et qui figura à l'Exposition universelle de 1867, permet de lessiver, de laver, de tordre et de calandrer le linge, en prenant le moins d'espace possible.

La figure 226, que nous empruntons, ainsi que sa description, à l'article de M. Kœppelin que nous avons déjà cité (1), représente la *Washing machine* de M. Thomas Bradforth. La partie essentielle de cette machine est une caisse octogone en bois qui est traversée intérieurement par deux palettes A. Ces deux palettes, placées en face l'une de l'autre, remuent le linge pendant le mouvement de rotation imprimé à la caisse.

A la caisse s'adapte un couvercle, qui sert à introduire le linge. Au-dessus sont les deux cylindres servant à calandrer ou à lustrer. Deux manivelles servent, l'une G à faire tourner la roue de la calandre, et l'autre H, à faire tourner celle de la caisse à savonner. Le poids I, au moyen du levier P, sert à presser les rouleaux supérieurs.

Le maniement de cette machine est facile. On commence par faire tremper le linge dans l'eau, puis on l'introduit dans la caisse, par l'ouverture B, qui existe à sa partie supérieure. La caisse est remplie d'eau de savon bouillante, et on place le couvercle que l'on serre avec des vis. On imprime alors à la caisse une vitesse de vingt à vingt-cinq tours par minute, en ayant soin de s'arrêter un moment à chaque tour, pour que le linge puisse venir frapper contre les palettes de l'intérieur. Au bout de huit à dix minutes, on remplace le linge ainsi traité par d'autre linge, sur lequel on opère de même. Après ce savonnage, on fait écouler l'eau de savon et on la remplace par de l'eau bouillante. On tourne pendant quelques minutes et on rince ensuite à l'eau froide, dans la même machine.

On remplace la torsion à la main par les deux rouleaux presseurs qui sont installés au-dessus de la caisse à laver. Le rouleau supérieur, D, est enveloppé de flanelle. On place au-dessus de l'ouverture de la caisse, alors immobile, une petite planche aboutissant au second rouleau E, qui sert à faire retomber dans la caisse l'eau de savon qui s'écoulera du linge. Une pression suffisante est communiquée aux rouleaux par l'action du levier P et du poids I. On fait tourner la roue au moyen de la manivelle G, et le linge, passant entre les rouleaux, perd tout son liquide. Le linge ne doit pas toujours passer au même endroit entre les cylindres, pour éviter de les creuser.

On calandre avec les mêmes rouleaux en pressant ceux-ci le plus possible, et en plaçant le poids I à l'extrémité de son levier. La planchette de la plus basse rainure est mise sur la rainure la plus haute, on retourne la caisse sens dessus dessous, et le

(1) *Études sur l'Exposition de* 1867, tome VI, page 417.

Fig. 226. — Machine anglaise à laver le linge, servant aussi à le sécher et à le calandrer.

fond sert de table pour calandrer le linge. Les pièces de linge étant dépliées, on les fait passer lentement entre les cylindres à plusieurs reprises.

On prépare l'eau de savon que l'on doit introduire dans la caisse à laver, en dissolvant 500 grammes de savon dans 4 litres d'eau ; on obtient ainsi une gelée qu'on mêle à l'eau bouillante, au moment de s'en servir. On peut encore délayer une solution de 1 kilogramme de savon ordinaire avec du savon résineux préparé avec 15 centilitres d'essence de térébenthine et le double d'ammoniaque, dans 50 ou 60 litres d'eau chauffée à 40°.

Machine à laver et à dégraisser. — Des savonneuses, des lessiveuses de ménage, à pression déterminée par la vapeur et à circulation automatique, construites par M. Juquin, à Paris, ainsi qu'une machine à laver et à dégraisser les étoffes, de M. J. Waszkiewicz, à Paris, se distinguaient parmi les autres appareils du même genre qui figuraient à l'Exposition de 1867. Tout consiste à faire frapper le linge contre les parois d'une caisse qui tourne sur elle-même et qui contient le linge ou les étoffes, ainsi que le liquide servant à dégraisser.

La caisse, qui a la forme d'un cube, tourne sur des tourillons placés à deux angles opposés. La rotation est imprimée au moyen d'une roue à engrenage et d'un volant. La caisse est vide et la chute du linge contre les parois est occasionnée par son mouvement de rotation. On donne vingt-cinq tours à la minute, au plus, afin de ne pas produire une force centrifuge capable de retenir le linge appliqué sur les parois de la caisse.

Machines à savonner. — Le meilleur mode d'opérer le savonnage est de l'exécuter entre les mains; mais, ce travail étant très-fatigant, on se sert, avons-nous dit, pour effectuer le savonnage, de brosses ou de planches cannelées et de battoirs. Ces moyens usant vite le linge, on a voulu les modifier en faisant usage de *machines à laver.*

La machine de M. Jearrad, une des plus anciennes et des meilleures, est formée d'une sorte de cuve dans laquelle on introduit le linge avec l'eau de savon. Un *oscillateur*, mû par une manivelle, est placé dans l'axe de cette cuve. Un encadrement et des barreaux parallèles en bois disposés en ratelier, constituent cet *oscillateur*. A la partie supérieure de la cuve sont des saillies en bois, sur lesquelles bat l'*oscillateur ;* elles le modèrent dans son mouvement lorsqu'il n'y a pas de linge. Deux autres rateliers pareils à l'oscillateur sont mobiles et compriment le linge qu'on a placé des deux côtés de l'oscillateur. Un tuyau situé au fond permet de renouveler l'eau de savon quand elle est salie.

Toutes les machines à laver ou à savonner ont un inconvénient radical : elles agissent sur le linge dans toute son étendue, sans se borner aux parties tachées. Elles frottent les parties propres du linge avec la même énergie que les taches. On comprend dès lors combien elles doivent user le linge. Elles ne lui font point de trous, mais quand le blanchisseur le rend, on a le désagrément de le voir se déchirer sous les doigts.

Quand on nettoie les machines à *savonner* ou à *laver*, on trouve souvent leurs parois recouvertes de pâte de papier. Avec le linge du client, l'aveugle machine a fait de la pâte à papier !

CHAPITRE VIII

PROCÉDÉS ACTUELLEMENT SUIVIS POUR LE BLANCHISSAGE. — LA BUANDERIE INDUSTRIELLE ET LA BUANDERIE DOMESTIQUE.

Beaucoup d'études, d'expériences, de rapports administratifs, ont été faits à Paris, pour reconnaître quel est le meilleur des appareils de lessivage à adopter dans les établissements publics. Un rapport publié en 1860 a résumé ces études. Le système qui a été définitivement adopté pour les lavoirs publics de Paris et qui fonctionne aujourd'hui dans presque tous ces établissements, est celui de René Duvoir, perfectionné par Decoudun et Gay. On trouve dans la *Description des brevets d'invention*, publiée en 1848, et dans le *Bulletin de la Société d'encouragement de* 1849, la description d'un système de blanchissage, sous ce titre : *Système de MM. Bardel, Laurie et Duvoir, perfectionné par MM. Ducoudun et Gay*, qui peut être considéré comme le type suivant lequel sont construits tous les lavoirs publics de la capitale. Ce système présente quelques différences dans les divers établissements, la construction de ces appareils étant aujourd'hui dans le domaine public, mais il s'éloigne peu de celui que nous allons décrire, et que nous représentons dans les figures 228 et 229. Ces deux figures reproduisent exactement le lavoir de la rue Larrey.

On voit dans la figure 229 (page 521) un cuvier en bois enfoncé en partie dans le sol, et dans lequel on entasse le linge, préalablement trempé dans l'eau pure (*essangé*). Dans le sous-sol est installée une chaudière à vapeur, qui communique avec une chambre autoclave, dans laquelle on introduit du carbonate de soude en proportion calculée d'après la capacité du cuvier. Quand le cuvier est plein de linge, on commence par faire arriver la dissolution de carbonate de soude, c'est-à-dire la lessive, dans la chambre autoclave, et on dirige, au moyen d'un tube, la vapeur du générateur dans cette chambre. L'eau dissout le carbonate de soude, s'échauffe, entre en ébullition, et sa vapeur, pressant la lessive, la fait monter, par ce tube vertical, dans le cuvier, que l'on a préalablement fermé en faisant descendre le couvercle, au moyen de la chaîne de fer, qui permet de l'élever et de l'abaisser à volonté. La lessive, arrivant par le tube vertical, se déverse dans le cuvier par le champignon qui termine ce tube, et traverse de haut en bas tout le linge qui remplit le cuvier. Au bout de quelque temps, on ouvre un robinet placé en bas du cuvier, et la lessive redescend, par son poids, dans la chambre autoclave, où elle se réchauffe, pour remonter bientôt dans le cuvier par la pression de la vapeur.

Ainsi s'établit une circulation continue de la lessive bouillante, qui produit une saponification complète de la matière grasse.

Au bout de trois à quatre heures de circulation de la lessive, l'opération est terminée. On relève le couvercle, on laisse le linge se refroidir, et le lendemain matin le linge est porté dans l'atelier de savonnage (fig. 228).

Le lessivage par circulation de la lessive provoquée par la pression de la vapeur, tel est donc le système qui est suivi dans les lavoirs publics et dans les grands établissements de Paris, tels que casernes, hôpitaux, fabriques, etc. Ce moyen est très économique, mais il détériore assez rapidement le linge, la lessive portée à une température supérieure à 100° arrivant sur le linge trop brusquement, d'une manière trop peu ménagée. Le linge fin, qui est promptement détruit par cette lessive brûlante et roussâtre qui le lave, paraît incessamment chargé de toutes les immondices de la masse commune.

Ce même système, c'est-à-dire la circulation de la lessive par la pression de la vapeur, est employé à Paris dans les ménages et chez les blanchisseurs. Elle remplace l'ancien procédé du lessivage par le coulage.

La *buanderie domestique*, que les quincailliers de Paris fabriquent beaucoup aujourd'hui, est une réduction du système que nous venons de décrire. La figure 227 représente ce petit appareil.

Fig. 227. — Buanderie domestique, ou appareil pour le lessivage par affusion et circulation de la lessive déterminées par la pression de la vapeur.

K, est un cuvier dans lequel on entasse le linge à blanchir après l'avoir fait tremper dans l'eau pure, c'est-à-dire *essangé*. Un double fond en bois, T, percé de trous, sert à recevoir le linge. Au milieu de ce double fond est fixé un tuyau vertical, se terminant, à sa partie supérieure, par un cham-

Fig. 228. — L'atelier de savonnage dans un lavoir public, à Paris.

pignon, P. Des baguettes en bois s'ajustent autour du cuvier au moyen d'une ouverture pour chacune d'elles. Un couvercle sert à bien fermer le vase.

La cuve ou marmite est en tôle galvanisée, pour empêcher les taches de rouille.

Le foyer est en fonte et à enveloppe extérieure en tôle : on peut y brûler un combustible quelconque, bois, coke ou charbon de terre.

Avant d'opérer, on fait tremper le linge dans l'eau pure pendant deux ou trois heures, on le retire sans le presser et on le laisse égoutter pendant quelques minutes.

On met ensuite de l'eau dans le fond de la cuve, jusqu'à la hauteur du double fond percé ; on ajoute des cristaux de soude dans la proportion de 4 kilogrammes pour 100 kilogrammes de linge fin pesé sec, de 6 kilogrammes pour le linge assorti et de 8 kilogrammes pour le gros linge. Ceci fait, on place les baguettes en bois B, tout autour de la cuve, et on entasse le linge dans celle-ci, en plaçant le plus gros et le plus

Fig. 229. — Un lavoir public, à Paris.

sale dans le fond. On retire les baguettes, en laissant bien dégagé le champignon qui termine le tube amenant la vapeur, puis on ferme avec le couvercle.

Quand le feu est allumé, il faut le modérer pendant quinze à vingt minutes, puis l'activer en maintenant l'ébullition pendant toute la durée de l'opération, qui est de trois à quatre heures. Le linge doit ensuite rester dans la cuve pendant quatre ou cinq heures.

La manière dont les choses se passent est facile à comprendre : la vapeur, pressant l'eau de la chaudière, fait élever la lessive dans le cuvier, par l'ouverture du champignon, et déverser le liquide sur le linge. Les autres ouvertures pratiquées au double fond inférieur laissent passer à la fois et la vapeur et le liquide. La lessive traverse, de cette manière, toute la masse du linge et retourne à la chaudière par les trous du double fond. Ensuite, l'ébullition reprenant, la vapeur fait de nouveau monter la lessive dans le cuvier, et ainsi s'établit, par la pression de la vapeur, une circulation continue de la lessive, à travers le linge.

Le diamètre du haut de la cuve varie depuis 44 centimètres jusqu'à 80, et sa hauteur de 35 centimètres à 74. Le poids du linge correspondant à chaque modèle de l'appareil, est de 16 kilogrammes pour le premier modèle, et va jusqu'à 120 kilogrammes pour le dernier.

La buanderie dont la cuve a 51 centimètres de hauteur, est une dimension ordinaire; elle contient 40 kilogrammes de linge, pesé sec. Le poids de cristaux de soude répondant à cette contenance, est 1,600 grammes, 2,400 grammes, 3,200 grammes, suivant que l'on blanchira du linge fin, du linge assorti ou du gros linge.

A ce procédé de buanderie domestique, produisant la *circulation de la lessive par la pression de la vapeur*, beaucoup de personnes préfèrent le lessivage par la *vapeur sans pression*, que nous avons décrit avec détails et figuré plus haut (page 515, fig. 225). Le lessivage par circulation et pression a l'inconvénient de faire arriver brusquement la lessive bouillante sur le linge, ce qui le détériore, et souvent rend les taches indélébiles. Au contraire, le lessivage par la vapeur sans pression élève graduellement la température. Le système opposé a l'inconvénient grave de faire passer constamment au travers du linge fin et le gros linge indifféremment, la même lessive chargée, vers la fin de l'opération, de toutes les impuretés du linge. Ici, rien de semblable : le linge fin n'est pas exposé à l'action d'une lessive chargée d'impuretés. Cette manière d'opérer est donc bien plus satisfaisante pour la propreté.

Disons pourtant que ce système exige de la part de ceux qui l'emploient beaucoup de soins et de précautions.

« Si le linge, dit M. Homberg, dans sa *Conférence sur le blanchissage*, que nous avons déjà citée, est trop ou trop peu imprégné de lessive, s'il est trop ou pas assez tassé dans le cuvier, si le niveau de l'eau dans le chaudron n'est pas bien observé et que pendant le cours de l'opération le liquide vienne à baigner le linge, si les conduits ménagés pour la vapeur dans l'intérieur du cuvier sont trop ou trop peu fermés, on ne réussira pas. Aussi, beaucoup de personnes qui ont essayé de ce mode de lessive en confiant les appareils à des laveuses peu intelligentes ou peu soigneuses ont-elles rejeté sur le système la non-réussite, et ont préféré revenir au procédé de l'affusion. »

Il est donc difficile de se prononcer entre les deux systèmes. Nous n'hésitons pas, pour notre compte, à donner la préférence au lessivage par la vapeur sans pression, procédé rationnel, élégant et propre, mais nous reconnaissons qu'il n'a pas en sa faveur la majorité du public.

Grammatici certant et adhùc sub judice lis est.

Les grammairiens discutent, et la question est encore en litige.

Grammatici veut dire, ici, les blanchisseurs.

FIN DU BLANCHIMENT ET DU BLANCHISSAGE.

INDUSTRIES

DU PHOSPHORE ET DES ALLUMETTES

CHIMIQUES

CHAPITRE PREMIER

HISTOIRE DE LA DÉCOUVERTE DU PHOSPHORE AU XVIIe SIÈCLE, EN ALLEMAGNE ET EN ANGLETERRE. — BAUDOUIN. — KRAFT ET KUNCKEL. — BOYLE. — HOMBERG. — GAHN DÉCOUVRE LA PRÉSENCE DU PHOSPHORE DANS LES OS. — SCHEELE DONNE LE PROCÉDÉ SUIVI AUJOURD'HUI POUR L'EXTRACTION DU PHOSPHORE DES OS.

Avant de devenir une science basée sur des principes parfaitement établis, la chimie, ou plutôt l'*alchimie*, était cultivée par des hommes avides du merveilleux, dont les travaux n'avaient qu'un seul but : la découverte de la pierre philosophale, et qui n'attendaient cette découverte que du hasard et de l'imprévu. Au milieu de leurs travaux, que ne dirigeaient, d'ailleurs, aucun principe logique, aucune idée d'ensemble, les alchimistes firent quelquefois d'importantes observations, et la science se trouva, sans l'avoir cherché, en possession de quelque fait important. C'est à un hasard de ce genre qu'est due la découverte du phosphore.

Cette découverte présenta une particularité étrange : elle fut réalisée à la fois, en Allemagne, par Kunckel et Brandt, et bientôt après, en Angleterre, par Robert Boyle. Cet événement mérite d'être raconté.

Il y avait en 1670, à Grossenhayn, en Saxe, un certain bailli, du nom de Baudouin (Balduinus), qui consacrait son temps à la poursuite de la pierre philosophale, en compagnie de son ami, le docteur Frübenius. Le sel que nous connaissons aujourd'hui sous le nom d'azotate de chaux, a la propriété, quand on l'expose à l'air, d'en attirer l'humidité et de tomber en déliquescence. Le bailli Baudouin et son ami Frübenius connaissaient ce composé. Ils le préparaient en dissolvant de la craie dans de l'esprit de nitre (notre acide azotique actuel), évaporant la liqueur et calcinant le produit de cette évaporation. Ce sel, étant abandonné à l'air, ne tardait pas à s'y résoudre en liquide.

D'après les alchimistes, le *spiritus mundi* (*âme du monde*) devait exister dans les substances qui demeurent longtemps exposées à l'action de l'air. Les deux expérimentateurs ne mettaient pas en doute que l'eau, artificiellement dérobée à l'atmosphère par l'action de leur sel, ne renfermât le *spiritus mundi*. Ils distillaient donc ce sel, et le produit de cette distillation ne pouvait être que l'*âme du monde*.

Ainsi l'entendaient, du moins, nos deux alchimistes, et le public lui-même, qui leur achetait, moyennant douze *groschen* le loth (environ deux francs les 30 grammes) cette eau miraculeuse, dont seigneurs et vilains se montraient jaloux de faire usage.

Tout marchait ainsi, lorsqu'un jour, ou plutôt un soir, de l'année 1674, Baudouin ayant, par mégarde, cassé la cornue dans laquelle il avait l'habitude de calciner son sel de chaux, fut très-surpris de voir ce sel répandre dans l'obscurité une vive lumière. Il reconnut bientôt après, que cette propriété de luire dans les ténèbres n'appartenait à cette substance que si on l'avait préalablement exposée, pendant un certain temps, à l'action du soleil.

Le hasard seul avait présidé à cette observation, mais notre expérimentateur en fut ravi, car il venait de faire ainsi une véritable découverte.

Si l'on consulte, en effet, les ouvrages de Robert Boyle, on y voit que l'on désignait alors, sous le nom générique de *phosphores*, toutes les substances qui ont la propriété de luire dans l'obscurité. Boyle, qui avait étudié ces divers produits, les divisait en deux classes : les *phosphores naturels* et les *phosphores artificiels*. Dans la classe des *phosphores naturels*, Boyle rangeait le diamant, le ver luisant, le bois pourri et les poissons devenus phosphorescents par la putréfaction. La classe des *phosphores artificiels* ne comprenait, d'après Boyle, qu'une seule espèce, la *pierre de Bologne* (notre sulfure de baryum). Baudouin venait de découvrir une nouvelle espèce dans le groupe des phosphores artificiels. Cette substance était même appelée à exciter particulièrement la curiosité des savants; car, tandis que la pierre de Bologne est phosphorescente sans aucune condition spéciale, le sel de Baudouin n'est lumineux dans l'obscurité qu'autant qu'on l'a exposé à l'action du soleil.

Aussi Boyle, dès qu'il eut connaissance de la découverte de Baudouin, s'empressa-t-il d'instituer une sous-division en l'honneur des substances qui sont phosphorescentes grâce à l'absorption des rayons solaires. Le *phosphore de Baudouin* figurait seul dans cette sous-division.

Le bailli Baudouin courut à Dresde, pour communiquer sa découverte à divers personnages importants de la cour, en particulier à Jean Kunckel, chimiste officiel de l'Électeur de Saxe.

Kunckel était un de ces savants éminents du dix-septième siècle, dont l'esprit vigoureux sut ramener la chimie dans la voie de l'observation et de l'expérience, en la dépouillant des spéculations mystiques qui l'avaient si longtemps obscurcie. Attaché alors, à Dresde, au laboratoire de l'Électeur de Saxe, Georges II, avec des avantages considérables, Kunckel avait, auparavant, parcouru une partie de l'Europe, pour ajouter à son savoir, et il devait laisser dans la science un nom estimé, ainsi que des travaux du premier ordre. Cependant il avait, comme tant d'autres, cédé un moment à la manie du siècle. L'ouvrage qu'il composa sur l'*Or potable* est un témoignage de cette innocente déviation. Il était membre de l'*Académie des curieux de la nature*, et posséda plus tard, à la cour de Charles XI, roi de Suède, le titre, un peu fantastique, de *conseiller des métaux*.

Kunckel n'était pas pour rien membre de l'*Académie des curieux*. Dès qu'il eut reçu de Baudouin la communication de sa découverte d'un phosphore artificiel qui provenait de l'*âme du monde* et brillait après avoir absorbé les rayons du soleil, il fut pris d'un violent désir de posséder cette merveille. Il sollicita avec tant d'instances Baudouin de lui révéler la manière de préparer ce sel miraculeux, que ce dernier, comprenant tout d'un coup l'importance de sa découverte, résolut de la

Fig. 230. — Un alchimiste.

garder pour lui seul. Si bien que, tandis que Kunckel jurait, *in petto*, de posséder ce secret, Baudouin se promettait à lui-même de ne jamais le révéler; ce qui rendait entre eux la situation parfaitement nette.

Peu de jours après, Kunckel, bien décidé à terminer l'entreprise à son avantage, se mettait en route pour Grossenhayn, afin de rendre sa visite à Baudouin.

Pendant leur entrevue, il fit adroitement tomber la conversation sur le sujet qui l'amenait. Mais à toutes ses questions, Baudouin répondit, avec non moins d'adresse, en dirigeant l'entretien sur la musique. Et comme son interlocuteur revenait à la charge, le rusé bailli fit appeler des virtuoses, et régala le chimiste d'un interminable concert.

Cependant Kunckel ne perdit pas entièrement sa soirée, car il apprit, malgré les distractions que lui occasionnait la musique, que Baudouin donnait au produit qu'il avait découvert, le nom de *phosphorus* (c'est-à-dire porte-lumière), ce dont il parut charmé.

Le lendemain, seconde entrevue, pendant

laquelle Kunckel demanda finement au bailli si son *phosphorus* pourrait absorber la lumière d'une lampe, comme il absorbait celle du soleil.

« J'en ferai l'essai, » dit Baudouin; puis il se mit à parler d'autre chose.

Cependant, à une troisième visite, Baudouin consentit à faire cette expérience devant Kunckel, et, par conséquent, à lui laisser voir le *phosphorus*. Seulement, il eut soin de tenir la précieuse substance hors de la portée de la main du chimiste.

Kunckel eut alors une idée triomphante:

« Si nous essayions, dit-il au bailli, de faire absorber à votre *phosphorus* la lumière d'une lampe, en concentrant ses rayons au moyen d'un miroir concave? L'effet lumineux serait bien plus intense. »

Le bailli trouva cette inspiration si heureuse, que, dans la précipitation qu'il mit à aller chercher le miroir concave dans le cabinet de physique, il eut l'imprudence d'oublier sur la table son *phosphorus*. L'occasion était unique; Kunckel se jette sur le *phosphorus*, en détache un morceau, et le cache dans sa bouche, au risque d'avaler l'*âme du monde*.

Quelques instants après, le bailli rentra, sans rien soupçonner, et l'on fit l'expérience du miroir concave.

En se retirant, et pour se donner une contenance, Kunckel demanda une dernière fois au bailli de lui vendre son secret. Mais celui-ci manifesta des prétentions tout à fait déraisonnables.

Examiner le petit échantillon de *phosphorus* qu'il avait dérobé à la surveillance de Baudouin, et reconnaître sa provenance chimique, ne fut pas difficile pour un chimiste aussi expérimenté que Kunckel. Il reconnut que ce sel était du nitrate de chaux. Ce fait étant bien reconnu, Kunckel expédie à Dresde un messager, porteur d'une lettre pour l'un des élèves de son laboratoire, nommé Tutzky. Dans cette lettre, il recommande à son élève de traiter de la craie par l'esprit de nitre, de calciner fortement le produit de cette combinaison et de l'informer si, par cette expérience, on pourrait obtenir le *phosphorus* de Baudouin.

L'expérience réussit pleinement. Quelques jours après, Kunckel recevait de Tutzky un échantillon de *phosphorus*. Il s'empressa de l'envoyer à Baudouin, « en remercîment, disait-il dans sa lettre d'envoi, de sa jolie soirée musicale. »

Voici maintenant comment la découverte du *phosphore de Baudouin* conduisit à fabriquer notre phosphore actuel.

Il n'existait, au dix-septième siècle, aucun de ces recueils périodiques qui servent aujourd'hui à opérer dans le monde entier la diffusion des nouvelles découvertes de la science. Le petit nombre d'académies ou de sociétés savantes, alors de création toute récente, n'avaient pas encore compris l'importance de la mission libérale qui leur était réservée. La connaissance des nouvelles acquisitions scientifiques ne se répandait donc à cette époque que par leurs auteurs eux-mêmes, qui voyageaient en Europe, pour communiquer aux principales Universités le résultat de leurs travaux. Aussi, lorsque Kunckel eut découvert, comme nous venons de le rapporter, la véritable nature du *phosphore de Baudouin*, il se mit à parcourir les villes universitaires de l'Allemagne, pour y faire connaître ce curieux et nouveau produit.

Deux mois après les événements que nous venons de raconter, Kunckel arrivait, dans cette intention, à Hambourg.

Lorsque Kunckel arriva à Hambourg, il y avait, dans cette ville, un négociant ruiné, nommé Brandt. Les temps dont nous parlons différaient beaucoup des nôtres, car alors les négociants tombés en faillite étaient sans fortune, et les personnes qui avaient besoin d'argent ne connaissaient pas de meilleur moyen pour s'en procurer que de chercher la pierre philosophale. C'est ce qu'avait fait Brandt, qui, à cette première qualité d'alchimiste, avait ajouté ensuite le titre de médecin.

Conformément aux errements de l'époque, Brandt cherchait la pierre philosophale. Seulement, il la cherchait où on ne l'aurait guère soupçonnée. A défaut de périphrase décente, nous laissons à la sagacité du lecteur le soin de deviner dans quel liquide normal, expulsé du corps humain, notre alchimiste cherchait la pierre philosophale. Dans ce liquide, il n'avait rien trouvé qui ressemblât, de près ni de loin, à la pierre philosophale. Il arriva pourtant, un jour, qu'en calcinant dans une cornue de fer le résidu de l'évaporation de ce liquide, mêlé avec du sable, Brandt vit apparaître un corps dont les propriétés étaient fort extraordinaires. Cet étrange produit s'enflammait à l'air, il répandait dans les ténèbres une lueur très-vive, et permettait de tracer, dans l'obscurité, des caractères qui brillaient toute une nuit. C'était, en un mot, notre phosphore actuel.

Aussi, lorsque Kunckel arriva dans la ville de Hambourg, pour y faire connaître les secrets et les merveilles du *phosphore de Baudouin,* la ville de Hambourg haussa les épaules, disant qu'elle avait elle-même de bien autres merveilles à lui montrer, et qu'il serait suffisamment édifié sur ce point, s'il voulait seulement prendre la peine de se transporter chez le docteur Brandt.

Dix minutes après avoir reçu cet avis, Kunckel entrait chez l'alchimiste Brandt. Il trouva un homme singulièrement mystérieux et réservé, qui consentit, à grand'peine, à exhiber son *phosphorus,* et crut accorder à son visiteur une faveur insigne, en daignant lui confier de quel liquide naturel il savait extraire ce produit.

Kunckel prolongea assez longtemps son séjour à Hambourg, dans l'espoir de triompher des résistances de Brandt; mais ce fut en vain. Cette obstination désespérait Kunckel. Il ne put s'empêcher de s'en ouvrir à l'un de ses amis de Dresde, Kraft, conseiller de l'Électeur de Saxe, qui s'occupait des sciences, et dont il a cité quelques travaux dans son *Art de faire le verre.* Il lui écrivit, à Dresde, pour lui raconter ce qui précède.

Connaître le procédé de préparation d'une substance aussi rare, aussi curieuse que le phosphore, c'était, vu le genre des relations qui existaient alors entre les savants, posséder un trésor d'un grand prix. Ainsi le pensa très-judicieusement Kraft le chimiste conseiller. Cette conviction devait même être chez lui bien profonde, car elle l'amena à commettre, envers son ami Kunckel, un trait de déloyauté.

A peine informé, par la lettre de Kunckel, de ce qui se passait à Hambourg, Kraft, sans rien répondre à son ami, s'empresse de partir pour cette ville. Il va secrètement trouver le docteur Brandt, et après de longues négociations, il lui achète, pour deux cents thalers (huit cents francs de notre monnaie), le secret de la préparation du phosphore.

Il paraît que, dans cette affaire, l'alchimiste Brandt, possesseur du secret tant convoité, fut sublime de diplomatie. Il était à la fois en pourparlers avec trois acheteurs: avec Kraft, avec Kunckel et avec un chimiste italien. Il mena de front ces trois négociations, avec un aplomb et une adresse qui rendent difficile à comprendre l'échec qu'il avait subi dans les affaires commerciales. C'est ainsi, par exemple, que se trouvant, un jour, en conférence avec Kraft, pour débattre les conditions de son marché, il voit entrer chez lui Kunckel. Aussitôt, il fait passer le premier négociateur dans une pièce voisine, et s'excusant auprès de Kunckel de ne pouvoir le recevoir, en raison d'une maladie de sa femme, il l'éconduit, protestant d'ailleurs que, depuis quelque temps, il a perdu son fameux secret, que vainement il s'est efforcé de le retrouver, et qu'il est finalement obligé d'avouer son impuissance sur ce chapitre.

Cependant, une fois Kraft reparti pour Dresde, avec le trésor qu'il venait d'acheter à beaux deniers comptants, Brandt ne fit plus de difficulté d'avouer à Kunckel qu'il avait vendu son secret à son ami, le conseiller Kraft.

Quelques jours auparavant, Kunckel avait rencontré, par hasard, son ami Kraft dans les rues de Hambourg, et, fort surpris de le trouver dans cette ville, il lui avait naïvement raconté toutes ses tribulations avec l'inventeur du phosphore. Sans se laisser déconcerter le moins du monde, Kraft avait pris congé de lui, en l'assurant bien qu'il perdrait ses peines à solliciter un homme aussi entêté.

Kunckel ne pardonna jamais ce trait à son ami Kraft. Quant au docteur Brandt, qui l'avait mystifié, il décida qu'il en aurait vengeance.

La vengeance qu'il en tira fut éclatante, et digne de lui, car il la dut tout entière à son talent scientifique. Sur la simple connaissance du liquide naturel dont l'alchimiste Brandt avait extrait son phosphore, Kunckel se mit à l'œuvre, et, un mois après, il réussissait à obtenir le phosphore avec tous les caractères merveilleux qui le distinguent.

Le ressentiment de Kunckel ne fut pas sans doute entièrement apaisé par cette satisfaction, car, dans son ouvrage de chimie, intitulé *Laboratorium chymicum*, il maltraite beaucoup le *docteur tudesque*, comme pour exhaler contre lui le reste de ses rancunes. Après avoir raconté ses premières relations avec le docteur Brandt, Kunckel continue son récit en ces termes :

« De Wittemberg j'écrivis à Brandt, en le priant itérativement de me faire connaître son secret. Mais il me répondit qu'il ne pouvait plus le retrouver. Je lui écrivis encore une fois, en insistant de nouveau. Il me répondit alors qu'il avait, par l'inspiration divine, retrouvé son secret, mais qu'il lui était impossible de me le communiquer. Enfin, je lui adressai une dernière lettre dans laquelle je lui apprenais que j'allais moi-même me livrer, de mon côté, à des recherches assidues, ajoutant que, si j'arrivais à mon but, je ne lui en aurais aucune reconnaissance ; car je savais sur quel liquide il avait travaillé, et que c'était de là probablement qu'il avait tiré son phosphore.

« A cette lettre, Brandt me fit la réponse suivante :

« J'ai reçu la lettre de M. Kunckel, et je vois avec « regret qu'il est d'assez mauvaise humeur... Je « lui annonce que j'ai vendu ma découverte à « Kraft pour la somme de 200 thalers. J'ai appris « dernièrement que Kraft a obtenu une gratification de la cour de Hanovre. Si je ne suis pas content de lui, je serai disposé à traiter avec vous, « pour vous vendre le même secret. J'espère cependant que dans le cas où vous le découvririez vous-« même, vous n'oublierez point vos promesses et « votre serment envers moi. »

« Cela avait-il le sens commun ! s'écrie Kunckel. Jamais de ma vie je n'avais sollicité un homme avec des prières aussi instantes que j'en adressai à ce Brandt, qui se donne le titre de *doctor medicinæ et philosophiæ*. Et il avait encore l'audace de me demander une somme d'argent si je parvenais moi-même à faire la découverte que je l'avais tant supplié de me communiquer ! »

Kunckel ajoute plus loin :

« J'ai, depuis ce temps, appris que ce docteur tudesque (*doctor teutonicus*) s'est exhalé en invectives contre moi. Mais que faire d'un si pauvre docteur qui a complétement négligé ses études, et qui ne sait pas même un mot de latin ? Je me rappelle qu'un jour, son enfant s'étant fait une égratignure au visage, je recommandai au père de mettre sur la plaie *oleum ceræ*. — Qu'est-ce que cela ? me dit-il. — Du cérat, lui répondis-je. — Ben, ben, reprit-il dans son patois hambourgeois, j'aurions dû y penser plus tôt. »

C'est pour cela que je l'appelle le *docteur tudesque*.

« Son secret devint bientôt si vulgaire, qu'il le vendit, par besoin, à d'autres personnes, pour 10 thalers (40 francs). Il l'avait, entre autres, fait connaître à un Italien qui, étant venu à Berlin, l'apprenait à son tour à tout le monde pour 5 thalers (20 francs). »

Kunckel usa avec plus de dignité d'un secret qu'il ne devait qu'à ses talents. Pendant ses voyages scientifiques, il ne faisait aucune difficulté de montrer à tout le monde les propriétés du phosphore, qui reçut alors le nom de *phosphore de Kunckel*. En 1679, il communiqua le procédé de sa préparation au chimiste français Homberg, en retour d'un autre secret.

Homberg était le savant que le régent avait mis à la tête du laboratoire qu'il possédait à Paris. C'était un homme d'une haute portée d'esprit, et qui avait donné dans sa carrière de nombreux témoignages de son habileté et de son dévouement aux sciences. Lorsque Kunckel le vit, il n'était pas encore entré dans la maison du régent, mais sa réputation scientifique était déjà à son apogée. Il parcourait les divers États de l'Europe, exerçant la médecine, et se perfectionnant dans diverses sciences, qu'il cultivait avec un succès égal.

Homberg était né dans l'île de Java. Colbert l'avait attiré à Paris ; mais, oublié après la mort de ce ministre, il était tombé dans une véritable détresse, dont il sortit d'une manière assez piquante. Il travaillait avec un autre chimiste, dans le laboratoire d'un certain abbé de Chalucet, qui fut plus tard évêque de Toulon, et qui ne dissimulait point ses prédilections pour l'alchimie. Son compagnon de travail, passionné pour la même science, voulut confondre l'incrédulité de Homberg, et, pour cela, il lui fit présent, comme raison tout à fait démonstrative, d'un lingot d'or, qu'il assurait avoir fabriqué. « Jamais, disait Homberg, on ne s'est joué de moi d'une façon plus civile ni plus opportune. » Il conserva son incrédulité et vendit son lingot. Il en retira quatre cents livres, qui lui permirent de se rendre à Rome, d'où il recommença ses voyages.

Homberg, en passant à Berlin, reçut de Kunckel le secret de la préparation du phosphore, par un de ces échanges qui étaient alors fort en usage entre savants. Il avait longtemps travaillé avec Otto de Guericke, l'inventeur de la machine pneumatique et de la machine électrique. Le bourgmestre de Magdebourg avait construit un autre instrument, qui ne nous paraît plus que comme une bizarre curiosité historique, mais qui était alors fort admiré. C'était un tube au milieu duquel se tenait, en équilibre, une petite figure d'homme prodigieusement légère, puisqu'elle restait suspendue dans l'air en vertu de son poids spécifique. Cet instrument, qui portait le nom de *petit homme prophète*, tenait lieu du baromètre, non encore inventé. Exécutant certains mouvements sous l'influence des variations de la

Fig. 231. — Kunckel.

pression atmosphérique, la petite figurine marquait, par ses déplacements, le beau temps ou la pluie. Homberg avait appris chez Otto de Guericke à construire cet appareil; il l'échangea avec Kunckel contre le procédé de la préparation du phosphore.

Homberg décrivit la manière de préparer ce corps simple, dans un mémoire qui parut en 1092, dans le *Recueil de l'Académie des sciences*, sous ce titre : *Manière de faire le phosphore brûlant de Kunckel.* C'est ainsi que le phosphore et sa préparation furent connus en France.

Cependant, malgré la publicité qui fut donnée par l'Académie des sciences de Paris au mémoire de Homberg, les chimistes qui avaient essayé de mettre ce procédé à exécution, avaient presque tous échoué. En 1737, il n'y avait en Europe qu'un seul homme qui sût préparer le phosphore : c'était Godfrey Hankwitz, apothicaire à Londres, qui tenait le procédé de Robert Boyle. Par une des nombreuses bizarreries que nous présente l'histoire du phosphore, ce corps singulier devait, en effet, être découvert une seconde fois, en dépit de l'inventeur.

En 1679, Kraft avait apporté en Angleterre un échantillon de phosphore, pour le mettre sous les yeux de Charles II et de la reine. Le roi fut charmé des curieux effets de cette substance, et il en fit présent à Boyle. Sur le simple renseignement qu'on le retirait du corps humain, Robert Boyle, en 1680, reproduisit le tour de force de Kunckel. Après plusieurs tentatives inutiles, il réussit à isoler le phosphore, et trouva un procédé très-convenable pour sa préparation. Il révéla ce procédé à son *assistant* de la Société royale de Londres, Godfrey Hankwitz, chimiste-apothicaire, qui eut, depuis ce moment, le privilége de fournir le phosphore à toute l'Europe. C'est pour cette raison que le phosphore fut alors connu des chimistes, sous le nom de *phosphore d'Angleterre.*

Ainsi, le phosphore fut découvert successivement par trois chimistes : Kunckel, Brandt et Robert Boyle. La même particularité s'est rencontrée, au siècle suivant, pour l'oxygène. Entrevu par Cardan, au seizième siècle, par Jean Rey et par Robert Boyle, au dix-septième, l'oxygène fut découvert simultanément, au dix-huitième siècle, par Scheele, Bayen, Priestley et Lavoisier.

Boyle fut le premier qui rendit public le procédé pour la préparation du phosphore. Il le décrivit dans les *Transactions philosophiques* de 1680.

Un journal français, le *Mercure* de 1683, contient une description de ce même procédé donné par Kraft. En 1710, Leibniz publia les notes qu'il avait reçues sur ce sujet de Kraft et de Brandt.

Nous avons vu que Homberg divulgua en France le procédé de Kunckel. Les *Mémoires de l'Académie des sciences de Paris* de 1692, renferment, comme nous l'avons dit, la description de ce procédé.

Enfin la méthode de Brandt fut exposée par Hoock, dans le *Recueil expérimental,* publié à Londres.

En 1737, un étranger prépara du phosphore dans le laboratoire du Jardin des plantes de Paris. Le procédé que cet inconnu avait employé, fut acheté par le gouvernement, et rendu public par le chimiste Hellot, qui avait assisté a l'opération.

En 1743, Marggraf fit voir que la production du phosphore dans la distillation du produit de l'urine évaporée était due à l'acide phosphorique, décomposé par le charbon de la matière animale.

Diverses modifications furent ensuite apportées à la préparation du phosphore; mais on opérait toujours sur l'urine. Ce ne fut que cent ans après la découverte de Brandt, c'est-à-dire en 1769, que le chimiste suédois Gahn découvrit l'existence du phosphore dans les os.

Deux années plus tard, Scheele fit connaître un procédé remarquable pour extraire le phosphore des os.

Ce procédé consiste à calciner les os et à dissoudre le produit de la calcination dans l'acide azotique très-étendu, à précipiter ensuite la chaux, au moyen de l'acide sulfurique, à filtrer, à évaporer et à séparer le sulfate de chaux. Le liquide sirupeux est ensuite mélangé avec du charbon en poudre, et l'on procède à la distillation, dans une cornue en grès.

C'est presque absolument le procédé suivi de nos jours pour la préparation du phosphore dans les laboratoires de chimie et dans l'industrie.

CHAPITRE II

ÉTAT NATUREL DU PHOSPHORE.— MATIÈRES PHOSPHATIQUES LIVRÉES AU COMMERCE. — LES NODULES DE PHOSPHATE DE CHAUX ET LEUR EMPLOI DANS L'AGRICULTURE.

Avant de donner la description des procédés à l'aide desquels on se procure le phosphore, il importe de dire à quel état ce corps simple existe dans la nature.

Plusieurs minéraux renferment le phosphore combiné à d'autres corps. Tels sont l'*apatite*, la *phosphorite*, la *staffélite*, la *sombrérite*, etc.

Un grand nombre de matières organiques contiennent des quantités plus ou moins grandes de phosphore : tels sont les os, puis les nerfs, la matière cérébrale, la laitance des poissons, l'urine, etc. Dans les végétaux, on rencontre le phosphore uni à des matières azotées.

C'est l'acide phosphorique, composé d'oxygène et de phosphore, qui se trouve le plus souvent dans la nature. On le rencontre dans les animaux, dans les végétaux et dans le sol. L'acide phosphorique, pas plus que le phosphore, ne se trouve jamais dans la nature à l'état de liberté.

Mais c'est dans la charpente osseuse des animaux que le phosphore est le plus abondant : il s'y trouve à l'état d'acide phosphorique.

Le phosphate de chaux se rencontre surtout mêlé à la chaux et à la magnésie. C'est sous cette dernière forme que ce corps passe dans l'organisme, par l'acte de la nutrition des plantes et des animaux. La partie dure des os est constituée, en grande partie, par le phosphate de chaux.

Il ne sera pas inutile de donner quelques détails sur certaines matières qui contiennent du phosphore et qui servent aujourd'hui d'engrais à l'agriculture.

Nous venons de dire que le phosphore, combiné à l'oxygène, à la chaux, etc., se trouve abondamment dans la nature. Indépendamment des minéraux que nous avons déjà cités comme renfermant du phosphore, les marnes contiennent des phosphates de chaux en quantité variable.

Les débris des animaux, les os, les coprolithes peuvent servir comme engrais phosphatés.

Dans les terrains stratifiés de l'Angleterre, Berthier découvrit en 1819 des *rognons*, ou *nodules*, de phosphate de chaux. De nos jours, ces nodules de phosphate de chaux jouent un grand rôle dans le commerce et l'industrie ; ils remplacent les os, comme amendement agricole.

La question des engrais phosphatés ayant pris depuis quelques années une grande importance, il ne sera pas hors de propos de la traiter ici avec quelques détails.

Personne n'ignore que le sol éprouve, par le fait de la culture, des pertes locales, partielles, qu'il faut réparer au moyen des engrais, si l'on veut conserver à la terre ses propriétés productives.

Le phosphate de chaux est nécessaire à la vie des plantes, car le squelette des animaux en contient beaucoup. Il importe donc d'empêcher l'épuisement des phosphates du sol.

Dans 1,000 kilogrammes de blé, il y a 24 kilogrammes de phosphate de chaux : « La somme totale des productions agricoles qu'un pays peut fournir, a dit Élie de Beaumont, la somme totale de viande, de grains, de légumes qu'il peut livrer à la consommation, dépend surtout de la quantité de phosphate de chaux qui se trouve engagée dans la masse de la matière agricole. »

Il faut ajouter, avec M. Dumas, que le « sol cultivé en France a besoin, chaque année, d'une restitution de phosphate de chaux qui atteint près de deux millions de tonnes, abstraction faite des contrées qui en sont naturellement pourvues. »

Telle est, en effet, l'importance du phosphate de chaux. Aujourd'hui l'efficacité de cet agent de fertilisation n'est plus nulle part l'objet du moindre doute. Partout où le terrain n'en contient pas naturellement, et c'est le cas du sol d'une grande partie de la France, c'est-à-dire de l'Ouest et du Centre, de l'Auvergne et des landes de Gascogne, etc., il suffit d'en apporter pour obtenir des effets extraordinaires.

Voici l'origine de la découverte de l'action du phosphate de chaux sur les cultures.

Jusqu'en 1822, le noir animal des raffineries avait été jeté aux décharges publiques. A cette époque, un raffineur de Nantes, M. Favre, maire de cette ville, s'aperçut que la végétation était toujours très-vigoureuse dans les terrains qui environnaient les dépôts de noir. Il eut alors l'idée de répandre ces résidus sur ses propres terres, et il obtint de brillantes récoltes.

Telle fut l'origine de l'emploi du noir animal comme engrais.

La géologie avait déjà indiqué cette source de phosphate. Dès 1820, Berthier avait fait connaître, dans les *Annales des mines*, la composition des nodules de phosphate de chaux trouvés dans la craie chloritée près du Havre; et plusieurs années après, Bukland et Couybeare avaient signalé la même substance minérale dans le sol de la Grande-Bretagne. Toutefois ce ne fut qu'en 1851 qu'on essaya, en Angleterre, de l'utiliser pour la première fois comme engrais.

Liebig s'occupait alors de donner à l'agriculture les bases solides qu'elle doit à la *loi de restitution*. Il lui sembla que le phosphate de chaux fossile serait trop lent à se désagréger, et que, par cela même, il serait peu propre à être facilement assimilé par les plantes. Il conseilla de le traiter par l'acide sulfurique. Cet acide jouit, en effet, de la propriété de rendre le phosphate de chaux immédiatement soluble.

Le résultat fut satisfaisant ; mais s'il était bon seulement pour l'Angleterre, il ne l'était pas pour la France, où le prix de revient est soumis à d'autres exigences et veut d'autres conditions.

A cette époque, M. de Molon cultivait des terres en Bretagne, d'après des idées analogues à celles de Liebig. Il fertilisait à grands frais le sol avec le noir animal. Il se décida à substituer au noir le phosphate de chaux fossile ; mais, mal convaincu de la nécessité du système anglais, il essaya de se passer de l'acide, en traitant les nodules de phosphates par la simple pulvérisation.

Le succès répondit à son attente, si bien qu'il devint indispensable d'aller à la recherche de nouveaux gîtes minéraux. Ne fallait-il pas, en effet, se préoccuper de satisfaire dans l'avenir aux besoins agricoles ?

C'est ainsi que le phosphate de chaux, élément indispensable à la production du blé, est devenu en même temps, pour la France, un élément de richesse minérale qui doit compter parmi les plus considérables. Mais combien n'a-t-il pas fallu de temps, de fatigues et d'argent pour découvrir les gisements, trouver le meilleur moyen de traiter économiquement la matière, de l'approprier au sol pour rendre le minerai exploitable par la grande industrie, enfin pour en vulgariser l'emploi, c'est-à-dire pour effacer tout préjugé de l'esprit du paysan, pour lui faire admettre cette vérité surprenante qu'il y a des sols et des cultures dans lesquels de véritables cailloux peuvent se transformer en un puissant engrais?

Après avoir constaté l'insuffisance du guano et son épuisement prochain, après avoir fait remarquer que l'agriculture avait déjà été forcée d'en consommer pour près de six milliards, M. de Molon ajoutait, devant une Commission d'enquête :

« Dans toutes les contrées de l'Europe, de nombreux établissements s'occupent sans relâche de transformer en engrais toutes les matières propres à la production végétale ; tout ce qui est susceptible de féconder le sol est aujourd'hui recherché avec avidité, et cette recherche se fait non-seulement sur le continent, mais encore au delà des mers, dans l'Australie, le Pérou, l'Inde, sur la côte d'Afrique, etc., et, malgré tant d'efforts, ces importations et ces productions sont encore insuffisantes. Il était donc urgent de trouver de nouvelles sources pour éloigner à jamais de notre agriculture le danger qui la menace. Cette nécessité apparaissait impérieuse, quand on pense que partout en Europe on a épuisé les ossements qu'on pouvait consacrer à l'agriculture ; que l'Angleterre est allée en chercher sur tous les points du globe, et que, malgré tant de recherches, l'élévation de leur prix et les fraudes dont ils sont l'objet nous disent assez qu'ils deviennent de jour en jour plus rares. »

C'est sous l'empire de ces considérations que M. de Molon entreprit de rechercher, dans la nature minérale, des matières susceptibles d'être utilisées par notre agriculture.

Il employa vingt années à fouiller le sol de la France. Il fit pratiquer des sondages partout où les conditions géologiques lui faisaient soupçonner l'existence des nodules phosphatés. Le résultat de ses recherches, qui ne comprennent pas moins de quarante-cinq départements, est fixé sur une carte de France, qui est d'un grand prix pour l'agriculture.

Dans trente-neuf des départements signalés, un très-grand nombre de gisements ont été reconnus d'une manière précise ; et, parmi ces trente-neuf départements, onze ayant été l'objet d'une étude plus attentive et plus approfondie, M. de Molon a fait voir que les gisements ne constituent pas des amas épars et indépendants, mais qu'il existe entre eux des liens de continuité, et qu'ils doivent être considérés comme des affleurements d'un ou plusieurs bancs continus, ce qui s'est trouvé démontré partout par les fouilles et les sondages. Ces gisements sont étendus et réguliers, au point que, dans six départements, ils constituent une zone d'environ 400 kilomètres de long sur 10 kilomètres de large. Dans de pareils gisements l'exploitation est tout à la fois fructueuse et facile.

L'exploitation des phosphates est devenue une industrie courante et considérable. Aujourd'hui, de nombreux ouvriers sont constamment occupés à l'extraction des nodules, et soixante-dix usines, établies tant à Paris que dans les départements, préparent ces nodules en vue des besoins agricoles.

Ainsi, l'agriculture est en possession d'un engrais indispensable à la production du blé, et la France a acquis une nouvelle et puissante industrie.

Les phosphates du Midi, qui sont les plus actifs, sont désignés sous le nom de *phosphates du Quercy*, *phosphates du Lot*, *du Tarn-et-Garonne et de l'Aveyron ;* leur action sur les terres labourées est des plus remarquables. Les terrains vierges ou restés depuis longtemps en friche, sont fertilisés par ce phosphate naturel en poudre.

C'est que les terrains neufs contiennent des débris organiques, végétaux ou animaux, de l'humus, ainsi que de l'acide carbonique qui peut transformer le phosphate en produit soluble, assimilable par les plantes.

Quatre ou cinq usines exploitent les phosphates du Midi. Leur pulvérisation s'effectue sur une grande échelle. Ils se présentent alors sous forme de poudre fine, rougeâtre ou jaunâtre.

Ce n'est pas seulement dans le Midi de la France que les phosphates sont exploités. Cette même industrie existe dans les départements de la Meuse, des Ardennes et du Pas-de-Calais.

Les gisements des nodules phosphatés qu'on exploite depuis 1857, dans ces trois départements, ont une étendue considérable, et donnent déjà lieu à une importante industrie. Ces exploitations livrent à l'agriculture 70,000 tonnes de phosphates par an, et occupent déjà 30,000 ouvriers gagnant de bonnes journées, dans une contrée sans industrie qui était visitée, tous les hivers, par la misère.

Ces nodules phosphatés, qui sont d'un gris vert se trouvent dans deux couches distinctes de terrain, les sables verts du gault et la *gaize*, sorte de roche siliceuse. La profondeur des premiers est de 1 mètre 50 à 2 mètres; celle des seconds est quelquefois de 4 mètres. Ce sont de petits rognons assez durs, lourds, qui sont disséminés dans une couche de peu d'épaisseur, laquelle en fournit, en moyenne, 5 tonnes (de 3 à 8 mètres cubes) par are. L'exploitation se fait, en général, à ciel ouvert, par un travail méthodique qui, marchant pas à pas, laisse le terrain profondément défoncé, en conservant la couche de terre végétale à la surface. Les terrains ainsi travaillés ont, après l'exploitation, une fertilité bien supérieure à celle qu'ils avaient auparavant.

Les propriétaires traitent avec les exploitants, en leur vendant le droit d'extraction à un prix déterminé par hectare, à condition que le terrain sera remis ensuite dans l'état primitif. Ce prix n'était d'abord que de 500 francs par hectare, mais il s'est élevé successivement à 2,000 et 3,000 francs. La valeur des propriétés ainsi fouillées était primitivement de 1,000 francs environ par hectare; la nouvelle industrie a donc triplé leur valeur.

On se rendra compte, plus exactement, de l'importance de cette transformation, quand on saura que ces couches de nodules s'étendent sur une superficie de 200,000 hectares. C'est donc une plus-value de 400 millions que la propriété de ces terrains a acquise tout à coup, prospérité inouïe dont il serait difficile de trouver un autre exemple en France.

On voit par là combien M. de Molon avait raison d'insister sur la richesse prodigieuse que le sol de la France possédait en phosphates calcaires, sur la plus-value que cette substance donnerait aux terrains dans lesquels on la rencontre, et sur celle, bien plus grande encore, qu'ils doivent donner aux terres sur lesquelles cette matière fertilisante peut être employée.

L'exploitation des nodules phosphatés de ces trois départements est faite, en majeure partie, par quinze maisons du pays; d'autres personnes viennent aussi, de divers points de la France, se livrer à cette extraction; car c'est une industrie de petite exploitation, qui peut être exercée par tout le monde. En général, on traite avec des tâcherons, au prix de 15 à 18 francs la tonne, en leur fournissant les voitures et les attelages, et ils gagnent, à ce taux, des journées de 3 francs à 3 fr. 50.

Les nodules phosphatés sont triés avec soin après l'extraction, et lavés sur une grille, qui laisse passer la terre et le sable. Ils sont ensuite portés au moulin, où ils sont réduits en farine. Dans cet état, le phosphate des nodules est assimilable par les végétaux, et se trouve sous la forme la plus favorable pour l'agriculture.

Les moulins à blé, qui étaient à peu près en ruine dans les trois départements dont nous parlons, se sont ranimés et ont servi à cette nouvelle industrie. Ils réduisent en farine 40,000 tonnes de phosphates par an. Ils emploient, pour cela, leurs meules ordinaires; mais comme il faut environ deux fois plus de force pour les nodules que pour le blé, une seule meule marche, au lieu de deux. Le rhabillage se fait comme pour la mouture ordinaire; seulement l'usure des meules est beaucoup plus considérable. Dans quelques moulins on concasse préalablement les nodules à la grosseur d'une noisette; d'autres sont pourvus d'un blutoir, pour rendre la farine plus fine et plus égale.

Les moulins ordinaires fournissent de 40

à 50 sacs de farine par jour; ceux qui reçoivent des nodules concassés donnent jusqu'à 85 sacs de 100 kilogrammes. Le prix de la mouture est de 60 centimes par sac, avec un titre de 20 à 25 pour 100.

Dans la Meuse et dans les Ardennes, il y a 26 moulins en activité pour la trituration des nodules. Dans le Pas-de-Calais, il n'y en a encore qu'un seul, et le reste des matières phosphatées extraites est expédié sans préparation. Ce commerce s'est depuis quelques années régularisé. On a remarqué que la richesse en phosphates est en raison de la densité des nodules. Cette richesse varie de 16 pour 100 à 31 pour 100; la densité oscille entre 1,6 et 2,44; de sorte qu'aujourd'hui les bonnes maisons font des mélanges systématiques fondés sur cette base, de manière à livrer au commerce une farine dont elles garantissent le titre.

Le prix de cette farine est de 45 francs la tonne.

Quelle est l'origine du phosphore dans les phosphates de chaux naturels dont nous parlons? Cette question a été abordée par M. Daubrée.

« Si le phosphate de chaux, contenu, dit M. Daubrée, dans les terrains stratifiés se rencontre fréquemment sous des formes rappelant qu'il a passé parmi les matériaux de la vie, il en est autrement de celui qui est associé aux roches éruptives et aux filons métallifères. Dans ces deux gisements, les phosphates paraissent indépendants de l'action des êtres organisés; c'est donc dans les profondeurs du globe d'où viennent les roches éruptives que se trouvent les réservoirs primitifs du phosphore, et c'est de ces réservoirs internes que les terrains stratifiés ont tiré principalement, souvent d'une façon indirecte, le phosphore qu'ils contiennent. La constitution des météorites, qui renferment habituellement le phosphore de fer intimement mélangé au fer métallique, confirme cette conclusion même en dehors de notre globe terrestre. »

En Angleterre et dans diverses parties de l'Allemagne, on traite les phosphates naturels destinés aux engrais, par l'acide sulfurique, pour obtenir le biphosphate de chaux, soluble. L'acide est saturé par le carbonate de chaux que renferme le sol, ou par le noir des raffineries.

Le phosphate ainsi amené à un état de division extrême, peut se dissoudre, sous l'influence de l'acide carbonique, et, par conséquent, être absorbé par les racines.

Le mélange de biphosphate et de sulfate de chaux, provenant de l'action de l'acide sulfurique sur les phosphates, est vendu en Angleterre sous le nom de *super-phosphate*. Les matières premières employées sont les os frais ou desséchés, la chaux phosphatée minérale, terreuse ou cristalline, les *coprolithes*, les nodules ou rognons.

Les os frais sont coupés, pour être soumis à l'ébullition; la matière grasse s'en sépare; on les concassse ensuite dans des moulins formés de deux paires de cylindres. Pour les ossements secs, on les plonge dans l'eau, où on les laisse vingt-quatre heures, et on opère de même. On les malaxe avec leur poids d'acide sulfurique, dans un cylindre en fonte tournant. Après une demi-heure, le mélange est conduit dans un cellier en pierres siliceuses. On remplit ainsi le cellier; l'acide en excès est en partie absorbé, et le produit n'en vaut que mieux.

Des meules servent à pulvériser les phosphates minéraux qui sont suffisamment tendres. La poudre qui en provient est également traitée par l'acide sulfurique.

Les *coprolithes* sont les excréments pétrifiés des animaux antédiluviens. Cette matière est très-riche en phosphate de chaux. Comme ces nodules phosphatés sont assez durs, on les lave d'abord, pour enlever l'argile, et on les chauffe au rouge. Ensuite on les fait tomber, encore rouges, dans l'eau, ce qui produit des fentes, qui permettent de les broyer. La poudre est ensuite traitée par l'acide sulfurique, comme nous l'avons dit.

En résumé, le phosphate de chaux naturel est aujourd'hui exploité sur une échelle considérable. C'est au moyen de cet engrais minéral que l'on rend aux terres arables le phosphate que l'on retire incessamment du sol, sous forme de blé et d'autres céréales. C'est à la chimie, aidée de la géologie, que l'agriculture doit cette belle conquête ; nous ne pouvions donc nous dispenser de la signaler dans cette Notice.

CHAPITRE III

PRÉPARATION DU PHOSPHORE DANS L'INDUSTRIE. — CALCINATION DES OS. — TRAITEMENT DES OS PAR L'ACIDE SULFURIQUE, POUR PRODUIRE DU BIPHOSPHATE DE CHAUX SOLUBLE. — ÉVAPORATION. — DISTILLATION DANS LES CORNUES. — PURIFICATION DU PHOSPHORE.

Le phosphore s'extrait uniquement des os des animaux. Les os sont formés de substances minérales et d'une substance gélatineuse et grasse, dans la proportion d'un tiers de matières minérales pour deux tiers de matière organique. La chaux, la magnésie, le phosphore et l'acide carbonique, constituent presque exclusivement la partie minérale des os. En les calcinant, on détruit leur partie organique, et les cendres restant après la combustion contiennent une grande quantité de phosphate de chaux, qui est utilisée pour la fabrication du phosphore.

Le phosphate de chaux contenu dans les os calcinés est un sel tribasique, à base de chaux et de magnésie. Il renferme 15 pour 100 de phosphore pur.

100 parties d'os calcinés sont ainsi composées :

Acide phosphorique	40,5
Acide carbonique	5,5
Chaux	53,2
Magnésie	0,8
	100

Cette composition répond à 85 de phosphate de chaux, 1,7 de phosphate de magnésie et 13,2 de carbonate de chaux.

Avant de décrire le procédé généralement en usage pour la préparation du phosphore, nous dirons un mot de quelques méthodes scientifiques qui ont été proposées dans ce but.

Parmi les différentes méthodes scientifiques qu'on a proposées pour retirer le phosphore des os, il en est une qui mérite d'être signalée particulièrement : c'est celle de Donavan, qui permet de retirer en même temps le phosphore et la gélatine des os. On traite les os par l'acide azotique, qui n'attaque pas la matière organique. Ensuite l'ébullition de la matière dans l'eau permet d'obtenir la gélatine, tandis que le phosphate de chaux reste dans la dissolution. On précipite l'acide phosphorique de cette liqueur par un sel de plomb, et on opère sur ce phosphate d'après les procédés ordinaires pour obtenir le phosphore.

Si l'on remplace l'acide azotique par l'acide chlorhydrique, on a le procédé du chimiste allemand Fleck. Le phosphate acide de chaux est séparé de la dissolution ; on évapore et on fait cristalliser. Comme ces cristaux sont très-solubles, on ne peut les laver; on les presse seulement, et on les traite dans la cornue, par le charbon, selon la méthode que nous décrirons tout à l'heure.

Après avoir soumis les os à l'action de l'acide chlorhydrique, Gentele supprime l'évaporation et la cristallisation; il précipite la chaux par le carbonate d'ammoniaque ou par le chlorhydrate de la même base. Mais une certaine portion de phosphore est perdue, à cause de l'excès de chaux contenue dans ce précipité. C'est pourquoi, après la séparation de ce dernier de la dissolution du sel ammoniacal, on le laisse digérer dans de l'acide sulfurique contenant du phosphate de chaux jusqu'à ce que la réaction acide se manifeste.

En distillant le noir animal avec la moitié de son poids de sable, Wohler évite l'intervention de l'acide sulfurique, em-

Fig. 232. — Four pour la calcination des os.

ployé dans la méthode généralement adoptée, ainsi que nous allons le voir. Mais ce procédé n'est pas pratique. La proportion de charbon et de sable est telle que le mélange ne contient, sous un volume égal, que le tiers du phosphore renfermé dans le mélange ordinaire. D'ailleurs, la décomposition est difficile; et comme on ne peut pas enlever le silicate de chaux qui forme le résidu de l'opération, les cornues dont on se sert sont promptement hors d'usage.

D'après Cari-Mantrand, les os calcinés étant mélangés à du charbon de bois, pourraient facilement être décomposés à la température rouge, par un courant d'acide chlorhydrique ou de chlore. Tout le phosphore serait mis en liberté, à cause de la formation de chlorure de calcium, d'oxyde de carbone et d'eau.

Tous ces procédés, rationnels au point de vue chimique, seraient inapplicables à la production du phosphore en grand.

Arrivons au procédé que l'on suit dans les usines.

C'est au phosphate de chaux des os que

l'on s'adresse, avons-nous dit, pour obtenir le phosphore. Il faut commencer par détruire, par la calcination, la matière organique des os. La calcination laisse des cendres, dans lesquelles se trouve le phosphore, à l'état de phosphate de chaux.

L'opération de la calcination des os est d'autant plus facile que les os renferment eux-mêmes assez de matière organique, pour entretenir la combustion, une fois qu'elle est commencée.

On opère dans un four assez haut, tel que le représente la figure 232. Les os frais sont jetés par le haut de la cavité du four, B. On commence par allumer le combustible placé dans le foyer F, et on brûle sur la grille, D, une certaine quantité d'os. Quand ces os brûlent bien, on remplit peu à peu le four, en y jetant des os et la combustion s'achève toute seule sans l'addition d'autre combustible dans le foyer.

Pour activer la combustion, une galerie circulaire, C, entoure le bas du four, et va conduire les produits de la combustion dans la cheminée, H.

On extrait les os calcinés par une ouverture inférieure, G, en enlevant les barreaux de la grille, D.

Une fois la calcination effectuée, on concasse les os, en évitant de les réduire en poudre fine, afin d'empêcher la formation de grumeaux lors du traitement par l'acide sulfurique : la grosseur des fragments doit être celle d'un pois.

Il faut décomposer par le charbon, sous l'influence de la chaleur, le phosphate de chaux des os, pour obtenir le phosphore. Mais on ne pourrait effectuer la réduction du phosphate tel qu'il existe dans les cendres d'os, où l'acide phosphorique est combiné à trois équivalents de chaux ou de magnésie.

La réduction de l'acide phosphorique dans le sel tribasique est empêchée par son affinité pour la chaux ; mais sa réduction peut s'opérer quand le sel contient un excès d'acide phosphorique. Il faut donc commencer par transformer le phosphate de chaux tribasique qui existe dans les os, en phosphate acide, c'est-à-dire avec excès d'acide phosphorique.

Pour opérer cette transformation, on traite le produit de la calcination des os par l'acide sulfurique. Cet acide prend au phosphate de chaux deux équivalents de chaux et forme du sulfate de chaux (plâtre), substance insoluble, et du phosphate acide de chaux, substance soluble. D'après la composition chimique de ces derniers corps, 100 parties de phosphate tribasique demanderaient 63 parties d'acide sulfurique monohydraté, pour passer à l'état de phosphate acide ; mais, dans la pratique, il faut une plus forte proportion d'acide, parce que les os calcinés renferment, outre le phosphate de chaux, une certaine quantité, d'ailleurs variable, de carbonates de chaux et de magnésie, et parce que l'acide sulfurique ne peut agir sur le phosphate qu'après avoir décomposé ces carbonates de chaux et de magnésie.

Les os étant calcinés et concassés, sont soumis, disons-nous, à l'action de l'acide sulfurique. Dans des baquets en bois on introduit 150 kilogrammes d'os calcinés, sur lesquels on verse peu à peu l'acide. Il y a six de ces baquets pour les produits donnés par un four de calcination. Les os sont recouverts d'eau. En hiver, on élève la température de l'eau de ces baquets, au moyen d'un tuyau de vapeur. On ajoute l'acide sulfurique par petites portions, en agitant toute la masse. Il se fait une vive effervescence et un dégagement d'acide carbonique. La chaleur a ici un double but : elle favorise la décomposition, et elle rend le sulfate de chaux formé moins soluble dans l'eau.

L'introduction de l'acide étant terminée, on abandonne le mélange à lui-même, pendant quarante-huit heures, en le remuant souvent.

La dose d'acide sulfurique que l'on emploie, est de 70 à 90 pour 100 parties d'os calcinés.

La masse ainsi traitée est grisâtre ; au bout de quarante-huit heures, elle forme une bouillie blanche et épaisse. Ce mélange est constitué par de petits cristaux de sulfate de chaux insoluble, et de phosphate acide de chaux, qui s'est dissous dans l'eau. Pour enlever le sel soluble, on remplit le baquet d'eau et on agite. On laisse reposer quelques heures, on sépare le liquide du dépôt, et on recommence le traitement par l'eau.

Les premières eaux de lavage marquent 8 à 10° à l'aréomètre de Beaumé ; les secondes n'en marquent que 5 à 6. On réunit ces liqueurs, et on les évapore.

Le dépôt formé est lavé par des affusions d'eau, dans une cuve, dont le fond est percé de trous et recouvert de paille ou de gros gravier et de sable.

On conserve les eaux de lavage ; elles servent à étendre l'acide sulfurique employé au traitement d'autres cendres d'os.

S'il fait très-froid, ou si l'on ne fait pas intervenir la chaleur, les lessives contiennent une notable quantité de sulfate de chaux. Ce sel se dépose pendant l'évaporation, et il devient difficile de l'enlever complétement. C'est là un inconvénient, parce que le sulfate de chaux entrave la séparation du phosphore au moment de la distillation.

On concentre les lessives dans des chaudières en plomb chauffées au moyen de la chaleur perdue par les fours à calcination, ou de la chaleur provenant des foyers des appareils distillatoires.

Les lessives sont ainsi concentrées de manière à marquer 45 à 50° à l'aréomètre de Beaumé. Leur consistance est alors sirupeuse. Le dépôt qui reste au fond de la chaudière, lorsqu'on a soutiré la lessive, est du sulfate de chaux; on l'enlève, avant d'introduire de nouvelle lessive.

La liqueur concentrée à 45 ou 50°, est mise dans une chaudière en fonte, pour être chauffée directement. A la fin de l'évaporation on mêle à cette liqueur 30 pour 100 de charbon de bois, en fragments gros comme des pois. On fait évaporer lentement, sur un feu modéré et en remuant sans cesse.

Au bout de deux heures, on voit se dégager de l'acide sulfureux, qui provient de la décomposition d'une partie de l'acide sulfurique par le charbon. Le liquide s'épaissit, et l'évaporation demande alors beaucoup de soins : il s'agit d'empêcher l'adhérence de la matière saline au fond de la chaudière. Pour dessécher complétement le résidu, il faut chauffer jusqu'au rouge.

Le mélange de phosphate acide de chaux et de charbon étant effectué, on procède à l'extraction du phosphore. Pour cela, il faut chauffer au rouge le mélange de charbon et de phosphate acide de chaux. L'excès d'acide phosphorique est réduit par le charbon ; ce qui veut dire que l'acide phosphorique cède son oxygène au charbon, et qu'il se forme du gaz acide carbonique, qui se dégage et du phosphore libre, lequel, étant volatil, prend l'état de vapeurs, et peut être recueilli dans un récipient refroidi et plein d'eau.

C'est absolument la même opération que l'on exécute dans les laboratoires de chimie, pour l'extraction du phosphore.

Voyons comment sont disposés les appareils de l'industrie pour exécuter en grand l'opération de la réduction du phosphate acide de chaux par le charbon, et recueillir le phosphore, qui résulte de cette réaction chimique.

On distille le mélange dans des cornues faites avec de l'argile réfractaire, et qui ressemblent à une bouteille à col un peu recourbé ou, ce qui vaut mieux, à col tout à fait droit. Comme la difficulté de manier ces récipients augmente avec leur capacité, on réunit un grand nombre de ces appa-

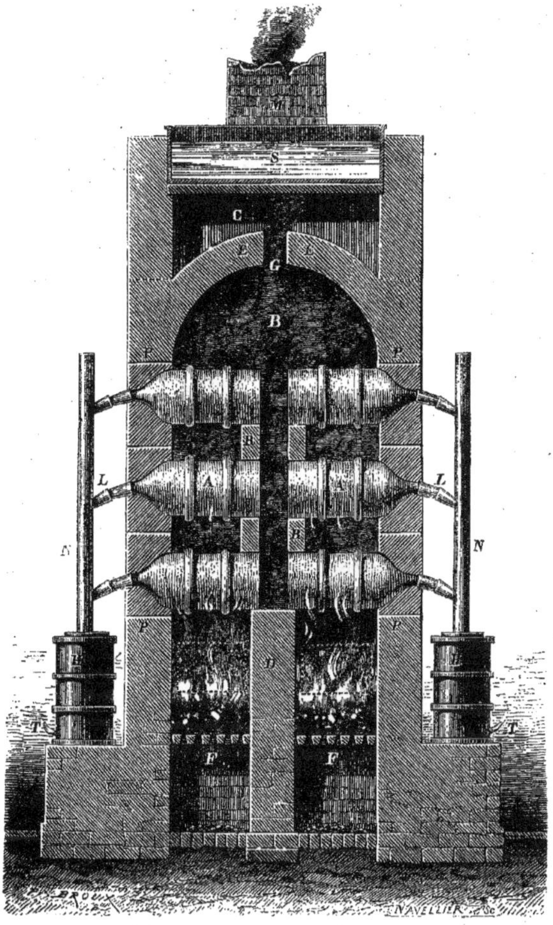

Fig. 233. — Four, cornues et récipients-condenseurs pour la préparation du phosphore.

reils dans un même four chauffé par un seul foyer.

La dépense de combustible et de la main-d'œuvre est assez considérable, car la température à laquelle s'effectue la distillation, est celle du rouge-blanc. On ne traite, d'ailleurs, que peu de matière dans chaque opération : 150 kilogrammes environ, donnant tout au plus 10 kilogrammes de phosphore. Il faut vider et remplir les cornues très-souvent; il y a des réparations continuelles à faire au four, enfin les opérations partielles sont nombreuses et longues. Tout cela est fort coûteux, surtout si l'on tient compte des pertes provenant de la décomposition incomplète et des déchets.

Les cornues à col recourbé dont on a fait longtemps usage étaient difficiles à dégorger. Aujourd'hui, on se sert de cornues à col droit, d'une capacité de 6 à 8 kilogrammes, et on les place de manière à former trois rangées superposées de sept cornues de chaque côté du four, ce qui fait quarante-deux cornues pour un four. Le même foyer chauffe six de ces rangées. Deux foyers sont accouplés et ont une cheminée commune. Chacun de ces fours est divisé par un mur en deux parties, et chaque four a sa grille. Il en résulte que quatre foyers alimentent chaque couple de fours, et chauffent ainsi quatre-vingt-quatre cornues, dont les cols apparaissent sur les parois. Les fonds de la rangée inférieure s'appuient sur le mur et ceux des autres rangées sur des supports de briques. La paroi intérieure du four est mobile, afin de faciliter la pose des cornues. Elle est formée de dalles lutées avec de l'argile.

La flamme des foyers se propage entre les cornues; elle passe sous la voûte, traverse les carneaux et va chauffer les chaudières qui servent à évaporer les dissolutions de phosphate acide de chaux.

On voit ces dispositions représentées sur la figure 233. Les gaz venant du foyer F, chauffent les cornues, A, contenant le mélange phosphatique, traversent la voûte B, et passant par le carneau G, viennent chauffer une galerie supérieure, C, sur laquelle sont posées les chaudières d'évaporation S, avant de gagner la cheminée, M.

Il y a, comme on le voit sur la figure 233, un récipient de phosphore, H, pour trois cornues, A ; ce récipient communique avec les cornues par une allonge et un tuyau vertical, N.

Les cornues peuvent servir immédiatement à une nouvelle opération, quand elles sont refroidies et vidées.

Quelques fabriques n'ont qu'une seule rangée de cornues, au lieu de trois situées les unes sur les autres. Chaque four ne contient alors que vingt-quatre ou trente-six cornues.

On enduit les cornues de terre glaise, avant de les placer dans le fourneau.

Un chimiste allemand, Fleck, a proposé de construire les cornues, ainsi que les foyers, suivant les mêmes dispositions qui servent à la fabrication du gaz d'éclairage. La longueur des cornues serait alors de 1^{m},17 ; elles seraient séparées par un intervalle de 25 centimètres, et occuperaient le four dans toute sa largeur. Ces cornues auraient deux regards, sur les deux parois opposées, pour faciliter l'entrée et la sortie de leur charge. Les ouvertures auraient des couvercles comme ceux des cornues à gaz et seraient

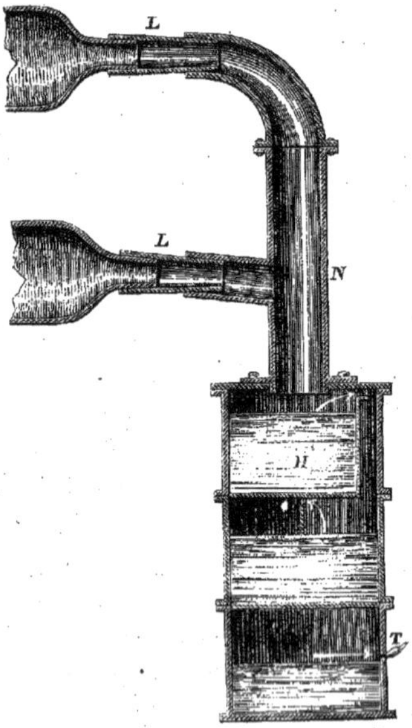

Fig. 234. — Récipient-condenseur des cornues pour la préparation du phosphore.

traversées par des tubes communiquant à un barillet dans lequel la condensation s'opérerait.

Nous avons dit qu'un seul récipient est destiné à condenser les vapeurs de phosphore fournies par trois cornues. Ces récipients sont en fonte, et leurs dispositions sont indiquées dans la figure 234.

Une allonge, L, amène les vapeurs de phosphore arrivant des cornues, A. Elles débouchent par l'allonge L, et un tuyau commun N, en haut du récipient. Elles pénètrent d'abord dans la deuxième chambre, I, ensuite dans la première, H, puis dans la troisième, T. Chacune de ces chambres du récipient contient de l'eau, dans laquelle se condense le phosphore; tandis que les gaz, trouvant une issue latérale, T se dégagent au dehors et s'enflamment spontanément à l'air.

On évite la fracture des cornues en les chauffant lentement et progressivement. Après quelques heures de chauffe, lorsque la température est celle du rouge-blanc, l'ouverture T des condenseurs, laisse voir une flamme bleuâtre. Le dégagement gazeux augmente avec l'élévation de la température; la flamme a une belle teinte blanche. Au bout de vingt-quatre heures, le dégagement faiblit, la flamme prend une nuance bleue, et finit par s'éteindre. A ce moment, on cesse d'alimenter les foyers.

Les gaz dégagés pendant le cours de la distillation, sont un mélange d'hydrogène phosphoré, d'hydrogène pur et d'oxyde de carbone. Ils donnent, en brûlant à la bouche du récipient-condenseur, de l'eau, de l'acide carbonique et de l'acide phosphorique. Leur odeur est pénétrante et désagréable.

Pour expliquer la formation de ces gaz, il faut remarquer que la décomposition s'effectue de dehors en dedans, couche par couche, la température ne s'élevant que peu à peu dans les cornues. L'intérieur des cornues contient donc un centre moins chaud que le reste. De ce centre, il se dégage de la vapeur d'eau, tandis que sur les bords de la masse règne une température très-élevée, qui a pour résultat de faire dégager du phosphore en vapeurs, par la réaction du charbon sur le phosphate acide de chaux. La vapeur d'eau est alors décomposée par le phosphore, et donne de l'hydrogène phosphoré, de l'hydrogène pur et du gaz acide carbonique.

La théorie indique que le rendement de l'opération en phosphore, doit être de 12 à 15 pour 100, en opérant sur un mélange de phosphate acide de chaux avec 30 ou 33 pour 100 de charbon. Mais le rendement moyen en phosphore pur n'est que de 8 pour 100 d'après Fleck, et de 8 à 10 pour 100 d'après Payen.

Quand la distillation est terminée, la cornue contient une masse noire et pulvérulente, composée d'un mélange de charbon et de phosphate de chaux neutre. On pourrait songer à traiter de nouveau ce résidu par l'acide sulfurique, pour recommencer une nouvelle opération; malheureusement, ce résidu, après sa calcination, est peu attaquable par l'acide sulfurique. On le jette comme résidu sans valeur.

La purification du phosphore est l'opération qui termine la préparation de ce corps.

Quand il est pur, le phosphore est blanc, transparent, et consistant comme de la cire. Mais dans les fabriques, quand on le retire du récipient-condenseur, il est opaque, et de couleur brune, rouge ou noire. Ces colorations dépendent de la présence d'un peu de charbon ou d'arsenic, et d'une certaine proportion de phosphore rouge, état *allotropique* du phosphore. La matière recueillie dans le récipient-condenseur doit donc nécessairement être purifiée.

Pour purifier le phosphore, on le fait fondre et on le filtre sous l'eau. A cet effet, on le renferme dans une peau de chamois mouillée; on lie cette peau et on la place dans une passoire en cuivre, plongée elle-même dans un vase d'eau chauffée à + 50 ou + 60°. On presse, dans l'eau chaude, le nouet de la peau de chamois plein de phosphore, au moyen de la pince à levier dont la figure 235 fait voir le mécanisme.

Le phosphore contenu dans le nouet de peau de chamois, B, est pressé par la capsule métallique, C (au milieu de l'eau chaude que contient le vase, A), par le levier horizontal, E, qui fait abaisser, au moyen d'un cran, la tige verticale CD fixée solidement au mur par une charnière qui lui permet un déplacement dans le sens vertical. Par la pression de la capsule, C, le phosphore subit une véritable filtration : il traverse la peau de chamois, B, et laisse dans

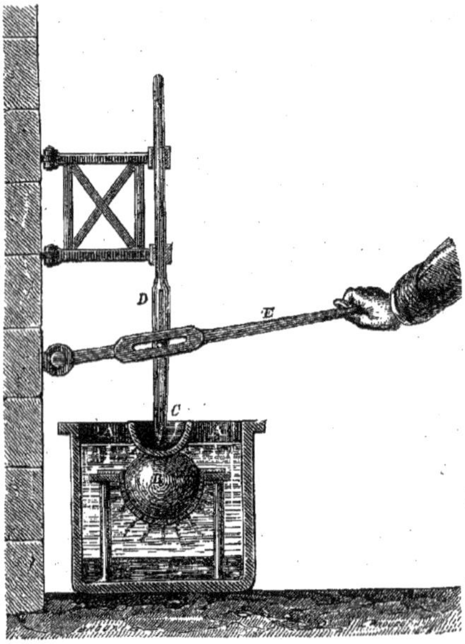

Fig. 235. — Filtration du phosphore dans l'eau chaude à travers une peau de chamois.

le sachet, après l'expression, les substances étrangères.

L'épuration du phosphore s'opère, dans d'autres fabriques, en filtrant ce corps sur du noir animal réduit en grains. On dispose le noir animal en une couche de 6 à 10 centimètres, sur le faux fond d'un vase, tel que le représente la figure 236, et l'on remplit ce vase d'eau jusqu'aux deux tiers.

La température de l'eau étant portée à + 70°, à l'aide du bain-marie F, on place dans le bain-marie un vase de cuivre contenant une couche de noir animal en grains, C, et par-dessus le phosphore brut, E, qui entre en fusion ; et par la pression que détermine le poids seul de la couche fondue, le phosphore filtre à travers la

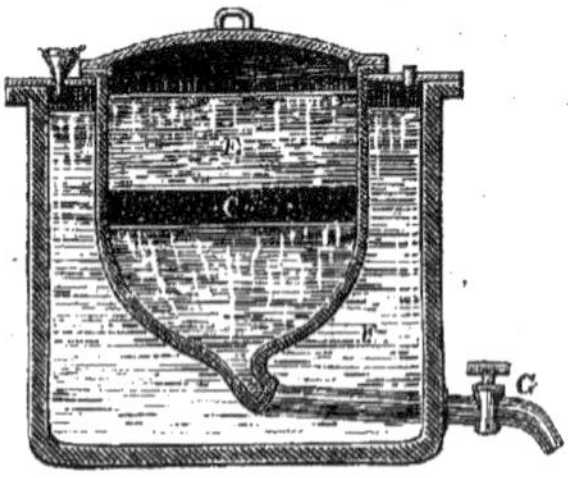

Fig. 236. — Première filtration du phosphore à travers le noir animal.

couche de noir animal, C, et passe dans le compartiment inférieur.

Une fois fondu, le phosphore s'écoule par un robinet et un tube, G, et se rend, par un autre tube, L, faisant suite au premier, dans un second vase (fig. 237), qui contient

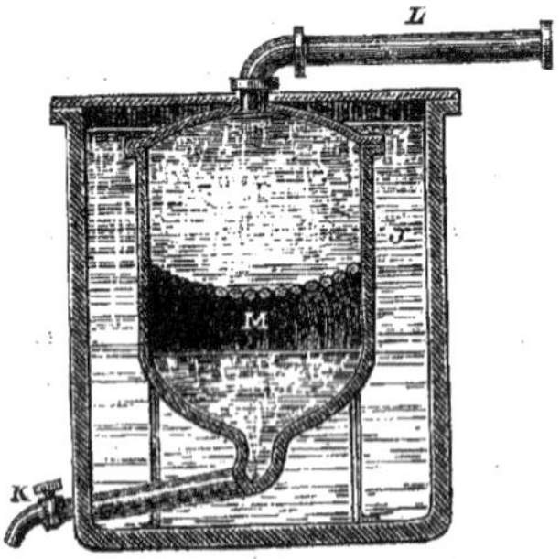

Fig. 237. — Deuxième filtration du phosphore à travers la peau de chamois.

de l'eau, et qui est également chauffé au bain-marie. Ce deuxième vase porte un faux fond, M, percé de trous, et recouvert d'une peau de chamois. Par le seul effet de son poids, le phosphore traverse la peau de chamois M. Un autre robinet, K, sert à faire écouler dans un réservoir le phosphore pur.

On se sert encore, pour purifier le phosphore, de plaques poreuses, composées d'une pâte d'argile, qu'on place dans des cylindres en fonte, communiquant avec un conduit de vapeur. La vapeur, comprimant le phosphore fondu, le force à traverser les plaques poreuses. Pour empêcher que ces plaques ne s'obstruent, on mélange au phosphore du charbon en poudre. En calcinant de temps en temps ces briques à l'air, on leur rend leur porosité, par suite de la combustion du charbon retenu dans leurs pores. On distille le phosphore mêlé de charbon, pour en retirer le phosphore pur.

En Allemagne, on soumet le phosphore déjà purifié par ces filtrations à une seconde distillation. Cette opération se pratique en faisant d'abord fondre le phosphore sous l'eau, et le mélangeant avec un huitième de son poids de sable pur. Le refroidissement donne une matière rouge que l'on introduit dans les cornues; on chauffe doucement, pour enlever l'humidité, et l'on chauffe ensuite plus fort. Le phosphore distille; on le reçoit dans des vases en plomb plongés dans l'eau. On recueille ainsi, avec le phosphore brut, jusqu'à 90 pour 100 de phosphore pur.

La purification du phosphore fournit les *pains de phosphore*, qui sont livrés au commerce. Si l'on divise le phosphore en l'agitant pendant son refroidissement, on l'obtient en grenailles, forme sous laquelle on le trouve quelquefois chez les fabricants. Mais le plus souvent on le moule en baguettes.

Voici comment s'effectue cette manipulation.

Le phosphore est fondu dans une bassine chauffée au bain-marie. La bassine est pourvue, à son fond, d'un robinet et d'un conduit en cuivre, qui amène le phosphore fondu dans des tubes de verre plongeant eux-mêmes dans une cuve pleine d'eau froide. Le robinet étant ouvert, le phosphore fondu coule dans le conduit, et s'introduit dans les tubes de verre. Une fois les tubes remplis, on ferme le robinet et on attend le refroidissement. On retire alors le phosphore refroidi des tubes de verre, en secouant ces tubes, et on remplit de nouveau les mêmes tubes de phosphore, en ouvrant le robinet.

On nomme *appareil de Seubert*, ce petit outillage, qui peut être remplacé par beaucoup d'autres dispositions.

Dans les laboratoires de chimie on prépare les bâtons de phosphore en aspirant avec la bouche dans des tubes de verre que l'on plonge dans le phosphore fondu sous l'eau chaude. Mais ce moyen est quelque peu dangereux; le phosphore pénètre dans la bouche de l'opérateur, s'il aspire trop fort. L'*appareil Seubert*, ou tout autre moyen facile à imaginer, écartent ce danger.

Le *phosphore rouge* a reçu d'importantes applications dans l'industrie. Nous devons donc parler de son mode de préparation.

On sait que le phosphore rouge, ou *amorphe*, c'est-à-dire incristallisable, est une modification *allotropique* du phosphore. Une chaleur de + 250° ou l'influence seule de la lumière, transforment le phosphore blanc en phosphore rouge, ou *amorphe*.

A l'état de poudre, le phosphore amorphe est de couleur rouge; mais, en masse, il a l'éclat métallique.

Pour préparer le *phosphore rouge*, on opère sur le phosphore ordinaire, dans un appareil inventé par Schrötter, et que représente la figure 238. Cet appareil se compose d'un récipient en porcelaine, A, avec couvercle à vis, C, pourvu d'un étrier, B. Un tuyau, C traverse ce couvercle; il est terminé par un robinet, D, qui plonge dans un vase, H, contenant du mercure.

Le récipient, A, contenant le phosphore, est placé dans un bain de sable, EE', qu'on chauffe avec un bain métallique, FF', composé de plomb et d'étain à parties égales

Fig. 238. — Coupe de l'appareil servant à la préparation du phosphore rouge

et contenu dans une chaudière de fonte. On commence par chauffer lentement, et l'on voit des bulles de gaz sortant du tube CD, s'enflammer à la surface du bain de mercure. On chauffe alors beaucoup plus fortement, et l'on arrive à la température de + 250°, qu'indique un thermomètre placé dans le bain d'alliage FF'. En laissant le phosphore exposé dans cet appareil, pendant vingt-quatre heures, à l'action de la température de + 250°, on le transforme totalement en phosphore *rouge*, ou *amorphe*.

L'iode, en petite quantité, peut opérer la transformation d'une grande quantité de phosphore ordinaire en *phosphore rouge*. Pour exécuter cette transformation, on fond le phosphore mêlé de quelques fragments d'iode, dans un ballon, au milieu d'une atmosphère de gaz acide carbonique. L'action se produit presque instantanément; elle est accompagnée d'un dégagement de calorique. Le produit qui en résulte est dur, noir, donnant une poussière rouge.

La même transformation peut se faire en traitant le phosphore fondu par l'acide chlorhydrique. Le sélénium produirait le même effet.

Le phosphore rouge, obtenu par le procédé que nous avons décrit, contient une petite quantité de phosphore ordinaire, dont il importe de le débarrasser, si l'on veut avoir un produit pur.

On purifie le phosphore amorphe en le chauffant à l'abri de l'air, dans un vase en plomb, jusqu'à ce qu'il ne brille plus dans l'obscurité. On peut encore le traiter par le sulfure de carbone, qui dissout le phosphore rouge.

Nicklès a proposé de purifier le phosphore rouge en mettant à profit la différence de densité entre les deux espèces de phosphore. La densité du phosphore blanc est 1,84 et celle du phosphore rouge 1,96. Dès lors, si l'on fait fondre le phosphore à purifier dans une solution de chlorure de calcium d'une densité moyenne aux deux précédentes, et que l'on agite le mélange, le phosphore blanc, plus léger, gagnera la surface, et l'autre se précipitera au fond.

Le phosphore *rouge*, ou *amorphe*, a le grand avantage de pouvoir être manié sans danger, car il est moins inflammable et moins fusible que le phosphore blanc. En outre il n'est point vénéneux.

CHAPITRE IV

PROPRIÉTÉS PHYSIQUES ET CHIMIQUES DU PHOSPHORE.

Le phosphore est un corps solide, qui fond à + 44°.

Très-flexible, il cède sous l'ongle et se laisse couper aisément avec des ciseaux.

La saveur du phosphore est nulle; son odeur, qui est caractéristique, est à peu près celle de l'ail. Une très-petite quantité de soufre, alliée au phosphore, rend ce dernier corps cassant.

Le phosphore est tantôt blanc, tantôt jaunâtre ou d'une couleur intermédiaire. Sa transparence ou sa translucidité peuvent être complétement altérés par un arrangement nouveau de ses molécules : il peut devenir noir et opaque. La couleur blanche, ou jaune pâle, du phosphore, est un indice de sa pureté ; l'influence de la lumière lui donne une teinte plus foncée.

On peut obtenir, par la fusion et le refroidissement convenablement opérés, du phosphore cristallisé; il a alors la forme dodécaédrique. On obtient des cristaux octaédriques en évaporant de sa dissolution dans le sulfure de carbone.

On peut pulvériser le phosphore en le faisant fondre sous l'eau et en l'agitant.

A l'état de fusion, le phosphore ressemble à une huile limpide et jaunâtre. Son point d'ébullition est + 290°. Pour le distiller, il faut opérer dans une atmosphère privée d'oxygène. Les vapeurs qui se forment ainsi sont incolores.

La densité du phosphore solide est 1,83 à + 10°; celle du phosphore fondu est 1,88 à + 45°.

Le phosphore n'est soluble ni dans l'eau ni dans l'alcool. Quand il a séjourné dans l'eau, cette eau luit un peu dans l'obscurité.

L'éther dissout le phosphore; les huiles fixes et essentielles le dissolvent également; il en est de même de la benzine et du pétrole. Ses meilleurs dissolvants sont le sulfure de carbone, le chlorure de soufre et le trichlorure de phosphore.

On est obligé de conserver le phosphore sous l'eau et de le manier à l'air avec précaution, parce qu'il brûle vivement à l'air, à la température ordinaire. L'acide phosphorique est le produit de cette combustion.

Une température de + 60° suffit pour déterminer l'inflammation du phosphore ; un léger frottement la détermine aussi. Son inflammabilité augmente encore lorsqu'il est impur, mélangé au phosphore rouge ou à du sable. C'est pour cela que les résidus de la distillation du phosphore peuvent s'enflammer spontanément à l'air.

On doit à M. Paul Thénard l'explication de l'inflammation spontanée des gaz qui se dégagent dans la distillation du phosphore. On connaît trois combinaisons du phosphore avec l'hydrogène : l'une est solide, une autre est gazeuse et la troisième liquide. Ce dernier composé s'enflamme spontanément au contact de l'air; or, parmi les produits gazeux qui se dégagent dans la préparation du phosphore, il se trouve de l'hydrogène phosphoré liquide en petite quantité; et c'est ce liquide très-volatil, qui, se réduisant en vapeurs, détermine la combustion spontanée du mélange dans l'air.

Dans l'oxygène, la combustion du phosphore est très-vive, la flamme est excessivement brillante. En brûlant dans l'oxygène, comme lorsqu'il brûle à l'air, le phosphore produit des fumées abondantes, blanches, composées d'acide phosphorique anhydre. Cette combustion se fait aussi sous l'eau avec du phosphore fondu si l'on met le phosphore en contact avec un courant d'oxygène.

L'oxydation lente du phosphore à l'air s'accompagne, dans l'obscurité, d'une manifestation lumineuse; des vapeurs blanches se dégagent et il se forme de l'ozone.

Si l'on opère dans l'air sec, l'oxydation s'arrête au bout de peu de temps, à cause de la formation d'une légère couche d'acide phosphorique anhydre; mais s'il existe de l'humidité, l'acide phosphorique se dissout et l'oxydation continue tant que l'oxygène ne manque pas.

Le phosphore peut s'enflammer spontanément à l'air, lorsqu'il est dans un grand état de division.

A la température ordinaire, à partir de 0°, le phosphore luit à l'air. Si on abaisse sa température à — 6°, il n'y a plus de lueurs, mais les fumées blanches persistent.

Dans l'oxygène pur et sous la pression atmosphérique ordinaire, le phosphore ne s'oxyde pas et ne donne pas de lueurs, tant que la température ne dépasse pas + 20°. Mais il s'oxyde au-dessus de ce point.

Pour observer les lueurs du phosphore dans l'oxygène, il est nécessaire de ramener la pression de ce gaz à ce qu'elle est dans l'air, c'est-à-dire au cinquième de la pression ordinaire. On fait cette expérience avec un long tube plein d'oxygène qui renferme un bâton de phosphore, et que l'on peut plonger plus ou moins profondément dans la cuve à mercure, de manière à faire varier la pression du gaz. Quand le niveau du mercure dans le tube est le même que celui du bain, c'est-à-dire quand la pression de l'oxygène du tube est égale à celle de l'atmosphère, on n'observe aucune lueur phosphorescente. Mais si l'on soulève le tube au-dessus du bain de mercure, ce qui diminue la pression à laquelle est soumis l'oxygène, on voit les lueurs se manifester, lorsque la pression intérieure du gaz n'est environ que le cinquième de celle de l'atmosphère. Si l'on refroidit le tube, à cet instant, les lueurs ne se manifestent plus; mais elles reparaissent si l'on chauffe le tube simplement avec la main.

A la pression ordinaire de $0^{m},76$ et à la température de + 27°, le phosphore n'absorbe pas l'oxygène, même au bout de vingt-quatre heures; mais si on fait descendre la pression à 10 ou 6 centimètres de mercure, le phosphore devient lumineux et brûle.

Cet effet se produit encore si l'on mélange un autre gaz à l'oxygène; c'est pour cela que le phosphore brûle lentement à l'air, et que, dans une atmosphère d'air limitée, il finit par s'emparer de tout l'oxygène.

Ainsi, on peut provoquer l'apparition des lueurs dans l'oxygène en introduisant dans ce gaz de l'azote ou de l'hydrogène; c'est comme si on diminuait la pression à laquelle il est soumis.

Le résultat de l'oxydation lente du phosphore à l'air humide, est un mélange d'acides phosphoreux et phosphorique.

Le phosphore en contact avec le chlore s'enflamme, et produit du perchlorure de phosphore. Sa combinaison avec le brôme s'effectue violemment. Il se combine directement avec l'iode, sous l'influence d'une faible chaleur.

Le phosphore et le soufre se combinent en laissant dégager une si grande quantité de chaleur, qu'il y a souvent explosion.

On comprend, d'après ce qui vient d'être dit, que, pour conserver le phosphore, on doive le tenir dans de l'eau qu'on a privée d'air en la faisant bouillir. On conserve les flacons pleins de phosphore et d'eau dans des boîtes en fer-blanc ou dans des barils remplis d'eau.

Le phosphore éprouve des modifications *allotropiques*, c'est-à-dire qui ne changent rien à sa nature intime, mais modifient profondément ses propriétés physiques et chimiques, ainsi que ses effets sur l'économie animale. On connaît le *phosphore opaque* ou *blanc*, le *phosphore noir* et le *phosphore rouge*, ou *phosphore amorphe*.

Quand on le conserve sous l'eau, à la lumière, le phosphore se recouvre d'une couche opaque blanche : c'est du *phosphore blanc*, qui luit dans l'obscurité comme le phosphore ordinaire, et qui reprend son aspect ordinaire par la simple fusion. Cette transformation consiste en une demi-cristallisation, qui produit l'opacité. La transformation du phosphore transparent en une matière opaque n'a pas lieu, quand le phosphore est conservé dans de l'eau privée d'air et renfermé dans un tube clos. Le phénomène est donc dû principalement à la présence de l'air ; cependant la lumière concourt aussi à l'effet, puisque la transparence du phosphore n'est jamais altérée, si on le conserve dans l'obscurité.

Le *phosphore noir* s'obtient, en chauffant à + 70° le phosphore ordinaire, et le refroidissant brusquement. Si on le fond de nouveau et qu'on le laisse refroidir lentement, on reproduit le phosphore ordinaire.

Par une longue exposition au soleil, suivie de la distillation et d'un refroidissement lent, le phosphore devient noir. Il redevient blanc par la fusion et ainsi de suite.

La modification la plus importante et la mieux définie du phosphore est celle qu'on désigne sous le nom de *phosphore rouge*, ou *phosphore amorphe*. Cette modification est le résultat de l'action de la lumière ou de la chaleur ou de réactions chimiques.

L'action soutenue d'une température de 250° sur le phosphore ordinaire, produit le phosphore rouge. C'est, comme on l'a vu, le moyen à l'aide duquel on obtient ce corps dans les fabriques.

Dans la combustion du phosphore à l'air ou sous l'eau, et dans un courant d'oxygène, il se produit toujours une certaine quantité de *phosphore rouge* ou *amorphe*.

Le phosphore *amorphe* n'est pas lumineux à l'air; il n'est pas soluble dans les liquides qui dissolvent le phosphore ordinaire, tels que le sulfure de carbone, l'éther, le pétrole, etc. Il ne s'enflamme ni par les chocs répétés, ni par le frottement; il ne brûle qu'à + 250°.

Quoique le phosphore amorphe ne soit pas très-dangereux, au point de vue des incendies, il faut savoir qu'il détone avec le chlorate de potasse, l'oxyde de plomb, etc., propriétés qui l'ont fait substituer au phosphore ordinaire dans la préparation des allumettes chimiques.

Le *mélange d'Armstrong*, employé en Angleterre pour charger les fusées de bombes, est composé de phosphore amorphe et de chlorate de potasse.

Nous avons déjà dit que ce corps n'est pas vénéneux.

CHAPITRE V

L'ART DE PRODUIRE LE FEU. — PEUPLES SAUVAGES IGNORANT L'EXISTENCE DU FEU. — COMMENT ON A PRODUIT LE FEU POUR LA PREMIÈRE FOIS. — L'HOMME PRIMITIF, A L'ÉPOQUE DU GRAND OURS ET DU MAMMOUTH, INVENTE LE BRIQUET A SILEX ET A PYRITE, AINSI QUE L'ARCHET A FRICTION. — LES SOURCES NATURELLES DE FEU. — LE BRIQUET A SILEX DES TEMPS MODERNES EST UN HÉRITAGE DE L'HOMME PRIMITIF. — LE BRIQUET ET L'AMADOU.

Nous avons terminé l'histoire physico-chimique du phosphore et de sa fabrication industrielle. Nous avons dû traiter cette question à part, le phosphore ayant un certain nombre d'usages autres que celui de produire du feu, dans les allumettes chimiques. Les pharmaciens préparent des pommades phosphorées, et le phosphore est employé dans les fermes de tous les pays, comme moyen de détruire les gros rongeurs et les animaux malfaisants. Mais

Fig. 239. — Manière de se procurer du feu chez les Indiens du nord de l'Amérique.

son grand usage, c'est d'entrer dans la confection des allumettes chimiques. Le lecteur a maintenant sur le phosphore toutes les notions nécessaires à l'intelligence de ce qui sera exposé concernant la fabrication des allumettes chimiques.

L'allumette chimique est l'art de se procurer du feu rapidement et avec économie. Mais on n'est pas arrivé sans de longs efforts à cette manière si simple, si élégante et si sûre de produire le feu. L'allumette chimique est une des merveilles de la civilisation moderne. Elle ne nous étonne pas, parce que nous sommes familiarisés dès l'enfance avec son usage; mais quand l'on jette un coup d'œil sur les inventions successives que l'industrie humaine a dû réaliser avant d'arriver à cet engin charmant, on apprécie mieux son importance, son mérite et ses avantages.

On nous permettra de remonter un peu haut, pour aller chercher dans l'histoire de l'humanité les premières traces de l'art de produire du feu. Nous irons jusqu'à l'époque où l'homme en ignorait l'usage.

Il peut sembler étrange que l'homme ait pu vivre sans connaître le feu, et pourtant les faits sont là. Quand on découvrit, au treizième siècle, l'île de Ténériffe, on y trouva un petit peuple, les Gouanches, qui habitaient cette île, et qui n'avaient jamais vu de foyer (1).

Les habitants des îles Mariannes étaient également étrangers à la connaissance du feu. Mais, au commencement du seizième siècle, les navigateurs espagnols ayant découvert ces îles, incendièrent leurs cabanes. Les bons insulaires, qui faisaient d'une manière aussi désagréable connaissance avec le feu, prirent la flamme pour un immense animal qui dévorait leurs maisons (2).

Les études faites de nos jours sur les mœurs et les usages de l'homme antéhistorique, nous permettent de rechercher à quelle époque l'homme a connu le feu pour la première fois. Il ne faut pas s'arrêter aux vieilles histoires de Pline racontant que le feu, d'après une tradition grecque, fut trouvé à Délos, île soulevée du sein des flots par les forces vulcaniennes, dans les temps héroïques de l'humanité (3); car le même naturaliste nous dit ailleurs que Pyrode, fils de Cilise (noms purement allégoriques), enseigna aux Grecs l'art de tirer l'étincelle d'un caillou (4).

C'est aux découvertes récentes faites dans les cavernes qui furent habitées par l'homme primitif, qu'il faut demander la solution du problème de la date de la connaissance du feu par les hommes.

On a trouvé, dans diverses cavernes de l'âge de pierre, des boules de pyrite (sulfure de fer) mélangées aux silex taillés, qui étaient, comme on le sait, l'arme offensive, l'instrument de guerre et de chasse, et en même temps l'outil, de l'homme primitif. Or, un fragment de pyrite choqué par le silex, produit des étincelles. C'est ainsi d'ailleurs que les habitants de la Terre de Feu, à l'extrémité sud de l'Amérique méridionale, se procurent encore aujourd'hui du feu. Comme la pyrite est un minéral très-répandu dans tous les pays, il est à croire que les premiers hommes se sont procuré du feu par le choc de la pyrite et du silex.

L'oxyde rouge de fer, qui constitue des roches entières, ainsi que le fer météorique, choqués par un silex, peuvent également produire du feu. M. Adrien Arcelin a trouvé dans le gisement antéhistorique de Solutré, près de Macon, qui appartient à l'âge de pierre (âge du Renne), des fragments d'oxyde fer qui, frappés par un des silex taillés qui abondent dans le même gisement, produisaient des étincelles. L'homme de l'âge du Renne a donc pu inventer le *briquet à pyrite et à silex*.

Cependant on ne saurait émettre avec assurance une telle assertion, en l'absence de preuves positives. Si l'homme primitif a pu, dans quelques circonstances, tirer du feu de la pyrite choquée par un silex taillé, il a dû bien plus souvent et bien plus facilement produire du feu par le moyen qui sert encore à le produire chez divers peuples sauvages.

Le frottement de deux morceaux de bois est le procédé que la plupart des peuplades sauvages employaient autrefois et emploient encore pour se procurer du feu. Dans l'Asie septentrionale, les Tongouses, les Kamtschadales, les peuples du nord de l'Amérique, comme les habitants du Brésil, de l'Australie et de la Polynésie, se procuraient du feu par la friction de deux morceaux de bois. Seulement la manœuvre ne consistait pas, comme on le croit généralement, à frotter l'un contre l'autre deux morceaux de bois posés l'un horizontalement et l'autre verticalement, à la manière de la scie. Ils faisaient

(1) Laharpe, *Abrégé de l'histoire générale des voyages*, tome I, page 141.
(2) *Ibid.*, tome III, page 475.
(3) Pline, *Histoire naturelle*, livre IV, chapitre XXII.
(4) *Ibid.*, livre VII, chapitre XXII.

tourner rapidement le bout pointu d'un bâton dans la cavité d'une pièce de bois sec, étendue à plat sur le sol. Expliquons-nous. Ils prenaient une planchette bien sèche dans laquelle ils avaient pratiqué un trou rond ne traversant pas la pièce; dans cette cavité ils posaient le second morceau de bois, qui avait la forme d'une baguette ronde. Ensuite ils communiquaient à la baguette un mouvement de rotation rapide, en la roulant entre les doigts, comme on s'y prend pour faire mousser le chocolat. Au bout de quelques instants, l'extrémité du bâton fixée dans le trou de la planchette prenait feu (1). On allumait ainsi des broussailles et des feuilles sèches amoncelées d'avance près du bâton tournant.

Cette manière de produire le feu était générale chez les peuples sauvages que nous avons nommés. Les procédés variaient seulement quant à la manière de faire tourner la baguette.

Dans les îles de la Polynésie, la baguette était plus longue et d'un bois flexible. Voici comment on opérait, et comment on opère encore, dans les îles de l'Océanie et dans la Polynésie. Le sauvage se courbe vers le sol et presse la baguette flexible entre le sol et son corps, de manière à faire prendre à la baguette la forme d'un arc. Appliquant alors la main au centre de l'arc, il fait tourner rapidement la baguette, comme un charpentier qui fait agir le vilebrequin.

Le naturaliste Banks, qui essaya à l'île de Tahiti cette méthode des sauvages, assure qu'il devint bientôt habile dans cette opération, et que la difficulté de faire du feu par la friction n'est pas aussi grande qu'on se l'imagine (2).

Le dernier moyen et le plus perfectionné était employé par les Indiens du nord de l'Amérique, notamment par les Esquimaux du détroit d'Hudson. Ils enroulaient (fig. 239)

(1) *Voyages de Cook*, 21 août 1770.

(2) Wallis, *Voyage*, juillet 1767. — Cook (*Premier voyage*, juillet 1769).

une courroie autour de la baguette de bois, puis, tenant dans les mains les deux extrémités de la courroie et les tirant alternativement, ils imprimaient à la broche un mouvement rapide de rotation, un mouvement de toupie (1). L'*archet*, avec lequel nos serruriers percent le fer, repose sur le même principe.

Ce procédé, qui a quelque chose de plus savant que les deux autres, est aussi plus expéditif. Dès que le bois brûle, on y jette des copeaux bien secs ou de la mousse sèche, et on a de la flamme.

Friction à plat au moyen d'une baguette dans le trou d'une planchette posée sur le sol, — jeu de vilebrequin imprimé à la baguette courbée par le poids du corps, — enfin *archet à friction*, tels sont donc les trois moyens dont les sauvages modernes se servent pour produire le feu. Comme les sauvages modernes n'ont fait que conserver et nous transmettre les usages de l'homme primitif, et que la connaissance de leurs mœurs et coutumes est ce qui nous a éclairé le plus sur les habitudes et agissements de l'homme antéhistorique, on ne saurait douter que l'homme primitif n'ait produit du feu par la friction de deux fragments de bois sec. Il faut donc joindre ce deuxième procédé à celui du *briquet à pyrite ou à oxyde de fer*, pour répondre à la question posée plus haut: Comment l'homme a-t-il produit du feu pour la première fois?

On a dit que l'homme a pu connaître le feu par des phénomènes naturels, qui le mettaient, pour ainsi dire, sous sa main. Il est certain que des volcans se sont allumés sous les yeux de l'homme antédiluvien et lui ont donné l'idée du feu, sur une échelle imposante et terrible. Mais si l'on considère que les Gouanches, qui n'avaient jamais fait usage du feu, vivaient au pie du volcan du pic de Ténériffe, on croira difficilement que les volcans aient fourni le premier feu au genre humain.

(1) H. Ellis, *Voyage to North America*, 1747.

La foudre tombant sur des matières végétales sèches amoncelées, peut les incendier, et, de là, communiquer le feu à des forêts entières. Mais ces incendies sont rares, généralement circonscrits et momentanés. Il aurait fallu, d'ailleurs, pouvoir conserver le feu. Il n'est pas toujours facile de conserver du feu, quand on ne peut pas le reproduire par un autre moyen. Les sauvages australiens qui habitaient Port-Jackson et qui avaient quelque peine à obtenir du feu par la friction du bois, le laissaient rarement éteindre. Ils portaient presque partout des tisons avec eux, même lorsqu'ils voyageaient dans leurs canots. Nous avons lu, dans une relation de voyage, que des navigateurs arrivant sur la côte d'une petite île de l'Océanie, trouvèrent ses derniers habitants dans un état voisin de l'agonie. Depuis six à huit mois ces hommes avaient *perdu le feu*, et il leur était impossible de le rallumer.

La foudre a donc pu provoquer des incendies sous les yeux de l'homme des premiers âges, sans qu'il ait pu profiter du bienfait fortuit que lui envoyait la nature.

Les incendies spontanés sont plus fréquents que ceux allumés par la foudre. Les matières végétales imprégnées de corps gras et exposées à l'air, absorbent l'oxygène avec assez de rapidité pour s'échauffer peu à peu et finir par s'embraser. On a vu des magasins de fourrage prendre feu spontanément, par suite de la fermentation de la matière végétale. Dans les mines de houille, il se manifeste quelquefois des incendies, par l'inflammation du *menu* de houille ; le charbon extrêmement divisé pouvant absorber l'oxygène de l'air avec assez d'activité pour prendre feu et le communiquer à la mine. C'est ainsi qu'a pris feu, dans le Staffordshire, la houillère de Bradley, qui continue de brûler depuis bien des années.

Les *feux follets*, qui se dégagent des cimetières, ont encore pu montrer à l'homme le feu provenant d'une origine naturelle.

Des feux plus durables se sont montrés à lui dans des sources de gaz fortuitement allumées. Nous avons parlé, dans les *Merveilles de la science*, des feux naturels de Bakou, qui brûlent sur la rive orientale de la mer Caspienne, en Asie, et que les Guèbres, peuples adorateurs du feu, ont entourés d'un temple. Sur l'un des promontoires de la Troade, les anciens Grecs admiraient les feux de la Chimère, qui brûlaient pendant les nuits, « *noctibus flagrans* (1). » Le nouveau monde a son phare naturel : la lanterne de Maracaïbo, décrite par de Humboldt (2).

Voilà sans doute beaucoup de sources naturelles de feu ; mais nous ne croyons pas que l'homme en ait jamais tiré grand parti, et dans quelques-uns des cas que nous avons cités, les jets de gaz sortant du sol avaient été allumés par la main de l'homme lui-même. La grande difficulté était moins de se procurer le feu que de le conserver une fois allumé. Or, nous l'avons dit, les peuples sauvages n'ont jamais été bien experts sur ce sujet.

En résumé, le briquet à pyrite et à silex, et la friction du bois sec, sont les procédés dont les premiers hommes ont fait usage pour se procurer du feu.

Ce *briquet à silex*, que nous venons de voir prendre naissance au berceau même de l'humanité, a traversé l'immense série des âges sans beaucoup se modifier. Jusqu'à la fin du dernier siècle, l'antique briquet, composé d'un éclat de silex (pierre à fusil), la substance même dont l'homme primitif avait tiré un si merveilleux parti, fut conservé comme corps choqué. Seul, le corps choquant fut changé : c'était une tige de fer ou d'acier, recourbée en demi-cercle.

Le corps qui devait recevoir l'étincelle et s'enflammer à son contact, c'était l'*amadou*, c'est-à-dire une tranche sèche d'un gros

(1) *Plinii Historia naturalis*, liber V, caput XVIII.
(2) *Relation historique*. Tome IV, page 254.

champignon, préalablement trempée dans une dissolution d'azotate de potasse, pour la rendre plus combustible.

Pour faire du feu, il fallait donc avoir sous la main trois objets, et si l'un ou l'autre des trois venait à manquer, force était de rester dans l'obscurité. Il fallait : 1° une pierre à fusil, c'est-à-dire un fragment de silex, 2° de l'amadou, 3° un briquet de fer ou d'acier ; et, nous le répétons, l'un ou l'autre de ces trois engins étant perdu ou égaré, les autres étaient inutiles. La triade était obligatoire ; hors d'elle, point de salut.

Chez les paysans, l'amadou de champignon salpêtré était remplacé par le charbon, très-combustible, qui résulte de la demi-combustion du chanvre ou du vieux linge. Ce charbon était préparé par les ménagères. On brûlait du chanvre ou des chiffons, et, au moment où la flamme allait cesser, on étouffait le feu dans un vase de fer-blanc, au moyen d'un couvercle de terre ou de métal. La carbonisation des chiffons étant incomplète, on avait un charbon très-combustible, qu'il fallait conserver, à l'abri de l'humidité. Quand on voulait faire du feu, on battait le briquet sur ce charbon, et dès qu'un point en ignition apparaissait sur le charbon, on mettait vite une allumette soufrée en contact avec le point où l'incandescence se produisait. Tel était l'amadou des campagnes.

De grands inconvénients étaient inhérents à cette manière d'obtenir du feu. Il fallait d'abord, comme nous l'avons dit, que la triade fût au complet, c'est-à-dire que les trois pièces fussent réunies : briquet d'acier, pierre à fusil, boîte de charbon de chiffons, sans compter l'allumette soufrée. Mais l'humidité empêchait souvent le charbon de chiffons de prendre feu, et il fallait songer à en fabriquer de nouveau, sous peine de battre le briquet pendant un quart d'heure et souvent sans succès.

La fabrication de ce charbon inflammable semble bien simple, cependant elle constituait toute une affaire. La combustion des chiffons dans la cuisine répandait une fumée suffocante. Il fallait acheter l'allumette chez les épiciers ou les marchands ambulants. La pierre à fusil ne faisait pas défaut, mais le briquet était plus difficile à se procurer. De sorte que cette opération, que nous faisons aujourd'hui en une seconde, exigeait un temps assez long et tout un outillage.

Si le briquet à base de charbon, qui était en usage dans les campagnes, était d'un usage embarrassant, long et compliqué, le briquet à amadou, qui servait aux citadins, n'était pas plus commode. Quelle adresse, quelle persévérance ne fallait-il pas pour obtenir du feu ! Que de coups de briquet destinés à la pierre à feu et qui frappaient les doigts maladroits !

Le *Manuel des frileux*, publié à la fin du premier Empire, donne à ses lecteurs le moyen d'entretenir son briquet, sa pierre à feu et son amadou bien sec. Ensuite il énumère, en ces termes, les embarras inséparables de l'un de ces trois engins :

« Tous les jours, dit l'auteur, on voit des personnes qui, soit en se levant le matin, soit en rentrant le soir chez elles, éprouvent le plus grand embarras pour avoir du feu. Vainement elles recourent à leur amadou, plus vainement encore elles battent leur pierre à fusil à coups redoublés. On voit bien jaillir des milliers d'étincelles, mais point de feu. Après une grande demi-heure d'efforts infructueux, on jette tout d'impatience et l'on se voit obligé d'aller quêter de la lumière chez les voisins, qui souvent ne sauraient s'en procurer eux-mêmes. »

Le briquet à silex a reparu, de nos jours, sous une forme élégante, à l'usage du fumeur. Mais ce n'est qu'un joujou insignifiant, qu'un caprice éphémère que la mode a ressuscité, et qui est à peine digne d'être consigné ici.

CHAPITRE VI

LE BRIQUET A GAZ HYDROGÈNE DE GAY-LUSSAC ; PRINCIPE CHIMIQUE SUR LEQUEL IL EST FONDÉ.

L'année 1823 vit une découverte très-intéressante, mais empruntée à un principe scientifique hors de la portée du vulgaire. Nous voulons parler du *briquet hydro-pneumatique*, ou *briquet à gaz hydrogène.*

Le *briquet à gaz hydrogène* est fondé sur une curieuse propriété du platine très-divisé et amené à cet état connu sous le nom d'*éponge de platine.* Dans cet état physique, qui est caractérisé par une porosité extraordinaire, le platine détermine, à froid, l'inflammation d'un mélange d'air et d'hydrogène.

Quelques explications chimiques sont indispensables pour comprendre ce singulier phénomène.

On sait que le gaz hydrogène, en brûlant à l'air, par l'absorption de l'oxygène, donne de l'eau, par la combinaison de l'hydrogène et de l'oxygène de l'air.

L'expérience suivante, que l'on fait dans les cours de chimie, met ce fait en évidence.

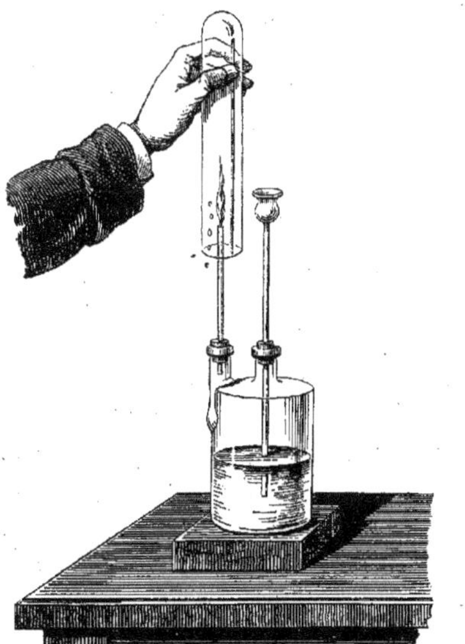

Fig. 240. — Production d'eau par la combustion du gaz hydrogène dans l'air, sous une éprouvette.

On prépare du gaz hydrogène pur en faisant agir sur du zinc placé dans un flacon, A (fig. 240), de l'acide sulfurique étendu d'eau. On fait brûler le gaz en l'enflammant à l'extrémité du tube, et si l'on recouvre l'extrémité du tube où brûle le gaz, d'une éprouvette en verre, B, on voit des gouttelettes d'eau ruisseler le long des parois de l'éprouvette. C'est l'eau qui s'est formée par la combinaison du gaz hydrogène produit dans le flacon, avec l'oxygène de l'air.

On pourrait croire cependant que les gouttelettes que l'on voit ruisseler le long des parois de l'éprouvette, proviennent de celle qui est contenue dans le flacon, A, qui s'est vaporisée. Pour prouver que l'eau recueillie ne provient pas de celle du flacon, on interpose sur le trajet du gaz une colonne de chlorure de calcium fondu, que l'on renferme dans un long tube horizontal. Le chlorure de calcium fondu est extrêmement avide d'eau en vapeur; par conséquent, si l'on place de sfragments de ce sel dans le tube B (fig. 241), sur le trajet du gaz, il absorbera toute la vapeur d'eau qui pourrait être entraînée à l'état de vapeur, du flacon A. L'eau qui ruisselle le long de la cloche C, ne peut donc provenir que de la combinaison du gaz hydrogène avec l'oxygène de l'air.

Nous arrivons à l'effet du platine en éponge.

Le chimiste allemand Döbereiner découvrit, en 1823, que la combinaison du gaz hydrogène avec l'oxygène de l'air, qui ne se fait, dans les conditions ordinaires, qu'à la température rouge, c'est-à-dire lorsqu'on enflamme le gaz, se fait à la température ordinaire, quand on dirige le mélange d'hydrogène et d'oxygène sur un morceau de platine en éponge. Prenez une éprouvette pleine d'un mélange de gaz hydrogène et oxygène dans la proportion de deux volumes du premier pour un volume du second (*gaz tonnant*), et introduisez dans ce mélange, comme le représente la figure 242, un morceau de platine en éponge (*mousse de platine*, comme on l'appelle quelquefois) et vous verrez les deux gaz se combiner aussitôt, avec un dégagement de chaleur

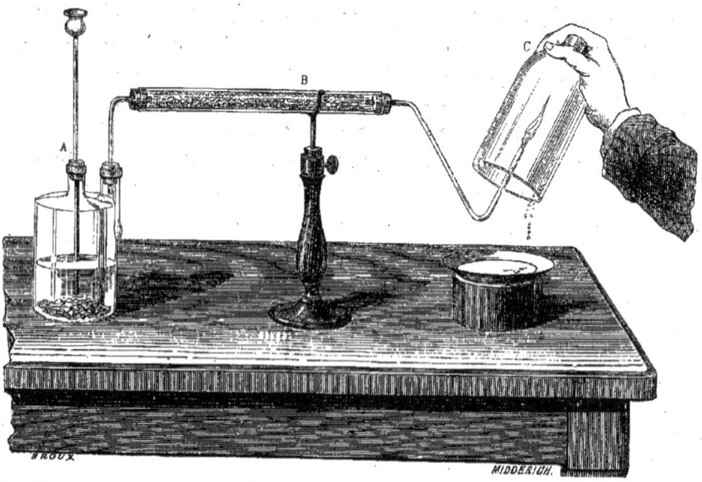

Fig. 241. — Production d'eau par la combustion du gaz hydrogène dans l'air, sous une cloche.

et de lumière. Une véritable explosion accompagnera la combinaison de ces deux gaz.

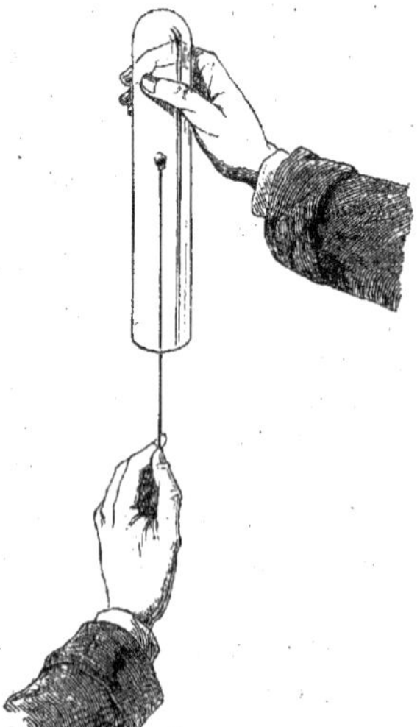

Fig. 242. — Inflammation à froid du gaz tonnant par le platine en éponge.

C'est sur ce curieux phénomène physico-chimique qu'est fondé le briquet *hydro-pneumatique*, dont l'idée appartient à Gay-Lussac, et qui est assurément une des plus ingénieuses inventions que l'on ait jamais faites, d'abord par l'étrangeté du phénomène chimique en lui-même, ensuite par la manière ingénieuse dont le gaz est préparé au fur et à mesure des besoins.

La figure 243 représente le briquet à gaz hydrogène. Un morceau de zinc, Z, en forme de cône, est plongé dans un mélange d'eau et d'acide sulfurique, qui dégage du gaz hydrogène par sa réaction sur le zinc. Le gaz hydrogène dégagé se rend dans la cloche, D. Quand on veut avoir du feu, on pose tout simplement le doigt sur un levier, L. Un petit robinet s'ouvre et laisse arriver le gaz hydrogène sur le platine, contenu dans la petite cage percée, B. Le gaz s'enflamme et enflamme la bougie, C, interposée sur le trajet du gaz.

Quand l'appareil est au repos, la formation du gaz s'arrête parce que le morceau de zinc Z suspendu au bas de la cloche D n'est plus en présence du liquide acide, la pression du gaz lui-même ayant refoulé ce liquide hors de la cloche.

Cette dernière disposition, inventée par

Gay-Lussac, est la base de ce curieux système et ce qui l'a rendu pratique.

Malheureusement, cet appareil ne peut se porter avec soi. En outre, la mousse de platine perd, au bout de quelque temps, sa propriété d'enflammer le gaz hydrogène, par suite de la présence des poussières de l'air. Il faut calciner au rouge l'éponge de platine, à

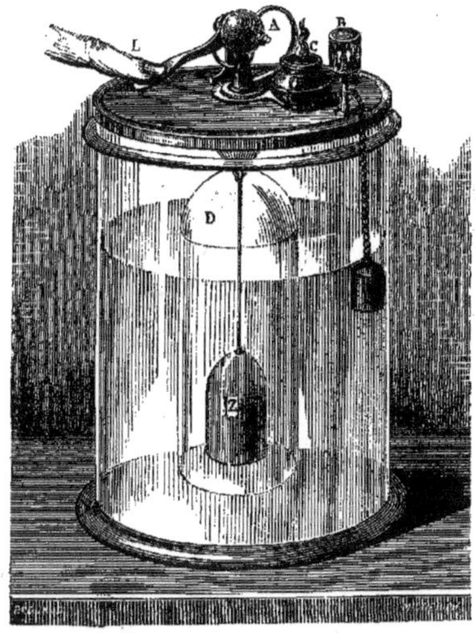

Fig. 243. — Briquet hydro-pneumatique de Gay-Lussac.

la flamme d'une lampe à esprit-de-vin, pour lui rendre sa propriété d'enflammer le gaz hydrogène. C'est sans doute une opération fort simple, pour un chimiste, que de chauffer au rouge un fragment de platine à une lampe à esprit-de-vin; mais allez demander cela au public ignorant!

Le briquet à gaz hydrogène constituait donc un charmant joujou de physique, mais il ne pouvait remplacer le briquet à silex.

On a imaginé tout récemment un *briquet électrique*, que nous ne pouvons nous empêcher de signaler, en passant.

MM. Voisin et Dronier ont modifié le briquet de Gay-Lussac en remplaçant le gaz hydrogène, qui enflamme la mèche de la lampe, par un fil de platine rougi au moyen d'un courant électrique.

MM. Voisin et Dronier font donc intervenir à la fois une action électrique et la propriété *catalytique* du platine, pour allumer la mèche d'une lampe à essence de pétrole.

Dans un rapport fait en 1875, à la *Société d'encouragement*, M. Du Moncel a expliqué le mécanisme de ce commode instrument de lumière.

Pour comprendre ses effets, il faut se souvenir que, lorsqu'un courant électrique passe d'un conducteur de grande section et de bonne conductibilité à un conducteur de faible section et de moindre conductibilité, il se produit, aux points de jonction de ces deux conducteurs, des variations dans la tension électrique qui, en forçant le flux d'électricité à passer avec la même intensité et dans le même temps à travers le mauvais conducteur, lui font développer une plus grande quantité de chaleur, qui porte à l'incandescence le métal qui joint les deux pôles.

En second lieu, il faut considérer que, d'après la loi de Joule, le maximum de l'effet calorique ne se produit que quand la résistance du circuit extérieur où se développe la chaleur, est égale à celle du générateur électrique, y compris les parties du circuit directement en rapport avec lui.

Il résulte de ces principes que, si l'on dispose entre les deux pôles d'une pile convenable, une petite spirale de platine dont la résistance soit moindre que celle de la pile, cette spirale, en s'échauffant par le courant, pourra déterminer trois actions successives :

1° Un accroissement de sa température, par l'augmentation de sa résistance;

2° Un effet catalytique sur les vapeurs combustibles qui enveloppent sa surface;

3° Une nouvelle augmentation de sa résistance, par suite de cet effet catalytique.

Or, si la résistance de la spirale de platine est combinée de manière qu'à la température du rouge-blanc elle représente la résistance de la pile, l'effet calorifique maximum sera obtenu, et on pourra observer que la spirale, qui, par l'action des émanations gazeuses seules, rougirait à peine, atteindra le rouge-blanc quand l'effet catalytique se joindra à leur effet. On pourra dès lors enflammer un corps solide imprégné de ces vapeurs.

Le *briquet électrique* de MM. Voisin et Dronier se réduit à une pile voltaïque au chromate de potasse de faible dimension, dans laquelle on fait plonger un corps conducteur, en pressant un bouton de cuivre. Dès que le conducteur, par suite de ce mouvement, est immergé dans le liquide de la pile, le courant s'établit, le fil de platine rougit, et comme ce fil est placé au milieu de la mèche d'une lampe à essence de pétrole, la mèche s'allume. Pour avoir du feu, il suffit donc de poser le doigt sur le bouton métallique.

Le *briquet électrique* est donc le *briquet hydro-pneumatique* de Gay-Lussac sans le gaz hydrogène.

CHAPITRE VII

LE BRIQUET OXYGÉNÉ. — QUEL EST LE VÉRITABLE INVENTEUR DU BRIQUET OXYGÉNÉ ? — LE BRIQUET FUMADE, OU BRIQUET PHOSPHORIQUE.

Reprenons l'histoire des moyens de se procurer du feu promptement et économiquement.

Le *briquet oxygéné*, qui marque le premier pas vers la découverte de l'allumette chimique, fit sa première apparition au commencement de notre siècle. Ce fut la connaissance des propriétés détonantes du chlorate de potasse, qui amena l'invention du *briquet oxygéné.*

Le chlorate de potasse, que Berthollet découvrit en 1790, est un sel qui renferme beaucoup d'oxygène, et qui peut le céder facilement aux corps combustibles, tels que le charbon, le soufre, les matières organiques. C'est en raison de la propriété que possède ce sel, de former des poudres détonantes par le choc, lorsqu'il est mêlé à un corps très-combustible, que Berthollet songea à le faire entrer dans la poudre à canon. Nous avons raconté dans les *Merveilles de la science* (*les Poudres de guerre*) (1) que Berthollet essaya de fabriquer de la poudre à canon avec le chlorate de potasse, mais qu'il ne put parvenir à un bon résultat, et que l'explosion de la fabrique mit fin à ses recherches.

Mais si le chlorate de potasse ne put rendre de services pour la fabrication de la poudre à canon, il prit sa revanche en déterminant l'invention du *briquet oxygéné.*

Le *briquet oxygéné* se composait d'un petit flacon renfermant de l'amiante imprégnée d'acide sulfurique concentré, et d'une allumette que l'on plongeait dans ce flacon. L'allumette était recouverte, à son extrémité, d'une couche de soufre, et par-dessus, d'une couche de chlorate de potasse, additionnée d'une substance combustible, comme le lycopode, la gomme, etc. La pâte était colorée avec du cinabre (sulfure rouge de mercure). Quand on trempait le bout soufré de l'allumette dans l'acide sulfurique renfermé dans le flacon, cet acide rendait libre l'acide chlorique du chlorate de potasse, et tout aussitôt, l'acide chlorique, en raison de son peu de stabilité, se décomposait, en présence de la matière organique, et fournissait de l'oxygène, qui enflammait le mélange. Le feu se communiquait ensuite au soufre et au bois de l'allumette.

L'inconvénient du *briquet oxygené*, c'est que l'acide sulfurique étant très-hygrométrique, absorbe promptement l'humidité de l'air, et ne peut plus déterminer l'inflammation de l'allumette.

De quelle époque date l'invention du *briquet oxygéné?* Il dut être fabriqué dans les premières années de notre siècle, car c'est

(1) Tome III, page 240.

sous ce nom qu'on le trouve désigné dans le *Journal de l'Empire* du 20 vendémiaire an XIV (12 octobre 1805). On en parle encore dans le numéro du même journal du 7 février 1805. Il s'agissait d'une réclamation de l'inventeur.

Voici ce qu'on lit à ce sujet (12 octobre 1805), dans le *Journal de l'Empire :*

« On doit à un jeune chimiste la découverte d'un nouveau briquet oxygéné. Il est aussi commode qu'utile ; il diffère des briquets phosphoriques et de ceux découverts jusqu'à ce jour, en ce qu'il n'est nullement dangereux, et n'a aucune odeur désagréable. Ce briquet sera d'une grande utilité pour les voyageurs, les marins et même les personnes employées dans les bureaux. Le prix est de 2, 3 et 3 fr. 50 selon les grandeurs. Le dépôt est chez M..., etc. »

Une réclamation, insérée le 7 février 1806, est ainsi conçue :

« Dans votre feuille du 20 vendémiaire, vous avez annoncé mes briquets oxygénés. La manière dont ils ont été accueillis du public a sans doute suggéré l'idée d'en faire à quelques personnes, toujours prêtes à s'emparer des nouvelles applications pour en tirer avantage. Comme elles n'ont réussi qu'en partie, je crois devoir avertir le public que les vrais briquets portatifs oxygénés qui ont toutes les qualités que vous avez annoncées, se vendent chez M. Boisseau, etc. »

Cette note est signée des initiales J. L. C., lesquelles désignent, comme nous allons le voir, J. L. Chancel, préparateur de chimie de M. Thénard.

Un article publié dans l'*Ami des sciences* de 1858, signé *Brento*, nous apprend comment se fit la découverte du *briquet oxygéné.*

« Vers 1830, écrit M. Brento, à l'*Ami des sciences*, Thénard racontait publiquement, à ses élèves, que les briquets oxygénés furent inventés à son cours quelques années auparavant par un étudiant provincial, qui n'était point M. Fumade. Suivant le récit du savant professeur, il fit un jour, dans une de ses leçons, l'expérience consistant à mettre le feu à un mélange de chlorate de potasse en poudre et de fleur de soufre en y laissant tomber une goutte d'acide sulfurique concentré ; pendant tout le reste de la leçon, un des auditeurs rêva au lieu d'écouter, puis il demanda un entretien particulier au professeur. Il lui exposa que ses parents avaient fait des sacrifices pénibles pour l'entretenir à Paris, qu'ils ne pouvaient les continuer, et qu'il se voyait dans la nécessité de retourner dans son pays, lorsque trois ou quatre ans de séjour à Paris lui seraient encore indispensables ; qu'en voyant l'expérience rappelée ci-dessus, il avait pensé à en faire l'objet d'une industrie nouvelle. Son projet était tout prêt, il voulait mettre une pincée d'amianthe imbibée d'acide sulfurique concentré dans une petite fiole fermée d'un bouchon ciré, tremper dans la fiole des allumettes garnies, par-dessus le soufre, d'un mélange de fleur de soufre et de chlorate, collé par un peu de gomme, coloré avec un peu de minium pour dérouter les imitateurs, arranger le tout dans de petits étuis de carton ; il consultait Thénard sur la probabilité de la réussite. Thénard naturellement ne voulut rien garantir, mais il encouragea l'inventeur à essayer, et suivit ses essais avec l'intérêt bienveillant qu'il accordait à tous les jeunes gens amoureux de sa chère science.

« Quand la réussite fut assurée, l'inventeur vendit son secret à M. Fumade pour quelques milliers de francs. Et Thénard ayant dit à l'inventeur que cela valait beaucoup plus, celui-ci répondit que cette somme lui suffisait pour le temps qu'il avait résolu de passer encore à Paris, et qu'il n'y tenait pas autrement.

« Cette anecdote n'ôte pas à M. Fumade le mérite d'avoir deviné la valeur industrielle de l'invention, d'avoir hasardé, pour l'acquérir et l'exploiter, un capital, qui peut-être était alors pour lui d'une importance considérable ; mais l'invention proprement dite est due à un autre dont je regrette d'avoir oublié le nom. Si l'on niait que Thénard ait fait publiquement ce récit, j'en appellerais aux souvenirs des nombreux auditeurs de ses leçons de chimie vers 1830 ; je pourrais, par exemple, appeler en témoignage M. Dumas, qui était alors répétiteur du cours de chimie de Thénard à l'École polytechnique, et qui a dû entendre ce même récit plusieurs fois de deux en deux ans. Peut-être aussi l'inventeur dont j'ai oublié le nom vit-il encore, ou du moins quelques-uns de ses amis auxquels il a dû faire part de son affaire. Si cette note vient à tomber sous leurs yeux, ils pourront faire connaître le nom de l'inventeur, dans l'intérêt de la vérité. »

La note si intéressante signée *Brento* fut parfaitement expliquée, par une lettre de Chancel frères, manufacturiers à Briançon (Hautes-Alpes), qui parut dans l'*Ami des sciences*, peu de temps après la publication de l'article que nous venons de citer. Cette lettre, datée du 15 novembre 1858, est ainsi conçue :

Briançon, le 15 novembre 1858.

Monsieur,

Les numéros des 15 et 29 août, 12 et 19 septembre derniers, de votre journal l'*Ami des sciences*, nous étant fortuitement et un peu tardivement tombés sous les yeux, ce n'est qu'aujourd'hui que nous sommes appelés à faire connaître la vérité sur la question de l'invention des allumettes oxygénées, dont il y est parlé.

C'est, nous l'espérons, Monsieur, en vous demandant l'insertion de la présente lettre dans votre plus prochain numéro, le cas de l'intituler, et avec grande autorité : *La vérité sur l'invention des allumettes oxygénées.*

En 1805, notre père, J.-J.-L. Chancel, déjà à Paris depuis plusieurs années, alternativement élève en pharmacie, élève aux cours publics de chimie et un des préparateurs de M. Thénard, fut l'inventeur de ces briquets.

Tout à la science, il n'en fit pas en effet une opération lucrative; c'est une raison de plus, Monsieur, pour que nous protestions contre les assertions de M. L. Poincelet, qui, en attribuant cette découverte à M. Fumade et y attachant la date de 1819 à 1821, est complétement dans l'erreur.

Nous tenons donc essentiellement que justice soit faite et que dans l'historique de cette invention, qui fut l'origine de toutes celles qui l'ont suivie pour arriver à ce que la science et le temps ont amené de plus perfectionné, il soit bien établi que ce fut J.-J.-L. Chancel de Briançon qui inventa les briquets oxygénés et qui fut ainsi le promoteur de cette série de découvertes utiles qui en découlèrent.

Nous tenons à la disposition de tout contradicteur :

1° Les mémoires de notre père, mort depuis vingt et un ans;

2° Un numéro du *Journal du Commerce*, 7 janvier 1806;

Un numéro du *Journal de l'Empire*, 7 février 1806;

Tous deux contenant une insertion, signée de notre père, pour combattre la contrefaçon qui déjà se substituait à lui;

3° L'acte de vente de tout ce qui regardait cette exploitation de briquets oxygénés, que notre père fit à un certain Primavesi, le 20 juin 1806.

Il résulte de ces faits et titres et du témoignage public de M. Thénard, qui en effet dans ses cours a toujours proclamé notre père comme le réel inventeur de ces allumettes, que M. Fumade n'a fabriqué que quatorze à quinze ans après l'invention, à laquelle il n'a apporté aucun changement appréciable.

Si les succès financiers que notre père avait le droit d'atteindre furent annulés par les habiles à se substituer à ses idées créatrices, soit pour briquets oxygénés, soit et surtout pour la fabrication du borax par l'emploi de l'acide borique des lacs de Toscane, source de fortune colossale pour ceux qui, profitant de son idée et de ses démarches, le mirent dans l'impuissance de profiter des bonnes intentions du gouvernement à son égard et l'évincèrent en le devançant dans la location de ses lacs, nous tenons à plus forte raison qu'à son nom soit attaché le mérite qui lui revient, dans la mesure de ses efforts et de sa réussite pour le progrès.

Agréez, etc.

P. E. et M^s Chancel frères,
manufacturiers à Briançon (Hautes-Alpes).

Les pièces justificatives sont offertes à l'appui de cette réclamation de priorité. Parmi ces pièces se trouve un acte de vente de tout ce qui regardait cette exploitation de briquets phosphoriques, qui fut faite par J.-J.-L. Chancel à un certain Primavesi, le 20 juin 1806.

Le briquet oxygéné fut donc inventé, vers 1805, par l'élève en pharmacie et en chimie, J.-J.-L. Chancel.

Benoît Fumade, industriel qui avait acheté à L. Chancel le secret du *briquet oxygéné*, exploita cette découverte. Les briquets oxygénés qui, pendant plus de vingt ans, furent en usage en France, se composaient d'un étui rouge en carton, de forme cylindrique, et à deux compartiments. Dans la partie supérieure étaient les allumettes, et en bas la petite fiole contenant l'amiante et l'acide sulfurique qui servait à les enflammer. Ces étuis rouges portaient en gros caractères, le nom de *Fumade*.

Malheureusement le *briquet oxygéné* ne pouvait plus servir au bout de quelques semaines, par suite de l'affaiblissement de l'acide sulfurique. Les allumettes elles-mêmes ne devaient jamais être humides, ce qui était difficile à éviter ; enfin il y avait souvent des projections de la pâte enflammée et couverte d'acide sulfurique.

Dans un vaudeville de cette époque, *les Cabinets particuliers*, Arnal (rôle de Jacquart), voulant montrer au public la bonne qualité de ses produits, essayait de se procurer du feu avec le *briquet oxygéné*. Le feu ne prenait pas, et Arnal de dire : « C'est la fiole qui n'est pas bonne. » Il recommençait avec un autre briquet : même résultat négatif. « Ce sont les allumettes qui ne valent rien, » disait-il alors. Et il ajoutait : « Elles sont toutes comme cela!... Trois francs la douzaine ! »

Chaptal, dans son *Traité de chimie appliquée aux arts*, publié en 1807, décrit le *briquet physique*, qui n'est autre que le précédent.

Le chimiste Parkes proposa, en 1808, dans son *Catéchisme chimique*, une préparation et un procédé analogues à ceux du *briquet oxygéné*.

Un nouveau *briquet chimique* fit son apparition en France en 1816. Du moins c'est à cette date qu'on le trouve décrit dans le *Bulletin de la Société d'encouragement*. Nous voulons parler du *briquet phosphorique*, dans lequel entrait le phosphore seul. Pour confectionner le *briquet chimique* ou *phosphorique*, on introduisait du phosphore dans une petite bouteille de verre, que l'on fermait immédiatement. On chauffait doucement la bouteille, le phosphore fondait et se moulait dans la bouteille.

Quand on voulait se procurer du feu, on grattait légèrement, avec une allumette soufrée, la couche de phosphore; on enlevait ainsi un peu de phosphore au bout de l'allumette. Il suffisait de frotter l'allumette portant ce petit fragment de phosphore, sur un morceau de drap ou sur un vieux gant, pour obtenir du feu.

On appella pendant quelque temps ce briquet phosphorique *briquet Derosne*. Ce serait donc le pharmacien Derosne qui en aurait été l'inventeur. D'autres cependant en attribuent la paternité à Fumade, le même industriel qui exploitait déjà le *briquet oxygéné*.

On lit, en effet, dans une lettre adressée à l'*Ami des sciences* du 30 juillet 1858, par M. L. Poncelet, que Benoît Fumade aurait été l'inventeur du briquet chimique contenant du phosphore, c'est-à-dire du *briquet phosphorique*.

« Benoît Fumade, écrit M. L. Poncelet, ne restait pas inactif, il cherchait toujours à perfectionner son invention. Il jeta les yeux sur le phosphore, dont les propriétés l'avaient frappé, et, dès 1830, il imagina le briquet phosphorique.

« Les briquets phosphoriques étaient des étuis en plomb fermés par un bouchon en étain. On les emplissait de phosphore, qu'on faisait fondre au bain de sable, dans l'étui lui-même. On terminait l'emplissage par un petit fragment de soufre. Pour se servir de ces briquets, il suffisait de plonger dans l'étui une allumette soufrée, elle entraînait une parcelle de sulfure de phosphore qui s'enflammait au contact de l'air.

« Ce fut sa dernière invention. Il mourut le 26 mars 1834. »

La question reste donc indécise entre Derosne et Fumade pour l'invention du *briquet phosphorique*.

Cependant, comme il est question, dans cette lettre, de l'addition d'un fragment de soufre au phosphore, addition qui n'a jamais été faite, nous croyons que le *briquet phosphorique*, c'est-à-dire contenant uniquement du phosphore que l'on enflammait par la friction sur un corps dur, est bien dû au pharmacien Derosne.

Le *briquet phosphorique* est souvent désigné sous le nom de *briquet oxygéné;* c'est un tort. On doit l'appeler *briquet phosphorique*, pour le distinguer du *briquet oxygéné*. L'un ne renferme que du phosphore, et l'allumette est simplement en bois ; l'autre renferme de l'acide sulfurique, et l'alumette est enduite d'une pâte de chlorate de potasse, qui s'enflamme quand on la trempe dans l'acide sulfurique du flacon.

La grande inflammabilité du phosphore et les dangers qui résultaient de la projection du fragment de ce corps au moment où l'on frottait l'allumette, firent renoncer au *briquet phosphorique*. Mais le phosphore avait trop d'avantages comme agent producteur de feu rapide et à bon marché, pour qu'on l'abandonnât complétement. On renonça au phosphore en substance; mais on songea à l'employer concurremment avec d'autres matières non inflammables. Le *Moniteur universel* de 1819 (page 858) parle d'un certain Derepas qui diminuait le pouvoir inflammable du phosphore en le mélangeant à la magnésie.

Les *briquets oxygénés*, c'est-à-dire composés d'une pâte d'acide sulfurique et d'une allumette enduite de chlorate de potasse et de gomme, avaient obtenu peu de succès en France; mais ils s'étaient conservés en Allemagne, peut-être parce qu'on avait pris plus de soin pour leur fabrication. En 1813, le docteur Wagmann, associé au chimiste Seybel, avait organisé largement la fabrication de ces briquets. Quatre cents personnes étaient occupées dans son usine. Le chlorate de potasse était mélangé au soufre, à la gomme et au cinabre, pour former le mélange dont on enduisait le bout de l'allumette. La fiole d'amiante et d'acide sulfurique, ainsi que les allumettes, étaient renfermés dans une petite boîte cylindrique en carton. On confectionnait les allumettes avec le sapin du Nord. Ce bois était d'abord coupé en morceaux de 6 à 7 centimètres de hauteur; on fendait ensuite ces morceaux en blocs plus petits, à l'aide d'un couteau et d'un marteau. On réunissait ces blocs en paquets de 13 centimètres d'épaisseur, que l'on refendait, de manière à obtenir de petites tiges quadrangulaires.

On finissait l'allumette en trempant un de ses bouts dans du soufre fondu et dans la pâte chimique.

Mais indépendamment de l'inconvénient que nous avons signalé, c'est-à-dire l'absorption de l'humidité de l'air par l'acide sulfurique contenu dans la fiole, ces allumettes répandaient une mauvaise odeur, au moment où elles prenaient feu. En outre, des fragments de la pâte étaient projetés avec de l'acide sulfurique, et occasionnaient des brûlures.

En 1831, la fabrication des *allumettes oxygénées* fut perfectionnée et transformée par un fabricant de Vienne, Étienne Rômer. Ce fabricant substitua le *Pinus austriaca* au pin du Nord, ce qui permit d'obtenir des allumettes droites et uniformes. Il obtenait mécaniquement les allumettes à l'aide d'une machine très-simple, sorte de rabot armé d'un fer semblable à une mèche, qui se terminait en courbe au lieu d'un tranchant. Plusieurs trous cylindriques étaient pratiqués dans une bille de bois, qui était percée d'outre en outre, au moyen d'un foret mis en mouvement par un archet. En travaillant ces ouvertures à la lime, on en faisait des emporte-pièces capables de pénétrer dans le bois, pour le diviser en petits morceaux. Les bûches de pin qui fournissaient ces baguettes avaient de 70 à 87 centimètres de longueur. Au moyen d'un rabot ordinaire, on commençait par égaliser et aplanir la pièce de bois sur un établi. Le même rabot servait à aplanir les sillons formés par l'autre rabot à emporte-pièces. Les baguettes une fois obtenues, on les réunissait en bottes pour les couper. A cet effet, on les lie avec des ficelles espacées de telle sorte, que chacune se trouve située au centre du paquet, lorsqu'on a effectué le découpage. Le découpage est fait avec un couteau à lame mobile sur un axe. Les tiges d'allumettes, ainsi produites, ont de 5 à 7 centimètres de longueur. Avec le bois brut, un ouvrier confectionne par jour 400,000 tiges d'allumettes. Les tiges de bois provenaient des forêts de la haute Autriche, de la Bohême et de la forêt Noire du Wurtemberg.

Depuis 1815 jusqu'en 1832, toute l'Allemagne s'approvisionna des briquets oxygénés fabriqués à Berlin par Wagmann et par

Seybel. La différence dans le produit de ces deux fabricants provenait seulement de ce que l'un d'eux substituait du lycopode à une partie du soufre et du minium au cinabre.

Mais l'inconvénient qui consistait dans la trop prompte hydratation à l'air de l'acide sulfurique, ainsi que le prix élevé du *briquet oxygéné*, persistaient toujours et en limitaient l'emploi.

C'est vers 1832 que fut enfin réalisée la découverte des *allumettes à friction*, qui devaient répondre à tous les besoins et à tous les désirs.

Les nombreuses tentatives faites depuis le commencement du siècle dans l'art de se procurer le feu rapidement et avec économie, avaient préparé l'avénement de l'allumette chimique. Bien que restées infructueuses, ces tentatives avaient mis en possession de l'industrie :

1° L'agent le plus comburant que possède la chimie, c'est-à-dire le chlorate de potasse ;

2° Le combustible par excellence, c'est-à-dire le phosphore ;

3° La friction, c'est-à-dire le tour de main au moyen duquel on détermine à volonté l'inflammation du mélange.

Pour tirer de ces trois éléments l'allumette chimique à friction, qui se fabrique aujourd'hui par milliards, chaque jour, il n'y avait qu'à les réunir. Il suffisait de mêler au chlorate de potasse le phosphore qui s'enflamme par le choc, lorsqu'il se trouve en présence de ce sel, et à garnir de ce mélange des allumettes de bois préalablement soufrées. De telles allumettes devaient nécessairement s'enflammer par la friction, comme s'enflammaient les allumettes du briquet phosphorique de Derosne, bien qu'elles fussent dépourvues de chlorate de potasse.

Maintenant qu'elle est réalisée, cette idée d'associer les agents inflammables et les agents comburants, et d'employer la friction sur un corps dur pour les faire brûler, paraît bien simple ; cependant il fallait, pour la trouver, un homme de mérite, un observateur réfléchi, un industriel ayant la connaissance des procédés spéciaux de ce genre de fabrication.

Quel est le véritable inventeur de l'allumette chimique ? Cette question est restée longtemps sans réponse, mais il résulte des recherches de Leuchs, consignées dans un article publié par J. Nicklès, dans les *Annales du génie civil* (1), que cet inventeur s'appelait Jacques-Frédéric Kammerer, et qu'il était né à Ehmingen, dans le Wurtemberg, le 24 mai 1796. Ajoutons que cet inventeur est mort en 1857, dans l'asile d'aliénés de Ludwigsburg. Comment se fait-il que la misère et la folie aient été si souvent la fin de la carrière des inventeurs ? C'est là une question que se poseront, sans la résoudre, les historiens du dix-neuvième siècle.

Les *allumettes chimiques* s'appelèrent, en Allemagne, *allumettes à friction ;* en France, on leur donna le nom d'*allumettes allemandes*, puis d'*allumettes à la Congrève*. Le bout soufré recouvert du mélange inflammable, était frotté contre une feuille de papier sablé et pliée de manière à exercer la compression entre les doigts. Le mélange inflammable était formé d'une partie de chlorate de potasse et de deux parties de sulfure d'antimoine, dont on formait une pâte avec de l'eau gommée.

Les premières *allumettes chimiques allemandes* ne contenaient donc pas de phosphore ; elles n'étaient composées que d'un mélange de sels inflammables et de matière organique.

Ces premières allumettes chimiques obtinrent peu de faveur, parce qu'il arrivait que le mélange inflammable se détachait de l'allumette, au moment de la friction, et occasionnait des accidents. Mais le principe

(1) *Sur l'histoire de l'industrie des allumettes chimiques* (*Annales du génie civil*, 1865, pages 645 et suivantes).

de la friction était trouvé, il ne s'agissait que de le rendre plus pratique.

Les allumettes chimiques allemandes ne tardèrent pas, en effet, à se perfectionner. On chercha un combustible pour remplacer le sulfure d'antimoine, qui exige une température élevée pour brûler avec l'oxygène du chlorate de potasse, et demande, par suite, un frottement trop fort Frédéric Kammerer, qui avait fabriqué les premières allumettes chimiques à friction, songea au phosphore, pour remplacer le sulfure d'antimoine. Il fabriqua des allumettes phosphoriques à friction, à base de phosphore, et c'est ainsi que prirent naissance les premières allumettes chimiques à base de phosphore.

C'est en Autriche, en 1833, que s'établit la première fabrique d'allumettes chimiques allemandes à base de phosphore. Cette fabrique, dirigée par Etienne Römer et J. Preshel, produisit sur une grande échelle des allumettes phosphoriques à friction. Du papier ou de l'amadou imprégnés de la pâte phosphorique inflammable, servaient aux fumeurs. De petites branches de bois, enduites de la même composition, formaient des allumettes qui prenaient feu avec bruit.

A la même époque, les *allumettes chimiques phosphoriques* furent également fabriquées à Darmstadt.

Les *allumettes chimiques phosphoriques* ne furent pas adoptées sans difficulté au début. La pâte formée de chlorate de potasse et de phosphore déflagrait souvent, et exposait ainsi à des dangers. Ces dangers se présentaient plus sérieux encore dans la fabrication, car il suffisait de la plus légère imprudence pour déterminer des explosions dans les ateliers. Le cahot seul des voitures faisait quelquefois détoner les ballots d'allumettes. Aussi les compagnies d'assurances refusaient-elles de traiter avec les entrepreneurs de roulage qui se chargeaient de cette marchandise. Les choses allèrent si loin que l'allumette chimique fut interdite dans plusieurs États de l'Allemagne. L'interdit ne fut levé que vers 1840, lorsque J. Preshel eut apporté des perfectionnements notables à la composition de la pâte.

La pâte employée vers 1840, par J. Preshel, était ainsi composée :

Chlorate de potasse.........	11	parties
Phosphore..................	44	»
Gomme.....................	45	»
	100	»

On la colorait avec un peu de bleu de Prusse.

En 1835, Octave Trezany remplaça une partie du chlorate de potasse par du minium (bioxyde de plomb) et du peroxyde de manganèse, et le phosphore par le sulfure d'antimoine. Mais la préparation de cette pâte et l'emploi de ces allumettes exposaient toujours aux mêmes dangers.

C'était la présence du chlorate de potasse qui occasionnait la trop grande inflammabilité des *allumettes chimiques phosphoriques*. Il importait donc de le remplacer. En 1837, J. Preshel découvrit que le peroxyde de plomb (oxyde puce) est un très-bon oxydant pour le phosphore, et qu'il peut remplacer le chlorate de potasse. Le chlorate de potasse fut dès lors banni de la fabrication des allumettes, qui se trouva réduite au phosphore et à la matière organique. C'est là le plus grand progrès qui ait été apporté à la préparation des allumettes chimiques en Allemagne. La pâte formée de chlorate de potasse ne fait pas d'explosion violente, et son transport est moins dangereux. En outre, la friction n'occasionne aucune projection de matière brûlante, capable de mettre le feu. A partir de cette découverte, les *briquets oxygénés*, qui continuaient de soutenir en Allemagne la concurrence contre les allumettes chimiques phosphoriques au chlorate de potasse, disparurent sans retour.

J. Preshel ne s'en tint pas là; il voulut produire des allumettes à très-bon marché.

Cela n'était pas possible avec l'oxyde de plomb, mais il trouva que l'azotate de plomb, surtout quand on le mêle au bioxyde du même métal, est encore un oxydant énergique du phosphore. Ce mélange fut donc employé dans la pâte des allumettes, et ce procédé se généralisa.

Dès lors, de nombreuses fabriques s'élevèrent dans toute l'Autriche, alors que dans le reste de l'Europe cette fabrication laissait encore beaucoup à désirer.

A Fancfort-sur-le-Mein, le docteur Bœttger fit connaître la composition dont il vient d'être question. Il publia même la formule d'une pâte à allumettes sans chlorate de potasse ; c'était la suivante :

9 parties de phosphore,
14 d'azotate de potasse,
16 de peroxyde de manganèse,
16 de gomme.

En 1844, Bœttger indiqua une autre pâte formée de 4 parties de phosphore, 10 d'azotate de potasse, 6 de gélatine, 3 de minium ou d'ocre rouge et 2 de smalt. Cette pâte, qui est peu coûteuse, brûle sans détonation ni projection.

Cependant le mélange d'azotate de plomb et de bioxyde de plomb est préférable, comme attirant moins l'humidité de l'air. En outre, l'oxyde de plomb n'est pas nuisible à la combustion comme le carbonate de potasse qui reste après la combinaison du dernier mélange dont nous avons cité la formule.

La pâte à la colle forte du docteur Bœttger est bien meilleure que celle à la gomme, parce qu'elle est moins hygrométrique.

Avant 1842, J. Preshel avait entouré sa pâte d'un vernis à la résine qui empêchait l'humidité et les émanations des vapeurs de phosphore ; en 1842, il la remplaça par la dextrine. A cette date, la gélatine était encore utilisée à Prague.

Le soufre recouvre l'un des bouts de l'allumette et la pâte inflammable lui est superposée. Le feu produit par la pâte se transmet au soufre, qui, à son tour, le communique au bois de l'allumette.

J. Preshel fabriqua aussi des allumettes chimiques en cire, comme objet de luxe. Cette fabrication avait commencé dès l'année 1833.

Pendant longtemps, la France s'approvisionna d'allumettes chimiques à Vienne et à Prague. Le nom d'*allumettes chimiques allemandes* était donc bien justifié. Vers 1846, le chlorate de potasse était encore presque uniquement employé chez nous pour la fabrication des allumettes chimiques phosphoriques. Mais ces allumettes étaient bien imparfaites et produisaient des déflagrations dangereuses. En raison de l'imperfection de cette industrie en France, M. Péligot adressa, en 1847, un rapport à la chambre de Commerce de Paris, dans lequel il faisait connaître l'état de l'industrie des allumettes chimiques en Autriche.

La description donnée par M. Péligot des procédés employés à Vienne et à Prague, changea complétement notre fabrication. Le chlorate de potasse fut entièrement exclu de la pâte des allumettes ; on adopta la recette allemande et nos allumettes chimiques devinrent tout aussi bonnes que celles de l'Allemagne.

L'Angleterre demeura, sous ce rapport, plus en retard que la France. Le chlorate de potasse est encore aujourd'hui en usage dans plusieurs fabriques de ce pays. Jusqu'en 1855, la consommation annuelle du chlorate de potasse s'élevait, en Angleterre, à 26,000 kilogrammes, et ce chiffre serait beaucoup plus élevé si l'Angleterre n'importait pas d'allumettes chimiques. Ainsi, en 1862, la consommation des allumettes a été en Anglelerre de 250,000,000, dont 200,000,000 étaient importées.

Les allumettes chimiques anglaises contiennent une plus forte proportion de phosphore que les allumettes allemandes. En

Allemagne, on confectionne un million d'allumettes avec 453 grammes de phosphore, tandis qu'en Angleterre on n'en produit que 600,000 avec le même poids de phosphore.

Cependant la fabrication des allumettes chimiques exposait, sous un autre rapport, à de sérieux accidents. Nous voulons parler de la propriété toxique du phosphore. Il paraissait tout à fait impossible de parer à cette difficulté, lorsqu'une découverte inattendue vint fournir la solution de ce problème d'hygiène publique. Émile Kopp, de Strasbourg, remarqua que le phosphore, dans certains cas, peut rester entièrement inerte au contact de l'air ou de l'oxygène. Alors il n'est plus soluble dans le sulfure de carbone ni dans ses autres dissolvants. Émile Kopp appela le phosphore sous cet état, *phosphore rouge*, ou *phosphore amorphe*. En 1847, Schrötter, secrétaire perpétuel de l'Académie impériale de Vienne, ayant reconnu l'exactitude du fait découvert par Émile Kopp, fit une étude approfondie de ce fait, et découvrit que le *phosphore rouge* est un état *allotropique* du phosphore. Dès lors, il eut l'idée d'employer à la fabrication des allumettes le *phosphore rouge*, qui ne s'enflamme pas spontanément, car il exige une température de 200 degrés pour entrer en combustion, et qui (c'est là le point capital), n'est nullement vénéneux. Le phosphore rouge mélangé au bioxyde de plomb ou à l'azotate de plomb ou de potasse, ne s'enflamme pas par le frottement. On fabriqua donc, sur le conseil de Schrötter, des allumettes chimiques avec le phosphore et le chlorate de potasse. Mais ces allumettes brûlent avec projection de matière, ce qui est une cause de dangers. Ainsi s'explique le peu de succès qu'obtinrent les allumettes au phosphore amorphe, pendant tout le temps qu'on l'employa mêlé au chlorate de potasse.

On n'a trouvé d'autre moyen de résoudre cette difficulté que d'employer séparément les deux produits. La pâte de l'allumette renferme du chlorate de potasse mêlé à une matière combustible et à un corps pulvérulent. On frotte cette allumette sur une surface recouverte d'un enduit formé de phosphore rouge répandu sur une substance dure. Par la friction, une parcelle de phosphore rouge se détache de la plaque, enflamme la pâte chimique et produit du feu.

Les premières *allumettes au phosphore rouge* provenaient de trois usines différentes: de celles de Bernard Fürth, de Schüttenhoffen, en Bohême, de celle de M. J. Preshel, de Vienne, et de celle de C. L. Lundströw, de Joukoping, en Suède.

Plusieurs fabricants se sont disputé le mérite du premier emploi du phosphore rouge dans les allumettes chimiques, emploi fait dans le but d'éviter les dangers d'intoxication que présentent les allumettes au phosphore blanc. C'est ce qui nous détermine à dire quelques mots de cette question de priorité.

Dans son *Rapport sur l'Exposition universelle de* 1855, M. Stas, de Bruxelles, fait observer que, dès le 24 juillet 1855, M. Bernard Fürth avait appelé l'attention du jury de l'Exposition sur le système d'allumettes qu'il appelait *antiphosphore*, qu'il avait fait breveter en Autriche. Mais il paraît que cette invention était connue avant cette époque, car une lettre de M. Lundströw adressée, le 3 septembre, au même jury de l'Exposition fixe cette découverte que M. Lundströw s'attribue, à l'année 1853.

Le 6 août 1855, MM. Cogniet père et fils, fabricants de produits chimiques à Lyon et à Paris, prirent un brevet d'invention pour fabriquer des allumettes d'après le même mode. Mais le docteur Bœttger réclama contre ce brevet, en se prétendant l'auteur de la découverte qu'il faisait remonter jusqu'à l'année 1848. Il ajoute que, le 6 février 1855, il céda son procédé à M. Fürth, pour l'exploiter en Autriche seulement.

M. Émile Seybel a prétendu qu'à Vienne on sait parfaitement que le docteur Bœttger est le véritable auteur de cette invention. Mais, en examinant les formules provenant des indications de ce dernier et des pâtes de la fabrique de Jonkoping, on reconnaît une différence dans leur composition.

Après avoir pesé tous ces faits et contrôlé ces assertions, le jury de l'Exposition pensa que l'invention aurait pu être faite à Jonkoping, plusieurs années après les recherches de M. Bœttger, dont les procédés étaient restés secrets.

Quoi qu'il en soit des véritables auteurs de cette découverte philanthropique, les allumettes dans lesquelles on sépare le phosphore de la pâte combustible, ou *allumettes hygiéniques*, sont exemptes de tous les inconvénients qui résultent de l'union de ces substances. La pâte dont le bout de l'allumette est garni, peut être chauffée sans prendre feu, à une température presque égale à celle qui est nécessaire pour la destruction du bois, et, en déflagrant, elle ne produit pas de projection de parties enflammées. La plaque garnie de phosphore rouge peut également supporter, sans prendre feu, une température plus haute que celle qui allume les matières combustibles. Le frottement n'enflamme ni la pâte ni la surface recouverte de phosphore. Ainsi, le nom de l'*allumette hygiénique* est bien justifié.

Une observation très-juste de M. Stas, c'est que ce système d'allumettes repose sur le même principe que celui qui a donné naissance au briquet oxygéné (1). Dans l'un et l'autre briquet, l'agent qui doit développer le feu est séparé de la matière combustible. Dans le *briquet oxygéné* on employait l'acide sulfurique pour enflammer l'allumette soufrée; dans les *allumettes hygiéniques* on emploie le phosphore rouge dans le même but. Mais l'acide sulfurique s'altère facilement à l'air humide; au contraire, le phosphore rouge est un corps solide, inaltérable à l'air. Les *allumettes* au *phosphore rouge* ou *allumettes hygiéniques* offrent donc un progrès réel comparativement au *briquet oxygéné*.

Cependant, disons-le nettement, les allumettes à phosphore amorphe ne possèdent pas la qualité essentielle de l'allumette chimique, celle de pouvoir donner du feu partout, sans le concours d'un autre objet. Il faut que l'allumette chimique, comme le philosophe Bias, porte tout avec elle !

Un industriel français, M. Bombes-Devilliers espéra résoudre ce problème avec son *allumette androgyne*. Le phosphore amorphe était appliqué à l'extrémité non soufrée de l'allumette, qui portait ainsi avec elle tout ce qu'il fallait pour la production du feu. Il suffisait de rompre l'allumette en deux parties inégales et de frotter le petit bout garni de phosphore contre l'autre extrémité.

L'auteur de ce perfectionnement le livra au domaine public. Il ne lui faisait pas un cadeau bien important. L'inventeur n'avait pas remarqué que cette rencontre des deux bouts de l'allumette qui doit provoquer le feu, peut s'opérer autrement que par la volonté du consommateur, car l'allumette peut, dans le transport, se placer tête-bêche, phosphore contre soufre, et s'enflammer. Ces allumettes, placées dans la poche et mêlées, peuvent également se toucher par leurs bouts opposés et prendre feu. Ainsi le danger d'incendie est loin d'être évité par les *allumettes androgynes*.

Le public n'adopta pas cette invention, qui n'a jamais été exploitée.

Un grand progrès serait réalisé, si l'on pouvait éliminer entièrement le phosphore de la fabrication des allumettes. C'est ce progrès qu'un industriel français, M. Canouil, a fait faire à cette industrie.

En 1832, des essais dans ce sens avaient

(1) *Rapport sur les allumettes chimiques à l'Exposition universelle de* 1855.

été commencés à Vienne et l'année suivante à Paris. Mais ces essais basés sur l'emploi, si dangereux, du chlorate de potasse, n'eurent aucun succès. Il s'agissait donc, pour arriver à fabriquer des allumettes sans phosphore, de rendre le chlorate de potasse maniable industriellement.

Après de longues et patientes recherches, dit M. Stas dans son *Rapport à l'Exposition de* 1855, que nous avons déjà cité, M. Canouil réussit si bien à opérer la trituration, même à sec, du chlorate de potasse que cette trituration était dans ses ateliers une opération inoffensive. Mais cela ne suffisait pas, il fallait encore que la pâte préparée avec le chlorate de potasse ne produisît pas d'émanations dangereuses, qu'elle ne fût pas explosible, qu'elle brûlât sans déflagration et sans exposer à l'empoisonnement, enfin qu'elle se fixât facilement sur le soufre ou la stéarine. Toutes ces conditions sont remplies par la pâte de M. Canouil. Cette pâte brûle comme de la poudre humectée ; elle fuse sans flamme. Elle est exempte de propriétés toxiques, car l'inventeur cite un chien de la race du Saint-Bernard qui, après en avoir avalé plus d'un kilogramme, ne ressentit qu'une soif ardente. Enfin il s'agissait encore d'augmenter ou de diminuer l'inflammabilité de la pâte au chlorate, en lui ajoutant quelque autre substance et de pouvoir en produire en quantité suffisante pour la consommation. Toutes ces exigences furent satisfaites.

Voici les formules données par l'inventeur, avec leurs usages spéciaux :

1° *Allumettes de ménage.* Bois carré, prompte inflammation, s'allumant sur tous les corps rugueux. Le chlorate de potasse est additionné d'un peu de bioxyde de plomb, d'un bichromate ou d'un oxysulfure métallique.

2° *Allumettes rondes.* Elles peuvent s'enflammer sur le papier de verre ou de sable ou sur un corps dur.

3° *Allumettes de salon* sans soufre. Un acide gras remplace le soufre.

4° *Allumettes de sécurité.* Elles s'allument sur un frottoir non phosphoré, à l'aide d'une friction vive et prolongée. En frottant sur la même place, on arrive à déterminer l'inflammation.

5° *Allumettes-bougies.* Elles ne répandent pas d'odeur désagréable. Elles s'enflamment sur les corps durs.

6° *Papier chimique.* Il est destiné aux fumeurs.

7° Un *frottoir* en verre dépoli peut enflammer toutes ces allumettes.

Les allumettes Canouil, dites *sans phosphore ni poison*, possèdent toutes les qualités des meilleures allumettes ordinaires au phosphore blanc, sans en avoir les inconvénients. Leur préparation est sans danger ; elles ne sont pas vénéneuses. Elles s'allument facilement et sûrement, sans explosion ni projection. Leur inflammation spontanée n'est pas possible ; si on les projette sur un corps chaud, le soufre fond et la pâte au chlorate reste infusible tant que la température de 150° n'est pas atteinte. Ces allumettes ne dégagent pas d'odeur, même quand on procède à leur préparation. Si elles sont humides, il suffit de les faire sécher à l'air pour leur rendre ses propriétés combustibles.

Les allumettes dont il s'agit ne donnent du feu que par l'intervention d'une ferme volonté et d'une main adulte. Le frottoir spécial et inoffensif peut être remplacé, quand il manque, sans recourir à quelque chose d'étranger à l'allumette.

Une commission nommée par le Comité consultatif d'hygiène publique de Paris, fit un rapport à la suite duquel un avis motivé fut adressé au Ministre de l'agriculture, du commerce et des travaux publics. Les conclusions de cet avis étaient les suivantes :

1° Les faits énoncés par le sieur Canouil sont exacts;

2° Les procédés de fabrication, qu'il met en usage, quoique susceptibles encore de perfectionnements, donnent cependant des résultats satisfaisants, au point de vue de la qualité des produits, de la santé des ouvriers, de la sécurité contre les empoisonnements.

Malgré ces approbations officielles, les allumettes sans *phosphore ni poison* de M. Canouil n'ont pu conquérir la faveur du public, et leur fabrication a été abandonnée au bout de peu d'années. De toutes les *allumettes hygiéniques* c'est-à-dire dans lesquelles la pâte de l'allumette ne s'enflamme pas par la friction, et qui exigent, pour prendre feu, qu'on les frotte sur une surface particulière, les seules qui soient restées dans le commerce et que l'on emploie aujourd'hui en France, sont, comme nous le dirons plus loin, les *allumettes suédoises*. Toutes les autres *allumettes hygiéniques* sont allées rejoindre, dans le royaume de l'oubli, le *briquet oxygéné*, leur ancêtre direct.

CHAPITRE VIII

LA FABRICATION DES ALLUMETTES. — INSTRUMENTS ET PROCÉDÉS DE CETTE FABRICATION.

La préparation des allumettes chimiques exige plusieurs opérations distinctes. Ces opérations consistent :

1° A sécher le bois, à le découper et à le raboter; 2° à mettre les allumettes en presse; 3° à *chimiquer* les allumettes, c'est-à-dire les recouvrir de la pâte chimique phosphorée; 4° à sécher les allumettes chimiquées; 5° à dégarnir les cadres des allumettes et à mettre les allumettes en paquets ou en boîtes.

Nous allons décrire cette série d'opérations.

Quand on a fait le choix du bois (le sapin ordinaire, le pin, le tremble, quelquefois le pin d'Ecosse, le hêtre, le tilleul, le bouleau, le saule, le peuplier, le cèdre), il s'agit de le débiter en tiges. On commence par le bien sécher. Pour cela, on l'enferme, pendant quelques heures, dans un four bien chauffé, qui lui enlève toute son humidité. Le train de bois que l'on a séché dans le four, a été introduit dans cette capacité sur des rails. On le retire du four à l'aide d'une chaîne, en le faisant glisser de nouveau sur les mêmes rails. Alors une scie le débite en blocs cubiques, dont l'épaisseur marque la hauteur qu'auront les allumettes.

Le séchage, ainsi que le débit du bois, se pratiquent dans les pays de forêts, afin de réduire les frais de main-d'œuvre et de transport. On expédie les bois séchés et tout débités en blocs cubiques. En Allemagne, les forêts de la Bohême, de la Thuringe et de la Bavière, livrent la plus grande partie des billes à allumettes; en France, ce sont les forêts des Vosges.

Le premier instrument qui servit à découper le bois en allumettes quadrangulaires avec des cubes de bois ayant le côté égal à la longueur des allumettes, fut un simple couteau fixé à un levier, qu'on levait et abaissait alternativement, semblable, par conséquent, à celui dont se servent les boulangers pour couper le pain. L'ouvrier faisait avancer le bois de l'épaisseur d'une allumette après chaque section, et faisait ainsi une série de fentes parallèles (fig. 244). Il pratiquait ensuite une autre série de sections perpendiculaires aux précédentes, et obtenait ainsi de petites baguettes quadrangulaires.

Les allumettes ainsi taillées sont jetées dans un canal en bois, d'où elles tombent sur le sol d'un pièce inférieure. Là, elles se tiennent encore plus ou moins, rangées parallèlement. Aussitôt, une ouvrière les ramasse pour les mettre en paquet.

Pour faire ces paquets, l'ouvrier est muni d'une pièce de bois en forme d'*u* ayant une fente dans son épaisseur (fig. 245). Il introduit dans la fente une ficelle et remplit d'allumettes le creux de la pièce de bois, en posant les

Fig. 244. — Débitage du bois à la main pour la fabrication des allumettes.

allumettes sur la ficelle. Alors il serre la ficelle, et obtient un paquet, qu'il pose sur

Fig. 245. — Façon des paquets.

la table, pour l'égaliser. Il a ainsi un paquet d'allumettes.

Un *débiteur* et sa *paqueteuse* travaillent concurremment et se complètent l'un par l'autre. Ils peuvent, à eux deux, préparer, dans la journée, jusqu'à sept et huits cents paquets, renfermant chacun de mille à onze cents bûchettes, c'est-à-dire environ *huit cent mille* tiges d'allumettes par jour.

Au grossier couteau produisant des sections dans le bois, on ne tarda pas à substituer des instruments précis, qui reçurent le nom de *rabots mécaniques*.

Le *rabot mécanique*, inventé par Stéphan Römer, sert, en Allemagne, au débitage du bois. Il donne des baguettes rondes. Le tranchant de ce rabot est une lame recourbée et percée de trous horizontalement. Ces trous, ordinairement au nombre de trois, sont juxtaposés, leur bord antérieur est affilé avec soin. On fait agir cet outil sur une planche longue de 1 mètre environ. En poussant le rabot sur un côté de cette planche correspondant à la largeur du fer, on détache de petites baguettes, en nombre égal à celui des trous. A chaque couche de baguettes enlevées, on se sert du rabot ordinaire pour aplanir la planche, et on recommence à détacher une nouvelle couche de baguettes. On donne à ces baguettes la longueur convenable en se servant d'une petite boîte de 6 centimètres de largeur, ayant une fente pour donner passage à un couteau qui s'y élève et s'y abaisse au moyen d'un levier. Un ouvrier peut ainsi confectionner 400,000 ou 450,000 baguettes par jour.

M. Wagner, dans son *Traité de chimie industrielle*, donne la description suivante des principales machines à débiter le bois en allumettes qui ont été employées jusqu'à ce jour.

« Pelletier, de Paris, dit M. Wagner, construisit, vers l'année 1820, une machine a raboter disposée de la manière suivante. Un rabot long de 36 centimètres et large de 9 se meut sur une table, en avant et en arrière, au moyen d'une bielle et d'une manivelle; en se mouvant, il passe sur le morceau de bois placé sous lui, et qui se soulève de lui-même à une hauteur convenable. Le rabot contient un fer placé verticalement et muni inférieurement de 24 dents pointues; mais derrière ce fer se trouve un large fer de rabot ordinaire. A chaque coup de rabot le premier fait 24 rainures parrallèles à la surface du bois, et le deuxième, qui agit aussitôt après, enlève une lamelle de l'épaisseur voulue, qui par suite des rainures faites précédemment se divise immédiatement en petites baguettes.

« La machine de Cochot (1830) est construite de manière à fournir un rendement considérable. Dans cette machine, 30 blocs de bois de la grosseur d'une allumette sont fixés sur la périphérie d'une roue de fer de 1 mètre de diamètre; lorsqu'on fait tourner la roue, les blocs de bois passent l'un après l'autre sur un petit cylindre garni de lames d'acier et qui comme le rabot denté de la machine précédente fait des rainures parallèles; immédiatement après une lame de laiton droite et immobile enlève au bois une lamelle, qui se trouve alors divisée en petites baguettes. La machine de Jeunot, brevetée en France en 1848, a quelque analogie avec la précédente, relativement au mode d'action. Neukrautz, de Berlin, a construit, en 1845, sur le même principe que le rabot à la main, une machine dans laquelle 15 ou 20 tiges se forment en même temps aux dépens du bois qui, à l'aide d'un chariot, est poussé contre un fer tubulaire fixé solidement. Krutzsch, de Wünschendorf (dans le royaume de Saxe) a fait (1848) une intéressante application de ce moyen, en se servant d'une plaque d'acier percée d'un grand nombre de trous (environ 400) aussi rapprochés que possible les uns des autres. Contre cette plaque, dont les trous sont à bords tranchants, de ce côté, on pousse, au moyen d'une forte presse, un morceau de bois dans la direction de ses fibres, puis on le tire à l'aide d'une sorte de pince et on le divise ainsi en baguettes rondes. Un morceau de bois de 3 centimètres de diamètre donne 400 baguettes, qui avec une longueur de 1 mètre fournissent chacune 15 allumettes. La fabrication de ces 6000 morceaux dure environ deux minutes.

« Une autre machine, celle de Andrée et Cie, de Magdebourg, agit plus à la manière d'un rabot: trois fers sont fixés parallèlement entre eux et par suite agissent l'un après l'autre; l'intérieur ne fait que préparer le bois, le second forme une moitié du cylindre, et le troisième forme l'autre moitié. La machine de C. Leitherer, de Bamberg (1851), qui agit au moyen d'un fer de rabot tubulaire et qui a été nommée machine à rabot à chute, se compose d'une boîte horizontale dans laquelle sont placés les blocs de bois brut avec les fibres dirigés verticalement; à chaque coup de rabot, les blocs sont poussés de l'épaisseur d'une allumette au moyen d'un mécanisme particulier; devant cette boîte se trouve un support vertical sur lequel se lève et s'abaisse le rabot. Un volant qui, à l'aide de courroies, est en rapport avec l'arbre d'une roue de moulin, régularise le mouvement de la machine. Un rabot à chute se compose de quatre fers munis chacun de 8 ou 10 tubes. Lorsque l'appareil marche avec une vitesse moyenne, 45 coups de rabot se produisent en une minute, et il en résulte 810 à 830 petits copeaux fournissant chacun 45 allumettes.

« Depuis quelques années on parle beaucoup de la machine à raboter de Wrana. Cette machine imite, comme celle de Neukrautz, le rabotage à la main, mais d'une manière plus parfaite, parce que ici le rabot n'est pas fixe, mais maintenu par la main de l'ouvrier. Il trouve cependant un point d'appui sur une tringle qui est placée transversalement au-dessus de la machine, et qui, suivant la hauteur du morceau de bois que l'on emploie, peut être élevée ou abaissée. Cette tringle servant de point d'appui au rabot maintenu avec la main fait qu'il est possible de raboter du bois tordu et inégal aussi promptement qu'à l'aide de la main. Le choc que doit lui donner l'ouvrier, avec le rabot à main, pour obtenir des baguettes de la longueur du bois, est produit ici par la machine, et l'ouvrier n'a qu'à maintenir solidement le rabot et le mettre en position convenable. D'après le même principe, il est aussi possible d'obtenir des baguettes avec des sections très-différentes. Ce qu'il y a d'essentiel dans l'invention de Wrana, c'est l'emploi de la tringle comme point d'appui pour le rabot, quelle que soit du reste la forme qu'elle puisse avoir. Sans elle, c'est à peine s'il est possible (excepté à l'aide de la main) de raboter le bois dans le sens des fibres. Dans la machine construite tout récemment par Long, le débitage du bois est effectué de la manière suivante: sur un chariot pouvant se mouvoir horizontalement, on fixe solidement entre deux cylindres un bloc de bois, la direction des fibres étant placée parallèlement à l'axe des cylindres, et l'on pousse d'abord le chariot contre un certain nombre de petits couteaux séparés les uns des autres par des intervalles égaux à la largeur des allumettes, et qui font dans le bloc de bois un nombre de sections correspondant ; à l'aide d'un couteau vertical mobile, on coupe ensuite suivant la largeur un morceau de bois, qui par suite des sections pratiquées précédemment par les petits couteaux, se partage en petites baguettes isolées. »

De toutes ces machines, est sorti, après de longues expériences, le *rabot mécanique* de M. Otmar Walch, constructeur de Paris. Cette machine fournit des tiges d'allumettes, rondes ou carrées, de la longueur voulue et de 50 à 60 millimètres d'épaisseur, qui sont toutes prêtes à passer à la mise en presse. On fait usage avec avantage de ce rabot principalement dans les pays qui n'offrent pas en abondance le bois de long fil, par exemple en France, où ce bois, recherché par la menuiserie de luxe, ne peut être employé à fabriquer des allumettes que grâce à un débit méthodique et économique.

Le *rabot mécanique* de M. Otmar Walch est représenté dans la figure 246. Le couteau, qui est l'outil principal, se compose de 20 à 25 *filières* rondes ou carrées (fig. 247), selon la forme à donner aux tiges d'allumettes. Ces filières, rangées parallèlement ensemble, forment ainsi un seul couteau tranchant sur les bords. Ce couteau est monté sur un chariot mobile, D (fig. 246), qui s'approche alternativement contre le morceau de bois et vient à chaque fois butter contre lui. C'est ainsi que les allumettes se taillent sur le bloc de bois. Un arbre coudé, A, commande une bielle, B, qui, au moyen de la poulie, C, fait agir l'instrument tranchant. A chaque tour de l'arbre coudé, cette machine produit 25 allumettes rondes ou carrées, selon la forme des filières. Et comme l'arbre coudé fait 200 tours par minute, ce rabot ne produit pas moins de 300,000 allumettes à l'heure, ou 3 millions par jour de 10 heures de travail.

Les allumettes taillées tombent dans un casier collecteur G.

Comme les allumettes ainsi débitées sont encore pêle-mêle dans le casier collecteur G, on se sert avec avantage d'une *machine à ranger* ou à *botteler* les tiges d'allumettes.

Cette machine, construite par M. Otmar Walch, est disposée de manière que les allumettes puissent, après avoir été rangées en petites bottes (*bottelées*), passer directement à la mise en presse. Elle supprime un travail long et coûteux, qui était autrefois effectué à la main par de nombreuses ouvrières.

La figure 249 représente cette machine, dont la légende donne l'explication.

Nous avons maintenant à décrire la manière d'appliquer sur l'allumette le soufre et la pâte inflammable.

Pour provoquer la combustion du bois de l'allumette, il est indispensable d'employer une substance intermédiaire, combustible elle-même, mais brûlant moins vite que la pâte inflammable, quand elle a été allumée par cette pâte. Le soufre et la stéarine sont dans ce cas.

Dans les petits ateliers, qui étaient si nombreux en France avant la loi de 1871, on *soufrait* et on *trempait* les allumettes tout simplement *à la main* et voici la manière d'opérer à la main.

Le bain de soufre étant chauffé et le soufre fondu, l'ouvrier prend la botte d'allumettes et la plonge dans le soufre fondu comme le représente la figure 249.

Après le *soufrage* vient le *trempage* dans la pâte chimique phosphorée, colorée par une matière minérale et renfermant, outre le phosphore, un peu de gélatine, ou colle forte, pour faire adhérer la pâte au bout de l'allumette.

La figure 250 représente le *trempage des allumettes à la main*. Comme la pâte est susceptible, étant ainsi appliquée, de former une couche générale sur la botte d'allumettes, et non une petite masse sur chaque allumette, un autre ouvrier prend la botte soufrée et trempée dans la pâte chimique

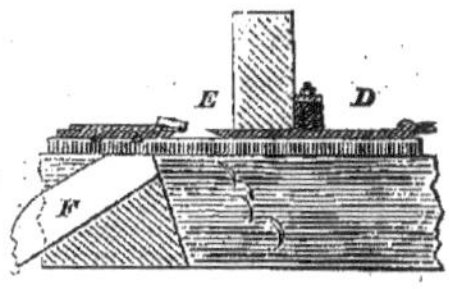

Fig. 247. — Coupe de la filière du *rabot mécanique* de M. Otmar Walch.

Fig. 246. — *Rabot mécanique* de M. Otmar Walch, débitant des allumettes rondes ou carrées.

A. Arbre coudé.
B. Bielle.
C. Poulie de commande.
D. Chariot sur lequel est fixé le couteau ou filière qui rabote les tiges d'allumettes.
E. Carré par lequel se maintient le morceau de bois destiné à être débité en allumettes.

Chaque tour de rotation de l'arbre coudé produit 25 allumettes. L'arbre coudé fait 200 tours par minute; ce qui donne 300,000 allumettes à l'heure.
F. Conduit pour faire tomber les allumettes dans le casier collecteur G.

phosphorée et la *pique*, c'est-à-dire passe le dessous de la botte d'allumettes sur une

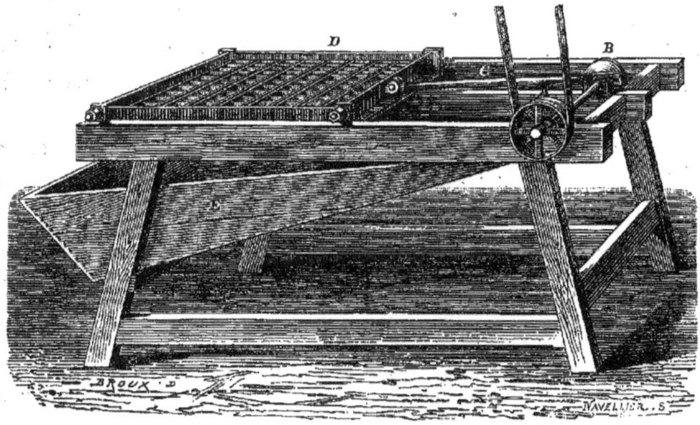

Fig. 248. — Machine à *botteler* les allumettes sortant du casier collecteur du *rabot mécanique*.

A. Poulie de commande.
B. Excentrique.
C. Bielle.
D. Casier qui réunit les petits compartiments.
E. Casier dans lequel tombent les allumettes qui ne se sont pas rangées dans les petits compartiments, pour être repassées une seconde fois dans le casier D.

espèce de brosse métallique, qui écarte les allumettes les unes des autres, et fait disjoindre celles qui adhèrent par leur bout enduit de pâte. Il faut ensuite, la pâte étant refroidie, *égaliser* avec la paume de la main, le haut des paquets. Il arrive quelquefois que les allumettes pendant cet *égalisage*

Fig. 249. — Soufrage des allumettes opéré à la main.

s'enflamment. Pour empêcher le feu de se communiquer aux autres allumettes, l'ap-

Fig. 250. — Trempage des allumettes chimiques opéré à la main.

prenti chargé de ce travail, est muni d'une éponge mouillée et de sciure de bois, avec lesquelles il arrête promptement toute inflammation intempestive.

Le défaut des *allumettes fabriquées à la main* est de toute évidence. Elles étaient trop souvent attachées ensemble, et c'étaient là les inconvénients des premières allumettes chimiques.

Pour éviter cet inconvénient, il faut séparer les allumettes les unes des autres. On emploie à cet effet de petites planches ayant

Fig. 251. — Mise en presse à la main des allumettes chimiques.

5 décimètres de longueur et 20 millimètres de largeur, sur 5 millimètres d'épaisseur. La surface supérieure d'une planchette est traversée par 60 rainures transversales, pouvant recevoir une allumette. Une ouvrière pose, comme le représente la figure 251, une deuxième planche sur la première, après avoir placé à sa partie inférieure deux bandes de flanelle, pour maintenir les allumettes. La face supérieure de cette deuxième planchette est garnie, comme la première, de rainures dans lesquelles on place des allumettes. On superpose ainsi 20 à 25 planchettes les unes sur les autres. Pour les consolider, le cadre est percé d'un trou à chaque extrémité, et dans ces trous passent des tiges de fer à pas de vis. On serre avec les vis les planchettes ainsi disposées, en ayant soin de ranger sur un même plan les bouts de toutes les allumettes ; ce qui se fait en les frappant sur une surface plane. En dix heures de tra-

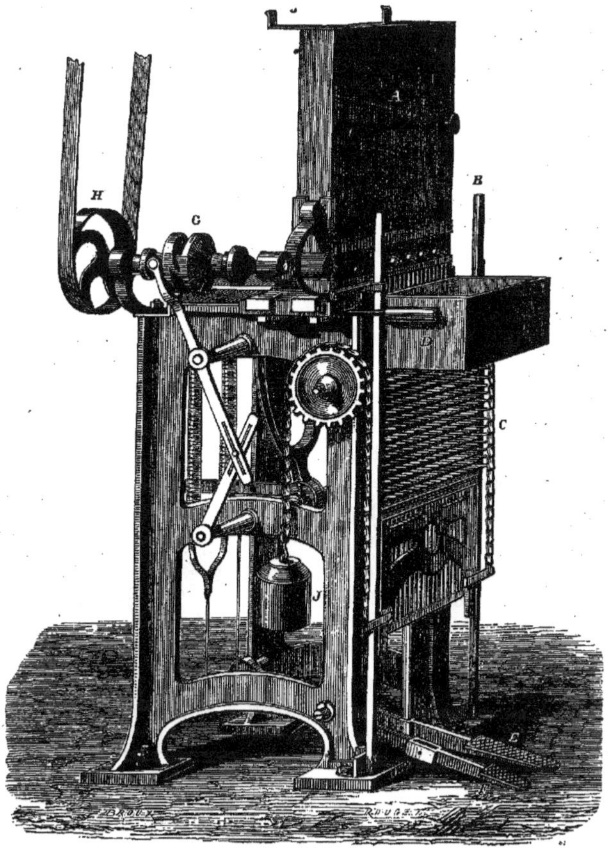

Fig. 252. — Machine de M. Otmar Walch pour mettre les allumettes chimiques en presse.

A. Magasin renfermant les allumettes débitées.
B. Cadre qui réunit les plaquettes.
C'C'. Plaquettes et allumettes.
D Auge qui contient les plaquettes.
E. Pédale pour faire avancer une rangée de 100 allumettes qui se placent ensuite sur la plaquette que l'ouvrier présente à la main.
F. Pédale pour donner une pression quand on ferme le cadre.
G. Débrayage et embrayage automatique pour faire remuer les allumettes alternativement de façon qu'elles se rangent régulièrement à une distance calculée pour le trempage.
H. Poulie de commande.
J. Contrepoids pour contrebalancer le cadre et le chariot qui le porte.

vail, une ouvrière peut dresser 15 à 25 châssis de 2,500 allumettes chacun.

Dans les ateliers de quelque importance la *mise en presse* des allumettes se fait au moyen de machines opérant automatiquement. Nous décrirons ici la machine brevetée de M. O. Walch, qui est employée dans les ateliers de la *Compagnie générale des allumettes* de Paris, et avec laquelle un seul ouvrier enchâsse, dans une journée de dix heures, 700,000 à 900,000 allumettes.

La figure 252 représente cette machine.

A est le *magasin*, qui réunit les allumettes débitées par le rabot mécanique dont nous avons donné le dessin plus haut, B le cadre qui reçoit les plaquettes C. L'ouvrier, pressant du pied la pédale E, fait avancer une rangée de 100 allumettes, qui se placent ensuite sur la plaquette que l'ouvrier présente à la main. G est un organe servant à débrayer et à embrayer le magasin, A, de manière à faire remuer automatiquement les allumettes, afin qu'elles se rangent régulièrement à une distance calculée pour le trempage.

Cette machine effectue l'opération la plus essentielle de la partie mécanique de la fabrication des allumettes ; c'est sur son débit que le fabricant porte surtout son attention.

Nous représentons à part (fig. 253) le cadre qui sert à serrer les allumettes. Il se distingue par la simplicité et la solidité, tout en offrant une grande facilité pour sa fermeture et son ouverture, grâce à deux crochets appliqués sur une traverse mobile.

Fig. 253. — Cadre en fer pour tremper les allumettes, système Otmar Walch.

Passons au *soufrage* et au *chimiquage* des allumettes. Comme nous l'avons fait plus haut, nous commencerons par décrire l'opération exécutée à la main ; nous passerons ensuite à la même opération exécutée par des machines.

Pour soufrer les allumettes quand elles sont serrées dans un cadre, on met le soufre en fusion sur un feu modéré. Le vase qui sert à cette opération contient en son milieu une pierre plate et horizontale, posée à telle distance que le soufre fondu forme au-dessus de la pierre une couche liquide d'une hauteur de 1 centimètre seulement. Quand on fabrique les allumettes à la main, on opère comme il suit pour tremper les allumettes dans le soufre, puis dans la pâte phosphorée. Le cadre que l'on a vu représenté plus haut (fig. 251, page 573) étant rempli d'allumettes et serré par les vis de fer, l'ouvrier saisit ce cadre par les manches qu'il a enfilés sur les vis, et qui font alors office de poignées (fig. 254), et il plonge les parties des allumettes qui font saillie hors du cadre, dans le bain de soufre.

Fig. 254. — Trempage à la presse.

Pour tremper ensuite l'allumette ainsi soufrée dans la pâte chimique, ou pâte phosphorée, l'ouvrier étale cette pâte sur une plaque de fonte chauffée à la vapeur, puis il l'égalise au moyen d'un *guide* en fer, de manière qu'elle n'ait que quelques millimètres d'épaisseur. La couche de pâte phosphorée fondue par la chaleur de la plaque étant bien égalisée, l'ouvrier n'a qu'à appuyer les allumettes serrées dans le cadre sur la couche de pâte, pour imprégner chaque allumette d'une petite couche de pâte chimique.

Ensuite on fait passer les allumettes ainsi *chimiquées* et toujours maintenues par le cadre, dans la séchoir, pour les faire sécher.

Fig. 255. — Coupe du bassin à tremper les allumettes chimiques dans le soufre.

A. Allumettes rangées à distance régulière et maintenues par les plaquettes.
B. Soufre fondu par le foyer F.
CC. Cadre qui réunit les plaquettes.
D. Plaquette pour maintenir les allumettes.
F. Foyer.

Dans les grandes fabriques, le *trempage* et le *chimiquage* s'effectuent avec des machines. Nous décrirons ici les machines employées dans les ateliers de la *Compagnie générale des allumettes de Paris*, qui ont été imaginées et sont construites par M. Otmar Walch.

Les cadres remplis d'allumettes par la machine de M. Otmar Walch contiennent 7,000 allumettes, et non 2,500, comme celles qui sont remplies à la main ou à l'aide d'autres machines qui, par leurs dispositions moins avantageuses, ne permettent pas de se servir de grands cadres. A raison de ce plus grand volume, il était urgent de perfectionner les *bassins à soufre* et le *plateau à chimiquer*, et de les ajuster aux dimensions exigées par les cadres.

Nous donnons dans la figure 255 la coupe du *bassin à soufrer* ou à paraffiner les allumettes, et dans la figure 256, la coupe du *plateau à chimiquer*. La légende qui accompagne ces figures en donne l'explication.

Le cadre se place à la main sur le *bassin à soufrer;* il s'appuie par le montant en fer, sur le bord du bassin, tandis que les allumettes trempent plus ou moins profondément dans le soufre liquide.

On comprend que le niveau du soufre liquide, étant plus ou moins élevé, donne plus ou moins de soufre aux allumettes. Il faut donc ajouter du soufre en bâtons, pour remplacer le soufre qui a été enlevé par le revêtement des allumettes, et hausser le niveau du bain de soufre fondu.

Fig. 256. — Coupe du plateau à tremper les allumettes chimiques dans la pâte de phosphore à chaud et au bain-marie.

A. Les allumettes.
B. Bain-marie.
C. Cadre.
D. Plaquette.
E. Pâte de phosphore.
F. Foyer.

L'acide stéarique ou la paraffine sont substitués au soufre, dans la fabrication des allumettes de luxe. Pour imbiber le bois de stéarine fondue, on plonge les tiges disposées comme nous l'avons dit, dans la matière grasse en fusion, que l'on chauffe assez fortement. On laisse tremper les tiges assez

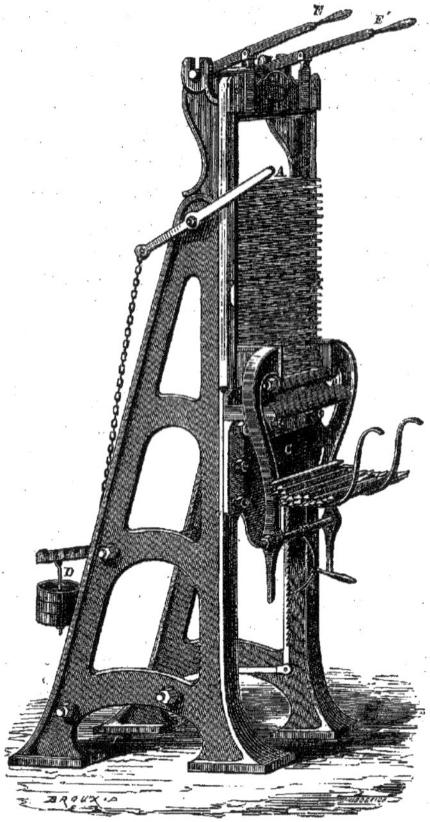

Fig. 257. — Machine de M. Otmar Walch pour dégarnir les cadres des allumettes chimiques.

A. Cadre destiné à être dégarni. — B. Intervalle dans lequel passent les plaquettes quand on les dégarnit. — C. Place où se trouve une boîte dans laquelle se rangent les allumettes dégarnies. — D. Contre-poids qui contre-balance les allumettes dégarnies. — E,E'. Leviers qui servent à ouvrir le cadre.

longtemps pour qu'elles puissent absorber une certaine quantité de stéarine.

Le soufrage ou l'application de la stéarine étant terminé, on procède au *chimiquage*, c'est-à-dire à l'application de la pâte inflammable.

Des appareils de M. O. Walch, semblables, par leur principe, à ceux qui servent au *soufrage*, servent à opérer le *chimiquage* ou *trempage*. Les allumettes maintenues dans le cadre CC (fig. 256) trempent dans la pâte à phosphore, E, maintenue fluide par le bain-marie B, placé sur le foyer F.

Le trempage précédent ne laisse pas que d'être insalubre. Pour éviter de respirer les vapeurs du phosphore, MM. Bell et Higgins ont inventé une machine formée d'un châssis vitré percé d'ouvertures horizontales à ses deux extrémités, dont l'une reçoit des cadres garnis de tiges. Une chaîne sans fin entraîne ces cadres pour effectuer la trempe ; cette opération faite, les cadres ressortent par la deuxième ouverture du châssis. La pâte phosphorée est placée dans un réservoir situé à la partie inférieure du milieu de l'appareil. On fait plonger, dans cette pâte fondue, un cylindre horizontal cannelé dans une direction perpendiculaire à l'axe. Le cylindre ayant un mouvement tournant, les cannelures s'imprègnent de pâte qui vient s'appliquer sur les extrémités des tiges, forcées de s'y engager, à cause du mouvement de translation qui leur est imprimé. Une bonne cheminée, à fort tirage, surmonte le châssis. Les vapeurs pernicieuses se dégagent ainsi dans l'air, et les ouvriers n'en sont pas incommodés.

On dessèche les allumettes, une fois revêtues à leur bout, de la couche de pâte chimique, en suspendant les châssis dans des étuves. Ces étuves sont chauffées par des conduits de vapeur. On dispose les châssis de telle façon que les allumettes soient verticales, l'extrémité soufrée se trouvant en bas. La pâte des allumettes dites *de salon* est recouverte d'une dissolution colorée de résine, ou d'une dissolution de collodion. Cette préparation ne se fait qu'après la dessiccation de la pâte phosphorée.

Avant de dessécher les allumettes dans les étuves, on les expose souvent à l'air libre.

Il reste à défaire les allumettes ainsi terminées et séchées. Quand on a opéré leur fabrication avec les machines de M. Otmar Walch, que nous venons de décrire, on peut se servir avec avantage d'une machine particulière, due au même constructeur. Cette machine, qui complète la *machine à mettre en presse*, s'appelle *machine à dégarnir les cadres des allumettes*. Elle sépare les allumettes des plaquettes et des cadres, en plaçant les allumettes dans leur boîte de fer-blanc, tandis que les plaquettes et les cadres se réunissent devant la machine. Là des hommes prennent la boîte et l'emportent à la machine à mettre en presse pour servir à de nouvelles mises en presse.

La figure 257 représente la *machine à dégarnir*, de M. Otmar Walch, machine qui est d'une grande simplicité. La légende qui accompagne cette figure en donne les détails. Il faut seulement ajouter que le cadre A, une fois ouvert au moyen des leviers de pression E'E, se dégarnit par la main d'un ouvrier. Cet ouvrier saisit les plaquettes, en les prenant par les deux bouts, et il les fait passer entre deux lèvres en caoutchouc placées en B. La plaquette tombe par devant, tandis que les allumettes sont retenues par les lèvres de l'intervalle B, et tombent, dans un ordre parfait, dans la boîte placée en C.

Cette machine est donc desservie par un seul ouvrier, pour un travail qui en exigeait dix, et cet ouvrier n'est plus, comme autrefois, en contact direct avec les allumettes.

Dans la confection des *allumettes-bougies*, le bois est remplacé par une petite baguette de cire.

Pour préparer ces allumettes, on dispose ensemble quelques petits fils de coton, et on les trempe dans un mélange fondu formé de deux parties d'acide stéarique et d'une partie de paraffine. La masse, une fois solide et encore chaude, est versée sur une passoire, pour enlever l'excès de substance grasse. Les bougies sont ensuite coupées de la même longueur.

Zubner a imaginé une machine pour couper ces bougies. On enroule les mèches sur un tambour; deux cylindres *nourrisseurs*, cannelés, entraînent ces mèches, qui arrivent dans des cannelures correspondantes faites dans une planche. Cette disposition permet de faire pénétrer les extrémités des mèches dans les trous correspondants d'une plaque verticale mobile. A côté de cette plaque est placé un couteau, qui coupe les bougies dès qu'elles ont pénétré dans les trous à la longueur voulue. Le couteau étant installé du côté où arrivent les bougies, elles restent dans les trous sur une petite étendue après qu'elles ont été coupées. La plaque est ensuite soulevée, pour permettre à d'autres trous de venir devant les cannelures, pour se garnir de bougies. La plaque étant garnie, on lui en substitue une autre, et on trempe tout de suite dans la pâte les bougies fixées aux plaques. Ensuite on les fait sécher.

Après avoir décrit la manière de fabriquer les allumettes chimiques, tant à la main qu'au moyen d'un outillage mécanique, il nous reste à parler de la pâte chimique qui enduit le bout de l'allumette.

Cette pâte, on le sait, se compose de deux substances dont on enduit successivement l'allumette : 1° du *soufre*, 2° une *pâte chimique inflammable*.

Nous n'avons rien à dire du soufre qui sert à former le premier enduit du bout de l'allumette, mais la composition de la pâte chimique qui doit enflammer le soufre, exige un examen particulier.

La pâte inflammable doit réunir diverses qualités. Il faut qu'on puisse l'enflammer par le frottement, sur un corps dur ou légèrement rugueux, et la température de son inflammation doit être assez élevée pour que l'on n'ait pas à craindre d'accidents. En outre, les ingrédients de cette pâte ne doivent pas s'altérer à l'air, ni attirer son humidité.

On voit tout d'abord qu'une pareille pâte doit être composée de trois substances : une substance oxygénée, capable de céder facilement son oxygène ; une ou plusieurs substances combustibles, pouvant s'emparer aisément de l'oxygène du corps comburant, enfin une matière également combustible et pouvant donner à la pâte la consistance nécessaire pour qu'elle puisse adhérer à la tige de l'allumette.

L'expérience a montré qu'en additionnant le mélange d'un peu de sable, on facilite l'inflammation de la pâte, en rendant le frottement plus efficace.

La pâte est colorée par des matières de peu de valeur.

Les corps oxygénés les plus propres à jouer le rôle de comburants, sont le chlorate de potasse, le salpêtre, le minium, le bioxyde de plomb, l'azotate de plomb et le bioxyde de manganèse.

Les combustibles que l'on préfère sont le phosphore, le sulfure d'antimoine, le kermès minéral (mélange de sulfure et d'oxyde d'antimoine), l'hyposulfite de plomb, les pyrites et le soufre.

La gomme arabique, la gomme adragante, la gélatine, la dextrine, sont les substances agglutinatives usitées.

On préfère la gélatine et la dextrine aux gommes, à cause de leur prix, qui est moins élevé. La dextrine est préférable à la gélatine, parce que cette dernière produit un charbon brûlant difficilement.

Nous avons déjà dit pourquoi le chlorate de potasse est aujourd'hui rejeté de la composition des pâtes inflammables.

On trouve dans la traduction française du *Traité de chimie technologique* de Knapp, le tableau suivant de la composition de diverses pâtes inflammables, aujourd'hui en usage.

FORMULES DONNÉES PAR	PHOSPHORE	SULFURE d'antimoine	AZOTATE de potasse	BIOXYDE de manganèse	BIOXYDE de plomb	GÉLATINE	GOMME arabique
Bottger (1841)	10	13,5	18	—	—	—	18
— (1842)	10	25	—	12,5	—	15	—
Winterfeld	10	11,5	15,1	—	—	—	23
R. Wagner	10	30	—	—	30	26	—

Le phosphore entre, on le voit, dans la composition de ces pâtes. Les allumettes sans sulfures et celles dites *silencieuses*, sont enduites des compositions suivantes :

FORMULES DONNÉES PAR	PHOSPHORE	BIOXYDE de plomb	SABLE	OCRE	GÉLATINE	GOMME arabique
Payen (1851), allumettes stéarinées..........	10	6,75	6,75	—	—	1,75
— (1852), — silencieuses........	10	—	8	2	8	—
Autre formule..........................	10	—	3,3	—	20	—

Pour préparer la *pâte chimique*, on commence par diviser le phosphore dans la matière agglutinante. Quand on emploie la gélatine, on la traite d'abord par l'eau froide, qui la gonfle et lui permet de se dissoudre plus facilement dans l'eau chaude. Lorsque cette dissolution, en se refroidissant, est arrivée à la température de + 50°, on y mélange le phosphore ; celui-ci fond et on produit en agitant une sorte d'émulsion. On opère de même avec la gomme.

Cette opération faite, on ajoute les matières qui doivent former la pâte, en opérant à froid, si on s'est servi de gomme et à + 40° si l'on a employé la gélatine.

Si la pâte est bien faite, on doit pouvoir en séparer de petites portions sous forme de gouttelettes. Plus le phosphore est divisé dans la pâte, plus celle-ci prend aisément feu. Dans la formule donnée par M. Wagner, le phosphore est dissous dans le sulfure de carbone, qui peut en prendre 8 ou 20 fois son poids en conservant sa fluidité. Le phosphore dissous dans le sulfure de carbone est beaucoup plus facile à enflammer qu'à l'état de division mécanique. Quand on l'emploie à l'état de dissolution dans le sulfure de carbone, on l'introduit, à froid, dans la gélatine, et il reste en poudre très-fine après l'évaporation du sulfure de carbone.

Quand le phosphore est fondu dans la gélatine ou dans la gomme, il faut éviter avec soin de trop élever la température, pour ne pas provoquer l'inflammation d'une partie du phosphore, et, par suite, la formation d'acide phosphorique ; car, cet acide étant hygrométrique, les allumettes qui en contiendraient deviendraient humides à l'air et pourraient ne pas prendre feu par le frottement.

Pour avoir des allumettes qui n'attirent pas l'humidité, Krutzler a proposé de faire, dans l'eau chaude, un mélange de 1 partie de phosphore et 6 de bioxyde de plomb. Après avoir desséché ce mélange, on ajoute une dissolution faite avec 6 parties de colophane et 4 d'essence de térébenthine.

Winterfeld conseille un vernis fait avec l'alcool et la colophane, dont on enduit la pâte.

Les matières employées pour colorer la *pâte chimique*, varient. Le sulfure d'antimoine la noircit ; le bioxyde de plomb la rend brune, le minium la colore en rouge. On peut la noircir avec le noir de fumée. Quelques pâtes d'allumettes sont d'un gris d'acier. On obtient cette dernière nuance, en plaçant les allumettes encore humides dans de l'air mélangé d'acide sulfhydrique : il se forme du sulfure de plomb, qui donne cette coloration à la surface de la pâte.

Le benjoin, employé en dissolution alcoolique, c'est-à-dire sous forme de teinture, sert à rendre odorantes les allumettes dites *de salon*.

On fabrique, à l'usage des fumeurs, des allumettes qui ont la propriété de continuer à brûler sans flamme. Ce sont des allumettes ou des morceaux de carton que l'on a trempés dans une dissolution d'azotate de plomb. Leur pâte chimique diffère de la pâte ordinaire en ce qu'elle ne contient pas de soufre.

Après les diverses opérations que nous venons de décrire, il ne reste plus qu'à mettre les allumettes chimiques en boîtes. Cette opération se fait à la main, par des ouvrières.

En 1849, le nombre des fabriques d'allumettes chimiques existant à Paris, n'était encore que de huit; en 1860, ce chiffre s'était élevé à vingt-quatre. D'après un rapport officiel il y avait en France, en 1870, environ six cents fabriques d'allumettes. Le chiffre de leur production annuelle pouvait être évalué au moins à *quarante milliards* d'allumettes, ce qui suppose, par jour, une consommation de *cent onze millions*, qu'on pouvait ainsi répartir :

35 millions d'allumettes en bois, vendues au paquet;

70 millions d'allumettes en bois, par boîte de 60 (cinq centimes) et de 150 (dix centimes);

6 millions d'allumettes en cire.

Depuis l'année 1871, en vertu d'une loi votée par l'Assemblée nationale, pour soumettre à l'impôt les allumettes chimiques, la fabrication de ces allumettes est, comme tout le monde le sait, monopolisée entre les mains d'une seule compagnie, la *Compagnie générale des allumettes chimiques*, qui a pris en régie cette fabrication pour un intervalle de cinq ans.

La fabrication des allumettes chimiques de la *Compagnie générale* se fait à Paris et à Angers. Les ateliers de Paris sont situés à Pantin et à Aubervilliers. Ce sont d'anciennes fabriques que l'on a améliorées le plus possible. Mais c'est dans les ateliers d'Angers que la Compagnie a réuni les plus récents et les plus efficaces perfectionnements introduits dans le débitage du bois et la fabrication des allumettes. C'est dans cette fabrique modèle que l'on a installé les machines les plus récentes, et que les études se poursuivent pour le perfectionnement de cette industrie.

CHAPITRE IX

LES DANGERS DES ALLUMETTES CHIMIQUES. — MALADIES DES OUVRIERS EMLPOYÉS DANS LES FABRIQUES DE PHOSPHORE ET D'ALLUMETTES CHIMIQUES.

Trois inconvénients principaux sont reprochés aux allumettes chimiques actuellement en usage, c'est-à-dire aux allumettes contenant un mélange de phosphore et de certaines matières combustibles : 1° leur danger comme substance vénéneuse ; 2° les inconvénients qu'elles présentent au point de vue de la santé des ouvriers chargés de leur fabrication ; 3° leur danger comme cause d'incendie. Parcourons successivement chacun de ces trois points.

La facilité déplorable que l'empoisonnement criminel trouve dans les allumettes chimiques est, à nos yeux, leur plus grave défaut. Avant l'emploi des allumettes chimiques, les empoisonnements criminels ou volontaires s'accomplissaient presque exclusivement avec l'acide arsénieux ; depuis l'adoption des allumettes chimiques, l'acide arsénieux a beaucoup perdu de ce fatal privilége, et c'est le phosphore qui tend de plus en plus à recevoir cette triste et redoutable destination. Si l'on considère qu'il n'existe aucun antidote connu de l'empoisonnement par le phosphore, et qu'il n'est rien d'aussi difficile, pour un expert chimiste, que de répondre à l'appel de la justice sur la réalité de cet empoisonnement, on comprendra tous les périls dont cet état de choses menace la société. Depuis l'année 1826 jusqu'à l'année 1845, époque à laquelle les allumettes à base de phosphore commencèrent à se répandre en France, les deux tiers des empoisonnements judiciairement constatés s'étaient accomplis avec l'acide arsénieux. Il résulte, en effet, des relevés statistiques communiqués par la Chancellerie, que, depuis 1826 jusqu'en 1845, le nombre des accusations d'empoisonnement portées devant les Cours d'assises s'était élevé à 616, et que, sur ce nombre, 410 environ se rapportaient à des empoisonnements par l'arsenic. Jusqu'à cette époque, aucun empoisonnement par le phosphore n'avait encore figuré dans nos annales judiciaires.

Depuis 1846, un grand nombre d'empoisonnements par les allumettes chimiques ont été soumis aux Cours d'assises. On doit à MM. Chevalier père et fils, à M. Henry fils, à MM. Cloquet et Caussé, d'Alby, divers relevés statistiques sur les empoisonnements par le phosphore. Si l'on s'en rapporte à un relevé fait par l'un de ces observateurs, des cas d'empoisonnement qui ont été soumis au jury dans une période de six ans, depuis 1846 jusqu'en 1852, le phosphore tenait déjà, dès cette époque, la troisième place parmi les substances toxiques employées par la main du crime. L'acide arsénieux occupant toujours le premier rang, les sels de cuivre occupaient le second, le phosphore venait le dernier. Les empoisonnements par les allumettes chimiques, rares d'abord, sont devenus très-nombreux en peu d'années ; ils ont augmenté à mesure que les empoisonnements par l'acide arsénieux diminuaient en nombre. Et l'on ne peut s'en étonner. Grâce aux précautions qui sont prises aujourd'hui par l'autorité, les criminels se procurent difficilement l'arsenic, tandis que la pâte vénéneuse qui forme les allumettes phosphoriques, se trouve partout, à la portée de chacun, et les classes les moins éclairées de la société connaissent parfaitement ses propriétés funestes.

L'empoisonnement par les allumettes chimiques, criminel ou accidentel, a donc pris des proportions effrayantes. Tantôt ce sont des enfants qui succombent après avoir mangé de la pâte phosphorée ou après avoir sucé des allumettes chimiques ; tantôt ce sont des hommes qui sont en proie aux plus graves accidents, pour s'être servis, par mégarde, d'une allumette phosphorée en guise de cure-dent; tantôt, enfin, ce sont des malheureux ouvriers, de pauvres jeunes filles qui, par désespoir, s'empoisonnent avec de l'eau dans laquelle ils ont fait tremper des allumettes chimiques. Il est triste de penser que, par suite de la connaissance généralement répandue des propriétés vénéneuses de la pâte phosphorée des allumettes, par la terrible action toxique de cette matière, et par l'absence de tout caractère vraiment spécifique des accidents qu'elle occasionne, beaucoup d'empoisonnements criminels accomplis au moyen du phosphore, passent aujourd'hui inaperçus des agents de la justice.

Le second inconvénient attaché aux allumettes chimiques concerne la fâcheuse influence que leur fabrication exerce sur la santé des ouvriers employés à ce travail.

La toux, les bronchites, les maux de tête, les coliques et les douleurs d'estomac, s'observent fréquemment dans les fabriques de phosphore ou dans les ateliers qui servent à la préparation de la pâte phosphorée, au trempage de ces allumettes dans la pâte, au démontage des cadres et à la mise des allumettes en boîtes ou en paquets. Mais à cela ne se bornent pas les accidents. Les ouvriers des fabriques de phosphore et d'allumettes chimiques sont sujets à une maladie cruelle, désignée sous le nom de *nécrose phosphorique*, qui a pour caractère une carie plus ou moins étendue des os de la mâchoire.

L'existence de cette grave affection a été signalée pour la première fois par des médecins allemands, MM. Diez, Sicherer, Blumhart et Geist. En 1845, M. Lorinser publia neuf observations de *nécrose phosphorique*, qu'il avait recueillies dans quelques fabriques de Vienne. Les professeurs Heyfelder, Strohl et Sédillot, firent connaître, pendant la même année, plusieurs faits analogues. La même affection ne tarda pas à être constatée parmi les ouvriers de nos fabriques : le docteur Théophile Roussel, s'étant livré à des recherches pour retrouver dans les principaux établissements de Paris l'affection signalée par les médecins allemands, rencontra sur neuf individus des altérations des os des mâchoires, et il consacra un travail spécial à la description de cette maladie.

Depuis le mémoire de M. Théophile Roussel, les mêmes faits ont été constatés à diverses reprises, tant à Paris qu'à Lyon. M. le docteur Lailler a vu, à Paris, vingt-six ouvriers atteints de cette maladie, et à Lyon, M. Humbert en a vu douze cas. Les médecins qui ont étudié cette maladie et notamment M. Théophile Roussel, ont remarqué que les individus atteints avaient déjà les dents malades, que la carie des dents s'était manifestée longtemps avant le début de la nécrose des os, et, dans plusieurs cas, avant leur entrée dans les fabriques d'allumettes. M. Théophile Roussel pense même que l'altération d'une ou de plusieurs dents est une condition indispensable au développement de la maladie des os maxillaires, maladie qui se produit sous l'influence de l'action prolongée des vapeurs phosphorées.

Dans un travail communiqué le 1er novembre 1875, à l'Académie des sciences de Paris, sur la *pathogénie* et la *prophylaxie de la nécrose phosphorée*, M. le docteur Magitot, chirurgien-dentiste connu par un grand nombre de travaux anatomiques et pathologiques relatifs à l'art dentaire, a spécifié la variété de carie qui donne spécialement entrée, pour ainsi dire, à la nécrose des os maxillaires d'origine phosphorée. C'est la carie dite *pénétrante*. D'après M. Magitot, cette nécrose a pour cause unique, pour *porte d'entrée invariable*, *exclusive*, cette variété de carie dentaire. Aussi M. Magitot voudrait-il qu'aucun ouvrier ne fût admis dans les fabriques d'allumettes chimiques ou de phosphore, sans un examen local préalable qui aurait établi que cet ouvrier est exempt de toute carie dentaire *pénétrante*. On pourrait tout au plus leur donner accès dans les fabriques après l'obturation ou l'extraction des dents ainsi affectées suivie de cicatrisation parfaite.

Au début de la *nécrose phosphorique*, on observe ordinairement des maux de dents, le gonflement de la mâchoire et la tuméfaction de la joue. Au bout d'un temps plus ou moins long, les dents tombent, et l'on ne tarde pas à constater les caractères de la nécrose. Cette affection se termine assez souvent par la mort. Les individus qui en sont atteints, s'ils ne succombent pas, restent affligés de difformités et d'infirmités incurables.

Ces difformités ont été décrites avec soin par M. le docteur Broca, dans un rapport à l'Académie de médecine.

« La difformité que laisse après elle la nécrose phosphorique, lorsqu'elle est un peu étendue, dit M. Broca, compromet pour toujours la mastication et l'articulation des sons. En effet, la régénération est toujours fort incomplète; elle manque presque entièrement sur le maxillaire supérieur; sur le maxillaire inférieur, elle donne lieu à un os nouveau privé de dents, offrant peu de surface, et qui, décrivant une courbe moindre que l'os ancien, ne répond plus à l'arcade dentaire supérieure dans les mouvements de la mastication. Il en résulte encore, lorsque la nécrose a frappé la partie moyenne du corps de ces os, que la saillie du menton disparaît presque complètement; souvent il reste, en outre, une tuméfaction considérable qui occupe le niveau des branches de la mâchoire, et qui est due à l'engorgement chronique des parties molles et surtout au volume considérable de la partie correspondante de l'os nouveau, double circonstance qui donne au malade une physionomie étrange et caractéristique. »

La fâcheuse influence que le maniement habituel du phosphore exerce sur la santé des ouvriers, ne saurait, d'ailleurs, être mise en doute.

On ne peut rapporter qu'à la continuelle inspiration des vapeurs phosphorées la cause des accidents et des maladies que l'on observe si souvent dans les fabriques d'allumettes chimiques. Pour revêtir ces allumettes de la pâte phosphorée qui doit garnir leur extrémité, il faut liquéfier cette pâte par la chaleur ; or, par l'action de la chaleur, le phosphore liquide se réduit nécessairement en vapeurs. L'atmosphère des ateliers se trouve ainsi chargée d'une certaine quantité de phosphore, en quantité d'autant plus grande que les moyens de ventilation sont moins actifs. Il est certain que l'atmosphère des ateliers où sont confectionnées les allumettes chimiques, contient habituellement des vapeurs de phosphore, car on est saisi, dès qu'on y entre, par une odeur alliacée propre à la vapeur de ce corps, et l'on aperçoit dans l'air un nuage blanc, plus ou moins intense, qui ne tarde pas à provoquer la toux. Ces vapeurs blanches sont formées d'acide hypophosphorique, composé qui résulte de la combustion lente du phosphore à l'air. D'autre part, il est bien constaté que, dans l'obscurité, l'haleine des ouvriers employés au travail des allumettes ainsi que les urines des mêmes ouvriers, sont lumineuses dans l'obscurité. L'absorption du phosphore en nature et en vapeurs est ici bien manifeste, car le phosphore est la seule matière à laquelle on puisse rapporter un tel effet.

On a prétendu, en outre, que le phosphore exerce une action nuisible sur la fonction de reproduction, de sorte que les femmes attachées à ce travail seraient sujettes à l'avortement.

Hâtons-nous d'ajouter que cette action désastreuse est loin d'être prouvée. Il est dit dans un rapport de M. Poggiale, à l'Académie de médecine, « que de nouvelles observations sont nécessaires pour admettre que le phosphore produise cet effet. »

Quoi qu'il en soit de cette dernière remarque, l'influence funeste que la manipulation habituelle du phosphore, soit dans les fabriques de ce produit, soit dans les fabriques d'allumettes, exerce sur la santé des ouvriers, ne saurait être mise en doute. La *nécrose phosphorique*, c'est-à-dire la destruction de l'os maxillaire supérieur est, malheureusement, une réalité incontestable, et qui justifie suffisamment le reproche d'insalubrité que l'on formule généralement contre la fabrication des allumettes à base de phosphore blanc.

Les maladies auxquelles sont sujets les ouvriers employés dans les fabriques d'allumettes, ont été étudiées avec beaucoup de soin par un médecin de Metz, M. Géhin.

Dans un rapport fait en 1860, par M. Géhin, au *Conseil central d'hygiène et de salubrité de Metz*, sur la fabrication des allumettes chimiques dans le département de la Moselle, on trouve des renseignements intéressants sur les affections que provoque chez les ouvriers le maniement du phosphore.

L'opération qui demande le plus d'ouvriers, dit M. Géhin, est la *mise en châssis* des allumettes. On emploie ordinairement des femmes et des enfants pour la mise en châssis.

Le soufre se fond à feu nu, dans un vase de fonte, chauffé à + 125 degrés. A cette température, le soufre produit déjà des vapeurs, mais ces vapeurs ne sont pas pernicieuses. Cependant, il est assez difficile de conserver une température constante, et le soufre s'enflamme quelquefois, ce qui détermine la formation d'acide sulfureux, lequel n'est pas sans nuire à la santé des ouvriers.

Les ouvriers qui travaillent à la préparation de la pâte phosphorée, au *trempage* ou au *chimiquage* et à la *mise en châssis*, ainsi les ouvrières qui démontent les châssis pleins d'allumettes, sont seuls exposés à contracter l'affection funeste connue sous la dénomination de *nécrose*, qui est occasionnée par le phosphore. Les vapeurs dégagées par le phosphore et par les pâtes phosphorées ont une intensité qui croît avec la température du

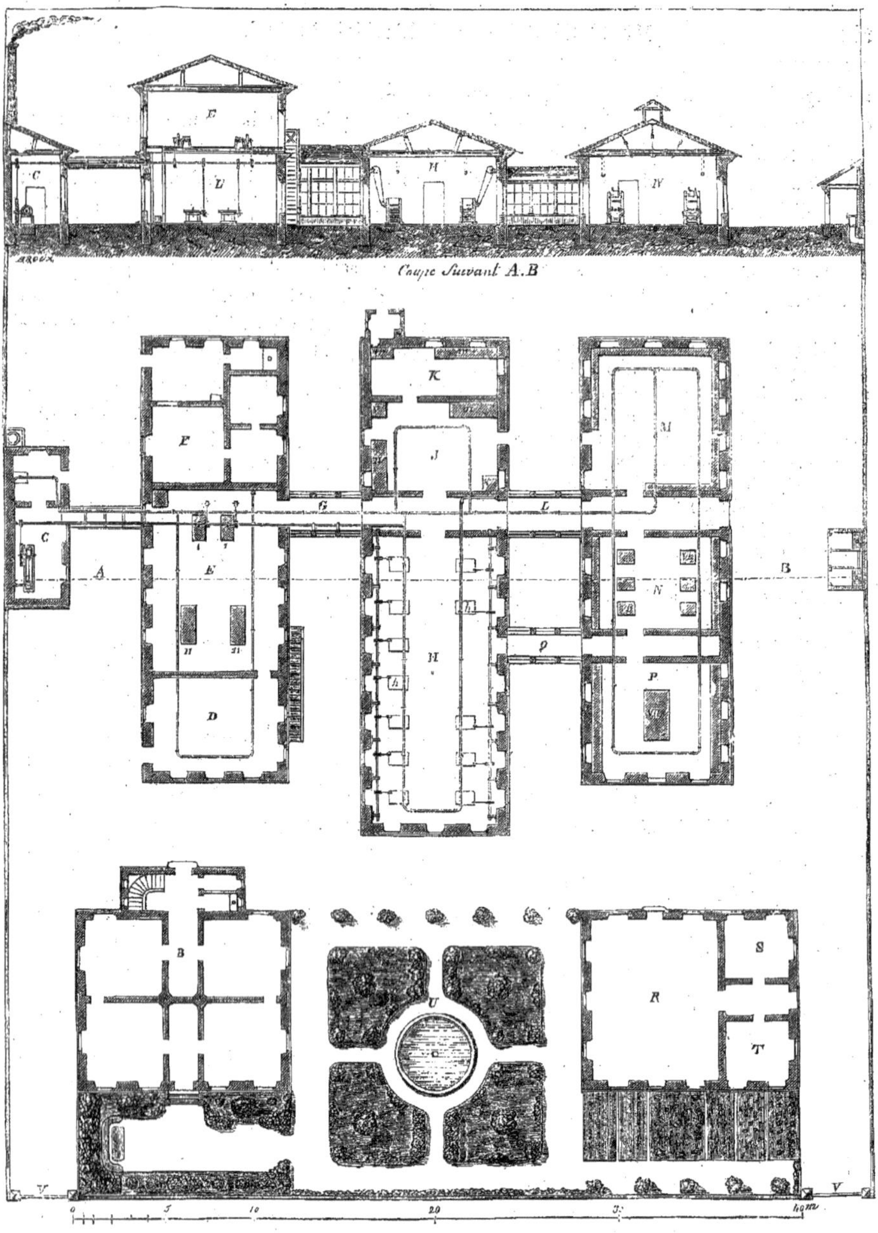

Fig. 258. — Plan d'une fabrique d'allumettes chimiques pour la fabrication mécanique de M. Otmar Walch.

B. Habitation du directeur. — C. Machine à vapeur. — D. Atelier pour faire les caisses. — E. Atelier pour les scies circulaires et les machines à botteler (I, scie circulaire ; II, machine à botteler ; III, ascenseur). — F. Maison d'habitation pour le contre-maître. — G. Couloir pour aller à la mise en presse. — H. Atelier de la mise en presse. — J. Trempage ; IV, bassin à soufrer ; V, plateau à chimiquer. — K. Laboratoire. — L. Couloir conduisant au séchoir et au dégarnissage. — M. Séchoir. — N. Dégarnissage VI. — P. Remplissage ; VII, machine à mesurer les allumettes et à remplir les boîtes. — Q. Couloir par lequel retourne le matériel (cadres et plaquettes) devant servir de nouveau à la mise en presse. — R. Magasin d'emballage. — S. Comptoir. — T. Magasin pour divers articles. — U. Terrains à utiliser pour mettre les bois en chantier. — V, V'. Entrée et sortie.

mélange. L'acide hypophosphorique altère donc plus ou moins l'atmosphère des ateliers où l'on manie le phosphore et les pâtes et ceux dans lesquels on démonte les châssis garnis d'allumettes.

Les accidents qui surviennent dans ces circonstances ont été caractérisés par le docteur de Langenhagen de la manière suivante :

« J'ai quelquefois occasion d'observer dans ma pratique particulière, ou en visitant les ateliers, les altérations suivantes : peu de mâchoires parfaitement saines (2 sur 12), les dents qui les garnissent, surtout les incisives inférieures, sont caractérisées par la présence simultanée de deux teintes bien distinctes, séparées par un sillon : l'une supérieure, blanche, accuse l'intégrité de l'émail ; l'autre inférieure, d'un jaune mat et d'aspect légèrement rugueux, témoigne, au contraire, de sa destruction. Les gencives sont gonflées, facilement saignantes, et détruites en partie là où, à l'état normal, elles chaussent encore les dents avant leur implantation dans l'alvéole : les caractères sont tellement constants et identiques chez chaque sujet, qu'ils sont pathognomoniques de la profession qui y donne lieu.

Les maladies auxquelles sont exposés les ouvriers *chimiqueurs*, sont considérablement diminuées par les interruptions que cause le travail des *monteurs de châssis*. Pendant ces moments de repos, les ouvriers peuvent sortir pour prendre l'air et se mettre à l'abri des émanations phosphoreuses. D'ailleurs, le *chimiquage* cesse au moins deux heures avant les autres travaux, parce que les châssis pleins d'allumettes ne doivent pas séjourner dans l'étuve pendant la nuit, et l'on cesse de les y mettre assez longtemps avant la fin du jour.

Ainsi les *étuveurs* et les *metteurs en boîtes* travaillent plus longtemps que les autres ouvriers, et la température qu'ils supportent est assez élevée ; c'est pour cela qu'ils sont plus exposés aux nécroses.

Le troisième reproche que nous avons énoncé, c'est-à-dire le danger des allumettes chimiques relativement à l'incendie, a moins de gravité. Les accidents auxquels exposent les allumettes chimiques imprudemment maniées, les incendies occasionnés par des enfants qu'on a laissés jouer avec ces allumettes, sont assurément des inconvénients graves ; mais c'est là un danger prévu, à peu près inévitable et qui résulte des propriétés mêmes de l'objet. Cet admirable avantage que présente l'allumette chimique de nous fournir instantanément du feu, qualité qui a été si longtemps désirée par les consommateurs, doit nécessairement devenir périlleuse dans quelques circonstances. Il n'est aucun moyen absolu d'éviter un tel inconvénient, et il serait aussi puéril de souhaiter des allumettes n'exposant à aucune chance d'incendie, que de demander aux instruments tranchants et aux armes à feu de ne point blesser, ou de ne blesser que dans tel ou tel cas. Le reproche relatif aux chances d'incendie nous paraît donc beaucoup moins grave que celui qui se rapporte à leur propriété vénéneuse.

Il est évident que le seul moyen d'atténuer les dangers des allumettes chimiques, serait d'en bannir entièrement le phosphore, ou, tout au moins, de faire usage du phosphore rouge, ou amorphe, qui est exempt de toutes propriétés toxiques. C'est ce qu'ont tenté divers fabricants. Mais le succès n'a pas malheureusement été à la hauteur de leurs vues humanitaires. Nous consacrerons le dernier chapitre de cette Notice à décrire la fabrication des allumettes dites *hygiéniques*, dans lesquelles le phosphore rouge, ou amorphe, remplace le phosphore ordinaire.

CHAPITRE X

LES ALLUMETTES HYGIÉNIQUES. — LES ALLUMETTES SUÉDOISES ET LES ALLUMETTES SANS PHOSPHORE NI POISON DE M. CANOUIL. — AUTRES ALLUMETTES HYGIÉNIQUES.

Les nombreux produits qui ont été présentés au public, depuis l'invention de l'allumette chimique, comme propres à diminuer les dangers inhérents à ces allumettes, peuvent être classés comme il suit :

1° La très-ingénieuse disposition imaginée par un fabricant suédois, M. Lundström, qui consiste à étaler du phosphore rouge sur une surface à part et à composer l'allumette de substances combustibles, mais exemptes de phosphore, ce qui diminue très-notablement les chances d'incendie.

2° Les allumettes *androgynes*, modification, sans importance, de la méthode suédoise.

3° Les allumettes sans phosphore, solution théorique la plus rationnelle du problème qui nous occupe. Déjà tentée, mais sans succès pratique, par Mme Merkel, la fabrication des allumettes sans phosphore a été amenée à un degré avancé de perfection par M. Canouil, qui a désigné ce nouveau produit sous le nom d'*allumettes sans phosphore ni poison.*

Allumettes suédoises, ou au phosphore rouge. —La découverte du phosphore rouge, ou *amorphe*, c'est-à-dire *incristallisable*, est une des plus intéressantes et assurément des plus utiles que l'on ait vues s'accomplir à notre époque. Elle est due, comme nous l'avons dit dans l'histoire chimique du phosphore, à E. Kopp, de Strasbourg, et à Schrötter, de Vienne. Si l'on expose pendant quelques jours le phosphore ordinaire à + 260° environ, le phosphore subit, par cette seule action du calorique, une modification si complète, qu'il constitue véritablement alors un corps très-différent du phosphore ordinaire. Il est moins inflammable que ce dernier, et n'est nullement vénéneux.

Peu de temps après la découverte de Schrötter, un fabricant de Vienne, J. Preshel, substitua, dans la composition des allumettes chimiques, le phosphore rouge au phosphore blanc. Ce fabricant composa des allumettes avec un mélange de chlorate de potasse et de phosphore rouge. Malheureusement, la combustibilité extraordinaire du chlorate de potasse entraîne d'immenses dangers quand on mélange ce sel à un produit aussi inflammable que le phosphore. Aussi la préparation de ce mélange dans les fabriques était-elle une cause continuelle de dangers ; en outre ces allumettes ne brûlaient qu'avec explosion. Ce double inconvénient força à proscrire, dès leur apparition, ce nouveau genre d'allumettes. Peut-être aurait-on réussi, dès cette époque, si l'on eût remplacé, comme on le fit plus tard, le chlorate de potasse par une substance moins combustible, telle que le nitre, le sulfure d'antimoine, etc.

C'est d'après ces premiers insuccès dans l'emploi du phosphore rouge, que M. Lundström, de Jonkoping, en Suède, eut l'ingénieuse idée de séparer le phosphore rouge de la pâte inflammable, et de composer, qu'on nous passe l'expression, une allumette en partie double, en étalant le phosphore rouge sur une surface à part, destinée à servir au frottement, tandis que la pâte de l'allumette ne contenait que du chlorate de potasse et quelques autres substances combustibles.

La pâte de ces allumettes était formée de :

5	parties	de chlorate de potasse.
2	—	de sulfure d'antimoine.
1	—	de colle.

Cette élégante solution du problème trouvée par le fabricant suédois, réunit trois espèces d'avantages. En faisant usage du phosphore rouge, on se met à l'abri de toute cause d'empoisonnement. En second lieu, la disposition qui consiste à séparer le phosphore de l'allumette proprement dite, rend les incendies, non pas impossibles, mais infiniment plus difficiles qu'autrefois. L'emploi du phosphore rouge a ce troisième avantage de ne pas exposer les ouvriers employés au travail des allumettes aux maladies qui résultent de la manipulation habituelle du phosphore blanc. Et voici l'explication de cette dernière particularité. Comme nous l'avons dit, les accidents auxquels les ouvriers sont exposés en préparant la pâte des allumettes à phosphore blanc, tiennent à la volatilité de ce corps, qui, se réduisant en vapeurs dans les ateliers, charge l'atmosphère de ces émanations phosphorées dont l'influence est si nuisible. Mais le phosphore rouge n'est point volatil, ou du moins est bien moins volatil que le phosphore blanc. Il en résulte que dans la préparation des allumettes à base de phosphore rouge, l'air des ateliers n'est point rempli de vapeurs phosphorées insalubres, et ne peut, par conséquent, exercer aucune action fâcheuse sur la santé des ouvriers.

La méthode de M. Lundström devint en France, en 1856, par l'acquisition du brevet de ce fabricant, la propriété exclusive de MM. Coignet frères, qui en eurent le monopole privilégié. Leur fabrication a pourtant cessé, aujourd'hui. Les allumettes hygiéniques que l'on vend maintenant en France, bien entendu avec l'autorisation de la Compagnie concessionnaire du privilége de l'État, arrivent de Suède, et reçoivent l'estampille de cette Compagnie.

Ce système d'allumettes est évidemment excellent. Les consommateurs lui reprochent l'indispensable nécessité d'un frottoir spécial, qui fait qu'elles ne peuvent s'enflammer que sur la surface préparée à cet effet; mais précisément c'est là que réside leur avantage.

On emploie encore, pour les frottoirs d'allumettes suédoises, un mélange de phosphore amorphe, de pyrite de fer et de sulfure d'antimoine, à parties égales.

Voici, d'ailleurs, les recettes des compositions les plus usitées pour fabriquer les allumettes et les plaques de frottement.

DÉSIGNATION des MATIÈRES	ALLUMETTES			
	DE FRANCIS MAY	DE MEUNON I	DE MEUNON II	DE LUNDSTROM
Chlorate de potasse	6	2	1	5
Sulfure d'antimoine	2	—	—	2
Soufre	—	—	1	—
Charbon	—	1	—	—
Terre d'ombre	—	1	1	—
Gélatine	1	—	—	1

FROTTOIRS		
DE FRANCIS MAY	DE MEUNON	DE LUNDSTROM
10 de phosphore rouge, 8 de sulfure d'antimoine et gélatine.	Phosphore et gélatine.	Phosphore, sulfure d'antimoine et gélatine.

Les proportions suivantes ont été indiquées par Hierpe.

1° Pour les allumettes :

Chlorate de potasse	4 à 6 p.	4 à 6 p.
Bichromate de potasse	2	2
Bioxyde de plomb ou de manganèse	»	2
Oxyde de fer	2	»
Gélatine	3	3

2° Pour les frottoirs :

Bichromate de potasse	2 à 4 p.
Sulfure d'antimoine	2
Oxyde de fer	4 à 6 p.
Verre pulvérisé	2
Gélatine	2 à 3 p.

D'autres préparations sont employées pour les allumettes au phosphore rouge par B. Forster et Wara, de Vienne. Le phosphore est mélangé à la pâte inflammable; le bout du bois qui est recouvert prend feu par le frottement sur une surface quelconque. Bien qu'elles renferment du chlorate de potasse, ces allumettes s'enflamment sans bruit.

Allumettes androgynes. — Les inventeurs de l'allumette *androgyne* s'étaient proposé de parer à l'inconvénient que présente, au point de vue des habitudes du public, la séparation du frottoir et de la pâte inflammable. Voulant « produire du feu en tous lieux, sans le secours d'aucun accessoire, » MM. Bombes-Devilliers et Dalemagne imaginèrent d'appliquer le phosphore amorphe à l'une des extrémités de l'allumette, et la pâte inflammable à l'autre extrémité. Pour avoir du feu, il fallait rompre cette allumette vers les deux tiers de sa longueur, de manière que le morceau le plus court fût celui qui était garni de phosphore, d'en rapprocher les deux extrémités et de les frotter l'une contre l'autre. C'est Jobard qui baptisa ces allumettes du nom d'*androgynes*, voulant dire par là, « qu'elles sont capables de se féconder elles-mêmes. » On aurait pu trouver une qualification plus juste. Le nom d'*allumettes Bias*, c'est-à-dire qui portent tout avec elles, valait mieux.

La pâte inflammable était ainsi composée :

2 parties de chlorate de potasse,
1 partie de charbon pulvérisé,
1 partie de terre d'ombre et de colle de peau.

Les *allumettes androgynes* présentaient, sous le rapport de l'hygiène, les mêmes avantages que les allumettes suédoises. En effet, c'est le phosphore rouge qui entrait dans leur composition, et il va sans dire que tous les avantages propres au phosphore rouge, tant pour le consommateur que pour l'ouvrier employé à leur fabrication, se retrouvaient dans cette disposition spéciale. Elles présentaient moins de sécurité sous le rapport des chances d'incendies que les allumettes suédoises. Un danger certain serait résulté, en effet, du contact et du frottement de plusieurs allumettes mises en sens inverse dans une boîte ou en paquet : des allumettes ou des paquets placés bout à bout, phosphore contre phosphore, ou pâte contre pâte, auraient pu s'enflammer par le frottement.

MM. Bombes-Devilliers et Dalemagne, à qui l'on doit l'idée de ce système, ont renoncé à l'exploitation privilégiée que leur assurait leur prise de brevet; ils ont déclaré en abandonner à chacun la libre fabrication. Mais personne n'a profité de la licence.

Allumettes sans phosphore. — Il devient évident, d'après ce qui précède, que le problème de la fabrication d'allumettes inoffensives, en ce qui concerne au moins l'action toxique, ne pouvait être résolu que par l'entière suppression du phosphore, blanc ou rouge, dans la composition des allumettes. Cette solution radicale du problème fut réalisée en 1857, par un fabricant, M. Canouil, qui réussit à préparer d'excellents produits sans faire aucun emploi du phosphore. D'après un rapport de M. Poggiale à l'Académie de médecine, on aurait avant M. Canouil essayé, dans les ateliers de madame Merckel, à Paris, de préparer des allumettes à friction, entièrement exemptes de phosphore. On les désignait alors sous le nom d'*allumettes Congrèves* ou *électriques ;* mais cette tentative n'aurait pas eu de suites sérieuses.

« Avant l'emploi du phosphore, dit M. Poggiale, on préparait, à Paris, des allumettes à friction, d'après la formule suivante due à madame Merckel :

42 parties de chlorate de potasse ;

78 parties de sulfure d'antimoine ;
4 — de gomme arabique ;
4 — de gomme adragante.

« Mais ces allumettes exigeaient, pour prendre feu, un frottement tellement énergique, qu'on dut renoncer à leur emploi. D'ailleurs, la manipulation de grandes quantités de chlorate de potasse donnait lieu à des explosions violentes ; ce qui a fait dire à madame Merckel, dans un mémoire publié en 1858, que le danger du maniement du chlorate de potasse est tel, que beaucoup d'industriels cesseraient probablement leur fabrication plutôt que de revenir à l'emploi de ce sel. »

M. Canouil, frappé des inconvénients que présentent les allumettes chimiques au phosphore blanc, prépara, en 1857, des allumettes dites *sans phosphore ni poison.* La pâte inflammable contenait :

10 parties de dextrine en gomme ;
75 — de chlorate de potasse ;
35 — de bioxyde de plomb ;
35 — de pyrite de fer ou sulfure d'antimoine.

Plus tard, l'inventeur introduisit dans la pâte, et en proportions variables, du bichlorate de potasse, du cyanure de plomb, du cyanure jaune de potassium et de fer, du minium, etc.

Nous laisserons à M. Poggiale le soin de juger et d'apprécier les qualités absolues et comparatives de cette dernière catégorie d'allumettes chimiques. Sur ce dernier point, M. Poggiale s'exprime en ces termes, dans son rapport :

« Les allumettes sans phosphore ne prennent feu que par une friction vive et suffisamment prolongée. C'est un avantage, suivant les uns, et un inconvénient, suivant les autres. D'après l'inventeur, on évite ainsi les chances d'incendie, puisqu'il faut une volonté forte et la main d'un adulte pour faire brûler ces allumettes. Pour les fabricants d'allumettes au phosphore, ce prétendu avantage ne sera pas accepté par les consommateurs, qui n'y verront qu'une infériorité réelle. Ceux-ci exigent, en effet, des allumettes qui fournissent du feu et de la lumière par le plus léger frottement, sans se préoccuper des chances d'incendies et des accidents causés par les enfants. Si la production de la lumière présente quelques difficultés, cet inconvénient est compensé par de nombreux avantages. Il serait donc à désirer que le public renonçât aux allumettes dont l'inflammation est trop prompte.

« Ces allumettes s'enflamment plus facilement sur une plaque de verre dépoli ; aussi M. Canouil a-t-il recommandé l'emploi de ce frottoir spécial. Leur inflammation a lieu sans détonation. Cependant, nous avons remarqué quelquefois une déflagration et des projections de petites masses incandescentes, qui seraient très-dangereuses si on les recevait dans les yeux.

« Les allumettes préparées par la compagnie de Lyon ne contiennent aucune substance réellement toxique, et ne peuvent pas être une cause d'accidents et de crimes. C'est un avantage immense que nous ne saurions assez recommander. Ces allumettes ne renferment ni phosphore blanc ni phosphore rouge, et si elles sont encore susceptibles de perfectionnements, leur composition prouve au moins que le phosphore n'est pas indispensable. C'est là un grand progrès accompli dans l'industrie des allumettes chimiques. Le phosphore rouge n'est pas délétère, il est vrai ; il ne produit pas la carie des os maxillaires ; mais la préparation du phosphore et sa transformation en phosphore rouge offrent quelques dangers. Si l'on pouvait éliminer le phosphore blanc ou amorphe de la fabrication des allumettes, ce serait un bienfait, puisqu'on supprimerait en même temps les inconvénients qui sont inhérents à sa fabrication. »

On a fabriqué d'autres allumettes sans phosphore et qui n'exigent pas un frottoir phosphoré. Telles sont celles qui proviennent de la fabrique de Kummer et Günther, en Saxe. La pâte est ainsi composée :

Chlorate de potasse.........	8 parties.
Sulfure gris d'antimoine....	8 —
Minium oxydé..............	8 —
Gomme du Sénégal.........	1 —

Ce qu'on appelle ici *minium oxydé* est un mélange d'azotate de plomb, de peroxyde de plomb et de minium non décomposé.

D'après Jettel, de Gliewitz, une bonne pâte inflammable serait la suivante, dont nous reproduisons trois variantes :

Chlorate de potasse...	4	7	3	8
Soufre	1	1	—	—
Bichromate de potasse.	0,4	2	—	0,5
Sulfure d'antimoine...	—	—	—	8
Sulfure d'or..........	—	—	0,25	—
Nitrate de plomb.....	—	2	—	3

On a encore proposé, dans ces derniers temps, l'hyposulfite de cuivre et de sodium pour composer une pâte sans phosphore.

Des pâtes où l'on voit intervenir l'hyposulfite de plomb, ont été indiquées par Wiederhold. Voici leur composition :

DÉSIGNATION DES MATIÈRES	I	II	III	IV	V
Chlorate de potasse	10	7	10	10	10
Hyposulfite de plomb	7	7	3	5	7
Bioxyde de plomb	—	—	—	—	2
Sulfure d'antimoine		3	7	5	3
Gomme	2	1,5	2	2	2
Température à laquelle se produit l'inflammation	162° à 180°	142° à 168°	193° à 170°	186° à 197°	»

Ces compositions sont considérées comme valant les meilleures allumettes, surtout celles II, III et IV, tant sous le rapport de leur conservation que sous celui de leur inflammabilité.

D'autres pâtes sans phosphore, capables de s'allumer sur une surface rugueuse, par frottement, ont les compositions suivantes.

DÉSIGNATION des MATIÈRES	LUZ		CANOUIL		VANDAUX LE PTAIGNON	M. MERCKEL	C. LIEBIG	KUMMER ET GUNTHER C.	HOCHSTADTER
	FORMULE ancienne	FORMULE nouvelle	1857	FORMULE plus récente					
Sulfure d'antimoine	230	80	—	—	20[a]	76	3	8	35[a]
— de fer	—	—	35	—	—	—	—	—	—
Soufre	—	—	—	—	—	—	—	—	—
Cyanoferrure de potassium	—	—	—	—	5	—	—	—	—
Chlorate de potasse	225	80	75	5	90	42	16	7,5	14
Bichromate de potasse	5	5	—	2	43	—	1	—	4
Nitrate de plomb	75	30	—	—	—	—	—	1,3	—
Minium	—	—	—	—	20	—	10	—	—
Bioxyde de plomb	—	—	35	—	25	—	—	7	9
Nitromanite	—	—	—	—	—	—	8	—	—
Sable	90	50	—	—	—	—	—	—	6[b]
Verre pulvérisé	—	—	—	3	15	—	4	1	4
Gomme arabique	30	10	—	2	15	4	5	—	—
— adragante	—	—	—	—	—	5	—	—	—
Dextrine	—	—	10	—	—	—	—	—	—

[a] Oxysulfure d'antimoine. — [b] Pierre ponce.

Les dangers d'empoisonnement et d'incendie sont beaucoup moins à craindre avec les allumettes sans phosphore. Il est une autre considération, en faveur des allumettes sans phosphore. Ce corps entre dans la composition des os des animaux ; par conséquent, il est emprunté au sol. En consumant le phosphore, on prive donc l'agriculture de l'un de ses principes les plus utiles. A ce titre, on ne saurait trop éviter de faire entrer le phosphore dans la composition des allumettes.

Malheureusement, la faveur publique n'a pas sanctionné les allumettes sans phosphore. Les allumettes *sans phosphore ni poison*, de M. Canouil, n'ont obtenu aucun succès. Les allumettes de Saxe sont inconnues en France. Seules de toutes les *allumettes hygiéniques*, les allumettes suédoises existent sur nos marchés. Comme nous l'avons dit, elles sont expédiées de Suède, et se vendent sous l'égide et l'étiquette de la compagnie qui monopolise la fabrication des allumettes chimiques, en France, aux termes de la loi de 1871.

Cependant l'allumette suédoise ne figure que pour une infime proportion dans l'industrie générale des allumettes. L'allumette à base de phosphore blanc, celle que tous les hygiénistes ont condamnée d'une voix unanime, pour ses triples vices d'empoisonneuse, d'incendiaire et de meurtrière à la santé des ouvriers, brille à peu près seule sur le marché public.

Il n'y a guère que les grands logiciens qui tiennent bon pour les allumettes au phosphore rouge étalé sur un frottoir séparé (allumettes suédoises). Il n'en entre pas d'autres chez moi. Cela ne fait peut-être pas le bonheur de mon cordon-bleu ; mais je suis assuré qu'une poignée d'allumettes peut tomber accidentellement dans ma fontaine ou dans ma cafetière, sans m'empoisonner ; je sais que le feu ne prendra pas à ma maison, par le fait d'une allumette vagabonde, et cela me console des doléances de ma cuisinière, qui gémit « des manies de Monsieur. »

Cependant ma philosophie est tolérante. Je suis loin de blâmer l'immense majorité du public qui n'admet et ne comprend que l'allumette chimique ordinaire. Les avantages de cette allumette sont si évidents, elle répond à tant de besoins de la vie qu'il est tout naturel que l'on ferme les yeux sur ses défauts. Rien n'est parfait dans l'ordre moral ni dans l'ordre matériel ; l'industrie ne saurait prétendre, non plus, à la perfection. Il faut donc remercier l'allumette chimique des services qu'elle nous rend, en acceptant les quelques fâcheuses conséquences qu'elle entraîne. Admirons la médaille, sans regarder à son triste revers !

FIN DE L'INDUSTRIE DU PHOSPHORE ET DES ALLUMETTES CHIMIQUES

INDUSTRIE

DU FROID ARTIFICIEL

CHAPITRE PREMIER

IMPORTANCE DE LA DÉCOUVERTE DES APPAREILS RÉFRIGÉRANTS. — HISTOIRE DES TENTATIVES FAITES DEPUIS LE XVIIe SIÈCLE, JUSQU'A NOS JOURS, POUR PRODUIRE ARTIFICIELLEMENT DE LA GLACE. — LA GLACE ET LA NEIGE CHEZ LES ROMAINS. — GOUT DES ROMAINS POUR LES BOISSONS FRAICHES. — LA PRODUCTION ARTIFICIELLE DE LA GLACE EN ASIE. — ESSAIS DE LAHIRE AU XVIIe SIÈCLE. — EXPÉRIENCES DE CULLEN ET DE NAIRNE. — EXPÉRIENCE DE LESLIE. — EXPÉRIENCE DE FARADAY AVEC LE GAZ AMMONIAC LIQUÉFIÉ. — MACHINE DE WIDHAUSEN POUR LA PRODUCTION DU FROID PAR L'EXPANSION DE L'AIR COMPRIMÉ. — MACHINE A ÉTHER DE HARISSON. — APPAREILS DE M. FERDINAND CARRÉ. — APPAREIL DE M. EDMOND CARRÉ POUR LA PRODUCTION DE LA GLACE PAR L'EXPÉRIENCE DE LESLIE RENDUE INDUSTRIELLE.

De l'art de produire le feu rapidement et à bon marché, c'est-à-dire de l'allumette chimique, nous passons à l'art de produire le froid avec économie, c'est-à-dire aux *appareils réfrigérants*, dont l'industrie s'est enrichie pendant notre siècle.

Si l'application raisonnée de la chaleur est la base de l'industrie moderne, puisque la machine à vapeur est le principal moteur de nos usines, les applications du froid ont également une grande importance. L'auteur d'un rapport au jury de l'Exposition de Londres de 1862, a dit que l'invention des appareils réfrigérants de M. Ferdinand Carré est comparable à la découverte de Newcomen et de Watt, c'est-à-dire à l'invention de la machine à vapeur. C'est aller un peu loin. Ce qui est certain seulement, c'est que l'appareil de M. Ferdinand Carré est venu apporter à l'industrie des nations un agent nouveau, à peine soupçonné jusque-là. La production du froid ne fut longtemps envisagée qu'au point de vue de l'agrément ; on n'y voyait que le moyen de produire des boissons glacées agréables et hygiéniques. L'appareil de M. Ferdinand Carré, en nous donnant subitement la faculté de produire en quelques heures des milliers de kilogrammes de glace, avec une dépense modique, est venu mettre aux mains de l'industrie des ressources presque sans bornes, dans un champ naguère inculte ou ignoré. Quand une force nouvelle, scientifique, industrielle ou sociale, est créée, on ne peut d'avance en assigner les bornes, ni en prédire l'extension. Déjà le froid artificiel a opéré les changements les plus utiles dans des industries importantes, telles que les brasseries, la production du sulfate de soude dans les eaux mères des marais salants du midi de la France, le transport des substances alimentaires, la conservation des viandes et du poisson, le rafraîchissement de l'air des lieux habités, et une série d'autres applications qui trouveront place dans cette Notice. Ce sont là des résultats acquis, patents, et l'on ne saurait se tromper en assurant que les applications du froid artificiel à l'industrie, au commerce, qui seront faites dans l'avenir, dépasseront de beaucoup en importance celles que nous voyons réalisées de nos jours.

L'art de produire artificiellement le froid et d'appliquer les basses températures aux opérations de l'industrie, est tout moderne. Il a eu pour point de départ la célèbre expérience de Leslie faite en 1811, pour la congélation de l'eau dans le vide de la machine pneumatique, et de celle de Faraday, faite en 1823, du froid produit par la vaporisation de l'ammoniaque liquéfiée. Cependant les tentatives que le succès a couronnées de nos jours avaient été précédées d'un certain nombre d'essais d'une certaine valeur. Il importe de consigner, dans un rapide, historique, ces travaux préliminaires.

C'est le désir de se procurer pendant l'été des boissons fraîches, qui a conduit à chercher les moyens de produire le froid artificiel. Les peuples qui vivaient dans les climats chauds furent les promoteurs de ces premiers efforts. Les Romains, grands amateurs de boissons glacées, construisaient des glacières souterraines, dans lesquelles ils conservaient la neige tirée des Apennins. Des convois voyageant la nuit, portaient à Rome, dans des chariots enveloppés de paille, la neige des Apennins. On recherchait particulièrement la neige ramassée sur les montagnes de la Sicile, autour de l'Etna. Les raffinés de Rome attachaient une idée superstitieuse à la neige recueillie non loin du cratère où bouillonnait la lave du volcan.

La neige était débitée à Rome par les prêtres du temple de Vulcain. Les prélats chrétiens héritèrent de cet apanage. A la fin du siècle dernier, l'évêque de Catane tirait encore un revenu de vingt mille francs d'un amas de neige qu'il faisait recueillir sur une partie de la montagne de l'Etna, qui formait son domaine.

L'*eau de neige*, c'est-à-dire l'eau provenant de la fusion de la neige, était la boisson froide la plus estimée des Romains. Par un goût qui nous paraît étrange, mais que partagent les Chinois et beaucoup de peuples de l'Orient, ils parfumaient la neige avec l'*assa fetida*, et en composaient des sorbets, qui leur semblaient délicieux.

L'art de fabriquer les glaces sucrées fut introduit en France en 1660, par des Italiens, mais il est probable que cet art existait en Italie depuis un temps très-reculé. On lit, en effet, dans l'ouvrage du P. Kircher publié au XVIIe siècle, *Mundus subterraneus* (1), que c'était l'usage à Rome de rafraîchir les boissons en plaçant le vase qui les contenait dans de l'eau où l'on avait fait dissoudre du salpêtre. Comme cette pratique n'était pas nouvelle au temps de Kircher, il est à croire qu'elle remontait à une date fort ancienne.

Quoi qu'il en soit, ce fut le Florentin Procopio Cultelli qui fit, le premier, goûter à Louis XIV les douceurs attrayantes de la glace parfumée et sucrée. Procopio Cultelli fonda à Paris, en 1660, un café, qui prit son nom, et tout ce que Paris renfermait d'élégants se donna rendez-vous au *cafe Procope*, qui conserva pendant deux cents ans sa renommée et sa clientèle.

En Orient, particulièrement au Bengale, on a produit, de temps immémorial, de la glace, en utilisant le rayonnement nocturne, qui est très-considérable dans ce pays, en raison de l'extrême pureté de l'air, et de la promptitude excessive de l'évaporation de l'eau, due à une sécheresse constante. Les habitants du Bengale mettent la nuit, dans des vases plats, enveloppés à l'extérieur de

(1) Liber VI, *De nitro*.

corps mauvais conducteurs du calorique, une légère couche d'eau, qui finit par se recouvrir d'une pellicule de glace. On enlève cette pellicule à mesure qu'elle se produit, car la chaleur de l'air la ferait fondre presque aussitôt, et on l'enferme dans une glacière. Ce procédé, comme il sera dit plus loin, est encore mis en pratique, de nos jours, au Bengale.

La première tentative pour la production artificielle du froid sans aucun emploi de la glace, appartient au physicien français, Lahire, qui, en 1685, parvint à produire de la glace en enveloppant de sel ammoniac mouillé, une fiole pleine d'eau, déjà refroidie (1).

Un physicien anglais, le docteur Cullen, constata, en 1755, que l'on peut obtenir de la glace en plaçant l'eau dans le vide de la machine pneumatique. Un autre physicien anglais, Nairne, reconnut que la vapeur d'eau était rapidement absorbée, si l'on plaçait de l'acide sulfurique dans un vase près de l'eau enfermée sous la cloche de la machine pneumatique. Enfin, en 1811, le physicien Leslie, s'emparant de ces deux observations, fit l'expérience si remarquable, que tout le monde a vu répéter dans les cours de physique. En plaçant sous la cloche d'une machine pneumatique une petite soucoupe pleine d'eau, avec un large vase contenant de l'acide sulfurique, puis faisant le vide sous la cloche, Leslie provoquait, à froid, l'ébullition de l'eau. La rapidité de cette vaporisation était accélérée par l'acide sulfurique qui, absorbant les vapeurs d'eau à mesure de leur production, déterminait la congélation de l'eau.

Il y avait en germe, dans cette belle expérience, la production industrielle de la glace. Il fallut cependant un temps considérable pour réaliser l'application de ce fait en grand. Taylor et Martineau, qui l'essayèrent les premiers, en 1820, échouèrent complétement.

Vers 1823, le physicien anglais Faraday, dans la suite de ses magnifiques études sur les changements d'état des corps, constatait l'abaissement considérable de température provoqué par la vaporisation du gaz ammoniac liquéfié. En 1840, Thilorier étonnait le monde savant par ses admirables expériences sur la liquéfaction et la solidification de l'acide carbonique, et par les prodigieux abaissements de température qui résultaient de la vaporisation de l'acide carbonique solidifié.

L'application industrielle de ces faits à la production en grand de la glace artificielle, était, pour ainsi dire, dictée d'avance. Un constructeur français, Bourgeois, construisit des appareils dans lesquels il essayait de mettre à profit, pour fabriquer de la glace, l'abaissement de température produit par la vaporisation de l'éther, de l'ammoniaque et d'autres produits volatils. Les appareils de Bourgeois n'atteignirent pas le but proposé, mais il faut dire que ceux que l'on a construits de nos jours ont les mêmes bases sur lesquelles s'appuyait Bourgeois, c'est à-dire les expériences de Leslie et de Faraday.

Après les essais de Bourgeois, il faut citer ceux de M. Widhausen, de Brunswik. Ce physicien construisit, vers 1850, une pompe à air où s'opérait la compression puis l'expansion de ce fluide élastique. L'air, fortement comprimé, allait se dilater dans un cylindre métallique, et produisait, par cette détente, un abaissement considérable de température, que l'on utilisait pour produire la congélation de l'eau. La machine employait toujours le même air, qui se trouvait successivement comprimé, puis dilaté et revenait dans le corps de pompe, après avoir provoqué la formation de la glace dans le *congélateur*.

Les tentatives faites pour produire de la

(1) *Mémoires de l'Académie des sciences de Paris*, pour 1685.

glace par la volatilisation des corps ou par l'expansion de l'air comprimé, n'empêchaient pas de poursuivre le même but par un autre moyen. Les mélanges réfrigérants dont Lahire avait eu la première idée en 1685, fournissaient un moyen commode de produire de la glace sans glace. Depuis 1820 jusqu'à 1850, divers modèles de *glacière artificielle, glacière des ménages, glacière des familles, glacière italienne*, etc., furent lancés dans le commerce, avec ou sans brevet d'invention. Tous ces appareils, fondés sur le même principe, c'est-à-dire sur le froid que provoquent certains sels en se dissolvant dans l'eau, donnaient le moyen de se procurer assez facilement de la glace; mais leur rôle était borné: ils ne pouvaient guère servir, et ils ne servaient qu'à fournir quelques kilogrammes de glace ou à frapper de glace des boissons, des crèmes ou des sirops. C'étaient d'excellents ustensiles domestiques, mais non des appareils du domaine de la grande industrie.

En 1856, James Harrisson, de Victoria (Australie), obtint un brevet pour une machine à glace, dans laquelle le froid déterminé par l'évaporation de l'éther sulfurique, produisait la congélation de l'eau. Cette machine, perfectionnée par l'inventeur, ensuite par Siebe, figura à l'Exposition de Londres de 1862.

En 1857, les journaux américains parlèrent d'une fabrique de glace artificielle établie sur la rive du Coyhoga (États-Unis) et où l'on utilisait également la volatilisation de l'éther sulfurique.

Les journaux américains ne donnent pas le nom de l'inventeur. Ils décrivent seulement à peu près comme il suit, cet appareil, qui n'était sans doute qu'une imitation ou une contrefaçon de celui de James Harrisson.

On opérait dans un cylindre métallique rectangulaire, nommé *citerne*, qui était entouré, à l'extérieur, d'une épaisse couche de charbon, corps mauvais conducteur du calorique, pour préserver l'enceinte intérieure de la chaleur du dehors. Dans cette *citerne* étaient placées une suite de boîtes de fonte contenant 14 ou 15 kilogrammes d'eau. Entre ces boîtes était une rigole de fonte. On faisait le vide dans la *citerne*, au moyen d'une puissante machine pneumatique mise en action par une machine à vapeur. Quand le vide était établi, on faisait passer dans la rigole de fonte qui côtoyait l'extérieur des boîtes remplies d'eau, un courant d'éther sulfurique. Par la subite évaporation de l'éther dans le vide, l'eau se refroidissait rapidement et se convertissait en glace. L'opération ne durait pas plus d'une heure, et le thermomètre placé à l'intérieur de la citerne descendait jusqu'à — 9°.

La glace ainsi produite ne revenait, dit-on, qu'à 15 francs la tonne, ou 15 centimes le kilogramme.

C'est en 1856 que M. Ferdinand Carré, physicien de Paris, construisit son premier appareil réfrigérant. L'éther sulfurique était le liquide dont la vaporisation produisait le froid dans le premier appareil que M. Ferdinand Carré fit breveter en 1857. Deux ans après, il substitua l'ammoniaque à l'éther sulfurique. Portant rapidement ses appareils à un véritable degré de perfection, M. Ferdinand Carré fit construire, en 1860, par MM. Mignon et Rouart, sa splendide machine, qui sera toujours un objet d'étonnement et d'admiration, tant par les masses énormes de glace qu'elle peut produire, dans un espace de temps très-court, que par l'économie de l'opération.

M. Ferdinand Carré arriva à ce résultat, paradoxal en apparence, de produire de la glace en faisant brûler du charbon, et de produire d'autant plus de glace que l'on brûle davantage de charbon.

Outre le grand appareil pouvant produire des masses de glace et destiné aux usines, M. Ferdinand Carré construisit un appareil portatif, dans lequel on produit 1 kilogramme de glace en un quart d'heure en posant simplement sur un fourneau allumé la partie de l'appareil contenant la dissolution d'ammoniaque.

Après la grande invention de Ferdinand Carré, on vit apparaître quelques appareils à fabriquer de la glace fondés également sur le principe de la chaleur latente. Tels furent l'appareil de M. Ch. Tellier, où l'on fait usage de l'éther méthylique comme agent absorbant de chaleur latente, et celui de MM. Liénard et Hugot, où l'on se sert d'un mélange d'éther sulfurique et de sulfure de carbone.

Il semble que M. Ferdinand Carré ne pût trouver d'émule; il en rencontra un pourtant : c'était son frère.

M. Edmond Carré a construit, en 1866, un appareil très-curieux pour la production de la glace, ou plutôt pour frapper de glace les carafes d'eau. L'expérience de Leslie avait toujours paru devoir rester confinée dans les laboratoires de chimie. M. Edmond Carré parvint à la réaliser d'une manière tout à fait industrielle. Il fabriqua une petite machine pneumatique d'une telle simplicité qu'elle peut être construite ou réparée par un chaudronnier de village. Il adjoignit au levier du piston de la machine pneumatique, un agitateur, qui, mélangeant les couches d'acide sulfurique pendant l'action de la pompe, active l'absorption des vapeurs d'eau.

Il est bien entendu que les prétentions de ce nouvel appareil sont modestes. Il n'a d'autre objet que de frapper de glace, une à une, les carafes d'eau ou de vin, et ne peut songer à discuter le pas à son aîné, le colossal appareil qui produit des tonnes de glace en un quart d'heure, et dont la supériorité sur tout ce qui a paru jusqu'ici, de toute évidence.

A Paris, on renonce aujourd'hui à récolter la glace naturelle, les frais de la récolte et de la conservation de la glace étant supérieurs à ceux de la production de la glace par la machine Ferdinand Carré. Quand nous avons voulu voir fonctionner l'appareil de Ferdinand Carré, on nous a adressé, où? à la glacière du bois de Boulogne. Et là, nous avons appris, non sans surprise, que la glace fournie par la machine Ferdinand Carré remplaçait la glace naturelle des lacs du bois de Boulogne que l'on emmagasinait autrefois, chaque hiver, pour la vente de Paris.

Si nous voulons maintenant prouver par un chiffre éloquent tout ce qu'a de merveilleux la machine de Ferdinand Carré, nous dirons qu'il existe à la Nouvelle-Orléans une de ces machines produisant par jour 72 tonnes de glace!

Après un tel chiffre, nous pouvons clore, en toute tranquillité, ce chapitre historique.

CHAPITRE II

DIFFÉRENTES MANIÈRES DE PRODUIRE LE FROID ET APPAREILS FONDÉS SUR CES DIFFÉRENTES MÉTHODES. — PRODUCTION DE LA GLACE PAR LE RAYONNEMENT NOCTURNE. — DÉTAILS SUR LE PROCÉDÉ SUIVI AU BENGALE. — PRODUCTION DU FROID PAR LES MÉLANGES RÉFRIGÉRANTS. — LA GLACIÈRE DES FAMILLES ET AUTRES APPAREILS DESTINÉS A PRODUIRE DE LA GLACE PAR DES MÉLANGES SALINS. — LA GLACIÈRE ITALIENNE DE M. TOSELLI.

Nous avons à décrire, dans cette Notice, les appareils, assez nombreux, qui servent à produire artificiellement de la glace. Nous ne saurions suivre, dans cette exposition, l'ordre historique, l'invention de tous ces appareils n'étant séparée que par de courts intervalles. Pour les décrire, nous diviserons ces appareils d'après les sources physiques auxquelles ils empruntent le froid.

Les causes d'abaissement de température sur lesquelles reposent les divers appareils réfrigérants que possède l'industrie, sont :

1° Le rayonnement nocturne vers l'espace céleste;

2° L'abaissement de température résultant

du passage des corps solides à l'état liquide, c'est-à-dire les *mélanges réfrigérants ;*

3° La dilatation de l'air après sa compression ;

4° La vaporisation rapide des liquides volatils.

Production de la glace par le rayonnement nocturne. — Dans les Indes, particulièrement au Bengale, on se sert du froid produit par l'évaporation et le rayonnement nocturne, pour fabriquer de la glace. Pendant les mois de décembre et de janvier, on voit des centaines de pauvres Hindous des deux sexes et de tout âge, occupés à placer sur une aire immense des milliers de soucoupes à fond plat remplies d'eau. Cette aire est exposée au souffle froid du vent des montagnes. Pendant la nuit, il se forme sur ces soucoupes de minces lames de glace, qu'on rassemble avec soin, le matin, avant le lever du soleil, et on les enferme, enveloppées de paille, dans des fosses profondes, où elles se conservent pour les longs jours de l'été. Cette fabrication fait vivre une multitude de malheureux privés de tout autre moyen d'existence.

Il est assez curieux de savoir que l'on a voulu imiter, aux bords de la Seine, le procédé du Bengale. Le physicien anglais Wels étant parvenu à obtenir de la glace en plein été par ce procédé, un industriel parisien voulut tenter de le mettre en pratique. L'essai se fit à Saint-Ouen. Mais le ciel de la France, souvent chargé de nuages, n'a pas la profondeur glaciale de celui de l'Orient. Il fallut abandonner l'entreprise et en revenir à l'antique usage d'emmagasiner dans des glacières l'eau congelée chaque hiver.

Production de la glace par le passage des corps solides à l'état liquide, c'est-à-dire par les mélanges réfrigérants. — Lorsqu'un corps change d'état physique, quand il passe de l'état solide à l'état liquide, ou de l'état liquide à l'état gazeux, il doit nécessairement absorber de la chaleur. En effet, un corps gazeux ne diffère d'un corps liquide que parce qu'il renferme moins de chaleur, et un corps liquide diffère d'un corps solide par la même raison, c'est-à-dire parce qu'il renferme moins de chaleur *latente*, comme le disent les physiciens. L'éther sulfurique, par exemple, pour se vaporiser, a besoin d'une certaine quantité de calorique ; la glace, pour passer de l'état solide à l'état liquide, a besoin d'emprunter de la chaleur. Versez une goutte d'éther sur le dos de votre main, elle se vaporisera, mais la partie de la main que la goutte aura touchée, le point sur lequel elle se sera vaporisée, sera considérablement refroidi. Tenez un morceau de glace dans le creux de votre main, la glace se fondra rapidement, mais votre main sera considérablement refroidie. Pourquoi ce refroidissement ? Parce que l'éther, pour se vaporiser, a eu besoin de calorique, qu'il a emprunté à votre corps ; parce que la glace, pour passer de l'état solide à l'état liquide, a emprunté le calorique de votre main.

Jetez dans un verre d'eau une poignée de chlorhydrate d'ammoniaque ou d'azotate de la même base, le sel se dissoudra, c'est-à-dire changera d'état : de solide qu'il était, il deviendra liquide. Mais, pour changer d'état, pour passer de l'état solide à l'état liquide, les cristaux de chlorhydrate ou d'azotate d'ammoniaque ont eu besoin d'emprunter de la chaleur, et cette chaleur a été prise à l'eau avec laquelle ils sont en contact. Si l'on plonge en effet un thermomètre dans cette eau, on trouvera que sa température s'est considérablement abaissée.

Là est toute la théorie des *mélanges réfrigérants*, nom que l'on donne, en physique, comme dans l'industrie, aux mélanges salins capables de refroidir considérablement l'eau, en s'y dissolvant.

Il est des sels qui produisent un froid plus considérable que d'autres par leur dissolutions dans l'eau. L'expérience et la pratique ont conduit à composer des mélanges de sels produisant une température très-basse.

Voici la composition de quelques mélanges réfrigérants :

		Température obtenue.
Sel marin..........	1 partie.	de + 10° à — 12°
Glace pilée........	» —	
Eau...............	10 —	de + 10° à — 16°
Chlorhydrate d'ammoniaque........	5 —	
Salpêtre...........	7 —	
Eau...............	1 —	de + 10° à — 10°
Azotate d'ammoniaq.	1 —	
Sulfate de soude....	8 —	de + 18° à — 17°
Acide chlorhydrique.	5 —	

L'emploi des acides est toujours désagréable ou dangereux; il vaut donc mieux se servir d'azotate ou de chlorhydrate d'ammoniaque.

Si l'on dissout dans 4 parties d'eau une quantité en poids des sels ci-après, on obtient les abaissements de température indiqués dans ce tableau :

COMPOSITION DU MÉLANGE	ABAISSEMENT de température	OBSERVATEURS
4 parties d'azotate d'ammoniaque..........	— 20°,0	Walker.
1 — —	— 14 ,1	Karsten.
5 — de chlorhydrate d'ammoniaque et 5 de salpêtre..........	— 22 ,0	Walker.
1 — de chlorhydrate d'ammoniaque..........	— 15 ,2	Karsten.
1 — de sulfate de potasse..........	— 2 ,9	»
1 — de chlorure de potassium..........	— 11 ,8	»
1 — de sulfate de soude..........	— 8 ,0	»
1 — de chlorure de sodium..........	— 2 ,1	»
1 — d'azotate de soude..........	— 9 ,4	»
1 — d'acétate de soude..........	— 10 ,6	»

Si, au lieu de se servir d'eau simple, pour dissoudre ces mêmes sels, on prend de l'eau déjà refroidie, c'est-à-dire de la neige ou de la glace pilée, on obtient des températures encore plus basses, attendu que la neige ou la glace pilée, pour se liquéfier, ont besoin d'emprunter du calorique aux corps environnants, et que le froid produit par le changement d'état de la glace ou de la neige qui deviennent liquides, se joint au froid provoqué par le changement d'état du sel qui se dissout. C'est ainsi que l'on réalise le froid le plus considérable.

Le plus grand abaissement de température que l'on obtienne avec cette espèce de mélanges réfrigérants, c'est le degré de température où la dissolution saline formée se congèle elle-même, parce qu'alors l'eau et le sel, en repassant à l'état solide, mettent en liberté leur calorique latent. La meilleure proportion entre la glace ou la neige et le sel, sera donc celle que fournit une dissolution saturée. Pour obtenir ce résultat, il faut prendre, pour 100 parties de neige :

		Température obtenue.
10 parties	de sulfate de potasse......	— 1°,9
20 —	de carbonate de soude....	— 2 ,0
13 —	d'azotate de potasse......	— 3 ,85
30 —	de chlorure de potassium.	— 10 ,9
25 —	de chlorhydrate d'ammon.	— 15 ,4
45 —	d'azotate d'ammoniaque..	— 16 ,75
50 —	d'azotate de soude........	— 17 ,75
33 —	de chlorure de sodium...	— 21 ,3

Il faut mélanger très-intimement la neige avec le sel, que l'on a pilé en petits grains. La glace et le sel doivent ensuite être broyés ensemble, très-fin. Tout excès de l'un des éléments dans le mélange est nuisible, car on refroidit en pure perte cet excédant, et bien que le mélange n'en arrive pas moins à la température mininum que nous indiquons, cette température se conserve moins de temps.

L'acide sulfurique étendu d'eau, mélangé avec la glace, donne de très-grands froids. Ainsi, l'acide sulfurique du commerce étendu d'un quart de son poids d'eau, produit, avec un tiers de son poids de glace ou de neige, un refroidissement de — 32° et avec parties égales d'acide et de neige, un froid de — 44°.

Dans ces derniers mélanges, la glace entre comme élément, mais c'est là, pour ainsi dire, une espèce de pétition de principe, puisque l'on n'a pas de glace à sa disposition, et que l'on veut en faire. Quand on veut produire de la glace sans glace préalable, il faut donc avoir recours à des mélanges d'eau et d'un sel ou d'un acide capables d'abaisser considérablement la température de l'eau.

De tous ces mélanges, ceux qui donnent le plus de froid sont le mélange de sulfate de soude et d'acide chlorhydrique.

Le tableau suivant représente la température que l'on obtient avec ces mélanges, selon les proportions d'acides sulfurique ou d'acide chlorhydrique que l'on dissout.

COMPOSITION DU MÉLANGE	ABAISSEMENT de la température		Refroidissement	OBSERVATEURS
	de	à		
22 parties d'eau avec 20 d'acide sulfurique et 32,5 de sulfate de soude........................	+ 10°	— 8°,0	18°,0	Walker.
1 partie d'eau, 1 d'acide sulfurique et 2 de sulfate de soude........................	+ 10	— 16 ,25	26 ,25	Bischof
2 parties d'eau, 2 d'acide, 3 de sulfate de soude.	+ 10	— 14 ,37	24 ,37	et Wœlner.
5 parties d'acide chlorhydrique étendu et 8 de sulfate de soude........................	+ 10	— 17 ,8	27 ,8	Walker.

Comme le mélange de l'acide sulfurique ou de l'acide chlorhydrique avec l'eau, dégage beaucoup de chaleur, par suite de la combinaison chimique de ces deux corps, ce mélange doit se faire à part. Il faut attendre que cette chaleur se soit dissipée avant d'ajouter le sulfate de soude à l'acide hydraté.

Le mélange de sulfate de soude et d'acide chlorhydrique devient, au bout de quelque temps, laiteux, par suite de la formation du bisulfate de soude et de chlorure de potassium, qui se sépare à l'état de cristaux grenus.

On emploie encore les mélanges suivants pour produire un grand froid : 3 parties d'acide sulfurique avec 2 parties d'eau et 7 parties un quart de sulfate de soude (Malapert).

7 parties d'acide sulfurique avec 5 parties d'eau et 16 de sulfate de soude (Boutigny et Meilet).

2 parties d'acide chlorhydrique, avec 3 parties de sulfate de soude (Fumet).

Mais, nous l'avons déjà dit, l'emploi des acides a de grands inconvénients pour l'usage domestique. Aussi vaut-il mieux se servir d'azotate d'ammoniaque et d'eau, d'après la composition des mélanges que nous avons consignée plus haut (page 599).

Les appareils dits *glacières de ménages*, *glacières de familles*, etc., reposent tous sur les principes physiques que nous venons de rappeler. Ces appareils, en assez grand nombre aujourd'hui, se ressemblent tous, en ce qu'ils reviennent tous à développer du froid par un mélange réfrigérant, mais ils diffèrent par les dispositions du récipient contenant l'eau à congeler et de celui qui reçoit le mélange salin. Voici le type général des *glacières des ménages*.

Un cylindre de fer-blanc ou d'étain, DD,

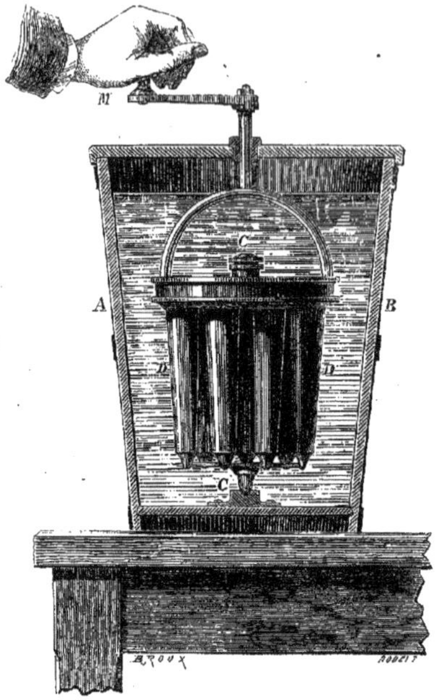

Fig. 259. — Type général d'une glacière de ménage.

est enfermé dans une cuve de bois, AB, dont le couvercle est traversé par un axe à manivelle, M. On verse dans le cylindre d'étain, DD, l'eau à congeler. (C'est ce cylindre d'étain que les glaciers appellent *sabot*.) La cuve de bois, AB, contient de l'eau pure, à laquelle on ajoute de l'azotate d'ammoniaque, en quantité déterminée. Le sel, en se dissolvant, emprunte de la chaleur à l'eau et au cylindre, DD. Si l'on tourne la manivelle, M, de manière à provoquer la rapide dissolution du sel par l'agitation, l'eau contenue dans le cylindre d'étain, DD, se changera rapidement en un bloc de glace.

Le mouvement que l'on imprime au *sabot*, c'est-à-dire au cylindre D qui contient l'eau à congeler, a un double effet. L'eau étant plus dense que la glace, est lancée contre les parois de ce cylindre par la force centrifuge. Dès lors, elle détache les glaçons, qui vont se réunir au centre, en prenant la forme du vase qui contient le liquide. En outre, le mouvement aide à la congélation. En effet, comme nous l'avons dit dans la Notice sur l'*Industrie de l'eau* qui fait partie de ce volume, l'eau, quand elle reste immobile, peut descendre jusqu'à — 5 ou — 6° sans se congeler, tandis qu'à la moindre agitation, elle se solidifie à — 1 ou — 2°.

C'est sur ce type général que reposent les différentes *glacières des familles*, ou *des ménages*, dont il existe de nombreux modèles. Nous citerons particulièrement les *congélateurs*, ou *glacières des familles*, de MM. Boutigny (d'Évreux), Decourdemanche, Goubaud, Malapert, Villeneuve, Charles, Penant, Toselli, etc. Ces appareils rendent d'utiles services, mais leur puissance est bornée. On ne peut songer à en faire un usage industriel, car on ne peut produire ainsi que de petites quantités de glace. Leur objet principal, c'est de frapper de glace des carafes, du vin et des liqueurs d'agrément, pour l'usage de la table.

Dans la glacière de MM. Charles, Goubaud, Malapert, Villeneuve et Toselli, on emploie, comme sel réfrigérant, de l'azotate d'ammoniaque. Celle de M. Penant fait usage d'un mélange d'acide chlorhydrique et de sulfate de soude. Mais les appareils où l'on fait usage d'un acide ont bien des inconvénients. Introduire dans les ménages un acide comme l'acide chlorhydrique ou l'acide sulfurique, qui est à la fois toxique et corrosif, est chose imprudente. Les *glacières* où l'on ne se sert que d'azotate d'ammoniaque, sont donc bien préférables à celles qui emploient l'acide chlorhydrique, mêlé au sulfate de soude.

La *glacière italienne* de M. Toselli nous

paraît mériter une mention particulière, en raison d'un ingénieux artifice que l'inventeur a imaginé pour obtenir des blocs de glace compactes et volumineux.

La *glacière italienne* de M. Toselli (fig. 260) a la forme d'un petit tonneau à deux ouvertures opposées. L'une, A, sert à introduire

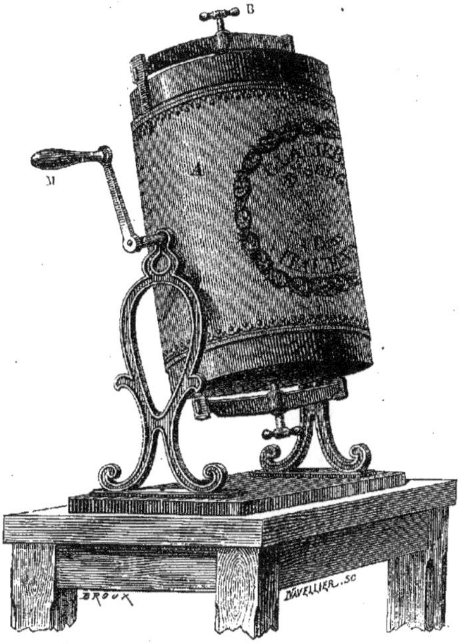

Fig. 260. — Glacière italienne de M. Toselli.

le liquide que l'on veut glacer et l'autre, B, le mélange réfrigérant, composé simplement d'azotate d'ammoniaque et d'eau. Le ballottement des matières que l'on produit en faisant tourner la glacière sur son axe, au moyen de la manivelle M, provoque la rapide congélation de l'eau, de telle sorte qu'en quelques minutes on obtient de la glace à volonté.

Une idée très-originale qu'a eue l'inventeur permet d'obtenir des blocs de glace aussi épais qu'on le désire.

M. Toselli fait usage d'un récipient disposé de manière à produire à la fois un nombre déterminé de couches cylindriques creuses de glace, ayant un seul centimètre d'épaisseur. Ces couches sont disposées géométriquement en échelle, de manière à pouvoir pénétrer les unes dans les autres et constituer un seul bloc, comme on le voit

Fig. 261. — Coupe du bloc de glace à cylindres concentriques.

dans la figure 261, qui représente une coupe dudit bloc. Lorsque ces cylindres creux de glace sortent de la machine, on s'empresse de les loger l'un dans l'autre, de manière à produire un seul bloc. Dès que les différentes surfaces sont en contact, elles éprouvent le phénomène que nous avons décrit dans les premières pages de cette Notice, sous le nom de *regel* : elles se soudent par leur eau de fusion, et forment une seule masse de glace.

La figure 262 représente le *récipient multiple* de la glacière de M. Toselli, que l'on remplit de l'eau à congeler, et qui, donnant un certain nombre de cylindres concentriques, de diamètre décroissant, permet de produire des blocs de glace de toute grosseur

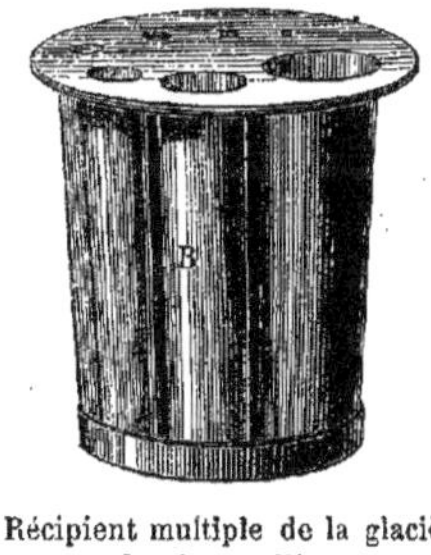

Fig. 262. — Récipient multiple de la glacière italienne de M. Toselli.

et poids, quand on les place les uns dans les autres, après les avoir retirés du récipient.

C'est par ce procédé que M. Toselli, le 30 juin 1869, fabriqua à Paris, dans l'espace de dix-huit minutes, en présence de quarante personnes, un bloc de glace, du poids de 20 kilogrammes, qu'il expédia à Alger. La glace était tellement solide que le bloc put résister, pendant cinq jours et cinq nuits, en traversant la Méditerranée, aux chaleurs du mois de juillet. La caisse qui le contenait arriva le 5 juillet au lycée d'Alger. Ouverte dans la salle de physique du lycée, en présence du professeur, M. Roussy, et des élèves, la caisse contenait un bloc de glace, qui pesait encore 10 kilogrammes. Il servit à faire boire frais le professeur et les élèves.

En 1875, M. Toselli a agrandi sa *glacière*

Fig. 263. — Grande glacière italienne de M. Toselli.

italienne, de manière à rendre industrielle la fabrication de la glace. Nous représentons ici (fig. 263) le modèle nouveau qu'il construit, et qui permet d'obtenir en cinq minutes un bloc de glace du poids de 5 kilogrammes, dont le prix de revient n'est, d'après l'inventeur, que de 5 centimes le kilogramme.

Le *récipient multiple* qui, placé dans la glacière, fournit les blocs de glace concentriques, est représenté à part dans la figure 265.

Fig. 264. — Récipient multiple de la glacière Toselli.

B est le *récipient multiple*, C, un bassin qui contient de l'eau à la température ordinaire. Quand on veut retirer les cylindres de glace du *récipient multiple* où ils se sont formés, on pose, en l'inclinant comme l'indique la figure, le récipient dans l'eau. Les parois métalliques du récipient s'échauffent un peu, la glace qui les touche, se fond en partie, et n'adhère plus au métal; il est ainsi très-facile de faire sortir les cylindres de glace des tubes du récipient.

Toute l'opération se réduit donc à remplir d'eau le récipient multiple (que représente la figure 264), à le placer dans le cylindre de fonte et à faire tourner le cylindre que représente la figure 264 au moyen de la manivelle, M. Au bout de cinq minutes l'eau du récipient est congelée. On retire les cylindres de glace, on les place concentriquement les uns dans les autres, et on a, en définitive un bloc de glace du poids de 5 kilogrammes.

Les constructeurs des différentes glacières que nous venons de décrire, et qui sont fondées sur le principe de la production du froid par le mélange d'eau et d'azotate d'ammoniaque, insistent sur l'économie de ce procédé de fabrication de la glace, attendu, disent-ils avec raison, qu'il suffit d'évaporer les dissolutions salines qui ont servi, pour retrouver les sels et les employer à de nouvelles opérations. Mais le consommateur ne se donne pas toujours cette peine. Il en résulte que la glace obtenue avec ces appareils revient, en définitive, assez cher. La dépense est faible quand on se conforme aux instructions des fabricants, c'est-à-dire quand on s'astreint à conserver la dissolution saline, et à l'évaporer, soit par la chaleur, dans un chaudron, soit au soleil, par l'évaporation spontanée. L'eau étant évaporée, l'azotate d'ammoniaque reste comme résidu, et peut servir à d'autres opérations, qui reviennent alors à peu de frais.

M. Toselli a réuni dans un petit meuble, qu'il appelle *malle-glacière*, outre les appareils nécessaires à la fabrication de la glace, des bassins de métal qui servent à évaporer la dissolution saline ayant servi, ce qui rend très-économique la production de la glace ou des mets que l'on veut glacer.

CHAPITRE III

APPAREIL POUR PRODUIRE DE LA GLACE PAR LA COMPRESSION DE L'AIR, SUIVIE DE SA DILATATION, CONSTRUIT, PAR M. J. GORRIE, EN AMÉRIQUE, ET PAR WINDHAUSEN, EN ALLEMAGNE. — INCONVÉNIENTS DE CES APPAREILS. — LEUR PRINCIPE REPRIS PAR M. MONDÉSIR EN 1867 ET PAR M. PAUL GIFFARD EN 1875, POUR LE REFROIDISSEMENT DE GRANDES MASSES D'AIR.

Si l'on comprime l'air dans un réservoir métallique, et qu'on donne subitement issue à l'air comprimé, l'air, en se dilatant, enlèvera aux corps qui l'environnent une grande quantité de calorique, et produira un grand abaissement de température. C'est une expérience que l'on peut exécuter avec la pompe qui sert à la production du gaz acide carbonique dans les appareils pour la fabrication de l'eau de Seltz. Si l'on comprime du gaz acide carbonique dans le *récipient-saturateur*, et qu'au lieu de donner issue au gaz par le robinet du tirage à bouteille, on ouvre l'orifice supérieur, qui ne laisse sortir que du gaz, et que l'on interpose sa main dans le courant gazeux, on ne pourra supporter le froid produit par l'expansion à l'extérieur du gaz acide carbonique. Il arrive quelquefois que les ouvriers qui tirent l'eau de Seltz en bouteille, voient se former entre leurs doigts ou sur la bouteille, de la glace : cette glace provient du refroidissement de l'eau par le gaz comprimé qui se perd pendant le tirage, et qui se détend.

On sait que l'air comprimé est l'agent qui sert aujourd'hui au travail du percement des tunnels, et que c'est par des *perforateurs à air comprimé* que l'on a opéré le creusement des deux tunnels des Alpes sous le mont Cenis et sous le mont St-Gothard. Pour rafraîchir l'intérieur de la galerie, quand la température du souterrain était trop élevée, on mettait à profit l'expansion de l'air comprimé qui sortait des machines.

On a construit, pour fabriquer de la glace, des appareils fondés sur le principe de la dilatation de l'air après sa compression. J. Gorrie, en Amérique, a, le premier, fabriqué un appareil composé d'une pompe dans laquelle l'air est comprimé, et dans lequel le même air se dilate ou se détend, quand on cesse de le comprimer.

Faisons remarquer que pendant la compression de l'air, il se dégage de la chaleur; il est donc nécessaire de placer le cylindre où l'on comprime l'air dans un courant d'eau froide qui empêche ce cylindre de s'échauffer trop. Quant au cylindre dans lequel se fait la détente de l'air comprimé, il est placé dans un vase plein d'eau, et cette eau se refroidit assez par le contact du réservoir de l'air détendu, pour se transformer en glace.

Les deux parties de la machine où l'air est comprimé, puis dilaté, sont fixées aux deux extrémités d'un même balancier, de sorte que leurs efforts se compensent, en même temps que les résistances ou les frottements sont également contre-balancé.

M. Windhausen construisit, en 1855, à Brunswick, une machine à laquelle le public allemand avait ajouté une assez grande confiance, et qui fournit, pendant quelque temps, de la glace à l'industrie et à l'économie domestique. On trouve le dessin de cette machine dans la traduction française du *Traité de chimie technologique* de Knapp (1). Nous nous contenterons de dire que l'appareil se compose de trois parties principales : la pompe à air, où s'opère la compression, puis la partie où s'opère la dilatation du gaz; enfin le *congélateur*, où on utilise la basse température de l'air, pour produire la congélation des liquides ou opérer un refroidissement.

Les inconvénients de ce genre de machine pour la production du froid résultent principalement de ce qu'il y a, pendant la compression de l'air, un dégagement de chaleur, c'est-à-dire l'effet précisément opposé à celui que l'on veut produire. Il faut commencer par refroidir l'appareil de compression, et, pour cela, faire couler un courant d'eau froide autour du cylindre où l'air est comprimé. C'est là toujours une cause de dépense. La faible densité de l'air, qui oblige à en comprimer des quantités considérables, pour obtenir un résultat sensible — la difficulté, on pourrait dire l'impossibilité de pousser la compression de l'air aussi loin qu'il le faudrait pour obtenir une grande puissance de refroidissement, — la nécessité d'avoir des réservoirs d'une surface considérable exigeant un emplacement approprié, ont fait renoncer aux machines frigorifiques fondées sur l'expansion de l'air comprimé.

Il y a pourtant dans le principe du froid produit par la détente de l'air comprimé une base scientifique si solide, que ce principe n'a pas été abandonné. On a appliqué le froid produit par la détente de l'air comprimé, au rafraîchissement des lieux habités, tels que lieux de réunion publique, ateliers, usines, théâtres, gares de chemin de fer, etc., dans lesquels la chaleur est intolérable pendant l'été.

A l'Exposition universelle de 1867, la ventilation était produite par de l'air rafraîchi. Les appareils installés par M. Mondésir injectaient dans toutes les parties de l'édifice du Champ-de-Mars, de l'air refroidi par sa compression, suivie de sa dilatation, d'après les dispositions réalisées dans l'appareil Windhausen.

Ce même principe a été appliqué plus récemment, par M. Paul Giffard, au rafraîchissement de l'air dans les usines, les lieux habités, etc. On voyait en 1875, dans l'exposition des produits de l'industrie et de l'économie domestique, qui se fait pendant l'été de chaque année, à Paris, dans le Palais de l'Industrie, aux Champs-Élysées, une machine à vapeur qui comprimait de l'air dans un vaste cylindre. L'air comprimé se détendant dans un autre cylindre, produisait un grand abaissement de température. En effet, un thermomètre placé à l'orifice de sortie de l'air froid, descendait jusqu'à — 10°.

L'air ainsi considérablement refroidi peut servir à abaisser la température de différents espaces.

(1) Tome Ier, page 121, in-8°, Paris, 1872..

CHAPITRE IV

APPAREILS FRIGORIFIQUES FONDÉS SUR LE PRINCIPE DE LA VAPORISATION DES LIQUIDES. — EXPÉRIENCE DE SCHAW. — APPAREIL DE JAMES HARRISSON, EXPÉRIMENTÉ A PARIS EN 1857. — PREMIERS APPAREILS DE FERDINAND CARRÉ BREVETÉS EN 1857 ET CONTENANT DE L'ÉTHER SULFURIQUE. — L'INVENTEUR SUBSTITUE L'AMMONIAQUE A L'ÉTHER SULFURIQUE. — DESCRIPTION DES APPAREILS DE FERDINAND CARRÉ. — L'APPAREIL DOMESTIQUE ET L'APPAREIL INDUSTRIEL. — APPAREIL DE M. CH. TELLIER ET APPAREIL DE MM. HUGOT ET LIÉNARD POUR LA FABRICATION DE LA GLACE. — LA POMPE PNEUMATIQUE DE M. EDMOND CARRÉ POUR FRAPPER LES CARAFES.

Nous arrivons au dernier et au plus efficace moyen de produire de la glace, c'est-à-dire à l'application du froid par l'absorption de la chaleur latente, au moment de la vaporisation des liquides.

Le physicien anglais Schaw essaya le premier, en 1836, de rafraîchir les liquides par l'évaporation de l'éther. Schaw proposait d'employer une pompe aspirante et foulante pour aspirer les vapeurs d'éther sulfurique liquide enfermé dans un cylindre métallique plongeant lui-même dans l'eau à refroidir, et de refouler ces vapeurs d'éther dans un serpentin contenant de l'eau froide, afin de condenser ces vapeurs. Il paraît toutefois que ce n'était là qu'un projet, et que la machine dessinée dans le brevet pris par l'inventeur, ne fut jamais construite.

Il en fut autrement d'un appareil pour la production de la glace par la volatilisation de l'éther, qui fut construit à Paris, en 1857, par James Harrisson, membre du Conseil législatif de Victoria (Australie).

L'appareil qui fonctionna à Paris, pendant l'été de 1857, se compose d'une pompe à air faisant le vide dans un réfrigérant, lequel consiste en un vase métallique contenant un serpentin dans lequel coule l'éther. Quand la pompe aspirante a produit le vide, l'éther se réduit en vapeurs et produit, par son évaporation, un froid assez intense pour congeler l'eau autour de laquelle passe la vapeur d'éther. La pompe aspire de nouveau la même vapeur d'éther, et la refoule dans un condenseur, d'où elle revient, à l'état liquide, dans le réfrigérant. La même quantité d'éther peut servir pendant un temps indéterminé, car jamais cette vapeur ne se perd.

Cet appareil ne fut expérimenté qu'à titre d'essai. On se servait d'une petite machine à vapeur de la force d'un demi-cheval environ, et l'on obtenait à peu près 8 kilogrammes de glace par heure. Mais ces expériences étaient faites sur une trop petite échelle pour que l'on pût en tirer aucune conclusion sur la valeur pratique et l'économie de cette méthode.

Perfectionnée d'abord par l'inventeur, ensuite par le constructeur Siebe, la machine de James Harrisson figura à l'Exposition de Londres de 1862. Elle y produisait de gros blocs de glace, à la grande surprise des visiteurs.

Dans la machine qui fonctionnait à l'Exposition de Londres, en 1862, l'éther, contenu dans un réservoir semblable à une chaudière tubulaire, était en rapport avec une pompe à air. Cette pompe, faisant le vide, provoquait l'évaporation de l'éther. Les vapeurs d'éther envoyées dans un réfrigérant pourvu d'un serpentin constamment baigné par un courant d'eau froide, se condensaient dans ce serpentin. Un tuyau, muni d'un robinet, ramenait dans la chaudière l'éther liquéfié. Là, il était de nouveau vaporisé, puis condensé et ainsi de suite.

La chaleur qu'exige cette évaporation continue était empruntée par les parois de la chaudière et de ses tubes, au liquide dans lequel baignaient ces deux parties de l'appareil. Ce liquide était une dissolution saturée de sel marin, renfermée dans un réservoir en bois. En effet, la dissolution du sel marin reste encore liquide à — 15°, tandis que l'eau pure se gèle à 0°.

Un réservoir en bois avec des cloisons verticales, dans lequel circulait lentement la dissolution saline froide envoyée par une pompe, était placé près de l'appareil. A la sortie du réservoir, cette solution revenait d'elle-même, dans le bac qui entourait la chaudière. L'eau à congeler était placée dans des caisses prismatiques en zinc, qui plongeaient dans le bac où circulait la solution de sel marin. Dès que cette eau s'était prise en blocs de glace, on retirait les caisses de zinc pour les remplacer par de nouvelles pleines d'eau à congeler.

La glace obtenue avec la machine de James Harrisson et Siebe était dure, mais opaque et d'un aspect laiteux. Cet aspect provenait des bulles d'air qui se dégagent de l'eau au moment où elle se solidifie.

On obtenait, à chaque opération, 8 à 10 kilogrammes de glace. Le plus grand modèle produisait 10,000 kilogrammes par vingt-quatre heures. Les modèles intermédiaires, pour une force de 24 chevaux, produisaient 5,000 kilogrammes par vingt-quatre heures; les petits, comme celui qui figurait à l'Exposition de Londres, 1,000 kilogrammes par vingt-quatre heures. Ces derniers appareils ne contenaient pas moins de 145 kilogrammes d'éther.

Les frais de production de la glace variaient selon les circonstances. Une machine de la force de 15 chevaux-vapeur, qui fonctionna à Liverpool en 1860, contenait 400 litres d'éther, et donnait à peu près 2 tonnes de glace, que l'on vendait 10 centimes le kilogramme, c'est-à-dire à un prix moins élevé que la glace naturelle.

Il y avait dans cette machine une certaine perte d'éther, mais cette perte correspondait seulement à 1/2 kilogramme de glace par vingt-quatre heures, c'est-à-dire à environ 1/7 pour 100.

Pendant que les constructeurs anglais et américains cherchaient à rendre pratique la volatilisation de l'éther pour la fabrication artificielle de la glace, un physicien français, M. Ferdinand Carré, poursuivait, de son côté, le même problème. Il avait, d'ailleurs, été devancé dans cette même voie par un constructeur français, M. Rizet, mais on manque de détails sur les résultats obtenus par cet opérateur.

Le 27 juin 1857, M. Ferdinand Carré prenait un brevet pour la construction d'un appareil servant à la fabrication de la glace au moyen du froid produit par l'évaporation de l'éther sulfurique. L'appareil présentait une série de combinaisons mécaniques et physico-chimiques tellement justes que rien ne pouvait porter obstacle à la marche de l'opération.

L'appareil de M. Ferdinand Carré fut soumis, en 1860, à des expériences publiques, devant une foule de curieux et de savants, qui furent tous frappés des avantages de ce système.

Il y avait cependant un inconvénient grave à cet appareil. Outre que l'éther n'absorbe, en se vaporisant, que cinq fois et demi moins de chaleur latente que l'eau, l'inflammabilité de l'éther était un sérieux inconvénient, ces vapeurs pouvant prendre feu à la suite d'une fuite accidentelle. Il était indispensable, pour que l'appareil pût s'appliquer à l'industrie en toute sécurité, de trouver une substance volatile qui ne fût pas inflammable. M. Ferdinand Carré trouva le corps cherché dans l'ammoniaque. Le 24 août 1859, il prit un nouveau brevet pour une modification à son premier appareil dans lequel l'ammoniaque liquide remplaçait l'éther sulfurique.

Dans ce brevet, M. Ferdinand Carré, après avoir rappelé les principes physiques de la production du froid par la vaporisation des liquides, décrit une série d'appareils modifiés ou nouveaux, qui donnent au problème qu'il avait abordé une solution plus étendue.

Pour faire comprendre les données sur lesquelles s'appuyait l'inventeur, nous reproduirons ici la partie de son brevet dans laquelle il les explique :

« Quelques corps, dit M. Ferdinand Carré, ayant la propriété d'absorber à froid des quantités considérables de gaz ou vapeurs, et de les émettre lorsqu'on les chauffe, surtout dans le vide, cette propriété peut être appliquée à la production du froid et de la glace. Le chlorure d'argent, par exemple, absorbe à froid des quantités considérables de gaz ammoniac. Si, lorsqu'il est à peu près saturé, on le renferme dans l'une des branches fermées d'un tube recourbé en *u* renversé, qu'on le purge d'air en chauffant très-légèrement, et qu'on soude l'autre branche : si l'on chauffe ensuite la branche contenant le mélange, en maintenant l'autre dans un bain d'eau froide, vers 40 ou 50°, presque tout le gaz ammoniac aura abandonné le chlorure d'argent, et se sera condensé ou liquéfié dans la branche opposée à celle qui contenait le mélange. Si alors on place celle-ci dans un vase cylindrique d'une très-petite capacité, contenant de l'eau en même temps que la branche opposée est entourée d'un bain d'eau froide assez volumineux, la propriété absorbante du chlorure d'argent vaporisera promptement l'ammoniaque liquéfiée ; celle-ci, soutirant son calorique latent de vaporisation à l'eau qui entoure la branche, en congélera une partie. Il est bon que la partie horizontale du tube soit de plus petite dimension et assez allongée pour éviter le réchauffement dû à la conductibilité.

On peut opérer de même avec le chlorure de calcium vers 200 degrés, et le gaz ammoniac et l'eau, l'acide sulfurique monohydraté et l'eau, une solution saturée d'ammoniaque et d'eau, un hydrate de potasse ou de soude concentré au point approchant du monohydrate, etc., etc., en ayant soin de chauffer au point voulu, selon le mélange employé, pour volatiliser le liquide au gaz de la solution. Avec le chlorure de calcium et le gaz ammoniac, il faudra chauffer environ à 100° ; avec le chlorure de calcium et l'eau, de 190 à 200° ; avec l'acide sulfurique et l'eau, de 300 à 310° ; avec une solution de gaz ammoniac dans l'eau, vers 150° ; avec un hydrate de potasse ou de soude, de 110 à 200°. »

Et M. Carré ajoute modestement : « Il est facile de traduire le principe que je viens d'invoquer en fabrication pratique de la glace, au moyen d'un simple appareil domestique. »

M. Carré ajoute :

« Parmi tous les gaz qui ont la propriété de se dissoudre à froid dans certains corps, et de les quitter dès qu'on les chauffe, le gaz ammoniacal me parut le plus convenable, celui dont l'emploi était le plus facile et devait donner les meilleurs résultats, non-seulement à cause de ses propriétés physiques, mais encore par son bas prix et la facilité qu'on avait de se procurer partout de l'ammoniaque ou même de la fabriquer. Sa stabilité (il ne se décompose qu'à la chaleur rouge), sa volatilité extrême, son point d'ébullition (à — 44°), son calorique latent très-élevé (500 calories) ; la faculté qu'il a de se dissoudre sans dégager presque de calorique de combinaison, et de se mêler à l'eau presque instantanément dans les proportions moyennes de 500 volumes pour un d'eau, lui valurent toute préférence, et ce choix a été justifié par les résultats qu'il a fournis. »

Les appareils de M. Ferdinand Carré figurèrent à l'Exposition universelle de Londres, en 1862. La foule se pressait autour de ses glacières, pour voir les blocs énormes d'eau congelée qui sortaient, d'une manière presque continue, du réfrigérant.

Mais arrivons à la description de la méthode et des appareils dont il s'agit.

De tous les corps qui provoquent un abaissement de température par leur changement d'état, aucun ne présente ce phénomène avec autant d'intensité que le gaz *ammoniac*. Quand on soumet le gaz ammoniac à une forte compression, on le liquéfie, et l'on obtient un liquide mobile et prodigieusement volatil ; dès que la pression exercée sur lui vient à cesser, il reprend la forme gazeuse. D'un autre côté, il n'est rien de plus facile que de chasser le gaz ammoniac de l'eau dans laquelle il est dissous : il suffit de faire bouillir cette dissolution, ou de la chauffer modérément, pour que ce gaz s'en sépare en totalité.

C'est sur cette double considération qu'est fondée la méthode de M. Carré pour la production artificielle et économique du froid. Imaginez un appareil formé de deux cornues métalliques soudées l'une à l'autre par leur col, le tout parfaitement clos et sans communication avec l'extérieur. Dans la plus grande de ces cornues, placez une disso-

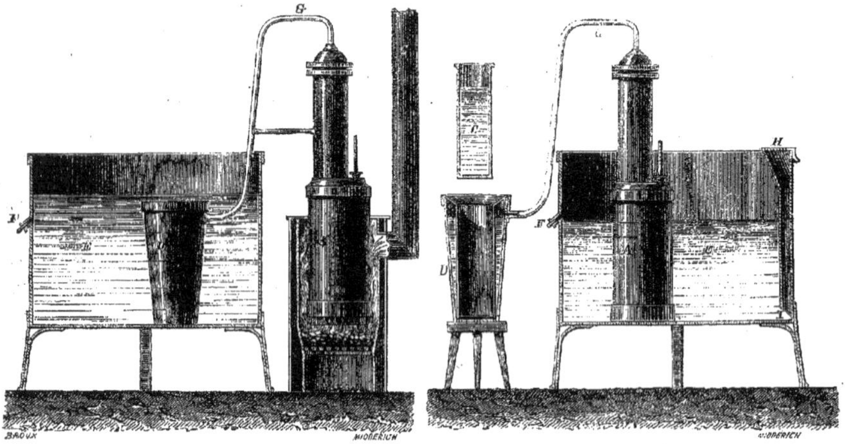

Fig. 265, 266. — Coupe de l'appareil domestique pour la production de la glace, de M. Ferdinand Carré.

lution de gaz ammoniac dans l'eau, et laissez vide l'autre capacité. Chauffez alors la cornue contenant la dissolution du gaz ammoniac ; chassé par l'ébullition, le gaz ammoniac, ne pouvant s'échapper au dehors, viendra se liquéfier dans la petite cornue. Mais quand tout l'appareil sera revenu à la température ordinaire, l'ammoniaque liquéfiée reprendra nécessairement son état gazeux, et viendra se redissoudre dans l'eau de la première cornue. Or, pour se gazéifier, l'ammoniaque a besoin d'une énorme quantité de chaleur, de sorte que, si l'on plonge dans l'eau, par l'extérieur, cette petite cornue, toute l'eau environnante se trouvera rapidement congelée.

Voilà évidemment une charmante expérience de physique. L'auteur n'a eu à s'occuper, pour la rendre applicable à l'industrie, que de construire un appareil capable de réaliser, sans danger d'explosion, le phénomène précédent.

Les appareils dont M. Carré fait usage pour la fabrication artificielle de la glace sont de deux genres : il y a l'*appareil domestique* et l'*appareil continu*.

Parlons d'abord de l'*appareil domestique*.

La figure 265 représente une coupe de cet appareil. A, est une chaudière de fer remplie aux trois quarts d'une dissolution aqueuse d'ammoniaque. On place cette chaudière sur le feu d'un petit fourneau portatif, B, surmonté de son tuyau, C. La chaleur chassant l'ammoniaque de sa dissolution, le gaz s'échappe par le tube G, vient se condenser dans le récipient D, et s'y liquéfie, sous la forme d'un liquide d'une extrême fluidité, volatil à la température ordinaire de l'air.

Si l'on vient maintenant à enlever la chaudière, A, du feu, par le retour à la température ordinaire l'ammoniaque liquide contenue dans le vase D, se volatilisera. Pour activer le refroidissement, on plonge dans l'eau froide qui remplit un baquet, E, la petite chaudière A, qui était tout à l'heure placée sur le feu. C'est ce que représente la figure 266.

La chaudière, A, étant revenue à la température ordinaire, résultat que l'on accélère, comme il vient d'être dit, par son immersion dans l'eau froide de la cuve E,

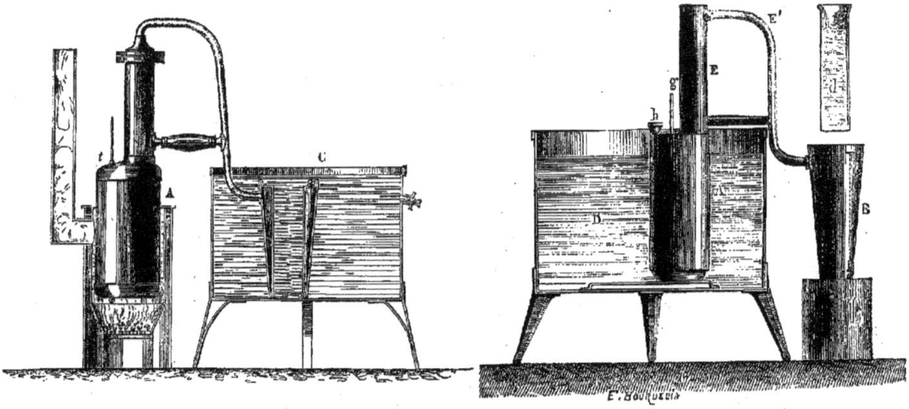

Fig. 267, 268. — Manœuvre de l'appareil domestique de M. Ferdinand Carré.

l'ammoniaque liquéfiée contenue dans la cornue, D, se volatilise et repasse dans la chaudière A, où elle se dissout, pour reconstituer la dissolution aqueuse ammoniacale primitive. Mais ce changement d'état n'a pu se produire sans provoquer dans le vase, D (fig. 267), une soustraction considérable de calorique. Ce refroidissement va jusqu'à — 40°. Aussi, si l'on entoure le vase D dans lequel s'opère la volatilisation de l'ammoniaque liquide d'une enveloppe non conductrice, et qu'on remplisse d'eau le petit vase C, enfermé dans le vase D (fig. 267), on provoquera la congélation de cette eau.

Comme on le voit, la dépense faite pour obtenir le froid a été simplement celle du charbon employé au chauffage. On estime que 1 kilogramme de charbon de bois brûlé dans le fourneau suffit pour fabriquer 3 kilogrammes de glace.

Nous donnerons maintenant quelques détails sur la manœuvre pratique de cet appareil.

Il faut placer la chaudière A dans le fourneau, et le congélateur B dans le baquet C, rempli d'eau froide (fig. 267), de manière que le sommet du congélateur soit recouvert de 2 à 3 centimètres d'eau ; verser un peu d'huile dans le petit tube *t* qui se trouve à la partie supérieure de la chaudière, et placer un thermomètre dans ce tube, puis chauffer modérément, jusqu'à environ 130° centigrades.

Ensuite on enlève la chaudière du feu et on bouche le trou *t* de la chaudière ; on place la chaudière A dans le baquet plein d'eau, D (fig. 269), de manière qu'elle plonge dans l'eau seulement jusqu'aux trois quarts de sa hauteur ; on met dans le vase interne *d*, que l'on remplit aux trois quarts, l'eau à congeler ; on remplit avec de l'alcool ou de l'eau-de-vie l'espace restant libre entre les deux vases *d* et B, et on entoure le congélateur d'une enveloppe en laine bien sèche.

La congélation s'opère alors sans qu'il soit besoin de s'en occuper.

Pour détacher la glace formée, il suffit de plonger extérieurement le vase B dans de l'eau froide.

Pour recueillir l'alcool ou l'eau-de-vie, on débouche un petit trou qui est au fond du congélateur, B.

L'appareil en fonction ne doit jamais être renversé, ni même incliné sensiblement.

Lorsque l'appareil a été renversé, ce qui

arrive toujours dans les transports, il faut, avant de le mettre en fonction, maintenir pendant une heure environ le congélateur B, au-dessus de la chaudière A, afin qu'il ne reste pas de solution ammoniacale dans le congélateur, plonger ensuite le bas de celui-ci dans de l'eau chaude pendant un quart d'heure, et ramener l'appareil dans la position de la figure 267 pendant le même temps.

De temps en temps, avant de commencer une opération, il faut plonger le congélateur B dans un seau d'eau chaude pendant un quart d'heure, et ensuite coucher l'appareil pendant le même temps, dans la position que nous venons d'indiquer. Le but de cette opération est de faciliter le retour dans la chaudière de la solution ammoniacale qui s'est accumulée dans le congélateur.

Pendant le chauffage et pendant la congélation, il est bon d'agiter de temps en temps l'eau du baquet, et pendant la congélation il est utile de renouveler l'eau au moins une fois. Le meilleur moyen de renouveler l'eau du baquet pendant la congélation, c'est de verser l'eau froide dans l'entonnoir *h* (fig. 268) qui plonge jusqu'au fond du baquet. De cette manière, l'eau la plus chaude, qui se trouve toujours à la partie supérieure, est celle qui s'écoule au dehors. Dans tous les cas, l'eau la plus fraîche donne les meilleurs résultats.

La température de 130° indiquée pour le chauffage de l'appareil, est suffisante lorsque l'eau du baquet C (fig. 267), servant à la liquéfaction du gaz ammoniac, est à la température commune des puits, soit 12°. Si l'on n'avait que des eaux plus chaudes, il faudrait pousser plus loin le chauffage pour obtenir une opération complète. Ainsi avec de l'eau à + 25° il faut chauffer jusqu'à environ 150°.

La durée du chauffage pour l'appareil de 1 kilogramme, est d'environ une heure.

La durée du chauffage pour l'appareil de 2 kilogrammes, est d'une heure et demie.

La durée de la congélation est à peu près la même que celle du chauffage.

Cet *appareil domestique* est un appareil de ménage, pour ainsi dire. Passons à l'appareil *industriel*, qui permet de fabriquer de la glace sans interruption. La figure 269 donne la coupe verticale de ce remarquable appareil.

A, est une chaudière qui contient, jusqu'au milieu de sa hauteur, une dissolution aqueuse d'ammoniaque. Cette chaudière est chauffée, non à feu nu, mais par un courant de vapeur, amenée par le tube C dans le serpentin BB, et dont l'eau de condensation s'écoule dans le condenseur D. La dissolution d'ammoniaque étant chauffée par la vapeur, le gaz passe, par le tube K, dans le *liquéfacteur*, LL. Ce *liquéfacteur* consiste en une bâche contenant des serpentins autour desquels circule un courant continu d'eau froide, qui descend du réservoir Z, par le tube *h*. L'ammoniaque liquéfiée descend le long d'un tube qui est contenu lui-même dans le *tube-manchon* P, et arrive dans le réfrigérant MM. C'est dans ce réfrigérant MM que va se produire le grand abaissement de température provenant du retour de l'ammoniaque liquide à l'état gazeux. Il contient un serpentin P', qui fait six fois le tour de la capacité du réfrigérant. C'est dans l'intérieur de ce serpentin que le liquide ammoniacal retourne à l'état de gaz. L'eau à congeler, pour profiter de l'abaissement de température produit par ce changement d'état, est placée dans de longs cylindres de métal R, R, que l'on a introduits entre les spires du serpentin, P'.

La transmission du froid d'un cylindre à l'autre, dans le réfrigérant, MM, se fait par l'interposition d'un liquide incongelable dans lequel plongent tous les cylindres R, R. Ce liquide n'est point de l'eau pure, mais une dissolution de chlorure de calcium, dans laquelle baignent tous les cylindres R, R, contenant l'eau à congeler ainsi que le serpentin P'. On retire de quart d'heure en quart d'heure du réfrigérant MM, les cylindres de glace, ainsi formés, dans les cylindres R, R.

Il s'agit maintenant de faire revenir à la chaudière le gaz ammoniac volatilisé dans le serpentin du réfrigérant MM, afin d'établir la répétition de ces mêmes effets, c'est-à-dire une opération continue. Voici comment s'exécute ce retour à la chaudière.

C'est par la partie inférieure du tube S, qui plonge de haut en bas dans le réfrigérant MM, que le gaz ammoniac se dégage et se rend dans le *vase à absorption*, T, en suivant le tube *e*. Entouré du *tube-manchon*, P (qui a également servi à entourer le tube par lequel le gaz ammoniac s'était rendu au réfrigérant MM, le tube *e* arrive dans le nouveau réfrigérant, T, qui renferme un surpentin à spires très-serrées, noyé dans l'eau froide, et dans lequel la dissolution aqueuse ammoniacale se reconstitue.

L'eau qui doit refroidir ce nouveau réfrigérant T, y arrive sans cesse du réservoir Z, par le tube *a*. Il se fait dans ce vase T un *échange de température*, effet très-curieux qui sera expliqué plus loin.

Du *vase à absorption* ou condenseur T, la solution aqueuse ammoniacale, reconstituée, est reprise par une pompe, non visible sur notre dessin, mais qui est fixée sur l'axe, *l*, manœuvrée par la manivelle du volant *u*, et elle rentre dans la chaudière, A, refoulée par cette pompe en suivant le tube FF.

Mais remarquons que le liquide qui doit s'introduire dans le *vase à absorption* T, est chaud ; il importe de refroidir ce vase pour

LÉGENDE

de la coupe de l'appareil pour fabriquer la glace de M. Ferdinand Carré.

A. Chaudière contenant l'ammoniaque liquide.
B. Serpentin parcouru par la vapeur, pour vaporiser le gaz ammoniac.
C. Arrivée de la vapeur.
D. Récipient de vapeur condensée.
E. Indicateur du niveau de l'eau dans la chaudière.
FF. Tube débouchant dans la chaudière et y ramenant le liquide saturé reconstitué au sortir du réfrigérant T.
G. Rectificateur.
H. Ouverture du rectificateur.
I. Boîte placée au chevet d'entrée du liquéfacteur.
J. Soupape de sûreté.
K. Tuyau amenant le gaz ammoniac dans le liquéfacteur.
L. Liquéfacteur.
M. Réfrigérant-congélateur.
N. Régulateur d'écoulement.
O. Tube plongeant au fond de la chaudière et y puisant le liquide.
P. Manchon qui renferme les deux tubes conduisant le gaz ammoniac dans le réfrigérant MM, et ramène le gaz du réfrigérant MM au second réfrigérant T.
P'. Serpentin du réfrigérant-congélateur MM.
Q. Enveloppe du réfrigérant-congélateur MM.
R. Vases cylindriques contenant l'eau à congeler.
S. Tuyau partant de la partie inférieure du serpentin P', et traversant le manchon P pour amener les vapeurs ammoniacales froides dans le condenseur T.
T. Réservoir absorbant ou deuxième condenseur muni d'un serpentin à circulation d'eau froide.
U. Vase plat percé de trous disposés à la partie supérieure du condenseur T.
V. Arrivée des vapeurs ammoniacales dans le condenseur T.
X. Cylindre échangeur de température ; il renferme deux serpentins et un cylindre concentrique d'un plus petit diamètre.
Y. Cylindre échangeur de température ; il communique avec le précédent et contient un seul serpentin baignant dans l'eau froide.
Z. Réservoir distribuant l'eau froide aux différentes parties de l'appareil.
a. Tube amenant l'eau froide du réservoir Z au serpentin du réservoir absorbant.
b. Tube de sortie de cette eau se rendant dans le cylindre Y.
c. Tube servant à purger d'air le réservoir absorbant.
d. Tube se rendant dans un vase contenant de l'eau et muni d'un robinet de purge.
e. Tube ramenant le gaz ammoniac du serpentin contenu dans le réfrigérant MM, dans le second réfrigérant, T.
f. Tuyau par lequel la pompe refoule la solution ammoniacale dans la chaudière.
g. Tige d'un excentrique qui communique un mouvement de va-et-vient au châssis qui supporte les vases à congélation, R,R.
h. Tube de prise d'eau du réservoir Z allant aux vases de congélation, *R,R* Cette eau traverse le manchon, L, où elle commence déjà à se refroidir.
m. Niveau du régulateur d'écoulement.
n. Manomètre indiquant la tension des vapeurs chaudes.

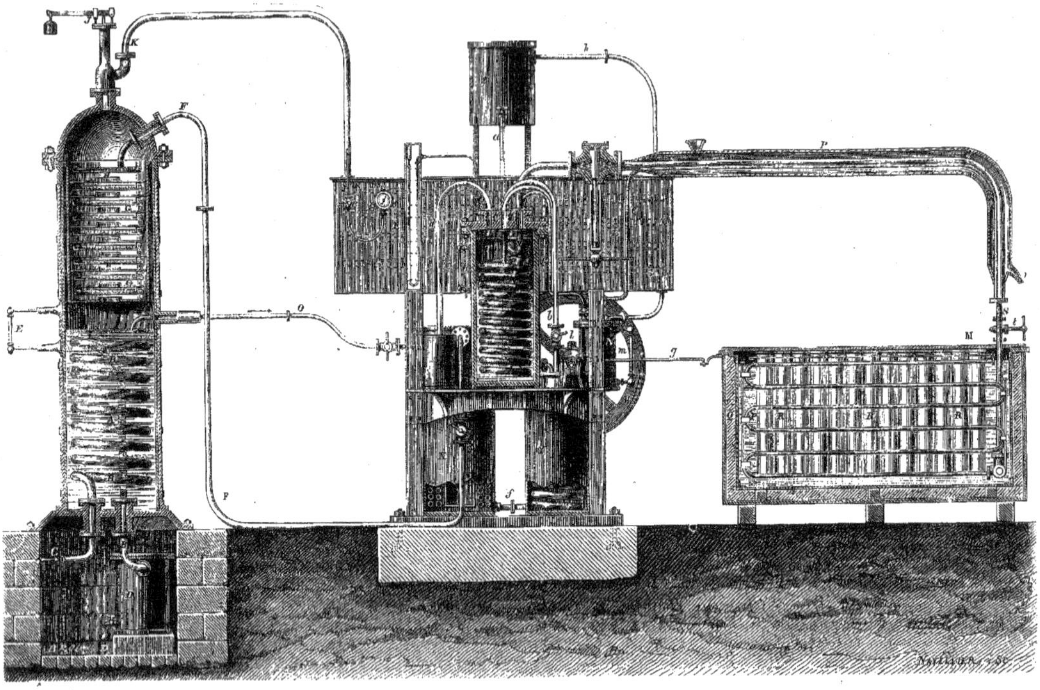

Fig. 269. — Coupe de l'appareil industriel pour fabriquer de la glace de M. Ferdinand Carré.

qu'il puisse condenser sans cesse le gaz ammoniac. Il se refroidit au moyen de l'*échangeur de température*, X, Y. Dans cet appareil, en effet, marchent en sens inverse, de l'eau qui arrive chaude de la chaudière A, et la solution ammoniacale qui descend froide du vase T. Ces deux liquides se cèdent mutuellement du calorique, si bien que le liquide parti de la chaudière à la température de + 130°, arrive au *vase à absorption* T, à la température de + 20° seulement, et que le liquide que la pompe ramène par le tube O à la chaudière, et qui est refoulé froid, ou à 2° seulement par cette pompe, est porté, en sortant de l'*échangeur de température*, à près de 100°, et qu'il s'introduit, par conséquent, déjà très-chaud dans la chaudière. C'est là une des dispositions les plus ingénieuses du curieux appareil de M. Carré.

Telles sont les dispositions générales de cet appareil, dont le fonctionnement pour la fabrication continue de la glace, ne laisse rien à désirer.

La légende qui accompagne la figure 269 explique avec plus de détails les destinations de tous ses organes.

Les principes sur lesquels M. Ferdinand Carré a fondé le grand appareil que nous venons de décrire, ont été appliqués par d'autres constructeurs dans quelques appareils. Nous mentionnerons deux de ces systèmes, celui de M. Ch. Tellier et celui de MM. Liénard et Hugot.

L'appareil de M. Ch. Tellier, qui fonctionne dans l'*usine frigorifique*, établie par cet ingénieur à Auteuil, présente des dispositions qui diffèrent peu de celles que M. Ferdinand Carré a réalisées dans son grand appareil. Il serait donc superflu de le décrire. Nous dirons seulement que M. Ch. Tellier ne fait pas usage d'ammoniaque, mais d'éther méthylique, composé très-volatil, et qui possède une grande chaleur latente.

Nous décrirons l'appareil de MM. Liénard et Hugot, parce que le liquide volatil auquel ces constructeurs ont recours est complexe, c'est un mélange d'éther sulfurique et de sulfure de carbone.

L'appareil se compose (fig. 270) de trois pièces principales :

1° D'une *pompe pneumatique*, *P*, placée au rez-de-chaussée, sur un petit massif en maçonnerie;

2° D'un *condenseur*, *C*, placé également au rez-de-chaussée, près de la pompe pneumatique, et qui se compose d'un rafraîchissoir en tôle et d'un système vertical tubulaire en cuivre ;

3° D'un *congélateur-réfrigérant*, *R*, placé dans une cave, et se composant d'une bâche en bois garnie de plomb, et d'un système horizontal tubulaire, en cuivre, relié à l'une de ses extrémités, à une cornue *x*, qui contient le mélange d'éther sulfurique et de sulfure de carbone, et à l'autre extrémité à la calotte *y*, qui communique au tuyau d'aspiration *t*.

Un *agitateur*, *A*, se trouve placé en tête du *congélateur-réfrigérant*.

Le congélateur et le condenseur sont réunis à la pompe pneumatique par des tuyaux, *t* et *t'*. Le condenseur est réuni au congélateur par le petit tuyau *t''*.

Lorsque la cornue *x* est chargée du mélange d'éther sulfurique et de sulfure de carbone, et que la bâche du congélateur R est remplie d'eau saturée de sel marquant 20 à 23° à l'aréomètre de Baumé, on met la pompe pneumatique en mouvement; le vide qui se fait dans le congélateur met le fluide en vapeurs. De ce changement d'état résulte un froid considérable, qui se communique au bain d'eau saturée de sel dans lequel on place les carafes remplies d'eau que l'on veut congeler.

Les vapeurs d'éther et de sulfure de carbone, après avoir traversé le système tubulaire du congélateur R, sont aspirées par le

Fig. 270. — Appareil de MM. Liénard et Hugot pour frapper des carafes de glace.

tuyau t, traversent la pompe pneumatique P, et sont refoulées par le tuyau t', dans le système tubulaire du condenseur C, où elles se liquéfient; puis le liquide condensé revient par le petit tuyau t'' dans la cornue x, pour se vaporiser à nouveau et continuer toujours la même évolution.

L'eau employée pour la condensation doit être la plus fraîche possible. La quantité d'eau nécessaire pour opérer la condensation, varie avec sa température; elle est généralement comprise entre 15 et 25 litres par kilogramme de glace produite.

La pression C dans le condenseur ne doit jamais dépasser $1^k,50$.

Un moteur à vapeur ou un moteur hydraulique, est indispensable pour faire fonctionner cet appareil. Le moteur doit être de la force de :

4 chevaux pour le type	n° 1	qui produit par jour	250 kil.	de glace ou	200	carafes frappées.
6 —	— n° 2	—	500 kil.	—	400	—
8 —	— n° 3	—	1000 kil.	—	800	—

Deux hommes suffisent pour faire fonctionner un et même deux appareils du type n° 3.

Le frère de M. Ferdinand Carré, M. Edmond Carré, a fait, en 1866, une invention très-originale ; il a transporté dans la pratique l'expérience de Leslie. Cette expérience présentait, dans les laboratoires, d'assez grandes difficultés : il fallait employer très-peu d'eau pour une grande quantité d'acide sulfurique, et produire le vide très-rapidement. Encore l'expérience échouait-elle souvent, à moins que l'on ne prît de l'eau déjà très refroidie. M. Edmond Carré, étudiant de près les causes de cet insuccès, fut conduit à l'attribuer à un tout autre motif.

En raison de sa densité et malgré son affinité pour l'eau, l'acide sulfurique peut, sans se combiner immédiatement avec ce liquide, se recouvrir d'une lame d'eau, qui, bien que très-mince, l'isole, momentanément au moins, de l'atmosphère ambiante, sur laquelle alors il reste sans action. C'est ce qui arrive souvent dans l'expérience de Leslie, surtout s'il fait un peu chaud. Dès lors, par ce fait, l'évaporation cessant ou se trouvant ralentie, l'eau ne se congèle pas.

D'après cette remarque, pour réussir à coup sûr il devait suffire d'agiter l'acide sulfurique, pour renouveler les surfaces de contact entre l'acide et la vapeur d'eau. C'est ce qu'a fait M. Edmond Carré. Grâce à ce perfectionnement, il a pu remplacer les délicates machines pneumatiques de nos cabinets de physique, par une pompe que construirait un ferblantier.

Il restait à trouver une matière pour constituer le vase à acide sulfurique ; car, sous les coups de l'agitateur, le verre aurait pu se briser. M. Edmond Carré fit choix, pour a matière de ce vase, d'un alliage de plomb et d'antimoine, qui résiste tout à la fois à la pression atmosphérique et à l'action de l'acide sulfurique.

Par ce procédé qu'il est équitable d'appeler *nouveau*, la congélation de l'eau s'opère assez vite. Avec le plus petit modèle, quatre minutes suffisent pour voir se former des glaçons dans un carafon contenant 400 grammes d'eau, et, dans une heure, toute la masse d'eau se prend en bloc.

Le prix de revient de la glace avec cet appareil, est très-variable. Si l'on opère dans un ménage où l'on ne compte pas sa peine, mais où l'acide sulfurique étendu n'ait aucun emploi, le prix de revient est de 5 à 6 centimes le kilogramme de glace. S'il s'agit d'une usine où l'on emploie de l'acide sulfurique que l'on reçoive concentré et qu'il faille diluer pour les besoins de cette usine, toute la dépense se réduit à la main-d'œuvre, selon les lieux, selon les quantités produites et la présence et l'absence d'un moteur, auquel on puisse emprunter la force insignifiante, qui est nécessaire pour faire marcher la pompe ou l'agitateur.

La figure 271 représente le *congélateur* de M. Edmond Carré. Son organe principal est une pompe pneumatique, qui fonctionne sans jamais exiger de réparations.

A, est la pompe pneumatique, M, le levier faisant agir la tige de la pompe ; T, est la tige verticale d'un agitateur, attaché au levier, M, et qui, par un second levier coudé, K, agite constamment l'acide sulfurique contenu dans le vase B, et facilite ainsi l'absorption de cet acide ; D est un vase destiné à retenir l'acide et à le faire écouler au dehors quand il a servi.

Pour faire marcher cet appareil, on enlève un bouchon qui ferme le vase de vidange D, et l'on verse, par son ouverture,

Fig. 271. — Machine à frapper les carafes de M. Edmond Carré.

2 kilogrammes 500 d'acide sulfurique concentré du commerce à 66°, ou en volume, 1 litre 1/3 pour l'appareil n° 1, ou 5 kil. 500 (en volume, 3 litres) pour l'appareil n° 2. On a dû préalablement enlever la carafe et ouvrir le robinet; sans cela l'acide n'entrerait pas dans le vase D, puis on incline légèrement l'appareil, afin qu'il ne reste pas d'acide dans le vase; on replace le bouchon et on ramène l'appareil à sa position ordinaire.

Il faut ensuite fermer le robinet J, pomper huit à dix coups, pour faire un peu de vide dans l'appareil, adapter au tube J la carafe H, contenant le tiers de son volume d'eau (400 grammes environ) ouvrir le robinet, J, ce qui fait adhérer immédiatement la carafe par la pression extérieure de l'air, mettre quelques gouttes d'eau sur le goulot de la carafe, afin d'avoir la certitude que l'air ne rentre pas, et manœuvrer la pompe, en ayant soin d'amener toujours son piston au contact du fond et du couvercle, et même d'insister une ou deux secondes en appuyant un peu pendant son application contre le couvercle, afin d'assurer l'expulsion complète de l'air. La sortie de l'air n'a lieu, lorsque le vide est avancé, qu'en produisant dans l'huile un petit bruit sec, qu'une habitude de quelques minutes apprend à connaître. Après trente ou trente-cinq coups de pompe, l'eau entre en ébullition; on continue jusqu'à ce qu'elle commence à se congeler.

A l'état normal et avec de l'acide neuf, la

glace apparaît deux à trois minutes après qu'on a commencé à pomper, et la congélation totale d'une carafe dure vingt à vingt-cinq minutes. La rapidité de la congélation diminue un peu à mesure que l'acide se dilue. L'acide peut servir jusqu'à ce qu'il soit étendu à 52 ou même 50°, ce qui donne une production de douze à quinze carafes par chargement d'acide.

Avant d'enlever la carafe contenant l'eau congelée, on ferme le robinet J, qui doit être rouvert très-lentement, après le placement d'une autre carafe. Immédiatement après l'enlèvement d'une carafe congelée, on peut en placer une autre.

Lorsqu'au lieu de frapper des carafes, on veut produire la glace en blocs, le vase pour produire la glace s'adapte à l'appareil comme la carafe, après avoir luté son couvercle avec de la cire en bâton. Avant d'adapter ce vase à l'appareil, on pompe quelques coups avec le robinet fermé, de sorte qu'après l'avoir posé, le vase adhère fortement en ouvrant le robinet, et l'on met quelques gouttes d'eau sur son goulot comme pour la carafe. La quantité d'eau à introduire dans le vase, est dans ce cas de 500 grammes au maximum. Pour défaire le joint du couvercle après congélation et enlèvement de l'appareil, il suffit d'introduire entre les deux parties une spatule, ou une lame de couteau ne coupant pas : il se détache immédiatement.

Lorsque l'acide s'élève à 2 centimètres du sommet du récipient B, il est saturé, ce dont au reste on s'aperçoit au ralentissement du travail. On enlève alors l'acide usé, par l'appendice D, qui a servi à l'introduire ; on commence par enlever la carafe, puis on ouvre le robinet *très-lentement*, on ôte ensuite le bouchon, on incline tout l'appareil, et l'acide s'écoule.

Si les beaux appareils de M. Ferdinand Carré répondent aux besoins de la grande industrie, le *congélateur* de M. Edmond Carré s'applique avec avantage à la petite industrie. Il produit le froid et la glace sans feu, sans pression, et rend de véritables services dans l'économie domestique. En trois minutes, il amène une carafe d'eau de + 30° à 0°, et la congélation commence ordinairement au bout de trois minutes.

L'application la plus importante qu'ait reçue cet appareil, c'est la production des carafes frappées. Chacun peut, dans son ménage, avec quelques coups de piston, congeler l'eau de sa carafe. Une partie des carafes frappées qui se vendent dans les cafés et les restaurants de Paris, s'obtient au moyen de cet appareil. Mais la plus grande partie est frappée dans les glacières du bois de Boulogne, avec le grand appareil de M. Ferdinand Carré. M. Ch. Tellier, avec son appareil à éther méthylique, et MM. Liénard et Hugot, avec leur pompe à éther et à sulfure de carbone, frappent également beaucoup de carafes. On voit, pendant l'été, circuler, dans Paris, quantité de voitures pleines de carafes d'eau frappées que l'on distribue soit chez les particuliers, soit dans les cafés et restaurants. Une carafe frappée se paie 25 centimes.

CHAPITRE V

LES APPLICATIONS INDUSTRIELLES DU FROID. — LA CONSERVATION DES MATIÈRES ALIMENTAIRES. — LE TRANSPORT DES VIANDES D'AMÉRIQUE ET D'AUSTRALIE EN EUROPE. — APPAREILS ET EXPÉRIENCES DE M. CH. TELLIER POUR LE TRANSPORT DES VIANDES D'AMÉRIQUE EN EUROPE AU MOYEN DU FROID. — LE REFROIDISSEMENT DES LIEUX HABITÉS. — L'EAU DOUCE OBTENUE EN MER PAR LA CONGÉLATION DE L'EAU. — APPLICATION DU FROID AUX INDUSTRIES CHIMIQUES: EXTRACTION DU SULFATE DE SOUDE DES EAUX MÈRES DES MARAIS SALANTS. — LE FROID APPPLIQUÉ A LA PARFUMERIE, A L'ART DU DISTILLATEUR ET DU BRASSEUR ET A D'AUTRES INDUSTRIES.

Les applications du froid réalisées jusqu'à ce jour dans l'industrie sont peu de chose, avons-nous dit, comparativement à ce que l'on peut espérer pour l'avenir de l'emploi de cet agent nouveau. Les résultats obtenus jusqu'à ce jour ont pourtant leur importance, et nous avons à les faire connaître ici.

La médecine et l'art culinaire ont fait seuls, pendant longtemps, un emploi journalier de la glace; mais bientôt ce moyen a été appliqué à la conservation des matières alimentaires, pour les préserver en été, et même en toute saison, de la décomposition. Une température élevée est indispensable à la fermentation putride, et tout corps maintenu à 0° est à l'abri de cette fermentation. Ce principe était connu depuis longtemps, mais la cherté de la glace empêchait d'en faire des applications suivies. Ce n'est que dans les régions septentrionales, où la glace abonde en tout temps, que l'on pouvait songer à ce moyen de conservation des matières alimentaires.

En Sibérie, on tue, au commencement de l'hiver, les bestiaux qui doivent servir à la consommation de la saison. On les fait geler, et, en cet état, on peu tles conserver. On économise, de cette manière, la nourriture qu'ils eussent dépensée pendant les mois rigoureux. Dans les expéditions que la marine anglaise envoie chaque année chasser les phoques dans le Groënland, et pêcher la baleine dans le détroit de Davis, chaque navire emporte trois à quatre tonneaux de bœuf frais. Au milieu de ces pays froids, cette viande fraîche, placée à bord, sur les hunes, se conserve indéfiniment pendant toute la campagne, et permet aux marins d'affronter les dangers du scorbut.

La conservation de la viande par le froid, qui n'était possible autrefois que dans les pays septentrionaux, est devenue possible aujourd'hui, en tout pays, avec les appareils industriels qui livrent la glace à quelques centimes le kilogramme. Rien de plus facile maintenant que d'abaisser, avec les appareils frigorifiques, la température des viandes au-dessous de zéro, et de les conserver ainsi très-longtemps, dans des enveloppes non conductrices de la chaleur.

Ce procédé de conservation est supérieur à la méthode d'Appert, car il est moins coûteux, la dépense pour la production du froid étant insignifiante. Il est meilleur, car il n'enlève aux substances aucun de leurs sucs nutritifs ou aromatiques; plus facile, car il n'exige aucune préparation préalable. Il suffit, pour l'appliquer, d'exposer, dans le réfrigérant, la pièce de gibier ou le poisson qu'on veut conserver, à un froid de — 3 ou — 4°, et, lorsqu'elle est congelée, de l'entourer d'une enveloppe imperméable, et de la replonger dans un réservoir plein de glace.

Le poisson ne supporte pas de longs transports, et les marchands, craignant de le voir se gâter dans leurs boutiques, ne veulent pas s'en charger. Un appareil réfrigérant peut abaisser, dans le temps voulu, la température de cargaisons entières, et rien ne serait plus facile que d'expédier le poisson, dans des wagons-glacières, aux villes de l'intérieur : il y arriverait aussi frais en juillet qu'en décembre.

Le transport des viandes d'Amérique ou d'Australie en Europe, par des moyens économiques, a été l'objet, de nos jours, d'une étude approfondie, et si la question était résolue, elle constituerait, on peut le dire, un des plus grands bienfaits que la science et l'industrie puissent rendre à l'humanité. En Amérique et en Australie, dans les plaines immenses de la Plata, de la Bolivie, de Buenos-Ayres, de la République de l'Équateur, du Brésil et d'autres régions de l'Amérique centrale, ainsi que dans les immenses prairies australiennes, vivent de grandes troupes de bœufs, dont la viande se perd inutilement, et dont on n'utilise que la peau, pour le tannage. Pendant ce temps, l'Europe manque de viandes de boucherie, dont le prix s'accroît sans cesse. Il est donc tout naturel que l'on songe à transporter en Europe les viandes de l'Amérique centrale et de l'Australie.

Ce problème, qui paraissait insoluble il y a quelques années, est à la veille d'être résolu. La question est à l'ordre du jour en Angleterre, en France, en Allemagne, et l'on peut prévoir l'époque où toutes les difficultés seront vaincues. On a proposé d'abord le transport des animaux vivants, mais, malgré le bas prix du fret, ce moyen apparaît toujours comme impraticable. L'abatage des animaux, le dépeçage des viandes, et l'expédition de ces viandes en Europe, est le moyen le plus avantageux, si l'on peut préserver la viande de la corruption pendant deux mois environ, temps nécessaire pour le voyage maritime et la conservation des viandes dans les magasins avant leur mise en vente.

En 1873, une compagnie anglaise fit parvenir à Londres et vendre sur les marchés, une cargaison de viandes envoyées d'Australie, qui avaient été conservées par leur séjour dans des caisses métalliques environnées de glace.

M. Ch. Tellier a fondé, avons-nous dit, à Auteuil, une *usine frigorifique*, dans laquelle il fabrique de la glace artificielle, et prépare des carafes frappées, qui sont vendues dans Paris. L'agent frigorifique dont M. Ch. Tellier fait usage, dans son appareil, est l'*éther méthylique*, dont la chaleur latente est considérable. M. Ch. Tellier s'est proposé d'approprier son appareil frigorifique au transport des viandes d'Amérique ou d'Australie en Europe. Au lieu de simples blocs de glace qui ont servi à conserver les viandes dans le voyage que fit en 1873 le navire australien dont nous parlions plus haut, M. Ch. Tellier propose d'installer à bord du bâtiment son appareil agrandi et approprié à cette destination spéciale.

L'éther méthylique est, dans l'appareil de M. Ch. Tellier, l'agent producteur du froid. Cet éther fut découvert et étudié, en 1835, par MM. Dumas et Peligot. On l'obtient en faisant réagir l'acide sulfurique sur l'esprit de bois (alcool méthylique). Ce composé est gazeux à la température et sous la pression ordinaires. Il se liquéfie par un froid de 30° au-dessous de zéro, sous la pression de l'atmosphère. Il a une odeur de pomme et brûle avec une flamme vive. On le respire sans danger; il ne semble pas être anesthésique.

L'appareil réfrigérant construit par M. Ch. Tellier, qui fonctionne à l'usine d'Auteuil, se compose :

1° D'un *frigorifère*, ou chambre tubulaire, composé d'une capacité traversée par un grand nombre de tubes;

2° D'une *pompe*, pour mettre en mouvement le liquide qui doit être refroidi en passant par les tubes du frigorifère;

3° D'un vaste *réservoir*, dans lequel le liquide refroidi est versé, pour se distribuer dans toutes les directions où doit être produite l'action du froid;

4° D'une *pompe à compression ;*

5° D'un *condensateur,* dans lequel l'éther méthylique, qui s'est volatilisé dans le frigorifère, reprend l'état liquide, sous une pression de 8 atmosphères.

Le liquide transmettant le froid est une dissolution de chlorure de calcium.

Une double circulation s'établit quand l'appareil est en action : celle de l'éther et celle de la dissolution de chlorure de calcium.

L'éther est versé liquide dans le *frigorifère*, dont il baigne les tubes. Il emprunte la chaleur nécessaire à sa vaporisation au liquide qui circule à la température ordinaire. La vapeur éthérée s'échappe par un conduit qui l'amène au corps de pompe et la refoule dans le condenseur. Celui-ci est plongé dans l'eau à la température de l'atmosphère et on renouvelle continuellement cette eau.

L'éther gazeux reprend la forme liquide sous la double action d'une pression de 8 atmosphères et du froid relatif du bain extérieur. Sous cet état, il repasse dans le *frigorifère*, pour s'y vaporiser de nouveau, et ainsi de suite.

La seconde circulation est celle du chlorure de calcium. La dissolution de ce sel est mise en mouvement au moyen d'une pompe; elle traverse le système tubulaire du *frigorifère*, pour céder à l'éther la chaleur qui doit le volatiser. Cette solution refroidie est répandue, par des conduits, partout où le froid est nécessaire. La plus grande partie de ce liquide se rend dans un réservoir divisé en plusieurs compartiments, à parois en tôle de 1 millimètre d'épaisseur, et entre lesquels l'air peut circuler. La liqueur froide arrive ensuite dans un autre réservoir qui enveloppe le *frigorifère*, et où il est refoulé par la pompe. Là il se refroidit de nouveau, pour reprendre son premier trajet.

Pour distribuer le froid à distance du *frigorifère*, M. Ch. Tellier fait encore usage d'un ventilateur, qui dirige un courant d'air entre les compartiments du réservoir où se trouve la solution refroidie de chlorure de calcium, c'est-à-dire sur des surfaces métalliques maintenues à 8 ou 10° au-dessous de zéro. En passant sur ces surfaces, l'air ne prend que la température de zéro. On fait varier le courant à volonté, si l'on veut éviter un trop grand froid.

Il est bon de faire remarquer, en effet, que la viande gelée se décompose très-rapidement.

L'eau contenue dans l'air, étant refroidie sur les plaques des compartiments du réservoir, s'y dépose sous forme de givre. Cet air est ainsi purifié d'une grande partie des germes qu'il tient en suspension. L'air froid et en partie purifié constitue l'atmosphère du local dans lequel on veut soumettre les substances putrescibles à l'influence du froid.

Ce même air froid est aussi utilisé en le faisant circuler dans des conduits disposés comme pour la circulation de l'éther et celle de la dissolution de chlorure de calcium.

La disposition que nous venons de décrire permet donc d'obtenir du froid au moyen de courants liquides et aériens, et de maintenir cette basse température dans des espaces où on doit expérimenter l'action de l'air froid sur les substances putrescibles.

Des expériences ont été faites, en 1874, avec cet appareil, par une Commission de l'Académie des sciences de Paris, à l'usine d'Auteuil, sur des matières putrescibles soumises à l'action continue d'une atmosphère froide, produite et entretenue ainsi qu'on vient de le dire.

Ces matières étaient des viandes de boucherie, des volailles, du gibier et des crustacés. Introduites dans la chambre froide, elles y sont restées exemptes de toute putréfaction. Quand la fermentation putride avait commencé, elle s'arrêtait immédiatement sous l'influence du froid.

La viande de boucherie, placée dans ces conditions, conserve son odeur et son aspect de fraîcheur. Au bout de quelques jours de séjour dans la chambre froide, elle prend une teinte plus sombre et subit une dessiccation superficielle; mais si l'on enlève la couche très-mince et plus sèche que le reste, la couleur de la viande fraîche reparaît.

La dessiccation des graisses s'opère également à la surface, sans acquérir l'odeur de rance.

On doit faire observer que les viandes soumises au froid éprouvent une diminution de poids. Cela s'explique par la perte d'une certaine proportion d'eau, due à l'évaporation. Au bout d'un mois, cette perte est de 10 pour 100. Ensuite, la perte diminue et finit par être très-faible. Au bout de huit mois, la chair est encore assez humide pour conserver de la souplesse.

Lorsqu'elles ont éprouvé cet état de dessiccation et qu'elles ne sont plus exposées au froid, les viandes peuvent ultérieurement se conserver plus facilement, leur dessiccation s'opposant à l'hydratation des germes et à leur développement. On avait exposé au froid un gigot de mouton, le 3 janvier 1874; le 4 avril on le retira, pour l'exposer à une fenêtre pendant les mois d'avril, de mai et de juin : il se dessécha sans entrer en putréfaction.

La durée de la conservation des substances organiques dans la chambre froide est indéfinie au point de vue de la *putrescibilité ;* malheureusement il n'en est pas de même à l'égard de la *comestibilité*. Les viandes de boucherie conservées par le froid gardent leur qualité comestible pendant les quarante-cinq premiers jours; mais, vers la fin du second mois, leur saveur change : elle rappelle celle d'une graisse. On ne pourrait donc faire subir de longs voyages aux viandes conservées par le froid. Elles prendraient, vers le second mois, un mauvais goût.

M. Ch. Tellier poursuit avec persévérance ses importantes recherches sur le transport et la conservation des viandes au moyen du froid; mais aucun résultat n'est encore définitivement acquis. Le temps seul permettra de prononcer sur ce qu'on peut attendre de cette entreprise.

C'est dans l'Amérique du Nord, particulièrement aux États-Unis, que l'emploi de la glace pour la conservation des denrées alimentaires est surtout répandu. Il existe en Amérique une foule d'appareils et de meubles réfrigérants, de tout modèle et de toutes dimensions.

La figure 272 représente le *buffet réfrigérant* le plus en usage dans les ménages de New-York. C'est un coffre rectangulaire en bois, à parois épaisses de 8 centimètres, doublé, à l'intérieur, de feuilles de zinc. Il y a deux compartiments. Dans l'un des compartiments, A, on met la glace, dans l'autre, B, les denrées à conserver, telles que lait, beurre, viande, poisson, etc. Une tringle mobile portant deux coulisses permet d'aérer à volonté le buffet en decouvrant deux ouvertures, C, C, qui font communiquer l'intérieur du buffet avec l'air extérieur. On a reconnu que les denrées se conservent mieux quand elles sont refroidies par la glace qui n'est point directement en contact avec elles. C'est d'après cette remarque que l'on place la glace dans un compartiment et les denrées dans l'autre. Par le contact direct de la glace, elles perdraient une partie de leur saveur.

En Amérique, on emploie, sur les marchés, des quantités énormes de glace pour conserver les poissons, les crustacés et les mollusques alimentaires, ou pour en expédier des provisions à l'intérieur du pays. Les pêcheurs américains amènent dans les ports les produits de leur pêche, à l'état de conservation parfaite, après dix jours de voyage. Les bateaux pourvus d'un vivier et les bateaux pourvus d'une glacière, et mieux encore les bateaux pourvus d'une glacière et d'un vivier, permettent d'amener sur les plages et de livrer à des prix très-modérés des cargaisons entières de poissons et de crustacés vivants, ou de poissons frais. L'em-

Fig. 272. — Buffet réfrigérant.

ploi de la glace a produit une véritable révolution dans l'alimentation du peuple américain, et contribué à la solution, dans ce pays, du problème de la vie à bon marché.

Les Américains n'ont pas, du reste, le monopole de cet usage. Depuis des siècles, il est mis en pratique par les Chinois. En Europe, les pêcheurs de la Sardaigne, des côtes de la Toscane et de Naples, font également un grand usage de la glace.

L'application des appareils frigorifiques au refroidissement de l'air pendant l'été, est une conquête de la physique et de l'industrie modernes. Il y a peu d'années encore, c'est à peine si l'on entrevoyait la possibilité de rafraîchir, pendant l'été, les maisons, les lieux de réunion publique, les théâtres, etc. Aujourd'hui ce problème peut être abordé avec quelque confiance.

Pendant l'été, la chaleur, déjà assez pénible, devient insupportable là où se rassemble la foule, dans les gares de chemin de fer, dans les théâtres, dans les assemblées, etc.

Pendant quatre mois (juin, juillet, août et septembre) les théâtres de Paris sont à peu près vides. La plupart ferment leurs portes, et ceux qui se décident à jouer ne couvrent pas leurs frais. Le thermomètre qui monte fait la ruine du directeur, dont la recette marche en raison inverse de l'élévation de l'échelle thermométrique. Le public court aux cafés-concerts, où il trouve le frais ; il fuit les théâtres, qui lui apparaissent comme des étuves. Donner de l'air frais aux théâtres en été, comme on lui distribue de l'air chaud en hiver, serait donc faire la meilleure des spéculations. Annoncez de la fraîcheur et de l'air en pleine canicule, et vous ferez salle comble. L'augmentation du chiffre de la recette compensera toutes les dépenses d'installation d'un appareil réfrigérant.

Pour refroidir l'air des lieux habités, on peut se servir de l'appareil allemand de Frédéric Windhausen, dont nous avons parlé (page 605), ou de celui de M. Paul Giffard, que nous avons également mentionné (même page). Dans ces deux appareils on produit le refroidissement de grandes masses d'air au moyen de la compression de l'air dans un cylindre métallique, suivie de sa *détente*, ou *décompression*.

On peut également refroidir l'air des habitations, au moyen de l'appareil de M. Ferdinand Carré.

M. Ferdinand Carré propose de construire de grandes caisses divisées en compartiments par des toiles tendues et séparées entre elles par une distance de quelques millimètres seulement. Sur ces toiles coulerait continuellement de l'eau refroidie par un appareil Carré. Un courant d'air, arrivant sur ces toiles, se jouerait dans ces surfaces multipliées; il perdrait 5 ou 6 degrés de chaleur, et, s'engouffrant dans des tuyaux disposés comme ceux d'un calorifère, il se tamiserait dans la salle par des cribles répartis de telle sorte que jamais un courant ne pût se former. Le peu d'humidité dont se chargerait l'air, ne ferait qu'ajouter aux conditions hygiéniques de la salle, et si l'on voulait joindre l'agréable à l'utile, il suffirait d'une faible dépense pour imprégner l'atmosphère d'un parfum suave et salubre.

Les frais d'installation d'un appareil pour rafraîchir un théâtre comme celui de la Gaieté, ne s'élèveraient pas à plus de 30,000 francs, et la dépense quotidienne serait d'environ 40 francs par jour. Qu'on mette en face de ce chiffre ce résultat : avoir frais au théâtre, lorsqu'on étouffe au dehors, et l'on comprendra les avantages de cette méthode.

S'il était possible de rendre les appareils destinés à refroidir l'air pendant l'été d'un usage courant, quelle révolution n'ajouterait-on pas au comfort de la vie dans les pays chauds ? Pour ces pays, la distribution du froid serait un bienfait inappréciable. Les appareils réfrigérants rendraient dans les régions chaudes, les mêmes services que rendent les poêles dans nos pays. Dans l'Amérique du Sud, dans les Indes, en Afrique, partout où on les installerait, le bien-être s'accroîtrait d'une manière sensible ; beaucoup de maladies disparaîtraient, et le séjour dans ces régions ne serait pas aussi désastreux qu'il l'est habituellement aux Européens que leurs intérêts y conduisent.

Dans les navigations maritimes, les appareils réfrigérants reçoivent aujourd'hui quelques applications. Ils servent d'abord à fournir aux marins des quantités de glace suffisantes pour alléger leurs souffrances pendant les longs séjours sous le ciel des tropiques. Ils pourraient, en outre, leur fournir de l'eau douce plus rapidement et à moins de frais que la distillation. Expliquons-nous.

Il serait plus économique, à bord des navires, de se procurer de l'eau pure destinée à la boisson et aux usages domestiques au moyen de la congélation de l'eau, qu'en ayant recours aux appareils et cuisines distillatoires de nos bâtiments actuels. Nous avons dit dans la Notice sur l'*Eau*, que lorsqu'on fait congeler l'eau de la mer, l'eau se solidifie seule, et que les sels solubles contenus dans cette eau, n'existent point dans les glaçons que l'on en retire. Sous l'influence d'un froid de plusieurs degrés au-dessous de zéro, l'eau de mer se partage en deux parties : l'une qui se congèle, c'est l'eau pure ; l'autre qui résiste à la congélation, c'est une dissolution très-concentrée des sels renfermés dans cette eau. Ce procédé, naturel, pour ainsi dire, est depuis longtemps en usage dans les salines des pays septentrionaux, pour obtenir, sans frais, la concentration de l'eau de mer destinée à fournir du sel marin. Les appareils frigorifiques pourraient servir à cette opération, dans la vue d'obtenir de l'eau douce à bord des navires. Soumise à l'action d'un appareil réfrigérant, l'eau de mer se congélerait. On retirerait la glace, qui n'est composée que d'eau pure, et en recueillant l'eau provenant de la fusion de cette glace, on aurait de l'eau excellente pour la boisson.

Dans les établissements où, comme à Vichy, on extrait des eaux minérales les sels qui leur donnent leurs propriétés médicinales, ce même procédé de concentration par le froid donnerait d'excellents résultats.

Une des plus importantes applications industrielles des appareils réfrigérants de M. Carré, a été faite au traitement des eaux mères du sel marin, pour l'extraction directe des sels de potasse, dans les établissements salins de MM. Henri Merle et Cie.

M. Michel Chevalier, en appréciant d'une manière générale, dans son *Introduction* aux rapports du Jury de l'Exposition universelle de 1867, les perfectionnements les plus marquants qui se rattachent à la chimie et à la physique, s'exprime ainsi à propos de l'application des appareils réfrigérants à l'industrie des marais salants du midi de la France :

« Le carbonate et le sulfate de soude, que la teinture et d'autres arts chimiques consomment dans une multitude de cas, sont au moment d'éprouver une baisse très-sensible par l'application de la machine à faire de la glace de M. Carré. Cette machine fournit le moyen d'extraire facilement des eaux de la mer le sulfate de soude qui s'y trouve tout formé, et qui, dans l'état actuel de l'industrie, est la matière première du carbonate, dont l'emploi est plus étendu. Par le même procédé, on dérobe à la mer différents sels de potasse, du chlorhydrate notamment. Cette dernière production ne sera pas un petit service rendu à l'industrie en général. La potasse s'obtenait, jusqu'à ce jour, par le lavage des cendres de bois. Dans les pays primitifs, où les forêts abondent, où le bois est sans valeur s'il n'est un obstacle, on incendiait les forêts pour retirer des cendres la potasse. Maintenant les forêts primitives commencent à manquer ou à ne plus se présenter que dans des régions inaccessibles. La potasse, matière à tant d'opérations, menaçait de nous faire défaut. L'invention de M. Carré vient à point pour retirer à peu de frais la proportion de potasse que renferme l'onde amère. Cette proportion est toute petite; mais comme le réservoir qui la contient est inépuisable, un approvisionnement suffisant de potasse est as-

Fig. 278. — Vue générale d'un atelier pour la fabrication de la glace avec l'appareil de M. Ferdinand Carré.

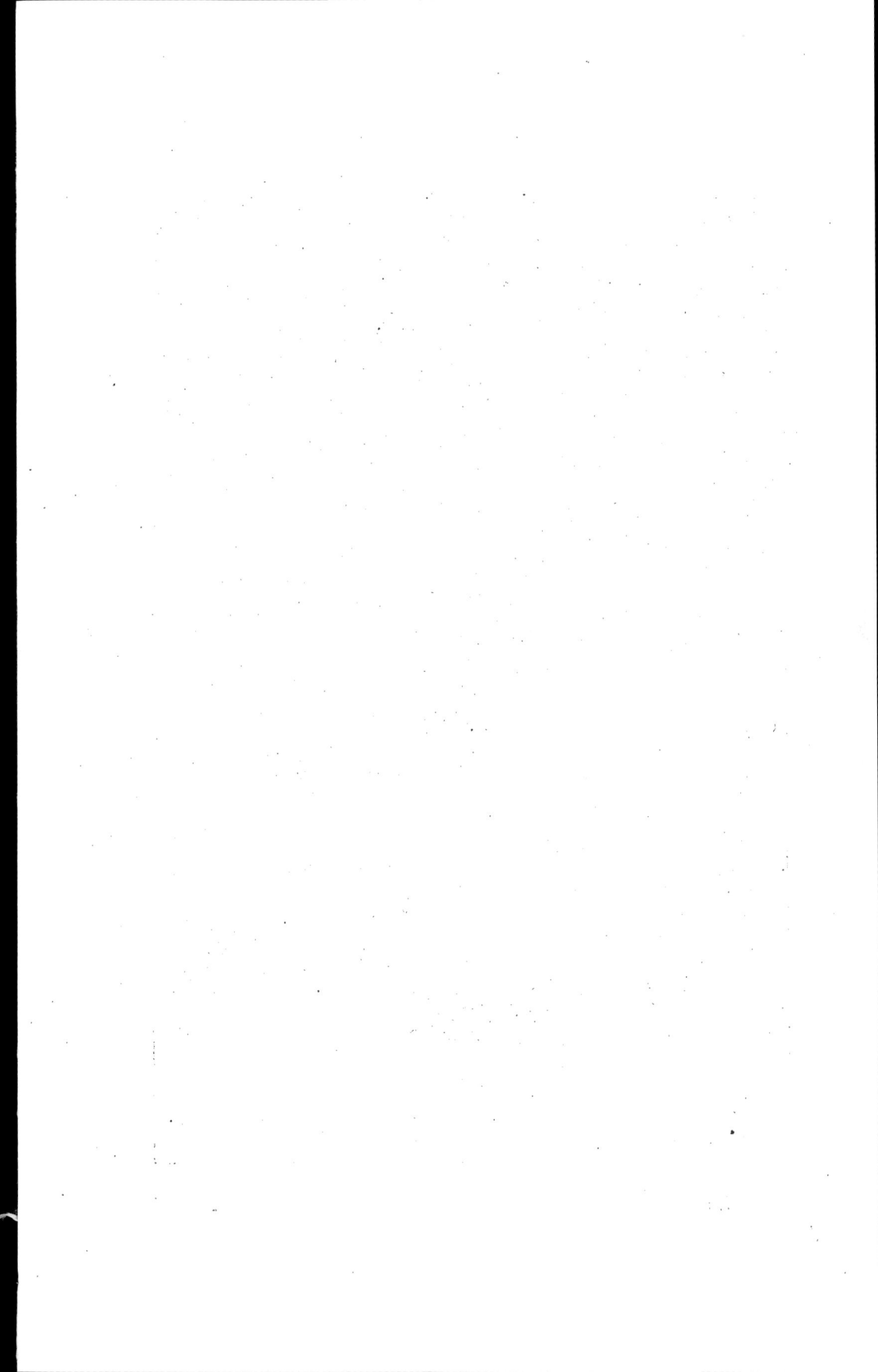

suré au genre humain, quels que soient ses besoins. La machine de M. Carré est montée aujourd'hui, sur les proportions qui conviennent, dans la saline de Giraud (Bouches-du-Rhône), dirigée par M. Merle, et elle y donne des résultats satisfaisants. »

Dans son rapport sur les produits chimiques qui figuraient dans la première section de la XIe classe de l'Exposition de 1867, M. Balard a décrit avec détail les perfectionnements que M. Merle a apportés au traitement des eaux mères des salines, en donnant les appareils Carré pour base et pour point de départ à ses nouveaux procédés.

Ce n'est pas seulement pour l'extraction du sulfate de soude des eaux mères des marais salants du midi de la France, que le froid artificiel intervient avec de grands avantages. Beaucoup de produits chimiques ont besoin, pour cristalliser, de lentes et parfois difficiles opérations, qui sont accélérées par l'intervention du froid. La plupart des sels solubles que l'on trouve en cristaux dans le commerce, sont dans ce cas. Ces cristallisations se font très-facilement dans des *réfrigérants* tubulaires disposés en faisceaux dans les cuves, et munis d'agitateurs, pour renouveler les points de contact et empêcher l'adhérence des cristaux sur les tubes. L'arrivée des liquides prêts à cristalliser, l'extraction des produits et l'écoulement des eaux mères, sont continus. Avant de s'écouler, les eaux mères échangent leur température avec celle des liquides qui arrivent, en circulant en sens inverse, dans les appareils tubulaires ; de sorte que toute la puissance réfrigérante est utilisée au profit du travail effectif.

Les vins se bonifient par la chaleur, et toute une industrie s'est fondée sur le chauffage industriel des vins, depuis les belles découvertes de M. Pasteur. Le froid produit un effet tout aussi favorable. Les vins se trouvent bien des hivers rigoureux, ou de leur transport dans des contrées relativement plus froides.

La congélation, en enlevant aux vins une partie de l'eau qu'ils renferment, concentre les principes alcooliques et aromatiques, et améliore ainsi leur qualité. M. de Vergnette-Lamotte, dont les travaux ont rendu tant de services à la viticulture, exploite en Bourgogne ce procédé. Il entoure d'un mélange de glace et de sel marin un vase clos, ou *sabot*, contenant deux hectolitres de vin. L'eau seule se congèle, et, en retirant les glaçons d'eau pure du liquide vineux non congelé, il obtient un vin dans lequel se sont concentrés tous les principes aromatiques. L'emploi d'un appareil réfrigérant accélèrerait cette opération.

L'espèce de *distillation à froid* que produit la congélation des liquides salins ou alcooliques, peut s'appliquer avec avantages à la concentration des alcools, des acides, des liquides volatils qui doivent être distillés. Le froid a cet avantage sur la distillation par le feu, qu'il n'a aucune action funeste sur les principes aromatiques, qui font très-souvent la plus grande valeur de ces boissons. Loin de leur être nuisible, ainsi que le fait souvent la chaleur, le froid les améliore.

Dans les laboratoires de parfumerie, on recueille le parfum de certaines fleurs au moyen d'huiles et de graisses, puis on traite ces huiles et ces graisses par l'alcool, pour leur enlever l'odeur florale dont elles se sont emparées ; enfin on distille cette solution alcoolique. Mais en opérant ainsi, une partie du parfum est perdue. La distillation à froid, c'est-à-dire la séparation de la partie aqueuse par la congélation et le rejet des glaçons composés d'eau pure, étant employée au lieu de la distillation par la chaleur, amènerait une séparation des deux substances plus complète, aussi rapide, moins coûteuse, et conserverait mieux le parfum.

Dans les fabriques de bougies stéariques, le froid est indispensable pour consolider les suifs et les stéarines, avant de les soumettre à la presse. Le froid est utile pour précipiter la paraffine, extraire les huiles grasses, solidifier les savons, durcir les chandelles et les bougies, et il ne peut être remplacé que par des procédés lents et dispendieux qui donnent rarement un résultat satisfaisant.

Dans la fabrication de l'eau de Seltz et des boissons gazeuses, pendant que la pompe refoule le gaz acide carbonique dans le *récipient-saturateur*, la température s'élève, par suite de la compression, et la dissolution du gaz dans l'eau devient difficile. Le travail de la pompe est pénible au-dessus de + 15°; on n'obtient de bons effets qu'à + 10°. Si l'on pouvait opérer à une température de — 3 ou — 4°, on obtiendrait d'excellents résultats, avec infiniment moins de travail. Il serait facile d'entourer le récipient-saturateur d'une enveloppe réfrigérante, ou d'abaisser au degré voulu la température de l'eau aspirée par la pompe.

Pendant l'été, l'activité de la fermentation rend parfois le travail des distilleries, des sucreries et des brasseries, très-difficile, et même impossible. On pourrait conserver longtemps le jus de betterave et de canne s'ils étaient soumis à une basse température. Souvent les rafraîchissoirs des sucreries ne peuvent se maintenir au degré constamment favorable à une cristallisation régulière. Un appareil frigorifique ferait disparaître tous ces inconvénients, en maintenant la température au degré voulu, quelle que fût la chaleur extérieure. Ce procédé, joint à celui du traitement des jus par l'alcool, qui permet leur transport, rendrait les plus grands services à l'agriculture, en permettant de presser les betteraves à la ferme, et de livrer les jus aux raffineries, au fur et à mesure de la consommation des résidus par le bétail.

La conservation des fourrures, des laines, des tissus en général; etc., sont d'autres applications qui peuvent être faites du froid artificiel.

Mais de toutes les industries, la brasserie est celle qui doit recevoir les plus utiles services des appareils frigorifiques. Grâce à l'action du froid, on donne aux *rafraîchissoirs* d'une brasserie la température exactement nécessaire à la fermentation du moût, selon la température régnante ou les différentes sortes de bières qu'on veut fabriquer. Les brasseurs consomment des quantités considérables de glace; il est évident qu'ils auraient tout avantage à remplacer la glace par le froid produit au sein de leurs cuves par les appareils frigorifiques récemment acquis à l'industrie.

CHAPITRE VI

LA CONSERVATION DE LA GLACE. — COMMENT ON CONSTRUIT UNE GLACIÈRE.

Nous venons de faire connaître les moyens très-divers de fabriquer industriellement de la glace; mais il ne suffit pas de produire la glace, il faut encore la conserver.

On appelle *glacières* les magasins dans lesquels on enferme de la glace, pour la préserver de la fusion.

La construction des glacières présente de très-frappantes applications des principes de la physique. Pour conserver la glace dans les magasins, il faut la mettre à l'abri de la chaleur du dehors. Les corps extérieurs pourraient céder du calorique à la glace, soit par rayonnement, soit par contact. Il faut donc isoler ces corps au moyen de substances qui soient mauvaises conductrices de la chaleur, et en même temps, *athermanes*, c'est-à-dire ne se laissant pas traverser par le calorique. Le bois et la brique réunissent ces deux conditions.

La construction d'une glacière serait donc

chose facile, si l'on n'avait qu'à s'occuper de la matière destinée à composer l'enveloppe où la glace est contenue. Mais ce qui complique la question, c'est la présence de l'air et des liquides. Quand l'air pénètre, par des fissures, dans une glacière, il se refroidit au contact de la glace. Devenu plus dense, il tombe à la partie inférieure de l'enceinte, et est remplacé par une nouvelle quantité d'air venue de l'extérieur, et par conséquent, relativement chaud. Il s'opère ainsi une circulation continue d'air, qui, par sa chaleur, provoque la fusion de la glace.

L'eau provenant de la fusion de la glace est une autre cause de réchauffement et de fusion de la glace elle-même, mais il est plus facile de se mettre à l'abri de cette cause de fusion. Il suffit, comme nous le verrons, de poser la glace sur une grille de bois, qui laisse écouler l'eau liquide, au fur et à mesure de sa fusion.

Plus la glace est réduite en menus morceaux, c'est-à-dire plus elle offre de surfaces à l'action refroidissante de l'air, et plus sa fusion est prompte. Un gros bloc de glace met dix fois plus de temps à se fondre qu'un même poids de glace réduit en morceaux. D'où l'indication de prendre les blocs, que l'on enferme dans les glacières, aussi volumineux que possible, et l'usage excellent, quand une glacière est remplie, de l'arroser avec de l'eau très-froide, qui se congèle par l'abaissement de température de l'enceinte, et fait prendre toute la provision de glace en un seul bloc. Quand elle est ainsi à l'état de masse unique, la glace résiste beaucoup plus à la fusion.

Il est indispensable de refroidir la glacière avant d'y déposer la glace, en l'aérant par une des journées les plus froides de l'hiver. Quand on a ainsi balayé l'enceinte par de l'air froid, on refroidit peu à peu ses parois qui, en raison de leur mauvaise conductibilité, ne se réchauffent plus une fois la glace introduite, et conservent pendant tout l'été leur basse température.

C'est pour la même raison qu'il faut toujours placer les glacières au nord, et les entourer d'arbres, qui entretiennent la fraîcheur dans l'air environnant.

Il faut plusieurs années pour faire une bonne glacière. Un long séjour de la glace doit congeler, pour ainsi dire, les murs et les terres qui les environnent. Sans cela ils cèdent du calorique à la glace, et une fusion plus ou moins grande finit par s'établir.

Il est malsain et même dangereux d'entrer dans une glacière, en raison de la basse température et de la viciation de l'air confiné dans ces sombres réduits.

Tels sont les principes de physique qui doivent guider les constructeurs des glacières. C'est une erreur de croire que l'on soit obligé de creuser une glacière à une certaine profondeur dans le sol. Ces fosses souterraines n'ont aucun avantage. Sans doute, les couches profondes du sol où elles sont établies, ne participent pas aux variations de température de l'air extérieur ; elles sont fraîches pendant l'été; mais cette température est toujours bien au-dessus de zéro : c'est la température moyenne du lieu, c'est-à-dire, dans nos climats tempérés, une température de $+5$ à $+6°$. La fraîcheur d'une cave n'est donc qu'un terme relatif. Une cave nous paraît fraîche en été, et chaude en hiver; mais, en réalité, sa température est invariable, et toujours beaucoup trop chaude pour une glacière. Quand on construit une glacière souterraine, on n'est nullement dispensé, pour cela, de l'emploi des matières isolantes. En outre, dans les glacières souterraines, il est très-difficile d'enlever l'eau provenant de la fusion de la glace, et cela devient impossible quand les fosses sont un peu profondes, à moins de faire usage d'une pompe. Ajoutons, comme dernier argument, que le bois et la paille, les substances isolantes les plus employées, s'altèrent assez rapidement dans le sol, ce qui rend plus coûteux l'entretien des glacières souterraines.

Pour ces différents motifs, la meilleure manière de construire un magasin à glace, est celle que l'on suit dans l'Amérique du Nord. On fabrique une petite maison de bois, de forme rectangulaire, d'environ 10 mètres de côté, sur 6 de hauteur, à la quelle on donne de doubles parois. La cloison intérieure résultant de cette double paroi, est remplie avec des matières isolantes, telles que de la paille de froment et d'avoine, de la sciure de bois, du foin, du tan desséché, de la tourbe. Toutes ces matières sont isolantes, autant par leur propre substance que par l'air qu'elles tiennent emprisonné. La toiture est recouverte de paille, de chaume ou de roseau, qu'il est bon de teindre en blanc, plutôt que d'une couleur sombre, la couleur noire absorbant la chaleur, tandis que la blanche la réfléchit. La paroi inférieure doit être, comme les parois latérales, composée d'une double paroi, dont la cloison est remplie de substances isolantes. Il est bon, comme nous le disions plus haut, de poser la provision de glace sur des barreaux de bois, qui laissent écouler l'eau de fusion, dont le contact produirait l'échauffement de la glace.

Le point difficile dans une glacière, c'est la porte d'accès. Une porte ordinaire ne suffirait pas, car chaque fois qu'on l'ouvrirait, il y aurait un courant d'air violent, provoqué par la différence de température, au grand détriment de la conservation de la glace. D'ailleurs, la porte étant même fermée, il passerait à travers les jointures du bois, ou ses fissures accidentelles, un courant d'air incessant, qui serait très-préjudiciable. On emploie donc de doubles portes garnies de paillassons, et l'on n'ouvre jamais l'une des deux portes sans que l'autre soit fermée. Il est bon de placer les portes au-dessus du dépôt de glace, plutôt qu'à son niveau, afin d'éviter le courant d'air qui se produirait en dépit de la double porte, si l'ouverture était en droite ligne avec la glace. Il ne doit pas y avoir, d'ailleurs, d'autre ouverture que cette porte, avec quelques trous à l'opposé, qui servent à balayer le magasin par des courants d'air froid pendant les quelques jours qui précèdent l'introduction de la glace.

Malgré toutes les précautions, une partie de la glace fond dans le magasin. Il faut donc pratiquer au bas, une rigole, aboutissant à une conduite de fonte, qui évacue l'eau de fusion. Ce tuyau doit être à jointure hydraulique, pour empêcher l'accès de l'air à l'intérieur de l'enceinte.

On construit dans l'Amérique du Nord, pour les particuliers, de petites glacières en bois de sapin assemblé à rainures, avec doubles parois remplies de sciure de bois et de tourbe. Le sol est recouvert d'une couche de tourbe de 60 centimètres d'épaisseur, et le toit est en paille ou en roseau, débordant de chaque côté. La double porte, munie de paillassons, est dirigée vers le nord. Cette petite construction ne coûte pas plus de 300 francs.

Les villes font construire, pour la vente de la glace aux particuliers, de grands magasins ayant les mêmes dispositions.

Les glacières se construisent de la même manière en Allemagne. Les magasins à glace de Leipsig ont 24 mètres de long, 16 mètres de large et $2^m,80$ de haut, ce qui donne une capacité d'environ 1,000 mètres cubes. Autour du bâtiment sont de petites chambres, qu'on utilise pour conserver la viande. Ces chambres sont disposées dans une galerie, qui confine aux murs de la glacière.

On a établi à Bruxelles, en 1875, une glacière qui peut servir de modèle à ce genre de réservoirs.

Les proportions de cette glacière sont colossales. Le hangar qui la couvre mesure environ 1600 mètres de superficie. Il est divisé en quatre travées, percées chacune de larges ouvertures, qui rendent impossible tout encombrement à l'entrée et à la sortie des voitures, en facilitant l'accès des portes, ou plutôt des orifices par lesquels on introduit la glace. Ces orifices, au nombre de neuf, communiquent avec autant de compartiments juxtaposés, qui peuvent contenir chacun 1,000 mètres cubes de glace.

Un *ascenseur* est établi à chaque étage, pour monter du rez-de-chaussée aux étages supérieurs, les produits à conserver. Un railway contournant chaque galerie, sert à transporter la glace vers l'ascenseur. Les murs de la glacière sont creux, et l'intervalle a été rempli de mousse et de sciure de bois. 9 millions de kilogrammes de glace furent emmagasinés pendant l'hiver de 1875. Cette glace provenait de sources retenues dans des prairies, qui peuvent être submergées à volonté. Mais le véritable approvisionnement de cette glacière sera fourni par la glace de la Norwége.'

Les galeries, qui contournent la glacière, et dont la température est toujours de — 3°, sont installées de manière à pouvoir y suspendre 2,000 quartiers de viande. Un compartiment spécial est réservé au dépôt des poissons. On peut aussi se servir de ces galeries comme dépôts pour les bières qui, comme celles de Vienne et de Bavière, et comme la bière anglaise, exigent, pour leur conservation, une température glaciale.

Si la glace a manqué pendant l'hiver, on peut emmagasiner de la neige dans les glacières. En l'arrosant avec de l'eau, et en la comprimant fortement, pour en chasser l'air, on obtient des blocs de 30 à 40 centimètres de côté, qui remplacent la glace.

Dans les contrées méridionales où il ne gèle pas pendant l'hiver, on fait venir de la neige des montagnes, et on la conserve dans des glacières. A Naples, par exemple, les boissons fraîches que les *acquajoli* débitent sur les places publiques, sont refroidies par de la neige qu'on a recueillie pendant l'hiver, sur la chaîne de montagnes qui s'étend de Naples à Sorrente, ou dans les Apennins.

CHAPITRE VII

LE COMMERCE DE LA GLACE AUX ÉTATS-UNIS, EN FRANCE, EN ANGLETERRE, EN NORWÉGE ET EN SUISSE.

Le désir, bien naturel, des populations des pays chauds, de se procurer des boissons fraîches, a fait naître le commerce de la glace, qui, de peu d'importance, au commencement de notre siècle, met aujourd'hui en mouvement des capitaux considérables. C'est l'Amérique du Nord qui eut l'initiative de ce commerce. En 1805, un négociant de Boston, Frédéric Tudor, créa l'entreprise consistant à transporter par mer des chargements de glace dans les pays chauds. La guerre qui régnait alors entre les grandes puissances européennes, et dont le contre-coup se faisait sentir sur toutes les marines du monde, mit des entraves à l'entreprise de Frédéric Tudor, qui dut se borner à envoyer ses navires à la Jamaïque et à la Martinique.

A cette époque, d'ailleurs, on manquait, dans les ports, de magasins disposés pour recevoir la glace, et les navires n'étaient pas encore bien appropriés pour sa conservation. Enfin les procédés rationnels pour couper la glace, la charger et l'arrimer à bord des navires, n'avaient pas encore été trouvés. Mais, une fois ces difficultés surmontées, les exportations se firent régulièrement.

En 1815, au retour de la paix en Europe, les exportations de glace de Boston s'étendirent à l'île de Cuba et à la Nouvelle-Orléans. En 1833, des navires chargés de glace allèrent, pour la première fois, dans les Indes, d'abord à Calcutta, puis à Madras et à Bombay.

Le succès de l'entreprise de Frédéric Tudor en a fait naître beaucoup d'autres. Depuis l'année 1852, le commerce d'exportation de la glace d'Amérique a pris un grand développement. Il s'étend jusqu'à la Chine, l'Amérique du Sud, l'Australie et l'Europe. A Calcutta, l'on a construit, pour emmagasiner la glace, un immense édifice, avec de triples murs, dont les intervalles sont remplis de paille, et qui ne contient pas moins de 30,000 tonnes de glace. Londres est également un entrepôt important de la glace américaine.

La glace se prenait, au début, dans de petits lacs, ou étangs, situés aux environs de Boston, d'où elle était amenée au port de Boston par le chemin de fer. Aujourd'hui, un grand nombre de lacs de l'Amérique du Nord contribuent à fournir la glace. Son extraction se fait méthodiquement. Quand la croûte a atteint 12 à 15 centimètres d'épaisseur, on la coupe à la scie, en rectangles de 60 centimètres de côté, et on l'enferme dans des glacières provisoires.

Pour couper la glace, on se sert d'un instrument tranchant, porté sur une plate-forme, que traîne un cheval, et qui se manœuvre à peu près comme une charrue. Dans les sillons tracés par ce soc tranchant, on passe un second instrument semblable, adapté à une machine également traînée par des chevaux, et qui coupe plus profondément la glace, sans toutefois la diviser entièrement. Il n'y a plus alors qu'à séparer les blocs ainsi délimités, au moyen d'une scie à main. On laisse flotter librement les fragments séparés dans des canaux pratiqués à la surface de l'étang gelé; ils sont ainsi poussés jusqu'au rivage du lac.

Du rivage, on place la glace, morceaux par morceaux, sur un plan incliné, où elle est remontée par une machine à vapeur jusqu'à une certaine élévation. De là, on la porte à la glacière, par un second plan incliné en sens contraire et moins rapide, qui se raccorde avec le premier. On se sert d'une grue à vapeur pour arrimer les blocs dans la glacière.

Les glacières de Boston peuvent emmagasiner jusqu'à 300,000 tonnes de glace. Dans les environs de New-York, on en récolte annuellement cette quantité, qui est presque entièrement consommée par la ville et les localités voisines.

Quand la glace est bien arrimée dans la cale des navires, et disposée en un magasin à glace d'après les principes exposés plus haut, les blocs traversent l'équateur sans perdre sensiblement de leur poids.

Le commerce de la glace occupe, dans l'Amérique du Nord, plus de 20,000 personnes, et met en mouvement, chaque année, plus de 3 millions de capitaux. Le lac Rockland seul, dans l'État de New-York, fournit 100,000 tonnes de glace par an, c'est-à-dire plus que la terre la mieux cultivée et la plus productive.

La glace américaine a trouvé récemment une rivale dans celle de la Norwége. On exporte aujourd'hui de ce pays en France, une certaine quantité de glace.

Les glaciers de la Suisse sont généralement exploités. Leur glace, taillée et enfermée dans des caisses spéciales, est expédiée, par les chemins de fer, dans quelques parties du midi de la France.

FIN DE L'INDUSTRIE DU FROID ARTIFICIEL.

INDUSTRIE

DE L'ASPHALTE ET DU BITUME

CHAPITRE PREMIER

ASPHALTE ET BITUME. — GISEMENTS DE BITUME EN PALESTINE. — GISEMENTS DE BITUME EN BIRMANIE. — LES PUITS DE FEU DE LA CHINE. — GISEMENTS DE JAVA, DES ILES DE LA TRINITÉ, DE L'AMÉRIQUE DU NORD, DE L'AMÉRIQUE DU SUD, DE L'ESPAGNE, DU PORTUGAL, DE L'ITALIE, DE LA RUSSIE, DE LA DALMATIE, DE LA GRÈCE, DE LA SUISSE ET DE LA FRANCE.

Combien de personnes accoutumées à *fouler*, suivant l'expression consacrée, l'*asphalte des boulevards*, se sont jamais enquises de l'origine du produit naturel qui donne le moyen de recouvrir nos trottoirs de ces vastes dalles s'étendant le long des rues sans solution de continuité, sans suture apparente, et de revêtir les chaussées de ce tapis élastique sur lequel les voitures semblent glisser plutôt que rouler?

L'origine, l'extraction, la mise en œuvre des matériaux qui entrent dans la construction de ces trottoirs et de ces chaussées, telles sont les questions que nous avons à traiter dans cette Notice.

Et d'abord qu'est-ce que l'asphalte?

L'asphalte est une roche calcaire, qui a été imprégnée de bitume dans le sein de la terre, par suite d'un contact longtemps prolongé avec ce bitume, ou par l'éruption subite de cette matière jaillissant violemment des parties internes du globe, à travers une fissure.

On rencontre également le bitume à l'état de liberté. Dans plusieurs localités il sort des rochers; dans d'autres il a rempli, à l'intérieur du sol, des dépôts, où il est facile de le recueillir.

La *roche asphaltique* est employéee dans l'industrie, mélangée avec du gravier et un peu de bitume, qui sert de lien entre l'asphalte et le gravier. C'est ce mélange que les gens du métier appellent *mastic d'asphalte*, et qui sert à couvrir les trottoirs, les cours, terrasses, etc.

La roche asphaltique pure est employée au revêtement des trottoirs et des chaussées. Pour cela elle est pulvérisée, puis réchauffée, étendue, et enfin *comprimée* à chaud, sur la chaussée à revêtir.

Nous avons donc à parler ici de ces deux produits naturels, l'*asphalte* et le *bitume*.

Nous ferons d'abord connaître les divers pays dans lesquels l'asphalte et le bitume ont été découverts ou exploités. Nous examinerons ensuite la nature de ces deux substances, et nous essayerons de préciser leur situation au milieu des diverses couches de l'écorce terrestre. Nous étudierons les nombreux dépôts d'asphalte qui existent dans l'Orient et dont les anciens peuples ont tiré parti. Nous ferons voir enfin la science européenne découvrant, sur son propre territoire, cette utile matière dont la possession semblait être le privilége de l'Orient, et nous décrirons les procédés qui servent à l'appliquer à l'industrie.

Le bitume existe en Judée, à l'état libre. On le rencontre aussi imprégnant des calcaires tendres, et constituant, dès lors, la roche asphaltique, ou *l'asphalte proprement dit.*

La plupart des gisements de bitume et d'asphalte de la Judée sont échelonnés, du nord au sud, sur la rive occidentale du Jourdain et sur les bords de la mer Morte. Ils se succèdent le long d'une ligne droite qui s'allongerait parallèlement à ce cours d'eau et à ce lac intérieur, depuis la source du Jourdain, dans l'Anti-Liban, jusqu'à la pointe méridionale de la mer Morte.

C'est sans doute de ces gisements que proviennent les débris d'asphalte que l'on trouve répandus au milieu des graviers de la rive occidentale du Jourdain, et dont les riverains ne manquent pas d'offrir quelques échantillons au voyageur désireux de conserver un souvenir de son passage dans ces contrées. Ces fragments ont dû être entraînés à la mer Morte ou déposés sur ses rivages par les torrents qui descendent de ces régions accidentées.

Le bitume flotte quelquefois à la surface de la mer Morte. Dans ce dernier cas, il a été enlevé par les eaux à des gisements situés au fond du lac.

M. de Chancourtois, dans la pensée que tous les dépôts d'asphalte et de bitume formeraient une série de systèmes, coïncidant avec les cercles du réseau pentagonal d'Élie de Beaumont, a rangé les gisements de la mer Morte dans le cercle de l'Araxe. D'après un mémoire de ce géologue, inséré dans les *Comptes rendus de l'Académie des sciences* du 14 août 1863, le cercle de l'Araxe comprend « le cours de l'Araxe, le gîte asphaltique de la mer Morte, le crochet du Nil à Siout, la région du lac Tchad, l'île Saint-Thomé, la traversée de la pointe de l'Amérique, très-près du détroit de Magellan, et, dans l'autre sens, la rive nord du Kara-Bogaz de la mer Caspienne, le lac Aral, le lac salé d'Upsanoor, le détroit de Mats-Maï; enfin, par une coïncidence curieuse, pour un cercle passant à Gomorrhe, le premier jalon rencontré dans l'océan Pacifique est l'îlot appelé la Femme de Lot. »

Le lit du Wady Sebbeh, celui du Wady Mohawat, puis un foyer d'émanation qui se trouve dans la mer Morte, près du Ras-Mersed, enfin Nebi-Musa, non loin de la pointe nord-ouest de cette nappe d'eau, se distinguent, le long de la ligne dont nous avons déjà parlé, par des émanations bitumineuses.

Dans le lit du Wady Mahawat le bitume imprègne les calcaires crétacés, comme s'il s'était infiltré dans tous leurs interstices sous l'influence d'une compression exercée par une pompe foulante d'une grande puissance. Il sort par les fentes de la roche, auxquelles il reste suspendu, sous forme de stalactites. Il a même pénétré dans les alluvions anciennes juxtaposées à ces calcaires crétacés, car il en a agglutiné les sables et les graviers siliceux. Ces agglutinations ont été disséminées par les eaux sur le trajet de ce dépôt jusqu'à la mer Morte.

Plus au nord, le lit du Wady Sebbeh, profondément creusé dans un calcaire dolomitique (carbonate de chaux et de magnésie), passe au pied de la colline de même nom. La roche a été imbibée de bitume, qui en a rempli les cavités et qui s'y est solidifié en morceaux noirs et brillants, lesquels forment avec le calcaire dolomitique une sorte de brèche d'une nature spéciale.

Enfin, à Nebi Musa se trouve un gisement calcaire bitumineux, que les Arabes appellent *Hajar Musa* (pierre de Moïse). Les Chrétiens de Bethléem la vendent aux pèlerins, après l'avoir façonnée en objets de piété. Ils lui donnent un nom qui signifie « *pierre de la mer Morte.* »

Dans le prolongement de la direction que nous avons indiquée, le long de l'Anti-Liban, se trouvent d'autres calcaires bitumineux, dont le plus connu est celui de Hasbeya, aux environs des sources du Jourdain. Une vingtaine de puits qui y avaient été creusés à l'époque de la conquête égyptienne, ont fait donner à la localité où se faisait cette exploitation, du reste peu importante, le nom de *Bir el Humar* (puits de bitume).

Outre les gîtes alignés le long de la vallée du Jourdain et dont nous venons de parler, on rencontre d'autres émanations bitumineuses qui, de Khalwet, entre Hasbeya et Rascheya, longeant la chaîne de l'Anti-Liban, se poursuivent vers le nord, en traversant la craie, puis se dirigent vers le nord-est, près de Damas. Ils comprennent, dans leur ensemble, la mer Morte, la Perse, la Mésopotamie, la pointe du Sinaï et la *Montagne de l'Huile*, en Égypte.

Si de la Palestine nous continuons, vers l'est, notre exploration des gîtes bitumineux, nous trouvons en Birmanie, sur les bords de la rivière Irawaddy, une étendue considérable de terrains imprégnés de bitumes dont nous avons déjà parlé, dans les *Merveilles de la science* (1). Nous avons déjà dit que ces puits se trouvent à Jenhan Ghaun, sur la rive gauche du fleuve, et que les Anglais en ont commencé l'exploitation en 1845.

Le naturaliste Pallas, chargé par l'impératrice de Russie, Catherine II, de diriger une expédition scientifique dans les régions orientales de la Russie, eut l'occasion, pendant ce voyage, qui dura de 1768 à 1773, de constater l'existence du bitume en Sibérie. Ce bitume sort de la source de Neftenoi-Klioutch.

« Le dessus du petit bassin de cette source se couvre, dit Pallas, d'un bitume noir et très visqueux qui a la couleur et la consistance d'un goudron épais; il se reforme en peu de jours chaque fois qu'on l'enlève. Il n'y avait que quinze jours qu'on avait emporté tout le bitume du bassin; il s'en était formé de nouveau et en si grande abondance, malgré la gelée, que j'en fis tirer six livres, sans compter tout ce qui, vu sa ténacité, s'était attaché à différents corps étrangers. Il y en avait plus d'un doigt d'épaisseur sur l'eau au pied de la montagne, mais cette épaisseur allait toujours en diminuant vers l'écoulement du bassin, ce qui prouve que l'eau, en s'écoulant, en entraîne une partie. Toute la cavité de la source est tapissée de ce bitume; le lit de terre dans lequel elle se trouve, et qui s'étend vraisemblablement très-avant dans la montagne, en est entièrement pénétré.

« Lorsqu'on a fait enlever l'asphalte, on voit encore surnager au-dessus de l'eau du pétrole très-fluide, d'une odeur très-forte et très-pénétrante, mais en petite quantité. »

(1) Tome IV, page 180.

Les eaux des puits salifères de la Chine, creusés depuis des siècles, au nombre de 10,000 environ, sur un espace de 200 kilomètres carrés, contiennent des matières bitumineuses. Certains puits forés dans la même région, à Tsei-leiou-tsing, émettent du gaz inflammable imprégné de bitume. Ces puits ont, en général, de 12 à 15 centimètres de largeur et 500 ou 600 mètres de profondeur. Il y en a quatre, dans une vallée voisine, qui lancent, avec un ronflement effrayant, des gerbes de gaz à une grande hauteur. Ce gaz, lorsqu'il est enflammé, brûle avec une forte odeur bitumineuse.

Dans l'île de Java, on voit, près des volcans et des sources thermales, le bitume sourdre de terrains tertiaires contenant du lignite.

Près des côtes de l'Amérique, dans l'archipel des Antilles, l'île de la Trinité, très-rapprochée de l'Équateur, contient un lac de bitume, dont le docteur Nugent a donné une description que nous avons reproduite à la page 178 du volume précédemment cité des *Merveilles de la science*.

Les bitumes d'Ennis-Prillen, dans l'Amérique du Nord, sont connus depuis 1853.

L'Amérique du Sud est riche en bitumes. De Humboldt en a signalé les principaux gisements. La mine de bitume de Chapapote, qui, d'après ce voyageur, produit des éruptions aux mois de mars et de juin, en lançant de la flamme et de la fumée, est située au sud de la pointe de Guataro, sur la côte orientale de la baie de Mayari.

Un lac de bitume célèbre s'étend, au milieu d'un sol argileux, au sud-est du port de Naparimo.

Les gisements bitumineux de l'Espagne et du Portugal occupent les terrains crétacés. C'est dans ces terrains que se trouvent le calcaire asphaltique compacte, à grains très-fins, de Maestu, province d'Alava, à 15 kilomètres de Vittoria, et les gisements de Burgos et de Santander. Celui de Maestu est, malheureusement, situé au fond d'une gorge profonde où les transports ne peuvent être effectués que par des bœufs et des mulets.

Le bitume de Portugal se trouve à l'étage inférieur des terrains crétacés (étage wealdien). C'est du grès qu'il imprègne et non du calcaire, comme en Espagne. Ces gisements sont très-développés dans le district de Leiria. Près de Monte-Real se trouve le seul gisement exploité, celui de Granjan.

C'est également dans les terrains crétacés que se trouvent les dépôts bitumineux exploités à Bentheim, à Hanovre et à Peine, en Allemagne.

En Italie, l'asphalte se trouve aux environs de Plaisance, de Parme et de Modène, ainsi que près de la ville de Raguse, dans la province de Noto, en Sicile. Le calcaire de ce dernier gisement est huileux et les grains en sont très-fins.

En Russie, le bitume se présente à la surface même du terrain tertiaire où sont creusés les puits d'extraction du pétrole, sur le versant oriental de l'extrémité du Caucase et sur les rives occidentales de la mer Caspienne. Il forme, autour de certains orifices du sol, des dépôts de 2 ou 3 mètres d'épaisseur, qui s'étendent sur un rayon de plusieurs centaines de mètres.

Ce bitume, à peu près solide, connu sous le nom d'*ozokérite*, paraît provenir des modifications qu'a subies, sous l'influence de l'oxygène atmosphérique, le pétrole épanché depuis longtemps dans ces terrains.

Bakou est le centre d'exploitation de ce produit. La richesse en bitume diminue de plus en plus au fur et à mesure qu'on s'éloigne de ce point, soit au nord, soit au sud, soit à l'ouest, jusqu'à 130 ou 150 kilomètres de distance, dans les districts d'Apschéron, de Lenkoran et de Derbent.

En Dalmatie, le terrain jurassique contient une roche dolomitique bitumineuse.

Entre Navarin et Nisi (Grèce), le bitume sort des terrains crétacés.

Dans le nord de la France et de la Belgique, le bitume colore en noir le calcaire carbonifère.

La mine de bitume la plus importante de la Suisse est celle du Val de Travers. C'est le premier gisement où le bitume ait été découvert et exploité en Europe.

Qu'on se figure une lentille dont l'arête médiane serait un cercle d'un rayon de 75 mètres et dont les deux pôles seraient distants de 80 à 90 centimètres; que, par la pensée, on la remplisse d'asphalte terreux et qu'on la recouvre d'une mince couche de terre végétale, et l'on aura une idée exacte du gisement de bitume du Val de Travers.

Composées de dépôts d'alluvions et de tourbes, les couches du sol, dans le fond de cette vallée, sont presque horizontales. Des collines en pente douce conduisent du fond étroit de ce bassin aux flancs abruptes de la chaîne jurassique qui encaisse la vallée.

Le sol de ces collines comprend de haut en bas, des marnes micacées, appartenant à la *molasse* des terrains tertiaires (1), des

(1) On appelle *molasse* un grès assez friable dont les grains quartzeux, mélangés de matières limoneuses, sont mous, ont peu de cohérence entre eux. De là son nom.

Fig. 274. — Seyssel (département de l'Ain) et les montagnes contenant le calcaire asphaltique.

grès de la même formation, des grès verts et des couches crétacées inférieures ou néocomiennes.

Plus loin se dressent, au midi et au nord, de hautes montagnes, appartenant à la chaîne du Jura.

Si, délaissant les flancs escarpés du côté méridional de ces montagnes, qui portent dans les airs, à de grandes hauteurs, leurs sombres forêts de sapins et de hêtres, le voyageur gravit les pentes, moins abruptes, du versant septentrional, et que, parvenu à mi-chemin, il jette un coup d'œil sur la verte vallée qui se déroule sous ses yeux, il aperçoit Travers, Couvet, Fleurier, Môtiers où Jean-Jacques-Rousseau écrivit les *Lettres de la Montagne*, et qui s'élève en face du fort de Joux, où fut enfermé Mirabeau.

Le prolongement du gisement du Val de Travers se retrouve en France dans les départements de la Savoie et de la Haute-Savoie.

Le gisement de Chavaroche, à l'ouest et à 10 kilomètres d'Annecy, est traversé par les eaux du *Fier*, rivière torrentielle qui descend du Mont-Charvin, parcourt le défilé sauvage connu sous le nom de *gorges du Fier*, et se perd dans le Rhône au-dessous de Seyssel. Le calcaire de Chavaroche s'est imprégné de bitume sans perdre sa structure cristalline.

Il existe en France d'autres gisements d'une faible importance. Citons, par exemple, celui que l'on a trouvé près d'Alais (département du Gard), près de Manosque (département des Basses-Alpes), gisement non exploité faute de chemins praticables pour les voitures, et un autre près de Forcalquier (Hautes-Alpes). Le minerai de ce dépôt est généralement très-riche, mais la composition en est variable et les abords en sont très-difficiles.

Les Basses-Pyrénées ne sont pas non plus totalement dépourvues de bitume ou d'asphalte. Le département des Landes possède Bastennes, dont le gisement paraît épuisé et dont les anciennes galeries sont encore aujourd'hui comblées par les éboulements. Des études récentes ont permis de supposer qu'on y retrouverait pourtant les couches exploitées autrefois.

L'Auvergne est riche en bitume. Ses eaux minérales en renferment toujours assez pour en exhaler l'odeur. Une petite quantité de bitume communique une saveur désagréable à toutes les eaux de la plaine de la Limagne, qui contient beaucoup de gisements bitumineux associés, pour la plupart, à des brèches d'origine éruptive. Cette plaine bituminifère s'étend entre la chaîne des Dômes et l'Allier.

Au sommet du Puy de Cornolet, près de Cournon (canton de Pont-du-Château, arrondissement de Clermont), le bitume sort de la roche connue sous le nom de *wakite*, et sous l'influence des rayons du soleil, il s'arrondit en bulles dilatées par la vapeur d'eau. La pellicule bitumineuse, se desséchant ensuite, conserve cette forme sphéroïdale. Non loin de là sont des basaltes et des granits faiblement bitumineux.

Au Puy-de-la-Poix, entre Clermont et Pont-du-Château, on voit des roches d'où sortent, avec de l'eau, pendant le cours de l'été, quelques centaines de kilogrammes de bitume.

La *wakite* à gros grains du Puy-de-Crouel contient du bitume en assez notable proportion.

A Malintrat (Puy-de-Dôme), près du Puy-de-la-Poix (2 ou 3 kilomètres seulement), le bitume, pendant les chaleurs, suinte d'un rocher isolé au milieu de la plaine. C'est une curiosité géologique, mais au point de vue de l'exploitation, ce gisement n'a aucune importance.

Le bitume de Pont-du-Château (Puy-de-Dôme, arrondissement de Clermont) n'imprègne pas d'une manière uniforme le calcaire marneux bleuâtre dans lequel on le trouve remplissant de petites alvéoles. Le bitume de Pont-du-Château, d'après les analyses d'Ebelmen, renferme 20 pour 100 d'eau.

A Chamalières, faubourg de Clermont-Ferrand, se trouve un banc de grès bitumineux, dont les grains sont gros et généralement feldspathiques. On l'exploite à ciel ouvert. Au lieu dit l'*Écorchade*, le grès a été puissamment imprégné; plus loin, dans le chemin des Voûtes, le bitume disparaît.

Au monticule du Cœur, près de Gerzat, est un grès bitumineux très-riche, en pleine exploitation.

A Montpensier (Puy-de-Dôme, arrondissement de Riom, canton d'Aigueperse), dans le terrain tertiaire, est un autre grès bitumineux.

A Lussat (Puy-de-Dôme, arrondissement de Clermont, canton de Pont-du-Château), on exploite des rognons sabloneux d'une grande richesse en bitume.

C'est au terrain tertiaire moyen qu'appartiennent le calcaire asphaltique de Lobsann (Alsace), les sables imbibés de pétrole qui se trouvent dans le même terrain, au même étage, près de Lobsann, à Bechelbronn, ainsi que les sables bitumineux dont l'exploitation se fait dans cette dernière localité par un puits et des galeries. Ce sable bitumineux assez pauvre (4, 6 pour 100) ne fournit que 70 à 80 tonnes de bitume par an.

Aux environs de Bechelbronn, à Schwabwiller, est un bitume plus liquide que celui de Bechelbronn.

L'étage néocomien du terrain crétacé contient, sur les bords du Rhône, des calcaires asphaltiques dominés par des roches tertiaires où le bitume s'est également infiltré.

Ces gisements s'étendent des environs de Seyssel, sur la rive droite du Rhône, dans le département de l'Ain, jusqu'à Challonges (Haute-Savoie), où se trouve la mine dite de *Volant-Perrette.*

La mine de Seyssel est moins puissante, mais plus étendue que celle du Val de Travers.

Les grès de Seyssel ne contiennent que 5 a 6 pour 100 de bitume, mais le calcaire asphaltique en contient 12 pour 100. Ces grès se composent de grains quartzeux, entremêlés de grains de calcaire blanc, formant à peu près le quart du poids des premiers. Le tout est agglutiné par un bitume d'une couleur noir de fumée. Les grains de quartz ont à peu près la grosseur de grains de millet, ou celle d'une lentille tout au plus. L'exploitation de ces grès a été abandonnée parce que leur traitement n'était pas assez rémunérateur, et que le produit de ce traitement ne pouvait soutenir la concurrence avec les bitumes de grès d'Auvergne.

Le calcaire asphaltique est en pleine exploitation dans la colline de Pyrimont, qui s'étend sur une longueur de 400 mètres et une largeur de 100 à 120 mètres, au milieu de la molasse verte bitumineuse qui l'enserre de tous côtés. Ce gîte asphaltique est limité par le ruisseau du Parc et celui de Pyrimont. Les trois bancs de calcaire bitumineux, dont l'épaisseur varie de 1 mètre à 10 ou 15 mètres, sont entremêlés de bancs de calcaire blanc exempt de bitume. Ce calcaire blanc offre partout le même aspect, tandis que le calcaire imprégné présente des différences considérables dans sa contexture et dans sa teneur en bitume.

CHAPITRE II

ORIGINE GÉOLOGIQUE DE L'ASPHALTE ET DU BITUME. — PRINCIPALES THÉORIES. — ORIGINE ORGANIQUE ET ORIGINE VOLCANIQUE. — THÉORIE MIXTE : ORIGINE ORGANIQUE ET HYDROTHERMALE.

Le bitume, soit à l'état libre, soit lorsqu'il imprègne des roches calcaires ou des grès, se trouve répandu dans toute la profondeur de l'écorce terrestre, depuis les terrains primitifs, comme en Auvergne, jusqu'aux terrains secondaires et tertiaires, comme au Val de Travers et à Seyssel, et même dans des couches plus récentes. On comprend donc, par avance, qu'une théorie unique puisse difficilement suffire à réunir en un faisceau cette multiplicité de faits, et que beaucoup d'opinions aient été émises sur le mode de formation de l'asphalte et du bitume.

On peut ramener à trois ces théories : 1° la théorie de l'origine organique; 2° la théorie de l'origine éruptive; 3° la théorie de l'origine organique et hydro-thermale.

Théorie organique. — Dans ce système d'explication, on attribue l'origine du bitume à la décomposition des matières organiques, effectuée à l'abri de l'oxygène de l'air. Cette hypothèse a été émise en Amérique, par M. Wall, pour expliquer la formation du bitume du Venezuela et de celui du lac de Poix, de la Trinité.

M. Hunt, chimiste américain, invoque, à l'appui de cette hypothèse, la similitude de composition des bitumes et de la cellulose, c'est-à-dire de la trame dont se compose le tissu de tous les végétaux, quel que soit leur état de simplicité ou de développement.

M. Hunt a dressé un tableau qui permet de comparer la composition des divers bitumes et celle de plusieurs produits organiques. Le lecteur appréciera quelle est la limite de ces analogies, en jetant les yeux sur ce tableau :

	Composition chimique.		
	Carbone.	Hydrogène.	Oxygène.
Cellulose	24	20,0	20,0
Bois	24	18,4	16,4
Tourbe	25	14,4	9,6
Charbon brun	24	13,0	7,6
Lignite	24	15,0	3,3
Houille	24	10,0	3,3
Houille	24	8,0	0,9
Albert Coal	24	15,9	1,6
Asphalte d'Auvergne	24	17,7	2,2
Asphalte de Naples	24	14,9	2,0
Bitume du Derbyshire	24	24,0	0,3
Bitume d'Idria	24	8,0	0,0
Pétrole et naphte	24	24,0	0,0

Faisons remarquer que l'analogie de composition chimique n'implique pas l'analogie d'origine. On sait qu'avec des matériaux très-différents la nature, et, à son exemple, les chimistes, parviennent à constituer des produits identiques.

Dans bien des cas, du reste, l'hypothèse de l'origine organique est tout à fait en défaut. On a, par exemple, invoqué en sa faveur l'existence du revêtement bitumineux dont sont recouvertes, à l'intérieur, les coquilles des moules et de certains autres mollusques dans l'ancien lac de la Limagne. Mais les coquilles qui ont été surprises par l'invasion du bitume, n'étaient-elles pas déjà vides? Et les restes organiques des habitants de ces coquilles, ne sont-ils pas noyés dans des masses de bitume bien supérieures à celle qu'aurait pu fournir la décomposition de leur contenu?

On pourrait faire la même réponse à ceux qui, à l'appui de la même théorie, ont fait remarquer que le bitume imprègne le calcaire des tubes des Phryganes, à Dallet, (Auvergne). Cette matière est beaucoup trop abondante, pour provenir uniquement de la décomposition du corps de ces insectes.

« Si les débris organiques ont pu, dit M. Virlet, dans quelques cas, donner naissance, par leur décomposition, à certains carbures d'hydrogène, il paraît bien démontré qu'ils n'auraient jamais pu produire la grande quantité de bitume qui se trouve répandu avec tant de profusion sur la surface de la terre. »

La théorie de l'origine organique du bitume est en désaccord avec ce fait, complétement hors de doute, que l'imprégnation des bitumes s'est faite de bas en haut.

M. Delbos s'exprime ainsi dans un mémoire inséré dans le *Bulletin de la Société géologique*, qui traite du bitume de Bastennes :

« Si l'on étudie avec soin les excavations et les galeries dans lesquelles on exploite les sables bitumineux, on ne tardera pas à reconnaître que les infiltrations se sont faites de bas en haut, qu'elles ont imprégné toutes les matières incohérentes, et qu'elles ont, au contraire, entouré les roches dures, les coquilles, etc., sans pénétrer dans leur intérieur. Les choses ne se passeraient pas autrement dans un laboratoire de chimie, si l'on soumettait à l'action du feu un vase contenant à sa partie inférieure, des matières susceptibles de donner, par la distillation, des huiles et des goudrons, et dont le reste serait rempli de sables froids. »

La théorie organique n'est donc pas en mesure de rendre compte des faits acquis à l'observation.

Théorie volcanique. — Pour expliquer l'origine du bitume, quelques géologues admettent que cette matière s'est formée au sein de la terre, dans ce vaste et mystérieux laboratoire naturel où s'accomplissent, sous des pressions et à des températures excessives, des réactions qui nous sont inconnues. Les masses en fusion seraient brassées par les vapeurs tournoyant sur ces flots incandescents. On observe dans l'industrie métallurgique un phénomène du même genre. Les masses de fonte que l'on transforme en acier, sont brassées, à la fois par les gaz qui les traversent et par le mouvement de rotation du creuset. Selon la théorie géologique qui nous occupe, les vapeurs surchauffées provenant du centre de la terre, produiraient un effet mécanique analogue, et s'échapperaient entraînant le bitume par les orifices volcaniques, comme par une série d'évents pratiqués dans

Fig. 275. — Ruines de Thèbes (Égypte).

l'écorce terrestre, ou par des fissures aboutissant à des lits de roches tendres, que viendraient imbiber les liquides éruptifs.

On a également supposé que des matières organiques lentement décomposées par la chaleur des couches profondes du globe, se sont trouvées en contact avec l'atmosphère par des fissures subites, et que les produits gazeux de la décomposition de ces matières organiques, en se distendant tout à coup et en s'échappant dans l'atmosphère, ont entraîné avec eux le bitume et l'ont déposé dans les diverses couches de l'écorce terrestre.

Théorie hydro-thermale. — Une opinion nouvelle, intermédiaire entre les deux premières, a été formulée plus récemment.

On admet que de la vapeur d'eau portée, par le foyer central du globe, à une température très-élevée, et douée, par conséquent, d'une prodigieuse force élastique, a pu traverser des dépôts organiques, c'est-à-dire de la houille, et en opérer la décomposition. Cette vapeur d'eau a pu entraîner les produits de la distillation de la houille dans des couches plus élevées de l'écorce terrestre. Ces produits de la distillation de la houille, contenant le bitume, ont ainsi opéré l'imprégnation des roches qui se sont rencontrées sur leur parcours souterrain, effectué de bas en haut.

M. Daubrée a prouvé que cette transformation n'avait rien d'impossible au point de vue chimique. Ayant soumis du bois à l'action de la vapeur d'eau surchauffée, M. Daubrée a recueilli successivement du lignite, c'est-à-dire une matière incomplétement carbonisée, de la houille, enfin de l'anthracite, c'est-à-dire de la houille privée de matières bitumineuses.

Telles sont les trois hypothèses qui ont été émises pour expliquer l'origine des dépôts bitumineux.

La théorie de l'origine organique peut être considérée comme l'expression des faits, dans certains cas particuliers : pour le bitume de la Trinité, par exemple.

La seconde théorie, c'est-à-dire celle de l'origine éruptive, est confirmée par la considération d'un grand nombre de gisements en Auvergne. Mais, en dehors de certains gisements, cette théorie n'explique pas, aussi bien que la troisième, c'est-à-dire la théorie hydro-thermale, le fait général de l'association si fréquente du bitume et des eaux minérales naturelles thermales.

Rien de plus commun, en effet, que cette association du bitume et des eaux minérales. Les sources thermales et les gîtes bitumineux sont échelonnés le long de l'axe de dislocation des couches crétacées, qui s'étend de la mer Rouge au Liban. Les terrains crétacés des bords du bassin de la mer Morte sont riches en matières salines et en matières bitumineuses. Des dépôts de lignite existent au-dessous de ces gisements. Le bitume imprègne les calcaires du rivage de la mer Morte, à peu de distance du Ras-Mersed où l'hydrogène sulfuré se dégage de l'eau, et où le bitume lui communique son odeur caractéristique. La mer Morte elle-même paraît recevoir du fond de son bassin les matières salines dont elle est saturée, et le bitume qui vient, de temps en temps, nager à sa surface. Ce bitume présente alors une consistance molle et ne se solidifie que par l'exposition à l'air.

Les sources thermales sont nombreuses dans la région des puits de bitume de Bakou.

On trouve également du bitume dans les eaux mères des puits de feu de la Chine. Il y est associé au chlorure de sodium et au chlorure de magnesium.

Au Puy de la Poix, en Auvergne, l'hydrogène sulfuré se dégage de la roche, en même temps que le bitume.

En Alsace, le fer et l'arsenic associés au bitume, semblent être restés dans les gisements de Bechelbronn et de Lobsann, comme pour attester que des couches profondes du globe, pendant les premières périodes géologiques, jaillirent des gerbes d'eaux minérales, dont les sources actuelles ne seraient plus que les derniers vestiges.

La présence simultanée du bitume et des matières minérales en maintes localités, a été signalée par M. Daubrée comme digne de remarque. Ce géologue s'exprime ainsi, dans sa *Description géologique et minéralogique du Bas-Rhin.*

« Il y a déjà longtemps que Dietrich a signalé la fréquence de l'association du bitume et des sources salées, en France et en Italie. Cette association, quoique n'étant pas constante, se retrouve dans des lieux très-distincts les uns des autres, notamment sur les bords de la mer Caspienne, dans la chaîne des Karpathes, les Apennins, aux environs de Dax et dans l'Amérique du Nord, au Kentucky et sur les bords du lac salé. Les couches tertiaires de Soulz-sous-Forêts, avec leur bitume et leur eau salée, fournissent un exemple de cette relation qui n'est pas encore expliquée d'une façon satisfaisante. »

C'est donc, en résumé, la théorie hydrothermale qui explique le mieux l'origine géologique du bitume et l'imprégnation par cette substance de tous les étages des terrains, depuis le terrain primitif, jusqu'aux terrains modernes.

CHAPITRE III

L'ASPHALTE EMPLOYÉ DANS L'ANTIQUITÉ. — TRADITIONS BIBLIQUES. — ÉGYPTE. — PYRAMIDES. — CITERNES. — MOMIES. — MAISONS DE MEMPHIS ET DE THÈBES. — MURAILLES DE NINIVE. — MURAILLES DE BABYLONE. — BITUME DE LA MER MORTE. — DÉCOUVERTE DE L'ASPHALTE EN SUISSE, EN 1710, PAR EIRINI D'EYRINYS.

L'asphalte a été connu en Orient, de toute antiquité. Si l'on en croit l'auteur de la découverte de l'asphalte en Europe, le docteur Eirini d'Eyrinys, dont nous aurons à parler un peu plus loin, il faudrait remonter littéralement jusqu'au déluge pour trouver la première mention de l'emploi de cette substance.

« Il est très-aisé, dit cet auteur, de prouver que l'asphalte était connu des anciens pour un ciment à toute épreuve et un goudron impénétrable. Il est dit, dans le livre de la Genèse, au chapitre IV, verset 14, parlant de l'arche de Noé, *Bituminabis eam bitumine.* «Vous l'asphalterez de cet asphalte.» Et au verset 3 du onzième chapitre : *Et asphaltus fuit eis vice cæmenti,* « et l'asphalte leur tint lieu de ciment. » La proximité de cette mine nous doit faire croire que la tour de Babylone était cimentée avec de l'asphalte. Il eût été, pour ainsi dire, impossible qu'un bâtiment si élevé et dont les rampes étaient entièrement exposées aux intempéries de l'air, eût pu résister sans ce secours. »

Les Égyptiens employaient l'asphalte dans la construction des citernes, des silos, et, en général, de tous les ouvrages qu'ils voulaient rendre imperméables à l'eau. Ils ont fait également servir l'asphalte comme ciment dans les fondations des pyramides.

On sait quel parti le même peuple en a tiré pour la conservation des corps humains. En 1828, on ouvrit et on déposa au musée du Louvre un cercueil de l'ancienne Égypte. Ce cercueil, en bois de cèdre, était enrichi d'or et de peintures, dont l'éclat n'était pas encore effacé. Il renfermait, depuis quarante siècles, les restes de la fille d'un des principaux officiers de Psammétichos, morte à l'âge de 24 ans, ainsi que l'attestait un papyrus qu'elle tenait dans ses mains croisées sur sa poitrine. Ses traits étaient peu altérés et les fleurs de lotus qui formaient sa couronne funéraire, étaient reconnaissables. L'asphalte était la substance qui avait servi à conserver cette momie.

L'usage de revêtir d'asphalte les parois extérieures et les parois intérieures du rez-de-chaussée des maisons, existait dans l'ancienne Égypte. On a trouvé, en effet, cette substance dans les constructions de Memphis, et dans celles de Thèbes (fig. 275), pendant les fouilles qui furent exécutées sous la direction de M. Mariette-Bey. Ces fouilles ont mis au jour les débris du Serapeum, temple creusé dans le roc, qui renfermait la tombe du bœuf Apis et était précédé d'une avenue composée de 600 sphinx, taillés dans le granit.

C'est avec un mortier asphaltique qu'avaient été bâties les murailles de Ninive, l'antique capitale de l'Assyrie. Ces murailles étaient assez larges pour que trois chevaux pussent passer de front sur leur sommet.

Diodore de Sicile, contemporain de César et d'Auguste, nous a fait connaître les procédés qui étaient usités à Babylone pour asphalter les briques avec lesquelles furent construites les murailles de cette antique cité. Plusieurs de ces briques, encore revêtues

Fig. 276. — Sphinx et pyramides de Ghézé (Égypte).

d'un enduit d'asphalte, ont été transportées au musée du Louvre. On ne lira pas sans intérêt les détails donnés à ce sujet par l'historien grec.

« Telle est la grandeur de Babylone, écrit Diodore de Sicile, bâtie avec une magnificence qui l'emporte de beaucoup sur celle des autres villes que nous connaissons.

« Elle est entourée d'abord d'un fossé très-profond, très-large et rempli d'eau; ensuite, d'un mur dont l'épaisseur est de cinquante coudées royales, et la hauteur de deux cents.

« Il faut dire ici comment fut employée la terre retirée du fossé, et de quelle manière on construisit le mur.

« A mesure que l'on creusait le fossé, la terre qui en sortait était immédiatement façonnée en briques, et lorsqu'on en avait disposé un nombre convenable, on les faisait cuire au four.

« On bâtissait ensuite avec les briques enduites d'une couche d'asphalte chaud, au lieu de simple argile délayée, en les disposant par assises; et entre chaque trentième assise, on introduisait un lit de tiges de róseaux. On construisit par ce procédé d'abord les parois du fossé, et ensuite le mur, en continuant d'employer le même genre de construction. On éleva au sommet du mur et sur ses bords, deux rangs de tourelles, à un seul étage, contiguës et tournées l'une vers l'autre, laissant entre elles l'espace nécessaire pour le passage d'un char attelé de quatre chevaux. Dans le pourtour de la muraille, on comptait cent portes de bronze avec les jambages et les linteaux en même métal.

« L'asphalte qui servait à la construction de ces murailles, fut tiré de la ville d'Io, située à huit journées de marche de Babylone, sur une rivière peu considérable qui se jette dans l'Euphrate et roule avec ses eaux une grande quantité de morceaux d'asphalte. »

La localité, dont parle Diodore, porte aujourd'hui le nom de Hit. Elle est située à 180 kilomètres à l'ouest de Bagdad. Elle fournit encore du bitume.

Le bitume d'Io servait également et sert encore à rendre imperméables les bateaux de jonc que construisent les riverains de l'Euphrate.

Le nom de bitume de Judée évoque de lointaines traditions. L'incendie de Sodome et de Gomorre, dont il est question dans la Bible, fut causé sans doute par une inflammation accidentelle de bitume ou de pétrole. L'*Encyclopédie* de Diderot et d'Alembert, remontant aux sources de cette tradition, fait allusion, en ces termes, à la cause de l'incendie de cette ville :

« On trouve ce bitume en plusieurs endroits; mais le plus estimé est celui qui vient de la mer Morte, autrement appelée *lac Asphaltique*, dans la Judée.

« C'est dans ce lieu qu'étaient autrefois Sodome et Gomorre et les autres villes sur lesquelles Dieu fit tomber une pluie de feu, pour punir leurs habitants. Il n'est pas dit dans l'Écriture sainte, que cet en-

Fig. 277. — Maison du poëte tragique à Pompeï.

droit ait été alors couvert d'un lac bitumineux; on lit seulement aux 27 et 28 *versets du xjx chap. de la Genèse*, que le lendemain de cet incendie, Abraham regardant Sodome et Gomorre, et tout le pays d'alentour, vit des cendres enflammées qui s'élevaient de la terre comme la fumée d'une fournaise. On voit au *xjv chap. de la Gen.* que les rois de Sodome, de Gomorre et des trois villes voisines, sortirent de chez eux pour aller à la rencontre du roi Chodorlahomor et des trois autres rois ses alliés, pour les combattre, et qu'ils se rencontrèrent tous dans la vallée des Bois, *où il y avait beaucoup de puits de bitume.*

« Il est à croire qu'il sort une grande quantité de bitume du fond du lac Asphaltique, il s'élève au-dessus et y surnage....... Les Arabes ramassent ce bitume, lorsqu'il est encore liquide, pour goudronner leurs vaisseaux.

« Ils lui ont donné le nom de *Karabé de Sodome.* Souvent le mot *Karabé* signifie la même chose que bitume dans leur langue. On a aussi donné au bitume du lac Asphaltique le nom de *gomme de funéraille et de momie;* parce que chez les Egyptiens, le peuple employait ce bitume, et l'asphalte, pour embaumer les corps morts. Dioscoride dit que le vrai bitume de Judée doit être d'une couleur de pourpre brillante, et qu'on doit rejeter celui qui est noir et mêlé de matières étrangères; cependant tout ce que nous en avons aujourd'hui est noir : mais si on le casse en petits morceaux, et si on regarde à travers les parcelles, on aperçoit une petite teinte d'un jaune couleur de safran : c'est peut-être là ce que Dioscoride a voulu dire. Souvent on nous donne du pissasphalte durci au feu dans des chaudières de cuivre ou de fer, pour le vrai bitume de Judée ».

Strabon, célèbre géographe grec, né en Cappadoce, vers l'an 50 avant l'ère chrétienne, auteur d'une *Géographie* en 17 livres, nous a laissé, dans la deuxième partie du seizième de ces livres, la description suivante des éruptions d'asphalte de la mer Morte.

« Le lac est rempli d'asphalte qui, à des époques irrégulières, jaillit du fond au milieu du lac. Des bulles viennent crever à la surface de l'eau qui semble bouillir. La masse de l'asphalte se bombe au-dessus de l'eau et présente l'image d'une colline. Il s'élève en même temps beaucoup de vapeurs fuligineuses qui, bien qu'invisibles, rouillent le cuivre et l'argent, et ternissent en général l'éclat de tout métal poli, même l'or. Les habitants jugent que l'asphalte va monter à la surface, lorsque les ustensiles de métal commencent à se rouiller. Ils se préparent alors à le recueillir au moyen de radeaux formés d'un assemblage de joncs. »

D'autre part Diodore de Sicile a également décrit les éruptions d'asphalte, ainsi que la manière dont les riverains allaient, pour ainsi dire, à la pêche de cette matière, seul produit de ce lac, fatal à la vie :

« Ce lac est placé au milieu de la Satrapie et de l'Idu

mée; il a 500 stades de long et environ 60 de large. Son eau est amère et puante, de sorte qu'on n'y trouve ni poisson ni aucun animal aquatique, et qu'elle corrompt absolument la douceur des eaux d'un grand nombre de fleuves qui vont s'y rendre. Il s'élève tous les ans sur sa surface une quantité d'asphalte sec de la largeur de trois arpents, pour l'ordinaire, quelquefois pourtant d'un seul, mais jamais moins. Les sauvages habitants de ce canton nomment *taureau* la grande quantité et *veau* la petite. Cette matière, qui change souvent de place, donne de loin l'idée d'une île flottante. Son apparition s'annonce près de vingt jours d'avance par une odeur forte et puante de bitume qui fait perdre au loin à l'or, à l'argent et au cuivre, leur couleur propre, à près d'une demi-lieue à la ronde. Mais toute cette odeur se dissipe dès que le bitume, matière liquide, est sorti de cette masse. Le voisinage du lac, exposé d'ailleurs aux grandes ardeurs du soleil et chargé de vapeurs bitumineuses, est une habitation très-malsaine et où l'on voit peu de vieillards, mais le terrain en est excellent pour les palmiers, dans les endroits où il est traversé par des fleuves. . . . .

« Quant à l'asphalte, les habitants l'enlèvent à l'envi les uns des autres, comme feraient des ennemis réciproques, et sans se servir de bateaux. Ils ont de grandes nattes faites de roseaux entrelacés qu'ils jettent dans le lac; et, pour cette opération, ils ne sont jamais plus de trois sur ces nattes, deux seulement naviguant avec des rames pour atteindre la masse d'asphalte, tandis que le troisième, armé d'un arc, n'est chargé que d'écarter à coups de traits ceux qui voudraient disputer à ses camarades la part qu'ils peuvent avoir; quand ils sont arrivés à l'asphalte, ils se servent de fortes haches avec lesquelles ils enlèvent comme d'une terre molle la part qui leur convient; après quoi ils reviennent sur le rivage.....

« Ces barbares, qui n'ont guère d'autre commerce, apportent leur asphalte en Égypte, et le vendent à ceux qui font profession d'embaumer les corps; car, sans le mélange de cette matière avec d'autres aromates, il serait difficile de les préserver longtemps de la corruption à laquelle ils tendent. »

Les Romains ont connu l'usage de l'asphalte. Ils s'en servaient fréquemment dans leurs constructions, publiques ou privées, surtout pour bâtir leurs thermes. On a mis au jour des voies publiques dallées en asphalte, dans les fouilles pratiquées à Pompéi.

Arrivons aux temps modernes.

La découverte de l'existence de l'asphalte en Europe remonte à l'année 1710. Elle est due à un médecin du pays, mais Grec d'origine, le docteur Eirini d'Eyrinys, ainsi que nous l'apprend une brochure publiée à Paris en 1721, sous ce titre : *Dissertation sur l'asphalte, ou ciment naturel, découvert depuis quelques années au Val-Travers dans le comté de Neufchatel, par le sieur Erini d'Eyrinys, professeur grec et docteur en médecine, avec la manière de l'employer tant sur la pierre que sur le bois, et les utilités de l'huile que l'on en tire.*

Après avoir célébré sa découverte, décrit la manière de préparer le ciment, et exposé toutes les précautions que nécessite son emploi, Eirini d'Eyrinys énumère une série d'applications que l'on peut faire de l'asphalte. L'imperméabilité de cette substance lui fait penser tout d'abord à l'appliquer au revêtement des citernes et de tous les grands réservoirs d'eau.

L'auteur propose ensuite d'appliquer le ciment d'asphalte sur les murailles des caves dans lesquelles il recommande de conserver le blé, à l'instar des anciens. Il en conseille l'emploi sur le bois (poutres, solives, palissades, etc.), sur les terrasses des maisons, sur les vaisseaux, etc. Il décrit la manière d'appliquer l'asphalte au revêtement intérieur des *silos* destinés à conserver le blé. Il prévoit, en un mot, la plupart des usages auxquels on consacre aujourd'hui l'asphalte. C'est ce que l'on reconnaîtra en lisant quelques passages de son mémoire, que nous reproduisons pour permettre au lecteur d'en apprécier l'originalité (1).

« La mine d'asphalte qui a été découverte depuis dix années, par M. Eirini d'Eyrinys, professeur grec,

(1) M. Léon Malo, dans l'excellent ouvrage qui nous sert de guide dans cette Notice : *Fabrication et application de l'asphalte et des bitumes* (1 volume in-12, chez Eugène Lacroix), a reproduit, comme curiosité historique, le mémoire d'Eirini d'Eyrinys. C'est donc à l'ouvrage de M. Léon Malo que nous empruntons la citation de ce passage d'un livre rare et curieux.

dans le comté de Neufchatel, près du Val-Travers, est pour l'Europe un trésor qui nous avait été inconnu depuis le commencement du monde. Du moins il ne paraît pas que jamais on y ait travaillé, et que les terres qui la couvrent aient été remuées. Cet asphalte européen ne diffère de celui d'Asie dans aucune de ses parties. Il a l'odeur d'ambre, la couleur brune. C'est une pierre minérale, grasse et chaude, visqueuse et plus gluante que la poix : ses pores sont extrêmement serrés, quoique remplis d'huile, et il approche fort du marbre par la pesanteur : effectivement, il devient aussi dur, quand il est fondu comme il faut ; il résiste tellement au froid et à l'eau, qu'il n'en peut être pénétré : c'est ce qui a été éprouvé depuis plus de cinq années dans plusieurs endroits de la Bourgogne et de la Suisse.

« J'ai vu dans Soleure et dans Neufchatel des bassins de fontaines de douze à quinze pieds de diamètre asphaltisés depuis ce temps. Les pierres sont unies comme le premier jour, et elles sont si parfaitement jointes qu'elles semblent une pierre entière : l'eau s'y conserve comme dans un vase quoiqu'elles soient exposées au chaud, au froid et à toutes les intempéries de l'air: il est aisé d'en conclure que c'est un ciment naturel et le meilleur qu'il y ait dans le monde. Il sert non-seulement à joindre les pierres, il garantit encore les bois de la pourriture, des vers, et des dommages de la vieillesse.

« Monsieur Opnor, surintendant des bâtiments de Son Altesse royale Monseigneur le duc d'Orléans, en a fait faire les premières expériences dans Paris. Le bassin qu'il a fait asphalter à l'hôtel Colbert, aux écuries de S. A. R., peut être vu de tout le monde : il n'y est entré que cent huit livres de ciment : et la matière n'y a point été épargnée. Si on l'avoit doublé de plomb, il eût été difficile de le faire pour mille francs.

MANIÈRE DE FAIRE LE CIMENT ET DE L'EMPLOYER SUR LA PIERRE.

« Il y a plusieurs sortes de ciments artificiels dont on se sert pour joindre les pierres ; mais outre qu'ils sont fort chers, ils ne sont pas de durée : un grand nombre de personnes en ont fait les épreuves à leur dommage ; elles ont été obligées de recommencer au bout de deux ou trois années, et quelquefois moins, et de faire une nouvelle dépense, sans espérance de mieux réussir. De tous les ciments dont on s'est servi jusqu'à présent, on n'en peut comparer aucun à l'asphalte ; premièrement par la facilité de le faire ; de plus par le bon marché, et par sa durée. Ceux qui l'employeront comme il faut, et qui suivront exactement ce Mémoire, peuvent compter que leurs ouvrages seront solides, et qu'il n'y aura jamais à refaire. Quand même il y auroit quelques fautes par la négligence des ouvriers, elles se réparent si aisément sans être obligé de remuer les pierres, que l'on peut dire qu'il est facile présentement de faire des ouvrages parfaits.

« Pour former le ciment et le mettre en état d'être employé, il faut prendre la mine toute pure, et la bien pulvériser. Pour le faire avec moins de peine et de frais (car elle est fort dure), on peut l'attendrir en la mettant devant le feu, ou à sec dans une chaudière. Dès qu'elle sentira la chaleur, on la broyera très-facilement : il vaut cependant mieux la piler froide, parce qu'en la chauffant l'huile s'évapore, et elle perd beaucoup de sa qualité et de sa force.

« Quand elle est absolument écrasée et réduite comme du terreau, on prend de la poix de Bourgogne blanche ou noire (la blanche est la meilleure) : on la fait fondre à petit feu dans une chaudière de cuivre, ou de fer : quand la poix est entièrement fondue, il faut prendre garde que le feu n'y prenne : on y mêle peu à peu l'asphalte en le remuant continuellement avec un bâton ou spatule, jusqu'à ce que l'incorporation soit faite : on le voit parce que l'asphalte doit être liquide comme de la bouillie : la dose de la poix est la dixième partie ; c'est-à-dire qu'il faut neuf livres de mine et une livre de poix pour former le ciment dans sa perfection. Si l'on vouloit asphalter une terrasse que l'on feroit à neuf, il faudroit faire tailler les pierres de manière qu'elles laissassent en haut une ouverture de joint d'un pouce ou un pouce et demi de profondeur sur un tiers de pouce de large pour y pouvoir couler facilement l'asphalte. Si l'on vouloit asphalter en posant les pierres, il faudroit qu'elles fussent taillées à joints recouverts avec une rainure en dessous d'environ un demi-pouce quarré. Cette façon d'unir les pierres est sans doute la plus propre ; mais comme les frais en seroient grands, je ne l'indique qu'aux marbriers, qui par ce moyen pourroient tailler leur marbre à vive arête et cacher absolument le joint.

« L'on pourroit encore faire des bassins, réservoirs, citernes, et terrasses même, sans employer des pierres de taille ; et cette façon qui coûteroit moins que les autres, seroit aussi solide et auroit sa beauté : il faudroit commencer par faire une bonne aire à chaux et à sable, à laquelle on donneroit une pente insensible pour jeter l'eau du côté où seroit la fuite. Quand ce premier plancher seroit sec et en état de recevoir le ciment, on le carrelleroit avec des carreaux à son choix, que l'on joindroit ensemble, même en compartiment, la brique seroit un corps plus solide et plus fort : si c'étoit un bassin rond, les pierres de taille conviendroient mieux pour l'enceinte, mais pour un quarré d'eau ou un canal, les briques feroient le même effet. Il est inutile dans cette occasion de faire un fond de glaise sous le bassin : car si les joints sont fermés exactement, il n'en pourra jamais sortir une goutte d'eau. Quand le ciment d'asphalte est fait exactement, il résiste également au chaud et au froid : la plus grande ardeur du soleil, ni la gelée la plus forte n'y peuvent faire aucun dommage. Je crois avoir trouvé la chose du monde la plus avantageuse pour le public, principalement pour Paris, où l'eau des puits n'est pas supportable par la communication qu'ils ont avec les latrines. Il seroit à souhaiter que l'on fit asphalter non-seulement les caveaux que l'on a faits à neuf pour cet usage, mais même que l'on n'en fit raccommoder aucun, sans y faire un enduit de ce ciment : on verra par la description que je vais faire des Mathamores ou greniers en terre, qui sont en usage dans quelques endroits de l'Asie, que ces sortes d'enduits se feront très-facilement et sans beaucoup de frais. Si ce secret avoit été connu de nos pères, il n'y auroit pas une place de guerre, ni même une ville où l'on n'eût fait un nombre de ces souterrains, soit pour y conserver les grains, soit pour y enfermer les poudres. Il est incontestable que les bleds ne germent et ne pourrissent dans les greniers que par la trop grande chaleur ou par l'humidité. Outre ces deux inconvéniens, qui causent tous les ans une perte infinie de grains, quelle destruction n'en font pas les rats, les souris, les charençons etc. ? et pas un de ces animaux ne pourroit pénétrer des remparts d'asphalte. Je ne cite pas seulement sa dureté, mais encore sa qualité qui leur est absolument contraire : un chacun le peut éprouver à peu de frais.

« Je dirai dans ce petit mémoire toutes les expériences que j'ai faites à ce sujet, afin de ne rien laisser ignorer de ce qui peut servir à de nouvelles découvertes avantageuses au public. Ce ciment préparé de la manière que je viens de le dire avec la sixième partie de poix est merveilleux sur le bois : et voici les occasions où il sera le plus utile : en enduisant les bouts des poutres et solives, on les garantira de la pourriture, et on les empêchera de s'échauffer dans la muraille, ce qui arrive toujours quand elles sont posées sur la chaux ou sur le plâtre.

« Des palissades enduites de cette façon seraient incorruptibles : il faudroit seulement observer de faire les trous avant que de les planter : on les rempliroit avec de la terre après les avoir placées dans leur à-plomb, car si on les frappoit pour les faire entrer de force, le ciment se casseroit ou s'useroit par l'effort et par le frottement ; je crois même qu'il suffiroit d'enduire le bout destiné à être fiché dans terre, et d'un demi-pied au-dessus, qui est l'endroit où le bois pourrit ordinairement, se trouvant très-souvent mouillé et couvert de boue par le jaillissement de l'eau et de la pluye, et exposé à la sécheresse qui survient après.

« L'on épargneroit considérablement si l'on faisoit à tous les bâtiments des goutieres et faîtieres de bois godronées de la sorte, les faîtes et les murs en seroient moins chargés. Il sera facile présentement de conserver les murs mitoyens placés à l'égout de deux toits en enduisant le dessus de ces murs de bon ciment de l'épaisseur d'un tiers de pouce, en y laissant assez de concavité pour recevoir l'eau de la plus forte pluye et assez de pente pour la fuite ; on épargneroit le plomb et le mur ; et les toits seroient si bien joints qu'il ne filtreroit pas une goutte d'eau au travers du mur, comme il arrive tous les jours malgré les goutieres de plomb.

« On peut aisément avec le ciment d'asphalte faire une terrasse sur toute la superficie d'une maison sans beaucoup de dépense ; et voici comme je m'y prendrois, si je faisois bâtir. Je ferois mon dernier plancher un peu plus solide que les autres : j'y ferois une bonne aire de ciment ordinaire, ou seulement de chaux et de sable : quand mon aire seroit bien sèche, on j'y ferois un enduit d'un demi-pouce de ciment d'asphalte auquel je donnerois une pente insensible pour la fuite de l'eau, et je le sablerois légèrement de sable bien fin ; ou je la ferois carreler avec des carreaux ordinaires, ou en compartiment, mettant du ciment d'asphalte en place de mortier ; je puis assurer qu'il n'y pénétreroit jamais une goutte d'eau : dans ce cas là je ferois mon ciment avec la dixième partie de poix ; s'il arrivoit quelques fentes par la foiblesse ou le travail des bois, elles seroient aisées à réparer en y mettant un peu de ciment dans l'ouverture, et l'unissant avec le fer rouge, ou simplement en y passant une loupe de plombier.

« Le ciment qui se vend dans Paris tout préparé s'est trouvé trop grossier pour les marbriers, parce qu'il n'a été fait que dans l'intention de réünir les pierres, et d'empêcher l'eau de passer, mais je suis persuadé que s'ils mêloient une partie de poix de Bourgogne avec neuf parties de mine toute pure bien pilée et tamisée, ils en auroient toute la satisfaction possible, et feroient leurs joints aussi fins qu'ils voudroient. La premiere épreuve que j'ai faite sur le marbre chez M. Darlet, marbrier du roi, quoiqu'elle n'ait pas réüssi parfaitement, ne m'a pas fait perdre toute espérance : car les marbres que j'avois fait réunir avec mon ciment grossier ne se sont pas désunis, quoique l'on ait retaillé et coupé jusqu'au joint : ce n'a été qu'à force de frapper et de les jeter même par plusieurs fois sur le pavé qu'on les a séparés, non pas toutefois sans emporter quelques morceaux de marbre.

« Il est aisé à tout le monde de faire une expérience très-curieuse avec l'asphalte : il faut le bien broyer et tamiser comme nous venons de le dire, y mettre la dixième partie de poix blanche, fondre l'un et l'autre dans une chaudiere de fer, et ensuite en former un vase de telle grandeur qu'on voudra : il est facile de le faire, parce que l'asphalte est maniable tant qu'il sent de la chaleur : on pourroit même le mouler dans un moule de fer ou d'airain, sans craindre que l'asphalte y restât attaché, pourvu que le moule se pût ouvrir en trois parties égales

Fig. 278. — Une rue de Paris sous Philippe-Auguste.

et que l'on en fît la séparation avant qu'il fût tout à fait refroidi : si le noyau était de bois, il faudroit le laisser tremper dans l'eau un jour auparavant, et qu'il fût encore humide quand on couleroit l'asphalte. Ce vase, formé comme nous venons de le dire, se polira sans peine avec un fer rouge : le dernier poli s'y fait à froid comme sur le marbre avec la pierre de ponce, etc. L'on peut concevoir que l'on ne verroit point, pour ainsi dire, la fin de ce vase : car s'il vient à se casser, on le rejoindra au feu avec le fer chaud sans qu'il y paroisse la moindre feslure : j'en ai fait un avec son couvercle ; je l'ai rempli d'eau salée, et suis certain qu'il n'en a pas transpiré la moindre goutte : c'est ce qui m'a convaincu de la force de ce ciment dans l'eau, et de l'utilité que l'on en peut tirer pour la marine, en en faisant du godron : il est vrai que j'avois soudé parfaitement le couvercle au vase.

« Je suis prêt à faire en France, quand on le jugera à propos, l'expérience de ce godron sur un vaisseau destiné à un voyage de long cours : comme je ne doute point que l'on ne m'objecte les risques que l'on coureroit dans un vaisseau, qui auroit été mal godronné (quoique je puisse donner des preuves de sa bonté par une attestation de la République de Hollande), l'épreuve que je me propose d'en faire ne sera nullement dangereuse ; le gouvernail d'un bâtiment que j'en feroi enduire me servira d'épreuve : c'est la partie du vaisseau la plus exposée aux coups de mer, et les vers peuvent l'attaquer des deux côés. Ce godron de la maniere que je le feroi préparer sera aisé à appliquer ; il sera pliant et cependant rès-lisse, et il ne sera pas possible aux vers d'endommager les bois qui en seront enduits. Si le succès répond à mon espérance, quels avantages n'en tirera-t-on pas pour la marine ! je crois même que l'on ne sera pas obligé d'espalmer un vaisseau godronné d'asphalte, il coulera également sur l'eau, et ne se chargera pas de coquillage. Ce que j'avance ici est fondé sur les conséquences que j'ai tirées de plusieurs épreuves faites en Hollande ; mais ce que je puis assurer est que les rats et les souris ne pourroient vivre dans un vaisseau qui seroit asphalté en dedans comme en dehors, rien ne leur étant plus contraire que l'asphalte, comme je l'ai déjà dit : son odeur prédominante tue tous les insectes : j'en donneroi ci-après une preuve authentique dans un certificat de M. Le Blanc, ministre de la guerre, où chacun pourra voir ce qui a été fait par ses ordres à l'Hôtel Royal des Invalides. Non-seulement l'huile qui se tire de la pierre d'asphalte tue les punaises et leurs graines, quand on en frotte les fentes et les trous où elles se retirent, mais même la fumée qui sort de cette pierre, quand on la fait calciner sur le feu dans une cuillère de fer, suffit pour les détruire. N'ayant point envie de me rien réserver de la connaissance que j'ai des vertus de l'asphalte, je me fais un plaisir de donner au public un petit mémoire exact de la manière dont il se faut servir du baume d'asphalte dans les différentes plaies ou maladies des hommes et des bêtes : je ne diroi rien que ce que j'ai vu et éprouvé moi-même, et dont plusieurs personnes dignes de foi peuvent rendre témoignage. Je commenceroi par mettre ici tout au long l'attestation de MM. Morand père et fils, chirurgiens majors de l'Hôtel Royal des Invalides, que M. Le Blanc, ministre de la guerre, a bien voulu autoriser de son certificat. »

Nous ne suivrons pas le docteur Eirini d'Eyrinys dans l'énumération de toutes les maladies dont « l'huile d'asphalte » est, selon lui, le spécifique. Nous ne pouvons cependant nous empêcher de rapporter un fait qui semblerait légitimer une partie de ses vues enthousiastes. Le choléra qui sévit à Paris en 1849, n'atteignit pas un seul des ouvriers occupés aux travaux d'asphaltage de la ville.

Le docteur Eirini d'Eyrynis céda le bénéfice de sa découverte à un certain M. de la Sablonnière, ancien trésorier des cantons suisses. Un arrêt du conseil d'État de 1720 fait foi de cette cession, et assure à M. de la Sablonnière le privilége de l'exploitation de l'asphalte.

Ce même M. de la Sablonnière exploita également, dès l'année 1740, le gisement de Bechelbronn, dont l'existence avait été signalée par les eaux d'un puits qui amenaient de temps en temps du bitume à la surface du sol. On avait creusé ce puits dans l'espérance de trouver une mine de cuivre ou d'argent. A 160 toises au nord de cette fontaine, disent les écrivains contemporains, M. de la Sablonnière fit forer un second puits qui fut revêtu de boiseries de chêne. Sur les parois de ce puits on trouva plusieurs veines d'asphalte, et à la partie inférieure, un sable rougeâtre, qui, chauffé pendant dix à douze heures, donna une huile noire liquide. On renouvelait l'air dans les galeries à l'aide d'un grand soufflet dont la base communiquait avec un tuyau de fer-blanc qui n'avait pas moins de 200 pieds de long.

CHAPITRE IV

SUITE DE L'HISTOIRE DU BITUME ET DE L'ASPHALTE. — L'INVENTION DU PAVAGE. — COUP D'ŒIL RÉTROSPECTIF SUR LE VIEUX PARIS. — DIFFÉRENTS SYSTÈMES DE PAVAGE EN USAGE DANS LES TEMPS MODERNES. — L'ASPHALTE ET LE BITUME APPLIQUÉS AU PAVAGE. — ASPHALTE COMPRIMÉ A FROID. — ASPHALTE COMPRIMÉ A CHAUD.

Le pavage des villes, depuis le Moyen-Age, jusqu'au commencement de notre siècle, n'avait subi que des modifications de peu d'importance, lorsque l'idée vint d'appliquer le bitume à paver les bords des rues. Cette application, d'abord imparfaite, ne tarda pas à se perfectionner, et le pavage des villes éprouva une véritable révolution par l'emploi de ce système nouveau.

Le pavage des villes n'est pas, d'ailleurs, de date fort ancienne. Pour ne citer que Paris, ce n'est que depuis Philippe-Auguste que ses rues furent recouvertes d'un pavé en pierre. D'après les anciens chroniqueurs, l'idée de faire paver la bonne ville de Paris vint au roi Philippe-Auguste dans les circonstances suivantes :

« En ce temps-là (c'est-à-dire en 1185), dit Rigord, le roi, occupé de grandes affaires et se promenant dans son palais royal (aujourd'hui le Palais-de-Justice), s'approcha des fenêtres pour se distraire par la vue de la Seine. Des voitures traînées par des chevaux traversaient alors la cité en remuant la boue, et en faisaient exhaler une odeur insupportable. Le roi ne put y tenir et conçut dès lors un projet très-difficile, mais très-nécessaire; il convoqua les bourgeois et le prévôt de la ville et, de par son autorité royale, leur ordonna de paver, avec de fortes et dures pierres, toutes les rues et voies de la cité. »

Les bourgeois de Paris firent tous les frais de ce travail. On a retrouvé des restes du pavé de Paris, du temps de Philippe-Auguste, le 10 février 1832, en creusant l'égoût de la rue Saint-Denis. Ces restes consistaient en larges blocs de pierre (grès et autres) ayant à peu près $1^{m},17$ de longueur et de largeur, sur $0^{m},17$ d'épaisseur. A un niveau un peu plus bas s'étendait un cailloutis qui faisait partie de la chaussée construite du temps des empereurs romains. La première de ces deux voies appartenait à ce que l'on appelait la *croisée de Paris*, c'est-à-dire à deux rues qui se croisaient au centre de la ville et dont l'une allait du nord au sud, l'autre de l'est à l'ouest.

Les progrès qu'a faits le pavage de Paris depuis Philippe-Auguste jusqu'au commencement de notre siècle, ne furent ni aussi importants ni aussi rapides que l'on pourrait se l'imaginer. Au commencement de notre siècle on n'avait pas encore songé à ménager sur le bord des chaussées ces trottoirs qui, faisant saillie au-dessus du niveau de la rue, sont le domaine privilégié du piéton, et le protégent contre les voitures. Les trottoirs ne datent que de 1815 environ.

Aujourd'hui encore, certaines villes persévèrent dans l'emploi des anciens matériaux de pavage. Les briques pavent encore une partie de Marseille; les petits pavés de grès persistent à Bordeaux; Toulouse et les villes du Midi ont toujours les cailloux pointus des bords du Rhône et de la Garonne.

La découverte du bitume et de l'asphalte, faite en 1710, par le docteur Eirini d'Eyrinys, devait révolutionner toute l'économie des anciens systèmes de voirie. Il fallut cependant des essais longs et répétés et de nombreux tâtonnements, pour arriver aux procédés actuels, qui promettent une solution définitive au problème, si longtemps étudié, de l'entretien des voies publiques dans les villes.

Dans le premier essai de pavage qui fut entrepris avec le bitume, on fit usage d'un bitume factice, c'est-à-dire du goudron que fournit la distillation de la houille, pendant la préparation du gaz de l'éclairage. Cet essai eut lieu aux Champs-Élysées, en 1837; mais le résultat de cette tentative ne fut pas heureux.

Le *béton bitumineux*, qui fut ensuite essayé par M. Polonceau sur le quai de Passy (route de Versailles), et par M. Darcy, sur le quai de Billy, ne se comporta pas mieux. La masse manquait de consistance, le froid la rendait cassante; aussi se détériorait-elle facilement pendant l'hiver, sous l'influence combinée de la température et de la circulation. Les pierres du béton reparaissaient libres, et le bitume desséché s'émiettait. Il fallut abandonner cette seconde tentative.

Pendant ce temps, de Coulaine, ingénieur des ponts et chaussées, essayait à Saumur de paver les rues avec du *mastic d'asphalte* et de l'asphalte comprimé appliqué à froid.

En 1850, Darcy, inspecteur des ponts et chaussées, avait été envoyé à Londres, avec mission d'y étudier les procédés d'établissement des chaussées macadamisées. A son retour, il fit recouvrir d'asphalte comprimé à froid, une superficie des Champs-Élysées, qui n'avait pas moins de 2,000 mètres carrés.

Pendant la même année, Dupuit, directeur du service municipal de Paris, faisait exécuter par Devarannes, gérant de la Société des bitumes de Seyssel, sous la direction de MM. Mahyer et de Coulaine, un nouvel essai d'application d'asphalte à froid. La rue de la Barillerie, qui disparut lors de l'ouverture du boulevard du Palais-de-Justice, avait été choisie pour cette expérience. On mélangeait la poudre d'asphalte avec de l'huile de résine, et on la comprimait par le passage d'un rouleau. Les ouvriers, montés sur l'appareil, dirigeaient le rouleau. En faisant usage d'un appareil automoteur, on évitait l'action destructive des pieds des chevaux sur la couche de bitume récemment posée.

Malgré les soins apportés à la construction de cette chaussée, il fallut la réparer dès l'hiver de la même année, et, au printemps suivant, il devint nécessaire de la refaire complétement. Au mois de janvier, on dut procéder à une nouvelle réparation. A cette occasion, M. Mahyer écrivait, en parlant de cette chaussée :

« Elle est composée de diverses couches d'asphalte graissé avec un mélange d'huile de résine et de goudron. La couche supérieure seule est saturée de ce mélange et peut être regardée comme imperméable à l'humidité. Quand elle est usée, les couches inférieures, qui sont loin d'être saturées, sont promptement pénétrées par l'eau et s'usent dès lors à peu près comme un empierrement ordinaire. »

Les premières lignes de ce compte rendu nous expliquent pourquoi les réparations faites pendant le premier hiver n'avaient pas tenu jusqu'au printemps. L'influence de la chaleur était nécessaire pour évaporer l'huile de résine qui imbibait la couche superficielle, et produire ainsi la dessiccation de cette dernière. Pendant l'hiver, l'évaporation était considérablement ralentie, et, par suite, il ne pouvait pas se former de croûte solide et résistante. La surface, au contraire, restait molle ; elle était bientôt délayée par la pluie, puis elle était entraînée par les pieds des chevaux et les roues des voitures.

Cet essai ayant duré plus de quatre ans, au bout de ce laps de temps il ne restait dans la chaussée, incessamment réparée, qu'une bien faible partie des matériaux primitifs. Le système fut ainsi jugé sans appel.

Cependant une nouvelle méthode pour l'emploi de l'asphalte venait d'apparaître en Suisse, dans ce même canton de Neuchatel où le docteur Eirini d'Eyrinys avait découvert l'asphalte, cinquante ans auparavant. Ainsi, le pays qui avait fourni cette matière à l'industrie moderne, devait aussi lui apprendre le moyen d'en tirer le meilleur parti.

C'est un ingénieur suisse, M. Mérian, qui eut l'idée et qui fit, en 849, le premier essai de ce mode d'emploi du bitume dans la petite ville de Travers.

Le procédé consiste à pulvériser la roche d'asphalte, puis à réchauffer la poudre, et à la comprimer par les chocs d'outils de fer chauffés. Sous la double influence de la compression et de la chaleur, la poudre fond et se soude avec elle-même. Il se forme ainsi un bloc unique, qui reconstitue la roche asphaltique naturelle, et dont toutes les parties, adhérant solidement ensemble, constituent un excellent pavage.

M. Mérian établit la première chaussée asphaltique sur la route de Travers ; il prit pour base du travail la route même couverte de macadam et comprima au rouleau chauffé la poudre d'asphalte.

La première application de ce système se fit à Paris en 1854, dans la rue Bergère, sous la direction de M. Homberg, ingénieur en chef des ponts et chaussées, et de M. Vaudrey, ingénieur ordinaire.

Dès cette année, 700 à 800 mètres carrés de rues de Paris furent recouverts d'asphalte comprimé. Bientôt, ce chiffre était décuplé. En 1858 on comptait 8,000 mètres de rues, recouverts d'asphalte comprimé. Dans le courant de 1865 l'extension de ce système prit de plus grandes proportions, car 100,000 mètres carrés reçurent un revêtement d'asphalte comprimé.

La compression à chaud n'est pas le seul mode d'application de l'asphalte au pavage public. Il en existe un second. Nous voulons parler du *mastic bitumineux*, c'est-à-dire du mélange d'asphalte et de gravier. Le *mastic bitumineux* est réservé aux trottoirs, tandis que l'asphalte comprimé s'applique sur les chaussées. Ces deux modes d'application de l'asphalte ont historiquement la même date, de même qu'ils concourent ensemble à fournir aux villes un pavage économique et agréable.

Nous allons examiner, dans le chapitre suivant, les moyens d'appliquer l'asphalte par l'un et l'autre de ces moyens, c'est-à-dire : 1° l'application du *mastic bitumineux* sur les trottoirs ; 2° l'application de l'*asphalte comprimé à chaud* sur les chaussées.

Nous mettrons à profit, pour cette description, l'ouvrage publié par M. Léon Malo sous ce titre : *Guide pratique pour la fabrication et l'application de l'asphalte et des bitumes* (1).

CHAPITRE V

FABRICATION DU MASTIC D'ASPHALTE. — EXTRACTION DU CALCAIRE ASPHALTIQUE. — CASSAGE, PULVÉRISATION ET EXTRACTION DU BITUME DU GRÈS DES MOLASSES DE SEYSSEL. — MÉLANGE DE BITUME DE LA TRINITÉ ET DU RÉSIDU DE LA DISTILLATION DES SCHISTES BITUMINEUX. — CUISSON DU MASTIC. — MOULAGE.

Nous avons déjà dit que la poudre d'asphalte et le bitume sont les deux ingrédients du *mastic d'asphalte*, avec lequel sont établis la plupart des trottoirs, dits *trottoirs en asphalte coulé*. Nous avons indiqué les localités où se trouvent les éléments de ces deux substances : le grès dont on extrait le bitume, d'une part, et le calcaire asphaltique d'autre part. Il nous reste à dire comment on extrait le calcaire asphaltique et le grès bituminifère, quelle préparation on fait subir à ces deux roches, en quoi consiste le raffinage du bitume extrait du grès, comment enfin on réunit le bitume et l'asphalte, pour en former le *mastic d'asphalte*.

Dans la principale mine de bitume qui existe en France, c'est-à-dire à Seyssel, l'extraction du calcaire asphaltique se fait à ciel ouvert. L'exploitation des mines d'asphalte du Val de Travers, de Challonges, de Chavaroche, etc., est plus difficile. Comme la roche n'affleure pas le sol, on est obligé, pour l'extraire, de pratiquer des galeries souterraines.

L'extraction de l'asphalte à ciel ouvert offre, du reste, une singularité qui n'appartient qu'à ce genre de minerai : la température influe d'un manière très-sensible sur la consistance de la roche, en agissant sur le bitume qui l'imprègne. Pendant l'été, l'asphalte se ramollit, pendant l'hiver, il durcit. Aussi cette dernière saison est-elle la plus favorable au travail d'extraction. L'asphalte se laisse alors attaquer et briser par la barre à mine, tandis que, pendant l'été, le bitume à demi liquéfié, interposé entre les parties calcaires, fait, en quelque sorte, l'office d'un tampon sur lequel vient s'amortir le choc de la barre de mine. L'ouvrier est alors obligé de recourir à la tarière, espèce de vrille gigantesque qui se manœuvre à deux mains. Parfois même, il faut avoir recours à la poudre de mine, qui n'a pas toujours la puissance de déchirer ces masses, devenues élastiques. Le pic, le levier et le coin sont alors les seuls outils qui puissent utilement servir.

L'été est donc la mauvaise saison pour l'exploitation des carrières d'asphalte. Pour éviter autant que possible les fâcheux effets de la chaleur, les ouvriers se mettent au travail à deux heures du matin, lorsque la fraîcheur de la nuit a rendu à la roche une partie de sa consistance primitive. Ils quittent la carrière à midi.

S'il faut craindre la chaleur, il ne faut pas moins redouter la pluie. On doit éviter d'accumuler les moellons d'asphalte en tas volumineux, car leur base, en s'émiettant, serait plus accessible à l'humidité, et comme l'eau introduite dans la matière y reste avec ténacité dans le cours des opérations ultérieures, elle devient un obstacle à la cohésion du mastic d'asphalte.

(1) 1 vol. in-12. Paris, chez Eugène Lacroix.

Les exploitations souterraines, si elles rencontrent d'autres difficultés, sont du moins à l'abri des intempéries atmosphériques et des changements de température.

Le *mastic d'asphalte*, avons-nous dit, est un mélange de poudre d'asphalte et de bitume. Il faut donc pulvériser l'asphalte. Voici le moyen de l'amener à l'état pulvérulent.

Trois séries d'opérations sont nécessaires pour réduire la roche en fragments de plus en plus petits, pour l'*amenuiser*, selon une vieille et pittoresque expression française, à tel point que, projetée dans du bitume en fusion, elle puisse se mélanger intimement avec lui, et former ce *mastic d'asphalte* qui, coulé en pains et emmagasiné, deviendra, en quelque sorte, pour nos grandes villes, du trottoir en réserve.

On cassait autrefois, au moyen d'une *masse*, les moellons d'asphalte retirés de la mine. On a renoncé aujourd'hui à ce procédé primitif. Un appareil mécanique, le *concasseur*, a remplacé la main et l'outil.

Le *concasseur* est une paire de cylindres de fonte armés de dents de fer ou d'acier, qui broient la roche en fragments dont la grandeur est déterminée par l'écartement des cylindres. Cet écartement est réglé de telle sorte que les plus gros morceaux d'asphalte provenant de cette première opération soient à peu près de la grosseur d'un œuf.

Ces fragments sont alors pulvérisés dans un *moulin à noix* ou dans un *broyeur* du système Carr.

Le moulin à noix (fig. 279) est un appareil qui sert également pour le broyage du ciment et du plâtre. Ce n'est autre chose qu'un moulin à café construit sur une grande échelle.

La partie essentielle du moulin destiné à broyer l'asphalte est une *noix* conique, garnie de dents, qui se meut dans une *conche*, c'est-à-dire dans l'espace enveloppant la noix, et qui est, comme la noix, creusé d'aspérités, et armé de dents. Les morceaux d'asphalte introduits entre la noix et la *conche*, sont réduits en poussière entre ces deux organes du moulin. Les parois internes de la *conche* enveloppent les parois externes de la

Fig. 279. — Coupe transversale du moulin à broyer l'asphalte.

noix et figurent un tronc de cône vide supporté par le bâti du moulin. La *conche* et la noix vont en se rétrécissant de la base au sommet. Par conséquent, plus on relève la noix, plus sa base se rapproche des parois internes de la *conche*, et plus la poudre, obligée de passer par l'espace resté libre entre ces deux surfaces, sortira fine de cet orifice annulaire.

On se sert aussi, pour pulvériser l'asphalte concassé, du *broyeur Carr*. Cet appareil, comme le moulin à noix, ne sert pas exclusivement pour l'asphalte; il est très-répandu

Fig. 280. — Broyeur Carr.

dans l'industrie pour la pulvérisation d'autres matières.

Nous représentons ici (fig. 281, 282) le *broyeur Carr*, qui est construit à Paris par

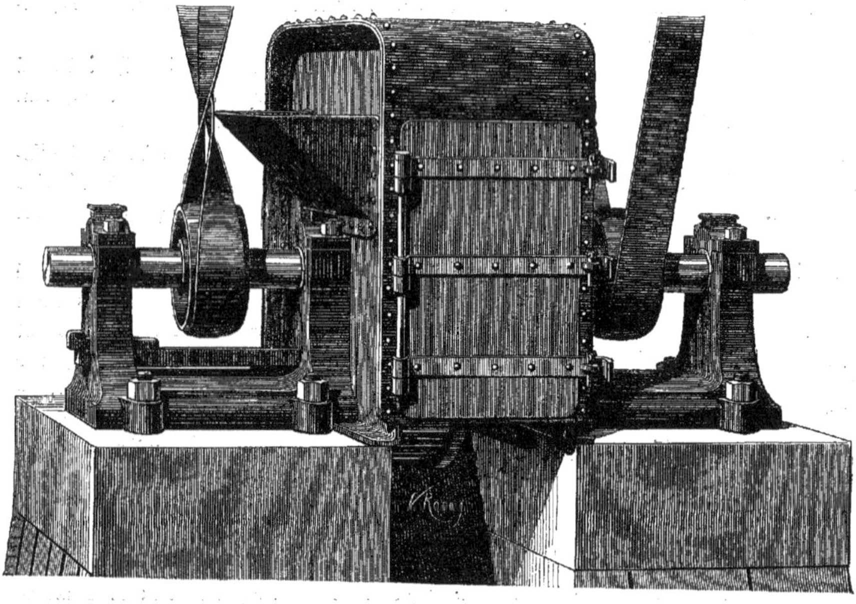

Fig. 281. — Broyeur Carr avec son enveloppe.

M. Toufflin. La roche concassée étant jetée par le coffre A (fig. 280) tombe entre la roue de fonte B (fig. 281) mue par l'arbre DD et l'auge dans laquelle tourne cette roue, et la poudre s'échappe par le canal, C.

La poudre d'asphalte sortant du moulin n'est pas assez fine pour servir à la préparation du mastic : il faut la tamiser. Celle qui a été produite par le *broyeur Carr* n'a pas besoin de tamisage, à moins qu'il n'y ait eu, à un certain moment, ralentissement de la vitesse de l'appareil.

Pour tamiser la poudre asphaltique, on l'introduit dans un *blutoir*, c'est-à-dire dans un cylindre horizontal tournant autour de son axe. Le bâti de cette espèce de cage est formé d'une série d'anneaux reliés entre eux par des barres de fer. Il est recouvert d'un treillage métallique ou d'une tôle percée de trous.

Nous disions que le *blutoir* pour le tamisage de l'asphalte est cylindrique. Il est plus exact de dire qu'il a la forme d'un tronc de cône. Mais la différence entre les diamètres des deux disques qui composent les deux bouts du cône tronqué, est peu considérable. Le blutoir est légèrement évasé du côté de la sortie des matériaux. Cette disposition a pour effet d'accumuler de ce côté les *grabons*, c'est-à-dire les fragments trop gros qui doivent être réunis pour subir une nouvelle pulvérisation.

Après avoir décrit la manière de préparer la poudre qui sert, avec le bitume, à la fabrication du *mastic d'asphalte*, il nous reste à dire quels sont les procédés en usage pour extraire le bitume des roches qui le renferment.

Le bitume à l'état libre ne se trouve pas, en France, en quantité assez grande pour suffire à cette industrie. Si l'on parvenait à extraire économiquement de l'asphalte lui-même le bitume qu'il contient, on aurait là certainement la matière la plus apte à s'assimiler par la fusion, à la roche asphaltique. Mais le problème de l'extraction économique du bitume de l'asphalte même, n'a pas encore été résolu.

La plus grande partie du bitume qui sert à la préparation du *mastic d'asphalte* s'extrait des grès des molasses de Seyssel.

Le procédé qui sert à extraire le bitume de ces grès est loin d'être nouveau et de répondre à tous les *desiderata* de l'industrie. On trouve la description sommaire de ce procédé à l'article *Asphalte* de l'*Encyclopédie* de Diderot et d'Alembert. L'auteur de cet article, à propos de la mine d'asphalte dite de la Sablonnière, sise dans le ban de Lampersloch, baillage de Warth, en basse Alsace, entre Haguenau et Wissembourg, s'exprime en ces termes :

« Pour tirer de cette mine une sorte d'oing noir dont on se sert pour graisser les rouages, il n'y a d'autre manœuvre que de faire bouillir le sable de la mine pendant une heure dans l'eau ; cette graisse monte et le sable reste blanc, au fond de la chaudière. On met cette graisse sans eau dans une grande chaudière de cuivre pour s'y affiner et évaporer l'eau qui peut être restée pendant la première opération. »

On n'a pas encore aujourd'hui trouvé mieux que ce procédé, qui est pourtant long et dispendieux.

Voici comment on opère à Seyssel, d'après l'ouvrage de M. Léon Malo, *Fabrication de l'asphalte et des bitumes*, qui nous sert de guide dans ce travail.

On jette le grès grossièrement concassé dans de vastes chaudières remplies d'eau bouillante. On brasse le mélange pendant une heure environ. Le grès se désagrége, par l'effet mécanique de l'agitation ; le sable tombe au fond de la chaudière et l'écume bitumineuse surnage. On enlève alors la nappe superficielle.

Malheureusement, le bitume ainsi préparé n'est pas tout à fait pur ; il retient toujours, comme un réseau, une partie du sable que l'ébullition a réparti dans toute la masse

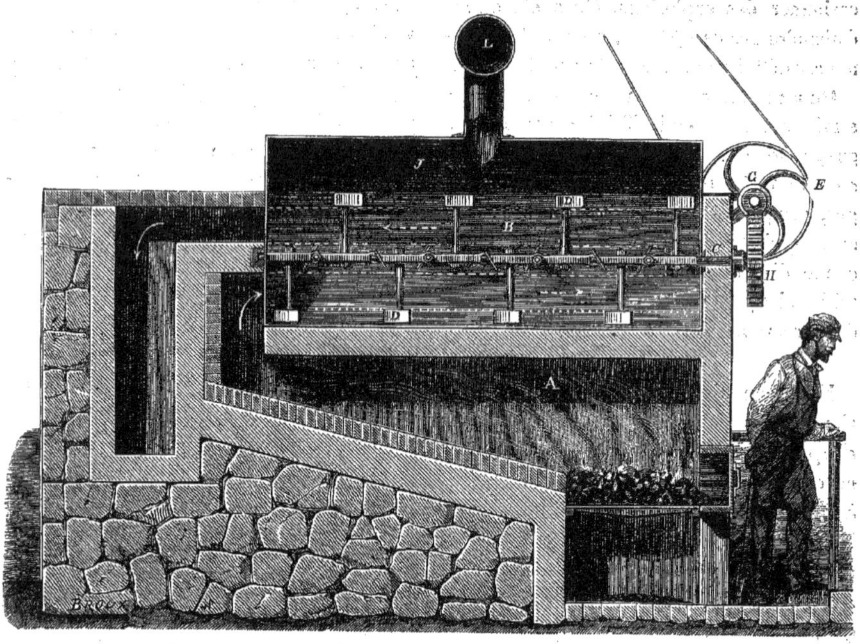

Fig. 282. — Four et chaudière pour cuire le *mastic d'asphalte*.

A. Four à retour de calorique.
B. Chaudière en tôle (demi-circulaire).
C. Arbre fixé dans l'axe de la chaudière pour recevoir les agitateurs.
E. Poulie de commande de cet arbre au moyen d'une vis sans fin, G, et d'une roue dentée, H.
DD. Agitateurs du mastic.
J. Couvercle en tôle de la chaudière.
Z. Conduit donnant issue à la vapeur d'eau et aux autres vapeurs provenant de l'action de la chaleur sur l'asphalte.

du mélange. Il est vrai que, si l'on a traité par ce procédé un grès à gros grains comme celui de Lussat (Auvergne), le bitume superficiel est suffisamment pur, le sable s'étant tout entier précipité au fond de la chaudière; mais la plupart des grès bitumineux sont, au contraire, constitués par des grains très-fins, de telle sorte que la nappe de bitume occupant la partie inférieure de la chaudière retient encore du sable (le cinquième ou le quart de son poids).

Il est donc nécessaire de soumettre à une nouvelle purification le bitume sablonneux provenant de la désagrégation du grès bitumineux. A cet effet, on chauffe ce bitume sablonneux dans une autre chaudière. L'eau s'évapore et le sable se dépose, retenant encore un volume de bitume égal au sien ou à peu près. Le bitume pur surnage. Il ne reste plus qu'à le décanter.

On a proposé et même essayé un procédé nouveau, qui permet d'extraire du premier coup tout le bitume des *molasses*, à tel point que le sable qui forme le résidu de l'opération est parfaitement blanc et que le bitume ainsi obtenu est très-pur. Ce procédé consiste à faire usage d'un dissolvant : le sulfure de carbone. Mais le sulfure de carbone est d'une manipulation dangereuse. Il est très-volatil et, en outre, inflammable : il peut donc occasionner des explosions. On a été obligé d'abandonner ce système, sans toutefois renoncer définitivement à en tirer parti un jour.

On a récemment trouvé le moyen de faire servir le bitume de la Trinité, privé de sa gangue terreuse, à la fabrication du *mastic d'asphalte*. Ce moyen consiste à le mélanger, par parties égales, avec du goudron de schiste, c'est-à-dire avec le résidu de la seconde distillation des huiles lourdes de schiste, lesquelles, étant purifiées de ce goudron, servent à l'éclairage.

Nous connaissons maintenant les matériaux qui servent à la préparation du *mastic d'asphalte*. Nous savons comment on le met en œuvre, comment on l'amène à se prêter à la préparation du produit qui nous occupe. Nous avons vu quelles sont les machines et quels sont les procédés usités pour concasser, pulvériser et tamiser le calcaire asphaltique, ainsi que pour séparer le bitume dont sont imprégnés les grès de Seyssel. Il nous reste à conduire le lecteur, de la mine où se font ces divers travaux, au chantier où doit se préparer ce *mastic d'asphalte* qui constitue aujourd'hui les trottoirs des grandes villes.

Cette opération, qui s'appelle la *cuisson du mastic*, consiste à chauffer du bitume avec de la poudre d'asphalte, que l'on ajoute graduellement dans la matière liquéfiée, en prenant 13 parties d'asphalte pour 1 partie de bitume.

La figure 282 représente la chaudière dans laquelle on prépare le *mastic d'asphalte*.

On place le bitume dans un cylindre horizontal en fonte, B, qui fait fonction de chaudière, et qui est monté sur un fourneau en briques A. La moitié de ce cylindre est plongée dans la maçonnerie du fourneau au feu duquel elle est exposée. Elle supporte un arbre, C, dirigé selon l'axe du cylindre, et garni de palettes, D, perpendiculaires, qui brassent la matière, lorsque l'arbre est en mouvement. La seconde partie de ce cylindre J est en tôle, et forme le couvercle de la chaudière. Une porte y est ménagée, pour introduire peu à peu la poudre d'asphalte. Cette porte se trouve au niveau du plancher des blutoirs. Un tuyau, L, qui surmonte la chaudière, livre passage à la fumée et à la vapeur d'eau qui proviennent de l'action de la chaleur sur la poudre d'asphalte. Les chaudières ont 3 mètres de longueur sur 1 mètre 10 centimètres de diamètre. Elles contiennent environ 4,000 kilogrammes de matière.

Lorsque le mélange a acquis la consistance convenable, ce qui a lieu généralement au bout d'une demi-journée de chauffage, on le coule dans une série de moules en fer.

Ces moules sont disposés sur une plate-forme de fonte. Chacun peut contenir 25 kilogrammes de mastic et figure un grand anneau de 35 centimètres de diamètre et 14 centimètres de hauteur. Il est formé de deux parties qui s'emboîtent l'une dans l'autre, tout en conservant la faculté de se séparer facilement. Avant la coulée, on les enduit de savon noir.

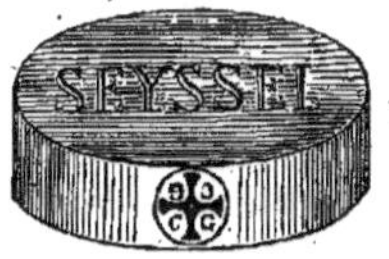

Fig. 283. — Forme des pains de *mastic d'asphalte*.

La figure 283 représente un pain de *mastic d'asphalte*, résultant de la coulée du mastic dans un de ces moules.

CHAPITRE VI

EMPLOI DU MASTIC D'ASPHALTE DANS LA VOIRIE. — REFONTE DU MASTIC DANS LES CHAUDIÈRES LOCOMOBILES. — PRÉPARATION DE LA SURFACE A REVÊTIR. — APPLICATION DU MASTIC.

C'est le *mastic d'asphalte*, dont nous venons de décrire la préparation, qui est mis en œuvre pour les divers travaux dits en

Fig. 284. — Ancienne chaudière pour l'application de l'*asphalte coulé*, et pavage d'un trottoir en *asphalte coulé*.

asphalte coulé. Ce mastic était autrefois fondu à pied-d'œuvre, en le mélangeant avec le bitume, en proportion telle qu'il y eût à peu près 1 partie de bitume pour 17 ou 20 parties de *mastic*. On ajoutait alors à la masse fondue du gravier jusqu'à refus. Mais l'odeur résineuse qu'exhalaient les chaudières où le mastic était mis en fusion, les fumées noirâtres qui s'en échappaient, et qui salissaient les appartements des maisons au pied desquelles elles étaient établies, enfin tout cet outillage, embarrassaient la circulation. On a donc proscrit ces chaudières des rues de Paris, où tout au moins on les a restreintes aux quartiers excentriques, aux voies en cours d'exécution et aux travaux d'intérieur.

Dans les départements, cette interdiction n'existe pas. La figure 284 représente l'ancienne chaudière encore en usage hors de Paris. Elle est représentée auprès d'un trottoir en mastic d'asphalte en cours d'exécution, avec les matériaux destinés à alimenter la chaudière et à servir à couler le mastic d'asphalte sur le trottoir.

A Paris, on a remplacé ces appareils par une chaudière locomobile. Au chantier, on remplit la chaudière locomobile du mélange tel qu'il doit être employé. Un fourneau chauffé au coke, placé au-dessous de la chaudière, entretient la fusion pendant qu'un cheval attelé au brancard, la transporte de l'atelier au lieu du travail. Pendant le trajet le conducteur de la locomobile tourne une manivelle à main reliée avec un arbre disposé selon l'axe de la chaudière. Cet arbre commande un agitateur interne, qui brasse le mélange, pour l'empêcher d'adhérer aux parois, ce qui brûlerait le bitume.

La figure 285 représente cette chaudière locomobile munie de son agitateur. La légende qui accompagne cette figure explique

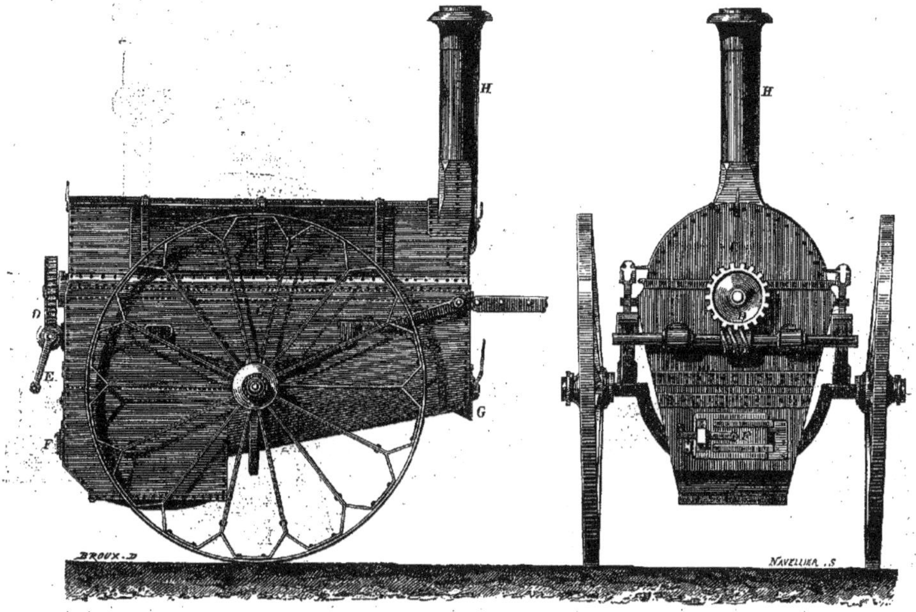

Fig. 285. — Coupe de la locomobile qui sert à transporter le *mastic d'asphalte.*

C. Corps de la chaudière.
D. Pignon qui commande les agitateurs.
E. Manivelle qui commande, par une vis sans fin, le pignon D.
F. Foyer.
G. Sortie du mastic.
H. Cheminée d'appel.

le mécanisme de l'agitateur et la disposition du foyer.

Voyons maintenant comment la couche d'asphalte est versée sur le sol pour constituer un trottoir.

La surface sur laquelle on se propose d'appliquer le mastic d'asphalte, a été préalablement aplanie, ou *dressée*, suivant l'expression technique. En d'autres termes, elle a été pilonnée, arrasée et damée avec soin. Ensuite on a déposé sur le sol ainsi *dressé*, une couche de béton, que l'on a préparé en triturant, soit au rabot, soit à la turbine, un mélange de mortier (deux parties) et de cailloux ou de pierre meulière cassée (trois parties). La plus grande hauteur de cette couche ne doit pas dépasser 5 centimètres. Le mélange doit être parfaitement homogène et être fabriqué au moment de son emploi.

Sur cette assiette de béton, à laquelle on a donné une hauteur de 3 à 4 centimètres, mais qui peut s'élever jusqu'à 8 ou 9 en remblai, on étend une couche de mortier, de 1 à 2 centimètres d'épaisseur (1). Il est bon d'employer de la chaux hydraulique à la préparation du béton et surtout à celle du mortier, car c'est sur ce dernier que doit reposer le mastic d'asphalte. Lorsque le mortier n'est pas complétement pris, l'eau qu'il retient et

(1) Le mortier se compose de chaux et de sable (dans la proportion d'un volume de l'une et de deux volumes de l'autre) triturés avec de l'eau jusqu'à la consistance de l'argile plastique.

Fig. 286. — Le pavage d'un trottoir en *asphalte coulé*.

qui n'est pas encore combinée, se vaporise au contact du mélange brûlant qui sort de la chaudière, et la nappe liquide soulevée se crevasse et se boursoufle : signes précurseurs de la détérioration des travaux.

Avant d'appliquer le mastic bitumineux sur le *substratum* préparé comme il vient d'être dit, il faut dessécher avec soin cette surface. Pour cela, on y verse des cendres chaudes, que l'on retire dès qu'elles ont absorbé l'humidité, ou bien on fait une coulée provisoire de mastic, qui dessèche la couche encore humide. Cette couche provisoire cède, immédiatement après, la place au mastic définitif.

La surface étant ainsi bien sèche, on peut verser le mastic. On opère par bandes de trottoir de 7 ou 8 centimètres de longueur, que l'on délimite au moyen de deux règles plates en fer de 1 centimètre et demi d'épaisseur, étendues perpendiculairement à la bordure. Le niveau de ces règles de fer indique celui qu'aura le trottoir. C'est entre ces deux règles qu'on verse le mastic. Un ouvrier va le puiser dans la chaudière, à l'aide d'un seau, dont il répand le contenu sur la surface préparée. Un autre, s'agenouillant devant le trottoir, fait refluer le mastic sur une spatule en bois qui lui sert à bien égaliser la surface.

Avant que le mastic soit refroidi, on verse à sa suface du sable fin, que l'on fait pénétrer à coups de batte. La plus grande dimension de ces grains de sable ne doit pas dépasser 5 millimètres. De cette manière, la couche asphaltique dont la masse est déjà, pour ainsi dire, saturée de gravier, se trouve superficiellement imprégnée de grains plus fins, qui, sans offenser les pieds, leur offriront une adhérence suffisante.

La figure 286 représente le travail qui vient d'être décrit.

CHAPITRE VII

AUTRES EMPLOIS DU MASTIC D'ASPHALTE. — PLANCHERS. ÉCURIES. — SUCRERIES. — CHAPES. — TERRASSES. — TOITURES. — FONDATIONS DE BATIMENTS SUR TERRAINS HUMIDES.

Le mastic d'asphalte est de la plus grande utilité dans l'économie domestique ou dans l'industrie, toutes les fois qu'il importe de prévenir des infiltrations d'eau, qui pourrit les planchers, et nécessite des réparations coûteuses.

Les buanderies sont de tous les locaux de ce genre ceux qui réclament le plus instamment un revêtement protecteur. Un grand nombre de petites industries qui s'exercent dans les maisons et qui usent de l'eau en abondance, exigent le même revêtement. De quelle utilité n'est pas alors une couche de mastic d'asphalte, pour protéger les solives du plancher et pour empêcher la propagation de l'humidité aux étages inférieurs?

Dans ce cas, on étend la couche de mastic sur le plancher en bois, et par-dessus le mastic on dispose un second plancher, également en bois.

Une couche de mastic d'asphalte établie au rez-de-chaussée des maisons, empêche l'humidité naturelle du sol de s'élever aux étages supérieurs. On recouvre cette couche d'asphalte d'un plancher de bois.

Pour l'application de l'asphalte sous les planchers, nous n'avons rien à ajouter à ce que nous avons dit plus haut en parlant des trottoirs. Les procédés sont exactement les mêmes.

Les pavés de pierre qui recouvrent le sol des écuries ont plusieurs inconvénients. Les chevaux s'y blessent quelquefois. D'autre part, les urines s'infiltrant entre les joints des pavés, entretiennent une humidité constante, et occasionnent un dégagement de gaz ammoniacaux, nuisibles à la santé des chevaux.

Le dallage d'asphalte n'a aucun de ces défauts; seulement il serait glissant si l'on n'avait le soin de pratiquer à sa surface des stries croisées, qui en détruisent le poli et permettent au sabot du cheval de contracter adhérence avec lui. Ces stries sont produites, soit au moyen de fers chauds dont l'aspect rappelle une moitié de moule à gaufres, soit au moyen de rouleaux compresseurs, sur lesquels ressortent en relief des filets destinés à graver ces empreintes en creux dans la pâte encore chaude.

La figure 287 représente un modèle d'écurie avec sol en dallage d'asphalte.

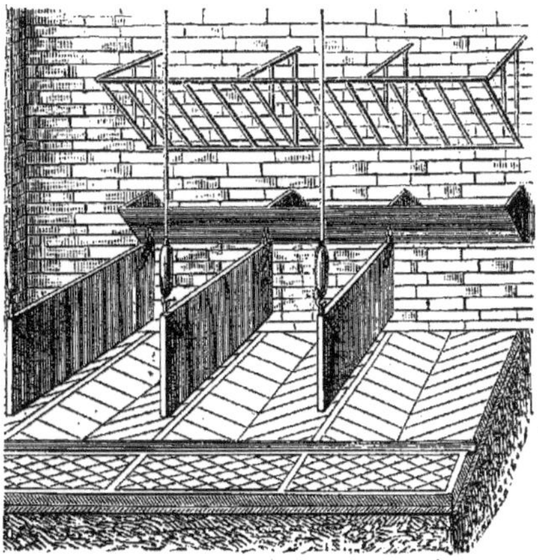

Fig. 287. — Modèle d'écurie avec sol en dallage d'asphalte.

Dans les fabriques de sucre et les raffineries, une humidité constante est entretenue par les vapeurs qui se dégagent des chaudières, des monte-jus, etc. Les planchers et les escaliers conduisant aux divers emplacements des appareils, sont glissants, si l'on n'a soin d'enlever, par des lavages répétés, la boue qui s'y forme. Depuis quelque temps les fabricants de sucre, dans le nord de la France, remplacent les planchers de bois ou le pavé de pierre par des dallages d'asphalte.

Les architectes donnent le nom de *chape* à l'enduit dont ils recouvrent l'extrados des voûtes, pour protéger ces dernières contre les infiltrations pluviales et autres. Le mastic bitumineux, grâce à son imperméabilité, se prête parfaitement à cet usage. Nous citerons, à titre d'exemple, les chapes des ponts et celles des casemates de fortifications.

Quand il s'agit d'une voûte de pont, on commence par la revêtir d'un lit de mortier, et on attend qu'il ait pris le durcissement convenable. On applique alors le mastic d'asphalte. On se sert, à cet effet, de mastic gras, qui est plus élastique que le mastic sec; puis on place sur cette couche bitumineuse, une couche d'argile, sur une épaisseur de 5 à 6 centimètres. On évite ainsi les ruptures et les fendillements qui seraient produits par les cailloux du remblai et qui empêcheraient la chape de remplir sa destination.

On sait que les casemates et les magasins militaires, au voisinage des remparts, sont protégés extérieurement par un revêtement de terre, qui a pour objet d'amortir le choc des projectiles. Mais cette terre s'imbibe d'eau et entretiendrait une humidité constante à l'intérieur des casemates, si l'on n'avait soin d'opposer à cette humidité l'obstacle infranchissable d'une couche de mastic d'asphalte. Il faut observer, dans le choix de ce mastic, une précaution importante. Les forts casematés sont généralement situés sur des éminences ou des plateaux; ils dominent ainsi la zone qu'ils ont mission de défendre, mais, par cela même, ils sont souvent exposés à un froid glacial, qui prédisposerait la couche bitumineuse à se fendiller, si le mastic n'était pas assez gras pour conserver son élasticité.

Un des grands usages de l'asphalte, c'est de recouvrir les terrasses des maisons. Le sol d'une terrasse doit être d'une parfaite imperméabilité à l'eau pour préserver de l'infiltration des eaux pluviales les étages inférieurs, et d'une grande élasticité, pour ne pas se fendre par les variations de température.

Plus flexible que tous les ciments et que toutes les chaux hydrauliques, le mastic d'asphalte ne se fend pas aussi facilement que les ciments et les chaux hydrauliques, sous l'influence des tassements et des changements de température. Il résiste également beaucoup à l'usure produite par la marche.

Malgré ces priviléges, le mastic d'asphalte employé à recouvrir une terrasse finirait par se briser si les matériaux sur lesquels il repose venaient à subir une série illimitée de flexions. Aussi la construction de la charpente des terrasses exige-t-elle des précautions toutes particulières.

Il faut sur des solives très-rigides clouer un plancher, également inflexible, sur lequel on applique une couche de béton de 5 centimètres d'épaisseur environ. On *arrase* ensuite ce lit de béton, c'est-à-dire qu'on en unit la surface et que l'on fait disparaître les aspérités qui provoqueraient le fendillement du mastic. A cet effet, on coule dans les creux, du mortier, c'est-à-dire une matière de même nature que le béton, qui n'est en quelque sorte que du béton plus fin, mais ne renferme que du sable et de la chaux. On coule donc le mortier jusqu'au niveau des plus hautes aspérités, en lui donnant une pente variable entre 2 centimètres et 5 centimètres par mètre. Le mortier forme bientôt avec le béton une masse homogène et compacte, sur laquelle on peut, en toute sécurité, après dessiccation suffisante, étendre le mastic bitumineux. Le revêtement de mastic, conservant la pente donnée à la surface du mortier, facilitera l'écoulement des eaux.

Le mastic employé à recouvrir les terrasses devrait, pour répondre aux exigences des constructeurs, posséder des propriétés contradictoires et exclusives l'une de l'autre. Il faut que les terrasses résistent au soleil, sans se ramollir, sans que les pieds des tables et des chaises y tracent leur empreinte.

Il faut, d'un autre côté, que le revêtement soit assez élastique pour se prêter, sans se rompre, aux dilatations qui résultent des changements de température.

On ne peut satisfaire à cette double exigence qu'au moyen d'un expédient. On demande la solidité à la couche superficielle (qui doit supporter directement la pression des meubles) et l'élasticité à la couche inférieure.

La quantité de mastic gras destinée à recouvrir un mètre carré de terrasse, est préparée avec les quantités suivantes de bitume libre, de mastic en pain et de menu gravier de rivière :

Bitume libre..................	0 kil 600
Mastic de Seyssel..............	7 »
Menu gravier...................	4 »

La couche supérieure est formée de mastic maigre, dans lequel on a fait entrer une forte quantité de gravier.

On tourne quelquefois la difficulté autrement. On emploie une couche unique de mastic gras, sans se préoccuper de son peu de résistance, mais on rend ce défaut illusoire en se servant de chaises et de tables en fer, à pieds très-larges, que l'on construit aujourd'hui spécialement pour cet usage.

Quand on se propose de couler du mastic d'asphalte, non pas sur du bois, comme nous venons de le supposer, mais sur des matériaux moins flexibles, lorsque la terrasse, par exemple, est construite en fer ou en briques, la tâche est singulièrement simplifiée, car toutes les précautions dont nous avons parlé n'ont plus de raison d'être.

Les revêtements d'asphalte sur les terrasses, comme sur les toits, jouissent d'une propriété à laquelle on était loin de s'attendre : ils peuvent retarder le développement d'un incendie. En effet, dans le cas d'un incendie, le bitume forme une masse compacte qui, d'un côté au moins, empêche l'accès de l'air vers le foyer de la combustion. On a constaté plus d'une fois que, dans un incendie, des poutres placées dans le voisinage d'un revêtement d'asphalte, au lieu de se consumer, s'étaient simplement carbonisées. En outre, lorsque la chaleur est assez intense pour ramollir l'asphalte, la poudre calcaire tombe, comme une pluie de cendres, au milieu des flammes, et contribue à les éteindre.

N'exigeant qu'une faible pente pour l'écoulement des eaux, les toitures en mastic d'asphalte offriraient un avantage particulier pour les constructions sur les toits desquelles on aurait à circuler fréquemment ; mais, en raison de leur lourdeur (28 kilogrammes par mètre carré, pour un toit de 12 millimètres d'épaisseur), elles exigent des charpentes de bois de grandes dimensions, ou tout au moins des charpentes de fer.

On établit la toiture asphaltique sur des voliges de bois recouvertes de gros papier gris maintenu par des pointes. La feuille de papier interposée empêche le contact du mastic en fusion et des vapeurs d'eau qui, se dégageant sous l'influence de la chaleur, viendraient crevasser la couche bitumineuse encore molle. On étend la couche asphaltique transversalement aux voliges. L'expérience a appris, en effet, que cette couche, quand elle est appliquée dans le sens de leurs arêtes, se fend plus facilement. On donne à la couche d'asphalte une épaisseur de 1 centimètre à peu près et une pente de 2 à 3 centimètres par mètre.

On se sert souvent de l'asphalte pour préserver de l'humidité les fondations des maisons bâties sur des terrains aqueux. L'interposition de cette matière hydrofuge arrête l'ascension capillaire de l'eau du terrain dans les pierres ou les briques des édifices. On applique ce mastic entre deux des assises des fondations, et quelquefois entre le niveau du sol et le plancher du rez-de-chaussée.

Fig. 288. — Élévation et coupe de la chaudière fixe pour chauffer l'asphalte comprimé, et coupe du foyer mobile de cette chaudière.

CHAPITRE VIII

L'ASPHALTE COMPRIMÉ. — SON MODE D'APPLICATION. — CHAUFFAGE DE LA POUDRE D'ASPHALTE. — TRANSPORT A PIED-D'ŒUVRE. — ÉTENDAGE. — PRÉCAUTIONS NÉCESSAIRES. — PILONNAGE. — RACCORDEMENT DE DEUX PARTIES D'ASPHALTE COMPRIMÉ. — DALLES EN ASPHALTE COMPRIMÉ.

Nous avons déjà indiqué sommairement ce que l'on nomme *asphalte comprimé.* Nous savons que la poudre d'asphalte chauffée à 100°, puis soumise à la compression dans un moule, fond et se soude avec elle-même de manière à ne former qu'un seul bloc. Exécuter une chaussée en asphalte comprimé, c'est répéter cette opération sur une plus grande échelle. Par le choc d'un outil à large surface, convenablement chauffé, l'asphalte se ressoude à lui-même, comme le fer rouge battu sur l'enclume, et forme, après le refroidissement, une masse homogène. Grâce à cette opération, on reconstitue de toutes pièces des blocs présentant la même composition que l'asphalte tel qu'on l'extrait de la mine. Ces blocs reçoivent la forme de larges dalles, qu'il serait difficile et très-coûteux de découper à la scie dans la roche primitive.

Voici comment on procède pour exécuter une chaussée en asphalte comprimé.

La poudre d'asphalte est chauffée dans de grands cylindres rappelant les torréfacteurs à café pour la forme, sinon pour les dimensions. La figure 288 représente un de ces appareils, dans lequel on peut chauffer à 120°, environ 1,200 à 1,500 kilogrammes de poudre par heure, selon les saisons. On voit, à l'inspection de la gravure, que le *chauffeur* A est fixe et que le foyer D est mobile.

Pendant que la poudre d'asphalte est chauffée par le foyer D, le cylindre A tourne sur lui-même par la rotation de l'axe B, que provoque la poulie de commande E, au moyen d'une vis sans fin F, et d'une roue dentée G. Ce mouvement a pour effet d'empêcher l'adhérence de la poudre.

Lorsque la poudre est suffisamment chaude, on écarte le foyer mobile et l'on amène à la place qu'il occupait une petite voiture, dans laquelle on fait immédiatement tomber la poudre en ouvrant la porte à charnière C. On recouvre la poudre chaude d'une bâche, et l'on conduit immédiatement la voiture sur le lieu où doit être appliqué l'asphalte.

On a construit aussi des chauffeurs mobiles. Ils sont montés sur des roues, de manière à pouvoir être expédiés par chemin de fer, dans les localités où il y a des travaux à faire. La ville de Jassy, en Moldavie, a fait exécuter des travaux d'asphaltage pour lesquels on a employé plusieurs de ces appareils mobiles.

La surface sur laquelle doit être appliquée la poudre d'asphalte est une couche de béton reposant sur un fond de sable, que l'on a comprimée au pilon, pour éviter les tassements ultérieurs. Cette surface doit être sèche comme celle qui est destinée à recevoir le mastic d'asphalte, et pour les mêmes raisons. Si l'on ne peut, faute de temps, abandonner la dessiccation à elle-même, on la hâte par les mêmes moyens, c'est-à-dire avec des cendres chaudes, ou en versant une certaine quantité de poudre chaude d'asphalte, que l'on enlève ensuite, et qui n'a pour effet que d'opérer la dessiccation du *substratum*. Deux à trois jours suffisent, du reste, pour que cette couche se sèche d'elle-même, lorsque le béton est préparé avec de la chaux hydraulique et recouvert d'une couche de mortier de ciment d'une épaisseur convenable. Ces précautions sont indispensables, quelque retard et quelque gêne qu'elles puissent apporter dans les rues où la circulation est considérable. Si l'on agit avec trop de précipitation et sans tenir compte du temps nécessaire pour que le bitume se dessèche, on vaporise l'eau, et ses vapeurs se pratiquant une issue dans la couche d'asphalte, créent des fissures, qui en compromettent gravement la solidité.

La poudre d'asphalte étant amenée chaude à sa destination, il s'agit de l'étendre, de la comprimer et de lisser la couche après sa compression.

Pour étendre la poudre, si le sol est bien dressé, il suffit de répandre la roche pulvérisée et de dresser avec un râteau la surface, en vérifiant souvent l'épaisseur de la poudre. Cette épaisseur doit être environ de $\frac{2}{5}$ plus forte que celle que l'on veut obtenir après la compression.

Prenant pour base un dallage de chaussée à 4 centimètres d'épaisseur, la quantité d'asphalte en poudre employée par mètre superficiel, sera de 85 à 90 kilogrammes.

La compression se fait au pilon ou au rouleau, suivant l'importance du travail. Avant d'employer ces outils, il faut *faire les joints*, c'est-à-dire les parties qui portent contre les matières qui entourent l'asphalte. On emploie pour cela un pilon de forme longue et étroite, appelé *fouloir*, qui, grâce à son peu de surface, produit un effet plus énergique.

Ceci fait, on prend les pilons.

L'ouvrier doit pilonner avec une vigueur graduée, c'est-à-dire commencer doucement et frapper de plus en plus fort, jusqu'à ce qu'il soit arrivé à la compression parfaite. Si l'ouvrier pilonnait trop fortement dès le commencement, il ferait sauter la poudre au lieu de la ramasser.

Quand on a une grande surface à pilonner et que la poudre chaude peut être produite en suffisante quantité, on emploie, pour comprimer, un petit rouleau portant un foyer intérieur. Ce rouleau est con-

Fig. 289. — Pavage d'une chaussée en asphalte comprimé.

duit en travers de l'avancement de l'ouvrage, en gagnant à chaque fois une largeur de 8 à 10 centimètres.

Lorsque la compression au pilon ou au rouleau est achevée, on promène ordinairement sur la surface un fer chauffé appelé *lissoir*.

Ce lissoir donne à la chaussée un aspect agréable à l'œil, mais n'ajoute rien à la qualité du travail.

La figure 289 représente le travail que nous venons de décrire.

Lorsqu'une portion de chaussée en asphalte comprimé vient à se détériorer, soit par un défaut de construction, soit par un accident, on procède de la manière suivante.

On découpe et on enlève toute la partie de la surface qui est défectueuse, en ayant soin de tenir les bords francs, propres, exempts de toute matière et de toute humidité. Il faut faire ce découpage au ciseau, à petits coups, afin de ne pas ébranler ou fendiller les parties conservées. Il faut bien éviter, dans les tranchées, de défaire l'asphalte comprimé en le soulevant pour le casser ; on fissure souvent l'application bien au delà de la partie à enlever.

Lorsque le trou est fait dans la chaussée, on s'assure que le sous-sol est parfaitement sec. S'il ne l'est pas, on le dessèche, puis on y verse la poudre, et l'on procède exactement comme pour le premier établissement, en ayant soin de pilonner plus énergiquement les bords au fouloir, afin d'assurer la soudure entre la nouvelle et l'ancienne partie.

On doit, d'ailleurs, observer dans cette opération les mêmes précautions que dans la construction de la chaussée.

Les premières chaussées en asphalte comprimé furent établies dans les principales rues de la cité de Londres. L'asphalte comprimé a été ensuite appliqué sur les chaussées d'un grand nombre de rues de Paris. Nous nous bornerons à citer la cour du chemin de fer de l'Ouest, rue d'Amsterdam, la cour de la Conciergerie et celles de la Compagnie du gaz, du Grand-Hôtel, de l'hôtel du Louvre et du Nouvel-Opéra, et une grande quantité d'avenues en divers quartiers.

Pour donner une idée du développement rapide de l'industrie asphaltique, nous dirons que la Compagnie générale des asphaltes, propriétaire de la mine de Seyssel et de la mine du Val de Travers, a exécuté, aux frais de la ville de Paris, de 1862 à 1874, pour 16,500,000 francs de travaux, tant en mastic d'asphalte qu'en asphalte comprimé.

Malgré les avantages que présente l'asphalte comprimé pour le revêtement des chaussées, ce système présentait une difficulté qui a été heureusement levée. Pour une application sur une surface restreinte, l'asphalte comprimé exige les mêmes frais généraux que pour une chaussée tout entière. C'était là un sérieux inconvénient. M. Léon Malo, ingénieur de la Compagnie des asphaltes de Seyssel, a imaginé de comprimer à l'avance la poudre d'asphalte dans des moules où elle prend la forme de dalles ou de carreaux. La pose de ces carreaux est facile et l'on ne trouverait pas de petite ville où un maçon ne puisse l'exécuter.

On commence par ramollir les plaques avant de les poser les unes à côté des autres; puis on coule du mastic à joint dans les interstices qu'elles laissent entre elles. La suture est complète et cet assemblage fonctionne comme une plaque monolithique. La compression même exercée par la circulation, contribue rapidement à produire cet effet.

Voici comment on procède pour exécuter un pavage avec ces dalles d'asphalte.

On commence par préparer le terrain comme s'il s'agissait d'y verser du mastic d'asphalte, ou de l'asphalte comprimé, ensuite on procède à la pose des dalles.

Les dalles sont posées à côté les unes des autres, de manière à se toucher par la partie inférieure; il faut qu'elles soient placées sur le sol de façon à s'y trouver parfaitement d'aplomb, sans aucun porte-à-faux.

Pour assurer ce parfait aplomb, il suffit de chauffer légèrement les plaques en les exposant simplement au soleil pendant la belle saison, ou en les plaçant pendant quelques minutes dans une bassine A (fig. 290), remplie d'eau et posée sur un foyer C. La dalle ainsi ramollie épouse exactement la forme du sol sur lequel on la place. On fait la pose en commençant par l'entrée de la pièce à daller, et on procède ainsi en avançant sur les plaques déjà posées, et en vérifiant souvent le niveau au moyen d'une règle bien droite.

Quand les plaques sont toutes en place, on s'assure que les bords de chacune ne désaffleurent pas les bords des plaques voisines, puis on les soude entreelles, au moyen du mastic, qui se compose de mastic, d'asphalte en pains et d'un peu de bitume. On concasse le mastic en petits morceaux dans le pochon, E, et on le place sur le feu, tout comme les plombiers font fondre leurs soudures.

Quand la matière est rendue pâteuse, on en prend une petite quantité sur une spatule en bois et on l'applique dans le joint, comme si on mastiquait une vitre. Il faut nettoyer avec soin la rainure du joint avant d'y couler le mastic; la poussière qu'y déposeraient les chaussures, suffirait pour empêcher la soudure.

CHAPITRE IX

LE BÉTON D'ASPHALTE. — SON EMPLOI. — ISOLEMENT DES CONSTRUCTIONS HUMIDES. — FONDATIONS DE MACHINES. — FONDATIONS SOUS-MARINES.

On appelle *béton d'asphalte* un mélange de gros cailloux et de mastic d'asphalte. Nous

Fig. 290. — Pose d'un carrelage en asphalte comprimé.

A. Bassine.
B. Plaque posée sur un plateau en bois pour la ramollir par l'eau chaude.
C. Fourneau.
D. Fer à joints.
E. Pochon à bec, pour fondre et couler le mastic à joints.
F. Règle en bois.
G. Préparation du sol et béton.
H,H. Dalles unies ou quadrillées.

passerons rapidement en revue les applications de ce produit particulier.

Lorsque, dans la construction d'un édifice, on a négligé d'interposer une couche de mastic bitumineux entre deux assises des fondations, il n'est plus possible de remédier directement à cette négligence : mais si elle est irréparable, on peut du moins en atténuer les effets. On excave le sol latéralement à ces fondations, on dispose, à quelques centimètres des planches qui forment comme une seconde enceinte autour de ce fossé, et, dans le moule ainsi constitué, on coule du béton d'asphalte. Il ne reste plus, après le refroidissement, qu'à enlever les planches et à remblayer.

On doit à M. Léon Malo une autre application très-intéressante du béton d'asphalte.

Ayant à établir à Pyrimont (Seyssel) une machine à vapeur horizontale de la force de 50 chevaux, M. Léon Malo conçut l'idée originale et hardie de substituer au massif de pierre de taille, qui sert généralement de support à ces machines, un massif composé de béton d'asphalte. Un succès complet répondit à cette tentative.

La figure 291 représente cette machine ; ses dimensions sont : 7 mètres de longueur, 1^{m},20 de largeur et 0^{m},70 de hauteur.

Encouragé par ce premier résultat, M. Malo a fondé de même sur du béton d'asphalte un *broyeur Carr* et un *concasseur* d'une grande puissance.

M. Léon Malo a bien voulu nous communiquer la formule de ce béton, qui se répand de plus en plus et permet de faire marcher les machines-outils, telles que machines à poinçonner, à raboter, à mortaiser, etc., et surtout marteaux-pilons, sans provoquer ces résonnances et ces trépidations du sol si désagréables pour les voisins et si funestes pour les constructions.

Voici cette formule :

Mastic d'asphalte......................	100^{kil}
Cailloux de calcaire dur aussi peu spongieux que possible et cassé à des grossaurs différentes, depuis celle du poing, jusqu'à celle d'une noisette....................	80 »
Bitume raffiné..........................	5 »

On peut voir dans les chantiers de la Compagnie générale des asphaltes, à Paris, un exemple remarquable de ce genre de fondations. Un *broyeur Carr* qui faisait autrefois trembler les maisons de tout le quartier, fonctionne maintenant sans bruit et sans imprimer de secousses au sol environnant.

Dans la rue Watteau un autre chantier offre également l'exemple d'un *broyeur* et d'un *concasseur* réduits au silence par leur installation sur du béton d'asphalte.

Le béton d'asphalte a reçu une autre application dans les *fondations sous-marines*.

Les mortiers et les ciments hydrauliques, qui résistent indéfiniment dans l'eau douce, n'ont dans la mer qu'une durée très-restreinte. L'eau de la mer est fortement chargée de sels de diverse nature. Les plus contraires à la solidité des ciments et mortiers sont les sels de magnésie. Les sels magnésiens réagissent sur les silicates qui composent les ciments et les mortiers; ils les transforment en produits solubles, et dans un temps relativement court, il ne reste plus rien des massifs qui paraissaient les plus solides.

L'eau de la mer, qui dissout si rapidement les silicates, est, au contraire, sans action dissolvante sur le bitume qui entre dans la composition de l'asphalte et du mastic d'asphalte. On a donc pensé à en tirer parti pour la construction des digues, des jetées sous-marines et pour tous les blocs exposés à la réaction incessante des eaux de la mer.

Les blocs de 9 mètres cubes que l'on a immergés à la Pointe-de-Grave, au sud de l'embouchure de la Gironde, ont jusqu'à présent justifié cette prévision. Ils n'ont subi encore aucune dégradation. Ces blocs sont formés d'un massif intérieur de moellons cimentés par du béton d'asphalte, et d'un revêtement extérieur tout en béton d'asphalte. On a épargné, ainsi au milieu de la masse, la matière bitumineuse, dont le prix est assez élevé. Elle eût été inutile dans les parties qui ne sont pas en contact avec l'eau de la mer. Les moellons, par leur poids, conservent aux blocs la solidité qui leur est nécessaire pour résister à l'assaut des vagues.

Le béton d'asphalte, qui a été employé à cet usage, était composé ainsi :

Mastic d'asphalte.................	95^{kil}
Bitume pur........................	5 »
Galets ou pierre cassée...........	50 »

Les blocs ont été construits dans des espèces de grandes caisses en charpente, ouvertes. Sur le fond de ces caisses, on a établi un quinconce de moellons à longue queue. Dans l'espace libre entre ces moellons, on a coulé du béton d'asphalte, que l'on a pilonné avec des *dames* de fer. C'est ainsi que l'on a constitué la face inférieure du cube. Sur cette face on a élevé la maçonnerie intérieure, sans toutefois l'approcher de plus de 1 décimètre des quatre faces latérales de la caisse et du plan passant par ses arêtes supérieures. Les espaces vides, de forme parallélipipédique, ménagés entre le moyeu de maçonnerie d'une part et de l'autre les parois de la caisse et le plan des arêtes supérieures, ont été remplis de béton d'asphalte. On a constitué ainsi des blocs qui sont assez pesants pour résister à la violence des vagues et qui sont protégés de tous côtés par une substance inattaquable par l'eau de mer.

Fig. 291. — Machine à vapeur, de la force de 50 chevaux, montée à Pyrimont (Seyssel), et supportée par un massif en béton d'asphalte.

A. Béton bitumineux.
B. Châssis de bois.
C. Boulons de fondation.
D. Tuyau de zinc pour loger les boulons de fondation.
M. Mastic d'asphalte.
N. Écrous.

CHAPITRE X

L'ASPHALTE FACTICE.

Il nous reste à parler d'une industrie qui s'est élevée à côté de l'asphalte, s'abritant sous son nom, et qui est parvenue, grâce au bas prix de ses procédés de fabrication, à occuper dans les travaux de dallage une place relativement importante. Nous voulons parler de l'*asphalte factice*.

L'*asphalte factice* n'est autre chose qu'un mastic dans lequel la roche asphaltique est remplacée par un calcaire non imprégné tel que la craie, la pierre blanche, etc.

Nous avons déjà dit plus haut que le calcaire bitumineux du Val de Travers est tellement riche en bitume qu'une cuisson de quelques heures suffit pour transformer sa poudre en un mastic très-liant. D'autres asphaltes, celui de Seyssel, celui de Chavaroche exigent toujours l'addition d'une petite quantité de bitume.

On a cru que l'on pourrait fabriquer une substance analogue au mastic en faisant le même usage, en imprégnant du calcaire, avec des matières bitumineuses, telles que le brai de gaz, le résidu de la distillation des schistes bitumineux, le goudron, etc. Ces essais n'ont pas été heureux. Il en est résulté des mastics mal élaborés, qui se dessèchent, se fendillent à l'air et se détruisent au bout de quelques années d'usage.

Avant la grande transformation qui a rendu la ville de Lyon une des plus élégantes, des plus aérées, et ce qui est à peine croyable, des plus agréables au piéton, la question du dallage des rues y était de celles qu'on trouve oiseuses. Aussi lors de ses premiers essais, l'asphalte fut-il peu employé; l'*asphalte factice* s'introduisit à sa suite et s'installa à ses côtés. Mais on n'a pas tardé à reconnaître les mauvaises qualités de cette matière. Les premiers trottoirs de la Guillotière établis en bitume factice en 1844 et 1845, étaient hors de service vers 1851 et 1852.

Quelques-uns de ces trottoirs, rue de Marseille, existent encore, mais en très-mauvais état.

A la Croix-Rousse (cour des Tapis), mêmes dates et même résultat.

Depuis 1845 des travaux d'application d'asphalte factice sont exécutés en dehors de l'action des ingénieurs de la ville de Lyon. Ces travaux sont généralement défectueux et d'une résistance éphémère. Pour arriver au bas prix qui les fait adopter, on a recours à des matières premières de peu de valeur et de qualité inférieure, comme les résidus de la taille des pierres de construction et les goudrons de gaz ou de suif.

Ajoutons qu'à la suite de ces observations, l'asphalte factice a été exclu de la voirie de Lyon, où il existe en ce moment 121,000 mètres carrés de trottoirs et 5,800 mètres de chaussée en asphalte naturel. Une seule rue, l'ancienne rue Impériale, en contient 9,000 mètres.

CHAPITRE XI

DIFFÉRENTS SYSTÈMES DE PAVAGE EN USAGE DE NOS JOURS. — CONDITIONS QUE DOIT REMPLIR LE PAVÉ DES VILLES. — LE PAVÉ DE GRÈS. — LE PAVÉ DE BOIS. — LE MACADAM. — L'ASPHALTE COMPRIMÉ A FROID. — L'ASPHALTE COMPRIMÉ A CHAUD. — PRIX D'ÉTABLISSEMENT ET D'ENTRETIEN DU PAVAGE EN GRÈS, DU MACADAM ET DE L'ASPHALTE.

Après avoir indiqué les principaux gisements du bitume et de l'asphalte et discuté le mode de formation de ces deux produits naturels, après avoir rappelé les phases diverses qu'a présentées l'histoire de ces deux substances dans leurs applications à la voirie, et décrit les procédés usités pour l'emploi de l'asphalte dans le pavage des trottoirs et des chaussées, il ne sera pas sans intérêt d'examiner quelle est la valeur de l'asphalte appliqué au pavage, et de rechercher si cette innovation présente des avantages sur les autres systèmes de pavage en usage aujourd'hui.

Imperméable, pour empêcher les infiltrations de l'eau et l'affouillement du sous-sol ; dur et solide, pour résister à l'usure produite par la circulation ; inégal, pour offrir un point d'appui aux pieds des chevaux, sans toutefois exposer ces derniers à buter, sans entraver la traction ni faire cahoter les voitures; enfin, exempt de poussière et de boue, tel doit être le revêtement des chaussées d'une grande ville ou d'une route très-fréquentée.

Les différentes matières dont on a fait usage jusqu'ici pour servir de pavage, sont : la pierre (granit et grès en petits cubes ou en dalles d'une certaine surface), le bois, les laves, les galets, les briques, le caoutchouc.

Nous ne citons le pavé de caoutchouc que pour mémoire. Il n'est pas d'un usage général, et ne répond qu'à des destinations spéciales. Le pavé de caoutchouc a été employé avec succès dans les écuries ; les animaux ne peuvent pas s'y blesser et il ne s'imprègne pas de sels ammoniacaux qui se volatilisent ensuite et vicient l'air ; on s'en est servi aussi pour les allées de jardin et, en général, pour les planchers où l'eau ne doit pas séjourner longtemps. Mais, nous le répétons, ce n'est là qu'un pavage tout à fait exceptionnel.

Les pavés de grès, larges et épais, auxquels on a eu recours dès les temps les plus anciens, s'usent inégalement aux angles et, au bout de quelque temps, ils tournent sur eux-même. On a donc renoncé aux pavés larges, pour adopter des pavés de plus en plus étroits, dont l'assemblage substituant une résistance collective à une résistance individuelle, compose une surface unie et glissante.

Appliquant aux empierrements des routes le bénéfice des mêmes observations, on a diminué de plus en plus les dimensions des fragments de cailloux de grès qui constituaient ces empierrements, ce qui a augmenté la solidité et l'élasticité de la surface ainsi obtenue.

Le pavage en bois fut inauguré pour la première fois, vers 1834, à Saint-Pétersbourg. On fit d'abord usage de blocs de bois longs de 30 centimètres et larges de 15 à 20 centimètres. Ce mode de pavage, après avoir été perfectionné en Angleterre, a été mis à l'essai à Paris.

Deux systèmes sont donc aujourd'hui en présence, le *système russe* et le *système anglais* ou *système Hogdson.*

Le *système Hogdson* est usité à Londres où il a résisté à une circulation de douze cents chevaux et de sept mille voitures. Il fut introduit à Paris, en 1842. La rue Croix-des-Petits-Champs, la rue Richelieu, l'emplacement qui fait face au théâtre français, furent ses premières étapes dans notre capitale. On l'a ensuite appliqué sur une petite partie du boulevard Saint-Michel, en face la fontaine de ce nom. Les *pavés Hogdson* employés dans ces divers emplacements représentent deux prismes en croix inclinés à 63° ; on enchevêtre les pavés les uns dans les autres.

Les pavés de bois du *système russe* sont des rhomboïdes de 18 à 20 centimètres de hauteur. Ils sont réunis par des chevilles de bois et assemblés par panneaux. Des rainures croisées empêchent le glissement des pieds des chevaux. On applique ces panneaux sur une couche de mortier, comme on le fait, du reste, pour les pavés du système anglais.

L'avantage des pavés de bois, c'est d'amortir le bruit. Aussi s'en est-on servi avec profit devant la bibliothèque de la rue Richelieu et d'autres édifices qui réclament le silence. Leur inconvénient, c'est la dépense d'établissement et d'entretien. Tandis que le pavé de pierre, après quelque temps d'usage, n'a besoin que d'être relevé et retaillé, le pavé de bois, après le même laps de temps, n'a presque plus de valeur.

Lorsque le pavé de bois est sec, la traction s'y opère, selon les ingénieurs anglais, avec un effort quatre fois moins considérable que sur les pavés de grès. Mais cette siccité est rare sous notre climat, car le pavé de bois absorbe l'eau avec une grande facilité, et conserve même pendant la sécheresse l'humidité dont il s'est imprégné pendant les jours de pluie. Aussi est-il presque toujours humide. Lorsqu'on le lave, pour le débarrasser de la boue qui rend sa surface glissante, on ne fait que substituer une seconde cause de glissement à la première.

Le pavé de pierre est plus économique que celui de bois. Il n'a d'autre inconvénient que le glissement. Ce défaut est très-sérieux avec les pavés à large surface qui ont été primitivement employés, et il l'est encore davantage avec ces pavés de porphyre belge dont la capitale a été trop largement pourvue depuis l'année 1871. On s'était proposé de remédier, par ces petits pavés, aux cahots des voitures et aux chutes de chevaux, causées par les joints des pavés. Malheureusement les surfaces ainsi constituées se polissent rapidement sous les jantes des roues et le fer des chevaux, et les chutes y sont tellement fréquentes que l'on a renoncé à cette disposition. Aujourd'hui on espace les pavés de porphyre de 2 à 3 centimètres. Mais on a fait ainsi renaître la cause des chutes provoquées par les pavés espacés, et l'on prépare pour les beaux jours de la poussière, et pour les jours de pluie, de la boue. On a remédié à cet inconvénient en remplissant les joints avec du mortier hydraulique.

La neige et le verglas rendent glissants les pavés de grès et les empierrements.

Le macadam, cet admirable mode d'empierrement, a été établi à l'intérieur des villes, particulièrement à Paris. C'est un pavage irréprochable pour la douceur de la locomotion qu'il assure aux voitures comme aux piétons. On lui reproche de donner de la boue à la moindre pluie, mais ce défaut est racheté par bien des avantages. Là n'est donc pas son véritable inconvénient. Ce qui a fait abandonner dans beaucoup de villes les chaussées de macadam, c'est la dépense excessive qu'exige leur entretien. Le macadam coûte trois fois plus cher que le pavé de grès. C'est ce qui décida le conseil municipal de Paris, en 1871, à remplacer presque partout par le vieux pavé de grès, le macadam que l'administration de Paris, sous le second Empire, avait si largement adopté.

L'asphalte s'est posé en rival de tous les anciens moyens de pavage. Examinons son utilité. Comme c'est à Paris que se sont faites surtout les expériences de pavage asphaltique, les essais faits à Paris nous occuperont particulièrement.

Les faits que nous allons résumer sont développés dans une *Notice sur les voies asphaltées de Paris*, rédigée par M. Homberg, ingénieur du service municipal de Paris, publiée au mois de décembre 1865 dans les *Annales des ponts et chaussées* et reproduite dans les notes de l'ouvrage de M. Léon Malo, *Guide pour la fabrication et l'application de l'asphalte et des bitumes* (1).

Depuis longtemps la lutte est engagée entre les progrès d'une circulation écrasante et les efforts persévérants de la voirie s'ingéniant à réparer les dégâts et à les éviter sans s'exposer à d'autres dangers ; depuis longtemps l'édilité de la capitale a fait étudier et appliquer les systèmes les plus divers ; mais la destruction était plus rapide que l'œuvre réparatrice et les élégantes voitures qui se déplacent rapidement sur des roues à jantes étroites, tout autant que les lourds fardiers porteurs de charges énormes n'en continuaient pas moins à défier l'entretien des voies de communication.

(1) Pages 200-226.

Le bureau de la voirie parisienne était débordé. Les rapports annuels du préfet de police au conseil municipal en font foi. On en trouve l'affirmation formulée comme il suit dans un de ces rapports qui porte la date de 1861 :

« Le pavé de Paris, est-il dit dans ce rapport, est de plus en plus difficile à maintenir en bon état ; les grès de bonne qualité deviennent rares, les plus durs ne sont pas assez tenaces, d'ailleurs, pour résister à la fatigue d'une circulation qui a doublé depuis quelques années, car le nombre des voitures circulant dans Paris, qui était de 21,690 en 1853, montait à 38,763 en 1859. Quant au macadam qui s'est emparé de toutes les grandes artères de Paris et qui s'étend à mesure qu'elles se développent à travers la ville, il est une cause de dépenses inquiétantes par la proportion ascendante qu'elles suivent sous la double action de l'accroissement des surfaces à entretenir et de la circulation qui les sillonne, et en même temps un véritable fléau pour les piétons, ce qui n'est pas un détail de peu d'importance, dans un pays démocratique, comme le nôtre. »

Nous avons dit, dans la première partie de cette Notice, que l'asphalte agglutiné au moyen de l'huile de résine, fut le premier procédé dont on fit l'essai dans la rue de la Barillerie. Ce procédé avait l'avantage de constituer une couche très-homogène, un peu élastique et très-résistante à l'écrasement ; mais la dessiccation de cette surface ne pouvait se faire que pendant l'été. Il fallait donc attendre cette saison pour construire ou pour procéder aux réparations, et les chaussées très-fréquentées étaient complétement détériorées avant qu'il fût possible d'y porter remède. Ajoutons que l'entretien de ces chaussées asphaltées revenait à 6 francs par an et par mètre carré, et l'on se convaincra que ce système n'était pas viable.

L'asphalte coulé ou comprimé est venu répondre en partie aux besoins du pavage des villes. Il résiste très-longtemps à l'usure. Il ne se réduit pas en poussière, comme le grès, et ne se disloque pas, comme les empierrements. Il épargne donc aux riverains la boue et la poussière.

L'asphalte a, toutefois, un défaut particulier : il se ramollit par l'action du gaz d'éclairage. Les fuites de gaz, lorsqu'elles se produisent au voisinage d'une chaussée en asphalte, lui sont excessivement funestes.

L'asphalte comprimé n'est pas plus glissant que le pavage ou les empierrements, par le temps de neige ou de verglas, mais la neige fond plus vite sur sa surface.

L'asphalte comprimé n'est pas glissant par les temps secs, il ne l'est pas non plus tant que la boue reste liquide. Il est, du reste, facile d'enlever la boue (en y faisant couler, par exemple, toutes les vingt-quatre heures, l'eau des bouches d'arrosage), ou de répandre à la surface de la chaussée, du sable qui donne aux pieds des chevaux une adhérence suffisante.

L'asphalte comprimé est beaucoup plus glissant que le macadam, mais il l'est moins que le pavé de porphyre. On a fait le relevé comparatif des chevaux qui se sont abattus pendant deux mois sur les pavés de grès cubiques (23 centimètres de côté) de la rue de Sèze d'une part, et sur la chaussée en asphalte comprimé de la rue Neuve-des-Capucines, d'autre part, et l'on a trouvé, dans la première de ces rues, une chute pour 1308 chevaux, tandis qu'il n'y a eu qu'une seule chute dans la seconde rue sur 1409 chevaux.

La traction se fait sur une chaussée d'asphalte avec une grande facilité pendant presque toute l'année. Tant que la température est inférieure à $+10°$, le coefficient de traction est inférieur à celui des pavages; ce coefficient augmente lorsque le thermomètre monte, et pendant les grandes chaleurs, il devient égal à celui des empierrements récents. Cependant cette observation ne s'applique qu'aux roues suffisamment larges. Les voitures qui roulent sur des roues à jantes étroites, comme les omnibus, ne profitent pas du bénéfice de cette facilité de traction, parce que ces roues enfoncent dans l'asphalte. Mais pour les voitures reposant sur des roues plus larges, on voit la traction diminuer, lorsqu'elles passent d'une chaussée empierrée ou pavée sur l'asphalte.

Darcy, dans un rapport sur les chaussées de Londres et de Paris, qu'il adressa, en 1850, comme inspecteur divisionnaire des ponts et chaussées, au ministre des travaux publics, estime que les frais d'entretien des chevaux et des voitures circulant sur le pavé de grès sont seulement la moitié des frais qu'entraîne la circulation sur l'asphalte comprimé.

Voici, du reste, un tableau qui permet de comparer, au point de vue des dépenses d'établissement et d'entretien, l'asphalte comprimé, le pavé en porphyre belge et le macadam.

	COUT DE 1er ÉTABLISSEMENT par mètre carré.	ENTRETIEN ANNUEL par MÈTRE CARRÉ.
Pavé en porphyre belge	De 18 à 22 francs	De 0f,50 (joints serrés) à 1f,50 (joints larges).
Asphalte comprimé	15 francs	1f,25
Macadam en granit (dans les voies fréquentées)	7 francs	De 2f,50 à 3 francs.

On voit par ce tableau qu'au point de vue des frais d'établissement le macadam est le moins coûteux. Viennent ensuite l'asphalte comprimé et en troisième lieu le pavé de porphyre.

Les frais d'entretien augmentent, au contraire, du pavé en porphyre à l'asphalte comprimé et au macadam dont les frais sont considérables.

En résumé, la question du pavage des grandes villes, une des plus compliquées assurément, attend encore sa solution. Nous ne voyons rien de préférable, pour notre compte, à ces grandes dalles de grès qui servent à paver les villes de l'Italie, Naples, Rome, Florence, Pise, etc. Ces dalles, taillées dans les roches des Apennins, suppriment le frottement pour les roues des voitures, et sont douces au pas du promeneur. C'est merveille de voir, dans les rues de Naples, courir sur leur surface unie, les *corricoli* lancés à toute vitesse. Il faudrait trouver en France des grès capables d'être taillés sur d'aussi larges surfaces. Mais que de choses nous offre l'Italie, que le reste de l'Europe ne peut que regarder d'un œil d'envie !

FIN DE L'INDUSTRIE DE L'ASPHALTE ET DU BITUME, ET FIN DES INDUSTRIES CHIMIQUES.

TABLE DES MATIÈRES

INDUSTRIE DE L'EAU.

CHAPITRE X

CHAPITRE XI

CHAPITRE XII

CHAPITRE XIII

CHAPITRE XIV

CHAPITRE XV

CHAPITRE XVI

CHAPITRE XVII

CHAPITRE XVIII

CHAPITRE XIX

CHAPITRE XX

CHAPITRE XXI

CHAPITRE XXII

CHAPITRE XXIII

CHAPITRE XXIV

CHAPITRE XXV

CHAPITRE XXVI

CHAPITRE XXVII

CHAPITRE XXVIII

CHAPITRE XXIX

CHAPITRE XXX

CHAPITRE XXXI

CHAPITRE XXXII

CHAPITRE XXXIII

CHAPITRE XXXIV

CHAPITRE XXXV

INDUSTRIE DES BOISSONS GAZEUSES.

INDUSTRIES DU BLANCHIMENT ET DU BLANCHISSAGE.

INDUSTRIES DU PHOSPHORE ET DES ALLUMETTES CHIMIQUES.

INDUSTRIE DU FROID ARTIFICIEL.

INDUSTRIE DE L'ASPHALTE ET DU BITUME.

CHAPITRE IX

CHAPITRE X

CHAPITRE XI

FIN DE LA TABLE DES MATIÈRES DU TROISIÈME VOLUME.

7497-83. — CORBEIL. Typ. et stér. CRÉTÉ.

www.ingramcontent.com/pod-product-compliance
Lightning Source LLC
Chambersburg PA
CBHW031443210326
41599CB00016B/2096